생물공정공학

제 3 판

Bioprocess Engineering

Basic Concepts

생물공정공학

Michael L. Shuler • Fikret Kargi • Matthew DeLisa 지음

구윤모 • 서진호 • 장용근 • 박태현 옮김

Pearson

사이플러스
Science plus

Pearson Education South Asia Pte Ltd
63 Chulia St
#15-01
Singapore 049514

Pearson Education offices in Asia: *Bangkok, Beijing, Ho Chi Minh City, Hong Kong, Jakarta, Kuala Lumpur, Manila, Seoul, Singapore, Taipei, Tokyo*

3 2 1
26 25 24

발행일: 2024년 2월 22일
공급처: 사이플러스(02-332-6171/sciplus@sciplus.co.kr)
ISBN: 978-981-3351-47-9(93570)
가격: 35,000원

Pearson

http://pearson.com/asia

역자의 말

생물공학은 오랜 역사를 가지고 있으나 근래에 생명과학의 발달에 힘입어 1970년대에 새로운 개념으로 출발하여, 1980년대 이후 식품, 의약품 등 다양한 상업제품 생산에 응용되고 있으며, 현재 학문과 산업기술의 양면에서 급속한 발전을 이루고 있어 21세기 인류의 번영과 복지를 위한 핵심 과학기술로서 각광 받고 있다. 특히 인간 유전체 프로젝트(human genome project)의 완결과 더불어, 기능성 유전체학, 단백질체학 등 해당 유전자와 이로부터 발현되는 단백질의 기능을 연결하는 방대한 작업의 새로운 연구가 활발하게 진행되고 있다. 생명과학분야에서 연구되는 이러한 기초기술들의 개발효과가 이들을 필요로 하는 일반 수요자에게 전달되기 위해서는 해당 생명공학제품의 경제적 생산이 필요하며, 이들의 효율적 산업화, 상업화는 여전히 생물공정공학의 몫이라는 것이 강조되고 있다. 이러한 상황에서 생명과학기술분야에서의 기초연구 결과를 산업화하는 고농도 세포배양, 대규모화, 분리정제, 공정 자동화 등의 생물공정기술의 중요성은 널리 인식되고 있다. 이러한 생물공정기술은 이미 화학공학 등 기존의 응용과학에 의해 그 기초가 마련되어 있어 작은 투자로 경제성 향상 등 많은 결과를 얻을 수 있기 때문에 선진국들은 물론 개발도상국들도 이 분야에 연구와 투자를 집중하고 있다. 이러한 상황에서 생물공학도, 그리고 현장에서 종사하는 생물공학자들에게 필요한 생물공정공학의 전반적인 지식을 전달할 수 있는 지침서가 생물공학계에서 절실하게 요구되었다. 역자들은 이 교재가 급변하는 생명공학 시대에 있어, 화학공학 등 응용공학을 배경으로 하는 생물공정공학자들이 새로운 생명공학기술을 이해할 수 있는 기초를 제공하는 동시에, 생화학, 미생물학 등 기초과학을 배경으로 하는 생명과학자들이 생물공정의 중요성을 이해하도록 교량역할을 충실히 수행할 것으로 기대한다. Michael L. Shuler (Cornell 대학교) 교수는 유전공학, 세포배양, 생물반응기 등 생물공학의 핵심분야를 선도하는 세계적인 생물화학공학자로서 수십 년에 걸친 강의와 연구경험을 이 책에 담았다. 이번 3판에서는 2판 발간 이후 산업적 중요성이 증가한 기술로서, 합성생물학, 무세포 공정, 다상효소반응, 막반응기, 일회용 반응기, 미세반응기, 바이오연료와 에너지, 미세조립, 나노생물공학, 3D 프린팅 등의 기초 및 응용 기술들이 추가되었다. 이러한 내용이 추가되고 업데이트된 3판은 전판에 비해 좀 더 포괄적이고 알찬 교재가 될 것을 기대하며 번역에 임했다.

번역을 허락하여 준 Shuler 교수 등 원저자와 피어슨에듀케이션에 감사한다.

2018년 1월

역자 일동

저자의 말

*Bioprocess Engineering: Basic Concepts*의 세 번째 판은 이전 두 판의 내용을 새롭게 보완하였다. 생물공정공학의 원칙은 이전 두 판에 언급된 바와 같이 여전히 유효하지만, 생물공정의 생산성, 일관성 및 안전성은 상당한 발전을 이루었다.

이 책의 주요 변경사항은 생물학 그 자체에서 유래한다. 이는 세포생물학을 보다 효과적이고 쉽게 이해하고 조작할 수 있는 능력을 크게 향상시킨 연구 도구의 개발이 있었기 때문이다. 생물공정 측면으로는 동물세포 기반 공정을 이용한 생물학적 제제의 생산에 엄청난 발전이 있었다. 특히, 많은 이종 단백질(heterologous protein)을 생산하는 데에 있어 그 생산성은 지난 16년 동안 수십 배나 증가했다. 동물세포 배양기술의 상업적 활용은 이 기간 동안 현저하게 증가했으며, 식물세포 배양기술은 상업적 응용이 막 시작되었다. 재조합 DNA 및 이와 관련된 기술을 기반으로 하는 미생물을 이용한 공정은 이제 완숙단계이다. 어떠한 세포 유형이든 단백질의 번역 후 과정에는 여전히 어려움이 있다. 시스템 및 합성 생물학의 개념의 발전은 이제 생물공정공학자의 사고에 영향을 미치고 있다.

이번 판에서는 다음 주제에 대해 소개하고 토론할 것이다.

- RNA와 같은 조절제의 역할
- 무세포 공정
- 바이오 연료와 에너지
- 합성 생물학
- 유전체학의 역할
- 생물공정에서 일회용 기술 개발
- 줄기세포 기술 및 이용
- 3D 프린팅과 더불어 미세 가공 및 나노 생물공학기술
- 동물 및 식물 세포 생물공학
- 환경생물공학 개발

학생들이 갖고 있는 배경지식의 범위를 고려할 때, 한 학기 동안 생물공정공학과 같이 광범위한 주제를 가르치는 것은 어려운 일이다. 많은 공학 전공 학생들이 특정 생물학 분야를 배울 수 있지만, 생물학 분야의 여러 과정을 이수할 기회가 없다. 공학도에게 필요한 생물학적 개념은 제1부 '생물학의 기본: 공학자의 관점'에서 설명할 것이다. 이러한 집약된 내용은 생화학, 유전학, 미생물학 및 세포생물학에 대한 심층적인 지식을 대체할 수는 없지만, 생물공정의 전문가가 되기 위해 도움이 되는 출발점이 될 것이다. 공정 측면에서 생물 의약품, 바이오에너지 또는 폐기물 처리를 다루는 제2부 '생물공정에서의 공학적 원리'에서는 학생들에게 어떤 주제가 효과적인지 강조하여 결정하면 된다.

우리는 이 책이 이 분야의 리더가 되기 위한 기본 개념과 지식뿐만 아니라 생물공정공학의 흥미도 전해 줄 수 있길 바란다.

감사의 말씀

이번 판은 전 세계 많은 동료들의 도움을 받아 개정되었다. 그 목록을 전부 싣기에는 지면이 한정되어 있어 구체적인 기여 내용에 대해 감사의 말씀을 전하고자 한다. 이 책의 기술 편집자로 일한 Jeff Chalmers와 Brian Pfleger가 많은 유용한 제안과 수정 사항을 제공했다. Michael Thurston은 yeoman의 개발 편집자로 일하였다. Carolyn Lee-Parsons는 특히 13장에 대한 자세한 내용과 함께 다른 장에 대해서도 매우 유용한 제안을 하였다. Thomas Mansell과 Jason Boock는 14장에 필요한 정보를 제공했다. 이 책의 각 섹션에 중요한 기여를 한 사람들은 Kent Goklen, Itzcoatl Pla, Raymond Ketchum, Harrison Yoon, Taylor Stevenson, Jeff Varner, Susan Roberts 등이 있으며, Jason Haugh는 우리에게 많은 숙제 문제를 제공했다. 터키 이즈미르에 소재한 Dokuz Eylul 대학교의 Serkan Eker 박사가 제공해 준 그림들에 대해 감사드린다. 또한 Brenda Stevens가 제공한 우수한 기술 지원에 감사를 드린다. 많은 전직 학생과 동료가 유용한 의견과 제안을 제공했으며, 그들의 의견과 조언에도 감사드린다.

저자들에 대하여

Michael L. Shuler 박사는 Cornell 대학교의 화학 및 분자공학과와 생체공학과의 Eckert 석좌교수이다. 주요 연구분야는 세포의 수학적인 모델, 외래 단백질 생산, 생물적 환경정화, 식물세포배양공정, 의약품개발을 위한 'Body-on-a-Chip' 기술이다. 위와 같은 많은 기술이 상용화되었다.

Fikret Kargi 박사는 터키의 이즈미르에 소재한 Dokuz Eylul 대학교의 환경공학과에서 정년퇴임하였으며 전 환경과학의 주임교수이었다. 그의 주요 연구분야는 발효와 전기가수분해를 이용한 폐기물로부터 수소생산, 바이오필름(biofilm)의 개발과 환경처리를 위한 고급산화공정이다.

Matthew P. DeLisa 박사는 Cornell 대학교의 화학 및 생물분자공학과의 William L. Lewis 석좌교수이다. 그의 연구는 살아 있는 세포의 복잡한 환경에서 단백질 생체 형성의 기초가 되는 분자 메커니즘(접힘, 결합, 막전좌 및 단백질번역 후 변형)을 이해하고 제어하는 데 초점을 맞추고 있다. 과학 및 공학에 대한 그의 공헌은 세포 단백질 접힘 및 단백질 전이 분야에서 인체용 의약품의 발견, 설계 및 제조를 촉진할 수 있는 상업적으로 중요한 기술을 발명한 것이다.

차례

03.

효소 / 67

04.

세포의 작용 / 123

05.

주요 대사 경로 / 159

06.

세포의 생장 / 185

07.

미생물 생장과 산물 생성에 관한 양론 / 247

08.

세포 정보의 변경 / 269

PART 2

생물공정에서의 공학적 원리

09.

현탁배양과 고정화배양을 위한 생물반응기 운전에 대한 고찰 / 303

10. 생물반응기의 선택, 대규모화, 운전 그리고 제어 / 357

11.

생성물의 회수와 정제 / 411

12.

동물세포 배양 시의 생물공정에 대한 고찰 / 477

15.

생물공정공학의 의학적 응용 / 581

16.

혼합배양을 이용한 생물공정 / 599

부록

전통적 산업 생물공정 / 647

찾아보기 / 675

PART 1
생물학의 기본: 공학자의 관점

1

생물공정공학자란?

우리는 지금 생명체를 가장 기본적인 수준인 유전자 수준에서 다룰 수 있다. 수천 년 동안 인류는 선별과 육종 수준에서 유전공학을 사용하였다. 그러나 지금은 DNA를 분자 수준에서 조작함으로써 의도적이며, 이미 정해진 방법으로 유전공학기술을 이용할 수 있다. 우리는 지금 수십 년 전에는 상상도 하지 못했던 방법으로 생명의 신비를 캐고 있다. 우리는 전체 지놈(genome)을 화학적으로 합성하여 숙주 세균으로 옮겨 반합성 생명체를 만들 수 있는 문 앞에 서 있다. 우리는 이제 새로운 생물체를 합리적으로 설계할 수 있는 새로운 기술을 보유하고 있다.

이러한 지적인 혁명으로 새로운 시각과 희망이 대두되고 있다—새로운 의약품, 대형 반응기 속에서 자라는 반합성 기관(semisynthetic organ), 풍부하면서도 영양가 있는 식품, 실리콘칩이 아니라 생물분자를 기초로 한 컴퓨터, 오염물질을 제거하는 초능력 생물체(superorganism), 다양한 소비제품 그리고 잠재적으로 새로운 에너지 자원.

이러한 꿈들은 많은 노력이 없이는 단순히 꿈에 지나지 않을 것이다. 공학자들은 이러한 상상을 실현하는 데 필수적인 역할을 할 것이다. 생물계는 매우 복잡하고도 아름답게 구성되어 있다. 그러나 생물계도 화학과 물리학의 법칙에 따르며 공학적 분석이 가능하다. 살아 있는 세포는 예측 가능하며, 이를 이용하기 위한 공정은 상업적 차원에서 합리적으로 구성될 수 있다. 이러한 일을 하는 것이 생물공정공학자의 몫이다.

여러분이 이 책을 읽고 있는 이유는 결국 이러한 지적 혁명에 참여하고 사회에 중요한 공헌을 하고자 희망하기 때문일 것이다. 여러분은 할 수 있다. 그러나 공학자의 기량과 생물학자의 기량을 결합시키는 일은 결코 쉬운 일이 아니다. 이 책의 의도는 바로 여러분이

이러한 기량을 계발하도록 도와주는 데 있다. 이 책과 한 학기의 강좌가 여러분이 완전한 생물공정공학자가 되는 데 충분치 않을 수 있으나, 우리는 여러분이 생물공정공학자가 되기 위한 기초를 형성하는 데 도움을 주고자 한다.

이 장에서는 생물공정공학의 기원, 생물공정공학이 어떻게 발전되어 왔는지, 그리고 생물학자와 공학자의 보완적인 역할에 대해 논의하고자 한다. 그런 다음 생물공정에 대한 규제와, 규제가 공학자에게 미치는 영향을 논의하고자 한다.

1.1 생물공학과 생물공정공학

새로운 분야가 새로운 생각에서부터 부상할 때, 항상 옛날 용어는 이러한 분야를 서술하는 데 적합하지 않다. 생물공학과 이 분야를 구성하고 있는 공학 분야를 몇 단어나 단순한 문장보다는 몇 가지 예를 들어 설명하는 것이 가장 좋은 방법이다. 그러나 세포 조직 체계를 활용하고 지정된 작업을 수행하도록 세포를 조작하기 위해서는 세포의 내부 작용을 이해하는 것이 중요하다.

생물공학(biotechnology)은 흔히 사회적으로 바람직한 목표를 위하여 직접 유전자 조작의 방법을 사용하거나 개발하는 것을 의미한다. 여기서 목표란 특정한 화학제품의 생산이 될 수도 있고, 개량식물이나 종자의 생산, 유전자 치료, 또는 폐기물을 분해하기 위하여 특별히 고안된 생물체의 이용 등이다. 많은 연구자들에게 필수적인 요소는 유전자 조작을 위하여 세포 밖에서 정교한 기법을 사용한다는 것이다. 생물공학을 더 넓은 의미로 해석하여 의약품, 화학제품, 식품 및 진단제품을 생산하기 위한 생물학의 기술적 활용으로 생각한다. 그래서 공학을 생물공학의 부속요소로 포함시키기도 한다.

생물공학과 관련된 일을 하는 공학자를 표현하기 위하여 많은 용어들이 사용된다. **바이오엔지니어링**(bioengineering)은 넓은 의미로 사용되며, 의약, 생물공정이나 농업 및 환경공학과 관련된 일까지 포함한다. 이 용어는 농학, 전기, 기계, 산업, 환경 및 화학공학 관련 전문가를 포함한다. **생물학공학**(biological engineering)은 그 해석에 있어서 위와 비슷하지만 식물체와 동물체에 대한 응용을 더욱 강조한다. **대사공학**(metabolic engineering)은 유전적으로 변형된 경로를 가진 세포를 설계하여 그 세포에 필요한 작은 분자를 만드는 기술을 말한다. 이 용어는 특수 화학물질 제조를 위하여 인공적인 세포설계를 강조한다. **생물화학공학**(biochemical engineering)은 보통 생물촉매를 사용하는 시스템에 화학공학 원리를 적용하여 원하는 화학변환을 일으키는 것을 말한다. 생물화학공학은 생물의약품, 화학물질 및 연료생산 면에서 흔히 생물반응공학과 생물분리로 나뉜다. **의용생체공학**(biomedical engineering)은 생물화학공학과 완전히 다른 용어로 간주된다. 그러나 세포표면 수용체(receptor)나 동물세포 배양에서는 두 분야의 경계가 상당히 모호하다. 의용생체공학은 의료기기, 합성기관, 약물전달을 위한 새로운 방법을 설계하고, 진단 및 계측기기를 개발하기 위해 다양한 분야의 공학적 원리 적용에 중점을 두고 인체 활용에 초점을 맞춘다. 또 하나 관련된 용어로 미국 국립보건기구(National Institute of Health)에 의해 정의된 **생물분자공학**(biomolecular engineering)은 생물학과 화학공학의 공통부분을 분자 수준에서 연구하는 분야를 말한다.

생물공정공학과 생물화학공학 사이에는 차이점이 있다. **생물공정공학**(bioprocess engineering)은 화학공학과 더불어 기계, 전기, 산업공학의 원리를 살아 있는 세포나 세포의 구성성분을 기초로 한 공정에 응용하는 것이다. 상세장치 설계, 센서 개발, 제어방식(control algorithm), 제조전략의 문제점을 해결하기 위하여 위 학문의 원리를 활용할 수 있다. 생물화학공학은 아주 좁은 의미로는 주로 화학공학 원리를 활용하며, 넓은 의미로는 아주 정확하게 인공적으로 구성된 공정에만 한정되는 것이 아니고, 자연계에도 응용 가능하다.

이 책에서는 생물촉매를 사용하는 시스템에 대한 화학공학 원리의 응용에 주로 초점을 맞추되, 생물공학을 활용하는 시스템을 강조할 것이다. 한 생명체의 전체 염기서열을 밝혀내는 능력이 빠르게 증가함으로써 생물공정을 설계하고 조절하는 새로운 기회가 생물공정공학자에게 주어지고 있다. 이제 세포 그 자체는 전체 공정에서 설계 가능한 구성성분이다.

1.2 생물학자와 공학자는 연구 접근방법이 다르다

생물학자와 공학자는 기본적인 교육방법이 판이하게 다르다. 생명과학의 지식 전개를 위해서 화학이나 물리학과는 달리 수학적인 이론이나 정량적인 방법(통계분야는 제외)이 부차적인 역할을 한다. 대부분의 발전은 실험도구의 개선에 의해 이루어진다. 결과는 정성적이며, 설명적인 모델을 세워서 검증한다. 그 결과 생물학자는 흔히 수학적 지식이 불완전한 반면 실험방법에 매우 강하며, 더욱이 복잡한 시스템에서 얻은 실험결과를 해석하는 능력이 탁월하다.

공학자는 보통 물리학이나 수학 지식이 매우 풍부하다. 이론은 흔히 수식 형태로 전개되며, 이론의 타당성을 조사하기 위하여 실험과 예상되는 반응을 비교한다. 복잡한 시스템에서도 정량적인 모델을 세우고, 실험을 설계하고, 결과를 해석하는 것에 능숙하다. 공학자는 종종 생명과학자가 사용하는 실험기법과 전략에 익숙하지 않다.

공학자와 생명과학자의 기량은 서로 보완적이다. 분자생물학의 기대를 신제품 생산을 위한 신공정으로 전환시키기 위해서는 이러한 기량을 결합하여야 한다. 이러한 수준에서 각자의 기능을 발휘하기 위해서는 공학도들에게 생물학의 탄탄한 이해와 실험기법이 필요하다. 이 책은 공학적 원리를 생물시스템에 적용함에 있어서 필요한 기초적인 생물지식을 충분히 제공한다. 그러나 정말로 생물공정공학자가 되고 싶다면, 미생물, 생화학, 세포생물학은 물론 고급 바이오엔지니어링 등의 과목을 더 수강하여야 할 것이다. 이미 이러한 과목을 수강했다면, 이 책은 복습 용도로 사용될 수 있고, 생물공정에 응용하기 위한 탄탄한 기본틀을 제공할 것이다.

1.3 페니실린 이야기: 어떻게 생물학자와 공학자가 협력하였는가

1928년 9월 런던의 성 마리아 병원에서 Alexander Fleming은 종기를 일으키는 박테리아인 *Staphylococcus aureus*를 분리하고자 하였다. 사용한 기법은 박테리아를 영양소가 있는 용액 표면 위에서 배양하는 것이었다. 접시 중 하나가 부주의로 오염되었다. 보통의 경우 오염된 접시는 버리지만 Fleming은 오염물질이 침범한 주위에서는 박테리아가 자라지 못함을 주목했다(그림 1.1 참조).

Fleming은 이 관찰이 '실패한' 실험이 아니라 무언가를 암시하고 있음을 감지하였다.

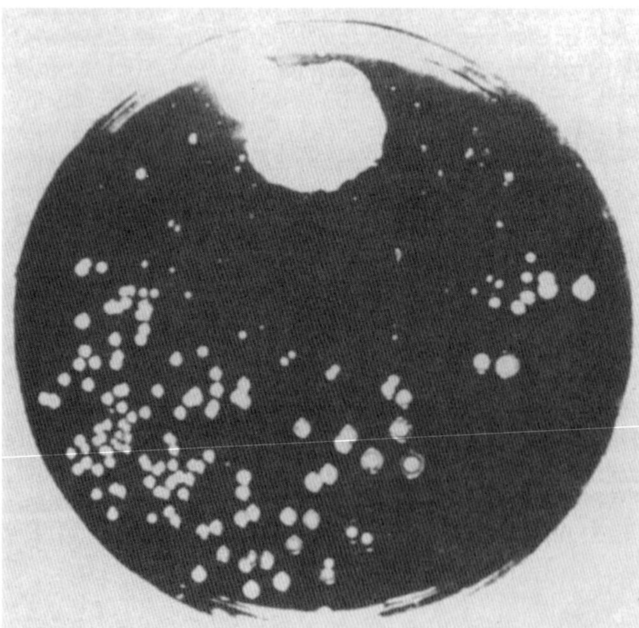

Figure 1.1. Alexander Fleming's original plate showing the growth of the mold *Penicillium notatum* and its inhibitory action on bacterial growth. (With permission, from Corbis Corporation.)

Fleming은 세포를 죽이는 것이 항생제에서 기인한다는 것을 알았다. Fleming은 외부로부터 침입한 입자를 회수하여 그것이 *Penicillium* 속의 일반적인 사상곰팡이(mold)인 것을 발견하였다(나중에 *Penicillium notatum*임이 밝혀졌다). Fleming은 곰팡이를 키워서 그 당시 이용하던 미숙한 추출방법을 이용하여 소량이나마 신비의 물질을 얻었다. 그 후 이 물질이 강력한 항균능력을 가지고 있음을 실증하였고, 이 물질을 페니실린(penicillin)이라고 명명하였다. Fleming은 조심스럽게 생산균주를 보관하였으나 이러한 발견은 10년 이상 빛을 보지 못하였다.

제2차 세계대전의 발발로 이 발견이 비로소 빛을 보게 되었다. 설파계통의 의약품은 다소 제한된 범위의 활성을 가졌기 때문에 최소한의 부작용을 나타내면서 효용성이 더 큰 항생제가 절대적으로 필요하였다. 옥스퍼드 대학의 Howard Florey와 Ernst Chain은 Fleming의 발견에 주목하였다. Chain과 Florey가 수행하는 효능실험에 필요한 페니실린을 충분히 공급하기 위해 Norman Heatley는 중요한 역할을 하였다. Heatley는 생화학자였지만 생물공정공학자로서의 일을 수행하였다. 그는 발효속도를 측정하기 위해 생산된 페니실린을 정량할 수 있는 분석방법을 개발하였고, 쉽게 적용할 수 있는 발효기법을 개발하였으며, 매우 민감한 산물을 회수하기 위해 새로운 종류의 후방추출(back-extraction) 공정을 고안하였다. 수개월 동안의 각고 끝에 실험실 동물을 치료할 수 있는 충분한 페니실린을 생산하였다.

연구과제를 시작한 18개월 후, 그들은 혈액감염증에 걸린 런던 경찰관을 치료하기 시작하였다. 페니실린은 초기에는 놀라울 정도로 효능을 발휘하여 환자를 회복단계까지 치료하였다. 그러나 매우 불행하게도 페니실린의 공급이 고갈되고 환자는 병이 재발하여 결국 사망하고 말았다. 그럼에도 불구하고 Florey와 Chain은 페니실린의 위대한 가능성을 실증하였다. 이것은 충분한 양이 확보된 뒤에야 가능하였다. 많은 양의 페니실린을 만들기 위하여 공정의 필요성이 대두되었고, 그러한 공정을 개발하기 위해서는 미생물생리학자를 비롯한 생명과학자와 더불어 공학자가 필요하였다.

전쟁은 사태를 더욱 복잡하게 만들었다. 영국의 모든 산업시설은 이미 전쟁을 위하여 사용되었다. Florey와 그의 동료들은 페니실린 생산시설의 개발을 설득하기 위하여 미국의 제약회사와 접촉하였다. 그 당시 미국은 아직 참전하지 않은 상태였다.

많은 회사 및 정부연구소와 여러 대학의 도움을 받아 도전해 나갔다. 특히 Merck, Pfizer, Squibb과 일리노이 주 피오리아에 있는 미농무성 북부지역 연구소(USDA Northern Regional Research Laboratory)의 업적이 두드러졌다.

발효에 대한 첫 시도는 조심스러웠다. 많은 노력은 페니실린의 화학적 합성방법에 들어갔다. 이러한 시도에 수백 명의 화학자가 참여하였으며, 처음에는 많은 회사들이 시험공장

규모 이상의 발효공정에 의존하는 것을 망설였다. 임상시험에 필요한 충분한 양의 페니실린은 시험공장의 발효시스템으로 생산하되 대규모 생산은 화학합성법으로 생산되어야 한다는 생각을 갖고 있었다. 그 당시 미국회사들은 많은 의약품의 화학적 합성에 있어 대단한 성공을 거둔 바 있었고, 화학합성은 생산조절이 매우 용이하였다(화학합성법은 1950년대에 완성되었으나 합성경로는 발효공정에 비하여 경쟁력이 없었다). 그러나 1940년에는 발효에 의한 의약품의 생산이 증명되지 않았고, 많은 회사들은 최종적인 공정으로 발효보다는 화학합성에 승부를 걸었다.

페니실린의 초기 임상실험이 아주 성공적이어서 1943년 전쟁생산기구(War Production Board)는 A. L. Elder를 지명하여 페니실린 공급을 획기적으로 증가시킬 수 있도록 페니실린 생산회사의 활동을 조정하도록 하였고 생산방법으로 발효공정이 선택되었다. Elder는 다음과 같이 회고했다. "나는 실패가 확실시되는 일에 관여한다고 학문적으로 절친한 친구들로부터 놀림을 받았다. 발효공정에 의한 페니실린의 상업적 생산이 바로 그것이다."(Elder, 1970) 발효공정이 직면한 문제점들은 사실 만만치 않았다.

문제점이란 새로운 발효공정에서 생기는 전형적인 것이었다. 즉, 제품이 매우 낮은 농도로 만들어진다는 것이다. 단위부피당 낮은 생산속도로 인하여 매우 거대하고도 비효율적인 반응기가 필요하였고, 낮은 농도는 제품의 회수와 정제를 매우 어렵게 만들었다. 1939년 전형적인 페니실린 발효공정에서의 최종농도는 1 ppm 정도였다(즉, 0.001 g/l). 더욱이 페니실린은 취약하면서 불안정한 제품이다. 그래서 회수와 정제방법의 선택에 심각한 제약이 따랐다.

북부지역 연구소의 생명과학자들은 페니실린 프로그램에 상당히 중요한 기여를 하였다. 그 중 하나가 옥수수 추출액과 유당을 기초로 한 배지의 개발이었다. 이 배지는 생산성을 10배로 증가시켰다. 보다 나은 페니실린 생산균주를 얻기 위한 세계 여러 연구소의 노력으로 새로운 균주인 *Penicillium chrysogenum*이 분리되었다. 피오리아의 한 과일가게에서 곰팡이가 핀 캔터루프로부터 분리된 이 균주는 다른 수백 종의 분리주보다 우수한 것으로 판명되었다. 이 특정 균주의 자손들이 현재 거의 모든 페니실린 발효에 사용되고 있다.

또 다른 장애는 제조공정을 결정하는 것이었다. 하나의 방법은 젖은 왕겨 표면에 사상곰팡이를 키우는 것이었다. 왕겨를 이용한 방법은 온도조절, 살균, 설비규모 등의 어려움 때문에 제외되었다. 정체된 배지 표면에 곰팡이를 키우는 표면배양방법(surface method)이 제안되었다. 표면배양방법은 우유병을 포함한 다양한 용기를 사용하였는데, '병공장(bottle plant)'이라는 용어로 이러한 생산기술을 표현하였다. 표면배양방법은 생산수율이 비교적 높지만 배양기간이 길고 노동집약적이었다. 초기의 제조공장들은 병공장이었는데 그 이유는 이 방법이 효과가 있었고 신속히 수행될 수 있기 때문이었다.

그러나 표면배양방법으로는 필요한 페니실린 양을 만들 수 없다는 것이 밝혀졌다. 만일 전쟁생산기구가 제시한 목표를 '병공장'으로 달성하기 위하여 필요한 병을 한 줄로 늘어놓으면 뉴욕부터 샌프란시스코에 이르는 숫자가 될 정도로 많았기 때문이다. 공학도들은 일반적으로 침지탱크공정(submerged tank process)을 선호하였다. 침지공정은 사상곰팡이의 생리, 탱크의 설계와 운전이라는 점에서 문제가 제기되었다. 다량의 완전무결하고, 기름과 먼지가 없는 살균된 공기가 필요하였다. 당시로서는 상당히 거대한 규모의 교반기가 필요하였으며, 잡균의 침입을 방지하도록 교반기 샤프트를 위한 밀폐된 기계가 설계되어야 했다. 오늘날에 와서도 산소공급과 열제거의 문제는 항생제 발효기 설계에 중요하다. 외부 잡균에 의한 오염은 생산물의 생성속도만큼 빠른 속도로 그 생산물을 분해시킬 수 있으며, 영양소가 페니실린으로 전환되기 전에 영양소를 대사해 버릴 수도 있고 독소를 발생시킬 수도 있다.

배양기 설계상의 이와 같은 문제점 이외에 제품회수와 정제에도 유사한 장애들이 있었다. 페니실린의 매우 취약한 특성 때문에 특별한 기술개발이 요구되었다. 산도 변화와 신속한 액체-액체 추출공정의 결합으로 이 문제를 해결하였다.

곧 약 10,000갤런의 발효기를 사용하는 공정이 세워졌다. Pfizer는 6개월 만에 침지 발효에 의한 페니실린의 상업용 생산공장을 완성하였다(Hobby, 1985). 이 공장에는 7,000갤런 용량의 발효기가 14개 있었다. 현재 항생제 발효에 사용되는 대규모 발효기(일반적으로 5만~10만 l)가 그림 1.2와 1.3에 나와 있다.

행운과 더불어 열심히 노력한 결과, 미국은 제2차 세계대전이 끝날 무렵까지 약 100,000명의 환자에게 쓸 충분한 페니실린을 생산할 능력을 갖추었다. 페니실린의 영향은 즉각적이었으며, 항생제의 출현으로 많은 생명을 구할 수 있었다. 초기의 영향은 전쟁지역에 국한되었지만, 전반적인 효과는 세계적으로 여러 질병과 싸우는 데 매우 중요한 영향을 끼쳤다(그림 1.4 참조).

고도의 다양한 학문 간 연구에 의해 이러한 업적이 달성되었다. 예를 들면, Merck사는 공학과 생물학 둘 다를 이해하는 사람이 없음을 깨닫고 화학공학자와 미생물학자에게 똑같은 문제를 위임하였다. 그들은 공동으로 '마치 한 사람인 것처럼' 실험계획을 짜고 수행하고 분석하였다(Silcox in Elder, 1970).

페니실린 발효는 지속적으로 발전되었으며, 이와 아울러 생물학자와 공학자들 간의 상호협력의 필요성도 대두되었다. 1939년부터 현재까지 페니실린수율은 발효액 0.001 g/l에서 50 g/l로 향상되었다. 이러한 발전과 함께 사상곰팡이 생리, 대사 경로, 페니실린 구조, 사

Figure 1.2. Series of large-scale antibiotic fermenters. (Courtesy of Pfizer, Inc.)

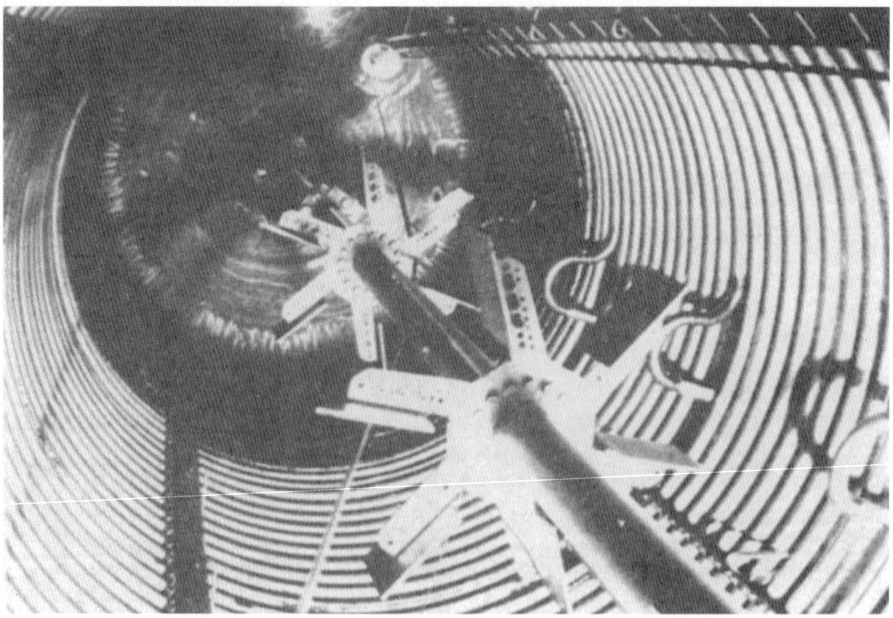

Figure 1.3. Inside view of a large antibiotic fermenter. (From *Trends in Biotechnology 3*(6), 1985. Used with permission of Elsevier Science Publishers.)

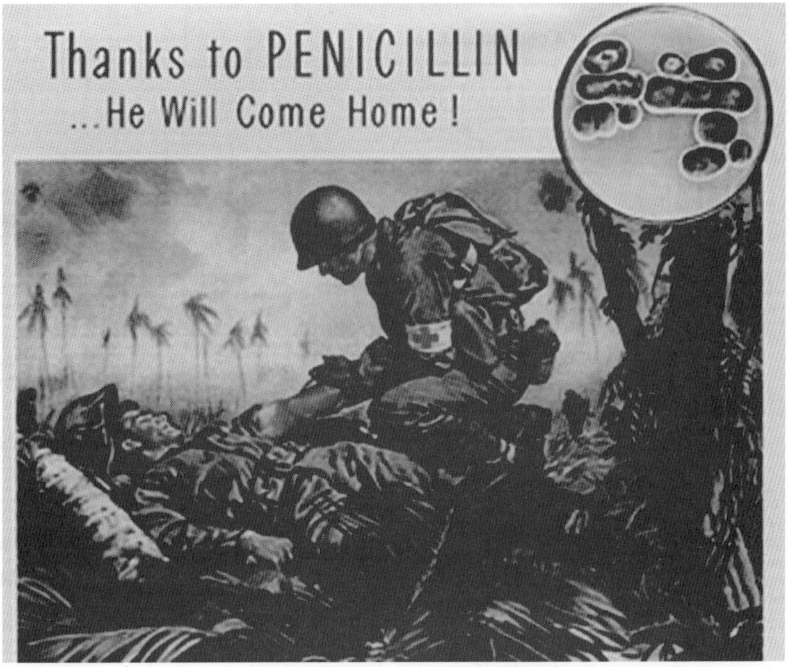

Figure 1.4. First impact of penicillin in war zones. (WW II Museum, New Orleans, LA.)

상곰팡이 변이 및 육종방법, 공정 제어, 반응기 설계에 대한 이해가 증대되었다(그림 1.5 참조).

페니실린공정 이전에 거의 대부분의 화학공학자는 생명과학분야에서 전문화된 훈련을 하지 않았다. 항생제의 출현과 함께 생물화학공학도라는 개념이 탄생되었다. 페니실린공정은 또한 생물공정 개발과 생물화학공학의 본보기가 되었다. 이 본보기는 아직도 우리 생물공학자들 사고의 많은 부분을 인도하고 있다. 생물공정공학자의 역할이 페니실린 경험과 함께 이루어졌다. 그렇기 때문에 재조합 미생물에서부터 단백질 생산의 예보다는 페니실린 개발에 초점을 맞추었다. 페니실린공정과 재조합 DNA를 사용하려는 노력이 여러모로 비교될 수 있긴 하지만, 유전공학적으로 처리된 세포에 대한 우리의 경험으로부터 나온 비슷한 본보기는 아직 없다. 우리는 페니실린 경험을 거울삼아 학문분야 간의 편견을 계속 음미하여야 한다.

이러한 편견에 도전할 수 있는 최적임자는 바로 당신, 즉 학생들이다.

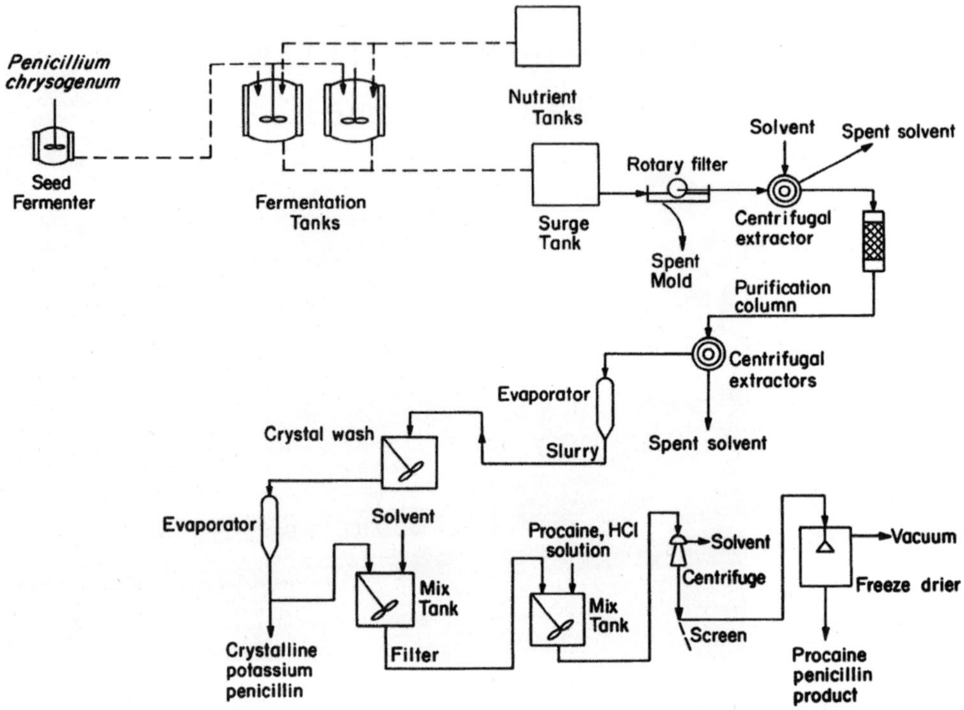

Figure 1.5. Schematic of penicillin production process.

1.4 생물공정: 규제조항

생물공정공학자의 사고체계를 이해하기 위해 당신은 생물공정공학자가 일하고 있는 환경에서의 규제 경향을 반드시 이해해야 한다. 미국 식품의약품청(Food and Drug Administration (FDA)) 또는 다른 국가의 유사기관은 반드시 의약품의 안전성과 효능을 보증해야 한다. 제약 또는 생물공학 산업에 종사하는 생물공정공학자의 주 관심사는 제조단가의 감소보다는(물론 아직까지 매우 바람직한 목적이더라도), 대중의 의약 요구를 만족시키는 생산량과 높은 질의 의약품을 일관성 있게 생산하는 것이다.

FDA에서 승인을 받은 의약품 생산공정을 간단히 살펴보자. 전형적으로 의약품의 개발은 발견에서부터 동물에 대한 전임상까지 약 6년 반이 소요된다. 인간을 대상으로 한 임상시험은 세 단계로 나누어진다. 임상 1단계(약 1년)는 안전성 시험을 하는데 20~80명의 지원자에 대해 실시된다. 임상 2단계(약 2년)에서는 100~300명의 환자에 대해 실시되며, 부작용 여부를 검사할 뿐만 아니라 효능(환자에게 도움을 주는지)에 중점을 둔다. 이를 통과한 의약품에 대해 1,000~3,000명의 환자에 대한 임상 3단계(약 3년)를 실시한다. 개인에 따라 인체화학의 차이가 있으므로 임상대상에 대해 대표교차분할(representative cross section) 방법을 이용하여 부작용과 효능 면에서 반응의 범위를 시험하는 것은 중요하다. 임상에서 얻은 결과는 심사를 위해 FDA에 제출된다(약 18개월). 만약 임상이 잘 계획되고 수용 가능한 부작용으로 건강측면에서 통계적으로 중요한 개선을 보여 준다면 의약품으로 승인 받기 용이할 것이다. 심지어 이 시점 이후로도 의약품의 부작용에 대한 모니터링은 계속된다. 의약품의 발견에서부터 승인까지의 전체 과정은 평균 12~15년이 소요되며, 2013년에는 약 50억 달러가 소요되었다. 인간 임상시험에 들어간 10개의 의약품 중에 단지 한 개 정도가 최종적으로 승인을 얻는다. 최근 FDA의 개정안은 암이나 AIDS와 같은 병의 치료에 있어 생명연장에 관련된 의약품에 대한 승인을 얻기 위한 시간을 줄였지만 전체적인 과정은 아직 길다.

이러한 과정은 생물공정공학자에게 상당한 영향을 미친다. FDA는 제품 및 제품을 생산하기 위한 공정을 **동시에** 승인한다. 그런데 공정이 조금만 바뀌어도 위험한 미량원소가 형성되거나 또는 최종 산물에 포함되어 결과적으로 사망을 포함한 심각한 부작용을 일으키게 한 사례가 있다. 예를 들어 황산 콘드로이틴 황산염으로 오염된 헤파린은 심각한 문제를 일으켰다. 이와 같이 공정이 변경될 때마다 결과산물의 안전성을 증명할 새로운 임상시험이 필요하다. 그러나 임상시험은 매우 비싸므로 극히 제한된 부분에서만 공정 개선이 이루어지고 있으며, 임상시험 중에 주요 공정을 바꾸는 것은 어렵다.

시장에서 판매되거나 임상시험에 사용된 의약품은 반드시 GMP로서 인증된 시설에서 생산되어야 한다. **GMP**는 **승인제조절차**(good manufacturing practice)의 약자이다. GMP에서는 실제 생산시설의 설계와 배치, 장치와 공정절차, 생산인력의 교육, 공정원료의 조절(예, 원료물질과 배양)과 생산물의 처리 등을 다룬다. 공장의 배치 및 설계는 반드시 생산물의 오염을 방지해야 하고 물질과 인력, 공기의 흐름을 나타내야 한다. 장치와 공정절차는 반드시 **인증**(validation)을 받아야 한다. 공정절차는 장치의 조작뿐만 아니라 세척과 살균 등을 포함한다. 공정을 모니터링하고 제어하는 컴퓨터 소프트웨어는 반드시 인증되어야 한다. 실험실에서 실시한 오프라인 분석은 반드시 **승인실험절차**(good laboratory practice (GLP))를 만족시켜야 한다. 공정절차는 **표준운전절차**(standard operating procedure (SOP))에 의해 문서화되어야 한다.

GMP 가이드라인은 운전성과를 검증하기 위해서 공정절차를 반드시 문서화할 것을 강조하는데 다음과 같다. "공정인증(process validation)이란 이전에 결정된 설계 명세서와 품질의 특성을 만족시키는 제품이 특정한 공정에서 일관적으로 생산되고 있다는 사실을 높은 수준으로 보증하는 문서화된 증거를 확립하는 것이다.” 그리고 “제품이 문서에 기입된 대로 동일성과 강도, 품질, 순도를 갖는다는 것을 생산과 공정제어를 통해 보증하는 문서화된 공정절차여야 한다.”[1)]

인증작업에 대한 실제적인 과정은 조금 복잡하고 전체적인 시설설계가 고려될 때 더욱 그러하다. FDA는 정기적으로 업데이트되는 방대한 정보와 가이드라인을 제공한다. 생물의약품 제조에 종사하는 생물공정공학자는 이러한 정보를 참고해야 한다. 예를 들어, 최근 일회용 생물 반응기의 도입에는 FDA 규정을 어떻게 적용할 것인가에 대한 검토가 필요하다. 그러나 핵심적인 개념은 변하지 않는데 여기서 핵심적인 개념이란 문서화된 서류, 절차의 일관성, 제품의 일관성, 제품의 품질, 특히 순도와 안전성의 실증 가능한 측정 등을 말한다. 이러한 작업은 힘든 일이고 세세한 주의를 요한다. 생물공정공학자는 그들의 노력의 상당부분이 이러한 규제요구를 만족시키는 일이 되리라는 것을 알게 될 것이다.

상당한 규제효과를 고려하지 않는다면 공정을 변경시킬 수 없다는 것이 핵심이다.

참고문헌

합성생물학

Gibson, D. G., et al., Creation of a Bacterial Cell Controlled by a Chemically Synthesized Genome, Science 329(5987): 52–56, 2010.

페니실린의 역사

Elder, A. L., ed., *The History of Penicillin Production*, Chem. Eng. Prog. Symp. Ser. 66(#100), American Institute of Chemical Engineers, New York, 1970.

Hobby, G. L., *Penicillin. Meeting the Challenge*, Yale University Press, New Haven, CT, 1985.

Lax, E., *The Mold in Dr. Florey's Coat: The Story of the Penicillin Miracle*, Henry Holt & Company, New York, New York, 2004.

Moberg, C. L., Penicillin's Forgotten Man: Norman Heatley, *Science* 253(5021): 734–735, 1991.

규제에 관한 이슈

Agalloco, J. P., and Carleton, F. J., *Validation of Pharmaceutical Processes*, 3d ed., CRC Press, Boca Raton, FL, 2007.

Kishimoto, T. K., et al., Contaminated Heparin Associated with Adverse Clinical Events and Activation of the Contact System, N. *Engl. J. Med.* 358(23): 2457–2567, 2008.

Mullard, A., New Drugs Cost US $2.6 Billion to Develop, *Nat. Rev. Drug Discov.* 13: 877, 2014.

Naglak, T. J., Keith, M. G., and Omstead, D. R., Validation of Fermentation Processes, *Biopharm.* (July/Aug.): 28–36, 1994.

1) *Guidelines on General Principles of Process Validation*, Federal Register of May 11, 1987 (52 FR 17638).

Rao, G., Moreira, A., and Bronson, K., Disposable Bioprocessing: The Future Has Arrived, *Biotechnol.* Bioeng. 102: 348–356, 2009.

교육

Lee-Parsons, C. W. T., Biochemical Engineering Taught in the Context of Drug Discovery to Manufacturing. *Chem. Eng. Edu.* 39(Pt 3): 208–221, 2005.

연습문제

1.1 GMP는 무엇이며 의약품에 대한 규제과정과 어떠한 연관이 있는가?

1.2 FDA가 공정을 승인할 때, 공정의 **인증**(validation)을 요구한다. FDA의 관점에서 인증은 무엇을 의미하는지 설명하라.

1.3 왜 FDA는 공정과 제품을 동시에 허가하는가?

1.4 생물공학자(biotechnologist), 생물공정공학자(bioprocess engineer) 그리고 바이오엔지니어(bioengineer) 간의 차이점을 설명하라.

1.5 페니실린 생산에서 표면 발효(surface fermentation)에 비해 침지 발효(submerged fermentation)가 나아진 점이 무엇인가?

2

생물학 기초원리의 개관

생물학에 대한 기본적인 이해는 생물화학공학자에게 필수적이다. 여기에서는 생물공학자로서 역할을 담당할 수 있는 수준에서 기본 생물학의 선택된 내용을 제공한다. 생화학, 유전학, 미생물학, 세포생물학의 각 과목에서 훨씬 더 깊은 수준을 제공하지만 대부분의 공학전공 학생들은 생물과학에서 3~4개의 과목을 들을 수 있는 기회가 없으며 아예 어떠한 과목도 수강할 기회가 없는 경우도 있다. 따라서 우리는 2~8장에서 배울 생물공정과 가장 직접적으로 관련된 미생물학, 생화학, 유전학 및 세포생물학 부분을 선택하여 이와 같은 내용이 생물공정에 적용된 사례를 제시할 것이다.

2.1 미생물의 다양성

생물은 극한적인 환경에서도 생존할 수 있을 만큼 쉽사리 죽지 않는다. 액체 상태의 물이 있는 거의 모든 곳에서 살아 있는 세포들이 발견된다. 적절한 온도, pH, 그리고 습도는 생물체마다 다르다.

극한환경 생물체(extremophiles)는 인류에게 유용한 화학물질과 의약품을 만드는 과정에서 중요한 도구를 제공한다. 또한 자연주기(natural cycle) 유지의 핵심이며, 저급 광석에서의 금속 회수 또는 석탄 또는 기타 연료에서의 탈황에 사용될 수 있다. 지구상의 거의 모든 환경에서 생물체가 존재하고 번식할 수 있는 능력을 가지고 있다는 사실은 매우 유용하다.

어떤 세포들은 −20°C(얼지 않는 소금물)에서도 자랄 수 있는 반면, 어떤 것들은

120°C(높은 압력상태로 끓지 않는 물)에서도 자랄 수 있다. 낮은 온도(20°C 이하)에서 잘 자라는 세포들을 **저온성 미생물**(psychrophiles), 20 ~ 50°C 사이가 최적온도인 것들을 **중온성 미생물**(mesophiles), 그리고 50°C보다 높은 온도에서 잘 자라는 것들을 **호열성 미생물**(thermophiles)이라 부른다.

대부분의 생물체는 중성 pH(6 ~ 8)에서 자라고 **호중구**(neutrophiles)라고 부른다. 그러나 이와 다르게 pH 값이 1 또는 2보다 낮거나(**호산성**(acidophiles)), 9 이상이 되는 pH(**호알칼리성**(alkaliphiles)) 등 중성에서 멀리 떨어진 곳에서 최적 pH를 가지는 것도 있다. 일부 생물체는 낮은 pH 값과 높은 온도에서 자랄 수 있다. 대부분의 생물체는 수분 활성이 높은 곳에서 자라지만, 몇몇 생물체(**호염균**(halophiles))는 거의 습기가 없는 고체 표면이나 염분 농도가 높은 용액에서 자랄 수 있다.

어떤 생물들은 생장과 대사에 산소를 요구하는데, 그러한 생물체들을 **호기성**(aerobic)이라 한다. 산소에 의해 생장이 억제되어 **혐기성**(anaerobic) 조건에서만 자라는 생물체도 있다. 어떤 생물체들은 호기성과 혐기성 조건에서 모두 자랄 수 있게 그 대사 경로를 바꿀 수 있다. 그러한 것들을 **통성혐기성**(facultative)이라 한다.

종종 일부 생물체는 섭취할 영양소가 거의 없는 환경에서 자랄 수 있다. 일부 *cyanobacteria*(전에는 남조류(blue-green algae)라 불렀다)는 단지 약간의 습기와 용해된 무기물만 있는 환경에서도 자란다. 이러한 박테리아는 광합성을 할 수 있어 대기 중의 CO_2를 생명을 유지하는 데 필요한 유기화합물로 바꿀 수 있다. 또한 대기 중의 질소를 암모니아로 전환하여 생물체의 필수적인 기초물질들을 만들 수 있다. 이러한 생물들은 영양이 결핍된 환경에서 생물체가 정착하는 데 중요한 역할을 수행한다.

생물체들은 다양한 서식지에서 자랄 뿐만 아니라 그 크기와 모양도 다양하다. 구형, 원통형, 타원형, 나선형, 그리고 부정형(pleomorphic)의 세포들이 존재한다. 이러한 박테리아의 모양을 나타낼 때 다음과 같은 용어들이 사용된다. 구형과 타원형인 것은 **구균**(*coccus*, 복수형은 *cocci*), 원통형인 것은 **간균**(rod 또는 *bacillus*(복수형은 *bacilli*)), 나선형을 띠는 것은 **나선균**(*spirillum*, 복수형은 *spirilla*)이라 부른다. 어떤 미생물은 그들이 처해 있는 환경에 따라 모양을 바꿀 수 있다

생물체는 가장 극한적인 환경에서도 발견되며 모양, 크기, 대사능력에 있어서 놀라울 정도로 정렬된 진화를 해왔다. 이렇듯 놀라운 다양성은 공학자에게 잠재적 수단을 제공해 준다. 예를 들어 *Thermus aquaticus*라는 고온성 세균에서 유래한 효소인 내열 효소 *Taq* DNA 중합 효소가 대표적인 예이다. **Taq**은 **중합효소연쇄반응**(polymerase chain reaction (PCR)) — 8장 '세포 정보의 변경'에서 다룬다—으로 알려진 DNA 증폭 기술에서 사용되기

때문에 분자생물학에서 가장 중요한 효소 중 하나가 되었다.

2.1.1 명명법

혼돈스러울 정도로 다양한 생물체가 존재하기 때문에 생물체를 명명하는 것은 복잡하다. 생물체를 분류하는 체계적 접근은 이러한 세포들을 현명하게 이용하기 위한 필수적 요건이다. 현존하는 생물의 다양성에 대한 우리의 지식을 요약하여 체계화한 것이 **분류학**(taxonomy)이다. 이러한 연구가 공학도에게는 불필요하게 보이지만, 분류학에 대한 지식은 살아 있는 세포를 연구하는 과학자나 공학자 간의 효율적인 의사소통에 필요하다. 또한 분류학은 생물공정과 관련된 특허 등록에도 결정적인 역할을 한다.

분류학은 분류에 대한 접근방법과 연관이 있는 반면, **명명법**(nomenclature)은 생물체에게 실제 이름을 지어 주는 것이다. 미생물의 경우 **이명법**(binary nomenclature)을 사용하고 이름은 라틴어로 짓는다. **속**(genus)은 연관된 종들의 집합이고, **종**(species)은 실질적으로 유사한 생물체를 가리킨다. 가장 많이 연구가 이루어진 장내 미생물은 *Escherichia coli*인데, *Escherichia*는 **속명**(genus)이고 *coli*는 **종명**(species)이다. 보고서나 논문에서는, 그 생물체가 처음 언급될 때에는 종 · 속명을 모두 표기하지만, 그 다음에 나오는 속명의 경우 줄여서 그 첫 자만 쓰는 것이 관례다. 이 경우에는 *E. coli*로 쓰면 된다. 같은 종에 속하는 생물들은 주요 특성이 같지만, 종 내에서조차 미묘하면서도 종종 기술적으로 중요한 변이가 있다. 실험실마다 사용하는 *E. coli*는 다를 수 있다. 그래서 다양한 균주와 그 아균주(substrain)를 표시하기 위해 문자나 숫자를 붙인다. 예를 들어, *E. coli* B/r A와 *E. coli* K12는 생장이나 생리적 특성이 다르다.

생물체를 명명하는 방법을 알았으므로 이제 계(kingdom) 수준까지 더 넓은 분류를 고려해 보자. 이 수준에서 미생물을 분류할 수 있는 방법에 대하여 보편적으로 합의된 사항은 없다. 이러한 분류는 다소 임의적이고, 우리와 같은 공학도가 관심을 가질 필요는 없다. 그러나 세포 유형에는 크게 **진핵세포**(eucaryote)와 **원핵세포**(procaryote)가 있다는 것은 알아야 한다. 두 가지 세포 유형 간의 기본적 차이는 세포의 유전정보를 둘러싸고 있는 막(membrane)의 존재 여부에 있다.

원핵세포는 단일 염색체(chromosome)를 가진 단순한 구조로 되어 있다. 원핵세포들은 핵막(nuclear membrane)이 없고, 미토콘드리아(mitochondria)나 소포체(endoplasmic reticulum)와 같은 세포소기관(organelle)이 없다. 반면 진핵세포는 더 복잡한 내부구조를 가지며 핵(nucleus) 안에 하나 이상의 염색체(DNA 분자)가 존재한다. 또한 핵막을 가지고 있고, 미토콘드리아, 소포체, 골지체(Golgi apparatus)와 다양하게 분화된 세포소기관을 갖고 있다. 이들 각각에 대해서는 2.1.4절에서 다룰 것이다. 원핵세포와 진핵세포 간의 상세한 비교를 표 2.1에 나타내었다. 구조적 차이점도 나중에 언급할 것이다.

원핵세포 내 하위그룹을 더 구분할 수 있다. 공통된 조상에서 진핵세포, 진정박테리아(eubacteria 또는 'true' bacteria), 그리고 고박테리아(archaebacteria)로 각각 분화되었다는 증거가 있다. 표 2.2에 몇 가지 구별되는 특징을 요약해 놓았다. 지놈(genome)으로 알려진 전체 생물체의 모든 유전자는 이제 쉽게 염기서열을 분석할 수 있으며, 이 정보는 종들이 어떻게 진화하고 관련되어 있는지를 이해하는 데 큰 도움을 줄 것이다.

TABLE 2.1. A Comparison of Procaryotes with Eucaryotes

Characteristic	Procaryotes	Eucaryotes
Genome		
Number of DNA molecules	One	More than one
DNA in organelles	No	Yes
DNA observed as chromosomes	No	Yes
Nuclear membrane	No	Yes
Mitotic and meiotic division of the nucleus	No	Yes
Formation of partial diploid	Yes	No
Organelles		
Mitochondria	No	Yes
Endoplasmic reticulum	No	Yes
Golgi apparatus	No	Yes
Photosynthetic apparatus	Chlorosomes	Chloroplasts
Carboxysomes	Yes	No
Flagella	Single protein, simple structure	Complex structure, with microtubules
Spores	Endospores	Endo- and exospores
Heat resistance	High	Low

With permission, from N. F. Millis in *Comprehensive Biotechnology*, M. Moo-Young, ed., Vol. 1, Elsevier Science, 1985.

TABLE 2.2. Primary Subdivisions of Cellular Organisms That Are Now Recognized

Group	Cell Structure	Properties	Constituent Groups
Eucaryotes	Eucaryotic	Multicellular; extensive differentiation of cells and tissues	Plants (seed plants, ferns, mosses) Animals (vertebrates, invertebrates)
		Unicellular, coenocytic or mycelial; little or no tissue differentiation	Protists (algae, fungi, protozoa)
Eubacteria	Procaryotic	Cell chemistry similar to eucaryotes	Most bacteria
Archaebacteria	Procaryotic	Distinctive cell chemistry	Methanogens, halophiles, thermoacidophiles

R. Y. Stainer, J. L. Ingraham, M. L. Wheelis, and P. R. Painter, *The Microbial World*, 5th ed., © 1986. Reprinted and electronically reproduced by permission of Pearson Education, Inc., New York, NY.

바이러스는 이러한 분류 범주의 어느 곳에도 속하지 않는다. 그 이유는 바이러스는 독자적으로 살아갈 수 있는 생물체가 아니기 때문이다. 먼저 다소 간단한 '생물체'의 특성부터 살펴보기로 하자.

2.1.2 바이러스

바이러스(virus)는 매우 작으며, 박테리아, 효모, 식물, 동물 세포와 같은 세포의 절대 기생체(obligate parasite)이다. 바이러스는 자유에너지를 획득하거나 저장하지 못하며, 숙주세포 내에 있는 경우가 아니면 기능적으로 활성이 없다. 그 크기는 30~200 nm 정도이다. 유전물질로서 DNA를 가지는 것을 DNA 바이러스, RNA를 가지는 것을 RNA 바이러스라 부른다. DNA는 **deoxyribonucleic acid**를 의미하고 RNA는 **ribonucleic acid**이다. DNA와 RNA에 대해서는 뒤에 자세히 다룰 것이다. 독자적으로 살아가는 세포는 모든 유전정보를 DNA에 저장한다. 바이러스의 경우 RNA 또는 DNA에 보관한다. 바이러스 유전체는 **캡시드**(capsid)라는 단백질 껍질로 덮여 있다. 어떤 바이러스는 지질단백질(lipoprotein)로 된 외피를 가지고 있으나, 없는 바이러스도 있다.

거의 모든 세포는 바이러스에 의해 감염이 될 수 있다. 박테리아를 감염시키는 바이러스를 **박테리오파지**(bacteriophage)라 한다. 일부 박테리오파지는 육각형 머리(hexagonal head), 꼬리, 그리고 꼬리섬유를 가지고 있다. 박테리오파지의 꼬리섬유는 숙주세포의 세포벽에 부착하여 세포벽을 변화시킨 후 숙주세포 안으로 핵물질을 주입시킨다. 그림 2.1은 숙주세포에 바이러스가 부착하는 것을 보여 준다. 박테리오파지의 핵산은 숙주세포 안에서 복제되어 더 많은 파지를 만들어 낸다. 바이러스 증식의 어떤 단계에서는 숙주세포가 용해되거나 터져서 파지입자를 방출하게 되고, 방출된 파지는 다른 숙주세포를 감염시킬 수 있다. 이러한 바이러스의 증식 양상을 **분해기**(lytic cycle)라 한다. 어떤 경우에는 파지 DNA가 숙주 DNA에 끼어 들어가서 숙주세포와 함께 계속 증식하게 되는데, 이것을 **잠재기**(lysogenic cycle)라 한다.

바이러스는 많은 질병을 일으키므로 항바이러스 물질은 의약품 개발의 중요한 목표이다. 더욱이 바이러스는 직접적으로 생물공정 기술에 중요하다. 예를 들어, 재조합 단백질 제품을 만들기 위한 대장균 발효에 파지의 침입은 상당히 파괴적이어서 수천 리터의 전체 발효액이 폐기처분되기도 한다. 그러나 파지는 대장균에 유용한 유전자를 전달하는 매개체로 사용될 수 있다. 가공된 동물 바이러스는 재조합 DNA 기술을 통하여 유전공학적으로 조작된 동물세포에서 단백질을 생산하기 위한 벡터로 이용될 수 있다. 사멸 바이러스를 제조하여 백신을 만드는 데 이용된다. 또 다른 경우로 유전공학을 이용하여 모든 염색체가 제

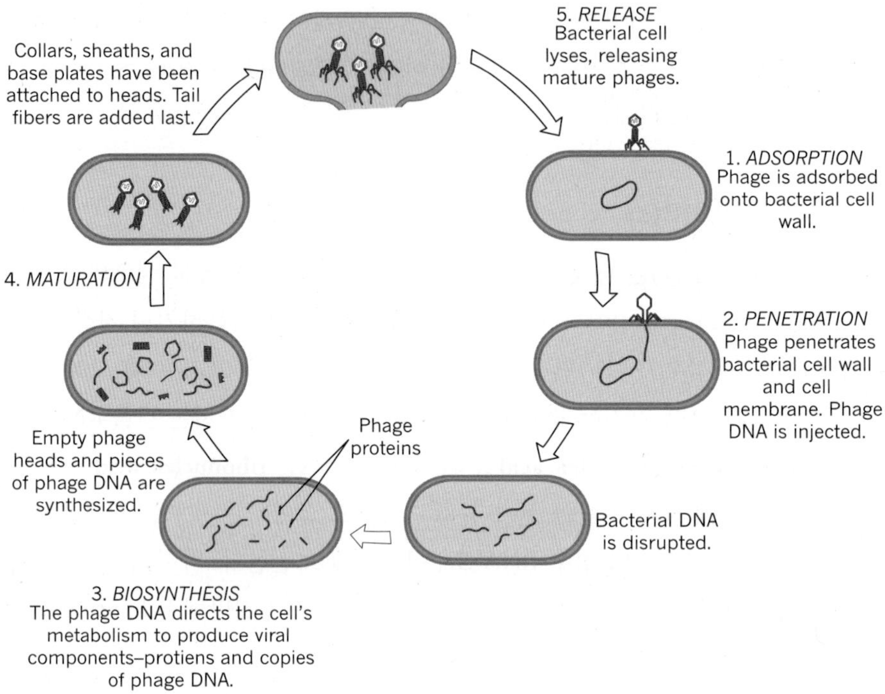

Figure 2.1. Replication of a virulent bacteriophage. A virulent phage undergoes a lytic cycle to produce new phage particles within a bacterial cell. Cell lysis releases new phage particles that can infect more bacteria. (J. G. Black, *Microbiology: Principles and Applications,* 3d ed., © 1996.)

거된 빈 캡시드와 같은 유사바이러스 입자(virus like particle (VLP))를 만들기도 한다. 이러한 입자는 바이러스 복제의 위험이 없는 백신으로 사용되는데 모든 유전적 물질이 제거되었기 때문이다. 유전자 치료를 위해 바이러스 유전자 물질을 제거한 후 환자에 주입하고자 하는 유전자를 삽입한 바이러스를 사용한 시도도 있다. 바이러스의 캡시드는 트로이목마와 같이 나쁜 환경에서 원하는 유전자를 보호한 후 이것을 선택적으로 특정세포에 전달할 수 있다. 그래서 바이러스는 커다란 해를 끼칠 수도 있지만 유용한 생물공학적 도구로 사용될 수도 있다.

2.1.3 원핵세포

대부분의 원핵세포(procaryote)의 반지름은 0.5 ~ 3 μm 정도이다. 종마다 각기 다른 모양을 가진다. 구형을 구균(coccus(예, *Staphylococci*)), 막대기 모양을 간균(bacillus(예, *E. coli*)), 나선형을 나선균(spirillum(예, *Rhodospirillum*))이라 부른다. 원핵세포는 배가시간(doubling time)이 30분에서 몇 시간에 이를 정도로 비교적 빠르게 자란다. 또한 원핵세포는 탄수화물, 탄화수소, 단백질 및 CO_2를 포함한 다양한 물질을 탄소원으로 이용할 수 있다.

2.1.3.1 진정박테리아

진정박테리아(eubacteria)는 몇 가지 종류로 나누어진다. 이를 나누는 기준 중 하나로 그람염색법(Gram stain)이 있다. 이 염색법은 1884년 Hans C. Gram이 개발한 것으로, 우선 세포에 열을 가하여 고정시킨 후 염색약인 크리스털 바이올렛(crystal violet)을 가하면 모든 박테리아는 보라색으로 염색된다. 그 후 요오드를 가한 후 다시 에탄올을 가한다. **그람양성**(gram positive) 세포는 보라색으로 남는 반면 **그람음성**(gram negative) 세포는 무색이 된다. 마지막으로 사프라닌(safranin)으로 대조 염색하게 되면 그람양성 세포는 보라색으로 남으나 그람음성 세포는 붉은색을 띤다. 그람염색에 대한 반응이 이렇게 다르게 나타나는 이유는 세포벽의 구조차이에 의한 것이다.

전형적인 그람음성 세포는 대장균(*E. coli*)이다(그림 2.2 참조). 대장균은 얇은 **펩티도글리칸**(peptidoglycan) 층에 의해 지지되는 **외막**(outer membrane)을 가지고 있다. 펩티도글리칸 층은 아미노산을 갖고 있는 복잡한 다당류이며, 고리로 연결된 담과 같은 구조로 되어 있다. 두 번째 막인 내막(inner membrane) 또는 **세포질막**(cytoplasmic membrane)은 **세포간극**(periplasmic space)에 의해 외막과 분리되어 있다. 세포질막은 약 50%의 단백질, 30%의 지방, 그리고 20%의 탄수화물로 되어 있다. 세포막은 중요한 세포 내 물질을 가둬 두고

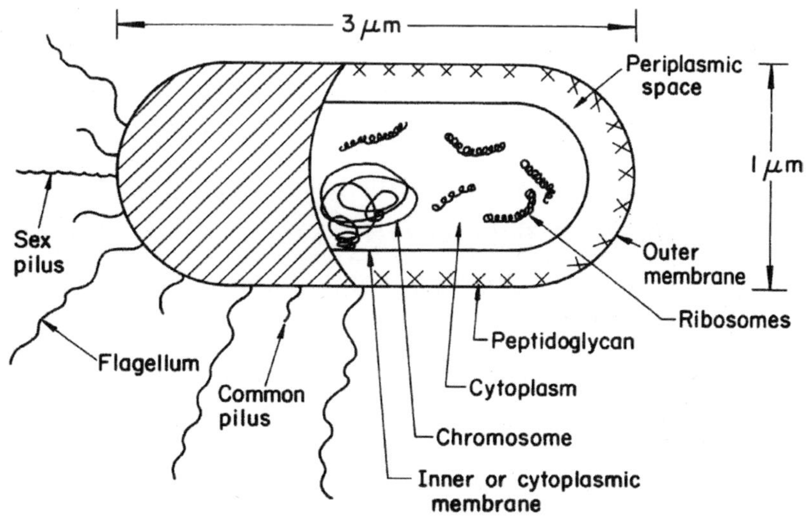

Figure 2.2. Schematic of a typical gram-negative bacterium (*E. coli*). A gram-positive cell would be similar, except that it would have no outer membrane, its peptidoglycan layer would be thicker, and the chemical composition of the cell wall would differ significantly from the outer envelope of the gram-negative cell.

외부의 필요 없는 물질을 배척하는 작용을 한다. lipoglycan 및 내독소(endotoxin)로도 알려진 지질다당류(Lipopolysaccharide (LPS))는 O-항원, 외부 코어 및 내부 코어로 구성된 다당류에 지질이 공유결합된 상태로 구성된 거대 분자이다. LPS는 그람음성 박테리아의 외막에서 발견되며, 동물에서 강한 면역반응을 유도한다. 그러므로 LPS 제거는 치료용 분자를 생산하기 위해 대장균과 같은 그람음성 박테리아를 사용할 때 주요 고려사항이다. 반대로, LPS 외 구성요소(예, O-항원)는 수많은 백신 개발 노력의 초점이기도 하다. 이러한 세포막의 한 부분이라도 유실되면 세포는 **용혈**(cell lysis)되어 결국 죽게 된다. 세포막은 선택적으로 물질을 세포 안팎으로 이동시키는 데 중요한 역할을 한다.

전형적인 그람양성 세포는 *Bacillus subtilis*이다. 그람양성 세포는 외막이 없다. 그러나 여러 겹의 펩티도글리칸 층으로 된 두껍고 단단한 세포벽을 지니고 있다. 또 이들은 펩티도글리칸 층과 공유결합으로 연결된 **테이코익산**(teichoic acid)을 갖고 있다. 그람양성 세포들은 세포질막만 가지고 있어서 그람음성 세포에 비해 단백질 분비가 용이하다. 만일 단백질이 원하는 산물일 경우 이러한 분비력은 기술적으로 장점이 될 수 있다.

어떤 박테리아는 그람양성도 아니고 음성도 아니다. 예를 들면, *Mycoplasma*는 세포벽이 없다. 이러한 박테리아들은 폐렴을 일으키므로 임상적으로 중요할 뿐 아니라 산업적으로 쓰이는 동물세포 배지를 오염시키는 미생물이므로 동물세포 배양에도 중요한 박테리아이다.

*Actinomycetes*는 형태상으로는 길고 가지 달린 균사로 이루어져 있어 사상곰팡이(mold)와 유사하지만, 핵막이 없고 세포벽 조성이 박테리아와 비슷하여 박테리아류로 분류된다. *Actinomycetes*는 항생제 생산에 중요하며, 어떤 종은 아밀로오스 분해효소와 셀룰로오스 분해효소를 생산하므로 전분과 섬유소 효소가수분해에 효과적이다. *Actinomyces*, *Thermomonospora*와 *Streptomyces* 등이 *Actinomycetes* 부류에 속하는 속의 예이다.

그람염색법 외에도 진정박테리아를 분류하는 기준으로 영양요구성과 에너지 대사과정이 이용될 수 있다. 중요한 한 예가 광합성 여부이다. 시아노박테리아(전에는 남조류라 불렀음)는 엽록체를 가지고 있어, 광합성 작용을 통해 CO_2를 당으로 고정시킨다. 무산소 광합성 박테리아(purple/green bacteria)는 **박테리아엽록소**(bacteriochlorophyll)라 불리는 빛을 모으는 색소를 가지고 있다. 그러나 식물체에서 일어나는 진성광합성과는 달리 무산소 광합성 박테리아는 물을 분해하여 얻는 환원력이 없으며 산소를 생성하지도 않는다.

적당히 염색되었을 때, 원핵세포의 DNA가 있는 부분을 현미경으로 쉽게 관찰할 수 있다. 원핵세포에는 현미경으로 관찰할 수 있는 다른 구조들, 예를 들면 **리보솜**(ribosome), **저장과립체**(storage granule), **BMC**(bacterial microcompartment), **포자**(spore), 그리고 **볼루틴**

(volutin) 등이 있다. 리보솜은 단백질 합성장소이다. 성장속도에 따라 차이가 있기는 하지만 박테리아에는 리보솜이 보통 한 개의 세포당 약 10,000개가 존재한다. 리보솜의 크기는 10~20 nm 정도이며, 조성은 RNA가 63%, 단백질이 37%이다.

저장과립체(모든 박테리아에 존재하지 않음)는 핵심 대사산물의 저장장소로 사용되며, 다당류, 지질, 인, 황과립체가 축적된다. 저장과립체의 크기는 0.5~1 μm 정도이다. BMC 역시 효소와 다른 단백질을 함유하는 세포소기관이다. BMC는 보통 지름이 약 40 ~ 200 nm이고, 20면체 또는 준 정육면체 구조로 자체 조립된 단백질로 만들어진다. BMC의 단백질 껍질은 선택적인 투과성을 가지고 있으며, 막처럼 기능할 수 있다. 대다수는 탄소 고정(carboxysomes) 또는 알데히드 산화(metabolosomes)에 관여하고 있으며, BMC를 이용하여 원하는 물질을 담을 수 있는 기술을 개발하고 있다.

일부 박테리아는 내부에 포자를 형성하는데 이러한 포자를 **내생포자**(endospore)라 한다. 박테리아의 포자는 고온이나 강한 빛, 독성물질과 같은 가혹한 환경에 대응하기 위한 수단이다. 포자는 보통 한 세포당 한 개씩 생기는데 그 크기는 1 μm이다. 다시 박테리아가 자랄 수 있는 환경이 되면 포자는 발아하게 된다.

볼루틴은 세포 내에 생기는 과립형 구조인데 무기 폴리메타인산염(polymetaphosphate)으로 이루어져 있으며 몇몇 종의 박테리아에 존재한다. *Rhodospirillum*과 같은 일부 광합성 박테리아는 빛을 흡수할 때 쓰이는 큰 내포체(50 ~100 nm)인 **크로마토포어**(chromatophore)를 가진다.

세포 외 산물은 세포 표면에 붙거나 세포 표면 안에 삽입될 수도 있다. 어떤 박테리아는 **캡슐**(capsule)이라 불리는 표피 또는 외부 세포벽을 가지고 있다. 캡슐은 보통 다당류로 이루어져 있으나 때때로 폴리펩타이드로 이루어지기도 한다. 세포 외 고분자는 세포 바깥쪽을 둘러싸는 얇은 **생물막**(biofilm)의 형성에 중요한 역할을 하며, 이러한 막은 바이러스와 같은 나쁜 환경요소에 반응하여 생기게 된다. LPS와 마찬가지로 병원성 박테리아의 캡슐 다당류도 백신 개발의 중요한 표적이 되었다. 표 2.3에 박테리아의 구조를 정리하였다.

2.1.3.2 고박테리아

고박테리아(archaebacteria)는 현미경으로는 다른 진정박테리아와 거의 같은 것처럼 보이지만 이들 미생물은 분자수준에서 많이 다르다. 여러 면에서 고박테리아는 진정박테리아나 진핵세포와 비슷하다. 고박테리아와 진정박테리아의 차이점은 다음과 같다.

- 고박테리아는 펩티도글리칸을 가지지 않는다.
- 리보솜 RNA의 염기서열은 고박테리아 내에서는 비슷하지만 진정박테리아와는 상당

히 다르다.

- 세포질막의 지질조성이 매우 다르다.

고박테리아는 특이한 대사과정을 지니고 있어서 보통 극한환경에서 서식한다. **메탄생성 박테리아**(methanogen)와 **호열호산성균**(thermoacidophile) 그리고 **호염박테리아**

TABLE 2.3. Characteristics of Various Components of Bacteria

Part	Size	Composition and Comments
Slime layer		
Microcapsule	5–10 nm	Protein–polysaccharide–lipid complex responsible for the specific antigens of enteric bacteria and other species.
Capsule	0.5–2.0 μm	Mainly polysaccharides (e.g., *Streptococcus*); sometimes polypeptides (e.g., *Bacillus anthracis*).
Slime	Indefinite	Mainly polysaccharides (e.g., *Leuconostoc*); sometimes polypeptides (e.g., *B. subtilis*).
Cell wall		
Gram-positive species	10–20 nm	Confers shape and rigidity upon the cell; 20% dry weight of the cell. Consists mainly of macromolecules of a mixed polymer of *N*-acetyl muramic peptide, teichoic acids, and polysaccharides.
Gram-negative species	10–20 nm	Consists mostly of a protein–polysaccharide–lipid complex with a small amount of the muramic polymer.
Cell membrane	5–10 nm	Semipermeable barrier to nutrients; 5–10% dry weight of the cell, consisting of 50% protein, 28% lipid, and 15–20% carbohydrate in a double-layered membrane.
Flagellum	10–20 nm by 4–12 μm	Protein of the myosin–keratin–fibrinogen class, molecular weight (MW) of 40,000. Arises from the cell membrane and is responsible for motility.
Pilus (fimbria)	5–10 nm by 0.5–2.0 μm	Rigid protein projections from the cell. Especially long ones are formed by *E. coli*.
Inclusions		
Spore	1.0–1.5 μm by 1.6–2.0 μm	One spore is formed per cell intracellularly. Spores show great resistance to heat, dryness, and antibacterial agents.
Storage granule	0.5–2.0 μm	Glycogen, sulfur, or lipid granules may be found in some species.
Chromatophore	50–100 nm	Organelles in photosynthetic species. *Rhodospirillum rubrum* contains about 6,000 per cell.
Ribosome	10–30 nm	Organelles for synthesis of protein. About 10,000 ribosomes per cell. They contain 63% RNA and 37% protein.
Volutin	0.5–1.0 μm	Inorganic polymetaphosphates that stain metachromatically.
Microcompartments	40–2,000 nm	Organelles consisting of a protein shell that enclose enzymes and other proteins.
Nuclear material		Composed of DNA that functions genetically as if the genes were arranged linearly on a single endless chromosome, but that appears by light microscopy as irregular patches with no nuclear membrane or distinguishable chromosomes. Autoradiography confirms the linear arrangement of DNA and suggests a MW of at least 1000×10^6.

With permission, from S. Aiba, A. E. Humphrey, and N. F. Millis, *Biochemical Engineering*, 2d ed., University of Tokyo Press, Tokyo, 1973.

(halobacteria)가 이 부류에 속한다. 호열호산성균은 고온과 낮은 pH에서도 자랄 수 있고 호염박테리아는 높은 염농도에서만 자랄 수 있다. 이러한 미생물은 새로운 특성을 가진 효소 개발의 중요한 원천이다.

2.1.4 진핵세포

균류(효모와 사상곰팡이), 조류, 원생동물(protozoa), 동물 · 식물세포가 진핵세포(eucaryote)이다. 진핵세포는 원핵세포보다 지름이 5 ~ 10배 더 크다(예, 효모는 약 5 μm, 동물세포는 약 10 μm, 식물세포는 약 20 μm). 진핵세포는 진정한 핵과 세포질 내에 많은 수의 세포소기관들을 가지고 있다. 그림 2.3은 두 종류의 전형적인 진핵세포의 모형도이다.

진핵세포의 세포벽과 세포막 구조는 원핵세포와 유사하다. 원형질막은 단백질과 인지질(phospholipid)로 구성되어 있으며 이중막을 형성한다. 막의 주요 단백질은 소수성이고 인지질 층에 파묻혀 있다. 주요 차이점의 하나는 진핵세포의 세포질막에는 스테롤(sterol)이 있다는 것이다. 스테롤은 막 구조를 강하게 하여 막을 다소 딱딱하게 만든다. 진핵세포의 세포벽은 상당히 다양하다. 세포벽에 펩티도글리칸 층을 가지고 있는 것도 있으며, 다당류와 셀룰로오스(예, 조류)를 가지는 것도 있다. 식물 세포벽은 펙틴 집합체에 파묻혀 있는 셀룰로오스 섬유소(cellulose fiber)로 구성되어 있다. 동물세포는 세포벽이 없으며 세포질막만 가진다. 이러한 이유로, 동물세포는 전단응력(shear)에 민감하며 깨지기 쉽다. 이것은 동물세포를 대량 생산하기 위한 생물반응기 설계를 매우 어렵게 만드는 한 요인이기도 하다.

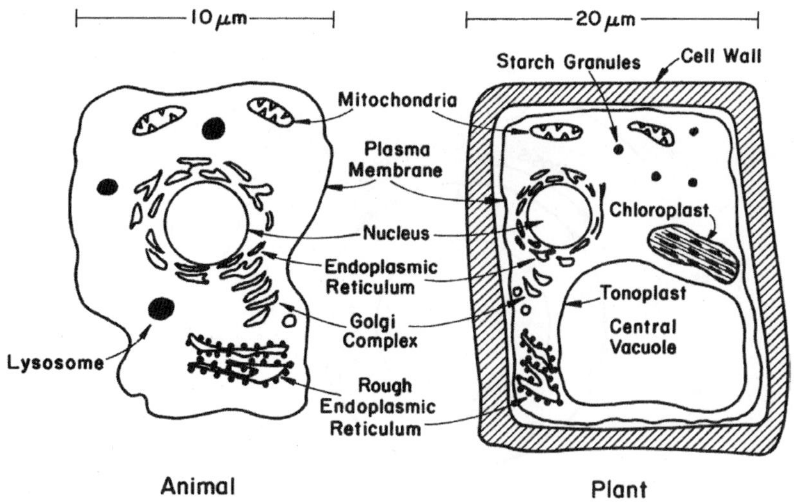

Figure 2.3. The two primary types of higher eucaryotic cells. Neither sketch is complete, but each summarizes the principal differences and similarities of such cells.

진핵세포의 **핵**(nucleus)은, 작은 단백질들과 밀접하게 결합된 DNA 분자인 **염색체**(chromosome)를 핵물질로 가지고 있다. 핵은 핵막으로 둘러싸여 있고, 핵막은 평행하면서 다공성인 한 쌍의 막으로 구성되어 있다. 핵인(nucleolus)은 리보솜이 생성되는 곳으로, 다르게 염색되는 핵 안에 있다. 그러나 많은 경우에 염색체는 소량의 RNA와 **히스톤**(histone)이라 불리는 DNA와 결합된 염기성 단백질을 가지고 있다. 각 염색체는 히스톤이 붙어 있는 직선형의 DNA 분자를 함유하고 있다.

진핵세포의 무성(asexual) 세포분열은 DNA 합성, 핵분열, 세포분열, 세포분리의 주요 단계를 거친다. 진핵세포의 유성생식에는 두 **생식세포**(gamete), 즉 난세포(egg)와 정자(sperm)의 접합이 필요한데, 이렇게 해서 형성된 세포를 **접합체**(zygote)라 한다. 접합체는 생식세포에 비하여 염색체 수가 두 배이다. 생식세포는 **반수체**(haploid) 세포인 반면 접합체는 **배수체**(diploid)이다. 사람의 경우, 반수체 세포는 23개, 배수체 세포는 46개의 염색체를 갖고 있다. 진핵세포의 세포분열주기(무성생식)를 그림 2.4에 나타냈다.

세포분열주기는 4단계로 나누어진다. M 단계는 핵이 분열하는 **유사분열**(mitosis)과 세포가 두 개의 딸세포로 분열되는 **세포질분열**(cytokinesis)로 구성된다. 하나의 M 단계에서 다음의 M 단계까지 모든 단계를 **간기**(interphase)라고 한다. 이 간기는 G_1과 S 그리고 G_2, 이렇게 세 단계로 나누어진다. 간기에서 세포의 크기가 커진다. S 단계에서 세포는 핵의 DNA를 복제한다. 세포주기에 있어 세포가 다음 단계로 전환되는 핵심적인 시점이 있는데, 이것은 S와 M 단계로 들어가는 시점과 M 단계에서 나오는 시점이다. 물론 세포는 성장이 더 이상 일어나지 않는 G_0 단계에 머물 수 있다.

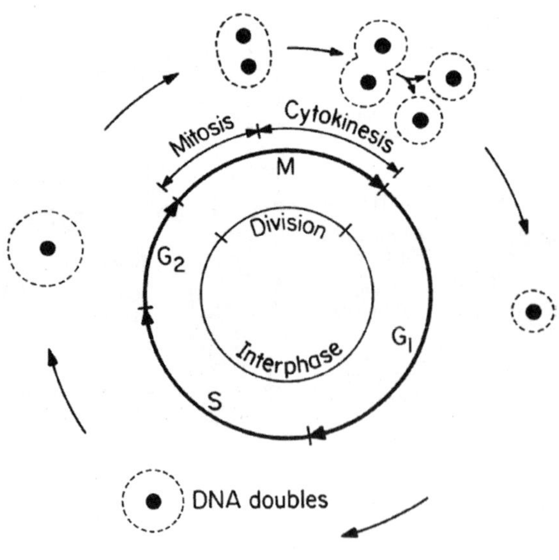

Figure 2.4. Schematic of cell-division cycle in a eucaryote. (See text for details.)

미토콘드리아(mitochondria)에서는 호흡과 산화형 인산화(oxidative phosphorylation)가 일어나므로 진핵세포의 발전소라 할 수 있다. 미토콘드리아는 지름 1 μm, 길이 2~3 μm의 원통 모양이다. 미토콘드리아의 전형적인 구조를 그림 2.5에 나타내었다. 외막은 지질층에 단백질이 파묻혀 있는 인지질 이중층(phospholipid bilayer)으로 구성되어 있다. 또한 **크리스테**(cristae)라 불리는 복잡한 조직의 내막을 가지고 있는데, 많은 양의 단백질을 갖는 젤과 같은 격자가 크리스테 내부공간을 채우고 있다. 산화 호흡에 관여하는 효소가 크리스테와 결합되어 있다. 미토콘드리아는 자체 DNA와 단백질 합성기구를 갖고 있으며 독립적으로 복제된다.

소포체(endoplasmic reticulum)는 세포막에서 세포 안으로 이어지는 복잡한 회선상 막조직이다. 조면 소포체(rough endoplasmic reticulum)는 그 안쪽 표면에 리보솜을 가지고 있어 단백질이 합성되는 기관이다. 활면 소포체(smooth endoplasmic reticulum)는 지질합성과 더 연관이 있다.

리소솜(lysosome)은 매우 작은 입자로서 막과 결합되어 있다. 여러 소화효소들을 포함하고 있으며 이를 방출한다. 또한 여러 영양소와 세포 내로 들어온 외부물질을 분해한다.

퍼옥시솜(peroxisome)은 구조가 리소솜과 유사하나 기능은 그렇지 않다. 퍼옥시솜에서 과산화수소(hydrogen peroxide)를 생산하는 산화반응이 일어난다.

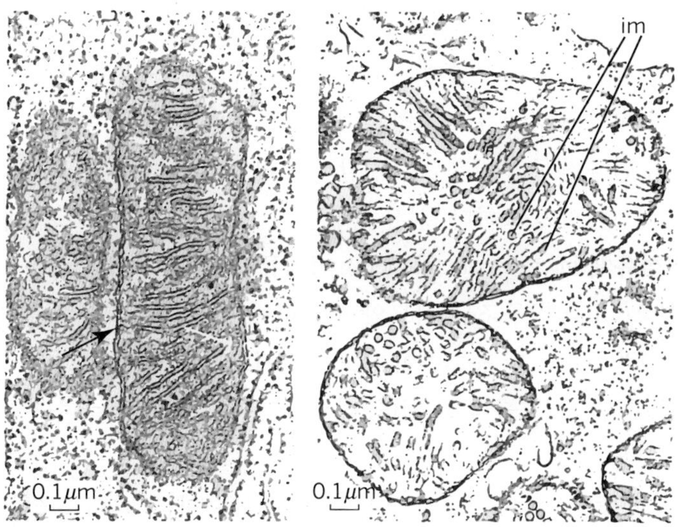

Figure 2.5. The structure of mitochondria as seen in electron micrographs of thin sections of eucaryotic cells. (R. Y. Stainer, J. L. Ingraham, M. L. Wheelis, and P. R. Painter, *The Microbial World*, 5th ed., © 1986. Reprinted and electronically reproduced by permission of Pearson Education, Inc., New York, NY.)

글리옥시솜(glyoxysome)은 글리옥실산염 순환(glyoxylate cycle)의 효소들을 포함하고 있는 매우 작은 막결합 입자이다.

골지체(Golgi body)는 막 집합체로 되어 있는 매우 작은 입자로, 일부 단백질 분비에 관여한다. 골지체는 **당쇄반응**(glycosylation)이라 불리는 과정에서 다양한 당 성분을 첨가하여 단백질을 변형시키는 작용을 한다. 이러한 변형은 인체에서 단백질 기능에 중요하다.

액포(vacuole)는 낮은 밀도를 갖는 막으로 둘러싸여 있는 세포소기관으로 소화, 삼투압 조절, 그리고 세포 폐기물 저장 등의 역할을 한다. 액포는 세포 부피의 큰 부분을 차지한다(식물세포의 경우 90%까지).

엽록체(chloroplast)는 비교적 크며, 엽록소를 함유하는 녹색의 세포소기관으로 조류 및 식물세포와 같은 광합성 진핵세포에서 광합성에 관여한다. 모든 엽록체는 외막과 **틸라코이드**(thylakoid)라 불리는 많은 수의 내막을 가진다. 엽록소는 지질 이중층의 정상적인 막구조를 가지며 틸라코이드와 결합되어 있다. 엽록체는 자체 DNA와 단백질 합성기구를 갖고 있는 자치단위이다.

어떤 원핵 · 진핵 생물체는 **편모**(flagella)를 가지는데, 이것은 세포의 한쪽 끝에 붙어 있는 긴 실 모양의 구조로 세포의 운동을 담당한다. 진핵 편모는 쌍으로 존재하는 18개의 주변섬유에 의해 둘러싸여 있는 두 개의 중심섬유(central fiber)를 포함한다. 섬유는 **미세튜불**(microtubule)이라 불리는 관상구조로 **튜불린**(tubulin)이라는 단백질로 구성되어 있다. 이러한 섬유집합체는 유기격자(organic matrix)에 파묻혀 있고 막으로 둘러싸여 있다.

진핵세포에서 **세포골격**(cytoskeleton)은 실 모양의 물질을 언급한 것으로, 세포의 내부 활동과 모양의 유지를 조절하는 내부구조를 제공한다. 이러한 미세 섬유체는 세포운동과 기계적 힘을 생물적 반응으로 전달하는 것과 세포분화 시 두 개의 딸세포로 염색체를 분리하는 현상에서 중요하다. 섬유체에는 세 가지 종류가 있다 — **액틴 섬유체**(actin filament), **중간 섬유체**(intermediate filament), **미세튜불**(microtubule).

섬모(cilia)의 구조는 편모와 비슷하나 훨씬 더 짧고 수가 많다. 원형동물 중 **섬모류**(ciliate)라 불리는 한 종류만이 섬모를 가지고 있다. *Paramecium* 속에 속하는 종들은 세포당 거의 10^4개의 섬모를 갖고 있다. 섬모를 가지는 생물체는 편모를 가진 것보다 훨씬 빠르게 움직인다.

이것으로 진핵세포 구조의 요약을 마치고, 지금부터는 현미경으로 관찰되는 진핵세포 구조에 대하여 알아보자.

진균류(fungi)는 자연에 널리 퍼져 있는 종속영양성(heterotroph)이다. 진균류는 박테리아보다 크며, 핵과 액포 같은 전형적인 내부 구조를 광학현미경으로 쉽게 관찰할 수 있다.

진균류의 두 가지 주요 종류는 효모(yeast)와 사상곰팡이(mold)이다.

효모(yeast)는 5 ~ 10 μm 크기의 작은 단일 세포이다. 효모세포는 보통 구형, 원통형, 또는 타원형이다. 효모는 무성 또는 유성생식을 할 수 있다. 무성생식은 출아 또는 분열에 의해 이루어진다. 출아(budding)에서는 작은 발아가 엄마세포 표면에 형성되어 이것이 점차적으로 커지면서 엄마세포로부터 분리된다. **분열**(fission)에 의한 무성생식은 박테리아와 유사하나 일부 효모에서만 일어난다. 분열할 때, 적당한 크기로 세포가 자라면 두 개의 동일한 세포로 나누어진다. 효모의 유성생식에서는 각각 염색체 한 벌씩을 가지는 두 개의 반수체 세포의 융합(fusion)에 의해서 접합체가 형성된다. 이배체 세포의 핵은 몇 차례 분열하여 **자낭포자**(ascospore)를 형성하는데, 각 자낭포자들은 결국 새로운 반수체 세포가 되고, 출아나 분열에 의해 생식을 하게 된다. 전형적인 효모세포의 생활주기를 그림 2.6에 나타내었다.

효모는 생식방법(예, **출아** 또는 **분열**)과 세포의 영양요구성을 기준으로 하여 분류한다. 가장 널리 이용되는 효모인 *Saccharomyces cerevisiae*는 혐기성 조건에서 알콜 발효(예, 포도주, 맥주, 위스키 제조)에 이용되고, 또한 호기성 조건에서는 빵 제조에 쓰인다.

사상곰팡이(mold)는 실 모양의 진균류로 균사체 구조를 가진다. **균사체**(mycelium)는 많은 핵을 가진 유동성 세포질을 포함하고 있으며, 많은 가지를 친 관 구조를 말한다. 균사체상의 길고 가는 실(filament)을 **균사**(hyphae)라 부른다. 균사체의 일부 가지는 공기 중에서

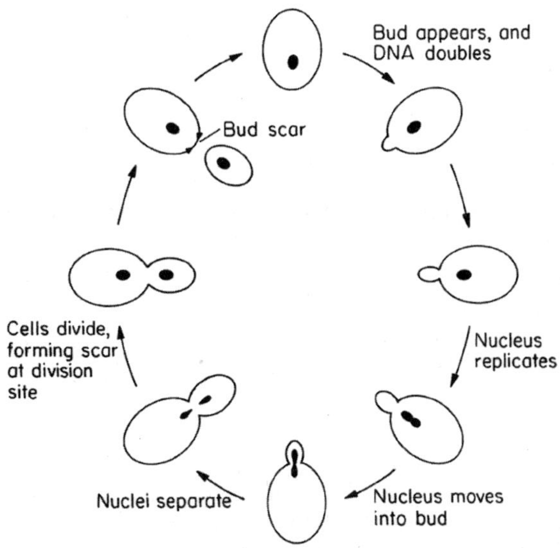

Figure 2.6. Cell-division cycle of a typical yeast, *Saccharomyces cerevisiae*. (With permission, from T. D. Brock, D. W. Smith, and M. T. Madigan, *Biology of Microorganisms*, 4th ed., Prentice Hall, Englewood Cliffs, NJ, 1984, p. 80.)

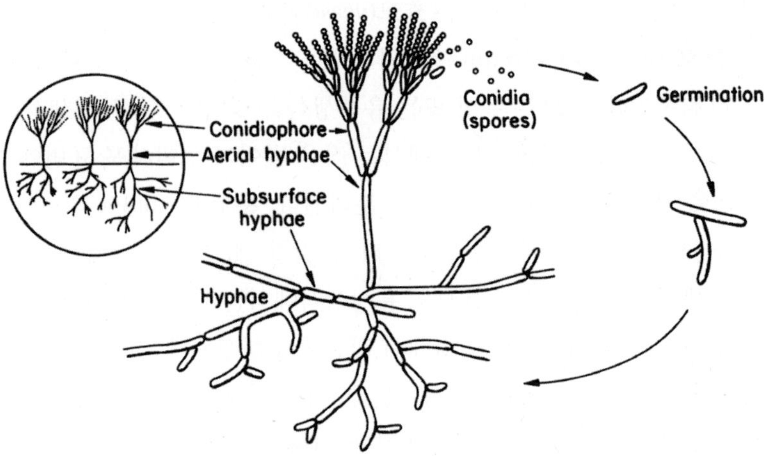

Figure 2.7. Structure and asexual reproduction of molds. (Thomas D. Brock, Katherine M. Brock, and David M. Ward, *Basic Microbiology with Applications*, 3d ed., © 1986. Reprinted and electronically reproduced by permission of Pearson Education, Inc., New York, NY.)

자라기도 하는데, 이러한 가지 위에는 **코니디아**(conidia)라 불리는 무성포자가 형성된다. 코니디아는 그 구조가 거의 구형이며, 종종 색깔을 띠기도 한다. 일부 곰팡이는 유성포자를 형성하며 유성생식을 한다. 이러한 포자들은 열, 냉해, 건조, 그리고 일부 화학약품에 저항성을 가진다. 곰팡이의 유성 · 무성포자들은 발아하여 새로운 균사를 형성할 수 있다. 그림 2.7에 곰팡이의 구조와 무성생식에 대해 나타내었다.

사상곰팡이는 보통 길고 가지가 많이 난 세포를 형성하는데, 습기와 영양분이 있는 고체표면에서 쉽게 자란다. 실 모양의 사상곰팡이의 전형적인 크기는 5 ~ 20 μm이다. 사상곰팡이가 침지배양(submerged culture)에서 자랄 때는 종종 세포집합체(cell aggregate)를 형성한다. 곰팡이 덩어리(pellet)의 전형적인 크기는 50 μm ~ 1 mm로 곰팡이의 종류와 생장조건에 따라 달라진다. 덩어리 형성은 덩어리 내로의 영양소(특히 산소) 전달 문제를 야기하지만 점도를 감소시켜 산소전달을 개선할 수 있다.

유성생식의 양상에 근거하여 진균류를 네 가지로 나눈다.

- 조균류(phycomycetes)는 조류와 같은 진균류이다. 그러나 엽록소가 없어 광합성을 할 수 없다. 물과 뭍에서 자라는 곰팡이가 이 부류에 속한다.
- 자낭균류(ascomycetes)는 자낭포자(ascospore)라고 불리는 유성포자를 형성하며, 이 포자는 낭(sac, 캡슐 구조) 안에 있다. *Neurospora*, *Aspergillus* 속의 일부 곰팡이와 효모가 이 부류에 속한다.

- 담자균류(basidiomycetes)는 담자포자(basidiospore)에 의해 생식하며, 이 포자는 담자(basidia)라고 불리는 특정한 세포의 줄기로부터 생성된다. 버섯이 이 부류에 속한다.
- 불완전균주(deuteromycetes(*Fungi imperfecti*))는 유성생식을 하지 않는다. 오직 무성생식하는 곰팡이가 이 부류에 속한다. 무좀을 일으키는 *Trichophyton* 같은 병원성 진균류가 이 부류에 속한다.

사상곰팡이는 구연산(*Aspergillus niger*)과 페니실린(*Penicillium chrysogenum*)과 같은 항생제를 생산하기 위해 이용된다. 곰팡이 발효는 발효산업의 큰 비중을 차지한다.

조류(algae)는 보통 단세포이다. 그러나 바다와 담수에서는 식물 같은 다세포 구조를 이룬다. 모든 조류는 광합성을 하며 녹색을 띠는 엽록체를 포함한다. 엽록체는 엽록소가 있는 장소이며 광합성을 한다. 전형적인 단세포 조류의 크기는 10 ~ 30 μm이다. 다세포 조류는 때때로 가지 친 또는 안 친 섬유상 구조를 하고 있다. 어떤 조류는 세포벽에 실리카 또는 칼슘탄산염을 가진다. 세포벽에 실리카를 함유하는 규조류(diatom)는 산업용 여과보조제로 쓰인다. *Chlorella, Scenedesmus, Spirullina, Dunaliella*와 같은 조류는 단세포 단백질 생산과 폐수처리에 이용된다. 아가(agar)나 알진산(alginic acid)과 같이 젤을 만드는 시약은 해양조류와 해초로부터 얻어진다. 어떤 조류는 갈색 또는 적색을 띠기도 한다. 어떤 미세 조류는 색소 때문에 많은 양의 기름(> 30%)을 축적하므로, 바이오디젤 생산을 위한 재생 가능한 플랫폼을 제공할 수 있기 때문에 상업적으로 관심이 높다.

원생동물(protozoa)은 이동성을 갖는 단세포 생물로, 세포벽이 없으며 비교적 큰(1 ~ 50 mm) 진핵세포이다. 원생동물은 박테리아와 같은 작은 미생물 또는 다른 먹이 입자를 섭취함으로써 먹이를 얻는다. 원생동물은 보통 단핵이며 유성 또는 무성생식을 한다. 원생동물은 그들의 운동성에 따라 분류된다. **아메바**(*amoebae*)는 아메바운동에 의해 움직이나, 이때 세포의 세포질은 허족(pseudopodium)을 형성하기 위해 앞으로 움직이고 세포의 나머지 부분은 이 돌출부(lobe)를 향해 움직인다. **편모류**(*flagellates*)는 편모를 사용하여 움직인다. *Trypanosome*는 편모로 움직이며 인간에게 많은 질병을 일으킨다. **섬모류**(*ciliates*)는 **섬모**라 불리는 세포 표면의 수많은 작은 부속기관에 의해 움직인다. *Sporozoan*은 비운동성이며 인간과 동물의 기생충이다. 이러한 원생동물은 먹이 입자를 삼키지 않고 용해된 영양분을 세포막을 통해 흡수한다. 원생동물은 말라리아나 이질과 같은 질병을 일으킨다. 원생동물은 생물 폐수처리 공정에서 폐수로부터 세균을 제거하여 맑은 배출물을 얻는 데 이로운 역할을 하기도 한다. 원생동물의 현미경 사진을 그림 2.8에 나타내었다.

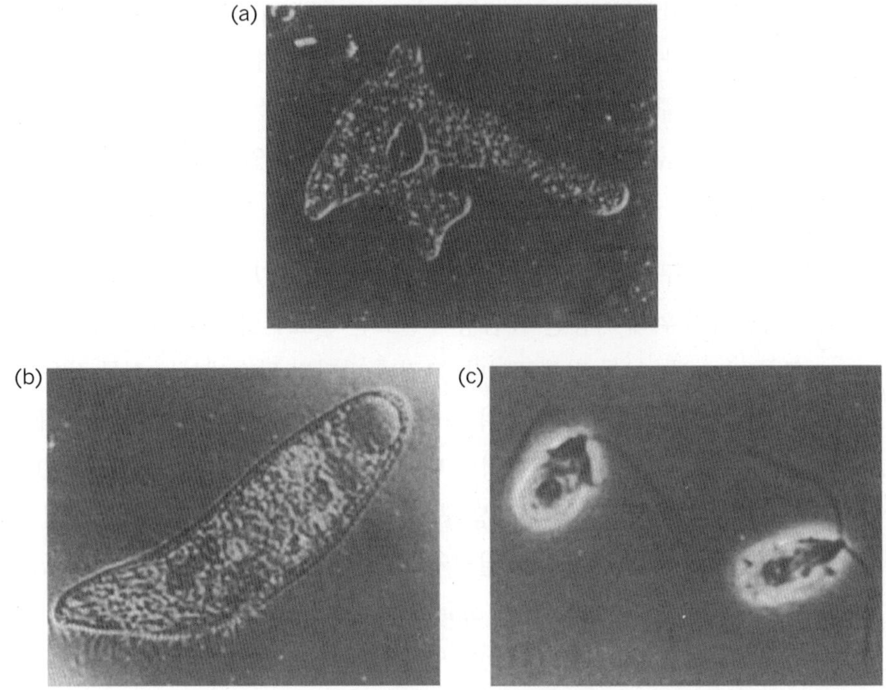

Figure 2.8. Microscopic images of protozoa. (a) An amoeba, *Amoeba proteus*. Magnification, 125X. (b) A ciliate, *Blepharisma*. Magnification, 120X. (c) A flagellate, *Dunaliella*. Magnification, 1900X. (Thomas D. Brock, Katherine M. Brock, and David M. Ward, *Basic Microbiology with Applications*, 3d ed., © 1986. Reprinted and electronically reproduced by permission of Pearson Education, Inc., New York, NY.)

2.2 세포 구조

살아 있는 세포는 단백질, 핵산, 다당류, 지질 및 기타 저장물질들(지방, polyhydroxybutyrate, 글리코겐)과 같은 고분자물질로 구성되어 있다. 이러한 생물고분자는 살아 있는 세포의 주요 구성요소이다. 예를 들면, 전형적인 박테리아 세포벽은 다당류, 단백질과 지질을 함유하고, 세포질은 단백질을 함유하며 이 중 대부분은 효소이다. 진핵세포의 경우, 세포핵은 대부분 DNA 형태로 핵산을 함유한다. 이러한 생물고분자 외에도 세포는 무기염(NH_4^+, PO_4^{3-}, K^+, Ca^{2+}, Na^+, SO_4^{2-}), 대사중간체(pyruvate, acetate) 그리고 비타민을 포함한다. 전형적인 박테리아 세포의 성분구성은 탄소 50%, 산소 20%, 질소 14%, 수소 8%, 인 3%, 황 1%이며, 그 외로 소량의 K^+, Na^+, Ca^{2+}, Mg^{2+}, Cl^- 그리고 비타민을 가진다.

세포 내의 거대분자들은 적당한 3차원 구조를 가졌을 때 비로소 기능을 발휘한다. 이 거대분자들 사이의 상호작용은 매우 복잡하다. 각각의 거대분자들은 세포 내 세포소기관의

한 부분이며 독특한 조건에서 기능을 나타낸다. 한 세포소기관에서 다른 세포소기관으로의 정보전달은(예, 핵에서 리보솜으로) 특별한 분자(예, mRNA)에 의해 매개된다. 대부분의 효소들과 중간대사물질들은 세포질 내에 존재한다. 그러나 미토콘드리아와 같은 일부 세포소기관들은 효소와 대사산물들을 함유한다. 살아 있는 세포는 2,000가지 이상의 반응이 일어나는 매우 복잡한 반응기로 볼 수 있다. 이러한 반응들(대사 경로)은 매우 복잡한 양상으로 서로 연결되어 있고 통제된다.

생물시스템의 복잡성에도 불구하고 생물시스템의 이해는 다음과 같은 여러 수준으로 분석 가능하며, 단순화할 수 있다 — 분자수준(분자생물학, 생화학), 세포수준(세포생물학, 미생물학), 개체수준(미생물학, 생태학), 생산수준(생물공정공학). 시스템 생물학(system biology)으로 알려진 새로운 학문분야는 생물학적 시스템 내에서의 상호작용을 연구하기 위하여 전통적인 환원주의적 방법 대신에 전체론적 접근법(holisticism)을 사용하여 이러한 복잡성을 이해하고자 한다. 이 절에서는 주로 생체분자의 구조와 기능에 대하여 설명할 것이다.

2.2.1 아미노산과 단백질

단백질은 살아 있는 세포 내에서 건조균체량의 40 ~ 70%를 차지하는 가장 양이 많은 유기분자이다. 단백질은 아미노산 단위체들로 이루어진 고분자이다. 단백질의 분자량은 6,000 ~ 수십만이다. α-아미노산은 단백질의 구성체로서 적어도 하나의 카르복실기와 하나의 α-아미노기를 가지고 있지만 R기 또는 측면사슬(side chain)의 구조는 서로 다르다.

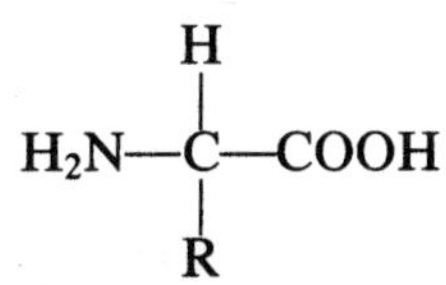

L-amino acid

아미노산의 서열이 단백질의 **1차**구조를 결정하지만 **2차**와 **3차**구조는 여러 가지 측면기 간의 약한 결합들에 의해 결정된다. 최종 3차구조는 단백질의 생물학적 활성에 중요하다. 단백질구조의 두 가지 주요한 형태는 섬유상단백질(fibrous protein)과 구상단백질(globular protein)이다. 그림 2.9는 섬유상단백질과 구상단백질의 예를 보여 준다. 단백질은 다양한 생물학적 기능을 가지며 기능에 따라 다섯 가지로 분류된다.

- 구조단백질: 콜라겐, 엘라스틴, 케라틴
- 촉매단백질: 아밀레이스, 카탈레이스, 라이소자임, 펩신

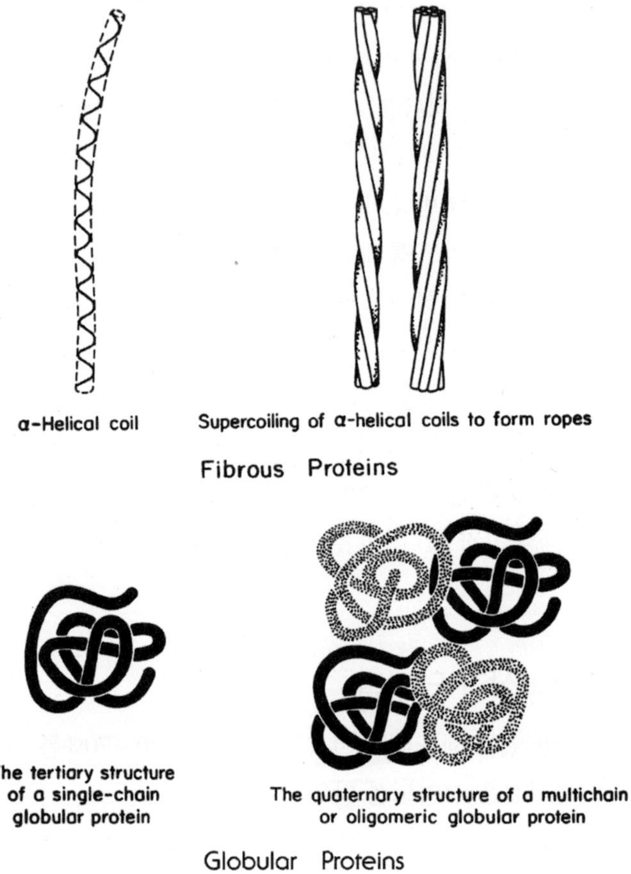

Figure 2.9. Fibrous and globular proteins. (From *Lehninger Principles of Biochemistry*, 6th ed., by David L. Nelson et al., Copyright 2013. All rights reserved. Reprinted by permission of W. H. Freeman.)

- 운반단백질: 아쿠아포린, 도파민 수송체, 헤모글로빈, 혈청 알부민
- 조절단백질: 인간성장호르몬, 인슐린 시그마 인자, 전사 인자
- 면역단백질: 항체, 트롬빈

효소는 단백질 중 가장 많은 부분을 차지한다. 2,000가지 이상의 효소들이 알려져 있다. 효소의 기능은 매우 특이적이며 굉장한 촉매력을 가진다. 효소 분자 하나하나는 촉매반응 중 특정기질과 결합하는 **활성부위**(active site)를 가진다. 어떤 효소는 세포반응을 조절하기 때문에 **조절**효소라 불린다. 대부분의 효소는 구상단백질이지만, 일부는 세포막에 존재하는 **필수 막 단백질**(integral membrane protein)로 알려졌다.

단백질의 구성체는 α-아미노산이다. 폴리펩타이드에 자연적으로 결합될 수 있는 22개

의 공통 아미노산이 있으며, proteinogenic 또는 천연아미노산(natural amino acid)이라고 불린다. 이들 중 20개는 보편적인 유전 암호에 의해 암호화되고, 나머지 2개, 셀레노시스테인(selenocysteine)과 피롤리신(pyrrolysine)(각각 시스테인 및 라이신의 유도체임)은 독특한 합성 메커니즘에 의해 단백질로 합성된다. 단백질에서 발견되는 20개의 일반적인 아미노산의 목록은 표 2.4에 나와 있다. 아미노산은 α-탄소에 부착된 R기에 의해 명명된다. 아미노산은 광학적 활성이 있고 두 가지의 이성체가 존재한다.

TABLE 2.4. Chemical Structure of 20 Amino Acids of the General Structure

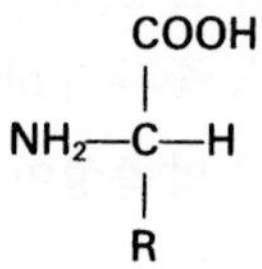

R Group	Name	Abbreviation	Symbol	Class
—H	Glycine	GLY	G	Aliphatic
—CH_3	Alanine	ALA	A	
—$CH(CH_3)_2$	Valine	VAL	V	
—$CH_2CH(CH_3)_2$	Leucine	LEU	L	
—$CHCH_3CH_2CH_3$	Isoleucine	ILU	I	
—CH_2OH	Serine	SER	S	Hydroxyl or sulfur containing
—$CHOHCH_3$	Threonine	THR	T	
—CH_2SH	Cysteine	CYS	C	
—$(CH_2)_2SCH_3$	Methionine	MET	M	
—CH_2COOH	Aspartic acid	ASP	D	Acids and corresponding amides
—CH_2CONH_2	Asparagine	ASN	N	
—$(CH_2)_2COOH$	Glutamic acid	GLU	E	
—$(CH_2)_2CONH_2$	Glutamine	GLN	Q	
—$(CH_2)_3CH_2NH_2$	Lysine	LYS	K	Basic
—$(CH_2)_3NHCNHNH_2$	Arginine	ARG	R	
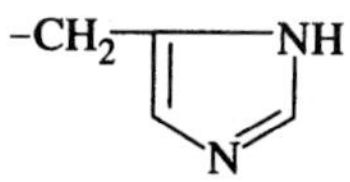	Histidine	HIS	H	
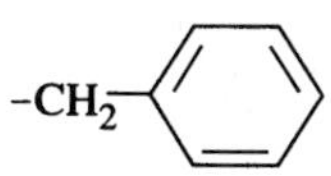	Phenylalanine	PHE	F	Aromatic
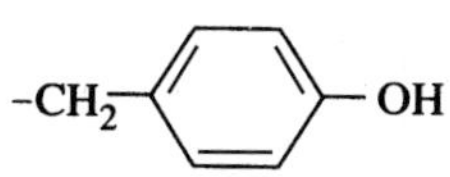	Tyrosine	TYR	Y	
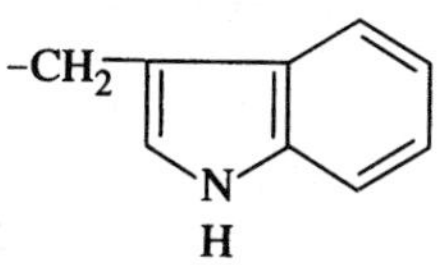	Tryptophan	TRP	W	
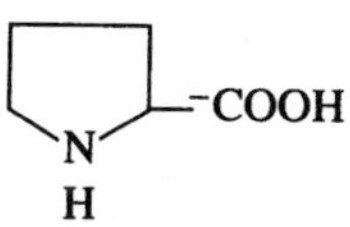	Proline	PRO	P	Amino acid

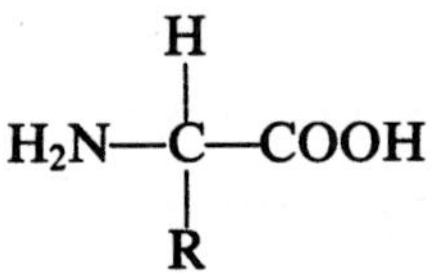

L-amino acid

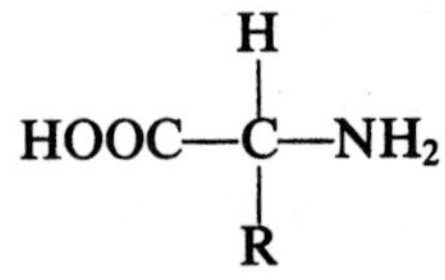

D-amino acid

단백질에는 L-아미노산만이 존재한다. D-아미노산은 자연계에서 드물게 존재한다 — 미생물의 세포벽이나 항생물질에서 발견된다.

아미노산은 산성기(—COOH)와 염기(—NH_2)를 가지고 있다. 산성기는 낮은 pH에서는 중성(—COOH)이나, 높은 pH에서는 음전하(—COO^-)를 띤다. 중간의 pH값에서는 아미노산이 양과 음으로 하전된 기를 동시에 가지며 이런 쌍극분자를 **양쪽성이온**(zwitterion)이라 부른다.

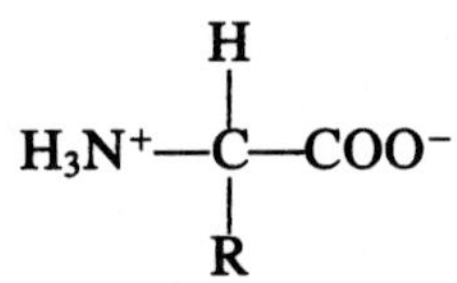

zwitterion

아미노산의 알짜전하가 0이 되는 pH값을 **등전점**(isoelectric point)이라고 부르며 이것은 아미노산의 R기에 따라 달라진다. 등전점에서는 아미노산이 전기장에서 이동하지 않는다. 등전점의 성질을 이용하여 단백질 정제공정을 개발할 수 있다.

단백질은 아미노산의 공유결합으로 연결된 선형사슬이다. 두 아미노산의 축합반응으로 **펩타이드 결합**(peptide bond)이 형성된다.

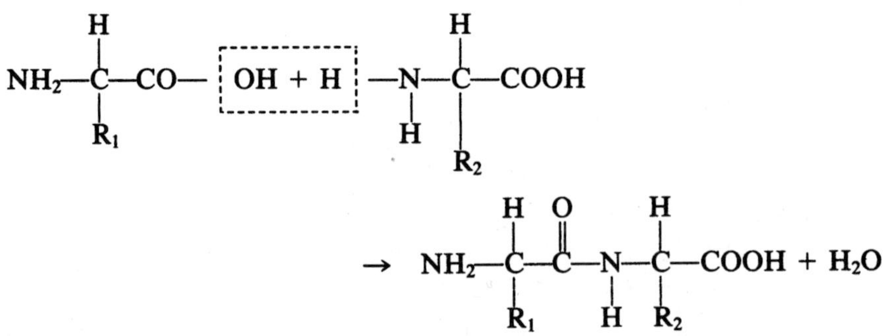

(2.1)

펩타이드 결합은 평면적이다. 펩타이드는 펩타이드 결합에 의해 연결된 두 개 또는 여러 개의 아미노산을 함유한다. 폴리펩타이드는 보통 50개 이하의 아미노산을 가진다. 이것들보다 더 많은 아미노산 사슬을 가진 경우 **단백질**(protein)이라 한다. 많은 단백질은 아미노산 이외에 유기 또는 무기성분을 가진다. 이러한 성분들을 **보결분자단**(prosthetic group)이라 하고, 보결분자단을 함유한 단백질을 **접합단백질**(conjugated protein)이라 한다. 헤모글로빈은 접합단백질이고 네 개의 헴(heme) 분자를 가지며 철을 함유한 유기금속 복합체이다.

단백질의 3차원 구조는 네 가지 단계로 설명된다.

- **1차구조**(primary structure): 단백질의 1차구조는 아미노산의 직선배열순서이다. 각각의 단백질은 한정된 아미노산 조성뿐만 아니라 독특한 서열을 가진다. 단백질의 1차구조(아미노산 서열)는 3차구조 결정에 지대한 영향을 주므로 단백질의 기능에도 영향을 미친다.
- **2차구조**(secondary structure): 2차구조는 폴리펩타이드 사슬이 확장된 방법을 말하며, 가까이 있는 잔기들 사이의 수소결합의 결과이다. 2차구조의 두 가지 주요 형태는 헬릭스(helix)와 병풍(sheet) 구조이다. 헬릭스 구조에는 α-헬릭스 구조 또는 3중 헬릭스 구조가 있다. α-헬릭스(α-helix) 구조에서는 그림 2.10에 나타낸 바와 같이 한 잔기의 α-카르복실기와 사슬 아래쪽으로 네 번째의 NH기 사이에 수소결합이 일어날 수 있다. 콜라겐에 존재하는 3중 헬릭스 구조는 초헬릭스(superhelix) 형태로 서로 엉킨 세 개의 α-헬릭스로 이루어져 있다. 3중 헬릭스 구조는 딱딱하고 신축저항성을 가지고

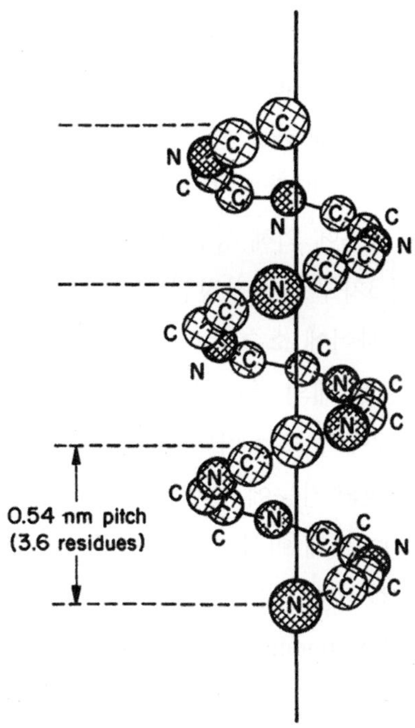

Figure 2.10. The α-helical structure of fibrous proteins.

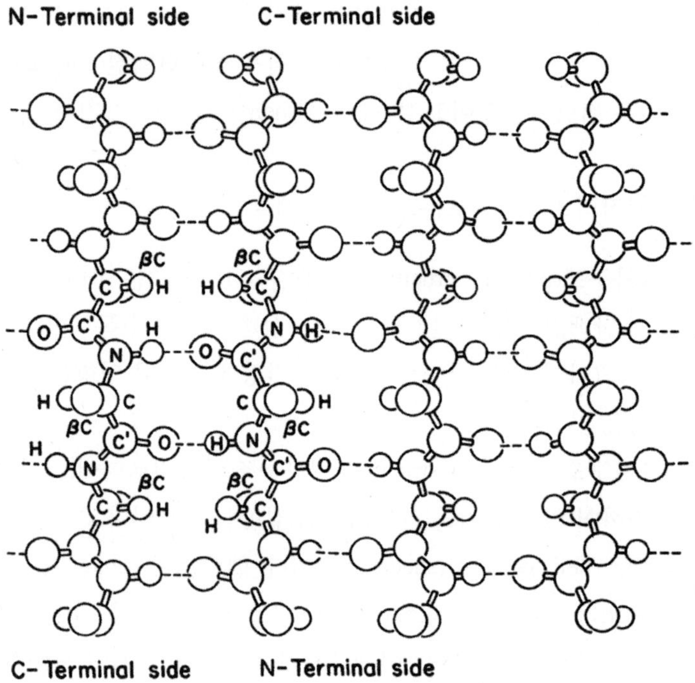

Figure 2.11. Representation of an antiparallel β-pleated sheet. Dashed lines indicate hydrogen bonds between strands.

있다. α-헬릭스 구조는 수소결합이 안정적이지 못하기 때문에 쉽게 변형될 수 있다. 그러나 병풍구조(β-주름평면, β-pleated sheet)는 이보다 안정적이다. 평행사슬 간의 수소결합은 병풍구조를 안정적이게 하고 신축저항성을 증가시킨다(그림 2.11).

- **3차구조**(tertiary structure): 사슬을 따라 멀리 떨어진 R기 간의 상호작용의 결과로 생긴 구조이다. R기 간의 상호작용에 의해 생긴 아미노산 사슬의 접힘(folding)과 굽음(bending)에 의해서 단백질의 3차구조가 결정된다. R기들은 공유결합, 이황화결합, 수소결합 등을 한다. 또한 R기 사이에 소수성 작용과 친수성 작용이 일어나기도 한다. 이황화결합(disulfide bond)은 두 개의 폴리펩타이드 사슬(예, 인슐린)을 연결시킬 수 있다. 이황화결합은 그림 2.12에서 보는 바와 같이 적절한 사슬 접힘에 매우 중요하다. 단백질의 3차구조가 단백질의 기능에 미치는 영향은 매우 크다.
- **4차구조**(quaternary structure): 두 개 이상의 폴리펩타이드를 갖는 단백질만이 4차구조를 이룬다. 폴리펩타이드 간의 상호작용에 의하여 4차구조가 결정된다(그림 2.9). 헤모글로빈은 네 개의 소단위체(subunit)를 가졌으며 이 소단위체들 간 결합의 결과로 4차구조가 생긴다. 폴리펩타이드 사슬 간의 힘은 이황화결합이거나 다른 약한 결합

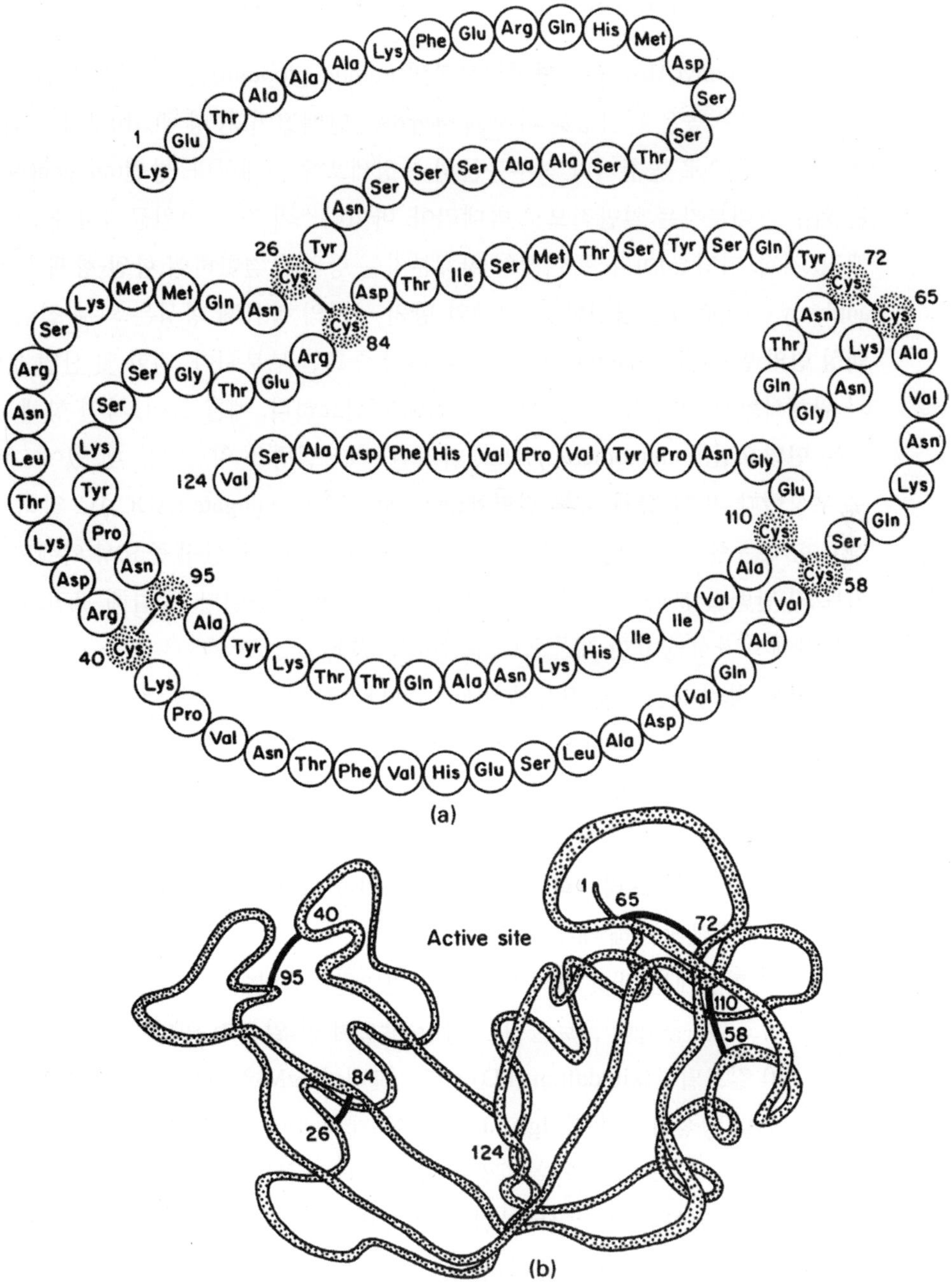

Figure 2.12. Structure of the enzyme ribonuclease. (a) Primary amino acid sequence, showing how sulfur–sulfur bonds between cysteine residues cause folding of the chain. (b) The three-dimensional structure of ribonuclease, showing how the macromolecule folds so that a site of enzymatic activity is formed, the active site. (Thomas D. Brock, Katherine M. Brock, and David M. Ward, *Basic Microbiology with Applications*, 3d ed., © 1986. Reprinted and electronically reproduced by permission of Pearson Education, Inc., New York, NY.)

이다. 효소의 소단위체 구조는 촉매활성도의 조절에서 중요한 역할을 한다.

항체(antibody(Ab)) 또는 **면역글로불린**(immunoglobulin)은 특정한 분자나 큰 분자의 일정부분에 매우 높은 특이성을 가지고 결합하는 단백질이다. 항체(Ab)분자는 외부 거대분자에 대한 반응으로 혈청이나 척추동물의 특정세포에 존재한다. **항원**(antigen(Ag))이라 불리는 외부 거대분자는 일반적으로 박테리아, 바이러스와 같은 병원균이거나, 그 구성성분(단백질, 지질, 다당류)이다. 특이적인 항체분자는 항원과 결합하여 **항원-항체 복합체**(antigen-antibody complex)를 형성한다. 항체와 항원 사이의 복합체 형성은 외부 침입자에 대한 **체액성 면역 반응**(humoral immune response)의 중요한 부분이다. 의학 및 산업 분야에 응용하기 위해서는 이러한 상호작용에 대한 이해가 필요하다. 예를 들어, 자연 항체 및 조작된 항체는 **면역요법**(immunotherapy)으로 다양한 인간 질병을 치료하는 데 있어 강력한 방법으로 부상했다. 또한 **항체-약물 접합체**(antibody-drug conjugate (ADC))로 알려진 일종의 조작된 항체는 항암제 전달에 있어 중요한 요소가 되었다. 임상적 중요성 외에도 항체는 진단키트 및 단백질 분리 방법에 사용되는 중요한 산업 제품이다. 종합해 보면, 항체는 생물공학분야에서 가장 중요한 제품으로 부상하고 있다.

항체와 항원 분자는 **공간상보성**(lock and key)에 의해 상호작용한다. 즉, 항체는 **항원결정부**(epitope)(항체에 의해 인식되는 불연속적으로 배열된 표면 부위)의 구조적 특징에 상호보완적이고 특이적인 결합부위를 가지고 있다. 항체분자는 통상 두 개의 결합부위가 있으며, 항원과 항체분자가 번갈아 가면서 3차원 격자를 형성할 수 있다. 이 복합체는 혈청에서 침전하고 이것을 **프리시피틴**(precipitin)이라 한다. 항체는 항체-항원 복합체 생성을 유발하는 외부단백질에 대해 매우 특이적이다.

사람의 혈장에는 다섯 개의 대표적인 면역글로불린이 있다. IgG, lgA, lgD, lgM과 lgE가 그것이고, 이 중 lgG 글로불린이 가장 많으며 잘 알려져 있다. 면역글로불린의 분자량은 약 150 킬로달톤(kilodalton (kD))이다. 그러나 IgM은 900 kD의 분자량을 갖는 5량체(pentamer)를 형성하는 반면, IgA(sIgA)는 두 개의 추가 사슬에 의해 연결된 2~4개의 IgA 단량체로 구성되고 385 kD의 분자량을 갖는 상태로 분비된다. 1 **달톤**(dalton)은 수소원자와 동량인 질량단위이다. 면역글로불린은 네 개의 폴리펩타이드 사슬을 가지고 있다 — 두 개의 무거운(H) 사슬(약 430개의 아미노산)과 두 개의 가벼운(L) 사슬(214개의 아미노산). 이 사슬들은 Y형이며 휘기 쉬운 구조로(그림 2.13) 이황화결합에 의해 서로 연결되어 있고 또한 **글리칸**(glycan)으로 알려진 올리고당 성분과 공유결합을 하고 있다. 각각의 사슬에는 일정한 아미노산 서열을 갖는 부분과 아미노산 서열이 변하는 부분이 있다. 항체분자는 항원

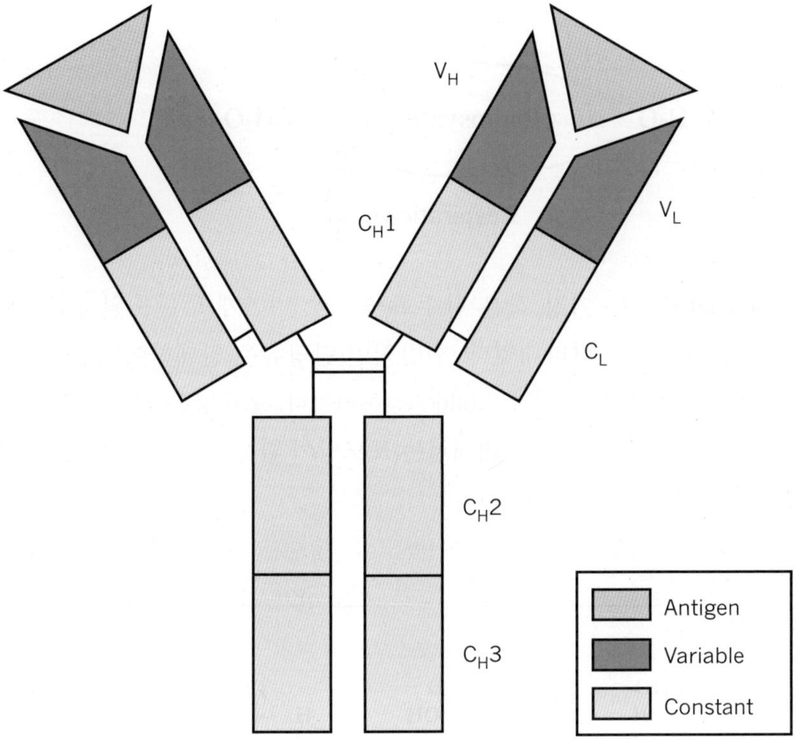

Figure 2.13. Immunoglobulin G structure. (Thomas D. Brock, Katherine M. Brock, and David M. Ward, *Basic Microbiology with Applications*, 14th ed., © 2015. Reprinted and electronically reproduced by permission of Pearson Education, Inc., New York, NY.)

과 결합하는 두 개의 부위를 갖고 있다. L사슬과 H사슬 중 변화부분이 결합부위에 해당한다. 이 변화부위에는 아미노산 치환빈도가 높은 **초변화 영역**(hypervariable region) 또는 **상보적 결정 영역**(complementarity determining region (CDR))이 포함된다.

세포가 어떻게 항체를 생성하는지에 관한 연구는 세계적으로 활발하게 행해지고 있다. 최근에는 항체에 세포 침투, 다중 항원 표적화(예, abzyme)를 포함한 새로운 촉매 활성을 부여하는 방법에 대한 연구결과가 발표되었다. 단백질공학의 새로운 발전 기술과 항체를 접합시킴으로써 특정 세포나 조직에 전달할 수 있는 매우 특이적인 촉매의 개발이 가능해졌다.

2.2.2 탄수화물: 단당류와 다당류

탄수화물은 세포의 구조물질과 저장물질로서 중요한 역할을 한다. 탄수화물은 동물과 식물에서 화학적 신호현상을 조절하는 역할도 한다. 탄수화물은 일반식 $(CH_2O)_n (n \geq 3)$으로 나타내고 광합성에 의해 만들어진다.

CO_2 기체와 H_2O는 태양광선 존재 시 광합성에 의하여 당으로 전환되고, 나아가 중합되어 셀룰로오스나 전분과 같은 다당류가 된다.

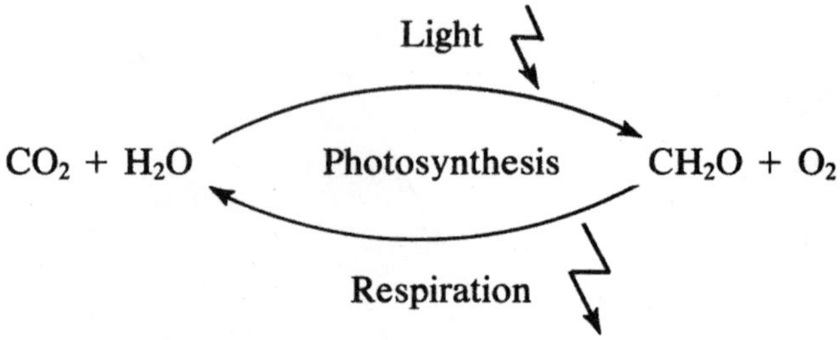

단당류(monosaccharides)는 가장 작은 탄수화물로서 3 ~ 9개의 탄소원자를 함유한다. 일반적인 단당류를 표 2.5에 나타내었다. 일반적인 단당류는 알데하이드형이거나 케톤형이다. 예를 들면, 포도당은 알도헥소스(aldohexose)이다. 포도당은 직선형 또는 환형(pyranose) 구조로 존재할 수 있다. 용액상태에서는 포도당이 환형으로 존재한다. L형은 생물계에서 그 역할이 미미하다.

TABLE 2.5. Common Monosaccharides

I. Aldoses

a. D-Hexoses

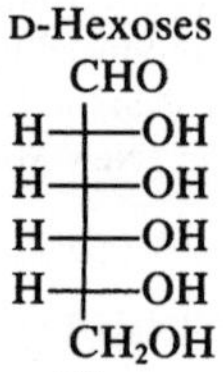
D-Allose

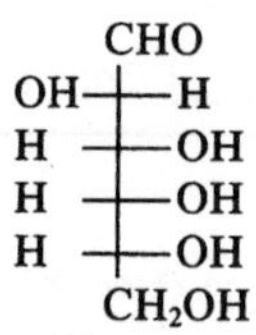
D-Altrose

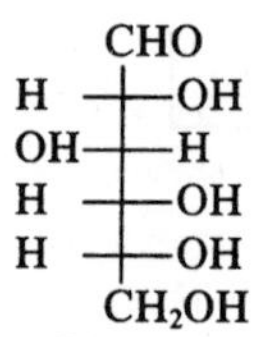
D-Glucose

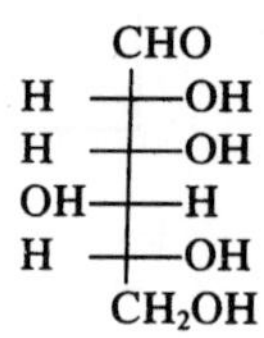
D-Gulose

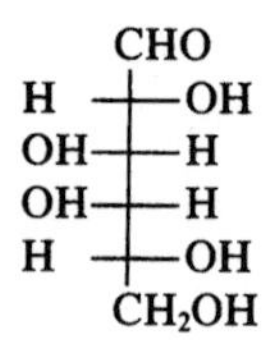
D-Galactose

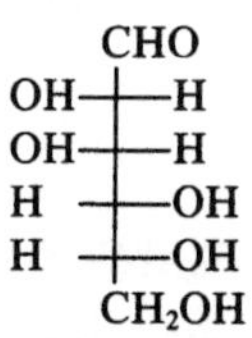
D-Mannose

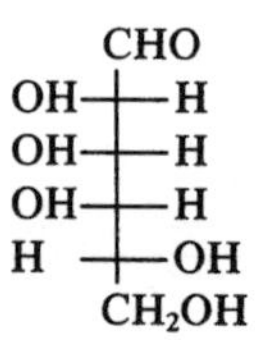
D-Talose

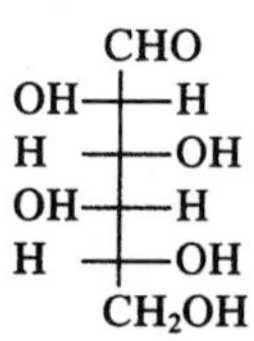
D-Idose

b. D-Pentoses

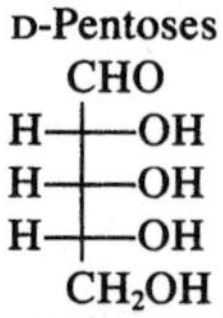
D-Ribose

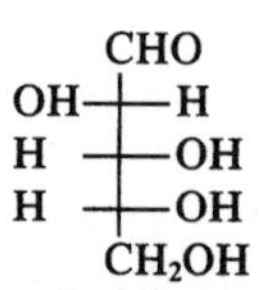
D-Arabinose

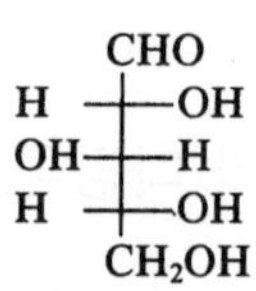
D-Xylose

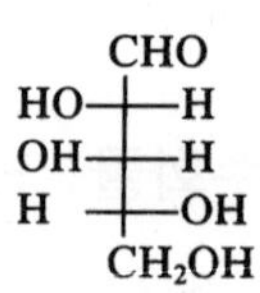
D-Lyxose

c. D-Tetroses

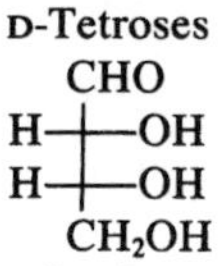
D-Erythrose

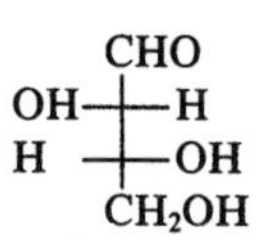
D-Threose

(Continued)

TABLE 2.5. *(Continued)*

d. D-Trioses

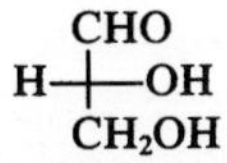

D-Glyceraldehyde

II. Ketoses

a. Ketohexoses

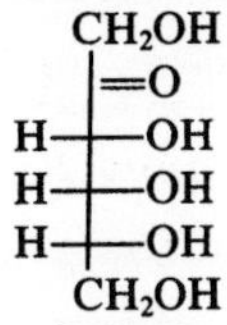

D-Psicose

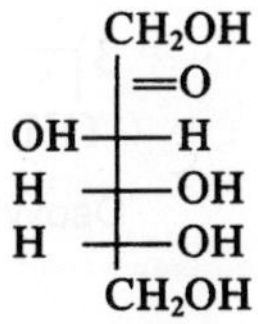

D-Fructose

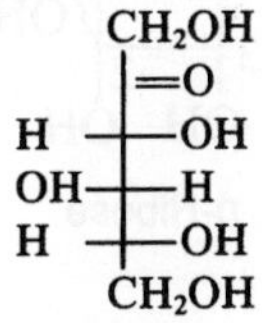

D-Sorbose

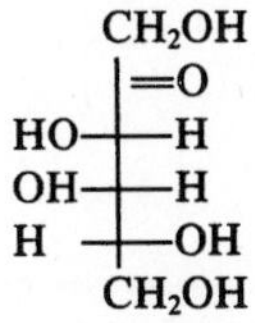

D-Togatose

b. Ketopentoses

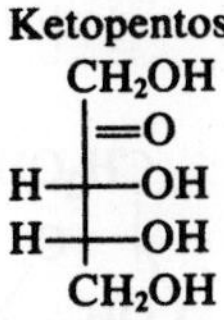

D-Ribulose

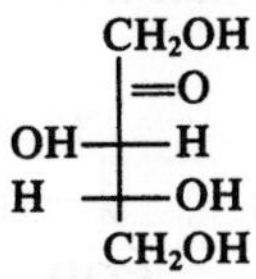

D-Xylulose

c. Ketotetroses

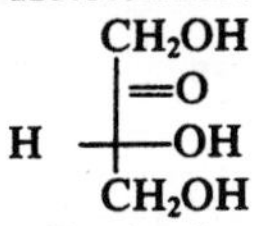

D-Erythrulose

d. Ketotriose

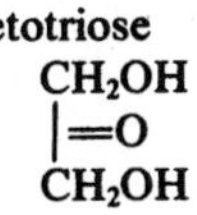

Dihydroxyacetone

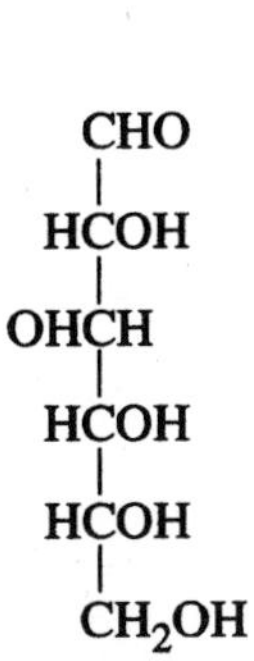

D-Glucose, linear structure

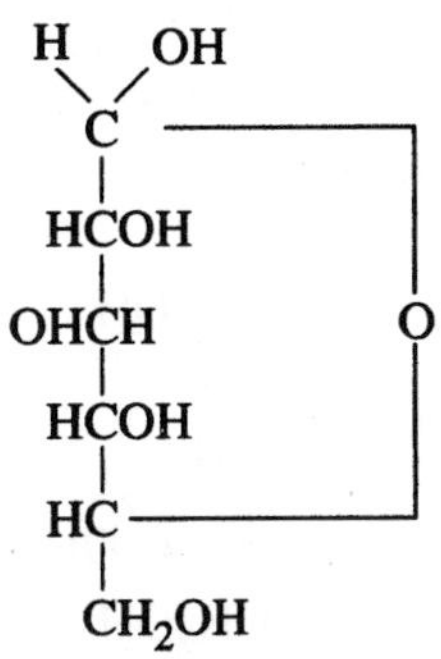

D-Glucose, ring (pyranose) structure

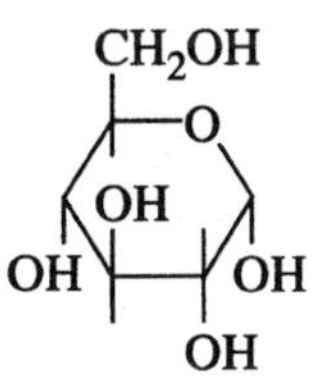

α-D-Glucose

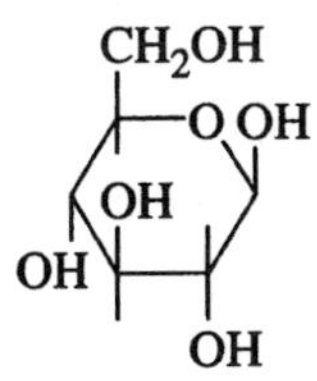

β-D-Glucose

단당류에서 특별히 중요한 것은 D-리보스(D-ribose)와 디옥시리보스(deoxyribose)이다. 이것들은 5개의 탄소원자를 갖는 환형 구조의 당분자이고, DNA와 RNA의 필수적인 구성 성분이다.

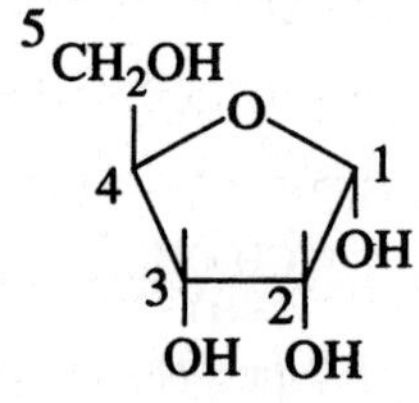

D-Ribose

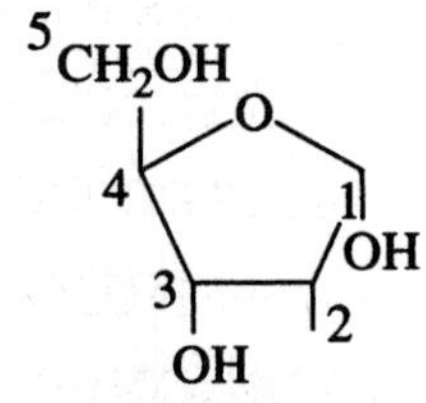

Deoxyribose

이당류(disaccharides)는 두 개의 단당류의 축합으로 생성된다. 예를 들면, 맥아당은 두 개의 포도당 분자가 α-1,4 글리코시딕 결합(glycosidic linkage)에 의해 축합되어 생성된다.

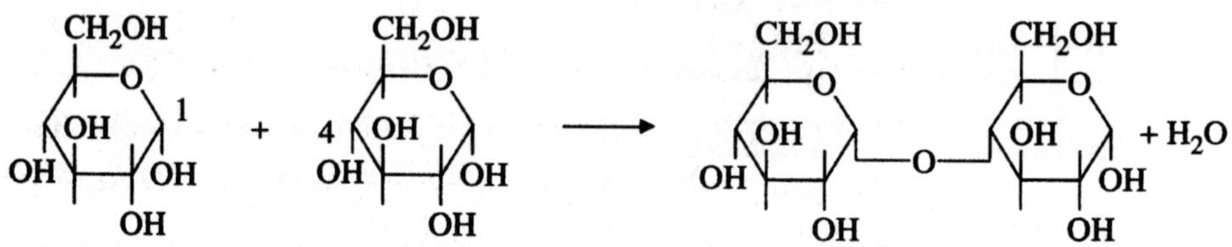

α-D-Glucose α-D-Glucose α-Maltose

수크로오스(sucrose)는 α-D-포도당과 β-D-과당(fructose)의 이당류이고, 유당(lactose)은 β-D-포도당과 β-D-갈락토오스의 이당류이다.

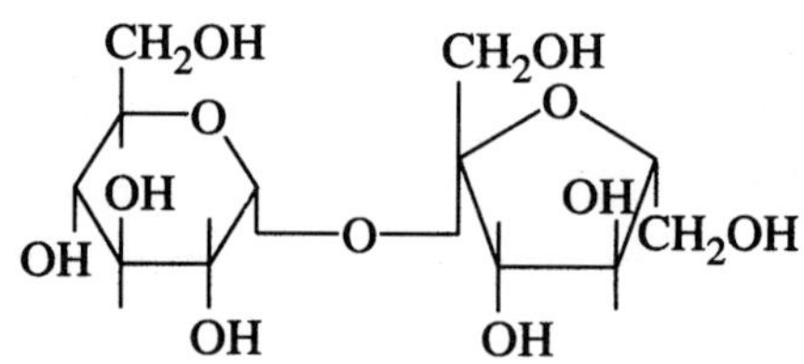

α-D-Glucose β-D-Fructose

Sucrose

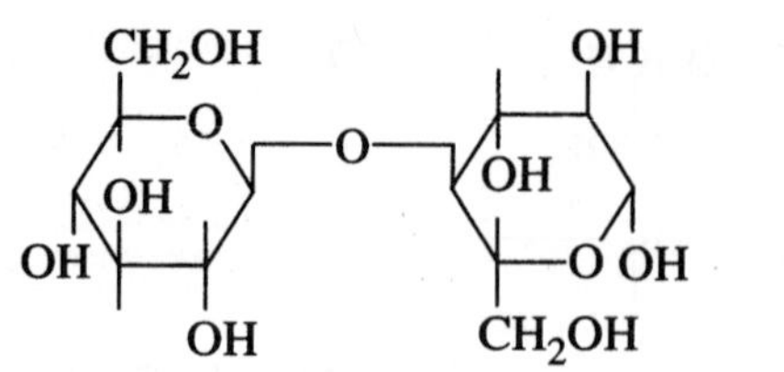

β-D-Glucose β-D-Galactose

Lactose

유당은 우유와 유청에서 발견되고 수크로오스는 광합성 식물에서 발견되는 중요한 당이다. 유청 이용은 생물공학의 주요한 과제로 남아 있고 수크로오스는 인공배지의 주요한 성분이다.

다당류(polysaccharide)는 두 개 이상의 단당류가 글리코시딕 결합에 의한 축합으로 형성되며, 선형 및 분지형 구조로 결합된다. 다당류 가공산업에 효소공정과 생물화학공학이 광범위하게 활용된다.

아밀로오스(amylose)는 포도당 분자가 α-1,4 글리코시딕 결합에 의해 연결된 직선사슬이다. 아밀로오스의 분자량은 수천에서 50만 달톤 사이이다. 아밀로오스는 불용성이며 전분의 약 20%를 차지한다.

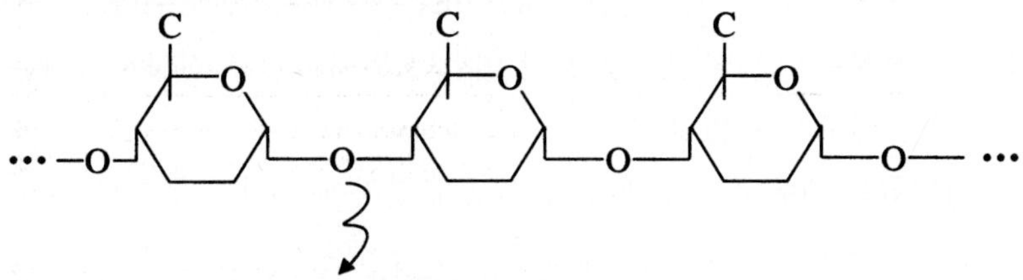

α-1,4-Glycosidic linkages

아밀로펙틴(amylopectin)은 D-포도당 분자들의 분지된 사슬이다. 분지는 한 사슬의 글리코시딕 —OH와 또 다른 포도당의 —6번 탄소가 α-1,6 글리코시딕 결합하여 생긴다.

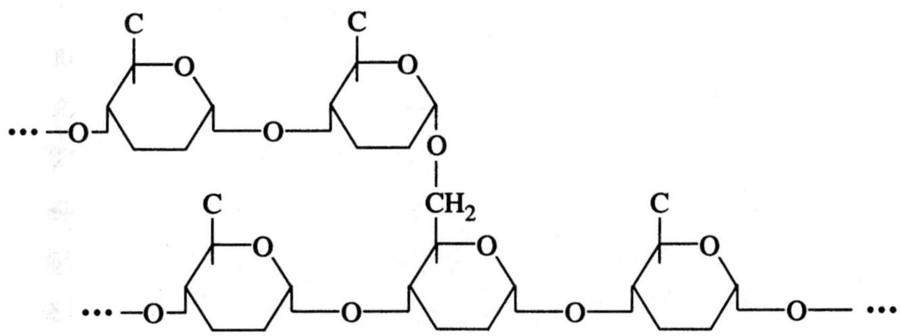

아밀로펙틴은 분자량이 1~2백만 달톤 정도로 아밀로오스보다 훨씬 크다. 아밀로펙틴은 수용성이다. 전분의 부분 가수분해(산 또는 효소적)는 포도당, 맥아당, 아밀로펙틴의 분지된 부분인 덱스트린(dextrin)을 생성한다. 덱스트린은 보강재(thickener)로 쓰인다.

글리코겐(glycogen)은 아밀로펙틴과 닮은 포도당의 분지된 사슬이다. 글리코겐은 많이 분지되어 있고 직선사슬상에 약 12개의 포도당을 가지고 있다. 전형적인 글리코겐의 분자량은 5×10^6 달톤 이하이다.

셀룰로오스(cellulose)는 분자량이 5만에서 1백만 달톤 정도이며 D-포도당으로 구성된 길고 분지되지 않은 사슬이다. 셀룰로오스에서의 포도당 단위체 사이의 결합은 β-1,4 글리코시딕 결합이다.

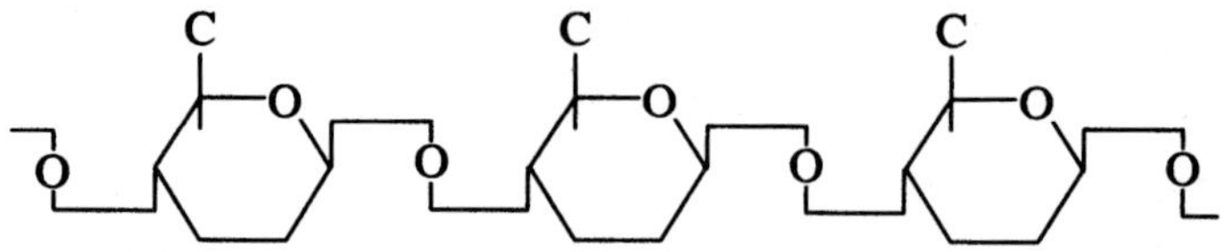

효소에 의한 β-1,4 글리코시딕 결합의 가수분해는 매우 어렵다. 오직 몇 종류의 미생물만이 셀룰로오스의 β-1,4 글리코시딕 결합을 가수분해할 수 있다. 상대적으로 전분과 글리코겐의 α-1,4 글리코시딕 결합은 효소 또는 산가수분해가 쉽다. 효과적인 셀룰로오스 가수분해는 셀룰로오스 물질을 유용한 연료나 화학물질로 전환시키려는 시도에 있어서 가장 어려운 문제로 남아 있다.

다당류는 자유로운 형태나 다른 생체 분자에 부착된 형태로 존재할 수 있다. 접합체로서, 다당류 또는 글리칸은 생체 분자에 부가적인 정보층을 추가함으로써 단백질 구조와 기능 조절 및 세포 표면 특성 변경과 같은 다양한 생물학적 역할을 한다. 글리칸이 효소의 작용에 의해 다른 생체 분자의 히드록실기 또는 다른 작용기(예, 단백질, 지질)에 부착하는 것을 **당쇄반응**(glycosylation)이라고 한다. 단백질에 글리칸이 부착되면 글리칸은 단백질의 접힘, 안정성, 분자 상호 작용 및 품질 관리에 영향을 미칠 수 있다. 효모가 다세포 진핵생물들보다 적은 양의 당단백질을 가지고 있음에도 불구하고, 모든 진핵생물의 절반 이상의 단백질이 당화된 것으로 예측된다. 효모의 경우 다세포 진핵생물보다는 적은 양의 당단백질을 갖고 있다. 이러한 사실을 바탕으로 한다면 승인되었거나, 임상 및 전임상 개발 상태에 있는 치료용 단백질 중 약 70%의 치료용 단백질이 당단백질이라는 것은 놀랍지가 않다.

2.2.3 지질, 지방, 스테로이드

지질(lipid)은 물에 녹지 않는 소수성의 생체물질이지만 벤젠, 클로로포름, 에테르와 같은 비극성 용매에는 녹는다. 지질은 흔히 세포막과 같은 비수성 생체상에 존재한다. 지방은 생체의 연료저장 역할을 담당하는 지질이다. 지질단백질과 지질다당류도 다른 종류의 지질로서 세포생체막에 존재한다. 세포는 온도변화에 대처하거나(적어도 부분적으로) 에탄올과 같은 화학물질의 존재 시 내성 증가를 위해 세포막의 지방 혼합률을 바꾸기도 한다.

대부분의 지질의 주요 구성성분인 **지방산**(fatty acid)은 말단에 카르복실기(친수성)를 가진 탄화수소(소수성)의 직선사슬이다. 전형적인 지방산은 다음과 같이 나타낸다.

$$CH_3-(CH_2)_n-COOH$$

n 값은 보통 12에서 20 사이이다. 불포화지방산은 올레산(oleic acid)과 같이 2중(—C = C—)결합을 가지고 있다.

$$\text{Oleic aid:}\quad CH_3-(CH_2)_7-HC=CH-(CH_2)_7-COOH$$

일반적인 지방산은 표 2.6에 나타내었다. 지방산의 탄화수소 사슬은 소수성(불용성)이지만 카르복실기는 친수성(수용성)이다.

지방(fat)은 글리세롤과 지방산의 에스터(ester)이다. 지질분자는 아래와 같은 반응에 의

TABLE 2.6. Examples of Common Fatty Acids

Acid	Structure
Saturated fatty acids	
Acetic acid	CH_3COOH
Propionic acid	CH_3CH_2COOH
Butyric acid	$CH_3(CH_2)_2COOH$
Caproic acid	$CH_3(CH_2)_4COOH$
Decanoic acid	$CH_3(CH_2)_8COOH$
Lauric acid	$CH_3(CH_2)_{10}COOH$
Myristic acid	$CH_3(CH_2)_{12}COOH$
Palmitic acid	$CH_3(CH_2)_{14}COOH$
Stearic acid	$CH_3(CH_2)_{16}COOH$
Arachidic acid	$CH_3(CH_2)_{18}COOH$
Behenic acid	$CH_3(CH_2)_{20}COOH$
Lignoceric acid	$CH_3(CH_2)_{22}COOH$
Monoenoic fatty acids	
Oleic acid	$CH_3(CH_2)_7CH\overset{cis}{=}CH(CH_2)_7COOH$
Dienoic fatty acid	
Linoleic acid	$CH_3(CH_2)_4(CH\overset{cis}{=}CHCH_2)_2(CH_2)_6COOH$
Trienoic fatty acids	
α-Linolenic acid	$CH_3CH_2(CH\overset{cis}{=}CHCH_2)_3(CH_2)_6COOH$
γ-Linolenic acid	$CH_3(CH_2)_4(CH\overset{cis}{=}CHCH_2)_3(CH_2)_3COOH$
Tetraenoic fatty acid	
Arachidonic acid	$CH_3(CH_2)_4(CH\overset{cis}{=}CHCH_2)_4(CH_2)_2COOH$
Unusual fatty acids	
Tariric acid	$CH_3(CH_2)_{10}C\equiv C(CH_2)_4COOH$
Lactobacillic acid	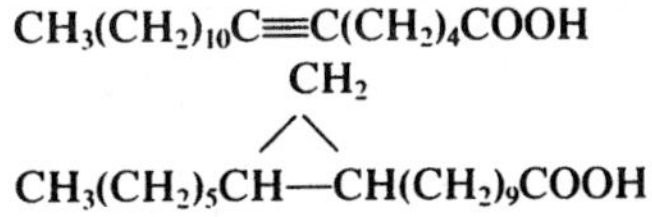
Prostaglandin (PGE_2)	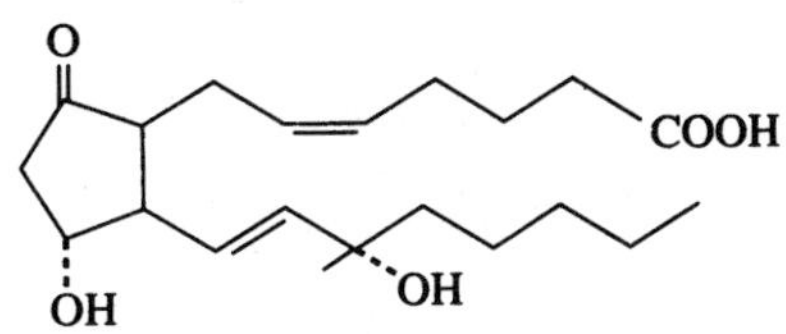

해 형성된다.

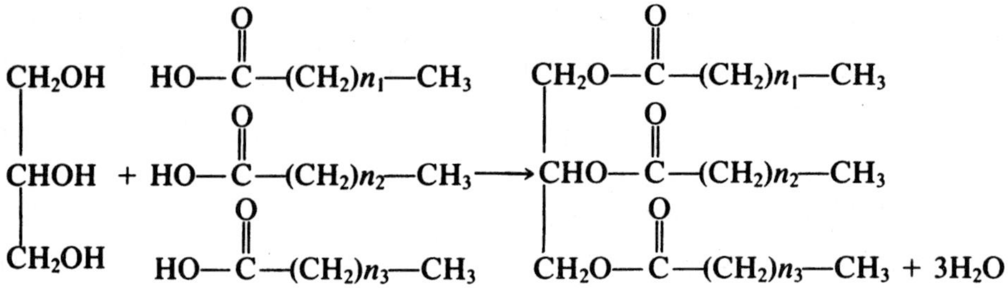

포스포글리세라이드(phosphoglyceride)는 지방산이 인산으로 대체된 것만 다를 뿐 지방과 구조가 비슷하고 글리세롤 말단이 에스터화되어 있다.

선택적 투과성을 가지는 세포막은 생명현상에 매우 중요하다. 세포는 분자의 출입을 조절하여야 한다. **인지질**(phospholipid)은 중요한 화합물이지만 세포막은 많은 양의 단백질을 가지고 있다. 생물체 세포막은 지질 이중막(lipid bilayer)으로 되어 있다. 인지질의 소수성 잔기는 세포막 중심의 서로 다른 것과 결합을 이루고 있다. 친수성기의 머리부분은 세포막의 바깥부분을 구성하여 수용성 세포질 또는 세포 밖의 수용성 물질과 결합한다. 몇몇 단백질은 세포막을 가로질러 삽입(**내재성 막 단백질**(integral membrane protein))되어 있고 다른 것은 표면에 부착(**표재성 막 단백질**(peripheral membrane protein))되어 있다. 세포막은 유동성 구조로 되어 있어 지질과 단백질이 빠르게 확산된다. 전형적인 세포막 인지질은 포스파티딜 콜린(phosphatidyl choline)과 포스파티딜 세린(phosphatidyl serine), 포스파티딜 글리세롤(phosphatidyl glycerol), 포스파티딜 이노시톨(phosphatidyl inositol) 등이다.

산업적으로 중요해지고 있는 부류의 지질은 폴리수산화알칸산염(polyhydroxyalkanoate (PHA))이다. 특히, **폴리수산화부틸산염**(polyhydroxybutyrate (PHB))이 좋은 예로, 깨끗하고 생분해가 가능한 고분자로 사용할 수 있다. 다양한 PHA를 이용한 중합체를 상업적으로 개발하고 있다. 어떤 세포에서는 PHB가 저장물질로서 생성된다.

스테로이드(steroid)도 지질로 분류된다. 자연계에 존재하는 스테로이드는 호르몬으로서 매우 낮은 농도(예, 10^{-8} M)에서도 작용하며, 동물의 성장이나 대사의 중요한 조절제이다. 잘 알려진 스테로이드인 콜레스테롤은 동물조직의 막에 존재한다. 그림 2.14는 몇 가지 중요한 스테로이드의 구조를 나타낸다. 코르티손(cortisone)은 관절염과 피부질환 치료에 쓰이는 항염증제이다. 에스트로젠(estrogen)과 프로제스테론(progesterone)의 유도물은 피임약으로 사용된다. 스테로이드의 상업적인 생산은 매우 중요하며 미생물에 의한 전환에 의존한다. 많은 수의 비대칭적 중심 때문에 스테로이드의 완전합성은 힘들다. 식물체가 이

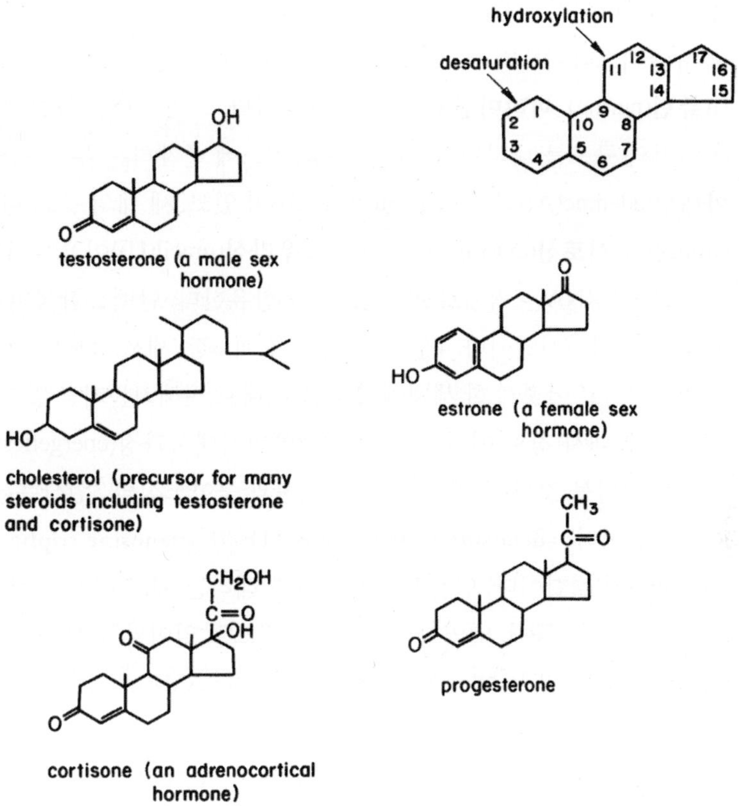

Figure 2.14. Examples of important steroids. The basic numbering of the carbon atoms in these molecules is also shown.

러한 스테로이드의 지질전구체를 풍부하게 제공하지만, 전구체를 부신에서 만들어지는 것과 같은 물질로 전환시키려면 11번(그리고 16번) 위치의 기질에 매우 특이한 수소화반응이나 1번 위치의 탈수소화반응이 필요하다. 이러한 반응은 화학적인 방법으로는 쉽게 할 수 없으므로 상업적으로는 특이한 수소화반응이나 탈수소화반응을 촉매하는 효소를 가진 미생물을 이용하여 생산한다.

2.2.4 핵산, RNA, DNA

핵산(nucleic acid)은 살아 있는 세포의 개체증식에 중심적인 역할을 한다. **디옥시리보핵산**(deoxyribonucleic acid (DNA))은 유전정보를 저장하고 보존한다. **리보핵산**(ribonucleic acid (RNA))은 단백질합성에 중심적인 역할을 한다. DNA나 RNA는 서로 상응하는 뉴클레오타이드(nucleotide)로 만들어진 중합체이다.

뉴클레오타이드는 DNA와 RNA의 구성요소이고 에너지와 환원력을 저장하는 역할을 한다. 뉴클레오타이드의 세 가지 주요 구성요소로는 인산, 5탄당(리보스, 디옥시리보스)과 염기(**퓨린**(purine), **피리미딘**(pyrimidine))가 있다. 그림 2.15는 뉴클레오타이드와 퓨린-피리미딘 염기의 구조를 나타낸다. 뉴클레오타이드에 존재하는 두 가지의 중요한 퓨린 염기에는 **아데닌**(adenine(A))과 **구아닌**(guanine(G))이 있고, 세 개의 주요 피리미딘 염기에는 **티민**(thymine(T)), **시토신**(cytosine(C)), 그리고 **우라실**(uracil(U))이 있다. DNA는 염기로 A, T, G, C를 함유하고 RNA는 염기로 A, U, G, C를 함유한다. 단백질합성의 유전정보를 갖고 있는 것은 DNA의 염기서열이다. 4장 '세포의 작용'과 8장 '세포 정보의 변경'에서 이 유전정보가 어떻게 발현되고 어떻게 한 세대에서 다음 세대로 전해지는가를 알아볼 것이다.

5장 '주요 대사 경로'에서는 더 나아가 에너지대사과정(energetics)에서 뉴클레오타이드의 역할을 알아볼 것이다. 아데노신의 3인산과 구아노신의 3인산은 세포의 가장 중요한 에너지 보급원이다. **adenosine triphosphate**(ATP)와 **guanosine triphosphate**(GTP)의 인산결합은 고에너지 결합이다. 인산결합의 생성과 해리는 세포 내 에너지의 저장과 사용의 최우선 수단이다. 예를 들면, 열역학적으로 자발적으로 일어날 수 없는 합성도 ATP의 adenosine diphosphate(ADP) 또는 adenosine monophosphate(AMP)로의 가수분해와 연계되어 일어날 수 있다. 연계반응은 자유에너지의 변화가 더 큰 음의 값을 가지기 때문에 많이 진행된다. 에너지를 방출하는 반응에서는(예, 당의 산화반응) ADP가 ATP로 전환되는 짝반응을 통하여 인산결합이 형성되어 에너지가 '획득(captured)'되고 저장된다.

에너지 저장을 위하여 ATP가 활용되는 것과 더불어 세포는 뉴클레오타이드 유도체를 이용한 생물학적 산화-환원 반응으로부터 수소원자를 저장하거나 방출한다. 환원력의 두 가지 중요한 운반체는 **nicotinamide adenine dinucleotide**(NAD)와 **nicotinamide adenine dinucleotide phosphate**(NADP)이다.

에너지대사과정에서의 중요성과 더불어 뉴클레오타이드는 중요한 단위체이다. 폴리뉴클레오타이드(DNA, RNA)는 뉴클레오타이드의 축합반응에 의하여 생성된다. 뉴클레오타이드들은 서로 이웃하고 있는 당의 3′ 탄소와 5′ 탄소 사이에 생기는 인산이중에스터(phosphodiester) 결합에 의하여 서로 연결된다. DNA와 RNA의 구조는 그림 2.16에 나타내었다.

DNA는 매우 큰 나선형의 거대분자(대장균의 경우, 분자량은 2×10^9 달톤)이며 이중나선의 3차원 구조를 가졌다. DNA에서의 염기(퓨린과 피리미딘)의 서열은 유전 정보를 전달하고 당과 인산기는 구조 역할을 한다. DNA의 염기서열은 pAGCT처럼 5′에서 3′ 방향으로 쓰여진다. DNA의 이중나선 구조는 그림 2.17에 나타내었다. 이 구조에서 두 개의 나선

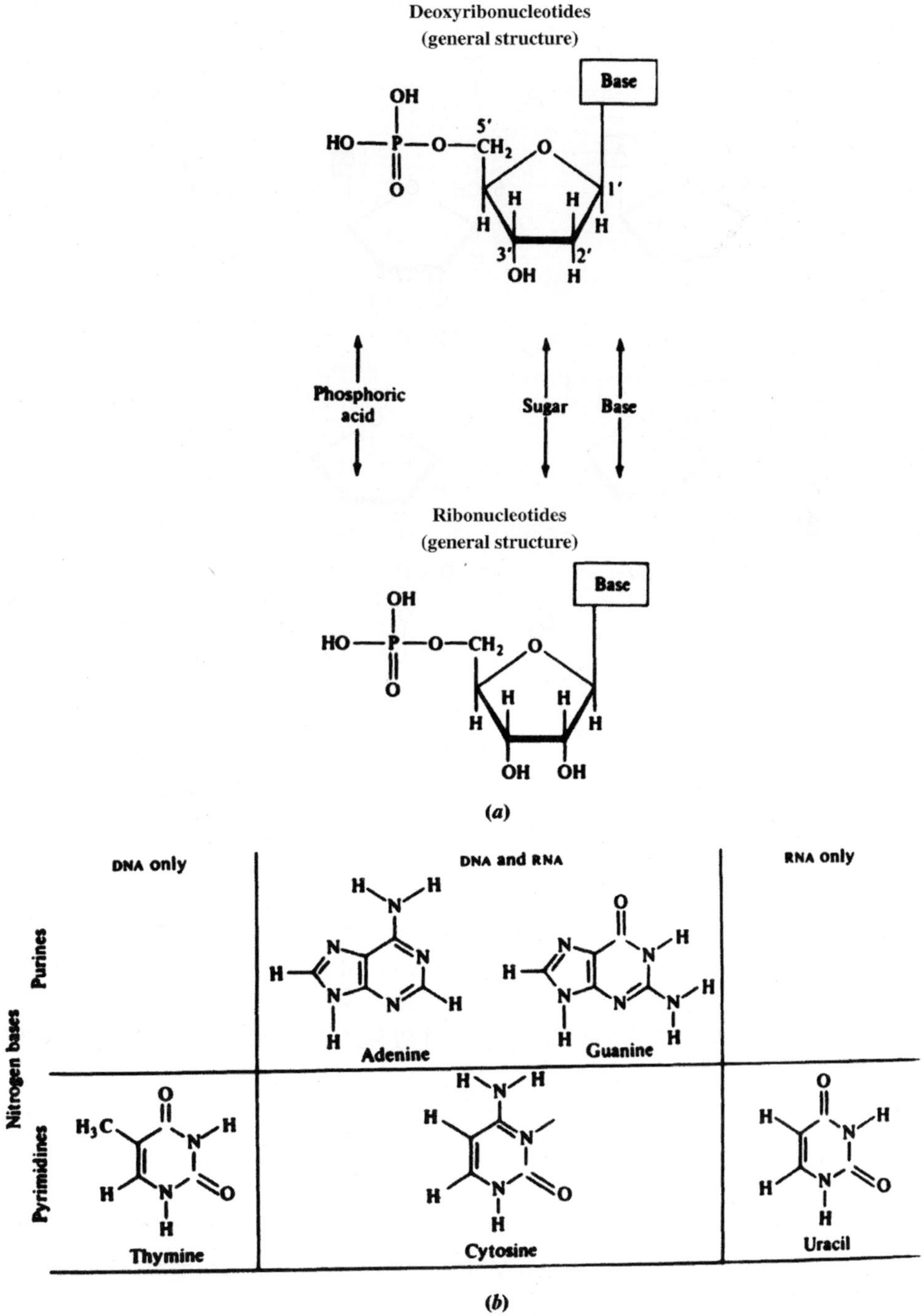

Figure 2.15. (a) General structure of ribonucleotides and deoxyribonucleotides. (b) Five nitrogenous bases found in DNA and RNA. (With permission, from J. E. Bailey and D. F. Ollis, *Biochemical Engineering Fundamentals*, 2d ed., McGraw-Hill, New York, 1986, p. 43.)

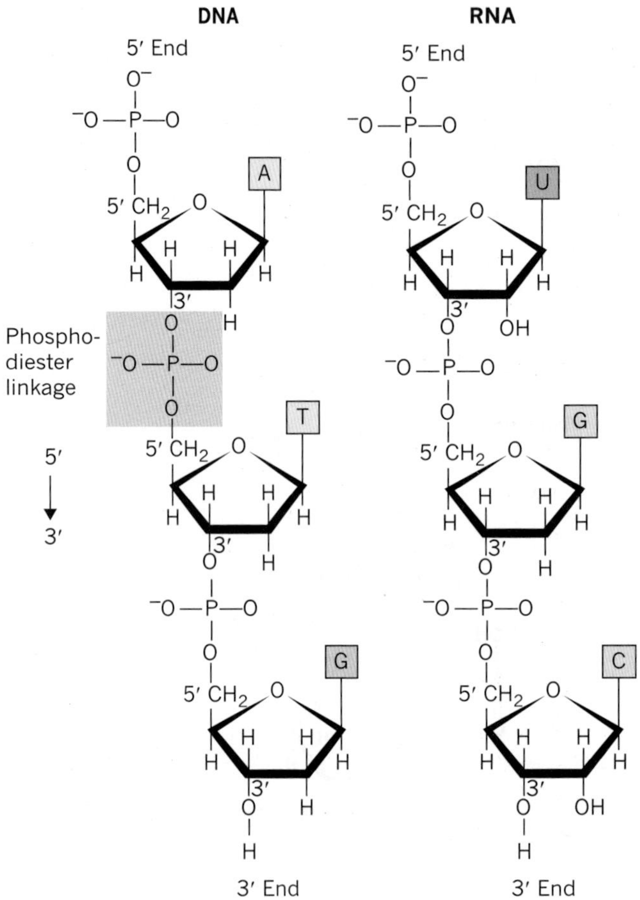

Figure 2.16. Structure of DNA and RNA molecules. Phosphodiester bonds are formed between 3′ and 5′ carbon atoms. (From *Lehninger Principles of Biochemistry*, 6th ed., by David L. Nelson et al., Copyright 2013. All rights reserved. Reprinted by permission of W. H. Freeman.)

형 폴리뉴클레오타이드는 이중나선 DNA의 형성을 위해 공동 축 주위로 꼬이고, 사슬은 반대방향인 5′ → 3′과 3′ → 5′ 방향으로 된다. 이중나선 구조의 주요 특징은 다음과 같다.

- 인산과 디옥시리보스는 바깥면에 있지만 염기는 사슬 중심을 향한다. 염기들의 면은 나선축과 수직이다.
- 나선의 지름은 2 nm이다. 나선 구조는 각각의 사슬에서 10개의 잔기마다 반복되고, 그 간격은 3.4 nm이다.
- 두 사슬은 염기쌍 사이의 수소결합에 의해 서로 연결된다. **아데닌은 항상 티민과 결합하고**(두 개의 수소결합), **구아닌은 항상 시토신과 결합한다**(세 개의 수소결합). **이것은 DNA의 유전적 역할에 필수불가결한 특징이다.**
- 폴리뉴클레오타이드의 염기서열이 어떤 경우에도 제한되는 것은 아니지만 각각의 가닥은 서로 상호보완적이어야 한다. 정확한 염기서열이 유전정보를 전달한다.

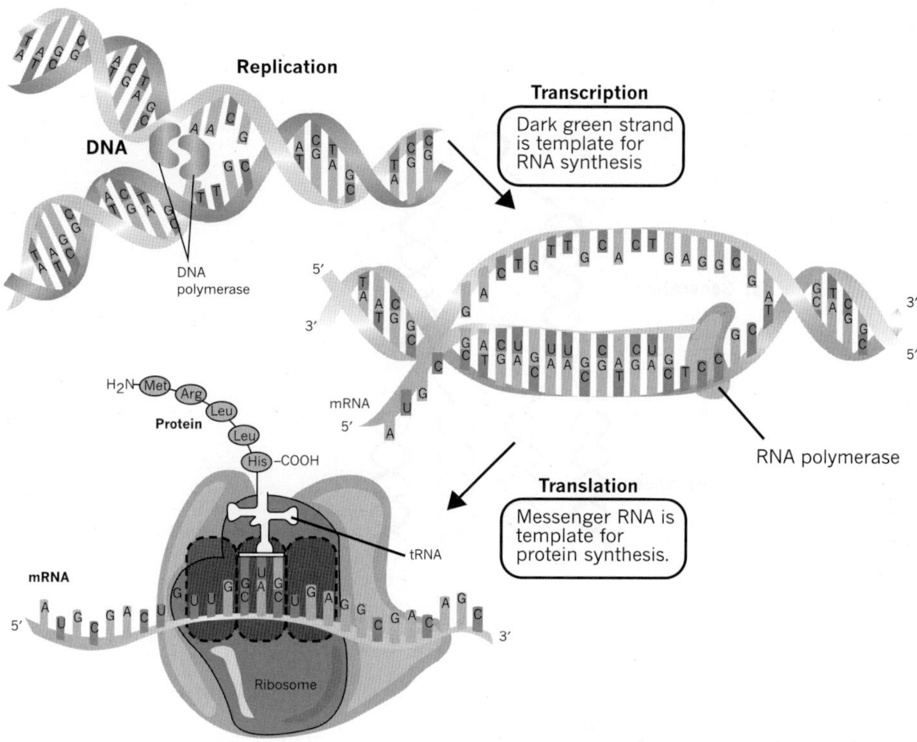

Figure 2.17. Double-helical structure of DNA, showing overall process of replication by complementary base pairing. (Thomas D. Brock, Katherine M. Brock, and David M. Ward, *Basic Microbiology with Applications*, 14th ed., © 2015. Reprinted and electronically reproduced by permission of Pearson Education, Inc., New York, NY.)

염기쌍 간에 형성된 많은 수소결합은 분자를 안정하게 한다. 원래의 DNA 단편에서 또 다른 DNA 단편을 만드는 것을 **DNA 복제**(DNA replication)라 한다. DNA 단편이 복제될 때 새로운 DNA 중 한 가닥은 어버이 DNA에서 오는 것이고, 다른 한 가닥은 주형(template) 형식으로 어버이 DNA를 이용하여 합성된다. 그러므로 DNA복제는 그림 2.18에서 보는 바와 같이 반보존적이다. DNA의 복제에 대해서는 4장에서 좀 더 자세히 다루기로 하겠다.

어떤 세포는 세포질에 **플라스미드**(plasmid)라 불리는 환형 DNA 단편을 가지고 있다(환형이 아닌 직선형의 플라스미드가 효모나 다른 생물체에서 발견된다). 플라스미드는 비염색체이면서 자율적으로 자기복제를 하는 DNA 단편이다. 플라스미드는 쉽게 세포 안팎으로 이동할 수 있어 유전공학에 널리 이용되고 있고, 이에 대한 내용은 8장에서 더욱 자세히 다룰 것이다. 자연발생적인 플라스미드는 항생제와 유해 화학물질로부터 세포를 보호할 수 있는 유전정보를 가지기도 한다.

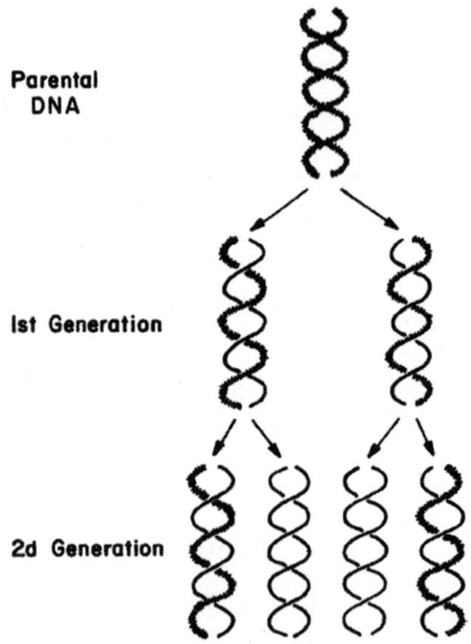

Figure 2.18. Semiconservative replication of DNA.

DNA의 가장 중요한 기능은 염기서열에 있는 유전정보를 전달하는 것이다. DNA의 유전정보는 RNA로 전사(transcription)되고 단백질합성으로 번역(translation)된다. RNA합성의 주물은 DNA분자이고 RNA분자는 단백질합성의 주물이다. DNA로부터 RNA가 생성되는 것을 **DNA 전사**라 하고, RNA로부터 펩타이드와 단백질이 생성되는 것을 **번역**이라고 한다.

어떤 RNA분자는 단백질 합성기구에서 유전정보전달 중간체, 즉 **전령 RNA**(messenger RNA (mRNA)) 역할을 하는 반면, 다른 RNA분자는 **운반 RNA**(transfer RNA (tRNA)), **리보솜 RNA**(ribosomal RNA (rRNA))로서 단백질합성기구에 관여한다. 리보솜 RNA는 단백질과 RNA로 구성된 작은 입자인 리보솜에 위치한다. 리보솜은 세포질에 있는 세포소기관으로 진핵세포에서 보통 소포체의 안쪽면에 붙어 있고, 단백질의 합성장소이다.

RNA는 3′ → 5′ 인산 이중에스터 결합에 의하여 연결되어 있으며, 뉴클레오타이드로 이루어진 길고 분지되지 않은 고분자이다. RNA 한 분자는 70에서 수천 개의 뉴클레오타이드를 함유한다. RNA분자는 몇몇 바이러스 RNA를 제외하고는 항상 한 가닥이다. 그러나 어떤 RNA분자는 부분적으로 머리핀 구조와 같은 이중나선 구조 부분을 가지고 있다. 그림 2.19는 tRNA의 클로버잎 구조를 나타낸다. tRNA의 이중나선 부분에서 A는 U와 짝을 이루고, G는 C와 짝을 이룬다. 세포의 RNA 함량은 DNA의 함량보다 2배에서 6배까지 많다.

생물체의 DNA에는 단백질을 암호화하는 서열(**코딩 서열**(coding sequence))뿐만 아니라 단백질을 암호화하지 않는 서열(**논코딩 DNA**(noncoding DNA) 또는 정크 DNA라고도 한다)들이 포함되어 있음을 주목하자. 어떤 논코딩 DNA는 앞서 언급했던 tRNA, rRNA와 같은 ncRNA(논코딩 RNA) 분자뿐만 아니라 조절 RNA(regulatory RNA)로도 번역된다. 중요한 작은 조절 RNA는 microRNA(miRNA)와 small interfering RNA(siRNA)의 두 가지가 있다. 이런 두 가지의 작은조절RNA는 특정한 mRNA분자에 붙어 활성화시키거나 활성을 낮추기도 한다. 예를 들면, mRNA에 작용하여 단백질이 생성되는 것을 막을 수 있다. 마찬가지로 긴ncRNA(long ncRNA (lncRNA))는 유전자 전사 조절이나 전사 후 mRNA가공에 있

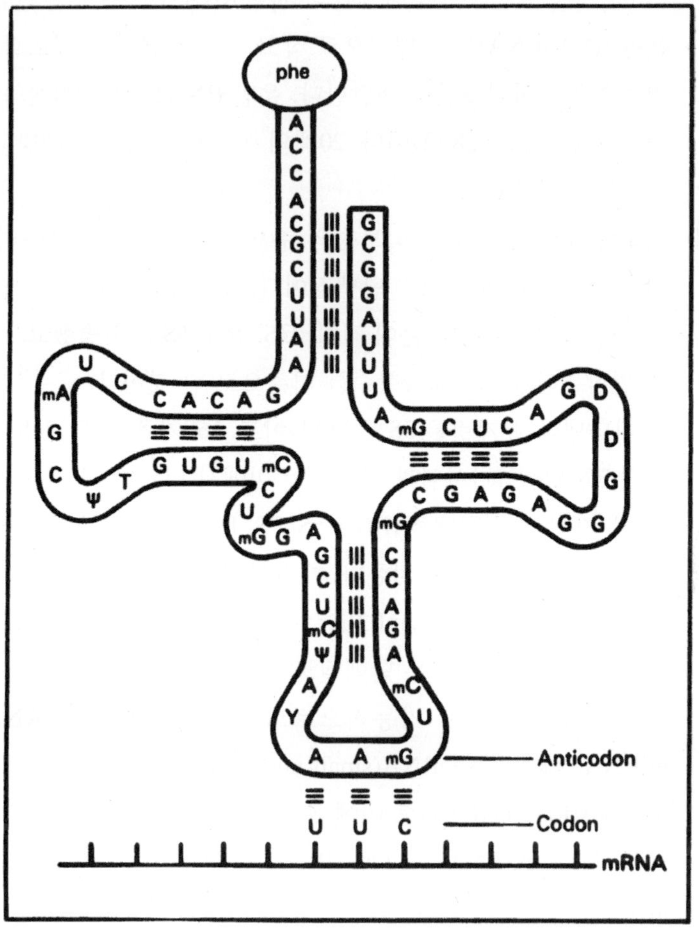

Figure 2.19. The structure of a transfer RNA (tRNA) molecule and the manner in which the anticodon of tRNA associates with the codon on messenger RNA (mRNA) by complementary base pairing. The amino acid corresponding to this codon (UUC) is phenylalanine, which is bound to the opposite end of the tRNA molecule. Many tRNA molecules contain unusual bases, such as methyl cytosine (mC) and pseudouridine (ψ). (Thomas D. Brock, Katherine M. Brock, and David M. Ward, *Basic Microbiology with Applications*, 3d ed., © 1986. Reprinted and electronically reproduced by permission of Pearson Education, Inc., New York, NY.)

어서 기능적인 역할을 한다.

논코딩 DNA에는 또 다른 기능들이 있다. 논코딩 DNA는 핵 속에 있는 크로마틴의 구조적 배열을 조절한다. 또한, 전사인자가 부착되어 DNA에서 mRNA로의 유전암호의 전사를 조절할 수 있는 위치를 밝힘으로써 단백질 암호화 서열의 전사와 번역을 조절할 수 있다.

각 RNA의 기능에 대하여 정리해 보자.

- **전령 RNA**(mRNA)는 염색체에서 합성되고 특정단백질의 생산을 위하여 염색체에서 리보솜으로 유전정보를 전달한다. 전령 RNA 분자는 짧은 반감기를 가진 큰 분자이다.
- **운반 RNA**(tRNA)는 상대적으로 작고 안정한 분자로 세포질에서 단백질 합성장소인 리보솜으로 아미노산을 전달한다. 운반 RNA는 70~90개의 뉴클레오타이드를 가지며 분자량은 23~28 kD이다. 20개의 아미노산 각각에 해당되는 운반 RNA가 적어도 하나는 존재한다.
- **리보솜 RNA**(rRNA)는 리보솜의 주요 성분으로서 리보솜의 65%를 차지한다. 나머지는 여러 종류의 리보솜 단백질이다. 대장균 리보솜에 존재하는 rRNA에는 세 가지 독특한 형태가 존재하는데 각각 23S, 16S, 5S로 명명했고, 이와 같은 분류는 그것들의 원심분리과정의 침강상수를 기준으로 한 것이다. S는 스베드버그(Svedberg) 단위를 나타낸다. 분자량은 5S가 35 kD이고, 16S가 550 kD, 23S는 1,100 kD이다. 이 세 가지의 RNA는 염기서열과 상대적인 비에서 다르다. 진핵세포는 더 큰 리보솜을 가지며, 네 가지 다른 형태의 rRNA(5S, 7S, 18S, 28S)를 가지고 있다. 리보솜 RNA는 전체 RNA에서 대부분을 차지한다. 대장균에서 rRNA가 전체 RNA의 85% 정도인 반면, tRNA는 12% 정도이고, mRNA는 2~3%이다.
- **논코딩 RNA**(ncRNA)는 단백질로 번역되지 않는 RNA분자를 말한다. 이러한 RNA에는 아주 풍부하고 기능적으로도 중요한 tRNA와 rRNA분자들이 있다. 또한, miRNA, siRNA, snoRNA(small nucleolar RNA)와 같은 작은조절RNA를 비롯하여 lncRNA(long ncRNA)도 이에 포함된다. 이러한 RNA들의 뉴클레오타이드 개수는 대략적으로 miRNA는 22개, siRNA는 20개에서 25개, snoRNA는 20개에서 200개, lncRNA는 200개 이상이다.

2.3 세포 영양소

세포의 조성은 세포 주위의 환경에 따라 매우 다르다. 세포는 외부환경에서 필요한 화합물을 선택적으로 흡수해야 하며 세포 내에 가두어야 한다. 선택성은 반투막(semipermeable

TABLE 2.7. Chemical Analyses, Dry Weights, and the Populations of Different Microorganisms Obtained in Culture

Organism	Composition (% dry weight)			Typical Population in Culture (numbers/ml)	Typical Dry Weight of This Culture (g/100 ml)
	Protein	Nucleic Acid	Lipid		
Viruses	50–90	5–50	<1	10^8–10^9	0.0005[a]
Bacteria	40–70	13–34	10–15	2×10^8–2×10^{11}	0.02–2.9
Filamentous fungi	10–25	1–3	2–7		3–5
Yeast	40–50	4–10	1–6	1–4×10^8	1–5
Small unicellular algae	10–60(50)	1–5(3)	4–80(10)	4–8×10^7	0.4–0.9

membrane)에 의해 생긴다. 세포의 조성은 주위환경과 매우 다르기 때문에 세포는 열역학적 평형이 되지 않도록 자신을 유지하기 위하여 에너지를 소모해야 한다. 세포의 열역학적 평형은 죽음을 의미한다.

바이러스를 제외한 모든 생물들은 많은 양의 물을 함유한다(약 80%). 세포의 건조무게 중 약 50%는 단백질이며 이들의 대부분은 효소(촉매로 작용하는 단백질)이다. 세포의 핵산(유전정보와 단백질합성을 위한 도구)의 조성은 건조무게의 10 ~ 20% 정도이다. 그러나 바이러스의 핵산은 건조무게의 50%까지 차지한다. 일반적으로 대부분 세포에서의 지방 함량은 건조무게의 5 ~ 15% 정도이다. 그러나 어떤 세포는 특정한 배양조건에서 PHB를 전체질량의 90%까지 축적한다. 일반적으로 세포내부의 조성은 세포의 형태와 나이, 그리고 영양배지의 조성에 따라 달라진다. 대표적인 생물체의 전형적인 조성이 표 2.7에 요약되어 있다.

생물체가 만드는 대부분의 생성물은 영양소, 성장호르몬, 이온 등과 같은 환경조건에 세포가 반응한 결과이다. 세포에 필요한 영양요구량은 세포 성장과 생성물 형성을 최적화시킬 수 있도록 정성적으로 그리고 정량적으로 결정되어야 한다. 세포가 요구하는 영양소는 두 가지 범주로 분류된다.

- **다량영양소**(macronutrient)는 10^{-4} M 농도 이상이 필요하다. 탄소, 질소, 산소, 수소, 황, 인산, Mg^{2+}, K^{+}가 대표적인 다량영양소이다.
- **미량영양소**(micronutrient)는 10^{-4} M 농도 이하로 필요하다. Mo^{2+}, Zn^{2+}, Cu^{2+}, Mn^{2+}, Ca^{2+}, Na^{+}와 같은 미량원소들과 비타민, 성장호르몬, 대사전구체 등이 미량영양소이다.

2.3.1 다량영양소

탄소(carbon) 화합물은 세포의 탄소와 에너지의 주요 공급원이다. 미생물은 탄소원에 따라 두 범주로 분류된다 — **종속영양주**(heterotroph)는 탄수화물, 지질, 탄화수소 등과 같은 유기

화합물을 탄소와 에너지의 공급원으로 사용한다. **독립영양주**(autotroph)는 이산화탄소를 탄소공급원으로 이용한다. 혼합영양주(mixotroph)는 위의 두 가지 탄소원을 모두 이용할 수 있다. 그러나 독립영양적인 생장은 어떤 유기화합물에 의해 촉진된다. 통성독립영양주는 독립영양적인 조건에서 정상적으로 성장한다. 그러나 이들은 CO_2와 무기에너지 공급원이 없는 종속영양적인 조건에서도 성장할 수 있다. **화학합성독립영양주**(chemoautotroph)는 탄소원으로 CO_2를 이용하고 에너지는 무기화합물의 산화로부터 얻는다. **광합성독립영양주**(photoautotroph)는 탄소원으로 CO_2를 이용하고 에너지원으로는 빛을 이용한다.

산업적인 발효에서 가장 일반적으로 사용되는 탄소원은 당밀(설탕), 전분(포도당, 덱스트린), 옥수수시럽, 그리고 제지폐기액(포도당)이다. 실험실용 발효에서는 포도당, 설탕, 과당이 가장 일반적인 탄소원이다. 일부 발효에서는 메탄올, 에탄올, 메탄가스도 값싼 탄소원으로 사용된다. 호기적 발효에서는 기질탄소의 약 50%가 세포성장에 사용되며, 그것의 50%가 에너지원으로 사용된다. 혐기적 발효에서는 기질탄소의 많은 부분이 생성물로 바뀌고, 적은 양의 기질탄소가 세포균체로 변한다(20% 이하).

질소(nitrogen)는 건조균체량의 10 ~ 14% 정도를 차지한다. 가장 널리 사용되는 질소원은 암모니아 또는 암모늄염[NH_4Cl, $(NH_4)_2SO_4$, NH_4NO_3], 단백질, 펩타이드, 아미노산이다. 질소는 단백질과 핵산의 형태로 세포생장에 이용된다. *Azotobacter* 종이나 시아노박테리아와 같은 일부 미생물은 공기 중의 질소를 고정하여 암모늄을 생성한다. 요소(urea) 역시 일부 생물체에 의해 질소원으로 이용된다. 효모추출물이나 펩톤과 같은 유기질소원은 암모늄염보다 값이 비싸다. 발효산업에 사용되는 몇 가지의 탄소원, 질소원을 표 2.8에 요약하였다.

산소(oxygen)는 세포의 모든 구성성분과 세포액 속에 존재하며, 건조균체량의 약 15 ~

TABLE 2.8. Some Carbon and Nitrogen Sources Used by the Fermentation Industry

Carbon Sources	Nitrogen Sources
Starch waste (maize and potato)	Soya meal
Molasses (cane and beet)	Yeast extract
Whey	Distillers solubles
n-Alkanes	Cottonseed extract
Gas oil	Dried blood
Sulfite waste liquor	Corn steep liquor
Domestic sewage	Fish solubles and meal
Cellulose waste	Groundnut meal
Carbon bean	

With permission, from G. M. Dunn in *Comprehensive Biotechnology*, M. Moo-Young, ed., Vol. 1, Elsevier Science, 1985.

20% 정도를 차지한다. 분자산소는 탄소화합물의 호기적 대사에서 최종전자수용체로서 필요하다. 기체상 산소는 배지에 공기를 불어넣거나 배지 표면의 공기순환에 의하여 공급된다.

수소(hydrogen)는 건조균체량의 약 8%를 차지하며 탄수화물 같은 탄소화합물에서 일차적으로 공급된다. 메탄생성미생물 같은 일부 박테리아는 수소를 에너지원으로 이용한다.

마그네슘(magnesium)은 일부 효소들의 보조인자이며 세포벽과 세포막에 존재한다. 리보솜은 Mg^{2+}이온을 반드시 필요로 한다. 세포질 속에 존재하는 ATP분자들은 대부분 Mg^{2+}이온에 부착되어 있다. 마그네슘은 보통 $MgSO_4 \cdot 7H_2O$나 $MgCl_2$의 형태로 공급된다.

인(phosphorus)은 건조균체량의 약 2~3%를 차지하며 핵산에 존재한다. 일부 그람양성 박테리아의 세포벽에 테이코익산(teichoic acid)의 형태로 존재하기도 한다. 일부 박테리아는 폴리인산염 과립을 축적한다. KH_2PO_4와 K_2HPO_4 같은 무기인산염이 가장 일반적인 인산염들이다. 글리세롤인산염은 유기인산원으로서 사용될 수 있다. 인은 세포가 대사과정을 조절할 때 핵심 역할을 한다. 항생제를 비롯한 2차 대사산물의 생성을 위해서는 배지의 인산함량이 1 mM 이하이어야 한다.

칼륨(potassium)은 일부 효소들의 보조인자이며 탄수화물의 대사에 필요하다. 세포는 능동적으로 K^+와 Mg^{2+}를 흡수하고 Na^+와 Ca^{2+}를 방출한다. 가장 일반적으로 사용되는 칼륨염은 K_2HPO_4, KH_2PO_4, K_3PO_4이다.

황(sulfur)은 건조균체량의 0.5~1% 정도를 차지하고 단백질이나 일부 보조효소에 존재한다. $(NH_4)_2SO_4$와 같은 황산염들이 가장 일반적인 황의 공급원이다. 황을 포함한 아미노산들 역시 황의 공급원으로 사용된다. 어떤 독립영양주는 에너지원으로 S^{2+}와 S^0를 이용한다.

표 2.9에 8개의 주요 다량영양소와 이들의 생리학적 역할이 요약되어 있다.

2.3.2 미량영양소

미량원소들은 미생물의 필수적인 영양소이다. 필수 미량원소가 부족하면 지연기(lag phase)(회분 배양에서 접종부터 활발한 세포증식이 일어날 때까지의 시간)가 길어지고 비성장속도와 수율이 감소한다. 다음은 미량영양소의 세 가지 주요 범주이다.

- **일반적으로 추가되는 미량영양소**: 가장 일반적으로 요구되는 미량원소들은 Fe, Zn, Mn이다. 철(Fe)은 페레독신(ferredoxin)과 사이토크롬(cytochrome)에 존재하는 중

TABLE 2.9. Macronutrient Elements and Physiological Functions and Growth Requirements

Element	Physiological Function	Required Concentration (mol/l)
Carbon	Constituent of organic cellular material. Often the energy source	$>10^{-2}$
Nitrogen	Constituent of proteins, nucleic acids, and coenzymes	10^{-3}
Hydrogen	Organic cellular material and water	—
Oxygen	Organic cellular material and water. Required for aerobic respiration	—
Magnesium	Cofactor for many enzymes and chlorophylls (photosynthetic microbes) and present in cell walls and membranes	10^{-4} to 10^{-3}
Phosphorus	Constituent of nucleic acids, phospholipids, nucleotides, and certain coenzymes	10^{-4} to 10^{-3}
Potassium	Principal inorganic cation in the cell and cofactor for some enzymes	10^{-4} to 10^{-3}
Sulfur	Constituent of proteins and certain coenzymes	10^{-4}

With permission, from G. M. Dunn in *Comprehensive Biotechnology,* M. Moo-Young, ed., Vol. I, Elsevier Science, 1985.

요한 보조인자이다. 철은 또한 몇몇 발효공정에서 조절기능을 수행한다(예, *Ashbya gossypii*가 리보플라빈을 분비하려면 철이 부족해야 한다. 또한 철의 농도가 *P. chrysogenum*의 페니실린 생산을 조절한다). 아연(Zn)은 일부 효소의 보조인자이며 페니실린 발효와 같은 일부 발효에서 조절기능을 한다. 망간(Mn) 역시 효소 보조인자이며 2차 대사작용의 조절과 1차 대사산물의 분비에 필요하다.

- **때때로 추가되는 미량영양소**: 특정한 생장조건에서 필요한 미량원소는 Cu, Co, Mo, Ca, Na, Cl, Ni, Se 등이다. 구리(Cu)는 특정 호흡연쇄과정에 참여하는 물질과 효소에 존재한다. 구리의 부족은 페니실린과 구연산의 생산을 촉진한다. 코발트(Co)는 비타민 B_{12}와 같은 코리노이드(corrinoid) 화합물에 존재한다. 프로필산생성 박테리아와 특정 메탄생성 미생물은 코발트를 필요로 한다. 몰리브데늄(Mo)은 질산환원효소와 질소분해효소(nitrogenase)의 보조인자이며 질소원으로 NO_3와 N_2만을 이용하여 생장할 때 필요하다. 칼슘(Ca)은 아밀레이스와 일부 단백질분해효소의 보조인자이며 일부 박테리아의 포자나 식물세포의 세포벽에 존재한다. 나트륨(Na)은 몇몇 박테리아에서 미량이 요구된다(특히 메탄생성 미생물의 이온평형에 필요하다). 나트륨은 진핵세포에서 전하를 띤 물질의 이동에 중요한 역할을 한다. 염소(Cl^-)는 일부 호염성 박테리아와 해양 미생물이 필요로 하며, 이들은 Na^+도 필요로 한다. 니켈(Ni)은 일부 메탄생성 미생물에 보조인자가 되며, 셀레늄(Se)은 일부 생물의 대사에 요구된다.
- **드물게 추가되는 미량영양소**: 드물게 요구되는 미량원소는 B, Al, Si, Cr, V, Sn, Be, F,

Ti, Ga, Ge, Br, Zr, W, Li, I 등이다. 이들은 10^{-6} M 이하로 공급해야 하며 10^{-4} M 정도의 높은 농도에서는 독성을 나타낸다.

Mg^{2+}, Fe^{3+}, PO_4^{3-} 같은 일부 이온들은 배지에서 침전되어 세포가 이용하지 못할 경우가 있다. **킬레이팅제**(chelating agent)는 이들 이온과 결합하여 수용성 화합물을 형성한다. 킬레이팅제는 **리간드**(ligand)라 불리는 특정기를 갖고 있으며 이들은 금속이온과 결합하여 수용성 화합물을 형성한다. 대표적인 리간드는 카르복실기(—COOH), 아민기(—NH_2), 머캡토기(—SH) 등이다. 구연산, ethylenediaminetetraacetic acid(EDTA), 폴리인산염, 히스티딘, 타이로신, 시스틴이 킬레이팅제로 사용되며 Na_2-EDTA는 가장 일반적인 킬레이팅제이다. EDTA는 Ca^{2+}, Mg^{2+}, Zn^{2+} 같은 세포벽을 구성하는 일부 금속이온을 제거하여 세포벽을 붕괴시킬 수 있다. 구연산은 일부 박테리아에서 대사된다. 킬레이팅제는 배지에 매우 낮은 농도(예, 1 mM)로 포함되어 있다.

생장인자(growth factor)는 성장과 일부 대사산물의 합성을 촉진한다. 대표적인 생장인자는 비타민, 호르몬, 아미노산이다. 비타민은 대개 보조효소로서 작용한다. 일반적으로 필요한 비타민은 티아민(B_1), 리보플라빈(B_2), 피리독신(B_6), 바이오틴, 시아노코발라민(B_{12}), 폴릭산, 리포익산, *p*-아미노벤조산, 비타민 K이다. 비타민은 $10^{-6} \sim 10^{-12}$ M 정도가 필요하다. 생물체에 따라 다르지만, 아미노산의 일부 또는 전부를 $10^{-6} \sim 10^{-13}$ M 정도로 외부에서 공급해 주어야 한다. 올레익산, 스테롤과 같은 일부 지방산을 소량 필요로 하는 생물체도 있다. 동물 · 식물세포와 같은 고등생명체는 대사작용을 조절하기 위해 호르몬을 필요로 한다. 인슐린은 동물세포에 필요한 대표적 호르몬이며 옥신(auxin), 사이토키닌(cytokinin)은 식물생장 호르몬이다.

2.3.3 생장배지

생장배지의 대표적인 두 형태는 제한배지와 복합배지이다. **제한배지**(defined media)는 화학조성을 알고 있는 순수 화합물의 일정한 양을 포함한다. 포도당, $(NH_4)_2SO_4$, KH_2PO_4, $MgCl_2$를 포함한 배지는 제한배지이다. **복합배지**(complex media)는 화학조성이 정확히 알려지지 않은 자연 화합물을 포함한다. 효모추출물, 펩톤, 당밀, 또는 옥수수추출액(CSL)을 포함한 배지는 복합배지가 된다. 복합배지는 대개 필요한 생장인자, 비타민, 호르몬, 미량원소를 공급할 수 있으므로 제한배지에서보다 더 높은 균체수율을 얻을 수 있다. 대부분의 경우 복합배지는 제한배지보다 값이 싸다. 제한배지를 이용할 때의 우선적인 이점은 결과의 재현을 보다 더 용이하게 하며 작업자가 발효를 더 잘 제어할 수 있다는 것이다. 더욱이

TABLE 2.10. Compositions of Typical Defined and Complex Media

Defined Medium		
Constituent	Purpose	Concn (g/l)
Group A		
Glucose	C, energy	30
KH_2PO_4	K, P	1.5
$MgSO_4 \cdot 7H_2O$	Mg, S	0.6
$CaCl_2$	Ca	0.05
$Fe_2(SO_4)_3$	Fe	15×10^{-4}
$ZnSO_4 \cdot 7H_2O$	Zn	6×10^{-4}
$CuSO_4 \cdot 5H_2O$	Cu	6×10^{-4}
$MnSO_4 \cdot H_2O$	Mn	6×10^{-4}
Group B		
$(NH_4)_2HPO_4$	N	6
$(NH_4)H_2PO_4$	N	5
Group C		
$C_6H_5Na_3O_7 \cdot 2H_2O$	Chelator	4
Group D		
Na_2HPO_4	Buffer	20
KH_2PO_4	Buffer	10

Complex Medium Used in a Penicillin Fermentation	
Glucose or molasses (by continuous feed)	10% of total
Corn steep liquor	1–5% of total
Phenylacetic acid (by continuous feed)	0.5–0.8% of total
Lard oil (or vegetable oil) antifoam by continuous addition	0.5% of total
pH to 6.5 to 7.5 by acid or alkali addition	

산물의 회수와 정제는 제한배지에서 종종 더 쉽고 비용이 적게 든다. 표 2.10에 전형적인 제한배지와 복합배지가 요약되어 있다.

2.4 요약

미생물들은 매우 다양한 조건에서도 자랄 수 있다. 끓는점 이상 또는 어는점 이하의 온도, 고농도의 염, 고압(>1000 atm), 낮거나 매우 높은 pH(약 1에서 10까지)에서도 생장할 수 있다. 산소를 이용해야 하는 세포를 **호기성**(aerobic) 세포라 하고, 산소가 독성이 되는 세포를 **혐기성**(anaerobic) 세포라 한다. 산소의 존재에 상관없이 성장 가능한 세포를 **통성혐기성**(facultative) 세포라 한다.

세포는 크게 **원핵**(procaryotic)과 **진핵**(eucaryotic) 세포로 나눌 수 있다. 진핵세포가 더욱 복잡하다. 진핵세포에는 염색체 또는 유전물질과 세포기관 주위에 막이 존재하나 원핵세포는 그렇지 않다.

원핵세포는 크게 두 개의 군으로 나누어진다 — **진정박테리아**(eubacteria)와 **고박테리아**(archaebacteria). 고박테리아는 고대 생물체들의 군으로, 메탄생성 미생물(메탄 생산), 호염성 박테리아(고농도의 염이 존재하는 곳에서 생육), 호열호산성균(고온, 높은 산성의 조건에서 가장 생육이 좋다)을 포함하는 군이다. 대부분의 진정박테리아는 **그람양성**(gram-positive)과 **그람음성**(gram-negative)으로 나뉜다. 그람양성세포는 내막과 튼튼한 세포벽을 가진다. 그람음성세포는 내막과 외막을 가지고 있다. 외막은 펩티도글리칸과 세포외피에 의해 지지되고 있으나 그람양성세포의 그것보다 덜 단단하다. **시아노박테리아**(cyanobacteria(남조류))는 진정박테리아 중에서 광합성을 하는 미생물이다.

진핵생물은 단세포 생물체와 다세포 생물체를 모두 포함한다. 진균류, 효모, 조류, 원생동물이 단세포의 진핵생물이고 식물과 동물이 다세포의 진핵생물이다.

바이러스(virus)는 복제가 가능한 절대 기생체이다. 일부 바이러스는 유전정보 저장을 위하여 DNA나 RNA를 이용하기도 한다. 박테리아에만 특이적인 바이러스를 **박테리오파지**(bacteriophage) 또는 **파지**(phage)라고 한다.

모든 세포는 거대분자(**단백질, RNA, DNA**)를 함유한다. 이들 세포의 다른 필수적인 구성물질은 지질과 탄수화물이다. 단백질은 아미노산의 중합체이다. 전형적으로 20개의 다른 아미노산이 사용된다. 아미노산은 서로 다른 측쇄기를 가지고 있다. 아미노산의 배열이 단백질의 **1차구조**(primary structure)를 결정한다. 아미노산의 서로 다른 측쇄기들의 상호작용(수소결합, 이황화결합, 친수성 또는 소수성 부분)은 단백질의 **2차, 3차구조**(secondary, tertiary structure)를 결정한다. 서로 다른 폴리펩타이드 사슬이 결합하여 형성된 최종 구조를 **4차구조**(quaternary structure)라고 한다. 단백질의 3차원 형태는 단백질의 기능과 관계있다.

DNA와 RNA는 뉴클레오타이드의 중합체이다. DNA는 세포의 단백질을 암호화하는(**코딩DNA**(coding DNA)) 유전정보를 가지고 있다. RNA는 유전정보를 실제의 단백질로 만드는 과정인 전사, 번역에 관계한다(**코딩RNA**(coding RNA)). 전령 RNA는 유전암호를 전사하고, 운반 RNA는 특정한 아미노산을 단백질합성 반응이 일어나는 위치로 이동시켜 주는 역할을 하며, 리보솜 RNA는 단백질합성에 관계하는 리보솜의 필수성분이 된다. DNA와 RNA의 암호화되지 않은 부분에도 기능이 있다. **논코딩DNA**(noncoding DNA)는 기능적 **논코딩RNA**(noncoding RNA)(예, 운반RNA, 리보솜RNA, 조절RNA)로 번역되어 전사 및 번역의 조절의 다양한 방면에 기능을 한다. 논코딩RNA는 전사 및 전사후 수준에서 유전자 발현을 조절하는 역할을 한다.

뉴클레오타이드는 DNA, RNA의 단위체로서의 역할뿐만 아니라 세포에너지 대사과정에서 중요한 역할을 한다. **ATP**의 **고에너지 인산결합**(high-energy phosphate bond)은 에너지를 저장한다. 열역학적인 측면에서 자발적으로 일어날 수 없는 화학반응들도 ATP의 가수분해와 연계되어 반응이 진행된다. **NAD**와 **NADP**는 **환원력**(reducing power)의 중요한 운반체이다.

당으로 구성된 탄수화물과 당의 중합체를 **다당류**(polysaccharide)라고 부른다. 당은 쉽게 산화되어 에너지를 발생시킬 수 있는 편리한 물질이다. 다당류는 섬유소와 같이 구조형성에 중요한 역할을 하며 전분처럼 탄소와 에너지의 저장에도 이용된다. 복잡한 당 또는 **글리칸**(glycan)은 종종 **당쇄**(glycosylation) 과정에서 다른 생체분자(지질, 단백질)와 결합된다. 다른 생체분자에 대한 부착으로, 글리칸은 중요한 구조적, 기능적, 조절적 역할을 수행한다.

지질(lipid)과 이와 관련된 화합물들은 세포막의 구성에 결정적인 역할을 한다. 일부 지방은 에너지 저장원으로 이용된다. 많은 생장인자나 호르몬이 지질물질을 함유하고 있다. **인지질**(phospholipid)은 생체 세포막의 주 구성성분이다.

세포형태를 유지하기 위해서는 영양소의 선택적인 흡수가 필요하다. **다량영양소**(macronutrient)는 많은 양이 요구되고 **미량영양소**(micronutrient)는 낮은 농도로 세포에서 이용되나, 농도가 너무 높으면 독성을 나타낸다.

제한배지(defined medium)에 첨가되는 모든 성분은 확인 가능한 화학물질이다. **복합배지**(complex medium)에 포함되는 물질 중 일부는 화학적으로 밝혀지지 않은 것들이다(예, 효모추출물).

참고문헌

Alberts, B., D. Bray, K. Hopkin, A. Johnson, J. Lewis, M. Ruff, K. Roberts, and P. Walter, *Essential Cell Biology*, 4th ed., Garland Science, New York, 2013.

Hardin, J., G. Bertoni, and L. J. Kleinsmith, *Becker's World of the Cell*, 9th ed., Pearson, Boston, 2015.

Madigan, M. T., J. M. Martinko, K. S. Bender, D. H. Buckley, and D. A. Stahl, *Brock Biology of Microorganisms*, 14th ed., Pearson, Boston, 2014.

Mathews, C. K., K. E. Van Holde, D. R. Appling, and S. J. Anthony-Cahill, *Biochemistry*, 4th ed., Pearson, Toronto, Canada, 2013.

Pace, N. R., Microbial Ecology and Diversity, *Am. Soc. Microbiol. News* 65: 328–333, 1999.

연습문제

2.1 원핵생물과 진핵생물을 내부구조와 기능적인 면에서 간단히 비교하라.

2.2 다음 용어를 간단히 설명하라.

a. 종속영양주(heterotroph)

b. 독립영양주(autotrouph)

c. 호열성생물(thermophiles)

d. 호산성생물(acidophiles)

2.3 진정박테리아(eubacteria)와 고박테리아(archaebacteria)의 주요 차이점은 무엇인가?

2.4 각 생물의 전형적인 크기는?

a. 대장균(*E. coli*)

b. 효모(*S. cerevisiae*)

c. 간세포(hepatocyte)

d. 식물세포

2.5 그람음성균과 그람양성균의 세포막 또는 세포벽의 구조 차이는 무엇인가? 만약 세포 밖으로 목적 단백질을 분비하기 위해 유전자 조작된 박테리아를 이용하려 한다면 이러한 차이가 어떻게 중요할까?

2.6 진핵생물에 존재하는 다음 세포기관의 기능을 간단히 설명하라.

a. 미토콘드리아(mitochondria)

b. 소포체(endoplasmic reticulum)

c. 골지체(Golgi body)

d. 리소솜(lysosome)

e. 엽록체(chloroplast)

2.7 진균류의 대표적인 부류는 무엇인가? 이들 사이의 차이점을 간단히 언급하라.

2.8 *Actinomycetes*의 특징과 이들의 주요 생산물을 간단히 기술하라.

2.9 원생동물과 조류를 세포 구조와 기능 면에서 간단히 비교하라.

2.10 산업적으로 중요한 미세조류 몇 가지를 산업적인 이용과 함께 기술하라.

2.11 단백질의 다섯 가지 대표적인 생물기능을 기술하라.

2.12 단백질의 1차, 2차, 3차, 4차구조에 대하여 간단히 기술하라. 만일 활성부위의 타이로신을 시스틴으로 치환하면 무슨 일이 발생하겠는가? 만일 위의 치환이 다른 곳에서 발생했다면 무슨 일이 생기겠는가?

2.13 주요 항체와 그 기능을 간략히 설명하라.

2.14 다음 탄수화물의 구조를 간략하게 설명하라.

a. 자당(sucrose)

b. 말토오스(maltose)

c. 유당(lactose)

d. 아밀로오스(amylose)

e. 아밀로펙틴(amylopectin)

2.15 지질, 지방, 스테로이드의 차이점은 무엇인가? 스테로이드가 세포에 중요한 이유는 무엇인가?

2.16 DNA와 RNA의 구조와 기능을 비교하라. 적어도 네 가지 차이점을 제시하라.

2.17 세 가지 주요 유형의 RNA와 그 기능을 간단히 설명하라.

2.18 다음 용어를 간단히 설명하라.

a. 복제(replication)

b. 전사(transcription)

c. 번역(translation)

d. 플라스미드(plasmid)

2.19 다량영양소, 미량영양소 및 미량원소는 무엇인가? 몇 가지 예를 제시하라.

2.20 항생제의 산업 발효에서 탄소, 질소 및 인의 전형적인 주요 공급원은 무엇인가?

2.21 미생물 대사에서의 다음 미량원소들의 기능을 설명하라 — Fe, Zn, Cu, Co, Ni, Mn, 비타민.

2.22 킬레이팅제란 무엇인가? 예를 들고 기능을 설명하라.

2.23 제한배지와 복합배지의 장점과 단점을 비교하라.

2.24 당신은 항생제 생산을 위한 배지 조성을 개발해 달라는 요구를 받았다. 항생제는 대량으로 (100톤 규모의 10개 발효기) 생산되며 비교적 값이 싸다. 숙주세포는 토양에서 분리한 곰팡이 속이고 빠른 성장을 위한 영양요구성은 분명하지 않다. 당신은 제한배지 또는 복합배지를 개발할 것인가? 이유는 무엇인가?

2.25 당신은 재조합 DNA 기술을 이용하여 높은 가격의 단백질을 생산하고자 한다. 당신은 제한배지 또는 복합배지를 개발할 것인가? 이유는 무엇인가?

3

효소

효소는 촉매작용을 하는 고분자 단백질(15,000 < 분자량 < 수백만 달톤)이다. 최근 몇몇 RNA 분자들도 촉매 역할을 한다고 알려졌지만 대부분의 세포 내 반응들은 단백질 촉매에 의해 진행된다. 촉매 특성을 갖는 RNA 분자들을 **리보자임**(ribozyme)이라고 부른다. 리보자임과 효소는 특이적이고 다양하며, 매우 효과적인 생촉매이며 보통의 조건에서 화학적 촉매반응과 비교하면 매우 높은 반응속도를 나타낸다.

2,000개 이상의 효소가 알려져 있다. 효소의 명명은 요소분해효소(urease)와 같이 기질명 뒤 또는 알콜탈수소효소(alcohol dehydrogenase)와 같이 촉매하는 반응명 뒤에 **-ase**라는 접미사를 붙인다. 어떤 효소는 접힌 폴리펩타이드와 같은 단순한 구조(대부분의 가수분해효소)를 갖기도 한다. 많은 효소들은 하나 이상의 소단위체(subunit)를 가지고 있다. 단백질 효소들은 효소활성을 위하여 비단백질기를 필요로 한다. 이러한 기는 Mg, Zn, Mn, Fe와 같은 금속이온인 보조인자이거나 또는 nicotinamide adenine dinucleotide(NAD), flavin adenine dinucleotide(FAD), coenzyme A(CoA)와 일부 비타민과의 유기결합체인 조효소(coenzyme)이다. 비단백질기를 갖고 있는 효소를 **완전효소**(holoenzyme)라 하고, 이 효소의 단백질 부분을 **순효소**(apoenzyme)(완전효소 = 순효소 + 보조인자)라 한다. 다른 분자구조를 갖지만 동일한 반응을 촉매하는 효소를 **유사효소**(isozyme)라 한다. 효소는 효소복합체를 형성하는 것에 따라 구분되기도 하고 기질특이적이므로 효소가 촉매하는 반응에 따라서 구분되기도 한다. 주요 효소의 종류와 이들의 기능을 표 3.1에 나타내었다.

TABLE 3.1. International Classification of Enzymes

Class No.	Class Name	Type of Reaction Catalyzed
1	Oxidoreductases	Transfer of electrons (hydride ions or H atoms)
2	Transferases	Group transfer reactions
3	Hydrolases	Hydrolysis reactions (transfer of functional groups to water)
4	Lyases	Cleavage of C—C, C—O, C—N, or other bonds by elimination, leaving double bonds or rings, or addition of groups to double bonds
5	Isomerases	Transfer of groups within molecules to yield isomeric forms
6	Ligases	Formation of C—C, C—S, C—O, and C—N bonds by condensation reactions coupled to cleavage of ATP or similar cofactor

3.1 효소의 작용

효소는 기질과 결합하여 효소-기질 복합체를 형성함으로써 반응의 활성화 에너지(activation energy)를 낮추는 촉매 역할을 한다. 그러나 효소는 자유에너지 또는 반응의 평형상수에는 영향을 끼치지 않는다. 그림 3.1은 활성화 에너지와 관련된 효소의 역할을 보여 준다. 예를 들면, 과산화수소 분해에 필요한 활성화 에너지는 촉매의 종류에 따라 달라진다. 20°C에서 비촉매반응에서의 활성화 에너지는 18 kcal/mol인 반면, 화학적 촉매반응(콜로이드상의 백금에 의한)이나 효소촉매반응(과산화수소분해효소(catalase))의 ΔE 값은 각각 13 kcal/mol과 7 kcal/mol이다. 결국 과산화수소분해효소는 반응속도를 약 10^8배 정도 촉진시킨다. 이같이 활성화 에너지의 작은 변화에 대한 반응속도의 큰 차이는 반응속도와 활성화 에너지

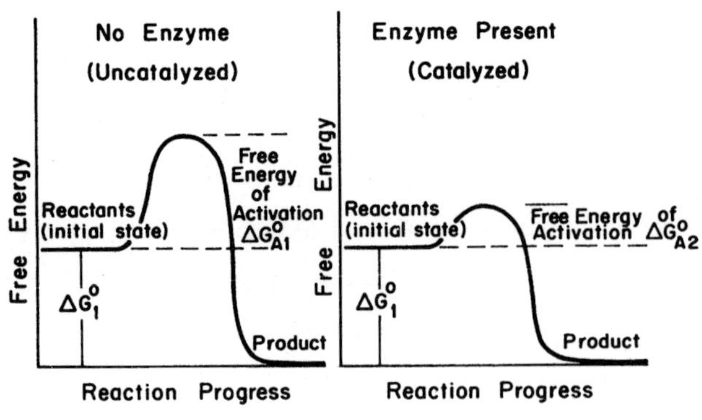

Figure 3.1. Activation energies of enzymatically catalyzed and uncatalyzed reactions. Note that $|\Delta G^{\circ}_{A_2}| < |\Delta G^{\circ}_{A_1}|$.

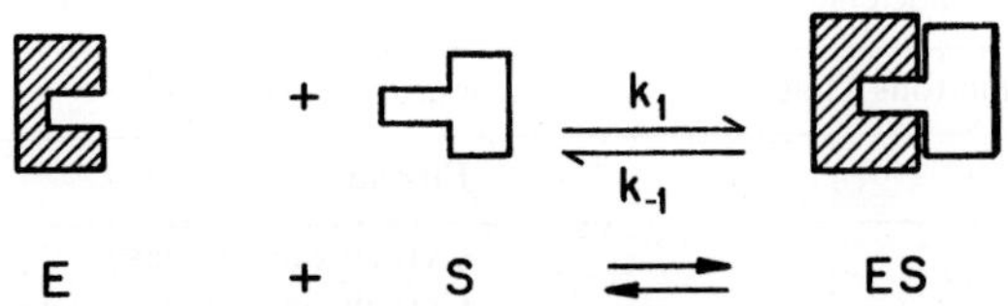

Figure 3.2. Schematic of the lock-and-key model of enzyme catalysis.

간의 지수적 비례관계에 기인한다.

분자 수준에서의 효소와 기질 간의 상호작용은 아직 완전히 이해되지는 않았다. 이와 같은 상호작용은 각각의 효소-기질 복합체에 따라 다르게 나타난다. x-선이나 라만분광기와 같은 다양한 방법으로 효소-기질 복합체의 존재를 확인하였고, 이들 간의 상호작용은 대부분 매우 약한 결합으로 되어 있다. 대부분 반데르발스(van der Waals)결합과 수소결합이 효소-기질 복합체 형성에 관여하고 있다. 기질과 특이적으로 결합하는 효소의 위치를 **활성부위**(active site)라 한다. 기질은 효소에 비해 작은 분자이므로 효소분자의 특정 부위에 결합하게 된다. 이러한 상호작용을 설명하는 가장 간단한 모형은 열쇠-자물쇠 모형으로, 효소를 자물쇠로 기질을 열쇠로 나타내고 그림 3.2는 이를 보여 준다. 유도 적합 모델 (induced fit model)은 효소의 활성부위가 기질과 결합하기 위한 몇 가지 형태 변화를 거치는 효소사슬 상호작용에 대해 보다 널리 받아들여지는 모델이다. 효소 반응은 그 구조적 변화의 결과로서 일어난다.

여러 기질이 참여하는 효소촉매반응에서, 기질들의 반응부위끼리 서로 가까이하고, 효소의 활성부위와도 근접하도록 효소는 기질을 끌어당긴다. 이와 같은 현상을 **근접효과**(proximity effect)라 한다. 또한 효소는 반응속도를 증가시키기 위하여 특정 각도와 위치에서 기질과 결합한다. 이것을 **방향효과**(orientation effect)라 한다. 일부 효소에서는 효소-기질 복합체가 형성되면서 효소의 3차구조가 바뀐다. 이같이 기질에 의한 효소분자구조의 변화 유도는 효소의 촉매역가 증진에 기여한다. 라이소자임(lysozyme)이나 카르복시단백질분해효소(carboxypeptidase) A의 경우, 기질과 복합체를 형성하면서 3차구조가 변화됨이 관찰되었다. 효소의 촉매작용은 효소의 1차구조뿐만 아니라 2차, 3차, 4차구조에 의해서도 영향을 받는다. 효소의 활성부위의 특성과 입체구조의 특징은 효소의 촉매활성도에 영향을 미친다. 어떤 효소는 고유의 기능을 위해 보조효소와 보조인자를 필요로 하기도 한다. 표 3.2에 효소와 이들의 보조효소, 보조인자를 나타내었다.

TABLE 3.2. Cofactors (Metal Ions) and Coenzymes of Some Enzymes

Some Inorganic Ions That Serve as Cofactors for Enzymes

Ions	Enzymes
Cu^{2+}	Cytochrome oxidase
Fe^{2+} or Fe^{3+}	Cytochrome oxidase, catalase, peroxidase
K^+	Pyruvate kinase
Mg^{2+}	Hexokinase, glucose 6-phosphatase, pyruvate kinase
Mn^{2+}	Arginase, ribonucleotide reductase
Mo	Dinitrogenase
Ni^{2+}	Urease
Zn^{2+}	Carbonic anhydrase, alcohol dehydrogenase, carboxypeptidase A and B

Some Coenzymes That Serve as Transient Carriers of Specific Atoms or Functional Groups

Coenzyme	Examples of Chemical Groups Transferred	Dietary Precursor in Mammals
Biocytin	CO_2	Biotin
Coenzyme A	Acyl groups	Pantothenic acid and other compounds
5′-Deoxyadenosylcobalamin (coenzyme B_{12})	H atoms and alkyl groups	Vitamin B_{12}
Flavin adenine dinucleotide	Electrons	Riboflavin (vitamin B_2)
Lipoate	Electrons and acyl groups	Not required in diet
Nicotinamide adenine dinucleotide	Hydride ion ($:H^-$)	Nicotinic acid (niacin)
Pyridoxal phosphate	Amino groups	Pyridoxine (vitamin B_6)
Tetrahydrofolate	One-carbon groups	Folate
Thiamine pyrophosphate	Aldehydes	Thiamine (vitamin B_1)

3.2 효소 속도론

단일기질-효소 촉매반응의 속도식은 1902년 V. C. R. Henri와 1913년 L. Michaelis 와 M. L. Menten에 의해 최초로 제안되었다. 단순한 효소촉매반응의 속도론은 보통 Michaelis-Menten 속도론 또는 **포화 속도론**(saturation kinetics)이라 부른다. 효소 속도론의 정성적인 특징은 Langmuir-Hinshelwood 속도론과 유사하다(그림 3.3 참조). 이 모델 식은 초기 기질 농도(S_0)와 효소농도(E_0)를 알고 있는 경우에 부피가 일정한 회분식 반응기에서 얻은 실험 결과를 바탕으로 한다. 생물계에서는 다기질-다효소 반응과 같은 보다 복잡한 효소-기질 간 상호작용이 일어날 수 있다.

효소용액은 기질과 결합할 수 있는 활성부위의 숫자가 일정하기 때문에 높은 기질농도에서는 활성부위 모두가 기질과 결합하여 효소가 포화되는 상태가 된다. 포화 속도론은 효소-기질 복합체 형성단계의 가역반응과 효소-기질 복합체의 해리단계의 단순한 반응체계

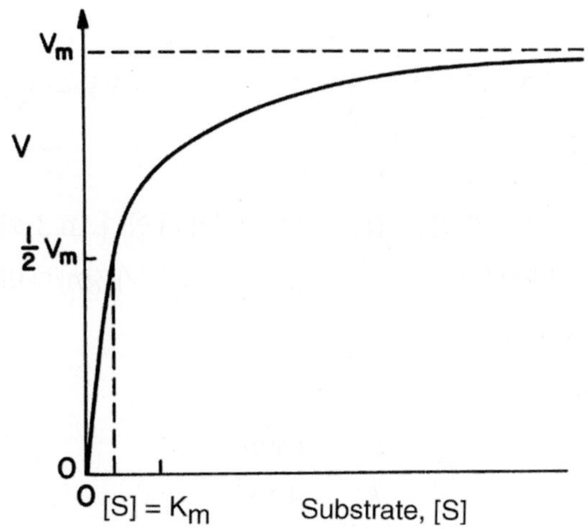

Figure 3.3. Effect of substrate concentration on the rate of an enzyme–catalyzed reaction.

로부터 구할 수 있다.

$$E + S \underset{k_{-1}}{\overset{k_1}{\rightleftharpoons}} ES \overset{k_2}{\rightarrow} E + P \tag{3.1}$$

여기에서 효소-기질 복합체가 다소 빠른 속도로 형성되고 두 번째 단계의 역반응속도를 무시한다는 가정을 전제로 한다. 두 번째 반응의 비가역 가정은 반응 초기에 생성물의 축적을 무시할 때 성립된다. 효소촉매반응 속도식을 표현하는 데는 빠른 평형(rapid-equilibrium approach), 유사 정상상태(quasi-steady-state approach)의 두 가지 방법이 사용된다.

3.2.1 단순효소 속도론의 수식적 모형

유사 정상상태 가정 또는 빠른 평형 가정은 공통적으로 식 3.1의 속도 표현식에서 볼 수 있듯이 동일한 초기단계를 밟는다.

$$v = \frac{d[P]}{dt} = k_2[ES] \tag{3.2}$$

여기에서 mol/l · s의 단위를 갖는 v는 산물생성속도 또는 기질소모속도이다.

속도상수 k_2는 종종생물학에서 사용되는 k_{cat}으로 표시되기도 한다. 효소-기질 복합체의 변화 속도는

$$\frac{d[ES]}{dt} = k_1[E][S] - k_{-1}[ES] - k_2[ES] \tag{3.3}$$

효소는 전혀 없어지지 않으므로 효소에 대한 보존식은

$$[\mathrm{E}]=[\mathrm{E}_0]-[\mathrm{ES}] \tag{3.4}$$

과 같다. 여기에서 효소반응식의 해를 얻기 위해서는 다음의 가정들이 필요하다.

3.2.1.1 빠른 평형 가정

Henri, Michaelis와 Menten은 다음과 같은 접근방법을 이용하였다. 효소와 기질이 반응하여 ES복합체를 형성하는 과정이 빠르게 평형상태에 도달한다고 가정한다면 평형상수를 사용하여 [ES]를 [S]의 함수로 표시할 수 있다.

평형상수는 아래와 같다.

$$K_m' = \frac{k_{-1}}{k_1} = \frac{[\mathrm{E}][\mathrm{S}]}{[\mathrm{ES}]} \tag{3.5}$$

효소가 보존된다면 [E] = [E_0] − [ES]이므로

$$[\mathrm{ES}] = \frac{[\mathrm{E}_0][\mathrm{S}]}{(k_{-1}/k_1)+[\mathrm{S}]} \tag{3.6}$$

$$[\mathrm{ES}] = \frac{[\mathrm{E}_0][\mathrm{S}]}{K_m'+[\mathrm{S}]} \tag{3.7}$$

여기에서 효소-기질 복합체의 해리상수인 K_m'은 k_{-1}/k_1이다. 식 3.7을 식 3.2에 대입하면

$$v = \frac{d[\mathrm{P}]}{dt} = k_2\frac{[\mathrm{E}_0][\mathrm{S}]}{K_m'+[\mathrm{S}]} = \frac{V_m[\mathrm{S}]}{K_m'+[\mathrm{S}]} \tag{3.8}$$

을 얻을 수 있다. 여기에서 $V_m = k_2[\mathrm{E}_0]$이다.

이 경우 최대 정반응속도 V_m은 효소가 더 첨가되면 변화하지만 기질의 첨가에 의해서는 영향을 받지 않는다. K_m'을 흔히 Michaelis-Menten상수라 하며 '′'을 사용한 이유는 초기단계에서 빠른 평형을 가정하여 얻었기 때문이다. K_m'의 값이 작다는 것은 효소의 기질에 대한 친화도가 높다는 것을 의미한다. 또한 K_m'은 최대반응속도의 1/2에 해당하는 기질농도이다.

식 3.1의 반응형태에 더 일반적인 가정을 적용하여도 식 3.8과 동일한 반응식을 유도할 수 있다.

3.2.1.2 유사 정상상태 가정

효소-기질 반응이 포화형태의 속도론을 보이긴 하지만, 많은 경우 빠른 평형 가정은 물질이동속도식에는 적용되지 않는다.

G. E. Briggs와 J. B. S. Haldane은 유사 정상상태 가정을 최초로 제안하였다. 대부분의 실험은 초기에는 효소농도에 비해 충분히 높은 기질농도를 유지하는 닫힌계(회분식 반응

기)를 이용한다. 효소농도 $[E_0]$가 충분히 낮기 때문에 $d[ES]/dt \approx 0$이라 가정하였다(이 논리는 다소 오류가 있는데 이유를 생각해 보라). 식 3.2, 3.3, 3.4를 이용하여 실제 반응시간 동안의 컴퓨터모사 결과 유사 정상상태 가정은 $[S_0] \gg [E_0]$(예를 들어, 100배)의 조건을 만족하는 닫힌계에서 반응이 어느 정도 지난 경우 비로소 잘 일치함을 보여 준다. 그림 3.4는 시간에 따른 모사곡선을 보여 준다.

식 3.3에 유사 정상상태 가정을 적용하면

$$[ES] = \frac{k_1[E][S]}{k_{-1} + k_2} \tag{3.9}$$

를 유도할 수 있다. 효소 보존식(식 3.4)을 식 3.9에 대입하면

$$[ES] = \frac{k_1([E_0] - [ES])[S]}{k_{-1} + k_2} \tag{3.10}$$

을 얻을 수 있다. 식 3.10을 [ES]에 관하여 풀면 아래와 같다.

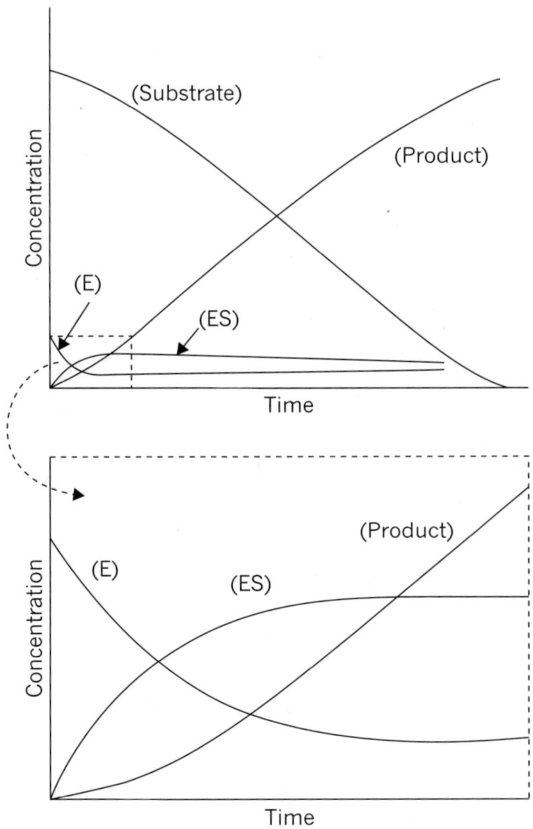

Figure 3.4. Time course of the formation of an enzyme–substrate complex and initiation of the steady state, as derived from computer solutions of data obtained in an actual experiment on a typical enzyme. The portion in the dashed box in the top graph is shown in magnified form on the lower graph. (From Lehninger, *Principles of Biochemistry*, 6th ed., by David L. Nelson et al., Copyright 2013. All rights reserved. Reprinted by permission of W. H. Freeman.)

$$[\mathrm{ES}] = \frac{[\mathrm{E}_0][\mathrm{S}]}{\dfrac{k_{-1}+k_2}{k_1}+[\mathrm{S}]} \tag{3.11}$$

식 3.11을 식 3.2에 대입하면 아래의 식을 얻는다.

$$v = \frac{d[\mathrm{P}]}{dt} = \frac{k_2[\mathrm{E}_0][\mathrm{S}]}{\dfrac{k_{-1}+k_2}{k_1}+[\mathrm{S}]} \tag{3.12a}$$

$$v = \frac{V_m[\mathrm{S}]}{K_m+[\mathrm{S}]} \tag{3.12b}$$

여기에서 K_m은 $(k_{-1} + k_2)/k_1$이고 V_m은 $k_2[\mathrm{E}_0]$이다. 일반적인 실험조건에서는 K_m과 K'_m 중 어느 것이 적합한 것인가를 결정하기가 어렵다. 그러나 K_m이 보다 일반적인 표현이므로 이후로는 K_m을 사용할 것이다.

3.2.2 Michaelis-Menten 속도론에서의 속도 매개 변수 결정

K_m과 V_m 값을 정확히 결정하는 것은 어렵다. 일반적으로는 **초기속도 실험**(initial-rate experiment)으로 실험결과를 얻는다. 회분식 반응기에서는 이미 알고 있는 양의 기질 $[\mathrm{S}_0]$와 효소 $[\mathrm{E}_0]$를 첨가한다. 시간에 따른 생성물(또는 기질)의 농도를 도식화한다. 이 곡선에서 초기 기울기가 결정된다(즉, $v = d[\mathrm{P}]/dt|_{t=0} = d[\mathrm{S}]/dt|_{t=0}$). 이렇게 구한 v값을 회분식 반응기에 처음 넣어 준 $[\mathrm{E}_0]$와 $[\mathrm{S}_0]$ 값으로 나타낼 수 있다. 다양한 초기 기질농도에서의 이와 같은 실험들을 반복하여 v_0와 $[\mathrm{S}_0]$에 관하여 많은 짝의 실험결과를 얻을 수 있다. 다양한 농도의 $[\mathrm{S}_0]$에 따른 초기속도 자료는 그림 3.3과 같이 나타낼 수 있지만 이것으로부터 정확한 K_m을 구하기는 어렵다. 그러므로 반응속도 상수를 구하기 위해서 다른 자료해석방법이 제안되었다.

3.2.2.1 이중역수 도표(double-reciprocal 도표, Lineweaver-Burk 도표)

이중역수를 취하여 식 3.12b를 직선으로 나타낼 수 있다.

$$\frac{1}{v} = \frac{1}{V_m} + \frac{K_m}{V_m}\frac{1}{[\mathrm{S}]} \tag{3.13}$$

$1/[\mathrm{S}]$에 대하여 $1/v$를 도식화하면 그림 3.5와 같이 직선으로 나타나며 기울기는 K_m/V_m가 되고 y축 절편이 $1/V_m$가 된다. 이중역수 도표 방법으로는 V_m을 정확히 구할 수 있지만, 정확한 K_m의 결정은 매우 어렵다. 왜냐하면 각 실험값의 역수 간의 오차는 대칭적으로 일정하

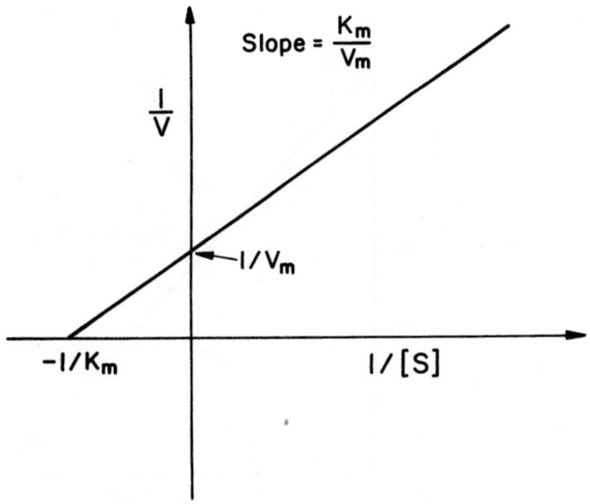

Figure 3.5. Double-reciprocal (Lineweaver–Burk) plot.

지 않기 때문이다. 그러므로 이 같은 도식화에 최소자승법을 적용할 때에는 주의하여야 한다. 낮은 기질농도에서 구한 실험값은 높은 기질농도에서의 실험값보다 직선의 기울기와 절편에 더 큰 영향을 미친다.

3.2.2.2 Eadie-Hofstee 도표

식 3.12b를 재정리하면 다음과 같다.

$$v = V_m - K_m \frac{v}{[S]} \tag{3.14}$$

v와 $v/[S]$를 도식화하면 그림 3.6에서와 같이 기울기가 $-K_m$이고 y축 절편이 V_m인 직선을 얻을 수 있다. Eadie-Hofstee 도표는 양축에 υ를 포함하고 있으므로 큰 오차가 발생될 수 있다. 그러나 낮은 값의 [S]에 대해서는 비교적 작은 오차를 나타낸다. 이것은 V_m이 아니라 K_m의 추정에 좋은 방법이다.

3.2.2.3 Hanes-Woolf 도표

식 3.12b를 다시 정리하면

$$\frac{[S]}{v} = \frac{K_m}{V_m} + \frac{1}{V_m}[S] \tag{3.15}$$

를 얻을 수 있다. $[S]/v$와 [S]를 도식화하면 그림 3.7과 같이 기울기가 $1/V_m$이고 y축 절편이 K_m/V_m인 직선을 얻을 수 있다. 이 직선은 V_m을 보다 정확하게 결정하기 위하여 사용된다.

절편보다는 경사에 기초하여 이들 접근법 중 하나로부터 속도상수를 결정하는 것이 바

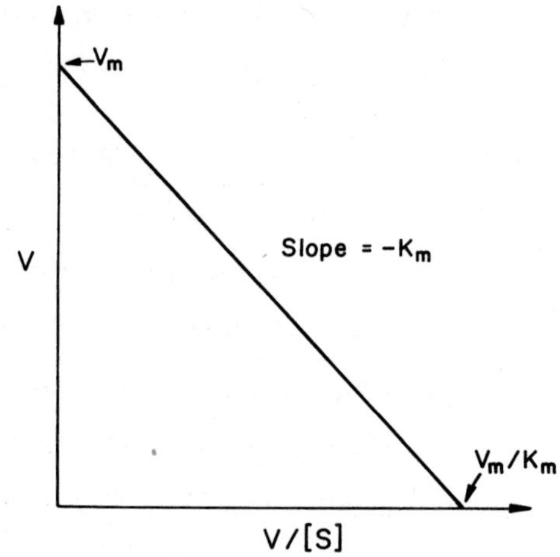

Figure 3.6. Eadie–Hofstee plot.

람직하다. 절편은 종종 S 또는 V가 0 또는 무한대에 접근하는 가상의 경우를 지정한다. 다변수 회귀 분석은 실험결과를 사용하여 속도상수를 결정할 때도 일반적으로 사용된다.

3.2.2.4 회분식 반응 속도론(batch kinetics)

회분식 효소반응기에서 시간에 대한 [S]의 변화는 다음 식으로부터 구할 수 있다.

$$v = -\frac{d[\mathrm{S}]}{dt} = \frac{V_m[\mathrm{S}]}{K_m + [\mathrm{S}]} \tag{3.12b}$$

식 3.12b를 적분하면 다음과 같다.

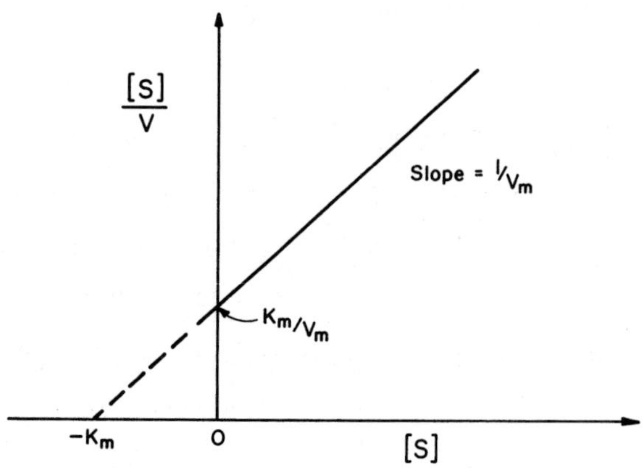

Figure 3.7. Hanes–Woolf plot.

$$V_m t = [S_0] - [S] + K_m \ln\frac{[S_0]}{[S]} \tag{3.16}$$

식 3.16을 다음과 같이 재배치하면

$$V_m - \frac{[S_0]-[S]}{t} = \frac{K_m}{t}\ln\frac{[S_0]}{[S]} \tag{3.17}$$

을 얻는다. $1/t$ Ln$[S_0]/[S]$와 $\{[S_0] - [S]\}/t$를 도식화하면 기울기가 $-1K_m$이고 y축 절편이 V_m/K_m인 직선을 얻을 수 있다. 그러나 V_m은 기울기가 V_m/K_m이고 절편이 $\{[S_0] - [S]\}/K_m$인 시간(t)에 대한 Ln$[S_0]/[S]$의 그래프에서 더 잘 결정될 수 있다.

3.2.2.5 K_m과 V_m의 해석

K_m(또는 K_m')은 고유변수이지만 V_m은 아니다. K_m은 속도상수만의 함수이고 온도 또는 pH에 의해 달라진다. 그러나 V_m은 속도상수 k_2와 초기효소농도 $[E_0]$의 함수이다. $[E_0]$가 바뀜에 따라 V_m도 변한다. 물론 $[E_0]$를 안다면 k_2는 바로 계산될 수 있다. 고순도로 정제된 효소에 대해서는 $[E_0]$를 mol/l 또는 g/l로 표현할 수 있다.

효소가 정제되지 않은 경우 효소의 농도는 'unit'의 개념을 이용하여 표시된다. 1 **unit**은 특정한 조건에서 이전에 결정한 반응역가의 양을 나타내는 효소의 양이다. 예를 들어, 특정한 pH와 온도에서 K_m 값보다 큰농도의 기질을 이용하여 분당 1 μmol의 산물을 만드는 효소의 양이다. **비역가**(specific activity)는 전체 단백질에 대한 역가 수치를 나타낸다. 예를 들어, 정제하지 않은 세포파쇄용액의 비효소역가는 0.2 units/mg protein인 반면 정제를 거치면 10 units/mg protein으로 증가한다. 반응역가를 가지고 있는 효소만 측정하는 것이다. 효소가 **변성되었다**(denatured)는 것은 단백질이 풀렸다(unfold)든가 정제과정 중 극한 pH 또는 온도 변화에서 효소의 3차원 구조가 변경되었다는 것이다. 변성된 효소는 역가를 가지고 있지 않을 것이다.

예제 3.1

비효소역가 결정. 조효소액에서 글루코아밀레이스(glucoamylase)의 양을 측정하기 위해 8 mg의 단백질을 함유한 조효소 1 ml를 4.44% 전분용액 9 ml에 첨가하였다. 글루코아밀레이스의 1 unit은 pH 4.5와 60°C에서 4%의 Lintner 전분용액을 이용하여 분당 1 μmol의 포도당을 생산하는 효소의 양으로 정의된다. 초기속도실험에서 0.6 μmol 포도당/ml · min으로 반응이 일어났다. 이 조효소의 비효소역가는 얼마인가?

풀이

생성된 전체 포도당의 양은 10 ml × 0.6 μmol 포도당/ml · min 또는 6 μmol 포도당/min이다. 비효소역가는

$$\text{specific activity} = \frac{6\ \text{units}}{1\ \text{ml protein solution}\cdot 8\ \text{mg/ml}}$$
$$= 6\ \text{units/8 mg protein}$$
$$= 0.75\ \text{units/mg protein}$$

V_m은 μmol product/ml · min와 같은 단위로 표현된다. $V_m = k_2[E_0]$이므로 k_2의 차원은 E_0에 대한 unit의 정의에 영향을 미칠 수밖에 없다. 예제 3.1에서 효소의 농도가 8 mg protein/10 ml solution · 0.75 units/mg protein으로 6 units/ml였다. 만약 예로 V_m = 1 μmol/ml · min이라면 k_2 = 1 μmol/ml · min ÷ 0.6 unit/ml로 k_2 = 1.67 μmol/unit · min이다.

3.2.3 보다 복잡한 효소 속도론의 모델

효소 반응기의 반응속도는 상당히 복잡해질 수 있다. 여기서 우리는 여러 결합 부위를 포함하는 일반적인 반응속도식을 다룰 것이다. 이들 속도식은 저분자에 의한 억제 또는 활성화를 보여 준다. 이와 같이 복잡한 속도적 형태는 세포 기능을 조절하는 효소를 묘사하기 위하여 세포 내에서 종종 요구된다. 예를 들어, 너무 많은 생성물이 형성되면 세포는 생산속도를 늦출 필요가 있다. 반대로, 세포 내 다른 화학물질 농도의 변화에 반응하기 위해 더 높은 전환율을 얻도록 효소를 활성화해야 한다. 이러한 세포 조절의 몇 가지 예는 4장 '세포의 작용'에 나와 있다. 여기서 우리는 종종 세포의 밖에서 산업적으로 사용하기 위하여, 분리된 효소의 속도식에 초점을 맞추고 있다. 우리는 산업적인 촉매로서 효소를 사용하는 공정을 적절히 설계하기 위해 이러한 속도식을 알아야 한다.

3.2.3.1 알로스테릭 효소(allosteric enzyme)

어떤 효소들은 하나 이상의 기질결합부위를 갖고 있다. 기질이 효소와 결합하면 다른 기질분자의 결합을 촉진시킨다. 이와 같은 현상을 **알로스테릭**(allosteric) 또는 **협동결합**(cooperative binding)이라 하고 조절효소(regulatory enzyme)가 이 현상을 따른다. 이 경우 속도식의 표현은 아래와 같다.

$$v = -\frac{d[S]}{dt} = \frac{V_m[S]^n}{K_m'' + [S]^n} \tag{3.18}$$

여기에서 n은 협동계수(cooperativity coefficient)이고 $n > 1$은 양성협동상태를 나타낸다. 그림 3.8은 Michaelis-Menten 속도론과 알로스테릭 효소의 속도론을 비교하여 나타내고 있는데, 알로스테릭 효소에서는 v가 [S]에 대하여 S자 모양의 형태를 나타낸다.

협동계수는 식 3.18을 재정리하여 얻어진 아래의 식으로부터 그림 3.9와 같이 Ln $v/(V_m - v)$와 Ln[S]를 도식화함으로써 구할 수 있다.

$$\mathrm{Ln}\frac{v}{V_m - v} = n\,\mathrm{Ln}[\mathrm{S}] - \mathrm{Ln}\,K_m'' \tag{3.19}$$

n의 값에 따라서, $n > 1$일 때 기질 결합이 협동적이며, $n < 1$인 경우 비협조적(prohibitive)이다. $n = 1$일 때 기질 결합은 독립적이거나 결합된 기질로부터 영향을 받지 않는다는 것으

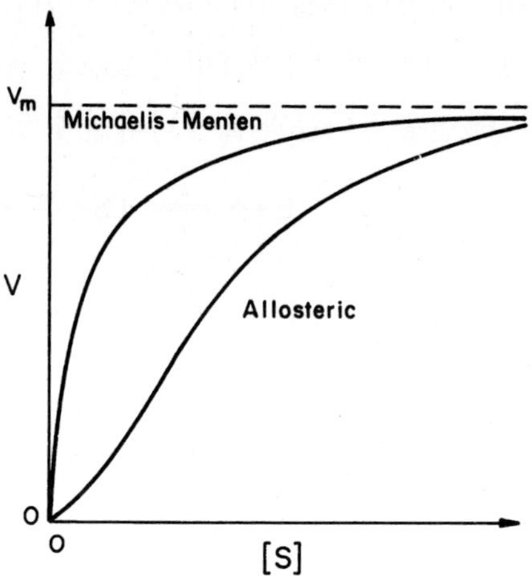

Figure 3.8. Comparison of Michaelis–Menten and allosteric enzyme kinetics.

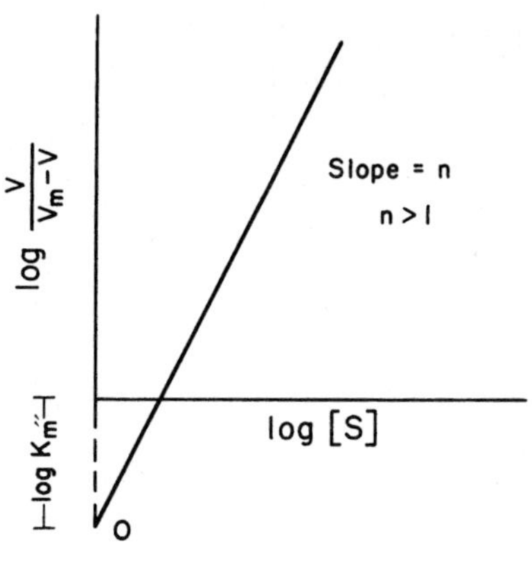

Figure 3.9. Determination of cooperativity coefficient.

로, Michaelis-Menten 속도론의 주요 가정이기도 하다.

3.2.3.2 저해반응에서의 효소 속도론

어떤 물질은 효소와 결합하여 효소의 활성도를 감소시킨다. 이와 같은 물질을 **효소 저해제**(enzyme inhibitor)라 한다. 효소의 저해반응은 가역적이거나 비가역적이다. 비가역 저해제는 중금속(납, 카드뮴, 수은 등)과 같이 효소와 결합하여 안정한 결합물을 형성하고 그 결과 효소활성도를 감소시킨다. 이와 같은 효소 저해반응은 ethylenediaminetetraacetic acid(EDTA)와 구연산과 같은 킬레이팅제(chelating agent)를 이용하면 가역화된다. 가역적 저해제는 효소와 결합한 뒤 효소로부터 쉽게 해리된다. 가역적 효소저해 반응은 **경쟁적**(competitive), **비경쟁적**(noncompetitive), 그리고 **반경쟁적**(uncompetitive) 저해반응의 세 가지 형태로 구분된다. 기질도 저해제로 작용할 수 있다.

경쟁적 저해제는 보통 기질유사체이며 효소의 활성부위에 기질과 경쟁적으로 결합한다. 경쟁적 효소저해 반응은 다음과 같이 나타낼 수 있다.

$$\begin{array}{l} \mathrm{E} + \mathrm{S} \underset{k_{-1}}{\overset{k_1}{\rightleftharpoons}} \mathrm{ES} \xrightarrow{k_2} \mathrm{E} + \mathrm{P} \\ + \\ \mathrm{I} \\ \Big\Updownarrow K_{\mathrm{I}} \\ \mathrm{EI} \end{array} \tag{3.20}$$

빠른 평형 가정과 아래와 같이 정의하면

$$K_m' = \frac{[\mathrm{E}][\mathrm{S}]}{[\mathrm{ES}]}, \qquad K_I = \frac{[\mathrm{E}][\mathrm{I}]}{[\mathrm{EI}]}$$
$$[\mathrm{E}_0] = [\mathrm{E}] + [\mathrm{ES}] + [\mathrm{EI}] \quad \text{and} \quad v = k_2[\mathrm{ES}] \tag{3.21}$$

효소전환식은 다음 식으로 표시된다.

$$v = \frac{V_m[\mathrm{S}]}{K_m'\left[1 + \dfrac{[\mathrm{I}]}{K_I}\right] + [\mathrm{S}]} \tag{3.22}$$

또는

$$v = \frac{V_m[\mathrm{S}]}{K_{m,\,\mathrm{app}}' + [\mathrm{S}]} \tag{3.23}$$

여기서

$$K'_{m,\text{app}} = K'_m\left(1+\frac{[\text{I}]}{K_\text{I}}\right).$$

경쟁적 저해반응에 의한 실제 효과는 $K'_{m,\text{app}}$의 증가와 이로 인한 반응속도의 감소이다. 경쟁적 저해반응은 기질농도를 높임으로써 극복된다. 그림 3.10에서는 경쟁적 효소저해 반응을 이중역수도표의 형태로 나타내었다.

비경쟁적 저해제는 기질과 유사성이 없다. 저해제는 효소의 활성부위가 아닌 다른 부위에 결합하여 기질의 효소에 대한 친화성을 감소시킨다. 비경쟁적 효소저해 반응은 아래와 같이 나타낼 수 있다.

$$\begin{array}{ccccc} \text{E}+\text{S} & \underset{K'_m}{\rightleftharpoons} & \text{ES} & \xrightarrow[k_2]{} & \text{E}+\text{P} \\ + & & + & & \\ \text{I} & & \text{I} & & \\ {\scriptstyle K_\text{I}}\upharpoonleft\downharpoonright & & \upharpoonleft\downharpoonright & & \\ \text{EI}+\text{S} & \underset{K'_m}{\rightleftharpoons} & \text{ESI} & & \end{array} \tag{3.24}$$

다음의 정의에 의해

$$K'_m = \frac{[\text{E}][\text{S}]}{[\text{ES}]} = \frac{[\text{EI}][\text{S}]}{[\text{ESI}]}, \quad K_I = \frac{[\text{E}][\text{I}]}{[\text{EI}]} = \frac{[\text{ES}][\text{I}]}{[\text{ESI}]} \tag{3.25}$$
$$[\text{E}_0] = [\text{E}]+[\text{ES}]+[\text{EI}]+[\text{ESI}] \text{ and } v = k_2[\text{ES}]$$

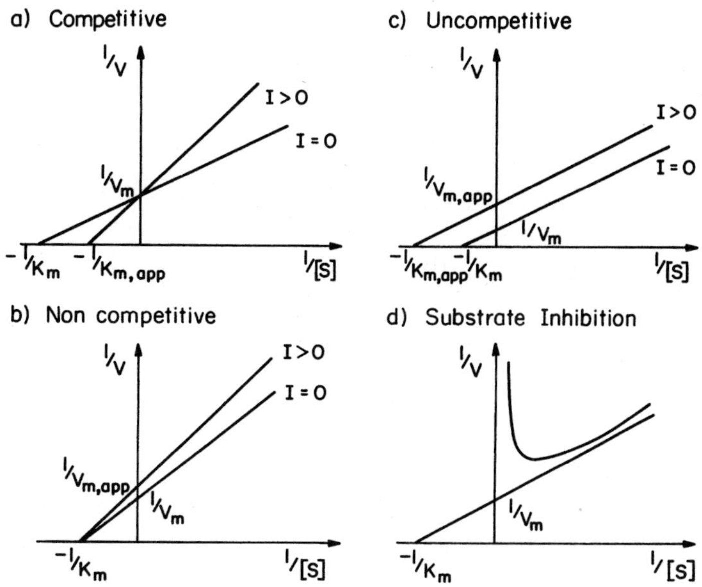

Figure 3.10. Different forms of inhibited enzyme kinetics.

다음의 속도식을 전개할 수 있다.

$$v = \frac{V_m}{\left(1+\frac{[\mathrm{I}]}{K_1}\right)\left(1+\frac{K_m'}{[\mathrm{S}]}\right)} \tag{3.26}$$

또는

$$v = \frac{V_{m,\mathrm{app}}}{\left(1+\frac{K_m'}{[\mathrm{S}]}\right)} \tag{3.27}$$

여기서

$$V_{m,\mathrm{app}} = \frac{V_m}{\left(1+\frac{[\mathrm{I}]}{K_1}\right)}$$

비경쟁적 저해반응의 실제 효과는 V_m의 감소이다. 고농도 기질로는 비경쟁적 저해반응을 극복할 수 없다. 효소에 대한 비경쟁 저해제의 결합을 방지하기 위해서는 다른 화합물을 첨가하여야 한다. 또 다른 비경쟁적 저해반응의 형태는 V_m의 감소와 동시에 K_m'을 증가시키기도 한다. 이와 같은 현상은 ESI복합체가 산물을 생성하는 경우에 나타난다.

반경쟁 저해제는 ES복합체에만 결합하고 효소와의 친화력이 없다. 이와 같은 반경쟁 저해 형태를 살펴보면

$$\begin{array}{c} \mathrm{E}+\mathrm{S} \overset{K_m'}{\rightleftharpoons} \mathrm{ES} \xrightarrow{k_2} \mathrm{E}+\mathrm{P} \\ + \\ \mathrm{I} \\ \Big\Updownarrow K_1 \\ \mathrm{ESI} \end{array} \tag{3.28}$$

과 같고, 이때 K_m'과 K_1은 아래와 같이 정의된다.

$$K_m' = \frac{[\mathrm{E}][\mathrm{S}]}{[\mathrm{ES}]},\ K_1 = \frac{[\mathrm{ES}][\mathrm{I}]}{[\mathrm{ESI}]} \\ [\mathrm{E}_0] = [\mathrm{E}]+[\mathrm{ES}]+[\mathrm{ESI}] \text{ and } v = k_2[\mathrm{ES}] \tag{3.29}$$

반응속도식을 유도하면

$$v = \frac{\dfrac{V_m}{\left(1+\dfrac{[\mathrm{I}]}{K_1}\right)}[\mathrm{S}]}{\dfrac{K_m'}{\left(1+\dfrac{[\mathrm{I}]}{K_1}\right)}+[\mathrm{S}]} \tag{3.30}$$

또는

$$v = \frac{V_{m,\mathrm{app}}[\mathrm{S}]}{K_{m,\mathrm{app}}'+[\mathrm{S}]} \tag{3.31}$$

반경쟁적 저해반응의 실제 효과는 V_m과 K_m'의 감소이다. V_m의 감소는 K_m'의 감소보다 그 영향이 더욱 두드러지기 때문에 결과적으로 효소반응속도의 감소를 가져온다. 그림 3.10에 반경쟁 저해반응을 이중역수 도표의 형태로 나타내었다.

혼합 저해 메커니즘은 다음과 같이 최대반응속도(V_m)가 감소하고 K_m'가 증가한다는 점만 제외하면 비경쟁 효소 저해와 유사하다.

$$V_{m,\mathrm{app}} = V_m / (1+I/K_I), \;\; K_{m,\mathrm{app}}' = K_m'\left(1+I/K_I'\right) \tag{3.32a}$$

그리고

$$V = V_{m,\mathrm{app}}(S) / \left(K_{m,\mathrm{app}}' + (S)\right) \tag{3.32b}$$

이 경우, 억제제는 활성 부위에 결합하지 않으므로 기질이 EI 복합체에 결합하여 ESI를 형성하며 이는 생성물을 생산하기 위한 촉매 활성을 갖는다.

기질의 농도가 높은 경우 오히려 효소반응을 저해하기도 한다. 이 경우를 **기질저해반응**(substrate inhibition)이라 한다. 그림 3.11에 기질저해반응을 도식화하였다.

기질저해반응의 반응 형태는

$$\begin{array}{c} \mathrm{E}+\mathrm{S} \underset{}{\overset{K_m'}{\rightleftharpoons}} \mathrm{ES} \xrightarrow{k_2} \mathrm{E+P} \\ + \\ \mathrm{S} \\ \Big\Updownarrow K_{S_1} \\ \mathrm{ES_2} \end{array} \tag{3.33a}$$

와 같고, 이 때의 K_{S_1}과 K_m'을 정의하면 아래와 같다.

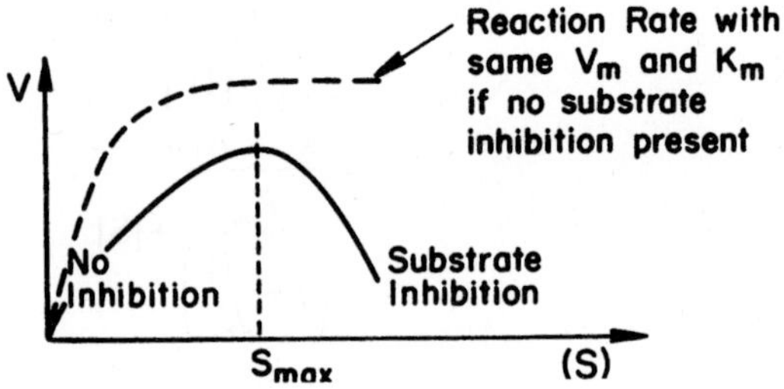

Figure 3.11. Comparison of substrate-inhibited and uninhibited enzymatic reactions.

$$K_{s_1} = \frac{[S][ES]}{[ES_2]}, \quad K'_m = \frac{[S][E]}{[ES]} \tag{3.33b}$$

빠른 평형 가정으로 속도식을 구하면

$$v = \frac{V_m[S]}{K'_m + [S] + \frac{[S]^2}{K_{s_1}}} \tag{3.34}$$

그림 3.10에서는 기질저해반응을 이중역수 도표로 나타내었다.

$[S]^2/K_{s_1} \ll 1$와 같이 기질의 농도가 낮은 경우 저해효과는 관찰되지 않는다. 이와 같은 경우 속도식은

$$v = \frac{V_m}{\left[1 + \frac{K'_m}{[S]}\right]} \tag{3.35}$$

또는

$$\frac{1}{v} = \frac{1}{V_m} + \frac{K'_m}{V_m}\frac{1}{[S]} \tag{3.36}$$

$1/v$ 대 $1/[S]$의 도표로부터 기울기 K'_m/V_m, 절편 $1/V_m$의 선을 얻는다.

기질의 농도가 높을 때는, 즉 $K'_m/[S] \ll 1$일 경우 저해반응이 주로 압도한다. 이 경우 속도식은

$$v = \frac{V_m}{\left(1 + \frac{[S]}{K_{s_1}}\right)} \tag{3.37}$$

또는

$$\frac{1}{v}=\frac{1}{V_m}+\frac{[S]}{K_{s_1}V_m} \tag{3.38}$$

$1/v$와 [S]를 도식화하면 기울기 $1/K_{s_1}\cdot V_m$과 y축 절편 $1/V_m$을 얻을 수 있다.

최대반응속도를 갖게 하는 기질의 농도는 $dv/d[S]=0$으로부터 구한다. $[S]_{max}$는 다음 식으로 주어진다.

$$[S]_{max}=\sqrt{K_m' K_{s_1}} \tag{3.39}$$

예제 3.2

초기 기질 농도 효과. 아래의 실험값들은 효소-촉매반응에서 초기효소농도를 두 가지로 달리하면서 구하였다.

$v([E_0]=0.015$ g/l) (g/l-min)	[S] (g/l)	$v([E_0]=0.00875$ g/l) (g/l-min)
1.14	20.0	0.67
0.87	10.0	0.51
0.70	6.7	0.41
0.59	5.0	0.34
0.50	4.0	0.29
0.44	3.3	
0.39	2.9	
0.35	2.5	

a. K_m을 구하라.

b. $E_0=0.015$ g/l일 때 V_m을 구하라.

c. $E_0=0.00875$ g/l일 때 V_m을 구하라.

d. k_2를 구하라.

풀이

Hanes-Woolf 도표(그림 3.12)로부터 V_m과 K_m을 구할 수 있다.

$$\frac{[S]}{v}=\frac{K_m}{V_m}+\frac{1}{V_m}[S]$$

결과는 다음 표와 같다.

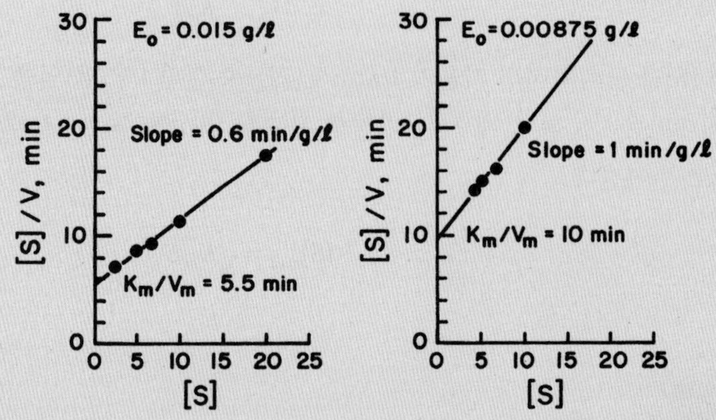

Figure 3.12. Hanes–Woolf plots for $E_0 = 0.015$ g/l and $E_0 = 0.00875$ g/l (Example 3.2).

[S]/v ($E_0 = 0.015$) (min)	[S]/v ($E_0 = 0.00875$) (min)	[S] (g/l)
17.5	30	20.0
11.5	20	10.0
9.6	16	6.7
8.5	15	5.0
8.0	14	4.0
7.6		3.3
7.3		2.9
7.1		2.5

$E_0 = 0.015$ g/l에서 [S]/v와 [S]를 도식화하면 기울기는 0.6 min/g/l이고 $V_m = 1/0.6 = 1.7$ g/l · min이다. y축 절편은 $K_m/V_m = 5.5$ min이고 $K_m = 9.2$ g [S]/l이다.

또한 $V_m = k_2 E_0$이므로 $k_2 = 1.7/0.015 = 110$ g/g enzyme · min, $k_2 = V_m/E_0 = 1.0/0.00875 = 114$ g/g enzyme · min이다.

예제 3.3

요소분해효소에 의한 요소의 가수분해반응은 부분적으로만 이해되고 있지만 저해반응을 나타낸다. 가수분해반응의 실험결과를 아래에 나타내었다.

Substrate Concentration:	0.2 M		0.02 M	
	$1/v$	I	$1/v$	I
	0.22	0	0.68	0
	0.33	0.0012	1.02	0.0012
	0.51	0.0027	1.50	0.0022
	0.76	0.0044	1.83	0.0032
	0.88	0.0061	2.04	0.0037
	1.10	0.0080	2.72	0.0044
	1.15	0.0093	3.46	0.0059

여기에서 v = mol/l · min이고 I는 저해제의 몰 농도이다.

a. 이 반응에서 Michaelis-Menten 상수(K'_m)를 구하라.

b. 이 반응은 어떤 저해반응인가? 그 이유를 구체적으로 서술하라.

c. b의 답에서 K_i 값을 구하라.

풀이

저해제 농도 I = 0, 0.0012, 0.0044, 0.006에서 $1/v$와 1/[S]를 이중역수 도표화하면 이 반응은 비경쟁적 저해반응임을 알 수 있다(그림 3.13). x축 절편으로부터 $-1/K'_m = -13$, 즉 $K'_m \approx 7.77 \times 10^{-2}$ M이다. [S] = 0.2 M과 I = 0일 때 $1/V$와 $1/S$를 양축으로 하여 도식화하면 y축 절편이 $1/V_m = 0.2$가 되고 이때 $V_m \cong 5$ mol/l · min이 된다. I = 0.0012 M과 [S] = 0.2 M, v = 3 mol/l · min의 값들을 아래 식에 대입하면

$$v = \frac{V_m}{\left(1+\frac{[I]}{K_I}\right)\left(1+\frac{K'_m}{[S]}\right)}$$

$K_I = 6 \times 10^{-3}$ M을 얻는다.

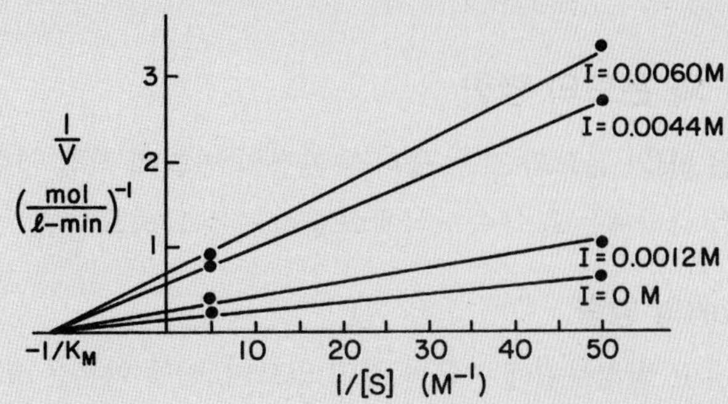

Figure 3.13. Double-reciprocal plot for different inhibitor concentrations (Example 3.3).

3.2.3.3 효소 활성화

효소 억제제가 효소활성을 낮추듯이, 일부 분자는 효소와 결합하여 효소활성을 증가시킬 수 있다. 이 화합물은 대사 조절을 위해 알로스테릭 효소와 같은 **효소 활성제**(enzyme activator)로 알려져 있다.

효소 활성제의 좋은 예로는 fructose-2,6-biphosphate가 있으며, 이는 phosphofructokinase를 활성화시키고 호르몬인 글루카곤에 대응하여 대사속도를 증가시킨다.

활성제를 효소분자와 결합하여 반응속도를 증가시키면 효소반응의 활성화 에너지가 감소된다.

활성제는 V_m를 증가시키거나 K'_m을 감소시키며, 또는 둘 다 영향을 주어 결과적으로 효소반응속도를 증가시키는 알짜효과를 나타낼 수도 있다. 활성제의 존재하에서 효소반응속도는 다음과 같은 형태를 취할 수 있다.

$$V_{m,\text{app}} = V_m\left(1+(A)/K_A\right),\;\; K'_{m,\text{app}} = K'_m/(1+(A)/K_A) \tag{3.40a}$$

그리고

$$V = V_{m,\text{app}}(S)/(K'_{m,\text{app}}+(S)) \tag{3.40b}$$

여기서 (A)는 활성제 농도이고, K_A는 효소-활성제 복합체의 해리상수이다. 항 $(1 + (A)/K_A)$은 활성화 인자로 알려져 있다.

억제제 I의 존재하에, 활성제는 억제제 분자에 결합하여 억제제가 효소에 결합하여 반응속도를 향상시키는 것을 방지할 수 있다. 이 경우 K'_m 값만 감소하여 더 높은 반응속도를 나타낸다.

$$\begin{aligned} &E+S \rightleftharpoons ES \rightarrow E+P \\ &+ \\ &I+A \rightleftharpoons IA \end{aligned} \tag{3.40c}$$

3.2.4 pH와 온도의 영향

효소활성은 pH와 온도와 같은 물리적 환경의 변화에 직접 영향을 받는다. 이러한 효과를 효소활성을 나타내는 효소 속도식에 포함하는 것도 중요하다.

3.2.4.1 pH의 영향

어떤 효소들은 활성부위에 이온을 갖고 있으며, 이들 이온은 효소의 촉매기능을 위하여 적합한 형태(산성 또는 염기성)로 존재하여야 한다. 배지의 pH 변화는 활성부위의 이온형태의 변화와 효소의 활성 및 반응속도의 변화를 초래한다. 반응액의 pH가 변하면 활성부위의 이온형태가 변화되고, 효소의 활성도가 바뀌게 되고, 결국 반응속도도 변한다. pH의 변화는 또한 효소의 3차원 구조에 영향을 미칠 수도 있다. 이와 같은 이유 때문에 효소는 특정한 pH 영역에서만 활성을 가진다. 반응액 내의 pH는 효소의 최대반응속도와 K_m 값 그리고 효소의 안정성에도 영향을 끼칠 수 있다. 어떤 경우에는 기질 자체가 이온기를 갖고 있어서 반응액의 pH에 의해 효소에 대한 기질의 친화력에도 영향을 미친다.

아래의 반응 경로는 이온화 효소에 대한 효소반응속도와 pH의 영향을 설명하는 데 이용된다.

$$
\begin{array}{l}
E^- + H^+ \\
K_2 \Big\Updownarrow \\
EH + S \underset{}{\overset{K_m'}{\rightleftharpoons}} EHS \xrightarrow{k_2} EH + P \\
+ \\
H^+ \\
K_1 \Big\Updownarrow \\
EH_2^+
\end{array}
\tag{3.41}
$$

예를 들어,

$$
\begin{aligned}
K_m' &= \frac{[EH][S]}{[EHS]} \\
K_1 &= \frac{[EH][H^+]}{[EH_2^+]} \\
K_2 &= \frac{[E^-][H^+]}{[EH]} \\
[E_0] = [E^-] &+ [EH] + [EH_2^+] + [EHS], \quad v = k_2[EHS]
\end{aligned}
\tag{3.42}
$$

위와 같은 정의로부터 다음의 속도식을 유도할 수 있다.

$$
v = \frac{V_m[S]}{K_m'\left[1 + \dfrac{K_2}{[H^+]} + \dfrac{[H^+]}{K_1}\right] + [S]}
\tag{3.43}
$$

또는

$$
v = \frac{V_m[S]}{K_{m,\text{app}}' + [S]}
\tag{3.44}
$$

여기에서

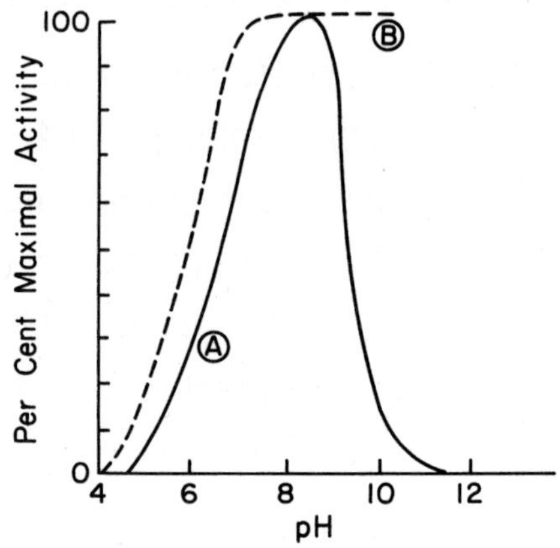

Figure 3.14. The pH-activity profiles of two enzymes. (A) approximate activity for trypsin; (B) approximate activity for cholinesterase.

$$K'_{m,\text{app}} = K'_m\left[1+\frac{K_2}{[\text{H}^+]}+\frac{[\text{H}^+]}{K_1}\right]$$

결과적으로 효소의 최적 pH는 pK_1과 pK_2 사이에 존재한다.

이온화된 기질의 경우 아래의 반응 경로와 속도식을 전개할 수 있다.

$$\begin{array}{l} \text{SH}^+ + \text{E} \underset{}{\overset{K'_m}{\rightleftharpoons}} \text{ESH}^+ \xrightarrow{k_2} \text{E} + \text{HP}^+ \\ \ \ \updownarrow K_1 \\ \text{S} + \text{H}^+ \end{array} \tag{3.45}$$

$$v = \frac{V_m[\text{S}]}{K'_m\left(1+\dfrac{K_1}{[\text{H}^+]}\right)+[\text{S}]} \tag{3.46}$$

효소의 최적 pH를 이론적으로 예측하기 위해서는 효소의 활성부위의 특성을 아는 것이 중요하나, 이는 매우 어렵다. 효소의 최적 pH는 주로 실험에 의해서 구해진다. 그림 3.14는 효소 (A) 트립신과 (B) 콜린에스터레이스에 있어서 pH에 따른 효소활성도의 변화를 보여 준다.

3.2.4.2 온도의 영향

효소-촉매반응의 속도는 일정 한계까지 온도에 따라 증가한다. 특정온도 이상이 되면 효소가 변성되어 온도가 증가하여도 효소의 역가는 오히려 감소한다. 그림 3.15는 온도에 따른 반응속도의 변화를 보여 주며, 여기에 최적온도가 존재함을 알 수 있다.

그림 3.15의 증가하는 영역을 **온도활성화**(temperature activation)라고 한다. 이 영역에서

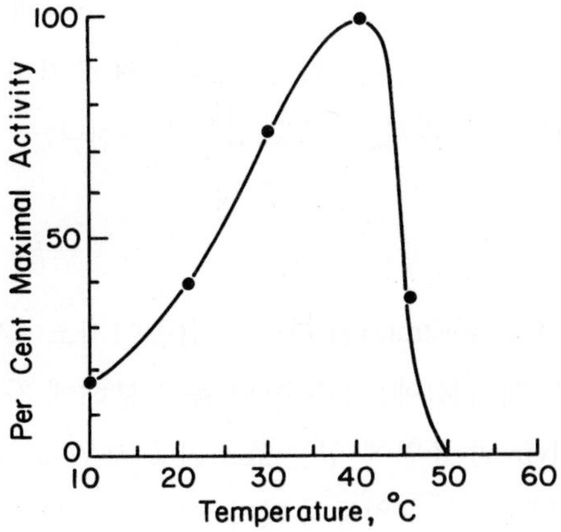

Figure 3.15. Effect of temperature on the activity of an enzyme. Here we have assumed a value of $E_a = 11$ kcal/g-mol and $E_d = 70$ kcal/g-mol. The descending portion of the curve is due to thermal denaturation and is calculated assuming a 10-min exposure to the temperature. Note that the nature of the plot will depend on the length of time the reaction mixture is exposed to the test temperature.

의 반응속도는 Arrhenius식을 따른다.

$$v = k_2[E] \tag{3.47a}$$

$$k_2 = Ae^{-E_a/RT} \tag{3.47b}$$

여기에서 E_a는 활성화 에너지(kcal/mol)이고 [E]는 활성을 갖는 효소의 농도이다. Ln υ와 1/T를 도식화하면 기울기가 $-E_a/R$인 직선이 된다.

그림 3.15의 감소하는 영역을 **온도 비활성화**(temperature inactivation) 또는 **열 변성**(thermal denaturation)이라 한다. 온도에 의한 변성속도는 다음과 같이 나타낸다.

$$-\frac{d[\mathrm{E}]}{dt} = k_d[\mathrm{E}] \tag{3.48}$$

또는

$$[\mathrm{E}] = [\mathrm{E}_0]e^{-k_d t} \tag{3.49}$$

여기에서 E_0는 초기 효소농도이고 k_d는 비활성상수이다. k_d 역시 Arrhenius식의 형태로 온도에 따라 변한다.

$$k_d = A_d e^{-E_a/RT} \tag{3.50}$$

여기에서 E_d는 비활성화 에너지(kcal/mol)이다. 결과적으로

$$v = Ae^{-E_a/RT}\mathrm{E}_0 e^{-k_d t} \tag{3.51}$$

을 얻을 수 있다. 효소-촉매반응의 활성화 에너지의 범위는 4 ~ 20 kcal/g-mol(대부분은 약 11 kcal/g-mol) 정도이다. 비활성화 에너지 E_d는 40 ~ 130 kcal/g-mol(대부분은 약 70 kcal/g-mol) 정도이다. 즉, 온도에 의한 효소의 변성은 효소활성화보다 급속하게 일어난다.

온도를 30°C에서 40°C로 증가시키면 효소의 활성도는 1.8배 증가하나 효소의 변성은 41배로 증가한다. 온도의 변화는 V_m은 물론 K_m 값에도 영향을 미친다.

3.2.5 난용해성 기질

효소는 거대 난용해성 기질(insoluble substrate)인 나뭇조각(종이제조에서 생펄프화 작업) 또는 농산물에서 나온 셀룰로오스 폐기물(예, 옥수숫대) 등의 분해에 자주 사용되기도 한다. 이러한 경우 생체고분자(bipolymer) 표면에 있는 효소반응 부위에 효소가 접근하기가 어렵다. 효소분자의 수보다 반응부위의 수가 월등히 많다. 이러한 상황은 수용성 기질을 이용하여 효소 활성부위의 접근이 반응을 조절하는 전형적인 효소반응과는 반대이다. 만약 초기 반응속도를 고려하고 효소반응이 기질에 부착된 효소의 농도(즉, [ES])에 따른 일차함수라면, 속도함수를 다음과 같이 나타낼 수 있다.

$$v = \frac{V_{\max,S}[E]}{K_{eq} + [E]} \tag{3.52a}$$

여기서

$$V_{\max,S} = k_2[S_0] \tag{3.52b}$$

그리고

$$K'_{eq} = k_{des}/k_{ads} \tag{3.52c}$$

위의 식은 효소가 천천히 흡착한다고 가정하고(즉, $[E] \approx [E_0]$), S_0는 분해를 위해 초기에 가능한 기질결합의 수를 나타내며, k_{des}와 k_{ads}는 각각 난용해성 물질 표면에 대한 효소의 탈착과 흡착 속도계수이다.

3.2.6 다상상태(multiphase)에서의 효소반응

대부분의 세포는 약 80%의 물을 함유하고 있어 그 결과 세포질에서는 높은 수분 활성을 나타내므로 효소는 액체 배지에서 작동한다. 기질이 수용액 상태에서 효과적으로 용해되지 않고 주로 유기상에 용해될 때, 유기상에 함유된 기질과 수용액상에 포함된 효소는 효과적인 효소 촉매작용을 위해 서로 접촉되어야 한다(그림 3.16 참조). 유기상은 물에 녹지 않는다고 가정하고 유기상과 액체상 사이에서 기질의 용해도는 크게 다르다고 가정하자.

유기상에 용해된 기질은 액체상으로 확산되고, 반응이 없을 경우 두 상 사이에 평형이

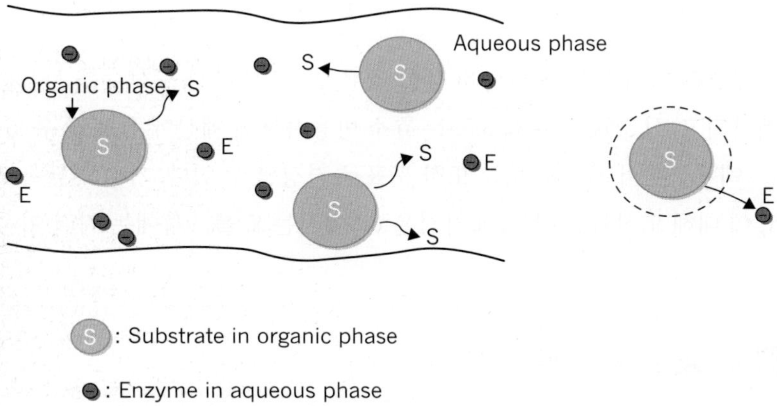

Figure 3.16. A schematic of the two-phase enzymatic reactions.

성립된다. 유기상과 액체상에서 기질의 용해도의 비율은 **분배 계수**(partition coefficient (p)) 로 알려져 있다.

$$p = S_{o,e}/S_{w,e} \tag{3.53}$$

이 식에서, $S_{o,e}$와 $S_{w,e}$는 평형상태에서 유기상 및 액체상에서 기질 농도이다.

액체상에서의 효소 반응속도는 전형적으로 액체상의 기질 용해도가 매우 낮기 때문에 유기상으로부터의 기질 전달속도에 의해 결정된다.

유기상에서 액체상으로의 기질 전달속도(**rate of substrate transfer** (RST))는 다음과 같다.

$$RST = K_L a\left(S_{w,e} - S_w\right) = K_L a(S_o/p - S_w) \tag{3.54}$$

여기서 K_L 은 유기상에서 액체상으로의 기질 전달에 대한 물질 전달 계수이다. a는 반응 부피당 유기상과 액체상 사이의 계면 면적이다($a = A_i/V_w$). 그리고 S_o 및 S_w는 각각 유기 및 액체상에서 기질 농도이다. $S_w = S_{w,e}$일 때 기질 이동은 일어나지 않는다.

액체상에서의 효소 반응속도는 다음과 같다.

$$V = \frac{V_m\ S_w}{K_S + S_w} \tag{3.55}$$

정상 상태에서, 기질 이동 및 전환속도는 동일하다.

$$K_L a\ \left(S_o/p\ - S_w\right)\ = \frac{V_m S_w}{K_S + S_w} \tag{3.56}$$

속도가 물질전달에 의해 심하게 제한을 받을 경우 S_w는 무시할 만하다. 이 경우 효소 반응 속도는 다음과 같이 기질 전달속도와 비슷하다고 가정할 수 있다.

$$V = K_L a\ S_o/p \qquad (3.57)$$

액체상의 기질 농도가 상당히 높을 경우, S_w는 다른 속도상수를 사용하여 식 3.56으로부터 계산되고, 식 3.54 또는 식 3.55는 효소 반응속도의 계산에 사용될 수 있다.

액체상에서 기질 농도는 또한 도표로 결정될 수 있다. 기질 전달속도와 효소 반응속도를 S_w에 대해 도식화할 경우, 교차점은 x축에서는 S_w를, y축에는 기질 이동속도를 나타낸다.

3.3 고정화 효소 시스템

한정된 공간 속에 효소의 이동성을 제한하는 것을 **효소 고정화**(enzyme immobilization)라고 한다. 효소를 고정화시키면, 효소 재이용이나 효소의 회수 및 정제공정의 생략과 같은 장점이 있으며, 효소활성을 위하여 더 좋은 환경이 마련될 수도 있다. 효소의 값이 비싸므로, 효소의 재사용은 많은 공정에서 핵심적인 요소이다. 세포 내 효소의 일부는 막과 결합되어 있으므로, 고정화된 효소는 그러한 세포 내 효소의 작용을 모방하고 이해하기 위한 모델이 된다. 또한 생산물의 순도가 향상되며, 유출물 처리 문제도 최소화된다.

3.3.1 고정화 방법

고정화의 주요 방법들이 그림 3.17에 요약되어 있다. 두 가지 중요한 범주는 가두기(entrapment)와 표면 고정화(surface immobilization)이다.

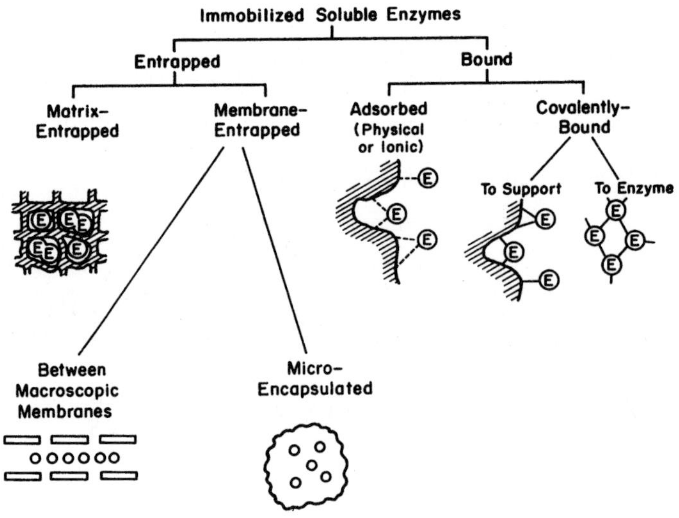

Figure 3.17. Major immobilization methods.

3.3.1.1 가두기

가두기는 효소를 작은 공간 속에 물리적으로 밀봉하는 것이다. 가두기의 두 가지 주요한 방법은 격자 가두기(matrix entrapment)와, 미세캡슐화(microencapsulation)를 포함한 막 가두기(membrane entrapment)이다.

효소 고정화를 위하여 사용되는 격자는 보통 칼슘-알진산염, 아가, κ-카라지닌, 폴리아크릴아마이드, 콜라겐과 같은 고분자물질이다. 그러나 활성탄, 다공성 요업재료, 규조토와 같은 고체 격자도 이러한 목적을 위해 쓰인다. 이러한 격자는 입자, 막, 또는 섬유일 수 있다. 효소를 고분자 격자 속에 고정화시킬 때 효소 용액은 중합반응이 일어나기 전에 중합체 용액에 혼합된다. 액체상의 고분자-효소 혼합물을 입자형으로 만들기 위하여, 효소를 포함한 중합된 젤을 밀어내거나(extrude) 주형을 사용한다. 어떤 경우에는 가두기와 표면 고정화를 함께 사용하기도 한다.

효소의 막 가두기에 대한 예로는, 실관막(hollow fiber) 단위를 사용하여 효소 용액을 얇은 반투막 사이에 가두는 것이 있다. 나일론, 섬유소, 폴리설폰, 폴리아크릴산염 막이 주로 사용된다. 실관 막 이외에 다른 형태도 가능하지만, 모든 경우에 있어 고분자물질(효소)은 보유하되 저분자물질(기질 또는 생성물)은 효소에 쉽게 접근하도록 하기 위해서 반투막이 사용된다.

막 가두기 중의 특별한 형태는 **미세캡슐화**(microencapsulation)이다. 이 기술에서 미세하면서 속이 빈 구(sphere)가 형성된다. 구는 공극막으로 밀봉되며 효소액을 내포한다. 막은 고분자물질이거나, 미세방울 주위로 농축된 계면상이다.

앞서 언급한 장점에도 불구하고 가두기 방법은 고유의 문제점을 지닌다. 용액으로의 효소의 유출, 심각한 확산저항, 효소의 활성과 안정도의 감소, 미세환경 조건의 결여가 그것이다. 효소의 유출은 막의 분자량 차단(molecular weight cutoff)이나 고체 격자의 세공 크기를 줄임으로써 해결할 수 있다. 확산저항은 고체 격자나 캡슐의 입자크기를 감소시켜 극복할 수 있다. 효소의 활성과 안정도의 감소는 미세환경 조건이 맞지 않기 때문이지만, 이는 조절하기가 매우 어렵다. 그러나 다른 형태의 격자나 화학구성물을 사용하거나, 고정화 조건을 바꾸거나, 입자나 캡슐의 크기를 줄임으로써 보다 바람직한 미세환경 조건을 얻을 수 있다. 확산저항은 사실 젤 구슬에 비교하자면 미세캡슐의 경우 별 문제가 되지 않는다.

3.3.1.2 표면 고정화

효소가 지지물질의 표면에 고정화되는 주요한 형태 두 가지는 흡착과 공유결합이다.

흡착(adsorption)이란 효소가 반데르발스 힘 또는 분산력과 같은 약한 물리적 힘에 의하여 지지입자의 표면에 부착되는 것이다. 흡착된 효소는 활성부위가 전혀 영향을 받지 않아서, 흡착이 되더라도 거의 모든 활성이 유지된다. 그러나 결합력이 약하기 때문에 특히 강한 유체역학적 힘이 존재할 때 효소의 탈착이 문제가 된다. 그래서 효소의 흡착은 글루타르알데하이드를 사용한 가교결합에 의하여 안정화될 수 있다. 글루타르알데하이드 처리로 어떤 효소는 변성될 수 있다. 효소흡착에 사용되는 지지물질로는 알루미나, 실리카, 다공성 유리, 세라믹, 규조토, 점토, 벤토나이트와 같은 무기재료, 셀룰로오스(CMC, DEAE-cellulose), 전분, 활성탄과 같은 유기재료, 앰버라이트(Amberlite), 세파덱스(Sephadex), 다우엑스(Dowex)와 같은 이온 교환수지 등이 있다. 효율적인 고정화를 위하여 지지물질의 표면을 (화학적 또는 물리적으로) 전처리할 필요가 있다.

공유결합(covalent binding)이란 효소를 공유결합에 의해 지지물질의 표면에 부착 시키는 것이다. 효소분자의 아미노기, 카르복실기, 수산화기, 황화수소기와 같은 관능기와 지지물질은 공유결합한다. 이러한 관능기는 절대로 활성부위에 있어서는 안 된다. 한 가지 공통된 요령은 공유결합하기 전에 효소용액을 경쟁적 저해제에 담금으로써 활성부위를 보호하는 것이다. 지지물질의 관능기는 보통 시안화브롬, 탄화이마이드, 글루타르알데하이드와 같은 화학약품을 사용하여 활성화시킨다. 다양한 관능기를 가지는 지지물질과 단백질의 공유결합을 위해 사용되는 화학약품들이 표 3.3에 수록되어 있다. 단백질분자의 결합기는 보통 측면기(R)이거나 폴리펩타이드 사슬의 아미노기 또는 카르복실기이다.

또 다른 효소 고정화 방법은 글루타르알데하이드, 비스-다이아조벤조딘, 2,2-다이설폰산과 같은 약품을 사용하여 효소분자끼리 결합시키는 것이다. 가교결합은 여러 방식으로 일어날 수 있다. 효소들이 글루타르알데하이드에 의해 가교결합이 되면 불용성 집합체를 형성하거나, 흡착된 효소끼리 서로 연결되기도 한다. 효소용액을 다공성물질에 침지시킨 후 가교결합시키기도 한다. 가교연결은 효소의 활성부위에 상당한 변화를 유발할 수 있으며 심각한 환산저항을 야기할 수 있다.

가장 적합한 지지재료와 고정화 방법은 효소의 종류와 특별한 응용에 따라 달라진다. 지지재료를 선택하는 두 가지 기준은, 지지재료 표면의 전하밀도, 관능기, 공극도, 소수성 등의 함수인 지지재료의 결합능력과, 지지재료의 관능기와 미세환경 조건 등의 함수인 효소활성의 안정도와 유지이다. 만일 고정화가 효소의 구조를 변화시키거나 효소 활성부위의 반응기가 결합에 관여된다면, 고정화에 의해 효소활성의 손실이 일어날 것이다. 고정화는 대부분 효소활성과 안정도의 손실을 가져온다. 그러나 어떤 경우는 더 바람직한 미세환경 조건을 마련하여 효소활성과 안정도를 증가시키기도 한다. 효소는 종종 표면과 결합할 수 있는 부위를 한 개 이상 가지므로 효소의 고정화 과정은 서로 매우 이질적일 수 있다. 결

TABLE 3.3. Methods of Covalent Binding of Enzymes to Supports

Supports with —OH

(a) Using cyanogen bromide

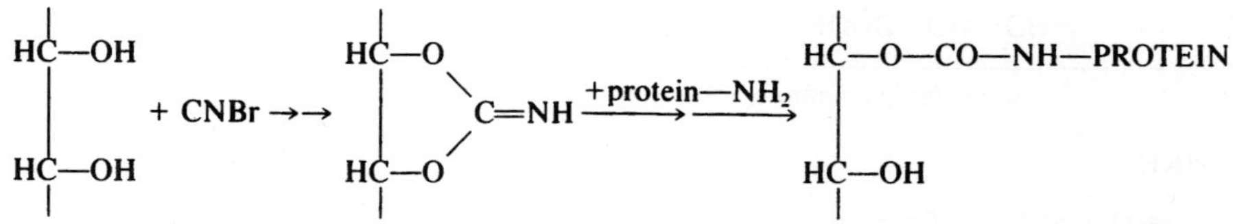

(b) Using S-triazine derivatives

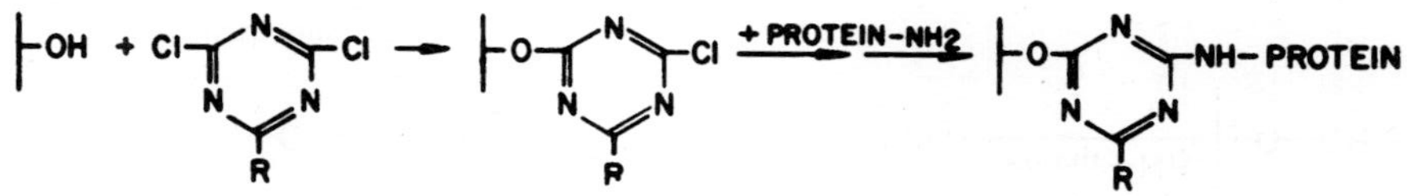

Supports with —NH_2

(a) By diazotization

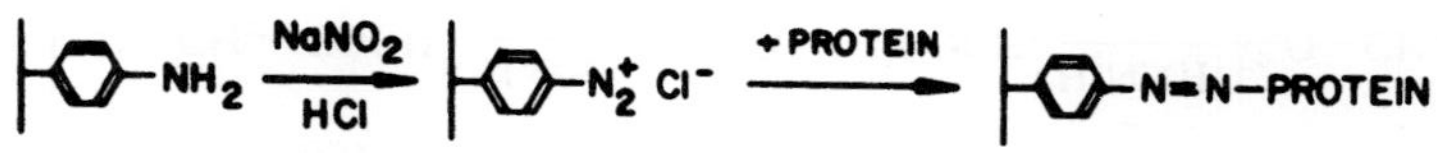

(b) Using glutaraldehyde

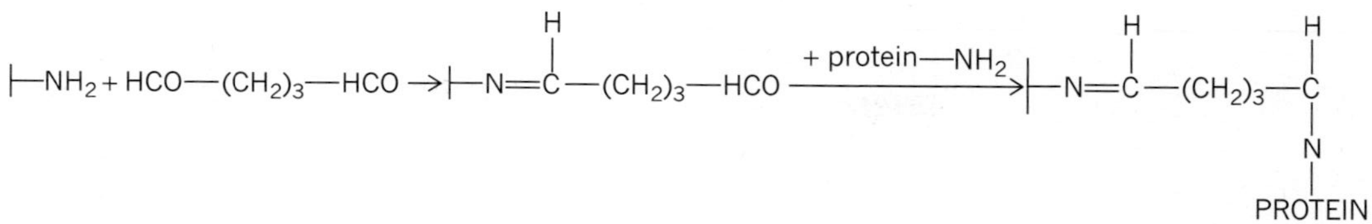

Supports with —COOH

(a) Via azide derivative

$$\vdash O{-}CH_2{-}COOH \xrightarrow[H^+]{CH_3OH} \vdash O{-}CH_2{-}COOCH_3 \xrightarrow{H_2NNH_2} \vdash O{-}CH_2{-}CO{-}NH{-}NH_2$$

1) $$\vdash O{-}CH_2{-}COOH \xrightarrow[H^+]{CH_3OH} \vdash O{-}CH_2{-}COOCH_3 \xrightarrow{H_2NNH_2} \vdash O{-}CH_2{-}CO{-}NH{-}NH_2$$

2) $$\vdash O{-}CH_2{-}CO{-}NH{-}NH_2 \xrightarrow[HCl]{NaNO_2} \vdash O{-}CH_2{-}CON_3 \xrightarrow{+protein{-}NH_2} \vdash O{-}CH_2{-}CO{-}NH{-}PROTEIN$$

(b) Using a carbodiimide

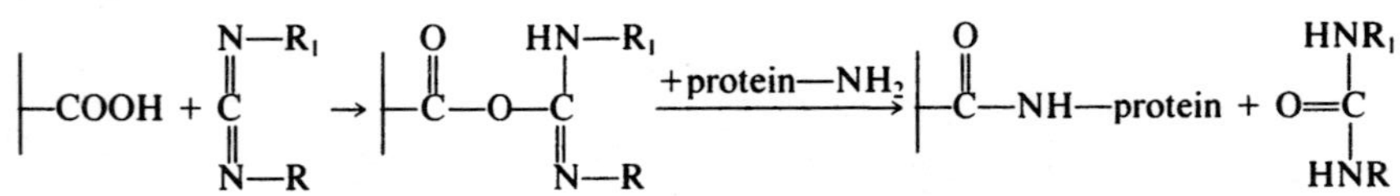

Supports Containing Anhydrides

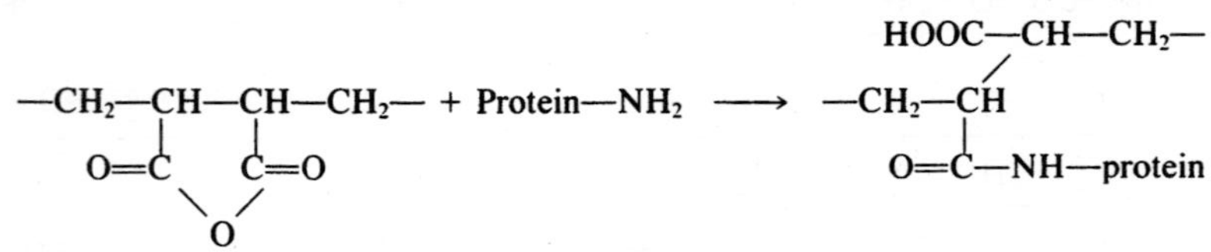

D. I. C. Wang et al., *Fermentation and Enzyme Technology*, John Wiley & Sons, New York, 1979. Reproduced with permission of John Wiley & Sons, Incorporated, in the format Book via Copyright Clearance Center.

TABLE 3.4. Immobilization Effects on Enzymatic Activity of Aminoacylase

Support	Method	Observed Activity (units)	Enzyme Activity Immobilized (%)
Polyacrylamide	Entrapment	526	52.6
Nylon	Encapsulation	360	36.0
DEAE-cellulose	Ionic binding	668	55.2
DEAE-Sephadex A-5O	Ionic binding	680	56.2
CM-Sephadex C-5O	Ionic binding	0	0
Iodoacetyl cellulose	Covalent binding	472	39.0
CNBr-activated Sephadex	Covalent binding	12	1.0
AE-cellulose	Cross-linked with glutaraldehyde	8	0.6

D. I. C. Wang et al., *Fermentation and Enzyme Technology*, John Wiley & Sons, New York, 1979. Reproduced with permission of John Wiley & Sons, Incorporated, in the format Book via Copyright Clearance Center.

합이 효소구조를 변화시키지 않더라도 효소의 활성부위가 기질용액이 아닌 지지재료 쪽으로 향한 결합을 일으켜 기질이 효소에 대한 접근을 감소시킬 수 있다. 활성의 유지는 사용된 방법에 따라 다르다. 여러 방법에 의해 고정화된 아미노아실레이스(aminoacylase)의 활성도를 표 3.4에 요약하였다.

3.3.2 고정화된 효소계의 확산제한

고정화 효소의 확산저항은 여러 수준에서 관찰된다. 이러한 저항은 지지체의 특성(공극성, 비공극성), 지지체 주위의 유체역학적 조건, 효소의 지지체 내부 또는 표면의 분포에 따라 변한다. 확산저항이 효소 반응속도에 미치는 영향은 효소 반응속도와 기질 확산속도의 상댓값에 따라 다르다. 상대속도는 Damköhler 수(Da)에 의해 규정된다.

$$\text{Da} = \frac{\text{maximum rate of reaction}}{\text{maximum rate of diffusion}} = \frac{V_{m'}}{k_L[S_b]} \tag{3.58}$$

여기서 $[S_b]$는 용액 중의 기질농도이고, k_L은 물질전달계수이다.

효소전환속도는 Da 값에 따라 효소 반응속도 또는 기질 확산속도에 의해 제한받을 수 있다. 만일 Da ≫ 1이라면 확산속도에 의해, Da ≪ 1이라면 반응속도에 의해 제한받는 것이고, Da ≈ 1이라면 반응과 확산저항이 비슷한 것이다. 반응과 확산은 효소가 고체격자에 갇힌 경우는 동시에 작용하고, 흡착된 효소의 경우 순차적인 현상일 수 있다.

3.3.2.1 표면-부착 효소에 대한 확산효과

효소가 비공극성 지지체 표면과 결합하여 균일하게 분포되어 있고, 모든 효소가 똑같은 활

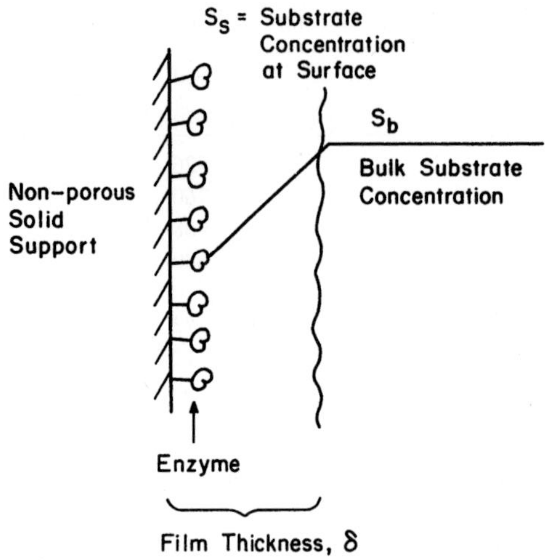

Figure 3.18. Substrate concentration profile in a liquid film around adsorbed enzymes.

성을 가지며, 기질은 그림 3.18과 같이 지지체 표면 주위의 얇은 액막을 확산통과하여 반응이 일어나는 표면에 도달한다고 가정하자. 그리고 고정화 공정은 효소구조는 물론 고유속도 상수(V_m, K_m)를 변화시키지 않는다고 가정하자.

정상상태에서 효소 반응속도는 물질전달 속도와 같다.

$$J_s = k_L([\mathrm{S}_b] - [\mathrm{S}_s]) = \frac{V_m'[\mathrm{S}_s]}{K_m + [\mathrm{S}_s]} \tag{3.59}$$

여기서 V_m'은 외부 표면적당 최대 반응속도이고, k_L은 액체 물질전달 계수이다. 이 식은 표면에서의 기질농도 $[\mathrm{S}_s]$의 이차방정식이다. 이 식을 해석적으로 풀 수 있지만 성가신 일이다. 더욱이 직접 실험을 통하여 $[\mathrm{S}_s]$의 값을 측정할 수 없다.

식 3.59는 그림 3.19와 같이 도식적으로 풀 수 있으며 이 같은 도표 방법으로 교반속도, 용액 기질농도의 변화, 효소적재 등과 같은 변수의 영향을 쉽게 알 수 있게 한다.

물질전달에 의해 강하게 제한받을 경우, 반응이 물질전달에 비해 빠르므로 $[\mathrm{S}_s] \approx 0$이 된다. 결과적으로 계는 겉보기 1차반응을 나타낸다.

$$v \approx k_L[\mathrm{S}_b], \quad (\mathrm{Da} >> 1\text{일 경우}) \tag{3.60}$$

효소반응이 제한받을 때($\mathrm{Da} \ll 1$), 반응속도는 다음과 같이 표현된다.

$$v = \frac{V_m'[\mathrm{S}_b]}{K_{m,\mathrm{app}} + [\mathrm{S}_b]} \tag{3.61a}$$

적당한 가정하에서

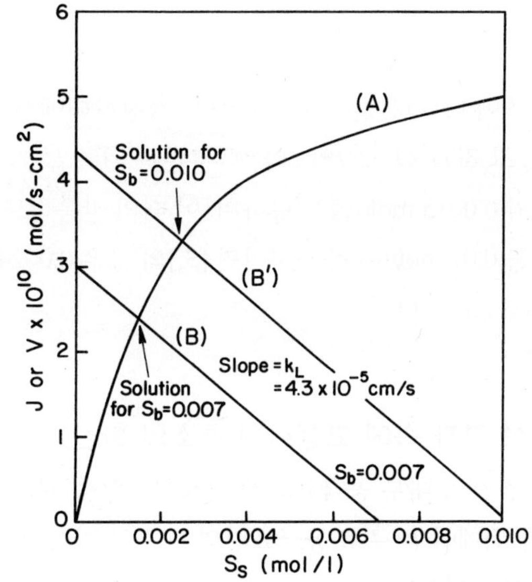

Figure 3.19. Graphical solution for amount of reaction per unit surface area for enzyme immobilized on a nonporous catalyst. Curve A results from the intrinsic solution-based kinetic parameters and the surface loading of enzyme. Line B is the mass-transfer equation. The intersection of the two lines is the reaction rate that can be sustained in the system. The responses for two different bulk substrate concentrations are shown.

$$K_{m,\text{app}} = K_m \left\{ 1 + \frac{V_m'}{k_L([\text{S}_b] + K_m)} \right\} \tag{3.61b}$$

이러한 상황에서 겉보기 Michaelis-Menten 상수는 교반속도의 함수이다. 보통 $K_{m,\text{app}}$는 $[\text{S}_b]$ 값처럼 실험으로 측정되며 최대 반응속도의 절반값을 나타낸다.

예제 3.4

반응속도에 대한 확산효과. 효소로 덮인 고분자의 평면 판을 비커에 넣고 교반한다. 효소의 고유 최대 반응속도(V_m)는 6×10^{-6} mol/s · mg enzyme이다. 표면에 고정화된 효소의 양은 1×10^{-4} mg enzyme/cm^2 of support이다. 용액에서의 K_m 값은 2×10^{-3} mol/l이다. 물질전달 계수는 교반조의 표준상관관계로부터 추정될 수 있다. 이 경우를 $k_L = 4.3 \times 10^{-5}$ cm/s인 매우 빈약한 혼합계라 가정하자. (a) 용액 중의 기질농도가 7×10^{-3} mol/l일 때 반응속도는 얼마인가? (b) $[\text{S}_s] = 1 \times 10^{-2}$ mol/l일 때는?

풀이

해답은 그림 3.19에 나타나 있다. 핵심사항은 정상상태에서의 물질전달 속도는 반응속도와 같다는 것이며, 그 결과 식 3.59의 오른쪽 부분과 왼쪽 부분은 같아야 한다. (a)의 경우는 표면기질농도가 약 0.0015 mol/l에 해당하며, 이 때의 반응속도는 2.3×10^{-10} mol/s · cm^{2}이다. 용액 기질농도를 0.01 mol/l로 증가시키면 $[S_s]$의 값은 0.0024 mol/l로 증가하며, 반응속도는 3.3×10^{-2} mol/s · cm^{2}이다.

3.3.2.2 공극성 격자 속에 고정화된 효소의 확산효과

효소가 다공성 격자의 내부 공극표면에 고정화되었을 때, 기질은 공극 사이의 비꼬인 통로를 통해 확산한 뒤에야 비로소 공극표면의 효소와 반응한다. 이 경우 확산과 반응은 그림 3.20과 같이 동시에 일어난다.

효소가 구형 지지입자 속에 균일하게 분포되어 있고, 효소가 Michaelis-Menten 기작을 따르고, 지지체 안팎에 기질농도의 변화가 없다면 다음 식처럼 정상상태에서 확산속도와 반응속도는 서로 같다고 할 수 있다.

$$D_e\left(\frac{d^2[S]}{dr^2}+\frac{2}{r}\frac{d[S]}{dr}\right)=\frac{V''_m[S]}{K_m+[S]} \tag{3.62}$$

경계조건은 $r = R$일 때 $[S] = [S_s]$, $r = 0$일 때 $d[S]/dr = 0$이다. 여기서 V''_m은 지지체의 단위 부피당 최대 반응속도이고, D_e는 공극 격자 안에서의 기질의 유효확산계수이다.

다음과 같은 무차원변수를 정의함으로써 식 3.62를 무차원형으로 나타낼 수 있다.

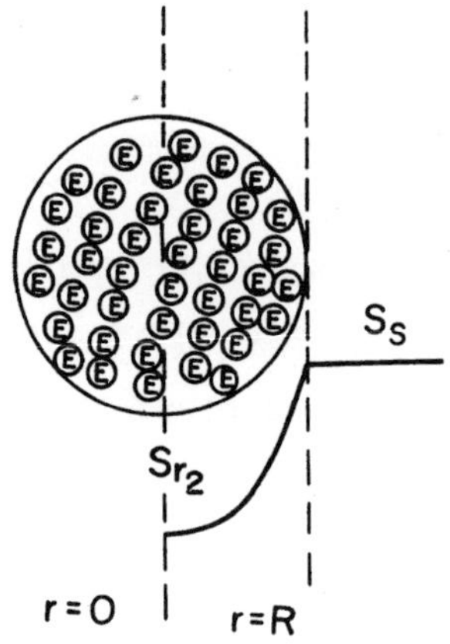

Figure 3.20. Substrate concentration profile in a porous support particle containing immobilized enzymes. Here it is assumed that no external substrate limitation exists so that the bulk and surface concentrations are the same.

$$\bar{S} = \frac{[S]}{[S_s]}, \quad \bar{r} = \frac{r}{R}, \quad \beta = \frac{K_m}{[S_s]}$$
$$\frac{d^2\bar{S}}{d\bar{r}^2} + \frac{2}{\bar{r}}\frac{d\bar{S}}{d\bar{r}} = \frac{R^2V_m''}{S_sD_e}\left(\frac{\bar{S}}{\bar{S}+\beta}\right) \tag{3.63a}$$

또는

$$\frac{d^2\bar{S}}{d\bar{r}^2} + \frac{2}{\bar{r}}\frac{d\bar{S}}{d\bar{r}} = \phi^2\frac{\bar{S}}{1+\bar{S}/\beta} \tag{3.63b}$$

여기서

$$\phi = R\sqrt{\frac{V_m''/K_m}{D_e}} = \text{Thiele modulus} \tag{3.63c}$$

경계조건은 $\bar{r} = 1$일 때 $\bar{S} = 1$, $\bar{r} = 0$일 때 $d\bar{S}/d\bar{r} = 0$이다. 식 3.63b를 수치적으로 풀면 격자 내 기질농도식을 결정할 수 있다. 정상상태에서 기질소비속도는 지지체 바깥 표면을 통해 구형입자 내부로 들어가는 기질의 전달속도와 같다.

$$r_s = N_s = 4\pi R^2 D_e \left.\frac{d[S]}{dr}\right|_{r=R} \tag{3.64}$$

확산제한 상황에서 단위 부피당 속도는 항상 다음과 같은 유효인자에 의하여 표현된다.

$$r_s = \eta\frac{V_m''[S_s]}{K_m + [S_s]} \tag{3.65}$$

유효인자(effectiveness factor (η))는 확산이 개입할 때의 반응속도(또는 확산속도)와 확산이 없을 때의 반응속도의 비로 정의된다. 유효인자는 확산제한 정도를 나타내는 값이다. $\eta < 1$일 때 기질전환은 확산에 의하여 제한을 받으며, $\eta \approx 1$일 경우 반응에 의하여 제한되며 확산제한은 무시된다. 유효인자는 그림 3.21과 같이 ϕ와 β의 함수이다.

영차반응($\beta \to 0$)에 대하여, $1 < \phi < 100$와 같이 넓은 범위의 Thiele계수 값에서 $\eta = 1$이고, 일차반응($\beta \to \infty$)에 대하여, $\eta = (\phi, \beta)$이고 높은 값의 ϕ에 대하여 η는 다음과 같은 근사식으로 표시된다.

$$\eta = \frac{3}{\phi}\left[\frac{1}{\tanh\phi} - \frac{1}{\phi}\right] \tag{3.66}$$

내부확산이 효소 반응속도를 제한할 때 $V_{m,\text{app}}$와 $K_{m,\text{app}}$는 진정한 고유 속도상수가 아니라 겉보기값이다. 고정화된 효소의 진정한 고유 속도상수를 얻기 위하여 작은 크기의 입자를

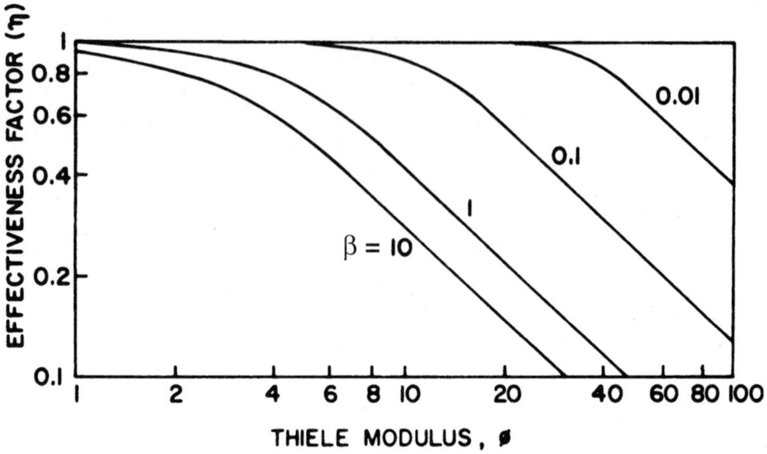

Figure 3.21. Theoretical relationship between the effectiveness factor and first-order Thiele modulus. (D. I. C. Wang et al., *Fermentation and Enzyme Technology*, John Wiley & Sons, New York, 1979. Reproduced with permission of John Wiley & Sons, Incorporated, in the format Book via Copyright Clearance Center.)

사용하거나, 입자 주위를 강하게 저어 주거나, 높은 농도의 기질을 사용함으로써 확산저항을 제거하여야 한다.

특별한 담체를 사용한 고정화 효소계를 고안할 때는 기질농도, K_m, D_e 값은 고정되므로 V_m과 R 값이 주요 변수이다. 입자크기(R)는 입자의 형태를 유지하고, 압축되지 않고, 쉽게

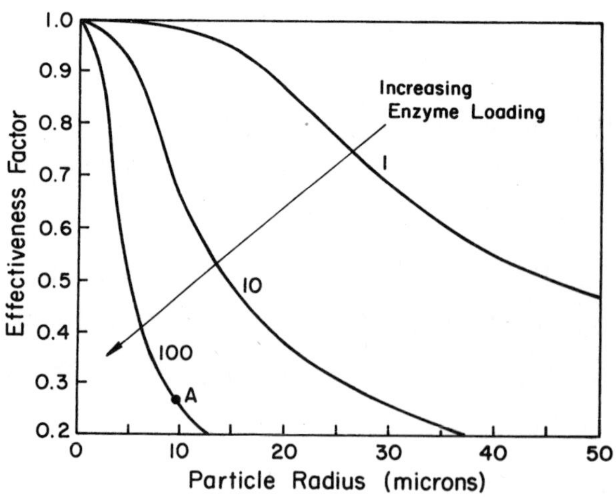

Figure 3.22. The effectiveness factor decreases with increases in enzyme loading or with increases in particle diameter. Point A represents the value of the effectiveness factor for a particle radius of 10 μm with an enzyme loading of 100 mg/cm^3, an enzyme activity of 100 μmol/min per mg enzyme, a substrate diffusivity of 5×10^{-6} cm^2/s, and a bulk substrate concentration tenfold higher than K_m.

회수할 수 있는 범위 내에서 가능한 한 작아야 한다. 최대 반응속도는 담체 내의 높은 효소 활성과 농도에 의하여 결정된다. 많은 효소량은 단위 반응부피당 높은 효소활성과 낮은 유효인자를 의미한다. 반면에 적은 효소량은 이와 반대인 단위 부피당 낮은 효소활성과 높은 유효인자를 의미한다. 최대 기질전환속도를 얻기 위하여 입자크기는 작아야($D_p \leq 10$ μm) 하고 효소적재는 최적화되어야 한다. 그림 3.22에서 알 수 있듯이, 높은 유효인자($\eta \geq 0.8$)를 얻기 위해서는 $D_p \leq 10$ μm과 효소적재 < 10 mg/cm^{3}가 만족되어야 한다.

예제 3.5

확산제한이 존재하는지 판단하기. D. Thornton 등은 빵 효모로부터 얻은 인버테이스(invertase)를 그대로 또는 고정화된 형태로 사용하여 pH = 4.5, 온도 = 25°C에서 설탕을 가수분해하는 실험을 하였다. 408 단위의 조효소를 사용하여 다음과 같은 초기속도 결과를 얻었다(1 단위 = pH 4.5와 온도 25°C에서 0.29 M 설탕과 반응하여 1 μmol 설탕/min을 가수분해시키는 효소의 양).

V_0 (mmol hydrolyzed/l-min)		
Free Enzyme	Immobilized Enzyme	S_0 (mol/l)
0.083	0.056	0.010
0.143	0.098	0.020
0.188	0.127	0.030
0.222	0.149	0.040
0.250	0.168	0.050
0.330	0.227	0.100
0.408	0.290	0.290

a. 자유 효소와 고정화 효소에 대한 K_m과 V_m을 구하라.

b. 실험결과는 고정화 효소의 확산제한을 나타내는가?

풀이

자유 효소에 대한 이중역수 도표에서 $1/v$와 $1/S$ 관계(그림 3.23)를 살펴보면, $-1/K_m = -20$과 $K_m = 0.05\ M$이고 $1/V_m = 2$와 $V_m = 0.5$ mmol/l · min이다. 고정화 효소에 대해서도 살펴보면, $-1/K_m = -20$과 $K_m = 0.05\ M$이고 $1/V_m = 3$과 $V_m = 0.33$ mmol/l · min이다. 이때 K_m 값이 서로 동일하므로 확산제한은 없다.

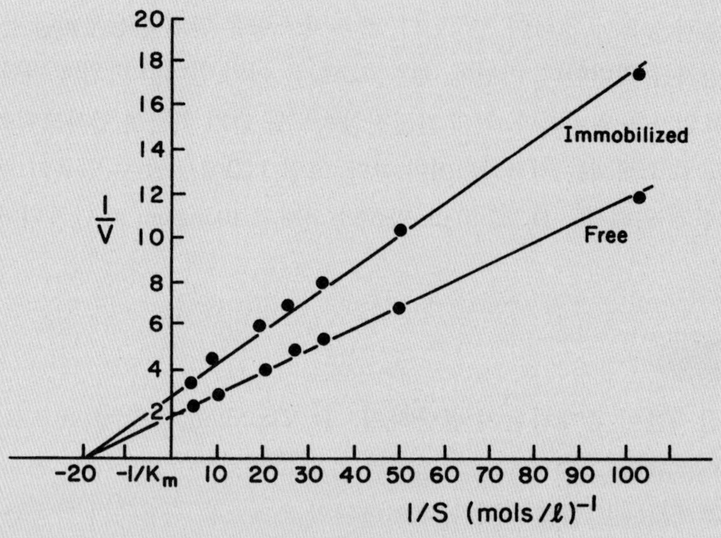

Figure 3.23. Double-reciprocal plots for free and immobilized enzymes (Example 3.5).

3.3.3 고정화 효소계에서의 정전기 및 입체효과

전하를 띠게 된 격자 속에 고정화된 효소의 미세환경이 변화하면, 고정화 효소의 겉보기 최적 pH는 용액상태의 효소의 최적 pH와 다르게 된다. 전하를 띤 격자는 표면전하의 종류와 양에 따라서 기질, 생성물, 보조인자, H^+ 등을 밀고 당기고 한다. 전하를 띤 담체상에 고정화된 효소에 대한 pH-활성도 상관관계는 다음과 같이 주어진다.

$$\Delta pH = pH_i - pH_e = 0.43\frac{zF\psi}{RT} \tag{3.67}$$

여기서 pH_i와 pH_e는 각각 내부와 외부의 pH 값이고, z는 기질의 전하(원자가)이고, F는 패러데이(Faraday)상수(96,500 coulomb/mol)이며, ψ는 정전위이고, R은 기체상수이다. 식 3.67과 유사한 표현은 전하를 띤 비반응적인 배지성분에도 적용된다. 효소의 고유활성은 pH와 이온성분의 국부적인 변화에 의해 바뀐다. 겉보기 속도식은 기질 또는 저해제의 배척력 또는 인력에 의해 더 많이 변하게 된다.

고정화시킬 때 항상 저분자 기질보다는 고분자 기질에 대한 효소활성이 더 많이 감소된다. 이것은 주로 담체에 의한 입체장애(steric hindrance) 때문이다. 전분과 같은 기질들은 효소와 거의 맞먹는 분자량을 가지므로 고정화된 효소의 활성부위까지 침투할 수 없다.

고정화는 효소의 열에 대한 안정성에도 영향을 미친다. 고정화될 때 열안정성은 종종 열확산장벽의 존재와 단백질의 풀림현상(unfolding) 억제 때문에 증가된다. 그러나 가끔 열안정성의 감소도 보고되고 있다. 고정화될 때 효소의 pH 안정성도 보통 증가한다.

3.4 효소의 대규모 생산

대량으로 생산되고 있는 효소로는 단백질분해효소(subtilisin, rennet), 가수분해효소(펙틴분해효소(pectinase), 지질분해효소(lipase), 유당분해효소(lactase)), 이성화효소(포도당이성화효소(glucose isomerase)), 그리고 산화효소(포도당산화효소(glucose oxidase))가 있다. 이러한 효소들은 과잉생산균주로부터 생산된다. 생물체로부터 특정한 효소를 분리, 정제하기 위해서는 세포의 파괴, 세포 찌꺼기와 핵산의 제거, 단백질의 침전, 원하는 효소의 한외여과, 크로마토그래피를 이용한 분리(선택적), 결정화와 건조과정 등이 필요하다. 공정의 체계는 효소가 세포 안에 또는 세포 밖에 있는가에 따라 달라진다. 어떤 경우에는 효소활성은 유지하고 있으나 나머지 기능은 불활성화 되어 있는(죽었거나 휴면상태의) 세포를 고정화된 형태로 사용하는 것이 더 유리할 수도 있다. 이러한 방법은 효소의 분리와 정제단계에 드는 비용을 절감할 수 있어서 경제적으로 훨씬 바람직하다. 효소의 분리에 대해서는 11장 '생성물의 회수와 정제'에서 자세히 다루기로 한다.

효소의 대규모 생산의 첫 단계는 원하는 효소를 생산하는 생물체를 배양하는 것이다. 효소의 생산은 조절될 수 있으며, 효소의 과잉생산을 위하여 배양조건을 최적화할 수 있다. 단백질분해효소는 과잉생산 균주인 *Bacillus*, *Aspergillus*, *Rhizopus*, 그리고 *Mucor* 등을 이용하여 생산하고, 펙틴분해효소는 *Aspergillus niger*, 유당분해효소는 효모나 *Aspergillus*를 이용해 생산한다. 지질분해효소는 효모나 곰팡이에 의해 생산되고 있다. 포도당이성화효소는 *Flavobacterium arborescens*나 *Bacillus coagulans*에 의해 생산된다. 배양단계가 끝나면 배지로부터 세포를 분리하는데, 보통은 여과를 이용하나 때로는 원심분리도 이용한다. 효소가 세포 안 또는 세포 밖에 있느냐에 따라 효소의 분리, 정제를 위해서 세포나 배양액을 더 처리하기도 한다. 세포 내 효소의 회수는 좀 더 복잡하여 세포의 파괴, 세포 찌꺼기와 핵산의 제거가 수반된다. 그림 3.24는 세포 내 효소의 생산공정을 보여 주고 있다.

어떤 경우에는 효소가 세포 안과 밖에 공존하는 경우가 있다. 이러한 경우에는 배양액과 세포를 동시에 처리하여야 한다. 세포 내 효소는 세포막의 투과성을 향상시켜 배양액으로 분비시킬 수도 있다. 이러한 목적을 위해 $CaCl_2$와 같은 염이나 다이메칠설폭사이드(dimethylsulfoxide (DMSO))와 같은 화학약품, 또는 pH 전이가 사용되고 있다. 효소의 분비

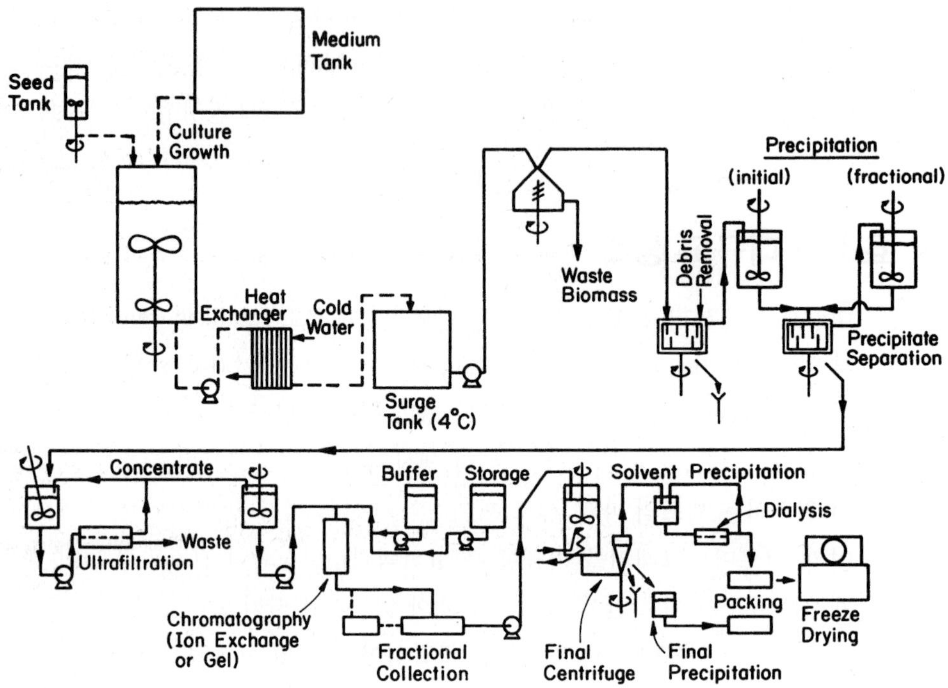

Figure 3.24. A flowsheet for the production of an extracellular enzyme.

가 완전하지 않다면 세포를 파괴해야만 한다.

이러한 산업용 효소를 생산하는 데 사용되는 공정들은 나중에 다루어질 유전자 재조합으로부터 단백질을 생산하는 공정에서도 공통적으로 이용되고 있다.

3.5 효소의 의학 및 산업적 활용

효소는 백 년 이상 중요한 산업 생산물이었다. 잠재적인 응용범위가 빠르게 확대되고 있으며, 재조합 DNA 기술의 출현으로 희귀 효소를 다량으로 생산하게 되었고 결국은 생산비용을 감소시키는 것이 가능해졌다. 또한 제약산업에서는 순수한 키랄(chiral) 화합물을 생산할 수 있는 새로운 기회가 생겼다. 키랄성(chirality)은 생산물의 중요한 특성으로, 라세믹(racemic) 혼합물에서 하나의 광학이성질체(enantiomer)가 치료제로 유용하다면 다른 하나는 부작용을 일으키거나 치료제로서 가치가 없다. 키랄 이성체를 인식하고 이 중에서 한 가지와 반응을 하는 효소의 능력은 의약품 합성에서 중요한 역할을 한다. 화학적 합성과 효소적 합성이 혼합된 공정은 개선된 의약품 개발에 사용되고 있다.

기술의 발전으로 넓은 범위의 공정조건에서 효소의 이용이 가능하게 되었다. 비정상적인 조건(예, 심해, 고염 호수, 온천)에서 성장하는 생물체로부터 유래된 효소에 대한 연구와 잠재적인 사용이 가능해졌다. 새로운 효소 개발과 반응조건의 개선으로 높은 농도의 유기물에서, 고염의 수용액에서, 극한 온도와 pH, 압력에서 효소를 사용할 수 있게 되었다. 재조합 DNA 기술을 이용하여 효소의 구조와 생물학적인 기능과의 관계가 밝혀짐에 따라 인간이 설계하거나 조작된 신효소의 생산이 가능해졌다(14장 '유전자 조작된 생체의 이용', 단백질 공학의 14.9절 참조). 효소를 찾기 위해 더 이상 천연자원만을 고려할 필요가 없게 되었다.

또 다른 첨단기술은 무세포 시스템의 사용이다. 이 방법은 세포 용해물을 사용한다. 이러한 조 혼합물은 에너지를 필요로 하지 않으며 단일 단계 반응 분야에서 산업적 목적으로 오랫동안 사용해 왔고 비교적 저렴하다. 최근 기술의 발전으로 고부가가치 제품의 복잡한 다단계 합성을 위해 무세포 생산이 가능하게 되었다. 이러한 접근으로 잠재적으로 복잡한 반응계에서도 존재하는 물질을 생물공정의 활용이 가능하게 되었고, 통상적으로 세포 내에 산업적으로 생산할 수 있다. 이러한 시스템은 100 l 이상으로 확장되었다.

2014년 미국의 산업 효소 매출은 약 45억 달러였고, 2020년까지 매출은 65억 달러로 증가할 것으로 예상된다. 효소 공정으로 제조된 제품은 수십억 달러에 상당한다. 식음료는 시장의 약 1/3을 차지한다. 세제 시장이 다음으로 크며, 동물사료, 바이오연료, 제지 및 펄프 및 섬유도 주요시장이다. 표 3.5는 산업적으로 중요한 효소를 나열한다.

단백질분해효소(protease)는 단백질을 작은 펩타이드 단위로 가수분해하는 데 사용되며, 시장규모가 클 뿐 아니라 산업적으로 중요한 효소군을 형성한다. 단백질분해효소는 전체 효소시장의 60%를 점유하고 있다. 산업적으로 생산되는 단백질분해효소는 박테리아(*Bacillus*), 곰팡이(*Aspergillus*, *Rhizopus*, *Mucor*), 동물의 췌장, 그리고 식물에서 얻고 있다. 산업적으로 사용되는 단백질분해효소의 대부분은 단백질의 내부에 작용한다. 단백질분해효소는 치즈를 만들거나(레닛(rennet)), 제빵, 고기 연화제(파파인, 트립신), 그리고 주류 제조(트립신, 펩신) 등의 식품 공정과 단백질 얼룩을 가수분해(섭틸리신)시키는 세제, 그리고 가죽의 무두질과 상처의 치료에 사용되고 있다.

펙틴분해효소(pectinase)는 주로 *A. niger*에 의해 생산된다. 펙틴분해효소에는 펙틴에스터레이스(pectin esterase), 폴리갈락투로네이스(polygalacturonase), 그리고 폴리메틸갈락투로네이트라이에이스(polymethylgalacturonatelyase)가 있다. 펙틴분해효소는 과일주스의 생산과 포도주 제조에 많이 사용되고 있으며, 주스의 수율을 향상시키고 점도를 감소시키고 주스를 맑게 한다.

TABLE 3.5. Some Industrially Important Enzymes

Name	Example of Source	Application
Amylase	*Bacillus subtilis, Aspergillus niger*	Starch hydrolysis, glucose production
Glucoamylase	*A. niger, Rhizopus niveus, Endomycopsis*	Saccharification of starch, glucose production
Trypsin	Animal pancreas	Meat tenderizer, beer haze removal
Papain	Papaya	Digestive aid, meat tenderizer, medical applications
Pepsin	Animal stomach	Digestive aid, meat tenderizer
Rennet	Calf stomach/recombinant *E. coli*	Cheese manufacturing
Glucose isomerase	*Flavobacterium arborescens, B. coagulans, Lactobacillus brevis*	Isomerization of glucose to fructose
Penicillinase	*B. subtilis*	Degradation of penicillin
Glucose oxidase	*A. niger*	Glucose → gluconic acid, dried-egg manufacture
Lignases	Fungal	Biopulping of wood for paper manufacture
Lipases	*Rhizopus,* pancreas	Hydrolysis of lipids, flavoring and digestive aid
Invertase	*S. cerevisiae*	Hydrolysis of sucrose for further fermentation
Pectinase	*A. oryzae, A. niger, A. flavus*	Clarification of fruit juices, hydrolysis of pectin
Cellulase	*Trichoderma viride*	Cellulose hydrolysis

라이페이스(lipase) 또는 지질분해효소는 지질을 가수분해하여 지방산과 글리세롤을 만들며, 동물의 췌장, 곰팡이와 효모에서 생산된다. 라이페이스는 오일을 가수분해하여 비누를 만드는 데 사용하기도 하고 폐수 속에 존재하는 지질-지방 화합물을 가수분해시키는 데에도 사용할 수 있다. 기름과 지방의 상호에스테르반응에 라이페이스를 촉매로 사용할 수 있다. 라이페이스는 지방을 가수분해하여 향미성분을 생산하므로 치즈와 버터 제조에 이용된다. 라이페이스를 함유한 세제는 라이페이스의 중요한 응용 분야이다.

아밀레이스(amylase)는 전분의 가수분해에 사용되며, *A. niger*나 *B. subtilis*를 포함하여 여러 종류의 미생물로부터 생산된다. 세 가지의 주요 아밀레이스는 α-아밀레이스. β-아밀레이스, 그리고 글루코아밀레이스이다. α-아밀레이스는 아밀로오스 사슬에 있는 α-1,4 글리코시딕 결합(glycosidic linkage)을 무작위로 끊어 아밀로오스를 용해시킨다. 이와 같은 이유 때문에 α-아밀레이스는 전분액화 효소로 알려져 있다. β-아밀레이스는 아밀로오스의 비환원성 말단의 α-1,4 글리코시딕 결합을 가수분해시켜 맥아당을 생산한다. β-아밀레이스는 당화 효소로 알려져 있다. 전분의 아밀로펙틴에 있는 α-1,6 글리코시딕 결합은 글루코아밀레이스에 의해 가수분해된다. 이것 역시 당화 효소로 알려져 있다. 미국에서 전분을 효소로 가수분해하여 생산하는 포도당의 양은 1년에 거의 1.3×10^9 1b/yr에 달한다. 풀루라네이스는 전분의 α-1,6 글리코시딕 결합을 선택적으로 가수분해한다.

셀룰레이스(cellulase)는 섬유소의 가수분해에 이용되며 *Trichoderma viride*나 *T. reesei* 등과 같은 *Trichoderma* 종들이나 *A. niger*나 *Thermomonospora*와 같은 곰팡이, 그리고 몇 가지 *Clostridium* 종에 의해서 생산된다. 셀룰레이스는 효소 복합체이며 셀룰로오스에 의해서 생산이 유도된다. *Trichoderma* 셀룰레이스는 결정형 셀룰로오스를 가수분해하나 *Aspergillus* 셀룰레이스는 하지 못한다. 셀룰로오스는 처음 셀룰레이스에 의해 셀로바이오스(cellobiose)로 가수분해되고, β-글루코시데이스(β-glucosidase)는 이것을 포도당으로 가수분해한다. 이 효소들은 최종산물인 셀로바이오스와 포도당에 의해 저해된다. 셀룰레이스는 곡류가공, 생물자원으로부터의 에탄올 발효, 주류 생산, 폐기물 처리 등에 사용된다.

헤미셀룰레이스(hemicellulase)는 헤미셀룰로오스를 5탄당 단위로 가수분해하며 *A. niger*와 같은 몇 가지 곰팡이에 의해 생산된다. 헤미셀룰레이스는 다른 효소와 공동으로 빵 반죽, 주류 생산, 생물자원으로부터의 에탄올 발효, 폐기물 처리 등에 사용된다.

유당분해효소(lactase)는 유청의 유당을 포도당과 갈락토오스로 가수분해하는 데 사용되며 효모나 몇 가지 *Aspergillus* 종들에 의해서 생산된다. 유당분해효소는 유청을 사용하는 에탄올 발효에 이용된다.

미생물 유래의 β-1,4 글루카네이스(β-1,4 glucanase)는 *B. amyloliquefaciens, A. niger*나 *Penicillium emersonii*에 의해 생산되며, 보리나 맥아를 함유한 맥주 엿기름 생산에 사용된다. 이 효소들은 맥아즙의 여과나 추출 수율을 증가시킨다.

페니실린 아실레이스(penicillin acylase)는 페니실린 G를 반합성 페니실린 유도체의 전구체인 6-아미노페니실라닉산(6-APA)으로 전환시키므로 항생제 산업에 사용된다.

효소의 또 다른 산업적 응용 중에는 푸마레이트(fumarate)를 아스파테이스(aspartase)에 의해 L-아스파테이트(L-aspartate)로 전환시키는 것이 있다. 산업적으로 이러한 전환은 아스파테이스의 활성을 가지고 있으나 죽은 대장균 세포를 고정화하여 채운 칼럼을 사용하여 실시하고 있다. 푸마레이트가 칼럼을 통과하면 용출액에서는 아스파테이트가 얻어진다. 아스파테이트는 L-페닐알라닌(L-phenylalanine)과 결합하여 아스파르탐(aspartame)을 생산한다. 이것이 저칼로리 감미료로 알려진 뉴트라스위트(Nutrasweet)이다.

고정화된 포도당 이성화효소(glucose isomerase)를 이용하여 포도당을 과당(fructose)으로 전환하는 것은 산업적으로 중요한 공정이다. 과당은 포도당보다 1.7배나 달기 때문에 청량음료의 감미료로 사용된다. 포도당 이성화효소는 세포 내 효소로, *Flavobacterium arborescens, B. licheniformis*와 *Streptomyces*나 *Arthrobacter* 종들과 같은 각기 다른 미생물로부터 생산된다. 포도당 이성화효소 활성을 가진 세포를 고정화시킨 충전 반응기를 사용하여 포도당으로부터 과당을 생산하기도 한다. 코발트(Co^{2+})와 마그네슘(Mg^{2+}) 이온(4 ×

10^{-4} *M*)은 효소의 활성을 증진시킨다. 회사마다 각기 다른 고정화 방법을 사용한다. 어떤 회사는 글루타르알데하이드로 처리한 *F. arborescens* 세포를 건조한 구형 입자 형태로 고정화하여 사용한다. 다른 회사들은 글루타르알데하이드로 처리한 젤라틴으로 세포를 싸거나, 파괴된 세포를 루타르알데하이드로 처리하여 건조입자 형태로 사용하거나, 실리카나 알루미나 같은 무기질 담체에 효소를 고정화시키는 등의 방법도 사용하고 있다.

DL-아실아미노산은 고정화된 아미노아실레이스(aminoacylase)에 의해 L-아미노산과 D-아미노산 혼합물로 전환된다. L-아미노산은 D-아실아미노산에서 분리되며 D-아실아미노산은 반응기로 다시 되돌아간다. L-아미노산은 식품과 의학분야에 중요한 제품이다.

효소는 의학분야에서도 진단, 치료 등의 목적으로 자주 사용된다. 트립신(trypsin)은 항염증약으로 사용되고, 라이소자임(lysozyme)은 그람양성균의 세포벽을 가수분해하므로 항균제로, 스트렙토카이네이스(streptokinase)는 항염증약으로, 유로카이네이스(urokinase)는 혈전을 용해시키고 방지하는 데 사용된다. L-아스파라진(Lasparagine)을 L-아스파테이트(L-aspartate)로 전환시키는 반응에 촉매작용을 하는 아스파라지네이스(asparaginase)는 항암제로 사용된다. 암세포는 L-아스파라진을 필요로 하나 아스파라지네이스는 이를 아스파테이트로 전환시켜 결국 암세포의 성장을 저해한다. 아스파라지네이스는 대장균에 의해 생산된다. 포도당 산화효소(glucose oxidase)는 포도당을 글루코닉산과 과산화수소로 산화시키는데 이들은 쉽게 검출해 낼 수 있다. 포도당 산화효소는 혈액이나 오줌에서 포도당농도의 측정에 사용된다. 페니실린분해효소는 페니실린을 가수분해하므로 페니실린에 대한 앨러지 반응의 치료에 사용된다. 티슈플라스미노젠 활성제(tissue plasminogen activator)와 스트렙토카이네이스는 혈전(특히 심장마비를 수반하는)을 녹이는 데 사용되고 있다.

효소를 이용한 바이오센서의 개발은 최근 급속히 발전하고 있다. 고정화된 효소 전극의 두 가지 예로, 포도당 산화효소와 요소 분해효소를 전극 막에 고정화시켜 포도당과 요소의 정량에 사용하고 있다. 희귀한 효소들(예, 티슈플라스미노젠 활성제)도 이제는 유전공학 기술에 힘입어 사용 가능한 양을 생산할 수 있게 되어 사용이 계속 늘고 있다.

3.6 요약

효소는 생물학적으로 중요한 반응에 촉매로 작용하는 단백질, 당단백질이다. 또한 일부 RNA 분자도 촉매활성을 가질 수 있다. 효소는 효과적이고 특이적이며 다양한 생촉매이다. 효소는 기질 분자와 결합하여 반응의 활성화 에너지를 감소시켜 반응속도를 급격히 증가시킨다. 어떤 단백질 효소들은 그들의 활성을 갖기 위하여 보조인자로 비단백질기를 필요로 하기도 한다.

간단한 단일효소 촉매반응식은 Michaelis-Menten 식에 의해 표현될 수 있는데 이는 기질농도에 대하여 포화 형태를 가진다. 어떤 효소의 활성은 효소분자와 결합하여 활성을 감소시키는 저해인자에 의해 변화되기도 한다. 효소의 저해에는 경쟁적, 비경쟁적, 반경쟁적인 경우가 있다. 기질이나 생산물의 농도가 아주 높은 경우에도 효소활성은 역시 저해를 받을 수 있다. 효소 활성제는 효소분자와 결합하여 효소 반응속도를 증가시킨다.

효소가 최대 활성을 갖기 위해서는 최적조건(pH, 온도, 이온 세기)을 필요로 한다. 활성부위에 이온기를 가지고 있는 효소의 경우에는 효소의 자연 활성 형태에 해당하는 특정한 최적의 pH를 가진다. 효소촉매반응의 활성화 에너지는 4 ~ 20 kcal/g-mol 내외이다. 최적온도 이상에서 효소는 활성을 잃게 되는데, 이 불활성화 에너지는 약 40 ~ 130 kcal/g-mol 정도이다.

효소는 용액이나 고정화된 형태로 사용된다. 효소를 고정화시키는 방법으로는 다공성 물질 속에 잡아넣거나, 반투막의 캡슐이나 막 사이에 캡슐화시키는 방법(예, 실관막), 또는 고체담체의 표면에 흡착시키는 방법이 있다. 효소를 고정화하면 효소를 재사용할 수 있고 효소를 회수하거나 정제하는 데 소요되는 비용을 줄일 수 있고, 더 알맞은 환경을 효소에게 제공함으로써 활성의 향상을 기대할 수 있다. 효소의 고정화는 고정화 담체의 확산저항을 야기할 수 있다. 또한 고정화는 효소의 불안정성, 활성의 유실, 그리고 최적조건(pH, 이온 세기)의 변화를 일으킬 수도 있다. 최대의 반응속도를 얻기 위해서는 담체입자 크기와 효소의 함유량을 최적화하여야 하며, 적당한 표면 특성을 가지고 있는 담체를 선택하여야 한다.

효소는 산업적으로 폭넓게 사용되고 있으며 의학에도 많이 응용되고 있다. 가장 많이 사용되고 있는 효소에는 단백질분해효소(파파인, 트립신, 섭틸리신), 아밀레이스(전분 가수분해), 레닛(치즈 제조), 포도당 이성화효소(포도당을 과당으로 전환), 포도당 산화효소(포도당을 글루코닉산으로 전환), 라이페이스(지질의 가수분해), 그리고 펙티네이스(펙틴 가수분해)가 있다. 효소의 생산과 이용은 확장 잠재력이 매우 크며 수십억 달러 상당의 산업이다.

참고문헌

Bailey, J. E., and D. F. Ollis, *Biochemical Engineering Fundamentals*, 2d ed., McGraw-Hill, New York, 1986.

Blanch, H. W., and D. S. Clark, *Biochemical Engineering*, Marcel Dekker, New York, 1996.

Datta, S., L. R. Chistena, and Y. R. S. Rajaram, Enzyme Immobilization: An Overview on Techniques and Support Materials, *3 Biotech* 3(1): 1–9, 2013.

Fedor, M. J., and J. R. Williamson, The Catalytic Diversity of RNAs, *Nat. Rev. Mol. Cell Biol.* 6(5): 399–412, 2005.

Liszka, M. J., M. E. Clark, E. Schneider, and D. S. Clark, Nature versus Nurture: Developing Enzymes That Function under Extreme Conditions, *Ann. Rev. Chem. Biomol. Eng*. 3(1): 77–102, 2012.

Schmid, A., J. S. Dordick, B. Hauer, A. Kiener, M. Wubbolts, and B. Witholt, Industrial Biocatalysis Today and Tomorrow, *Nature* 409(6817): 258–268, 2001.

Sellek, G. A., and J. B. Chaudhuri, Biocatalysis in Organic Media Using Enzymes from Extremophiles, *Enzyme Microb. Technol*. 25(6): 471–482, 1999.

Swartz, J. R., Transforming Biochemical Engineering with Cell-Free Biology, *AIChE J*. 58(1): 5–13, 2012.

연습문제

3.1 다음의 반응식에서

$$S + E \underset{k_2}{\overset{k_1}{\rightleftharpoons}} (ES)_1 \underset{k_4}{\overset{k_3}{\rightleftharpoons}} (ES)_2 \xrightarrow{k_5} P + E$$

최종 생산물 형성 [$v = k_5(ES)_2$]에 대한 속도식을 다음 방법을 이용하여 구하라.

(a) 빠른 평형 방법, (b) 유사 정상상태 방법.

3.2 효소가 촉매로 사용되는 반응에서 생산물의 형성이 가역적일 때

$$E + S \underset{k_{-1}}{\overset{k_1}{\rightleftharpoons}} (ES) \underset{k_{-2}}{\overset{k_2}{\rightleftharpoons}} E + P$$

유사 정상상태 가정을 사용하여 반응 속도식을 구하고, 다음과 같음을 보이라.

$$v = \frac{d[P]}{dt} = \frac{(v_s/K_m)[S] - (v_p/K_p)[P]}{1 + \dfrac{[S]}{K_m} + \dfrac{[P]}{K_p}}$$

여기서

$$K_m = \frac{k_{-1} + k_2}{k_1}, \qquad K_p = \frac{k_{-1} + k_2}{k_{-2}}, \qquad V_s = k_2[E_0], V_p = k_{-1}[E_0].$$

3.3 푸마레이스의 반응속도 상수는 다음과 같다.

$$S + E \underset{k_{-1}}{\overset{k_1}{\rightleftharpoons}} ES \xrightarrow{k_2} P + E$$

여기서 $k_1 = 10^9\ M^{-1}\ s^{-1}$

$k_{-1} = 4.4 \times 10^4\ s^{-1}$

$k_2 = 10^3\ s^{-1}$

a. 이 효소의 Michaelis 상수는 얼마인가?

b. 효소의 농도가 $10^{-6}\ M$이고, 기질의 농도가 $10^{-3}\ M$일 때, 최종 생산물 형성의 초기속도는

얼마인가?

(Courtesy of D. J. Kirwan from "Collected Coursework Problems in Biochemical Engineering" compiled by H. W. Blanch for 1977 American Society for Engineering Education Summer School.)

3.4 상이한 농도의 디클로로페놀의 효소 분해에 대한 결과를 다음 표에 나타내었다.

So (mg/l)	30	60	90	120	150	200	250	300
Rate (mg P/l-h)	2.1	3.8	5.7	7.4	8.5	7.1	4.5	2.5

기질 저해 속도식이 다음 방정식에 의해 주어졌다고 가정하면, 상수 V_m, K_m 및 K_{SI}를 결정하라.

$$V = \frac{V_m}{(1+ K_m/S)(1+ S/K_{SI})}$$

3.5 페닐아세트산의 생물학적 산화는 폐수에 존재하는 프로피온산에 의해 저해된다. 상이한 농도의 프로피온산에서 페닐아세트산의 효소적 산화에 대해 아래의 결과를 얻었다.

S (mM)	0.25	0.40	0.50	0.60	0.75	1.00
V (mM/l-h), I = 0	1.0	1.7	1.9	2.1	2.4	2.5
V (mM/l-h), I = 1 mM	0.65	1.1	1.3	1.4	1.8	2.2
V (mM/l-h), I = 2 mM	0.55	0.9	1.0	1.3	1.4	1.8

a. 어떤 종류의 저해인가?

b. V_m, K_m, K_I를 결정하라.

3.6 광합성 영양 박테리아에서 수소가스 합성을 담당하는 hydrogenase는 몰리브덴산나트륨을 배지에 첨가함으로써 활성화된다. 수소 생성 속도는 다음과 같이 Mo 농도에 따라 다르다.

Rate (mlH2/h)	0.1	0.2	0.3	0.5	0.7	0.9	1.2
Mo (μg/l)	0	10	30	50	80	100	125

a. 활성제가 최대 반응속도(V_m)에만 영향을 미친다고 가정하면 활성화 상수(K_A)를 결정하라.

b. Mo = 60 μg/l에서의 반응속도는?

3.7 효소는 단층(또는 매우 얇은 필름)의 형태로 평평한 표면에 고정화시키고 효소반응을 위한 진탕 반응기에 놓여진다. 반응기는 연속적으로 작동된다. 용액에서의 기질농도는 정상상태에서 S_0 = 200 mg/l이다. 반응기를 상이한 교반속도로 작동시켰을 때, 아래의 결과를 얻었다.

RPM	25	50	100	200	300	400
K_L (m/h)	0.18	0.24	0.33	0.42	0.88	2.25
V (mgS/l-h)	30	36	40	41.5	44	45

a. 각 RPM에 대한 기판의 표면 농도를 결정하라.

b. 효소반응에 대한 V_m 및 K_m의 속도상수를 결정하라.

3.8 다음 반응과 같이 CO_2의 수화는 carbonic anhydrase가 촉매로 작용한다.

$$H_2O + CO_2 \underset{}{\overset{E}{\rightleftharpoons}} HCO_3^- + H^+$$

pH 7.1이고 효소농도 $2.8 \times 10^{-9}\ M$일 때, 정반응과 역반응 속도에 관한 실험결과이다.

Hydration		Dehydration	
$1/v$, M^{-1} $(s \times 10^{-3})$	$[CO_2]$ $(M \times 10^{-3})$	$1/v$, M^{-1} $(s \times 10^{-3})$	$[HCO_3^-]$ $(M \times 10^{3})$
36	1.25	95	2
20	2.5	45	5
12	5	29	10
6	20	25	15

v는 주어진 기질농도에서의 초기속도이다. 정반응과 역반응의 촉매상수와 Michaelis 상수를 구하라.

(Courtesy of D. J. Kirwan from "Collected Coursework Problems in Biochemical Engineering" compiled by H. W. Blanch for 1977 American Society for Engineering Education Summer School. © American Society for Engineering Education.)

3.9 효소반응에 저해제(I) 1.0 g/l를 넣었다. 다음의 결과는 $K_m = 9.2$ g S/l일 때 얻은 것이다.

v	S
0.909	20
0.658	10
0.493	6.67
0.40	5
0.333	4
0.289	3.33
0.227	2.5

a. 이 저해제는 경쟁적인가, 비경쟁적인가?

b. K_I를 구하라.

3.10 효소촉매반응의 실험식에서 다음과 같은 결과를 얻었다.

E_0 (g/l)	T (°C)	I (mmol/ml)	S (mmol/ml)	V (mmol/ml-min)
1.6	30	0	0.1	2.63
1.6	30	0	0.033	1.92
1.6	30	0	0.02	1.47
1.6	30	0	0.01	0.96
1.6	30	0	0.005	0.56
1.6	49.6	0	0.1	5.13
1.6	49.6	0	0.033	3.70

1.6	49.6	0	0.01	1.89
1.6	49.6	0	0.0067	1.43
1.6	49.6	0	0.005	1.11
0.92	30	0	0.1	1.64
0.92	30	0	0.02	0.90
0.92	30	0	0.01	0.58
0.92	30	0.6	0.1	1.33
0.92	30	0.6	0.033	0.80
0.92	30	0.6	0.02	0.57

a. 30°C와 49.6°C에서 저해제가 존재하지 않을 때의 Michaelis-Menten상수를 구하라.

b. 온도는 30°C이고 저해 받지 않는 반응에서 효소농도가 1.6 g/l일 때 최대 반응속도를 구하라.

c. 30°C에서 저해제의 K_I 값을 구하고 어떤 형태의 저해제인가를 결정하라.

3.11 ATP분해효소는 분자량이 5×10^4 달톤이고, 37°C에서 10^{-4} M의 K_M 값을 가지며 $k_2 = 10^4$ molecules ATP/min molecule enzyme이다. 촉매반응은 다음과 같다.

$$\text{ATP} \xrightarrow{\text{ATPase}} \text{ADP} + \text{P}_i$$

또한 다음과 같이 나타내기도 한다.

$$\text{E} + \text{S} \underset{k_2}{\overset{k_1}{\rightleftharpoons}} \text{ES} \xrightarrow{k_2} \text{E} + \text{P}$$

여기서 S는 ATP이다. 이 온도에서 효소는 매우 불안정하다. 효소의 불활성화 속도식은 1차식이다.

$$\text{E} = \text{E}_0 e^{-k_d t}$$

E_0는 효소 초기농도이고 k_d는 0.1 min^{-1}이다. 부분적으로 정제한 효소로 행한 실험에서 10 μg의 조단백질(효소를 포함하고 있는)을 0.02 M의 ATP를 포함하고 있는 1 ml 반응용액에 넣고 37°C를 유지시켰다. 12시간 후 반응이 끝났을 때(즉, $t \to \infty$), 초기에는 0이었던 무기인산(P_i)의 농도는 0.002 M임이 밝혀졌다. 조단백질 중의 효소분율을 구하라. 힌트: $[\text{S}] \gg K_m$이므로 반응 속도식은 다음과 같이 표현된다.

$$\frac{d(\text{P})}{dt} = k_2[\text{E}]$$

3.12 비다공성의 담체 표면에 고정화된 효소에서 기질의 외부 물질전달 계수가 반응속도와 비교하여 무시할 수 없는 것이라고 하자. 이 효소는 기질저해를 받는다(식 3.34).

a. 여러 가지의 상태가 가능한가? 왜 그러한가, 또는 왜 그렇지 않은가?

b. 유효인자가 1보다 클 수 있는가?

3.13 다음의 결과는 효소 촉매반응에서 얻은 것이다. 관찰로 $V_{\max}$와 K_m을 구하라. Eadie-Hofstee 방

법으로 결과를 그래프로 나타내고 그래프상에서 이들 상수(V_{max}, K_m)를 구하라. 두 가지 상수 결정방법에서 상숫값이 차이가 나는 이유를 설명하라. 반응의 초기속도는 다음과 같다.

[S] mol/l	v μmol/min
5.0×10^{-4}	125
2.0×10^{-4}	125
6.0×10^{-5}	121
4.0×10^{-5}	111
3.0×10^{-5}	96.5
2.0×10^{-5}	62.5
1.6×10^{-5}	42.7
1.0×10^{-5}	13.9
8.0×10^{-6}	7.50

이 실험결과들은 Michaelis-Menten 속도식에 들어맞는가? 만약 맞지 않는다면 어떤 종류의 반응식을 제안할 수 있겠는가? 그래프를 사용하라.

3.14 H. H. Weetall과 N. B. Havewala는 이상적인 연속 반응기에서 수용액 상태와 고정화(azo-glass beads) 상태의 글루코아밀레이스를 사용하여 옥수수전분에서 포도당을 생산하는 공정에 관한 결과를 보고하였다.

a. 수용액 결과: T = 60°C, [S_0] = 168 mg 전분/ml, [E_0] = 11,600 units, 부피 = 1000 ml

b. 고정화 결과: T = 60°C, [S_0] = 336 mg 전분/ml, [E_0] = 46,400 units, 부피 = 1000 ml

	Product concentration (mg dextrose/ml)	
Time (min)	Soluble	Immobilized
0	12.0	18.4
15	40.0	135
30	76.5	200
45	94.3	236
60	120.0	260
75	135.5	258
90	151.2	262
105	150.4	266
120	155.7	278
135	160.1	300
150	164.9	310
165	170.0	306
225	—	316
415	—	320

최대반응속도 V_m (mg/ml · min · unit of enzyme)과 포화상수 K_M (mg/ml)을 구하라.

이들은 또한 글루코아밀레이스에 의한 옥수수전분의 가수분해반응에서 최대 반응속도에 대한 온도의 영향을 연구하였다. 이 결과는 아래 표에 나와 있다.

	V_{max} (m mol/min 10^6)	
T, °C	Soluble	Azo-immobilized
25	0.62	0.80
35	1.42	1.40
45	3.60	3.00
55	8.0	6.2
65	16.0	11.0

수용액 상태와 고정화되어 있는 효소반응의 활성화 에너지(ΔE kcal/g-mol)를 구하라.

이 결과를 이용하여 고정화된 효소가 확산제한을 받는지를 결정하라.

(Courtesy of A. E. Humphrey from "Collected Coursework Problems in Biochemical Engineering" compiled by H. W. Blanch for 1977 American Society for Engineering Education Summer School. © American Society for Engineering Education.)

3.15 Michaelis-Menten식을 세포 내의 반응을 표현하기 위하여 사용하였다. $[E_0] \approx [S_0]$로 둔다. 그런데 실험실의 회분식 반응기에서는 유사 정상상태 가설이 $[E_0] \approx [S_0]$와 부합할 수 없다. 빠른 평형 가정도 역시 마찬가지이다. 그렇다면 왜 Michaelis-Menten식과 유사 정상상태 가정이 아직도 세포 내의 효소반응을 설명하는 데 사용되고 있는지 설명하라.

3.16 당신은 A라는 회사에서 일하고 있으며 고정화 효소와 관련된 연구진에 소속되어 있다. 실험실의 실장인 Harry는 고정화가 효소의 안정성을 증가시킨다고 주장하였다. 그가 제시한 증거로는 보통 용액상태에서는 효소의 반감기가 10일인 데 반하여 온도, pH, 그리고 조성이 이상적인 경우에는 충전층의 반감기가 30일로 측정되었다. 효소는 지름이 5mm인 다공성의 구에 고정화되어 있다. Harry의 주장이 옳은가? 그의 의견에 동의하는가? 이유는? 만약 그렇지 않다면 그 이유는 무엇인가?

3.17 다음의 실험결과는 다양한 페놀농도에서 페놀산화효소에 의한 페놀의 효소적 산화과정에서 얻은 것이다.

S (mg/l)	10	20	30	50	60	80	90	110	130	140	150
v (mg/l-h)	5	7.5	10	12.5	13.7	15	15	12.5	9.5	7.5	5.7

a. 이 반응은 어떠한 저해반응인가?

b. V_m, K_m, K_{si}를 구하라.

c. [S] = 70 mg/l에서 산화속도를 구하라.

3.18 요산(uric acid)은 공극성 칼슘-알진산염(Ca-alginate) 비드(bead)에 고정화되어 있는 유리케이스 효소에 의해 분해된다. 크기가 다른 비드를 이용하여 실험을 하였고 결과는 다음과 같다.

Bead diameter, Dp (cm)	0.1	0.2	0.3	0.4	0.5	0.6	0.7	0.8
Rate, v (mg/l.h)	200	198	180	140	100	70	50	30

a. 입자 크기가 Dp = 0.5 cm와 Dp = 0.7 cm인 경우에 유효인자를 구하라.

b. 다음은 Dp = 0.5 cm인 경우 용액 중의 여러 요산농도에서 얻은 결과이다. 액막저항을 무시한다고 가정하고 효소의 V_m과 K_s를 구하라. 기질 또는 산물저해 효과는 없다고 가정한다.

S_0 (mg UA/l)	10	25	50	100	200	250
v (mg UA/l-h)	10	20	30	40	45	46

3.19 요소분해효소(urease)가 지름이 2 mm인 칼슘-알진산염 비드에 고정화되어 있다. 용액 중 요소(urea)의 농도가 0.5 m M일 때 요소분해속도는 v = 10 mmol/l · h이다. 칼슘-알진산염 비드에서 요소의 확산계수는 $D_e = 1.5 \times 10^{-5}$ cm²/sec이고 효소의 Michaelis-Menten 계수는 K'_m = 0.2 m M이다. 비드에 있어 액막저항을 무시하고(즉, $[S_0] = [S_s]$) 다음을 결정하라.

a. 최대 분해속도 V_m, Thiele 계수(ϕ), 유효인자(η).

b. Dp = 4 mm일 경우 V_m, ϕ, η는 어떻게 되는가?

힌트: ϕ 값이 큰 경우($\phi > 2$)에 $\eta = 3\phi$로 가정.

3.20 말론산(I)은 미토콘드리아에서 글라이옥실산(S)의 탈탄산반응을 저해한다. 회분식 실험에서 얻은 아래 결과를 이용하여 다음의 값을 구하라.

	Rate of CO_2 Evolution, v (mmoles/l-h)		
Glyox,S (mM)	I = 0	I = 1.26 mM	I = 1.95 mM
0.25	1.02	0.73	0.56
0.33	1.39	0.87	0.75
0.40	1.67	1.09	0.85
0.50	1.89	1.30	1.00
0.60	2.08	1.41	1.28
0.75	2.44	1.82	1.39
1.00	2.50	2.17	1.82

a. 이 반응은 어떠한 저해반응인가?

b. V_m, K'_m, K_I를 구하라.

3.21 수용액상의 요소는 비공극성 중합체 비드의 표면에 고정화된 요소분해효소에 의해 암모니아와 이산화탄소로 분해된다. 전환속도는 액막을 통과하여 비드의 표면에 요소가 전달되는 것에 의해 조절되고 전환은 비드의 표면에서 일어난다. 이러한 시스템의 계수는 다음과 같다.

$k_L = 0.2$ cm/s; $K_m = 200$ mg/l

$V'_m = 0.1$ mg urea/cm² support surface · s.

$S_b = 1000$ mg urea/l

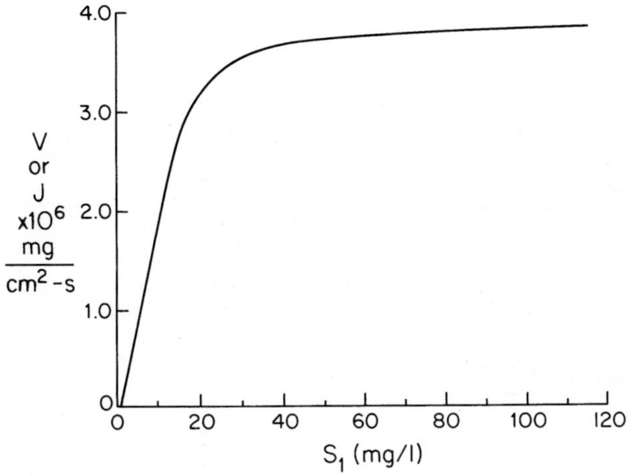

Figure 3P.1. Reaction rate data for problem 3.22. Reaction rate dependence on substrate 1 for reaction catalyzed by E_A.

a. 표면요소농도를 구하라.

b. 물질전달이 조절되는 조건에서 요소분해속도를 구하라.

3.22 두 개의 효소가 비공극성 평판 표면에 동시에 고정화되어 있다. 효소 A에 대한 기질은 S_1이고, 효소 B에 대한 기질은 S_2이다. 1차반응의 산물은 S_2이다. 도식화하면 아래와 같다.

$$S_1 \xrightarrow[E_A]{} S_2 \xrightarrow[E_B]{} P$$

a. 그림 3P.1은 표면에서 일어나는 1차 반응속도를 주변 농도 S_1의 함수로 표시한 것이다. 만약 용액농도 S_1이 100 mg/l이고 물질전달계수가 4×10^{-5} cm/s라면 1 cm²의 표면에서 S_1의 소모속도는 얼마인가? S_1의 표면농도는 얼마인가?

b. 2차 반응속도는

$$-d[S_2]/dt = d[P]/dt = \frac{V_m'' S_{2surface}}{K_m + S_{2surface}}$$

이고, $K_m = 5$ mg/l(또는 5×10^{-3} mg/cm³)이며 $V_m'' = 4.0 \times 10^{-6}$ mg/cm² = s이다. S_2의 용액농도 $[S_{bulk}]$는 5 mg/l로 유지되고 물질전달계수는 S_1과 S_2에 대해서 동일하다. $[S_{2surface}]$와 P 생산속도를 계산하라. (모든 반응계수는 1이라고 가정한다.)

3.23 동일한 비공극성 수평 표면에 고정화된 두 개 효소의 경우를 생각해 보자. S는 다음의 반응에서 두 효소의 공통기질이다.

$$S + E_1 \longrightarrow E_1 + P_1 \tag{1}$$

$$S + E_2 \longrightarrow E_2 + P_2 \tag{2}$$

최종산물 P_3는 P_1과 P_2의 동시반응에 의해 생성된다.

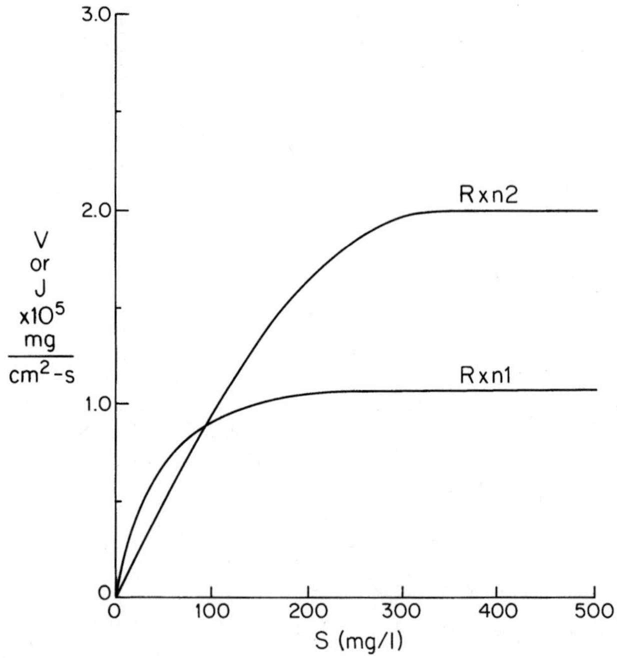

Figure 3P.2. Reaction rate data for problem 3.23. The reaction rate data for two different enzymes (E_1 and E_2) are shown.

$$P_1 + P_2 \longrightarrow P_3 \quad (3)$$

반응 1과 반응 2는 표면에서만 일어나고 반응 3은 전체 용액에서 일어나는 균일반응이다.

그림 3P.2는 단일반응 1(아래 곡선)과 단일반응 2(위 곡선)에 따른 예상 반응속도를 나타낸 것으로, 고정화된 각각의 효소양의 측정값을 바탕으로 하며 고정화 단계에서 고유의 반응 속도식은 변하지 않는다고 가정한다.

a. $k_L = 6 \times 10^{-5}$ cm/s이고 기질의 용액농도는 500 mg/l이다. 기질이 소모되는 전체(total) 속도는 얼마인가?

b. 위 a의 조건에서 전체 유효인자(effectiveness factor)는 얼마인가?

c. 위 a의 조건에서 P_1에 대한 P_2의 비율(P_2/P_1)은 얼마인가?

d. 만약 P_1과 P_2 동량의 몰수를 생산하기를 원하고 $k_L = 6 \times 10^{-5}$ cm/s라면, 기질의 용액농도를 얼마로 해야 하는가?

4

세포의 작용

지금까지는 세포가 어떻게 구성되어 있고 효소들이 어떻게 작용하는지에 대하여 알아보았다. 그러나 세포는 지질, 아미노산, 당류, 효소와 핵산으로 채워진 것 이상의 의미를 갖고 있다. 세포는 이 성분들의 합성과정과 상호작용을 조절해야 한다. 세포의 행동을 제어하고 예측하는 것은 고분자군집현상에 의해 더욱 어려워지고 있는데, 이는 세포 내부에서 일상적으로 발생하는 현상으로 대사의 효율적인 작동에 필수적인 현상이다. 예를 들어 대장균(*E. coli*)의 세포 기질은 약 300 내지 400 mg/ml의 고분자를 함유한다. 이렇게 고농도의 고분자를 포함하면 용액상태에서 다른 분자에 사용할 수 있는 용매의 양이 줄어들어 결과적으로 농도의 증가가 나타난다. 군집현상의 결과를 통해 세포 내의 분자가 시험관 검사에서와 달리 근본적으로 다른 방식으로 작용할 수 있다는 것을 알 수 있다. 그러므로 실험실에서(in vitro) 묽은 용액에서 측정된 개별 효소와 대사과정의 특성은 살아 있는 세포(in vivo)에서 나타나는 특성과는 엄청난 차이가 있다. 이 장에서는 대사조절을 몇 가지의 예를 들어 설명할 것이다. 고분자군집현상에도 불구하고 다양한 화학반응을 조직화하는 능력을 통하여 세포가 진정으로 하나의 세포로 존재하게 된다.

대사조절의 요점은 정보의 전달과 조절이다. 컴퓨터의 출현으로 '정보시대'를 맞이하고 있다. 세포 내 소기관 사이에서 정보를 이용하고 전달하는 것은 인간사회에서의 정보의 사용 및 교환의 필요성과 매우 유사한 점이 많다. 인간사회에서는 정보의 저장, 처리, 전달을 위해 주로 전기적 신호에 의존하지만 세포는 같은 목적을 위하여 화학적 신호를 사용한다. 이러한 정보의 전달과 조절에 관한 연구를 하는 분야가 바로 분자생물학이다.

4.1 중심원리

다행히 거의 모든 생물체는 정보의 저장, 발현, 이용에 있어서 동일한 핵심경로를 거친다. 정보(유전정보)는 DNA 분자에 저장되며 컴퓨터 테이프나 디스크처럼 복제될 수 있다. 또한 정보는 전사되어 신호를 만들어 낼 수도 있다. 전사된 신호는 신호활용을 위하여 행동으로 번역된다. 이것은 마치 일련의 계산과정을 거쳐 최종결과를 얻는 것과 유사하다.

세포는 유사한 체계로 작동한다. 그림 4.1은 생물학의 **중심원리**(central dogma)를 보여준다. 정보는 DNA 분자에 저장된다. 이 정보는 **복제되어**(replicated) 똑같은 분자를 만들어 낸다. 또한 이 분자의 일부 정보는 **전사되어**(transcribed) RNA를 생성한다. 여러 종류의 RNA를 이용하여 이 정보는 단백질로 **번역된다**(translated). 이 단백질들은 구조적인 또는 효소적인 역할을 수행하고 세포 내에서 대사기능을 관장한다. DNA 분자에 담긴 정보는 불변이나, 드물게 일어나는 변이 또는 재배열을 통해 천천히 변화된다. 어떤 종류의 RNA가 존재하는지와 양이 얼마인지는 시간과 주변 환경의 변화에 따라 달라진다. 마찬가지로 현존하는 단백질은 시간에 따라 변화될 것이지만 RNA 종류와 다른 시간단위일 것이다. 세포에서 생산되는 몇 가지 단백질은 DNA에 부착되어 RNA를 만드는 전사단계를 조절한다.

중심원리의 가장 중요한 특징은 가장 단순한 생물체로부터 가장 복잡한 생물체까지 똑

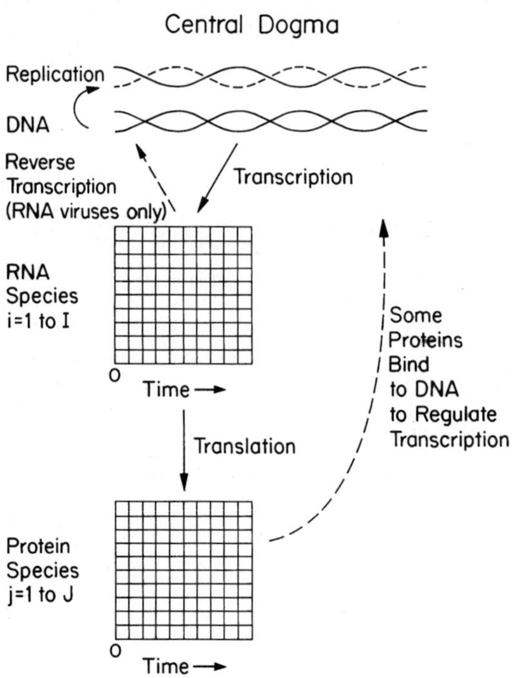

Figure 4.1. The primary tenet of molecular biology is the central dogma, which applies to all organisms.

같이 적용된다는 것이다. 그림 4.1에 묘사된 과정은 본질적으로 상업적으로 중요한 모든 세포에 적용할 수 있다. 주목할 것은, 몇몇 중요하지만 흔치 않은 생물학적 순차 정보의 전달이 존재하는 것으로 알려져 있다(이는 일부 바이러스나 실험실에서 특정 조건하에서 발생한다). 이러한 특별한 전이는 **역전사**(reverse transcription(일반 전사의 반대))로 알려져 있으며 RNA의 유전정보가 새로운 DNA로 전사되는 과정이다. 이 과정은 인간 면역 결핍 바이러스(human immunodeficiency virus (HIV))와 같은 **레트로바이러스**(retrovirus)와 진핵생물의 **역전이인자**(retrotransposon)와 **텔로미어 합성과정**(telomere synthesis)에서 나타나는 것으로 알려져 있다. HIV에서 바이러스는 RNA 분자의 정보를 암호화한다. 숙주세포에서 바이러스의 효소인 **역전사 효소**(reverse transcriptase)가 바이러스의 RNA 분자를 주형으로 활용하여 바이러스 DNA를 생산한다. 이러한 바이러스는 임상적으로 중요하고 이들의 치료법 중 하나는 역전사 효소를 선택적으로 억제하는 방법이 있다. 역전사 효소는 항바이러스 표적으로 작용하는 것 외에도 유전공학에서 중요한 도구이다. 또 다른 특별한 전이는 **RNA 복제**(RNA replication)이다. 이는 하나의 RNA를 다른 RNA로 복제하는 것이며 많은 바이러스가 이를 이용한다. 새로운 RNA를 만들기 위해 RNA를 복사하는 효소를 **RNA의존성 RNA 중합효소**(RNA-dependent RNA polymerase)라고 한다. 이러한 효소는 많은 진핵생물에서도 발견되며, 이들은 **RNA간섭**(RNA silencing)으로 알려진 메커니즘에 관여한다. 마지막으로 또 다른 유형의 전이는 DNA에서 단백질로의 직접적인 번역으로, 이는 무세포계에서만 나타난다(예를 들어, 온전한 세포가 아니라 리보솜만을 포함하는 대장균 추출물이 들어있는 시험관). 현재로서는, 번역 메커니즘이 유전 암호에 구체적으로 상응하는지 그리고 그것이 살아 있는 세포에서 자연적으로 발생하는지는 불분명하다.

중심원리에서 명시적으로 다루지 않은 생물학적 정보의 다른 주요 전이에는 번역 후 단백질 변형, 인테인(intein) 그리고 DNA의 메틸화가 있다. 번역 후 변형(Posttranslational modification)은 단백질 아미노산 서열이 핵산 사슬에서 번역된 뒤에 일어나며, 이 과정은 특정 효소에 의해 촉매화된다. 이러한 변형은 번역과정과 동시에(cotranslationally)(즉, 단백질 사슬이 여전히 리보솜으로부터 나오고 있는 동안) 일어날 수 있고, 단백질이 완전히 합성되어 리보솜 기작으로부터 빠져나와 번역된 후에도(posttranslationally) 일어날 수 있다. 이러한 변형의 중요한 예는 다음과 같다.

- **당쇄화**(glycosylation): 특정한 아미노산(예를 들어 아스파라진, 세린, 트레오닌)의 측쇄에 당 그룹을 첨가하여 당단백질을 형성하는 것으로, 추후 상세히 논의할 것이다.
- **이황화 결합 형성**(disulfide bond formation): 시스테인 잔기에 존재하는 두 개의 싸이올(—SH)기의 결합.

- **아실화**(acylation): N-말단 또는 라이신 잔기에 아세틸기의 첨가.
- **알킬화**(alkylation): 라이신 또는 아르기닌 잔기에 알킬기의 첨가.
- **하이드록시화**(hydroxylation): 일반적으로 프롤린 잔기에 수산화기(—OH)를 도입.
- **지질화**(lipidation): 단백질 사슬에 지질의 첨가; 특정 유형의 지질화에는 *N*-미리스토일화, 팔미토일화(palmitoylation) 및 GPI-앵커의 첨가.
- **인산화**(phosphorylation): 일반적으로 세린 또는 트레오닌에 인산염(PO_4^{3-})그룹을 첨가.
- **황산화**(sulfation): 타이로신 잔기에 황산염기를 첨가.
- **유비키틴화**(ubiquitination): 라이신 잔기에 유비키틴이라는 작은 단백질 태그의 첨가.

또한 단백질은 **단백질 스플라이싱**(protein splicing)의 과정을 통해 자신의 DNA에 의해 암호화된 일차서열을 바꿀 수 있다. 이 과정은 **인테인**(intein)을 포함하는데, 이는 단백질의 '기생적인' 부분으로, 아미노산의 사슬에서 스스로를 잘라내어 리보솜으로부터 나오고 **잔여부분**(extein)을 펩타이드 결합으로 재결합시키며 이런 방식으로 주 단백질의 '중심(backbone)'이 떨어져 나가지 않게 한다. 인테인은 종종 '단백질 인트론'으로 불리는데, 이는 곧 진핵생물에서의 **mRNA 스플라이싱**(mRNA splicing)을 매개하는 **인트론**(intron)과의 기작 유사성 때문이다(곧 논의될 것이다).

DNA 메틸화 상태의 변화는 유전자의 발현 수준을 크게 변화시킬 수 있다. DNA의 메틸화 변이는 대개 **DNA 메틸화 효소**(DNA methylases)로 알려진 효소의 작용으로 일어난다. 중요한 것은, 실질적인 내용의 변화는 DNA 메틸화에 의해 일어나지만, 일차 DNA서열은 변하지 않는다. 뉴클레오타이드 서열의 변화를 수반하지 않는 메틸화 또는 히스톤 변형과 같은 생물체의 유전체에 관한 기능적인 변화는 **후성적**(epigenetic) 변형으로 알려져 있다. DNA서열에 변화가 생기는 유전학과는 달리 유전자 발현의 변화 또는 후성 유전체의 세포 표현형의 변화는 다른 원인으로 일어난다. 따라서 그리스어로 '위, 바깥'의 의미를 지는 epi-를 접두사로 사용한다.

정보가 저장되고 교환되기 위해서는 언어가 필요하다. 모든 생물체는 2장 '생물학 기초원리의 개관'에서 거론된 뉴클레오타이드들로 구성된 네 문자의 알파벳을 사용한다(DNA에서는 A, T, G, C를 말함). 모든 단어들은 세 개의 문자로 구성되어 있고 이러한 단어를 **유전암호**(codon)라고 한다. 네 문자를 이용하여 세 개의 문자로 구성된 단어를 만든다면 최대 64개의 단어를 만들 수 있다. 이 단어들은 발현되었을 때 특정 아미노산을 나타내거나 단백질 합성을 '중단시키는' 역할을 하게 된다.

이러한 단어들이 염기서열에 들어갈 때 '문장'(예, **유전자**(gene))을 형성하는데 적절히 전사와 번역이 되어 단백질이 형성된다. 단어들의 다른 조합은 유전자의 발현을 조절한다.

이러한 비유를 계속하자면, 우리는 책과 같이 한 생명체의 DNA(예, **유전체**(genome))에 있는 정보의 완벽한 세트를 보게 될 것이다(인간 유전체의 경우 천 권의 책보다 많을 것이다.)

이러한 64개의 단어로 된 언어는 태어날 때의 당신의 육체와 독특한 모든 능력을 나타내는 데 필수적이다. 이 언어는 근본적으로 보편성이 있어서 대장균*(E. coli)*이나 사람*(Homo sapiens)*에게 똑같이 적용된다. 이 보편성은 생물체를 이해하는 데 많은 도움이 되었고 유전공학과 생물공학의 산업적 응용에 실질적인 도구로서 사용되고 있다(최근에는 이 과정에 인공 아미노산을 혼입하여 조작하는 것이 가능함이 입증되었다).

유전정보의 저장과 전달(그림 4.1)의 각 단계에서 고분자의 틀을 요구하는데, 이 틀이 어떻게 만들어지고 어떻게 이 유전정보가 보존되며 발현되는지에 대하여 살펴보기로 하자.

4.2 DNA 복제: 세포신호의 보존과 전파

2장에서 설명한 DNA의 이중나선 구조는 유전정보의 보존을 설명하는 데 아주 적당하다. 유전정보는 단순히 네 개의 뉴클레오타이드(A, T, G, C)의 직선배열로 저장된다. guanine(G)은 오직 cytosine(C)과, adenine(A)은 오직 thymine(T)과 수소결합(hydrogen bond)하므로 이중나선 구조가 유지되기 위해서 두 사슬은 상호보완적(complementary)이어야 한다. DNA의 복제는 **반보존적**(semiconservative)이다(그림 2.18 참조). 즉, 각각의 딸 염색체는 하나의 부모사슬과 새로 합성된 또 하나의 사슬을 갖기 때문이다.

복제과정을 설명하기 위해서 간단하게 대장균에서의 DNA 복제를 생각해 보자. 뉴클레오타이드의 공유결합에 필요한 효소는 DNA 중합효소(DNA polymerase)이다. 대장균은 세 개의 DNA 중합효소(Pol I, Pol II, Pol III)를 갖고 있다. 그 중 한 효소는 디옥시뉴클레오타이드(deoxynucleotide)를 결합시켜 DNA 중합체를 만들어 낸다. Pol III는 RNA 프라이머(primer)에 뉴클레오타이드를 첨가하는 작용을 한다. Pol I은 RNA 프라이머를 가수분해하는 기능과 한 가닥의 DNA 부위를 복제하는 기능을 갖고 있다. 또한 이 효소는 잘못 복제된 DNA 부분의 수정에 사용되기도 한다. Pol II의 정확한 기능은 아직 밝혀져 있지 않다.

DNA 복제의 효소반응에서는 효소뿐만 아니라 활성화된 단량체와 복제틀이 필요하다. 활성화된 단량체란 뉴클레오타이드3인산(nucleotide triphosphate)을 말한다. 하나의 뉴클레오타이드와 생성 중인 DNA 분자가 결합하면 5′-3′ 인산에스테르 결합(phosphodiester bond)이 형성되고, 그 결과 한 분자의 파이로인산염(pyrophosphate)이 생성된다. 이 파이로인산염은 생합성반응의 에너지를 공급한다. 결과로 생성된 뉴클레오타이드인산은 DNA 분자의 구성 단량체가 된다.

염색체의 복제는 보통 미리 정해진 부위에서 시작된다. 이 부위를 **복제기점**(origin of replication)이라 하는데, 대장균에서는 복제 시작 시에 이 부위가 세포막과 결합한다. DNA 복제가 시작되면 두 개의 사슬이 분리되어 Y자 모양의 **복제 갈림**(replication fork)이 생성된다. 이 복제 갈림의 이동은 에너지를 요구하는 **DNA 가이레이스**(DNA gyrase)와 **사슬을 푸는 효소**(unwinding enzyme)에 의하여 촉진된다. 대장균의 염색체는 원형이다. 대장균에서는(모든 생명체가 그런 것은 아니지만) DNA 합성이 **양방향**(bidirectional)으로 일어난다. 복제기점에서 생성된 두 개의 갈림은 서로 반대방향으로 이동되어 복제기점에서 약 180°를 돌아서 다시 만나게 된다.

DNA 합성을 시작하기 위해서는 **RNA 프라이머**(RNA primer)가 요구된다. RNA 중합효소는 RNA의 합성 시작에 프라이머를 필요로 하지 않지만 DNA 중합효소는 프라이머를 필요로 한다(이것에 대한 이유를 생각해 보면, DNA 복제 반응의 경우 각 뉴클레오타이드의 첨가과정에서의 실수는 치명적인 것이므로 DNA 중합효소(Pol III)는 **검증**(proofreading)을 할 수 있으며, 3′에서 5′로의 외부핵산분해효소(exonuclease)의 기능에 의하여 복제가 잘못되었을 때 다시 뒤로 이동하여 이를 제거함으로써 DNA 복제를 완벽하게 한다. 그러나 RNA 복제의 실수는 아주 치명적인 것은 아니므로 RNA 중합효소는 위의 검증기능을 갖고 있지 않다). 일단 DNA 사슬의 두 개 중 하나의 사슬과 상호보완적인 뉴클레오타이드로 구성된 RNA 프라이머가 붙으면 Pol III는 DNA 합성을 시작하게 된다. 다음에 RNA 부분은 Pol I에 의해 분해되고 이 부분에 DNA가 만들어진다. 이 과정이 그림 4.2에 요약되어 있다.

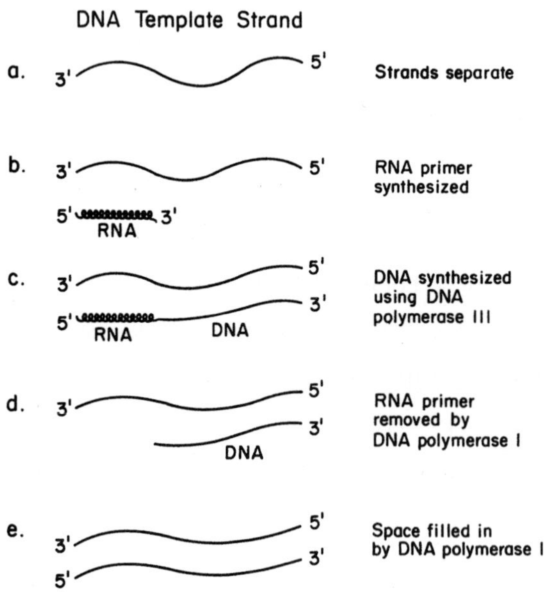

Figure 4.2. Initiation of DNA synthesis requires the formation of an RNA primer.

DNA 중합효소는 오직 5′에서 3′ 쪽으로만 진행된다. 이것은 뉴클레오타이드가 합성되고 있는 사슬의 3′-OH기에 첨가됨을 의미한다. 합성되는 사슬 중 복제 갈림이 이동되는 방향과 같은 방향으로 합성되고 있는 사슬(leading strand)은 연결되어 형성되지만, 다른 방향으로 합성되고 있는 또 다른 사슬(lagging strand)은 불연속적으로 합성된다. 다른 방향으로 합성되고 있는 사슬 위에는 **오카자키 조각**(Okazaki fragment)이라고 불리는 RNA에 DNA가 연결된 조각들이 있다. 전체적인 과정은 그림 4.3에 설명되어 있다. DNA 조각들을 결합시켜 주는 효소인 **DNA 결합효소**(DNA ligase)는 유전공학에서 아주 중요하게 사용되

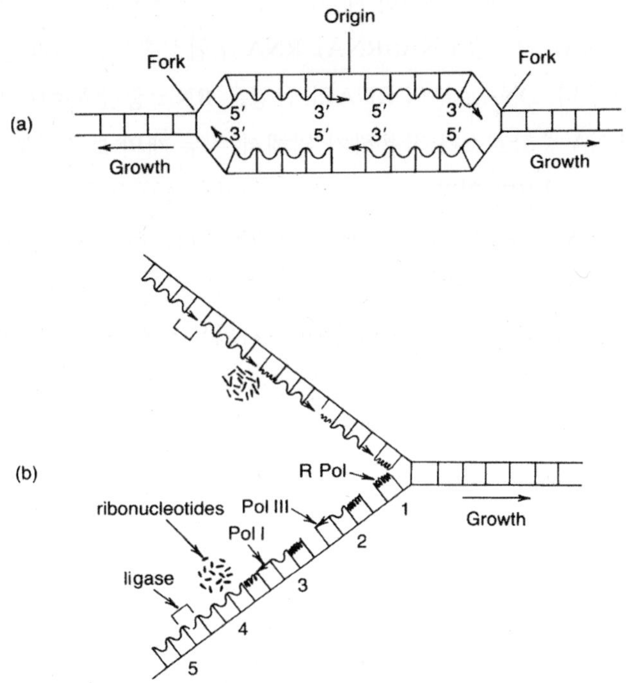

Figure 4.3. Schematic representation of the steps of replication of the bacterial chromosome. The newly polymerized strands of DNA (wavy lines) are synthesized in the 5′-to-3′ direction (indicated by the arrows), using the preexisting DNA strands (solid lines) as a template. The process creates two replication forks, which travel in opposite directions until they meet on the opposite side of the circular chromosome, completing the replication process. Part (b) represents a more detailed view of one of the replicating forks and shows the process by which short lengths of DNA are synthesized and eventually joined to produce a continuous new strand of DNA. For purposes of illustration, four short segments of nucleic acid are illustrated at various stages. In (1), primer RNA (thickened area) is being synthesized by an RNA polymerase (R Pol). Then, successively, in (2) DNA is being polymerized to it by DNA polymerase III (Pol III); in (3) a preceding primer RNA is being hydrolyzed, while DNA is being polymerized in its place by the exonuclease and polymerase activities of DNA polymerase I (Pol I); finally, the completed short segment of DNA (4) is joined to the continuous strand (5) by the action of DNA ligase. (R. Y. Stainer, J. L. Ingraham, M. L. Wheelis, P. R. Painter, *The Microbial World*, 5th ed., © 1986. Reprinted and electronically reproduced by permission of Pearson Education, Inc., New York, NY.)

고 있다.

지금까지 어떻게 한 DNA 분자에서 다른 DNA가 만들어지며, 원래 DNA 분자가 갖고 있는 유전정보를 어떻게 전달하는지에 대해 간략히 알아보았다. 이제부터는 유전정보가 어떻게 전달되는지에 대하여 알아보자.

4.3 전사: 신호의 전달

전사가 되면 2장에서 소개한 세 가지 형태의 RNA가 형성된다—전령 RNA(mRNA), 운반 RNA(tRNA), 리보솜 RNA(rRNA). RNA의 합성속도는 단백질을 만드는 세포의 용량에 의해 결정된다. DNA로부터 RNA의 합성은 **RNA 중합효소**(RNA polymerase)에 의해 일어난다. RNA 중합효소가 작용하기 위해서는 두 개의 보조성분이 필요하다—**중심효소**(core enzyme)와 **시그마 인자**(sigma factor). 중심효소는 촉매부위를 갖고 있으며 시그마 인자는 합성시작 부위에 결합하는 중요한 단백질이다. 중심효소와 시그마 인자가 결합하면 **완전효소**(holoenzyme)가 된다.

두 개의 DNA 사슬 중 어떤 것이 전사되는가에 대한 의문이 생길 수 있는데, 두 개의 사슬이 모두 전사될 수 있음이 증명되었다. RNA 중합효소는 항상 3′에서 5′로 읽어 나가기 때문에 두 개의 사슬의 전사방향은 서로 반대이다. 염색체의 한 부분에서는 DNA의 한 사슬이 전사틀 또는 **번역사슬**(sense strand)로 사용되고 염색체의 또 다른 부위에서는 다른 사슬이 전사틀로 이용되기도 한다.

전사의 개시(initiation), 신장(elongation), 종결(termination)이 그림 4.4에 요약되어 있다. 시그마 인자는 전사의 시작에만 관여한다. 시그마 인자는 DNA 사슬의 특정 뉴클레오타이드 부위를 인지한다. 이 부위를 **프로모터 부위**(promoter region)라고 한다. 프로모터는 약간씩 변할 수 있는데, 이 변화는 시그마 인자(결국은 완전효소)의 결합력에 영향을 준다. **강력한 프로모터**(strong promoter)는 완전효소와의 결합력이 높은 것을 말한다. 전사속도는 프로모터의 세기와 직접적으로 관련된 전사시작 빈도에 의하여 결정된다. 시그마 인자는 유전공학 연구에서 매우 중요하다. 세포는 일반적으로 세포 내의 대부분의 프로모터를 인지하기 위한 하나의 뚜렷한 시그마 인자를 가지고 있는 경우가 많다. 그러나 다른 시그마 인자들도 다른 성장환경(특히 스트레스)에서 중요한 역할을 할 수 있는데, 비정상적인 성장조건이나 스트레스의 극복을 위하여 중요한 역할을 하는 단백질을 발현하는 유전자의 프로모터 부위에서의 전사의 시작에 사용되기도 한다.

전사시작 부위가 인지된 후에 전사체의 신장이 시작된다. 신장반응이 시작되면 시그마

인자는 DNA에서 분리되어 전사의 개시에 재사용된다. RNA의 합성은 에너지를 요구하기 때문에 라이보뉴클레오타이드(ribonucleotide)의 활성화된 3인산 단량체가 요구된다.

전사체는 RNA 중합효소가 **종결신호**(stop signal 또는 transcription terminator)를 만날 때까지 만들어진다. 전사종결 신호에서 RNA 중합효소는 DNA에서 분리되고 RNA 전사체가 방출된다. 어떤 경우에는 **로**(rho)단백질이 전사종결을 위해서 필요하다. 터미네이터

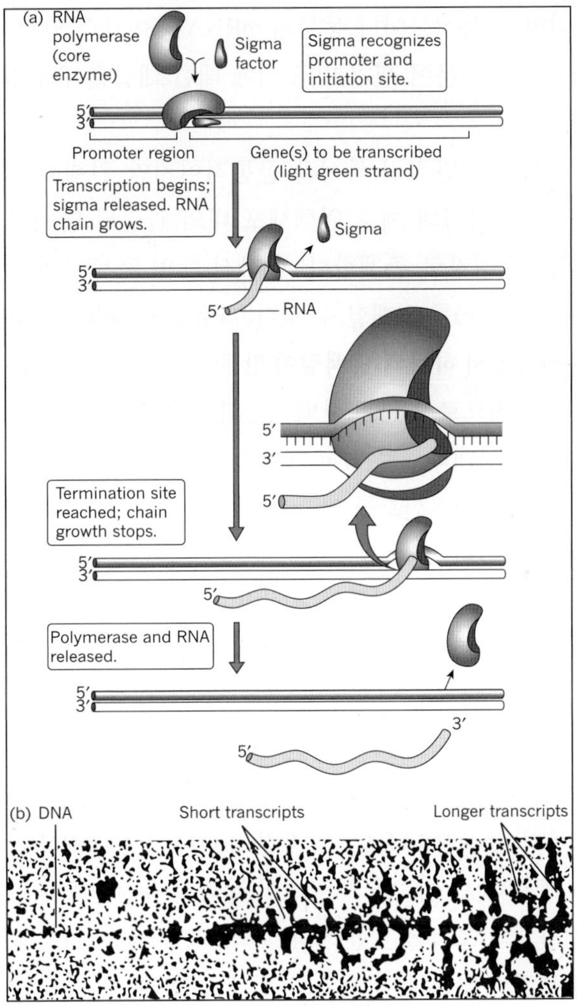

Figure 4.4. Transcription. Steps in messenger RNA synthesis. The start and stop sites are specific nucleotide sequences on the DNA. RNA polymerase moves down the DNA chain, causing temporary opening of the double helix and transcription of one of the DNA strands. Rho binds to the termination site and stops chain growth; termination can also occur at some sites without rho. (Brock, Thomas D., Brock, Katherine M., Ward, David M., *Basic Microbiology with Applications*, 14th ed., © 2015. Reprinted and electronically reproduced by permission of Pearson Education, Inc., New York, NY.)

(terminator) 또한 강한 것이 있고 약한 것이 있다. 약한 터미네이터가 강한 프로모터와 짝을 이루면 RNA 중합효소가 터미네이터를 지나서 **전사가 계속되어**(read through) 더 긴 전사체가 형성될 수 있으며, 이 DNA 사슬의 다음 유전자의 조절 부위를 침범할 수도 있다. 따라서 재조합 DNA 시스템을 만들 때에는 터미네이터 부위와 세기를 동시에 고려해야 한다.

형성된 전사체는 안정하거나 불안정한 RNA의 덩어리 형태가 된다. 안정한 RNA는 rRNA와 tRNA이다. mRNA는 매우 불안정하다(전형적인 대장균의 mRNA의 반감기는 약 1분 정도이며, 고등식물이나 동물의 mRNA는 이보다 안정하다). 왜 mRNA가 상대적으로 불안정한가라는 의문이 생기지만, 이에 대한 대답은 유전정보의 번역과 조절에서 명백해진다.

비록 전사의 일반적인 특성은 공통적이지만 원핵세포와 진핵세포 사이에는 중요한 차이점이 있다. 하나의 예로 원핵세포 내의 관련된 단백질들은 중간에 터미네이터가 없이 연속적인 유전자로 존재한다. 따라서 단일 프로모터로부터의 전사는 **다유전자 신호**(polygenic message)를 초래할 수 있다. **다유전자**(polygenic)란 많은 유전자를 의미한다. 즉, **하나의 유전자에서 하나의 단백질이 만들어진다**는 것이다. 따라서 단일 프로모터에서의 전사조절은 기능적으로 연관된 단백질들의 효율적인 조절을 할 수 있는 특징을 갖는다. 이러한 조절방법은 상대적으로 작고 단순한 세포에서 특히 중요하다. 그러나 진핵세포에서는 일반적으로 다유전자 신호를 만들지 않지만, 유전공학적으로 다유전자 신호를 만들 수 있도록 조작할 수 있다.

원핵세포에서는 염색체가 세포질이나 리보솜과 물리적으로 분리되어 있지 않다. 흔히 mRNA의 일부가 전사되고 있는 동안에도 mRNA는 리보솜과 결합하여 번역을 시작한다. 그러나 진핵세포에서는 염색체와 리보솜이 핵막에 의해 분리되어 있기 때문에, mRNA가 번역되기 전에 변화되는 과정이 일어난다(그림 4.5 참조). DNA는 **부절편**(intron)이라 불리는 중간 삽입 서열을 갖는 전사체를 만들어 낼 수 있다. 이 부절편은 두 개의 특정 위치에서 전사체로부터 잘려져 나온다. 남겨진 조각의 끝은 **mRNA 스플라이싱**(mRNA splicing)이라는 과정에 의해 연결된다. 부절편이 잘려진 유전신호는 단백질로 번역된다. 부절편에 해당하는 전사체의 조각들은 분해되어 핵산 단량체로 사용된다. 많은 진핵세포의 유전자는 전사체의 부절편 부분에 해당하는 '넌센스 DNA'를 함유한다. **넌센스**(nonsense)란 단어는 DNA의 특정 서열이 아미노산으로 번역되지 않는 것을 가리킨다. 부절편의 역할은 알려져 있지 않으나 진화나 세포의 조절작용과 관련된 역할을 하는 것처럼 보인다. 부절편이 존재하게 되면 대장균과 같은 원핵세포의 단백질 생산 체계를 이용하여 진핵세포의 단백질을 만드는 과정은 매우 어렵게 된다.

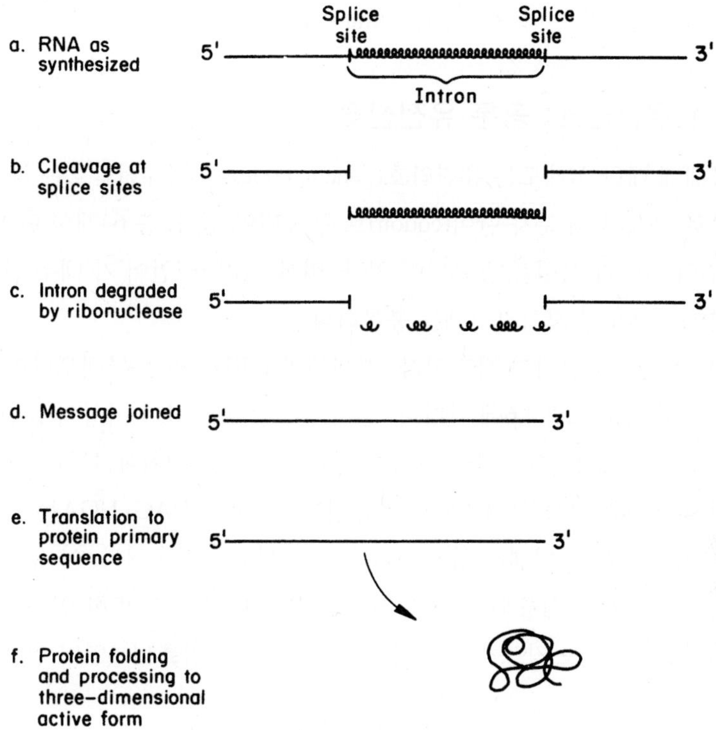

Figure 4.5. In eucaryotes, RNA splicing is important. The presence of introns is a complication in cloning genes from eucaryotes to procaryotes.

원핵세포에서 일어나지 않지만, 두 가지의 mRNA의 변형이 진핵세포에서 일어난다. 하나는 **RNA 캡핑**(RNA capping)으로, 메틸기가 부착된 구아닌 염기를 5′ 말단에 붙이는 것이다. 또 다른 하나는 **폴리아데닐화**(polyadenylation)로, 여러 개의 아데닌이 모인 끈(string)이 3′ 말단에 부착되는 현상이다. 이 아데닌의 끈은 종종 수백 개 염기의 길이를 가진다. 이러한 두 가지의 변형은 mRNA의 안정성을 증대시키고 핵막의 투과를 용이하게 한다.

전사에 대해 이해하였으므로 이제는 번역을 살펴보기로 하자. mRNA에 대한 정보를 단백질로 번역하는 것은 세포의 많은 부분을 차지한다. 이것은 큰 자동차공장에서 설계도와 자동차를 만든 기계를 건설하는 것이 자동차가 생산될 때까지는 아무 의미가 없는 것과 같은 의미이다.

4.4 번역: 유전신호로부터 단백질까지

번역은 RNA에서 펩타이드와 단백질로 정보를 변환하는 중요한 과정이다. 단백질이 만들어지면 단백질을 번역 후 가공(posttranslational processing)을 통해 유용하게 만들 수 있다.

4.4.1 유전암호: 공통 유전신호

생물체에 대한 설계도는 유전암호(genetic code)이다. 유전암호는 앞서 설명했듯이 네 개의 문자로 구성된 세 문자 단어(codon)로 구성되어 있다. 총 64개의 단어가 가능하나 이 중 많은 수의 단어가 사실은 중복되어 있다. 비록 이러한 '언어'가 매우 단순해 보이기는 하지만 완벽한 설계도를 작성하기에는 충분하다.

표 4.1은 이 언어의 사전이다. 염색체와 mRNA의 뉴클레오타이드와 최종산물인 단백질과의 관계는 그림 4.6에 나타나 있다. 유전암호는 하나 이상의 유전암호가 특정한 하나의 아미노산을 지정한다는 의미에서 중복되었다고 말한다(예, UCU, UCC, UCA, UCG는 모두 세린(serine)을 지정한다). 세 개의 유전암호 UAA, UAG, UGA는 어떤 아미노산에도 대응되지 않기 때문에 **넌센스 암호**(nonsense codon)라고 불린다. 이 유전암호는 번역의 마침을 나타내는 표시로 사용되며 각 유전자의 끝에 나타난다. 또한 인위적으로 유전암호를 수정할 수 있다는 것도 강조하고자 한다. 이는 넌센스 암호나 4염기 암호를 재배치하여 단백질

TABLE 4.1. The Genetic Code: Correspondence between Codons and Amino Acids

	Second Bases							
First Base	U		C		A		G	
U	UUU	phe[a]	UCU	ser	UAU	tyr	UGU	cys
	UUC	phe	UCC	ser	UAC	tyr	UGC	cys
	UUA	leu	UCA	ser	UAA	(none)[b]	UGA	(none)[b]
	UUG	leu	UCG	ser	UAG	(none)[b]	UGG	try
C	CUU	leu	CCU	pro	CAU	his	CGU	arg
	CUC	leu	CCC	pro	CAC	his	CGC	arg
	CUA	leu	CCA	pro	CAA	glu-N	CGA	arg
	CUG	leu	CCG	pro	CAG	glu-N	CGG	arg
A	AUU	ileu	ACU	thr	AAU	asp-N	AGU	ser
	AUC	ileu	ACC	thr	AAC	asp-N	AGC	ser
	AUA	ileu	ACA	thr	AAA	lys	AGA	arg
	AUG	met	ACG	thr	AAG	lys	AGG	arg
G	GUU	val	GCU	ala	GAU	asp	GGU	gly
	GUC	val	GCC	ala	GAC	asp	GGC	gly
	GUA	val	GCA	ala	GAA	glu	GGA	gly
	GUG	val	GCG	ala	GAG	glu	GGG	gly

[a]Amino acids are abbreviated as the first three letters in each case, except for glutamine (glu-N), asparagine (asp-N), and isoleucine (ileu).
[b]The codons UAA, UAG, and UGA are nonsense codons; UAA and UAG are called the ochre codon and the amber codon, respectively.
R. Y. Stainer, J. L. Ingraham, M. L. Wheelis, P. R. Painter, *The Microbial World*, 5th ed., © 1986. Reprinted and electronically reproduced by permission of Pearson Education, Inc., New York, NY.

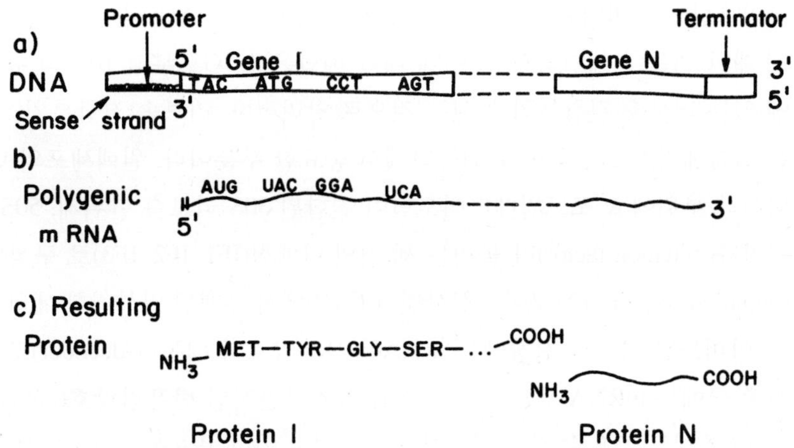

Figure 4.6. Overview of the transfer of information from codons on the DNA template to proteins. In procaryotes, messages are often polygenic, whereas in eucaryotes, poly-

의 합성에 관여하는(proteinogenic) 아미노산 20종이 아닌 다른 아미노산을 암호화하는 것을 가능하게 하여 유전암호를 효과적으로 확대시켰다. 이로써 과학자와 엔지니어가 비표준 아미노산을 단백질 내의 특정 부위에 삽입할 수 있게 되었으며, 이는 생물공학의 응용분야에 큰 기여를 하였다.

유전암호는 몇몇의 예외(특히 미토콘드리아 내에서 또는 유전암호에서 21번과 22번 아미노산인 셀레노시스테인(Sec)이나 파이로라이신(Pyl)과 같이 드문 아미노산을 포함하고 있을 때)를 제외하면 근본적으로 공통적이다. 이 공통성은 유전공학을 크게 발전시켰다. 인간의 단백질을 만들 때 사용된 단어들이 대장균이나 효모에서도 적용되며, 이러한 단순한 미생물들도 인간세포와 같은 아미노산 서열을 가진 단백질을 생산할 수 있다.

유전언어에 대하여 공부하였으므로, 단백질이 실제로 어떻게 만들어지는가에 대하여 알아보도록 하자.

4.4.2 번역: 단백질 번역장치의 작동방법

번역의 과정은 크게 세 단계로 구성되어 있다—**개시**(initiation), **신장**(elongation), **종결**(termination).

개시단계에서는 mRNA가 반드시 리보솜과 결합해야 한다. 모든 단백질의 합성은 mRNA의 AUG(또는 GUG)에서 시작된다. 이 AUG는 변형된 메타이오닌(methionine)인 *N*-포르밀메타이오닌(*N*-formylmethionine)으로 번역되지만 단백질의 중간부분에서는 메타이오닌으로 번역된다. 그래서 세포가 어떻게 특정 AUG가 시작부위인지를 인지하느냐에 대한 의문이 제기되었다. 이에 대한 해답은 AUG로부터 10개의 뉴클레오타이드 위쪽에 있는 리보솜 결합부위에 있는 것으로 알려졌다. 리보솜 결합부위(Shine-Delgarno box)는 결합세기가 다양하며 유전공학에서 중요한 부분이다. 원핵세포의 단백질 합성에는 번역시작 부위에 *N*-포르밀메타이오닌이 결합된 30S 리보솜 단위체, 50S 리보솜 단위체, **개시인자**(initiation factor)라 불리는 세 개의 단백질(IF1, IF2, IF3)로 구성된 **번역개시 복합체**(initiation complex)와 구아노신삼인산(GTP)에서 유래된 인산결합 에너지가 요구된다.

아미노산 사슬의 신장에는 tRNA를 유전암호의 해독자(decoder)로 이용한다. tRNA의 한쪽 끝에는 mRNA 위의 유전암호와 상호보완적인 **반유전암호**(anticodon)가 있다. 또한 tRNA의 다른 끝은 특정 아미노산과 결합하고 있다. tRNA가 아미노산과 결합하고 있을 때 **채워져 있다**(charged)는 표현을 쓴다. 아미노산이 tRNA에 결합하기 위해서는 두 개의 인산결합에서 유리된 에너지와 **아미노아실-tRNA 합성효소**(aminoacyl-tRNA synthetase)가 요구된다. 그림 2.19는 tRNA를 나타내고 있다.

두 아미노산 간의 펩타이드 결합의 형성은 리보솜의 서로 가까이 있는 부위 P 또는 **펩티딜**(peptidyl) 부위와 A 또는 **아미노아실**(aminoacyl) 부위에서 일어난다(그림 4.7 참조). 생성되고 있는 단백질은 P 위치에 있고 첨가될 아미노산은 A 위치에 존재한다. 펩타이드 결합이 형성되면 P 위치에 결합하고 있던 tRNA가 떨어져 나가고 라칫(rachet) 기작에 의해 A 위치에 있던 tRNA가 P 위치로 갈 수 있도록 tRNA가 한 유전암호만큼 이동된다. 그 다음에는 올바른 반유전암호를 가진 tRNA가 인지되어 A 위치로 이동된다. 이와 같은 과정이 계속 반복된다. 한 개의 아미노산을 생성되는 단백질에 결합시키기 위해서는 모두 네 개의 인산결합이 소모된다(두 개는 tRNA에 아미노산을 결합시키는 데 쓰이고 두 개는 단백질의 신장과정에 쓰임). 이 과정이 박테리아에서의 에너지 소비의 대부분을 차지하고 있다.

넌센스 또는 종결 신호가 나타나면 **방출인자**(release factor)라는 단백질의 도움으로 합성된 단백질이 리보솜에서 분리되며 70S 리보솜은 30S와 50S 단위체로 분리된다. 대체로 tRNA는 동시에 여러 개의 리보솜(예, 10개 또는 20개)에 의해 읽혀진다. 즉, 리보솜 결합부위가 물리적으로 방해되지 않을 만큼 리보솜이 이동되면 다른 리보솜이 리보솜 결합부위에 다시 결합하여 새로운 펩타이드를 합성하기 시작한다.

4.4.3 번역 후 가공: 단백질을 유용하게 만듦

때때로 리보솜에 의하여 형성된 단백질은 유용한 형태로 되기 위해서 몇 단계의 과정을 더 거치게 된다. 첫째로, 새로 합성된 단백질은 적합한 구조로 변형되어야 한다. 어떤 경우에는 몇 개의 다른 펩타이드가 결합하여 특정한 효소나 구조 단백질을 만들어야 한다. 부가적으로 **샤페론**(chaperon)은 펩타이드의 정확한 접힘을 도와주는 중요한 단백질이다. 폴리펩타이드의 접힘을 도와주는 독특한 방법이 있다. 한 세포에서 샤페론의 농도는 높은 온도와 같은 외부의 자극에 반응하여 증가한다. 잘못 접힌 단백질이 수용상으로 존재할 경우에는 분해된다. 종종 잘못 접힌 단백질은 응집하여 불용성의 물질을 형성하는데 이를 내포체(inclusion body)라고 한다. 재조합 DNA 기술을 이용하여 대장균에서 외래 단백질을 대량

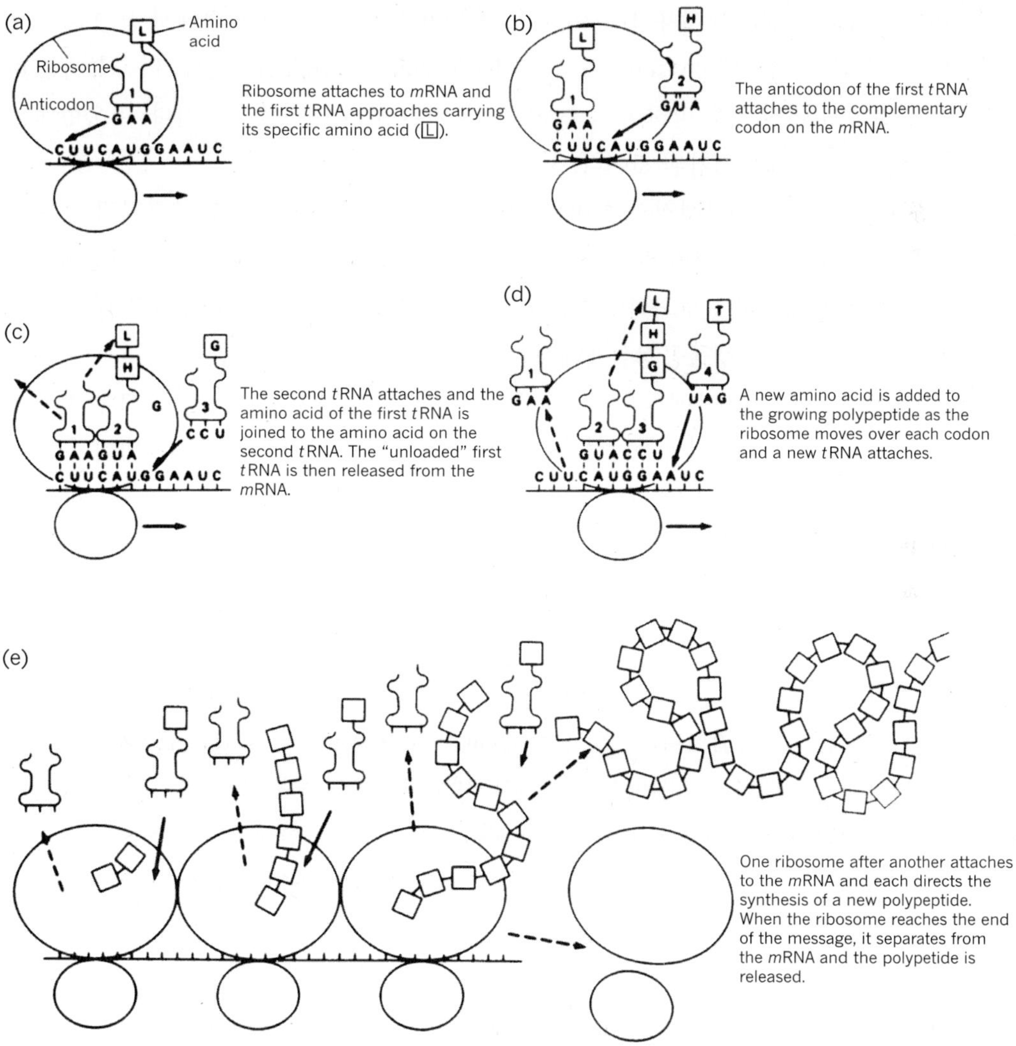

Figure 4.7. Translation of genetic information from a nucleotide sequence to an amino acid sequence. (M. W. Jensen, D. N. Wright, *Introduction to Medical Microbiology*, 1st ed., ©1985. Reprinted and electronically reproduced by permission of Pearson Education, Inc., New York, NY.)

생산하는 경우 단백질 접합과정에 부하가 걸려 결과적으로 내포체로 발현된다. 내포체 형태로 단백질이 발현되면 생물공정은 매우 복잡해지는데 생산된 단백질의 풀림과 재접힘과 같은 공정을 적용해야 하기 때문이다. 심지어 단백질이 제대로 접혔을 때도 유용한 생산물을 만들기 위해 추가적인 세포 내 공정이 필요하다.

대부분의 단백질들은 막을 통해 분비된다. 많은 경우 막을 통한 단백질의 이동은 **번역과 동시에**(cotranslationally) 이루어지지만 어떤 경우에는 **번역이 끝난 후**(posttranslation)에 이루어지기도 한다. 단백질이 막을 통과할 때에는 약 20개에서 25개로 이루어진 **신호 펩타이드**(signal peptide)를 이용한다. 이 신호 펩타이드는 분비되는 과정에서 잘려진다. 이러한 단백질들은 미숙형태(pre-form)와 성숙형태(mature-form)를 가지는데, 미숙형태는 mRNA에 의해 만들어진 것을 말하며 성숙형태는 분비된 후의 형태를 의미한다. 미숙형태는 성숙형태에 신호부위가 첨가된 것이다.

원핵생물에서는 단백질의 분비는 세포질막을 통과하는 것이다. 대장균과 대부분의 그람음성균에서 외부세포막은 세포외부로의 단백질 분비를 막는다. 그람양성균에서 분비단백질은 쉽게 세포벽을 투과하여 세포외부로 분비된다. 단백질 산물이 세포 내에 있는지 밖으로 분비되는지는 생물공정설계에서 아주 중요하다.

진핵세포에서는 단백질은 두 가지의 방법으로 분비된다. 두 방법 모두 **세포외방출**(exocytosis)을 수반하는데, 이것은 **수송 소낭**(transport vesicles)이 원형질막과 융합하여 내용물을 분비하는 현상을 말한다. 수송 소낭은 소포체(endoplasmic reticulum (ER))에서 골지체(Golgi apparatus)로, 또한 골지체에서 다른 막으로 싸인 부분으로 단백질과 다른 화합물들을 수송하는 매개체이다. 이러한 소낭은 세포막으로부터 분리된 것이며 특이적인 단백질과 지질 또는 다른 물질들을 함유한 수용액을 포집하고 있다. 소포체에서 분리된 단백질을 가지고 있는 소낭은 분비과정에서 골지체의 **cis** 면으로 들어가서 **trans** 면으로 나오며 이후에 원형질막과 융합한다. 신호 서열(signal sequence)을 가지고 있는 단백질만 분비과정으로 들어가기 위해서 소포체에서 변형된다. 세포외방출에는 두 가지 과정이 있다. 하나는 **항시 세포외방출 과정**(constitutive exocytosis pathway)인데, 항상 일어나며 원형질막으로 지질과 단백질을 운송한다. 다른 하나는 **조절 세포외방출 과정**(regulated exocytosis patheay)으로 전형적으로 특이적인 분비세포에 존재한다. 이러한 세포는 단지 특이적인 화학적 신호가 있을 경우에 단백질 또는 다른 화합물을 분비한다. 이전에 논의한 바와 같이, **번역 후 변형**(posttranslational modifications (PTM))으로 알려진 단백질에 대한 다른 변형이 발생할 수 있다. 이러한 변형에는 당, 지질, 화학적 그룹 및 단백질성 태그와 같은 성분의 첨가(인테인의 경우에는 삭제)가 포함되며 이는 단백질 접힘, 조절기능에 필수적이다. 생물공정공학자는 많은 단백질들이 처음의 폴리펩타이드가 합성되고 나서 상당한 수정과정을 거친다는 것을 숙지해야 한다. 이러한 변형은 매우 복잡할 수 있으며 단백질 생산을 위한 숙주 세포의 선택에 있어 중요한 고려사항이다.

세포 단백질에서 가장 많이 일어나는 PTM 중 하나는 **당쇄반응**(glycosylation)으로, **글리칸**(glycan)으로 알려진 복합당이 추가되는 반응이다. 당쇄반응의 두 가지 주된 종류는 *N*-linked 당쇄반응(아스파라진의 질소에 글리칸이 붙는 반응)과 *O*-linked 당쇄반응(세린이나 트레오닌의 잔기에 존재하는 수산기 산소(hydroxyl oxygen)에 글리칸이 붙는 반응)이다. 당쇄반응은 단백질이 특이적인 세포부위와 붙도록 한다든지 단백질의 분해와 세포에서의 제거 등을 조절한다. 인체에 치료용으로 주사되는 단백질의 경우 이러한 문제가 상당히 중요하다. 단백질의 *N*-linked 또는 *O*-linked 당쇄반응의 패턴이 인간과 유사하지 않을 경우, 단백질이 표적 조직에 도달하지 못하거나 원하는 작용을 발휘하기 전에 체내에서 제거될 수 있기 때문이다. 더욱이 단백질이 인간단백질 방식과 다른 당쇄반응의 패턴을 가지고 있다면 원하지 않는 면역반응이 일어날 수 있다. 따라서 단백질 산물의 당쇄는 치료 단백질을 생산하는 생물공정에서 상당히 중요한 사항이다(14장 '유전자 조작된 생체의 이용' 참조).

치료용 당단백질은 인간과 같은 글리칸을 함유하고 있어야 한다. 따라서 전통적으로 치료 당단백질의 생산은 인간이나 인간과 같은 *N*-linked 당쇄반응을 복제할 수 있는 포유동물 세포주를 통해서만 생산하였다. 그러나 모든 진핵세포가 인간과 유사한 *N*-linked 당쇄를 갖는 단백질을 생성하는 것은 아니다. 예를 들어 효모, 곰팡이 및 곤충세포는 종종 부분적으로 변형된 단백질을 생산한다. 포유류 세포(인간 세포 포함)조차도 발효기에서 배양하게 되면 당쇄반응의 패턴이 변화할 것이며, 이러한 패턴은 발효기 크기에 따라서 확대될 수 있다. 계통이 낮은 진핵생물에 의해 생성된 비인간형 글리칸을 다루기 위해, 과학자들은 사람의 *N*-글리칸 구조와 같은 당단백질을 생산할 수 있도록 *N*-linked 당쇄반응을 조작한 효모를 만들었다. 산업에서 많이 쓰이는 대장균은 당쇄반응이 필요 없는 인슐린 및 인간 성장호르몬과 같은 치료용 단백질을 생산하는 데 선호된다. 대장균에는 당쇄반응기작이 없기 때문에, 대장균은 지금까지도 당쇄반응이 필요하지 않은 물질만 생산하는 데 제한적으로 이용되었다.

N-linked 당쇄반응을 그림 4.8에 나타내었다. 이 과정은 '전형적인'것으로 수많은 변형방식이 있다. 인체의 순수단백질은 일반적으로 여러 가지의 당쇄체가 존재하고 한 가지 모양만을 갖지는 않는다. 진핵생물의 *N*-linked 당쇄반응은 시토졸과 소포체, 골지체에서 일어난다. 단백질의 당쇄과정은 두 가지 과정으로 구분된다. 즉, 소포체막에서 lipidlinked oligosaccharide(LLO)의 조립 및 지질 거점 dolichyl pyrophosphate(Dol-PP)에서 발생 초기 폴리펩타이드의 아스파라진 잔기로의 당의 이동. *N*-linked 당쇄반응의 특징—즉, Dol-PP를 올리고당의 조립을 위한 운반자로 사용, 완전히 조립된 *N*-글리칸의 전달, Asn-Xaa-Ser/Thr 서열을 특징으로 하는 아스파라진 잔기의 인식(여기서, X는 프롤린을 제외한 임의의 아미노산)—은 진핵생물에서 고도로 보존되어 있다. 올리고당전이효소(oligosaccharyltransferase (OST))는 지질 공여체인 Dol-PP로부터 14개의 단당을 받아서 예

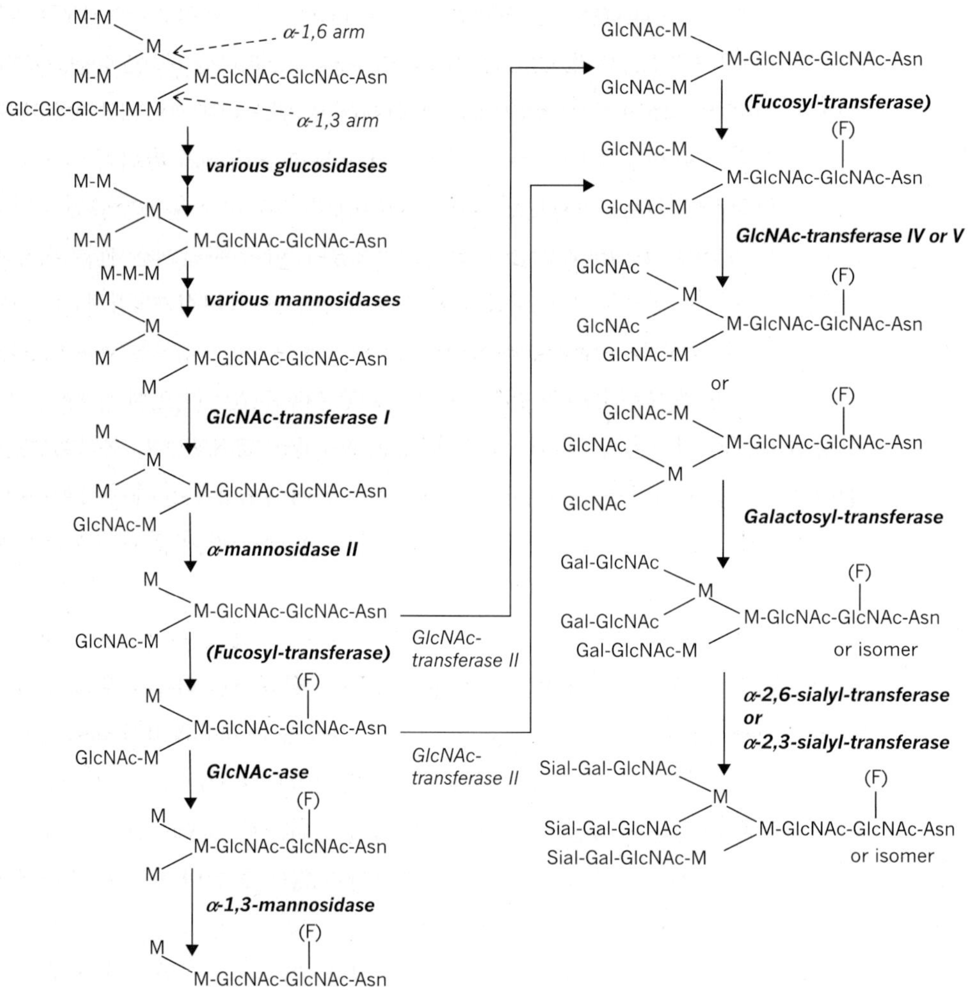

Figure 4.8. Example of an *N*-linked glycosylation pathway (Glc = glucose, M = mannose, GlcNAc = *N*-acetylglucosamine, F = fucose, Gal = galactose, Sial = sialic acid). The oligosaccharide side chain is bound to an asparagine (Asn) of the protein. The upper arm represents the α-1,6 arm and the lower one the α-1,3 arm. The parentheses refer to an optional fucosylation. The GlcNAc-ase step is important in insect cells, but not mammalian cells. (Courtesy of C. Joosten.)

비로 형성된 글리칸의 수용체 단백질로의 전달을 촉매한다. 효모에서는 생체 내에서 OST 복합체를 구성하는 8개의 상이한 막단백질이 확인되었다. STT3는 소단위촉매이며 OST 복합체에서 가장 보존된 소단위이다.

14개의 당 잔기는 먼저 특이적인 글라이코시데이스(glycosidase) 세트에 의해 '듬어진다'. 효모에서 올리고당화는 종종 소포체에서 중단되어 **간단한 당쇄체**(simple glycoform)(또는 높은 만노스나 올리고만노스 형태)가 된다. 초기의 다듬기 과정은 소포체에서 일어나고 이어서 최종 다듬기 과정이 일어나는 골지체로 전달된 후 다양한 당과 아미노당이 첨가된다. 이러한 것은 당의 제공자로서 염기-당 기질을 이용한 다양한 당쇄전달효소(glycosyltransferase)의 반응으로 첨가된다. 곤충세포에서는 높은 수준의 *N*-아세틸글루코스아민효소(*N*-acetylglucosaminidase)로 인해 전형적으로 하나의 만노스 캡(cap)을 가지는 막다른 골목 구조를 가진다. **복합 당쇄체**(complex glycoform)는 올리고당 구조의 모든 가지에 부착된 당 잔기(*N*-acetylglucosamine, galactose, sialic acid)를 가진다. **혼성 당쇄체**(hybrid glycoform)는 이러한 당 잔기 중 하나를 이용하여 변형된 적어도 하나의 가지를 가지고 있고, 마지막 잔기로서 만노스로 변형된 하나 또는 많은 가지를 갖고 있다.

최근까지 *N*-linked 당쇄반응은 진핵생물에서만 나타나는 것으로 생각되었다. 하지만 진실은 *N*-linked 당쇄반응은 생명체의 모든 계통에 존재한다. 원핵생물의 경우 *Campylobacter jejuni*에서 처음 *N*-linked 당쇄반응이 발견되었고 그 이후 실험실 균주인 대장균에서도 발견되었다. 원핵생물의 당쇄과정은 진핵생물에서의 과정과 많은 기능적 유사점을 가지고 있는데, 이는 박테리아의 세포질막(진핵생물의 소포체막과 같다)의 지질 수용체에 글리칸을 붙이고, 글리칸을 내부막의 OST를 통해서 분비 또는 막단백질의 아스파라진으로 전달하는 것이다. 시스템 간에는 몇 가지 주요한 차이점도 존재한다. 특히 세균성 *N*-linked 글리칸의 구조는 진핵생물에서 생성된 것과 상당히 다르다. 따라서 천연의 원핵생물의 당쇄반응에서 유래된 당단백질은 인체 내에서 원치 않는 면역반응을 일으킬 수 있기 때문에 치료적으로 가치가 제한적이다. 그러나 최근 대장균에서 진핵생물의 *N*-linked 당쇄반응을 수행하기 위한 합성 경로가 기술되었다. 이 개발은 실험실 균주인 대장균을 활용하여 치료관련 당단백질의 생산을 위한 길을 터 주었다.

4.5 대사조절

대사조절(metabolic regulation)은 살아 있는 세포의 핵심이라고 할 수 있다. 조절은 원칙적으로 유전적 수준과 세포적 수준(효소활성의 제어와 세포표면 수용체를 통한)으로 나누어진다. 전사와 번역에 대한 지금까지의 논의와 가장 밀접하므로 먼저 유전적 수준의 변화들에 대하여 고찰하고자 한다.

4.5.1 유전적 수준의 제어: 어떤 단백질들이 합성되는가?

단백질의 합성은 유전자의 전사를 필요로 한다. 단백질 합성에서의 전사 제어는 박테리아에서 사용되는 가장 일반적인 제어 전략이다. 진핵세포에서의 단백질 합성의 제어는 매우 복잡하나 기본적으로 같은 개념이 적용된다. 간단히 말하면 세포는 특정 단백질의 양이 많고 적음을 감지하여, 그 유전자의 전사속도를 증가시키거나 감소시킨다. 조절의 한 형태로 효소활성을 가진 최종산물이 축적되어 전사를 중단시키는 **되먹임 억제**(feedback repression)가 있다. 조절의 다른 형태는 대사물질(보통 대사 경로의 기질)이 축적되어 전사 **유도체**(inducer)로서 작용하는 **유도**(induction)이다. 그림 4.9와 4.10에 이 개념들을 요약하였다. 두 경우 모두 억제 단백질이 필요하다. 억제제는 **오퍼레이터**(operator) 영역과 결합하여 RNA 중합효소와의 결합을 막는다. 억제를 위하여 동반억제제(corepressor)(전형적으로 대사 경로의 최종산물)가 요구되고, 억제제는 동반억제제와 결합하였을 때에만 전사를 막을 수 있다. 유도를 위한 유도체(전형적으로 반응 기질)는 억제제와 결합하며, 그 복합체는 억제제로서의 활성을 잃게 된다.

그림 4.9와 4.10은 몇 개의 유전자들이 하나의 프로모터에 의하여 제어됨을 보여 준다. 관련된 기능을 갖는 단백질들을 암호화하고 있는 연속된 유전자들의 조합은 하나의 프로모터-오퍼레이터의 조절 아래 있으며, 이를 **오페론**(operon)이라고 부른다. 오페론 개념은 미생물의 조절을 이해하는 데 매우 중요하다.

제어는 그림 4.9와 4.10에 나타낸 것보다 더 복잡할 수 있다. 유당(또는 *lac*) 오페론은 대장균에서 탄소원과 에너지원으로서 유당 사용에 관련된 세 가지 단백질의 합성을 제어한

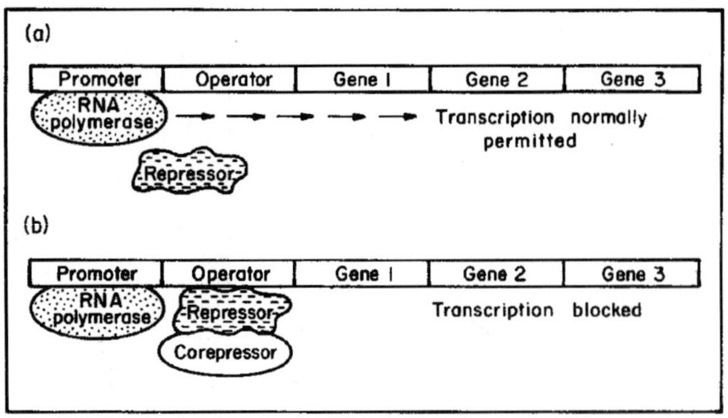

Figure 4.9. Process of enzyme repression. (a) Transcription of the operon occurs because the repressor is unable to bind to the operator. (b) After a corepressor (small molecule) binds to the repressor, the repressor now binds to the operator and blocks transcription. mRNA and the proteins it codes for are not made. (Brock, Thomas D., Brock, Katherine M., Ward, David M., *Basic Microbiology with Applications*, 14th ed., © 2015. Reprinted and electronically reproduced by permission of Pearson Education, Inc., New York, NY.)

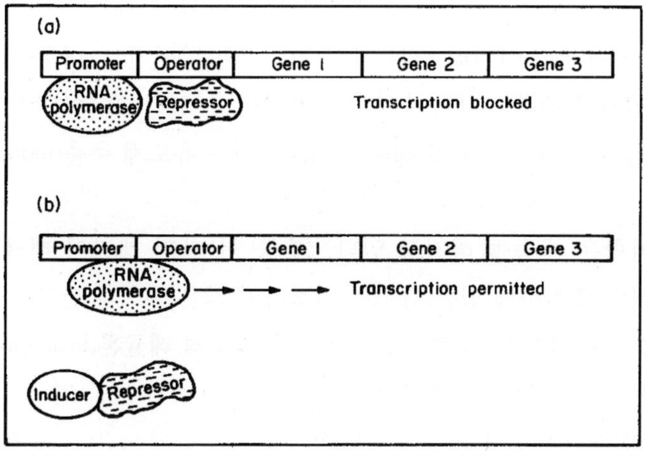

Figure 4.10. Process of enzyme induction. (a) A repressor protein binds to the operator region and blocks the action of RNA polymerase. (b) Inducer molecule binds to the repressor and inactivates it. Transcription by RNA polymerase occurs, and an mRNA for that operon is formed. In the lac operon, gene 1 is *lacZ*, gene 2 is *lacY*, and gene 3 is *lacA*. The repressor is made on a separate gene called lac i. (Brock, Thomas D., Brock, Katherine M., Ward, David M., *Basic Microbiology with Applications*, 14th ed., © 2015. Reprinted and electronically reproduced by permission of Pearson Education, Inc., New York, NY.)

다. 이 세 가지 단백질에 관련된 유전자들이 **lacZ, lacY, lacA**이다. **lacZ** 유전자는 유당을 포도당과 갈락토오스로 분해하는 유당분해효소(β-galactosidase(또는 lactase))를 암호화하고 있다. **lacY** 단백질은 세포 내부로의 유당의 흡수속도를 증가시키는 **이동효소**(permease)이다. 유당은 세포 내에서 알로락토오스(allolactose)로 변형되어 유도체로 작용한다. 유당에서 알로락토오스로의 전환은 유당분해효소의 2차적인 활동을 통하여 이루어진다. 유도되지 않는 세포에서 전사의 억제는 불완전하고, 오페론에서 단백질들이 **기저수준**(basal level)으로 만들어진다. 알로락토오스는 그림 4.10과 같이 작용하지만, 알로락토오스에 의한 유도는 전사의 필요충분조건은 아니다. 그 이상의 조절은 아래의 **이화생성물 억제**(catabolite repression)(또는 포도당효과(glucose effect)라고 불림)를 통하여 이루어진다.

대장균이 유당보다 더 좋은 탄소-에너지원의 존재를 감지했을 때, 더 좋은 기질(예, 포도당)이 완전히 소모될 때까지 유당을 사용하지 않을 것이다. 이 제어기작은 **환상-AMP-활성단백질**(cyclic-AMP-activating protein (CAP))이라고 불리는 단백질을 통하여 작용한다. 환상AMP(cycle AMP (cAMP))의 양은 세포에 유용한 에너지양이 감소할 때 증가한다. 만약 포도당이나 더 좋은 기질이 고갈된다면 cAMP의 양은 증가할 것이다. 이런 조건에서는 cAMP가 CAP와 결합하여 lac 프로모터와 결합할 수 있는 복합체를 형성한다. 이 복합체는 lac 프로모터와 RNA 중합효소의 결합효율을 크게 증진시킨다. **증진체**(enhancer) 영역은 원핵세포와 진핵세포 모두에 존재한다.

세포의 제어전략은 다음과 같다. 세포가 에너지 이용 측면에서 유리한 탄소-에너지원을 갖고 있다면, 덜 좋은 탄소-에너지원의 이용경로를 새로 만들기 위하여 에너지를 소모하지 않을 것이다. 그러나 에너지 수준이 낮다면 그 때는 대체 탄소-에너지원을 찾는다. 만약 단지 유당만이 존재하는 상황이라면, 유당 사용을 위하여 필요한 경로를 활성화시킬 것이다.

이화생성물 억제는 유당의 사용뿐만 아니라 다른 과정에도 영향을 미친다. 더욱이 유당에 있어서 포도당효과는 유전자 수준과는 다른 수준에서 작용할 수 있다. 흡수시스템이 존재할 때에도 포도당의 존재가 유당의 흡수를 방해할 수 있다. 이를 **유도체 축출**(inducer exclusion)이라 한다.

총체적인 조절시스템의 역할은 계속 밝혀지고 있다. 그 중 한 가지 개념이 **레귤론**(regulon)이다. 독립된 프로모터의 조절하에 있는 다수의 인접하지 않은 유전자 산물은 레귤론에서 조화롭게 발현될 수 있다. 가장 많이 연구된 레귤론은 **열충격 레귤론**(heat shock regulon)이다. 세포는 온도(또는 비정상적인 단백질 형성이나 세포막 파괴 등을 일으키는 다른 자극들)의 갑작스런 증가에 대한 대응으로 특정 단백질의 합성을 증가시킨다. 이 레귤론은 대장균의 시그마 인자를 쉽게 인식하지 못하는 프로모터의 높은 수준의 전사를 유도하기 위해 다른 시그마 인자를 유도하여 작동하는 것이 밝혀졌다. 다른 레귤론의 예로는 호기조건에서 혐기조건으로의 전환, 질소와 인의 고갈 등이 있다.

많은 유전자들이 조절을 받지만, 조절을 받지 않는 것들도 있다. 비조절 유전자들을 **항시적**(consititutive)이라고 하는데, 이는 성장조건의 변화에 상관없이 비교적 일정한 속도로 만들어진다는 것을 의미한다. 항시적 유전자 산물들은 어떤 상태에서도 사용이 예상되는 산물들이고, 해당과정(glycolysis)의 효소들이 그 예이다.

예제 4.1

이중생장(diauxic growth)은 세포의 생장을 위해 다른 두 종류의 탄소-에너지원을 순차적으로 사용하는 것을 말한다. 산업적으로 이중생장은 생물자원의 가수분해 결과 얻어진 당들의 혼합물을 발효시킬 때 관찰된다. 이중생장의 전통적인 예는 포도당-유당 혼합물에서의 대장균의 생장이다. 이 시스템에서의 관찰로 J. Monod와 F. Jacob은 오페론설을 체계화하여 노벨상을 받았다. 그림 4.11은 회분식 배양(회분식 반응기)에서 포도당과 유당의 이용, 그리고 미생물의 생장을 묘사하고 있다. 6장 '세포의 생장'에서 더 자세히 언급하겠지만, 배양액 중의 미생물의 양 X는 지수적으로 축적된다. 접종 후 2시간의 시점을 살펴보면 세포는 빠르게 생장하고 포도당은 소모되지만 유당은 사용되지 않음을 알 수 있다. 7시간의 시점에서는 균체량이 축적되지 않았다. 배양 10시간 시점에서는 생장은 계속되고 유당은 소모되고 있지만 생장속도(균체량 축적)는 2시간 시점보다 느리다.

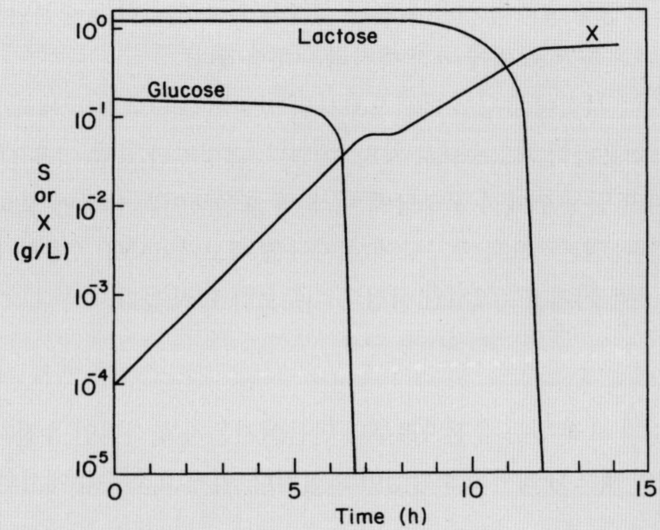

Figure 4.11. Diauxic growth curve for *Escherichia coli* on glucose and lactose.

2시간, 7시간, 10시간에서의 관찰에 대한 설명에서 세포 내 제어가 어떻게 되는지를 기술하라. 이들 시간에서 배양계 내의 유당분해효소의 생산속도가 기저속도(최댓값의 1% 미만)와 비교해서 어떠한가?

풀이

2시간 시점에 lac 오페론은 완전히 유도된다. 그것은 알로락토오스로 전환된 유당이 유당 오페론을 불활성화시키는 **LacI** 억제단백질(repressor)과 결합하였기 때문이다. 억제단백질이 불활성화됨에 따라, RNA 중합효소가 프로모터에 결합하는 것은 자유로우나 아주 비효율적이다. 포도당 수준은 여전히 높아서 그 결과 ATP의 수준은 높고, AMP와 cAMP의 수준은 낮다. 결론적으로 cAMP-CAP 복합체는 거의 형성되지 않았고 cAMP-CAP가 존재하지 않으면 RNA 중합효소와 lac 프로모터의 상호작용은 약하다. 유당분해효소의 생산속도는 기저속도에서 최대속도의 약 5% 수준으로 약간 증가할 것이다.

7시간 시점에 포도당은 완전히 소모되었다. 세포는 에너지를 만들 수 없고 ATP 수준은 감소하며 cAMP는 증가한다. cAMP-CAP 복합체의 수준이 높아 lac 프로모터와 RNA 중합효소의 결합효율을 증가시킨다. 증가된 결합효율은 전사와 번역의 증가를 유도한다. 유당분해효소의 생성속도는 최고이고 기저 또는 2시간 시점의 수준보다 훨씬 높다. 그렇지만 세포는 유당의 효과적 사용과 빠른 성장을 가능하게 하는 충분한 양의 유당분해효소와 유당이동효소를 세포 내에 아직 축적하지 못하였다.

10시간 시점에 유당 오페론으로부터 만들어진 단백질의 세포 내 함량은 충분히 높아서 유당을 이용하여 최고속도로 자랄 수 있다. 그렇지만 유당 이용 시의 생장속도는 유당사용이 에너지 발생 면에서 포도당에 비해 덜 효율적이기 때문에 포도당에서의 생장속도보다 더 느리다. 결론적으로 포도당에서 자랐을 때보다 cAMP 수준이 더 높다. 유당분해효소의 생산수준은 기저 또는 2시간 시점의 수준보다 훨씬 높다.

효소가 조절 받는 유전자로부터 만들어지든지 항시적인 유전자로부터 만들어지든지에 상관없이 세포 내에서 효소활성이 조절된다. 이제 효소 수준에서의 제어를 살펴보자.

4.5.2 대사 경로 제어

3장 '효소'에서 효소활성이 저해제나 활성제에 의해 어떻게 조절될 수 있는지를 배웠다. 이제 효소집단(대사 경로)의 활성이 어떻게 제어되는지를 알아보자. 세포는 자원을 가장 효율적으로 사용하려고 한다. 발효전문가는 세포가 산업적 가치가 있는 산물을 과잉생산할 수 있도록 세포의 제어전략을 깨뜨리려고 노력한다. 세포의 대사 경로 조절방법을 이해하는 것은 생물공정 개발에 필수적이다.

먼저, 산물 P_1을 만드는 선형적 경로의 가장 단순한 경우를 생각해 보자. 대부분의 경우 경로의 첫 번째 반응은 산물의 축적에 의해 저해를 받는다(**되먹임 저해**(feedback inhibition) 또는 **최종산물 저해**(end-product inhibition)). 기질이용 경로의 첫 단계에 관여하는 효소는 알로스테릭 효소인데, 최종산물이 두 번째의 활성부위에 결합하여 효소의 구조를 바꿔 첫 번째 활성부위의 효력을 잃도록 한다. 그래서 만약 세포가 충분한 P_1의 공급을 받는다면(성장배지에 첨가를 통하여), P_1 생성경로를 차단하여 P_1을 만들기 위해 사용된 기질을 다른 곳에 사용할 수 있도록 한다.

이 간단한 개념은 많은 분지점을 갖는 더 복잡한 경로로 확장될 수 있다(그림 4.12 참조). P_1과 P_2 둘 다 필수대사물이라고 가정하면, 세포는 기질을 효율적으로 사용하여 P_1과 P_2가 적정수준이 되게끔 여러 개의 전략 중 하나를 사용할 것이다.

한 전략은 유사기능을 갖는 **유사효소**(isozyme)를 사용하는 것이다. 두 개의 독립된 효소는 각각 다른 최종산물에 의하여 저해를 받는 반면, 똑같은 전환작용을 수행한다. 그래서

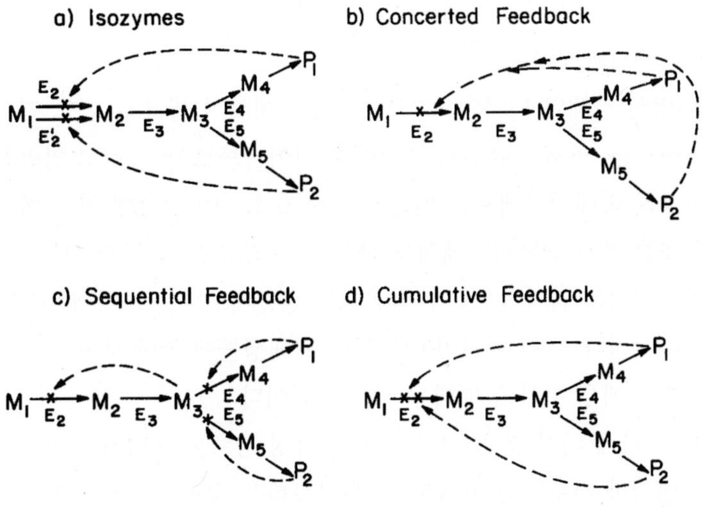

Figure 4.12. Examples of feedback control of branched pathways. P_1 and P_2 are the desired end products. $M_1, M_2, \ldots, M_j$ are intermediates, and E_j is the enzyme involved in converting metabolite M_{j-1} to M_j. Possible paths of inhibition are shown by dashed lines.

만일 P_1이 생장배지에 과잉공급되면 그것은 유사효소 중 하나인 E_2를 저해하고, 다른 효소 E'_2는 여전히 완전한 활성을 갖는다. 충분한 활성을 갖는 E'_2를 통해 P_2의 합성이 적정하게 이루어지도록 한다.

다른 방법으로는 **협력 되먹임 저해**(concerted feedback inhibition)가 있다. P_1과 P_2에 대하여 두 개의 알로스테릭 결합부위를 가진 하나의 효소가 경로를 제어한다. P_1과 P_2 어느 한 쪽이 높은 수준으로 있더라도 혼자서는 효소 E_2를 제어하기에 불충분하지만 P_1과 P_2 둘 다 높은 수준이면 완전한 저해를 할 수 있다.

세 번째 가능성은 경로가 갈라진 점에 있는 중간산물이 축적되고 이 중간산물이 경로의 저해제로서 작용하는 **순차적 되먹임 저해**(sequential feedback inhibition)이다. P_1과 P_2가 높으면 각각 효소 E_4와 E_5를 저해한다. 만약 E_4 또는 E_5 어느 한 쪽이 막힌다면 M_3가 축적되지만 E_4와 E_5 둘 다 막힌 경우처럼 빠르지는 않다. 그래서 P_1 또는 P_2 중 어느 하나가 높으면 중간속도로 M_3가 축적되지만, P_1과 P_2 둘 다 높은 경우는 경로가 완전히 불활성화된다.

더 복잡한 경로에서는 다른 효과들이 가능하다. 하나의 알로스테릭 효소는 경로상의 몇 개 최종산물에 대한 효과제(effector) 부위를 가지며, 효과제는 단지 부분적 저해를 유발한다. 완전저해는 누적효과이고, 이를 **누적 되먹임 저해**(cumulative feedback inhibition) 또는 **협동 되먹임 저해**(cooperative feedback inhibition)라고 부른다. 다른 경우에 있어 관련 경로들에서부터 유래된 효과제들이 활성제로서 작용한다. 전형적인 경우는 한 경로의 산물이 다른 경로의 기질이었을 때 일어난다. 복합경로의 제어 예가 4.8절 부록에서 기술한 아스파테이트 생산과정이다.

되먹임 저해와 되먹임 억제의 차이에 대하여 생각해 보자. 저해는 효소 수준에서 일어나며 빠르다. 억제는 유전자 수준에서 일어나므로 더 느리고 역반응이 매우 어렵다. 성장속도가 빠른 박테리아에서는 원하지 않는 효소들이 생장에 의해 희석된다. 그런 전략이 분화된 구조를 가진 고등세포에서도 작용할 수 있을까? 동물과 식물 같은 고등생물에서는 효소 수준의 제어는 원칙적으로 단백질의 합성단계보다는 오히려 단백질의 분해의 제어를 통하여 이루어진다. 우리 논의의 대부분은 원핵생물에 관한 것이므로, 이 개념을 고등생물로 확장할 경우 매우 주의 깊게 다루어야 할 것이다.

또 하나 주의할 것은, 한 생물체가 특정 경로를 채택하는 제어전략이 동일 경로를 가진 매우 밀접한 경우라 할지라도 크게 다르다는 것이다. 한 산업균주가 연구가 많이 된 균주와 밀접하게 관련되어 있다 할지라도 같은 조절전략이 양 균주에 의해 채택되었는지를 신중하게 검토해야 한다. 세포 내 조절전략을 아는 것은 균주의 성능 개선뿐만 아니라 최적의 발효기 운전전략을 선택하는 데 매우 중요하다.

4.6 세포는 어떻게 세포 밖의 환경을 감지하는가

우리는 세포의 대사조절의 몇 가지 측면을 다루었다. 우리가 이제 인식하기 시작한 조절들은 세포 표면의 수용체와 관련이 있고 그리고 이들이 세포 외 환경을 감지하고 세포 외 변화에 어떻게 반응하는지에 관련한 것이다.

4.6.1 세포막을 통한 작은 분자들의 수송

세포는 생장하거나 대사활성을 유지하기 위하여 세포 외부환경으로부터 영양소를 흡수해야 한다. 예제 4.1에서 논의하였듯이 영양소가 세포로 들어오는 속도는 대사활성의 조절에 중요하다.

분자들은 에너지에 의존하지 않는 기작과 에너지에 의존하는 기작을 통하여 세포로 들어온다. 에너지에 의존하지 않는 흡수의 두 가지 기본적인 예로 **수동확산**(passive diffusion)과 **촉진확산**(facilitated diffusion)이 있다. 에너지의존 흡수기작으로 **능동수송**(active transport)과 **집단전이**(group translocation)가 있다.

수동확산에서 분자는 높은 농도에서 낮은 농도로 기울기를 따라 움직인다. 이는 다음의 식과 같이 열역학적으로 자연스러운 현상이다.

$$J_A = K_p(C_{AE} - C_{AI}) \tag{4.1}$$

여기서 J_A는 막을 통과하는 물질 A의 플럭스(mol/cm^2 · s), K_p는 투과계수(cm/s), C_{AE}는 물질 A의 세포 밖 농도(mol/cm^3), C_{AI}는 물질 A의 세포 내 농도이다. 세포질막은 매우 작은 구멍을 가진 지방질 응어리로 구성되어 있다. 전하를 띠거나 큰 분자들은 K_p 값이 매우 낮으므로 막을 통과하는 양은 무시할 만하다. 물과 산소의 세포 흡수는 수동확산에 의한다. 지방질이나 높은 소수성을 가진 화합물들은 세포막에서 상대적으로 높은 확산계수(10^{-8} cm^2/s)를 갖고, 수동확산은 그들의 수송에 있어 양적으로 중요한 기작이 될 수 있다.

촉진확산에서 운송분자(단백질)는 이동하는 분자와 특이하게 그리고 가역적으로 결합한다. 운송단백질은 막 안에 박혀 있는 것으로 생각된다. 아직 이해되지 않은 기작에 의해 운송단백질은 목표분자와 결합한 후 구조적 변화를 겪으면서 막의 세포 내부 쪽으로 그 분자를 방출한다. 운송체는 막의 세포 내부 쪽에서 목표분자와 결합할 수 있고, 결과적으로 세포로부터 그 분자를 흡수하거나 배출하기도 한다. 그래서 분자의 실제 흐름은 농도 기울기에 의존한다.

운송단백질은 목표분자의 막 내의 용해도를 효과적으로 증가시킨다. 운송단백질과 분자의 결합이 포화될 수 있기 때문에(효소용액 내의 활성부위들이 포화될 수 있듯이), 세포로의 목표분자 이동속도는 식 4.1에 나타낸 것과 다르게 농도에 의존한다. 촉진확산에 의한 흡수를 나타낸 식은 아래와 같다.

$$J_A = J_{A\ \mathrm{MAX}}\left[\frac{C_{AE}}{K_{MT} + C_{AE}} - \frac{C_{AI}}{K_{MT} + C_{AI}}\right] \tag{4.2}$$

여기서 K_{MT}는 기질의 결합친화력(mol/cm^3)과 연관되어 있으며 $J_{A\ \mathrm{MAX}}$는 A의 최고이동속도(mol/cm^2 · s)이다. $C_{AE} > C_{AI}$일 때 A는 세포 내부로 들어간다. $C_{AI} > C_{AE}$이면 세포로부터 A의 실제배출이 있을 것이다. 수송은 농도 기울기를 따라 일어나며 이는 열역학적으로 자연스럽다. 당이나 분자량이 적은 유기화합물의 촉진확산은 진핵세포에서는 공통적이지만 원핵세포에서는 거의 일어나지 않는다. 그러나 대장균 같은 장내 박테리아에서의 글리세롤의 흡수는 촉진확산의 좋은 예이다.

능동수송은 세포막 안에 박혀있는 단백질들이 필수 요소라는 점에 있어서 촉진확산과 비슷하다. 근본적 차이는 능동수송이 **농도 기울기에 역행하여**(against a concentration gradient) 일어난다는 것이다. 어떤 분자의 세포 내 농도는 세포 외의 농도보다 100배 또는 그 이상일 수 있다. 농도가 높은 곳으로의 물질이동은 열역학적으로 불리하며 비자발적이다. 그래서 반드시 에너지가 공급되어야 한다. 능동수송에는 몇 가지 에너지원들이 가능하다. 이는 양자기전력의 정전기와 pH 기울기 또는 다른 능동수송 시스템과 ATP의 가수분해에 의한 양자기전력에서 유래한 Na^+과 같은 다른 이온들의 부차적 기울기로 인해 일어난다.

양자기전력(proton-motive force)은 양자로서 수소를 방출하여 생긴다. 세포의 호흡시스템은 그런 기울기의 형성을 확실하게 하기 위하여 배열되어 있다(5장 '주요 대사 경로'의 5.3절 참조). 막 안쪽의 수소운반체(가장 일반적으로 nicotinamide adenine dinucleotide plus hydrogen (NADH))로부터 제거된 수소원자는 막 밖으로 운반되고, 반면 이들 수소원자로부터 제거된 전자들은 막의 세포질 쪽으로 되돌아간다. 이 전자들은 O_2 같은 최종 전자수용체로 전달된다. O_2가 환원되면, 세포질의 H^+와 결합하여 내부의 OH^-의 알짜형성을 유발한다. 수동확산에 의해 세포막을 통과하는 H^+와 OH^-의 흐름은 무시할 수 있기 때문에 화학물질들의 농도는 평형을 이룰 수 없다. 이 과정은 세포를 통한 pH 기울기와 전위를 발생시킨다. 세포 안은 세포 밖과 비교하면 염기성이다. 막의 세포질 쪽은 전기적으로 음성이고, 막의 바깥쪽은 전기적으로 양성이다. 양자기전력은 막을 통과하는 많은 물질들의 수송에 필수적이다. 세포경계를 가로지르는 H^+와 OH^-의 자유로운 움직임을 막는 세포 내의 어떠한 결함도 양자기전력을 붕괴시킬 수 있고 세포를 죽일 수 있다.

어떤 분자들은 양자기전력에 의하여 만들어지는 이온기울기에 관계없이 세포로 능동적으로 수송된다. 완전히 이해되지는 않았지만 ATP의 가수분해에서 방출되는 인산결합에너지가 수송에 직접 사용된다(예, 대장균에서 맥아당의 수송).

능동수송 기작의 경우, 에너지원에 상관없이 흡수를 기술하기 위하여 Michaelis-Menten 식과 유사한 식을 쓸 수 있다.

$$J_A = J_{A\,\mathrm{MAX}} \frac{C_{AE}}{K_{MT} + C_{AE}} \tag{4.3}$$

식 4.3의 사용은 단지 세포가 에너지 충족 상태에 있을 경우 적용된다.

영양소를 흡수하는 다른 에너지의존형 방법으로 집단전이(group translocation)가 있다. 여기서 핵심요소는 수송과정 동안 기질이 화학적으로 변형된다는 것이다. 이 형태로 가장 연구가 잘 된 시스템은 **인운반효소 시스템**(phosphotransferase system)이다. 이 시스템은 박테리아가 여러 가지 당을 흡수하는 데 중요하다. 생물학적 시스템 그 자체는 복잡하지만, 네 개의 분리된 인운반단백질로 구성되어 있다. 에너지원은 phosphoenolpyruvate(PEP).

그 과정은 다음과 같이 표현될 수 있다.

$$\text{sugar}_{(\text{extracellular})} + \text{PEP}_{(\text{intracellular})} \rightarrow \text{sugar-P}_{(\text{intracellular})} + \text{pyruvate}_{(\text{intracellular})} \quad (4.4)$$

당은 인산화된 형태로 전환되어 세포 안으로 들어오게 된다. 세포막의 비대칭 특성과 이 과정 때문에 당의 이동과정은 비가역적이다. 당의 인산화는 이 대사에서 핵심단계이기 때문에 집단전이에 의한 이들 화합물과 흡수는 능동수송보다 에너지 면에서 유리하다. 능동수송에서는 변형되지 않은 기질을 세포 내로 이동시키기 위하여 에너지가 소비되고, 그러고 나서도 이것을 인산화하기 위하여 에너지가 소비된다.

명백히 영양소 흡수의 제어는 세포 외부환경과 세포의 계면과 관련되어 있다. 그렇지만 어떤 경우에는 세포가 영양소의 직접흡수 없이 외부환경을 감지할 수 있다.

4.6.2 대사와 세포분화에서 세포 수용체의 역할

거의 모든 세포는 그들의 표면에 수용체(receptor)를 가지고 있다. 이들 수용체는 세포 바깥의 화학물질과 결합할 수 있다. 그런 수용체들은 주위환경에 대한 정보를 세포에 제공한다. 수용체들은 동물의 세포 대 세포 통신(cell-to-cell communication)에서 특히 중요하다. 동물세포 표면의 수용체들은 생장이나 세포분화를 위한 신호전달에 관여한다. 이 수용체들은 또한 치료약의 개발을 위한 주요 목표물이다. 많은 바이러스들은 어떤 화학물질(예, 성장인자)을 모방하여, 세포로 들어가는 수단으로서 세포표면 수용체를 사용한다.

더 단순한 예들이 박테리아에 존재한다. 움직이는 박테리아는 영양소를 찾기 위해 농도가 높은 곳으로 움직이나 독성물질의 경우 농도가 낮은 곳으로 움직인다. 이 반응을 **화학자극운동**(chemotaxis)이라고 부른다. 어떤 미생물들은 산소(이 경우 **산소자극운동**(aerotaxis)) 나 빛(이 경우 **광자극운동**(phototaxis))의 기울기에 반응한다. 이러한 현상은 단지 부분적으로 이해되고 있다. 그러나 그 기작에는 특정 화합물과 결합하는 수용체들이 관여하며, 이 결합반응은 편모의 운동방향을 바꾼다. 이동 세포들은 무작위보행 형태로 움직인다. 유인물질의 결합은 세포가 유인물질 쪽으로 '달려가는' 시간의 길이를 연장한다. 비슷하게, 배척물질은 농도 기울기가 높은 곳으로 움직이는 길이를 줄인다. 그림 4.13은 화학자극운동을 묘사한 것이다. 이 그림은 3차원 이동을 2차원으로 투영한 그림이다.

미생물 군집은 상당히 구조적일 수 있고(예, 바이오필름), 세포 대 세포 통신은 바이오필름의 물리적 구조에서 중요하다. 세포 대 세포 통신은 바이오형광(bioluminescence)과 외부효소(exoenzyme) 합성, 독성인자 생산 등과 같은 미생물 현상에서 또한 중요하다. 기본적으로 이러한 현상은 국부 세포농도에 의해 결정된다. 박테리아는 어떻게 세포 수를 셀 수 있을까? 박테리아는 **쿼롬센싱**(quorum sensing) 분자로 알려진 화합물을 생산하는데 이

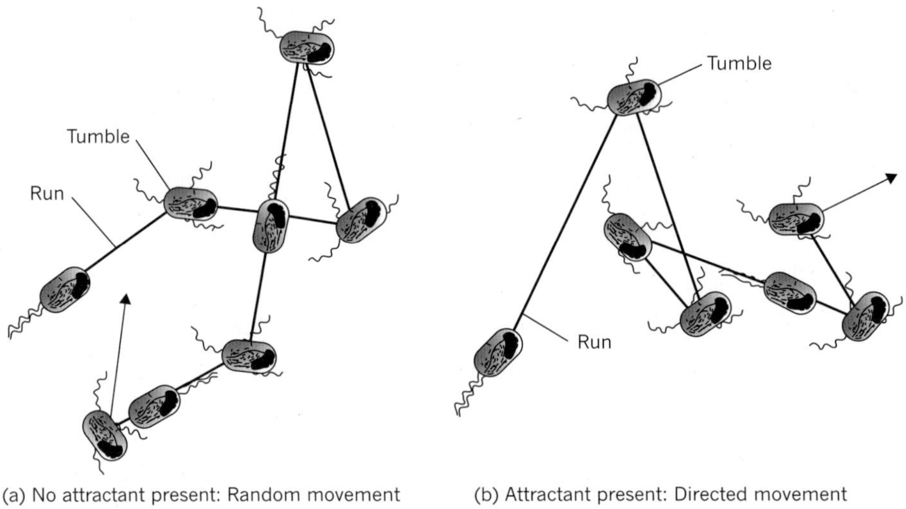

Figure 4.13. Chemotaxis in a peritrichously flagellated bacterium such as *Escherichia coli*. (Brock, Thomas D., Brock, Katherine M., Ward, David M., *Basic Microbiology with Applications*, 14th ed., © 2015. Reprinted and electronically reproduced by permission of Pearson Education, Inc., New York, NY.)

것의 축적은 세포농도와 연관되어 있다. 쿼롬센싱 물질이 특정한 농도에 도달하면 모든 세포에서 응답을 활성화시킨다. 전형적인 쿼롬센싱 물질은 아실화된 호모세린 락톤(acylated homoserine lactone)이다. 쿼롬센싱의 메커니즘은 세포 내 수용체 단백질에 의존하는 반면 화학자극운동은 표면의 수용체 단백질에 의존한다.

고등세포의 세포분화와 발육에서 중요사건들이 일어나는 시기는 표면 수용체들과 관련되어 있다. 고등 생명체들에서 이 수용체들은 상당히 진화되어 있다. 어떤 수용체들(**스테로이드 호르몬수용체**(steroid hormone receptors))은 스테로이드와 반응한다. 스테로이드는 세포에서 홀로 작용하지 않으며, 오히려 호르몬-수용체 복합물이 특정 유전자부위에 작용하여 목표 유전자의 전사를 활성화시킨다.

다른 동물 수용체들의 숙주는 **호르몬**(hormone)이나 **생장인자**(growth factor)로 작용하는 다양한 작은 단백질에 반응한다. 이 생장인자들은 일반적으로 세포가 DNA 합성과 복제를 시작하기 위하여 필요로 한다. 그런 인자들은 대규모 동물 조직 배양에서 중요한 성분이다. 다른 세포표면 수용체들은 세포가 표면에 부착하는 데 중요하다. 세포부착은 세포의 모양을 바꿀 수 있고, 이것은 동물세포의 생장과 일반 생리적 기능에 있어 중요하다. 수용체가 작용하는 정확한 기작은 이제야 비로소 알려지기 시작했다. 세포분열을 자극하는 생장인자에 대한 하나의 가능성은 수용체와 생장인자가 결합하여 수용체의 구조를 변화시킨다는 것이다. 변화된 구조는 촉매활성(예, 타이로신인산화효소 활성)을 갖고 세포분열을 일으키는 일련의 반응을 일어나게 한다. 표면 수용체는 연속적으로 내부화되고, 복합체들은 분해되며, 수용체들은 새로 형성된 수용체들을 공급하기 위하여 재순환된다. 그래서 환경 신호 변화에 반응하는 세포들의 능력은 계속 재생된다. 그런 수용체들은 12장 '동물세포 배양 공정의 주안점'에서 논의할 동물세포 배양에서 중요하다.

4.7 요약

이 장에서는 항상 변하고 있는 환경에 반응하여 세포들이 그들의 성분을 어떻게 제어하는지에 대한 기본적 개념들을 배웠다. 생명체의 본질은 염색체 내에 존재하며, 염색체 상의 뉴클레오타이드의 직선배열은 세포구성물의 생산을 서술하는 언어(**유전적 암호**(genetic code))를 나타낸다. 세포는 거대분자 틀을 사용하여 그런 정보의 저장과 전달을 조절한다. DNA는 그 자신의 **복제**(replication)를 책임질 뿐만 아니라 유전정보를 RNA로 **전사**(transcription)하기 위한 틀로서 중요하다. RNA는 다시 유전정보를 단백질로 **번역**(translation)하기 위한 틀과 기구로 작용한다. 단백질은 주어진 기능을 수행하기 위해서 번역 후 가공과정을 종종 거쳐야만 한다.

세포는 자기가 생산하는 단백질의 양과 활성을 제어한다. 많은 단백질들은 **조절형 유전자**(regulated gene)(예, **억제형**(repressible) 또는 **유도형**(inducible))로부터 만들어지고, 다른 유전자들은 **항시적**(constitutive)이다. 조절형 유전자의 경우 작은 효과제 분자들은 **오퍼레이터**(operator) 또는 **프로모터**(promoter) 영역의 특정 뉴클레오타이드 부위에 조절단백질의 결합을 변경시킨다. 조절단백질들은 전사를 막거나 촉진시키기도 한다. 하나의 프로모터-오퍼레이터 제어하의 이웃하는 유전자 집단을 **오페론**(operon)이라고 부른다. **레귤론**(regulon)을 통한 더 총체적인 제어방법도 존재한다. 어떤 유전자 산물들은 조절을 받지 않고, 항상 만들어진다.

일단 단백질이 생성되면, 그 활성은 **되먹임 저해**(feedback inhibition)를 통하여 연속적으로 조절된다. 여러 가지 전략들이 하나의 대사 경로를 통한 물질의 흐름을 제어하는 방법으로 이용된다. 조절의 다른 형태는 세포 표면 단백질 수용체와 세포 외부 물질들의 상호작용에 의한 것이다.

4.8 부록: 복잡한 경로 조절의 예[1]

대장균에서 아스파르틱산(aspartic acid)의 아스파르틸인산염(aspartyl phosphate)으로의 전환은 세 개의 유사기능을 가진 효소들에 의해 매개되는데, 그 중의 둘(그림 4A.1에서 a와 c로 명명된)은 또한 아스파르틱산 세미알데하이드(aspartic semialdehyde)를 호모세린(homoserine)으로 전환하는 것을 매개한다. 이 기능들을 둘 다 가진 효소 **a**는 되먹임 저해되고, 그 합성은 트레오닌(threonine)에 의해 억제된다. 두 기능을 소유한 효소 **c**는 라이신(lysine)에 의해 저해되고 억제된다. 세 번째 아스파르토카이네이스(aspartokinase (효소 **b**))는 최종산물 저해를 받지 않으나 그 합성은 메타이오닌(methionine)에 의해 억제된다(표 4A.1).

L-라이신 가지(**m-q**)와 L-메타이오닌 가지(**r-v**)에 작용하는 효소들은 각 경우에 하나의 최종산물을 생산하는 반응을 촉매하고, 그 최종산물(각각 L-라이신과 L-메타이오닌)에 의하여 특이한 억제를 받는다.

아스파르틱산염 경로의 세 번째 가지는 다음의 두 가지 이유 때문에 훨씬 더 복잡한 조절을 받는다. 첫째, 이 가지를 통하여 생성된 L-트레오닌은 단백질의 성분일 뿐만 아니라, 다른 아미노산 L-아이소루이신(L-isoleucine)의 합성에서 중간산물이다. 둘째, 그림 4A.1(b)와 같이 L-트레오닌으로부터 L-아이소루이신의 합성을 촉매하는 다섯 효소 중 네 개의 효소(**e-h**)는 완전히 분리된 생합성 경로에서 비슷한 단계를 촉매한다. 그 경로란 피루브산에서 L-발린(L-valine) 합성을 말한다. 나중 경로의 중간산물 α-키토아이소발레익산은 아미노산 L-루이신(L-leucine)의 전구체이다.

L-아이소루이신은 L-트레오닌으로부터 그것의 합성에서 첫째 단계를 촉매하는 효소 **d**의 최종산물 저해제이다(이 효소는 다른 생합성 임무를 갖지 않는다). L-발린은 그것이 아이소루이신과 발린 생합성 단계를 촉매하기 때문에 이중대사 역할을 하는 효소(**e**)의 최종산물 저해제이다. 대장균의 어떤 균주에서 이 효소는 발린 저해에 극히 민감하여 외인성 발린에 의해 생육의 방해를 받는다. 발린 경로의 L-루이신 가지는 L-루이신에 의해 제어된다. L-루이신은 이 가지에 특이한 효소 **i**의 최종산물 저해제이다. 외인성 아이소루이신의 동시 공급에 의하여 그 효과를 반전시킬 수 있다. 이 상호관계가 그림 4A.1(b)에 나타나 있다.

표 4A.2에 보이듯이 L-아이소루이신, L-발린, L-루이신의 합성을 촉매하는 많은 효소는 세 개의 최종산물 혼합물에 의하여 억제를 받는다. 이 현상을 **다가억제**(multivalent

1) With permission, from R. Y. Stanier and others, *The Microbial World*, 5th ed., Prentice Hall, Englewood Cliffs, NJ, 1986.

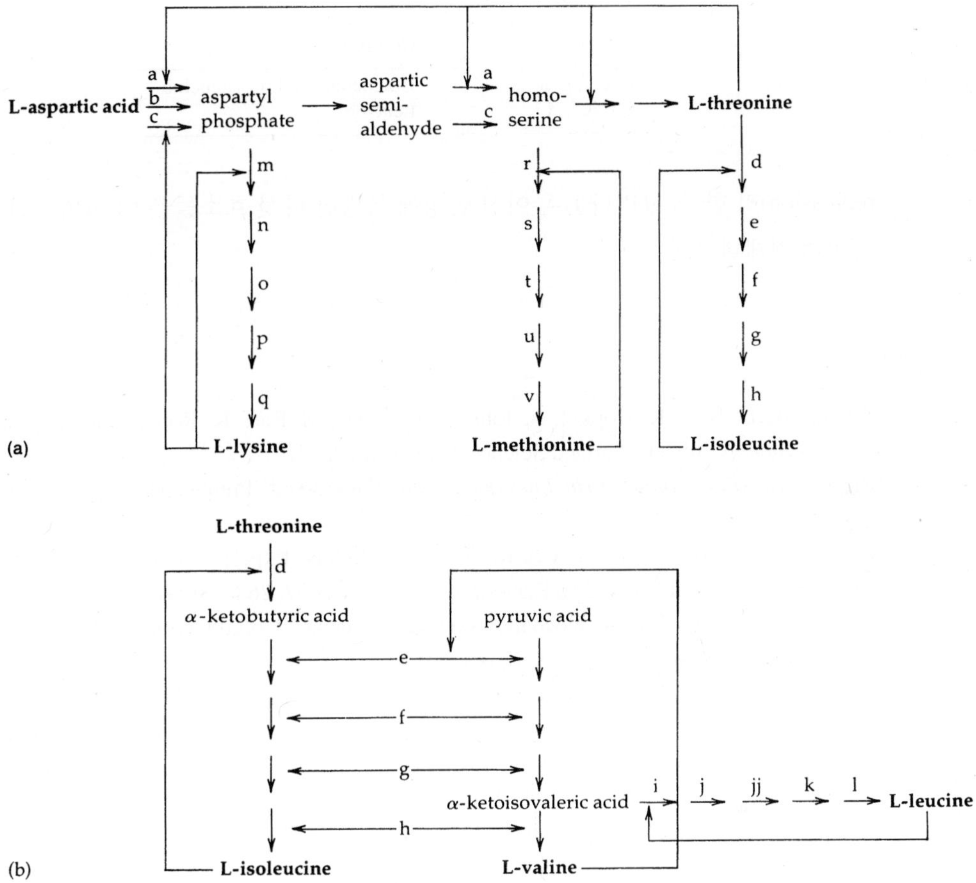

Figure 4A.1. A simplified diagram of the aspartate pathway in *E. coli*. Each solid arrow designates a reaction catalyzed by one enzyme. The biosynthetic products of the pathway (in boldface) are all allosteric inhibitors of one or more reactions. Careful study of this diagram reveals that with a single exception (the inhibition exerted by valine) the inhibition imposed by one amino acid does not cause starvation for a different amino acid. (a) The regulatory interrelationships of the L-lysine, L-methionine, and L-isoleucine branches of the pathway. (b) The regulatory interrelationships of the L-isoleucine, L-valine, and L-leucine branches.

TABLE 4A.1. Control of the First Step of the Aspartate Pathway

Enzyme	Corepressor	Allosteric Inhibitor
Aspartokinase I	Threonine and isoleucine	Threonine
Aspartokinase II	Methionine	No allosteric control
Aspartokinase III	Lysine	Lysine

TABLE 4A.2. Repressive Control of the Enzymes (See Figure 4A.1)

Enzymes	Corepressor
d, e, f, g, h	Isoleucine + valine + leucine
i, j, jj, k, l	Leucine

repression)라 한다. 그러나 L-루이신 합성에 특정한 다섯 효소들은 이 아미노산에 의해서만 특별히 억제된다.

참고문헌

Alberts, B., D. Bray, K. Hopkin, A. Johnson, J. Lewis, M. Raff, K. Roberts, and P. Walter, *Essential Cell Biology*, 4th ed., Garland Science, New York, 2013.

Black, J. G., *Microbiology: Principles and Applications*, 3d ed., Prentice Hall, Upper Saddle River, NJ, 1996.

Cain, J. A., N. Solis, and S. J. Cordwell, "Beyond Gene Expression: The Impact of Protein Post-translational Modifications in Bacteria," *J. Proteomics* 97: 268–286, 2014.

Chubukov, V., L. Gerosa, K. Kochanowski, and U. Sauer, "Coordination of Microbial Metabolism," *Nature Rev. Microbiol.* 12(5): 327–340, 2014.

Cook, P. R., "The Organization of Replication and Transcription," *Science* 284(5421): 1790–1795, 1999.

Elgard, L., M. Molinari, and A. Helenius, "Setting the Standards: Quality Control in the Secretory Pathway," *Science* 286(5446): 1882–1888, 1999.

Hardin, J., G. Bertoni, and L. J. Kleinsmith, *Becker's World of the Cell*, 9th ed., Pearson, New York, 2015.

Kelly, M. T., and T. R. Hoover, "Bacterial Enhancers Function at a Distance," *ASM News* 65: 484–489, 1999.

Kolter, R., and R. Losick, "One for All and All for One," *Science* 280(5361): 226–227, 1998. (This article is an overview related to a more detailed article on quorum sensing in biofilms; see Davies, D. G., and others, "The Involvement of Cell-to-Cell Signals in the Development of a Bacterial Film," *Science* 280: 295–298, 1998).

Madigan, M. T., J. M. Martinko, K. S. Bender, D. H. Buckley, and D. A. Stahl, *Brock Biology of Microorganisms*, 14th ed., Pearson, Boston, 2015.

Moran, L. A., K. G. Scrimgeour, H. R. Horton, R. S. Ochs, and J. D. Rown, *Biochemistry*, 2d ed., Prentice Hall, Upper Saddle River, NJ, 1994.

Nothaft, H., and C. M. Szymanski, "Protein Glycosylation in Bacteria: Sweeter Than Ever," *Nature Rev. Microbiol.* 8(11): 765–778, 2010.

Stanier, R. Y., and others, *The Microbial World*, 5th ed., Prentice Hall, Englewood Cliffs, NJ, 1986.

von Hippel, P. H., "An Integrated Model of the Transcription Complex in Elongation, Termination, and Editing," *Science* 281(5377): 660–665, 1998.

Wadhams, G. H., and J. P. Armitage, "Making Sense of It All: Bacterial Chemotaxis," *Nature Rev. Mol.*

Cell Biol. 5(12): 1024–1037, 2004.
Weerapana, E., and B. Imperiali, “Asparagine-Linked Protein Glycosylation: From Eukaryotic to Prokaryotic Systems,” *Glycobiology* 16(6): 91R–101R, 2006.

연습문제

4.1 그림 4A.1에 나타낸 아스파르틱산 경로를 생각해 보자. 고농도 라이신 생산 균주를 개발해야 한다. 어떤 전략을 추구해야 할까? (즉, 되먹임 저해를 제거하기 위하여 어느 단계를 변형시키고, 기초배지의 배지 조성을 어떻게 변화시켜야 할까?

4.2 왜 mRNA는 대부분의 박테리아에서 그렇게 불안정(약 1분의 반감기)한가? 많은 고등생물에서의 mRNA 반감기는 훨씬 길다(1시간 이상으로). 왜 그런가?

4.3 단백질에 대한 유전정보 첫 부분에서 한 개의 염기를 삭제하면 어떤 결과가 예상되는가?

4.4 45분의 배가시간(doubling time)을 갖는 대장균에서 얼마나 많은 리보솜이 단백질의 합성에 참여하는가? 갓 태어난 대장균의 크기는 지름이 1 μm이고 길이기 2 μm이다. 물 함유량은 75%이다. 건조균체의 약 60%는 단백질이고, 리보솜당 아미노산 부가속도는 초당 아미노산 20개이다. 대장균에서 자유 아미노산의 평균 분자량은 126이다.

4.5 영양소 흡수가 수동확산, 촉진확산, 능동수송, 집단전이 중 어느 것에 의하여 일어나는가를 결정하기 위한 실험방법을 기술하라.

4.6 다음의 mRNA 염기서열을 고려하여 아래의 문제를 해결하라.

CCG UAU CGA CUU GUA ACA ACG CGC

a. 해당 아미노산 서열을 유추하라.

b. 염색체상에서 상응하는 염기서열은 무엇인가? 이 서열은 인슐린의 일부를 코딩한다.

4.7 라이신, 메타이오닌, 아이소루이신과 트레오닌 생산에 대한 그림 4A.1의 경로를 고려하여 답하라. 라이신을 대량생산하기 위한 전략을 기술하라. 당신의 전략에 다양한 아미노산을 배지에 첨가하는 것과 저해효과에 대한 변이주 선택을 포함시킬 수 있다. 변이는 두 지점까지 할 수 있다고 하자(예, 되먹임 저해의 제거).

4.8 화합물의 흡수가 촉진확산인지 능동수송인지 결정하기 위한 실험을 제안하라.

4.9 이화생성물 억제(catabolite repression)란 무엇인가? 이것은 유당 오페론에서 단백질 발현 수준에 어떠한 영향을 미치는가?

4.10 되먹임 저해(feedback inhibition)와 되먹임 억제(feedback repression)의 차이를 설명하라.

4.11 당신은 당신의 상사로부터 대장균에서 인간 단백질을 생산하라는 요구를 받았다. 당신은 원핵생물과 진핵생물이 단백질을 만드는 기작이 다르다는 것을 배웠기 때문에, 인간에게 사용하기 위한 진성 단백질의 생산을 복잡하게 할 적어도 두 가지 요인에 대해 고민할 것이다.

a. 만약 단백질을 암호화하는 인간 DNA를 대장균에 직접 넣는다면 당신은 어떤 사항을 고민할 것인가?

b. 정확한 아미노산의 일차 서열이 만들어진다고 가정하자. 당신은 어떠한 번역 후 가공에 대해 고민할 것이며, 그 이유는 무엇인가?

4.12 *N*-linked 당쇄반응에 대해 생각해 보자.

a. 어떠한 세포조직이 필요한가?

b. 간단한 당쇄화가 된 당단백질에 남아 있는 당은 무엇인가?

c. 당쇄화가 완료된다면 당쇄체에서 마지막 당은 무엇이 될 것인가?

d. *N*-linked 당쇄반응은 왜 중요한가?

5

주요 대사 경로

생물공정 개발에 있어서 주요 과제 중의 하나는 목표로 하는 산물을 효율적으로 생산할 수 있는 미생물의 선정이다. 대략 1980년 이전에는 자연발생적으로 존재하는 미생물들만이 사용 가능하였다. 유전공학의 출현으로 말미암아 모든 미생물들을 대상으로 하여 유전자들을 빼거나 삽입해 줌으로써 미리 정해진 방향으로 대사기능들을 바꾸어 주는 것이 가능해졌다(**대사공학**(metabolic engineering)). 더 나아가 식품제조나 폐수처리에서처럼 여러 종의 미생물을 혼합 배양할 때에는 대사적으로 상호이득이 되도록 설계하는 것이 중요한데, 생체이물(xenobiotics)의 생분해의 경우가 특히 그렇다. 어떠한 경우라도 생물공정을 개발하려는 사람은, 자연계의 관련 미생물들을 직접 사용하거나 또는 원하는(때로는 새로운) 산물을 생산하도록 어떻게 대사공학적으로 조작하여야 하는지를 알기 위해, 이들의 대사 능력을 이해하여야 한다. 따라서 우리의 초점을 몇몇 주요 대사 경로들에 대한 이해에 맞추고자 한다.

미생물 대사에 있어서의 차이는 해당 미생물의 진화 단계상의 차이(예, 유전학상의 차이)에 일부 기인하며 또한 처해 있는 자연환경의 차이에도 일부 기인한다고 할 수 있다. 비록 같은 종(species)의 미생물들일지라도 다른 영양 및 환경 조건에서 자랄 경우 서로 다른 생성물을 만들게 된다. 최근에 영양 및 환경 조건을 이용하여 대사 경로를 조절하는 방안이 중요하게 여겨지고 있다. 일례로 *Saccharomyces cerevisiae*(제빵용 효모)가 혐기성 조건하에서 에탄올을 생성하는 한편, 호기성 조건하일지라도 포도당의 농도가 높을 때에는 상당량의 에탄올을 생성하는 것을 볼 수 있는데, 이는 효모의 대사 조절이 산소뿐만 아니라 포도당에 의해서도 이루어짐을 나타낸다. 이러한 현상을 **Crabtree 효과**라고 한다. 제빵용 효모 생산을 위한 발효에 있어서의 에탄올 생성은, 간헐적으로 포도당을 공급함으로써 감소시킬 수 있다. 이 장에서는 각종 미생물의 대사 경로 및 산물을 간략히 다루기로 한다. 대사 경로들은 혐기성 대사와 호기성 대사의 두 그룹으로 나누어진다.

우리가 논의하고자 하는 두 가지 개념 중의 하나인 **이화작용**(catabolism)은 하나의 화합물을 보다 작고 단순한 물질로(예, 포도당을 CO_2와 H_2O로) 분해하는 과정이다. 이화작용은 세포가 필요로 하는 에너지를 생성한다. **동화작용**(anabolism)은 보다 복잡한 화합물을 합성하는(예, 포도당으로부터 글리코겐을 합성) 과정으로서 에너지를 필요로 한다.

5.1 생체 에너지론

살아 있는 세포는 생합성(biosynthesis), 영양물질의 수송, 운동, 기초대사 등을 위한 에너지를 필요로 한다. 이러한 에너지는 이화작용에 의한 탄소 화합물(주로 탄수화물(carbohydrate))의 분해로부터 얻어진다. 탄수화물은 CO_2와 H_2O로부터 광합성에 의해 합성된다. 따라서 태양은 지구상의 모든 생명 현상을 위한 궁극적인 에너지원이 된다.[1)]

대사 반응들과 이들로 이루어진 대사 네트워크는 상당히 복잡하며 미생물에 따라 달라지기도 하지만, 다음의 세 가지 부류로 나누어질 수 있다. 이 반응들의 개요도가 그림 5.1에

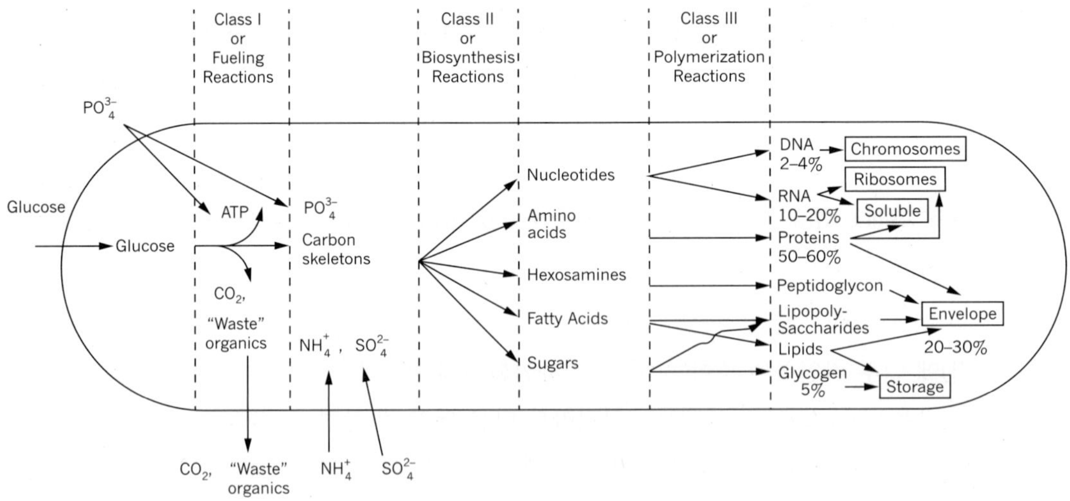

Figure 5.1. Schematic diagram of reactions in a bacterial cell.

1) 해저의 분출구(thermal vent)가 하나의 예외인데, 이곳에서는 광합성을 필요로 하지 않으므로 햇빛을 필요로 하지 않는 생태계가 존재한다.

있다. 주요 부류는 (I) 영양물질의 분해, (II) 아미노산, 뉴클레오타이드 등 저분자 물질의 생합성, (III) 거대분자 물질의 생합성이다. 이 반응들은 세포 내에서 동시에 일어난다. 대사 반응 결과 최종 생성물이 만들어져 세포로부터 분비된다. 이러한 최종 생성물들(유기산, 아미노산, 항암제)은 흔히 인간 또는 동물에게 귀중한 물질들이다.

생체 내의 에너지는 주로 고에너지 인산 결합을 갖는 adenosine triphosphate(ATP)에 의해 저장 또는 전달된다.

활성화된 ATP는 Mg^{2+}와 복합체(complex)를 이룬다. ATP가 가수분해될 때의 표준 자유 에너지 변화(standard free-energy change)는 7.3 kcal/mol이다. 세포 내에서의 실제 자유 에너지 변화는 이보다 상당히 큰데, 그 이유는 ATP의 농도가 adenosine diphosphate(ADP)보다 훨씬 높기 때문이다.

$$\mathrm{ATP} + \mathrm{H_2O} \rightleftarrows \mathrm{ADP} + \mathrm{P}_i, \quad \Delta G° = -7.3\ \mathrm{kcal/mol} \tag{5.1}$$

생체 에너지는 상기 반응의 역반응에 의해 ATP에 저장된다. ATP와 마찬가지로 ADP의 분해 시에도 에너지가 방출된다.

$$\mathrm{ADP} + \mathrm{H_2O} \rightleftarrows \mathrm{AMP} + \mathrm{P}_i, \quad \Delta G° = -7.3\ \mathrm{kcal/mol} \tag{5.2}$$

guanosine triphosphate(GTP), uridine triphosphate(UTP), cytidine triphosphate(CTP)와 같은 ATP의 유사체(analog)들도 ATP에는 못 미치지만 고에너지 인산 결합을 저장 또는 전달한다. phosphoenol pyruvate와 1,3-diphosphoglycerate와 같이 대사 과정 중 생성되는 고에너지 인산 화합물들은 갖고 있는 인산기(~P)를 ATP에 전달한다. 이렇게 해서 ATP에 저장된 에너지는 그림 5.2에 나타나 있듯이 glucose-6-phosphate, glycerol-3-phosphate와 같은 저에너지 인산 화합물에게 전달된다.

생체 내에서의 산화 환원 반응 시 방출된 수소 원자들은 주로 뉴클레오타이드 유도체들, 특히 nicotinamide adenine dinucleotide(NAD^+)와 nicotinamide adenine dinucleotide phosphate($NADP^+$) 등에 의해 운반된다(그림 5.3). 위의 산화 환원 반응은 가역적이다. NAD(NADH)는 각 화합물이 갖는 산화 환원 전위에 따라 어떤 화합물에게는 전자를 주는 반면 다른 화합물로부터는 전자를 받는다. NADH는 생체 내에서 두 가지의 주요 역할을 한다.

- **환원력**(reducing power): NADH와 NADP의 환원된 형태인 NADPH는 독립영양 생물(autotrophic organism)에 의한 CO_2 고정화와 같은 생합성(biosynthetic) 반응에 수소를 공급한다.

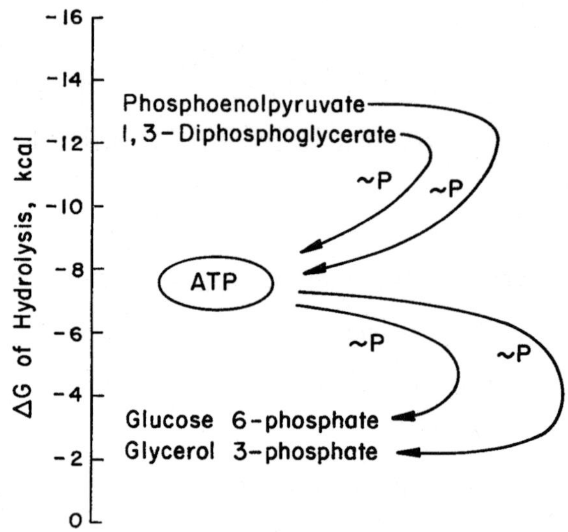

Figure 5.2. Transfer of biological energy from high-energy to low-energy compounds via adenosine triphosphate (ATP). Phosphoenolpyruvate and 1,3-diphosphoglycerate are high-energy phosphate compounds and act as phosphate donors. Low-energy compounds such as glucose 6-phosphate and glycerol 3-phosphate are phosphate acceptors.

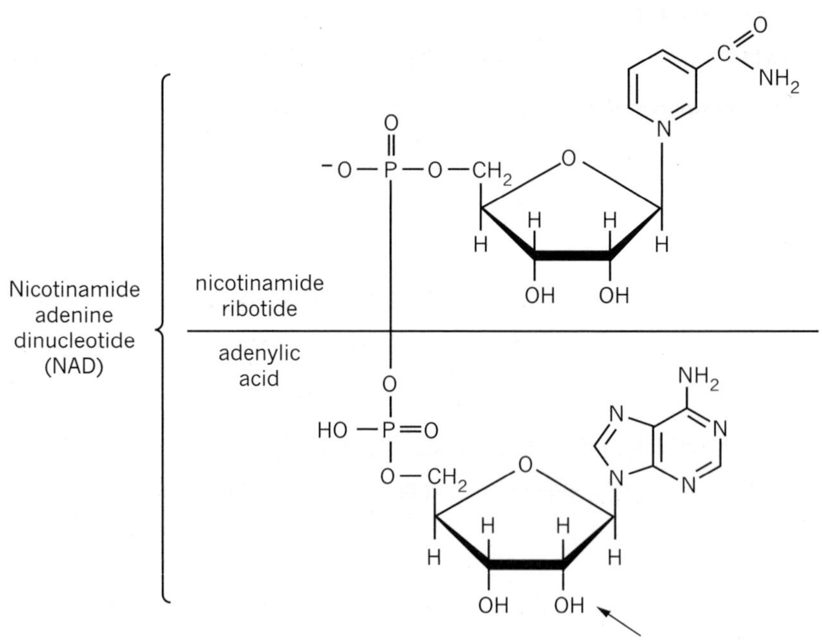

Figure 5.3. Structure of NAD (nicotinamide adenine dinucleotide). (R. Y. Stainer, J. L. Ingraham, M. L. Wheelis, P. R. Painter, *The Microbial World*, 5th ed., © 1986. Reprinted and electronically reproduced by permission of Pearson Education, Inc., New York, NY.)

$$CO_2 + 4H \longrightarrow CH_2O + H_2O \tag{5.3}$$

- **호흡대사 시 ATP 생성**: NADH에 의해 운반되는 전자(또는 수소 원자)는 일련의 중간 화합물들을 거쳐 산소에 전달된다(호흡 체인). 이러한 전자 전달로부터 방출되는 에너지에 의해 최고 세 개의 ATP 분자가 생성된다.[2] 만약 예를 들어, NO_3^-와 같은 다른 전자 수용체(electron acceptor)가 있을 경우, 산소가 없더라도 NADH에 저장된 환원력으로부터 ATP가 만들어질 수 있다.

5.2 포도당 대사: 해당과정 및 TCA 회로

포도당은 많은 생물들이 필요로 하는 주요 탄소원 및 에너지원이다. 생물에 따라 몇 가지 다른 대사 경로가 포도당의 분해 대사(catabolism)를 위해 사용된다. 많은 생물들에 있어서 포도당의 분해 대사는 주로 **해당과정**(glycolysis) 또는 **Embden-Meyerhof-Parnas**(EMP) 경로를 거쳐 일어난다. 이 외에도 **hexose monophosphate**(HMP) 경로, **Entner-Doudoroff**(ED) 경로 등이 있는데 이들은 나중에 다루기로 한다.

포도당과 같은 유기물의 호기성 조건하에서의 분해는 다음의 세 가지 단계로 생각될 수 있다.

- 포도당을 피루브산으로 분해하는 EMP 경로
- 피루브산을 CO_2와 NADH로 전환하기 위한 **tricarboxylic acid**(TCA) **회로(Krebs 회로** 또는 **구연산**(citric acid) **회로**라고도 함)
- NADH로부터 전자를 전자 수용체에 전달함으로써 ATP를 생성하는 호흡 또는 **전자 전달 체인**(electron transport chain)

마지막 단계인 호흡에서는 환원력을 생물학적으로 유용한 에너지(ATP)로 바꾸어 준다. **호흡**은 전자 수용체의 종류에 따라 호기성 또는 비산소성으로 분류된다. 산소가 최종 전자 수용체인 경우에는 **호기성 호흡**(aerobic respiration)이라 한다. NO_3^-, SO_4^{3-}, Fe^{3+}, Cu^{2+}, S^0 등 산소 이외의 전자 수용체가 사용되는 경우는 **비산소 호흡**(anaerobic respiration)이라고 한다.

해당 또는 EMP 경로에 의해 포도당이 두 개의 피루브산으로 만들어진다. 해당과정에 포함되는 효소 반응들의 순서가 그림 5.4에 있다. 첫 단계로서 포도당의 인산화를 통

---

2) 이론적인 한계는 NADH 1개당 ATP 3개가 아니라 2.5개라는 증거가 늘어나고 있다.

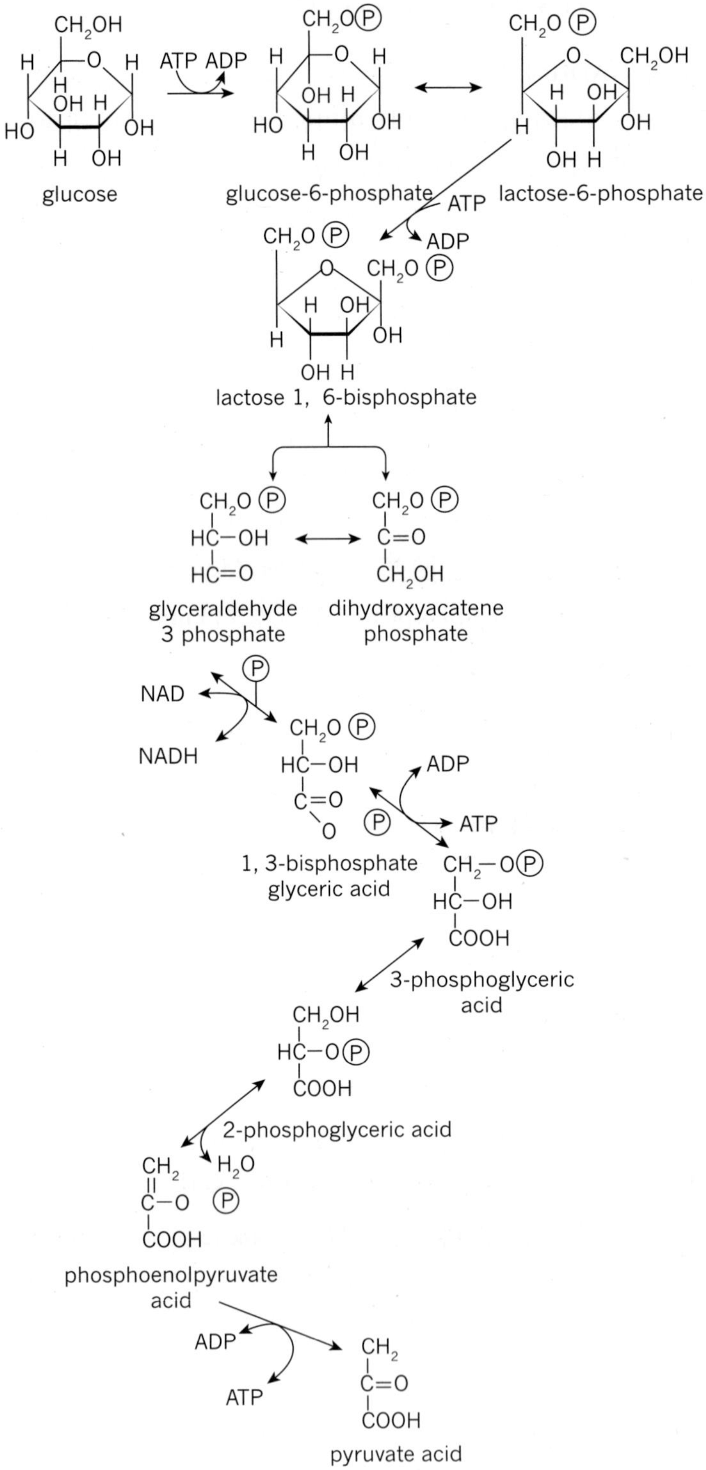

Figure 5.4. The Embden–Meyerhol (glycolytic) pathway of conversion of glucose to pyruvic acid. (R. Y. Stainer, J. L. Ingraham, M. L. Wheelis, P. R. Painter, *The Microbial World*, 5th ed., © 1986. Reprinted and electronically reproduced by permission of Pearson Education, Inc., New York, NY.)

해 glucose-6-phosphate(G-6P)가 생성된다. 인산화된 포도당은 세포 내부에 간직된다. G-6P는 phosphoglucose 이성질화 효소에 의해 fructose-6-phosphate(F-6P)로 전환되며, 이는 다시 phosphofructokinase에 의해 fructose-l,6-diphosphate로 변한다. 첫 번째와 세 번째 두 반응은 해당과정에 있어서 유일하게 ATP를 소모하는 반응이며 비가역적으로 일어난다. fructose-l,6-diphosphate가 알돌레이스에 의해 dihydroxyacetone phosphate(DHAP)와 glyceraldehyde-3-phosphate(GA-3P)로 분해되는 반응은 해당과정에 있어서 주요 반응 중의 하나이다(예, $C_6 \rightarrow 2\ C_3$). DHAP와 GA-3P는 평형 상태를 이룬다. GA-3P가 소모됨에 따라 DHAP가 계속해서 GA-3P로 전환된다. GA-3P는 GA-3P 탈수소효소에 의해 첫 번째로 산화되는 과정에서 무기인산기(Pi)가 첨가되어 1,3-diphosphoglycerate(1,3-dP-GA)가 된다. 1,3-dP-GA는 3phosphoglycerate 카이네이스에 의해 한 개의 인산기를 방출하면서 3-phosphoglycerat(3P-GA)로 전환된다. 이 과정에서 ADP로부터 ATP가 생성된다. 3P-GA는 phosphoglyceromutase에 의해 2-phosphoglycerate(2P-GA)로 된다. 다음으로 2P-GA가 에놀레이스에 의해 탈수소화되어 phosphoenol pyruvate(PEP)가 된다. PEP는 피루베이트 카이네이스에 의한 탈인산반응을 거쳐 ATP를 생성하며 피루베이트(Pyr)로 된다. 해당과정에 있어서 DHAP와 GA-3P 다음부터 일어나는 반응은 두 번 반복된다.

최종 산물인 피루베이트가 젖산, 에탄올 또는 아세톤, 부탄올, 초산과 같은 물질로 전환된다. 포도당이 혐기성 조건하에서 이러한 화합물로 전환되는 과정은 **발효**(fermentation)라고 알려져 왔다. 그러나 오늘날 발효라는 말은 효소에 의한 또는 미생물에 의한 반응 전반을 가리킨다. 호기성 조건하에서는 피루베이트가 TCA 회로를 거쳐 CO_2와 NADH로 전환된다.

전체 해당 반응은 다음과 같다.

$$\text{포도당} + 2\ \text{ADP} + 2\ \text{NAD}^+ + 2\ \text{Pi} \longrightarrow 2\ \text{피루베이트} + 2\ \text{ATP} + 2(\text{NADH} + \text{H}^+) \quad (5.4)$$

해당과정에 있어서 ATP 수율은 포도당 1몰당 ATP 2몰이다.

EMP 경로를 통해 만들어진 피루베이트는 Krebs 회로를 거쳐 가지고 있는 환원력을 NAD+에 전달한다. 진핵생물의 경우 해당과정은 원형질(cytoplasm) 내에서 일어나는 데 반해 Krebs 회로는 미토콘드리아 내의 매트릭스에서 일어난다. 원핵생물의 경우 위 반응들은 막에 부착되어 있는 효소들에 의해 진행된다. Krebs 회로는 보조효소-A(CoA)에 의한 피루베이트의 아실화반응(acylation)으로부터 시작된다.

$$\text{피루베이트} + \text{NAD}^+ + \text{CoA-SH} \xrightarrow[\text{탈수소효소}]{\text{피루베이트}} \text{아세틸-CoA} + \text{CO}_2 + \text{NADH} + \text{H}^+ \quad (5.5)$$

아세틸-CoA는 해당과정에서 생성된 두 개의 NADH가 두 개의 FADH로 전환되는 대가를 치루며 미토콘드리아 막을 통해 전달된다. 아세틸-CoA는 아미노산 대사와 지방산 대사에 있어서의 주요 중간물질이다.

TCA 회로에 포함된 반응들이 그림 5.5에 나타나 있다. 아세틸-CoA와 oxaloacetic acid(OAA)의 축합 반응에 의해 구연산이 만들어지며, 구연산이 다시 이소구연산, 그리고 다음으로 α-케토글루탐산(α-KGA)으로 바뀌는 과정에서 CO_2가 발생한다. α-KGA는 탈카르복시화와 산화를 거쳐 숙신산(succinic acid (SA))이 된다. 숙신산은 다시 푸마르산(FA)으로 산화된다. TCA 회로의 마지막 두 단계는 푸마르산의 수화(hydration)에 의한 말산(malic acid (MA))의 생성, 그리고 말산의 산화에 의한 OAA의 생성이다. TCA 회로에 들어가는 피루베이트 한 분자당 세 개의 CO_2, 네 개의 NADH + H^+, 그리고 한 개의 $FADH_2$가 생성된다.TCA 회로에서 만들어진 숙신산과 α-케토글루탐산은 특정 아미노산들의 합성을 위한 전구체로 사용된다. 생성된 환원력(NADH + H^+, $FADH_2$)은 생합성 대사 또는 전자 전달 체인을 통한 ATP 생성에 쓰인다.

TCA 회로의 전체 반응은 다음과 같다.

$$\begin{aligned} &\text{아세틸-CoA} + 3\ NAD^+ + FAD + GDP + Pi + 2H_2O \longrightarrow \\ &\qquad CoA + 3(NADH + H^+) + FADH_2 + GTP + 2\ CO_2 \end{aligned} \tag{5.6}$$

그림 5.5에 있어서 GTP가 ATP로 쉽게 바뀔 수 있음에 유의하여야 한다. TCA 회로에 대한 몇몇 설명들에서는 succinyl-CoA가 숙신산으로 되는 과정에서 ADP와 무기인산기로부터 ATP가 직접 생산되는 것으로 나타내기도 한다.

TCA 회로의 주요 역할은 생합성과 전자 전달 체인에 필요한 전자(NADH)의 생성, 아미노산 합성을 위한 탄소계 골격물질(C skeletons)의 공급, 그리고 에너지의 발생이다.

TCA 회로 중의 여러 중간체들은 생합성에 광범위하게 사용된다. 이러한 중간체들의 제거는 TCA 회로의 '합선(short-circuit)'을 유발하게 된다. TCA 회로가 작동하도록 하기 위해 세포가 CO_2를 고정화할 수도 있다(종속영양성(heterotrophic) CO_2 고정화). 어떤 미생물에서는 oxaloacetate를 만들기 위해 phosphoenol pyruvate(PEP)가 CO_2와 결합하기도 한다. 이 과정을 촉진시키는 세 개의 효소가 발견되었다(PEP 카르복시화 효소, PEP carboxykinase, PEP carboxytransphosphorylase). oxaloacetate를 얻기 위해 피루베이트가 피루베이트 카르복시화 효소에 의해 CO_2와 결합하는 수도 있다. 이때 한 개의 ATP가 소모된다. 말산 탈수소효소(malate dehydrogenase)는 1몰의 환원력(NADH + H^+)을 사용하면서 피루베이트와 CO_2로부터 말레이트가 가역적으로 생성되는 것을 촉진시킨다.

종속영양성 CO_2 고정화는 미생물 배양에 있어서 중요한 인자가 될 수 있다. 세포 내에

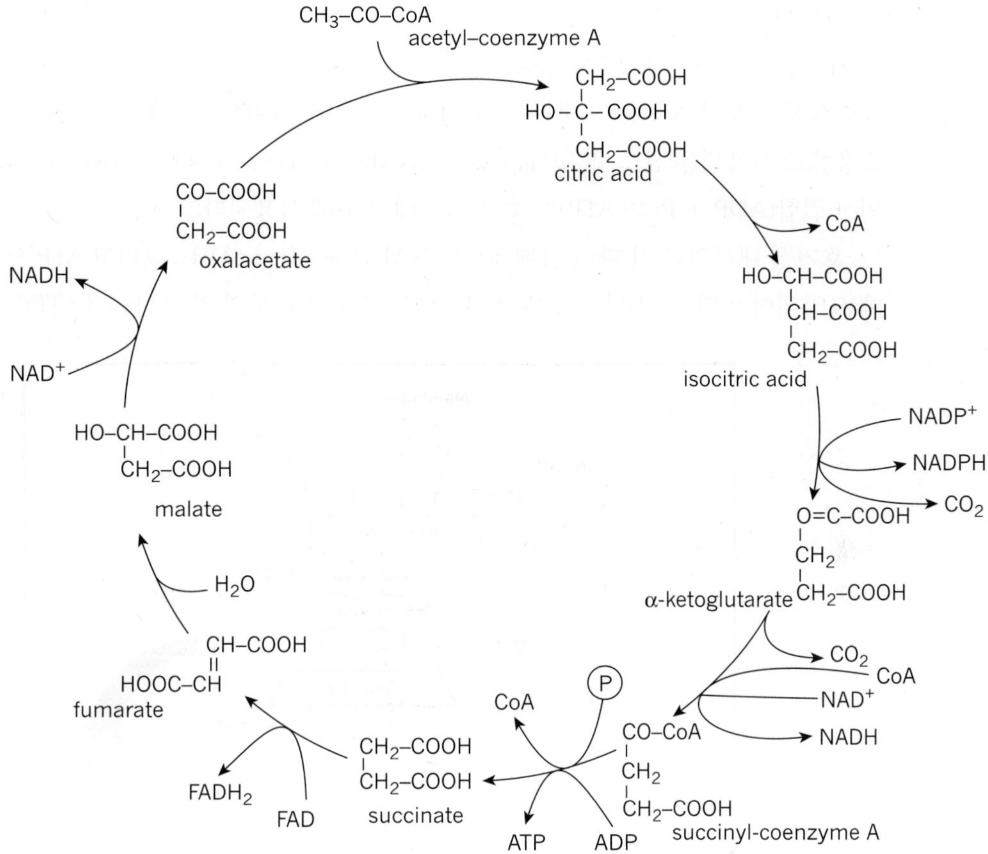

Figure 5.5. The tricarboxylic acid (TCA) cycle by which acetyl-CoA is oxidized. (R. Y. Stainer, J. L. Ingraham, M. L. Wheelis, P. R. Painter, *The Microbial World*, 5th ed., © 1986. Reprinted and electronically reproduced by permission of Pearson Education, Inc., New York, NY.)

CO_2가 많이 축적되어 있지 않은 가운데 균체의 농도가 낮은 상태에서 배양이 시작될 경우(즉, 단위 부피당 적은 수의 균체), 또는 발효조로의 기체 분사 속도(gas sparge rate)가 클 경우 TCA 회로를 유지하기 위한 CO_2 고정화 속도에 의해 균체의 성장이 좌우될 수 있다.

5.3 호흡

일련의 호흡 반응 단계를 **전자 전달 체인**(electron transport chain)이라고도 한다. 전자 전달 체인에 의해 ATP를 생성하는 과정을 **산화형 인산화반응**(oxidative phosphorylation)이라고 한다. NADH + H^+와 $FADH_2$가 지닌 전자들이 일련의 전자 운반체들(carriers)을 거치면서 산소와 만나게 되며 이때 ATP가 생성된다. 진핵생물에서는 NADH + H^+ 하나당 세 개,

$FADH_2$ 하나당 두 개의 ATP가 만들어진다. 호흡[또는 사이토크롬(cytochrome)] 체인에 관한 자세한 내용은 그림 5.6에 있다. 전자 전달 체인의 주 역할은 해당과정에 필요한 NAD와 생합성에 필요한 ATP를 재생 또는 생성하는 것이다. **'P/O 비**(P/O ratio)'라는 용어는 전자 수용체로 사용되는 산소 원자(예, $½O_2 + NADH + H+ \rightarrow H_2O + NAD^+$) 하나당 생성된 인산 결합($ADP + Pi \rightarrow ATP$)의 수를 나타내기 위해 사용된다.

호기성 대사의 각기 다른 단계에서의 $NADH + H^+$, $FADH_2$, 그리고 ATP 생성이 표 5.1에 요약되어 있다. 진핵생물 내에서 일어나는 포도당 대사의 전체 반응(3 ATP/NADH 가정)

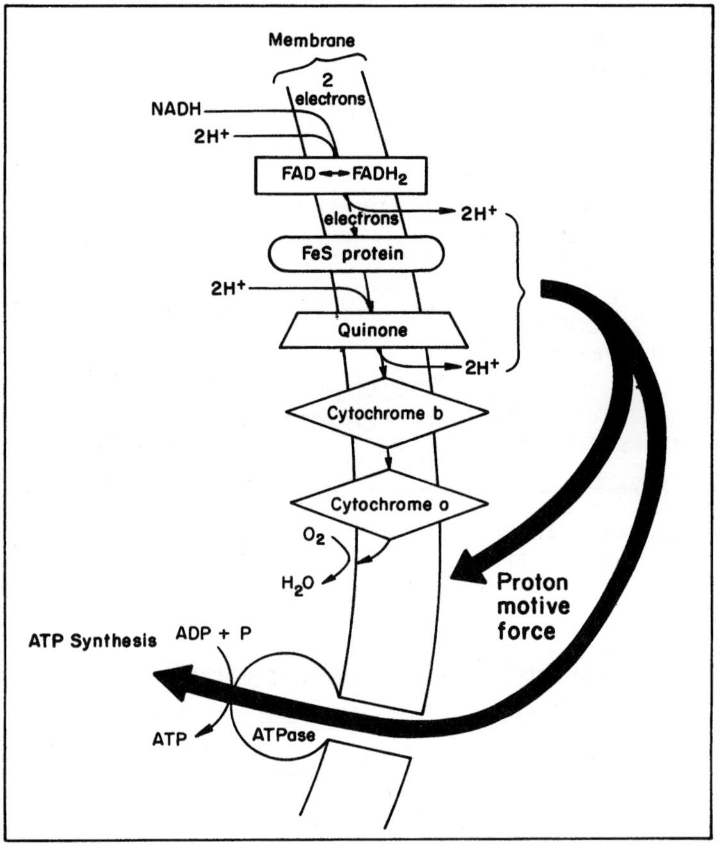

Figure 5.6. Electron transport and electron transport phosphorylation. *Top:* Oxidation of NADH and the flow of electrons through the electron transport system, leading to the transfer of protons (H^+) from the inside to the outside of the membrane. The tendency of protons to return to the inside is called *proton-motive force*. *Bottom:* ATP synthesis occurs as protons reenter the cell. An ATPase enzyme uses the proton-motive force for the synthesis of ATP. The proton-motive force is discussed in Section 4.6. (Brock, Thomas D., Brock, Katherine M., Ward, David M., *Basic Microbiology with Applications*, 3rd Ed., ©1986. Reprinted and electronically reproduced by permission of Pearson Education, Inc., New York, NY.)

TABLE 5.1. Summary of NADH, $FADH_2$, and ATP Formation during Aerobic Catabolism of Glucose

	NADH	$FADH_2$	ATP	Total ATP[a]
Glycolysis	2	–	2	6[b]
Oxidative decarboxylation of pyruvate	2	–	–	6
TCA cycle	6	2	2	24
Total	10	2	4	36 mol ATP

[a]Assumes a P/O ratio of 3 (i.e., three ATP phosphates made for each proton transported by the electron transport chain) for NADH and a P/O ratio of 2 for each $FADH_2$.

[b]The yield is 6 ATP rather than 8 because two NADH are converted to two $FADH_2$ for the transfer of acetyl-CoA into mitochondria.

은 다음과 같다.[3)]

$$\text{포도당} + 36\ \text{Pi} + 36\ \text{ADP} + 6\ O_2 \longrightarrow 6\ CO_2 + 6\ H_2O + 36\ \text{ATP} \tag{5.7}$$

ATP에 저장된 에너지는 포도당 1몰당 263 kcal이다. 포도당의 직접 산화 시에는 자유 에너지 변화가 포도당 1몰당 686 kcal이다. 따라서 에너지 효율은 표준 조건하에서 38%이다. 실제 조건이 표준 조건과 다른 점을 감안하여 조정하면 이 효율은 60%가 넘게 되는데, 이는 사람이 만든 기계의 효율보다 훨씬 높다. 포도당에 저장되었던 에너지 중 ATP에 저장되지 못한 나머지는 열로서 소진된다. 그러나 원핵생물의 경우 환원력이 ATP로 바뀔 때의 효율은 낮다. 보통 NADH + H^+ 하나당 만들어지는 ATP의 개수는 2 이하이고, $FADH_2$ 하나당 겨우 한 개의 ATP만이 만들어질 수도 있다. 따라서 원핵생물에서는 한 개의 포도당 분자가 24개 이하의 ATP를 생성하며, P/O 비가 1에서 2 사이이다.

5.4 호기성 포도당 대사에서의 제어 부위

해당과정에 개입되는 몇몇 효소들은 되먹임 저해(feedback inhibition) 현상에 의해 조절된다. 해당과정에 있어서의 주 제어 부위는 phosphofructokinase에 의한 fructose-6-phosphate의 인산화반응이다.

$$\text{fructose-6-phosphate} + \text{ATP} \longrightarrow \text{fructose-1,6-diphosphate} + \text{ADP} \tag{5.8}$$

phosphofructokinase는 ADP와 Pi에 의해 활성화되는 반면 ATP에 의해서는 저해를 받는 다

3) 실제 대사에서 일어나는 경우를 보다 잘 반영하기 위해 ATP 수율을 2.5 ATP/NADH라고 가정하면 약 30 ATP가 생성된다.

큰자리입체성(allosteric) 효소의 하나이다.

$$\text{phosphofructokinase (active)} \underset{\text{ADP}}{\overset{\text{ATP}}{\rightleftharpoons}} \text{phosphofructokinase (inactive)} \quad (5.9)$$

ATP/ADP의 비가 높을 때에는 이 효소가 비활성화되어 해당 및 ATP 합성 속도가 떨어진다.

용존 산소 농도 또는 산소 분압이 해당속도를 조절하는 경우도 있는데 이를 **Pasteur 효과**라고 한다. 호기성인 경우보다는 혐기성 조건하에서의 해당속도가 더 빠르다. 산소가 존재할 때에는 TCA 회로와 전자 전달 체인이 작용하기 때문에 ATP 수율이 높다. ATP의 농도가 높아짐에 따라 ADP와 Pi가 모자라게 되며 따라서 phosphofructokinase가 저해 작용을 받게 된다. 또한 해당과정에 개입되는 -SH기를 갖는 몇 가지 효소들도 높은 산소 농도에 의해 저해를 받는다. NADH/NAD+의 비가 높을 때에도 해당속도가 느려진다.

Krebs 회로상의 특정 효소들도 되먹임 저해 작용의 조절을 받는다. 피루베이트 탈수소화효소는 ATP, NADH, 아세틸-CoA에 의해 저해를 받는 반면 ADP, AMP, NAD^+에 의해 활성화된다. 이와 비슷하게 구연산 합성효소는 ATP에 의해 비활성화되며 ADP와 AMP에 의해서는 활성화된다. succinyl-CoA 합성효소는 NAD^+의 저해를 받는다. 일반적으로 ATP/ADP 비와 $NADH/NAD^+$ 비가 높을 때 TCA 회로의 진행 속도가 감소된다.

전자 전달 체인의 몇 가지 반응 단계는 시안화물(cyanide), 아지화물(azide), 일산화탄소, 그리고 아미탈(amytal)과 같은 몇몇 특정 항생제들에 의해 저해를 받는다. 이러한 저해 현상은 이것이 세포 대사를 바꿀 수 있는 잠재력을 갖고 있기 때문에 중요하게 여겨진다.

5.5 질소계 화합물의 대사

대부분의 유기 질소 화합물은 탄수화물과 지질 사이의 산화 상태를 가진다. 따라서 유기질소계 화합물들은 질소원, 탄소원, 그리고 에너지원으로 사용될 수 있다. 단백질들은 분해과정을 통해 펩타이드로, 더 나아가서는 아미노산으로 가수분해된다. 아미노산들은 먼저 탈아민과정(아미노기의 제거)을 통해 유기산으로 전환된다. 탈아민과정은 개입하는 효소 시스템에 따라 산화과정, 환원과정, 또는 탈수과정이 될 수 있다. 전형적인 탈아민반응은 다음과 같다.

$$\text{R}-\underset{\displaystyle\text{NH}_2}{\underset{|}{\text{CH}}}-\text{COOH}+\text{H}_2\text{O}+\text{NAD}^+ \longrightarrow \text{R}-\overset{\displaystyle\text{O}}{\overset{\|}{\text{C}}}-\text{COOH}+\text{NH}_3+\text{NADH}+\text{H}^+ \quad (5.10)$$

탈아민과정에서 유리된 암모니아는 단백질과 핵산 합성을 위한 질소원으로 쓰이며, 생성된 유기산들은 에너지(ATP) 생산을 위해 산화된다.

아미노기전달은 하나의 아미노산이 유기산과 다른 아미노산으로 전환되는 또 하나의 메커니즘이다. 아미노기가 α-KGA의 케토기와 교환된다. 전형적인 아미노기 전달 반응은 다음과 같다.

$$\text{glutamic acid} + \text{oxaloacetic acid} \longrightarrow \alpha\text{-ketoglutaric acid} + \text{aspartic acid} \quad (5.11)$$

핵산들도 질소원, 탄소원, 그리고 에너지원으로 사용될 수 있다. 핵산 이용의 첫 단계는 DNA, RNA를 분해하는 특정 핵산분해효소에 의한 가수분해 과정이다. 특이성(specificity)이 다른 핵산분해효소들은 핵산 내의 각기 다른 결합들을 가수분해하는데, 이에 의해 리보스/디옥시리보스, 인산, 퓨린/피리미딘이 생긴다. 당 분자는 호기성 조건하에서 해당과정과 TCA 회로에 의해 분해되어 이산화탄소와 물이 된다. 인산은 ATP, 인지질, 핵산 합성에 쓰인다.

퓨린과 피리미딘은 일단 요소와 아세트산으로 분해된 후 다시 암모니아와 이산화탄소로 분해된다. 예를 들어, 아데닌과 우라실의 가수분해 과정은 다음과 같다.

$$\text{adenine} \longrightarrow CO_2 + NH_3 + \text{acetic acid} + \text{urea} \longrightarrow 5\ NH_3 + 5\ CO_2 \quad (5.12)$$

$$\text{uracil} \longrightarrow \text{alanine} + NH_3 + CO_2 \longrightarrow 2\ NH_3 + 4\ CO_2 \quad (5.13)$$

5.6 질소 고정화

어떤 미생물들은 환원 또는 미소호기성(microaerophilic) 조건하에서 대기 중의 질소를 고정화하여 암모니아를 만든다. 호기성 조건에서 질소를 고정화하는 미생물로는 *Azotobacter*, *Azotomonas*, *Azotococcus*, *Beijerinckia* 등이 있다. 질소 고정화는 **질소효소**(nitrogenase)에 의해 촉진되는데, 질소효소는 산소에 의해 저해를 받는다. 이러한 종류의 미생물들은 산소로부터 보호가 되는 구역에 질소효소를 가지고 있다. 질소 고정화 과정은 다음 식으로 요약된다.

$$N_2 + 6\ H^+ + 6\ e \longrightarrow 2\ NH_3 \quad (5.14)$$

토양에 존재하는 *Azotobacter*는 대기 중의 질소를 고정화하여 식물에게 암모니아를 공급하며 어떤 종류는 식물의 뿌리에 서식한다. *Bacillus*, *Klebsiella*, *Rhodopseudomonas*, *Rhodospirillum*과 같은 몇몇 통성혐기성 미생물은 절대호기성 조건에서, *Clostridia*와 같은 절대혐기성 미생물은 절대혐기성 조건에서 질소를 고정한다. *Anabaena*와 같은 특정 시아노박테리아도 호기성 조건에서 질소를 고정한다. 이끼식물(lichen)은 시아노박테리아와 곰팡이균의 **결합체**(associations)이다. *Cyanobacteria*는 공기 중의 질소를 고정하여 곰팡이에게 질소를 제공한다. *Rhizobium*은 콩과식물의 뿌리에서 자라는 종속영양 미생물이다. *Rhizobium*은 낮은 산소 분압하에서 공기중의 질소를 고정하여 식물에게 암모니아를 제공한다. *Rhizobium*과 *Azospirillum*은 농업적인 목적과 생물공학 제품 생산을 위해 널리 이용되고 있다.

5.7 탄화수소의 대사

지방족 탄화수소의 대사는 일부 생물공정에 있어 중요하며, 종종 생물학적복원(bioremediation)과 같은 응용분야에서 매우 중요하다. 이러한 종류의 대사는 산소를 필요로 하는데 단지 일부 미생물들(예, *Pseudomonas*, *Mycobacteria*, 특정 효모와 곰팡이균)만이 탄화수소를 대사할 수 있다. 탄화수소의 물에 대한 낮은 용해도가 빠른 대사에 장애가 된다.

지방족 탄화수소 대사의 첫 단계는 산화효소에 의한 산화이다. 탄소 화합물은 탄소골격 끝부분에 산소가 도입됨으로써 알코올로 전환된다. 알코올은 다시 알데히드로 산화되고 이어서 유기산으로 산화되며, 유기산은 아세틸-CoA로 전환된다. 아세틸-CoA는 TCA 회로를 거치게 된다.

방향족 탄화수소의 산화도 산화효소의 작용에 의해 일어나는데, 지방족 탄화수소의 경우보다 느리게 진행된다. 카테콜(catechol)은 이러한 산화과정의 핵심 중간생성물이며 궁극적으로 아세틸-CoA 또는 TCA 회로상의 중간생성물질로 분해된다. 벤젠의 호기성 대사과정은 아래와 같다.

$$\begin{array}{l} \text{benzene} \longrightarrow \text{catechol} \longrightarrow \textit{cis-cis}\text{-muconate} \longrightarrow \beta\text{-ketoadipate} \\ \qquad\qquad\qquad\qquad\qquad\qquad\qquad\qquad\qquad\qquad \downarrow \\ \qquad\qquad\qquad\qquad\qquad\qquad\qquad\qquad \text{acetyl-CoA} + \text{succinate} \end{array} \tag{5.15}$$

탄화수소의 혐기성 대사는 더 어렵다. 오직 적은 수의 미생물만이 혐기성 조건에서 탄화수소를 대사할 수 있다. C-C 결합들이 끊어지고 수소로 포화되는 과정에서 메탄이 생성된다.

5.8 생체이물의 생분해

생체이물(xenobiotic)은 질화방향족 화합물(NAC), 할로겐화방향족 화합물(HAC), 다환방향족 탄화수소(PAH)를 포함하는 독성 방향족 화합물을 망라한다. 농사에 사용하는 제초제와 살충제, 가소제, 염료, 안료, 용매, 약품 등 독성이 있으며 난분해성인 화합물들 모두가 생체이물로 분류된다. 생체이물의 생분해는 토양 복원을 위해 특히 중요하다. 생체이물의 생분해 기작은 박테리아의 종류와 환경조건에 따라 달라진다. 호기성 박테리아와 혐기성 박테리아는 서로 다른 대사경로를 통해 생체이물을 분해한다. 호기성 기작은 산화적인바, TCA 회로에 귀착된다. 혐기성 기작은 환원적인데, 아미노산 또는 카르복실기의 생성에 이은 개환(ring cleavage) 및 메탄 생성 반응으로 귀착된다. *Pseudomonas*, *Rhodococcus*, *Nocardia*, *Alcaligenes*, *Mycobacterium*, 그리고 *Arthrobacter*가 생체이물 화합물을 생분해할 수 있는 호기성 박테리아들이다.

질화방향족 화합물의 호기성 생분해에 있어서의 첫 단계는 니트로기의 제거이다. 다음은 산화에 의한 수산기 생성, 개환, 그리고 카르복실기의 생성인데, 이 과정을 거치면서 카르복실기를 가진 유기화합물이 TCA 회로로 들어가 추가로 분해된다. 일례로 p-nitrophenol의 호기성 생분해 과정의 주요 단계들은 다음과 같다.

$$\begin{aligned}&\text{p}-\text{nitrophenol} \rightarrow \text{p}-\text{benzoquinone} \rightarrow \text{hydroquinone} \rightarrow \\ &\text{hydroxy}-\text{muconic acid} \rightarrow \beta-\text{ketoadipate} \rightarrow\rightarrow\rightarrow \text{TCA cycle}\end{aligned} \tag{5.16}$$

아질산기 제거가 첫 단계이며, 개환 반응과 함께 케톤화합물, 알코올, 유기산 생성이 뒤따른다.

나프탈렌 같은 PAH 화합물의 생분해는 카르복실화 및 개환 반응에 의해 시작된다. 이때 생성된 카르복실화 유기화합물들은 TCA 회로에 들어가 추가로 분해된다. PAH 화합물이 가지고 있는 고리의 수와 관능기의 수가 증가할수록 생분해성은 줄어든다.

- 생분해의 첫 단계로 할로겐 그룹이 산화적, 환원적 또는 가수분해 기작에 의해 제거된다.
- 방향족 화합물의 개환이 첫 번째로 이루어지며 뒤이어 지방족 중간생성물의 탈할로겐화가 이루어진다.

할로겐-탄소 간 결합이 깨지는 것은 할로겐화 방향족 화합물의 생분해에 있어서 매우 중요한 단계이다. 생분해 속도는 할로겐 그룹의 수와 종류 그리고 위치에 따라 달라진다. 생분해는 산소(oxic) 조건(산소가 전자수용체), 산소결핍(anoxic) 조건(질산기 또는 황산기가 전자수용체), 또는 무산소성(anaerobic) 조건(산소가 없음) 아래서도 일어날 수 있다. 일염화(monochlorinated) 또는 이염화(dichlorinated) 페놀은 호기성 박테리아에 의해 염화카테콜을 거쳐 분해된다. 통상적으로 염화페놀 화합물은 페놀 모노산소첨가효소(monooxigenase)에 의해 클로로카테콜로 산화되고 이어서 개환 과정을 거쳐 분해된다. 탈염소화는 방향족 고리가 깨진 후에 이루어진다.

생체이물 화합물의 생분해로 인해 더 독성이 강한 중간생성물이 생성될 수도 있다. 서로 다른 대사 능력을 가진 여러 박테리아를 같이 사용한다면 생체이물을 이산화탄소, 물 그리고 염산(또는 질산)으로 완전히 생분해(광물화)할 수도 있다.

5.9 생합성 개요

TCA 회로와 해당과정은 매우 중요한 대사 경로로서 아미노산, 핵산, 지질, 그리고 다당류의 합성에 필요한 중요한 전구체들을 제공한다. 여러 가지 다른 대사 경로들이 있으나 생합성에 관련된 것 하나와 혐기성 대사와 관련된 것 하나를 설명하기로 한다.

이 중 생합성에 관련된 것이 **오탄당-인산**(pentose-phosphate) **경로** 또는 **육탄당-일인산**(hexose-monophosphate (HMP)) **경로**이다(그림 5.7 참조). 기본 원리상 이 경로가 세포에게 에너지를 공급하기 위해 사용될 수 있는 상당량의 환원력을 생산하기는 하나, 이것의 기본 역할은 생합성 반응에 필요한 탄소계 골격물질과 동화작용을 지탱하기 위한 환원력을 마련하는 것이다. 보통 NADH는 에너지 생성 과정에서 사용되는 반면 NADPH는 생합성 과정에 이용된다. HMP 경로는 세 개, 네 개, 다섯 개, 그리고 일곱 개의 탄소 원자를 갖는 일련의 저분자 유기화합물을 만들어 준다. 이때 생성된 화합물들은 특히 리보스, 퓨린계 화합물, 보조효소, 그리고 방향족 아미노산의 합성에 중요하다. 생성된 GA-3P가 산화되어 피루베이트로 되는 과정과 피루베이트가 다시 TCA 회로를 거쳐 산화되는 과정에서 에너지가 발생될 수 있다.

많은 양의 세포 구성 물질을 소모하기는 하나 생합성에 있어서 매우 중요한 부분의 하나가 아미노산의 합성이다. 여러 아미노산들은 중요한 상품이기도 한데, 상업적으로 성공하기 위해서는 해당 아미노산의 과생산(overproduction, 4장 '세포의 작용' 참조)을 야기하기 위한 대사 경로의 인위적인 변경이 매우 중요하다. 20개의 아미노산은 몇 가지 족(family)으로 나뉠 수 있다. 그림 5.8은 이들 족과 그것들이 연유한 물질들을 요약하여 보여주고 있다. 아미노산 중 히스티딘은 그림 5.8에 포함되지 않았다. 히스티딘의 생합성 경로는 매우 복잡하여 다른 것들과 용이하게 구별될 수가 없다. HMP 경로로부터 생성된 ribose-5-phosphate가 히스티딘 합성의 주요 전구체이다.

세포는 아미노산과 핵산들은 물론 지질과 다당류도 합성할 수 있어야 한다. 이때의 주요 전구체는 아세틸-CoA이다(그림 5.5의 TCA 회로 참조). 지방산의 합성은 아세틸-CoA의 단계적인 적립에 의한다. 이산화탄소 또한 지방산의 생합성에 있어서 빼놓을 수 없는 성분이다. 아세틸-CoA와 이산화탄소로부터 malonyl-CoA가 생성된다. malonyl-CoA는 탄소 원자 세 개를 포함하는 중간생성물이다. 이러한 이산화탄소의 필요성 때문에 상업적인 발효에 있어서 세심한 배려 없이 조업할 경우 스타트업 또는 지연기(lag phase, 6장 '세포의 생

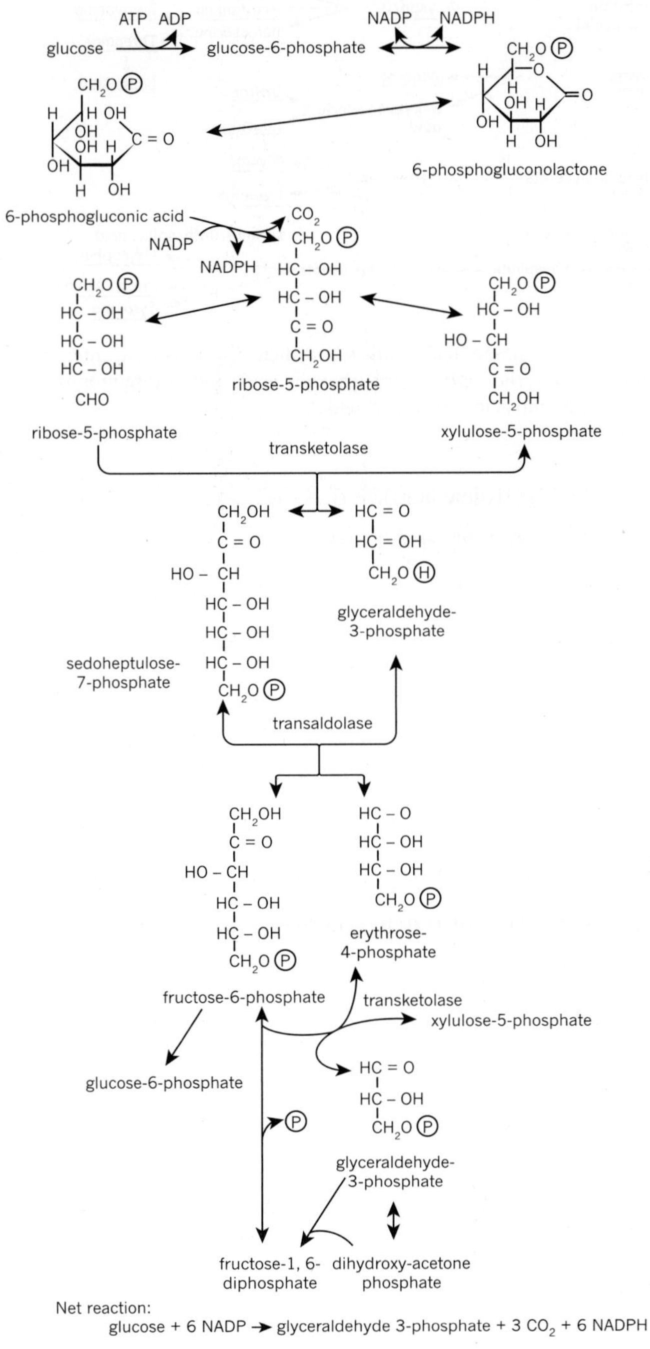

Figure 5.7. The pentose–phosphate pathway of glucose oxidation. (R. Y. Stainer, J. L. Ingraham, M. L. Wheelis, P. R. Painter, *The Microbial World*, 5th ed., © 1986. Reprinted and electronically reproduced by permission of Pearson Education, Inc., New York, NY.)

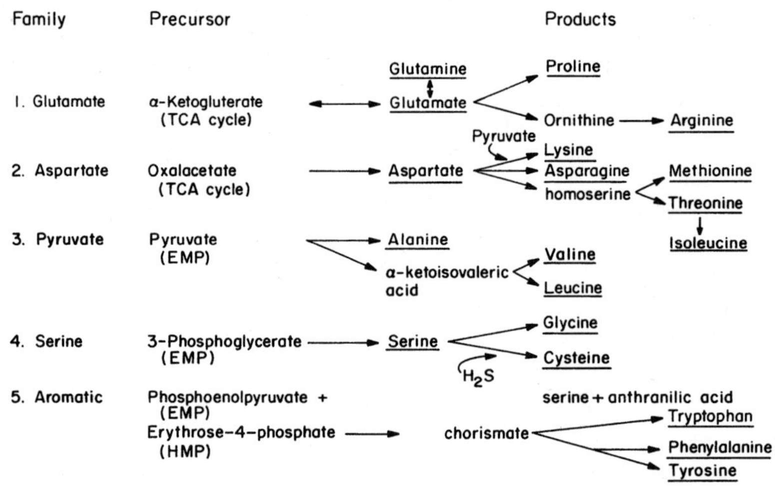

Figure 5.8. Summary of the amino acid families and their synthesis from intermediates in the Embden–Meyerhof–Parnas, tricarboxylic acid, and hexose monophosphate pathways. The amino acids are underlined.

장' 참조)가 길어질 수도 있다. 올레인산(oleic acid)과 같은 주요 지질 물질을 포함하는 배지를 사용하면 이산화탄소를 필요로 하지 않게 될 수도 있다.

대부분의 생물에 있어서 포도당이나 기타 육탄당으로부터의 다당류 합성은 대개 쉽게 이루어진다. 그러나 탄소-에너지원이 여섯 개 이하의 탄소 원자를 가질 경우 특별한 반응이 필요하다. 포도당을 만들기 위해 반드시 EMP 경로가 역방향으로 진행되어야 한다. 이때 포도당의 생성 과정을 포도당 신생합성(gluconeogenesis)이라 한다. EMP 경로의 몇몇 주요 단계가 비가역적이므로 세포는 에너지를 소모하는 반응들을 동원해서라도 이러한 비가역 반응들을 우회하여야 한다. 피루베이트는 여러 가지 대사 경로로부터 합성될 수 있으므로 이것이 시발점이 된다. 해당과정에 있어서는 PEP를 피루베이트로 바꾸어 주는 마지막 단계가 비가역적이다. 포도당 신생합성에서는 PEP가 피루베이트로부터 다음의 반응을 거쳐 생성된다.

$$\text{pyruvate} + CO_2 + \text{ATP} + H_2O \longrightarrow \text{oxaloacetate} + \text{ADP} + \text{Pi} + 2H^+ \quad (5.17)$$

$$\text{oxaloacetate} + \text{ATP} \longrightarrow \text{PEP} + \text{ADP} + CO_2 \quad (5.18)$$

상기 두 반응은 다음과 같이 요약된다.

$$\text{pyruvate} + 2\ \text{ATP} + H_2O \longrightarrow \text{PEP} + 2\ \text{ADP} + 2\ H^+ \quad (5.19)$$

fructose-l,6-diphosphate가 생성되기까지 해당과정의 반응들은 (적절한 조건하에서) 가역적이다. 포도당 신생합성이 완결되기 위해서는, EMP 경로에는 없는 두 가지 효소(fructose-

1,6-diphosphatase, glucose-6-phosphatase)가 필요하다. 따라서 이 두 효소와 함께 식 5.19의 반응을 완결시킬 수 있는 능력을 가진 생물은 여러 종류의 비육탄당 탄소-에너지원을 이용하여 자랄 수 있을 것이다.

지금까지는 호기성 대사에 중점을 두어 왔다. 이제까지 설명된 많은 반응들은 혐기성 조건하에서도 작동될 수 있다. 혐기성 대사의 기본 역할은 대부분의 경우 산소가 없고 기타 외부 전자 수용체가 없는 경우에 에너지를 생성하는 것이다. 세포는 환원력의 생산과 소비 간의 균형을 맞추어야 한다. 다음 절에서는 지금까지 논의되었던 대사 경로들이 혐기성 대사라는 제약조건에 맞추어 어떻게 적응되는지를 알아보기로 한다.

5.10 혐기성 대사 개요

산소가 없는 상태에서의 에너지 생산은 **비산소 호흡**(anaerobic respiration)에 의해 달성될 수 있다(5.1절 참조). 호기성 대사에 쓰였던 대사 경로들이 이용될 수 있다. 다만 기본적인 차이는 산소를 대신하는 전자 수용체를 사용한다는 점이다. 가장 훌륭한 예는 질산기(NO_3^-)의 이용이다. 이로부터 생성되는 아산화질소(N_2O^-) 역시 전자 수용체 역할을 하며 결과적으로 질소(N_2)를 생성한다. **탈질소**(denitrification)라고 알려진 이러한 과정은 환경적으로 중요하다. 여러 최신 생물학적 폐수처리 공정이 탈질소를 촉진시키기 위한 목적으로 이루어지고 있다.

많은 생물들이 전자 전달 체인 없이도 성장한다. 이렇듯 전자 전달 체인 없이 에너지를 생산하는 경우 이를 **발효**(fermentation)라고 한다. 현재 발효라는 말이 보다 넓은 의미로 사용되기는 하나, 위의 정의가 보다 정확한 것이며, 발효라는 용어 원래의 의미이기도 하다. 전체적으로 전자의 득실이 없기 때문에 유기 기질은 서로 효과가 상쇄되는 일련의 산화와 환원 반응들을 거쳐야 한다. 이러한 제약은 NAD^+와 $NADP^+$가 NADH와 NADPH로 전환되는 속도가 NADH와 NADPH가 NAD^+와 $NADP^+$로 바뀌는 속도와 같아야 됨을 의미한다. 예를 들어, EMP 경로에 있어서 피루베이트 1몰이 만들어질 때 환원되는 2몰의 NAD는 피루베이트가 산화되어 다른 물질로 될 때 다시 산화된다. 두 가지 가장 좋은 예가 젖산과 에탄올의 생산이다(그림 5.9 참조). 젖산과 에탄올 모두가 생물공정으로부터 얻어지는 상업적으로 중요한 제품이다. 아세톤-부탄올 발효, 프로피온산, 아세트산(식초용), 2,3-부탄디올, 이소프로판올, 글리세롤도 상업적으로 중요한 발효 제품이다.

그림 5.10에는 이들 발효 산물 중 몇 가지가 생성되는 과정이 요약되어 있다. 피루베이트는 이러한 경로들에 있어서 주요 대사 물질이다. 대부분의 경우 피루베이트는 해당과정

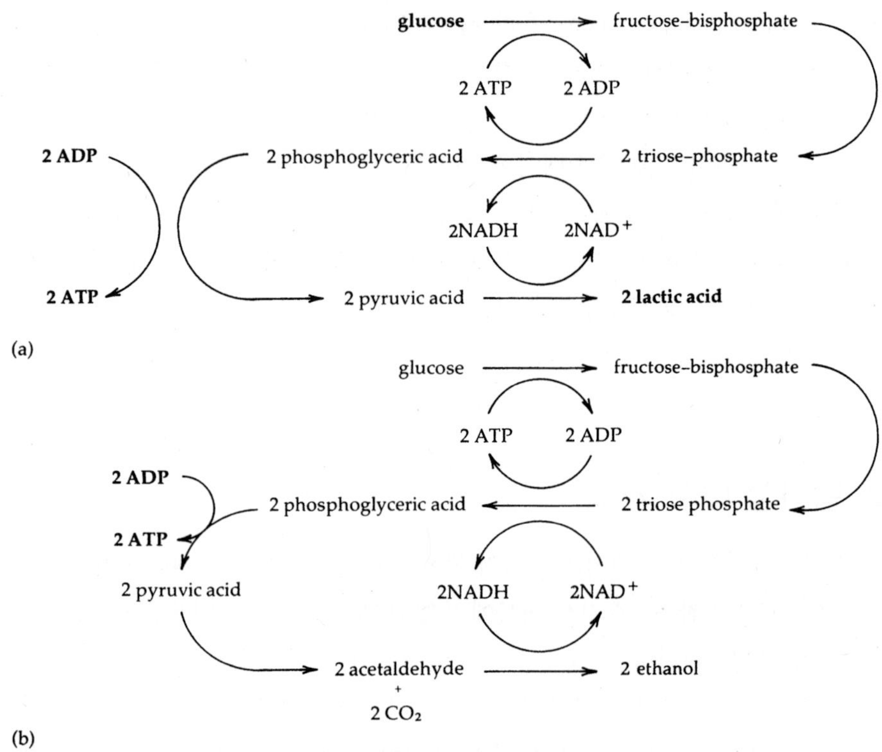

Figure 5.9. Comparison between (a) lactic acid and (b) alcoholic fermentations. (R. Y. Stainer, J. L. Ingraham, M. L. Wheelis, P. R. Painter, *The Microbial World*, 5th ed., © 1986. Reprinted and electronically reproduced by permission of Pearson Education, Inc., New York, NY.)

으로부터 만들어진다. 그러나 피루베이트 생성을 위한 대체 경로들이 존재한다. 이 중 가장 일반적인 것이 **Entner-Doudoroff 경로**이다(그림 5.11 참조). 이 경로는 박테리아의 일종인 *Zymomonas*에 의한 포도당의 발효에 있어서 중요하다. *Zymomonas*를 이용하여 포도당을 에탄올로 만드는 것은 상업적인 관심거리가 될 만한 잠재력이 있는데, 이는 Entner-Doudoroff 경로를 통해서는 포도당 1몰당 단지 1몰의 ATP가 생성되기 때문이다. 이러한 낮은 에너지 효율로 말미암아 효모에 비해 더 많은 포도당이 에탄올로 전환되는 반면 더 적은 양이 균체를 만드는 데 사용되는데, 이로 인해 효모에 비해 더 높은 비에탄올 생산 속도를 보인다.

어떤 생물체도 그림 5.10에 나타나 있는 모든 생성물을 만들지는 못한다. 생물의 종류에 따라 각기 다른 대사 경로의 조합을 갖기 마련이다. 따라서 부산물의 생성을 최소화하면서 원하는 산물의 수율을 극대화시켜 줄 미생물을 선정하기 위해서는 넓은 범위에 걸쳐 여러 종류의 미생물을 스크리닝하는 것이 중요하다.

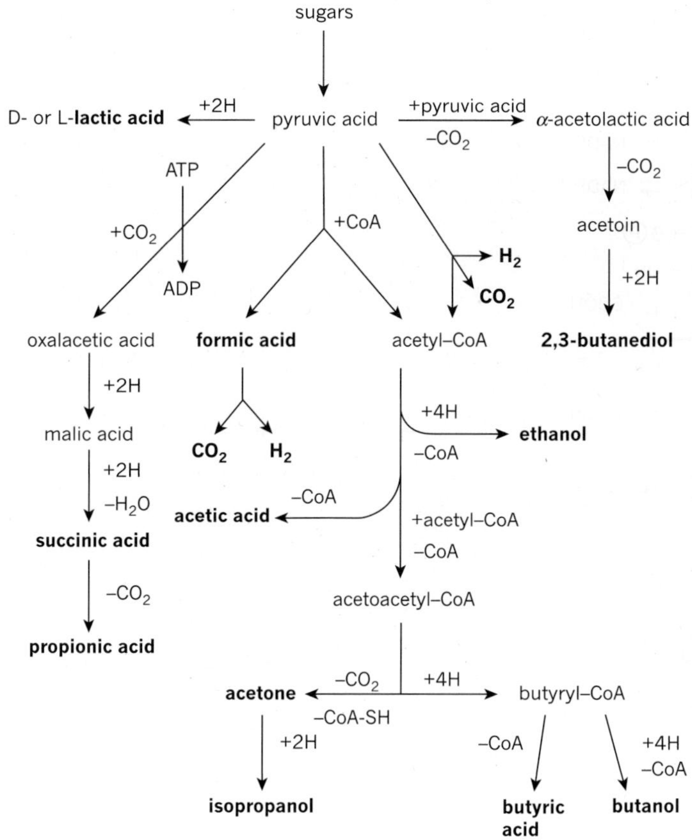

Figure 5.10. Derivations of some major end products of the bacterial fermentations of sugars from pyruvic acid. The end products are shown in boldface type. (R. Y. Stainer, J. L. Ingraham, M. L. Wheelis, P. R. Painter, *The Microbial World*, 5th ed., © 1986. Reprinted and electronically reproduced by permission of Pearson Education, Inc., New York, NY.)

5.11 독립영양대사 개요

지금까지는 주로 **종속영양적 생장**(heterotrophic growth)(예, 유기물질이 탄소-에너지원의 역할을 하는 경우)에 관심을 두어 왔다. 그러나 **독립영양 생물**(autotroph)은 거의 모든 탄소를 CO_2로부터 취한다. 대부분의 독립영양 생물[광합성 독립영양 생물(photoautotroph) 또는 화학합성 독립 영양생물(chemoautotroph)]은 ribulose bisphosphate carboxylase에 의해 촉진되는 반응에 의해 CO_2를 잡아들이거나 고정화한다. ribulose bisphosphate carboxylase는 ribulose-l,5-diphosphate, CO_2, 그리고 H_2O를 2분자의 glyceric acid-3-phosphate로 전환시킨다. 이것이 **Calvin**(또는 Calvin-Benson) **회로**에 있어서의 주요 단계이다. 이 회로의 내용이 그림 5.12에 요약되어 있는데 이 회로는 독립영양적 생장을 위한 구성단위 물질을 공급한다.

독립영양적 생장을 위한 에너지는 빛(광합성 독립영양 생물) 또는 화학물질(화학합성

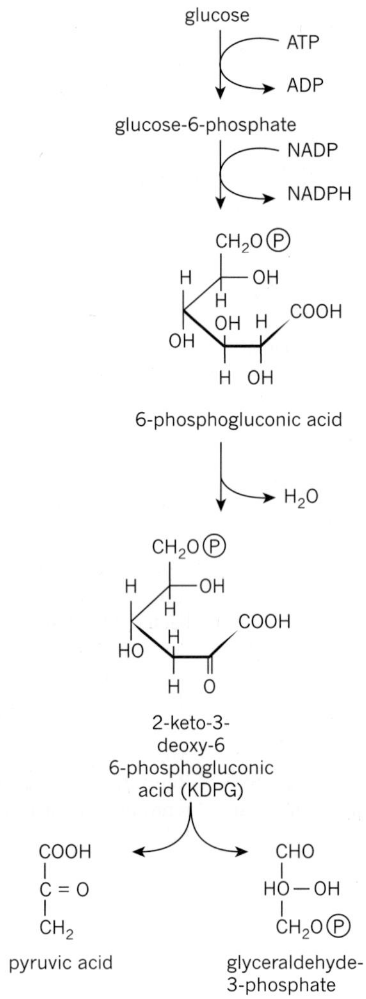

Figure 5.11. Entner–Doudoroff pathway. (R. Y. Stainer, J. L. Ingraham, M. L. Wheelis, P. R. Painter, *The Microbial World*, 5th ed., © 1986. Reprinted and electronically reproduced by permission of Pearson Education, Inc., New York, NY.)

독립영양 생물)로부터 공급될 수 있다. 여기서는 광합성 독립영양 생물의 생장이라는 특별한 경우에 대하여 생각하기로 한다.

광합성(photosynthesis)은 두 단계를 거쳐 일어나는데 전체 반응은 다음과 같다.

$$6\ CO_2 + 6\ H_2O \xrightarrow{\text{light}} C_6H_{12}O_6 + 6O_2 \tag{5.20}$$

광합성의 첫 단계는 **광단계**(light phase)로 알려져 있다. 빛 에너지가 포집되어 ATP라는 형태의 생화학적 에너지와 NADPH와 같은 환원력으로 바뀐다. 이 과정에서 물 분자로부터 수소 원자가 분리되어 NADP를 환원하는 데 쓰이며 분자 상태의 산소(molecular oxygen)가 생성된다. 동시에 ADP가 인산화되어 ATP가 된다. 광합성의 광단계는 다음 식으로 표현된다.

$$H_2O + NADH^+ + P_i + ADP \xrightarrow{\text{light}} \text{oxygen} + NADPH + H^+ + ATP \tag{5.21}$$

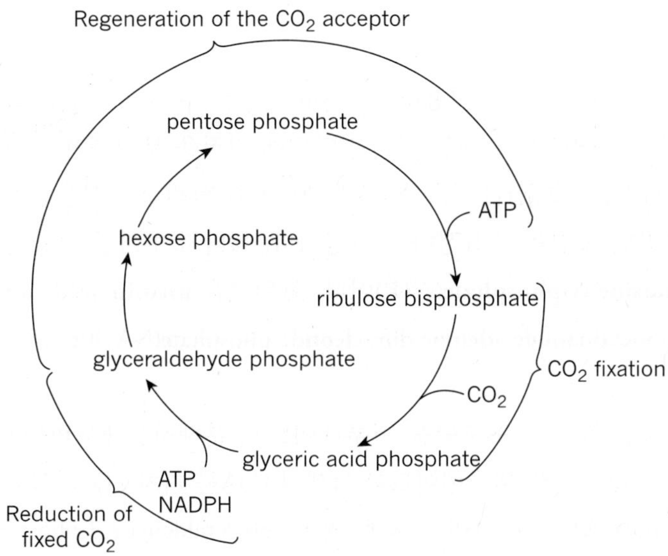

Figure 5.12. Schematic representation of the Calvin–Benson cycle, illustrating its three phases: CO_2 fixation, reduction of fixed CO_2, and regeneration of the CO_2 acceptor. (R. Y. Stainer, J. L. Ingraham, M. L. Wheelis, P. R. Painter, *The Microbial World*, 5th ed., © 1986. Reprinted and electronically reproduced by permission of Pearson Education, Inc., New York, NY.)

두 번째 단계에서는 첫 단계로부터 얻어진 고에너지 화합물들(ADPH와 ATP)이 CO_2를 환원시켜 포도당으로 만드는 데 필요한 에너지원으로 사용된다(그림 5.12 참조). 동시에 NADPH는 $NADP^+$로 재산화되며 ATP는 ADP와 인산기로 분해된다. 이 단계를 **암단계**(dark phase)라 하며 다음의 반응식으로 설명할 수 있다.

$$CO_2 + NADPH + H^+ + ATP \longrightarrow \tfrac{1}{6}glucose + NADP^+ + ADP + P_i \tag{5.22}$$

원핵생물과 진핵생물 모두 광합성에 의해 CO_2를 고정화할 수 있다. 원핵생물(예, 시아노박테리아)의 경우 겹겹이 층을 이룬 막 구조에서 광합성이 일어나는 반면, 진핵생물에서는 **엽록체**(chloroplast)라는 기관에서 광합성이 수행된다. 두 시스템 모두 빛을 흡수하기 위한 엽록소(chlorophyll)를 갖고 있다. 엽록소가 빛을 흡수하면 전자적 여기상태(electronic excitation)가 야기된다. 여기상태의 엽록소 분자는 **형광현상**(fluorescence)을 거치면서 광자(light quantum)를 내놓으며 평상상태(normal state)로 돌아간다. 여기상태의 엽록소는 일련의 효소들에게 전자를 넘겨주는데 전자가 이들 효소 체인을 거쳐 가는 동안 ATP가 생성된다. 이러한 ATP 생성 반응을 **광인산화반응**(photophosphorylation)이라고 부른다. 이 과정에서의 전자 운반체는 페로독신(ferrodoxin)과 몇 개의 사이토크롬(cytochrome)이다.

광단계는 두 개의 광반응시스템(photosystem)을 갖는다. 광반응시스템 I(PS I)은 700 nm보다 짧은 파장의 빛에 의해 여기되어 NADPH를 만든다. 광반응시스템 II(PS II)는 680 nm보다 짧은 파장의 빛을 필요로 하며 H_2O를 $\frac{1}{2}O_2$ + $2H^+$로 분리시킨다. 이때 생성된 전자가 PS II로부터 PS I으로 흘러가는 과정에서 ATP가 생성된다.

5.12 요약

세포 대사는 **이화작용**(catabolism)과 **동화작용**(anabolism)이라는 두 개의 기본적인 기능과 관련되어 있다. 이화작용은 에너지와 환원력을 얻기 위해 기질을 분해하여 높은 산화 상태의 화합물로 만드는 과정을 포함한다. 동화작용은 에너지와 환원력을 사용하여 단순한 화합물로부터 보다 복잡한 물질을 생합성하는 과정이다. 에너지의 저장과 방출을 담당하는 핵심 물질은 **adenosine triphosphate**(ATP)이다. 환원력은 **nicotinamide adenine dinucleotide**(NADH) 또는 **nicotinamide adenine dinucleotide phosphate**(NADPH)에 저장된다.

가장 중요한 세 가지 대사 경로는 포도당을 피루베이트로 분해하는 **EMP**(Embden-Meyerhof-Parnas) 경로 또는 **해당과정**, 피루베이트를 아세틸-CoA를 거쳐 CO_2와 H_2O로 산화시키는 **tricarboxylic acid**(TCA) 회로, 그리고 최종산물로 glyceraldehyde-3-phosphate를 생성하고, 여러 가지의 탄소계 골격물질(C_3, C_4, C_5, C_6, C_7)을 glucose-6-phosphate로부터 생성시키는 **오탄당-인산**(pentose-phosphate) 또는 **hexose-monophosphate**(HMP) 경로이다. 세 가지 모두 물질의 분해와 생합성 역할을 할 수 있지만 EMP 경로와 TCA 회로는 에너지 발생을 위한 주요 수단이고, HMP 경로는 생합성에 직접 필요한 환원력과 탄소계 골격물질을 공급하는 핵심 역할을 수행한다. 이 장에서는 상기 대사 경로들과 아미노산, 지방산, 다당류 생합성 간의 관계를 간략히 고찰하였다. 탄소원이 육탄당을 포함하지 않은 경우 다당류를 합성하기 위해서는 피루베이트를 포도당으로 전환시켜 주는 것이 필요한데 이를 **포도당 생합성**(glucogenesis)이라 한다.

환원력은 **전자 전달 체인**(electron transport chain)을 통한 ATP의 생성에 사용될 수도 있다. 산소가 최종 전자 수용체인 경우 그 과정을 **호기성 호흡**(aerobic respiration)이라 한다. 산소 이외의 전자 수용체가 사용되는 경우 이를 **비산소 호흡**(anaerobic respiration)이라 한다. 에너지를 얻기 위해 전자 전달 체인을 이용하지 않는 세포는 **발효**(fermentation)를 이용한다. **기질수준 인산화**(substrate-level phosphorylation)는 ATP를 공급한다. 발효 대사의 최종 산물들(예, 에탄올, 아세톤-부탄올, 젖산)은 상업적으로 중요한데, 세포가 환원력의 생성과 소비 간의 균형을 맞추기 위해 만들어진다.

독립영양 생물(autotrophic organism)은 CO_2를 탄소원으로 사용하며 **Calvin**(또는 Calvin-Benson) **회로**에 의해 CO_2의 탄소를 세포물질로 고정화시킨다. 에너지는 빛(**광합성 독립영양 생물**) 또는 무기 화합물의 산화(**화학합성 독립영양 생물**)로부터 얻어진다. 그림 5.13에 주요 대사 경로들과 상호 연관관계가 요약되어 있다. 유전공학과 같은, 새로이 개발된 생

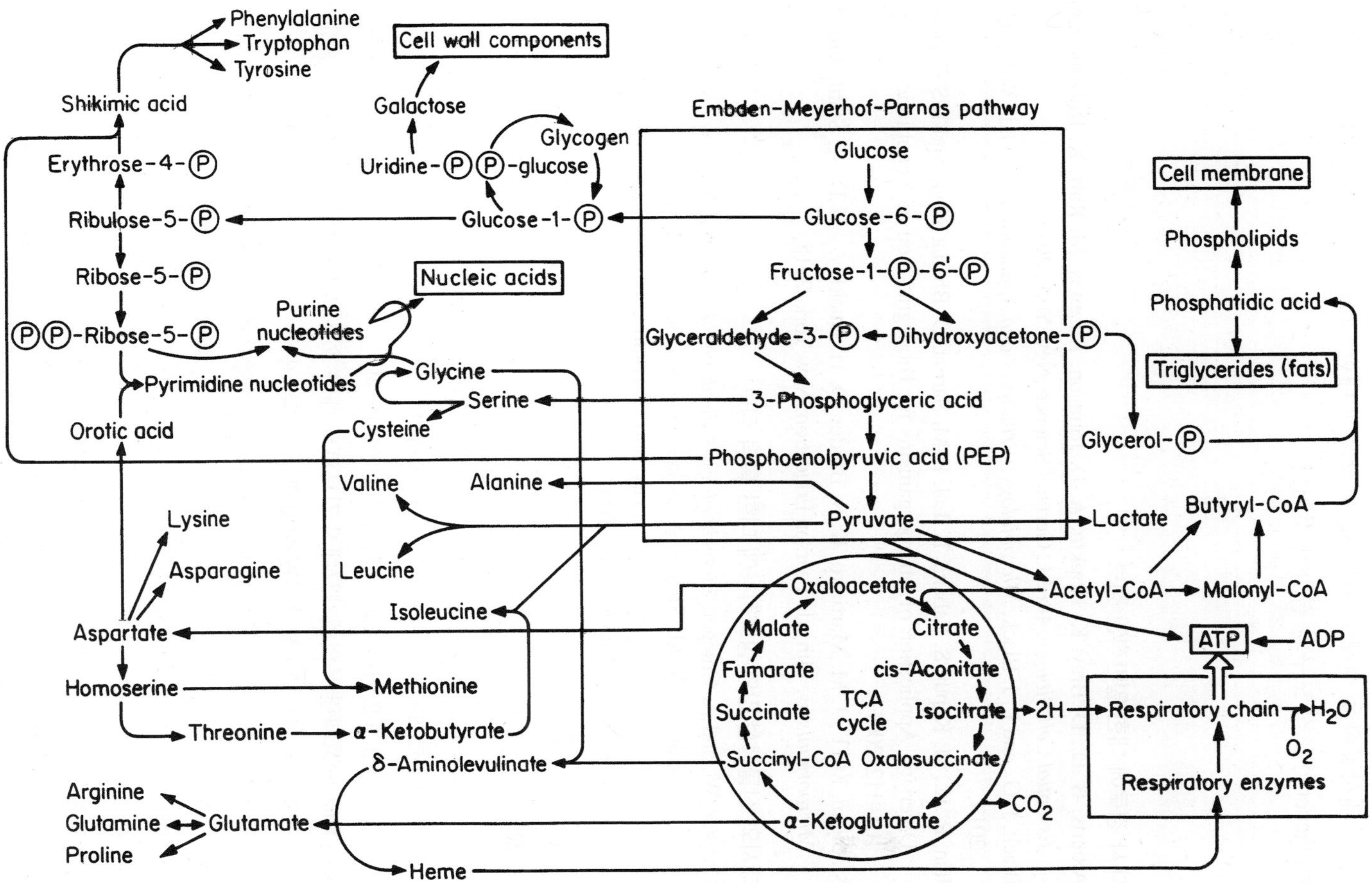

Figure 5.13. Interrelationship of major metabolic pathways in *Escherichia coli.* (Adapted from J. D. Watson, *Molecular Biology of the Gene*, 2d ed., W. A. Benjamin, Inc., New York, 1970.)

화학적 도구에 의해 대사 경로가 바뀔 수 있다. 나중에 이 책에서 대사공학에 대하여 다루는데, 대사공학은 현재 우리의 대사 경로에 대한 지식을 최신의 유전자 또는 후성 유전자(epigenetic) 조작 도구와 결합한 것이다.

참고문헌

대사 경로에 대한 일반적인 정보

Alberts, B. D., D. Bray, K. Hopkin, A. D. Johnson, J. Lewis, M. Raff, K. Roberts, and P. Walter, *Essential Cell Biology*, 4th ed., Garland Science, New York, 2013.

Black, J. G., and L. J. Black, *Microbiology: Principles and Applications*, 9th ed., Wiley, Hoboken, NJ, 2014.

Jain, R. K., M. Kapur, S. Labana, B. Lal, P. M. Sarma, D. Bhattacharya, and I. S. Thakur, Microbial Diversity: Application of Microorganisms for Biodegradation of Xenobiotics, *Curr. Sci*. 89(1): 101–112, 2005.

Madigan, M. T., J. M. Martinko, K. S. Binder, D. H. Buckley, and D. A. Stahl, *Brock Biology of Microorganisms*, 14th ed., Pearson Education, New York, 2015.

대사와 산물생성 간의 상호작용에 대한 특정 정보

Crueger, W., and A. Crueger, *Biotechnology. A Textbook of Industrial Microbiology* (T. D. Brock, ed., English edition), 2d ed., Sinauer Associates, Sunderland, MA, 1990.

Waites, M. J., N. L. Morgan, J. S. Rockey, and G. Higton, *Industrial Microbiology: An Introduction*, Blackwell Science, Malden, MA, 2001.

연습문제

5.1 해당과정에 있어서의 ATP 생성, ATP 소모 단계를 열거하라.

5.2 TCA 회로의 주요 기능을 간략히 설명하라.

5.3 해당과정에 있어서 주요 제어 부위는 어디인가?

5.4 Pasteur 효과란 무엇인가? (대사 경로로의 대사 흐름 조절이라는 측면에서 설명하라.)

5.5 포도당이 피루베이트로부터 어떻게 합성되는가?

5.6 광합성에 있어서 암반응(dark reaction)과 광반응(light reaction)의 주요 기능을 설명하라.

5.7 미생물과 식물에서 일어나는 광합성 반응 간의 주된 차이점들은 무엇인가?

5.8 아미노기전달이란 무엇인가? 예를 제시하라.

5.9 Crabtree 효과를 간략히 설명하라.

5.10 탄화수소의 호기성 대사에 있어서의 주요 단계들은 무엇인가? 최종 산물들은 무엇인가?

5.11 질소 고정화란 무엇인가? 호기성과 혐기성 질소 고정화의 메커니즘을 비교하라.

5.12 할로겐화방향족 화합물의 호기성 생분해의 주 반응 메커니즘은?

5.13 질화방향족 화합물의 분해에 있어서의 주요 반응 단계는?

6

세포의 생장

미생물에 있어서 생장은 그들의 물리화학적 환경에 대한 가장 기본적인 반응이다. 생장은 복제와 세포 크기 변화의 결과이다. 미생물들은 다양한 물리적, 화학적, 영양적 조건하에서 생장할 수 있다. 미생물들은 적절한 배지 내에서 영양소들을 배지로부터 흡수하여 이들을 생화합물(biological compound)로 만든다. 이들 영양소 중의 일부는 에너지 생산에, 그리고 일부는 생합성과 산물 제조에 사용된다. 영양소를 이용한 결과 시간이 지남에 따라 미생물 자체의 질량이 늘어나는데 이는 다음과 같이 간단하게 설명할 수 있다.

$$\begin{gathered}\text{substrates} + \text{cells} \longrightarrow \text{extracellular products} + \text{more cells} \\ \Sigma \mathrm{S} + \mathrm{X} \longrightarrow \Sigma \mathrm{P} + n\mathrm{X}\end{gathered} \tag{6.1}$$

미생물의 생장은 자가촉매(autocatalytic) 반응의 좋은 예가 된다. 생장 속도는 세포 농도와 직접 관련이 있으며, 세포의 재생산은 이러한 생장 반응의 결과이다.

미생물의 생장 속도는 **비성장 속도**(specific growth rate)로 특징지어지며 이는 다음과 같이 정의된다.

$$\mu_{\text{net}} \equiv \frac{1}{X}\frac{dX}{dt} \tag{6.2a}$$

$$\mu_{\text{net}} = \mu_{\text{g}} - k_d \tag{6.2b}$$

여기서 X는 균체 농도(g/l), t는 시간(h), 그리고 μ_{net}은 알짜 비성장 속도(h^{-1})이다. 알짜 비성장 속도는 전체 비성장 속도 μ_g(h^{-1})와 내인성 대사 또는 사멸에 의한 균체 손실 속도 k_d (h^{-1}) 간의 차이이다.

미생물 생장은 X뿐만 아니라 세포수 농도 N으로도 설명될 수 있다.

$$\mu_R \equiv \frac{1}{N}\frac{dN}{dt} \tag{6.3}$$

여기서 μ_R은 알짜 비복제 속도(h^{-1})이다. 세포 사멸을 무시한다면, μ'_R의 기호를 사용한다. 세포 사멸이 무시할 만한 경우 μ_R과 μ'_R은 서로 같다.

비기질 소모 속도(q_s)와 비생산 속도(q_p)도 비성장 속도와 유사한 방법으로 다음과 같이 정의된다.

$$q_s = -\frac{1}{X}\frac{dS}{dt} = -\frac{1}{X}\frac{\Delta S}{\Delta t} \tag{6.4}$$

$$q_p = \frac{1}{X}\frac{dP}{dt} = \frac{1}{X}\frac{\Delta P}{\Delta t} \tag{6.5}$$

여기서 q_s와 q_p는 각각 g 기질/g 바이오매스 그리고 g 생성물/g 바이오매스의 단위를 가진다.

이 장에서는 환경이 바뀜에 따라 비성장 속도가 어떻게 변하는가를 이야기하려고 한다. 우선 생장 조건이 계속해서 바뀌는 회분식 배양에 있어서의 세포 생장에 대해 생각해 보기로 하자.

6.1 회분식 생장

회분식 생장(batch growth)이란 초기에 한 번 배지를 채운 후 더 이상의 영양물질의 공급이나 제거가 없는 반응기에서 세포를 배양하는 것을 가리킨다. 이러한 형태의 배양은 단순하기 때문에 실험실과 산업계 모두에서 널리 사용된다.

6.1.1 세포 농도의 정량

배양액 중의 세포 농도의 정량은 미생물 생장에 포함된 반응속도(kinetics)와 양론적인 관계(stoichiometry)의 결정에 있어서 필수적이다. 세포 농도의 정량에 쓰이는 방법들은 직접적인 것과 간접적인 것의 두 가지로 나누어질 수 있다. 직접적인 방법은 많은 경우에 배지 내의 부유 고형물질이나 기타 측정을 방해하는 물질 때문에 적용이 곤란하다. 필요한 정보의 유형과 대상 시스템의 성질에 따라 세포 수와 질량, 둘 중의 하나를 정량하게 된다. 하나만을 측정할 경우 세포의 질량 농도(mass concentration)를 세포의 수밀도(number density)에 비해 더 빈번히 사용하나 두 가지를 조합하는 것도 종종 바람직하다.

6.1.1.1 세포 수밀도의 결정

직접적으로 세포의 수를 세는 경우, Petroff-Hausser 계수기 또는 **헤모사이토미터**(hemocytometer)가 자주 사용된다. 이것은 간격이 일정하게 정해진 격자구조(grid)가 배양 챔버(culture chamber) 위에 있어서 현미경을 통해 한 칸(grid square)당의 세포 수를 직접 세는 방법이다. 통계적으로 신뢰성을 갖기 위해서는 적어도 20칸 이상을 세어 평균을 내야 한다. 배지는 투명해야 하며 세포를 가리거나 세포로 오인될 수 있는 입자들이 없어야 한다. 살아 있는 세포와 죽은 세포를 구별하기 위하여 염색을 이용하기도 한다. 이 방법은 세포가 응집되지 않는 배양계에 적합하다. 사상곰팡이(mold)는 그들이 갖는 팡이실 성질(mycelial nature) 때문에 현미경을 사용한 계수가 어렵다.

산 세포의 수를 세는 데에는 한천을 이용하여 젤(gel)화시킨 적절한 생장 배지를 담은 판상의 용기인 페트리 접시(Petri dish)를 사용한다(**살았다**는 것은 재생산 능력이 있다는 의미로 사용된다). 배지 시료를 희석하여 한천 표면에 퍼뜨린 후 페트리 접시를 항온배양(incubation)한다. 결과는 콜로니 형성 단위(colony-forming unit (CFU))로 나타내진다. 세포들이 서로 뭉치는 경우에는 한 개의 세포로부터 단일 콜로니가 형성되지 못할 수도 있다. 이 방법(**판 계수법**(plate counts))은 박테리아나 효모에는 적합하지만 사상균에는 덜 적합하다. 특정 배지가 다른 것에 비해 생장을 더 잘 촉진시킬 수 있으므로 배지 선택에 주의를 기울여야 한다. 배지 조성에 따라 **산 세포 계수값**(viable count)이 달라질 수도 있다. 한 개의 세포로부터 눈에 보이는 콜로니가 형성되기 위해서는 25세대 정도가 소요된다. 알맞은 배지와 배양 조건이 주어지지 않는 경우 대사적으로는 활성이 있는 세포 중의 일부가 콜로니를 형성하지 못할 수도 있다.

대체 방법의 하나로서 현미경 슬라이드 위에 작은 고리를 올려놓은 후 한천 젤 배지를 붓고, 이렇게 만들어진 소형 배양 접시 표면에 세포를 퍼뜨리는 방법이 있다. 이 방법은 판 계수법과 같은 제약조건을 갖지만 보다 신속하고 제한된 재생산 능력만을 갖는 세포들을 셀 수 있다.

또 하나의 방법은 세포가 갖는 비교적 높은 전기 저항에 기초한다(그림 6.1). 상품화된 **입자 계수기**(particle counter)는 두 개의 전극을 가지고 있으며 전해 용액을 사용한다. 전극 하나는 오리피스(orifice)가 있는 관 내에 위치한다. 관 내에 진공을 걸어 주면 세포를 포함하는 전해용액이 오리피스를 통해 빨려 들어간다. 전극 간에 전위 차를 걸어 준다. 세포가 오리피스를 통과할 때 전기 저항이 증가하고 이로 인해 전위 차에 맥동 현상(pulse)이 생긴다. 맥동 수가 바로 입자의 수가 된다. 미리 정해진 부피의 시료에 대해 계수가 행해지므로 입자 농도를 알 수 있다. 맥동의 높이로부터 세포의 크기를 알 수 있다. 세포 크기에 따라 다

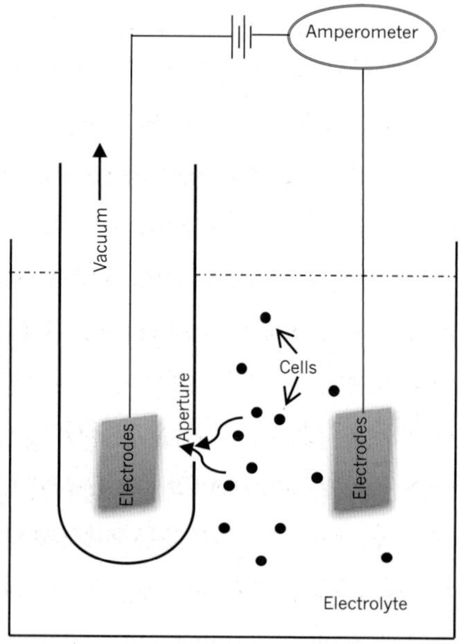

Figure 6.1. Schematic of a particle counter using the electrical resistance method to measure the cell number and cell size distribution.

른 크기의 오리피스를 갖는 장치를 사용한다. 이 방법은 입자가 없는 배지 내에 각각 떨어져 존재하는 세포에 적합하며 사상균에는 사용할 수 없다.

용액 내의 입자 수는 산란광의 세기를 광전관(phototube)을 이용하여 측정함으로써 정할 수 있다[네펠로미터로 측정(nephelometry)]. 빛이 배양액 시료를 통과하고 난 후 시료 중의 세포들에 의해 빛이 산란된 결과를 광전관이 측정한다. 산란광의 세기는 세포 농도에 비례한다. 이 방법은 세포나 입자의 농도가 충분히 낮을 때 좋은 결과를 나타낸다.

6.1.1.2 세포 질량 농도의 결정

세포의 **건조중량**(dry weight)을 재는 것이 세포 질량 농도를 결정하기 위해 가장 보편적으로 쓰이는 **직접법**(direct method)이며, 고형물이 없는 배지에서 자라는 세포의 경우에만 적용이 가능하다. 세포가 아닌 당밀 중의 고형물, 셀룰로오스 또는 옥수수 침출액(corn steep liquor) 중의 고형물질 등이 있는 경우 건조중량 측정법은 부정확하다. 보통 시료 배양액을 원심분리 또는 여과한 후 완충용액 또는 물로 세척한다. 젖은 상태의 세척된 세포를 80°C에서 24시간 동안 건조시킨 후 무게를 잰다.

충전 세포 부피(packed cell volume)는 배양액 중의 세포 농도를 신속히 그러나 대충 추산하기 위해 사용된다(예, 항생제의 상업적 생산에서). 배양액을 미리 눈금이 매겨진 점감관(tapered tube)에 넣어 표준 조건(회전 속도 및 시간)하에서 원심분리한 후 세포가 차지하는 부피를 측정한다.

또 하나의 빠른 방법은 시료 배양액 중에 떠 있는 세포가 빛을 흡수하는 성질을 기초로 한다. 시료를 투과한 빛의 세기를 분광계(spectrometer)를 사용하여 잰다. 배양액의 탁도(turbidity) 또는 **광학밀도**(optical density)의 측정은 다른 고형물질 또는 빛을 흡수하는 물질이 없을 경우에 신속 저렴하고도 간단한 세포 밀도 추정 방법이다. 시료실을 통과하는 빛의 투과 정도는 세포 밀도와 시료실 두께의 함수이다. 빛의 투과는 흡수와 산란의 두 가지 현상에 의해 영향을 받는다. 색소를 갖는 세포는 그렇지 않은 세포와는 다른 결과를 야기한다. 배지 성분 물질에 의한 배경 흡광도(background absorption)도 고려해야 한다. 배지는 기본적으로 입자가 없어야 한다. 제대로 된 적용 과정은 배지 성분에 의한 흡광을 최소화하는 파장의 사용(600 ~ 700 nm의 파장이 종종 사용된다), 배지의 배경 흡광도를 보정하기 위한 '블랭킹(blanking)', 그리고 보정 곡선의 사용 등을 포함한다. 보정 곡선은 광학밀도(OD)와 건조중량 측정값을 연관시킨다. 이러한 보정 곡선은 OD가 높을 때(0.3 이상) 비선형성을 갖게 되며 어느 정도 세포의 생리학적 상태의 영향을 받는다.

사상곰팡이의 발효와 같이 많은 발효 공정에 있어서는 직접법이 사용될 수 없다. 이러한 경우 **간접법**(indirect method)을 사용하는데 이는 주로 기질 소비량과 생장 과정에서 생기는 산물의 생성량 측정에 기반을 둔다.

RNA, DNA, 단백질과 같은 세포 내 성분들을 측정하여 세포 생장을 간접적으로 측정하는 데 사용할 수 있다. 회분식 생장에 있어서 이들 세포 내 성분들의 농도는 시간에 따라 변한다. 그림 6.2는 회분식 생장에 있어서의 특정 세포 내 성분들의 시간에 따른 변화를 보여 준다. RNA 농도(RNA/세포 무게)는 회분식 생장 동안 상당히 큰 폭으로 변한다. 그러나 DNA와 단백질 농도는 어느 정도 일정한 값을 갖는다. 그러므로 복합 배지(complex medium)를 사용하는 경우 DNA 농도를 이용하여 미생물의 생장 상태를 알 수 있다. 세포 단백질 측정에는 다른 방법들을 사용한다. 총 아미노산법, Biuret법, Lowry법(folin 시약), 그리고 Kjeldahl 질소 측정법 등이 이러한 목적에 사용될 수 있다. 총 아미노산법과 Lowry법이 가장 신뢰도가 높다. 최근에는 간단하고도 신속하게 단백질을 측정할 수 있는 단백질 정량 장비(kit)가 몇몇 업체에 의해 개발되었다. 그러나 많은 배지가 기질로 쓰이는 단백질을 갖고 있으며 이것이 이 방법의 유용성에 제한을 가한다.

세포 내의 ATP 농도(mg ATP/mg 세포)는 주어진 미생물에 대해 거의 일정하다. 그러므로 ATP 농도를 균체 농도 측정에 사용할 수 있다. 이 방법은 루시퍼레이스의 활성에 근거하는데, 루시퍼레이스는 산소와 ATP를 소모하는 가운데 루시페린의 산화를 촉진시키며 이때 발광 현상이 생긴다.

$$\text{luciferin} + O_2 + \text{ATP} \xrightarrow{\text{luciferase}} \text{light} \tag{6.6}$$

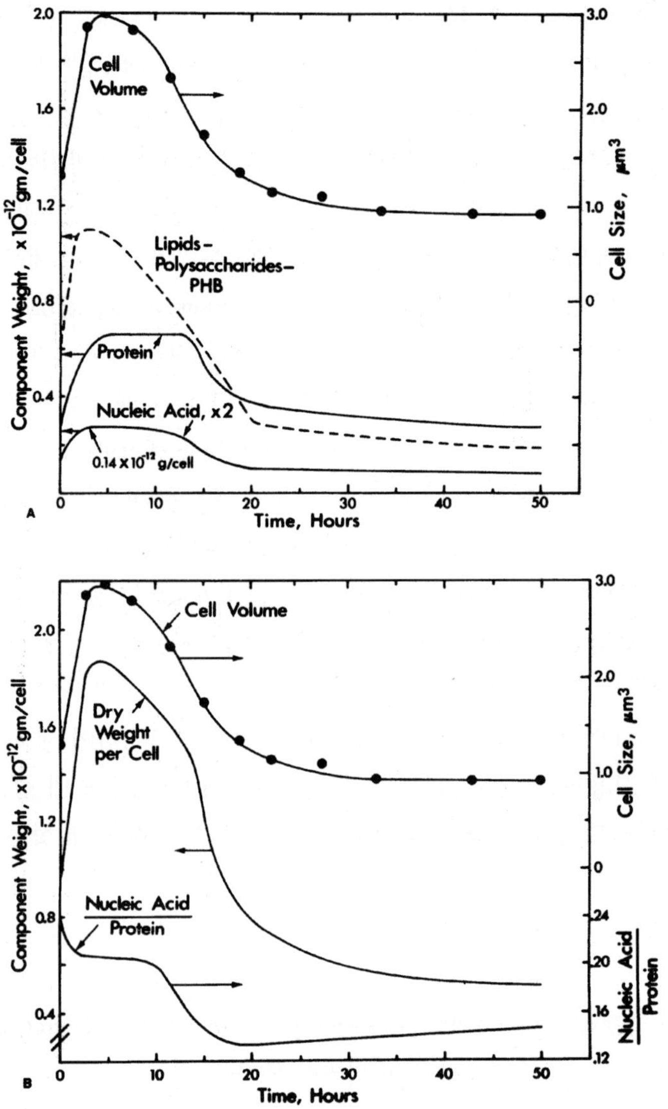

Figure 6.2. Time-dependent changes in cell composition and cell size for *Azotobacter vinelandii* in batch culture. (With permission, from M. L. Shuler and H. M. Tsuchiya, "Cell Size as an Indicator of Changes in Intracellular Composition of *Azotobacter vinelandii*," *Canadian Journal of Microbiology*, 1975, 21(6): 927–935, National Research Council of Canada, Ottawa. © Canadian Science Publishing or its licensors.)

충분한 양의 산소와 루시페린이 주어진 경우 총 발광량(light emission)은 시료에 들어 있는 ATP의 총량에 비례한다. 발산되는 빛의 세기를 재기 위해 광도측정기(photometer)를 사용할 수 있는데, 이는 광도측정기 또는 섬광 계수기(scintillation counter)에 의하면 매우 낮은 농도의 ATP(10^{-12} g ATP/L)를 잴 수 있기 때문이다. 전형적인 박테리아 세포의 경우 ATP

농도는 대략 1 mg ATP/g 건조세포이다.

때때로 균체 생산에 쓰이는 영양물질을 측정하여 미생물의 생장을 추적하기도 한다. 산물 생성에 쓰이는 영양물질들은 이러한 목적에 적합하지 않다. 질산, 인산, 황산의 농도를 측정할 수도 있다. 균 자체가 주요 산물인 경우에는 탄소원의 사용 속도 또는 산소 섭취 속도를 측정하여 세포 생장을 모니터할 수도 있다.

세포 대사 산물들이 세포 생장의 모니터링과 정량에 사용될 수도 있다. 에탄올과 젖산과 같이 혐기성 조건하에서 생산되는 특정 산물들은 세포 생장과 거의 정확하게 양론적인 관계를 갖는다. 미생물 생장과 상관관계를 갖기 위해서는 산물이 생장 관련성(growth-associated: 에탄올)이거나 혼합 생장 관련성(mixed growth-associated: 젖산)이어야 한다. 호기성 발효의 경우 CO_2가 공통된 산물의 하나이므로 미생물 생장과 연관시킬 수 있다. 어떤 경우에는 pH의 변화 또는 pH 제어를 위한 산·염기 공급 속도를 영양 섭취와 생장 속도를 모니터하기 위해 사용할 수도 있다. 예를 들어, 암모늄이 소모됨에 따라 수소 이온(H^+)이 생기며 따라서 pH 저하가 일어난다. 수소 이온을 중화하기 위해 가해지는 염기의 양은 암모늄 섭취량과 생장에 비례한다. 마찬가지로 질산기가 질소원으로 사용될 때에는 배지로부터 수소 이온이 제거되며 pH의 증가가 야기된다. 이 경우 산의 첨가량이 질산기 섭취량과 비례하며, 따라서 미생물 생장과 비례한다.

어떤 발효 공정에서는 균사체 생장 또는 세포 외로 분비되는 다당류의 생성으로 말미암아 발효가 진행되는 동안 발효액의 점도가 증가한다. 기질이 전분이나 셀룰로오스 같은 생분해성 고분자 물질인 경우에는 생분해가 계속되므로 시간이 지남에 따라 발효액의 점도가 떨어진다. 발효액의 점도 변화가 미생물 생장 정도와 상관관계를 가질 수 있다. 보통 고분자성 발효액이 비뉴턴(non-Newtonian) 성질을 갖기는 하나, 일정한 전단 속도(shear rate)에서 측정한 겉보기 점도를 세포 농도 또는 산물 농도의 측정에 이용할 수 있다.

6.1.2 회분식 배양에서의 생장 형태 및 반응과정

종자 배양균(seed culture)을 액체 영양 배지에 접종하면 해당 균들은 용존 영양소들을 배지로부터 선택적으로 섭취하여 바이오매스(biomass)로 바꾼다. 전형적인 회분식 생장곡선은 다음의 단계들, 즉 지연기, 대수 또는 지수 생장기, 감속기, 정지기, 사멸기를 포함한다. 그림 6.3은 회분식 생장의 한 주기를 보여 준다.

지연기(lag phase)는 접종 직후의 시기로서 세포들이 새로운 환경에 적응하는 기간이다. 새로운 배지로 옮겨졌을 때 미생물들은 배지의 구성 성분들을 감지·인식한다. 영양 조성에 따라 새로운 효소들이 합성되고, 다른 몇몇 효소들의 합성이 억제되면서 세포 내부의 기구

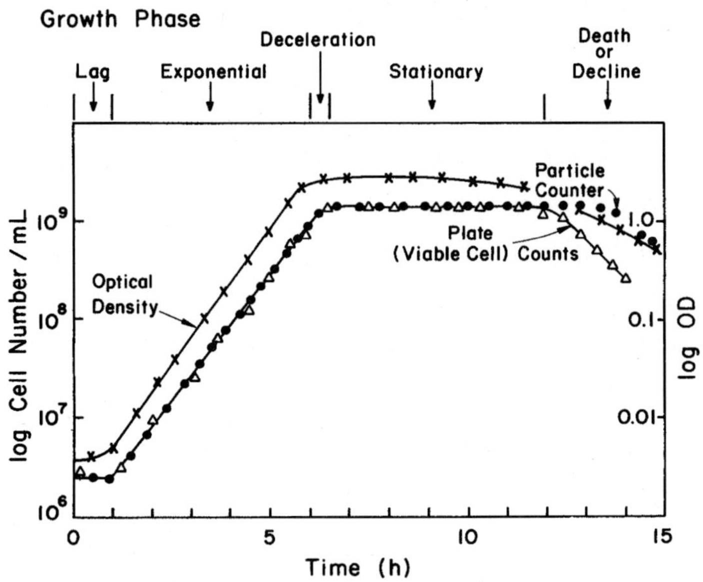

Figure 6.3. Typical growth curve for a bacterial population. Note that the phase of growth (shown here for cell number) depends on the parameter used to monitor growth.

(machinery)가 새로운 환경 조건에 적응이 된다. 이러한 변화는 4장 '세포의 작용'에서 논의된 대사 과정의 조절을 위한 세포 내의 메커니즘을 반영한다. 이 단계 동안 세포 수밀도의 증가 없이 세포 질량이 약간 증가할 수도 있다. 접종량이 너무 적고 살아 있는 세포의 비율이 낮은 경우에는 유사(pseudo) 지연기가 존재할 수도 있는데, 이는 세포의 적응 때문이 아니라 적은 접종량 또는 접종균의 나쁜 상태에 연유한 것이다.

특정 영양소와 생장 인자의 농도가 낮은 경우에도 지연기가 길어진다. 예를 들어, *Enterobacter aerogenes*(전에는 *Aerobacter aerogenes*)가 포도당이 들어 있는 인산 완충 용액에서 자랄 때에는, 인산화효소(phosphatase)의 활성화제인 Mg^{2+}의 농도가 감소함에 따라 지연기가 길어진다. 또 다른 한 가지 예를 보면, 종속영양균인 경우에도 CO_2 고정화를 필요로 하며(빠르게 진행되는 생합성 과정에서 주요 에너지 생성 회로들로부터 빼돌려지는 중간물질의 보충을 위해), 과도한 공기분사는 대사에 의해 발생되는 CO_2를 너무 빨리 제거함으로써 세포의 재구성(restructuring)이 효율적으로 이루어지지 않을 수도 있는데, 특히 접종량이 적을 경우 그러하다.

접종균의 나이도 지연기의 길이에 큰 영향을 미친다. 이때 나이는 사용 접종균이 얼마나 오랫동안 회분식으로 배양되었는가를 말한다. 대개는 접종균의 나이에 따라 지연기가 증가한다. 어떤 경우에는 최단의 지연기를 보이는 최적 접종균 나이가 있다. 지연기를 최소

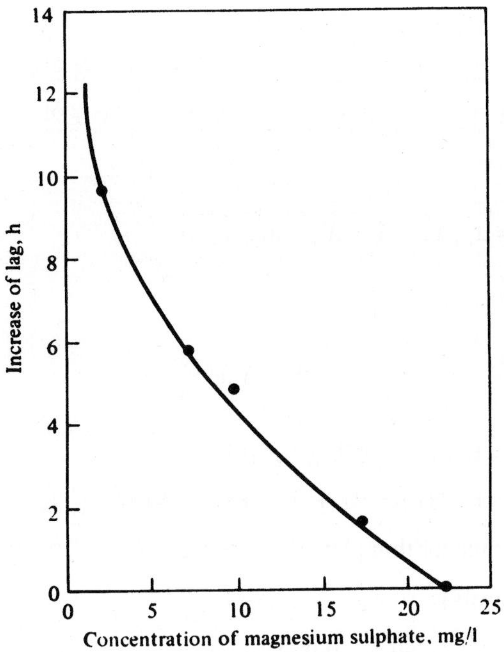

Figure 6.4. Influence of Mg^{2+} concentration on the lag phase in *E. aerogenes* culture. (With permission, from A. C. R. Dean, C. Hinshelwood, *Growth, Function, and Regulation in Bacterial Cells*. Oxford Press, London, 1966, p. 55.)

화하기 위해서는 접종 전에 세포들을 생장 배지에 적응시켜야 하고, 세포들이 젊고(대수기의 세포) 활성이 있어야 하며, 접종량이 많아야 한다(부피 기준으로 5 ~ 10%). 지연기를 최소화하기 위해 영양 배지를 최적화할 필요가 있을 수도 있으며 특정 생장 인자들을 포함시켜야 할 경우도 있다. 그림 6.4는 $MgSO_4$ 농도에 따라 지연기의 길이가 달라지는 한 예를 보여 준다. 많은 상용 발효 공장은 회분식 배양에 의존한다. 정해진 크기의 공장으로부터 높은 생산성을 얻기 위해서는 지연기를 가급적 짧게 해야 한다.

배지가 한 개 이상의 탄소원을 가질 때 여러 개의 지연기가 관찰될 수 있다. 이러한 현상은 **이중 생장**(diauxic growth)이라고 알려졌으며 생장 주기 중간에 대사 경로가 바뀜으로 인해 야기된다(예제 4.1 참조). 하나의 탄소원이 고갈되었을 때 세포들은 두 번째 탄소원을 이용하기 위해 자신들의 대사 활동을 적응시킨다. 첫 번째 탄소원은 두 번째보다 쉽게 이용될 수 있는 것이며 이러한 탄소원의 존재는 두 번째 기질의 대사에 필요한 효소들의 합성을 억제한다.

지수 생장기(exponential growth phase)는 **대수 생장기**(logarithmic growth phase)로도 알려져 있다. 이 단계에서는 세포들이 이미 새로운 환경에 적응한 상태이다. 적응기를 거친 후 세포들은 빠르게 증식할 수 있으며 시간에 따라 세포의 질량과 수가 지수적으로 늘어난다. 이 때가 **균형 생장**(balanced growth)의 시기이며 세포의 모든 성분이 똑같은 속도로 늘어난다. 즉, 세포의 평균 조성이 이 기간 동안 거의 일정하게 유지된다. 균형 생장 동안에는 세포의 비성장 속도를 세포 수 또는 질량 어느 것으로부터 구하여도 동일한 값을 얻게 된다. 이 단계에서는 영양소의 농도가 높으므로 생장 속도가 영양소 농도와 무관하다. 지수 생장 속도는 1차이다.

$$\frac{dX}{dt} = \mu_{\text{net}} X, \quad X = X_0 \quad \text{at} \quad t = 0 \tag{6.7}$$

식 6.7을 적분하면 다음 식이 된다.

$$\ln \frac{X}{X_0} = \mu_{\text{net}}\, t, \quad \text{or} \quad X = X_0 e^{\mu_{\text{net}} t} \tag{6.8}$$

여기서 X와 X_0는 각각 시간 t와 $t = 0$에서의 세포 농도이다.

미생물의 질량을 두 배로 하는 데 걸리는 시간이 식 6.9에 주어져 있다. 대수 생장은 시간에 대한 Ln X의 반로그 도표(semilogarithm plot)에서 직선이 되는 특징이 있다. 여기서 τ_d는 세포의 배가시간(doubling time)이다.

$$\tau_d = \frac{\ln 2}{\mu_{\text{net}}} = \frac{0.693}{\mu_{\text{net}}} \tag{6.9}$$

같은 방법으로 세포 수와 비복제 속도로부터 배가시간을 구할 수 있다.

$$\tau'_d = \frac{\ln 2}{\mu_R} \tag{6.10}$$

여기서 τ'_d는 복제 속도를 기준으로 한 배가시간이다. 균형 생장이 이루어지는 동안에는 평균 세포 조성과 세포 크기가 변하지 않으므로 τ'_d와 τ_d가 같다.

감속 생장기(deceleration growth phase)는 대수기 다음에 온다. 이 단계에서는 한 개 또는 그 이상의 필수 영양소의 고갈, 또는 생장으로부터 야기된 유독한 부산물의 축적으로 인해 생장이 지연된다. 전형적인 박테리아 배양의 경우 이러한 변화는 매우 짧은 시간에 걸쳐 일어난다. 급격히 변하는 환경 조건으로 말미암아 **불균형 생장**(unbalanced growth)이 야기된다. 불균형 생장 동안에는 세포 조성과 크기가 변하기 때문에 τ_d가 τ'_d와 같지 않다. 대수기에는 재생산 속도를 극대화하기 위해 세포의 대사 조절 시스템이 맞추어진다. 감속기에 영양분 고갈 또는 폐기물의 축적에 의해 생긴 스트레스는 혹독한 환경하에서 세포가 살아남을 가능성을 증가시키기 위한 세포 구조 변화를 야기한다. 이러한 눈에 띄는 변화들은 4장에서 논의된 억제(repression)와 유도(induction)라는 분자적 메커니즘의 결과이다. 이러한 변화들의 빠른 속성 때문에 영양분이 제한된 조건하에서의 세포 생리학은 연속 배양계에서 보다 쉽게 연구할 수 있는데, 이는 이 장의 뒷부분에서 고찰하기로 한다.

정지기(stationary phase)는 감속기 말기에 시작되는데, 이 때에는 알짜 생장 속도(net growth rate)가 0(세포분열이 없음)이며 생장 속도와 사멸 속도가 같다. 비록 알짜 생장 속도는 0이지만 세포들은 대사적으로 활성을 가지며 2차 대사물을 생산한다. **1차 대사물**(primary metabolite)은 생장 관련(growth-associated) 산물이며 **2차 대사물**(secondary metabolite)은 비생장 관련(nongrowth-associated) 산물이다. 실제에 있어서 특정 대사 산물의 생산은 대사물질 조절이 풀리는 정지기에 촉진되기도 한다(예, 항생물질, 몇 가지 호르몬). 정지기 동안 다음의 한 가지 또는 그 이상의 현상이 일어날 수 있다.

- 총 세포 농도는 일정한 값에 머무르나 살아 있는 세포의 수는 줄어든다.
- 세포의 용혈 현상이 일어나며 살아 있는 세포의 질량이 감소한다. 2차 생장기가 있을 수도 있으며 세포가 다른 세포의 용혈에 의한 산물을 먹고 자란다(은밀 생장(cryptic growth)).
- 세포가 자라지는 않으나 활발한 대사 활동을 하며 2차 대사 산물을 생산한다. 특정 대사물질(탄소, 질소, 인산기)의 농도가 낮을 때 세포 내 조절 기구가 바뀐다. 대사물질 조절 해제의 결과 2차 산물이 생성된다.

정지기 동안 세포는 세포 내의 저장물질을 분해하여 새로운 구성단위물질들과 에너지 생성 단량체들을 만든다. 이를 **내인성 대사**(endogenous metabolism)라고 한다. 세포는 에너지가 충전된 세포막(즉, 양성자 기동력)을 유지하기 위해, 그리고 기동성, 손상된 세포 구조의 수리 등 필수적인 대사 기능에 필요한 영양물질의 운반을 위해 항시 에너지를 소모해야 한다. 이렇게 소모되는 에너지를 **유지 에너지**(maintenance energy)라 한다. 바이오매스가 이화작용을 통해 유지 에너지로 전환되는 것, 또는 정지기 초기에 세포 용혈에 의해 바이오매스 손실이 있는 현상을 설명하기에 적절한 식은 다음과 같다.

$$\left(\frac{dX}{dt}\right)_{end} = -k_d X \qquad \text{or} \qquad X = X_{so}e^{-k_d t} \tag{6.11}$$

여기서 k_d는 내인성 대사에 대한 일차 속도 상수이며 X_{so}는 정지기가 시작되는 시점에서의 세포 농도이다. 정지기에서는 S가 0이므로 μ_g도 0이다.

생장이 멈추는 이유는 필수 영양소의 고갈 또는 독성 산물의 축적이다. 저해성 산물이 생산되어 배양액에 축적되는 경우, 생장 속도는 저해 물질이 생산되는 정도에 따라 저하될 것이며 특정값 이상의 저해 물질 농도에서는 생장이 멈추게 된다. 효모에 의한 에탄올 생산이 산물에 의해 생장이 저해되는 발효 공정의 한 예이다. 독성물질의 희석, 독성물질과 착화합물을 형성하는 비대사성 화학물질의 첨가, 또는 독성물질의 동시 분리를 통해 독성물질의 악영향을 제거함으로써 이후의 세포 증식을 가능하게 할 수 있다.

사멸기(death phase)(또는 쇠퇴기(decline phase))는 정지기의 다음 단계이다. 그러나 일부 세포의 사멸이 정지기 동안 시작될 수도 있으므로 이 둘 사이에 항상 뚜렷한 경계를 지을 수 있는 것은 아니다. 종종 정지기 동안에 죽은 세포가 용혈됨으로써 배양액으로 방출된 세포 내의 영양물질들을 살아 있는 세포가 사용한다. 정지기 말기에는 영양물질 고갈 또는 독성 산물의 축적으로 인해 사멸기가 시작된다.

사멸 속도는 보통 일차 반응과정을 따른다.

$$\frac{dN}{dt} = -k_d' N \qquad \text{or} \qquad N = N_s e^{-k_d' t} \tag{6.12}$$

여기서 N_s는 정지기 말기의 세포 농도이며 k_d는 일차 사멸 속도 상수이다. 시간(t)에 대한 Ln N의 도표를 작성하면 기울기가 $-k_d$인 직선이 얻어진다. 사멸기 동안 세포가 용혈될 수도 있고 안 될 수도 있다. 사멸기의 초기에는 세포를 영양소가 풍부한 배지로 옮김으로써 새로운 배양을 시작할 수 있다. 사멸기, 정지기 모두에 있어서 한 집단 내 개체 간에 성질의 분포가 존재함을 인식하는 것이 중요하다. 좁은 분포를 보이는 경우 세포의 사멸이 거의 동시에 일어난다. 분포가 넓은 경우 일부 세포들은 장기간 동안 생존할 수 있다. 정지기 또는 사멸기에 취해진 접종균을 사용하여 다시 배양을 한다면, 바로 이러한 세포들이 다수를 차지하게 될 것이다. 그러므로 오래된 접종균을 사용할 경우 바뀐 성질을 가진 변이주가 골라질 가능성이 다.

생장 반응과정을 보다 잘 설명하기 위해 양론적으로 관련된 몇 개의 파라미터를 정의한다. 수율은 다른 한 물질의 소모량에 근거하여 정의된다. 예를 들어, 발효 시의 생장 수율 계수는 다음과 같다.

$$Y_{X/S} \equiv -\frac{\Delta X}{\Delta S} \tag{6.13}$$

회분식 생장에서는 **겉보기 생장 수율**(apparent growth yield)(또는 관측 생장 수율(observed growth yield))을 얘기한다. 배양 조건이 기질 사용 형태를 바꿀 수 있기 때문에 겉보기 생장 수율은 참값이 아니다.

화학종속영양 생장에 있어서는 기질이 세포 구성물질의 합성에 필요한 에너지와 탄소를 제공하기 위해 소비된다. 유지 개념 또한 존재한다. **유지**(maintenance)는 일단 세포 물질 생산 외의 기능을 위한 에너지의 사용으로 설명될 수 있다. 그러나 이러한 '생장 없

1) P. van Bodegom, "Microbial Maintenance: A Critical Review on Its Quantification," *Microbial Ecology* 53(4): 513–23, 2007.

는' 기질의 사용은 매우 복잡하며 상황에 따라 달라지는 과정이다(보다 자세한 설명은 van Bodegom[1] 참조). 이 절에서는 이러한 내용들에 대해 상당히 표준적인 접근방법에 따라 설명을 할 것이나, 이러한 개념들에 대해서는 여러 부제(subtitle)들이 있음을 알아야 한다.

일례로 단순한 규정 배지(defined medium) 사용 시, 포도당과 같은 당의 소비는 다음과 같이 요약될 수 있다.

$$\Delta S = \Delta S_{\substack{\text{assimilated}\\ \text{into}\\ \text{biomass}}} + \Delta S_{\substack{\text{assimilated}\\ \text{into an}\\ \text{extracellular}\\ \text{product}}} + \Delta S_{\substack{\text{growth}\\ \text{energy}}} + \Delta S_{\substack{\text{maintenance}\\ \text{energy}}} \tag{6.14}$$

식 6.14는 주요 포도당 사용처를 요약해 준다. 첫 번째는 DNA, RNA, 단백질, 다당류 그리고 여타 저분자 탄소 포함 물질을 만들기 위한 것이다. 이러한 세포 내 성분 외에도 포도당은 유전자 재조합에 의해 만들어지는 단백질 등의 세포 외 물질의 생산에 필요한 탄소를 제공한다. $\Delta S_{\text{growth energy}}$ 항은 ATP 또는 GTP(guanosine triphosphate) 형태로 생성되는 에너지를 위한 포도당의 소비를 의미하는데, 이러한 에너지는 거대분자물질들의 생합성, 기질의 섭취 또는 생성물의 분비, 그리고 기타 생장 관련 기능을 위해 사용된다. $\Delta S_{\text{maintenance energy}}$ 항은 손상된 세포구성 물질의 복원, 삼투압 조절, 운동, 산소 스트레스 극복 그리고 에너지 유출(spilling) 반응 등 생장과는 관련 없는 기능의 유지를 위해 소비되는 기질을 의미한다. 에너지 공급을 위해 포도당이 분해되는 과정에 있어서, 산소 소모에 따라(호기적) 또는 에탄올과 같은 부분산화물질의 생성에 동반하여(혐기적) CO_2가 발생할 수 있다. 에탄올과 CO_2와 같은 물질들은 포도당의 분해로부터 얻어지는 '제품'인데, 5장 '주요 대사 경로'에서 보듯이 이들 중 많은 것들이 중요한 상용제품이다.

6.3절에서는 상수인 참(또는 최대) 생장 수율과 겉보기 수율을 구분할 것이다. 여타 기질 또는 산물 생성에 근거하여 수율 계수를 다음과 같이 정의할 수도 있다.

$$Y_{X/O_2} = -\frac{\Delta X}{\Delta O_2} \tag{6.15}$$

$$Y_{P/S} = -\frac{\Delta P}{\Delta S} \tag{6.16}$$

포도당을 사용하며 호기성 조건하에서 자라는 균의 경우, $Y_{X/S}$는 전형적으로 0.4~0.6 g/g(대부분의 효모와 박테리아)인 반면 Y_{X/O_2}는 0.9~1.4 g/g이다. 혐기성 증식은 덜 효율적이며 수율이 상당히 낮은 값을 나타낸다(그림 6.5 참조). 포도당에 비해 다소 환원된 기질을 사용할 때 겉보기 수율의 값은 변한다. 메탄의 경우 $Y_{X/S}$는 0.6~1.0 g/g이며 Y_{X/O_2}는 약 0.2 g/g의 감소된 값을 나타낸다. 대부분의 경우 탄소-에너지원에 대한 바이오매스 수율은 1.0 ± 0.4 g

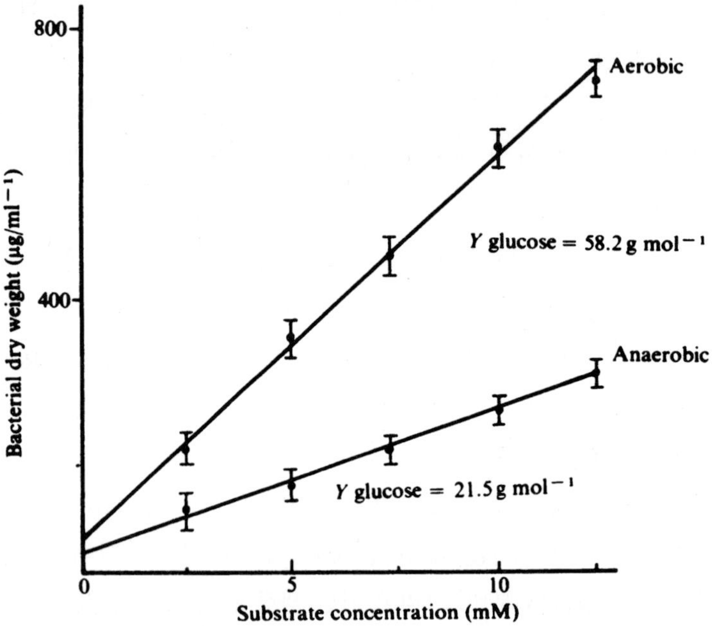

Figure 6.5. Aerobic and anaerobic growth yields of *Streptococcus faecalis* with glucose as substrate. (B. Atkinson and F. Mavituna, *Biochemical Engineering and Biotechnology Handbook*, Macmillan, Inc., New York, 1983. Reproduced with permission of Palgrave Macmillan.)

바이오매스/g 탄소이다. 표 6.1에 다양한 기질과 미생물에 대한 $Y_{X/S}$와 Y_{X/O_2}의 예가 수록되어 있다.

흔히 비생장 관련 기능들을 설명하기 위해서는 두 개의 서로 밀접하게 연결된 두 가지 파라미터가 사용된다. 이들 파라미터들을 적용함에 있어서는 몇 가지 어려움이 있으며 사람 간의 의견 불일치도 있다. 이들 비생장 관련 기능들은 6.3절에서 다루어질 연속배양 시 가장 쉽게 관찰되고 논의될 수 있다. 유지 계수 m은 흔히 다음과 같이 정의된다.

$$m \equiv -\frac{(dS/dt)_m}{X} \tag{6.17}$$

여기서 $(dS/dt)_m$ 항은 유지 기능을 위한 기질 소비를 나타낸다. 유지 현상이 내포하고 있는 복잡성과 이리한 복잡한 개념을 세포의 내부 구조에 대한 명시적인 설명이 결여된 단순한 모델에 적용함에 따르는 어려움을 생각하면, $(dS/dt)_m$ 항은 있는 현상을 빠뜨리지 않고 다루기(bookkeeping) 위한 것으로 간주해야 할 것이다.

배양 조건에 따라 달라지겠지만, 유지는 대부분 내생적 대사에 기인한 것일 수 있다(어

TABLE 6.1. Yield Factors for Aerobic Growth

Organism	Substrate	$Y_{X/S}$			Y_{X/O_2} [a]
		g/g	g/mol	g/g-C	g/g
Enterobacter aerogenes	Maltose	0.46	149.2	1.03	1.50
	Mannitol	0.52	95.2	1.32	1.18
	Fructose	0.42	76.1	1.05	1.46
	Glucose	0.40	72.7	1.01	1.11
Candida utilis	Glucose	0.51	91.8	1.28	1.32
Penicillium chrysogenum	Glucose	0.43	77.4	1.08	1.35
Pseudomonas fluorescens	Glucose	0.38	68.4	0.95	0.85
Rhodopseudomonas spheroides	Glucose	0.45	81.0	1.12	1.46
Saccharomyces cerevisiae	Glucose	0.50	90.0	1.25	0.97
Enterobacter aerogenes	Ribose	0.35	53.2	0.88	0.98
	Succinate	0.25	29.7	0.62	0.62
	Glycerol	0.45	41.8	1.16	0.97
	Lactate	0.18	16.6	0.46	0.37
	Pyruvate	0.20	17.9	0.49	0.48
	Acetate	0.18	10.5	0.43	0.31
Candida utilis	Acetate	0.36	21.0	0.90	0.70
Pseudomonas fluorescens	Acetate	0.28	16.8	0.70	0.46
Candida utilis	Ethanol	0.68	31.2	1.30	0.61
Pseudomonas fluorescens	Ethanol	0.49	22.5	0.93	0.42
Klebsiella sp.	Methanol	0.38	12.2	1.01	0.56
Methylomonas sp.	Methanol	0.48	15.4	1.28	0.53
Pseudomonas sp.	Methanol	0.41	13.1	1.09	0.44
Methylococcus sp.	Methane	1.01	16.2	1.34	0.29
Pseudomonas sp.	Methane	0.80	12.8	1.06	0.20
Pseudomonas sp.	Methane	0.60	9.6	0.80	0.19
Pseudomonas methanica	Methane	0.56	9.0	0.75	0.17

[a] Y_{X/O_2} is the yield factor relating grams of cells formed per gram of O_2 consumed.
With permission, from S. Nagai in *Advances in Biochemical Engineering*, vol. 11, T. K. Ghose, A. Fiechter, and N. Blakebrough, eds., Springer-Verlag, New York, p. 53, 1979. With permission of Springer.

떤 비생장 관련 기능들은 내생적 대사에 포함되지 않고도 유지에 포함되기도 하지만). 기질과 에너지가 많이 있을 때에는 유지와 내생적 대사는 상대적으로 작은 부분을 차지하지만 외부로부터의 기질 공급이 적은 정지기에는 유지대사가 주도한다. 내생적 대사는 새로운 거대분자물질들을 만들기 위한 단량체들 그리고 세포기능을 위한 에너지를 확보하기 위해 다당류뿐만 아니라 단백질, RNA을 분해하는 과정으로 이루어져 있다. 식 6.11의 k_d 항은 내생적 대사 속도상수이다.

생물반응은 자가촉매 반응이므로 대개의 경우 미생물의 생장, 산물 생성, 기질소모 속도는 X에 대해 정규화된 형태인 비속도(specific rate)로 나타내진다. 비속도는 다양한 발효

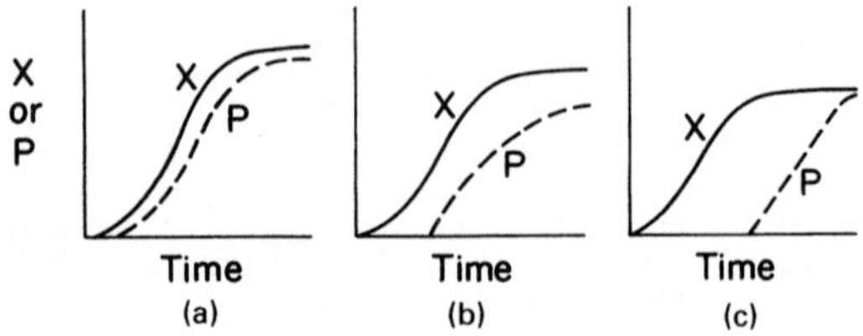

Figure 6.6. Kinetic patterns of growth and product formation in batch fermentations: (a) growth-associated product formation, (b) mixed-growth-associated product formation, and (c) nongrowth-associated product formation.

방식과 생촉매들의 효율성을 비교하는 데 사용된다.

미생물로부터의 산물은 세 가지 카테고리로 분류될 수 있다(그림 6.6 참조).

- **생장 관련 산물의 생성**은 미생물의 생장과 동시에 일어난다. 비생산 속도는 비성장 속도 μ_g에 비례한다. 내인성 대사가 있을 경우, μ_g와 μ_{net}(알짜 비성장 속도)가 다르다는 점에 주의하라.

$$q_P = \frac{1}{X}\frac{dP}{dt} = Y_{P/X}\mu_g \tag{6.18}$$

  본성적(constitutive) 효소의 생산이 생장 관련 산물의 한 예이다.

- **비생장 관련 산물의 생성**은 생장 속도가 0인 정지기 동안 진행된다. 비생산 속도는 상수이다.

$$q_P = \beta = \text{constant} \tag{6.19}$$

  항생물질(예, 페니실린) 같은 많은 2차 대사물질은 비생장 관련 산물이다.

- **혼합 생장 관련 산물의 생성**은 완만한 생장기 또는 정지기에 일어난다. 이 경우 비생산 속도는 다음 식으로 주어진다.

$$q_P = \alpha\mu_g + \beta \tag{6.20}$$

  젖산, 잔탄 검(xanthan gum), 그리고 배양을 통해 얻어진 몇 가지 2차 대사산물들이 혼합 생장 관련 산물의 예이다. 식 6.20은 Luedeking-Piret 식이라 한다. 만약 $\alpha = 0$이라면 해당 산물은 비생장 관련이다. $\beta = 0$이면 생장 관련이며 결과적으로 α가 $Y_{P/X}$와 같게 된다.

생장 속도와 수율에 관련된 몇 가지 개념들이 예제 6.1에 예시되어 있다.

예제 6.1

생장 관련 파라미터의 계산. 포도당을 사용하여 사상균을 회분식으로 키워 다음과 같은 데이터를 얻었다.

시간 (h)	세포 농도 (g/l)	포도당 농도 (g/l)
0	1.25	100
9	2.45	97
16	5.1	90.4
23	10.5	76.9
30	22	48.1
34	33	20.6
36	37.5	9.38
40	41	0.63

a. 최대 생장 속도를 계산하라.

b. 기질 수율을 계산하라.

c. 접종 농도가 같다고 할 때 150 g의 포도당을 사용할 경우에 예상할 수 있는 최대 세포 농도는?

풀이

Ln X를 t에 대해 도식화하면 기울기가 0.1 h이다.

a. $\mu_{net} = \dfrac{\ln X_2 - \ln X_1}{t_2 - t_1} = \dfrac{\ln 37.5 - \ln 5.1}{36 - 16} \cong 0.1\,h^{-1}$

b. $Y = -\dfrac{\Delta X}{\Delta S} = -\dfrac{41 - 1.25}{0.625 - 100} \cong 0.4\,g$ 세포/g 기질

c. $X_{max} = X_0 + YS_0 = 1.25 + 0.4(150) = 60.25\,g$ 세포/l

6.1.3 환경 조건이 생장 반응과정에 미치는 영향

방금 논의한 미생물의 생장 및 산물 생성 형태는 온도, pH, 용존 산소 농도와 같은 환경 조건의 영향을 받는다.

온도는 세포의 기능에 영향을 미치는 중요한 인자이다. 미생물은 최적 생장 온도에 따라 세 그룹으로 나누어진다. 즉, 저온성 미생물(psychrophiles: $T_{opt} < 20°C$), 중온성 미생물

(mesophiles: $T_{opt} = 20 \sim 50°C$), 호열성 미생물(thermophiles: $T_{opt} > 50°C$). 최적 생장 온도를 향해 온도가 상승할 경우, 생장 속도는 10°C마다 약 두 배가 된다. 최적 온도보다 높은 범위에서는 생장 속도가 감소하며 온도에 의한 사멸 현상이 일어날 수도 있다. 최적 수준을 넘어선 온도에서 알짜 비복제 속도는 다음의 식으로 나타낼 수 있다.

$$\frac{dN}{dt} = (\mu_R' - k_d')N \tag{6.21}$$

높은 온도에서는 사멸 속도가 생장 속도를 능가하게 되는데 이로 인하여 살아 있는 세포 농도가 감소한다.

온도에 따른 μ_R과 k_d의 변화는 Arrhenius 식을 따른다.

$$\mu_R' = Ae^{-E_a/RT}, \quad k_d' = A'e^{-E_d/RT} \tag{6.22}$$

여기서 E_a와 E_d는 각각 생장과 온도에 의한 사멸에 대한 활성화 에너지이다. 생장의 경우 활성화 에너지는 보통 10~20 kcal/mol이고, 온도에 의한 사멸의 경우는 60~80 kcal/mol이다. 즉, 사멸이 생장보다 온도 변화에 더 민감하다.

온도는 산물의 생성에도 영향을 미친다. 하지만 생장과 산물 생성을 위한 최적 온도는 서로 다를 수 있다. 수율도 온도의 영향을 받는다. 단세포 단백질의 생산 등 몇몇 경우에는 수율($Y_{X/S}$)을 극대화하기 위한 온도의 최적화가 매우 중요하다. 온도가 최적값 이상으로 높아지면 세포의 현상유지를 위한 요구사항들이 증가한다. 즉, 유지 계수(식 6.17 참조)는 온도에 따라 증가하는데 이 때의 활성화 에너지는 15~20 kcal/mol이다. 유지 계수의 증가는 수율의 저하를 초래한다.

온도는 한 발효 공정에 있어서 율속 단계의 종류에도 영향을 미친다. 높은 온도에서는 생물반응의 속도가 확산 속도보다 빠르므로 확산이 율속 단계가 된다(예, 고정화 세포 시스템). 분자 확산의 활성화 에너지는 6 kcal/mol이다. 대부분의 생물반응의 활성화 에너지는 10 kcal/mol보다 크다. 따라서 높은 온도에서는 확산에 걸리는 제한에 유의하여야 한다. 그림 6.7은 온도에 따른 생장 속도의 전형적인 변화를 보여 준다.

수소 이온 농도(pH)는 효소 활성에 영향을 미침으로써 미생물 생장 속도에 영향을 준다. 생장에 필요한 최적 pH는 산물 생성을 위한 최적 pH와 다를 수 있다. 일반적으로 받아들여질 수 있는 pH는 최적점을 중심으로 ±1~2의 범위이다. 미생물들은 각기 다른 최적 pH를 갖고 있다. 여러 종류의 박테리아에 대한 pH의 최적값은 3~8인데, 효모의 경우 3~6, 사상균의 경우 3~7, 식물세포의 경우 5~6, 그리고 동물세포의 경우 6.5~7.5이다. 많은 종류의 미생물들이, 주변 환경의 pH에 변동이 있어도 세포 내부의 pH는 비교적 일정하게 유지하

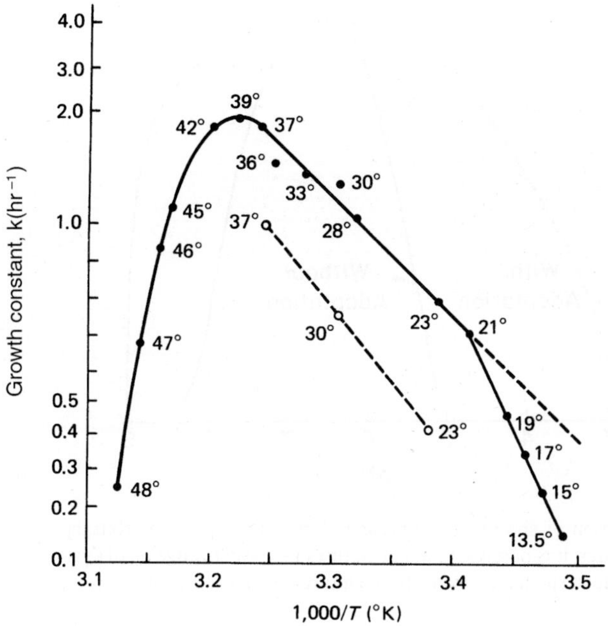

Figure 6.7. Arrhenius plot of growth rate of *Escherichia coli* B/r. Individual data points are marked with corresponding degrees Celsius. *E. coli* B/r was grown in a rich complex medium (●) and a glucose-mineral salts medium (○). (After S. L. Herendeen, R. A. VanBogelen, F. C. Neidhardt, "Levels of Major Protein of Escherichia coli during Growth at Different Temperatures," *J. Bacteriol.* 139:195, 1979, as drawn in R. Y. Stanier and others, *The Microbial World*, 5th ed., Pearson Education, Upper Saddle River, NJ, 1986, p. 207.)

는 메커니즘을 갖고 있다. pH가 최적값과 다를 때 현상유지를 위한 에너지 필요량이 늘어난다. 미생물들이 각기 다른 최적 pH값을 가진다는 점으로부터 얻어지는 한 가지 중요 사항은 배지의 pH를 미생물의 선별에 사용할 수 있다는 점이다.

대부분의 발효에 있어서 pH는 상당히 폭넓게 변할 수 있다. 흔히 질소원의 성질이 중요할 수도 있다. 암모늄이 단 하나의 질소원일 경우 암모니아가 소모됨에 따라 배지에 수소이온이 방출되며 pH가 감소한다. 질산염이 질소원일 경우 질산기를 암모니아로 환원하기 위해 수소 이온이 배지로부터 제거되며 동시에 pH가 증가한다. 또한 pH는 유기산의 생산, 산(특히 아미노산)의 소모, 또는 염기성 물질의 생산에 의해 변할 수도 있다. 어떤 경우에는 CO_2의 생성 또는 공급이 pH를 크게 바꾼다(예, 해수 또는 동물세포 배양계). 그러므로 완충용액 또는 적극적인 의미의 pH 제어 시스템을 사용한 pH 제어가 중요하다. pH에 따르는 비성장 속도의 변화가 그림 6.8에 나타나 있는데, 최적 pH가 보인다.

용존 산소(dissolved oxygen (DO))는 호기성 발효에 있어 중요한 기질인데, 산소는 물에 잘 녹지 않는 기체이기 때문에 용존 산소가 제한 기질이 될 수도 있다. 높은 세포 농도에서는 산소 소모 속도가 공급 속도를 초과할 수도 있으며 이로 인해 산소 부족이 야기된다. 산소가 율속 인자일 때 비성장 속도는 용존 산소 농도에 따라 변하며 포화 현상을 보인다. 임계 농도 이하에서는 생장 또는 호흡 속도의 용존 산소 농도에 대한 의존 형태가 일차식에 가깝다.

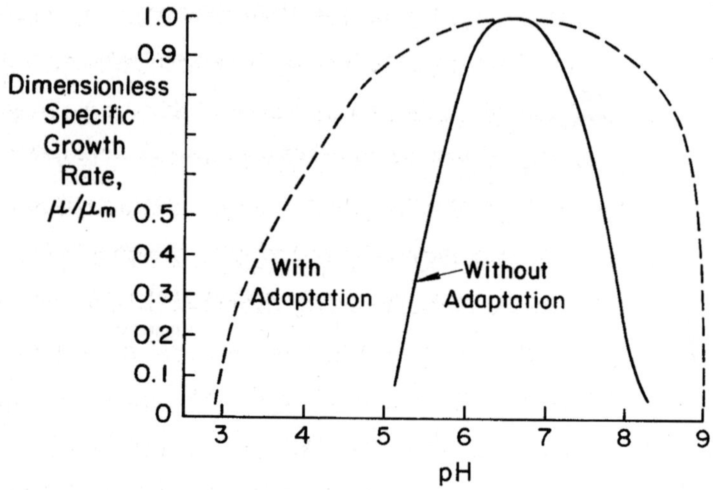

Figure 6.8. Typical variation of specific growth rate with pH. The units are arbitrary. With some microbial cultures, it is possible to adapt cultures to a wider range of pH values if pH changes are made in small increments from culture transfer to transfer.

임계 산소 농도(critical oxygen concentration) 이상에서는 생장 속도가 용존 산소 농도와 무관하게 된다. 그림 6.9에는 용존 산소 농도에 따른 비성장 속도의 변화가 나타나 있다. DO 농도가 임계값 이하일 때에는 산소가 생장 제한 인자이다. 이 경우 또 하나의 배지 성분(예, 포도당, 암모늄)이 생장도(growth-extent)를 제한하게 된다. 예를 들어, *Azotobacter vinelandii*를 DO = 0.05 mg/l로 배양할 때, 생장 속도는 많은 양의 포도당이 있음에도 불구하고 최댓값의 약 50%이다. 그러나 산소는 계속 공급이 되므로 최대 세포 생성량은 DO에 의해 결정되지 않는다. 포도당이 완전히 소모되면 비록 DO = 0.05 mg/l일지라도 생장이 멈춘다. 그러므로 대부분의 배양 시간 동안 생장 속도가 DO 값에 의존하는 반면, 생장의 정도(생성된 세포 질량)는 포도당의 양에 의존한다.

임계 산소 농도는 박테리아나 효모의 경우 포화 농도의 약 5 ~ 10%이고, 사상곰팡이의 경우 알갱이(pellet) 크기에 따라 다르기는 하나 약 10 ~ 50%이다. 25°C, 1기압하에서 물 중의 산소 포화 농도는 약 7 ppm이다. 녹아 있는 염과 유기물이 있으면 포화 농도가 달라질 수 있다. 온도가 올라감에 따라 포화값은 감소한다.

산소는 보통 배양액에 공기를 불어넣어 줌으로써 공급이 된다. 기포로부터 세포로의 산소 전달은 기포를 둘러싸고 있는 액막을 통한 산소 전달에 의해 제한된다. 기상으로부터 액상으로의 산소 전달 속도는 다음과 같다.

$$N_{O_2} = k_L a(C^* - C_L) = \text{OTR} \tag{6.23}$$

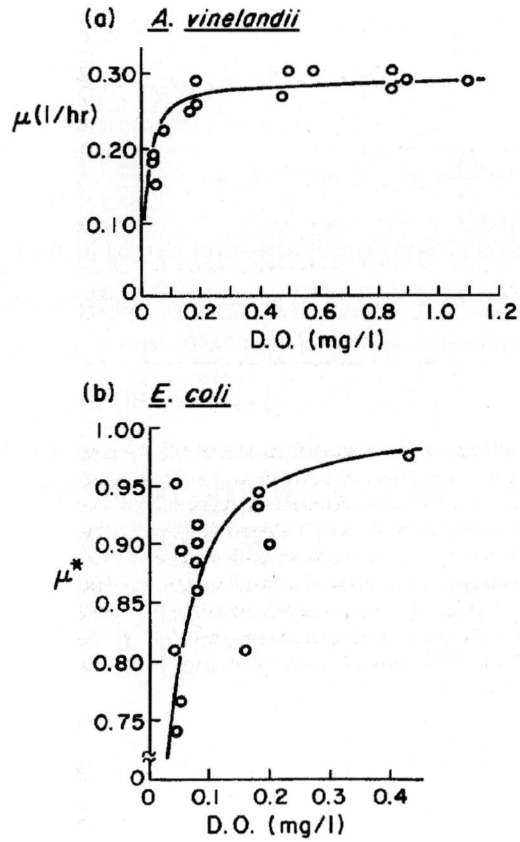

Figure 6.9. Growth-rate dependence on dissolved oxygen for (a) *Azotobacter vinelandii*, a strictly aerobic organism, and (b) *Escherichia coli*, which is facultative. *E. coli* grows anaerobically at a rate of about 70% of its aerobic growth in minimal medium. Note that μ* is defined as follows: $\mu^* = \dfrac{\mu - \mu_m^{\text{anaerobic}}}{\mu_m^{\text{aerobic}} - \mu_m^{\text{anaerobic}}}$

여기서 k_L은 산소 전달 계수(cm/h), a는 기-액 계면적(cm^2/cm^3), k_La는 부피 산소 전달 속도 계수(h^{-1}), C^*는 포화 DO 농도(mg/l), C_L은 배양액 중의 실제 산소 농도(mg/l), 그리고 N_{O_2}는 산소 전달 속도(mg O_2/l · h)이다. **산소 전달 속도**는 **oxygen transfer rate** (OTR)라고도 한다.

산소 섭취 속도는 **oxygen uptake rate** (OUR)라 하며, 현상유지를 위한 산소 요구량이 생장을 위한 것에 비해 무시할 만하다고 하면 다음과 같이 나타낸다.

$$\text{OUR} = q_{O2}X = \frac{\mu_g X}{Y_{X/O_2}} \tag{6.24}$$

여기서 q_{O_2}는 비산소 소비 속도(mg O_2/g 건조세포 · h), Y_{X/O_2}는 산소 수율 계수(g 건조세포/g O_2), 그리고 X는 세포 농도(g 건조세포/l)이다.

산소 전달이 율속 단계일 때 산소 섭취 속도는 산소 전달 속도와 같다.

$$\frac{\mu_g X}{Y_{X/O_2}} = k_L a(C^* - C_L) \tag{6.25}$$

또는

$$\frac{dX}{dt} = Y_{X/O_2} k_L a(C^* - C_L) \tag{6.26}$$

산소 전달에 제한이 걸린 상태에서는 생장 속도가 산소 전달 속도에 따라 거의 선형적으로 변한다. DO 제한을 극복하기 위한 여러 방법 중 산소 부화 공기(oxygen-enriched air)를 쓰거나 높은 압력(2 ~ 3 atm)하에서 운전을 하는 것이 있다. 산소 전달은 반응기 설계에 큰 영향을 미친다(10장 '생물반응기의 선택, 대규모화, 운전 그리고 제어' 참조).

산화환원 전위(redox potential)는 여러 산화 환원 반응의 속도와 진척도에 영향을 미치는 중요한 파라미터이다. 발효 배지 내에서 산화환원 전위는 DO, pH, 그리고 산화제, 환원제와 같은 기타 이온의 농도 등에 의해 복합적인 영향을 받는다. 발효 배지의 전기화학적 전위는 다음의 식으로 나타낼 수 있다.

$$E_h = E_0' + \frac{2.3RT}{4F} \log P_{O_2} + 2.3\frac{RT}{F} \log(H^+) \tag{6.27}$$

여기서 전기화학적 전위는 pH/전위 차 측정기에 의해 mV(밀리볼트) 단위로 측정되며 P_{O_2}의 단위는 atm이다.

발효 배지의 산화환원 전위는 질소를 통과시키거나 cysteine · HCl 또는 Na_2S와 같은 환원제를 가함으로써 낮출 수 있다. 이를 높이기 위해서는 발효 배지에 산소를 통과시키거나 산화제를 첨가한다.

용존 이산화탄소(DCO_2) 농도는 미생물의 성능에 큰 영향을 미칠 수 있다. 아주 높은 DCO_2가 어떤 세포에게는 독으로 작용할 수 있다. 하지만 세포가 적절한 대사 기능을 하기 위해 어느 정도의 DCO_2 농도를 필요로 하기도 한다. 용존 이산화탄소 농도는 공급 가스 중의 CO_2 함량과 교반 속도를 바꾸어 줌으로써 조절할 수 있다.

발효 배지의 이온 세기는 특정 영양소의 세포 내외로의 전달, 세포의 대사 기능, 그리고 산소와 같은 특정 영양소의 용해도에 영향을 미친다. 이온 세기는 다음 식과 같다.

$$I = \frac{1}{2}\Sigma C_i Z_i^2 \tag{6.28}$$

여기서 C는 이온 농도, Z_i는 한 이온이 갖는 전하값, 그리고 I는 배지의 이온 세기이다.

필요한 만큼보다 훨씬 더 높은 기질 농도는 세포 기능을 저해한다. 저해 기질 농도는 세포와 기질의 종류에 따라 다르다. 포도당은 200 g/l 이상에서 아마도 물의 활성 저하 때문에 저해를 일으킬 수 있을 것이다(예, 효모에 의한 에탄올 발효). NaCl 같은 특정 염들은 높은 삼투압으로 인해 40 g/l 이상에서 저해를 일으킬 수 있다. 페놀, 톨루엔, 메탄올 같은 몇몇 내성(refractory) 화합물은 훨씬 낮은 농도(예, 1 g/l)에서 저해를 일으킨다. 몇몇 영양소의 전형적인 최대 비저해 농도(maximum noninhibitory concentration)는 다음과 같다. 포도당 100 g/l, 에탄올은 효모의 경우 50 g/l이고 다른 대부분의 미생물에 대해서는 훨씬 낮은 농도, 암모늄 5 g/l, 인산기 10 g/l, 질산기 5 g/l. 기질 저해는 기질을 배지에 간헐적으로 넣어 줌으로써 극복할 수 있다.

6.1.4 미생물 생장에 따른 열 발생

호기성 대사 중 탄소-에너지원에 저장되어 있는 에너지의 약 40~50%가 생체에너지(ATP)로 바뀌며 나머지는 열로 방출된다. 활발히 자라고 있는 세포의 경우 현상유지 요구가 낮으므로 열 방출이 생장과 직접적인 관계가 있다.

미생물 생장 과정에서 발생하는 열은 기질과 세포 물질의 연소열을 이용하여 계산할 수 있다. 미생물이 기질을 이용할 때의 엔탈피 수지 개요가 그림 6.10에 있다. 기질의 연소열은 대사열과 세포 물질의 연소열의 합과 같다.

$$\frac{\Delta H_s}{Y_{X/S}} = \Delta H_c + \frac{1}{Y_H} \tag{6.29a}$$

여기서 ΔH_s는 기질의 연소열(kJ/g 기질), $Y_{X/S}$는 기질 수율 계수(g 세포/g 기질), ΔH_c는 세포의 연소열(kJ/g 세포), 그리고 $1/Y_H$는 생성된 세포의 단위 질량당 발생한 대사열(kJ/g 세포)이다.

식 6.29a는 다음과 같이 정리될 수 있다.

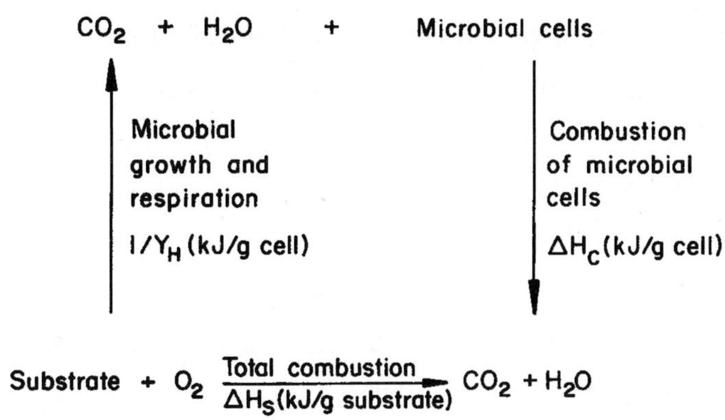

Figure 6.10. Heat balance on microbial utilization of substrate.

$$Y_H = \frac{Y_{X/S}}{\Delta H_s - Y_{X/S}\Delta H_c} \tag{6.29b}$$

ΔH_s와 ΔH_c는 기질과 세포의 연소를 통해 결정할 수 있다. 박테리아 세포에 대한 전형적인 ΔH_c 값은 20~25 kJ/g 세포이다. 전형적인 Y_H 값은 포도당 0.42 g/kcal, 말레이트 0.30 g/kcal, 초산 0.21 g/kcal, 에탄올 0.18 g/kcal, 메탄올 0.12 g/kcal, 메탄 0.061 g/kcal이다. 확실히 기질의 산화도가 방출되는 열량에 큰 영향을 미친다. 회분식 발효에서의 총 열발생 속도는 다음과 같다.

$$Q_{GR} = V_L \mu_{\text{net}} X \frac{1}{Y_H} \tag{6.30}$$

여기서 V_L은 액체 부피(l)이고, X는 세포 농도(g/l)이다.

호기성 발효 시에는 산소가 최종 전자 수용체이므로 대사열 발생은 산소 섭취 속도와 대강 연계시킬 수 있다.

$$Q_{GR} \cong 0.12 Q_{O_2} \tag{6.31}$$

여기서 Q_{GR}의 단위는 kcal/h이며, Q_{O_2}의 단위는 mmol O_2/h이다.

발효 중 방출되는 대사열은 발효기에 달린 냉각 재킷이나 냉각 코일을 통해 냉각수를 순환시켜 줌으로써 제거할 수 있다. 흔히 온도 제어(적절한 열 제거)가 반응기 설계에 있어서의 중요한 제한조건이 된다(10장 참조). 올바른 반응기 설계를 위해서는 열 제거 요구를 추정할 수 있는 능력이 필수적이다.

6.2 증식 반응과정의 정량화

앞절에서는 생장에 있어서의 몇 가지 주요 개념에 대하여 설명하였다. 속도론적 설명을 함으로써 생장의 동역학적인 면을 명확히 생각할 수 있다. 지수 생장기에는 일정한 세포 조성과 균형 생장이 주된 현상일지라도, 일반적으로는 세포 조성과 생합성 용량이 새로운 생장 조건에 반응하여 바뀐다는 것(불균형 생장)을 기억하는 것이 중요하다. 감속 생장기가 독성 물질에 의한 저해라기보다는 기질의 고갈에 연유한 경우, 생장 속도는 감소하는 기질 농도와 연관되어 감소한다. 정지기와 사멸기에서는 개개 세포 간의 특성들의 분포가 중요하다(예, 은밀 사멸). 이러한 속도론적 현상들이 회분식 배양에 있어서 보다 명백하다고 할지라도, 다른 유형의 배양(예, 연속 배양)에 있어서도 똑같이 명백하고 중요하다.

한 배양계의 생장 반응과정에 대해 완전한 설명을 하기 위해서는 각 세포의 **구조적**

(structured) 성질과, 대상 배양계의 개개 단위(세포)로의 **분별성**(segregation)을 인식하여야 한다. 모델들도 같은 속성을 가질 수 있다. 화학적 구조 모델은 세포 물질을 구성성분들로 나눈다. 만약 이러한 구성 물질들의 비가 세포를 둘러싼 환경상의 변화에 대응하여 바뀔 수 있다면, 모델도 환경적 변화에 따라 그 조성을 바꾸는 세포와 같은 거동을 보일 것이다. 4장 '세포의 작용'에서 논의되었던 세포의 대사 조절 작용, 특히 전체 대사 경로의 유도 과정을 생각하기 바란다. 이들 대사상의 응답 작용들 각각은 세포 내 구조의 변화로 나타난다. 더욱이 한 배양계에 대한 모델이 서로 구별되는 단위체에 대하여 만들어질 경우, 이 모델은 실제 배양에서 관찰되는 분별성을 모사하게 된다. 모델은 구조적이고 분별적, 구조적이고 비분별적, 비구조적이고 분별적, 그리고 비구조적이고 비분별적일 수 있다. 구조성과 분별성을 갖는 모델이 가장 현실적이나 이들은 계산적으로 복잡한 면도 있다.

한 모델이 가져야 하는 사실성 정도와 복잡한 정도는 무엇을 설명할 것인가에 달려 있다. 모델링을 하는 사람은 늘 대상 시스템을 적절히 설명할 수 있는 가장 단순한 모델을 택해야 한다. 비구조 모델은 고정된 값의 세포 조성을 가정한 것인데, 이는 **균형 생장**(balanced growth)을 가정함과 같은 것이다. 균형 생장의 가정은 정상상태의 일단(single stage) 연속 배양, 그리고 회분식 배양의 지수 생장기에 대해서는 유효하다. 이는 과도기적 조건하에서는 맞지 않는다. 세포가 환경상의 변화에 얼마나 빨리 반응하는가와 이러한 환경적 변화들이 얼마나 빨리 일어나는가가 유사 균형 생장이 가정될 수 있는지의 여부를 결정한다. 외부적인 변화에 비해 세포의 반응이 빠르고 이러한 변화들이 너무 크지 않을 경우(예, 초기 조건으로부터 10~20% 변화), 균형 생장으로부터 벗어나는 정도가 작기 때문에 비구조 모델의 사용이 합당화될 수 있다. 크거나 급격한 변화에 대한 배양계의 응답은 비구조 모델을 갖고서는 만족할 만하게 설명할 수 없다.

많은 시스템에서 배양계의 응답을 설명하는 데 있어서 분별성은 그리 중요한 부분이 아니며, 따라서 많은 경우에 비분별 모델이 만족할 만하다. 한 가지 중요한 예외는 플라스미드를 갖고 있는 배양계에서의 생장 응답의 예측이다(14장 '유전자 조작된 생체의 이용' 참조).

이 책의 기본 성격이 초보적인 내용을 다루는 것임을 감안하여 비구조 비분별 모델에 대해 중점적으로 논의하도록 한다. 독자는 이러한 모델들의 한계성을 깨달아야 한다. 그렇지만 이 모델들은 간단하고 실제적인 흥미가 있는 몇몇 상황에 적용 가능하다.

6.2.1 비구조 비분별 모델

비구조 비분별 모델들이 가장 간단하지만 유용할 수 있다. 이들은 효과적으로 비생장속도를 기질농도 함수로 나타낼 수 있다. 이들은 또한 다양한 저해제나 촉진제에 대한 반응을 예측할 수 있도록 확장되어질 수도 있다. 이들은 박테리아뿐만 아니라 균사체 미생물에도 적용될 수 있다. 이들 모델은 생물반응기 설계에도 유용하다.

6.2.1.1 기질 제한 생장

그림 6.11과 같이 비성장 속도와 기질 농도 간의 관계는 흔히 포화 현상을 갖는 형태를 취한다. 여기서는 단 하나의 화학물질 S가 생장을 제한하는 것으로 가정한다(즉, S의 증가는 생장 속도에 영향을 미치는 반면 다른 영양소들의 농도 변화는 영향을 미치지 않는다). 이 반응과정은 전통적인 화학 반응과정의 하나인 Langmuir-Hinshelwood(또는 Hougen-Watson) 반응과정 또는 효소 반응과정과 비슷하다. 세포를 다루는 시스템에 적용될 경우 이 반응과정은 **Monod 식**으로 설명될 수 있다.

$$\mu_g = \frac{\mu_m S}{K_S + S} \tag{6.32}$$

여기서 μ_m은 $S \gg K_s$일 때의 최대 생장 속도이다. 내인성 대사가 무시할 만한 경우 $\mu_{net} = \mu_g$이다. 상수 K_s는 **포화 상수** 또는 **반속도**(half-velocity) **상수**로 알려져 있으며 비성장 속도가 최댓값의 반이 될 때의 제한 기질의 농도와 같다. 즉, K_s는 $\mu_g = ½\mu_{max}$일 때의 S이다. 일반적으로 $S \gg K_s$일 때 $\mu_g = \mu_m$이고, $S \ll K_s$일 때 $\mu_g = (\mu_m/K_s)$이다.

Monod 식은 반실험적이다. 이는 Michaelis-Menten 반응과정을 따르는 하나의 효소 시스템이 S의 섭취에 관여하고 해당 효소의 양 또는 활성이 생장을 제한할 정도로 충분히 낮다는 전제조건으로부터 유도된다.

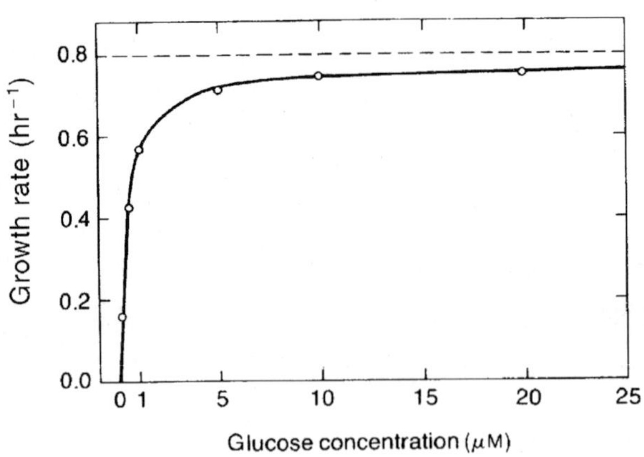

Figure 6.11. Effect of nutrient concentration on the specific growth rate of *Escherichia coli.* (R. Y. Stainer, J. L. Ingraham, M. L. Wheelis, P. R. Painter, *The Microbial World*, 5th ed., © 1986. Reprinted and electronically reproduced by permission of Pearson Education, Inc., New York, NY.)

이 단순한 전제는 거의 맞지 않는다. 그러나 Monod 식은 넓은 범위의 데이터에 만족할 만하게 잘 들어맞으며 미생물 생장에 대해 가장 보편적으로 적용되는 비구조 비분별 모델이다.

Monod 식은 생장이 느리고 세포 농도가 낮은 경우에 국한하여 기질 제한 생장 현상을 설명한다. 이러한 경우 환경 조건들은 단순히 S와 연관될 수 있다. 탄소-에너지 기질의 소비가 급격할 때에는 독성의 폐산물들이 방출될 가능성이 좀 더 크다(energy-spilling). 세포 농도가 높을 때 독성 대사 부산물의 축적이 더욱 중요하게 된다. 다음의 속도 표현은 빠른 속도로 증식하고 있는 고농도의 배양계에 대해 제안된 것이다.

$$\mu_g = \frac{\mu_m S}{K_{S0} S_0 + S} \tag{6.33}$$

또는

$$\mu_g = \frac{\mu_m S}{K_{S1} + K_{S0} S_0 + S} \tag{6.34}$$

여기서 S_0는 기질의 초기 농도이며 K_{S0}는 단위가 없다.

다른 식들도 기질 제한 생장기를 설명하기 위해 제안되었다. $\mu - S$ 곡선의 모양에 따라 이 식들 중의 하나가 다른 것들보다 더 적합한 것으로 나타날 수 있다. 다음의 식들이 Monod 식의 대안이다.

$$\text{Blackman 식: } \mu_g = \mu_m, \qquad \text{iff } S \geq 2K_S$$
$$\mu_g = \frac{\mu_m}{2K_S} S, \quad \text{iff } S < 2K_S \tag{6.35}$$

$$\text{Tessier 식: } \mu_g = \mu_m (1 - e^{-KS}) \tag{6.36}$$

$$\text{Moser 식: } \mu_g = \frac{\mu_m S^n}{K_S + S^n} = \mu_m (1 + K_S S^{-n})^{-1} \tag{6.37}$$

$$\text{Contois 식: } \mu_g = \frac{\mu_m S}{K_{sx} X + S} \tag{6.38}$$

때때로 Blackman 식이 Monod 식보다 데이터에 더 잘 들어맞기는 하나, Blackman 식이 갖는 불연속성이 여러 가지 적용에 있어서 문젯거리이다. Tessier 식은 두 개의 상수(μ_m, K), Moser 식은 세 개의 상수(μ_m, K_s, n)를 갖는다. 이들 식 중 Moser 식이 가장 일반적인 형태이며 $n = 1$일 때 Monod 식과 똑같다. Contois 식은 세포 농도에 비례하는 포화 상수를 갖는데 이는 높은 세포 농도하에서의 기질 제한 생장을 나타낸다. 이 식에 따르면, 비성장 속도는

TABLE 6.2. Constants of the Generalized Differential Specific Growth Rate Equation 6.39 for Different Models

	a	b	K
Monod	0	2	$1/K_s$
Tessier	0	1	$1/K$
Moser	$1-1/n$	$1+1/n$	$n/K_s^{1/n}$
Contois	0	2	$1/K_{SX}$

기질 속도가 감소함에 따라 감소하며, 궁극적으로는 배지 내의 세포 농도에 반비례하게 된다(즉, $\mu_g \propto X^{-1}$).

이 식들은 다음과 같은 하나의 미분 방정식으로 나타낼 수 있다.

$$\frac{d\upsilon}{dS} = K\upsilon^a(1-\upsilon)^b \tag{6.39}$$

여기서 $\upsilon = \mu_g/\mu_m$, S는 제한 기질 농도, 그리고 K, a, b는 상수이다. 이 상수들의 값은 각 식에 따라 달라지며, 표 6.2에 수록되어 있다.

한 개 이상의 기질이 잠재적으로 생장을 제한할 경우에 사용할 올바른 속도식은, 앞으로 해결해야 할 의문사항이다. 그러나 대부분의 경우 상호작용이 없다는 접근방식이 가장 잘 맞는다.

$$\mu_g = \mu_g(S_1) \quad \text{or} \quad \mu_g(S_2) \quad \text{or} \quad \ldots\mu_g(S_n) \tag{6.40}$$

여기서 가장 낮은 $\mu_g(S_i)$ 값이 사용된다.

6.2.1.2 생장 저해 물질을 고려한 모델

기질 또는 산물의 농도가 높거나 저해를 일으키는 물질이 배지에 있는 경우, 생장이 저해를 받으며 생장 속도는 저해 물질의 농도에 의존한다. 미생물 생장 저해의 유형은 효소 저해와 유사하다. 미생물의 생장에 있어서 한 개의 기질에 대한 효소-촉매 반응이 율속 단계인 경우, 이의 속도식에 포함된 반응과정 상수들은 생물학적인 의미가 있다. 가끔 저변에 깔린 메커니즘이 매우 복잡하여, 반응과정 상수들이 생물학적 의미를 갖지 못하고 단지 실험 데이터로부터 곡선 맞춤(curve fitting)에 의해 구해지기도 한다.

높은 기질 농도에서 미생물의 생장이 기질에 의해 저해받는다. 효소 반응과정에서처럼 **기질 저해**(substrate inhibition)는 경쟁적 또는 비경쟁적일 수 있다. 만약 미생물의 생장에 있어서 한 개의 기질에 대한 효소-촉매 반응이 율속 단계라면, 해당 효소 활성에 대한 저해 현상은 결과적으로 미생물 생장에 대한 같은 유형의 저해 현상이 된다.

기질 저해의 주요 유형과 표현식은 다음과 같다.

비경쟁적 기질 저해의 경우,

$$\mu_g = \frac{\mu_m}{\left(1+\dfrac{K_s}{S}\right)\left(1+\dfrac{S}{K_I}\right)} \tag{6.41}$$

또는 $K_I \gg K_s$이면

$$\mu_g = \frac{\mu_m S}{K_s + S + S^2 / K_I} \tag{6.42}$$

경쟁적 기질 저해의 경우,

$$\mu_g = \frac{\mu_m S}{K_s\left(1+\dfrac{S}{K_I}\right)+S} \tag{6.43}$$

식 6.43이 식 6.41, 6.42와 다르다는 점과 식 6.42와 6.43의 K_I가 다르다는 점을 주목하기 바란다. 기질 저해는 기질을 천천히 간헐적으로 생장 배지에 가해 줌으로써 피할 수 있다.

높은 산물 농도가 미생물 생장을 저해할 수도 있다. **산물 저해**(product inhibition)도 경쟁적 또는 비경쟁적이며, 저변에 깔린 메커니즘이 알려지지 않은 몇몇 경우, 저해를 받는 상태에서의 생장 속도는 지수적 또는 선형적 감쇠식에 의해 근사적으로 표현된다.

식 6.44와 6.45는 산물 저해 속도 표현식의 중요한 예들을 보여 준다.

경쟁적 산물 저해의 경우,

$$\mu_g = \frac{\mu_m S}{K_s\left(1+\dfrac{P}{K_p}\right)+S} \tag{6.44}$$

비경쟁적 산물의 경우,

$$\mu_g = \frac{\mu_m}{\left(1+\dfrac{K_s}{S}\right)\left(1+\dfrac{P}{K_p}\right)} \tag{6.45}$$

효모에 의한 포도당으로부터의 에탄올 생산은 비경쟁적 산물 저해의 좋은 예이며, 약 5% 이상의 농도에서 에탄올이 저해 물질로 작용한다. 에탄올 저해에 대한 기타 속도식은 다음과 같다.

$$\mu_g = \frac{\mu_m}{\left(1+\dfrac{K_s}{S}\right)}\left(1-\frac{P}{P_m}\right)^n \tag{6.46}$$

여기서 P_m은 생장이 멈추는 산물 농도이다.

$$\mu_g = \frac{\mu_m}{\left(1+\frac{K_s}{S}\right)} e^{-P/K_p} \tag{6.47}$$

여기서 K_p는 산물 저해 상수이다.

기질 또는 산물 외의 저해 물질에 의한 저해 작용은 효소 저해에서와 유사하게 경쟁적(식 6.48), 비경쟁적(식 6.49), 그리고 무경쟁적(식 6.50) 저해로 나타내진다.

$$\mu_g = \frac{\mu_m S}{K_s\left(1+\frac{I}{K_I}\right)+S} \tag{6.48}$$

$$\mu_g = \frac{\mu_m}{\left(1+\frac{K_s}{S}\right)\left(1+\frac{I}{K_I}\right)} \tag{6.49}$$

$$\mu_g = \frac{\mu_m S}{\left(\frac{K_s}{\left(1+\frac{I}{K_I}\right)}+S\right)\left(1+\frac{I}{K_I}\right)} \tag{6.50}$$

어떤 경우에는 독성물질이 존재하여 세포가 비활성화되거나 죽을 수도 있다. 세포가 죽는 경우 알짜 비속도식은 다음의 형태를 띤다.

$$\mu_g = \frac{\mu_m S}{K_s+S} - k_d' \tag{6.51}$$

여기서 k_d는 사멸 속도 상수(h^{-1})이다.

6.2.1.3 로지스틱 식

보통의 그래프용지에 그렸을 때, 회분식 생장 곡선은 S자 형태(sigmoidal shape)를 띤다(그림 6.3 참조). 이 모양은 Monod 식(식 6.32)을 생장식(식 6.2)과 기질 소비에 근거한 세포 수율에 관한 식에 결합하면 예측할 수 있다. 식 6.32와 6.2a로부터

$$\frac{dX}{dt} = \frac{\mu_m S}{K_s+S} X \tag{6.52}$$

기질 소비와 미생물의 증식 수율 관계는

$$X - X_0 = Y_{X/S}(S_0 - S) \tag{6.53}$$

여기서 X_0와 S_0는 초깃값이고, $Y_{X/S}$는 제한 기질에 대한 세포 질량 수율이다. 식 6.53으로부터 얻어진 결과를 식 6.52의 S에 대입하면 다음의 속도식이 얻어진다.

$$\frac{dX}{dt}=\frac{\mu_m(Y_{X/S}S_0+X_0-X)}{(K_SY_{X/S}+Y_{X/S}S_0+X_0-X)}X \tag{6.54}$$

이 식의 적분된 형태는

$$\frac{(K_SY_{X/S}+S_0Y_{X/S}+X_0)}{(Y_{X/S}S_0+X_0)}\ln\left(\frac{X}{X_0}\right)-\frac{K_SY_{X/S}}{(Y_{X/S}S_0+X_0)}\ln\{(Y_{X/S}S_0+X_0-X)/Y_{X/S}S_0\}=\mu_m t \tag{6.55}$$

이 식은 S자 모양의 회분식 생장 곡선을 나타내며, X 값은 $Y_{X/S}S_0+X_0$ 값에 근사적으로 접근한다.

식 6.54는 주어진 환경 조건하에서의 최대 세포 질량에 관해 미리 정해진 지식을 필요로 한다. 이 최대 세포 질량을 X_∞로 나타낸다. 이는 **부양 능력**(carrying capacity)이라는 생태학적 개념과 같다. 식 6.55는 S에 대한 의존성을 암시적으로 포함하고 있다.

로지스틱(logistic) **식**들은 부양 능력이라는 면에서 미생물 증식에 특성을 부여하는 한 세트의 식들이다. 평상적 접근방법은, 비성장 속도를 사용되지 않고 남아 있는 부양 능력의 양과 관련시켜 식을 만드는 것을 기초로 한다.

$$\mu_g=k\left(1-\frac{X}{X_\infty}\right) \tag{6.56}$$

그러므로

$$\frac{dX}{dt}=kX\left(1-\frac{X}{X_\infty}\right) \tag{6.57}$$

식 6.57을 경계 조건 $X(0)=X_0$를 사용하여 적분하면 다음 식이 된다.

$$X=\frac{X_0e^{kt}}{1-\frac{X_0}{X_\infty}(1-e^{kt})} \tag{6.58}$$

식 6.58은 그림 6.12상의 생장 곡선으로 표현된다.

식 6.58의 형태를 갖는 식들은 세포 농도가 X_∞에 이르면 생장의 부산물로서 만들어지는 독성물질이 세포 생장을 제한한다고 가정해도 만들어질 수 있다. 여기서, X_∞는 독성물질의 축적이 허락하는 최대 부양 능력을 의미한다. 예제 6.2는 로지스틱 접근방법의 사용을 예시한 것이다.

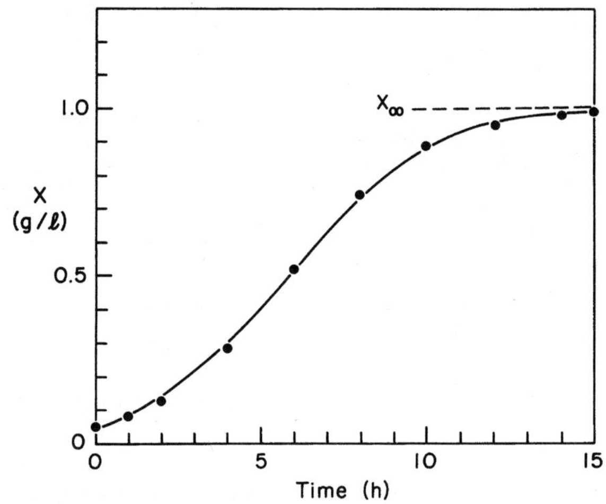

Figure 6.12. Logistic growth curve.

예제 6.2

로지스틱 식. *Saccharomyces cerevisiae*의 회분식 배양을 통한 에탄올 생성에 대해 다음과 같은 데이터가 얻어졌다.

시간(h)	포도당(S), g/l	바이오매스(X), g/l	에탄올(P), g/l
0	100	0.5	0.0
2	95	1.0	2.5
5	85	2.1	7.5
10	58	4.8	20.0
15	30	7.7	34.0
20	12	9.6	43.0
25	5	10.4	47.5
30	2	10.7	49.0

a. 바이오매스 데이터를 로지스틱 식에 맞춤으로써 부양 능력 계수 k를 구하라.

b. 수율 계수 $Y_{P/S}$와 $Y_{X/S}$를 구하라.

풀이

a. 식 6.57을 다음과 같이 다시 쓸 수 있다.

$$\frac{1}{X}\frac{dX}{dt} = k\left(1 - \frac{\bar{X}}{X_\infty}\right)$$

또는

$$k = \frac{1}{\overline{X}}\frac{\Delta X}{\Delta t} \div \left(1 - \frac{\overline{X}}{X_\infty}\right)$$

여기서 $\overline{X}$는 Δt 동안의 평균 세포 농도이고, 30시간에 세포 성장이 거의 끝났으므로 X_∞는 10.8 g/l이다. 그러므로 다음의 데이터를 얻는다.

Δt(h)	$\overline{X}$(g/L)	$\frac{1}{\overline{X}}\Delta X/\Delta t$($h^{-1}$)	$\left(1-\frac{\overline{X}}{X_\infty}\right)$	k(h^{-1})
2	0.75	0.333	0.931	0.36
3	1.55	0.236	0.856	0.28
5	3.45	0.156	0.681	0.23
5	6.25	0.093	0.416	0.22
5	8.65	0.044	0.200	0.22
5	10.00	0.016	0.074	0.22
5	10.55	0.0057	0.023	0.25

$k = 0.24\ h^{-1}$일 때, 초기 생장 속도가 약간 과소평가 되지만 대부분의 데이터가 잘 맞는다. 다른 방법으로서 앞에서의 식에 로그를 취하면

$$\log\frac{1}{X}\frac{dX}{dt} = \log k + \log\left(1 - \frac{\overline{X}_0}{X_\infty}\right)$$

여기서 k는 그래프의 절편으로부터 결정된다. 이 경우 k는 약 $0.25\ h^{-1}$이다.

b. 수율은 데이터로부터 다음과 같이 직접 계산할 수 있다.

$$Y_{P/S} = \frac{-\Delta P}{\Delta S} = \frac{-(49-0)}{(2-100)} = 0.5\frac{gP}{gS}$$

$$Y_{X/S} = \frac{-\Delta X}{\Delta S} = \frac{-(10.7-0.5)}{(2-100)} = 0.104\frac{gX}{gS}$$

유지에 의한 영향과 내인성 대사를 무시했기 때문에 상기 계산치는 단지 근사값에 불과하다.

6.2.1.4 회분식 생장과 산물 생성을 위한 Gompertz 식

로지스틱 식(식 6.58), 적분된 Monod 식(식 6.55) 모두 회분식 배양에 있어서의 시간지연기에 대한 고려가 없다. Gompertz 식은 회분식 미생물 생장에 있어서의 최대 생장잠재력, 최대 생장속도, 시간지연기의 길이가 고려되어 있는데, 이 식은 본래 종양세포의 성장을 모델링하기 위해 개발되었던 것이다.

회분식 미생물 생장에 대한 Gompertz 식은 다음과 같다.

$$X = X_m exp\left[-exp\left[\left(R_{xm}e / X_m\right)(\lambda - \mathbf{t}) + 1\right]\right] \tag{6.59}$$

여기서 X는 시간이 t일 때의 바이오매스 농도, X_m은 최대 바이오매스 농도, R_{xm}은 최대 생장속도, λ는 시간지연기의 길이, e의 값은 2.718이다.

산물 생산에 대해서도 비슷한 식이 가능하다.

$$P = P_m exp\left[-exp\left[\left(R_{pm}e / P_m\right)(\lambda - \mathbf{t}) + 1\right]\right] \tag{6.60}$$

여기서 P는 산물 농도, P_m은 최대 잠재적 산물 농도, R_{pm}은 최대 산물 생산 속도, λ는 시간지연기의 길이, e의 값은 대략 2.718이다. 초기 바이오매스 농도(X_o)와 초기 산물 농도(P_o)는 무시할 만큼 작다고 가정하였다.

시간에 따른 기질 농도의 변화는 다음 식에 의해 정해진다.

$$S = S_o - \frac{X - X_o}{Y_{x/s}} \tag{6.61}$$

X_o를 무시한다면 식 6.61은 다음의 형태가 된다.

$$S = S_o - X / Y_{x/s} = S_o - \frac{1}{Y_{x/s}}\left[X_m exp\left[-exp\left[\left(R_{xm}e / X_m\right)(\lambda - \mathbf{t}) + 1\right]\right]\right] \tag{6.62}$$

Gompertz 식은 시간 지연을 포함한 관계로 로지스틱 식과 적분 Monod 식보다 회분식 배양 데이터를 더 잘 설명할 수 있을 것이다.

6.2.1.5 사상곰팡이의 생장 모델

사상곰팡이(mold)와 같은 사상 미생물들은 흔히 현탁 배양 시 높은 농도에서 뭉쳐져 작은 알갱이를 형성한다. 알갱이 속에서 자라는 세포들은 확산 제한을 겪게 된다. 사상곰팡이에 대한 생장 모델은 크기가 큰 알갱이 내에서 동시에 이루어지는 영양물질들의 확산 및 소비를 내용에 담아야 한다. 이것은 공 모양의 젤 입자에 갇힌 박테리아 또는 효모의 거동을 모델링할 때 부딪치는 문제와 같은 것이다(9장 '현탁배양과 고정화배양을 위한 생물반응기 운전에 대한 고찰' 참조).

다른 형태로서 사상균 세포는 물기가 있는 고체 표면에서 자랄 수도 있다. 이러한 증식 과정은 대개 복잡한 공정이며, 생장 반응과정뿐만 아니라 영양소 및 독성을 갖는 대사 부산물의 확산도 포함한다. 그러나 영양이 풍부한 배지 위에서 자라고 있는 하나의 고립된 콜로니에 대해서는 이러한 복잡한 현상을 무시해도 된다.

물질 전달에 제한이 없는 경우 현탁 배양 시의 미생물 알갱이 또는 한천 표면에서 자라는 사상곰팡이 콜로니의 반지름은 시간에 따라 선형적으로 증가한다.

$$\frac{dR}{dt} = k_P = \text{constant} \tag{6.63}$$

사상곰팡이 콜로니의 생장 속도에 관해 식 6.63을 다음과 같이 나타낼 수 있다.

$$\frac{dM}{dt} = \rho 4\pi R^2 \frac{dR}{dt} = k_P 4\pi R^2 \rho \tag{6.64a}$$

또는

$$\frac{dM}{dt} = \gamma M^{2/3} \tag{6.64b}$$

여기서 $\gamma = k_P(36\,\pi\rho)^{1/3}$이다. 식 6.64b를 적분하면 다음과 같다.

$$M = \left(M_0^{1/3} + \frac{\gamma t}{3} \right)^3 \approx \left(\frac{\gamma t}{3} \right)^3 \tag{6.65}$$

초기 바이오매스 M_0는 보통 M에 비해 매우 작으므로 M은 t^3에 비례한다. 이러한 거동은 실험 데이터에 의해 입증되었다.

6.2.2 과도기적 거동에 대한 모델

대부분의 실제 미생물 배양에 있어서, 환경 조건 및 미생물의 상태가 극적으로 변할 수 있고, 따라서 생합성 능력과 세포 조성도 변할 수 있다. 미생물이 보이는 변화는 순간적인 것이 아니라 상당한 기간에 걸쳐 일어난다. 이 절에서는 시간에 따른(또는 과도기적인) 변화를 설명 또는 예측할 수 있는 모델에 대해 살펴보기로 한다.

6.2.2.1 시간 지연을 포함한 모델

지금까지 설명한 비구조 생장 모델들은 균형 또는 유사균형 생장 조건에 국한되었다. 이 비구조 모델들은 시간 지연을 첨가함으로써 동적인 상황에서도 쓰일 수 있도록 개선할 수 있다. 시간 지연의 사용은 암시적으로 구조성을 포함시킨다. 이것은 관찰되는 응답 시간과 크기가 비슷한 정도의 시간 지연을 갖는 하나의 내부 공정에 의해 세포의 동적 응답이 주도된다는 전제를 바탕으로 한다. 기타 내부 공정들은, 우리가 관찰하는 응답에 크게 영향을 미치기에는 너무 빠르거나(본질적으로 항상 유사 평형 상태에 있거나) 또는 너무 느린 것으로 가정한다. 화학공정의 제어를 위한 전통적인 접근방법에 해당하는 블랙박스 법을 사용하면 한 배양계의 동적 응답을 대표할 수 있는 전달 함수를 구할 수 있다. 이러한 접근방법으

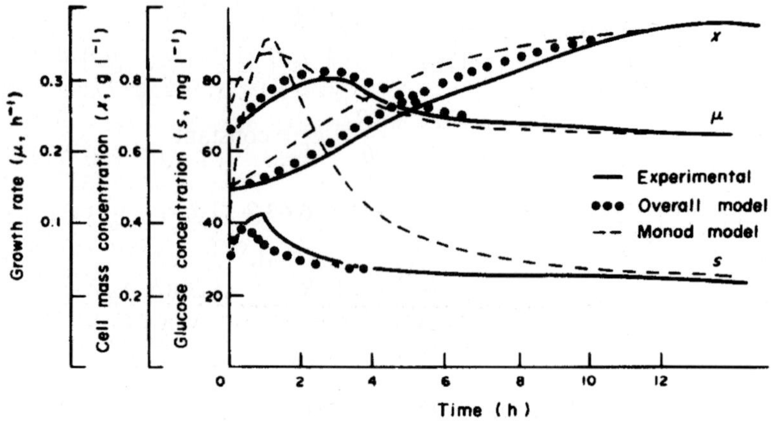

Figure 6.13. Comparison of predictions from a model derived from a system-analysis perspective, predictions from a Monod model, and experiment. The experimental system was a chemostat for a glucose-limited culture of *Saccharomyces cerevisiae* operating at a dilution rate of 0.20 h^{-1}. In this particular experiment, the system was perturbed with a stepwise increase in feed glucose concentration from 1.0 and 2.0 g l^{-1}. X is biomass concentration, μ is growth rate, and S is substrate concentration. (With permission, from T. B. Young III and H. R. Bungay, "Dynamic Analysis of a Microbial Process: A Systems Engineering Approach," *Biotechnol. Bioeng.* 15:377, 1973, and John Wiley & Sons, Inc., New York.)

로부터 얻어진 결과의 한 예가 그림 6.13에 있다. 하지만 이러한 접근방법은 비슷한 생장 역사를 갖고 정성적으로 비슷한 변화(perturbation)를 겪는 배양계들에게만 국한된다는 사실을 깨달아야 한다.

6.2.2.2 화학적 구조 모델

훨씬 더 좋은 사전 예측 능력을 가진 보다 더 일반적인 접근방법은, 중요한 세포 구성요소들 간의 상호작용을 포함하는 모델이다. 초기에는 화학적 구조 모델들이 두 개의 구성요소에 기초를 두었으나, 좋은 결과를 위해서는 적어도 30개의 구성요소가 필요한 것으로 나타났다. 20~40개의 구성요소를 가진 보다 정밀한 모델들이 많은 연구실에서 사용되고 있다. 이러한 모델들의 하나에 대한 개요도가 그림 6.14에 있다.

이러한 모델을 구성하기 위해서는 모델링을 하는 사람이 대상 시스템에 대해 깊이 이해하는 것이 필요한데, 이는 적절한 가정을 세울 수 있을 정도보다 더 상세한 것이어야 한다. 이러한 모델에 대한 자세한 고찰은 보다 높은 수준의 교과서에 적합하다. 그러나 초보자라도 이러한 모델을 만드는 데 필요한 두 가지 기본 지침을 이해해야 한다. 첫째 모든 반응은 **내부 농도**(intrinsic concentration)로 나타내야 한다. 내부 농도란 한 물질의 단위 세포 질량 또는 단위 세포 부피당의 양을 말한다. **외부 농도**(extrinsic concentration), 즉 단위 반응기 부

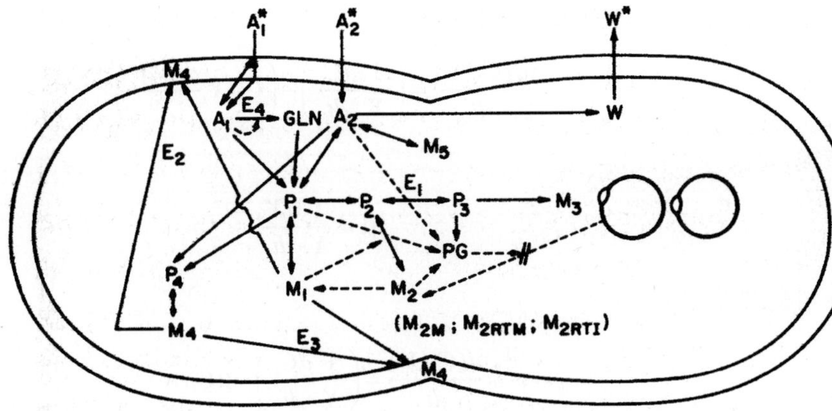

Figure 6.14. An idealized sketch of the model *Escherichia coli* B/rA growing in a glucose–ammonium salts medium with glucose or ammonia as the limiting nutrient. At the time shown, the cell has just completed a round of DNA replication and initiated cross-wall formation and a new round of DNA replication. Solid lines indicate the flow of material, and dashed lines indicate flow of information. The symbols are A_1, ammonium ion; A_2, glucose (and associated compounds in the cell); W, waste products (CO_2, H_2O, and acetate) formed from energy metabolism during aerobic growth; P_1, amino acids; P_2, ribonucleotides; P_3, deoxyribonucleotides; P_4, cell envelope precursors; M_1, protein (both cytoplasmic and envelope); M_{2RTI}, immature "stable" RNA; M_{2RTM}, mature "stable" RNA (*r*RNA and *t*RNA—assume 85% *r*RNA throughout); M_{2M}, messenger RNA; M_3, DNA; M_4, nonprotein part of cell envelope (assume 16.7% peptidoglycan, 47.6% lipid, and 35.7% polysaccharide); M_5, glycogen; PG, ppGpp; E_1, enzymes in the conversion of P_2 to P_3; E_2, E_3, molecules involved in directing cross-wall formation and cell envelope synthesis; GLN, glutamine; E_4, glutamine synthetase; * indicates that the material is present in the external environment. (With permission, from M. L. Shuler and M. M. Domach, in *Foundations of Biochemical Engineering*, H. W. Blanch, E. T. Papoutsakis, and G. Stephanopoulos, ed., ACS Symposium Series 207, American Chemical Society, Washington, DC, 1983, p. 93.)

피당의 양은 반응속도식에 사용될 수 없다. 이러한 요인이 자명한 것일 수도 있으나, 이전에 만들어진 모든 구조 모델들은 외부 농도를 사용함으로써 결점을 가진다. 첫 번째와 밀접하게 관련하여 두 번째로 유의해야 할 사항은 생장에 따른 내부 농도의 희석 현상이 고려되어야 한다는 것이다.

유입 · 유출이 없는 반응기에 적당한 식은 다음과 같다.

$$\underbrace{\frac{d[V_R C_i]}{dt}}_{\substack{\text{rate of change}\\\text{in amount of } i\\\text{in the reactor}}} = \underbrace{V_R X}_{\substack{\text{total}\\\text{biomass}\\\text{in reactor}}} \times \underbrace{r_{fi}}_{\substack{\text{rate of}\\\text{formation}\\\text{of } i \text{ per}\\\text{unit biomass}\\\text{based on intrinsic}\\\text{concentrations}}} \tag{6.66}$$

여기서 V_R은 반응기 중의 액상 부피, X는 외부 바이오매스의 농도, 그리고 C_i는 i 성분의 외부 농도이다.

식 6.66은 내부 농도를 사용하여 다시 쓸 수 있다. 편의상 질량분율(예, C_i/X)을 사용하기로 한다. 다음을 주목하라.

$$\frac{d(C_i/X)}{dt} = \left(\frac{1}{X}\frac{dC_i}{dt}\right) - \left(C_i/X\frac{dX/dt}{X}\right) \tag{6.67}$$

여기서

$$\mu = \frac{1}{X}\frac{dX}{dt} \tag{6.2a}$$

임을 생각하면,

$$\frac{d(C_i/X)}{dt} = \left(\frac{1}{X}\frac{dC_i}{dt}\right) - \mu C_i/X \tag{6.68}$$

을 얻을 수 있다. V_R이 상수라는 가정하에 식 6.66을 V_RX로 나눈 후 이를 위 식의 $(1/X)(dC_i/dt)$에 대입하면 다음 식을 얻을 수 있다.

$$\frac{d(C_i/X)}{dt} = r_{fi} - \frac{\mu_{\text{net}}C_i}{X} \tag{6.69}$$

식 6.69에 있어서, r_{fi} 항은 내부 농도로 나타내야 하며, $\mu_{\text{net}}C_i/X$ 항은 세포 생장에 의한 희석을 나타낸다. 이러한 개념들이 예제 6.3에 예시되어 있다.

그림 6.14에 나타나 있는 모델은 단 하나의 세포에 대한 것이다. 단세포 모델에 의한 응답 현상은, 만약 모든 세포가 똑같은 거동을 보인다면 배양계의 응답 현상과 직접 연관시킬 수 있다. 이 경우 모든 세포들이 동일한 분열 주기를 갖는다. 정상상태에 있어서 새로운 세포의 '탄생 시(at birth)' 세포 집단 내 세포 수는 분열이 시작될 때(at division)에 비해 두 배가 된다. 각 세포 성분의 평균 농도는 기하 평균이 된다($\sqrt{2}$ × 분열 시간). 이렇게 사용될 경우, 해당 모델은 하나의 구조 비분별 모델이다. 하나의 세포 집단이 각기 다른 단세포 모델로 표현되는 여러 개의 하부 집단들로 나누어진 경우라면, 분별성과 함께 고도의 구조를 갖는 집단 모델을 만들 수 있다.

이러한 유한 표현 기법(finite-representation technique)이 지금까지 사용되어 왔으며, 배양계의 동적 응답의 사전 예측을 잘 할 수 있는 성능을 갖는다(그림 6.15 참조). 분포현상의 사실에 가까운 예측을 위해서는 세포 주기상의 적어도 한 개의 무작위적 요소가 모델에 포함되어야 한다. 이러한 무작위성의 몇몇 예로는 세포 내 격막의 설정, 염색체 합성 또는 격막 합성 시점, 세포 분열 시 플라스미드의 분포가 있다. 유전자 관련 상세내용을 포함하는 모델이 개발된 바 있다. 이러한 모델은 유전자 수식과 이에 따른 생리학적 반응 간의 관계를 명시적으로 보여 준다. 이러한 모델들은 개론을 다루는 교과서의 수준을 넘어서는 것이기는 하나, 이와 관련하여 많은 진보가 있었음을 알아둘 필요가 있다.

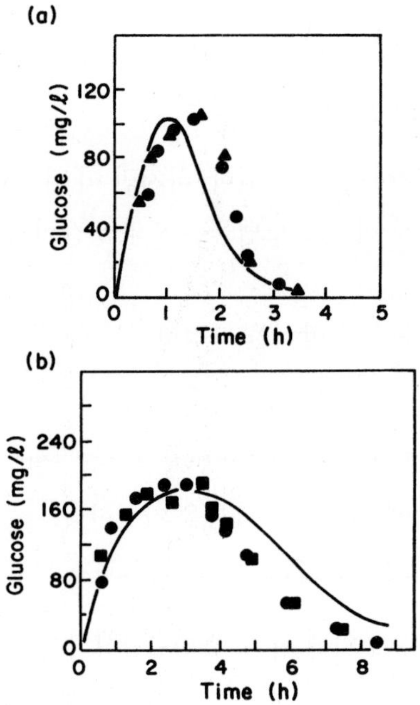

Figure 6.15. Prediction of transient response in a continuous-flow system to perturbations in limiting substrate concentration or flow rate. Note that the predictions are not fitted to the data; predictions are completely a priori. (a) Transient glucose concentration in response to step change in glucose feed concentration from 1.0 to 1.88 g/l in anaerobic continuous culture of *Escherichia coli* B/r at dilution rate of 0.38 h^{-1}; ● and ▲, results of two duplicate experimental runs; solid line, computer prediction. (b) Transient glucose concentration in response to step change in dilution rate from $D = 0.16$ to $D = 0.55\ h^{-1}$; ● and ■, results of two duplicate experimental runs; solid line, computer prediction. (With permission, from M. M. Ataai and M. L. Shuler, Simulation of CFSTR through development of a mathematical model for anaerobic growth of *Escherichia coli* cell population. *Biotechnol. Bioeng*. 27:7, p. 1051, 1985, and John Wiley & Sons, Inc., New York.)

이 절을 통해 독자들은 모델링의 기본 개념과 미생물 생장을 설명하기 위한 몇 가지 간단한 수단들에 대해 충분히 살펴보아야 할 것이다. 이러한 수단들은 연속 배양을 통한 세포 배양을 올바르게 논의하기 위해 필요하다. 예제 6.3은 하나의 구조 모델이 어떻게 개발될 수 있는가를 보여 준다.

예제 6.3

간단한 단세포 모델. 다음 시스템을 설명하는 식을 쓰라. 한 미생물이 활성을 갖는 바이오매스와 저장 성분으로 이루어져 있다. 저장 성분은 탄소-에너지원의 세포 내부 농도가 높을 때 만들어지며 내부 농도가 낮을 때 분해된다. 다음의 기호를 사용하라—A = 활성 바이오매스, P = 고분자 저장 물질, S^* = S의 세포 외부 농도, S = S의 세포 내부 농도. S를 생장 제한 영양소라고 가정하라.

풀이

A, P, S^*의 농도를 측정할 때 자연스러운 단위는 반응기 부피 lL당 g 수이다. 이는 세포 외부

농도이다. S의 세포 내부 농도가 낮으므로[$<0.001(A + P)$] 총 바이오매스 농도는

$$X = A + P + S \approx A + P \tag{a}$$

S가 보이는 과도현상은 S^*와 S를 별도로 생각하면 알 수 있다. 하지만 이 과도현상은 A와 P가 보이는 변화에 비해 빠르다. Monod와 다른 비구조 모델들은 S^*와 S 간의 순간적으로 빠른 평형을 가정한다.

많은 설명들이 수용할 만하지만, 다음의 유사 화학식을 가정하기로 하자.

$$A + \alpha_1 S + \cdots \rightarrow 2A + \cdots \tag{b}$$

여기서 α_1 g의 S가 1 g의 A 및 부산물을 만드는 데 쓰이며, 이 반응은 A를 '촉매'로서, S를 구성단위 물질로서 필요로 한다. 마찬가지로 P에 대해서는 다음을 가정한다.

$$A + \alpha_2 S + \cdots \rightleftharpoons P + A + \cdots \tag{c}$$

이다. 여기서 P는 A를 촉매로 하는 병렬 반응에 의해 가역적으로 생성되며, α_2는 S와 P 사이의 양론 계수(g · 소모된 S/g · 생성된 P)이다.

이들 반응에 함축된 실제 반응 메커니즘은 매우 복잡할 가능성이 크다. 하나의 세포 안의 대부분의 반응들은 포화 현상을 가지며 되먹임 제어의 구속을 받는다. 이들 반응의 경우, S의 세포 내 농도가 주요 제어 변수이다. 그러므로 식 6.66에 근거하여 일정한 값의 V_R에 대해 합당한 식은

$$\frac{dS^*}{dt} = X \frac{k_1 S^*}{K_{xs^*} + S^*} \tag{d}$$

이다. 여기서 k_1은 단위 세포 질량당의 섭취 속도(g · 전달된 S/g · X · h)이고, K_{XS^*}는 포화 파라미터이다. S^*는 세포 성분이 아니므로 속도식에 외부 농도를 사용할 수 있다. S에 대해

$$\frac{dS}{dt} = X\left\{\underbrace{\frac{k_1 S^*}{K_{XS^*} + S}}_{\text{섭취 속도}} - \underbrace{\alpha_1 \frac{k_2 S/X}{K_{AS} + S/X}(A/X)}_{A\text{를 생성하기 위해 } S\text{가 사용되는 속도}}\right. \tag{e}$$

$$\left. - \underbrace{\alpha_2\left[\frac{k_3 S/X}{K_{PSf} + S/X}(A/X) - \frac{k_4 K_{PSd}}{K_{PSd} + S/X}(P/X)\right]}_{P\text{를 생성하기 위해 } S\text{가 소모되는 알짜속도}}\right\}$$

가 성립한다. 여기서 k_2는 g · 생성된 A/g · 현존하는 A · h, k_3는 g · 생성된 A/g · 현존하는 A ·

h, 그리고 k_4는 P에 대한 1차 분해 속도(h^{-1})이다. 파라미터 α_1과 α_2는 식 (b)와 (c)에 정의되어 있으며, K_{AS}, K_{PSf}, K_{PSd}는 포화 파라미터로서 질량분율의 단위를 갖는다. 마찬가지로

$$\frac{dA}{dt} = X\left[\underbrace{\frac{k_2 S/X}{K_{AS}+S/X}(A/X)}_{A\text{의 생성 속도}} - \underbrace{k_5(A/X)}_{\text{유지 에너지를 공급하기 위한 }A\text{의 분해}}\right] \tag{f}$$

여기서 k_5는 1차 반응 계수(h^{-1})이며

$$\frac{dP}{dt} = X\left[\frac{k_3 S/X}{K_{PSf}+S/X}(A/X) - \frac{k_4 K_{PSd}}{K_{PSd}+S/X}(P/X)\right] \tag{g}$$

식 (f)와 (g)는 각각 A와 P의 생성 속도를 나타낸다.

k_1 값은 대사가 불가능한 기질 유사체의 섭취, 포(vesicle)의 사용, 또는 대수 생장기의 세포에 대한 물질 수지 정보로부터 계산할 수 있다. k_2와 k_3의 값은 S/X 값이 큰 상태(예, 대수 생장기)에서의 총 바이오매스와 고분자 물질의 측정값으로부터 추정할 수 있는 반면, k_4와 k_5는 정지기에서의 시간에 따른 세포 조성에 관한 측정값으로부터 추정할 수 있는데 이 때에는 S/X 값이 낮아야 한다. 만약 S/X의 실험값을 여러 시간에서 얻을 수 있다면, 포화 파라미터의 추정값은 물론 보다 정확한 k_2, k_3, k_4, k_5의 추정값을 얻을 수 있다. 식 (g)에 의하면, P가 S/X가 클 때에만 만들어지고 S/X가 작을 때에는 분해가 되기 위해서 $K_{PSd} \ll K_{PSf}$이어야 한다. α_1과 α_2의 값들은 본질적으로 수율 계수들의 역수이며, 생장 실험과 P의 조성 데이터로부터 쉽게 추정할 수 있다.

여기서 사용된 속도식 형태가 결코 유일한 정답은 아니다. 보다 광범위한 실험관찰이 기타 가능한 형태의 식들을 제외시키기 위해 필요하다.

6.2.3 사이버네틱 모델

기본적으로 여러 가지 기질이 같이 있을 때의 생장현상을 예측하기 위해 또 다른 접근방법이 개발되었다. 이 기질들은 서로 보완적일 수도 있으며(예, 탄소원과 질소원) 대체적일 수도 있다. 예를 들어, 포도당과 젖당은 모두 탄소와 에너지 공급원이므로 서로를 대체할 수 있다. 4장에서 포도당과 젖당의 순차적 사용에 따른 이중 생장 현상을 다루었다. 해당 실험관찰 결과는 *lac* 오페론의 조절 기작과 이화적 억제(catabolic repression) 현상을 이해하는 실마리가 된다. 이러한 대사 조절은 하나의 기본 대사 경로로부터 다른 경로로의 이동을 위

해 필요하다. 미생물이 자신의 생장을 극대화하기 위한 나름대로의 목적함수를 가지고 있는 것으로 미루어 생각하면 된다.

여러 가지 기질이 있을 때의 생장을 모델링하는 한 접근방법이 **사이버네틱**(cybernetic) 모델링이다. '사이버네틱'은 목적탐색(goal-seeking)의 과정을 의미한다(예, 생장 속도의 극대화). 이 접근방법은 초기에 상호대체성 탄소원들을 먹고 생장할 때의 미생물의 거동을 예측하기 위한 의도에서 시작되었으나, 세포 내에서의 대사와 같이 복잡한 반응 네트워크상의 조절 구조를 간단한 방법으로 규명하기 위한 대체 방안을 마련하는 방향으로 확장되어 왔다. 전형적인 경우 최대 생장 속도와 같은 단일 목표가 설정되며 목적지향성 수학적 분석이 적용된다. 이러한 분석은 자원분배와 같은 경제성 분석과 유사하다. 많은 실제적인 경우에 있어서 이 접근방법이 복합 배지에서의 생장을 만족스럽게 설명한다. 그러나 이의 잠재력은 대사공학 분야에서, 그리고 미생물의 DNA 서열 정보를 생리학적 기능과 연관시키는 데 발휘되고 있다(8장 '세포 정보의 변경' 참조).

이 접근방법에는 한계가 있는데, 이는 어떠한 미생물의 경우에도 목적함수는 종의 보존을 위한 장기적인 생존이기 때문이다. 어떤 환경 조건하에서는 생장 속도 또는 생장의 극대화가 실제로 한 단계 아래의 목적(subobjectives)에 불과하다. 생물공정 공학자에게는 이러한 조건들이 종종 큰 관심거리이다. 따라서 사이버네틱 접근방법은 종종 유용한 도구가 된다. 이 방법은 이 책에서 상세히 설명하기에는 너무 복잡하다. 좀 더 많은 정보를 얻고자 하면 이 장의 끝 부분에 있는 참고문헌을 참조하기 바란다.

6.3 연속 배양에서의 세포 생장

회분식 배양의 경우 배양 환경이 계속해서 변한다. 회분식 배양에서는 어느 정도의 시간이 지나면 생장, 산물 생성, 기질 소비가 끝나지만 연속 배양에서는 새로운 영양 배지가 잘 섞인 반응기에 계속적으로 공급되며 동시에 세포가 반응기로부터 빠져나온다. 연속 배양에 있어서는 생장과 산물 생성이 긴 기간 동안 유지될 수 있다. 대개의 경우 어느 정도의 시간이 지나면 시스템은 정상상태에 도달하는데, 이 상태에서는 세포, 산물, 기질의 농도가 일정하게 유지된다. 연속 배양은 생장과 산물 생성에 필요한 일정한 환경 조건을 마련해 주며 균질한 산물을 공급한다. 연속 배양은 환경에 대한 미생물의 응답을 규명하고 최적 환경 조건하에서 원하는 산물을 생산하기 위한 중요한 수단이다. 9장에서는 회분식과 연속 배양을 대규모 조업의 적합성 면에서 비교할 것이다.

6.3.1 연속 배양을 위한 특정 장치

플러그 흐름 반응기(plug flow reactor (PFR))도 사용되지만, 연속 배양 장치의 기본적인 형태는 **키모스탯**(chemostat)과 **터비도스탯**(turbidostat)이다. 이러한 장치들은 세포 재순환을 위해 변경될 수도 있다.

그림 6.16은 한 연속 배양 장치(키모스탯)의 개요도이다. 대개 세포의 증식은 한 개의 필수 영양소에 의해 제한을 받으며 다른 영양소들은 과량으로 존재한다. 키모스탯이라는 이름은 일정한 화학적 환경이라는 의미에서 연유한 것이다.

그림 6.17은 광학 밀도의 모니터링 및 이에 의거한 원료 유량의 제어를 통해 세포 농도를 일정하게 유지해 주는 터비도스탯의 개요도이다. 배지의 탁도가 설정값을 초과할 때에는 펌프가 가동되어 새로운 배지가 더해진다. 배양 부피는 동량의 배양액을 제거함으로써 일정하게 유지된다. 터비도스탯은 키모스탯보다 노력이 많이 들기 때문에 키모스탯에 비해 자주 사용되지는 않는다. 터비도스탯은 세포 농도가 일정하게 유지되므로 바람직한 환경 조건(예, 높은 에탄올 농도)하에서 걸리는 스트레스에 견딜 수 있는 하부집단(subpopulation)을 선택하는 데 매우 유용할 수 있다. 원하는 성질을 갖는 변종 또는 변이주의 선택은 매우 중요하다(8장 참조).

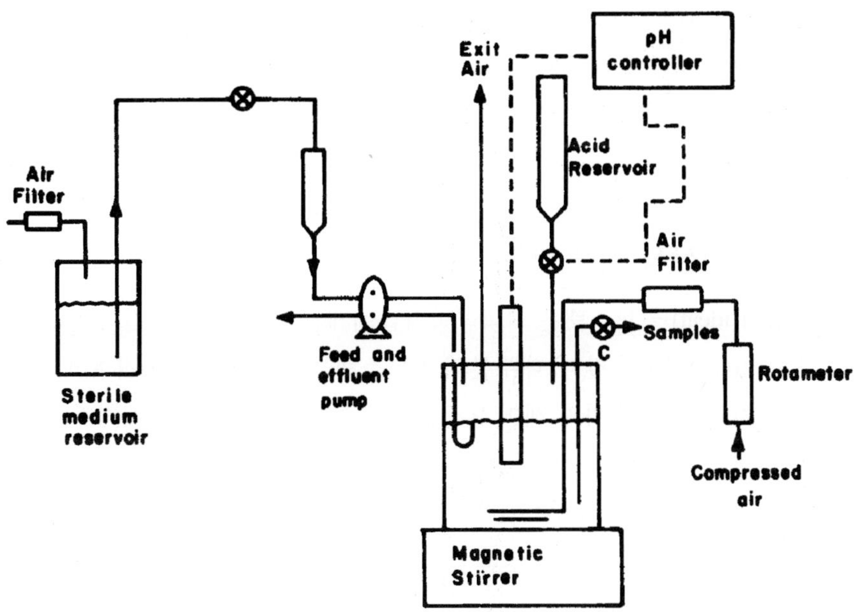

Figure 6.16. A continuous-culture laboratory setup (chemostat). (With permission, from D. I. C. Wang and others, *Fermentation and Enzyme Technology*, John Wiley & Sons, Inc., New York, 1979, p. 99. Permission conveyed through Copyright Clearance Center, Inc.)

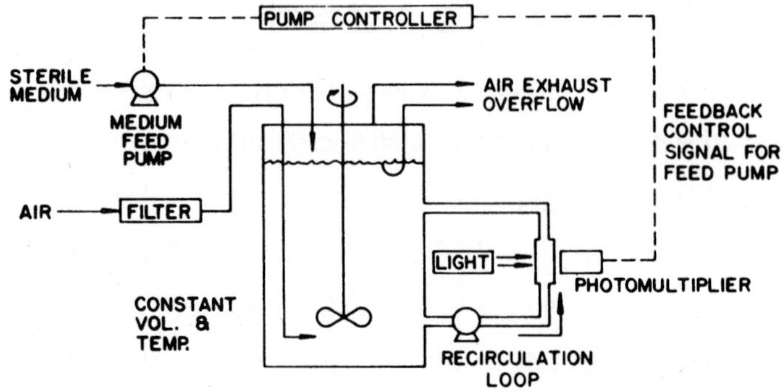

Figure 6.17. Typical laboratory setup for a turbidostat. (With permission, from D. I. C. Wang and others, *Fermentation and Enzyme Technology*, John Wiley & Sons, Inc., New York, 1979, p. 100. Permission conveyed through Copyright Clearance Center, Inc.)

플러그 흐름 반응기(PFR) 또한 연속 배양을 위해 사용할 수 있다. 이상적인 PFR에 있어서는 역혼합(backmixing)이 없기 때문에 축방향으로 다른 위치에 있는 부분이 살아 있는 세포를 갖고 있는 부분에 의해 접종되지 못한다. 배지의 연속적인 접종을 위해서는 배양액의 재순환이 필요하다. PFR에서는 기질과 세포 농도가 축방향의 위치에 따라 변한다. 이상적인 PFR은 회분식 반응기와 유사한데, 이때 발효기를 따라 정의되는 거리가 회분 배양기에서의 배양 시간에 해당된다. 폐수 처리에 있어서, 어떤 장치는 그 거동이 PFR에 가깝기도 하며, 다단의 키모스탯은 그 단수가 큰 경우(5 또는 그 이상) PFR과 가까운 동적 특성을 나타낸다.

6.3.2 이상적 키모스탯

이상적(ideal) 키모스탯은 화학공학자들에게는 잘 알려진 완전히 혼합되는 연속 교반 탱크 반응기(CFSTR)와 같다. 대부분의 키모스탯들이 유용하게 되기 위해서는 pH, 용존 산소 제어 장치와 같은 몇 가지 제어 요소를 갖추어야 한다. 멸균된 배지가, 완전한 혼합이 이루어지며(필요할 경우) 통기가 되고 있는 반응기에 공급되고, 세포를 포함하는 현탁액이 같은 속도로 반응기로부터 제거된다. 반응기의 액체 부피는 일정하게 유지된다.

그림 6.18은 단순화된 키모스탯의 개요도이다. 세포에 대한 물질 수지식을 세우면

$$FX_0 - FX + V_R\mu_g X - V_R k_d X = V_R \frac{dX}{dt} \tag{6.70}$$

여기서 F는 영양 배지의 유량(l/h), V_R은 배양 부피(l)(일정한 것으로 가정), X는 세포 농도(g/

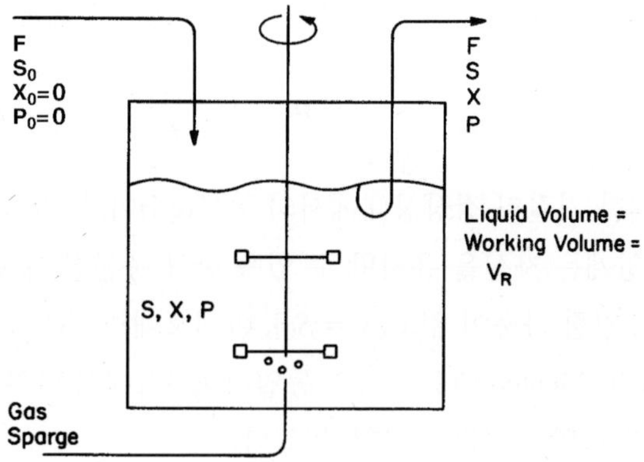

Figure 6.18. Simplified schematic of a chemostat.

l), μ_g와 k_d는 각각 비성장 속도와 내인성(endogenous) 대사(또는 사멸) 속도 상수(h^{-1})이다. 세포 질량이 주요 파라미터일 경우, 세포의 사멸을 내인성 대사로부터 구별하는 것이 어렵다는 것을 알아야 한다. k_d를 쓸 경우 이는 내인성 대사가 세포 질량 감소의 주요 메커니즘임을 의미한다. k_d는 세포 사멸과 용혈이 질량 감소의 주원인임을 의미한다. 만약 식 6.70이 세포 수에 대해 세워졌다면 k_d는 세포 사멸 속도밖에 될 수 없다는 것을 알아야 한다. 수지식이 세포수를 기준으로 쓰여졌을 경우 내인성 대사의 영향은 기질 수지식에만 나타난다. 대부분의 실험은 세포의 수보다는 총 세포 질량을 측정함으로써 행해지기 때문에 X를 근거로 한 예제를 보일 것이다. 하지만 독자들은 X에 대해서 식들을 세울 경우 모호한 점이 있게 됨을 알아야 한다.

식 6.70은 다음과 같이 정리될 수 있다.

$$\frac{dX}{dt} = DX_0 + (\mu_g - k_d - D)X \tag{6.71}$$

여기서 D는 **희석 속도**(dilution rate)이며 $D = F/V_R$이다. D는 체류 시간의 역수이다.

대개 원료 배지는 무균 상태이다. 즉, $X_0 = 0$, 그리고 내인성 대사 또는 사멸 속도가 생장 속도에 비해 무시할 만하고($k_d \ll \mu_g$), 시스템이 정상상태($dX/dt = 0$)에 있다면

$$\mu_g = D \quad (\text{if } k_d = 0) \tag{6.72}$$

키모스탯에 있어서 세포는 생장 속도와 같은 속도로 반응기로부터 제거되며 따라서 생장 속도는 희석 속도와 같다. 이 성질은 연구자로 하여금 생장 속도를 하나의 독립 변수로서 조작할 수 있게 하며 따라서 키모스탯이 막강한 실험도구가 되게 한다.

키모스탯에서는 적어도 하나의 기질에 의해 생장 속도가 제한을 받으므로 식 6.72의 μ_g

에 Monod 식(식 6.32)을 대입함으로써 키모스탯의 성능에 대한 간단한 설명을 할 수 있다.

$$\mu_g = D = \frac{\mu_m S}{K_s + S} \tag{6.73}$$

여기서 S는 제한 기질의 정상상태에서의 농도(g/l)이다. 만약 D가 μ_m보다 큰 값을 갖게 될 경우 해당 배양계는 자신을 유지할 수 있을 만큼 충분한 재생산을 할 수 없으며 **세출 현상**(wash out)(즉, 기질 사용이 없고[$S = S_0$], 바이오매스 생성도 없다[$X = 0$])이 일어난다. 식 6.73은 Michaelis-Menten 반응과정과 동일하며 3장에서 다루었듯이 $1/\mu_g$의 $1/S$에 대한 그래프로부터 μ_m과 K_s의 추정값을 구할 수 있다.

식 6.73을 사용함으로써 $D < \mu_m$일 때 유출액 중의 기질 농도를 희석 속도와 연관시킬 수 있다.

$$S = \frac{K_s D}{\mu_m - D} \tag{6.74}$$

내인성 대사가 없을 때 제한 기질에 대한 물질 수지식은 다음과 같다.

$$FS_0 - FS - V_R u_g X\left(1/Y_{x/s}^M\right) - V_R q_p X\left(1/Y_{p/s}\right) - m_s X V_R = V_R\left(dS/dt\right) \tag{6.75}$$

여기서 S_0와 S는 각각 원료와 유출액 중의 기질 농도(g/l), q_P는 세포 외(extracellular) 산물 비생성 속도(g P/g 세포 · h), 그리고 $Y_{X/S}^M$와 $Y_{P/S}$는 수율 계수(g 세포/g S, g P/g S), 그리고 m_s는 기질을 기준으로 한 유지 계수(g S/g X-h)이다. $Y_{X/S}$의 위첨자 M은 수율 계수의 최댓값을 나타낸다. 이러한 위첨자는 유지 에너지의 효과를 논의할 때 중요하게 된다. 식 6.75는 다음과 같이 나타낼 수도 있다.

$$\frac{F(S_0 - S)}{V_R X} = q_s = \frac{\mu_g}{Y_{X/S}^M} + \frac{q_p}{Y_{P/S}} + m_s \tag{6.76}$$

식 6.76은 **기질 소비 선형식**(linear equation of substrate consumption)으로 알려져 있는데 식 6.14의 기질 수지의 명시적 표현이다.

세포 외 산물 생성이 무시할 만하며 시스템이 정상상태($dS/dt = 0$)에 있을 때

$$D(S_0 - S) = \frac{\mu_g X}{Y_{Y/S}^M} \tag{6.77}$$

정상상태에서 $k_d = 0$이면 $\mu_g = D$이므로

$$X = Y_{X/S}^M (S_0 - S) \tag{6.78}$$

식 6.74를 사용하면 정상상태에서의 세포 농도는 다음과 같이 나타낼 수 있다.

$$X = Y_{Y/S}^{M}\left(S_0 - \frac{K_s D}{\mu_m - D}\right) \tag{6.79}$$

식 6.77과 6.78에서 수율 계수($Y_{X/S}$)는 상수로 가정되었는데, 이는 내인성 대사를 무시한 것이므로 일종의 근사적인 접근방법이다. 대개 $Y_{X/S}$는 제한 영양소와 생장 속도에 따라 변한다. 내인성 대사와 세포 사멸 속도가 무시할 만하지 않을 경우 식 6.72는 다음과 같이 나타내진다.

$$D = \mu_g - k_d = \mu_{net} \tag{6.80a}$$

또는

$$\mu_g = D + k_d \tag{6.80b}$$

와 같이 된다. 세포 외 산물 생성이 없다는 가정하에 만들어진 정상상태 물질 수지식(식 6.77)에 식 6.80b를 대입하면

$$D(S_0 - S) - 1/Y_{X/S}^{M}(D + k_d)X = 0 \tag{6.80c}$$

이 된다. 여기서 $Y_{X/S}^{M}$는 최대 수율 계수(내인성 대사 또는 유지 에너지가 없음)이다. $Y_{X/S}^{M}$는 생장 속도에 관계없이 하나의 상수값을 갖는다. 이 접근방법은 비구조 모델을 기반으로 한 것으로서 S가 유지 에너지로 직접 전환되는 것을 허용하지 않는다. 그보다는 S가 우선 세포 질량으로 취해진 후 내인성 대사에 의해 분해되어야 하는 것으로 되어 있다. 이 관점은 비구조 모델을 다룰 때 적절하다. 세포 내의 S를 바이오매스의 한 구성성분으로 간주하는 구조 모델에서는, S가 유지 기능을 위해 직접 소모되는 것을 모델링할 수 있다. 하지만 비구조 모델의 경우에는 더 이상 외부에 존재하지 않는 기질이 바이오매스의 한 부분으로 간주된다.

식 6.80c는

$$D\left(\frac{S_0 - S}{X}\right) - 1/Y_{X/S}^{M}(D + k_d) = 0 \tag{6.81}$$

$$D\left(\frac{1}{Y_{X/S}^{AP}}\right) - \frac{D}{Y_{X/S}^{M}} - \frac{k_d}{Y_{X/S}^{M}} = 0 \tag{6.82a}$$

$$\frac{1}{Y_{X/S}^{M}} + \frac{k_d}{Y_{X/S}^{M} \cdot D} = \frac{1}{Y_{X/S}^{AP}} \tag{6.82b}$$

$$\frac{1}{Y_{X/S}^{AP}} = \frac{1}{Y_{X/S}^{M}} + \frac{m_s}{D} \tag{6.83}$$

와 같이 재정리된다. 여기서

$$m_s = \frac{k_d}{Y^M_{X/S}} \tag{6.84}$$

이며 m_s는 S에 근거한 **유지 계수**(maintenance coefficient)이다. $Y_{X/S}$가 사용될 경우 $Y^{AP}_{X/S}$는 겉보기 수율이다. $Y_{X/S}$가 사용될 경우 이는 $Y^{AP}_{X/S}$로 해석되어야 한다. 반면 $Y^M_{X/S}$는 상수이며 $Y^{AP}_{X/S}$는 $k_d > 0$인 경우 생장 조건에 따라 변한다.

$Y^M_{X/S}$와 m_s 값은 키모스탯 실험으로부터, $1/Y^{AP}_{X/S}$를 $1/D$에 대해 작성한 그래프를 통해 얻을 수 있다. 기울기는 m_s이며 절편은 $1/Y^M_{X/S}$(그림 6.19 참조)이다.

내인성 대사가 있으면$[\mu_{net} = \mu_m S/(K_s + S) - k_d]$

$$S = \frac{K_s(D+k_d)}{\mu_m - D - k_d} \tag{6.85}$$

와

$$X = Y^M_{X/S}[S_0 - S]\cdot\frac{D}{D+k_d} \tag{6.86}$$

임을 보일 수 있다. 유지 현상에 의한 효과에 더하여, 종종 세포 밖의 기질이 세포 외부 산물로 전환되는 현상을 고려하는 것이 타당하다. 비구조 모델에서는 이러한 전환을 순간적인 것으로 간주해야 하는데 왜냐하면 상당한 시간에 걸친 기질 섭취는 X가 변하도록 하기 때문이다. 이는 실제로 일어날 가능성이 없는 유지 현상인데, 왜냐하면 S가 취해져 X가 되고 다시 X가 필요시 분해됨으로써 기질 섭취와 유지 기능을 위한 기질 사용 간의 시간이 길어질 수 있기 때문이다. 다음의 식들은 기질이 순간적으로 세포 산물로 전환되는 것을 가정하

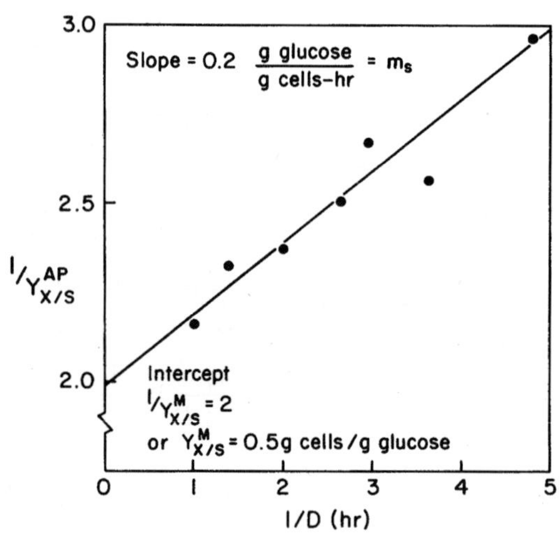

Figure 6.19. Graphical approach to estimating $Y^M_{X/S}$ and m_S for chemostat data for *Escherichia coli* growing on glucose as the limiting nutrient.

였는데 세포는 촉매로서 작용한다. 산물 생성에 대한 수지식은

$$DP = q_P X \tag{6.87}$$

여기서 q_P는 식 6.19 또는 6.20에 의해 설명된다. 비생장 관련 산물 생성의 경우 q_P는 상수(β)인 반면, 생장 관련 산물에 대해서는 μ_g의 함수이다. 산물이 생성되는 가운데 유지는 무시할 만하다면 식 6.76은 다음과 같이 된다.

$$D(S_0 - S) = \frac{1}{Y_{X/S}^M}(D + k_d)X + \frac{1}{Y_{P/S}} q_P X \tag{6.88}$$

바이오매스 수지는 내인성 대사가 있는 경우와 같으며, 이로부터

$$S = \frac{K_s(D + k_d)}{\mu_m - D - k_d}$$

이 얻어진다. 식 6.87을 X에 대해 풀 수 있다.

$$X = Y_{X/S}^M (S_0 - S)\left(\frac{D}{D + k_d + q_P \dfrac{Y_{X/S}^M}{Y_{P/S}}}\right) \tag{6.89}$$

키모스탯에서의 산물과 바이오매스 생산성은 각각 DP와 DX로부터 알 수 있다. 생산성을 최대로 해주는 희석 속도는 DP 또는 DX를 D에 대해 미분한 후 미분값을 0으로 놓음으로써 구할 수 있다. D의 최적값(D_{opt})은 내인성 대사와 (또는) 산물 생성의 고려 여부에 따라 달라진다. $k_d = 0$이고 $q_P = 0$일 때 식 6.78과 6.74가 적용된다. 그러면

$$D_{opt} = \mu_m\left(1 - \sqrt{\frac{K_s}{K_s + S_0}}\right) \tag{6.90}$$

보통 S_0가 K_s보다 매우 크므로, D_{opt}는 μ_m 또는 세출점에 가깝다. D를 μ_m 가까이 유지하면서 키모스탯을 안정되게 운전하는 것은 유량과 액상 부피가 정확하고 일정하게 유지되지 않고서는 매우 어렵다. 결국 D_{opt}보다 약간 작은 D값이 안정성과 바이오매스 생성 간의 현명한 타협점이 될 수 있다. 바이오매스 생성을 위한 D_{opt}가 산물 생성에도 반드시 최적값이 되지는 않는다는 점 또한 분명하다.

예제 6.4와 6.5는 키모스탯의 성능 특성을 규명하기 위해 상기 식들을 이용하는 예를 보여 준다.

예제 6.4

기본적인 키모스탯 파라미터의 계산. 바이오매스 생산을 위한 새로운 효모 변종 하나를 생각하자. 키모스탯을 사용하여 다음의 데이터를 얻었다. pH는 5.5, $T = 35°C$ 조건하에서 유입액 중의 기질 농도는 800 mg/l이었으며 과량의 산소가 사용되었다. 다음의 데이터를 사용하고 $\mu_{net} = \mu_m S/(K_s + S) - k_d$임을 가정하여 μ_m, K_s, $Y^M_{X/S}$, k_d 그리고 m_s를 계산하라.

희석 속도(h^{-1})	탄소 기질 농도(mg/l)	세포 농도(mg/l)
0.1	16.7	366
0.2	33.5	407
0.3	59.4	408
0.4	101	404
0.5	169	371
0.6	298	299
0.7	702	59

풀이

첫 단계로 $1/Y^M_{X/S}$를 $1/D$에 대해 도식화한다. $Y^{AP}_{X/S}$는 $X/(S_0 - S)$로부터 계산한다. 절편으로부터 $1/Y^M_{X/S} = 1.58$ 또는 $Y^M_{X/S} = 0.633$ g X/g S이다. 기울기는 0.06 g S/g $X \cdot$ h인데 이는 m_s 값에 해당된다. $m_s = k_d/Y^M_{X/S}$임을 상기하면, $k_d = m_s Y^M_{X/S} = 0.06$ g S/g $X \cdot$ h $\times$ 0.633 g X/g S = 0.038 h^{-1}이다. 두 번째 단계로 다음을 기억하라.

$$D = \mu_g - k_d = \frac{\mu_m S}{K_s + S} - k_d \tag{a}$$

그러면

$$\frac{1}{D + k_d} = \frac{1}{\mu_m} + \frac{K_s}{\mu_m}\frac{1}{S} \tag{b}$$

$1/(D + k_d)$를 $1/S$에 대해 도식화한다. 절편은 1.25 h 또는 $\mu_m = 0.8\ h^{-1}$이다. 기울기는 100 h/(mg/l)이다. 따라서 $K_s/\mu_m = 100$ 또는 $K_s = 80$ mg/l이다.

예제 6.5

키모스탯에서 저해물질이 세포 생장에 미치는 영향. 세포 생장이 저해를 받을 때 키모스탯에서의 비성장 속도는 다음의 식으로 주어진다.

$$\mu_g = \frac{\mu_m S}{K_s + S + IK_s / K_I} \tag{a}$$

다음의 파라미터 값을 가정하라.

$$K_s = 1\text{ g/l} \qquad I = 0.05\text{ g/l} \qquad Y_{X/S}^M = 0.1\frac{\text{g cells}}{\text{g subs}}$$

$$K_I = 0.01\text{ g/l} \qquad \mu_m = 0.5\text{ h}^{-1} \qquad k_d = 0$$

a. $I = 0$일 때 X와 S를 D의 함수로 나타내라.

b. 키모스탯에 저해물질을 첨가한 후 유출액 중의 기질 농도와 X를 D의 함수로 나타내라.

c. 세포 생산성 DX를 희석 속도의 함수로 나타내라.

풀이

a. 저해물질이 없을 경우 다음 식이 적용된다.

$$S = \frac{K_s D}{\mu_m - D} = \frac{D}{0.5 - D}$$

$$X = Y_{X/S}^M (S_0 - S) = 0.1\left(10 - \frac{D}{0.5 - D}\right)$$

b. 저해물질이 있을 경우 다음 식이 적용된다.

$$\mu_g = \frac{\mu_m S}{K_s\left(1 + \frac{\text{I}}{K_1}\right) + S} = D$$

$$S = \frac{K_s\left(1 + \frac{\text{I}}{K_1}\right)D}{\mu_m - D} = \frac{I\left(1 + \frac{0.05}{0.01}\right)D}{0.5 - D}$$

$$S = \frac{6D}{0.5 - D}$$

$$X = Y_{X/S}^M (S_0 - S) = 0.1\left(10 - \frac{6D}{0.5 - D}\right)$$

c. 세포 생산성은 다음 식에 의해 계산된다.

$$Pr_x = DX = DY_{X/S}(S_0 - S) = 0.1D\left(10 - \frac{6D}{0.5 - D}\right)$$

6.3.3 도구로서의 키모스탯

키모스탯은 돌연변이를 통한 균주 선택을 연구하기 위한 도구로서, 또한 환경 변화가 세포의 생리에 미치는 영향을 연구하기 위한 하나의 도구로서 사용될 수 있다. 돌연변이와 선택의 분자학적 측면은 8장에서 논의할 것이다.

자연발생적인 또는 유도에 의한 **돌연변이**(mutation)가 키모스탯 내에서 일어날 수 있다. DNA 복제상 오류의 평균 빈도는 세대당 $10^{-6} \sim 10^{-8}$개의 유전자이다. 배양시의 세포 농도가 10^9 세포/ml일 때 키모스탯에서는 여러 가지 다양한 돌연변이 세포가 생성될 확률이 높다. 돌연변이가 키모스탯 환경하에서의 성장에 개입된 단백질의 기능을 바꾸지 않는 한, 키모스탯에서 일어나는 자연발생적 돌연변이의 거의 대부분은 별로 의미가 없다. 돌연변이주의 비성장 속도가 야생종보다 클 경우 키모스탯에서 돌연변이주가 야생종을 제압하게 된다. 이러한 변이주 세포 선별은 돌연변이주의 생장에 더 유리한 환경을 조성해 줌으로써 이루어질 수 있다.

키모스탯은 특별한 미생물의 선별에도 사용될 수 있다. 이러한 목적을 위해서는 선별성 또는 농축성(enrichment) 배지가 필요하다. 예를 들어, 에탄올을 먹고 자라는 미생물을 선별하고자 하는 경우에는 키모스탯에 공급되는 원료로 에탄올과 무기염을 포함하는 영양 배지를 사용한다. 처리가 힘든 독성 화합물을 산화시킬 수 있는 미생물은 키모스탯에 해당 화합물을 천천히 공급함으로써 혼합 배양계로부터 선별할 수 있다. 호열성 미생물은 높은 온도(예, 50~60°C)에서 키모스탯을 운전함으로써 자연에 존재하는 모집단으로부터 선별할 수 있다. 키모스탯에서의 선별은 재조합 DNA를 갖고 있는 세포의 배양에 있어서 심각한 문제를 야기하기도 한다. 종종 가장 생산성이 높은 세포는 느리게 자라고 따라서 보다 생산성이 낮은 세포에 의해 대치된다. 이 문제는 14장 '유전자 조작된 생체의 이용'에서 좀 더 자세히 다루기로 한다.

6.3.4 이상상태와의 차이

다당류를 사용하거나 생산하는 경우 또는 균사 배양(mycelial culture)과 같은 발효 공정에서는 발효액이 점도가 매우 높을 수 있으며 따라서 완전한 혼합이 어려울 수 있다. 또한 어떤 세포들은 발효조 벽면 또는 프로브 표면과 같은 발효조 내의 고체 표면상에서 얇은 막(film)의 형태로 자라는 경향이 있다. 불완전한 혼합은 산업규모의 발효조에서는 늘 있는 현상이다. '키모스탯' 배양계에 있어서 불완전 혼합 지역이 존재하는 것이 보통이다. 사실 '**키모스탯**(chemostat)'이라는 용어는 완벽하게 혼합되는 장치에만 적용 가능하다. 여기서는 비

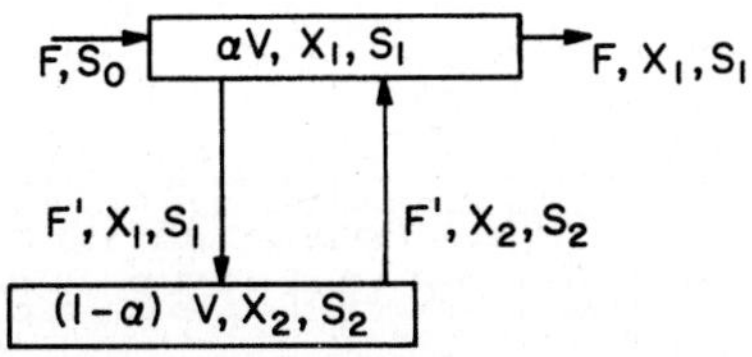

Figure 6.20. Simple two-compartmental model for an incompletely mixed "chemostat."

이상상태(nonideality)를 나타내기 위해 인용부호를 사용하였다. 혼합이 불완전한 연속 흐름 발효조를 해석하기 위해 분리 반응기 모델(segregated reactor model)을 사용할 수 있다.

'키모스탯'에 대한 간단한 이구획 모델(two-compartment model)이 그림 6.20에 나타나 있는데, 반응기가 혼합이 잘 되고 있는 지역과 정체 지역의 두 지역으로 나누어져 있다. 원료와 유출액은 혼합이 잘 되고 있는 지역 1을 통과하며, 두 지역 간에는 물질 교환이 일어난다.

정체 생물상(stagnant biotic phase)을 갖고, 불완전하게 혼합되는 키모스탯에서는 희석 속도가 세출현상 없이도 μ_m보다 클 수 있다. 세출 희석 속도는 $S_0 = S_1 = S_2$로 놓음으로써 구할 수 있으며

$$D_{wo} = \frac{\mu_m S_0}{K_m + S_0}\left[\frac{(1-\alpha)^2 \mu_m S_0}{K_s + S_0 - (1-\alpha)D'\mu_m S_0} + 1\right] \tag{6.91}$$

여기서 D_{wo}는 세출 희석 속도이다.

6.4 요약

회분식 배양 동안 세포 집단이 몇 가지 다른 생장기를 보인다. 지연기에는 세포가 새로운 배지에서의 최대 생장을 위해 필요한 생합성 대사 능력을 축적한다. **지수 생장기**(exponential growth) 동안에는 세포의 복제 속도가 최대이며 세포 집단의 화학적 조성이 거의 일정하다(예, 균형 생장). 기질이 거의 고갈되었거나 독성 대사 부산물이 임계 수준까지 축적되었을 때 생장 속도는 급격히 떨어지며 이로 인해 생합성 경로에 상당한 변화가 야기된다. **정지기**(stationary phase) 동안에는 알짜 증식이 0이다. 세포는 장기 생존 확률을 높이기 위해 대사 기구(metabolic machinery)를 재조정한다. 어느 시점이 되면 어떤 세포는 더 이상 자기가 갖고 있는 축적물로부터 충분한 에너지를 얻지 못하게 되거나 또 다른 중요한 자원을 충분히 얻지 못하게 되고, 따라서 해당 배양계는 **사멸기**(death phase)에 들어가게 된다. 죽은 세포는 에너지가 충전된 막을 갖고 있지 않으므로 용혈이 잘 된다(또는 터져 버린

다). 용혈된 세포로부터 나온 영양소들은 생존해 있는 세포에 의해 이용될 수 있으므로 은밀 생장(cryptic growth)이 일어난다.

세포에 의해 생성된 산물들도 이러한 회분식 배양 주기와 관련이 있을 수 있다. 1차 대사 산물은 생장과 관련이 있다. 2차 대사 산물은 생장과 관련이 없으며 정지기에서 만들어진다. 몇몇 산물은 생장 관련과 비생장 관련 부분을 모두 갖는다.

세포 생장 반응 기구를 모델링할 수 있다. **구조 모델**(structured model)은 모집단을 서로 구별이 되는 하부 집단으로 쪼갠다. **비구조 모델**(unstructured model)은 세포 질량을 하나의 단일 성분으로 다룬다. 비구조 모델은 과도기 거동을 잘 설명하지 못한다. 어떤 모델은 **분별 모델**(segregated model)이다. 이 모델들은 대상 모집단의 구성원이 모두가 같지는 않고 따라서 여러 성질들의 개별 세포들 간의 분포가 중요하다는 인식에 근거한다. **비분별 모델**(nonsegregated model)에서는 이러한 분포를 무시하고 집단 평균 파라미터가 적절한 것으로 가정한다.

이 모델들은 회분식 배양뿐만 아니라 연속 배양에도 적용할 수 있다. 연속 배양의 기본적인 형태는 정상상태의 CFSTR 또는 **키모스탯**(chemostat)이다. 키모스탯은 시불변적인(time-invariant) 생장 환경을 보장한다. 생장 속도는 희석 속도와 같은데, 이는 키모스탯에 공급되는 유량에 의해 결정된다. 따라서 연구자가 생장 속도를 조작할 수 있다. **터비도스탯**(turbidostat)의 경우 일정한 세포 농도를 유지하기 위해 유량을 조절한다. 터비도스탯은 유량이 큰 경우(세출점 가까이)에도 잘 운전되며 따라서 특정 스트레스에 적응한 하부 세포 집단의 선별에 유용하다.

참고문헌

Atlas, J. P., P. Foley, and M. L. Shuler, "Modeling a Minimal Cell," *Meth. Mol. Biol.* 881: 573–610, 2012.

Bailey, J. E., and D. F. Ollis, *Biochemical Engineering Fundamentals*, 2d ed., McGraw-Hill, New York, 1986.

Blanch, H. W., and D. S. Clark, *Biochemical Engineering*, Marcel Dekker, New York, 1996.

Doran, P. M., *Bioprocess Engineering Properties*, 2d ed., Academic Press, San Diego, CA, 2013.

Frederickson, A. G., R. D. Megee III, and H. M. Tsuchiya, "Mathematical Models for Fermentation Processes," *Adv. Appl. Microbiol.* 23(10): 419, 1970.

Ramkrishna, D., and H. Song, "Dynamic Models of Metabolism: Review of the Cybernetic Approach," *AIChE Journal* 58: 986–992, 2012.

Villadsen, J., J. Nielsen, and G. Liden, *Bioreaction Engineering Principles*, 2d ed., Springer, New York, 2011.

연습문제

6.1 다음의 정보를 사용하여 1 g 건조중량/리터의 바이오매스가 있는 배양기 내의 세포 수농도(number concentration)를 구하라.

세포 크기: 1 × 2 μm 실린더 모양

세포 밀도: 1.05 g/cm^3

세포 내 물 함량: 80%

6.2 배가시간(doubling time)이 각각 2 h와 4 h인 두 종류의 박테리아가 영양분이 풍부한 배지 내에서 최대 생장 속도로 자라고 있다. 초기 농도들은 모두 같다.

a. 10시간 회분식 생장 후 X_1/X_2 비는 얼마가 되겠는가?

b. $X_1/X_2 = 10$을 달성하기 위해서는 상기 혼합배양을 얼마 동안 진행해야 하겠는가? 지수성장을 가정하라.

6.3 메탄올을 먹고 자라는 한 호기성 박테리아의 간단한 회분식 발효로부터 다음 표와 같은 결과를 얻었다. 다음을 계산하라.

a. 최대 비성장 속도(μ_{max})

b. 기질에 대한 수율($Y_{X/S}$)

c. 질량 배가시간(t_d)

d. 포화 상수(K_s)

e. $t = 10$ h에서의 비성장 속도(μ_{net})

시간 (h)	X (g/l)	S (g/l)
0	0.2	9.23
2	0.211	9.21
4	0.305	9.07
8	0.98	8.03
10	1.77	6.8
12	3.2	4.6
14	5.6	0.92
16	6.15	0.077
18	6.2	0

6.4 한 미생물 집단의 생장이 pH의 함수이며 다음의 식으로 주어진다.

$$\mu_g = \frac{1}{X}\frac{dX}{dt} = \frac{\mu_m S}{K_s\left(1+\frac{H^+}{k_1}\right)+S}$$

a. 실험 데이터(t에 대한 X와 S)가 주어진다면 어떻게 μ_m, K_s, k_1를 결정할 것인지를 설명하라.

b. $1/S$에 대한 $1/\mu_g$의 이중 역수 그래프가 pH(또는 H^+) 농도에 따라 어떻게 변하는가?

6.5 *Lactobacillus delbrueckii*에 의한 젖산의 발효 생산에 미치는 온도의 영향에 대해 다음과 같은 데이터를 얻었다. 이 데이터로부터 이 공정의 활성화 에너지 값을 계산하라. 계산된 활성화 에

너지의 값은 이러한 종류의 생물학적 전환 반응의 전형적인 값인가? (3장 참조)

온도 (°C)	속도 상수(mol/l-h)
40.4	0.0140
36.8	0.0112
33.1	0.0074
30.0	0.0051
25.1	0.0036

(Courtesy of A. E. Humphrey from "Collected Coursework Problems in Biochemical Engineering," compiled by H. W. Blanch for 1977 Am. Soc. Eng. Educ. Summer School. © American Society for Engineering Education.)

6.6 회분식 미생물 생장에 대한 로지스틱 식이 다음과 같다.

$$\frac{dX}{dt} = kX\left(1 - \frac{X}{X_m}\right)$$

a. 다음의 근사식을 사용하라.

$$X_m = Y_{x/s}S_0,\ X = Y_{x/s}(S_0 - S)$$

상기 로지스틱 식이 다음과 같이 나타내질 수 있음을 증명하라.

$$\frac{dX}{dt} = kX\frac{S}{S_0}$$

b. 다음의 관계식을 사용하여 로지스틱 식에 기반한 기질 농도의 시간에 따른 변화를 설명하는 식을 유도하라.

$$\frac{dX}{dt} = -Y_{x/s}\frac{dS}{dt}$$

c. (a)에서 유도한 로지스틱 식과 낮은 기질 농도에서의 Monod 식(일차 반응식)의 비교를 통하여 로지스틱 식 상수(k)를 Monod 속도식 상수들로 나타내라.

6.7 **개개** 박테리아의 생장을 모델링하고자 한다. 세포가 효소를 이용하여 S_1을 세포 안으로 운반하는데, 이 때의 투과효소는 산물 저해를 받는다. S_1은 궁극적으로 거대 분자인 세포 단백질의 전구체인 P로 전환된다. 이때 모든 반응의 촉매는 M이다.

a. $S_1^* \xrightarrow[M]{} S_1$ (단위 표면적당), 여기서 $S^* = S$의 외부 농도

b. $S_1 \xrightarrow[M]{} P$

c1. 에너지$+ P \xrightarrow[M]{} M$ } 에너지 결합 반응
$S_1 \xrightarrow[M]{}$ 에너지

c2. 또는, $S_1 + P \xrightarrow[M]{} M$

d. $T = S_1 + P + M_1 = \rho V$. 여기서 ρ = 세포 밀도, V = 세포 부피

S_1, P, M, T의 변화를 설명하기 위한 식들을 적고 필요한 모든 기호를 정의하라. 세포 부피가 항상 변하고 있다는 것을 상기하라.

6.8 한 생물화학 공학자는 자신의 실험실에서 다음과 같은 사실을 결정하였다—탄소원(이 경우는 당밀)을 생장 속도에 비례하는 속도로 계량하여 발효조에 공급할 때 비싼 항생제의 최적 생산성이 얻어진다. 그러나 이 공학자는 발효가 진행되는 중에 생장 속도(dX/dt) 또는 바이오매스 농도(X)를 재기 위한 믿을 만한 방법이 없기 때문에 자기가 발견한 사실을 항생제 공장에 적용할 수 없다. OUR(산소 섭취 속도, g/l · h)을 측정할 수 있도록 하기 위해 산소 분석기를 공장 발효조에 설치하자는 방안이 제시되었다.

a. OUR과 시간 데이터로부터 X와 dX/dt를 추정하는 데 사용될 식들을 유도하라. 배양계의 산소 소모 속도를 설명하기 위해 간단한 수율 및 유지(maintenance) 모델을 사용할 수 있는 것으로 가정하라.

b. 다음의 데이터로부터 수율(Y_{X/O_2})과 유지(m_{O_2}) 파라미터의 값을 계산하라.

시간	OUR (g/l-h)	X (g/l)
0	0.011	0.60
1	0.008	0.63
2	0.084	0.63
3	0.153	0.76
4	0.198	1.06
5	0.273	1.56
6	0.393	2.23
7	0.493	2.85
8	0.642	4.15
9	0.915	5.37
10	1.031	7.59
11	1.12	9.40
12	1.37	11.40
13	1.58	12.22
14	1.26	13.00
15	1.58	13.37
16	1.26	14.47
17	1.12	15.37
18	1.20	16.12
19	0.99	16.18
20	0.86	16.67
21	0.90	17.01

(Courtesy of D. Zabriskie from "Collected Coursework Problems in Biochemical Engineering," compiled by H. W. Blanch for 1977 American Society Engineering Education Summer School.)

6.9 *Pseudomonas* 종은 아세트산을 먹고 자랄 때 2.4 시간의 배가시간을 갖는다. 이 기질을 사용할 때의 포화 상수는 1.3 g/l(이는 상당히 높은 값임)이고, 세포 수율은 0.46 g 세포/g 아세트산이다. 38 g/l의 아세트산을 포함하는 원료를 사용하여 키모스탯을 운전할 경우, 다음을 알아내라.

D, h^{-1} 희석 속도	$1/D$	S, mg/ml, 글리세롤	$1/S$	X, mg/ml 세포 농도	ΔS	$\Delta S/X$	$\Delta S/X \cdot D$
0.05	20	0.012	83.3	3.2	9.988	3.12	0.156
0.10	10	0.028	35.7	3.7	9.972	2.7	0.270
0.20	5.0	0.05	20	4.0	9.95	2.49	0.498
0.40	2.5	0.10	10	4.4	9.90	2.25	0.90
0.60	1.67	0.15	6.67	4.75	9.85	2.075	1.245
0.70	1.43	0.176	5.68	4.9	9.824	2.005	1.405
0.80	1.25	0.80	1.25	4.5	9.20	2.045	1.635
0.84	1.19	9.00	0.11	0.5	—	—	—

Note: S_0 = 10 mg/ml

a. 희석 속도가 최댓값의 반일 때의 세포 농도

b. 희석 속도가 0.8 D_{max}일 때의 기질 농도

c. 최대 희석 속도

d. 0.8 D_{max}에서의 세포 생산성

(Courtesy of E. Dunlop from "Collected Coursework Problems in Biochemical Engineering," compiled by H. W. Blanch for 1977 Am. Soc. Eng. Educ. Summer School. © American Society for Engineering Education.)

6.10 글리세롤 제한(glycerol-limited) 생장 배지에서 자라는 *E. aerogenes*의 생장에 대해 다음의 데이터가 키모스탯으로부터 얻어졌다.

이 시스템에 대하여 다음의 값들을 추정하라.

a. K_s, mg 글리세롤/ml

b. μ_m, h^{-1}

c. $Y_{X/S}$ mg 세포/mg 글리세롤

d. m_s, mg 글리세롤/mg 세포 · h

(Courtesy of A. E. Humphrey from "Collected Coursework Problems in Biochemical Engineering," compiled by H. W. Blanch for 1977 American Society for Engineering Summer School. © American Society for Engineering Education.)

6.11 키모스탯 배양에서의 미생물 생장, 기질 소비, 혼합 생장 관련(mixed-growth-associated) 산물 생성의 반응과정(kinetics)이 다음 식들로 주어졌다.

$$\frac{dX}{dt} = \frac{\mu_m S}{K_s + S} X$$

$$\frac{dS}{dt} = \frac{\mu_m S}{(K_s + S) Y_{X/S}} X$$

$$\frac{dP}{dt} = \alpha \frac{dX}{dt} + \beta X = (\alpha \mu_g + \beta) X$$

여기서 $\mu_m = 0.7$ h^{-1}, $K_s = 20$ mg/l, $Y_{X/S} = 0.5$ g 건조중량/g 기질, $Y_{P/S} = 0.15$ g P/g 건조중량,

$\alpha = 0.1, \beta = 0.02\ h^{-1}, S_0 = 1$ g/l이다.

a. $\beta = 0.02\ h^{-1}$ 그리고 $S_0 = 1$ g/l일 때 산물 생산성(PD)을 최대로 하는 최적 희석 속도를 결정하라.

b. $\beta = 0.02\ h^{-1}$일 때 세포(바이오매스) 생산성(DX)을 최대로 하는 최적 희석 속도를 결정하라.

(L. Erickson에 의해 제안된 문제로서 C. Lee에 의해 수정됨)

6.12 키모스탯에서의 단세포 단백질(single-cell protein) 생산을 위해 에탄올을 기질로 사용하려고 한다. 가지고 있는 장치로는 시간당 10 g O_2/l의 산소 전달 속도를 얻을 수 있다. 에탄올을 먹고 자라는 세포 생장 반응과정은 Monod 형태이고, $\mu_m = 0.5\ h^{-1}$, $K_s = 30$ mg/l, $Y_{X/S} = 0.5$ 세포/g 에탄올, $Y_{O_2/S} = 2$ g O_2/g 에탄올임을 가정하라. 에탄올 농도가 22 g/l인 원료를 사용하여 키모스탯을 운전하고자 한다. 또한 유출액 중의 미사용 에탄올로 인한 손실을 최소화하면서 바이오매스 생산성을 최대화하기를 원한다. 필요한 희석 속도를 결정하고 충분한 양의 산소가 공급될 수 있는지를 결정하라.

6.13 다음의 데이터에 근거하여 포도당과 젖당에 대한 이중 생장(diauxic growth)에 관한 배양계의 응답을 그래프로 나타내라. $\mu_{glucose} = 1.0\ h^{-1}$, $\mu_{lactose} = 0.6\ h^{-1}$, $Y_{glucose} = Y_{lactose} = 0.5$, 효소 유도(induction)가 완료되기 위해서는 30분이 걸린다. 세포 질량, 포도당, 젖당 농도를 그래프로 나타내라. 초기 포도당 농도가 2 g/l, 젖당이 3 g/l, 세포가 0.10 g/l인 경우를 가정하라.

6.14 연속으로 조업하는 폭기조에서 폐수 중의 살충제를 미생물 혼합체에 의해 산화시키는 과정에서 다음의 데이터를 얻었다.

D (h^{-1})	S (살충제), mg/l	X (mg/l)
0.05	15	162
0.11	25	210
0.24	50	250
0.39	100	235
0.52	140	220
0.7	180	205
0.82	240	170

폐수 중의 살충제 농도 S_0가 500 mg/l일 때, $Y^M_{X/S}$, k_d, μ_m, K_s를 구하라.

6.15 연속 모드로 운전되는 혼합 폭기조를 사용하여 폐수를 처리하고 있다. 화학적 산소요구량(COD)의 감소 속도가 다음 식과 같이 나타내진다.

$$R_s = \frac{Q(S_0 - S)}{V} = D(S_0 - S) = D\left(S_0 - \frac{K_s D}{\mu_m - D}\right)$$

여기서 μ_m은 최대 비성장 속도(h^{-1}), D는 희석 속도(h^{-1}), K_s는 포화 상수(mg/l), S는 배출 COD 농도(mg/l)이다.

a. COD 제거 속도가 최대가 되는 최적 희석 속도 또는 수력학적 체류시간(HRT)을 구하라.

b. $\mu_m = 0.1\ h^{-1}$, $K_s = 0.1$ g/l, $Y = 0.4$ g X/g S, $S_0 = 1$ g/l인 호기성 처리 시의 최적 HRT, 최대 R_s, 바이오매스 농도를 계산하라.

c. $\mu_m = 0.01\ h^{-1}$, $K_s = 0.25$ g/l, $Y = 0.06$ g X/g S, $S_0 = 1$ g/l인 혐기성 처리 시의 최적 HRT, 최대 R_s, 바이오매스 농도를 계산하라.

6.16 희석 속도 $D = 0.28\ h^{-1}$로 연속운전하는 폭기조를 사용하여 유당(lactose)을 발효하는 데 *Pseudomonas putida*를 사용한다. 유입 유당 농도, $S_0 = 2$ g/l, 배출 유당 농도, $S_e = 0.1$ g/l. 생장 속도와 유당 제거 속도가 산소전달에 의하여 제한된다. 다음의 정보가 있다 .

$$Y^M_{X/S} = 0.45 \text{ g } X/\text{g } S,\ Y_{X/O_2} = 0.25 \text{ g } X/\text{g } O_2 \text{ 그리고, } C^* = 8 \text{ mg/l (포화 DO)}$$

a. 정상상태에서의 바이오매스 농도(X)와 비산소 소모 속도(q_{O_2})를 구하라.

b. 산소전달에 의한 제한을 극복하기 위해 배양액 내 DO 농도를 2 mg/l로 유지하려고 하면, 산소전달계수(K_La)의 값이 얼마이어야 하는가?

6.17 생장이 Monod 식을 따를 경우, 키모스탯에 있어서 잔여 기질 농도는 원료 중의 기질 농도와 무관하다. 당신이 키모스탯 실험에서 S_0의 증가가 잔여 기질 농도의 증가를 야기하는 것을 관찰하였다고 하자. 당신의 친구가 Contois 식을 적용하면 상황을 보다 잘 설명할 수 있는지를 생각해 보라고 제안하였다. Contois 식(식 6.38)은 다음과 같다.

$$\mu = \frac{\mu_m S}{K_{sx} X + S}$$

a. 정상상태에서의 S를 D, μ_m, K_{sx}, X를 포함하는 식으로 나타내라.

b. S를 S_0, D, K_{sx}, $Y^M_{X/S}$, μ_m의 함수로 나타내는 식을 유도하라.

c. S_0가 두 배로 증가하면 S는 얼마나 증가하겠는가?

6.18 메탄올을 먹고 자라는 *Bacillus subtilis*의 경우 최대 생장 수율이 0.4 g X/g S이다. 세포 연소열이 21 kJ/g 세포이고 기질 연소열이 7.3 kcal/g이다. 메탄올 단위 소모량당 발생하는 대사 열량을 구하라.

6.19 다음의 조건하에서 키모스탯의 생산성(DP)을 구하라.

a. Monod 속도론을 가정하라. 산물로 전환되는 기질의 양은 무시할 만하다(<1%).

b. 산물 생성이 Leudeking-Piret 식(식 6.20)을 따른다고 가정하라.

c. 정상상태를 가정하라.

$D = 0.8\mu_m$	$Y^M_{X/S} = 0.5$ gX/g S
$\mu_m = 1.0\ h^{-1}$	$S_0 = 1000$ mg/l
$K_s = 10$ mg/l	$\beta = 0.5\ h^{-1}$ mg P/g X
$\alpha = 0.4$ mg P/g X	

6.20 키모스탯에 있어서 반응기 내의 **세포 수**와 생존 세포(분열 능력이 있는 세포)의 **분율**을 알고자 한다.

a. 다음을 가정하여 생존 세포 수에 대한 식을 세우라.

$$\mu_{\text{net,rep}} = \frac{\mu_{m,\text{rep}} S}{K_{s,\text{rep}} + S} - k_d'$$

여기서 $\mu_{\text{net, rep}}$는 알짜 비복제 속도, $\mu_{m,\text{ rep}}$는 최대 비복제 속도, k_d'는 사멸 속도, $K_{s,\text{ rep}}$는 포화 파라미터이다.

b. 정상상태에서의 S에 대한 식을 유도하라.

c. 죽은 세포 수(n_d)에 대한 수지식을 세우라.

d. 죽은 세포가 전체에서 차지하는 분율에 대한 식을 유도하라.

6.21 포도당 제한의 호기성 조건하에서 대장균을 연속배양한다. $D = 0.2\ \text{h}^{-1}$일 때, 다음의 식들을 사용하여 배출액 중의 포도당 및 세포 농도를 구하라($S_0 = 5$ g/l).

a. Monod 식: $\mu_m = 0.25\ \text{h}^{-1}, K_s = 100$ mg/l

b. Tessier 식: $\mu_m = 0.25\ \text{h}^{-1}, K = 0.005\ (\text{mg/l})^{-1}$

c. Moser 식: $\mu_m = 0.25\ \text{h}^{-1}, K_s = 100\ \text{mg/l}, n = 1.5$

d. Contois 식: $\mu_m = 0.25\ \text{h}^{-1}, K_{sx} = 0.04, Y_{X/S}^M = 0.4\ \text{g}\ X/\text{g}\ S$

$$S_0 = 5\ \text{g/l}$$

결과를 비교하고 논의하라.

6.22 키모스탯의 정상상태 조업을 생각하라. 세포 생장이 기질 저해를 받으며 내인성 대사는 무시할 만한 것으로 가정하라.

$$\mu_{\text{net}} = \frac{\mu_m S}{K_S + S + S^2/K_I}$$

a. 잔여 기질 농도(S)를 희석 속도와 파라미터(μ_m, K_s, K_I)들의 함수로 나타내는 식을 유도하라.

b. 미생물이 기질 저해를 받을 때, 이것이 키모스탯의 조업에 대해 내포된 의미는 무엇인가?

6.23 *Streptococcus lactis*의 연속 배양에 의해 젖산이 생성된다. 실험 결과 다음의 데이터가 얻어졌다.

$$S_0 = 5\ \text{g/l}, \mu_m = 0.2\ \text{h}^{-1}, K_S = 200\ \text{mg/l}, k_d = 0.002\ \text{h}^{-1}, Y_{X/S}^M = 0.4\ \text{g}\ X/\text{g}\ S,$$
$$Y_{P/S} = 0.2\ \text{g}\ P/\text{g}\ S, q_P = 0.1\ \text{g}\ P/\text{g}\ X\text{-h}.$$

a. 희석 속도의 변화에 따른 S, X, P, DX, DP의 변화를 도표로 나타내라.

b. 그래프를 이용하여 세포 생산성(DX)과 산물 생산성(DP)을 극대화하는 최적 희석 속도를 구하라.

7

미생물 생장과 산물 생성에 관한 양론

세포 생장과 산물 생성은 세포 안에서 관찰되는 수천 가지 세포 내부 반응들의 전체 반응과정과 양론적인 관계를 반영하는 복잡한 공정이다. 공정 계산의 많은 경우, 잠재적 기질들을 세포 질량 수율, 산물 수율 또는 열 발생 측면에서 비교하기를 원한다. 또한 한 시스템이 열역학적인 한계에 얼마나 가까운 상태에서 운전되고 있는지도 알아야 한다(즉, 산물 수율이 반응과정 또는 열역학적인 측면에 의해 제한을 받고 있는가?). 한 시스템이 열역학적인 한계에 가까울 경우, 돌연변이 또는 유전자 공학을 통해 생산을 개선하려고 노력하는 것은 현명하지 못하다.

비록 세포가 복잡하기는 하나, 산물과 세포 물질로의 기질의 전환을 종종 하나의 간단한 의사화학 반응식(pseudochemical equation)으로 나타낼 수 있다. 이 장에서는 이러한 반응식들을 어떻게 세우며, 주요 수율 계수의 유용한 추정값을 어떻게 얻을 수 있는지에 대해 다루기로 한다.

7.1 ATP 소비 및 산소 관련 계수들

6장 '세포의 생장'에서는 수율과 유지 계수의 정의에 대하여 논의하였으며 키모스탯 배양을 통해 어떻게 이 값들을 추정하는가에 대해 배웠다. 특히 전체 기질 수율 계수 $Y_{X/S}^{M}$에 대하여 살펴보았는데, 이는 유지 현상을 고려하지 않을 때, 사용된 기질 단위 질량당의 최대 세포 질량 수율이다.

TABLE 7.1. Growth Parameters of Organisms Growing Anaerobically in a Chemostat

Organism	Growth-Limiting Factor	m_{ATP} (mol ATP/g-cells-h)	$Y^M_{X/ATP}$ (g cells/mol ATP)
Lactobacillus casei	Glucose	1.5	24.3
Enterobacter aerogenes	Glucose[a]	6.8	14.0
	Glucose[b]	2.3	17.6
	Tryptophan	38.7	25.4
	Citrate	2.2	9.0
Escherichia coli	Glucose	18.9	10.3
		6.9	8.5
Saccharomyces cerevisiae	Glucose	0.5	11.0
		0.25	13.0
Saccharomyces cerevisiae (petite)	Glucose	0.7	11.3
Candida parapsilosis	Glucose	0.2	12.5
Clostridium acetobutylicum	Glucose	—	23.8
Streptococcus cremoris	Lactose[c]	2.3	12.6

[a] Minimal medium.
[b] Complex medium.
[c] In the presence of a high extracellular lactate concentration.

With permission, from B. Atkinson and F. Mavituna, *Biochemical Engineering and Biotechnology Handbook*, Macmillan, Inc., New York, 1983. Reproduced with permission of Palgrave Macmillan.

또 다른 두 개의 수율 및 유지 계수는 ATP 소비 및 산소와 관련된다. ATP 수율 계수 $Y^M_{X/ATP}$는 생성된 ATP 1몰당 합성되는 바이오매스의 양을 나타낸다. 놀랍게도 호기성 조건하에서의 종속영양적 성장에 있어서 $Y^M_{X/ATP}$는 여러 가지 기질과 미생물의 경우 10~11 g 건조중량/mol ATP로 거의 일정한 것이 관찰된 바 있다. 여러 독립영양 생물(독립영양 생물은 CO_2를 고정한다는 것을 상기할 것)의 경우 ATP 수율은 약 6.5 g/mol ATP이다. 호기성 조건하에서 $Y^M_{X/ATP}$ 값은 보통 10.5보다 크다(표 7.1 참조).

표 7.2는 여러 종류의 배지에 대해 계산된 ATP 수율(최대 이론값)을 보여 준다. 유지 계수도 키모스탯에 있어서 기질 수율 계수를 위해 개발한 것과 비슷한 식을 사용하여 추정할 수 있다.

TABLE 7.2. ATP Yields in Various Growth Media

Growth Medium	$Y_{X/ATP}$ (g cells/mol ATP)
Glucose + amino acids + nucleic acids	31.9
Glucose + inorganic salts	28.8
Pyruvate + amino acids + nucleic acids	21
Pyruvate + inorganic salts	13.5
CO_2 + inorganic salts (autotrophic growth)	6.5

$$\frac{1}{Y_{X/\mathrm{ATP}}^{AP}}=\frac{1}{Y_{X/\mathrm{ATP}}^{M}}+\frac{m_{\mathrm{ATP}}}{D} \tag{7.1}$$

여기서 $Y_{X/\mathrm{ATP}}^{AP}$는 바이오매스의 '겉보기' 수율이고 m_{ATP}는 유지 에너지를 충당하기 위한 ATP 소비속도이다.

마찬가지로 산소 소비에 근거한 수율들도 정의하고 계산할 수 있다.

$$\frac{1}{Y_{X/\mathrm{O}_2}^{AP}}=\frac{1}{Y_{X/\mathrm{O}_2}^{M}}+\frac{m_{\mathrm{O}_2}}{D} \tag{7.2}$$

표 6.1에 나타낸 바와 같이, Y_{X/O_2} 값은 기질과 미생물에 따라 0.17에서 1.5 g 바이오매스/g O_2까지 변할 수 있다.

몇 가지 측정으로부터 얻은 정보를 유용하게 조합시킬 수 있다. 이로부터 얻은 특별히 중요한 하나의 파라미터는 호흡률(respiratory quotient (RQ))인데, 이는 소비된 산소 1몰당 생성된 CO_2의 몰 수로 정의된다. RQ 값은 대사상태의 지표(예, 제빵용 효모의 호기성 생장 대 에탄올 발효)가 되며 공정 제어에 사용될 수 있다.

이미 P/O 비에 대하여 논의하였는데(5장 '주요 대사 경로'), 이는 소비된 산소 단위량당 형성된 인산 결합의 수(g-mol P/g atom O)를 나타낸다. P/O 비는 호흡 체인에서, 환원력의 고에너지 인산 결합으로의 전환 효율을 나타낸다. 진핵생물의 경우, 포도당이 기질일 때 P/O 비는 3에 가까운 반면 원핵생물의 경우 상당히 작다. 이와 밀접하게 연관되는 파라미터가 양성자/산소 비(H/O)이다. 이는 소비된 산소 단위량당 방출된 H^+ 이온의 수이다. 전자 생성은 양성자의 방출과 직접적인 관련이 있다. 보통 산소 1몰이 소모될 때 4몰의 전자가 소비된다. 전자의 생성은 결과적으로 H^+의 축출을 가져오는데 H^+는 몇몇 기질의 전달을 구동하기 위해 또는 ATP를 생성하기 위해 직접적으로 사용될 수 있다.

몇몇 파라미터들이 미생물 종류 또는 기질의 종류에 관계없이 거의 같다는 점을 인식함으로써 세포 생장에 대한 질량과 에너지 수지의 복잡성을 크게 감소시킬 수 있다. 이 파라미터들은 불변성으로 간주할 수 있다. 예를 들어, 표 7.1은 호기성 조건하에서 $Y_{X/\mathrm{ATP}}^{M} \geq 10.5$ g 건조중량/mol ATP임을 보여 준다. 세 가지 중요한 **불변성**(regularity)(I. G. Minkevich와 V. K. Eroshin이 처음으로 규명한)은 산소에 전달된 이용 가능 전자 1 g 당량당 26.95 kcal(분산계수 4%), 1 g의 탄소를 갖는 바이오매스당 4.291 g 당량의 이용 가능 전자, 그리고 건조 바이오매스 1 g당 0.462 g의 탄소이다. 또한 $Y_{X/e-} = 3.14 \pm 0.11$ g 건조중량/g 당량 전자인 것이 관찰되었다. 이들 세포 조성과 수율의 평균값들은 다른 생장 관련 파라미터의 측정을 도와준다.

7.2 양론 계산

보존 법칙은 생물 반응과 시스템의 이해를 위한 절대적이고 강력한 도움이 된다. 여기서는 원소 수지와 반응 에너지 분석에 대해 다룬다. 이 둘 모두 바이오시스템에 제한조건으로 작용하는바 바이오시스템이 어떠한 것을 할 수 있겠는가를 이해하는 데 필요한 도구가 된다.

7.2.1 원소 수지

기질, 산물, 세포 물질의 조성을 알면 생물 반응에 대한 물질 수지식을 쉽게 세울 수 있다. 대개의 경우 생물 반응의 양론 계수들을 결정하기 위해서는 원소 수지에 더하여 전자-양성자 수지가 필요하다. 세포 물질의 조성을 정확하게 결정하는 것은 중요한 문제이다. 미생물의 유형에 따른 세포 조성의 변동이 표 7.3에 나타나 있다. 전형적인 세포 조성은 $CH_{1.8}O_{0.5}N_{0.2}$로 나타낼 수 있다. 1몰의 생물 물질은 $CH_{\alpha}O_{\beta}N_{\delta}$와 같이 1 g 원자의 탄소를 포함하는 양으로 정의된다.

H_2O와 CO_2 외에는 아무런 세포 외(extracellular) 산물이 생성되지 않는 다음의 단순화된 생전환 반응을 생각해 보자.

$$CH_mO_n + a\,O_2 + b\,NH_3 \rightarrow c\,CH_{\alpha}O_{\beta}N_{\delta} + d\,H_2O + e\,CO_2 \tag{7.3}$$

여기서 CH_mO_n은 1몰의 탄화수소, $CH_{\alpha}O_{\beta}N_{\delta}$는 1몰의 세포 물질을 나타낸다. C, H, O, N에 대한 간단한 원소 수지로부터 다음 식들이 얻어진다.

$$\begin{aligned} &\text{C:}\quad 1 = c + e \\ &\text{H:}\quad m + 3b = c\alpha + 2d \\ &\text{O:}\quad n + 2a = c\beta + d + 2e \\ &\text{N:}\quad b = c\delta \end{aligned} \tag{7.4}$$

호흡률(RQ)은

$$\text{RQ} = \frac{e}{a} \tag{7.5}$$

식 7.4와 7.5는 다섯 개의 미지수인 a, b, c, d, e에 대한 다섯 개의 방정식을 구성한다. RQ 측정값이 있으면 양론 계수를 결정하기 위해 이 방정식들을 사용할 수 있다.

7.2.2 환원도

세포 외 산물이 생성되는 경우와 같이 보다 복잡한 반응의 경우, 또 하나의 양론 계수가 추

TABLE 7.3. Elemental Composition of Microorganisms

Microorganism	Limiting Nutrient	μ (h^{-1})	Composition (% by wt) C	H	N	O	P	S	Ash	Empirical Chemical Formula	Formula "Molecular" Weight
Bacteria			53.0	7.3	12.0	19.0			8	$CH_{1.666}N_{0.20}O_{0.27}$	20.7
Bacteria			47.1	7.8	13.7	31.3				$CH_2N_{0.25}O_{0.5}$	25.5
Aerobacter aerogenes			48.7	7.3	13.9	21.1			8.9	$CH_{1.78}N_{0.24}O_{0.33}$	22.5
Klebsiella aerogenes	Glycerol	0.1	50.6	7.3	13.0	29.0				$CH_{1.74}N_{0.22}O_{0.43}$	23.7
K aerogenes	Glycerol	0.85	50.1	7.3	14.0	28.7				$CH_{1.73}N_{0.24}O_{0.43}$	24.0
Yeast			47.0	6.5	7.5	31.0			8	$CH_{1.66}N_{0.13}O_{0.40}$	23.5
Yeast			50.3	7.4	8.8	33.5				$CH_{1.75}N_{0.15}O_{0.5}$	23.9
Yeast			44.7	6.2	8.5	31.2	1.08	0.6		$CH_{1.64}N_{0.16}O_{0.52}P_{0.01}S_{0.005}$	26.9
Candida utilis	Glucose	0.08	50.0	7.6	11.1	31.3				$CH_{1.82}N_{0.19}O_{0.47}$	24.0
C. utilis	Glucose	0.45	46.9	7.2	10.9	35.0				$CH_{1.84}N_{0.2}O_{0.56}$	25.6
C. utilis	Ethanol	0.06	50.3	7.7	11.0	30.8				$CH_{1.82}N_{0.19}O_{0.46}$	23.9
C. utilis	Ethanol	0.43	47.2	7.3	11.0	34.6				$CH_{1.84}N_{0.2}O_{0.55}$	25.5

B. Atkinson and F. Mavituna, *Biochemical Engineering and Biotechnology Handbook*, Macmillan, Inc., New York, 1983. Reproduced with permission of Palgrave Macmillan.

가되며, 따라서 좀 더 많은 정보가 필요하게 된다. 또한 원소 수지는 한 반응의 에너지적인 측면에 대해 아무런 통찰력도 제공하지 못한다. 결과적으로 **환원도**(degree of reduction)라는 개념이 개발되었으며 생물 반응에 있어서의 양성자-전자 수지를 위해 사용된다. 유기 화합물의 환원도 γ는 1 g 원자의 탄소당 이용 가능 전자의 당량 수로 정의될 수 있다. 이용 가능 전자란 한 화합물을 CO_2, H_2O, NH_3로 산화시킬 때 산소로 전달되는 전자를 말한다. 몇 가지 주요 원소의 환원도는 C = 4, H = 1, N = −3, O = −2, P = 5, S = 6이다. 화합물 중의 한 원소의 환원도는 그 원소의 원자가에 해당한다. 예를 들어, 4는 CO_2 중의 탄소의 원자가이고 −3은 NH_3 중의 N의 원자가이다. 여러 가지 유기 화합물의 환원도가 표 7.4에 있다. 다음은 기질들의 환원도를 어떻게 계산하는가에 대한 예이다.

메탄 (CH_4): $1(4) + 4(1) = 8, \quad \gamma = 8/1 = 8$

포도당 ($C_6H_{12}O_6$): $6(4) + 12(1) + 6(-2) = 24, \quad \gamma = 24/6 = 4$

에탄올 (C_2H_5OH): $2(4) + 6(1) + 1(-2) = 12, \quad \gamma = 12/2 = 6$

환원도가 크다는 것은 산화도가 낮다는 것을 의미한다. 즉, $\gamma_{CH_4} > \gamma_{EtOH} > \gamma_{\text{포도당}}$.

한 세포 외 산물의 호기성 생산을 고려해 보자.

TABLE 7.4. Degree of Reduction and Weight of One Carbon Equivalent of One Mole of Some Substrates and Biomass

Compound	Molecular Formula	Degree of Reduction, γ	Weight, *m* (per carbon mole)
Biomass	$CH_{1.64}N_{0.16}O_{0.52}$	4.17 (NH_3)	24.5
	$P_{0.0054}S_{0.005}$[a]	4.65 (N_2) 5.45 (HNO_3)	
Methane	CH_4	8	16.0
n-Alkane	$C_{15}H_{32}$	6.13	14.1
Methanol	CH_4O	6.0	32.0
Ethanol	C_2H_6O	6.0	23.0
Glycerol	$C_3H_8O_3$	4.67	30.7
Mannitol	$C_6H_{14}O_6$	4.33	30.3
Acetic acid	$C_2H_4O_2$	4.0	30.0
Lactic acid	$C_3H_6O_3$	4.0	30.0
Glucose	$C_6H_{12}O_6$	4.0	30.0
Formaldehyde	CH_2O	4.0	30.0
Gluconic acid	$C_6H_{12}O_7$	3.67	32.7
Succinic acid	$C_4H_6O_4$	3.50	29.5
Citric acid	$C_6H_8O_7$	3.0	33.5
Formic acid	CH_2O_2	2.0	46.0
Oxalic acid	$C_2H_2O_4$	1.0	45.0

B. Atkinson and F. Mavituna, *Biochemical Engineering and Biotechnology Handbook*, Macmillan, Inc., New York, 1983. Reproduced with permission of Palgrave Macmillan.

$$\underset{\text{substrate}}{CH_mO_n} + aO_2 + bNH_3 \rightarrow c\underset{\text{biomass}}{CH_\alpha O_\beta N_\delta} + d\underset{\text{product}}{CH_xO_yN_z} + eH_2O + fCO_2 \quad (7.6)$$

기질, 바이오매스, 산물의 환원도는

$$\gamma_s = 4 + m - 2n \quad (7.7)$$

$$\gamma_b = 4 + \alpha - 2\beta - 3\delta \quad (7.8)$$

$$\gamma_p = 4 + x - 2y - 3z \quad (7.9)$$

CO_2, H_2O, NH_3의 환원도는 0임을 주목하라.

식 7.6은 C, H, O, N에 대한 원소 수지, 이용 가능 전자 수지, 에너지 수지, 총 바이오매스 수지의 기초가 된다. 이 수지식들 중 다섯 개만이 독립적이다. 모든 식들이 세워졌을 때, 남는 식들은 실험 데이터의 일관성을 확인하기 위해 사용될 수 있다. 이러한 반응에 있어서 생성되거나 사용되는 물의 양을 결정하기가 어렵고, 물은 매우 많은 양이 존재하기 때문에 수소와 산소 수지식은 세우기가 어렵다. 이러한 데이터의 경우 탄소, 질소, 그리고 이용 가능 전자 수지식을 택한다. 따라서

$$c + d + f = 1 \quad (7.10)$$

$$c\delta + dz = b \quad (7.11)$$

$$c\gamma_b + d\gamma_p = \gamma_s - 4a \quad (7.12)$$

부분적인 실험 데이터를 가지고도 위의 식들을 풀 수 있다. 예를 들어, RQ와 하나의 수율 계수를 측정하면 나머지 계수들을 계산할 수 있다. 계수 c는 $Y_{X/S}$(몰 기준)이고 d는 $Y_{P/S}$(역시 몰 기준)임을 주목해야 한다.

호기성 증식에 대한 에너지 수지식은 다음과 같다.

$$Q_0 c\gamma_b + Q_0 d\gamma_p = Q_0\gamma_s - Q_0 4a \quad (7.13)$$

만약 Q_0, 즉 산소에 전달되는 이용 가능 전자 당량당 발생하는 열이 일정하다면, 식 7.13은 식 7.12와 **무관할 수 없다**. 관찰된 불변성이 산소에 전달되는 이용 가능 전자 g 당량당 26.95 kcal임을 상기하라. 이는 산소 소비량의 추정값에 근거하여 열 발생량을 예측할 수 있게 한다.

식 7.12와 7.13은 하나의 유기 기질에 대한 이용 가능 전자 또는 에너지의 배분 분율(fractional allocation)의 추정을 가능하게 한다. 식 7.12는 다음과 같이 다시 쓸 수 있다.

$$1 = \frac{c\gamma_b}{\gamma_s} + \frac{d\gamma_p}{\gamma_s} + \frac{4a}{\gamma_s} \quad (7.14a)$$

$$1 = \xi_b + \xi_p + \varepsilon \tag{7.14b}$$

여기서 ε은 산소로 전달되는 유기 기질 중의 이용 가능 전자의 분율, ξ_b는 바이오매스에 포함되는 이용 가능 전자의 분율, 그리고 ξ_p는 세포의 산물에 포함되는 이용 가능 전자의 분율이다.

예제 7.1

어느 특정 미생물에 대한 실험 측정 결과, 세포가 기질 탄소(알칸 화합물 또는 포도당)의 2/3(wt/wt)를 바이오매스로 전환하는 것으로 밝혀졌다고 가정하자.

a. 다음 반응들의 양론 계수를 계산하라.

헥사데칸: $C_{16}H_{34} + a\,O_2 + b\,NH_3 \rightarrow c(C_{4.4}H_{7.3}N_{0.86}O_{1.2}) + d\,H_2O + e\,CO_2$

포도당: $C_6H_{12}O_6 + a\,O_2 + b\,NH_3 \rightarrow c(C_{4.4}H_{7.3}N_{0.86}O_{1.2}) + d\,H_2O + e\,CO_2$

b. 두 반응의 수율 계수 $Y_{X/S}$(g 건조세포/g 기질), Y_{X/O_2}(g 건조세포/g O_2)를 계산하고, 차이점을 설명하라.

풀이

a. 헥사데칸의 경우

1몰의 기질 중 탄소 = 16(12) = 192 g

바이오매스로 전환된 탄소 = 192(2/3) = 128 g

따라서 128 = c(4.4)(12), c = 2.42

CO_2로 전환된 탄소 = 192 − 128 = 64 g

$$64 = e(12),\quad e = 5.33$$

질소 수지로부터

$$14b = c(0.86)(14)$$

$$b = (2.42)(0.86) = 2.085$$

수소 수지는

$$34(1) + 3b = 7.3c + 2d$$

$$d = 12.43$$

산소 수지로부터

$$2a(16) = 1.2c(16) + 2e(16) + d(16)$$
$$a = 12.427$$

포도당의 경우

$$1\text{몰의 기질 중 탄소} = 72\ \text{g}$$
$$\text{바이오매스로 전환된 탄소} = 72(2/3) = 48\ \text{g}$$

따라서 $48 = 4.4c(12), c = 0.909$

$$CO_2\text{로 전환된 탄소} = 72 - 48 = 24\ \text{g}$$
$$24 = 12e, e = 2$$

질소 수지로부터

$$14b = 0.86c(14)$$
$$b = 0.782$$

수소 수지는

$$12 + 3b = 7.3c + 2d$$
$$d = 3.854$$

산소 수지로부터

$$6(16) + 2(16)a = 1.2(16)c + 2(16)e + 16d$$
$$a = 1.473$$

b. 헥사데칸의 경우

$$Y_{X/S} = \frac{2.42(\text{MW})_{\text{biomass}}}{(\text{MW})_{\text{substrate}}}$$
$$Y_{X/S} = \frac{2.42(91.34)}{226} = 0.98\ \text{gdw cells/g substrate}$$
$$Y_{X/O_2} = \frac{2.42(\text{MW})_{\text{biomass}}}{12.43(\text{MW})_{O_2}}$$
$$Y_{X/O_2} = \frac{2.42(91.34)}{(12.43)(32)} = 0.557\ \text{gdw cells/g}\ O_2$$

포도당의 경우

$$Y_{X/S} = \frac{(0.909)(91.34)}{180} = 0.461 \text{ gdw cells/g substrate}$$

$$Y_{X/O_2} = \frac{(0.909)(91.34)}{(1.473)(32)} = 1.76 \text{ gdw cells/g } O_2$$

반응에 쓰인 탄소 중 2/3가 세포 구조물질로 되었다고 가정할 때, 보다 많이 환원된 기질(헥사데칸)에 대한 생장 수율은 부분적으로 산화된 기질(포도당)에 대한 생장 수율보다 높다. 하지만 포도당의 산소 수율은 헥사데칸의 산소 수율보다 높은데, 이는 포도당이 부분적으로 산화된 상태이기 때문이다.

7.3 수율 계수의 이론적 예측

호기성 발효에서 암모니아가 질소원으로 사용될 때 산소 분자 중의 이용 가능 전자당 생장 수율은 약 3.14 ± 0.11 g 건조세포/g 당량 전자이다. 산소 한 분자(O_2)당의 이용 가능 전자 수는 4이다. 소비되는 기질 1몰당의 산소 분자 수를 안다면 생장 수율 계수 $Y_{X/S}$를 쉽게 계산할 수 있다. 포도당의 호기성 이화 대사(catabolism)를 생각해 보자.

$$C_6H_{12}O_6 + 6\ O_2 \ \rightarrow \ 6\ CO_2 + 6\ H_2O$$

포도당 1몰당 이용 가능 전자의 총수는 24이다. 포도당에 대한 세포 수율은 $Y_{X/S} = 24(3.14) = 76$ g 건조세포/mol 포도당이다.

예측되는 생장 수율 계수는 $Y_{X/S} = 76/180 = 0.4$ g 건조세포/g 포도당이다. 포도당을 사용하는 호기성 증식의 경우 대부분의 $Y_{X/S}$ 측정값은 0.38~0.51 g/g이다(표 6.1 참조).

여러 혐기성 발효에 있어서 ATP 수율($Y_{X/ATP}$)은 약 10.5 ± 2 g 건조세포/mol ATP이다. 호기성 발효에 있어서 이 수율값은 6에서 29 사이에서 변한다. 한 대사 경로의 에너지 수율(소비된 기질 1 g당 만들어지는 ATP의 몰수 N)을 알면, 다음 식을 사용하여 $Y_{X/S}$를 계산할 수 있다.

$$Y_{X/S} = Y_{X/ATP}N$$

예제 7.2

전체 반응이 다음과 같은 *S. cerevisiae*에 의한 에탄올 발효에 있어서 이론적 생장 수율과 산물 수율 계수를 추정하라.

$$C_6H_{12}O_6 \rightarrow 2\,C_2H_5OH + 2\,CO_2$$

풀이

효모의 경우 $Y_{X/APT} \approx 10.5$ g 건조중량/mol ATP이고 에탄올 발효 시 ATP 수율은 2 ATP/mol 포도당이므로

$$Y_{X/S} \approx 10.5\text{ g 건조중량/mol ATP} \cdot 2\frac{\text{ATP 몰수}}{180\text{ g 포도당}}$$

또는

$$Y_{X/S} \approx 0.117\text{ g 건조중량/g 포도당}$$

효모의 대사 경로를 통해 포도당이 에탄올로 완전히 전환되는 경우, 최대 수율은

$$Y_{P/S} = \frac{2(46)}{180} = 0.51\text{ g 에탄올/ g 포도당}$$

한편 CO_2의 경우, 최대 수율은

$$Y_{CO_2/S} = 2(44)/180 = 0.49\text{ g }CO_2\text{/g 포도당}$$

실제로는 이들 최대 수율을 얻을 수 없다. 포도당이 바이오매스와 기타 대사 부산물, 예를 들어 글리세롤 또는 아세트산으로도 전환되기 때문에 산물 수율은 최댓값의 약 90 ~ 95%이다.

7.4 세포 원소조성의 계산

세포는 C, N, O, H, P, S와 미네랄 성분(Ca, Mg, Fe, Zn, 기타)으로 되어 있다. 세포의 원소조성은 세포의 종류(박테리아, 효모, 균사곰팡이, 동식물세포), 기질의 종류, 생장 환경(T, pH, ORP, DO)에 따라 다르다. 전형적인 박테리아 세포는 거의 45 ~ 50%의 C, 10 ~ 14%의 N, 20 ~ 25%의 O, 6 ~ 8%의 H, 2 ~ 3%의 P, 0.5 ~ 1%의 S 그리고 5 ~ 6%의 회분으로 구성되어 있는 바, 보통 $C_5H_7NO_2$의 유사분자식과 분자량 113 g/mol로 대표된다. 하지만 이 조성은 생장 배지 조성(C, N, P, O 공급원)과 환경 조건에 따라 달라진다.

세포의 원소조성은 생물반응에 대한 물질 수지를 세우는 작업에 앞서 정해져야 한다. 이 과정은 배양액 중의 세포를 여과하고 105°C에서 건조하는 것으로부터 시작한다. 건조된 세포 시료에 대한 원소분석을 통하여 C, N, O, H, P 그리고 S의 퍼센트를 정한다. 원소분석을 거친 시료를 다시 550°C로 연소시켜 유기성분(휘발성 고형물)을 제거한 후 회분 함량을 측정한다. 각 원소성분의 질량분율로부터 몰분율을 계산하고 이로부터 앞에서 언급한 형태의 유사분자구조식을 구한다. 이를 실험식이라고 한다.

i번째 원소의 몰수는

$$N_i = m_i / M_i \tag{7.15}$$

여기서 N_i는 i번째 원소의 몰수, m_i는 질량, M_i는 분자량을 나타낸다. 총 몰수는

$$N_T = \Sigma N_i = N_c + N_N + N_o + N_H + N_P + N_\Sigma \tag{7.16}$$

i번째 원소의 몰분율은

$$X_i = N_i / N_T \tag{7.17}$$

일단 몰분율이 정해지면 다음과 같이 실험식을 만들 수 있다.

$$C_{Xc}H_{XH}N_{XN}O_{XO}P_{XP}S_{XS}$$

예제 7.3

1그램의 건조세포를 대상으로 주요 원소들에 대한 분석을 행하여 다음의 결과를 얻었다— $m_C = 0.48$ g, $m_H = 0.07$ g, $m_O = 0.24$ g, $m_N = 0.12$ g, $m_{ash} = 0.09$ g. 회분은 P, S와 광물질로 이루어졌다. 해당 세포의 실험식을 구하라.

풀이

각 원소의 몰수는 다음과 같다.

$$N_C = 0.48/12 = 0.04,\ N_H = 0.07 \text{ mole},\ N_O = 0.24/16 = 0.015,\ N_N = 0.12/14 = 0.0086 \text{ mole}$$

총 몰수(세포의 몰수), $N_T = 0.2336$ mole이다.

각 원소의 몰분율은

$$X_C = 0.04/0.1336 = 0.30,\ X_H = 0.524,\ X_O = 0.112,\ X_N = 0.064$$

이로부터 해당 세포에 대한 실험식은 다음과 같이 정해진다.

$$C_{0.3}\ H_{0.524}\ O_{0.112}\ N_{0.064} \text{ or } C_{4.68}\ H_{8.2}\ O_{1.75}\ N$$

7.5 산화-환원 반-반응(half-reaction) 양론

생물전환에 있어서 포도당과 같은 기질은 에너지와 세포와 산물의 합성에 사용되는 물질의 공급원이다. 기질 내의 전자들 중 일부(e_e)가 ATP 형태의 에너지를 생성하는 대사반응에 의해 전자수용체로 이동한다. 나머지 전자들(e_s)은 새로이 합성된 세포 매스에 남게 된다. e_e와 e_s의 합은 1.0이다. 전자들이 기질로부터 전자수용체로 전달되는 과정은 산화와 환원이라는 두 개의 반-반응으로 나타내진다. 전자공여체인 기질은 산화되고 전자수용체는 환원된다. 포도당이 CO_2와 H_2O로 전환되는 호기성 산화에서는 포도당 내 탄소가 전자공여체이고 산소가 전자수용체이다. 전자공여체인 포도당 내 탄소가 전자수용체인 O_2에게 전자를 주면서 CO_2로 산화되는 과정에서 물이 생성된다. 이 생물전환 과정은 다음의 1 몰의 전자 이동을 기준으로 한두 개의 반-반응들로 나타내진다.

$$Oxidation:\ 1/24\ C_6H_{12}O_6 + \tfrac{1}{4}\ H_2O \rightarrow \tfrac{1}{4}\ CO_2 + H^+ + e^- \quad (7.18)$$

$$Reduction:\ 1/4\ O_2 + H^+ + e^- \rightarrow \tfrac{1}{2}\ H_2O \quad (7.19)$$

$$Overall:\ 1/24\ C_6H_{12}O_6 + \tfrac{1}{4}\ O_2 \rightarrow \tfrac{1}{4}\ H_2O + \tfrac{1}{4}\ CO_2 \quad (7.20)$$

양 변에 24를 곱하면 전체 반응식은

$$C_6H_{12}O_6 + 6\ O_2 \rightarrow 6\ CO_2 + 6\ H_2O \quad (7.21)$$

표 7.5에 흔히 사용되는 전자공여체들에 대한 반-반응들이 주어져 있다. 호기성 호흡 시에는 산소가 전자수용체이다. 하지만 무산소 호흡에 있어서는 질산기, 황산기, Fe(III)가 전자수용체가 될 수도 있다. 탄소화합물의 혐기성 대사에서는 이산화탄소가 전자수용체 역할

Table 7.5. Major Electron-Donor Half-Reactions

Compound	Half-Reaction	ΔG^o (kJ/eq e^-)
Glucose	$1/24\ C_6H_{12}O_6 + \tfrac{1}{4}\ H_2O \rightarrow \tfrac{1}{4}\ CO_2 + H^+ + e^-$	−41.35
Glycerol	$1/14\ C_3H_5\ (OH)_3 + 3/14\ H_2O \rightarrow 3/14\ CO_2 + H^+ + e^-$	−38.88
Ethanol	$1/12\ C_2H_5OH + \tfrac{1}{4}\ H_2O \rightarrow 1/6\ CO_2 + H^+ + e^-$	−31.18
Methanol	$1/6\ CH_3OH + 1/6\ H_2O \rightarrow 1/6\ CO_2 + H^+ + e^-$	−36.84
Methane	$1/8\ CH_4 + \tfrac{1}{4}\ H_2O \rightarrow 1/8\ CO_2 + H^+ + e^-$	−23.53
Acetate	$1/8\ CH_3COO^- + 3/8\ H_2O \rightarrow 1/8\ CO_2 + 1/8\ HCO_3^- + H^+ + e^-$	−27.40
Benzoate	$1/30\ C_6H_5COO^- + 13/30\ H_2O \rightarrow 1/5\ CO_2 + 1/30\ HCO_3^- + H^+ + e^-$	−27.34
Lactate	$1/12\ CH_3CHOHCOO^- + 1/3\ H_2O \rightarrow 1/6\ CO_2 + 1/12\ HCO_3^- + H^+ + e^-$	−32.29
Propionate	$1/14\ CH_3CH_2COO^- + 5/14\ H_2O \rightarrow 1/7\ CO_2 + 1/14\ HCO_3^- + H^+ + e^-$	−27.63
Pyruvate	$1/10\ CH_3COCOO^- + 2/5\ H_2O \rightarrow 1/5\ CO_2 + 1/10\ HCO_3^- + H^+ + e^-$	−35.09
Cell Synthesis	$1/20\ C_5H_7NO_2 + 9/20\ H_2O \rightarrow 1/5\ CO_2 + 1/20\ NH_4^+ + 1/20\ HCO_3^- + H^+ + e^-$	

Adapted from Rittmann & McCarty, *Environmental Biotechnology*, McGraw Hill, 2001.

Table 7.6. Major Electron-Acceptor Half-Reactions

Compound	Half-Reaction	ΔG° (kJ/eq e^-)
Oxygen	$\frac{1}{4} O_2 + H^+ + e^- \rightarrow \frac{1}{2} H_2O$	−78.72
Nitrate	$1/5\ NO_3^- + 6/5\ H^+ + e^- \rightarrow 1/10\ N_2 + 3/5\ H_2O$	−72.20
Sulfate	$1/8\ SO_4^{-2} + 19/16\ H^+ + e^- \rightarrow 1/16\ H_2S + 1/16\ HS^- + 1/2\ H_2O$	−20.85
Fe(III)	$Fe(III) + e^- \rightarrow Fe(II)$	−74.27
CO_2	$1/8\ CO_2 + H^+ + e^- \rightarrow 1/8\ CH_4 + \frac{1}{4} H_2O$	23.53

Adapted from Rittmann & McCarty, *Environmental Biotechnology*, McGraw Hill, 2001.

을 하며 메탄을 생성한다. 표 7.6에는 흔히 거론되는 전자수용체들에 대한 반-반응들이 정리되어 있다.

전술하였듯이 기질에 있던 전자의 일부가 새로이 생성된 바이오매스로 간다. 박테리아 세포의 실험식을 흔히 $C_5H_7NO_2$로 가정하는데 이는 세포의 종류(효모, 균사곰팡이, 동식물 세포)와 사용된 배지에 따라 변할 수 있다. 7.4절에서 보았듯이 특정 배양에 대해서 보다 더 정밀한 식을 정할 수 있다. 무기탄소화합물인 CO_2와 HCO_3^-를 탄소원으로, NH_4^+를 질소원으로 할 경우, 세포 합성에 대한 반-반응은 다음과 같다.

$$\frac{1}{5}CO_2 + \frac{1}{20}NH_4^+ + \frac{1}{20}HCO_3^- + H^+ + e^- \rightarrow \frac{1}{20}C_5H_7NO_2 + \frac{9}{20}\ H_2O \tag{7.22}$$

이는 무기탄소가 전자수용체인 환원 반-반응이다. 질산기가 질소원일 때에는 세포 합성을 위한 반-반응은 다음과 같다.

$$\frac{1}{28}NO_3^- + \frac{5}{28}CO_2 + \frac{29}{28}H^+ + e^- \rightarrow \frac{1}{28}C_5H_7NO_2 + \frac{11}{28}H_2O \tag{7.23}$$

세포 합성 반-반응은 전자수용체 반응과 전자공여체 반응으로 구성된다.

생물반응에 대한 물질수지를 위해서는 에너지 생성을 위해 사용된 전자(e_e)의 분율과 세포 합성을 위해 사용된 전자(e_s)의 분율을 알아야 한다. 알짜 에너지 생성과 알짜 생합성 반응은

$$R_e = R_a + R_d \text{ and } R_s = R_c + R_d \tag{7.24}$$

여기서 R_e와 R_s는 알짜 에너지 생성 반응과 알짜 생합성 반응, R_a, R_d와 R_c는 각각 전자수용체 반-반응, 전자공여체 반-반응, 세포합성(전자수용체) 반-반응을 나타낸다.

전자의 용도별 사용에 근거한 알짜반응은

$$R = e_e R_e + e_s R_s = e_e (R_a + R_d) + e_s (R_c + R_d) \tag{7.25}$$

$e_e + e_s = 1.0$이므로

$$R = e_e R_a + e_s R_c + R_d \tag{7.26}$$

식 7.25 또는 식 7.26은 생물반응 물질수지를 세우는 데 사용된다.

예제 7.4

미생물 생장에 있어서 포도당의 호기성 산화가 일어나고 있다. NH_4^+를 질소원으로 사용하며 최종 산물은 이산화탄소와 물이다. 박테리아 세포의 실험식은 $C_5H_7NO_2$이다. 이 생물전환에 대한 계수들을 계산하라. 40%의 전자가 생합성에 쓰이고 나머지는 에너지 생성을 위해 사용된다고 가정하라.

풀이

다음은 포도당의 생물학 산화 시의 반-반응들이다.

전자공여체 반응(R_d): $1/24\ C_6H_{12}O_6 + ¼\ H_2O \rightarrow ¼\ CO_2 + H^+ + e^-$

전자수용체 반응(R_a): $1/4\ O_2 + H^+ + e^- \rightarrow ½\ H_2O$

세포합성 반-반응(R_c)은

$$\frac{1}{5}CO_2 + \frac{1}{20}NH_4^+ + \frac{1}{20}HCO_3^- + H^+ + e^- \rightarrow \frac{1}{20}C_5H_7NO_2 + \frac{9}{20}H_2O$$

알짜 에너지 생성 반응은

$$R_e = R_a + R_d = \frac{1}{24}C_6H_{12}O_6 + ¼\ O_2 \rightarrow ¼\ H_2O + ¼\ CO_2$$

알짜 세포 합성 반응은

$$R_s = R_c + R_d = 1/24\ C_6H_{12}O_6 + \frac{1}{20}NH_4^+ + \frac{1}{20}HCO_3^- \rightarrow \frac{1}{20}C_5H_7NO_2 + \frac{1}{20}CO_2 + \frac{1}{5}H_2O$$

전체 반응은

$$R = e_e R_e + e_s R_s = 0.60 R_e + 0.40\ R_s = 0.0417 C_6H_{12}O_6 + 0.02\ NH_4^+ + 0.15\ O_2 + 0.02 HCO_3^- \rightarrow 0.02 C_5H_7NO_2 + 0.17\ CO_2 + 0.23\ H_2O$$

또는

$$C_6H_{12}O_6 + 0.48 NH_4^+ + 3.6 O_2 + 0.48 HCO_3^- \rightarrow 0.48 C_5H_7NO_2 + 4.08 CO_2 + 5.52 H_2O$$

생장 수율과 호흡률은 다음과 같다. $Y_{X/S}$ = 0.48(113)/180 = 0.3 g 세포/g 포도당, RQ = 4.08/3.6 몰 CO_2/몰 O_2.

7.6 생물반응 열역학

생물반응도 화학반응과 마찬가지로 열역학 법칙을 따른다. 모든 생물 반응에 있어서 에너지는 보존된다. 자발적인 반응은 자유에너지의 감소로 귀결된다. 그러므로 자유에너지의 변화를 보면 어느 반응은 자발적으로 일어날 것인지, 어느 반응은 에너지를 필요로 할지를 알 수 있다. 자유에너지의 변화는 산물과 반응물의 생성 자유에너지로부터 계산된다. 일반적으로 한 반응에 있어서의 자유에너지 변화는 다음의 식에 의해 계산된다.

$$\Delta G = \Sigma\, a_i\, G_i - \Sigma\, b_j G_j \tag{7.27}$$

여기서 $\Sigma\, a_i\, G_i$는 산물 자유에너지의 합, $\Sigma\, b_j\, G_j$는 반응물 자유에너지의 합, ΔG는 자유에너지 변화이다.

한 화합물의 자유에너지는 다음과 같이 정의된다.

$$G_i = G_i^{o} + RT\ LnC_i \tag{7.28}$$

여기서 G_i^o는 표준 자유에너지(25°C, 1 atm), R은 가스상수(1.99 cal/mol-K), T는 절대온도(K), C_i는 i번째 화합물의 몰농도이다. 그러므로 다음의 반응에 있어서의 자유에너지 변화는

$$aA + bB \rightarrow cC + dD \tag{7.29}$$

$$\Delta G = \Delta G^{o} + RT\ LnQ = \Delta G^{o} + RT\ Ln\frac{(C)^{c}(D)^{d}}{(A)^{a}(B)^{b}} \tag{7.30}$$

통상적으로 표준 자유에너지는 한 반응의 에너지 요구량을 결정하기 위해 전자 공여체 반-반응과 전자 수용체 반-반응으로부터 계산된다.

포도당의 호기적 산화의 경우 전자 공여체 반-반응은

$$1/24\ C_6H_{12}O_6 + ¼\ H_2O \rightarrow ¼\ CO_2 + H^+ + e^-$$

이 반응에 대한 표준 자유에너지 변화는

$$\Delta G_d^{o} = ¼\ G_{CO2}^{o} + G_{H+}^{o} - 1/24\ G_{Glu}^{o} - ¼\ G_{H2O}^{o}$$

$$= ¼(-394.36) + (-39.87) - 1/24(-917.22) - 1/4(-237.18) = -\ 40.956\ \text{kJ/eq e}^-$$

같은 생물전환 과정에 있어서 전자 수용체 반-반응은

$$1/4\ O_2 + H^+ + e^- \rightarrow ½\ H_2O$$

이 반응에 대한 표준 자유에너지 변화는

$$\Delta G_a^o = 1/2G_{H2O}^o - G_{H+}^o - 1/4G_{O2}^o = \tfrac{1}{2}(-237.18) - (-39.87) - \tfrac{1}{4}(0) = -78.72 \text{ kJ/eq e}^-$$

그러므로 알짜 반응에 대한 자유에너지 변화는

$$1/24\ C_6H_{12}O_6 + \tfrac{1}{4}\ H_2O \rightarrow \tfrac{1}{4}\ CO_2 + H^+ + e^- \qquad \Delta G^o{}_d = -40.96 \text{ kJ/ eq e}^-$$

$$1/4\ O_2 + H^+ + e^- \rightarrow \tfrac{1}{2}\ H_2O \qquad \Delta G^o{}_a = -78.72 \text{ kJ/ eq e}^-$$

$$1/24\ C_6H_{12}O_6 + \tfrac{1}{4}\ O_2 \rightarrow \tfrac{1}{4}\ CO_2 + \tfrac{1}{4}\ H_2O \qquad \Delta G^o = -119.68 \text{ kJ/ eq e}^-$$

그러므로 이 생물반응은 자발적이며 에너지 측면에서 바람직하다. 다른 전자 공여체와 수용체들에 대한 자유에너지 변화가 이미 계산된 바 있다. 그림 7.1은 다른 전자 공여체와 수용체들에 대한 자유에너지 변화를 보여 준다. 포도당이 전자 공여체이고 산소가 전자 수용체인 경우 자유에너지 변화가 약 −120 kJ/eq e^-인 반면 질산기가 전자 수용체인 경우에는 자유에너지 변화가 −110 kJ/eq e^-정도가 된다. 황산기가 전자 수용체인 경우에는 자유에너지 변화가 많이 작아진다(약 −20 kJ/eq e^-). 혐기성 조건하에서는 포도당이 전자 공여체이고 이산화탄소가 전자 수용체인데, 이 경우 자유에너지 변화는 −18 kJ/eq e^-이다. 같은 반응이라도 호기성 또는 혐기성 조건 하에서 진행되느냐에 따라 생기는 자유에너지 변화의 차이가 생장 수율 상의 차이로 나타난다. 포도당의 호기성 대사 시의 큰 자유에너지 변화가 혐기성 생장 수율에 비해 높은 호기성 생장 수율로 나타난다.

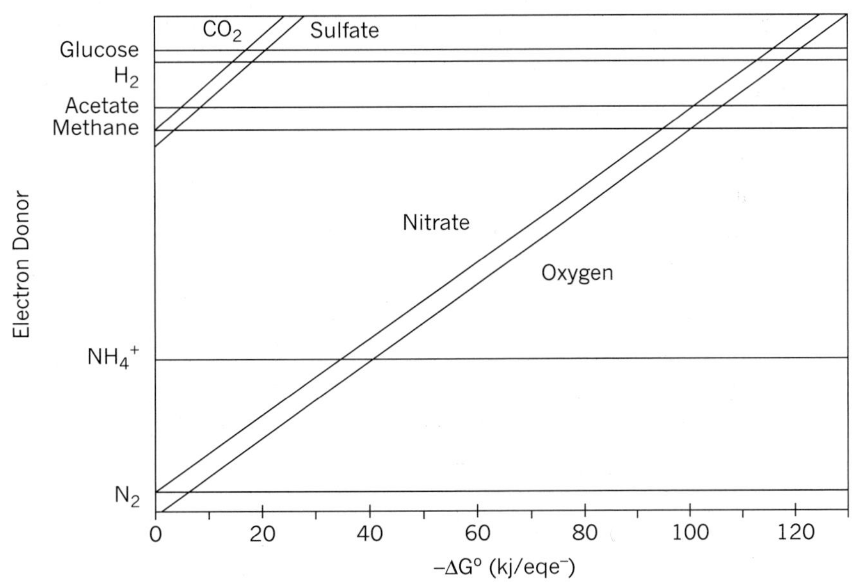

FIGURE 7.1. Variation of reaction free energies for different electron donors and acceptors. The lines represent electron acceptors. (Adapted from Rittmann & McCarty, *Environmental Biotechnology*, McGraw Hill, 2001.)

7.7 요약

이 장에서는 생물반응기에서의 반응 양론을 결정하는 간단한 방법들을 살펴보았다. 이 방법들은 여러 종류의 기질을 사용하는 여러 종류의 발효반응에 대한 수율 계수의 예측을 가능하게 한다. 이 식들을 호흡률과 같은, 실험을 통해 측정된 파라미터와 연계하면 발효의 진행상황에 대해 많은 것을 미루어 알 수 있게 된다. 이러한 계산은 특정 기질의 전환에 필요한 산소량(그리고 결과적으로 열 발생량)의 예측을 가능하게 함으로써 초기 공정 설계를 도울 수도 있다. 모르거나 계산에 포함되지 않은 대사 경로와 산물이 있을 수 있기 때문에 수율 계수의 예측이 정확하지는 않다. 그럼에도 불구하고 이러한 계산은 유용한 각종 파라미터의 초기 추정값을 제시한다.

참고문헌

Bailey, J. E., and D. F. Ollis, *Biochemical Engineering Fundamentals*, 2d ed., McGraw-Hill, New York, 1986.

Doran, P. M., *Bioprocess Engineering Principles*, 2d ed., Academic Press, Waltham, MA, 2013.

Erickson, L. E., I. G. Minkevich, and V. K. Eroshin, "Application of Mass and Energy Balance Regularities in Fermentation," *Biotechnology and Bioengineering* 20: 1595, 1978.

Minkevich, I. G., "Mass and Energy Balance for Microbial Product Synthesis: Biochemical and Cultural Aspects," *Biotechnology and Bioengineering 25*: 1267, 1983.

Rittmann, B. E., and P. L. McCarty, *Environmental Biotechnology: Principles and Applications*, McGraw-Hill, New York, 2001.

Roels, J. A., *Energetics and Kinetics in Biotechnology*, Elsevier Science, New York, 1983.

Villadsen, J., J. Nielson, and G. Liden, *Bioreaction Engineering Principles*, 3d ed., Springer US, New York, 2011.

van Gulik, W. M., and J. J. Heijnen, "A Metabolic Network Stoichiometry Analysis of Microbial Growth and Product Formation," *Biotechnology and Bioengineering* 48: 181, 1995.

연습문제

7.1 배양 부피가 1000 l이고 최종 세포 농도가 30 g/l일 때, 발효 배지로 공급되어야 할 $(NH_4)_2SO_4$의 양을 정하라. 세포의 12%가 질소이고$(NH_4)_2SO_4$가 유일한 질소원인 것으로 가정하라.

7.2 제빵 효모(*S. cerevisiae*)의 포도당에 의존한 생장은 다음의 식으로 간단히 설명할 수 있다.

$$C_6H_{12}O_6 + 3\ O_2 + 0.48\ NH_3 \rightarrow 0.48\ \underset{\text{yeast}}{C_6H_{10}NO_3} + 4.32\ H_2O + 3.12\ CO_2$$

부피가 10^5 l인 회분식 반응기에서, 최종적으로 원하는 효모 농도가 50 g 건조중량/l이다. 위의 반응 양론을 사용하여

a. 영양 배지 중의 포도당과 $(NH_4)_2SO_4$의 농도 및 총량을 계산하라.

b. 수율 계수 $Y_{X/S}$(바이오매스/포도당)와 Y_{X/O_2}(바이오매스/산소)를 계산하라.

c. 총 산소 요구량을 계산하라.

d. 지수 생장기의 생장 속도가 $r_x = 0.7$ g 건조중량/l · h일 경우, 산소 소비 속도(g O_2/l · h)를 계산하라.

e. 열 제거 요구량을 계산하라(식 6.26 상기).

7.3 호기성 조건하에서의 포도당에 의존한 *S. cerevisiae*의 생장은 다음의 전체 반응으로 설명할 수 있다.

$$C_6H_{12}O_6 + \beta\, NH_3 \rightarrow 0.59\, CH_{1.74}N_{0.2}O_{0.45}\ (\text{biomass}) + 0.43\, C_3H_8O_3 + 1.54\, CO_2 + 1.3\, C_2H_5OH + 0.036\, H_2O$$

a. 바이오매스 수율 계수 $Y_{X/S}$를 계산하라.

b. 산물 수율 계수 $Y_{EtOH/S}$, $Y_{O_2/S}$, $Y_{C_3H_2O/S}$를 계산하라.

c. 계수 β를 계산하라.

7.4 에탄올에 의존한 *S. cerevisiae*의 호기성 생장은 다음의 전체 반응으로 설명할 수 있다.

$$C_2H_5OH + a\, O_2 + b\, NH_3 \rightarrow c\, CH_{1.704}N_{0.149}O_{0.408} + d\, CO_2 + e\, H_2O$$

a. RQ = 0.66일 때 계수 a, b, c, d를 계산하라.

b. 바이오매스 수율 계수 $Y_{X/S}$와 산소 수율 계수 Y_{X/O_2}(g dw/g O_2)를 계산하라.

7.5 미생물 혼합 배양에 의한 벤조산의 호기성 분해는 다음과 같다.

$$\underset{(\text{substrate})}{C_6H_5COOH} + a\, O_2 + b\, NH_3 \rightarrow c\, \underset{(\text{bacteria})}{C_5H_7NO_2} + d\, H_2O + e\, CO_2$$

a. RQ = 0.9일 때 $a, b, c, d,\ e$를 구하라.

b. 수율 계수 $Y_{X/S}$와 Y_{X/O_2}를 구하라.

c. 기질과 박테리아의 환원도를 구하라.

7.6 미생물 혼합 배양에 의한 폐수 내의 한 유기 화합물의 호기성 분해는 다음과 같다.

$$C_3H_6O_3 + a\, O_2 + b\, NH_3 \rightarrow c\, C_5H_7NO_2 + d\, H_2O + e\, CO_2$$

a. $Y_{X/S} = 0.4$ g X/g S일 때 $a, b, c, d,\ e$를 구하라.

b. 수율 계수 Y_{X/O_2}와 Y_{X/NH_3}를 구하라.

c. 기질과 박테리아의 환원도 및 RQ를 구하라.

7.7 질소성분을 포함하는 폐수의 생물학적 탈질화는 다음의 전체 반응으로 설명된다.

$$NO_3^{-1} + a\, CH_3OH + H^+ \rightarrow b\, C_5H_7NO_2 + c\, N_2 + d\, CO_2 + \text{e}\, H_2O$$

a. $Y_{X/S} = 0.5$ g X/g N일 때 $a, b, c, d,\ e$를 구하라.

b. 박테리아와 메탄올의 환원도를 구하라.

7.8 산업폐수의 생물학적 처리 시 다음의 생물학적 산화반응이 일어난다.

$$C_6H_4CH_3OH + a\ O_2 + b\ NH_3 \rightarrow c\ C_5H_7NO_2 + d\ CO_2 + e\ H_2O$$

a. RQ = 0.5일 때 위 식의 계수들(a, b, c, d, e)를 결정하라.

b. $Y_{X/S}$와 Y_{X/O_2}를 구하라.

c. γ_s와 γ_b를 구하라.

7.9 *Clostridium* sp.에 의한 혐기적 전환을 통해 포도당이 초산과 수소로 전환되는 반응이 다음과 같다.

$$C_6H_{12}O_6 + a\ NH_3 + b\ H_3PO_4 \rightarrow c\ C_5H_7NO_2P_{0.2} + d\ CH_3COOH + e\ CO_2 + f\ H_2$$

a. $Y_{X/S} = 0.1$ g/g일 때 원소 수지를 세우고 이로부터 위 식의 계수들을 결정하라.

b. γ_s, γ_b, γ_{Ac}, γ_{H_2}를 구하고 환원도 수지가 성립하는지 논하라.

c. 초산과 수소에 대해 각각의 $Y_{P/S}$를 구하라.

7.10 다음의 반응에 따라 광영양배양(photoheterotrophic) 조건(무산소 발생 광합성)하에서 *Rhodobacter* sp.에 의해 초산이 수소와 이산화탄소로 전환된다.

$$CH_3COOH + a\ NH_3 + b\ H_3PO_4 \xrightarrow{\text{Light}} c\ C_5H_7NO_2P_{0.2} + d\ CO_2 + e\ H_2$$

a. 원소 수지를 이용하여 위 식의 계수들을 정하라.

b. $Y_{X/S}$와 $Y_{P/S}$를 구하라.

c. 환원도 수지를 세우라.

7.11 원소분석 결과 세포의 조성이 다음과 같이 구해졌다.

45% C, 25% O, 5% H, 12% N, 2.5% P, 0.5% S, 10% 광물질

a. 각 원소의 분율을 정하고 이로부터 세포식을 구하라.

b. 세포식이 $C_4H_8O_{2.2}N_{1.2}P_{0.08}S_{0.02}$일 때 퍼센트 원소분율(즉, 질량분율)을 구하라.

7.12 포도당의 에탄올 발효 시 이산화탄소가 전자 수용체이고 포도당이 전자 공여체이다.

a. 1몰의 전자 전달을 기준으로 한 전자 공여체 및 전자 수용체에 대한 반-반응을 보이고 자유에너지 변화를 구하라.

b. 포도당 1몰을 기준으로 하여 세포합성 반응이 없는 전체 발효공정에 대한 식을 세우고 자유에너지 변화를 구하라.

c. 포도당이 가지고 있는 전자의 20%가 세포 합성에 쓰이고 나머지는 에너지 생성에 쓰였다고 가정하고($e_e = 0.80$, $e_s = 0.20$), Ra, Rd와 Rc에 대한 반응식을 세우고 1몰의 NH_4-N를 기준으로 하여 전체 반응에 대한 양론식을 구하라.

7.13 생물학적 질산화(nitrification) 반응 시 산소가 있는 가운데 CO_2를 탄소원으로 사용하는 독립영양 조건 하에서 NH_4-N가 NO_3-N로 전환된다. 유기탄소원이 없는 가운데 NH_4-N은 전자 공

여체로, 산소는 전자 수용체 역할을 한다. 암모늄도 세포 합성을 위한 질소원으로 사용된다. 85%의 전자가 에너지를 생성하는 반응을 거쳐 산물로 전달되며 나머지 15%는 세포 바이오매스로 가는 경우, 다음을 행하라.

a. 전자 공여체와 전자 수용체 반-반응식을 제시하라(R_d와 R_a).

b. 세포 합성 반-반응식을 제시하라(R_c).

c. 전자의 분별사용을 고려하여 전체 반응식을 제시하라.

7.14 초산으로부터의 메탄 생성은 NH_4가 세포 합성을 위한 질소원인 혐기성 조건 하에서 이루어진다. 초산은 전자 공여체이고 이산화탄소는 전자 수용체이다. 세포식을 $C_5H_7NO_2$로 가정하고, 기질이 가지고 있던 전자의 10%가 세포 바이오매스로 전달된다고 가정할 때, 다음을 행하라.

a. 전자 공여체와 전자 수용체 반-반응식을 제시하라(R_d와 R_a).

b. 세포 합성 반-반응식을 제시하라(R_c).

c. $e_e = 0.90$, $e_s = 0.10$일 때, 전체 반응식을 제시하라.

7.15 이산화탄소가 전자 수용체일 때, 메탄이 전자 공여체인 포도당, 초산, 수소, 그리고 에탄올로부터 만들어진 과정에서의 자유에너지 변화를 그림 7.1을 이용하여 계산하라. 결과를 기질에 따른 세포 수율의 변화와 관련하여 논하라.

8

세포 정보의 변경

우리는 세포가 어떻게 정보를 물려받는가와, 다르거나 보강된 대사를 하는 개개 세포들의 선별에 키모스탯(6장 '세포의 생장')이 어떻게 쓰일 수 있는가에 대한 몇 가지 측면을 이미 살펴보았다. 원핵생물 내에서의 DNA 복제 메커니즘이 4장 '세포의 작용'에 요약되어 있다. 이 과정은 한 세대로부터 다른 세대로의 유전 정보 전달에 대한 하나의 좋은 예이다. 하지만 몇몇 개체는 자연발생적인 현상에 의해 또는 인공적인 방법에 의해 추가 유전 정보를 받을 수 있다. 한 세포 안의 초기 유전 정보가 재배열 또는 개조를 거칠 수도 있다. 이 장에서는 세포의 유전 정보의 변경을 유발하는 몇 가지 메커니즘과, 생물공정을 개선하기 위해 이들 메커니즘을 다루는 방법에 대해 논의하기로 한다.

8.1 돌연변이와 선별 과정을 통한 원하는 생화학적 특성의 진화

세포가 DNA 복제 중의 오류를 방지하는 잘 개발된 시스템과 DNA 분자에 생긴 손상을 복구하는 수리 시스템을 가지고 있음에도 불구하고 잘못이 발생한다. 이러한 잘못을 **돌연변이**(mutation)라 한다. 돌연변이를 살펴보기 전에 미생물 유전학에서 쓰는 어휘를 알아둘 필요가 있다.

한 미생물의 유전 구조의 총체가 해당 미생물의 **유전형**(genotype)을 구성한다. 세포에 의해 발현된 속성들은 표현형(phenotype)을 구성한다. 한 배양계의 **표현형의 응답**(phenotypic response)은 환경 조건이 바뀜에 따라 가역적으로 변하는 반면, 유전형은 주위 환경에 관계없이 일정하다. **돌연변이**는 유전형의 변화이며 비가역적이다. 배양계 전체가 표현형의 응답을 보이는 반면 극히 소수의 개체들은 유전형의 변화를 겪는다. 예를 들어, 만약 한 배양계가 용존 산소 농도가 감소함에 따라 흰색에서 녹색으로 바뀌었다가, 산소 농도가 증가함에 따라 녹색에서 흰색으로 바뀐다면, 이는 표현형의 변화이다. 흰색의 세포들을 배양계로부터 분리하여 접시(plate: 한천에 의해 고형화된 영양소가 담긴 납작하고 둥근 작은 그릇)에 옮긴 후, 각각 분리된 콜로니(colony)를 이루며 자라게 하는 실험을 생각해 보자. 다른 것들은 그렇지 않은데 하나의 콜로니가 녹색으로 변하고, 이 녹색 콜로니로부터 취한 세포들이 원래의 조건하에서 배양될 때에도 녹색으로 남아 있는 경우, 이는 유전형 변화의 증거이다. 이 경우 흰색 세포들은 **야생형**(wild type)이고, 녹색 세포들은 **돌연변이주**(mutant)이다.

어떠한 메커니즘이 유전형의 변화를 일으키는지 생각해 보자.

8.1.1 돌연변이가 일어나는 과정

대부분의 돌연변이는 DNA 합성상의 오류에 의해 일어난다. 몇 가지 예가 그림 8.1에 나와 있다. 하나의 보편적인 형태가 **점 돌연변이**(point mutation)이다. 점 돌연변이는 한 개의 염기가 바뀜(예, 티민 대신 시토신)에 연유한다. 어떤 점 돌연변이는 **침묵 돌연변이**(silent mutation)인데, 왜냐하면 바뀐 코돈(codon)이 여전히 같은 아미노산에 해당하는 정보를 갖기 때문이다(예, UCU와 UCA 양쪽 모두 세린에 대한 암호). 점 돌연변이는 하나의 다른 아미노산으로의 대체를 유발하는데, 이는 단백질 활성을 본질적으로 바꿔 주기도 하고 그렇지 않을 수도 있다. 활성점 근처의 한 아미노산이 바뀔 경우 단백질의 활성이 크게 변하는 반면 다른 위치에서의 동일한 변화는 별로 심각하지 않을 수 있다.

큰 영향을 미치는 점 돌연변이의 한 형태는 **무의미**(nonsense) 돌연변이인데 이에 의해 DNA 배열에 정지 코돈이 도입된다(예, 바뀐 DNA로부터 유래한 mRNA상에서, 글루타민을 의미하는 CAA가 정지를 의미하는 UAA로). 이로 인해 번역 과정상, 때이른 종결과 함께 불완전하게 만들어진 단백질이 생기게 된다.

일반적으로 **삭제 돌연변이**(deletion mutation)는 세포 대사에 커다란 영향을 끼친다. 한 개 또는 그 이상의 염기를 삭제하거나 첨가함으로써 단지 하나의 아미노산이 아니라 단백질의 전체 조성을 바꿀 수 있다. 삭제가 일어났을 경우에는, 결과적으로 생긴 mRNA를 번역할 때 **판독틀**(reading frame)이 이동하게 된다. 이는 그림 8.2에 나타나 있다.

첨가는 종종 **삽입 배열**(insertion-sequence (IS))에 의해 일어난다. 이 소자는 700 ~ 1400개 염기쌍의 길이를 갖는다. 대장균(MG1655)의 유전체에는 37개의 다른 IS가 존재한다. 이 IS들은 본질적으로 염색체상의 어느 곳에서라도 다른 곳으로 움직일 수 있다. 종종 이들은

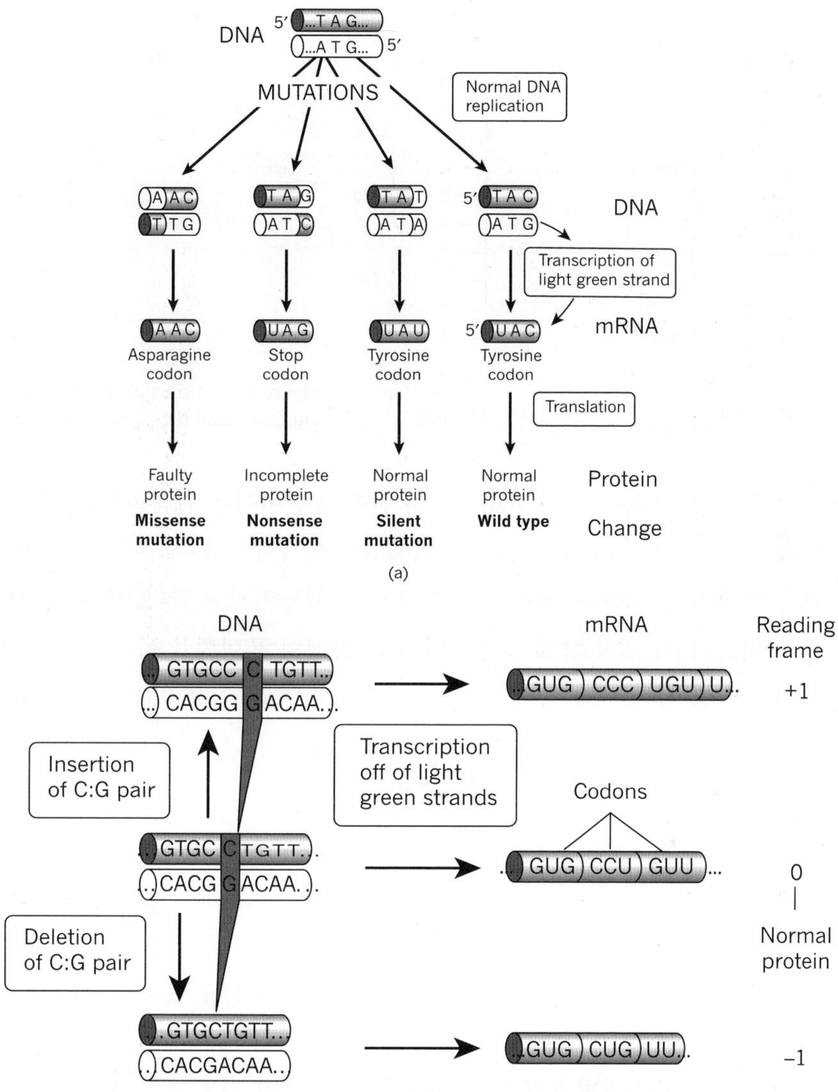

Figure 8.1. (a) Possible effects of base-pair substitution in a gene encoding a protein. (b) Shifts in the reading frame of mRNA caused by insertions and deletions. (Brock, Thomas D., Brock, Katherine M., Ward, David M., *Basic Microbiology with Applications*, 14th ed., © 2015. Reprinted and electronically reproduced by permission of Pearson Education, Inc., New York, NY.)

한 유전자의 중간에 끼어들기도 하는데, 이로 인해 단백질의 기능은 완전히 파괴된다.

역돌연변이(back mutation) 또는 **복귀**(reversion)도 가능하다. 복귀주(revertant)란 원래의 야생형이 갖는 표현형이 복구된 세포를 말한다. 기능의 복구는 원래의 돌연변이 지점에 일어난 직접적인 변화에 의해 생길 수도 있다(예, 원래의 돌연변이가 CAA로부터 UAA로

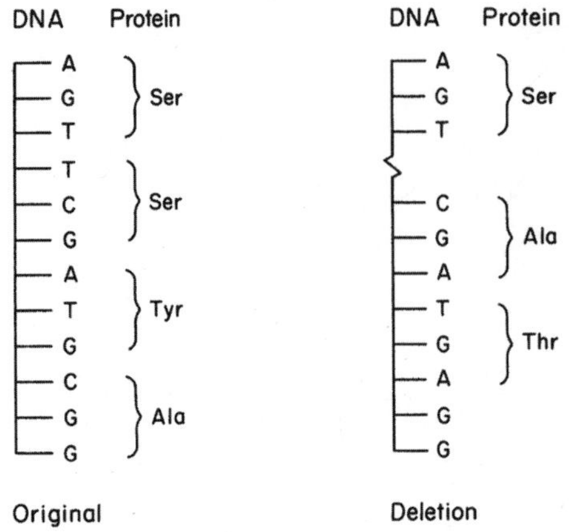

Figure 8.2. Effect of deletion of a base on the reading frame and the protein encoded.

일어났다면, UAA로부터 CAA로의 두 번째 돌연변이는 원래의 유전형과 표현형을 되돌린다). 2차 부위 복귀주(second-site revertant)도 생길 수 있는데, 이는 표현형은 되돌리지만(**억제 돌연변이**(suppressor mutation)) 유전형은 되돌리지 못한다(예, 유전자를 정상적인 판독틀로 되돌려주는 2차 삭제 돌연변이 또는 야생형 표현형을 복구해 주는 또 하나의 유전자상의 돌연변이).

8.1.2 원하는 돌연변이주의 선별

돌연변이주들은 세포 생리학을 보다 잘 이해하기 위한 강력한 도구가 될 수 있다. 또한 이들은 유용한 미생물이기도 한데, 왜냐하면 원하는 물질의 과도생산(overproduction)을 야기하기 위해 대사 조절 기작을 바꾸는 데 돌연변이를 사용할 수도 있기 때문이다. 돌연변이를 유도하고 돌연변이주를 선별하는 방법들은 생물공정에 있어서 촉매 개발을 위한 중요한 수단이다.

자연발생적인(**자발적인**(spontaneous)) 돌연변이 속도는 유전자에 따라 크게 다른데(세포 분열 1회당 $10^{-3} \sim 10^{-9}$), 세포가 1회 분열할 때 한 유전자에서 10^{-6}회의 돌연변이가 일어나는 것이 전형적이다. 실험실에서 돌연변이 속도를 증가시키기 위해 종종 화학약품(**돌연변이 유도물질**(mutagen))과 (또는) 방사선이 사용된다. 돌연변이 유도물질은 특정성이 없으므로 어떠한 유전자에도 영향을 끼칠 수 있다.

원하는 성질을 갖춘 돌연변이주를 선별한다는 것은 쉬운 일이 아니다. 돌연변이주들은 **선별 가능**(selectable)인 것과 **선별 불가능**(unselectable)인 것으로 분류된다. 선별 가능 돌연변이는 돌연변이주에게 특정 환경 조건하에서 자라거나 생존하게 하는 유리한 점을 제공한다. 따라서 돌연변이주는 자라고 야생형은 죽는다. 선별 불가능 돌연변이주의 경우, 원하는 특성(예, 녹색 색소) 돌연변이주를 찾기 위해 세포마다 검사를 해야 한다. 돌연변이 유도 물질을 사용하는 경우라도 돌연변이의 빈도가 매우 낮기 때문에 대부분의 선별 불가능 돌연변이주의 경우, 주먹구구식(brute-force) 스크리닝(screening)은 너무 노력이 많이 든다.

선별은 직접적 또는 간접적일 수도 있다. 직접 선별의 한 예가 항생제 또는 독성 화합물에 내성을 갖는 돌연변이주를 찾는 것이다. 1 ml당 $10^8 \sim 10^{10}$개의 세포를 포함하는 배양액에 돌연변이 물질을 가한다. 해당 항생제를 고형 배지에 포함하고 있는 배양 접시상에 배양액을 몇 방울 떨어뜨려 칠하듯이 골고루 퍼뜨린다. 항생제에 대한 내성을 갖는 세포만이 자라고, 따라서 형성된 모든 콜로니들은 내성을 갖는 돌연변이주로부터 유래한 것이다. 만약 백만 마리당 한 마리의 세포가 이러한 돌연변이를 보인다면, 0.1 ml의 배양액을 사용하였을 경우 배양 접시당 10~100개의 콜로니가 생길 것으로 기대된다.

간접 선별은 필요한 성장 인자(예, 특정 아미노산 또는 비타민)를 만드는 능력이 부족한 돌연변이주를 분리하기 위해 사용한다. 야생형 대장균은 포도당과 무기염을 먹고 자란다. **영양요구성**(auxotrophic) 돌연변이주는 더 이상 스스로 만들 수 없게 된 성장 인자가 보충되지 않는 한 이러한 단순한 배지에서는 자라지 못한다(예, 라이신 요구주는 라이신을 만드는 능력을 상실하였고, 따라서 세포가 자라게 하기 위해서는 포도당과 염에다 라이신을 첨가해야 한다). 최소 배지(minimal medium)에 영양분을 보충할 필요가 없는 야생형 세포를 **프로토트로프**(prototroph)라고 한다. 야생형 세포들로부터, 드물게 나타나는 라이신 요구성의 돌연변이 세포를 선별하는 것에 대해 생각해 보자. 이는 두 종류의 세포 모두 라이신이 첨가된 배지에서 자라기 때문에 직접적으로 행할 수 없다.

선별이 훌륭하게 이루어지도록 해 주는 하나의 방법이 **판 복제법**(replicate plating)이다(그림 8.3 참조). 라이신이 첨가된 배지가 있는 주 배양 접시(master plate)에서는 영양요구 세포와 야생형 세포가 모두 자란다. 주 배양 접시상에 콜로니가 충분히 형성되었으면 멸균된 벨벳천(velveteen)을 접촉시켜 흔적이 남게 한다. 벨벳천의 잔털들에는 각 콜로니에 있던 몇 개의 세포들이 묻게 된다. 이때 주 배양 접시의 방향에 주의해야 한다. 그런 후 최소 배지가 담겨진 시험 배양 접시(test plate)를 벨벳천에 대고 누른다. 원래의 각 콜로니의 위치에 있었던 몇 개의 세포가, 시험 배양 접시를 주 배양 접시상에서와 똑같은 위치에 접종하는 역할을 한다. 항온배양(대장균의 경우 약 24시간) 후, 시험 배양 접시를 주 배양 접시와 비교한다. 두 개의 배양 접시상의 같은 위치에 형성된 콜로니들은 야생형 세포로 이루어진 반면, 주 배양 접시에만 형성된 콜로니들은 영양요구성 돌연변이주로 이루어진 것이 틀림없다.

또 다른 부류의 돌연변이주로서 **조건부 돌연변이주**(conditional mtant)라는 것이 있다. 세포에 치명적인 돌연변이는 지금까지 설명한 방법으로는 찾아낼 수가 없다. 하지만 흔히

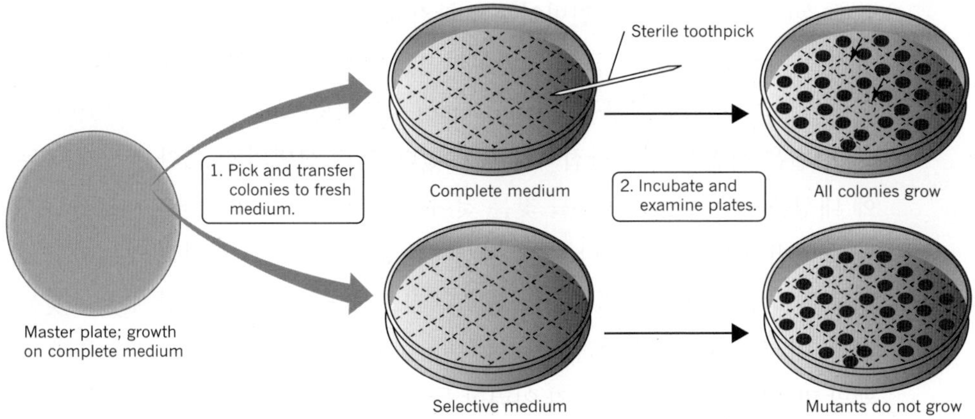

Figure 8.3. Screening for nutritional auxotrophs. (Brock, Thomas D., Brock, Katherine M., Ward, David M., *Basic Microbiology with Applications*, 14th ed., © 2015. Reprinted and electronically reproduced by permission of Pearson Education, Inc., New York, NY.)

돌연변이로 된 단백질은 정상적인 단백질에 비해 온도에 더 민감하다. 따라서 온도에 대한 민감도를 이용하여 조건에 따라 치명적인 돌연변이를 선택할 수 있다. 예를 들어, 돌연변이주는 정상적인 온도(예, 대장균의 경우 37°C)에서는 자라지 못하지만, 보다 낮은 온도(예, 25°C)에서는 만족할 만하게 자랄 수도 있다. 표 8.1에는 여러 종류의 돌연변이주와 이들을

TABLE 8.1. Kinds of Mutants

Description	Nature of Change	Detection of Mutant
Nonmotile	Loss of flagella; nonfunctional flagella	Compact colonies instead of flat, spreading colonies
Noncapsulated	Loss or modification of surface capsule	Small, rough colonies instead of larger, smooth colonies
Rough colony	Loss or change in lipopolysaccharide outer layer	Granular, irregular colonies instead of smooth, glistening colonies
Nutritional	Loss of enzyme in biosynthetic pathway	Inability to grow on medium lacking the nutrient
Sugar fermentation	Loss of enzyme in degradative pathway	Do not produce color change on agar containing sugar and a pH indicator
Drug resistant	Impermeability to drug or drug target is altered or drug is detoxified	Growth on medium containing a growth-inhibitory concentration of the drug
Virus resistant	Loss of virus receptor	Growth in the presence of large amounts of virus
Temperature sensitive	Alteration of any essential protein so that it is more heat sensitive	Inability to grow at a temperature normally supporting growth (e.g., 37°C) but still growing at a lower temperature (e.g., 25°C)
Cold sensitive	Alteration in an essential protein so that it is inactivated at low temperature	Inability to grow at a low temperature (e.g., 20°C) that normally supports growth

Brock, Thomas D., Brock, Katherine M., Ward, David M., *Basic Microbiology with Applications*, 14th ed., © 2015. Reprinted and electronically reproduced by permission of Pearson Education, Inc., New York, NY.

찾아내는 방법에 대한 요약이 수록되어 있다.

돌연변이와 선별은 세포 생리 및 조절의 근본적인 면을 조사하는 데 있어서 매우 유용하게 사용되어 왔다. 이것들은 또한 생산 균주의 개량을 위한 산업계 프로그램의 대들보 역할을 해 왔다. 예를 들어 돌연변이와 선별 전략에 힘입어, 1939년에 배양액 중 0.001 g/l이던 페니실린 수율이 현재 약 50 g/l로 증가할 수 있었다.

8.2 유전자 전달 및 재배열의 자연발생적 메커니즘

박테리아는 글자 그대로 하룻밤 사이에라도 전혀 다른 생화학적 능력(예, 주변의 항생제를 분해하거나 유해 화학물질의 독성을 없애는 능력)을 획득하여 발현할 수 있다. 이러한 변화는 유전과 염색체 내의 조그만 진화로는 설명할 수 없다. 그보다는 한 미생물로부터 다른 한 미생물로의 유전자 전달과 (또는) 염색체 내 DNA상의 대규모 재배열에 기인한다. 이 절에서는 유전학적 세포 조작에 이용될 수 있는 유전자 재조합, 유전자 전달, 유전자 재배열에 대하여 논의하고자 한다.

8.2.1 유전자 재조합

유전자 재조합(genetic recombination)이란 염색체상의 두 개의 다른 유전체(genome)로부터 취한 유전 요소(genetic element)들을 한 단위로 합침으로써 돌연변이 없이도 새로운 유전형을 만드는 과정을 말한다. 원핵생물에서는 유전자 재조합이 드물게 일어나지만, 산업적으로는 물론 생태학적으로도 중요할 만큼 충분한 정도로 빈번하게 일어난다. 유전자 전달의 세 가지 주요 메커니즘은 **형질변환**(transformation), **형질도입**(transduction), 그리고 **접합**(conjugation)이다. 형질변환이란 세포가 자유 DNA를 받아들이는 공정이다. 형질도입이란 박테리오파지(bacteriophage)에 의해 DNA가 전달되는 공정이고, 접합이란 서로 직접 접촉하는 원상 그대로의 세포 간의 유전자 전달 공정이다.

일단 **공여 DNA**(donor DNA)가 세포 안에 들어오면, 다음에 있을 재조합 메커니즘은 어떤 과정을 통해 공여 DNA가 세포 내에 삽입되었는가와는 근본적으로 무관하다. 그림 8.4에 분자 수준에서의 일반적인 재조합의 과정이 요약되어 있다. 공여 DNA는 수령(recipient) DNA와 상동적(homologous)이거나 거의 상동적이어야 한다.[1] 적당한 조건하에서는 세

1) DNA상의 비동종성 부분 간의 불합리한 재조합이 가능하지만 잘 일어나지 않는다. 뒤에 나오는 트랜스포존(transposon)에 대한 설명을 참조하라.

포 내 효소들이 수령 DNA의 동종성 부분을 잘라내어 공여 DNA가 삽입되게 한 후, 공여 DNA의 끝을 수령 DNA에 붙이거나 연결시켜 준다. 세포가 외부 물질이라고 인식하는 공여 DNA 조각은 보통의 경우 **핵내부 분해 제한효소**(restriction endonuclease)라고 불리는 효소(이 효소들은 유전자 공학에 있어서 필수적이다)들에 의해 분해된다. 이 효소들은 DNA 분자를 미리 정해진 특정 염기배열 위치에서 자른다. 세포는 자신의 DNA를 외래 DNA와 구별하기 위해 표식을 한다(예, 특정 피리미딘 또는 퓨린 염기의 메틸화반응을 통해). 이러한 표식은 세포 내의 핵내부 분해 제한효소가 세포 자체가 갖는 DNA에 작용하는 것을 막

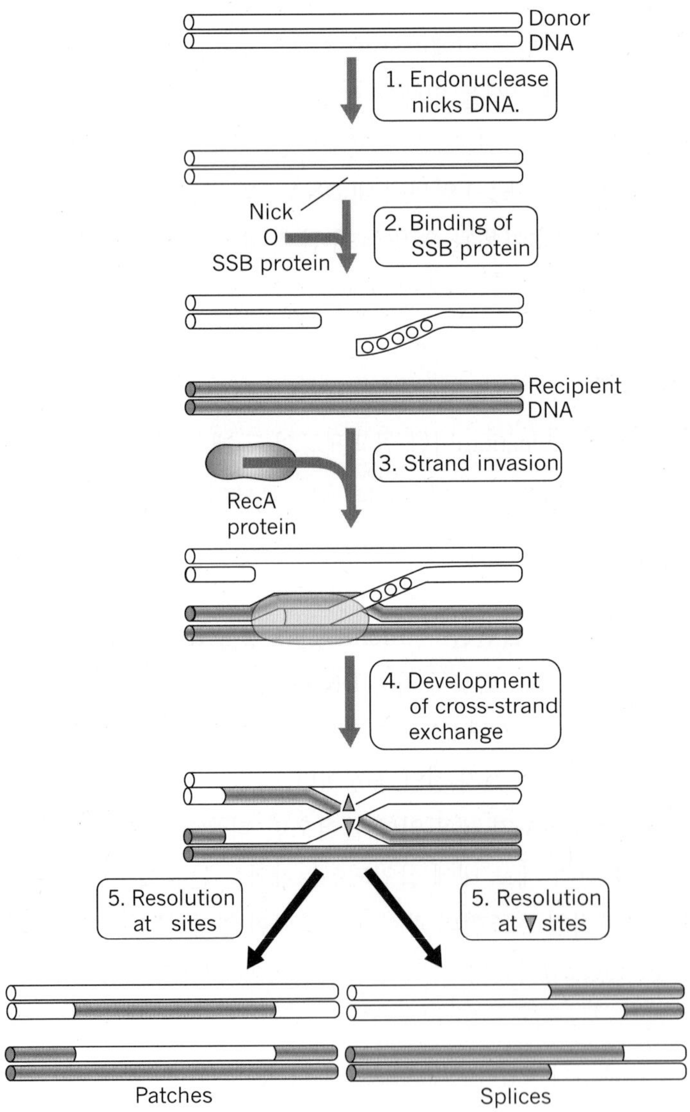

Figure 8.4. A simplified version of homologous recombination. (Brock, Thomas D., Brock, Katherine M., Ward, David M., *Basic Microbiology with Applications*, 14th ed., © 2015. Reprinted and electronically reproduced by permission of Pearson Education, Inc., New York, NY.)

는다. 자연조건하에서 유전자 전달은 공여 DNA가 같은 종 또는 가까이 연관된 종으로부터 온 것일 때 효과가 있다.

지금부터 공여 DNA가 어떻게 세포 안으로 들어가는지에 대한 몇 가지 세부사항을 살펴보기로 하자.

8.2.2 형질변환

모든 속(genus)의 박테리아가 벌거숭이(naked) DNA를 받아들이는 것은 아니다. 형질변환이 가능한 속들 내에서도 특정 변종(strain)만이 형질변환이 **가능하다**(competent). 형질변환 능력이 있는 세포는 그렇지 않은 세포에 비해 DNA를 세포 표면에 결합시키는 능력이 훨씬 뛰어나다. 형질변환 능력은 세포의 생리 상태(현재와 이전의 성장 조건)에 따라 달라질 수 있다. 형질변환 능력이 있는 집단 내에서조차도 모든 세포가 형질변환이 가능한 것은 아니다. 전형적으로 약 0.1~1.0%가 형질변환이 가능하다.

대장균은 정상적으로는 형질변환 능력이 없으나, 이것의 미생물 유전학상의 중요성으로 인해 형질변환 능력을 유도하는 실험적 과정이 개발되었다. 이 과정은 대장균을 온도 조작과 연계하여 높은 농도의 칼슘 이온으로 처리하는 것을 포함한다. 처리된 세포의 형질변환 능력은 대장균의 변종들에 따라 다르지만, 전형적으로 낮은 값을 갖는다(백만 마리 중의 하나가 성공적으로 형질변환이 된다). 선별 표식(selective marker)을 사용한다면, 이 정도의 빈도도 매우 유용하다.

형질변환은 세포에 도입된 정보가 전파될 때에만 효과가 있다. 형질변환을 행할 때, **플라스미드**(plasmid)라 불리는 운반체(vector)를 전형적으로 사용한다. 이 요소는 재조합 DNA를 사용하는 산업적으로 중요한 대부분의 발효의 근간을 형성한다. 플라스미드는 보통 염색체의 외부에 존재하는 자율적(autonomous)이며 자기복제를 하는(self-replicating) 겹가닥(double-stranded) DNA이다. 몇 가지 플라스미드는 낮은 복제수(copy number)(세포당 불과 몇 개)의 플라스미드로서 존재하며, 다른 것들은 높은 복제수(세포당 20~100개)를 갖는다. 이 플라스미드들은 세포 분열시의 분배(partitioning) 메커니즘이 다르고 복제 조절 면에서도 서로 다르다. 플라스미드는 전형적으로 성장에는 필수적이지 않으나 어떤 환경 분위기하에서는 숙주세포에게 중요한 이점을 제공할 수 있는 단백질에 대한 유전자 정보를 수록하고 있다. 예를 들어, 대부분의 플라스미드는 특정 항생제에 대한 내성을 제공하는 단백질에 대한 정보를 수록하고 있다. 이러한 항생제 내성은 원하는 플라스미드를 가진 세포를 선별할 때 도움이 된다.

8.2.3 형질도입

한 세포로부터 다른 한 세포로의 DNA 전달이 바이러스에 의해 이루어질 수도 있으며 이는 자연계에서 중요한 역할을 한다. 가장 보편적인 형태의 형질도입인 **일반 형질도입**(generalized transduction)에서는 수령 세포(recipient cell)가 감염됨으로써 이 박테리아의 DNA가 100개 정도의 조각으로 쪼개진다. 이 조각들의 하나가 우연히 파지 입자 속으로 싸여 들어갈 수도 있다. 이러한 결함이 있는 파지 입자는 자신이 가지고 있던 박테리아 DNA를 다른 박테리아 내부에 주입하는데, 여기서 주입된 DNA가 원래의 DNA와 재조합될 수 있다. 일반 형질도입에 의해서는 어떠한 박테리아 유전자도 전달될 수 있다.

또 하나의 전달 방법으로서 전달될 유전자에 대해 훨씬 더 큰 특정성을 갖는 것이 **특수 형질도입**(specialized transduction)이다. 여기서는 파지가 염색체상의 특정 위치에 편입되며, 한 유전자의 전달 빈도는 이것의 편입(incorporation) 위치로부터의 거리와 관계가 있다. 이 과정이 그림 8.5에 요약되어 있다. **잠재 세포**(lysogenic cell)란 파지 또는 파지 DNA가 염색체 DNA에 편입되어 있는 세포를 말한다. 람다 파지(phage lambda)는 이와 같은 **용원성 파지**(temperate phage)(세포를 분해시키거나 염색체에 편입되는)의 한 예이다. 이러한 파지들은 거의 불변적으로 염색체의 특정 위치에 삽입된다. **프로파지**(prophage)(염색체 안의 파지 DNA)의 용균 사이클(lytic cycle)로의 전환은 정상적인 경우 매우 드문 일이지만(세포분열당 10^{-4}), 자외선이나 기타 DNA 복제를 방해하는 물질에 노출될 경우 거의 전체 배양계에 걸쳐 유도될 수 있다.

8.2.4 에피솜과 접합

세 번째 유형의 유전자 전달은 또 하나의 요소를 포함한다. 이 요소를 **에피솜**(episome)이라 한다. 이는 염색체와 합쳐지거나 분리되어 존재한다. 이것이 염색체와 떨어져(예를 들어 염색체 밖에) 존재할 때, 이는 본질적으로 하나의 플라스미드이다. 잘 알려진 에피솜의 하나가 F 또는 **생식 인자**(fertility factor)이다. 이러한 인자들은 **접합**(conjugation)이라고 알려진 과정에 개입한다.

대부분의 접합 실험은 F 인자를 가지고 행하는데, 이 인자는 낮은 복제수(copy number)로 존재한다. 세포와 세포 간의 직접적인 접촉이 필요하다. 이 DNA 분자는 자신이 한 세포로부터 다른 세포로 자가전달(self-transfer)될 때 포함되는 적어도 13개의 유전자 정보를 담고 있다.

대장균의 한 집단 안에는 흔히 F^+(수컷)라고 이름 붙인, F 플라스미드를 갖고 있는 세포가 있다. 다른 세포들은 F^-(암컷)이다. F^+ 세포는 성모(sex pilus)를 구성하는 단백질에 대한

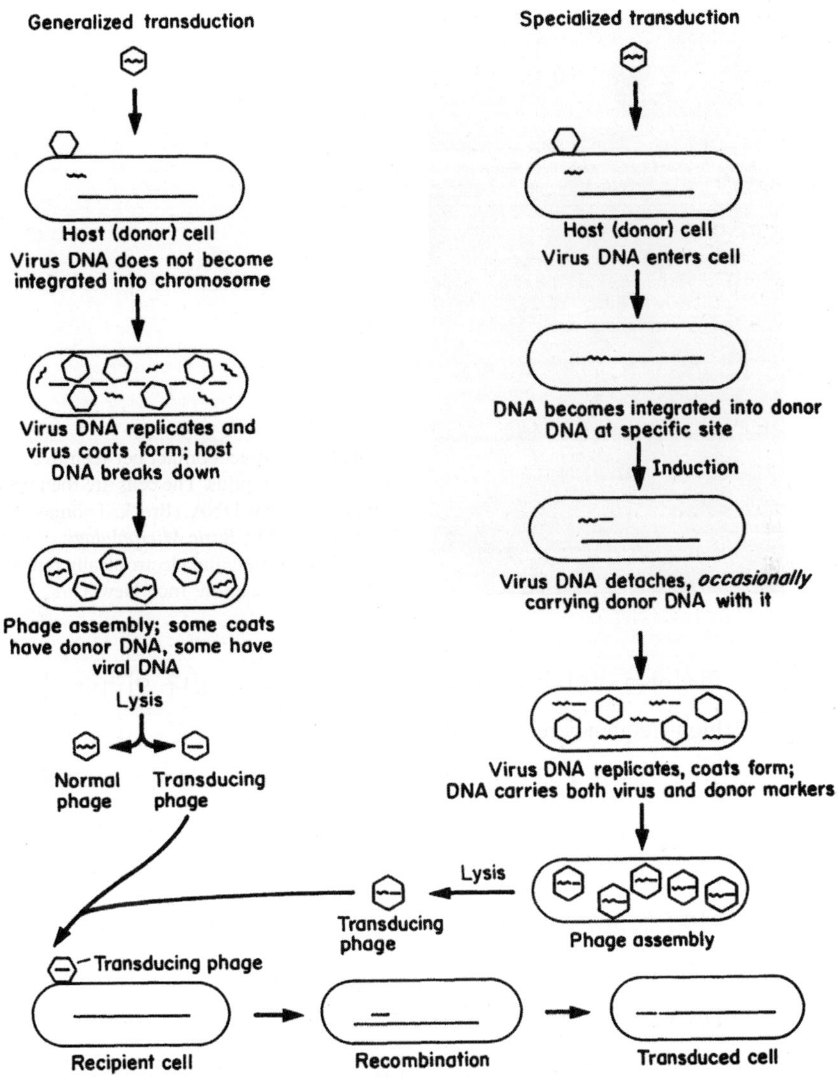

Figure 8.5. Transduction, the transfer of genetic material from donor to recipient via virus particles. (Brock, Thomas D., Brock, Katherine M., Ward, David M., *Basic Microbiology with Applications*, 14th ed., © 2015. Reprinted and electronically reproduced by permission of Pearson Education, Inc., New York, NY.)

유전 정보를 갖고 있다. F^+와 F^- 세포를 같이 섞어 주면 성모가 F^+ 세포를 F^- 세포에 연결시켜 준다(그림 8.6 참조). 성모가 F 플라스미드 복제본이 전달되는 통로 역할을 하는 것일 수도 있다. 실제 전달 공정에는 F 플라스미드의 복제가 포함된다.

이 공정은 평상적인 것이며 염색체 유전자의 전달 또는 유전자 재조합이 포함되지 않는다. 보다 희귀한 일은 F 플라스미드가 염색체에 합체(integration)되어 하나의 커다란 원형

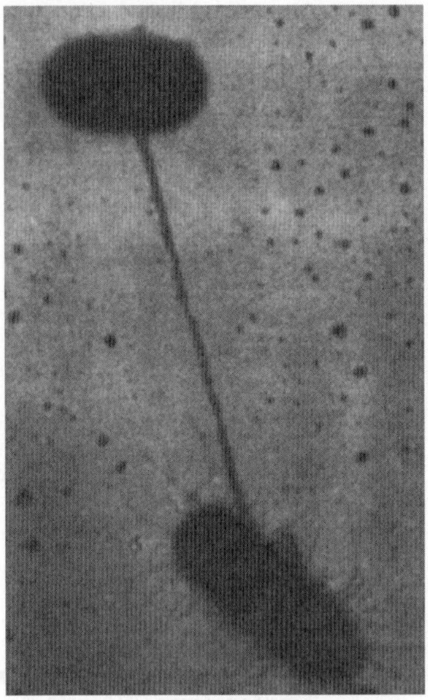

Figure 8.6. Direct contact between two conjugating bacteria is first made via a pilus. The cells are then drawn together for the actual transfer of DNA. (Brock, Thomas D., Brock, Katherine M., Ward, David M., *Basic Microbiology with Applications*, 14th ed., © 2015. Reprinted and electronically reproduced by permission of Pearson Education, Inc., New York, NY.)

분자를 형성하는 것이다. 13개의 합체 지점이 알려져 있다. 이러한 세포를 Hfr(높은 빈도의 재조합(high-frequency recombination))이라고 한다.

전달이 시작되면 F 플라스미드는 자신뿐만 아니라 붙어 있는 염색체를 수령 세포로 전달한다. 대장균 염색체 전체를 전달하는 데 걸리는 시간은 100분이다. 만약 전달 과정 도중에 두 세포 간의 접촉이 깨어지게 되면, 그 때까지의 시간에 비례하는 만큼의 염색체가 전달될 것이다(즉, 50분이면 약 50%). 아는 지점에서 전달이 시작되기 때문에, Hfr 세포는 염색체상의 유전자들의 위치를 파악하는 데 사용될 수 있다. 유전자 매핑(mapping)을 위한 이 방법은 DNA 내의 염기서열을 직접 밝히는 방법들에 의해 대체되고 있다. F^+와 F^-세포가 성질(예, 라이신을 만드는 능력)이 다를 때, F^- 세포의 성질을 바꾸기 위해 접합을 이용할 수 있다.

접합, 형질도입, 형질변환 모두 한 세포로부터 다른 한 세포로의 유전자 전달을 나타낸다. 하지만 유전자 전달이 한 세포 안에서도 일어날 수 있다.

8.2.5 트랜스포존: 세포 내부의 유전자 전달

염색체상의 삽입 소자(insertion element)에 대해 앞에서 논의하였다. 이와 밀접하게 연관된 것이 **트랜스포존**(transposon)인데, 이는 하나의 DNA로부터 다른 DNA 또는 원래의 DNA 상의 다른 위치로 '점프'를 할 수 있는 유전자 또는 유전자들을 의미한다. 트랜스포존은 수령 DNA 조각과의 동종성에 관계없이 새로운 위치에 합체된다. 트랜스포존은 단백질에 대한 정보를 수록하고 있다는 면에서 삽입 배열(insertion sequence)과 다르다. 트랜스포존은 한 유전자의 양 끝이 삽입 배열과 결합되었을 때 생긴다. 트랜스포존 중 많은 것들이 항생제 내성에 대한 정보를 갖고 있다.

트랜스포존이 중요한 이유는 한 유전자의 가운데에 끼어들어 돌연변이를 유도할 수 있고, 분리되어 있던 유전자들을 붙일 수 있으며, 플라스미드 또는 바이러스에 의한 유전자 전달과 연계하여 서로 연관성이 없는 박테리아 간의 유전자 이동을 중재할 수 있기 때문이다(예, 새로 만들어진 플라스미드상의 여러 개의 항생제에 대한 내성). 트랜스포존을 사용하는 돌연변이화(mutagenesis)는 보통 염색체 유전자들의 삽입 불활성화를 통해 세포의 성질을 바꾸는 데 있어서 매우 막강한 도구가 될 수 있다.

8.3 세포의 유전공학적 처리

DNA 복제, 돌연변이, 선별에 대한 설명과 자연발생적인 유전자 전달 메커니즘은, 세포를 유전자적으로 조작하는 데 필요한 모든 수단에 대해 설명한다. 의도적이고 미리 정해진 유전자 수준에서의 세포 조작(1970년 이전에는 무리였던 아이디어)은 대학 초년생들도 쉽사리 이해한다.

유전공학(genetic engineering)은 한 세트의 수단일 뿐 과학의 한 분야는 아니다. 이는 정확하게 정의하기는 어렵지만, 인공적인 유전자 또는 사전에 설계한 제어 요소(control element)를 가진 새로운 유전자 조합을 창출하기 위해 세포 밖에서 행하는 DNA 조작을 포함한다. 이러한 조작의 많은 경우가 세포 밖에서 이루어질 수 있기 때문에, 돌연변이 및 선별, 육종의 오래된 기술을 제한해 왔던 종(species)에 의한 제약을 피할 수 있다(예, 사람 단백질을 대장균 내에 발현시킬 수 있다). 이 수단을 이용하는 방법을 배우는 것은 근대 생물공학의 근간이 된다.

8.3.1 유전공학의 기본 요소

유전공학에서 대표적으로 사용되는 전략에 대한 개관이 그림 8.7에 있다. 이 전략은 **재조합 DNA 기술**(recombinant DNA technique)을 이용하는데, 이는 한 미생물로부터 유전자를 취하고, 그 유전자를 비슷하거나 전혀 연관성이 없는 숙주 내에서 증식할 수 있는 다른 DNA와 재조합시키는 기술을 의미한다. 이 절에서는 박테리아의 유전자 조작에 대하여 중점적으로 논의하고자 한다.

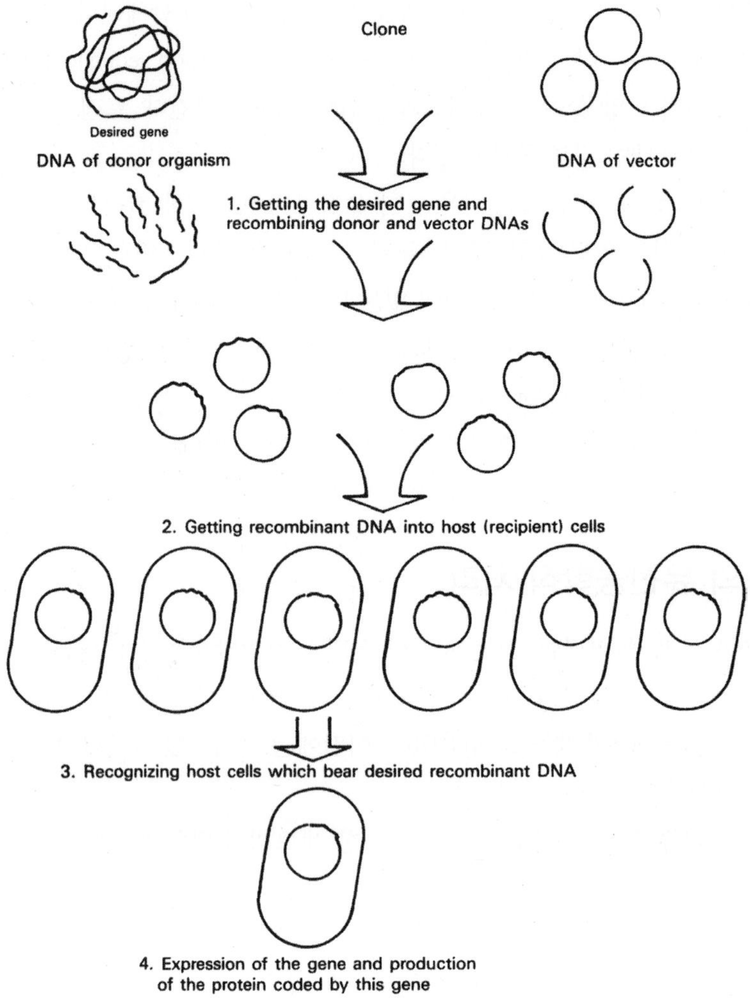

Figure 8.7. Overview of the essential steps in genetic engineering: moving a gene from one organism to another. (Brock, Thomas D., Brock, Katherine M., Ward, David M., *Basic Microbiology with Applications*, 14th ed., © 2015. Reprinted and electronically reproduced by permission of Pearson Education, Inc., New York, NY.)

8.3.1.1 목표 유전자의 확보

첫 단계는 관심의 대상이 되는 유전자를 얻는 것이다. 단순한 주먹구구식의 접근방법이 **샷건 클로닝**(shotgun cloning)이다. 여기서는 공여 생물에 의해 주어진 DNA를 **제한효소**(restriction enzyme)로 조각을 낸다. 효율적인 스크리닝 방법이 있다면, 원하는 유전자와 관계되는 성질을 가진 세포를 찾기 위해 무작위적 DNA 조각을 가진 많은 수의 세포들을 스크리닝할 수 있다.

흔히 이러한 무차별적 접근방법은 매우 비효율적이다. 보다 특정성이 있는 접근방법에서는 **이종혼합**(hybridization)을 이용한다. **프로브**(probe)를 대상 유전자상의 한 부분에 대해 상보적(complementary)이도록 화학적으로 합성할 수 있다. 프로브는 보통 대상 유전자보다는 훨씬 짧지만, 다른 유전자들이 같은 상보 DNA 배열(complementary DNA sequence)을 갖는 경우는 없을 정도로 충분히 길다. 프로브를 만들기 위해서는 원하는 유전자의 뉴클레오타이드 배열(nucleotide sequence)이나 원하는 유전자에 대한 부분적인 아미노산 배열을 알아야 한다. 유전자 코드(code)는 유일성이 없기(degenerate) 때문에, 실제 뉴클레오타이드 배열을 추론을 통해 알아내는 것은 매우 모호한 점이 있다. 이러한 모호성 때문에 여러 종류의 프로브를 만들어야 한다. 이종혼합을 위해서는 공여 DNA를 조각낸 후 홑가닥의(single-stranded) 프로브와 반응할 수 있도록 홑가닥으로 만들어 주어야 한다.

이종혼합의 한 가지 대안은 원하는 단백질에 해당하는 유전자를 통째로 **화학합성**(chemical synthesis)하는 것이다. 이 접근방법은 대상 단백질의 아미노산 배열을 알아야 가능하며 보통 DNA 합성을 위한 고상(solid-phase) 포스포라미디트(phosphoramidite)법을 통해 이루어진다. 이 방법에 의해 최대 200개까지의 염기(nt)를 가지는 것들이 일상적으로 만들어지지만, 200 nt가 넘는 것들의 경우 비용과 오류가 너무 커서 현실적이지 못하다. 보다 더 긴 DNA 분자의 합성 비용을 줄이기 위한 여러 방법들이 개발되었다.

한 접근방법에서는 짧은 올리고머들(전형적으로 5 ~ 50 nt)을 먼저 화학합성한 후 이어서 이들을 조립하여 긴 DNA 조각들(전형적으로 200 ~ 3,000 nt)을 만든다. 이를 위해 DNA 접합효소 기반 어닐링, DNA 중합효소 기반 조립, 상동재조합 등의 여러 가지 방법들을 사용한다. 보다 최근의 방법은 **DNA 마이크로어레이 기술**(DNA microarray technology)을 이용하는데(8.4.1절 참조), 여기서는 마스크를 사용하는 포토리소그래피 기술에 의해 특정 배열의 DNA 올리고머가 기판 표면의 특정 위치에서 합성된다. 만들어진 올리고머들은 잘라져서 하나의 '올리고머 풀'을 만들고 이들 올리고머들이 다양한 기술에 의해 조립되어 온전한 길이를 가진 유전자가 만들어진다. 총체적으로 이 방법들에 의하면 특정 부분을 바꾼 단백질은 물론 잠재적으로는 완전히 사람이 설계한 단백질을 만들 수도 있다. 게다가 특정 자연유전자와 염기배열이 같지 않음에도 불구하고 이 자연유전자와 정확히 같은 단백질에 대한 정보를 가지는 인공유전자가 합성될 수 있다. 예를 들어, 이러한 **동의돌연변이**(synonymous mutation)를 전략적으로 사용하여 재조합 유전자의 발현을 최적화할 수 있는데, 이를 **코돈 최적화**(codon optimization) 또는 **코돈 화합화**(codon harmonization)라고 한다. 이러한 접근방법은 생물체 간에 존재한 코돈 편차(bias)를 고려한 것이다. 유전자 코드는 한

마디로 규정할 수 없다(왜냐하면 한 아미노산에 대한 코돈이 하나 이상이므로). 동일 아미노산을 코딩하는 데 있어서도 생물체에 따라 다른 코돈이 사용되는, 코돈 편차 현상이 생길 수 있다.

원하는 유전자를 얻기 위한 또 하나의 방법은 **부절편**(intron)을 갖는 유전자의 경우에 특히 유용하다. 박테리아는 부절편을 잘라내는 mRNA 스플라이싱(splicing)을 하기 위한 세포장치(cellular machinery)가 없기 때문에, 원하는 단백질을 만들려고 할 때 부절편이 있는 진핵생물의 유전자를 그대로 박테리아에 넣어 줄 수 없다. 박테리아는 훨씬 빨리 자라고 배양하기가 쉽고 배양 비용이 저렴하기 때문에 흔히 원하는 단백질들을 박테리아를 사용하여 생산하기를 원한다. 종종 원하는 유전자를 위한 가공된(스플라이싱된) mRNA를 공여 생물의 원형질(cytoplasm)로부터 직접 분리해 낼 수도 있다(이종혼합 프로브를 이용하여). 일단 해당 mRNA가 분리되면 **역전사 효소**(reverse transcriptase)(4장 참조)를 사용하여 해당 뉴클레오타이드 배열을 가진 DNA 분자를 합성할 수 있다. 이 분자를 **상보 DNA**(complementary DNA) 또는 cDNA라 부른다.

중합효소연쇄반응(polymerase chain reaction (PCR))에 의하면 많은 양의 목표 유전자를 만들 수 있다. PCR은 DNA의 증폭에 있어 선호되는 방법이다. 목표로 하는 염기배열을 가지는 cDNA 또는 유전체 DNA(gDNA) 같은 이중가닥 DNA(dsDNA)를 사용한다.[2] 이에 더하여 이 기술은 먼저 목표 유전자의 양단에 있는 짧은(<20 nt) 프라이머 배열을 알아 이들을 화학적으로 합성하는 과정이 필요하다. 열이 가해지면 dsDNA의 상보적인 가닥이 분리된다. 이들이 분리되어 있는 상태에서 앞서 화학적으로 합성된 두 종류의 DNA(프라이머)를 첨가한다. 프라이머는 각각에게 상보적인 배열에 결합한다. 온천에서 자라는 박테리아로부터 분리된 열에 안정적인 DNA 중합효소(Taq 중합효소)를 가하면 프라이머로부터 시작하여 상보적인 DNA 가닥이 반응혼합물 중에 있는 4개의 뉴클레오티드(A, G, T, C)로부터 합성된다. 한 주기가 끝나면 원래 유전자가 두 개가 된다. 이 과정이 반복되면 두 개가 네 개가 된다. 몇 시간 안에 30번 반복이 가능한데, 한 개의 유전자로부터 2^{30}개의 유전자가 만들어진다. 주기적 온도 조절기와 PCR 키트는 상용화되어 있다.

우리가 주로 목표로 하는 단백질을 생산하기 위해 또는 대사 경로를 바꾸기 위한 수단으로 유전자의 수를 증폭시키는 데 초점을 맞추지만, 종종 단순히 특정 유전자를 많이 얻기 위하여 유전자 클로닝을 행한다. 유전자 수의 증폭을 통해 유전자 서열 결정과 분석이 촉진된다. 이러한 증폭은 유전체 맵핑(예, 인간 유전체 프로젝트), 병원체(미생물, 바이러스) 진

2) 법의학, 또는 생물체의 연관성에 대한 계통발생학에 있어서는 비단백질 코딩서열이 연구의 목적일 수 있다.

단, 진화에 대한 생물학적 연구, 법의학에 중요하다.

8.3.1.2 유전자의 DNA 내 삽입

일단 원하는 유전자가 분리되었거나 만들어졌으면, 이를 **운반체**(vector)라 부르는 운반 DNA에 삽입할 수 있다. 용원성(temperate) 바이러스도 사용될 수 있으나, 대표적인 운반체는 플라스미드이다. 재조합을 위한 공여 DNA와 운반체를 준비하는 과정과 DNA 조각들을

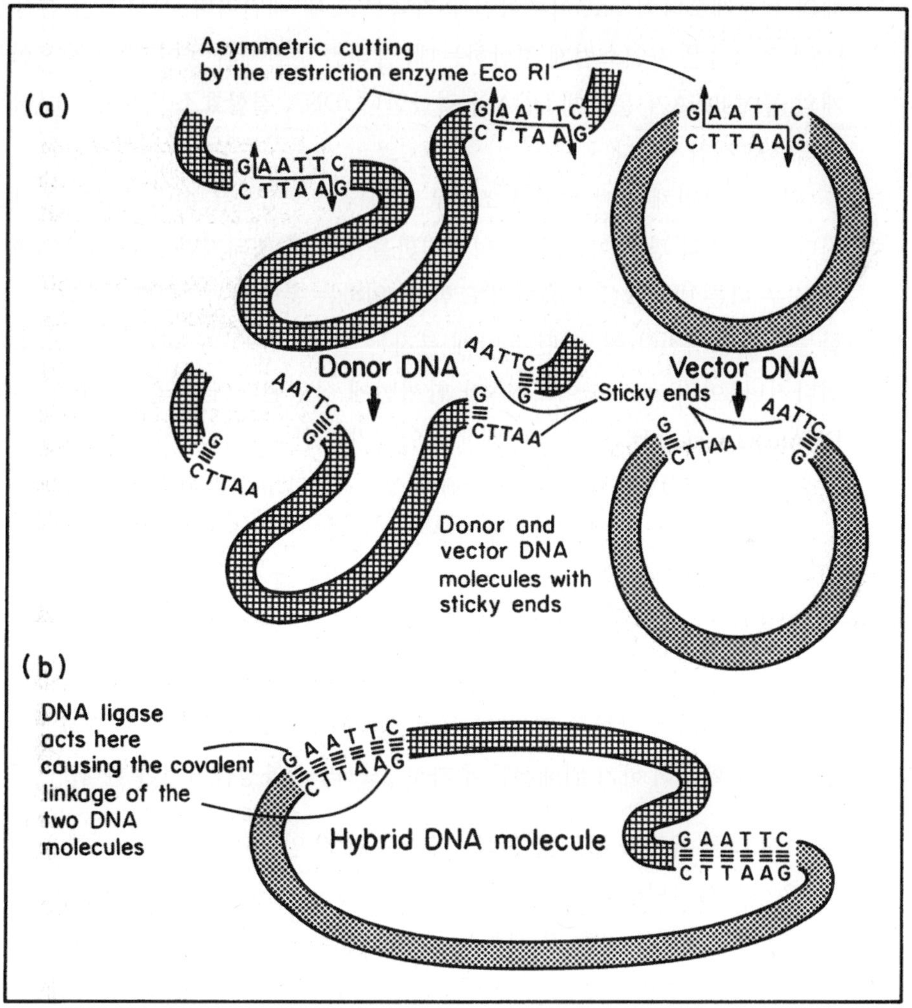

Figure 8.8. Use of special enzymes in genetic engineering. (a) The specific cutting of DNA by a restriction enzyme results in the formation of ends that contain small, single-stranded complementary sequences ("sticky ends"). (b) The enzyme DNA ligase links pieces of DNA that have become associated by their sticky ends. (Brock, Thomas D., Brock, Katherine M., Ward, David M., *Basic Microbiology with Applications*, 3rd ed., © 2015. Reprinted and electronically reproduced by permission of Pearson Education, Inc., New York, NY.)

실제로 붙이는 데는 특별한 효소들이 필요하다(그림 8.8 참조). 이 효소에 대해서는 DNA 복제와 유전자 재조합에 대해 앞에서 논의할 때 이미 설명하였다. DNA상의 정해진 각기 다른 지점을 자르는 매우 다양한 **제한효소**(restriction enzyme)가 있다. 대부분의 운반체들은 여러 개의 제한 또는 절단 부위(restriction site)를 보여 주는 지도를 갖고 있다. 중요한 예들은 *E. coli*로부터의 EcoR1과 *Bacillus amyloliquefaciens*로부터의 Bam H1이다. 많은 제한효소는 '점착성 말단(sticky ends)'을 남기는데, 점착성 말단은 잘려진 위치에 돌출해 있는 몇 개의 뉴클레오타이드로 이루어진 홑가닥으로 된 배열이다. 상보적인 점착성 말단을 가진 DNA 조각들은 자연스럽게 결합하는데, 잘려진 운반체와 공여 DNA의 혼합물 안에서는 몇 개의 공여 DNA가 운반체 DNA와 결합한다. DNA **결합효소**(ligase)는 이러한 말단들을 영구적으로 접합시킨다.

원하는 운반체-공여 유전자 조합을 포함하는 혼합물은 수령 또는 숙주세포 안으로 옮겨진다. 대부분의 경우 이 과정은 형질변환을 통해 수행되지만, 숙주세포의 형질변환이 어려울 경우 다른 방법들을 사용하기도 한다. 원하는 운반체-공여 DNA 제조 시 대개의 경우 혼합물이 만들어진다(예, 어떤 운반체 분자는 열렸다가 공여 DNA가 삽입되지 않은 채로 닫힌다거나, 여러 개의 공여 DNA가 한꺼번에 삽입된다거나, 공여 DNA 혼합물 중의 오염 DNA(contaminant DNA)가 운반체에 삽입되기도 한다). 결과적으로 원하는 운반체-공여 DNA 조합을 갖는 형질변환주(transformant)를 스크리닝하기 위한 효율적인 방법이 중요하다.

대부분의 운반체들은 항생제 저항성과 같은 선별 가능한 표식, 또는 숙주세포로부터 돌연변이를 통해 제거된 필수 성장 인자를 만드는 데 필요한 유전자를 가지고 있다. 후자의 경우, 플라스미드가 있어야만 최소 배지 내에서의 생장이 가능하다. 이러한 선별 가능 표식들은 성공적으로 형질변환이 이루어진 **클론**(clone)들의 격리를 가능하게 한다. 실제로 공여 DNA가 존재하며 **발현**이 될 것인가(즉, 공여 DNA로부터 활성을 가진 단백질이 만들어질 것인가)를 확실히 하기 위해서는 추가로 스크리닝 과정을거쳐야 한다.

8.3.1.3 다른 유전자 클로닝 전략. 지난 수년 간 앞서 설명하였던 제한효소에 기반한 '전통적' 유전자 클로닝의 대안으로 여러 분자 클로닝 전략들이 개발되어 왔다. 통상적으로 특정 클로닝 프로젝트를 위해 몇 개의 다른 접근방법들이 사용될 수 있지만 주어진 프로젝트에 이상적인 접근방법이 있기 마련이다. 접근방법의 선정은 속도, 비용, 시작 물질의 확보가능성 또는 개인적 취향에 달렸다.

TOPO 클로닝(또는 **TA 클로닝**)은 Taq 중합효소(앞서 설명하였듯이 PCR에 사용하는 것과 같은 효소)가 PCR 산물의 3′ 말단에 돌출된 한 개의 아데노신(A)을 남긴다는 점을 이용한다. 구입한 TOPO 벡터를 사용하면, PCR 산물의 3′ A가 TOPO 근간(backbone) 벡터에 달린 5′ T와 효율적으로 결합한다. 이 방법의 주요 단점은 TOPO에 즉시 사용할 수 있는 플라스미드 근간이 거의 없는데다 TOPO 벡터를 스스로 만들기도 어렵다는 점이다.

또 하나의 접근방법인 Gateway 클로닝은 박테리아 재조합에 기반한 방법으로, 먼저 DNA 조각을 '공여체' 플라스미드에 넣어주는데, 이 과정은 종종 제한효소를 사용하는 전통적인 클로닝에 의해 이루어진다. 공여체 플라스미드에 들어간 DNA 조각은 곧바로 호환성이 있는 Gateway '도착지' 벡터로 이동된다. 이 방법의 장점은 목표 유전자를 제한효소를 사용하여 한번에 공여체 플라스미드에 넣을 수 있으며, 이후 목표 유전자를 박테리아 재조합을 통해 손쉽게 일련의 플라스미드들에 넣어줄 수 있다는 것이다. 이 플라스미드들을 사용하면 다양한 분자생물학 기술들(목표 유전자와 다양한 태그들과의 융합, 여러 종류의 프로모터와의 결합, 다른 선별 카세트를 가진 근간 벡터(backbone) 내 주입)을 행할 수 있다.

흔히 Gibson 조립이라고 알려진 등온 클로닝은 3개의 통상적인 분자생물학용 효소(5′ 엑소뉴클리에이즈, 중합효소 그리고 접합효소)를 사용하여 정해진 방향으로 여러 개의 DNA 조각들을 신뢰도 있게 조립하는 방법이다. 결과적으로 접합부위에 원하지 않는 염기배열(제한효소 부위 또는 Gateway 재조합 부위)이 있을 필요가 없다. 이 방법은 플라스미드 근간에 효율적으로 접합될 수 있도록 적절하게 설계된 돌출부(즉, 목표 배열과 잘 결합할 수 있는 DNA 연장부)를 가진 어떤 dsDNA, PCR 산물 또는 합성된 올리고뉴클레오티드에도 사용할 수 있다.

type IIS 효소로 알려진 특정 제한 엔도뉴클리에이즈는 Golden Gate, Green Gate, 분자클로닝(MoClo) 같은 클로닝 방법을 새로 만들어 내는 데 이용된 독특한 성질을 가지고 있다. 이 방법들에서는 type IIS 효소가 dsDNA를 인식부위로부터 특정 거리가 되는 위치에서 자르는데, 이는 전통적인 제한효소를 사용하여서는 만들 수 없는 맞춤 돌출부를 만들 수 있게 한다. 이 시스템이 가지는 하나의 장점은 전체 클로닝 과정(절단과 접합)이 한 가지 제한효소가 담긴 하나의 용기에서 이루어진다는 점이다. 이는 만들어진 돌출부들이 서로 구별되며 클로닝 반응의 방향성을 유지하기 때문에 가능한 일이다. 또 하나의 장점은 인식부위가 최종 산물로부터 모두 제거된다는 것이다(즉, 원하지 않는 배열 또는 상흔이 남지 않는다).

접합불필요 클로닝(LIC)에서는 벡터와 삽입유전자 사이에 상보적인 부위를 가진 돌출부를 만들기 위해 T4 DNA 중합효소의 3′→5′ 엑소뉴클리에이즈 활성을 이용한다. 혼성화된 산물이 가지는 비교적 긴 염기결합 때문에 접합이 불필요하게 된다. 산물은 직접 *E. coli*에 넣어질 수 있는데, 자국(dsDNA상의 끊어진 부위)은 통상적인 자가복제 과정을 거쳐 복원된다.

마지막 방법은 효모-매개 클로닝인데, 이는 정제된 효소를 사용하는 인비트로 조립이라기보다는 원리상 Gibson 클로닝과 매우 비슷하다. 이 방법은 효모가 가지고 있는 재조합 능력을 이용한다. Gibson 클로닝에서처럼 이 방법은 서로 겹치는 상동부위를 가지는 두 개(또는 그 이상)의 dsDNA를 효율적으로 조립한다. 이 방법이 다른 방법들에 비해 유리한 점은 훨씬 큰 최종 산물을 만들 수 있다는 것인데, 이는 10 kb 이상의 플라스미드의 경우 박테리아에 클로닝하기가 크기가 커짐에 따라 점점 더 어려워진다는 점에서 의미가 있다.

8.3.1.4 삽입 유전자의 발현

공여 DNA로부터 충분한 발현 결과를 얻는 것은 종종 어려운 일이다. 안정되게 증식하는 운반체의 세심한 선택, 올바른 판독틀(reading frame)의 사용 여부 확인, '외부(foreign)' 단백질에 나쁘게 작용하지 않는 숙주세포의 바탕 선택 모두가 중요한 고려사항이다 어떻게 높은 수준의 발현을 얻고 유지하는가에 대한 논의가 14장 '유전자 조작된 생체의 이용'의 많은 부분을 차지할 것이다. 공여 DNA의 발현 여부를 알기 위해 산물이 선별용 표식(selectable marker) 자체(예, 정상적으로는 숙주세포가 사용하지 않는 기질을 먹고 자라는 능력)를 제공하는가의 여부를 스크리닝할 수 있다. 또한 목표 단백질에 대한 항체에 방사능 표식(radiolabel) 또는 형광 표식(fluorescent label)을 붙임으로써, 해당 목표 단백질을 발현시키는 콜로니들을 가려내는 데에 사용할 수 있다.

전기영동(electrophoresis)은 단백질, DNA 조각, 또는 플라스미드를 다루는 데 있어서 중요한 도구이다. 단백질 전기영동에 있어서 젤(전형적으로 폴리아크릴아마이드)의 상단에 주입된, 단백질이 들어 있는 용액에 전기장을 걸어 준다. 단백질들은 젤의 다공성 구조를 통해 한 방향으로 이동하는데 이 때의 속도는 분자가 띠고 있는 전하와 크기에 따라 다르다. 큰 규모의 젤에서는 온도차에 의한 대류현상이 문제가 되기도 하지만, 젤 자체가 대류에 의한 영향을 감소시켜 준다. 단백질의 경우 보통 sodium dodecyl sulfate polyacrylamide gel electrophoresis(SDS-PAGE)가 사용된다. 이 방법에서는 단백질을 SDS와 머캡토에탄올과 같이 가열하여 변성시킨다. 머캡토에탄올은 이황화 결합을 깨는 환원제이다. 각각의 단백질은 음전하를 띠는 SDS와의 복합체를 이룬다. 음전하를 띤 SDS 복합체는 해당 단백질의 분자량에 해당하는 속도로 이동한다. 전형적인 SDS-PAGE의 경우, 한 개의 선로(lane)에는 분자량을 알고 있는 고분자들을 포함하는 표준물을 주입한다. 다른 선로들에는 분석할 단백질 시료가 주입된다. 정해진 시간(대개의 경우 수시간) 후 공정을 마치고 젤을 검사한다. 각 단백질은 하나의 띠(band)를 형성한다. 어떤 유형의 전기영동에서는 띠들을 Coomassie blue 또는 silver stain 같은 것을 사용하여 착색시킨다. 작은 분자가 더 멀리 이동한다. 분석할 시료가 주입된 선로에 있는 단백질 띠들에 대한 분자량은 분자량이 알려진 표준 물질을 가진 선로와의 비교를 통해 추정할 수 있다. 단백질의 상대적인 양은 띠의 진한 정도로부터 정해진다.

단백질이 한 클론으로부터 생산되는가, 생산된다면 어느 정도 수준인가를 결정하기 위해 여러 가지 형태의 젤 전기영동이 사용될 수 있다. **면역블롯**(immunoblot)과 **웨스턴 블롯**(Western blot)이 가장 유용한 것들이다. 이 방법들에 있어서는 단백질을 변성시키지 않는 젤이 사용되는데, 단백질들을 니트로셀룰로오스 종이에 옮겨 묻힌(blotting) 후 단백질을 특정 항체(일차 항체)들과 결합시키고, 이어서 해당 일차 항체에 특정적으로 결합하는 이차 항체에 결합시킨다. 이 이차 항체는 통상적으로 방사성 꼬리표 또는 목표 단백질에 해당하는 띠의 검출을 가능하게 해주는 효소와 결레를 이룬다(예, 호스래디쉬 과산화효소, HRP). 결레를 이룬 일차 항체를 대신 사용할 수도 있는데 이 경우 이차 항체를 필요로 하지 않는 대신 이차 항체의 라벨링을 통한 증폭효과는 없게 된다. 방사성 꼬리표를 사용했을 경우에는 니트로셀룰로오스 종이를 x-레이 필름에 노출시킴으로써 또는 과산화수소 존재하에 HRP에 의해 산화되었을 때 분광광도계에 의해 검출되는 고유한 변화를 나타내는 기질과의 반응을 통해 목표로 하는 띠가 시각화된다. HRP는 발색성 기질이 색상을 띠는 산물로 되는 과정을 촉매하고 화학발광 기질에 작용했을 때에는 빛을 발하게 한다(포스포이미징이 x-레이 사용을 대체하고 있다). 항체의 높은 특정성을 감안하면, 양성을 나타내는 띠는 다른 비슷한 분자량의 단백질이 아닌 목표 단백질이 제대로 생성되었음을 말해 준다.

같은 원리에 의해, 아가로스나 폴리아크릴아마이드를 사용하는 젤 전기영동으로 DNA 분자들을 분리할 수 있다. DNA는 음전하를 띠고 있다. 플라스미드는 물론 DNA 조각(예, 제한효소 처리에 의해 형성된)들이 커다란 DNA 물질로부터 분리될 수 있다. DNA는 분자량 차이에 의해 분리된다. 원하는 DNA를 이에 해당하는 띠를 잘라 내어 용출시키는 간단한 과정을 통해 회수할 수 있다. 착색 전에는 DNA가 보이지 않는다. 한 가지 방법은 DNA 염기쌍들 사이에 끼어들 수 있으며 자외선 하에서 형광을 발하는 염료(예, ethidium bromide propidium iodide)에 DNA를 노출시키는 것이다.

샷건 클로닝(큰 규모의 **유전자 라이브러리**(gene library) 또는 **유전자 은행**(gene bank)을 만들어 내는)에 있어서는, 방사능 표식을 가지며 클론된 유전자에 상보적인 RNA 또는 DNA 프로브를 사용하여 원하는 콜로니를 분리해 낼 수 있다. 이러한 과정에는 콜로니들을 니트로셀룰로오스로 된 여과지에 옮기는 작업이 포함되는데, 세포들은 이 여과지상에서 용혈된다. 용혈이 되고 나면 DNA가 방출되어 여과지에 달라붙는다. 이 여과지를 충분한 양의 프로브로 처리한다. 프로브는 상보적인 배열을 갖는 DNA와만 결합(hybridization)한다. 과량의 프로브는 세척하여 제거한다. 여과지가 x-선 필름으로 덮여 있는 경우 필름이 방사능에 노출되는데(검은 점으로 나타남), 어느 콜로니가 공여 DNA를 갖고 있는지를 밝힌다. 이 과정은 원하는 DNA에 의해 형질변환된 콜로니를 가려낸다. 발현은 별도의 실험을 통해 이루어져야 한다.

특정 기능을 갖는 단백질을 발현하는 유전자를 찾아내기 위해 유전자 라이브러리를 사용하는 또 하나의 방법은 디스플레이(display)이다. 가장 흔히 쓰이는 것이 **파지 디스플레이**(phage display)와 **표면 디스플레이**(cell-surface display)(예, 박테리아 디스플레이, 효모 디스플레이)이다. 예를 들어, 어떤 박테리오파지나 박테리아는 라이브러리로부터 유래한 유전자들로부터 생산된 단백질들을 외부 표면에 내보인다. 각 세포는 이들 단백질 중 많아야 몇 개 정도를 표면에 보여 줄 수 있다. 특정 분자(**리간드**(ligand))에 결합하는 단백질을 생산하는 세포를 분리하기 위해 이러한 시스템을 사용하는 것이 한 예이다. 이 경우 해당 리간드는 이와 결합하는 단백질을 생산하는 세포의 표면에만 '붙을' 수 있고 따라서 이러한 세포들만이 회수될 수 있다. 회수된 세포들은 보다 많은 유전자와 단백질을 만들기 위해 증식된다.

이상의 간략한 요약은 연구자들이 상업적으로 유용한 재조합 균주를 얻기 위해 자주 접하게 되는 모든 복잡한 문제들을 망라하지는 못한다. 하지만 여기서 논의된 방법들은 대장균과 같은 박테리아를 형질변환하기 위해 플라스미드를 운반체로 사용하는 대부분의 경우에 적용 가능하다.

8.3.2 고등 생물의 유전공학적 처리

고등 생물의 직접적인 유전공학적 처리는 좋은 형질변환 기술과 숙주세포의 유전자적인 측면에 대한 이해의 부족으로 박테리아에 비해 훨씬 더 어려울 수 있다. 독자들은 이들 숙주 시스템을 위해 개발된 방법들에 대해 알아야 한다. 외래 DNA를 고등 생물에 도입하는 것을 **이입**(transfection)이라고 한다.

몇몇 식물은 *Agrobacterium tumefaciens*에 의해 감염이 된다. *A. tumefaciens*는 T-DNA로 알려진 부분을 포함한 플라스미드를 갖고 있다. 이 T-DNA는 식물 염색체에 합체될 수 있다. 유전자가 T-DNA 부분에 삽입되면, 궁극적으로 대상 식물의 염색체에 합체될 수 있다. 불행히도 대부분의 곡류(cereal) 식물들은 *Agrobacterium* 에 의해 쉽사리 감염되지 않는다.

식물의 형질변환을 위한 **바이오리스틱 공정**(biolistic process)에서는 작은(지름 1 μm) 탄환(예, 텅스텐으로 만들어진)에 피막을 입혀 이들을 세포에 고속으로 쏘아 넣는다. 이 접근 방식의 초기 결과는 매우 성공적이었으며 이 기술은 꽤 일반적이다.

상당히 일반적인 또 하나의 방법은 **전기천공법**(electroporation)인데, 짧은 시간 동안 높은 전압의 전류를 흘림으로써 세포가 DNA를 통과시키도록 해 준다. 전기천공법은 동물,

식물, 곰팡이, 박테리아 시스템에 사용될 수 있다. **원형체**(protoplast)를 만들면 형질변환을 촉진시킬 수 있으나 필수적이지는 않다. 원형체란 원형질막만 남아 있도록 외곽 세포막(outer cell envelope)이 제거된 세포이다.

화학적 또는 전기적으로 행해지는 **원형체 융합**(protoplast fusion)은 한 세포로부터 다른 세포로 유전 정보를 전달하는 또 하나의 방법이다. 이러한 접근방법은 소수의 플라스미드만이 밝혀졌거나 전혀 플라스미드가 밝혀지지 않은 곰팡이에 특히 유용하다. 원형체 융합은 이종 간(interspecies)에도 가능하며, 두 염색체상의 유전자들 또는 염색체 외부의 DNA 조각들 간의 재조합을 통해 원하는 성질을 갖춘 안전한 잡종을 만든다.

대부분의 동물세포의 경우 바이러스가 운반체 역할을 하도록 바이러스를 개조함으로써 유전자 조작을 달성할 수 있다. 예를 들어, 곤충세포 시스템에서는 세포 배양에 있어서 복제에 필수적이지 않은 유전자 산물을 희생하는 대신, 원하는 유전자를 매우 강한 프로모터(promoter)의 제어하에 두도록 **배큘로바이러스**(baculovirus)를 개조할 수 있다.

유전공학의 기본개념적인 접근방식은 단순 명료하지만, 이의 실제 적용은 난이도 면에서 많이 다를 수 있다. 난이도는 원하는 숙주세포의 특성은 물론, 대상 유전자 및 이의 산물의 성질에 달려 있다. 원하는 대로 유전자를 개조하는 것을 쉽게 하기 위한 기술들은 의심의 여지 없이 계속해서 개발될 것이다. 궁극적인 제약요소는 인간의 상상력과 지혜이다.

8.3.3 유전체 공학

유전체 공학(genome engineering) 또는 **유전체 편집**(genome editing)은 생물체의 유전정보—또는 유전체—의 목적지향적이고 특정한 개조를 위해 최근 몇 년간 개발된 전략과 기술들을 통틀어 의미한다. 유전체 공학은 광범위한 영향력을 가질 잠재력이 있는데, 특히 인류의 건강, 농업과 산업 생물공학, 그리고 연구도구 개발에 있어서 그렇다. 예를 들자면, 기능을 규명하기 위해 특정 유전자를 불활성화 또는 개조하는 것, 해로운 돌연변이를 가진 유전자의 보정, 의약단백질의 생산, 바이러스 염기배열의 제거, 새로운 세대의 유전자변이 농작물 개발 등이 있다. 이러한 목적들을 위해 여러 종류의 기술들이 개발되어 왔는바, 이 절에서 그 중 몇 가지를 다루기로 한다.

다중자동 유전체 공학(multiplex automated genome engineering (MAGE))은 합성한 홑가닥 DNA(ssDNA)를 사용하여 *E. coli*의 유전체에 목적한 바의 개조 내용을 직접 도입하기 위한 한 방법이다. 이 과정은 주기적이며 전기천공에 의한 ssDNA의 삽입에 이어, 박테리오파지 상동 재조합 효소가 작용하여 ssDNA가 목표로 하는 유전체 타깃에 결합하는 과정을 거치게 된다. MAGE를 이용하면 유전자, 유전자 네트워크 또는 유전체 전체에 여러 가지 독립적으로 또는 조합적으로 돌연변이가 일어나게 할 수 있다. MAGE는 유전체 내 특정 **부위**(site 또는 locus)당 하나씩의 ssDNA를 지정함으로써(즉, 여러 개의 목표 부위, 단일 유전자 변이) 또는 특정 부위 하나에 여러 개의 ssDNA를 지정함으로써(즉, 단일 목표 부위, 여러 개의 유전변이) 한 세포집단에 조합적으로 유전적 다양성을 만들어 낼 수 있다. 연구자들이 MAGE를 이용하여 보통 토마토 씨에 들어 있으며 항암효능과 연관된 항산화물질인 라이코펜을 다섯 배로 많이 생산하는 *E. coli*를 개발한 바 있다. 이를 위한 반복적인 접근방법은 3일 걸렸으며 약 1,000달러의 재료비가 들었다.

몇몇 유전체 공학 기술에 있어서는 dsDNA상의 목표로 하는 유전자를 파괴함으로써 해당 기능을 효율적으로 제거할 목적으로 '분자 가위'를 사용한다. 가장 표준적인 제한효소는 매우 짧은(1 ~ 10 염기쌍) 역보상성(palindromic)염기배열을 인식한다. 역보상성염기배열은 종종 한 생물체의 유전체 내 여러 곳에 존재한다. 결과적으로 제한효소가 여러 곳에서 DNA를 자르게 된다. 유전체 공학/편집 시, 보다 특정성이 높은 타깃팅을 위해서는 길이가 충분히 길어 유전체 내 한 곳에만 존재할 확률이 높은 DNA 배열을 인식하고 이에 작용하는 제한효소가 필요하다. 이렇게 함으로써 유전자 개조(예를 들어, 절단)가 목표 염기배열에 국한될 수 있다. 메가핵산분해효소, 징크 핑거 핵산분해효소(ZFN), 유사 전사 활성화 인자 핵산분해효소는 12 염기쌍 이상의 부위를 인식하기 때문에 유전체 공학/편집에 적합한 수준의 정밀도를 제공한다.

이 방법들의 한 가지 단점은 개개의 유전체 공학 목표를 위한 노력이 상당하다는 점이다. 전형적으로는, 관심 대상 염기배열을 인식해 줄 맞춤 메가핵산분해효소, ZFN, TALEN을 생산하기 위해 **단백질 공학**(protein engineering) 기술(14.9절 참조)이 사용되어야 한다. CRISPR(clustered regularly interspaced short palindrome repeat) 기술을 쓰면 맞춤형 단백질의 필요성이 없어진다. CRISPR는 자연적으로 존재하는, 박테리오파지 바이러스와 플라스미드 같은 외래 DNA를 찾아내 파괴하는 기능을 가진 원핵생물 면역체계이다. 하지만 CRISPR 기작이 유전체 공학/편집에 활용되려면 CRISPR-연계 엔도뉴클리에이즈(Cas9) 단백질과 적절한 안내 RNA(gRNA)를 목표로 하는 세포에 넣어 주어야 한다. 작동이 시작되면 gRNA가 Cas9을 목표 염기배열로 유도하여 해당 dsDNA를 풀고 자르도록 함으로써 한 생물체의 유전체가 원하는 부위에서 특정적으로 절단된다. 이 기술의 한 가지 장점은 사용자가, 많은 노력이 필요한 단백질 공학의 필요성 없이 관심이 가는 DNA 배열을 타깃으로 하는 gRNA만 설계하면 된다는 것이다. 또 하나의 장점은 CRISPR 기술에 의한 유전체 공학/편집이 세 생명 영역(life domain)에 걸친 모든 형태의 세포에 적용되어 왔다는 점이다. CRISPR 기술은 많은 응용분야에 있어서 엄청남 잠재력을 가지고 있다. 가장 주목할 만한 것은(논란의 여지가 있을 수 있지만), 인간, 동물 및 여타 생물체의 생식계열 변경 그리고 식량작물 유전체의 개조이다.

8.4 유전체학

유전체학(genomics)이란 한 생물의 유전자 청사진을 해독하는 데 필요한 실험 및 연산 수단 일체를 말한다. **유전체**(genome)란 한 개체가 후손에 물려줄 수 있는 DNA의 총체를 말한다. 가장 중요한 것은 사람의 유전체 서열이 파악되었다는 것이다. 이러한 서열 정보는 단순히 뉴클레오타이드의 조합으로 이루어진 배열에 불과하다. **기능 유전체학**(functional genomics)이란 유전자 청사진을 한 생물의 거동 및 구조와 연관시키는 과정이다. 생리학적 거동을 이러한 뉴클레오타이드 서열과 완전히 연관시키는 것은 극히 어려운 문제이다. 이는 생물공학자들이 크게 공헌할 수 있는 문제이다.

하부 구성성분을 분리하여 자세히 연구하는 축소지향적 접근방법 덕분에 분자생물학에 있어 많은 진전이 이루어졌다. 이러한 접근방법은 생체 시스템의 중심부에서 일어나는 상세 메커니즘들을 이해하는 데 있어서 많은 결실을 거두었다. 현재 가지고 있는 상세한 서열 정보는 생물학에 있어서 축소의 궁극적 한계이다. 각각의 세포 내 구성성분들이 어떻게 같이 작동하는가에 대해 점차 관심이 높아지고 있다. 구성성분들 간의 복잡한 상호작용으로부터 기능이 발생한다. 시스템 공학적 접근방법에 의해 구성성분들의 작용들을 전체 기능으로 통합할 수 있다. 이러한 통합적 접근방법을 **시스템 생물학**(systems biology)이라고 한다.

유전 정보는 선형적이고 정적인 반면, 세포 시스템은 주어진 환경에 따라 유전자 발현을 조절하는 매우 동적이고 비선형적인 시스템이다. 향후 수십 년 간 생물화학공학의 초점은 이러한 선형적인 서열 정보를 전술한 비선형 동적 시스템과 연관시키는 데 맞추어질 것이다.

생물공학자의 역할은 두 가지 측면이 있다. 하나는 DNA 서열, mRNA의 발현, 세포 내 총 단백질의 신속한 분석(**프로테오믹스**(proteomics))을 위한 수단들을 개발하는 능력 부여자(enabler)로서의 역할이다. 두 번째는 유전 정보를 번역하고 조직화하는 역할이다. 이 역할은 통상적으로 수학적 모델링을 포함한다.

8.4.1 실험 기술

기본적인 유전체학의 도구들은 DNA 서열을 규명하고 어느 mRNA가 발현되는가를 탐지하고, 어떤 단백질들이 세포나 조직 내에 있는가를 결정하는 데 쓰인다. DNA 조각의 뉴클레오타이드 서열은 염기서열 규명용 젤을 이용하는, 발명가인 Frederick Sanger의 이름으로부터 **Sanger법**(Sanger sequencing)이라고 명명된 방법에 따라 규명될 수 있다. 이 방법에 있어서의 핵심 사항은 삼인산디디옥시리보뉴클레오사이드를 사용한다는 점이다. 삼인산디디옥시리보뉴클레오사이드는 자연에 존재하는 삼인산디옥시리보뉴클레오사이드의 유도체로서 3′ 위치에 수산화기(OH)가 결여되어 있다. 예를 들어, 2′, 3′-dideoxyadenosine-5′-triphosphate(ddATP)는 deoxyadenosine triphosphate(dATP)의 유도체이다. 한 가닥의 DNA가 복제되는 과정에 있어서, 정상적인 상태에서는 dATP가 있어야 할 자리에 ddATP가 삽입될 경우 복제가 중단된다. 3′ 위치에 있는 OH 기는 계속적인 복제에 필수적이다. 기본적인 염기서열 결정과정이 그림 8.9에 나와 있다.

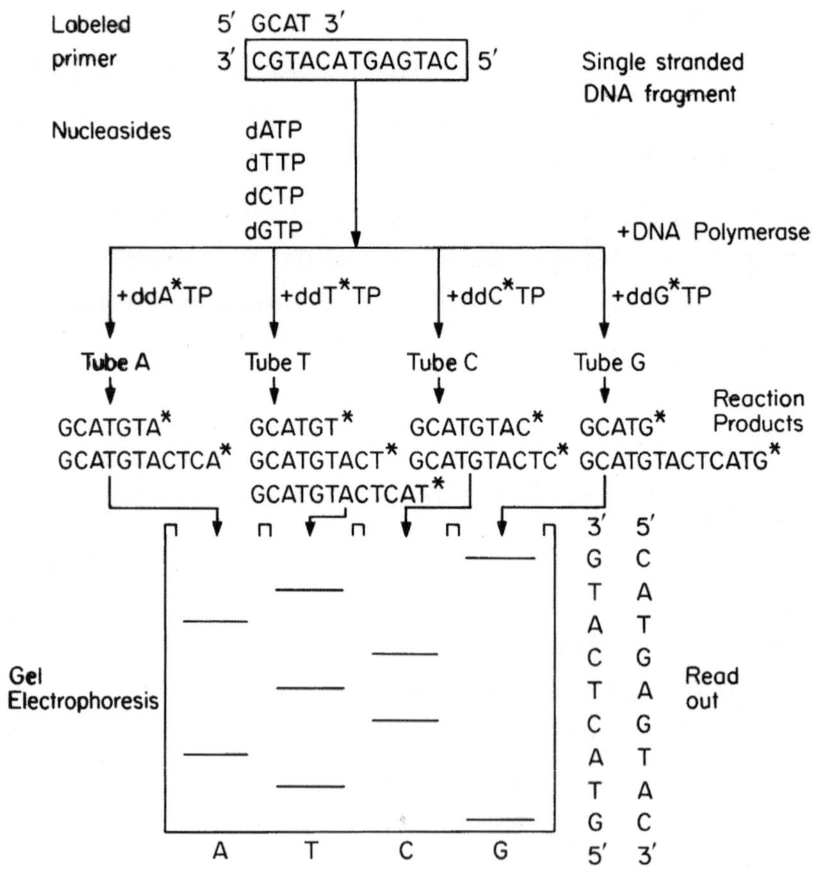

Figure 8.9. Example of a sequencing gel to obtain the nucleotide sequence of a DNA fragment. See text for details.

A, T, C, G로 표시된 네 개의 다른 시험관에서의 반응을 생각하는 것이 가장 쉽다. 각 시험관에 염기서열을 결정하고자 하는 DNA 조각, DNA 중합효소, 과량의 dATP, deoxythymidine triphosphate(dTTP), deoxycytidine triphosphate(dCTP), deoxyguanosine triphosphate(dGTP), 그리고 DNA 중합효소가 작동하도록 해 주는 올리고뉴클레오타이드 시발체(primer)를 넣는다. 이 반응은 PCR 반응의 첫 번째 단계에 해당된다. 단지 한 가닥의 DNA 조각만이 다루어진다. 상기의 반응물에 더하여 각각의 시험관에 소량의 ddNTP가 가해진다. 여기서 N은 네 개의 뉴클레오타이드 중의 하나를 가리킨다. 예를 들어, 시험관 A에는 ddATP, 시험관 T에는 ddTTP가 가해진다. 가해지는 ddNTP의 양이 적기 때문에 각 시험관에서는 몇 가지의 반응 산물이 생성된다. 시험관 N에 있어서, 자라고 있는 원래 DNA의 복사체에 dNTP 또는 ddNTP가 처음으로 가해질 때, dNTP가 가해져서 사슬이 연장될 확률이 높다. 그러나 한정적이기는 해도 ddNTP가 가해짐으로써 사슬 연장이 멈출 확률(dNTP에 대한 ddNTP의 비에 의해 결정)도 있다. N이 필요한 두 번째 위치에 ddNTP 또는 dNTP가 가해진다. 앞에서와 마찬가지로 어떤 사슬은 연장이 중단되는 반면 다른 것들은 계속 연장된다. 이러한 반응이 계속되면 시험관 N에는 모두 말단에 N을 갖는 길이가 각각 다른 조각들이 생성된다. 이 조각들을 젤 전기영동에 의해 분리하는데, DNA 조각의 염기서열을 젤로부터 직접 읽어 낼 수 있다(그림 8.9). 이러한 방법은 비교적 짧은 DNA 조각(수백 뉴클레오타이드)에 국한된다.

Sanger법은 너무 느리므로 유전체 분석을 위해 개조되고 자동화되어야 한다. 커다란 유전체를 분석하기 위한 기본적인 접근방법은 이를 2,000 ~ 10,000개의 염기쌍을 갖는 서로 겹치는 수백만 개의 조각들로 자르는 것이다. 각 조각들은 플라스미드에 결합된 후 대장균에 도입된다. 이때 대장균은 살아 있는 유전체 라이브러리를 형성한다. 이 콜로니들을 로봇을 사용하여 취하고, 바코드로 표시를 하고 나서 384-well plate에 가한다. 클로닝된 DNA 조각의 양은 PCR을 사용하여 늘린다. DNA 조각의 양쪽 끝 각각으로부터 500개의 염기를 위에서 언급한 ddNTP 방법을 사용하여 복제한다. 자동화를 위해서는 각 ddNTP별로 각각 다른 형광 물감을 사용한다. A, T, C, G를 구별하기 위해 네 개의 다른 물감이 사용된다. 이렇게 표식이 된 조각들은 자동화된 염기서열 분석장치에 의해 그 서열이 밝혀진다. 이 장치는 100개가 넘는 많은 수의 유리 모세관을 가지고 있다. 크기에 따라 조각들을 분리하기 위해 모세관 전기영동을 사용한다. 조각이 모세관을 빠져나올 때 레이저 광선이 조각 끝의 형광 물감의 색을 탐지한다. 이 정보는 컴퓨터에 보내지고 500개 염기서열이 결정된다. 하루에 1억 개의 염기를 읽을 수 있다. 이 염기서열은 컴퓨터에 저장되는데, 겹치는 염기서열을 정렬하기 위해 컴퓨터 알고리듬들이 사용된다.

모세관 전기영동을 기반으로 하는 Sanger법을 사용한 Human Genome Project는 완성되는 데 10년이 걸렸고 30억 불에 가까운 비용이 들었다. 이와는 다르게 대용량 염기배열분석법이라고도 알려진 차세대 염기배열분석법(next-generation sequencing (NGS))은 **합성에 의한 염기배열분석**(sequencing by synthesis (SBS)) 원리를 활용한 Illumina 염기배열분석법과 Roche 454 염기배열분석법과 같이, 최근에 개발된 많은 염기배열분석법을 포괄적으로 설명한다. 이들과 여타 관련 기술들은 대규모 전체 유전체 염기배열분석을 일반적인 연구자들도 할 수 있는 실용적인 것으로 만듦으로써 유전체학과 분자생물학 연구의 혁신을 가져왔다.

처리 용량의 확대를 위한 또 하나의 방법은 **나노세공**(nanopore)의 이용이다. 한 가닥의 DNA를, 일례로 전기영동을 이용하여, 하나의 긴 끈 형태로 나노세공을 통과시킨다. 각각의 뉴클레오티드가 세공을 통과하는 과정에서 전기의 흐름을 방해하게 된다. 각 염기(A, G, T, C)는 각자 고유의 방식으로 전류를 막는데, 이로부터 DNA 염기배열을 알 수 있다.

최근 몇 가지 기술상의 발전 덕분에 인간유전체 염기배열분석에 드는 비용이 극적으로 줄어들었다. 그리고 미생물 유전체 분석에 소요되는 비용과 시간이, 이러한 작업이 일상적인 것이 될 수준으로 낮아졌다.

유전체학에 큰 영향력을 갖는 또 하나의 기술은 특정 mRNA의 농도를 측정함으로써 어느 유전자가 발현되었는가를 측정하는 데 사용되는 **마이크로어레이**(microarray)이다. 이 마이크로어레이는 고밀도로 집적된 올리고뉴클레오타이드의 배열이다. 이 올리고뉴클레오타이드들은 각기 자신에 해당하는 mRNA와 결합한다. 알려진 유전자나 단백질에 해당하는 mRNA에 결합하는 올리고뉴클레오타이드를 합성할 수 있다. 사진석판술(photolithography)을 이용하여 1.64 cm^2의 유리 기판 위에 280,000개 올리고뉴클레오타이드의 배열을 만드는 것은 기본적인 일이 되었다. **전사체학**(transcriptomics)은 한 세포 내의 모든 전사체(transcript)들을 다룬다. 이러한 마이크로어레이들을 사용하면 6,000~10,000개의 유전자의 발현을 동시에 분석할 수 있다. 생물공정에 있어서는 마이크로어레이를 공정 변화(예, 온도 변화)에 따라 어떤 유전자는 활성화되고 어떤 유전자는 억제되는가를 밝히는 데 사용할 수도 있다.

mRNA 농도의 증가로 인해 단백질의 농도가 즉시 증가하지는 않는다. 개개의 mRNA는 각각 분해 속도, 번역 효율 등이 다르기 때문에 mRNA의 발현이 세포나 조직 내의 단백질 조성에 직접적으로 연결되지는 않는다. 단백질들은 생물학적 활성에 직접적인 영향을 끼치므로 이들 조성에 대한 지식은 매우 중요하다. 단백질들은 핵산처럼 쉽게 증폭될 수 없기 때문에 한 세포 내의 모든 단백질(프로테옴)을 정량하기란 매우 어렵다. 또한 단백질들은 소수성과 같은 물성 면에서 매우 다양하며 스플라이싱과 번역 후 공정 과정에서의 변화는 단백질의 성질을 크게 바꾼다.

복잡한 혼합물 중의 단백질들을 규명하는 데 쓰이는 전통적인 방법이 2차원 젤 전기영동이다. 이 방법은 이미 이 장에서 언급한 SDS-PAGE로부터 유래한 것이다. 2차원 젤 전기영동은 두 가지 방법을 합한 것이다. 첫 번째는 단백질을 **등전점**(isoelectric point)—한 단백질이 전하를 띠지 않는 pH—에 따라 한쪽 방향(x축)으로 분리하는 것이다. 특수한 완충용액들을 사용하면 폴리아크릴아마이드 젤에 pH 기울기를 형성시킬 수 있다. 단백질들에 전기장을 걸어 주면 단백질들이 각각의 등전점에 해당하는 pH를 나타내는 곳으로 이동하여 그곳에 머무르게 된다. 음이온 계면활성제를 사용한 평형과정(equilibration)을 거친 후, 단백질들은 다른 방향(y축)의 전기장을 받게 된다. 단백질들은 같은 pH에 머물되 각각의 분자량에 따라 다른 속도로 y축을 따라 이동한다. 단백질 혼합물을 이러한 두 가지 파라미터(등전점과 분자량)에 따라 분리하면, 복잡한 단백질 혼합물이 분리된 점(spot)들로 나누어진다. 흔히 이 '점'들을 떼어 내어 탠덤(tandem) 질량 분석기를 사용하여 해당 단백질의 아미노산 서열을 분석한다.

2차원 전기영동은 시간과 비용이 많이 든다. 비록 분석에 필요한 시료를 만들기 위해 오프라인 2차원 젤 전기영동에 의존해야 하기는 하나, 질량분석기술의 향상이 큰 영향을 끼쳤다. 세포와 조직 내의 단백질 조성의 일상적인 분석을 위해서는 상당한 개선이 있어야 한다. 단백질의 분리를 위해서 보다 개선된 젤 또는 방법이 필요하다. 유망한 방법으로는 미세기술, 액체 크로마토그래피, 질량분석기술을 결합한 것들이 있다. 실용적인 장치를 만드는 데 있어서 공학자들이 도전해 볼 만한 것들이 많다.

8.4.2 연산 기술

새로운 실험 기술에 의해 얻어지는 데이터의 양이 상당히 많다. 일반적으로 DNA 염기서열 정보는, 어느 염기서열들이 단백질들에 대한 정보를 가지고 있는가, 이들 단백질이 어떤 것들인가, 이들이 어떤 기능을 갖는가, 궁극적으로 이들 유전자들이 어떻게 조절되는가를 규명하는 데 이용될 수 있다.

어떤 뉴클레오타이드 서열이 하나의 유전자에 해당하는지는 항상 명확히 규명되는 일이 아니다. 연구자들은 '**열린 판독틀**(open reading frame (ORF))'들을 찾는다. ORF는 최소한의(약 100개) 아미노산에 대한 정보를 가지며 '정지' 신호를 가지지 않는 뉴클레오타이드 서열을 말한다. 원핵생물에 있어서는 ORF 규명이 상당히 간단명료한 일이다. 진핵생물의 경우에는 부절편(intron)들과 엑손(exon)들이 존재하기 때문에 ORF의 규명이 복잡하다. 몇몇 컴퓨터 프로그램에 의하면 있음직한 (공통된) 부절편/엑손 경계들을 알아낼 수 있다.

대상으로 하는 유전자가 규명이 되면, 이에 해당하는 단백질의 기능을 알아야 한다. 어떤 경우에는 알려진 단백질들에 대한 아미노산 서열 정보와의 비교를 통해 기능이 추정될 수도 있다. 때때로는 한 단백질의 기능이 각기 다른 종들(species) 간에도 같다.

이렇듯 기능이 고도로 보존되는 단백질의 경우, 비슷한 아미노산 서열을 가지고 있을 가능성이 있다—예를 들어, 초파리와 사람 간에. 이러한 경우 두 개의 아미노산 서열이 얼마나 **상동적**(homologous)인가를 알아본다. 그러고 나서 해당 인간 유전자가 비슷한 기능의 한 단백질에 대한 정보를 수록하고 있다고 추론하게 된다. 촉매 또는 결합 부위에 가까운 아미노산 서열의 보존이 실질적으로 매우 중요하다. 이러한 조사 과정에 필요한 효율적인 컴퓨터 알고리듬들이 개발되고 있다. **BLAST**(basic local alignment search tool)는 아미노산 서열 정보를 비교하는 데 쓰이는 알고리듬의 한 예이다.

이상적인 생각에서 사람들은 오직 아미노산 서열을 통해서만 단백질의 구조와 기능을 예측하기를 원한다. 이러한 목적 달성을 위해 훌륭한 노력들이 경주되었으나 모든 경우에 적용될 수 있는 해법은 아직 없다. 단백질이 3차원 구조로 접히는 과정을 규명하는 것은 연산적으로 어려운 문제이다.

일반적으로, 연구가 많이 이루어진 대장균과 같은 생물체에 대해서도 70% 정도의 유전자들에 대해서만 그 기능을 추정할 수 있다. 우리가 유전체의 염기서열을 완전히 안다고 해도 실제로 우리가 이해하는 부분은 매우 작다는 것은 명백한 일이다. 단일 유전자들과 이들의 기능을 규명하는 작업이 **생물정보학**(bioinformatics)에 있어서 연구의 초점이 되어 왔다.

비록 우리가 세포 내 각각의 단백질에 해당하는 유전자와 기능을 파악하고 있는 경우라도 세포의 생리와 기능을 이해하기에는 완전하지 못하다. 단백질들과 이들 기능에 대한 정보뿐만 아니라 세포의 구조와 조절기능(regulation)에 대한 이해가 있어야 한다. 단백질들의 조합에 의해 대사 경로가 구성이 되며, 이에 해당하는 유전자상의 회로가 있을 것이다. 세포의 부품 목록을 동적 · 생리학적 상태와 연관시키는 작업은 장기적인 도전의 기회를 줄 수 있는, 아직은 이루어지지 않은 일이다.

특히 6장 '세포의 생장'에서 언급한 세포와 대사 회로에 대한 모델들은 데이터를 정리하고 생물학적 기능을 이해하는 데 필요한 수단들을 제공한다. 주요 대사에 대한 간단한 양론 모델들이, 어떠한 유전자들이 특정 환경하에서 세포에게 필수적인가를 규명함에 있어 성공적으로 이용되어 왔다. 속도론적 조절 구조를 반영한 모델도 개발되고 있다. 이러한 모델들은 세포의 생리적 측면을 유전체와 연관시키는 데 있어서 핵심이 될 것이다. 이에 대한 이해는 미래의 생물공정들을 개발함에 있어서 중요한 방향 제시가 될 것이다.

8.5 요약

한 세포의 **유전형**(genotype)은 그 세포의 유전학적 잠재력(genetic potential)을 나타내는 반면, **표현형**(phenotype)은 해당 배양계가 가진 잠재력의 발현을 나타낸다. 세포의 유전형은 돌연변이(mutation)에 의해 바뀔 수 있다. 돌연변이의 예는 **점 돌연변이**(point mutation), **삭제**(deletion) **돌연변이**, 그리고 **첨가**(addition) **돌연변이**이다. 첨가 돌연변이는 대개의 경우 한 지점에서 다른 지점으로 '점프'를 하는 **삽입 배열**(insertion sequence)에 의한 결과이다.

돌연변이는 **선별 가능할**(selectable) 수도 있고 **선별 불가능할**(unselectable) 수도 있다. 돌연변이는 **돌연변이 유발물질**(mutagen)이라는 화학물질을 가하거나 방사선을 쪼이면 그 속도가 증가한다. **영양요구주**(auxotroph)는 유전학적 해석에 있어서, 그리고 몇 가지 생물공정의 토대로서 특별한 용도가 있다. 또 하나의 유용한 부류는 **조건부 돌연변이주**(conditional mutant)이다.

한 세포로부터 다른 한 세포로의 유전자 전달은, 돌연변이만으로는 가능하지 않은 방법으로 유전자 정보를 강화한다. 서로 다른 DNA 분자들의 **유전자 재조합**(genetic recombination)은 대부분의 세포 내에서 일어난다. 따라서 다른 한 미생물로부터 전달된 유전 정보는 수령 세포의 영구적인 한 부분이 된다. 유전자 전달의 세 가지 주요 형태는 **형질변환**(transformation), **형질도입**(transduction), 그리고 **접합**(conjugation)이다. **플라스미드**(plasmid)라 불리는, 자기복제를 하고 자율적이며 염색체 밖에 존재하는 DNA 조각은 형질변환에 있어서 중요한 역할을 한다. 플라스미드와 밀접한 관계가 있는 **에피솜**(episome)은 접합에 있어서의 핵심 요소이다. 박테리오파지는 **일반 형질도입**(generalized transduction)에 매우 중요하고, **용원성 파지**(temperate phage)는 **특수 형질도입**(specialized transduction)의 핵심이다. 내부 유전자 전달은 **트랜스포존**(transposon)이 존재함으로 인해 일어날 수 있는데, 트랜스포존은 아마도 새로운 플라스미드들의 결합에 있어서도 하나의 역할을 할 것이다.

세포의 유전공학적 처리를 위해, 유전자 전달을 제한효소(restriction enzyme)와 결합효소(ligase)에 연계하여 사용할 수 있다. 분리된 공여 DNA 유전자를 운반체 DNA(예, 플라스미드, 용원성 파지, 또는 개조된 바이러스)와 생체 밖에서(in vitro) 재조합시키는 과정을 재조합 DNA 기술(recombinant DNA technique)이라 한다. 일단 공여 DNA가 삽입된 운반체가 만들어지면, 이는 자연발생적 또는 인공적인 유전자 전달방법을 통해 수령 세포에게로 옮겨진다. 형질변환이 가장 보편적인 기술이지만, 숙주세포에 외부 DNA(foreign DNA)를 집어넣기 위해 다양한 종류의 인공적인 방법들이 개발되었다—예를 들면 바이오리스틱 공정(biolistic process), 전기천공법(electroporation), 감염성 바이러스의 개조, 원형체 융합.

유전체학(genomics)이란 한 생물의 유전자 청사진을 해독하는 데 필요한 실험 및 연산 수단 일체를 말한다. **기능 유전체학**(functional genomics)이란 유전자 청사진을 한 생물의 거동 및 구조와 연관시키는 과정이다.

참고문헌

4장의 끝부분에 인용된 모든 참고문헌들은 돌연변이 및 선별, 유전자 전달, 유전공학을 다룬 부분을 갖고 있다.

일반 교과서

Alberts, B., D. Bray, K. Hopkin, A. Johnson, J. Lewis, M. Raff, K. Roberts, and P. Walter, *Essential Cell Biology*, 4th ed., Garland Science, New York, 2014.

Hardin, J., G. Bertoni, and L. J. Kleinsmith, *Beckers World of the Cell*, 9th ed., Pearson Education, New York, 2015.

Madigan, M. T., J. M. Martinko, K. S. Bender, D. H. Buckley, and D. A. Stahl, *Brock Biology of Microorganisms*, 14th ed., Pearson Education, New York, 2014.

기초 기술

Glick, B. R., J. J. Pasternak, and C. L. Patten, *Molecular Biotechnology: Principles and Applications of Recombinant DNA*, 4th ed., ASM Press, Washington, D.C., 2010.

Green, M. R., and J. Sambrook, *Molecular Cloning: A Laboratory Manual*, 4th ed., Cold Spring Harbor Laboratory Press, Cold Spring Harbor, NY, 2012.

논문

Burns, M. A., and Others, "An Integrated Nanoliter DNA Analysis Device," *Science* 282: 484–487, 1998.

Cipriany, B. R., and Others, "Real Time Analysis and Selection of Methylated DNA by Fluorescence-Activated Single Molecule Sorting in a Nanofluidic Channel," *PNAS* 109: 8477–8482, 2012.

Dutt, M. J., and K. H. Lee, "Proteomic Analysis," *Curr. Opin. Biotechnol.* 11: 176–179, 2000.

연습문제

8.1 점 돌연변이와 삭제 돌연변이를 거친 각각의 세포들 중 어느 세포가 원래의 표현형으로 돌아갈 가능성이 더 높은가? 그 이유는?

8.2 4장 4.8절 그림 4A.1에 보인 아스팔트산(aspartic acid)에 기초한 대사 경로를 생각해 보자. 메사이오닌을 과량 생산하는 균주를 얻기 위해 사용할 수 있는 방법에 대하여 설명하라. 해야 할 실험들 및 이들의 순서를 자세히 포함하는 돌연변이 선별과정을 사용하라.

8.3 온도에 민감한 돌연변이주(예, 30°C에서는 자라지만 37°C에서는 자라지 못하는 변이주)를 분리하려고 한다. 이러한 세포를 분리하는 실험에 대하여 설명하라.

8.4 발암물질(carcinogen)을 스크리닝하는 중요한 방법 중의 하나로서 Ames 테스트라는 것이 있다. 이 방법은 한 미생물의 돌연변이주 세포가 원래의 미생물과 비슷한 표현형으로 복귀할 잠재성을 갖는다는 점에 기초하고 있다. 복귀(reversion) 속도는 돌연변이 유발물질이 있을 때 증가한다. 돌연변이 유발물질 중 많은 수가 동시에 발암물질이거나, 아니면 발암물질 중 많은 수가 돌연변이 유발물질이다. 니코틴(nicotine)이 돌연변이 유발물질인지 아닌지를 가리기 위해 어떻게 실험방법을 설정하고 데이터를 해석할 것인가에 대해 설명하라.

8.5 적어도 한 개의 프로브가 val-leu-trp-lys의 아미노산 배열에 대한 정보를 수록한 네 개의 코돈과 일치하도록 하기 위해서는, 몇 개의 다른 이종혼합 프로브(hybridization probe)를 만들어야 하는가?

8.6 펩타이드 호르몬을 생산하는 재조합 대장균을 개발하고자 한다. 아미노산 서열을 알고 있다. 해당 호르몬을 발현시킬 수 있는 시스템을 구축하기 위해 사용할 단계와 순서에 대해 설명하라.

8.7 재조합 대장균을 이용하여 작은 크기의 단백질을 생산하고자 한다. 이 단백질은 무색의 물질을 파란색의 물질로 바꾼다. 페니실린-저항 유전자를 가진 고복제수(high-copy-number) 플라스미드와 유전공학에 쓰이는 시약들을 갖추고 있다고 할 때, 어떻게 대장균을 조작하여 해당 단백질을 만들게 할 것인지를 설명하라. (고려사항: 공여 DNA의 출처, 있어야 할 조절(regulation) 관계 요소, 공여 DNA와 운반체 DNA의 결합방법, 운반체 DNA의 삽입방법, 생산에 쓸 형질전환된 세포를 선별하는(selection) 방법)

8.8 고복제수 플라스미드를 사용하여 대장균 내에서 특정 펩타이드를 발현시키려고 한다. 해당 펩타이드에 대한 아미노산 서열을 알고 있다.

a. 제한효소, 결합효소, 대장균, 그리고 네오마이신-저항 플라스미드를 사용하여 재조합 대장균을 만들고 선별하는 실험과정을 설명하라.

b. 발현을 조절하고 read-through를 방지하기 위해 어떤 제어 요소를 넣겠는가?

8.9 유전공학에 있어서 공여 DNA를 얻기 위한 세 가지 기본적인 방법들이 있다.

a. 어떤 방법들인가? (각각에 대해 2~6단어로 설명하라.)

b. 대장균을 이용하여 인간 단백질을 생산하고자 한다. 해당 아미노산 서열을 모르며 부절편이 존재하는 것으로 의심된다. 공여 DNA를 얻기 위해 어느 방법을 사용하겠는가?

8.10 유전자를 박테리아에 도입할 때 **형질도입**과 **형질변환**의 차이는 무엇인가?

8.11 사이미딘 요구성의 대장균 변이주를 분리해 내고자 한다. 이를 위해 어떤 실험들을 할 것인지 간단히 설명하라.

8.12 DNA 염기서열 TAGGATCATAAGCCA에 대해 해당 염기서열 분석용 젤의 모습을 그리라.(시발체로 ATCC를 사용)

9

현탁배양과 고정화배양을 위한 생물반응기 운전에 대한 고찰

지금까지 우리는 세포가 무엇이며, 어떻게 작용하는지, 그리고 간단한 반응기에서 세포 생장을 어떻게 설명하는지에 대하여 살펴보았다. 이 장에서는 공정에서 이러한 세포를 어떻게 이용하는지에 대해 알아본다. 우리는 몇 가지 복잡한 반응기 기술들과 그것들이 왜 실제 공정의 응용에서 고려되어야 하는지를 알아본다. 10장 '생물반응기의 선택, 대규모화, 운전 그리고 제어'에서는 반응기 설계에 대하여 좀 더 자세히 설명하고, 11장 '생성물의 회수와 정제'에서는 이들 반응기로부터 생성물을 어떻게 회수하는지에 대해 자세히 설명한다. 이 장들에서 실제 생물공정들이 어떻게 구성될 수 있는지 이해하게 된다.

어떤 공정을 구성하는 데 있어서 가장 중요한 결정 중 하나는 반응기 시스템의 배치이다. 반응기와 운전계획의 선택에 의하여 생성물 농도, 불순물의 수와 형태, 기질전환율, 수율, 그리고 지속적이고 확실한 운전의 여부가 결정된다. 많은 전통적인 화학공정과는 달리, 반응기는 전체 시설비의 대부분(보통 50% 이상)을 차지한다. 반응기와 생물촉매의 선택이 분리의 난이도를 결정한다. 그러므로 반응기 선택은 생물촉매, 반응기, 그리고 분리와 정제를 포함하는 전체 공정의 관점에서 이루어져야 한다.

9.1 배양방법의 선택

먼저 결정할 것 중 하나는 회분식(batch) 또는 연속식 배양 중의 선택이다. 비록 간단한 회분식 반응기와 연속흐름 교반탱크 반응기(continuous-flow stirred-tank reactor (CFSTR))의 특성이 상반된다고 할지라도(곧 중간 특성의 반응기에 대하여 배울 것이다) 이 두 상반되는 반응기를 고려함으로써 반응기 선택에 있어서 몇 가지 중요한 문제들이 분명해진다.

첫째, 생산성을 고려한다. 세포체 또는 1차생성물의 생산이 가장 간단한 경우이다. 회분식반응기의 경우에는 네 개의 다른 시기(phase)가 있는데, 이는 지연기(lag phase), 지수생장기(exponential growth phase), 수확(harvesting), 그리고 다음 회분을 위한 준비(예, 세척, 멸균, 그리고 주입)이다. t_l을 지연기, 수확, 그리고 준비에 필요한 시간의 합이라고 정의하자. t_l 값은 장치의 크기와 발효의 특성에 따라 다르지만 보통 몇 시간(3에서 10 h) 정도이다. 그러므로 한 번의 회분주기에 걸리는 전체시간(t_c)은

$$t_c = \frac{1}{\mu_m} \ln \frac{X_m}{X_0} + t_l \tag{9.1}$$

이고, 여기서 X_m은 최대로 얻을 수 있는 세포의 농도이고 X_0는 접종 시 세포농도이다.

생산된 전체 세포 양은 생장제한(growth-extent-limiting) 기질의 전체 양과 수율계수(yield coefficient)로부터 얻어진다.

$$X_m - X_0 = Y_{X/S} S_0 \tag{9.2}$$

한 번의 회분주기에서의 세포체 생산속도는

$$r_b = \frac{Y_{X/S} S_0}{(1/\mu_m)\ln(X_m/X_0) + t_l} \tag{9.3}$$

6장 '세포의 생장'에서 살펴본 것처럼, 키모스탯(chemostat)의 최대생산성은 DX를 D에 대하여 미분하고 dDX/dD를 0으로 함으로써 얻어진다. 간단한 Monod 반응속도론의 경우, 최적의 D값은 식 6.90으로 주어지고, 해당하는 X는 다음과 같이 결정된다.

$$X_{\text{opt}} = Y_{X/S} \left\{ S_0 + K_s - \sqrt{K_s(S_0 + K_s)} \right\} \tag{9.4}$$

그러므로 Monod 반응속도론이 적용되는 키모스탯으로부터 기대되는 최고의 생산성은 $D_{\text{opt}} \cdot X_{\text{opt}}$이다.

$$D_{\text{opt}} X_{\text{opt}} = Y_{X/S} \mu_m \left[1 - \sqrt{\frac{K_s}{K_s + S_0}} \right] \left[S_0 + K_s - \sqrt{K_s(S_0 + K_s)} \right] \tag{9.5}$$

정상적인 조건에서 $S_0 \gg K_s$이므로, 키모스탯에서 생물체 생산속도(r_c)는 대략 다음과 같다.

$$r_{c,\text{opt}} = D_{\text{opt}} X_{\text{opt}} = \mu_m Y_{X/S} S_0 \tag{9.6}$$

생물체 형성속도에 대한 비는

$$\frac{r_{c,\text{opt}}}{r_b} = \ln\frac{X_m}{X_0} + \mu_m t_l \tag{9.7}$$

대부분의 상업적인 발효는 $X_m/X_0 \approx 10 \sim 20$에서 운전한다. 그러므로 연속적인 시스템은 1차생성물에 있어서 항상 상당한 생산성의 장점을 가질 것으로 기대된다. 예를 들면, $X_m/X_0 = 20$, $t_l = 5$ h, 그리고 $\mu_m = 1.0\ \text{h}^{-1}$인 대장균 발효에서는 $r_{c,\text{opt}}/r_b = 8$을 얻는다.

이러한 생산성의 장점에 근거하면 대부분의 상업적인 생물공정이 회분식 시스템이라는 데 놀라게 된다. 여기에는 몇 가지 해답이 있다.

먼저 식 9.7은 생장관련(growth-associated) 생성물에만 적용되는 것이다. 많은 2차생성물은 생장하는 세포에 의해 생산되지 않는다. 생장은 생성물의 형성을 억제한다. 이런 환경에서, 생성물은 생물체 형성을 위한 최적값보다 매우 낮은 농도에서만 만들어진다. 2차생성물의 경우에 회분식배양기에서의 생산성은 간단한 키모스탯에서보다 훨씬 높게 된다.

키모스탯보다 회분식 시스템을 선택하는 또 다른 중요한 이유는 **유전자 불안정성**(genetic instability)이다. 대부분의 생물공정에서 사용되는 생물촉매는 많은 변이를 거쳐 만들어진다. 이 고도로 '개량된' 생물체는 흔히 모체균주보다 낮은 생장을 보인다. 키모스탯은 가장 빨리 생장하는 세포에 대한 선택성이 강하다. 생산성이 높은 특수균주는 생산성이 낮은 모체균주상태(즉, 회귀세포(revertant))로 항상 회귀변이하게 된다. 키모스탯에서는 낮은 생산성을 갖는 변이주가 지배하게 되어, 결과적으로 생산성이 감소한다. 회분식 배양에서는 더 높은 생산성을 갖는 균주보다 빨리 자라는 회귀세포가 분열할 수 있는 세대수(사면배양(slant culture)으로부터 상업용 발효기까지 25 미만)가 제한된다. 회분식 배양 말기의 세포는 다시 사용되지 않는다. 재조합 DNA를 가지고 있는 세포에 있어서는 유전적 안정성에 대한 고려가 매우 중요하고 이는 14장 '유전자 조작된 생체의 이용'에서 자세히 다룬다.

또 다른 고려사항으로 운전성(operability)과 신뢰성(reliability)이 있다. 회분식 배양에서는 각각의 운전이 크게 다를 수 있다. 생성물의 품질과 농도의 변화는 발효 후 공정에 문제를 일으키므로 바람직하지 않다. 그러나 장시간의 연속배양은 펌프의 파손, 제어기의 오작동 등 여러 가지 문제를 일으킬 수 있다. 여러 달 동안 멸균(외부 생물체의 부재) 상태를 유지하기는 매우 어렵고, 멸균실패의 결과는 회분식 배양보다 더 심각하다.

반응기 선택을 결정하는 또 다른 인자는 시장경제성이다. 연속식은 한 생성물만을 위한 공정체계의 기초를 형성한다. 많은 경우 발효생성물은 사용량이 적고, 또 그 수요를 예측하기가 힘들다. 회분식은 더 융통성이 있다. 예를 들어, 같은 반응기를 두 달 동안은 생성물 A를, 다음 석 달 동안은 생성물 B를, 그리고 1년 중 나머지 기간 동안은 생성물 C를 만드는 데 사용할 수 있다.

대부분의 생물공정은, 특히 생물제약품, 회분식 반응기에 기초를 둔다. 연속식은 단세포 단백질(single-cell protein)의 생산에 사용되고, 수정된 형태의 연속배양은 폐기물 처리, 에탄올 생산, 그리고 젖산과 같은 대규모의 생장관련 생성물에 사용된다. 생물학적 공정을 이용한 대규모 화학제품 및 에너지 생산을 위해 재생가능한 자원의 사용에 대한 관심으로 인해, 대규모 연속시스템은 더 개발될 것으로 예측할 수 있다. 연속공정의 승인에 대한 FDA의 융통성 있는 자세의 가능성과 복제약(generics)과의 증가하는 경쟁으로 인하여, 제약회사들이 연속생산을 활발하게 검토하고 있다. 여러 제약회사들이 2018년 이전에 연속제조설비들의 가동을 예정하고 있다.

이러한 반응기 형태의 변형에 대해 알아보자.

9.2 회분식과 연속식 반응기의 변형

실제에 있어서는 표준의 회분식 발효기 또는 키모스탯과는 다른 반응기 형태의 사용을 고려하게 된다. 이러한 고려에 있어서는 전형적으로 단위 생성물에 대한 반응기 비용을 줄이기 위해 총 반응기 부피의 최소화 그리고/또는 생성물의 역가(혹은 농도)의 최대화를 꾀한다. 이러한 고려는 생성물이 생장관련이 아닐 때 특히 중요하다.

9.2.1 재순환이 있는 키모스탯

미생물에 의한 전환은 자체촉매성(autocatalytic)이고 전환속도는 세포농도에 따라 증가한다. 키모스탯에서 일반적인 정상상태보다 더 높은 세포농도를 유지하기 위하여 유출액의 세포를 반응기로 재순환시킨다. 세포의 재순환은 전환속도(또는 생산성)를 증가시키고, 공정의 변동요인에 의한 영향을 최소화하여 시스템(예, 폐수처리)의 안정성도 증가시킨다. 유출액에 포함되어 있는 세포는 원심분리, 여과, 또는 원추형 탱크 안에서 침강되어 재순환된다. 세포들의 일부가 반응기로 되돌아가기 때문에, 세포(또는 고형물)의 체류시간(solids retention time (SRT))은 영양배지의 수력학적 체류시간(hydraulic residence time (HRT))보다 아주 크게 된다. 전형적인 박테리아 세포의 수명은 대략 3~4일이다. 그래서 폐수처리에서와 같이 세포가 수명보다 긴 시간 동안 계에 머물게 되면, 죽은 세포가 많이 존재하게 된다.

이러한 이유로, 계 내에서 활발하고 어린 세포들의 군집을 만들기 위한 적절한 수준의 SRT를 유지하기 위해 세포들의 일부분은 계에서 제거되어야 한다. 세포들은 반응기로부터 또는 세포재순환 라인을 통해 계에서 제거될 수 있다.

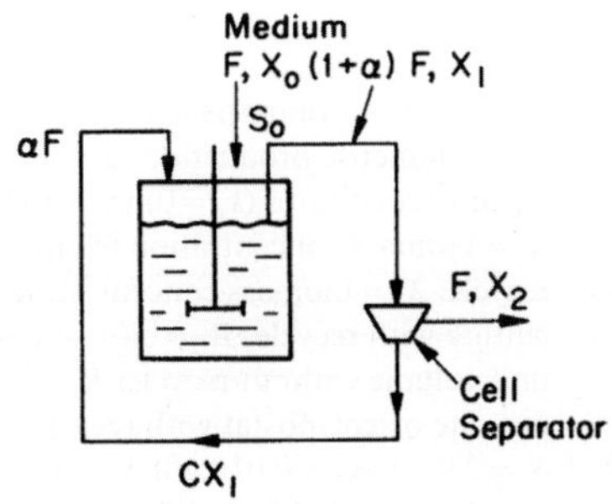

Figure 9.1. Chemostat with cell recycle. The cell separator could be a sedimentation tank, a centrifuge, or a microfiltration device.

그림 9.1에 나타난 것과 같은 세포재순환과 반응기로부터의 고체(세포)를 제거하는 키모스탯 시스템을 생각해 보자. 반응기 주변의 생물체(세포)농도에 대한 물질수지식은

$$FX_0 + \alpha FCX_1 - (1+\alpha)FX_1 + V\mu_{\text{net}}X_1 = V\frac{dX_1}{dt} \tag{9.8}$$

여기서 α는 부피유속에 근거한 재순환비, C는 농도인자 또는 반응기 유출액의 세포농도에 대한 세포 재순환액의 세포농도 비, F는 영양액의 유속, V는 배양부피, X_0와 X_1은 공급액과 재순환액의 세포농도, 그리고 X_2는 세포분리기로부터 나오는 유출액의 세포농도이다.

정상상태에서 $dX_1/dt = 0$이고 $X_0 = 0$(즉, 멸균 공급액)이므로 식 9.8은

$$\mu_g\text{-}k_d = \mu_{\text{net}} = (1+\alpha-\alpha C)D = [1+\alpha(1-C)]D \tag{9.9}$$

$C > 1$이고 $\alpha(1-C) < 0$이므로 $\mu_{\text{net}} < D$가 된다. 다시 말해서, 키모스탯은 세포재순환이 있는 경우에 비성장속도보다 높은 희석속도로 운전될 수 있다. 이로써 더 높은 세포밀도를 얻을 수 있고, 이는 필요한 반응기 크기를 줄이고, 절대적 생장관련이 아닌 생성물에 유리하다. 폐수처리의 경우, 세포재순환은 내인성 대사(endogenous metabolism)를 유도함으로써 제거해야 할 세포 잔류량을 줄이게 된다.

발효기 주변의 생장제한기질에 대한 물질수지식은

$$FS_0 + \alpha FS - V\frac{\mu_g X_1}{Y^M_{X/S}} - (1+\alpha)FS = V\frac{dS}{dt} \tag{9.10}$$

정상상태에서 $dS/dt = 0$이고

$$X_1 = \frac{D}{\mu_g}Y^M_{X/S}(S_0 - S) \tag{9.11}$$

$k_d = 0$일 때, 식 9.9를 식 9.11에 대입하면

$$X_1 = \frac{Y^M_{X/S}(S_0 - S)}{(1+\alpha-\alpha C)} \tag{9.12}$$

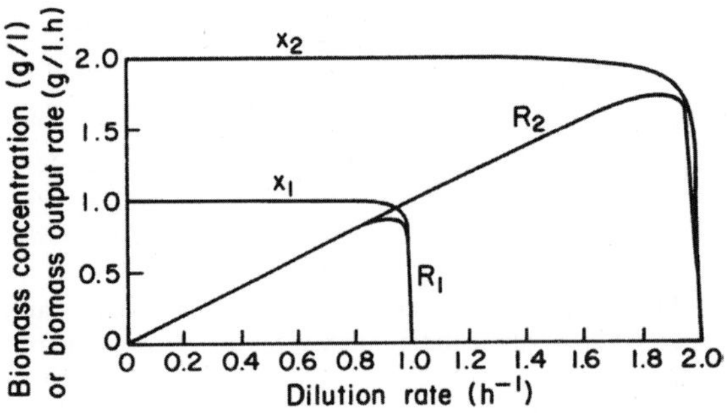

Figure 9.2. Comparison of biomass concentrations and volumetric production rates in steady states of chemostat cultures ($k_d = 0$) with and without recycle. X_1 = biomass concentration in chemostat without recycle; X_2 = biomass concentration in chemostat culture with recycle; R_1 = biomass output rate per unit volume without recycle; R_2 = biomass output rate of chemostat with recycle; $\mu_m = 1.00\ h^{-1}$; $S_r = 2.0$ g/l; $K_S = 0.010$ g/l; $Y_{X/S} = 0.5$ g/g; concentration factor, $C = 2.0$; and recycle rate, $\alpha = 0.5$.

그러므로 키모스탯에서 정상상태의 세포농도는 세포재순환에 의하여 $1/(1+\alpha-\alpha C)$배만큼 증가된다. 유출액의 기질농도는 식 9.9와 내인성 대사를 무시한 Monod 식 6.32(6장 참조)로부터 결정된다.

$$S = \frac{K_s D(1+\alpha-\alpha C)}{\mu_m - D(1+\alpha-\alpha C)} \tag{9.13}$$

그러면 식 9.12는

$$X_1 = \frac{Y_{X/S}^M}{(1+\alpha-\alpha C)}\left[S_0 - \frac{K_s D(1+\alpha-\alpha C)}{\mu_m - D(1+\alpha-\alpha C)}\right] \tag{9.14}$$

세포재순환이 있는 키모스탯과 세포재순환이 없는 키모스탯에서의 유출액의 세포농도와 생산성이 그림 9.2에 비교되어 있다. 세포농도와 부피생산성은 세포재순환이 있는 경우에 더 높아져서 기질의 부피소모속도가 높아진다. 세포재순환이 있는 시스템은 폐기물 처리에 널리 사용되고 에탄올 생산에서 사용이 증가하고 있다.

폐기물 처리에서 세포재순환 반응기의 적용은 16장 '혼합배양을 이용한 생물공정'에서 자세히 다루며, 목적이 세포체와 잔류 탄소원의 최소화이지 2차생성물의 최대화가 아니라는 점에서 이 처리와 차이가 있다. 16장의 식들은 내인성 대사의 영이 아닌 항(즉, k_d)을 포함하기 때문에 이전의 경우(식 9.13과 9.14)와 다르다.

예제 9.1

그림 9.1에서 보여 주는 것처럼 세포재순환이 있는 키모스탯에서, 공급액의 유속과 배양부피가 각각 F = 100 ml/h이고 V = 1000 ml이다. 이 시스템은 포도당이 제한된 조건에서 운전되고 수율계수($Y_{X/S}^M$)는 0.5 g 건조세포/g 기질이다. 공급액의 포도당농도는 S_0 = 10 g 포

도당/l이다. 생물체의 반응속도상수는 $\mu_m = 0.2\ h^{-1}$이고 $K_s = 1$ g 포도당/l이다. C값은 1.5이고 재순환비는 $\alpha = 0.7$이다. 이 시스템은 정상상태에 있다.

a. 재순환액의 기질농도(S)를 구하라.

b. 생물체의 비생장속도(μ_{net})를 구하라.

c. 재순환액의 세포(생물체)농도를 구하라.

d. 원심분리기 유출액의 세포농도(X_2)를 구하라.

풀이

식 9.9를사용하여 μ_{net}를 결정한다.

$$\mu_{net} = [1+\alpha(1-C)]D = [1+(1-1.5)0.7](0.1) = \mu_g$$
$$= 0.065\ h^{-1}$$

그러면, 반응기의 잔류 기질농도와 생물체의 양은 다음과 같이 계산한다.

$$S = \frac{K_{s_{net}}}{\mu_m - \mu_{net}} = \frac{(1)(0.065)}{0.2-0.065} = 0.48\ g/l$$
$$X_1 = \frac{D(S_0 - S)Y^M_{X/S}}{\mu_g} = \frac{(0.1)(10-0.48)0.5}{0.065}$$
$$= 7.3\ g/l$$

세포분리기 주변의 생물체에 대한 수지식은

$$(1+\alpha)X_1 = \alpha C X_1 + X_2$$
$$X_2 = (1+\alpha)X_1 - \alpha C X_1$$
$$= (1.7)(7.3) - (0.7)(1.5)(7.3)$$
$$= 4.8\ g/l$$

9.2.2 다단 키모스탯 시스템

특히 2차대사산물 생산을 위한 발효들에서, 생장과 생성물 형성단계는 각 단계의 최적조건이 다르므로 분리될 필요가 있다. 온도, pH, 그리고 제한영양소와 같은 조건들이 각 단에서 다를 수 있기 때문에 다단시스템에서는 서로 다른 세포 생리현상과 세포생성물이 얻어진다.

다단시스템이 유리한 예로 유전공학적인 세포의 배양이 있다. 유전자 안정성을 증가시키기 위하여, 플라스미드를 가지고 있는 재조합 DNA는 보통 목적단백질 생산을 조절하기 위해 유도(inducible) 프로모터를 사용한다(8장 '세포 정보의 변경' 참조). 유도되지 않은 상태에서, 플라스미드를 포함하는 세포는 플라스미드를 잃어버린 세포(회귀세포)와 거의 같은 속도로 성장하므로 플라스미드가 없는 세포는 플라스미드를 포함하는 세포에 대해 생장에 대한 이점이 거의 없다. 그러나 유도물질을 첨가하면, 플라스미드를 포함하는 세포는 원하는 단백질 생성물을 많이 생산하나 생장속도는 매우 감소한다. 그러므로 단단(single-stage) 키모스탯은 유전자 안정성 문제 때문에 목적단백질을 생산하는 데 부적당하다. 다단시스템으로 이 문제를 해결할 수 있다. 첫 번째 단에서는 유도물질을 첨가하지 않아 플라스미드를 가지고 있는 세포가 쉽게 유지된다(보통 플라스미드가 없는 세포를 죽이기 위하여 항생제를 첨가한다. 더 자세한 설명은 14장 참조). 두 번째 단에서는 유도물질을 첨가하여 많은 생성물을 생산한다. 생성물 합성에 결함이 있는 세포는 배양액 내에서 지배적이지 못한데(적어도 완전하게는), 그 이유는 유전적으로 변하지 않는 새로운 세포가 연속적으로 반응기에 공급되고 있기 때문이다. 그러므로 2단시스템은 목적단백질의 생산이 단순한 키모스탯에서 불가능할 때 목적단백질을 안정하게 연속적으로 생산할 수 있게 한다.

더 쉬운 경우로 2차생성물(예, 에탄올이나 항생제)을 생각해 볼 수 있다. 여기서 부군집(subpopulation)의 혼합물은 문제가 없으나, 생장을 촉진하는 조건이 생성물의 생성을 완전히 억제한다. 비록 다단 연속시스템의 상업적 이용은 제한되어 있지만 아주 큰 규모의 5단 연속시스템이 에탄올 생산에 사용되고 있다. 생물연료 생산에 대한 새로운 관심과 더불어, 다단 연속배양의 상업적 이용이 증가할 태세이다. CFSTR의 다단시스템은 평류반응기(plug flow reactor (PFR))의 특성과 비슷하다. PFR은 회분식과 유사한데, 공간시간(space time(배양액이 PFR의 어떤 지점에 도달하는 데 걸리는 시간))이 배양시간을 대체한다. 다단시스템은 회분식 생장곡선을 여러 개의 부분으로 나누어 각 부분을 다단시스템의 대응하는 단에 '고정시킨'것과 아주 유사하다. 회분식 반응기에서처럼 배양액의 생리학적 상태는 한 단에서 다음 단으로 변화한다.

여기에서 보여 주는 다단시스템의 수학적인 해석은 완전하지 않다. 두 번째와 후속하는 단에서의 생장은 정상상태에서도 본질적으로 불균형 생장이다. 두 번째 또는 후속하는 단으로 유입되는 새로운 세포는 연속적으로 그 단의 새로운 조건에 적응하게 된다. 결과적으로, 비구조적(unstructured) 모델이 아주 정확하게 예측할 것으로는 기대되지 않는다. 그러나 비구조적 모델이 간단하기 때문에, 그리고 적어도 다단시스템의 몇 가지 특성을 설명하기 위하여 사용한다.

그림 9.3에 2단 키모스탯 시스템이 나타나 있다. 첫 번째 단에서의 생물체와 기질에 대한 수지식은 다음과 같다(내인성 대사는 무시).

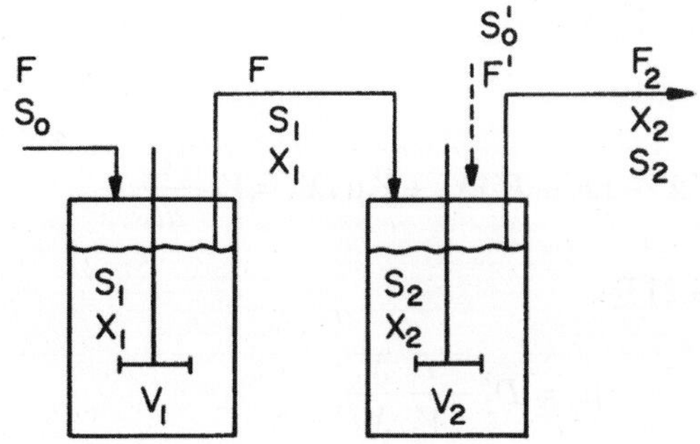

Figure 9.3 Two-stage chemostat system.

$$S_1 = \frac{K_s D_1}{\mu_m - D_1} \tag{9.15}$$

$$X_1 = Y_{X/S}^M (S_0 - S_1) \tag{9.16}$$

두 번째 단에서 생물체의 수지식은 다음과 같다.

$$FX_1 - FX_2 + \mu_2 V_2 X_2 = V_2 \frac{dX_2}{dt} \tag{9.17}$$

정상상태에서 식 9.17은

$$\mu_2 = D_2 \left(1 - \frac{X_1}{X_2}\right) \tag{9.18}$$

여기서 $X_1/X_2 < 1$이고 $\mu_2 < D_2$이다.

다음은 두 번째 단에서 제한기질에 대한 기질 수지식이다.

$$FS_1 - FS_2 - \frac{\mu_2 X_2}{Y_{X/S}^M} V_2 = V_2 \frac{dS_2}{dt} \tag{9.19}$$

정상상태에서 식 9.19는

$$S_2 = S_1 - \frac{\mu_2}{D_2} \frac{X_2}{Y_{X/S}^M} \tag{9.20}$$

여기서

$$D_2 = F/V_2 \text{ and } \mu_2 = \frac{\mu_m S_2}{K_s + S_2}$$

식 9.18과 9.20은 두 식에 $\mu_2 = \mu_m S_2/(K_s + S_2)$ 또는 μ_2를 나타내는 다른 함수형태를 대입하여 X_2와 S_2에 대하여 동시에 풀 수 있다.

공급액을 두 번째 단에 투입하면 설계방정식이 달라진다. 두 번째 공급액은 부가영양

소, 유도물질, 호르몬, 또는 저해제를 포함할 수 있다. 이 경우에 두 번째 단에서 생물체 수지식은

$$F_1 X_1 + F' X' - (F_1 + F') X_2 + V_2 \mu_2 X_2 = V_2 \frac{dX_2}{dt} \tag{9.21}$$

정상상태에서, $X' = 0$일 때, 식 9.21은

$$\mu_2 = D_2' - \frac{F_1}{V_2}\frac{X_1}{X_2} \tag{9.22}$$

여기서

$$D_2' = \frac{F_1 + F'}{V_2} \quad \text{and} \quad \mu_2 = \frac{\mu_m S_2}{K_s + S_2}$$

두 번째 단에서 기질 수지식은

$$F_1 S_1 + F' S_0' - (F_1 + F') S_2 - \frac{V_2 \mu_2 X_2}{Y_{X/S}^M} = V_2 \frac{dS_2}{dt} \tag{9.23}$$

식 9.22와 9.23을 동시에 풀어 X_2와 S_2를 구한다.

두 번째와 후속하는 단에 추가유입이 없는 공정에 대하여 이 식들을 일반화할 수 있다. n번째 단에 대하여 생물체, 기질, 그리고 생성물의 수지식을 세우면

$$r_{x,n}(X_x, S_n) = D_n (X_n - X_{n-1}) \tag{9.24a}$$

또는

$$\theta_n = \frac{1}{D_n} = \frac{X_n - X_{n-1}}{r_{x,n}(X_n, S_n)} \tag{9.24b}$$

$$r_{s,n} = \frac{1}{Y_{X/S}} r_{x,n}(X_n, S_n) = D_n (S_n - S_{n-1}) \tag{9.25a}$$

또는

$$\theta_n = \frac{1}{D_n} = \frac{S_n - S_{n-1}}{r_{s,n}} \tag{9.25b}$$

$$r_{p,n}(X_n, S_n, \ldots) = D_n (P_n - P_{n-1}) \tag{9.26a}$$

또는

$$\theta_n = \frac{1}{D_n} = \frac{P_n - P_{n-1}}{r_{p,n}(X_n, S_R, \ldots)} \tag{9.26b}$$

여기서 $D_n = F/V_n$, θ_n은 n번째 단에서의 평균체류시간, $r_{x,n}$, $r_{s,n}$ 그리고 $r_{p,n}$은 모두 n번째

단에서의 반응속도를 나타낸다.

상기 방정식들은 계산기를 이용할 수 있다. 그러나 다단설계를 위해 도식적인 방법도 사용할 수 있고, 생장 또는 생산속도에 대한 함수형태를 알 필요가 없다는 이점이 있다. 필요한 것은 회분식 생장곡선뿐이다. 그러나 회분식 생장곡선을 다단시스템의 예측에 사용하기 위해서는 여전히 균형 생장의 가정이 필요하다. 그러므로 이러한 해석은 주의해서 사용해야 한다. 적어도 한 경우(*Bacillus*에 의한 포자생성)에서, 이러한 해석으로 6단 시스템의 성능을 실험적으로 증명할 수 있는 예측이 가능하였다.

도식적인 접근은 식 9.24에서 9.26까지를 사용한다. 하나의 방법은 회분식 생장곡선에서 구한 $1/(dX/dt)$ 대 X, 또는 $1/(dP/dt)$ 대 P의 관계를 이용하는 것이다. 이것은 식 9.24b와 9.26b를 사용한 것이다. 필요한 반응기의 크기는 $X_n - X_{n-1}$과 $1/(dX/dt)$, 또는 $P_n - P_{n-1}$, 그리고 $1/(dP/dt)$의 변을 갖는 직사각형의 면적으로 결정된다. 직사각형의 면적은 θ이고 F가 주어지면 V도 계산된다. 또 다른 방법은 첫 번째 방법에서 사용했던 시행착오법을 필요로 하지 않는다. 이 두 번째 방법은 dX/dt 대 X와 dP/dt 대 P의 도시를 필요로 한다. 물질수지식으로부터의 직선(예, 식 9.24a)과 반응곡선의 교점은 X 또는 P의 유출농도를 결정한다. 반면에 직선의 기울기는 D를 결정하고, F가 주어지면 V도 알 수 있다. 이 방법들을 예제 9.2에서 사용하고 있다.

예제 9.2

소규모 회분식반응기에서의 2차대사산물의 생산에 대한 자료가 그림 9.4에 나타나 있다. 각각 700 l의 작동부피를 갖는 두 개의 반응기를 사용한다고 가정한다. 회분식반응기에서와 똑같은 배양조건(배지, pH, 온도 등)을 사용한다. 유속이 100 l/h일 때 생성물의 출구농도를 구하라. 1400 l 반응기 한 개를 사용했을 때의 값과 비교하라. 두 가지의 도식적인 방법을 사용하라.

풀이

여기서는 계산보다는 도식적인 접근을 취했는데, 이는 해답의 시각화를 통해 더 많이 배울 수 있다고 믿기 때문이다. 실제에서는 계산적 접근을 더 많이 사용한다. 도식적인 방법을 사용하는 첫 번째 단계는 회분식 생장곡선의 값을 미분하여 dX/dt와 dP/dt를 얻는 것이다. 실험자료의 미분은 원래 자료에 존재하는 오차를 증대시킬 수 있으므로 dX/dt와 dP/dt 값은 주의 깊게 해석해야 한다.

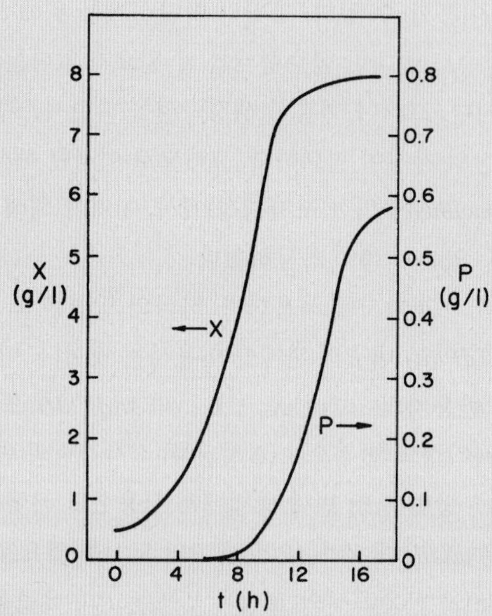

Figure 9.4. Data for Example 9.2. Data are for the production of a secondary product in batch culture.

그림 9.5에 나타난 도식적인 방법을 위하여 $1/(dX/dt)$ 대 X와 $1/(dP/dt)$ 대 P를 도시하였는데 이것은 각각 식 9.24b와 9.26b에 해당한다. $\theta_1 = 7$ h(즉, 700 l/100 l/h)인 경우에 다음 식을 만족하는 X_1 값을 구해야 한다.

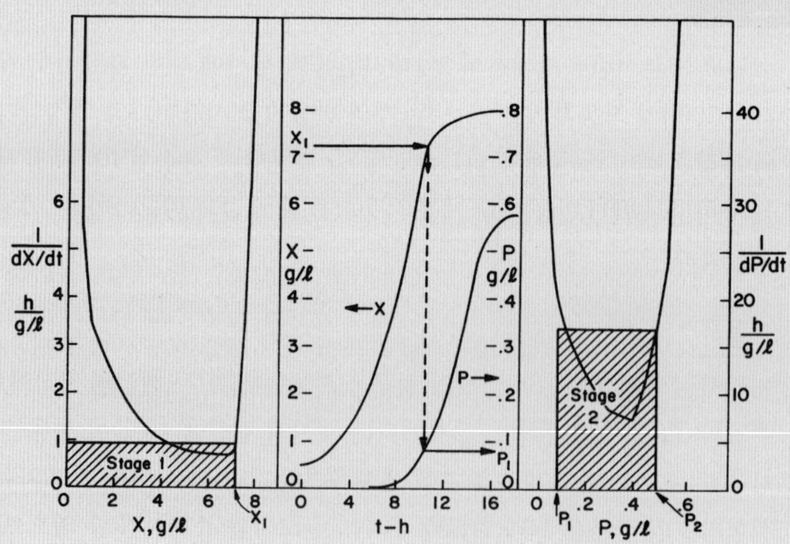

Figure 9.5. Solution of Example 9.2 for two-stage system, each with $\theta = 7$ h.

$$\theta_1 = (X_1 - X_0)\left(\frac{1}{dX/dt}\right)\Bigg|_{X_1}$$

또는

$$7\ \mathrm{h} = X_1\left(\frac{1}{dX/dt}\right)\Bigg|_{X_1}$$

멸균 공급액을 사용하므로, $X_0 = 0$이다.

시행착오법에 의하여, 도표에서 $X_1 = 7.2$ g/l가 $1/(dX_1/dt) = 0.95$ h/g/l 또는 7.2 g/l · 0.95 h/g/l = 6.84 h에 해당하는 것을 알게 된다.

그림 9.5를 정확하게 읽었다면 비교적 정확한 해가 얻어진다. $X_1 = 7.2$ g/l에 해당하는 생성물의 농도는 회분식 생장곡선으로부터 정해진다. 그림에 나타난 바와 같이 $X_1 = 7.2$ g/l는 접종 후 9.4 h에서의 값이고, 동시에 P_1 값은 0.08 g/l이다.

두 번째 단의 공정에 대한 영향은 식 9.26b를 사용하고, 또 $\theta_2 = 7$ h로부터 결정된다. 시행착오법에 의하여, $P_2 = 0.49$ g/l이고, 이는 거의 7 h에 해당한다.

$$\begin{aligned}\theta_2 &= (0.49\ \mathrm{g/l} - 0.08\ \ \mathrm{g/l})(17\ \mathrm{h/g/l})\\ &= 6.97\ \mathrm{h}\end{aligned}$$

이 풀이의 첫 번째 단에서 $1/(dX/dt)$를 최소화하는 X 값보다 큰 X_1에 대해서만 해가 실제적으로 존재한다는 것을 알아야 한다. 세출(washout)은 θ_1이 아주 작을 때 일어난다.

2단 시스템과 같은 전체부피를 갖는 단단 시스템에 대해서 이 결과를 비교할 수 있다(그림 9.6). 여기서 시행착오 접근법에 의하여 $X_1 = 7.35$ g/l일 때 다음을 얻는다.

$$7.35\ \mathrm{g/l} \cdot 1.9\ \mathrm{h/g/l} = 13.97\ \mathrm{h} \approx 14\ \mathrm{h}$$

$X_1 = 7.35$ g/l에 해당하는 P_1 값은 0.10 g/l이다. 그러므로 이 경우에 2단 시스템의 사용으로 생성물의 농도가 0.10 g/l에서 0.49 g/l로 증가한다.

첫 번째 접근방식의 시행착오법을 사용하지 않는 다른 도식적 방법이 그림 9.7에 나타나 있다. 여기서는 식 9.24a와 9.26a를 사용하였다. 따라서 $D_1 = 1/\theta$이므로 $D_1 = 0.143\ \mathrm{h}^{-1}$임을 알게 된다. $D_1(X_1 - X_0) = D_1X_1$에 의해 결정되는 직선과 반응곡선의 교점은 식 9.24a의 해이다. 두 번째 단에서, 생산주기에 대하여 식 9.26a를 사용한다. X_1과 P_2의 예측값은 첫 번째 방법에서와 같다. dX/dt 대 X의 곡선이 dP/dt 대 P의 곡선으로 바뀌는 것에 주목하라. 결과적으로, dP/dt 도시를 사용하기 전에 dX/dt 도시를 사용한다.

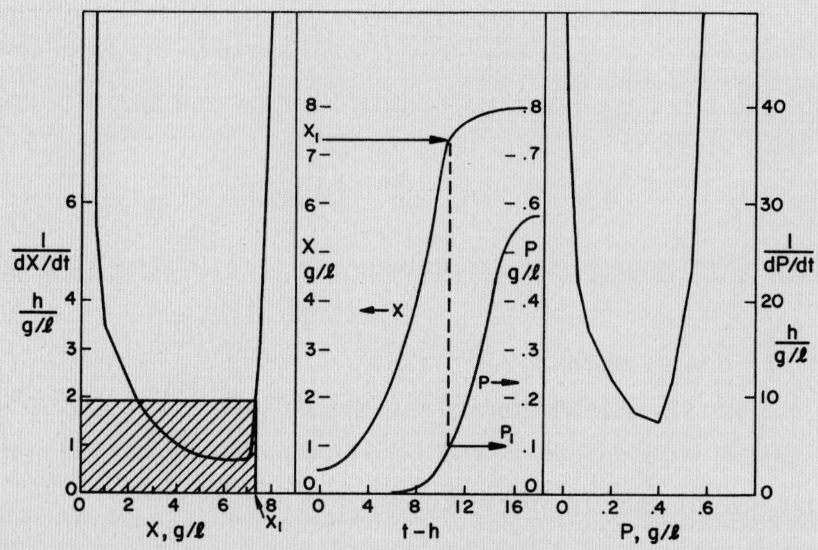

Figure 9.6. Solution of Example 9.2 with a single stage, where θ = 14 h.

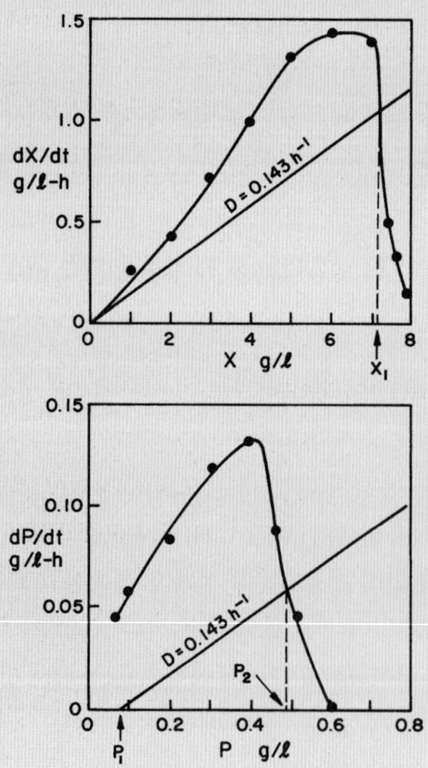

Figure 9.7. Solution to Example 9.2 using alternative graphical approach.

9.2.3 유가식 운전

기질의 비효율적인 이용, 대사 폐기물의 축적, 그리고 이화억제(catabolic repression)로 인해 일반적인 회분식 배양에서는 세포밀도와 생성물 농도(역가)가 제한된다. 유가식 반응기에서는 이러한 제약을 벗어나 높은 생성물 농도와 더불어 높은 세포밀도를 얻을 수 있는데, 이는 보통 생성물 회수에도 도움이 된다. 이에 더해, 기질의 농도가 높아 독성이 있거나 기질의 용해도가 낮을 때 유가식 시스템이 특히 유용하다. 그 외에도 이 시스템은 생장연관이 아닌 생성물에 잘 적용할 수 있다. 유가식 시스템에서의 생장속도가 회분식에 비해 어느 정도 낮다는 것은 명백한 단점이다. 일반적으로, 장점이 단점보다 많고, 유가식 시스템은 상업적 운전에 자주 사용된다.

유가식 배양에서 기질은 연속적으로 또는 반연속적으로 공급되는 반면, 유출액은 불연속적으로 제거된다(그림 9.8). 처음에는 작은 부피의 회분식으로 시작한다. 대부분의 기질이 소모된 후에, 원하는 세포 생장속도를 맞출 수 있도록 기질을 공급하기 위한 속도로 농축 공급액이 주입된다. 그러한 시스템을 반복 유가식 배양(repeated fed-batch culture)이라고 한다. 유가식 배양은 기질의 공급을 조절함으로써 대사속도를 조절하고 기질저해(substrate inhibition) 또는 이화생성물 억제(catabolite repression)를 극복하기 위해 보통 사용된다. 기질저해의 경우, 기질의 공급을 조절하여 낮은 기질농도를 유지함으로써 발효 생산성을 개선한다. 유가식 운전을 **반연속식**(semicontinuous) 또는 **가변부피**(variable-volume) 연속배양

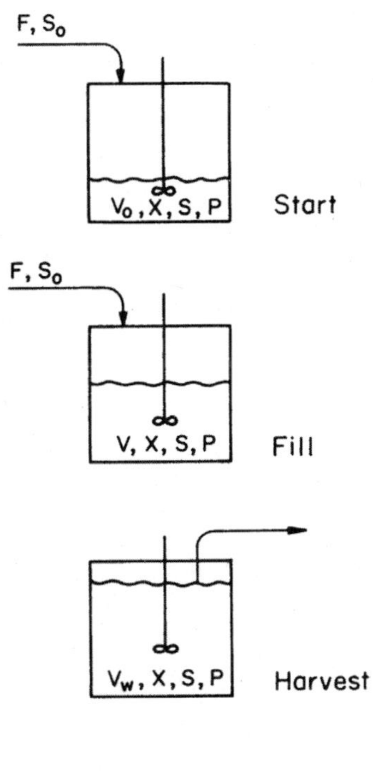

Figure 9.8. Schematic of a fed-batch culture.

이라고도 부른다.

주어진 시간에서 생물체의 농도가 다음과 같은 회분식 배양을 생각해 보자.

$$X = X_0 + Y_{X/S}^M (S_0 - S) \tag{9.27}$$

여기서 S_0는 초기의 기질농도, $Y_{X/S}^M$는 수율계수, 그리고 X_0는 초기 생물체 농도이다. 이 식에서는 내인성 대사가 없다고($k_d = 0$) 가정한다. 유가식 시스템이 최댓값보다 약간 낮은 생장속도(예를 들어 μ_m의 80%)에서 운전되거나, 통상 그런 생장속도가 유지되는 제약품의 생산에 있어서는 이 가정이 만족된다.

생물체 농도가 최댓값(X_m)에 도달했을 때, 기질농도는 $S \ll S_0$로 매우 낮고, 또한 $X \ll X_0$가 된다. 즉, $X_m \approx Y_{X/S}^M S_0$가 된다. $X_m \cong Y_{X/S}^M S_0$일 때 기질농도가 S_0인 영양소 공급액이 유속 F로 유입되기 시작한다고 하자. 용기 내의 전체 생물체 양은 $X^t = VX$이고, 여기서 V는 시간 t에서의 배양부피이다. 배양부피가 증가되는 속도는

$$\frac{dV}{dt} = F \tag{9.28}$$

식 9.28을 적분하면

$$V = V_0 + Ft \tag{9.29}$$

여기서 V_0는 초기의 배양부피(l)이다.

시간 t에서 용기 내의 생물체 농도는

$$X = X^t / V \tag{9.30}$$

생물체 농도의 변화속도는

$$\frac{dX}{dt} = \frac{V(dX^t/dt) - X^t(dV/dt)}{V^2} \tag{9.31}$$

$dX^t/dt = \mu_{net} X^t$, $dV/dt = F$, 그리고 $F/V = D$이므로, 식 9.31은

$$\frac{dX}{dt} = (\mu_{net} - D)X \tag{9.32}$$

기질이 모두 소모되었을 때(또는 기질농도가 S_0에 비해 무시할 정도), $S \approx 0$, 그리고 $k_d = 0$이라면 $X = X_m = Y_{X/S}^M S_0$이다. 더욱이 단위부피 내의 대부분의 기질이 소모되므로 $dX/dt = 0$이 된다. 이것을 준정상상태(quasi-steady state)라고 한다. 유가식 시스템은 영양소 소모속도가 영양소 공급속도와 거의 같을 때인 준정상상태에서 운전한다. 그런 운전의 실현이 실제에서는 어렵더라도, 기질농도의 피드백 조절이나 공급액을 단속적으로 공급함으로써 가

능하다. 준정상상태에서 $dX/dt = 0$이므로

$$\mu_{\text{net}} = D \tag{9.33}$$

만약 유지에너지를 무시한다면

$$\mu_{\text{net}} = \mu_m \frac{S}{K_s + S}$$

그러면

$$S \cong \frac{K_s D}{\mu_m - D} \tag{9.34}$$

유지에너지가 없을 때($k_d \to 0$) 속도제한기질에 대한 수지식은

$$\frac{dS^t}{dt} = FS_0 - \frac{\mu_{\text{net}} X^t}{Y_{X/S}^M} \tag{9.35}$$

여기서 S^t는 용기 내의 속도제한기질의 전체 양이고 S_0는 공급액의 기질농도이다. 공급액 공급속도가 아주 낮다면 $k_d \to 0$의 가정이 문제가 될 수 있으며, μ_g가 μ_m보다 아주 작은 값을 갖게 된다.

준정상상태에서 $X^t = VX_m$이고 잔류 기질은 S_0보다 아주 작으므로, 축적되는 기질은 많지 않다. 그러므로

$$FS_0 = \frac{\mu_{\text{net}} X^t}{Y_{X/S}^M} \tag{9.36}$$

또, X_m이 상수인 준정상상태에서 $X' = VX_m$을 미분하면

$$\frac{dX^t}{dt} = X_m \left(\frac{dV}{dt}\right) = X_m F = FY_{X/S}^M S_0 \tag{9.37}$$

반응기 내 생물체의 초기 양을 X_0^t로 하여 $t = 0$에서 t까지 식 9.37을 적분하면

$$X^t = X_0^t + FY_{X/S}^M S_0 t \tag{9.38}$$

즉, 유가식 배양에서 용기 내 세포의 전체 양은 시간에 대해 선형적으로 증가한다(실험적으로 관찰됨). 유가식 배양에서 희석속도, 즉 μ_{net}는 시간에 따라 감소한다. 준정상상태에서($k_d = 0$이면) $\mu_{\text{net}} = D$이므로, 생장속도는 희석속도에 의해 조절된다. μ_{net}는 시간의 함수이므로 비구조적(unstructured) 모델을 사용하면 근사값을 얻게 된다.

유가식 배양에서 생성물의 농도곡선은 $Y_{P/S}$ 또는 q_p의 정의를 사용하여 얻을 수 있다. 생성물의 수율계수 $Y_{P/S}$가 일정할 때, $S \ll S_0$인 준정상상태에서,

$$P \cong Y_{P/S}S_0 \tag{9.39}$$

또는 가능한 생성물의 생산량은

$$FP \approx Y_{P/S}S_0F \tag{9.40}$$

생성물 형성의 비속도 q_P가 일정할 때,

$$\frac{dP^t}{dt} = q_P X^t \tag{9.41}$$

여기서 P^t는 배양액 내 생성물의 전체 양이다.

$X^t = (V_0 + Ft)X_m$을 식 9.41에 대입하면

$$\frac{dP^t}{dt} = q_P X_m (V_0 + Ft) \tag{9.42}$$

식 9.42를 적분하면

$$P^t = P_0^t + q_P X_m \left(V_0 + \frac{Ft}{2} \right) t \tag{9.43}$$

생성물의 농도를 얻기 위하여, 식 9.43은

$$P = P_0 \frac{V_0}{V} + q_P X_m \left(\frac{V_0}{V} + \frac{Dt}{2} \right) t \tag{9.44}$$

그림 9.9는 유가식 배양 한 주기의 준정상상태에서 시간에 대한 V, $\mu(= D)$, X, S, 그리고 P의 변화를 보여 주고 있다.

어떤 유가식 운전에서는 반응기의 부피가 한정되어 있기 때문에 배양액의 일부를 적절한 시간구간에서 제거한다. 이 운전을 **반복 유가식 배양**(repeated fed-batch culture)이라고

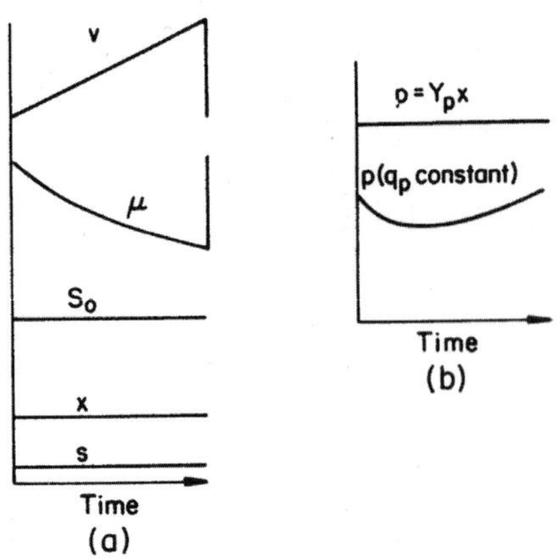

Figure 9.9. (a) Variation of culture volume (V), specific growth rate (μ), cell (X), and substrate (S) concentration with time at quasi-steady state. (b) Variation of product (P) concentration with time at quasi-steady state in a single cycle of a fed-batch culture.

한다. 이 운전에서 배양액의 부피와 희석속도($= \mu_{net}$)는 주기적으로 변한다.

만약 주기시간 t_w가 일정하고 시스템이 항상 준정상상태에 있다면, 각 주기 말의 생성물의 농도는

$$P_w = \gamma P_0 + q_P X_m \left(\gamma + \frac{D_w t_w}{2} \right) t_w \tag{9.45}$$

여기서 $D_w = F/V_w$, V_w는 각 주기 말의 배양액 부피, V_0는 제거 후 잔류 배양액 부피, γ는 각 주기에서 남아 있는 배양액 부피의 분율($= V_0/V_w$), 그리고 t_w는 주기시간이다.

주기시간은 다음과 같이 정의된다.

$$t_w = \frac{V_w - V_0}{F} = \frac{V_w - \gamma V_w}{F} = \frac{1-\gamma}{D_w} \tag{9.46}$$

식 9.46을 9.45에 대입하면

$$P_w = \gamma P_0 + \frac{q_P X_m}{2D_w}(1-\gamma^2) \tag{9.47}$$

생성물의 형성이 생장연관이 아닌 경우에는, 여기서 고려한 두 가지 제한 경우에 비해 더 복잡한 반응을 보일 수 있다. 더구나 소모속도를 항상 맞출 수 없을 수 있고, 그 결과 S의 값은 측정할 수 있을 정도로 크고, 또 변동적일 수 있다. 유가식 배양이 사용되는 한 예로 항생제 발효를 들 수 있는데, 2차대사산물의 생산경로가 초기의 높은 포도당 농도에 의해 억제되는 것을 피하기 위해 포도당용액을 발효액에 단속적으로 공급하게 된다. 유가식 방법은 낮은 영양소 농도에서 생성물의 형성속도가 최대인 젖산과 같은 2차대사산물의 발효, 그리고 식물세포와 동물세포 발효에 적용된다.

유가식 배양은 재조합 DNA 기술에 의해 단백질 생성물이 만들어지는 대장균(*Escherichia coli*) 발효에서 중요하다. 고농도 생성물을 만들기 위해서는 목적단백질의 생산을 유도하기 전에 고농도 세포배양이 요구된다. 만약 포도당 공급의 제한이 없다면, 대장균은 최대속도로 생장하나 부산물로서 유기산(예, 아세트산)을 만든다. 이러한 부산물의 축적은 생장을 방해한다. 만약 포도당이 최대속도보다 약간 낮은 수준의 생장속도를 유지하는 속도로 공급된다면, 대장균은 저해적 부산물을 덜 만들면서 포도당을 더 효율적으로 이용할 것이다. 이러한 내용들이 지켜지면 매우 높은 세포밀도(50 ~ 100 g/l)를 얻을 수 있다. 유가식 배양은 적극적인 공정제어를 통해 더 많은 혜택을 받을 수 있다. 예를 들어, 피드백 제어기를 사용하여 배지의 포도당 농도, 이산화탄소 발생속도를 측정하거나 pH를 제어함으로써 포도당 공급속도를 조절할 수 있다.

예제 9.3

포도당용액이 단속적으로 공급되는 유가식 배양에서, 다음 매개변수들은 시스템이 준정상상태에 있는 $t = 2$ h에서의 값이다.

$$V = 1000 \text{ ml} \qquad F = \frac{dV}{dt} = 200 \text{ ml/h}$$

$$S_0 = 100 \text{ g glucose/l} \qquad \mu_m = 0.3 \text{ h}^{-1}$$

$$K_s = 0.1 \text{ g glucose/l} \qquad Y_{X/S}^M = 0.5 \text{ gdw cells/g glucose}$$

$$X_0^t = 30 \text{ g}$$

a. V_0(초기의 배양부피)를 구하라.

b. 준정상상태에서 용기 내 생장제한기질의 농도를 구하라.

c. $t = 2$ h(준정상상태)에서 용기 내 생물체의 농도와 전체 양을 구하라.

d. $q_p = 0.2$ g 생성물/g 세포, $P_0 = 0$일 때, $t = 2$ h에서 용기 내의 생성물 농도를 구하라.

풀이

a. $V = V_0 + Ft$

$$V_0 = 1000 - 200(2) = 600 \text{ ml}$$

b. $D = F/V = 0.2 \text{ h}^{-1}$

$$S \approx \frac{K_s D}{\mu_m - D} = \frac{(0.1)(0.2)}{0.3 - 0.2} = 0.2 \text{ g glucose/l}$$

c. $X^t = X_0^t + FY_{X/S}^M S_0 t$

$$= 30 + (0.2)(0.5)(100)(2) = 50\ g$$

d. $P = P_0 \frac{V_0}{V} + q_P X_m \left(\frac{V_0}{V} + \frac{Dt}{2}\right) t$

$$= 0 + (0.2)(50)\left(\frac{600}{1000} + \frac{(0.2)(2)}{2}\right)(2)$$

$$= 16\ g/l$$

9.2.4 관류 시스템

유가식 배양의 대안으로 관류 시스템이 있다. 이 시스템은 동물세포배양, 특히 단일군 항체 생산에 가장 흔하게 이용되며(12장 '동물세포 배양 시의 생물공정에 대한 고찰' 참조), 여러 주에서 여러 달 동안에 걸쳐 운전유지가 가능하다. 기본적인 특징은 일정한 배지의 흐름, 세포의 보존, 그리고 어떤 경우에는 죽은 세포의 선택적 제거가 가능하다. 높은 세포밀도를 이룰 수 있다. 세포보존은 보통 막이나 체에 의해서 또는 선택적 세포제거가 가능한 원심분리에 의해 이루어진다. 막을 이용하면 이 시스템은 세포가 보통 현탁(suspension) 그리고 혼합상태로 유지된다는 것을 제외하고는 고정화 세포 시스템(immobilized cell system)의 특성을 갖는다(9.3절 참조). 이 시스템은 선택적인 제거/재순환으로 이 장의 앞부분에서 살펴본 세포 순환 반응기와 비슷하게 된다. 그림 9.10은 관류 시스템의 한 종류를 나타낸다. 어떤 경우에는, 밀도나 응집에서의 차이에 의해, 세포분리기(예, 원심분리기)가 살아 있는 세포를 선택적으로 순환시키고, 세포조각은 버릴 수 있게 된다. 폐수처리에서 흔한 것처럼, 세포가 응집하게 되면, 내부 또는 외부적 중력침강기를 이용한다.

관류 시스템의 가능한 장점으로는 세포 파편 및 저해성 부산물의 제거 가능성, 죽은 세포에 의해 방출되어 생성물을 파괴할지도 모르는 효소의 제거, 잠재적으로 혹독한 생산조건에 대한 생성물의 짧은 노출시간(회분식 또는 유가식 운전과 비교하여), 단위 부피당 높은 생산성(높은 세포밀도와 대사 때문에) 및 보다 일정한 환경을 들 수 있다.

주요 단점은 보통 많은 양의 배지가 사용되며, 배지의 영양분이 회분식이나 유가식 시스템보다 덜 완전하게 이용된다는 것이다. 대량의 배지 사용은 고가의 원료비뿐만 아니라,

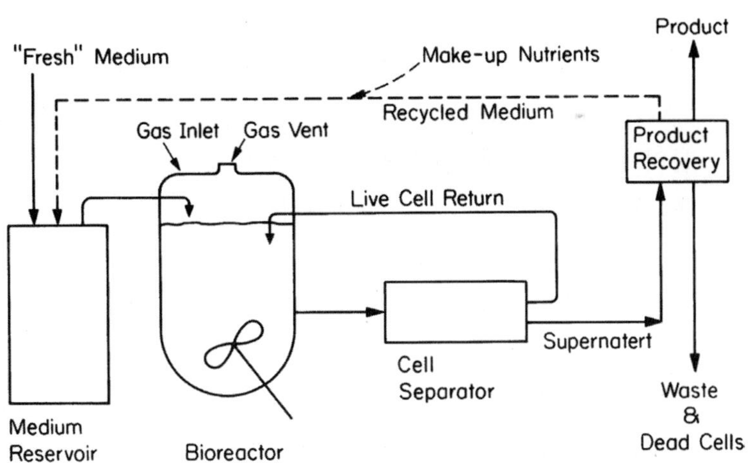

Figure 9.10. Schematic of a perfusion system with external centrifugation and return of cells. Internal retention of cells is also possible. Return of spent medium is optional.

배지를 준비하고 멸균하는 데 드는 비용 때문에 비경제적이다. 더욱이 큰 액체부피로 인해 폐기물의 처리비용도 증가한다. 일반적으로, 생물공정공학자는 더 복잡한 반응기 시스템(막, 펌프, 원심분리기 등) 및 증가된 배지사용으로 인해 증가된 비용을 향상된 생성물의 품질 그리고 반응기 생산성과 비교하여 고려해야 한다. 최상의 선택은 각각의 상황에 따라 달라진다.

9.2.5 막 생물반응기

막 생물반응기는 보통 발효배지로부터 생성물이나 세포를 동시에 분리하기 위해서, 그리고 생물상에 기질의 조절적 공급을 위해 사용된다.

- **세포분리를 위한 막 생물반응기**: 이런 종류의 막 생물반응기는 보통 폐수처리에서 사용된다. 막 카트리지는 생물학적 폐수처리가 일어나는 통기조 안에 설치된다. 폐수는 막 카트리지 안에서 확산되고, 처리된 물은 펌프에 의해 제거된다. 생물체는 통기조 안에 남아 있고, 생물반응기에서 세포의 평균 체류시간을 조정하기 위한 양만큼 제거된다. 막 시스템은 침강조의 역할을 대신할 수 있으며, 훨씬 더 효율적인 고액 분리를 제공한다. 침강조처럼 막 장치는 통기조 다음에 설치되어, 여기서 분리된 고체는 반응기로 다시 재순환되고 깨끗한 폐수는 여액으로 제거된다. 평면 또는 나선 형태의 막이 사용될 수 있다. 막 오염(fouling)이 주된 문제로, 막의 성능을 떨어뜨린다. 오염은 통기조 안에서 강한 교반이나 통기, 또는 주기적인 역세척에 의해 부분적으로 제거될 수 있다. 보통 1 μm보다 작은 구멍크기를 갖는 미세여과 또는 한외여과가 세포분리 목적으로 쓰인다.
- **생성물 제거를 위한 막 생물반응기**: 생성물 저해는 생물공정에서 널리 부딪히는 현상이다. 발효 중의 생성물의 동시제거는 생성물 저해를 없애기 위해 많이 사용된다. 막분리는 생성물 저해를 줄이기 위한 생성물 동시제거에 사용되는 방법 중 하나이다. 보통, 한외여과 또는 투석막이 발효배지로부터 생성물을 제거하기 위해 사용된다. 에탄올, 아세톤-부탄올 발효, 그리고 동물세포배양(락테이트 그리고 암모늄)은 몇 가지 저해적 생성물을 생산하는데, 이들은 적당한 막을 이용하여 제거될 수 있다. 이러한 막의 몇 가지는 생성물 제거와 더불어 세포분리에도 사용된다. 또, 막은 반응기의 내부 또는 외부에 설치될 수 있고, 주기적으로 세척해야 한다. 교차류 막 운전이 막 오염을 부분적으로 극복하기 위해 사용될 수 있다.
- **기질의 조절적 공급을 위한 막 생물반응기**: 발효배지로의 기질 공급속도는 대사속도

에 영향을 미치는 주요인자의 하나이다. 높은 기질농도에 의한 기질저해를 피하기 위해, 막에 의해 생물층과 비생물층을 분리함으로써 기질은 천천히 생물층으로 공급되고, 생성물은 동시에 제거된다. 실관형(hollow-fiber) 튜브 막 카트리지를 이 목적에 사용할 수 있는데, 영양용액은 관 안쪽(tube side)으로 흐르고, 세포는 바깥쪽(shell side)에 고정된다.

다음 형태들을 막 생물반응기로 이용할 수 있다.

- **내부막 생물반응기**: 세포 또는 생성물의 분리가 일어나는 반응기 내부에 막이 위치한다. 여액은 막의 반대쪽에서 연속적으로 제거된다. 평면 막 카트리지 또는 감긴 관형 막이 이 목적으로 이용될 수 있다. 막의 표면적과 수력학적 조건들이 막의 성능에 영향을 주는 가장 중요한 매개변수들이다.
- **외부막 생물반응기**: 막 장치가 반응기 외부에 설치되어, 반응기의 유출액이 세포 또는 생성물의 분리를 위해 막 장치에 공급된다. 분리를 돕기 위해 막의 여액 쪽에 진공을 걸 수 있다. 여액을 포함하는 생성물은 회수운전으로 보내지고, 높은 밀도의 세포를 포함하는 액상은 반응기로 일부 되돌려질 수 있다.

그림 9.11은 내부와 외부적 막 반응기 형태를 보여 주고 있다.

조절된 기질 공급과 동시 생성물 제거를 위한 막 생물반응기에서는, 생물반응속도가 막을 통과하는 기질의 전달속도에 의해 제한된다. 그림 9.12의 반응기 형태에서 세포가 기질 S를 더 많은 세포 X와 생성물 P로 변환시킨다.

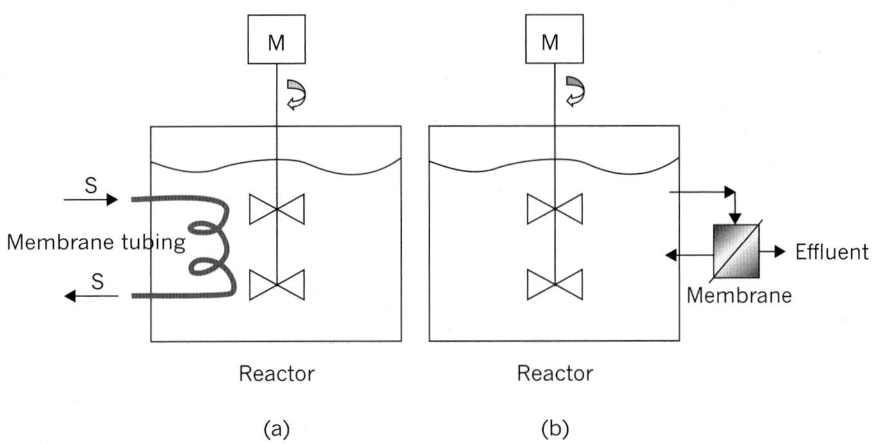

Figure 9.11. Membrane bioreactor configurations: (a) internal membrane, (b) external membrane.

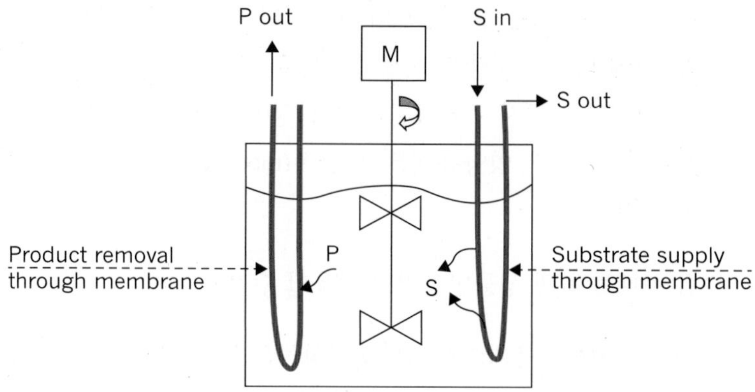

Figure 9.12. Membrane bioreactor with substrate supply and product removal membranes.

회분식 운전에 있어 속도제한 기질 농도의 변화속도는 다음과 같이 나타낼 수 있다.

$$dS/dt = K_M a(S_o - S) - \left(\mu_m / Y^M_{x/s}\right) XS/(K_S + S) = K_M a\,(S_o - S) - k\,X\,S/(K_S + S) \quad (9.48)$$

다음은 반응기 내에서 생성물 농도의 변화속도이다.

$$dP/dt = Y^M_{p/x}\mu_m X\,S/(K_S + S) - K'_M a\,(P - P_e) = q_{pm} X\,S/(K_S + S) - K'_M a\,(P - P_e) \quad (9.49)$$

마지막으로, 생물체 농도의 변화속도는

$$dX/dt = \mu_m X\,S/(K_S + S) - k_d X \quad (9.50)$$

식 9.48, 9.49, 9.50에서 K_M은 막을 통과하는 기질 물질전달계수, a는 반응부피당 막 표면적 (A_m/V), S_o와 S는 공급액 저장조와 반응기에서의 기질농도, μ_m은 최대 비생장속도, K_s는 포화상수, X는 반응기 내 생물체 농도, $Y^M_{x/s}$는 최대 생장수율계수, k는 최대 기질소모속도상수 ($\mu_m/Y^M_{x/s}$), $Y_{p/x}$는 생성물 수율상수, K'_M은 막을 통과하는 생성물 물질전달계수, q_{pm}은 최대 생성물 비생성속도($Y_{p/x}\ \mu_m$), P와 P_e는 반응기와 유출액 탱크에서의 생성물 농도, 그리고 k_d는 반응기에서의 생물체의 사멸속도상수이다. k_d는 3일 이하의 운전에서는 보통 무시한다.

이와 같은 막 생물반응기의 회분식 운전에서, 시간에 따른 생물체, 기질, 그리고 생성물의 변화를 얻기 위해서는 식 9.48, 9.49 그리고 9.50을 동시에 풀어야 한다. 회분식 운전 중에는 시스템이 정상상태에 이르지 못한다. 그러나 생변환속도가 기질전달속도에 의해 제한될 때, 반응기 내 기질농도는 아주 낮고 측정할 수 있는 변동은 작게 된다. 이런 경우에, $dS/dt = 0$ 그리고 $dP/dt = 0$을 가정할 수 있다.

그러면 막을 통한 기질전달이 속도제한(즉, 가장 느림) 단계일 때, 식 9.48과 9.49는 다음의 형태를 갖게 된다.

$$K_M a\left(S_o - S\right) = k\ X\ S/(K_S + S) \tag{9.51}$$

$$q_{pm} X\ S/\left(K_S + S\right) = K'_M\ a\left(P - P_e\right) = q_p X \tag{9.52}$$

$dS/dt = 0$ 그리고 일정한 수율계수를 가정하면, 반응기에서 생물체의 농도는 일정하게 되고, 반응기 내의 기질과 생성물 농도를 구하기 위해 식 9.51과 9.52를 풀게 된다.

$S \ll S_o$ (무시할 정도의 S)인 심각한 기질 전달 제약의 경우, 생변환속도는 1차 속도론에 근접하고, 기질전달속도(rate of substrate transfer (RST)와 소모속도)는 다음과 같이 쓸 수 있다.

$$RST = K_M a\ S_o = k\ X\ S/\left(K_S + S\right) = k\ X\ S/K_S \tag{9.53}$$

다음은 생성물생성(rate of product formation (RPF))과 전달속도이다.

$$RPF = Yp/s\ K_M a\ S_o = K'_M\ a\left(P - P_e\right) = q_{pm} X\ S/K_S \tag{9.54}$$

심각한 막 전달제약의 경우에 기질과 생성물 농도를 결정하기 위해 식 9.53과 9.54를 사용한다.

9.3 고정화 세포계

생물촉매로서 세포의 고정화는 효소 고정화와 아주 유사한 방법이다. 고정화는 세포의 이동을 정해진 공간 안으로 제약하는 것이다. 고정화 세포배양은 현탁배양에 대하여 다음과 같은 잠재적인 장점을 가진다.

- 고정화는 높은 세포농도를 유지할 수 있다.
- 고정화된 세포는 재사용할 수 있고 세포회수와 세포재순환 공정에 드는 비용을 없앨 수 있다.
- 고정화에서는 높은 희석속도에서 세포가 세출(washout)되는 문제가 없다.
- 높은 세포농도와 빠른 유속(세출이 되지 않는)의 조합으로 높은 부피생산성을 얻는다.
- 또한 고정화는 세포를 위한 좋은 미세환경조건(즉, 세포와 세포 간의 접촉, 영양소와 생성물의 농도 기울기, pH 기울기)을 제공함으로써, 생물촉매의 성능을 향상(예, 생성물의 더 높은 수율과 생산속도)시킬 수 있다.
- 때로는 고정화가 유전자 안정성을 향상시킨다.

- 어떤 세포의 경우에는 전단응력에 의한 손상방지가 중요하다.

고정화에서 주요 제약은 원하는 생성물이 세포 밖으로 분비되어야 한다는 것이다. 더욱 복잡한 점은 고정화시스템에서 흔히 확산제한이 중요한 문제가 된다는 것이다. 그러한 경우에 미세환경조건의 조절은 계가 불균일하게 되기 때문에 어렵다. 살아 있는 세포를 사용할 때는 생장과 기체 방출이 어떤 시스템에서는 중요한 문제가 되며, 고정화담체를 기계적으로 심각하게 파괴할 수 있다.

3장에서 효소 고정화에 대하여 알아보았다. 그림 3.16은 고정화 방법에 대하여 요약해 놓은 것이다. 효소 고정화와 완전한 세포를 사용하는 것은 많은 점에서 유사하다. 그러나 이런 시스템에서 살아 있는 세포를 유지하는 것은 효소의 활성을 유지하는 것보다 더 복잡하다. 고정화효소에 대하여 고정화세포의 주된 장점은 정제효소를 사용하기에는 적합하지 않은 다단계의, 보조인자가 필요한 생합성반응을 수행할 수 있다는 것이다.

9.3.1 세포의 능동적 고정화

능동적 고정화(active immobilization)는 물리 또는 화학적인 힘에 의해 세포를 포획(entrapment)하거나 결합(binding)한다. 능동적 고정화의 두 가지 주요 방법은 포획법과 결합법이다.

다공성의 담체 안에 세포를 물리적으로 포획시키는 것은 세포고정화에서 가장 널리 사용되는 방법이다. 다양한 담체가 세포고정화에 사용된다. 이 중에는 다공성의 고분자(예, 한천, 알지네이트, κ-카라지난(carrageenan), 폴리아크릴아마이드, 키토산, 젤라틴, 콜라젠), 다공성의 금속막, 폴리우레탄, 실리카겔, 폴리스티렌, 그리고 셀룰로오스 트리아세테이트가 있다.

고분자 비드(bead)는 비드의 안팎으로 기질과 생성물의 이동이 충분하도록 다공성이어야 한다. 이들은 보통 세포 존재하에 형성되며 다음 방법 중 하나로 제조된다.

- **고분자의 젤화**: 젤라틴과 한천비드는 세포 현탁액과 액상의 이들 고분자를 섞은 후 비드 모양의 주형을 사용하여 만들어진다. 주형의 온도를 낮춰 주면 세포가 포획되어 있는 고분자가 고체로 된다. 젤비드는 보통 부드럽고 기계적으로 부서지기 쉽다. 그러나 세포를 포획하고 있는 부드러운 젤라틴 껍질 안에 단단한 중심부(즉, 유리, 플라스틱)를 형성하면 고분자 비드의 기계적인 문제를 극복할 수 있다. 확산제약 때문에 그러한 비드의 내부 중심부가 종종 불활성화되지만, 비드당 형성되는 생성물의 양이 반드시 감소하는 것은 아니다.
- **고분자의 침전**: 세포가 고분자용액에 분산되어 있을 때, pH 또는 용매를 바꿔 줌으로

써 고분자가 침전된다. 고분자의 초기용액은 유기 용매 또는 물과 용매의 혼합물로 만들어진다. 에탄올과 아세톤은 물에 잘 섞이는 용매의 예이다. 이러한 목적으로 사용하는 고분자에는 폴리스티렌, 셀룰로오스 트리아세테이트, 그리고 콜라젠이 있다. 세포는 용매와 직접 접촉하면 불활성화되고 심지어 죽기까지 한다.

- **이온교환 젤화**: 이온교환 젤화는 물에 잘 녹는 다전해질을 염용액과 섞었을 때 일어난다. 다전해질이 염용액과 반응하면 고체화가 일어나 고체 젤을 형성한다. 이러한 종류의 젤화 중에서 가장 잘 알려진 것은 Na-알지네이트 용액과 $CaCl_2$ 용액을 혼합하여 Ca-알지네이트 젤을 형성하는 것이다. 이온교환 젤화로 얻어지는 다른 고분자로는 Al-알지네이트, Ca/Al 카르복시메틸 셀룰로오스, Mg 펙티네이트, κ-카라지난, 그리고 키토산 다인산염이 있다. 알지네이트와 κ-카라지난은 세포고정화의 목적으로 가장 널리 사용되는 고분자이다. 이온성 젤은 공유 교차결합으로 보다 안정화된다.
- **다축합반응**: 에폭시수지는 다축합반응으로 제조되어 세포고정화에 사용된다. 다축합반응에 의하여 화학적, 기계적 안정성이 높은 공유결합의 망조직이 형성된다. 보통 액상의 전구물질은 다기능적인 물질로 처리된다. 작용기로는 보통 하이드록시, 아미노, 에폭시, 그리고 이소시아네이트 기가 있다. 다축합반응으로 얻어지는 고분자 망조직으로는 에폭시, 폴리우레탄, 실리카젤, 젤라틴-글루탈알데하이드, 알부민-글루탈알데하이드, 그리고 콜라젠-글루탈알데하이드 등이 있다. 가혹한 반응조건(예, 높은 온도, 너무 낮거나 높은 pH)과 독성을 갖는 작용기는 세포활성에 악영향을 줄 수 있다.
- **중합**: 고분자의 망조직은 단위체를 포함하는 비닐기의 공중합체를 교차결합시켜 제조할 수 있다. 폴리아크릴아마이드 비드는 아크릴아마이드와 비스아크릴아마이드의 공중합으로 얻어지는 고분자비드로 가장 널리 사용되고 있다. 여러 가지 단위체가 고분자 형성에 사용되는데, 아크릴아마이드, 메타크릴아마이드, 그리고 2-하이드록시메틸 메타크릴레이트가 가장 널리 사용된다. 교차결합은 보통 메틸렌비스-아크릴아마이드와 같은 다이비닐 화합물과의 공중합으로 시작된다.
- **3차원 프린팅**: 살아 있는 세포를 3차원(3D) 프린팅하는 기술은 급격히 발달하고 있는 기술이다. 3D 세포프린터(산업용 로봇과 사실상 같은 유형)는 잉크젯 프린터와 기본적으로 같은 방식을 이용한다. 보통 잉크젯 프린터가 2차원인 데 반해, 물체를 층층이 쌓는 추가공정을 통해 3D로 프린트할 수 있다. 3D 생물프린팅에서, '잉크'는 살아 있는 세포와 생체적합성 매트릭스 재료(보통 화학적 또는 광 교차결합할 수 있는 고분자)의 혼합물이다. 미리 정한 장소에 특정한 작은 '잉크' 방울들을 떨어뜨리도록 시스

템을 프로그램한다. 3D 물체는 아주 정확한 공간배치를 통해 층층으로 작은 방울들을 위치시켜 만든다. 방울들은 작다(50에서 100 μm 수준). 여러 가지 세포유형의 3D 구조를 만들기 위해 복합적인 '잉크'를 쓸 수 있다(컬러프린터처럼). 초기 예로는 대체조직으로서 인간 귀의 프린팅을 들 수 있다. 미세압출이나 레이저 보조 침착과 같은 '잉크젯' 이외의 기술들 역시 3D 프린팅에 이용된다. 3D 프린팅이 주로 포유동물 세포와 의약적 응용에 적용되고 있으나, 생물공정이나 환경공학의 유용한 모델이나 시스템을 구축하는 데 사용될 수 있다. 예를 들어, 3D 프린팅은 미생물군집의 상호작용을 조사하기 위한 자세하고 아주 설계적인 모델을 만드는 데 사용될 수 있다.

중합에 의한 고정화는 간단한 방법이다. 중합에 사용되는 용액과 세포 현탁액을 섞으면 중합이 일어나 고분자 덩어리를 형성하고, 압착하여 체를 통과시키면 일정한 모양의 입자가 얻어진다. 또한 현탁 또는 유화중합이 세포포획을 위한 고분자비드를 형성하는 데 사용될 수 있다.

세포포획의 또 다른 방법으로 캡슐화(encapsulation)가 있다. 미세캡슐은 반투과성 막으로 둘러싸인 속이 빈 구형입자이다. 세포는 캡슐의 빈 공간에 포획된다. 캡슐 안팎으로의 영양소와 생성물의 이동은 캡슐피막을 통해 일어난다. 미세캡슐은 젤 비드에 비해 몇 가지 장점을 갖는다. 지지체의 단위부피당 더 많은 세포가 지지체 캡슐에 충전되고, 캡슐 내부공간에 액체인 세포 현탁액이 존재하므로 입자 내의 확산제한은 캡슐에서 덜 심하다. 여러 가지의 고분자가 캡슐피막으로 사용된다. 그 중에는 나일론, 콜로딘, 폴리스티렌, 아크릴레이트, 폴리라이신-알지네이트 하이드로젤, 셀룰로오스 아세테이트-에틸 셀룰로오스, 그리고 폴리에스터 막이 있다. 캡슐 내의 고분자량 생성물은 통과시키지 않고, 저분자량의 영양소와 생성물을 통과시키기 위한 각각의 응용에는 특성(즉, 조성과 분자량분획(molecular weight cutoff))이 다른 반투막이 사용된다.

포획법의 다른 형태는 9.2.5절에 자세히 나와 있는 것처럼, 거시적 막을 이용한 반응기를 사용하는 것이다. 동물세포배양을 위한 여러 가지 상업용 반응기가 막 포획을 이용한다.

포획 또는 캡슐화 외에, 세포는 여러 지지체에 직접 붙을 수 있다. 물리적인 흡착 또는 공유결합법으로 지지체의 표면에 세포가 고정화될 수 있다.

활성이 없는 지지체 표면에 세포를 흡착시키는 방법은 세포고정화에 널리 사용된다. 흡착에 의한 고정화의 주요 장점은 영양소와 지지체가 직접 접촉한다는 것이다. 미세 다공성 지지체를 사용하면 많은 양의 세포를 고정화시킬 수 있다. 그러나 다공성 지지체는 고분자에 의한 세포포획 시스템의 경우처럼 높은 세포밀도하의 입자 내 구멍에서 확산제약을 일으킨다. 또한 다공성 지지체에서는 미세환경조건의 조절이 어렵다. 내부 표면에 세포를 고정화하는 데 사용되는 다공성 지지체의 세포에 대한 구멍의 지름비는 4에서 5 정도가 적당하다. 크기가 작은 구멍에서는 내부 표면까지 영양소가 들어갈 수 있는가가 제한요인이 되는 반면에, 큰 구멍에서는 비표면적이 제한요인이 된다. 그러므로 최대의 생물전환 속도를 얻기 위한 최적 구멍크기가 존재한다.

흡착용량과 결합세기는 적당한 지지체의 선택에 영향을 미치는 두 가지 주요 요인이다. 흡착용량은 2 mg/g(다공성 실리카)과 250 mg/g(나무칩) 사이의 값을 갖는다. 다공성 유리운반체는 젤에 포획되는 세포농도(10^9 ~ 10^{11} 세포/ml)보다 작거나 비슷한 흡착용량(10^8 ~ 10^9 세포/g)을 가진다. 세포와 지지체 표면 사이의 결합력은 지지체의 표면성질과 세포형태에 따라 달라진다. 양전하를 띠는 지지체 표면(예, 이온교환수지, 젤라틴)을 사용하면 정전기력이 압도적이다. 세포는 공유결합 또는 수소결합에 의해 음전하로 하전된 표면에 부착되기도 한다. 중성의 고분자 지지체 표면에 대한 세포의 흡착은 공유결합, 수소결합, 또는 반데르발스(van der Waals) 힘과 같은 화학결합에 의해 이루어진다. 몇 가지 특별한 킬레이팅제를 사용하면 세포와 표면 간의 상호작용이 더욱 강해진다. 세포흡착에 사용되는 지지체로는 다공성 유리, 다공성 실리카, 알루미나, 젤라틴, 키토산, 활성탄, 세라믹, 나무칩, 폴리프로필렌 이온교환수지(예, DEAE-Sephadex, carboxymethyl cellulose (CMC)), 그리고 Sepharose가 있다.

흡착은 간단하고 가격이 저렴한 세포고정화 방법이다. 그러나 미생물 시스템에 있어 제한된 세포 부하량과 약한 결합력은 이 방법의 단점이다. 세포가 지지체 표면에서 떨어지는 것을 막기 위해서 흡착된 세포 주변의 수력학적 전단응력은 작아야 한다. 동물세포에 있어서, 세라믹이나 고분자 간에 잘 정의된 다공성 재료가 생물공정과 의약적 응용 양쪽에 성공적으로 사용되어 왔다. 화학적으로 적당한 경우, 표면에 동물세포의 부착은 꽤 강할 수 있다. 젤이나 속이 빈 미세 다공성 구체에 가두는 방법도 동물세포에 사용할 수 있다.

공유결합법은 효소고정화에 가장 널리 사용되는 방법이다. 그러나 세포고정화에서는 그렇게 많이 쓰이고 있지 않다. 세포와 지지체 표면의 작용기는 대개 공유결합에 적당하지 않다. 결합표면은 결합제(예, 글루탈알데하이드 또는 카르보다이이미드) 또는 공유결합을 위한 반응기로 특별히 처리할 필요가 있다. 이러한 반응기는 세포에 유독할 수 있다. 많은 무기질 운반체(예, 티타늄과 산화지르코늄과 같은 금속산화물)가 개발되어 공유결합에 적합한 작용기를 제공하여 왔다.

공유결합력은 흡착력보다 강하여 더 안정한 결합을 이룬다. 그러나 생장하고 있는 세포를 사용하는 경우에 많은 수의 세포가 죽게 된다. 필요한 작용기를 갖는 지지체의 수는 제한되어 있다. 공유결합에 사용되는 지지체로는 CMC와 카르보다이이미드의 혼합물, 알데하이드·아마이드·에폭시·할로카르보닐기를 갖는 운반체, Zr(IV) 산화물, Ti(IV) 산화물, 그리고 셀룰로오스와 시아누르 염화물의 혼합물 등이 있다. —OH기를 갖는 지지체는 CNBr로 처리하고, $-NH_2$를 갖는 것은 글루탈알데하이드로 처리한다. 그리고 COOH기를 갖는 지지체는 세포 표면 위의 단백질기와의 공유결합을 위해 카르보다이이미드로 처리한다.

불용성 응집체를 형성하기 위하여 글루탈알데하이드를 사용하여 세포들을 상호결합시키는 것은 결합보다는 세포포획과 더 유사하다. 그러나 어떤 세포들은 지지체 표면에 흡착한 후 상호결합된다. 글루탈알데하이드에 의한 상호결합은 세포의 대사활성에 해로운 영향을 미치고 또한 심한 확산제한을 일으킬 수 있다. 물리적인 상호결합은 다전해질, 키토산과 같은 고분자, 그리고 염들(예, $CaCl_2$, $Al(OH)_3$, $FeCl_3$)을 사용하여 얻을 수 있다. 직접적인 상호결합은 이미 언급한 단점 때문에 널리 사용되지 않는다.

좋은 지지체는 단단하고, 화학적으로 불활성이며, 세포와 단단히 결합하고, 높은 부하량을 가져야 한다. 젤 포획의 경우 젤은 충분히 다공성이어야 하고, 입자크기는 입자 내의 확산제한을 피하기 위해 충분히 작아야 한다.

포획법과 표면부착(결합)법에 의한 세포고정화의 몇 가지 예가 각각 표 9.1과 9.2에 요약되어 있다.

TABLE 9.1. Examples of Cell Immobilization by Entrapment

Cells	Support Matrix	Conversion
Saccharomyces cerevisiae	κ-Carrageenan or polyacrylamide	Glucose to ethanol
Enterobacter aerogenes	κ-Carrageenan	Glucose to 2,3-butanediol
Escherichia coli	κ-Carrageenan	Fumaric acid to aspartic acid
Trichoderma reesei	κ-Carrageenan	Cellulose production
Zymomonas mobilis	Ca-alginate	Glucose to ethanol
Acetobacter sp.	Ca-alginate	Glucose to gluconic acid
Morinda citrifolia	Ca-alginate	Anthraquinone formation
Candida tropicalis	Ca-alginate	Phenol degradation
Nocardia rhodocrous	Polyurethane	Conversion of testosterone
Escherichia coli	Polyurethane	Penicillin G to G-APA
Catharanthus roseus	Polyurethane	Isocitrate dehydrogenase activity
Rhodotorula minuta	Polyurethane	Menthyl succinate to menthol
Mammalian cells	Alginate-polylysine	Drug delivery

TABLE 9.2. Examples of Cell Immobilization by Surface Attachment

Cells	Support Surface	Conversion
Lactobacillus sp.	Gelatin (adsorption)	Glucose to lactic acid
Clostridium acetobutylicum	Ion-exchange resins	Glucose to acetone, butanol
Streptomyces	Sephadex (adsorption)	Streptomycin
Animal cells	DEAE-Sephadex/Cytodex (adsorption)	Hormones
Escherichia coli	Ti(IV) oxide (covalent binding)	
Bacillus subtilis	Agarose–carbodiimide (covalent binding)	
Solanum aviculare	Polyphenylene oxide-glutaraldehyde (covalent binding)	Steroid glycoalkaloids formation

9.3.2 수동적 고정화: 생물학적 막

생물학적 막(biological films)은 고체인 지지체 표면 위에서 생장하는 여러 층의 세포를 일컫는다. 지지체는 활성이 없거나 생물학적 활성이 있다. 생물막의 형성은 자연계, 그리고 생물학적 폐수처리나 사상곰팡이(mold) 발효와 같은 산업적 발효시스템에서 흔히 볼 수 있다. 세포 간의 상호작용과 세포와 지지체 사이의 결합력은 아주 복잡할 수 있다.

혼합배양의 미생물막에서, 고분자를 생산하는 미생물에 의해서 생물막의 형성이 촉진되고 생물막의 안정성이 증진된다. 두꺼운 생물막 내의 미세환경조건은 위치에 따라 달라지고 세포의 생리현상에 영향을 미친다.

정체되어 있는 생물학적 막에서, 영양소는 생물막으로 확산되고 생성물은 액체인 영양소 배지로 확산되어 나온다. 생물막 내에서의 영양소와 생성물의 농도곡선은 세포의 생리현상과 대사에 영향을 미치는 중요한 인자이다. 그림 9.13은 생물막에 대한 모식도이다. 생물막 배양은 앞부분에 열거한 현탁배양에 대한 고정화 세포시스템과 거의 같은 이점을 가진다.

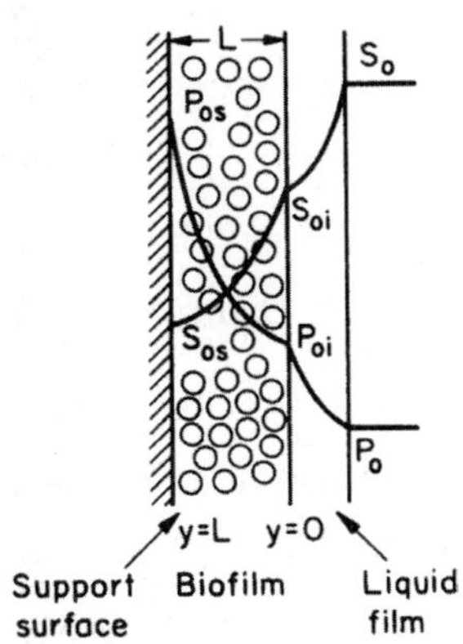

Figure 9.13. Schematic representation of a biofilm.

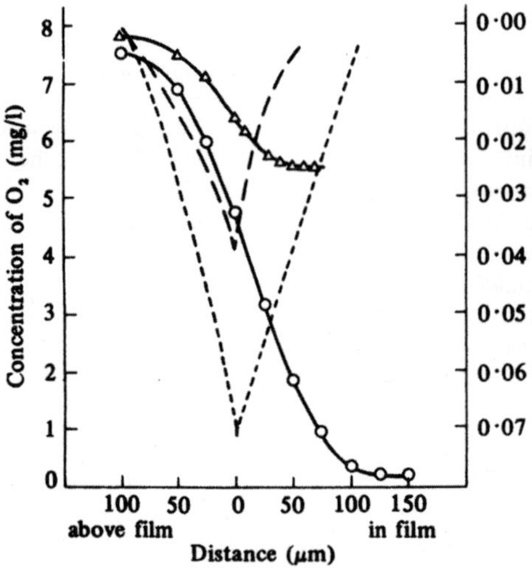

Figure 9.14. Dissolved-oxygen profiles and oxygen gradients in a microbial slime bathed in flowing medium: -Δ-Δ- oxygen profile for 20 ppm nutrient broth, 27.5°C; – – oxygen gradient for this profile; -O-O- oxygen profile for 500 ppm nutrient broth, 26°C; --- oxygen gradient for this profile. (With permission, from H. R. Bungay and others, *Biotechnol. Bioeng*. 11:765, 1969, John Wiley & Sons, Inc., New York.)

생물막의 두께는 생물상(biotic phase)의 성능에 영향을 미치는 중요한 인자이다. 얇은 생물막은 낮은 생물체 농도 때문에 낮은 전환속도를 가질 것이며, 두꺼운 생물막의 성장은 확산에 의해 제한될 수 있다. 이러한 제한은 세포계와 목적에 따라 이로울 수도, 해로울 수도 있다. 두꺼운 생물막에서는 내부에 영양소가 결핍되는 부분이 생길 수 있다. 많은 경우에 생물전환속도를 최대로 하는 적절한 생물막의 두께를 결정할 수 있다. 몇 가지 경우에 있어서, 확산제한 상태에서의 생장은 세포의 생리현상과 세포 간의 상호작용을 변화시킴으로써 생성물에 대한 더 높은 수율을 얻을 수 있다. 이 경우 반응 화학양론(reaction stoichiometry)(예, 높은 수율)을 개선하는 것은 반응속도의 감소를 극복할 수 있으며 확산제한 상태에서 계를 운전하는 것이 더 유리할 수도 있다. 보통, 용존산소같이 잘 녹지 않는 영양소는 생물막 내에서 속도제한 영양소가 된다. 생물막 내에서 용존산소 농도의 전형적인 변화를 그림 9.14가 보여 주고 있다.

9.3.3 고정화 세포계에서의 확산제한

세포고정화는 현탁배양과 비교하여 추가의 확산제한을 유발한다. 확산제한의 존재와 중요성은 생물전환과 확산의 상대속도에 의존하고, 이것은 Damköhler수(Da)로 설명한다(또한 식 3.52 참조).

$$\mathrm{Da} = \frac{\text{maximum rate of bioconversion}}{\text{maximum rate of diffusion}} = \frac{r_{max}}{(D_e/\delta)S_0} \qquad (9.55)$$

여기서 r_{max}는 생물전환의 최대속도(mg S/l · h), D_e는 속도제한기질의 유효확산계수, δ는 확산경로 또는 액체막의 두께, 그리고 S_0는 액체상에서의 본체(bulk) 기질농도이다. 막이론(film-theory) 모델을 적용하면, D_e/δ는 물질전달계수(즉, $k_L = D_e/\delta$)이다.

Da ≫ 1일 때 생물전환속도는 확산에 의해 제한되고, Da ≪ 1일 때 속도는 생물전환속도에 의해 제한된다. 그리고 Da ≈ 1일 때 확산과 생물반응속도가 비슷하다. 세포군집의 생산성이 세포 간의 접촉과 영양소의 농도 기울기 때문에 고정화에 의하여 개선되지 않을 때는 Da < 1로 유지하여 확산제한을 없애는 것이 바람직하다.

확산제한은 입자 외부(즉, 흡착과 공유결합법에서 유체와 지지체의 표면 사이), 입자 내부(즉, 포획법, 캡슐법, 다공성입자 내 고정화에서 입자 내부), 또는 입자의 안팎에서 일어난다. 입자 외부의 물질전달이 제한적이면, 액체상에서 난류의 증가는 반응속도를 증가시킨다. 입자 내부의 물질전달이 제한되는 경우에는, 입자크기의 감소 또는 지지체의 다공성공극률의 증가는 생물반응속도를 증가시킨다.

3장에서, 표면에 고정화되거나 포획된 생물촉매에 있어서 확산과 반응의 상호작용에 대한 수학적 모델을 자세히 알아보았다. 생물전환에 대한 반응속도론이 Michaelis-Menten 형태의 속도식으로 설명될 때, 이러한 모델을 고정화세포에 직접 적용한다.

또 다른 흥미로운 경우는 세포생장이 이루어지는 생물막을 고려하는 것이다. 고정화효소에 대한 모델은 생물촉매의 복제에 대한 항을 가지고 있지 않기 때문에 새로운 문제가 된다.

생물막의 두께 또는 미생물군집의 크기는 생장기 동안 시간에 따라 증가한다. **미생물군체**(microbial floc)는 많은 세포의 응집이고, 이러한 응집체는 몇 가지 공정에서 지름이 1 mm 미만이 된다. 그러나 생물막 두께의 증가속도가 기질섭취속도보다 아주 느리기 때문에 계는 비교적 짧은 기간 동안 준정상상태에 있다고 가정할 수 있다. 가장 간단한 경우는 계가 준정상상태에 있고, 생물막 안의 모든 세포가 같은 생리상태에 있다고 가정하는 것이다. 이러한 상황에서 생물막 안의 정상상태에서 기질 수지식은 생물상(살아 있는 세포)에 대한 평균 반응속도 상수를 사용하여 나타낸다.

생물막(그림 9.11 참조) 안의 속도제한기질에 대한 미분물질수지식은 정상상태에서 다음과 같다.

$$D_e \frac{d^2S}{dy^2} = \frac{1}{Y_{X/S}} \frac{\mu_m S}{K_s + S} X \tag{9.56}$$

여기서 D_e는 유효확산계수(cm^2/S)이고 $Y_{X/S}$는 생장수율계수(g 세포/g 기질)이다.

다음은 경계조건이다.

$$S = S_{0i} \qquad \text{at } y = 0$$

$$\frac{dS}{dy} = 0 \qquad \text{at } y = L$$

여기서 L은 생물막의 두께이다.

또한 액체영양소층을 강하게 교반하여 액체막의 저항을 무시할 수 있다고 가정하면, $S_0 \approx S_{0i}$이다. 기질 이용의 최고속도를 $r_m = \mu_m X/Y_{X/S}$(g 기질/cm³ h)로 정의하면, 식 9.46을 다음과 같이 다시 쓰고

$$D_e \frac{d^2 S}{dy^2} = \frac{r_m S}{K_s + S} \tag{9.57}$$

식 9.51을 무차원 형태로 쓰면

$$\frac{d^2 \overline{S}}{d\overline{y}^2} = \frac{\phi^2 \overline{S}}{1 + \beta \overline{S}} \tag{9.58}$$

여기서

$$\overline{S} = \frac{S}{S_0}, \quad \overline{y} = \frac{y}{L}, \quad \beta = \frac{S_0}{K_s}$$

그리고

$$\phi = L\sqrt{\frac{\mu_m X}{Y_{X/S} D_e K_s}} = L\sqrt{\frac{r_m}{D_e K_s}} \tag{9.59}$$

식 9.58은 수치적으로 풀 수 있다. 해석해는 0차 또는 1차반응속도의 제한적 경우에 유도된다.

확산제한이 없을 때 기질 플럭스의 최대속도는 다음과 같다.

$$N_s A_s = -A_s D_e \left.\frac{dS}{dy}\right|_{y=0} = \frac{r_m S_0}{K_s + S_0}(LA_s) \tag{9.60}$$

여기서 A_s는 기질 플럭스가 유효한 생물막의 표면적, N_s는 기질 플럭스, 그리고 L은 생물막의 두께이다.

확산제한이 존재할 경우, 기질소모속도 또는 플럭스는 유효인자(effectiveness factor)로 표현된다.

$$N_s = -D_e \left.\frac{dS}{dy}\right|_{y=0} = \eta\left(\frac{r_m S_0}{K_s + S_0}\right)L \tag{9.61}$$

여기서 η는 확산제한이 없을 때의 기질소모속도에 대한 확산제한이 있을 때의 기질소모속도의 비로 정의되는 유효인자이다. 확산제한이 없는 경우에 $\eta \cong 1$이고 확산제한이 있는 경우에 $\eta < 1$이다. 유효인자는 ϕ와 β의 함수이다. 그림 9.15는 여러 ϕ에서의 η 대 β의 도시이

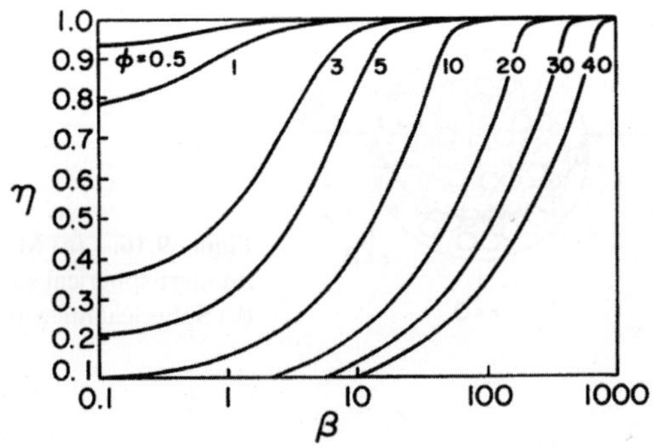

Figure 9.15. Effectiveness factor for a flat biofilm as a function of β, the dimensionless initial substrate concentration, and φ, the Thiele modulus. (Redrawn from B. Atkinson, *Biochemical Reactors*, Pion Ltd., London, 1974, p. 81.)

다. 확산제한을 없애려면 φ값이 작아야 한다(φ < 1). 생물막이 천천히 성장함에 따라 φ값은 점차적으로 증가한다. 전단응력에 의하여 막의 일부가 떨어져 나가면 φ는 갑자기 감소한다.

유효인자(η)는 다음과 같이 계산되고

$$\eta = 1 - \frac{\tanh \phi}{\phi}\left(\frac{\omega}{\tanh \omega} - 1\right), \quad \text{for } \omega \le 1 \tag{9.62}$$

$$\eta = \frac{1}{\omega} - \frac{\tanh \phi}{\phi}\left(\frac{1}{\tanh \phi} - 1\right), \quad \text{for } \omega \ge 1 \tag{9.63}$$

여기서 ω는 수정된 Thiele 계수로서 다음과 같이 주어진다.

$$\omega = \frac{\phi\,(S_0 / K_s)}{\sqrt{2}\left(1 + \frac{S_0}{K_s}\right)}\left[\frac{S_0}{K_s} - \ln\left(1 + \frac{S_0}{K_s}\right)\right]^{-1/2} \tag{9.64}$$

사상곰팡이(*Aspergillus niger*)와 같은 몇 가지 세포는 발효액 내에 입자를 형성하고 기질은 미생물이 소모할 수 있도록 입자 내부로 확산되어야 한다. 그림 9.16에 보이는 것처럼, 세포는 구형의 지지입자 위에 생물막을 형성한다. 이 경우에 군체 내의 기질농도곡선과 기질소모속도를 결정하기 위하여 구형에 대한 유사한 방정식을 풀어야 한다. 미생물 군체 내에서 무차원의 기질전달 방정식은

$$\frac{d^2 \bar{S}}{d\bar{r}^2} + \frac{2}{r}\frac{d\bar{S}}{d\bar{r}} = \frac{\phi^2 \bar{S}}{1 + \bar{S}/\beta'} \tag{9.65}$$

여기서

$$\bar{S} = \frac{S}{S_0}, \quad \bar{r} = \frac{r}{R}, \quad \beta' = \frac{S_0}{K_s}$$

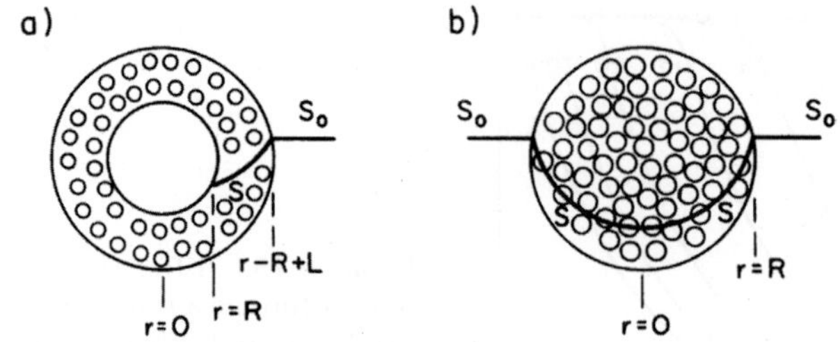

Figure 9.16. (a) Microbial film on inert spherical support particle. (b) Spherical microbial floc.

그리고

$$\phi = R\sqrt{\frac{\mu_m X}{Y_{X/S} D_e K_s}} = R\sqrt{\frac{r_m}{D_e K_s}} \tag{9.66}$$

경계조건은

$$\bar{S} = 1, \qquad \text{at } \bar{r} = 1$$

$$\frac{d\bar{S}}{d\bar{r}} = 0, \qquad \text{at } \bar{r} = 0$$

구형이 아닌 입자의 경우에, 특성 길이는 다음과 같이 정의된다.

$$L = \frac{V_P}{A_P} \tag{9.67}$$

여기서 V_P와 A_P는 미생물 입자의 부피와 표면적이다.

하나의 미생물 군체에 의한 기질소모속도는

$$N_S A_P = -A_P D_e \left.\frac{dS}{dr}\right|_{r=R} = \eta \frac{r_m S_0}{K_s + S_0} V_P \tag{9.68}$$

유효인자(η)는 ϕ와 β의 함수이다. η와 β에 대한 η의 변화는 그림 9.15와 유사하다. 그러나 구형 구조에 대한 η값은 ϕ의 중간값($1 < \phi < 10$)에서 장방형 구조에 대한 값보다 약간 작다. 식 9.65에 대한 해석해는 1차와 0차반응속도식에서 가능하다.

반응속도는 낮은 기질농도에서 1차에 근접한다.

$$r_s = \frac{\mu_m S}{Y_{X/S} K_s} X = \frac{r_m}{K_s} S \tag{9.69}$$

여기서 $r_m = (\mu_m Y_{X/S})X$이다. 이 경우에 유효인자는 다음과 같다.

$$\eta = \frac{1}{\phi}\left[\frac{1}{\tanh 3\phi} - \frac{1}{3\phi}\right] \tag{9.70}$$

여기서

$$\phi = \frac{V_P}{A_P}\sqrt{\frac{r_m/K_s}{D_e}}$$

$S \gg K_s$에서 생물반응속도는 0차에 근접한다. 일반적으로 K_s가 매우 작기 때문에 0차 근접은 많은 실제계에 잘 부합된다.

$$r_s = \frac{\mu_m X}{Y_{X/S}} = r_m \tag{9.71}$$

이 경우에 식 9.57의 해는

$$S = S_0 - \frac{r_m}{6D_e}(R^2 - r^2) \tag{9.72}$$

기질농도는 군체 중앙으로부터 반지름 방향의 어떤 거리에서 0이 될 수 있다. 이 거리를 **임계반지름**(r_{cr})이라 하고, 이것은 식 9.72의 r_{cr}에서 $S = 0$으로 놓음으로써 정해진다.

$$\left(\frac{r_{cr}}{R}\right)^2 = 1 - \frac{6D_e S_0}{r_m R^2} \tag{9.73}$$

$r_{cr} > 0$(즉, $R > (6D_e S_0/r_m)^{1/2}$)일 때, 제한 기질의 농도는 $0 < r < r_{cr}$에서 0이다. 이 경우에 제한기질은 군체의 바깥껍질 안에서만 소모되고, 유효인자는 다음과 같다.

$$\eta = \frac{r_m \frac{4}{3}\pi(R^3 - r_{cr}^3)}{\frac{4}{3}\pi R^3 \cdot r_m} = 1 - \left(\frac{r_{cr}}{R}\right)^3 \tag{9.74}$$

또는

$$\eta = 1 - \left(1 - \frac{6D_e S_0}{r_m R^2}\right)^{3/2} \tag{9.75}$$

9.3.4 고정화 세포계에서의 생물반응기에 대한 고찰

여러 반응기 형태가 고정화시스템에 사용된다. 세포고정화에 사용되는 지지담체가 흔히 기계적으로 약하기 때문에, 충전관(packed-column)과 같이 입자의 충돌을 최소화하는 생물반응기가 선호된다. 기계적으로 교반하는 발효기는 지지담체가 강하고 내구성이 있다면 몇 가지 고정화 세포계에 사용될 수 있다. 이러한 반응기들은 모두 고정화세포 관을 통해

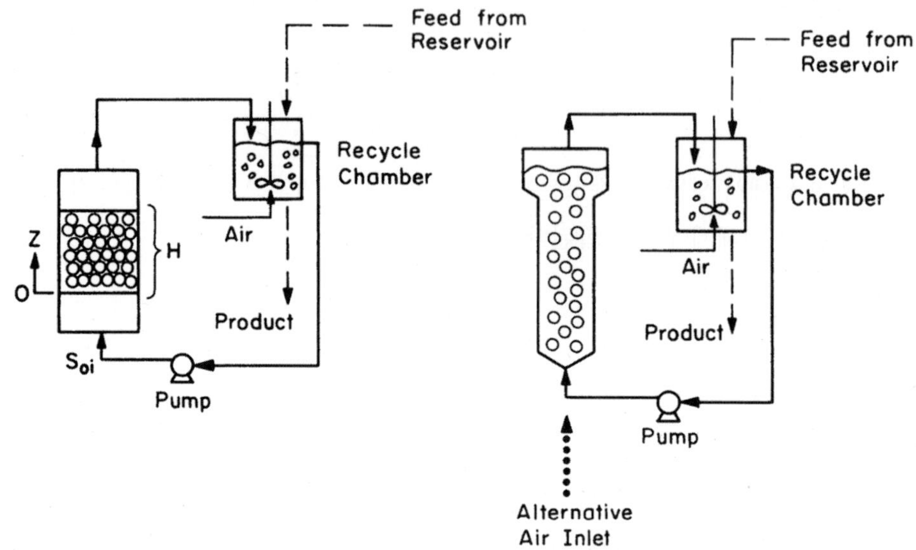

Figure 9.17. Schematics of a packed-bed and a fluidized-bed biofilm or immobilized cell bioreactors. In batch operation, only the streams with solid lines exist. In continuous operation, the streams shown by dashed lines are added. For the fluidized bed, fluidization can be accomplished by liquid recirculation only by a mixture of liquid and gas flows.

영양액을 통과시키는 관류(perfusion)방식으로 운전될 수 있다. 고정화세포가 충전된 관형과 유동층반응기에 대한 모식도가 그림 9.17에 나타나 있다. 이 반응기들은 회분식 또는 연속식으로 운전될 수 있다.

그림 9.17의 반응기를 살펴보자. 유체의 재순환속도가 높을 때, 계는 CFSTR과 유사해진다. 한 상업적 유동층, 고정화 동물세포 생물반응기 시스템은 반응기 내 조건을 일정하게 유지하기 위하여 높은 재순환을 필요로 한다. 지금까지 검토한 모델은 그런 계에 적용될 수 있다. 다른 극단적인 예로 유체 재순환속도가 낮거나 심지어 0인 폐기물처리 시스템을 들 수 있다. 후자의 경우에 시스템은 CFSTR이 아닌 PFR 모델을 적용해야 한다. 그러한 시스템을 해석하기 위하여 미분 구간에 대하여 속도 제한기질에 대한 물질수지식을 고려해 보자.

$$-F\,dS_0 = N_S aA\,dz \tag{9.76}$$

여기서 S_0는 액체상의 본체기질농도이고 높이의 함수(mg S/cm^3)이다. F는 액체 영양소의 유속(cm^3/h), N_s는 생물막으로의 기질 플럭스(mg S/cm^2 h), a는 반응기 단위부피당 생물막 또는 지지체의 표면적(cm^2/cm^3), A는 충전층의 단면적(cm^2), 그리고 dz는 관의 한 구간의 미분높이(cm)이다. 식 9.63을 9.76에 대입하면 다음이 된다.

$$-F\frac{dS_0}{dz}=\eta\frac{r_m S_0}{K_s+S_0}LaA \tag{9.77}$$

식 9.77을 적분하면 다음과 같다.

$$K_s\ln\frac{S_{0i}}{S_0}+(S_{0i}-S_0)=\frac{\eta r_m LaA}{F}H \tag{9.78}$$

여기서 S_{0i}는 입구의 본체기질농도, L은 생물막의 두께 또는 지지체의 특성 길이($L = V_P/A_P$), 그리고 H는 충전층의 전체높이이다.

공급액의 기질농도가 낮은 경우에 기질소모속도는 1차이고, 식 9.78은 다음 형태를 갖는다.

$$\ln\frac{S_0}{S_{0i}}=-\frac{\eta r_m LaA}{FK_s}H \tag{9.79}$$

이 경우에 기질농도는 관의 길이에 대해 지수적으로 감소하고 $\ln S_0$ 대 H의 도시는 직선이 된다. 식 9.77 또는 9.78을 고정화된 생물막 관형반응기에 대한 설계방정식으로 사용하여, 원하는 기질 전환율을 얻기 위한 관의 길이를 결정할 수 있다.

예제 9.4

포도당은 충전칼럼의 Ca-알지네이트 비드 안에 포획되어 있는 고정화 *S. cerevisiae* 세포에 의해 에탄올로 전환된다. 에탄올의 비생산속도는 q_P = 0.2 g 에탄올/g 세포 · h이고, 충전층 내의 평균 건조세포농도는 $\bar{X}$ = 25 g/l 충전층이다. 생장은 무시할 수 있고(즉, 대부분의 포도당이 에탄올로 전환된다) 비드 크기는 $\eta \cong 1$로 충분히 작다고 가정하자. 공급액의 유속은 F = 400 l/h이고, 공급액의 포도당농도는 S_{0i} = 100 g 포도당/l이다. 칼럼의 지름은 1 m 이고, 생성물의 수율계수는 $Y_{P/S} \approx 0.49$ g 에탄올/g 포도당이다.

a. 칼럼의 미분높이에서 포도당농도에 대한 물질수지식을 쓰고, 적분하여 정상상태에서 $S = S(z)$를 구하라.
b. 칼럼의 출구에서 포도당이 98% 전환되는 칼럼의 높이를 구하라.
c. 유출액의 에탄올 농도를 구하라.

풀이

a. 칼럼의 미분높이에 대한 포도당농도의 물질수지식은 다음과 같다.

$$-F\,dS_0 = \frac{q_P\overline{X}}{Y_{P/S}}dV = \frac{q_P\overline{X}}{Y_{P/S}}A\,dz$$

이것을 적분하면

$$-F\int_{S_{0i}}^{S_n} dS_0 = \frac{q_P\overline{X}}{Y_{P/S}}A\int_0^H dz$$

$$S_{0i} - S_0 = \frac{q_P\overline{X}}{Y_{P/S}}\frac{A}{F}H$$

이 식은 S_{0i}가 높고 반응속도가 실제적으로 0차이므로 식 9.79의 형태와는 다르다.

b. $S_0 = 0.02(100) = 2$ g 포도당/l이다. 위 식에 주어진 값을 대입하면 다음과 같다.

$$(100-2) = \frac{(0.2)(25)}{0.49}\frac{(\pi/4)(10)^2}{400}H$$

$$H = 49\ \text{dm} = 4.9\ \text{m}$$

c. $P = Y_{P/S}(S_{0i} - S_0) = 0.49(98) = 48$ g/l

9.4 하이브리드형 생물반응기: 부착 그리고 부유세포들

충전층 또는 유동층과 같은 대부분의 생물막 반응기에서 세포들은 지지체 입자 표면에서 떨어져 나와 부유세포나 미생물 군체(floc), 그리고 생물막의 형태로 자란다. 부유세포의 총량이 생물막 형태 세포의 10%를 넘게 되면, 부유 또는 군체를 형성하는 세포의 영향을 무시할 수 없게 된다. 이런 경우에는 생물막과 부유세포 모두가 시스템의 동특성 분석에 포함되어야 한다.

양이 비슷한 지지체 입자 위의 생물막과 부유세포 모두를 포함하는 하이브리드 관형 생물반응기를 고려해 보자.

미분부피에 대한 기질 수지는 다음과 같다.

$$FdS = R_f dV_f + R_s dV \tag{9.80}$$

여기서 F는 영양용액의 흐름속도, dS는 부피 dV 안의 기질농도의 미분차이, R_f는 생물막 생물체에 의한 기질전환속도, dV_f는 dV 안의 생물막의 미분부피, R_s는 부유세포에 의한 전환속도, dV는 생물막과 부유세포 모두를 포함하는 미분반응부피이다.

R_f와 R_s는 다음 식으로 표시된다.

$$R_f = \frac{k_f X_f S_f}{K_{sf} + S_f} = \eta \frac{k_f X_f S}{K_{sf} + S} \tag{9.81}$$

$$R_s = \frac{k_s X_s S}{K_{ss} + S} \tag{9.82}$$

여기서 k_f와 k_s는 생물막과 부유세포들에 의한 기질소모의 최대 비속도, X_f와 X_s는 생물막과 부유세포 농도, S_f와 S는 생물막과 발효액에서의 속도제한기질 농도, K_{sf}와 K_{ss}는 생물막과 부유세포의 포화상수이다. 생물막 내의 확산제약으로 인해, 생물막에서의 제한기질 농도(S_f)는 본체 기질농도(S)보다 낮을 것이다. 확산제약을 포함하고 본체 기질농도(S)로 R_f를 나타내기 위해 효율인자(η)를 사용한다.

이에 더해, 다음 식이 있다.

$$dV_f = L\, dA_f = L\left(dA_f / dV\right) dV = L\, a_f dV \quad \text{and} \quad dV = A_o dZ \tag{9.83}$$

여기서 L은 일정하다고 가정되는 생물막의 평균두께(m), dA_f는 생물막의 미분표면적(m^2), a_f는 반응부피당 생물막 표면적(m^2/m^3), A_o는 칼럼의 단면적(m^2), 그리고 dZ는 칼럼의 미분 높이(m)이다.

식 9.81, 9.82 그리고 9.83을 식 9.80에 대입하면

$$-FdS = \eta \frac{k_f X_f S}{K_{sf} + S} La_f dV + \frac{k_s X_s S}{K_{ss} + S} dV \tag{9.84}$$

K_{sf}가 K_{ss}($K_{ss} = K_{sf} = K_s$)와 대략 같다고 가정하면, 부유세포는 부착세포에서 나오기 때문에 식 9.84는 다음의 형태를 갖는다.

$$-FdS = (\eta k_f X_f La_f + k_s X_s) \frac{S}{K_s + S} dV \tag{9.85}$$

$R_{mf} = k_f X_f$ 그리고 $R_{ms} = k_s X_s$의 정의로부터 식 9.85는 다음과 같이 된다.

$$-FdS = (\eta R_{mf} La_f + R_{ms}) \frac{S}{K_s + S} dV \tag{9.86}$$

여기서 R_{mf}와 R_{ms}는 생물막과 부유생물체에 의한 최대 기질전환속도이다.

생물막과 부유세포농도가 천천히 변해 상수라고 가정할 수 있다면, 식 9.86을 적분하면 다음과 같다.

$$K_s Ln \frac{S_i}{S_e} + (S_i - S_e) = (\eta R_{mf} La_f + R_{ms})\theta_H = (\eta R_{mf} La_f + R_{ms}) \frac{A_0 H}{F} \tag{9.87}$$

여기서 S_i와 S_e는 공급액과 유출액의 기질농도, θ_H는 수력학적 체류시간, 그리고 H는 칼럼의 길이이다. 효율인자(η)는 그림 9.15 또는 식 9.62와 9.63을 이용해 결정된다.

1차 반응속도에 대해서 식 9.87은 다음과 같이 된다.

$$K_s Ln\frac{S_i}{S_e} = (\eta R_{mf} La_f + R_{ms})\theta_H = (\eta R_{mf} La_f + R_{ms})\frac{A_0 H}{F} \tag{9.88}$$

기질농도는 칼럼의 길이에 따라 지수적으로 감소하며, 반응기가 생물막 또는 부유세포만을 포함하면 더 빨리 감소한다.

만약에 반응기가 완전히 혼합되어 생물막과 부유세포 또는 군체 모두를 포함하게 되면 기질 수지는 다음의 형태를 취한다.

$$F(S_i - S) = R_f V_f + R_s V = \eta \frac{k_f X_f S}{K_s + S} V_f + \frac{k_s X_s S}{K_s + S} V \tag{9.89}$$

다음의 정의와 함께,

$$V_f = LA_f = L\left(A_f / V\right)V = La_f V \quad \text{and} \quad V = A_o H \tag{9.90}$$

식 9.89는 다음의 형태를 취한다.

$$F(S_i - S) = (\eta k_f \; X_f La_f + k_s X_s)\frac{S}{K_s + S} V \tag{9.91}$$

또는

$$F(S_i - S) = (\eta R_{mf} La_f + R_{ms})\frac{S}{K_s + S} V \tag{9.92}$$

여기서 $R_{mf} = k_f X_f$ 그리고 $R_{ms} = k_s X_s$이며, 이는 각각 생물막과 부유세포의 최대 기질제거 속도이다.

기질 제거의 실제 속도인 $R_s = F(S_i - S)/V$의 정의로부터, 식 9.92는 다음이 된다.

$$Rs = \frac{F(S_i - S)}{V} = (\eta R_{mf} La_f + R_{ms})\frac{S}{K_s + S} = R_m \frac{S}{K_s + S} \tag{9.93}$$

여기서 $R_m = \eta R_{mf} La_f = R_{ms}$는 생물막과 부유세포들에 의한 최대 기질제거속도이다. 효율인자(η)는 그림 9.15 또는 식 9.62, 9.63, 그리고 9.64에 의해 정해진다. 실험적 연구에 있어서는 데이터를 $1/Rs$ 대 $1/S$의 형태로 나타내고, 상수들은 경사와 선의 절편에 의해 구해진다.

9.5 고상발효

고상발효(solid-state fermentation (SSF))는 낮은 수분함량 또는 낮은 수분활성 도에서 고체 기질의 발효이다. 전형적인 침지(submerged)발효는 수분을 95% 이상 함유하고 있다. SSF에서 고체반죽의 수분함량은 흔히 40%와 80% 사이에서 유지된다. 고상발효는 쌀, 밀, 보리, 옥수수, 그리고 콩 같은 농산물 또는 식품의 발효에 유용하게 사용된다. 고상발효의 독특한 특성은 낮은 수분함량에서의 발효이고, 이것은 사상곰팡이 같은 균사 미생물의 생장을 위해 선택적인 환경을 마련해 준다. 실제 대부분의 고상발효는 젖은 농산물 기질 위에 세포외 효소를 생산하는 사상곰팡이 발효이다. 박테리아와 효모는 낮은 수분함량(수분활성도)을 견딜 수 없기 때문에 박테리아 또는 효모에 발효배지가 오염될 가능성은 SSF에서 매우 작다. 비록 대부분의 SSF가 사상곰팡이 발효이지만, 비교적 높은 수분함량(75%에서 90%)에서 발효되는 박테리아와 효모도 SSF에서 사용된다. 고상발효는 아시아에서 템페(tempeh), 된장, 또는 간장 발효 같은 식품 및 효소생산에도 널리 사용되며, 그 폐기물은 생물에너지 생산에 유용하게 사용될 수 있다.

침지발효계에 대한 SSF의 주요 장점은 발효반죽이나 반응기의 작은 부피에서 오는 시설비와 운전비의 절감, 낮은 수분함량으로 인한 낮은 오염가능성, 생성물의 분리 용이, 에너지 효율성, 그리고 어떤 경우, 생성물 형성에 중요한 충분히 분화된 구조로의 성장가능성이다. 예로서 생조절제로 사용하기 위한 곰팡이 포자 형성을 들 수 있는데, 이는 침지발효에서보다 SSF에서 더 충분히 형성된다. SSF의 주요 단점은 부족한 교반특성으로 인하여 배지가 불균일하고, 이에 따라 발효반죽 내의 제어문제(pH, DO, 온도)가 생기는 것이다. 이러한 제어문제를 없애기 위하여 발효배지를 보통 연속적으로 또는 단속적으로 섞어 준다. 발효반죽의 부피가 큰 경우에 농도 기울기는 낮은 교반속도에서 없어지지 않고, 균사 세포는 높은 교반속도에서 손상될 수 있다. 보통, 회전통 발효기를 SSF 시스템에 사용하고, 이때 회전속도는 최적화되어야 한다. 이러한 생물반응기를 운전하고 설계하기 위한 수학모델들의 개선이 지난 10년간 이루어진 주요 발전이다.

고체기질 발효는 수분함량이 낮을 필요가 없는 더 일반적인 방법이나, 기질은 액체배지에 잠겨 있는 고체입자의 형태로 있다. 액체배지가 순환되는 충전관에서 쌀의 발효에 의한 박테리아 광석침출(즉, 광물성 황화물 입자 표면에서의 생장과 미생물에 의한 산화)은 고체기질 발효의 예이다. 고상(또는 고체상)발효는 기질이 고체이고 수분함량이 낮은 고체기질 발효의 특별한 형태이다.

SSF를 위한 네 가지 기본유형의 생물반응기가 설명되어 있다. 트레이 생물반응기는 많은 전통적 SSF 식품(예, 템페, 된장, 간장)의 생산에 사용되고 있으며, 본질적으로 사상곰팡

TABLE 9.3. Some Traditional Food Fermentations

Product	Primary Genus	Common Substrate	Thermal Processing Temp. (°C)	Thermal Processing Time (min)	Initial Moisture (%)	Incubation Time (h)	Incubation Temp. (°C)	Further Processing
Soy sauce	*Aspergillus*	Soybean, wheat	110	30	45	72	30	Yes
Miso	*Aspergillus*	Rice, soybean	100	40	35	44	30	Yes
Tempeh	*Rhizopus*	Soybean	100	30	40	22	32	No
Hamanatto	*Aspergillus*	Soybean, wheat				36		Yes
Tofu	*Actinomucor*	Soybean	100	10	74		15	Yes

With permission from R. E. Mudgett, Solid-state fermentations, in A. L. Demain and N. A. Solomon, eds., *Manual of Industrial Microbiology and Biotechnology*, ASM Publications, Washington, D.C., 1986.

이 포자를 접종한 곡물이나 다른 기질의 쟁반들로 이루어진 배양기이다. 두 번째 형태는 충전층 생물반응기로서, 보통 강제통기에 의해 공기가 순환되며, 흔히 어떤 형태로든 열이 제거된다. 세 번째는 회전통 설계로서 통이 회전하면서 기체와 고체가 섞인다. 네 번째는 교반과 강제통기 생물반응기로서, 회전통에서와 같이 내용물의 기계적 교반이 있으나, 강제대류에 의해 공기가 공급된다. 이러한 각각의 설계에 있어서 사상곰팡이가 잘 깨진다는 것이 제약요소가 될 수 있는데, 사상곰팡이의 분화가 필요할 때 특히 그러하다.

곡자공정(koji process)은 곡물 또는 식품(밀, 쌀, 콩) 위에서 생장하는 사상곰팡이(*Aspergillus*, *Rhizopus*)를 사용하는 SSF 시스템이다. 전형적인 SSF 공정은 두 단계로 이루어져 있다. 첫 번째 기본단계는 곡자라 불리는 곡물에 대한 호기성, 곰팡이의 고상발효이다. 두 번째 단계는 모로미(moromi)라 불리는 혼합박테리아 배양에 의한 혐기성 침지발효이다. 표 9.3에 호기성 SSF, 곡자공정의 생성물들을 열거하였다. 두 번째 단계에서의 발효 모로미는 자연적인 미생물군 또는 보통 외부에서 첨가하는 박테리아와 효모를 사용하여 이루어진다. *Saccharomyces*, *Torulopsis*, 그리고 *Pediococcus*의 몇 가지 균주는 간장제조에서 풍미 생성제로 사용된다. 모로미는 보통 8~12개월 동안 발효된다. 그러나 온도를 변화시킴으로써 공정시간을 6개월로 감소시킬 수 있다. 최종생성물은 액체 간장을 회수하기 위해 압착한 후, 저온살균하고 여과하여 병에 담는다.

곡자공정의 주요한 산업적 용도는 곰팡이 종에 의한 효소생산이다. 곰팡이 아밀레이스는 회전통 발효기에서 *Aspergillus oryzae*에 의하여 밀기울의 SSF로 생산된다. 밀기울은 포름알데하이드로 전처리하고, 초기 pH는 오염가능성을 줄이기 위하여 pH = 3.5에서 4.0으로 조정한다. 보통, 통기되는 다공판, 회전통, 또는 충전층을 사용한다. 곡자발효기의 전형적인 회전통 형태가 그림 9.18에 나타나 있다. 아밀레이스 외에 셀룰레이스, 펙티네이스, 프로티에이스, 그리고 라이페이스 같은 효소들도 곡자발효에 의해 생산될 수 있다. *Trichoderma viride* 종은 회전통 발효기에서 밀기울로부터 셀룰레이스를 생산하는 데 사용되어 왔다.

항박테리아제 같은 몇 가지 2차대사산물은 곡자공정에서 *Rhizopus* 종과 *Actinomucor* 종에 의해 생산된다. 아프라톡신 같은 진균독(mycotoxin)은 *Aspergillus parasiticus*에 의한 쌀(40% 수분 함유)의 SSF로 생산된다. 오크라톡신 역시 회전통 곡자발효기에서 *Aspergillus* 종에 의해 밀로부터 생산된다. 또한 폐기물 처리 목적과 종이 제조를 위해 나무칩을 펄프화할 때 SSF에 의하여 리그노셀룰로오스가 미생물에 의해 분해된다. 몇 가지 사상곰팡이의 포자가 살충제로 사용된다. 적당한 포자형성은 침지배양에서 얻기 어려우므로 SSF가 사용되어야 한다.

SSF계에서 주요 공정변수는 수분함량(수분활성도), 접종밀도, 온도, pH, 입자크기, 그리고 통기와 교반이다. 최대의 생성물 수율과 생산속도를 위한 이러한 변수의 최적화는 SSF계에서 중요하고 사용하는 기질과 미생물에 의존한다. 대부분의 자연에서 얻어지는 기질(예, 곡물)은 그 물리적 구조가 균사의 침투와 이용이 더욱 용이하게 되도록 전처리가 필요하다. 고체기질은 보통 포름알데하이드 같은 항미생물제로 처리하고 고압멸균기에서 증기멸균한다. 발효반죽에 접종하기 전에 영양배지 첨가, pH와 수분함량 조절이 실시된다. 곡자발효는 보통 통기와 교반으로 습도가 조절되는 공기환경에서 이루어진다. 많은 고상의 균사체 발효는 높은 교반 회전속도에서 균사가 파괴되므로 전단응력에 민감하다. 낮은 교반속도에서는 산소 전달과 CO_2 방출속도에 의해 제한된다. 그러므로 교반속도 또는 회전속도의 최적범위를 정해야 한다. 마찬가지로 최소 허용수분함량(무게로 약 30%) 이하에서

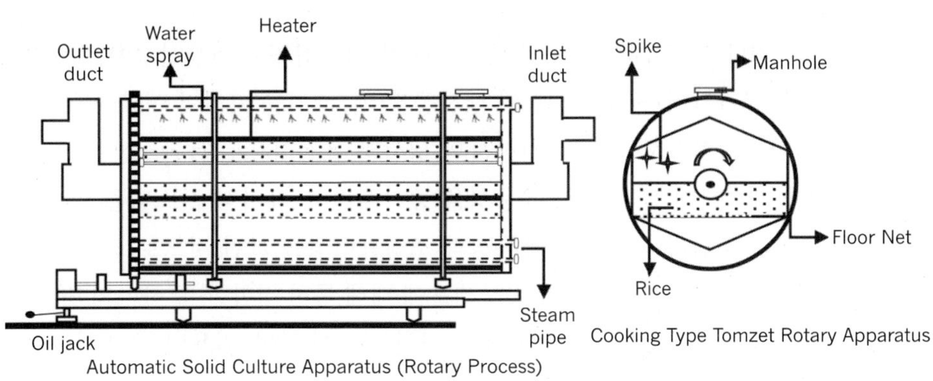

Figure 9.18. Schematic of a rotary-drum type solid-state fermenter including all operations (Koji process).

는 미생물의 활성이 억제된다. 높은 수분함량(60% 이상)에서 고체기질은 끈끈해져 큰 응집체를 형성한다. 더욱이 수분함량은 세포의 대사활성도에 영향을 미친다. 각 세포-기질계에서 최적 수분함량을 실험적으로 정할 필요가 있다. 대부분의 곡자공정에서 최적 수분함량은 약 40 ± 5%이다. 입자크기는 산소와 CO_2의 교환 또는 다른 영양소의 전달이 제한받지 않도록 충분히 작아야 한다. 입자의 공극률은 미생물활동을 위해 부피에 대한 입자 내 표면적 비를 더 크게 만들어 주기 위한 전처리에 의하여 증가된다.

대부분의 SSF 공정은 온도와 습도가 조절되는 용기에서 회전판 형태의 반응기를 사용하는데, 용기 내에서는 발효고체가 담겨진 여러 층의 판 사이로 습도조절된 공기가 순환된다. 회전통 발효기는 회전반 발효기보다 균사세포가 전단응력에 민감하기 때문에 자주 사용되지 않는다.

SSF를 설계하고 운전하는 데 가장 큰 문제는 이러한 시스템 고유의 불균일성이다. 생장의 국지성과 완전치 않은 혼합으로 인하여, 작지 않은 pH와 온도의 기울기, 그리고 산소전달의 변화들이 생겨나게 된다. 회전통 발효기에서처럼 혼합을 증가시키면 좀 더 균일한 환경을 만들 수 있지만, 이러한 시스템의 전단 민감성이나 혼합에 드는 비용 때문에 항상 가능하지는 않다. 작은 트레이(30 cm 대 60 cm 정도)는 노동집약적이며 여전히 균일한 발효조건을 만들어 주지 못한다.

9.6 요약

현탁세포를 사용하는 생물반응기는 회분식과 단단연속식 반응기 사이의 여러 가지 형태로 운전될 수 있다. 비록 키모스탯이 1차생성물에 대하여 높은 생산성을 줄 수 있지만, 유전자의 불안정성, 공정의 융통성, 그리고 공정의 신뢰성을 고려하여 키모스탯 장치의 사용이 제한되고 있다. 세포 재순환이 있는 CFSTR을 사용하면 부피생산성이 증가되기 때문에 부피가 크고 부가가치가 적은 물질의 생산공정(예, 폐기물 처리와 연료급 에탄올 생산)에 쓰인다. 다단연속시스템은 2차대사산물의 생산과 유전적으로 불안정한 세포를 사용하는 연속공정을 개선하여 그 잠재적 유용성을 증가시킨다. 유가식 시스템은 연속식과 회분식배양의 특성을 조합하여 운전의 융통성과 조정용이성을 살린 것으로 상업적인 공장에서 널리 사용되고 있다. 관류시스템은 동물세포에 대해 특히 적합한 또 하나의 방법이다.

고정화세포계는 공정상 많은 잠재적인 이점이 있어, 비용이 많이 들고 어려운 세포배양(예, 동물세포 조직배양)의 경우에 이러한 시스템들의 상업화가 이루어지고 있다. 비록 흡착법 또는 공유결합법으로 표면에 세포를 고정화하는 것이 가능하지만, 대부분의 경우에 물리적인 포획법 또는 캡슐화를 사용한다.

몇 가지 경우에, 표면에 자체고정화가 가능하여 생물막을 형성한다. 생물막반응기는 조직배양, 사상곰팡이, 그리고 박테리아 계에 응용된다. 생물막에 기초한 반응기는 폐기물처리 응용과 자연의 생태계에 있어서 매우 중요하다. 고정화세포 반응기의 해석은 생물촉매가 복제되는 것을 제외하면, 고정화효소 반응기와 유사하다.

고상발효는 고정화세포계와 몇 가지 특성상 비슷하나 겉보기에 액체가 없다는 것이 다르다. SSF는 몇 가지 전통적인 발효식품의 생산에 중요하게 사용되고, 농산물이나 임산물의 품질을 높이거나 사상곰팡이의 충분한 분화를 필요로 하는 사상곰팡이 생성물의 생산에 사용될 수 있다.

이 장에서는 반응기의 여러 가지 선택에 대하여 설명하였다. 최상의 반응기 시스템을 선택하는 것은 궁극적으로 생물촉매의 선택과 생성물의 회수와 정제의 필요성에 의해 정해진다.

참고문헌

Bailey, J. E., and D. F. Ollis, *Biochemical Engineering Fundamentals*, 2d ed., McGraw-Hill, New York, 1986.

Bhargav, S., B. P. Panda, M. Ali, and S. Javed, "Solid-State Fermentation: An Overview," *Chem. Biochem. Eng. Q.* 22(1): 49–70, 2008.

Blanch, H. W., and D. S. Clark, *Biochemical Engineering*, Marcel Dekker, New York, 1996.

Chang, H. N., K. Jung, J. Choi, J. C. Lee, and H. Woo, "Multi-stage Continuous High Cell Density Culture Systems: A Review," *Biotechnol. Adv. 32*: 514–525, 2014.

Connell, J. L., E. T. Ritschdorff, M. Whitley, and J. B. Shear, "3D Printing of Microscopic Bacterial Communities," *PNAS* 110(46): 18380–18385, 2013.

Guisan, J. M, *Immobilization of Enzymes and Cells*, 3d ed., Humana Press, Totowa, NJ, 2013.

Kargi, F., and M. Moo-Young, "Transport Phenomena in Bioprocesses," in M. Moo-Young, ed., *Comprehensive Biotechnology*, Vol. 2, Pergamon Press, Elmsford, NY, pp. 5–55, 1985.

Kim, B. S., S. C. Lee, S. Y. Lee, Y. K. Chang, and H. N. Chang, "High Cell Density Fed-Batch Cultivation of *Escherichia coli* Using Exponential Feeding Combined with pH-stat," *Bioprocess. Biosys*. Eng. 26(3): 147–150, 2004.

Krishna, C, "Solid-State Fermentation Systems—An Overview," *Crit. Rev. Biotechnol*. 25(1–2): 1–30, 2005.

Mantzaris, N. V., P. Daoutidis, F. Srienc, and A. G. Fredrickson, "Growth Processes in a ascade of Bioreactors: Mathematical Models," *AIChE J*. 45(1): 164–176, 1999.

Moulton, G. G., *Fed-batch Fermentation: A Practical Guide to Scalable Recombinant Protein Reduction in Escherichia coli*, Elsevier, New York, 2014.

Murphy, S. V., and A. Atala, "3D Bioprinting of Tissues and Organs," *Nat. Biotechnol*. 32(8): 773–785, 2014.

연습문제

9.1 생물체가 포도당을 기질로 하여 생산되는 1000 l CFSTR을 살펴보자. 미생물계는 Monod 관계식을 따르며, $\mu_m = 0.4\ h^{-1}$, $K_s = 1.5$ g/l(매우 높은 값), 그리고 수율계수 $Y_{X/S} = 0.5$ g 생물체/g 소모된 기질이다. 정상운전으로 10 g/l 포도당의 멸균공급액을 100 l/h의 속도로 공급한다.

a. 정상상태에서 생물체의 비생산속도(g/l · h)를 구하라.

b. 만약 10 l/h로 재순환되고 재순환액에서의 생물체 농도가 반응기출구 생물체 농도의 5배라면, 새로운 생물체 비생산속도는 얼마인가?

c. a와 b에서 구한 값의 차이를 설명하라.

9.2 2단 키모스탯에서, 첫 번째와 두 번째 반응기의 부피가 각각 $V_1 = 500$ l, $V_2 = 300$ l이다. 첫 번째 반응기는 생물체 생산에 사용되고 두 번째 반응기는 2차대사산물의 형성에 사용된다. 첫 번째 반응기에서 공급액의 유속은 $F = 100$ l/h이고 공급액의 포도당 농도는 $S = 5.0$ g/l이다. 세포에 대해 다음의 상숫값을 사용하라.

$$\mu_m = 0.3\ h^{-1}, \qquad K_S = 0.1\ g/l, \qquad Y_{X/S} = 0.4\ \frac{g\ dw\ cells}{g\ glucose}$$

a. 첫 번째 단의 유출액에서의 세포와 포도당의 농도를 구하라.

b. 두 번째 단에서 생장은 무시할 수 있고 생성물 형성의 비속도는 $q_p = 0.2$ g P/g 세포 h이고, $Y_{P/S} = 0.6$ g P/g이다. 두 번째 반응기의 유출액에서 생성물과 기질의 농도를 구하라.

9.3 다음의 회분식 생장에 대한 실험값을 살펴보자.

Time h	X g/l	P g/l	dX/dt g/l-h	dP/dt g/l-h
0	0.3	<0.01	—	—
3	1.0	<0.01	0.30	—
6	2.3	<0.01	0.55	—
8	4.0	0.010	1.0	0.005
9	5.1	0.025	1.3	0.010
10	6.5	0.060	1.4	0.045
10.5	7.0	—	1.4	—
11	7.4	0.10	0.60	0.059
12	7.7	0.17	0.20	0.072
13	7.8	0.26	0.02	0.105
14	—	0.36	—	0.130
15	8.0	0.47	~0	0.087
16	8.0	0.54	~0	0.042
17	—	0.58	—	0.021
18	—	0.60	—	0.005

부피가 각각 900, 600, 그리고 300 l인 사용가능한 세 개의 탱크가 있다. 유속이 100 l/h일 때, 생성물 형성을 최대화하기 위한 탱크의 배치를 구하라.

9.4 두 개의 CFSTR을 직렬로 운전하여 포도당으로부터 에탄올을 발효한다. 반응기들을 운전하여 알려진 공급액의 기질농도에서 시작하여 필요한 정도의 전환을 이루고자 한다(즉, S_0와 S_2가 고정된다). 양 반응기에서 1차 발효 반응속도론($R_s = k_1 S$)을 가정한다.

a. 양 반응기에 대해 설계식과(S의 함수로서 θ_H) 기질농도의 함수로서 총 수력학적 체류시간을 적어라.

b. $S_1 = (S_0 \cdot S_2)^{1/2}$일 때 총 θ_H가 최소인 것을 증명하라.

c. 총 θ_H 또는 총 부피가 최소일 때, 일정한 공급액 흐름속도 (F)에서 $\theta_{H1} = \theta_{H2}$ 또는 반응기들의 부피가 같아짐을 증명하라.

d. 각 반응기의 수력학적 체류시간과 총 수력학적 체류시간을 k_1, S_o 그리고 S_2로 표시하라.

9.5 *Saccharomyces cerevisiae*를 이용하여 포도당으로부터 에탄올을 발효하기 위해 2단 키모스탯 시스템을 사용한다. 공급액의 유속과 포도당농도는 각각 1 l/h와 $S_0 = 40$ g/l이다. 동특성 상수들은 다음과 같다. $t_d = 5$ h, $K_s = 1$ g/l, $Y_{X/S} = 0.1$ g X/g S, $Y_{P/S} = 0.5$ g EtOH/g 포도당. 모든 반응기에서 80% 전환을 가정할 때, 다음을 결정하라.

a. 반응기 유출액에서의 기질과 생성물 농도

b. 양 반응기에서의 생물체 농도

c. 각 반응기의 부피

d. 각 반응기에서의 생물체(DX)와 생성물(DP)의 생산성

e. 각 반응기에서의 생성물 생성(q_p)과 기질소모(q_s)의 비속도

9.6 페니실린은 배양배지에 포도당용액을 단속적으로 첨가하는 유가식 배양으로 *Penicillium chrysogenum*에 의해 생산된다. 준정상상태에서 초기 배양부피는 $V_0 = 500$ l이고 포도당을 포함하는 영양액은 유속 $F = 50$ l/h로 공급된다. 공급액의 포도당농도와 초기 세포농도는 각각 $S_0 = 300$ g/l, $X_0 = 20$ g/l이다. 미생물의 반응속도상수와 수율계수는 $\mu_m = 0.2\ \text{h}^{-1}$, $K_S = 0.5$ g/l와 $Y_{X/S} = 0.3$ g 건조세포/g 포도당이다.

a. $t = 10$ h에서 배양부피를 구하라.

b. 준정상상태에서 $t = 10$ h일 때 포도당농도를 구하라.

c. $t = 10$ h일 때 준정상상태에서 세포의 농도와 전체 양을 구하라.

d. $q_p = 0.05$ g 생성물/g 세포 h이고 $P_0 = 0.1$ g/l일 때, $t = 10$ h에서 용기 내 생성물 농도를 구하라.

9.7 Ca-알지네이트 입자에 포획되어 있는 효모세포를 포함하는 충전층, 고정화세포 생물반응기에서 포도당을 에탄올로 생전환시킨다. 속도제한 기질은 포도당이 공급액의 본체액체상에서 포도당농도는 $S_{0i} = 5$ g/l이다. 영양소의 유속은 $F = 2$ l/min이고, Ca-알지네이트 입자의 크기는 $D_P = 0.5$ cm이다. 반응기의 단위부피당 알지네이트 입자의 표면적은 $a = 25\ \text{cm}^2/\text{cm}^3$이고 충전층의 단면적은 $A = 100\ \text{cm}^2$이다. 다음은 이 변환에서의 속도상수들이다.

$$r_m = 100 \text{ mg } S/\text{cm}^3 \cdot \text{h}$$
$$K_S = 10 \text{ mg } S/\text{cm}^3$$

다음 속도식에 대해

$$r_s = \frac{r_m S}{K_S + S}$$

1차 반응속도식(예, 상대적으로 낮은 기질농도)을 가정하여, 출구에서 포도당의 80%가 에탄올로 전환되는 데 필요한 충전층의 높이를 구하라. 힌트: 유효인자를 계산하기 위하여 다음 식을 이용하라.

$$\eta = \frac{1}{\phi}\left[\frac{1}{\tanh 3\phi} - \frac{1}{3\phi}\right]$$

여기서

$$\phi = \frac{V_P}{A_P}\sqrt{\frac{k_1}{D_S}}$$

그리고

$$k_1 = \frac{r_m}{K_S}, \qquad D_S = 10^{-6}\ \text{cm}^2/\text{s}$$

9.8 κ-카라지난 젤입자에 고정화된 *Zymomonas mobilis* 세포에 의해 포도당을 에탄올로 전환시키는 데 유동층, 고정화세포 생물반응기를 사용한다. 충전층은 지름이 10 cm이고 높이가 200 cm이다. 공급액이 관의 하부로부터 유입되고 CO_2 기체가 방출되기 때문에, 기질과 세포농도는 관의 높이에 따라 감소한다. 평균 세포농도는 관의 하부에서 X_0 = 45 g/l이고 다음 식에 의해 관의 높이에 따라 감소한다.

$$X = X_0(1 - 0.005Z)$$

여기서 Z는 관의 높이(cm)이다. 기질의 비소모속도는 q_S = 2 g S/g 세포 · h이다. 공급액의 유속과 포도당농도는 각각 5 l/h와 160 g 포도당/l이다.

a. 유출액의 기질(포도당)농도를 구하라.

b. $Y_{P/S}$ = 0.48 g 에탄올/g 포도당일 때 유출액의 에탄올농도와 에탄올의 생산성(g/l · h)을 구하라.

9.9 유가식 배양으로 순젖산 박테리아 *Streptococcus lactis*를 이용하여 포도당액으로부터 젖산을 생산한다. 다음 자료들이 주어졌다.

V_0 = 10 l, X_0 = 5 g/l, $Y_{X/S}$ = 0.12 g X/g S, $Y_{P/S}$ = 0.80 g P/g S, μ_m = 0.2 h^{-1}, K_S = 0.5 g/l, S_F = 30 g/l, F = 2 l/h

a. 발효기에서 S = 0.5 g/l가 되기 위해 얼마 동안 시스템을 운전해야 하나?

b. 운전 후 생물체와 생성물 농도를 구하라.

c. 10시간 운전 후, S = 0.1 g/l가 되기 위한 공급액 유속을 구하라.

d. 이 운전에서의 P와 X를 구하라.

9.10 완전혼합 생물반응기를 사용하여 30 g/l의 총 당을 포함하는 가수분해 전분으로부터 에탄올을 발효한다. 다음 자료들이 주어졌다. $\mu_m = 0.15\ h^{-1}, K_S = 0.5\ g/l, F = 10\ l/h, Y_{X/S} = 0.1\ g\ X/g\ S, Y_{P/S} = 0.5\ g\ P/g\ S, k_S = 0.1\ d^{-1}$

a. 세포 재순환 없이 시스템을 운전할 때, 기질의 95%를 생성물로 전환하기 위해 필요한 반응기 부피와 에탄올 생산성을 구하라.

b. 세포 재순환하는 시스템에서 같은 전환율을 얻기 위해 필요한 반응기 부피와 에탄올 생산성을 구하라. $r = 0.4, C = X_r/X = 3, \alpha = 0.1$

9.11 유동층 생물막 반응기에서, 세포는 구형인 플라스틱 입자에 부착하여 평균두께 $L = 0.5$ mm인 생물막을 형성한다. 이 충전층은 폐수로부터 탄소화합물을 제거하는 데 사용된다. 공급액의 유속과 발효될 수 있는 전체 탄소화합물의 농도는 $F = 2$ l/h와 $S = 2000$ mg/l이다. 관의 지름은 10 cm이다. 미생물군의 반응속도상수는 $r_m = 50$ mg $S/cm^3 \cdot h$이고 $K_S = 25$ mg S/cm^3이다. 반응기에서 생물막의 비표면적은 2.5 cm^2/cm^3이다. 전체 관의 평균 유효인자가 $\eta = 0.7$이고 1차 반응속도식을 가정할 때, 유출액의 전체 탄소농도가 $S_{0i} = 100$ mg/l가 되는 데 필요한 관의 높이를 구하라.

9.12 포도당이 젤 비드에 포획된 고정화 효모세포에 의해 에탄올로 전환된다. 에탄올의 비생산속도는 $q_P = 0.2$ g 에탄올/g 세포 · h이다. 일반적인 비드에 있어 유효인자는 0.8이다. 각각의 비드는 50 g/l의 세포를 포함한다. 칼럼에서 빈 공간의 부피(void volume)는 40%이다. 생장은 무시할 수 있다(모든 포도당은 에탄올로 전환된다)고 가정한다. 공급액의 유속은 $F = 400$ l/h이고, 공급액의 포도당농도는 $S_{0i} = 150$ g 포도당/l이다. 칼럼의 지름은 1 m이고 수율계수는 약 0.49 g 에탄올/g 포도당이다. 칼럼의 높이는 4 m이다.

a. 칼럼의 출구에서 포도당의 전환을 구하라.

b. 유출액의 에탄올 농도를 구하라.

9.13 그림 9.4에서 회분식 생장곡선과 dX/dt 대 X 그리고 dP/dt 대 P에 상응하는 그림을 살펴보자(그림 9.7). 생성물 P를 0.55 g/l의 농도로 생산하는 연속흐름 2단계(two-stage) 반응기 시스템을 설계하려고 한다. 전체 반응기 부피의 최소화를 원한다면 1000 l/h의 유속에 대해 어떤 크기의 반응기(그리고 어떤 순서)가 적합한가?

9.14 유가식 시스템에 적용되는 그림 9.9를 살펴보자. $t = 0, V = 100$ l, $X = 2$ g/l, $\mu =$ l/h, $S_0 = 4$ g/l, $S = 0.01$ g/l라고 가정하자. V는 $dV/dt = 20$ l/h $= F$(또는 유속)와 같이 일정한 비율로 증가하며 X는 항상 일정하다.

a. μ를 V 및 dV/dt와 연관시키는 공식을 유도하라.

b. $t = 5$ h에서 μ를 구하라.

9.15 어떤 산업 폐수류가 연속적으로 교반탱크 반응기로 공급되고, 세포는 반응기 다음에 위치한 침강탱크의 바닥으로부터 반응기로 재순환된다. 이 계에 대해 다음과 같은 조건이 주어진다. $F = 100$ l/h, $S_0 = 5000$ mg/l, $\mu_m = 0.25\ h^{-1}$, $K_S = 200$ mg/l, α(순환비) = 0.6, C(세포농축인자) = 2, $Y_{X/S}^M = 0.4$. 유출액 농도는 100 mg/l로 요구된다.

a. 필요한 반응기의 부피를 구하라.

b. 반응기와 재순환 흐름에서의 세포농도를 구하라.

c. 만약 체류시간이 침강탱크에서 2 h라면, 침강탱크의 부피와 침강탱크 유출액의 세포농도는 얼마인가?

9.16 다공성 입자의 고정화 세포반응기를 이용하여 어떤 폐수류를 생물학적으로 처리한다. 입자크기에 따른 기질 제거율의 변화는 다음 표와 같다.

r_s (mg/l-h)	D_P(mm)
300	1
300	2
250	3
200	4
150	5
100	7
50	10

a. $D_P = 4$ mm와 $D_P = 7$ mm에서의 유효인자를 구하라.

b. 여러 기질농도에 대해 $D_P = 4$ mm일 때 다음의 자료가 얻어진다. 액막 저항이 없다고 가정할 때, 미생물계에서 r_m과 K_s를 구하라.

S_0 (mg/l)	r (mg/l-h)
100	85
250	200
500	360
1000	630
2000	1000

9.17 작은 세라믹 입자 위에 생물막의 형태로 고정화된 미생물의 상향류 충전층에 의해 기질의 농도가 2000 mg/l, $F = 1$ m^3/h인 폐수류가 처리된다. 유출액의 기질수준은 30 mg/l를 요구한다. 기질 제거속도는 다음의 식으로 주어진다.

$$r_s = \frac{kXS}{K_s + S}$$

다음 자료를 이용하여 필요한 관의 높이(H)를 구하라.

$k = 0.5\ \text{h}^{-1}$, $X = 10$ g/l, $K_s = 200$ mg/l, $L = 0.2$ mm, $a = 100\ \text{m}^2/\text{m}^3$, $A = 4\ \text{m}^2$, $\eta = 0.8$

9.18 $H/D_0 = 2.5$인 충전관 생물막 반응기(생물여과)를 사용하여 유속 $Q = 5\ \text{m}^3/\text{h}$, $S_0 = 1000$ mg 화학적 산소요구량/l인 폐수에 대해 유출액에서 $S_e = 25$ mg COD/l를 얻기 위해 호기성 생물처리를 한다. 유출액은 $R = 2$로 재순환한다. 다음 자료들이 주어졌다. $\mu_m = 0.12\ \text{h}^{-1}$, $K_s =$ 150 mg/l, $Y = 0.35$ g X/g S, $X = 10$ g X/l, $L = 1.5$ mm, $R = 2$(유출액 재순환율), $a_f = 120$ m^2/

m^3, $D_e = 10^{-5}$ cm^2/sec

a. 효율인자(η)를 구하라.

b. 관의 부피와 크기(D_o와 H)를 구하라.

c. $H = 3$ m에 대해, $H/D_o = 2$일 때 반응기 부피당 생물막 면적(a_f)을 구하라.

10

생물반응기의 선택, 대규모화, 운전 그리고 제어

9장 '현탁배양과 고정화배양을 위한 생물반응기 운전에 대한 고찰'에서 균일한(homogeneous) 생물반응기에 대한 운전방식(회분식, 유가식, 연속식, 그리고 다단식)을 이상적으로 설명하였고, 불균일한(heterogeneous) 반응기(고정화 세포계와 고상발효 (SSF))에 대해 일반적으로 논의하였다. 실제 공정은 반응기 형태의 세부사항에 대한 통찰을 필요로 한다. 이 책에서 독자에게 설계공학자가 되는 데 필요한 모든 정보를 제공하는 것은 불가능하다. 그러나 이 장에서는 실제의 생물반응기 선택에 대한 몇 가지 개념을 소개하고자 한다. 여기서는 박테리아와 곰팡이를 위한 반응기에 초점을 맞춘다. 동물세포와 식물세포 조직 배양을 위한 몇 가지 특정한 반응기의 사안에 대해서는 12장 '동물세포 배양 시의 생물공정에 대한 고찰'과 13장 '식물세포 배양 시의 생물공정에 대한 고찰'에서 다룬다.

10.1 대규모화와 문제점

항생제를 생산하기 위한 곰팡이 배양의 결과가 10 l와 10,000 l에서 크게 다른 이유는 무엇일까? 처음에는 그 결과가 규모에 따라 변하게 되는 이유가 불분명할 수 있다. 규모가 큰 시스템에서는 균일성 유지가 어렵고, 부피에 대한 표면적 비의 변화가 있고, 미세환경의 차이로 인한 배양 자체에 변화가 있다는 점에서 해답을 찾을 수 있다. 대규모화의 문제점을 이해하기 위하여, 먼저 전통적인 배양용기가 무엇이고 어떻게 운전되는지에 대한 설명이 필요하다.

10.1.1 전통적인 반응기 유형에 대한 개요

알려진 발효기와 생물반응기 설계를 모두 열거하는 대신 몇 가지 기본유형만을 살펴보자.

- 내부에서 기계적으로 교반되는 반응기
- 기체 분사(sparging)에 의하여 교반되는 **기포칼럼**(bubble column)
- 주입되는 기체의 움직임이나 기계적인 펌프, 또는 두 가지의 조합에 의해 혼합과 액체순환이 유도되는 **루프형 반응기**(loop reactor)

비록 **발효기**(fermenter)와 **생물반응기**(bioreactor)가 보통 호환적으로 사용되지만, 어떤 전문가들은 '생물반응기'를 동물세포배양에 우선적으로 사용한다. 여기서는 '발효기'는 미생물 또는 곰팡이 배양에, '생물반응기'는 살아 있는 세포를 배양하는 어떤 시스템이라도 포함하는 넓은 의미로 사용한다.

그림 10.1의 모식도에 나타난 세 유형의 반응기는 모두 3상(기체-액체-고체)반응과 관계있다. 여기서 다루는 반응기들은 반복해서 사용할 수 있는 재질로 만들어진다. 3상반응기는 3상 사이의 물질전달이 조절되어야 하기 때문에 설계하기 어렵다. 기본원리로부터 계의 운전결과를 예측하는 것은 매우 어려운데, 이것은 반응고체로서의 세포의 복잡한 특성과 더불어 계의 복잡한 유체역학을 해석하는 방법이 부적절하기 때문이다.

10.1.2 내부에서 기계적으로 교반되는 반응기

전통적인 발효기는 교반탱크 반응기(stirred-tank reactor)(그림 10.2)이고, 이것은 내부에서 기계적으로 교반되는 반응기의 대표적인 예이다. 이러한 시스템의 주요 장점은 매우 융통성 있고 기체전달에 있어 높은 k_La(부피 물질전달계수)값을 줄 수 있다는 것이다. 400 m^3까지의 교반반응기는 5 kW/m^3까지의 교반기 용량으로 항생제 생산에 사용된다. 교반반응기는 약 2000 centipoise(2 Pa sec)까지의 점도를 갖는 발효액에 대해 상업적으로 사용될 수 있다. 동물 그리고 식물 세포배양을 위한 교반탱크 시스템은 전형적으로 미생물 시스템에 비해 아주 작다. 동물세포는 20 m^3, 식물세포는 75 m^3이 반응기의 상한이다.

가압상태의 기체는 **분사기**(sparger)(보통 구멍이 있는 고리이거나 원반, 또는 한 개의 오리피스를 갖는 관)로 공급된다. 기포의 크기와 탱크 내의 기체분산은 반응기 성능에 중요하다. 분사기 고리가 처음에는 기포가 더 작고 기체분포도 더 우수하나, 한 개의 배출점이 있는 분사기가 잘 막히지 않는다.

기체분산은 분사기뿐 아니라 **임펠러**(impeller)에 의해서도 이루어진다. 임펠러에 의하여 탱크내부에서의 기포의 분산, 액체 내에서 기포의 체류시간 증가, 그리고 큰 기포를 전

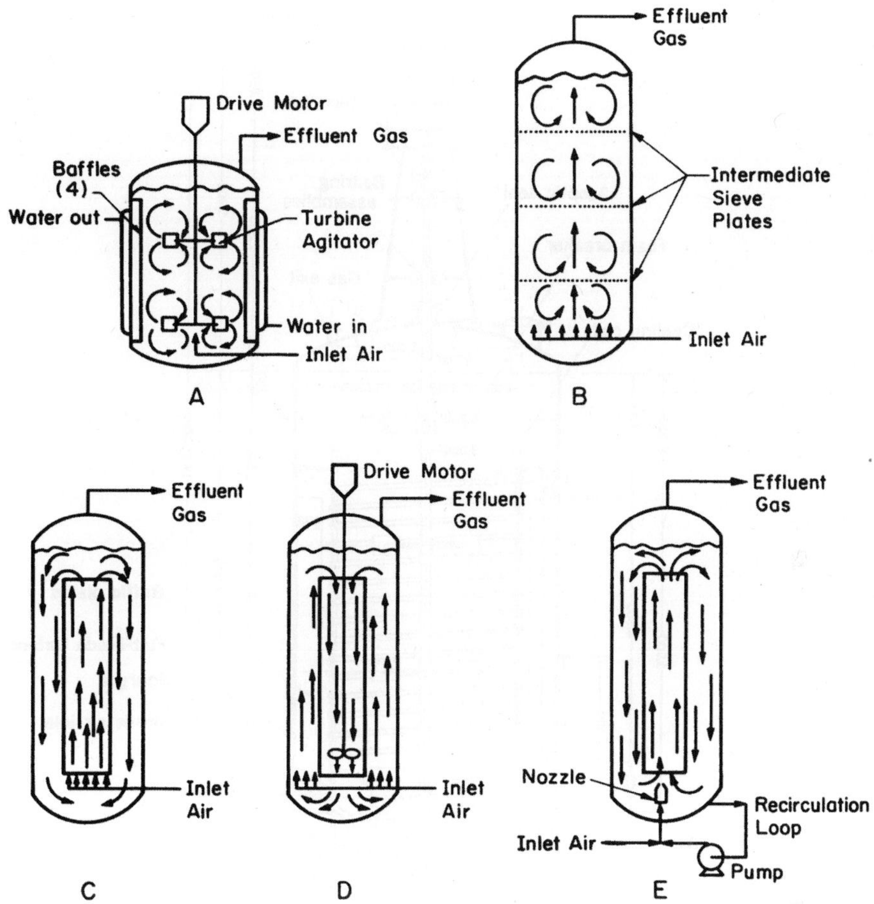

Figure 10.1. Bioreactor types. (a) Stirred-tank reactor, (b) bubble-column reactor, (c) airlift loop reactor with central draft tube, (d) propeller loop reactor, and (e) jet loop reactor. Arrows indicate fluid circulation patterns. (With permission, from D. N. Bull, R. W. Thoma, and T. E. Stinnett, *Adv. Biotechnol. Processes I*, 1, 1985, and Alan R. Liss, Inc., New York.)

단응력에 의하여 작은 기포로 깨뜨리기 위한 충분히 빠른 교반이 이루어져야 한다. 지나친 교반은 몇 가지 세포(예, 동물세포)가 나타내는 전단민감성(shear sensitivity)과, 여러 개의 임펠러가 있는 반응기에서 내용액이 층을 형성하는 것 때문에 해로울 수 있다. 다양한 임펠러가 설계되고 있지만, 원반과 터빈 형태의 임펠러가 주로 선택되고 있으며, 마린(marine)과 패들(paddle) 임펠러는 전단민감성이 높은 세포 시스템에 있어 관심을 끌고 있다.

러쉬톤 임펠러(Rushton impeller)(그림 10.3)는 보통 6~8개의 날을 가진 원반으로, 방사(radial) 방향으로 유체를 펌프하도록 설계되었다. 러쉬톤 임펠러는 1980년대 중반까지 가장 많이 사용된 형태로서, 흔히 산업용과 실험실용 발효기에 이용된다. 축류 수중익 임펠러

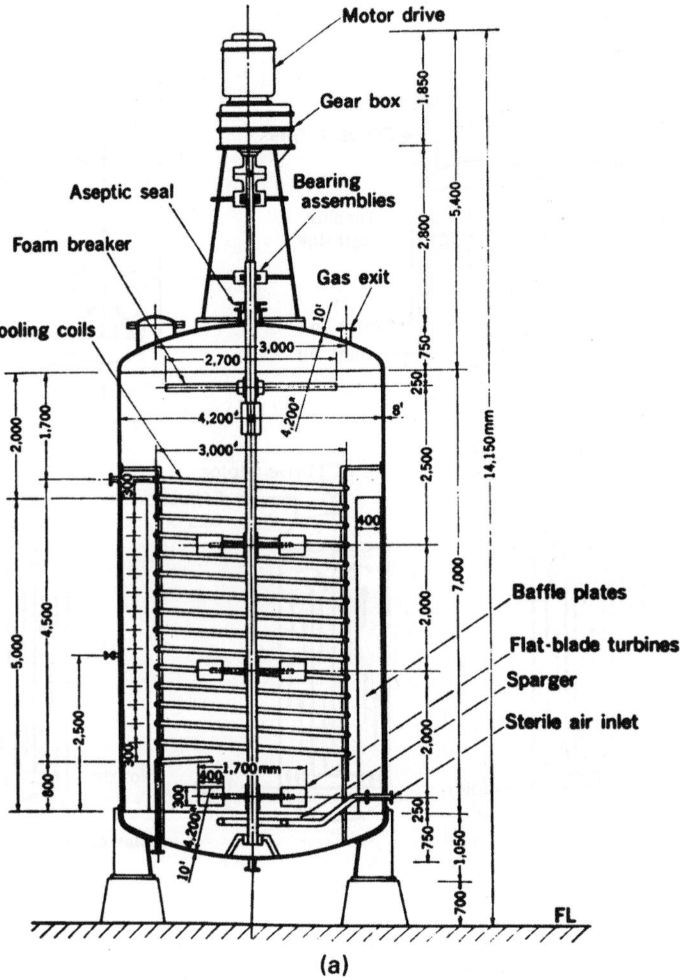

Figure 10.2. (a) Mechanically stirred 100,000-liter fermenter. (With permission, from S. Alba, A. E. Humphrey, and N. F. Millis, *Biochemical Engineering*, 2d ed., University of Tokyo Press, Tokyo, 1973.)

(axial flow hydrofoil impeller)가 점차 많이 사용되고 있다. 축류 시스템들은 액체를 위 또는 아래로 펌프할 수 있다. 이들은(러쉬톤 방사류 임펠러와 비교하여) 같은 수준의 산소전달을 위해 더 적은 에너지를 소모하여 우수한 성능을 보이고 있다. 더욱이 이들은 최대 전단응력을 낮추어 동물세포와 같은 민감한 배양에서 유용하게 쓰이는 반면, 점성 있는 균사체 발효에 여전히 탁월한 성능을 가지고 있다. 축류 시스템은 통일한 축 위에 설치된 여러 개 방사류 임펠러에서 나타나는 부피 구획(compartmentalization)을 없앤다. 때로는 축류와 방사류 임펠러 시스템의 결합이 이용되기도 한다. 혼합과 기체분산을 증진시키기 위해 방해판

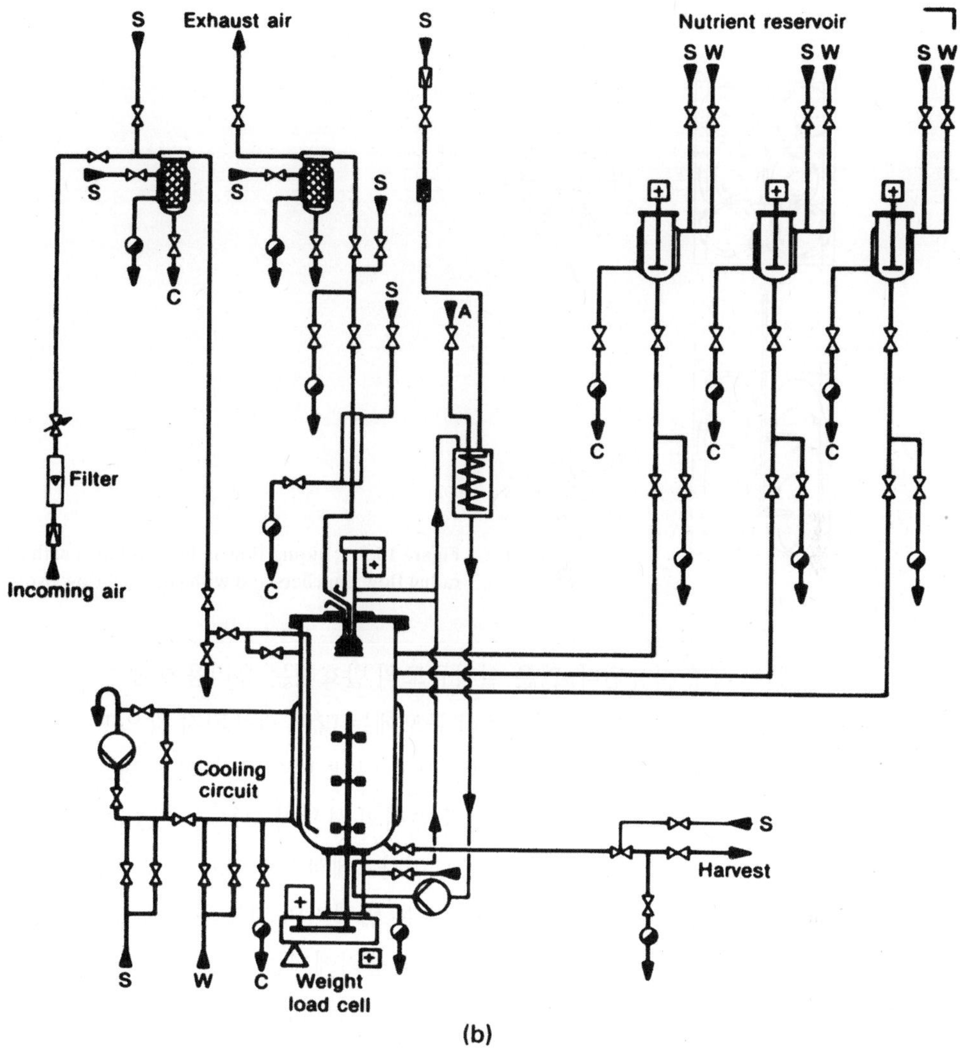

Figure 10.2. (*continued*) (b) Installation of mechanically stirred fermenter: S, steam, C, condensate, W, water, and A, air. The steam lines permit in-place sterilization of valves, pipes, and seals. The input air can be sterilized by both incineration and filtration. (With permission, from W. Crueger and A. Crueger, *Biotechnology: A Textbook of Industrial Microbiology*, R. Oldenbourg Verlag, München, Germany, 1984. With permission from Science Tech Publishers.)

(baffle)을 사용한다. 반응기 지름의 약 8~10%의 너비를 갖는 방해판을 네 개 사용하는 것이 전형적인 배열이다. 동물세포 배양에서 방해판은 전단응력 손상을 일으키므로, 방해판 대신 중심에서 약간 떨어진 하부구동 축 임펠러를 사용할 수 있다.

용기 자체는 대부분 스테인리스스틸로 만들어진다. 316형은 모든 젖는 부분에 사용되고, 304형은 뚜껑과 재킷에 사용된다. 식물과 동물세포 조직배양에는 탄소량이 적은 것

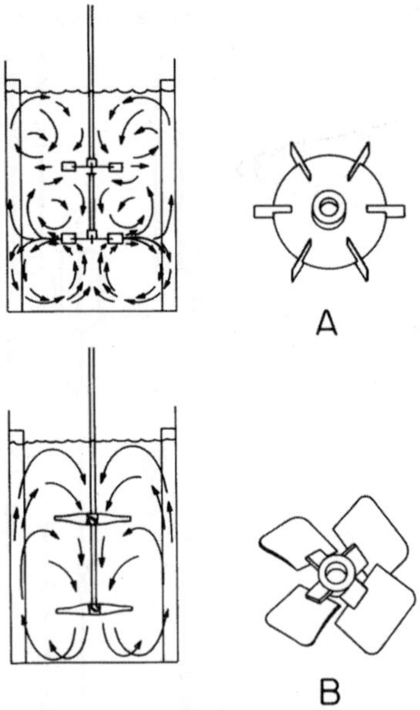

Figure 10.3. Liquid flow in bottled tanks with (A) Rushton radial flow impellers and with (B) axial flow hydrofoil impellers.

(316L형)이 자주 사용된다. 많은 실험규모의 발효기는 유리용기에 스테인리스스틸 덮개판을 사용하고 있다. 유리발효기는 50 l 규모에는 많이 사용되지 않으며, 재질상의 이유로 유리용기의 크기는 최대 약 500 l로 제한하고 있다. 반응기의 멸균, 발효액의 부식성 그리고/또는 마모성 때문에 스테인리스스틸과 유리의 사용이 필요하게 된다.

대부분의 발효기는 높이 대 지름의 비가 2에서 3 사이로 제작되며, 동물세포 생물반응기에서는 이 비를 1에 가깝게 한다. 러쉬톤 임펠러의 지름은 보통 탱크 지름의 30 ~ 40%에 해당하나, 축류수류(axial flow hydrofoil) 임펠러에서는 50%에 달하기도 한다. 규모가 큰 반응기에서의 크기는 장치가 산소를 적절하게 공급하는 능력과 효율적으로 대사열(metabolic heat)을 제거하는 능력의 두 가지 요인에 의해 제한된다. 큰 반응기는 보통 열제거를 위한 내부코일이나 재킷이 있는 용기를 사용한다. 구리 코일이 더 좋은 열전달 특성을 가지고 있으나, 스테인리스스틸 코일이 거의 대부분 사용되고 있다. 그러나 이러한 선택은 배지와 배양의 성질에 따르게 된다. 내부코일은 재킷이 씌워져 있는 용기에 비해 열전달을 위한 보다 넓은 표면적을 가지고 있기 때문에 열제거에 보다 효율적이다. 그러나 많은 시스템에서 코일은 미생물생장에 의해 빨리 오염되어, 열전달을 감소시키고 혼합과 멸균 유지에 자주 악영향을 미친다. 그런 경우에는 재킷이 씌워진 용기가 유리하다.

상업적 발효에서 자주 생기는 또 다른 문제는 **거품발생**(foaming)이다. 만약 거품이 발효기에서 탈출하면 여과기를 적셔서 압력강하를 증가시키고 기체의 흐름을 감소시킨다. 거품발생에 있어 더 큰 문제는 오염세포가 발효기로 들어오는 통로를 제공하는 것이다. 상업적으로 유용한 대부분의 생성물에 있어서는 절대적인 멸균성이 요구되며, 오염은 많은 양의 생성물, 시간, 그리고 비용의 손실을 가져올 수 있다. 거품은 기계적인 거품제거기 또는 화학적 표면활성제의 첨가로 조절될 수 있다. 그러한 화학물질이 거품조절에 매우 효과적일 수 있으나 단점도 있다. 거품을 제거하는 화학물질은 보통 k_La값을 감소시켜 산소 또는 다른 기체를 공급하는 반응기의 용량을 감소시키며, 어떤 경우에는 그러한 화학물질이 세포생장을 억제할 수 있다. 거품형성은 잘 이해되고 있지는 않으나, 복합배지 또는 고농도의 세포외 고분자(예, 단백질)의 형성은 거품형성을 촉진하는 경향이 있다. 거품은 발효기의 최종 생산성을 제한할 수 있다. 모든 교반탱크 발효기에는 액체로부터 유리되는 기체를 위해 상부공간(head space)이 있다. 발효기의 **작동부피**(working volume)(배양부피)는 보통 전체 발효기 부피의 약 75%에 해당한다.

멸균성(sterility)은 발효기 장치 설계에서 우선적으로 고려되어야 한다. 고압증기는 반응기, 밀봉부(seal), 탐침(probe), 밸브의 제자리에서의(in-place) 멸균에 사용된다. 발효기의 구멍은 필요한 것에만 설치되어야 한다. 발효기의 조절을 향상시키기 위해서는 탐침을 많이 사용하게 되고, 멸균성 유지를 향상시키기 위해서는 탐침을 되도록 적게 사용해야 하므로 이에는 적당한 절충이 필요하다. 작은 구멍은 O-링을 사용하여 새는 것을 방지하며, 평평한 개스킷은 더 큰 구멍에 적당하다. 작은 발효기는 자기력에 의해 움직이는 교반기를 사용하는 반면, 산업적 규모의 발효기는 발효기로 관통되는 회전축을 갖는다. 그러한 축을 통한 외부세포의 침입에 의한 오염을 방지하는 것이 발효기의 기계적 설계의 주요 역할이다. 연결박스를 채우는 밀봉식은 구식 발효기에 흔한 반면, 이중의 기계식 밀봉은 새로운 발효기에 사용된다. 모든 표면은 부드러워야 한다. 탱크 표면, 관, 그리고 밸브의 갈라진 틈에는 많은 양의 입자성 유기물질과 오염세포가 잡혀 있을 수 있다. 그러한 세포덩어리는 오염물질의 멸균에 대한 생존율을 증가시킨다. 모든 표면의 청결이 중요하다.

세척(cleaning)은 일반적으로 '제자리에서' 이루어지고, 제자리 세척(clean-in-place (CIP)) 기술을 위한 분무볼(spray ball)이 발효기 설계에 포함된다. 강알칼리성 세제가 자주 사용되므로 이에 따라 재질을 선정하게 된다. 특히 동물 또는 식물 조직배양을 위한 반응기에서, 기계적 연마에서 흔히 생기는 날카로운 미시적 돌출을 제거하기 위한 전해공정의 하나로, 표면을 전해연마로 처리한다. 표본 채취와 주입을 위한 모든 입구와 밸브는 증기멸균을 할 수 있는 덮개로 보호되어야 한다. 표본채취 밸브에 실제 증기를 연속적으로 흘려주는 것이 항생제 공장에서 자주 사용하는 방법이다.

10.1.3 기포칼럼과 루프형 반응기

멸균의 중요성은 기포칼럼과 루프형(예, 공기부양식(airlift)) 반응기에서도 마찬가지다. 기포칼럼은 어떤 계에서는 특정한 장점을 가지고 있다. 기포칼럼은 낮은 점도의 뉴턴성 배지에 적당하다. 높은 점도의 배지에서는 충분한 혼합이 이루어지지 않을 수 있다. 기포칼럼은 교반탱크 시스템보다 더 높은 에너지효율을 가지고 있다. 여기서 **에너지효율**(energy efficiency)이란 단위 공급동력당 전달되는 산소량을 의미한다. 기포칼럼의 또 다른 장점은 어떤 세포들에 있어서는 중요한 전단응력을 작게 해 준다는 것이다. 그러나 세포들은 기포 표면에 모이는 성향이 있는데, 기포 파열은 세포에 아주 해롭다. 또한 기계적인 교반이 없으므로 비용이 감소되고 오염물질의 잠재적인 침투경로의 하나를 없애준다.

교반탱크보다 혼합능력이 덜 강력할 뿐만 아니라, 거품발생과 기포합체 (coalescence)에 의해 기포칼럼 운전이 제한되고 있다. 기포합체 때문에 기포칼럼은 기체의 좁은 유속범위에서 운전된다. 적절한 기체흐름의 범위는 배지성질에 따라 다르다. 그러므로 기포칼럼은 교반탱크보다 융통성이 별로 없다. 합체에 의한 어려움은 다단관의 사용에 의해 부분적으로 감소된다. 각 단(다공판)은 기체흐름을 재분배한다. 그러나 이러한 기체 재분산은 추가 에너지를 필요로 한다.

루프형 반응기는 기포칼럼과 교반탱크의 중간특성을 갖는다. 먼저 **공기부양**(airlift) 시스템을 살펴보자(그림 10.1). 여기서 기체이동은 드래프트(draft)관 상부로 유체와 세포를 운반한다. 관의 꼭대기에서, 기체는 액체로부터 유리되고, 기체가 제거된 액체(기체가 포함된 액체보다 밀도가 큰)는 관 밖의 원환(annulus)을 통해 내려간다. 반응기 밑바닥에서, 내려온 유체는 다시 기체흐름과 만나 드래프트관을 따라 다시 상승한다. 공기부양 시스템은 일반적으로 기포칼럼보다 점도가 약간 큰 유체를 다룰 수 있으며, 합체는 문제가 되지 않는다. 지금까지 제작된 가장 큰 1500 m^3의 교반발효기(ICI에 의한)는 단세포단백질 생산을 위해 공기부양식으로 설계된 것이다. 아주 큰 발효기에서는(>200 m^3), 높은 산소전달속도와 더 나은 냉각효과를 얻을 수 있는 비기계적 교반설계가 선호되고 있다. 공기부양식 설계에서는 유체 간의 물질교환이 적기 때문에 드래프트관의 밑바닥에서 꼭대기까지 그리고 다시 돌아오는 데 걸리는 순환시간이 중요하다. ICI설계에서는, 순환되는 동안에 세포가 기질에 굶주리는 것을 막기 위하여 여러 개의 기질주입 지점이 사용되었다. 루프형 반응기에 기계적인 교반을 첨가함으로써 융통성(운전범위)을 증가시켜 준다.

교반탱크에 대하여 초점을 맞추고 있지만, 대부분의 발효(전체부피의 관점에서)가 교반과 통기가 없는 발효기에서 행해지고 있음을 알아야 한다. 그러한 발효기는 맥주, 포도주, 그리고 낙농생산품(예, 치즈)과 같은 식품발효에 자주 사용된다. 혐기성발효에서, 발효생물에 의한 기체방출이 약간의 교반을 일으킬 수 있지만, 정상적으로는 기체가 용기 내로 공급되지 않는다. 그러나 교반 그리고/또는 통기가 행해지는 용기는 더욱 다양한(공정의 수에 있어서) 발효에 사용되고, 규모변화가 더 어렵기는 하나, 새로운 제품의 생산에 더 많이 선택될 것이다.

10.1.4 일회용 생물반응기

지난 15년간 산업계에서는 전통적인 재사용 장치 대신 일회용(또는 '쓰고 버리는') 생물반응기를 이용하기 시작했다. 이러한 장치의 사용은 적당한 크기의 반응기를 이용하여 전형적으로 동물세포 배양에서 생산되는 것과 같은 고가의 생산물에 집중되었다. 세포당 생산성의 증가로 인해 적당한 크기의(100 l 정도) 생물반응기를 흔히 사용할 수 있게 되었고 특히 인간줄기세포에 매력적이다. 그러나 이 기술은 미생물계에도 사용되어 왔다.

일회용 생물반응기는 일반적으로 FDA 승인 플라스틱(예, 폴리카보네이트, 폴리스티렌 등)으로 만들어진다. 배양용기는 미리 조립, 멸균된 상태로 배달되어 언제나 사용할 수 있게 되어 있다. 사용 후 배양용기는 오염물질을 제거한 후 버려진다. 이 기술의 장점에는 멸균/세정 과정과 이들의 인증이 필요 없기 때문에 신속한 대규모화와 실행이 포함된다. 특히 청결에 대한 제약산업에서의 규제제약이 아주 까다롭기 때문에 일회용 기술은 큰 장점이다. 또, 이는 공정융통성, 시장변화에 대한 대처성, 비용절감(특히 초기 자본금이 여러 배 감소한다), 그리고 생물안정성의 개선으로 이어진다. 플라스틱에서 스며 나와 생성물을 오염시킬 수 있는 화학물질이나 플라스틱의 기계적 안정성 등의 문제가 단점으로 작용할 수 있다. 또 다른 제약으로는 교반도와 더불어, 쓰고 버리는 장치의 산소전달용량으로서, 이는 도달할 수 있는 유효 세포농도를 제한한다. 쓰고 버리는 장치에 사용되는 센서기술이 낙후되어 있는 것도 또 다른 제약점이다. 최대 사용가능 크기를 증가시키려고 노력하고 있으나, 현재 최대 크기는 2 m^3(2000 l) 정도이다.

쓰고 버리는 생물반응기는 외부적이건 내부적이건 보통 기계적으로 구동된다. 외부적 구동장치로는 흔들이 플랫폼(예, WAVE 생물반응기)에 얹혀 사용되는 배양주머니를 예로 들 수 있다. 흔들이는 진동운동 효과를 주어 '파도'를 일으킨다. 회전, 떨림, 또는 '흔들림' 플랫폼 등의 다른 움직임이 가능하다. 내부적 구동장치의 한 종류로는 외부 플랫폼에 기계적으로 연결된 내부 회전 교반기가 있는 배양주머니 또는 기계적으로 연결된 교반기가 있는 딱딱한 원통형 용기가 있다. 다른 종류로는 공압식으로 교반되는 용기가 있다. 기계식과 공압식 구동 교반의 혼합장치도 있다. 이 장치들의 대부분이 동물세포에 주로 이용되지만, 어떤 것들은(예, Saltus 생물반응기) 진동 실관축을 사용하여 큰 전단조건을 발생하기 때문에 전단에 민감한 동물세포에는 사용할 수 없다.

쓰고 버리는 기술은 생물반응기뿐 아니라, 배양액과 완충액 제조, 여과, 그리고 크로마토그래피까지도 개발되었다. 이러한 추세는 쓰고 버리는 생물반응기 개발과 부분적으로 같은 이유로 추진되고 있다.

주로 통기, 교반, 그리고 열전달을 기반으로 하는 반응기 설계의 원리는, 반응기에 산소가 들어가고 이산화탄소가 나오는 세부방법과 구조의 차이에 따라 그 세부내용이 변할 수 있지만, 쓰고 버리는 생물반응기와 영구적 생물반응기에서 같다. 다음 절에서 이러한 사안들을 다룬다.

10.1.5 통기, 교반, 그리고 열전달에 대한 고찰

산소 전달, 이산화탄소 방출, 그리고 미생물 생장에 의한 열발생을 설명하는 기본식은 6장 '세포의 생장'에서 제시하였다. 산업적 규모의 발효기에서는 산소공급과 열제거가 중요한 설계요건이 된다.

산소요구 정도는 세포에 따라 다르다. 식 6.21는 아래와 같이 다시 쓸 수 있다.

$$\mathrm{OUR} = X \cdot q_{O_2} = k_L a(C^* - C_L) \tag{10.1}$$

여기서 q_{O_2}는 산소 비섭취속도(mol O_2/g · h)이다. 전형적인 q_{O_2} 값이 표 10.1에 나와 있다. q_{O_2}(또는 산소섭취속도, oxygen uptake rate (OUR))는 식에서 요구되는 값이다. 대부분의 공

TABLE 10.1. Typical Respiration Rates of Microbes and Cells in Culture

Organism	q_{O_2} (mmol O_2/g dw-h)
Bacteria	
Escherichia coli	10–12
Azotobacter sp.	30–90
Streptomyces sp.	2–4
Yeast	
Saccharomyces cerevisiae	8
Molds	
Penicillium sp.	3–4
Aspergillus niger	ca. 3
Plant cells	
Acer pseudoplatanus (sycamore)	0.2
Saccharum (sugar cane)	1–3
Animal cells	$0.4 \dfrac{\text{mmol } O_2/\text{l}-\text{h}}{10^6 \text{ cells/ml}}$
HeLa	
Diploid embryo WI-38	$0.15 \dfrac{\text{mmol } O_2/\text{l}-\text{h}}{10^6 \text{ cells/ml}}$

정은 40~60 mmol O_2/l · h 범위인데, 대규모 공정에서의 전형적인 값은 40~200 mmol O_2/l · h이다.

얻어지는 값으로는, 중요한 매개변수인 부피전달계수 k_La(h^{-1})가 있다. 여러 식들이 k_La의 예측을 위해 제안되었다. 이 장의 끝에 있는 참고문헌들은 이러한 상호관계를 자세히 설명한다. 전형적인 관계식은 다음의 형태를 갖는다.

$$k_L a = k(P_g / V_R)^{0.4}(v_s)^{0.5}(N)^{0.5} \tag{10.2a}$$

여기서 k는 경험상수, P_g는 통기되는(기체를 포함하는) 생물반응기에 필요한 동력요구량, V_R은 생물반응기의 부피, v_s는 공탑 가스방출속도, 그리고 N은 교반기의 회전속도이다. 식 10.2a의 형태에 있어서 모든 매개변수는 관계식에서 요구되는 단위를 가져야 한다. 다음은 이런 형태를 갖는 기본 상관관계의 한 예(분압을 사용)이다.

$$k_L a(\text{mmol/1-h-atm}) = 0.6[P_g / V_R(hp/10001)]^{0.4}[v_s(\text{cm/min})]^{0.5}[N(\text{rpm})]^{0.5} \tag{10.2b}$$

P_g 값은 다음과 같은 다른 상관관계로부터 계산될 수 있다.

$$P_g = K\left(\frac{P_u^2 \cdot N \cdot D_i^3}{Q^{0.56}}\right)^{0.45} \tag{10.3}$$

여기서 K는 반응기 형태에 근거한 상수, P_u는 통기되지 않는 발효기에서 요구되는 동력, D_i는 임펠러 지름, 그리고 Q는 통기속도(분당 공급되는 기체의 부피를 반응기의 액체부피로 나눈 값)이다.

앞의 관계식은 뉴턴성 시스템에 있어서도 아주 잘 맞는 것은 아니나, 비뉴턴성 또는 고점도 시스템에는 더 맞지 않는다. 또한 이 관계식은 k_La에 대한 배지조성의 영향을 포함하고 있지 않다. 염과 계면활성제는 기포 크기와 기포 주변의 액체막 저항을 많이 변화시킬 수 있다. 이러한 인자들은 **산소용해도**(oxygen solubility)(C^*)에도 영향을 줄 수 있다. 온도와 압력 역시 k_La와 C^*에 영향을 줄 수 있다. 마지막으로, 얻어지는 내용으로, C_L이 임계산소농도 이상으로 유지되어야 하나(6장 참조) 좋은 산소전달을 위하여 충분히 작은 값을 가져야 함을 주목해야 한다. 많은 박테리아 발효에서, 약 1 mg/l의 C_L은 혼합이 불충분할 때 좋은 산소전달속도를 유지하기에 충분하다.

예측이 어렵기는 하지만, k_La는 측정 가능한 매개변수로서 대규모 산업용 발효기에서와 같이 미세반응기에서도 측정될 수 있다. 네 가지 방법이 일반적으로 사용된다. 즉, 비정상상태, 정상상태, 동역학적(dynamic), 그리고 아황산염 방법이다. 이 방법들이 어떻게 적용되는지는 이 방법들이 사용되는 계에서의 세포 유무에 따라 달라진다.

운전하기 전에 새로운 반응기는 순수한 물 또는 C^*가 정확하게 측정될 수 있는 배지로 채워진다. 산소는 N_2를 분사하여 시스템으로부터 제거된다. **비정상상태 방법**(unsteady-state method)을 사용할 경우에는 공기를 주입하여 용액이 포화될 때까지 용존산소의 변화를 측정한다. 이러한 경우,

$$\frac{dC_L}{dt} = k_L a(C^* - C_L) \tag{10.4a}$$

또는

$$\frac{-d(C^* - C_L)}{dt(C^* - C_L)} = k_L a \tag{10.4b}$$

식 10.4b를 $t = 0$에서 t까지, 그리고 $C_L = C_{Lo}$에서 C_L까지 적분하면 식 10.5가 얻어진다.

$$\ln\left(\frac{(C^* - C_L)}{(C^* - C_{Lo})}\right) = -k_L a \tag{10.5}$$

그림 10.4에서 보듯이, Ln $\left(\frac{(C^* - C_L)}{(C^* - C_{Lo})}\right)$ 대 시간의 도시로 $k_L a$를 계산할 수 있다.

또 다른 접근으로 **아황산염 방법**(sulfite method)이 있다. Cu^{2+}가 있을 때, 아황산염(SO_3^{2-})에서 황은 0차 반응에 의해 황산염(SO_4^{2-})으로 쉽게 산화된다. 이 반응은 매우 빨라, 결과적으로 C_L은 0에 가깝다.

황산염 형성속도는 시간에 따라 측정되며, 산소소모속도에 비례한다($\frac{1}{2}$ mol의 O_2는 1 mol의 SO_4^{2-}를 생산하는 데 소모된다). 그러므로

$$\tfrac{1}{2} dC_{so_4}/dt = k_L a C^* \tag{10.6}$$

여기서 C_{SO_4}는 SO_4^{2-}의 농도이다. 계수 $\frac{1}{2}$은 C_{SO_4}와 C^*를 mol로 표시해야 함을 의미한다. 산소용해도 C^*는 배지조성, 온도, 그리고 압력에 의존하는 상수로서, 따로 측정할 수 있다.

$$k_L a = \frac{\text{OUR}}{C^* - C_L} \tag{10.7}$$

OUR은 산소섭취속도이다. 아황산염 방법은 $k_L a$를 실제보다 크게 추산할 수 있다. 화학반응이 기포 주위의 액체막에서 일어난다면, 겉보기 산소전달은 액체막에서 화학반응이 일어나지 않는 계에서보다 클 것이라는 것을 주목해야 한다(문제는 호흡하는 생체가 유사한 방법으로 산소전달을 향상시킬 수 있는가이다).

아마도 $k_L a$를 결정하는 최상의 방법은 전체 반응기가 호흡계(respirometer)로 사용되는 **정상상태 방법**(steady-state method)이다. 이러한 접근은 모든 기체방출 흐름에서의 정확한

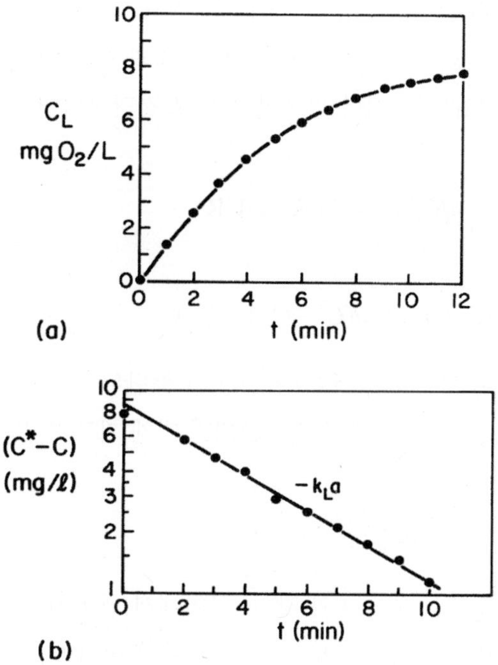

Figure 10.4. (a) Typical data for unsteady-state accumulation of oxygen in a large stirred tank. (b) Assuming $C^* = 8.65$ mg O_2/l, a value of $k_La = 11.5\ h^{-1}$ is determined. (D. W. Sundstrom, H. E. Klei, *Wastewater Treatment* © 1979.)

산소농도 측정과 확실한 C_L 측정을 필요로 한다. 기체에서 O_2에 대한 물질수지식으로부터 O_2 섭취속도(OUR)를 계산할 수 있다.

$$k_L a = \frac{\text{OUR}}{C^* - C_L} \tag{10.8}$$

또한 OUR은 호흡계에서 배양액의 시료채취에 의한 오프라인(off-line) 측정으로 계산할 수 있으나, 실제 발효기에서 얻어진 자료를 사용하는 것이 이상적이다. 그러나 여기서(그리고 다른 방법에서) 문제점은 어떤 C^*값을 사용하는가를 결정하는 것이다. 큰 발효기에서, 기체는 높은 압력하에서 분사된다(산업적인 발효기에서는 적어도 부분적으로 액체 높이 때문에). C^*는 기체의 산소분율과 함께 전체압력에 의존하는 pO_2에 비례한다. 분사지점에서 pO_2는 출구에서보다 상당히 높게 되는데, 이것은 더 높은 압력과 호흡에 의한 소모로 기체에서의 산소분율이 감소되기 때문이다. 기포칼럼에서 입구와 출구의 pO_2에 근거한 C^*의 지수평균값은 타당한 선택이다. 완전하게 혼합되는 용기에서, 출구에서의 기체조성은 탱크의 어느 곳에서나 분산되어 있는 기포와 같고, 결론적으로 C^*는 출구의 pO_2에 근거해야 할 것이다. 실제의 탱크에서, 기포의 체류시간 분포에 대한 지식이 C^*의 부피평균값을 계산하는 데 필요하다.

동역학적 방법(dynamic method)은 활발한 세포가 있는 발효기를 이용한다는 면에서 정상상태 방법과 유사하다. 이것은 정상상태 방법에서 DO 탐침과 함께 폐가스 분석기가 필요한 데 비해 단지 DO 탐침과 도표 기록기만 필요할 정도로 간단하다. 다음은 DO 수준을 결정하는 식이다.

$$dC_L/dt = \mathrm{OTR} - \mathrm{OUR} \tag{10.9a}$$

또는

$$dC_L/dt = k_L a(C^* - C_L) - q_{O_2} X \tag{10.9b}$$

동역학적 방법에서는 공기공급이 짧은 기간(5분 이내) 동안 중단된 후 다시 재개된다. 예상되는 결과를 그림 10.5에 나타내었다. 기체공급이 중단되면 기체 기포가 없기 때문에 k_La는 0이다. 그러므로

$$dC_L/dt = -q_{O_2} X \tag{10.10}$$

하강하는 곡선의 기울기는 OUR 또는 $-q_{O_2}X$와 같다. 실험에서 얻어지는 가장 낮은 C_L 값은 q_{O_2}가 C_L 에 무관하기 위해서 임계산소 농도 이상이 되어야 한다(6장 참조). 이 방법은 DO 탐침의 측정이 지연되고(약 30~45초), 상부 기체에서 액체로 산소가 용해(이러한 현상은 기체전달을 위한 표면적의 비율이 액체부피와 비교하여 높기 때문에 주로 작은 용기에서 중요할 수 있다)되기 때문에 더욱 복잡해질 수 있다. 공기 분사가 다시 시작될 때 상승하는 곡선은 k_La를 계산하는 데 이용할 수 있다. dC_L/dt의 값은 다양한 시점에서 계산된 상승곡선의 기울기로부터 측정할 수 있다. (dC_L/dt + OUR) 대 ($C^* - C_L$)의 도표는 k_La의 기울기를 갖는 선이 된다. 동역학적 방법의 주요 장점은 k_La를 실제 발효조건에서 측정할 수 있다는 것이다. 더욱이 만약 C_L 를 알면, X를 측정하는 데 OUR의 값을 이용할 수 있다.

여러 가지 변화된 k_La의 결정방법이 있지만 일반적인 원리는 같다. 그러나 일단 산소전달속도(OTR)가 관계식이나 실험적으로 결정된 k_La의 값으로부터 계산될 수 있으면 대사열 발생속도를 쉽게 계산할 수 있다. 식 6.26은 그러한 연관관계를 제공한다. 식 6.24에서 6.26은 모든 경우에 적용되고, 이로부터 열발생속도를 계산할 수 있다. 그러므로 냉각수의 온도, 최대 유속, 배출되는 냉각수와 반응기 사이의 원하는 온도 미분값, 그리고 총괄 열전달계수가 주어지면 필요로 하는 냉각 표면(재킷 또는 코일)의 전체 양이 계산될 수 있다. 총괄 열전달계수는 발효에 따라 많이 다를 수 있기 때문에 가장 큰 문제가 된다. 점성이 높은 발효에서는 유체혼합이 감소되고, 명백히 열전달속도도 감소된다. 많은 발효에 있어서 코일에 고체퇴적이 일어나 열전달계수가 많이 감소된다. 심할 경우 고체퇴적은 코일 사이의 공간을 막아 버릴 수 있어서 코일 사이의 대류흐름을 크게 감소시키고 결과적으로 열전달

계수를 감소시킨다. 냉각용 코일은 유체가 빠른 속도로 코일에 부딪혀 세척을 촉진할 수 있도록 설치된다. 반응기가 넓은 범위의 발효에 응용될 수 있는 매우 융통성 있는 장치로서의 역할을 하려면, 총괄 열전달계수가 매우 신중하게 계산되어야 한다.

예제 10.1

그림 10.5의 자료를 이용하여 동역학적 방법으로 k_La를 측정하라. 또한 세포건조중량이 2 g/l로 측정될 경우, 이 배양에서의 비호흡 속도를 측정하라.

풀이

공기공급이 중단되면, OUR을 측정하기 위해 그림 10.5에서 곡선의 하강부분을 이용할 수 있다. 곡선의 직선부분에 대해(공기공급이 중단된 후 0.5 ~ 3분) OUR을 다음과 같이 측정할 수 있다.

$$-dC_L/dt = \text{OUR} = -\frac{2.5-0.5 \text{ mg/l}}{0.5-3 \text{ min}}$$
$$= 0.8 \text{ mg DO/l-min}$$

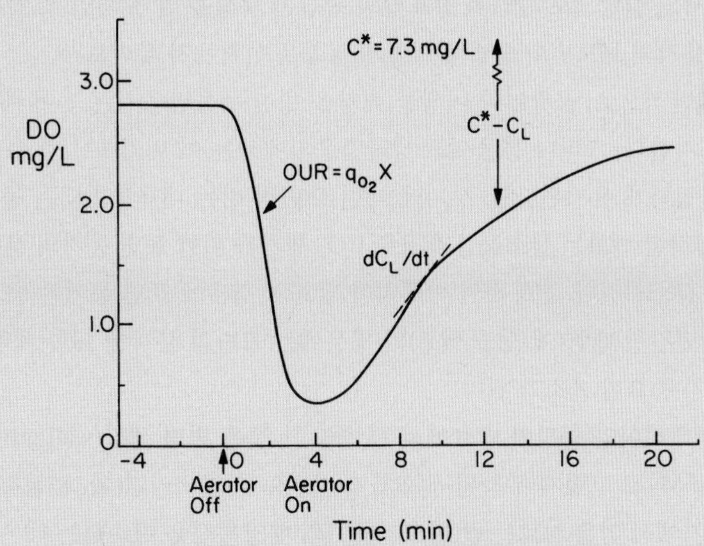

Figure 10.5. Example of response of dissolved oxygen in a fermenter when stopping and then restarting air flow. The dynamic method can be used to estimate oxygen uptake rate and k_La.

k_La를 측정하기 위해 공기 재공급 동안 형성되는 상승곡선을 이용한다.

$$k_L a = \frac{dC_L/dt + \text{OUR}}{C^* - C_L}$$

k_La를 측정하기 위한 가장 좋은 방법은 $(dC_L/dt + \text{OUR})$ 대 $(C^* - C_L)^{-1}$을 도시하는 것이나, 각 시각에서 한 점을 이용할 수 있다. 이 문제에서는 $k_La = 0.16\ \text{min}^{-1}$이다.

비호흡 속도는 다음과 같이 측정한다.

$$\text{OUR} = q_{o_2} X$$

또는

$$q_{o_2} = \text{OUR/X}$$

$$q_{o_2} = \frac{0.8\ \text{mg DO/l-min}}{2\text{g cells/l}}$$

$$q_{o_2} = 0.4\ \text{mg DO/g cells-min}$$

10.1.6 대규모화에 대한 접근

앞에서의 설명으로 산업적 발효기의 복잡한 특성을 알게 되었다. 이제 이러한 복잡성이 생물반응기의 규모변화 방법에 어떻게 영향을 미치는지 살펴보자.

일반적으로, 곰팡이나 미생물 배양을 위한 생물반응기는 높이 대 지름 비를 2 또는 3으로 유지한다. 그러나 동물세포 생물반응기에서는 이 비가 1이 될 수 있다. 높이 대 지름 비가 일정하게 유지된다면, 부피에 대한 표면적 비는 대규모화되는 동안에 급격하게 감소한다. 이러한 변화는 산소공급과 용존 CO_2 제거를 위한 표면 통기의 분사에 대한 상대적인 역할을 감소시킨다. 전통적인 박테리아 발효의 경우에 표면 통기는 중요하지 않으나, 전단응력에 민감한 배양(예, 동물세포)의 경우에는 교반과 분사에 대한 제약이 있기 때문에, 표면 통기가 중요한 요소가 된다.

박테리아와 곰팡이 발효에서 더 중요한 것은 **벽면 생장**(wall growth)이다. 세포가 표면에 부착되고 그렇게 부착된 세포가 대사변화를 일으키면(예, 물질전달 제약 때문에), 작은 발효기에서 얻은 자료는 큰 발효기에서의 배양특성을 예측하는 데 사용할 수 없게 된다. 예제 10.2에서 이 점을 보다 명백히 설명하고 있다.

아마도 더욱 중요한 것은, **기하학적 유사성**(geometric similarity)이 유지 되더라도 큰 발효기의 물리적 조건은 작은 발효기의 조건과 결코 완전히 같아질 수 없다는 것이다. 표 10.2

TABLE 10.2. Interdependence of Scale-Up Parameters

Scale-Up Criterion	Designation	Small Fermenter, 80 l	Production Fermenter, 10,000:l Constant, P_0/V	Constant, N	Constant, $N \cdot D_i$	Constant, Reynolds Number
Energy input	P_0	1.0	125	3125	25	0.2
Energy input/volume	P_0/V	1.0	1.0	25.0	0.2	0.0016
Impeller rotation number	N	1.0	0.34	1.0	0.2	0.04
Impeller diameter	D_i	1.0	5.0	5.0	5.0	5.0
Pump rate of impeller	Q	1.0	42.5	125.0	25.0	5.0
Pump rate of impeller/ volume	Q/V	1.0	0.34	1.0	0.2	0.04
Maximum impeller speed (max. shearing rate)	$N \cdot D_i$	1.0	1.7	5.0	1.0	0.2
Reynolds number	$ND_i^2\rho/\mu$	1.0	8.5	25.0	5.0	1.0

With permission, from J. Y. Oldshue, *Biotechnol. Bioeng*. 8:3–24 (1996), John Wiley & Sons, Inc.

에 설명된 경우에 교반탱크 지름이 5배 증가되면, 높이 대 지름 비가 일정하게 유지되기 때문에 부피가 125배 증가한다. 표 10.2에서는 일정한 동력공급량(P_0/V)(용기 내의 일정한 액체순환속도(단위부피당 임펠러의 펌핑속도(Q/V)), 임펠러 끝에서의 일정한 전단응력(ND_i), 그리고 일정한 Reynolds수($ND_i^2\rho/\mu$)에 근거한 네 가지의 대규모화를 다루고 있다. $P \propto N^3D_i^5$, $V \propto D_i^3$, $Q \propto ND_i^3$, $P/V \propto N^3D_i^2$ 그리고 $Q/V \propto N$임을 주목하라. 그러므로 N과 D_i를 고정하면 표 10.2의 모든 양들이 고정된다. 이 양들은 N과 D_i에 대해 다른 의존성을 갖기 때문에, 규모의 변화는 세포가 경험하는 물리적인 환경을 반드시 변화시킨다. 이러한 변화가 반응기에서 화학성분들의 분포를 변화시키거나 세포를 파괴 또는 손상시키면, 배양의 대사반응은 규모에 따라 다를 것이다. 어떤 경우에는, 적당한 정도의 기계적 스트레스 변화에 대하여, 비록 가시적인 세포손상이나 세포용해가 없어도 세포들이 생리적 기능의 변화로 반응한다. 그러므로 대규모화의 서로 다른 방법들은(일정한 P/V는 일정한 OTR을 의미하고, 일정한 Reynolds수는 기하학적으로 유사한 흐름 유형을 의미하고, 일정한 N은 일정한 혼합시간을 주고, 일정한 임펠러 끝 속도는 일정한 전단응력을 준다) 아주 다른 결과를 줄 수 있다.

이러한 대규모화 문제는 모두 이동공정(transport process)에 관계된다. 특히 혼합과 반응의 상대적인 시간규모는 발효기의 불균일성의 정도를 결정하는 데 중요하다. 시스템을 대규모화함에 따라, 미세속도론(세포반응들)이 소규모의 시스템 반응을 지배하는 시스템으로부터, 이동현상의 제약이 대규모의 시스템 반응을 지배하는 시스템으로 중요성이 이동된다. 이와 같이 제어방식에 변화가 일어나면, 큰 규모의 성능예측에 있어서 작은 규모에서의 실험결과는 신뢰성을 잃게 된다.

반응기에서 있을 수 있는 제약을 예측하는 한 방법은 변환반응과 이동공정에 있어서 특성시간 상수를 사용하는 것이다. 표 10.3에 몇 가지 중요한 시간상수가 정의되어 있고, 표 10.4는 이러한 시간상수의 글루콘산 생산을 위한 20 m³ 발효기에 대한 응용을 보여 주고 있다.

주 공정에 비하여 작은 시간상수를 갖는 공정은 필수적으로 평형상태에 있게 된다. 예

TABLE 10.3. Important Time Constants (Equations)

Transport Process	Equation
Flow	L/v or V/Q
Diffusion	L^2/D
Oxygen transfer	$1/k_La$
Heat transfer	$V\rho C_p/UA$
Mixing	$t_m = 4V/(1.5ND^3)$, stirred vessel
Conversion processes:	
Growth	$1/\mu$
Chemical reaction	C/r
Substrate consumption	$C_s/r_{max}(C_s >> K_s)$
	$K_s/r_{max}(C_s << K_s)$
Heat production	$\rho C_p\Delta_k T/r\Delta H$

With permission, from N. W. F. Kossen, in T. K. Ghose, ed., *Biotechnology and Bioprocess Engineering*, United India Press Link House, New Delhi, 1985, pp. 365–380.

TABLE 10.4. Time Constants to a 20 m³ Fermenter

Transport Phenomenon	Time Constant(s)
Oxygen transfer	5.5 (noncoal.)–11.2 (coal.)[a]
Circulation of the liquid	12.3
Gas residence	20.6
Transfer of oxygen from a gas bubble	290 (noncoal.)–593 (coal.)
Heat transfer	330–650
Conversion processes:	
Oxygen consumption, zero order	16
First order	0.7
Substrate consumption	$5.5 * 10^4$
Growth	$1.2 * 10^4$
Heat production	350

[a]Coal. = coalescing air bubbles; noncoal. = noncoalescing air bubbles.
With permission, from N. W. F. Kossen, in T. K. Ghose, ed., *Biotechnology and Bioprocess Engineering*, United India Press Link House, New Delhi, 1985, pp. 365–380.

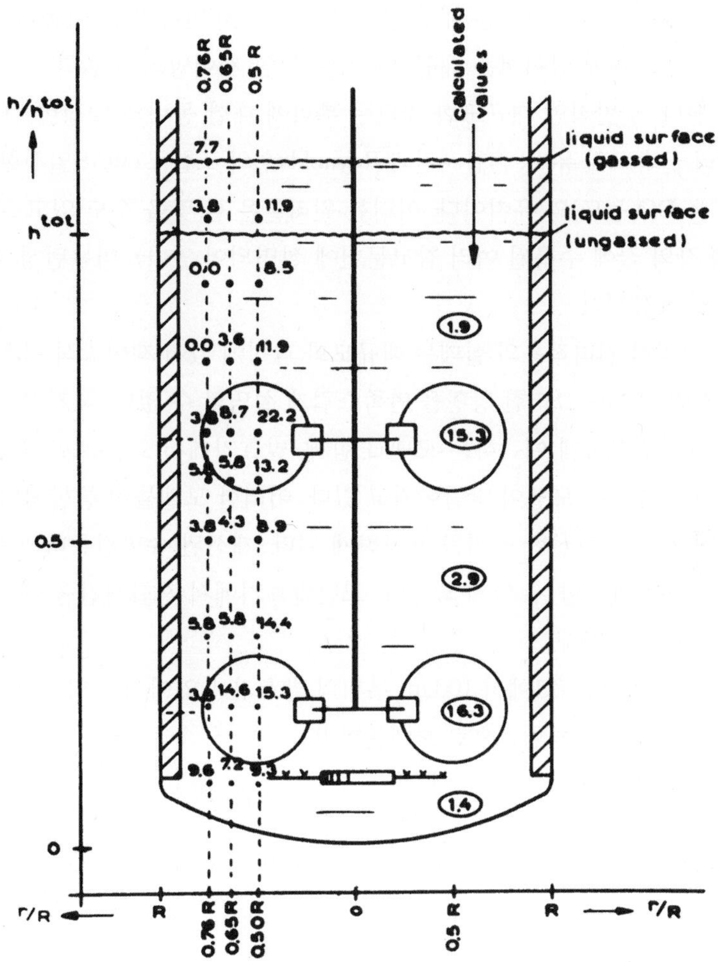

Figure 10.6. Measured oxygen concentrations in a 20 m^3 production fermenter (figures in circles are model estimates). (With permission, from N. W. F. Kossen, in T. K. Ghose, ed., *Biotechnology and Bioprocess Engineering*, United India Press Link House, New Delhi, 1985, pp. 365–380.)

를 들어, 산소공급속도가 산소소모속도보다 아주 크면, 발효액은 산소로 포화될 것이다. 이런 상황은 $1/k_La \ll t_{O_2}$일 때 일어나는데, 여기서 t_{O_2}는 O_2 소모의 시간상수이다. 한편, 산소소모가 공급과 같은 정도(즉, $1/k_La \approx t_{O_2}$ 전환)라면, 용존산소의 농도는 매우 낮을 것이다. 이것은 정확히 표 10.4와 그림 10.6의 경우이다. 결과적으로 용존산소의 실험적인 측정값은 영(zero) 부근에서 반응기의 산소농도에 큰 변화를 보인다. 이 불균일성은 세포의 주기적인 혐기성 영역 통과를 의미한다. 많은 세포가 호기성에서 혐기성 조건으로 변하는 반응에 대한 조절회로를 가지고 있기 때문에, 이러한 회로는 세포대사를 계속적으로 변화시킬 것이다.

전통적인 대규모화는 매우 경험적이고, 특히 반응 또는 이동현상의 한 가지에 의해서만 지배되는 계에 있어서는 대규모화하는 동안 제어방식에 변화가 없을 경우에만 의미를 갖게 된다. 일반적인 대규모화 원리는 부피에 대한 동력의 일정한 비, 일정한 k_La, 일정한 임펠러 끝속도의 유지, 혼합시간과 Reynolds수의 조합, 그리고 일정한 기질 또는 생성물 농도(보통 DO 농도)의 유지이다. 이러한 원리들은 잘 맞을 수도 있고 그렇지 않을 수도 있으나(이 장의 끝에 수록된 여러 참고문헌에 설명되어 있다), 비뉴턴성 계보다 뉴턴성 발효액에 더 잘 적용된다.

이러한 원리적용의 실패는 대규모화 과정에 있어 제어방식 변화와 연관된다. 어떠한 경험적인 규칙도 그러한 상황을 만족스럽게 설명할 수 없다. 국지적 환경의 변화에 대한 세포반응을 명확하게 예측하는 모델과 함께, 발효기에서 흐름분포, 혼합시간과 기체분산을 예측하는 새로운 모델이 만들어지고 있다. 이러한 모델들이 통합되면, 대규모화에 있어서 기본적으로 더 확실한 근거를 제공하게 된다. 개선된 슈퍼컴퓨터의 출현으로 이러한 복잡한 모델들을 계산할 수 있게 되었다. 교반발효기에서 혼합시간을 계산하는 방법이 뒤의 예제 10.4에 나와 있다.

다음 표현은 0.1에서 100 m^3 부피의 발효기에 있어서 혼합시간이 반응기 부피와 연관될 수 있다는 것을 경험적으로 보여준다.[1)]

$$t_m = T_k \cdot V^{0.3} \tag{10.11}$$

여기서 t_m은 혼합시간이고 V는 용기부피이다. 상수 T_k는 임펠러 종류, 위치, 용기 설계의 함수이다. 식 10.11은 다중 러쉬톤 타입 임펠러를 가정하며, 실제 운전조건에서 여러 크기의 용기로부터 얻어진 자료에 기초한다.

요약하면, 현재 사용되고 있는 대규모화는 경험적이고 부정확한 기술이다. 여러 규모에서 기하학적 유사성이 요구되는 한, 미세환경조건은 규모와 무관하게 만들어질 수 없다. 모델과 소규모화 과정을 이용하는 것이 대규모화를 개선하는 가능한 방법이나, 이러한 접근은 아직 충분히 개발되어 있지 않다.

통기와 교반이 있는 발효기에서의 실제 운전경계의 특성은 그림 10.7과 같이 요약할 수 있다. 그러한 경계의 정확한 위치는 발효 자체와, 그 시스템이 대규모화 또는 소규모화될 때의 변화에 의존한다. 그 경계는 뚜렷하지 않고 오히려 불확실하다. 그럼에도 불구하고 생물공정공학자들은 그러한 제약이 있음을 알고 있어야 한다.

---

1) B. C. Buckland and M. D. Lilly, in *Biotechnology* 2d ed., H.-J. Rehm and G. Reed, Vol 3, G. Stephanopoulos, VCH, New York, 1983, pp. 12–13.

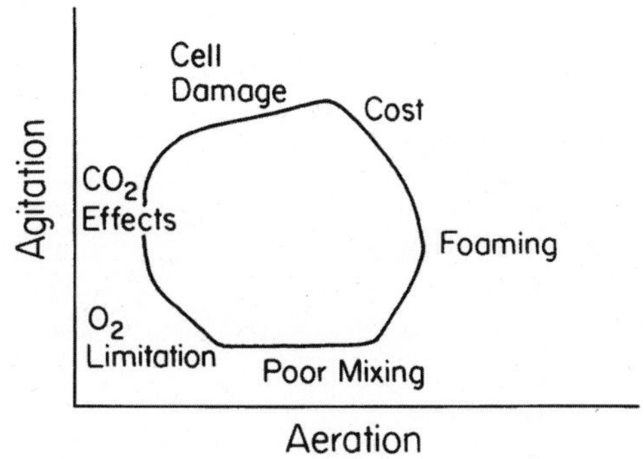

Figure 10.7. Practical operating boundaries for aerated, agitated fermenters. (After Lilly, M. D., 1983, in *Bioactive Microbial Products 2*; D. J. Winstanley and L. J. Nisbet, eds., Academic Press, London, pp. 79–89.)

소재와 이동의 제약 때문에 생물반응기의 최대크기에는 실질적으로 제한이 있다. 그렇다면 대규모화는 다수의 반응기를 사용하게 된다. 제약산업에 있어서, 부분적으로 규제의 이유로 인해 회분식 운전이 일반적으로 선호되기 때문에 흔히 이들은 병렬로 운전된다. 9장에서 설명한 것처럼, 다단 또는 직렬식(cascades) 반응기가 가능하다. 직렬식이 반응속도론(예, 잘 혼합된 계보다는 평류(plug flow)계처럼 계가 운전되게 한다)을 변화시키지만, 또한 더 큰 반응계를 구성할 수 있게 한다. 이러한 여러 규모의 시스템은 폐수처리나 연료로 사용되는 에탄올 같은 화학품의 생산에서 볼 수 있다.

예제 10.2

회분식 발효 후, 시스템을 분해하면 세포체의 약 75%는 액상(2 l)에 현탁되어 있고 25%는 반응기 벽과 내부에 두꺼운 막(약 0.3 cm)으로 부착되어 있다. 방사성 추적자를 이용하여 목적생성물의 50%가 각각 이들 두 부분의 세포 내에 축적되어 있음을 알 수 있다. 이 반응기의 생산성은 2 l 규모에서 2g 생성물/l이다. 두 반응기의 높이 대 지름 비가 2 대 1일 때 20,000 l 규모에서의 생산성을 구하라.

풀이

두 탱크는 기하학적으로 유사하므로 두 탱크의 지름과 이에 따른 표면적과 부피를 알 수 있다.

$$V = \frac{1}{4}\pi D^2 \cdot H = \frac{1}{4}\pi D^2 \cdot 2D = \frac{1}{2}\pi D^3$$

$$S = \pi D \cdot H = \pi D \cdot 2D = 2\pi D^2$$

2 l 시스템의 경우

$$D = 10.8 \text{ cm}$$
$$S = 738 \text{ cm}^2$$
$$V = 2000 \text{ cm}^3$$

20,000 l 시스템의 경우

$$D = 233.5 \text{ cm}$$
$$S = 342{,}600 \text{ cm}^2$$
$$V = 2 \times 10^7 \text{ cm}^3$$

실험규모(2 l)에서 표면에 부착되어 있는 세포에 의해 형성되는 생성물의 양은

$$2\text{g/l} \cdot 2\text{l} \cdot \frac{1}{2} = 2\text{g}, \quad \text{표면적 } 738 \text{ cm}^2\text{에 대하여}$$

20,000 l에서 표면에 부착되어 있는 세포의 생장에 의해 형성되는 생성물의 양은

$$342{,}600 \text{ cm}^2/738\text{cm}^2 \times 2\text{g} = 928\text{g}$$

2 l 시스템에서 총괄수율은

$$2\text{g/l} \cdot 2\text{l} = 4\text{g}$$

20,000 l 시스템에서 총괄수율은

$$928 \text{ g} + (2 \text{ g/l} \cdot \frac{1}{2} \cdot 20{,}000 \text{ l}) = 20{,}928 \text{ g}$$

벽면 생장이 없었다면 20,000 l 탱크는 40,000 g을 얻을 것이다. 따라서 벽면 생장이 있다면, 대규모화 과정에 있어서 대규모 시스템의 생산성을 크게 변화시킬 수 있다.

10.1.7 소규모화와 미세생물반응기

대규모화 모델과 특성시간 해석의 방법이 비록 흥미롭기는 하지만, 반응기의 합리적인 규모 변화에 대한 더욱 직접적인 접근은 **소규모화**(scale-down)이다. 근래에 거대규모(macroscale)의 생물반응기보다 싸고 효과적으로 생물공정의 대규모화에 영향을 주는 인자들을 연구하기 위해 소형(mini-) 또는 미세생물반응기(microbioreactor)에 대한 관심이 증가하고 있다. 기본적인 개념은, 큰 규모에 존재하는 환경에서와 똑같은 불균일성을 재현하는 실험적인 시스템을 작은 규모로 만들어 내는 것이다. 많은 경우, 대규모화에서 기존의 생산시설

의 사용을 필요로 하는 것과 같이, 작은 규모에서도 그러한 생산시설을 모방하는 것이 중요하다. 작은 규모에서 많은 매개변수를 생산규모에서보다 빠르고 저렴하게 시험할 수 있다. 또한 그런 작은 규모의 시스템은 기존의 운전공정에 대한 가능한 공정변화를 평가하며, 새로운 공정에 대해 가능한 운전조건의 범위를 선택하는 데 사용할 수 있다.

그림 10.8은 혼합시간 해석(또는 시간상수로부터의 계산)에 의해서, 또는 큰 반응기에서 얻은 체류시간 분포에 대한 실제자료로부터 기대되는 기질과 DO 농도의 변화유형을 추정하기 위하여 작은 규모의 장치를 그린 것이다. 이 소규모화된 장치와 시험공장(pilot plant)에 있는 전통적인 작은 규모의 발효기와의 차이점은 그림 10.8에 있는 유형의 장치가 알려진 장치를 모방하기 위하여 특별히 구성되었다는 것이다. 그림 10.8의 장치가 더 큰 시스템에 있을 수 있는 온도 불균일성을 모방하지는 않았다는 것을 주목해야 한다. 각각의 작은 용기(subvessel)에서 개별적으로 온도조절을 위한 수정이 이루어질 수 있다.

이러한 소규모화된 장치는 배지조성의 변화(예, 원료의 새로운 공급처), 변형된 생산균주의 도입, 다른 방법에 의한 접종준비와 새로운 거품억제제의 사용, 그리고 O_2와 CO_2의 내성시험에 대한 시스템의 반응(예, 생장속도, 생성물 형성, 그리고 오염성 부산물의 형성)을 추정하기 위하여 사용할 수 있다. 발효의 여러 단계에 걸쳐 pH나 산소탐침의 고장 또는 압축기의 고장에 대한 반응을 모사함으로써 대규모 시스템에 대한 교정방침이 제시될 수도 있다.

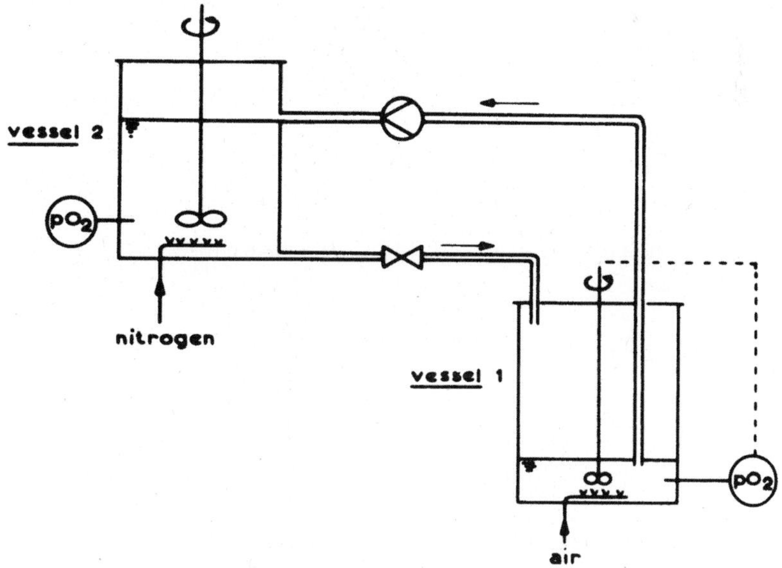

Figure 10.8. Experimental setup for scale-down experiments. (With permission, from N. W. F. Kossen, in T. K. Ghose, ed., *Biotechnology and Bioprocess Engineering*, United India Press, New Delhi, 1985, pp. 365–380.)

소규모화 장치를 구성함으로써 수학적인 모델, 대규모화 규칙, 그리고 전통적인 시험공장 운전이 많이 보완될 수 있다.

예제 10.3

10 l에서 10,000 l로 발효용기의 대규모화에 대해 살펴보자. 작은 발효기에서 지름에 대한 높이의 비가 3이다. 임펠러 지름은 탱크 지름의 30%이다. 교반기 속도는 500 rpm이고 세 개의 러쉬톤 임펠러가 사용된다. 다음에 대해 큰 발효기의 크기와 교반기 속도를 결정하라.

a. 일정한 P/V
b. 일정한 임펠러 끝속도
c. 일정한 Reynolds수

기하학적 유사성을 가정하고 표 10.2를 참조하라.

풀이

용기는 원통형이라고 가정하자.

$$V = (\pi/4)D_t^2 H.$$

그러나 $H = 3\,D_t$, 따라서

$$V = (\pi/4)\;3D_t^3 = 10{,}000\text{ cm}^3$$

D_t, H, 그리고 $D_i = 0.3\,D_t$에 대해 풀면 다음과 같다.

$$\begin{aligned} D_t &= 16.2\text{ cm} \\ H &= 48.6\text{ cm} \\ D_i &= 4.9\text{ cm} \end{aligned}$$

대규모화 인자는 탱크부피 비율의 세제곱근이다.

$$(10{,}000\text{ l}/10\text{ l})^{1/3} = 10$$

기하학적 유사성을 유지하기 위해, 큰 용기는 10배 증가한 크기를 갖게 된다.

$$\begin{aligned} D_t &= 1.62\text{ m} \\ H &= 4.86\text{ m} \\ D_i &= 0.49\text{ m} \end{aligned}$$

a. 일정한 P/V에 대해 $N^3D_t^2$을 적용하는 것은 두 용기에 대해 같아야 한다. 작은 용기는 아래첨자 1로, 큰 용기는 아래첨자 2로 표시한다.

$$N_2 = N_1\left(\frac{D_{t1}}{D_{t2}}\right)^{2/3} = 500 \text{ rpm } (1/10)^{2/3} = 107 \text{ rpm}$$

b. 일정한 끝속도에 대해 ND_t를 적용하는 것은 두 용기에 대해 같아야 한다.

$$N_2 = N_1\left(\frac{D_{t1}}{D_{t2}}\right) = 500 \text{ rpm } (1/10) = 50 \text{ rpm}$$

c. 일정한 Reynolds수에 대해 ND_t^2을 적용하는 것은 두 용기에 대해 같아야 한다.

$$N_2 = N_1\left(\frac{D_{t1}}{D_{t2}}\right)^{2} = 500 \text{ rpm } (1/10)^{2} = 5 \text{ rpm}$$

일정한 P/V에 근거한 대규모화는 배양이 전단응력에 특히 민감하지 않은 한 최선의 선택이 될 것이다. 일정한 Reynolds수에 근거한 대규모화는 이용되지 않는다.

예제 10.4[2)]

발효기를 대규모화함에 따라 보통 혼합시간도 증가한다. 혼합시간 t_M^{95}는 성분농도에 국지적인 변화가 발생한 후 그 농도가 평형값의 95%까지 되돌아가는 데 걸리는 시간으로 정의할 수 있다. 혼합시간은 전해질의 단계적인 첨가에 의하여 실험적으로 결정할 수 있다. 전도도(conductivity)는 주입부분으로부터 일정거리의 여러 위치에서 연속적으로 측정할 수 있다.

생산용 발효기는 보통 다단 임펠러를 사용한다. 효과적인 모델링방법은 큰 탱크의 내용물을 혼합구획(mixing compartment)으로 나누는 것으로서 각 구획 내에서는 완전히 섞이게 된다. 그림 10.9에 나타난 것처럼 간단한 모델은 각각의 구획을 해당 임펠러와 연관시켜 생각하는 것이다. 이 문제에서 H를 구획 사이의 총괄 물질전달계수라고 하자. 시간에 따른 물질수지와 실험값으로부터 H를 구할 수 있다.

2) Adapted from J. Jost, Chapter 3 in S. L. Sandler and B. A. Finlayson, eds., *Chemical Engineering Education in a Changing Environment*, Engineering Foundation, New York, 1988.

H가 10 l 용기에 대해 0.43 s^{-1}로, 10,000 l 용기에 대해 0.075 s^{-1}로 정해지는 경우를 생각해 보자. 대장균 발효의 경우, 유가식에서의 포도당 공급속도는 최종 세포농도를 제한하는 독성 대사물질(예, 아세테이트)의 형성을 막기 위해서 일정하고 비교적 낮은 포도당농도를 유지하도록 조정한다. 원하는 포도당농도가 25 mg/l이고 Monod 속도식이 약 0.05 s^{-1}의 속도상수를 갖는 1차에 근접하며, 세포농도는 천천히 변한다고 가정하자. 포도당 보충 공급액의 농도가 충분히 높아서 반응기의 전체 유체부피가 일정하다고 가정하자. 또한 단위 반응기부피당 포도당의 물질첨가 속도인 F가 특성 혼합시간과 반응시간에 비해 천천히 변한다고 가정하자. 이상적인 탐침(측정에 오차나 지체가 없는)이 중간구획에서 25 mg/l의 설정농도를 유지하기 위하여 사용될 때 작은 탱크와 큰 탱크에서 포도당농도의 변화를 비교하라. 탐침이 중간이 아닌 상단구획에 위치될 때의 변화를 검토하라.

풀이

F와 k_1은 밀접한 관계가 있음에 주목하라. 세포가 생장함에 따라 k_1이 증가하고 이것은 포도당에 대한 수요(F)를 변화시킨다. F는 혼합에 대한 특성시간 상수보다 더 천천히 변하기 때문에 준정상상태를 가정한다.

그림 10.9에 따라 다음 식을 쓴다.

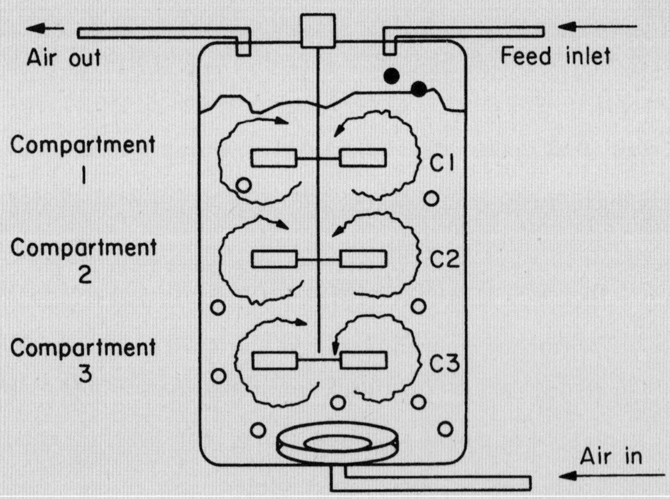

Figure 10.9. Schematic of a simple mixing model for Example 10.4. C_i = concentration of a component in the ith mixing compartment. (With permission, from J. L. Jost, in S. L. Sandler and B. A. Finlayson, eds., *Chemical Engineering Education in a Changing Environment*, Engineering Foundation, New York, 1980, pp. 21–36.)

$$\frac{dC_1}{dt} = 0 = H(C_2 - C_1) + F - k_1C_1 \qquad \text{(a)}$$

$$\frac{dC_2}{dt} = 0 = H(C_1 - C_2) - H(C_2 - C_3) - k_1C_2 \qquad \text{(b)}$$

$$\frac{dC_3}{dt} = 0 = H(C_2 - C_3) - k_1C_3 \qquad \text{(c)}$$

여기서 C_i는 i 구획의 포도당농도이고 k_1은 1차 반응상수이다.

다음은 위 방정식의 해이다.

$$C_1 = \left(2 + \frac{k_1}{H} - \frac{H}{H + k_1}\right)\frac{F}{3k_1 + \left(k_1^2/H\right)} \qquad \text{(d)}$$

$$C_2 = \frac{F}{3k_1 + \left(k_1^2/H\right)} \qquad \text{(e)}$$

$$C_3 = \frac{H}{(H + k_1)}\frac{F}{\left(3k_1 + \left(k_1^2/H\right)\right)} \qquad \text{(f)}$$

탐침이 중간구획에 있다면, 시스템이 완전하게 조절될 때 C_2 = 25 mg/l이다. 식 e를 사용하여 작은 탱크에서 F = 3.9 mg/l · s, 큰 탱크에서 F = 4.6 mg/l · s로 계산된다. C_1과 C_3의 값은 식 d, e와 f로부터 얻어진다. 탐침이 상단구획에 있는 두 번째 경우에 대해 같은 과정을 반복한다.

다음과 같이 결과가 요약된다.

a. 탐침이 중간구획에 위치할 때:

a1. 작은 탱크(10 l): F = 3.9 mg/l · s

$$C_1 = 30.5 \text{ mg/l}; C_2 = 25 \text{ mg/l}; C_3 = 22.4 \text{ mg/l}$$

a2. 큰 탱크(10,000 l): F = 4.6 mg/l · s

$$C_1 = 51.7 \text{ mg/l}; C_2 = 25 \text{ mg/l}; C_3 = 15 \text{ mg/l}$$

b. 탐침이 상단구획에 위치할 때:

b1. 작은 탱크(10 l): F = 3.2 mg/l · s

$$C_1 = 25 \text{ mg/l}; C_2 = 20.5 \text{ mg/l}; C_3 = 18.4 \text{ mg/l}$$

b2. 큰 탱크(10,000 l): F = 2.2 mg/l · s

$$C_1 = 25 \text{ mg/l}; C_2 = 12.1 \text{ mg/l}; C_3 = 7.3 \text{ mg/l}$$

이 결과는 큰 발효기에서 영양소 소모속도(F)와 농도 기울기에 대한 혼합시간 변화의 중요성을 설명한다. 또한 혼합이 완전하지 않은 발효기에서의 탐침위치가 그 발효기 내의 반응들에 상당한 영향을 미칠 것이 분명하다.

지난 10년간, 소형 규모(5~50 ml), 또는 미세 규모(1~5 ml) 생물반응기의 사용에 대한 강조가 증가하고 있다. 대부분 동물세포에 대해 이용되지만, 이 기술은 모든 종류의 세포에 응용할 수 있다. 세포 생장과 생성물 형성을 위한 최적조건을 결정하기 위해 많은 수의 매개변수가 연구되어야 한다. 이것은 역가뿐 아니라 단백질 생성물의 '품질'(예, 글리코실화 정도)도 중요한 치료용 단백질에 있어 특히 그렇다. 시간을 절약하고, 시약과 세포 비용을 줄이고, 전통적인 생물반응기에서 가능한 것보다 더 큰 실험공간의 이용을 가능하게 하는 비교적 높은 처리량의 병렬운전에 소형화, 소규모화된 생물반응기가 잘 맞는다. 이러한 소규모 생물반응기의 결과를 진보된 분석방법과 연결하는 것은 그러한 시스템을 성공적으로 사용하기 위한 핵심적 방편이다. 그러나 이 소형 생물반응기로부터의 예측이 더 큰 규모의 시스템에서 얻어진 성과를 반영한다는 것을 확인하는 것은 쉽지 않다.

대형 반응기로 대규모화함에 있어서 미세역가 플레이트나 플라스크를 배양조건을 선택하는 데 사용할 수 있지만, 소규모 교반 생물반응기나 막 기반 비교반 현탁 반응기를 사용하는 것이 가장 좋다. 이 생물반응기가 표준 조직배양 플라스크보다 더 조절된 환경을 마련하고, 대규모화에 필요한 전달 매개변수를 측정할 수 있게 한다. 상업용 규모의 용기로 대규모화하기 위한 주요 매개변수는 k_La와 혼합시간이다. 동물세포배양에 있어서는 최대 전단속도도 중요하다. 소규모 교반조 시스템은 막 기반 시스템보다(0.5~3 ml) 보통 큰 부피를(10~35 ml) 필요로 한다. 그림 10.10은 비기계적 교반 막 기반 시스템의 모식도이다. 이 시스템에서는 유체가 U 튜브 안에서 위아래로 움직이는 원동력을 진동압력파에서 얻는다. 여러 가지 소형 생물반응기 시스템에서 파일럿 규모로(예, 200 l) 재현성 있게 대규모화할 수 있다는 연구가 발표되었다.

현대식 기술을 이용하여 유가식 형태로 운전되는 1 ml 반응기가 여러 가지 분석을 위해 충분한 부피를 공급할 수 있지만, 10 ml 규모의 교반 용기가 반응기 성능을 해치지 않고, 특히 자동 세포분석을 위한 분석과정을 위해 더 많은 재료를 공급한다. pH, DO, 그리고 세포양와 같은 전통적 매개변수와 더불어 세포상태를 추적하기 위한 계측장치를 현재 구할 수 있다. 여러 판매자들이 일회용 미세생물반응기와 독립적인 pH와 DO 조절기능을 갖춘 미

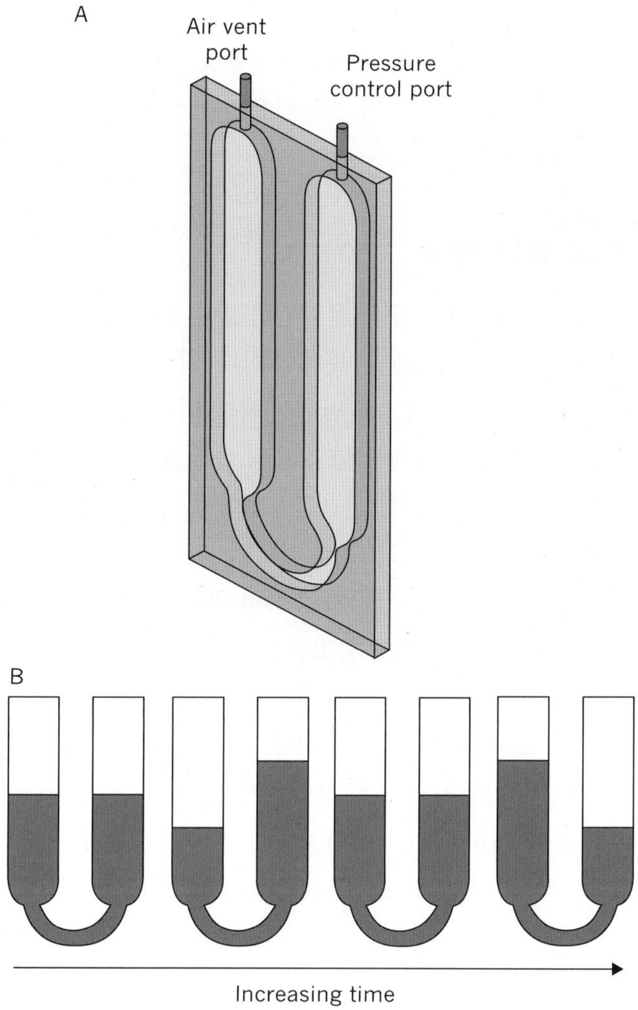

Figure 10.10. An example of a mini bioreactor with a selective membrane to facilitate O_2 and CO_2 transfer. Oscillatory air pressure causes fluid movement. (a) A schematic of the mini bioreactor holding 2.5 ml of fluid. Two 50 μm thick polymethylpenture membrane allow gas exchange while minimizing loss of water. (b) A typical fluid-mixing cycle and movement of liquid inside the channels. Fluid mixing is enhanced by fluid movement from the smaller bottom U-channel (5 mm wide) into the larger section of the system (12 mm wide). The k_La values can be readily calculated and dissolved oxygen levels directly measured. (From Kim, B. J., et al., *Biotechnol. Bioeng*. 109: 137, 2012, with permission from John Wiley & Sons, Inc.)

세규모 장치를 제공하고 있다.

10.2 생물반응기의 계장과 제어

생물반응기의 복잡한 환경 속에서 생성물을 생산하기 위한 최적조건을 유지하기 위해서는 적어도 몇 가지 매개변수들을 조절하고 측정해야 한다. 대부분의 발효기에서는 pH, 온도, 그리고 DO를 조절한다(교반기의 회전속도 조절에 의해). 여러 가지 이온, 기질, 그리고 생성물을 측정하기 위해 새로운 탐침과 기술이 개발되고 있으며 특정상황에 맞게 사용되고 있다. 실제 생물반응기의 공정제어방식은 온라인측정을 위한 센서의 부족과, 신뢰성 있고 정량적이며 동적으로 정확한 모델의 부족으로 인하여 석유화학공업과 비교해 볼 때 매우 원시적이다. 이 절에서는 현재의 기술수준뿐만 아니라 생물반응기 제어를 개선할 수 있는 기회에 대해 간략하게 요약하고자 한다.

10.2.1 능동적 발효의 측정을 위한 계장

발효기의 멸균상태를 유지하는 것은 발효 매개변수의 온라인측정에 심각한 제약을 준다. 몇 가지 탐침(예, pH와 용존산소)들은 발효기 표면을 관통해야 한다. 발효기를 관통하는 탐침의 수가 많을수록 오염 가능성은 높아진다. 그러므로 탐침 사용에 의한 생산성 향상으로 얻어지는 이익은 그것의 사용으로 증가되는 오염에 의한 경제적 손실을 능가할 수 있어야 한다. 탐침 자체 또한 멸균될 수 있어야 하며, 가급적 증기멸균법이 좋다. 그러므로 탐침은 이상적으로는 100% 습도에서 어느 정도의 고온(121°C)에 견딜 수 있어야 한다. 바람직한 방법은 아니지만, 온도에 민감한 장치인 경우에 그 장치가 충분히 내성을 가지고 있다면 화학적 멸균방법을 사용할 수 있다. 이 밖에 발효상태를 측정하는 일반적인 기술들도 멸균상태 유지라는 제약과 양립할 수 있어야 한다.

물리적인 환경을 측정하는 기술이 표 10.5에 요약되어 있다. 점도와 탁도를 제외한 다른 매개변수들은 대부분의 시험공장에서의 발효기와 많은 산업용 발효기에서 측정된다. 각각의 매개변수는 보통 자체의 닫힌고리(closed-loop) 제어시스템에 의해 조절된다. 이러한 개개의 제어고리는 특히 시험공장 규모에서 총괄 제어단위(package)로 통합될 수 있다. 그러나 많은 경우에 있어, 보다 높은 수준의 제어는 주요 매개변수(예, 생성물 농도)의 측정이 어렵고 동적으로 정확한 공정모델이 부족하기 때문에 실용화되어 있지 않다.

그 동안 비록 큰 발전이 있었으나, pH나 DO 이외의 농도를 온라인으로 측정하기는 어렵다. 표 10.6에 주요 성분의 농도를 측정할 수 있는 기술을 요약하였다.

반응기 내부로 삽입되는 탐침은 그 성능뿐만 아니라 위치도 생각해야 한다. 큰 반응기에서의 불균일성이란 DO와 기질농도(그리고 더 낮은 정도로는 pH)가 탐침의 위치에 따라 다르다는 것이다(예제 10.4 참조). 탐침이 반응기의 가운데에 위치하면 가장 대표적인 값을 주겠지만, 기계적 설계의 방침에 따라 다른 곳에 위치하게 될 수도 있다. 탐침의 오염이 문제가 될 수 있기 때문에, 탐침은 깨끗하게 유지될 수 있도록 충분한 교란운동이 있는 곳에 위치해야 한다. 여러 개의 탐침 사용이 바람직하기는 하지만 오염의 위험이 있기 때문에 그 사용이 제한되고 있다. 탐침이 정확히 작동한다고 할지라도 큰 발효기에서는 그 해석에 주의를 요한다.

TABLE 10.5. Monitoring and Control of the Physical Environment

Parameter	Measuring Device(s)	Comments
Temperature	Resistance thermometer or thermistor	Thermistors are used when small size and rapid response are required
Pressure	Diaphragm gages	Pressure is regulated by a simple back-pressure regulator in gas exit line
Agitator shaft power	Wattmeter or strain gages	Strain gages are used in bench or pilot-scale equipment
Foam	Rubber-sheathed electrode	Mechanical foam breakers are self-regulating; sensor is used to activate solenoid valve to release antifoam agent
Flow rate (gas)	Rotameters or thermal mass flow meter	Position of rotameter float is converted to an electrical signal; controller manipulates flow valve
Flow rate (liquid)	Magnetic-inductive flow meters or change in weight of additional vessels determined by load cell	Magnetic-inductive meters are good for viscous fluids or fluids with high level of particulates; controller can manipulate flow valves
Liquid level	Load cells to measure amount of liquid in vessel; liquid height, conductivity sensors; capacitance probes; ultrasound	Liquid height is a function of gas sparge rate and gas hold-up; foam can complicate measurement
Viscosity	Rotational viscometers	On-line measurement is difficult; broths with high solids content present special problems
Turbidity (to indicate cell mass)	Photometer (either as a probe into the reactor or in a slip stream)	Many problems exist, including fouling and interference from gas bubbles and suspended solids

TABLE 10.6. Approaches to Monitoring and Control of the Chemical Environment

Approach	Measuring Devices and Compounds Monitored	Comments
Insertable probes	pH electrode; H^+	Special design used to facilitate repeated autoclaving; protein fouling of diaphragm can be a problem; pH probes are used extensively
	Redox electrodes; redox potential	Measurement is fairly reliable; interpretation and use of information is often difficult
	Ion-sensitive electrodes; NH_3, NH_4, Br, Cd, Ca, Cl, Cu, CN, F, BF_4, I, Pb, NO_3, CIO_4, K, Ag, Na, S, SCN	Cross-sensitivity is a major problem; drift and calibration can be troublesome; response time can be slow; sterilizability is often poor
	O_2 probes, either galvanic or polarographic; pO_2	Measures partial pressure of O_2, not O_2 concentration; has a slow response; drift, fouling, and recalibration during extended fermentations can be a problem; O_2 probes are widely used and extremely important
	CO_2 probes; activity of dissolved CO_2	CO_2 is known to have important physiological effects, but relating these effects to dissolved CO_2 is difficult

(*continued*)

TABLE 10.6. *(continued)*

Approach	Measuring Devices and Compounds Monitored	Comments
	Fluorescence probes; NADH	Commercially available to monitor intracellular concentrations; fouling is a potential problem
	Biosensors; wide range of compounds potentially detectable (e.g., glucose, glutamic acid, ammonia, acetate, ethanol formate, cephalosporin, penicillin)	Sterilizability, enzyme cost, cofactor regeneration, and usable lifetime are all constraints on utilization of such probes; high level of development activity will lead to at least partial solution of these problems
Exit gas analyzers	Paramagnetic analyzer (O_2); thermal conductivity or long-path infrared analyzers (CO_2)	These instruments are specialized for measurements of these specific gases; important in fermentation balances; sample conditioning is important
	Flame ionization detector; low levels of organically bound carbon, especially useful for volatile organics such as ethanol or methanol	Flame ionization measures total hydrocarbon; automatic process gas chromatography equipment is available to separate into individual compounds
	Mass spectrometer; O_2, CO_2, volatile substances (and also liquid streams)	Highly specific, rapid, and accurate; expensive; has not been for complex molecules; depends on gas phase for volatile compounds
	Semiconductor gas sensors; flammable or reducing gases or organic vapors	Has been used in bioreactors primarily for ethanol measurements
Measurements from liquid slip stream	HPLC (high-pressure liquid chromatography); dissolved organics; particularly useful for proteins; auto analyzer	Highly specific; compound need not be volatile; response time is long (min); solids must be removed by filtration; membrane fouling can be a problem; guard columns must remove compounds that may foul columns; is expensive; main value is to differentiate among closely related proteins or variants of a particular protein
	Mass spectrometers; dissolved compounds that can be volatilized	Same instrument can be used also for exit gas analysis; is rapid, specific, but expensive; complex molecules present problems
	Enzymatic methods; potentially wide range, but mostly glucose	Has a slow response (min); not highly flexible, but very discriminating; potential for contamination; has limited acceptance

많은 발효가 완결되는 데는 오랜 시간(2~20일)이 걸리기 때문에, 이 기간 동안 탐침이 안정하게 작동하는 것이 중요하다. 산업적인 발효액은 여러 가지 단백질과 유기물들을 포함하고 있으며 이들은 표면에 흡착하려는 강한 성향을 가지고 있다. 여러 가지 미생물 또한 표면에 부착하려는 강한 성향을 가지고 있다. 그러므로 발효기간이 긴 경우에 **탐침 오염**(probe fouling)은 늘 문제가 된다. 어떤 탐침에서는 표류(drift)가 문제가 되며, 설치된 자리에서의(in situ) 재보정이 언제나 가능한 것도 아니다. 만약 멸균상태가 계속 유지되어야 한다면 탐침의 제거나 교환은 실제적으로 불가능하다. 몇 가지 경우에 역세척(back-flushing)

을 위한 특수설계가 가능하다. 그러나 얻어지는 정보의 질은 발효주기가 길어짐에 따라 저하되는 경향이 있다.

특히 질량분석기에 의한, 방출되는 기체 측정에 대한 관심이 점차로 증가되고 있다. 낮은 가격으로 견고한 공정기기를 제작할 수 있게 되어 더욱 매력적이며, 이러한 기기가 여러 가지 발효기(예, 컴퓨터에 의해 제어되는 개폐다기관(switching manifold)을 사용하는)에 사용될 수 있을 때 특히 그러하다. 방출기체분석에서는 휘발성 성분만 측정된다는 것이 주요 제약이다.

온라인 고압액체 크로마토그래피(high-pressure liquid chromatography (HPLC))는 녹아 있는 용질, 특히 유전자 조작된 세포로부터 만들어지는 단백질의 농도를 측정하는 데 있어 아주 강력하다. 많은 기기업자들이 이런 응용을 위해 활발하게 시스템을 개발하고 있다. 그러나 액체 후류(slipstream)를 이용하는 대부분의 다른 방법과 마찬가지로 이 방법도 시료 준비가 필요하고, 시료채취에 상당한 시간지체가 생긴다. 전형적으로는 반응기로부터 작은 지류가 펌프되어 미세여과나 한외여과에 의해 세포와 작은 입자들이 여과된다. 여액은 보통 후속공정을 필요로 한다(예, 분석용 칼럼을 오염시킬 수 있는 성분의 제거). 시료를 주입한 후 결과가 나올 때까지는 긴 시간(수분 정도)이 걸릴 수 있다. 누출류의 또 다른 문제는 오염의 가능성이며 특히 막여과단계가 그러하다. 그럼에도 불구하고 액체누출류의 사용은 중요한 생성물에 대한 정보를 비교적 빨리 알 수 있게 해 준다. 실험실 또는 파일럿 규모의 시스템에서 HPLC가 가장 일반적으로 사용된다.

표 10.6에 나와 있지 않은 다른 방법들도 발효 매개변수의 온라인 측정에 상당한 영향을 미칠 수 있다. 핵자기공명(NMR)은 오프라인 또는 소규모의 생장실험에 있어서 세포 내 물질대사에 대한 중요한 정보를 준다. 먼저 기술적으로 상당한 진보가 선행되어야 하겠지만, in situ NMR은 적어도 실험실 규모 시스템에는 사용할 가능성이 있다. 흐름 사이토메트리(flow cytometry)와 함께 선택적 형광의 사용은 세포집단의 세포 내 매개변수(예, 플라스미드의 함량) 분포에 대한 중요한 정보를 오프라인으로 얻는 데 쓰이고 있다. 온라인 측정을 위한 그러한 기술들의 응용은 상상할 수 있지만, 역시 여러 기술적인 문제들을 먼저 해결해야 한다. 용질의 온라인 측정에 상당한 가능성이 있는 또 다른 분석방법에는 푸리에 변환적외선(Fourier transform infrared (FTIR)) 분광분석법이 있다. 동물세포배양에서 라만분광기를 사용하면 세포대사 변화의 비침습적 분석이 가능하다. 마지막으로, 광섬유를 사용하는 분광분석법의 사용은 다른 현탁 고체들과 섞여 있는 세포체를 측정하는 데 좋은 기술을 제공할 것이다.

10.2.2 얻어진 정보의 이용

정보를 가지고 있는 것과 이것을 현명하게 이용하는 것은 별개의 문제이다. 현재 발효기의 설계나 제어기술은 다소 제한적이다. 세포 내외의 화학적 환경에 대한 정보를 효과적으로 이용할 수 있는 충분히 만족할 만한 접근방법을 갖고 있지 않다.

컴퓨터에 의해 제어되는 발효기는 매우 흔하며, 특히 시험공장 규모인 경우에 그러하다. 그림 10.11은 전형적인 항생제 발효시설에 대한 소프트웨어 기능의 개요를, 그림 10.12는 일차적인 측정과 이차적인 매개변수와의 관계를 보여 주고 있다.

이러한 시스템의 중요한 기능의 하나는 **자료기록**(data logging)이다. 이 정보는 식품이나 제약산업에서 매우 중요하다. 감독기관은 각 회분(batch)의 생성물 제조에 대한 실제기록을 요구한다. 나중에 생성물이 안전하지 못한 것으로 판명되면, 그런 정보는 문제의 실마리를 찾는 데 사용될 수 있다. 규제의 문제를 떠나서, 우수하고 높은 수준의 제어방식이 부족하기 때문에, 어떤 특정한 운전법을 완전히 복제하는 데 근거하는 제어방식이 사용된다. 각 회분 사이의 일관성은 중요하며, 전문가 제어시스템(expert control system)이 그런 상황에 유용할 수 있다.

많은 경우에, 발효제어시스템은 간단한 열린고리(open-loop) 환경제어방식의 범위를 넘어서고 있다. 이차적인 매개변수를 추정하기 위하여 컴퓨터를 사용하면 자료기록 작업으로부터 얻어지는 정보를 빨리 조작할 수 있다. 예를 들면, 이차 매개변수로 세포농도를 들 수 있는데, 이것은 방출기체 조성과 용존기체 농도의 일차적인 측정에 근거한 산소 소모 또는 이산화탄소 방출값으로부터 계산한다. 본질적으로, 세포 양은 **통로감지기**(gateway sensor)로부터 얻은 정보를 사용하여 물질수지식으로부터 측정한다. 이 방법의 주요 제약은 오차의 축적이다. 예를 들면, 시간 t에서 세포 양 X를 계산하는 데 시간 $t - \Delta t$에서의 X 값을 알아야 한다. 세포 양 추정에서 어떤 조직적인(systematic) 오차 또는 일상적이 아닌 섭동(perturbation)에 대해 반응하는 연산논리(algorithm)의 부적절함은 전형적인 배양주기에 걸쳐서 상당한 어려움을 줄 수도 있다. 이 문제를 완화시키기 위한 데이터처리 방법이 제안되었다(예, Kalman 여과기).

어떤 경우에 세포대사에 대한 부분적인 지식은 중요한 생물반응기의 문제를 해결하는 데 충분하다. 여러 해 동안, 대장균을 높은 세포농도(15 g/l 이상 또는 20 g/l)로 생장시킬 수 없다고 생각했다. 진보된 세포생리학에 대한 이해로 독성대사부산물(주로 아세테이트)의 형성이 생장을 저해함을 알게 되었다. 아세테이트는 포도당 같은 좋은 탄소원이 고농도로 존재할 때 대장균에서 형성된다. 아세테이트가 형성되지 않는, 적당히 좋은 생장을 유지할 수 있는 속도로 포도당을 공급하는 제어방식이 반응기의 부피 생산성을 향상시킬 가능성

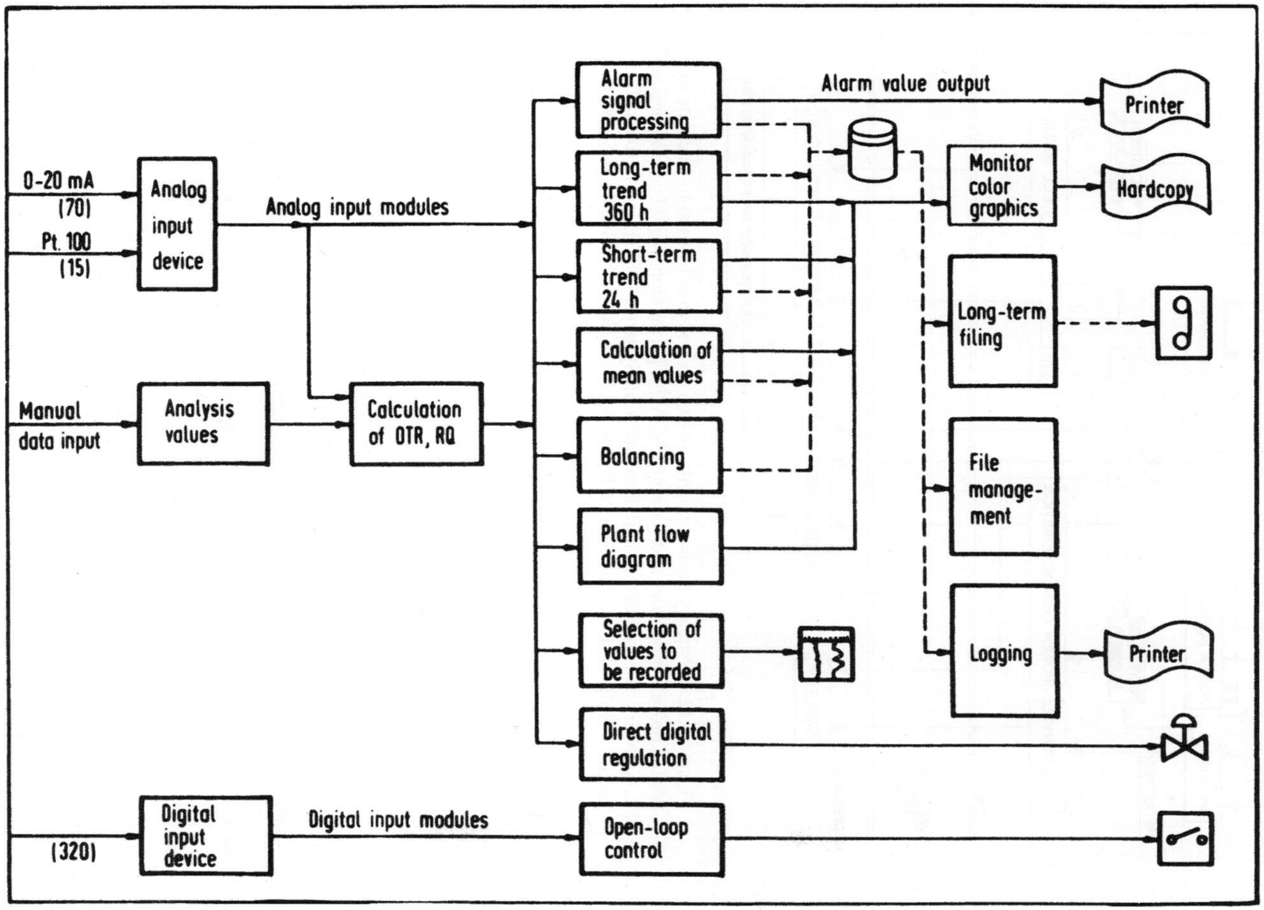

Figure 10.11. Overview of software for fermentation. (With permission, from H. Heine, J. Hahn, and A. Mangold, in *Biotechnology Focus* I, R. K. Finn and P. Prave, eds., Hanser Publishers, New York, 1988, p. 203.)

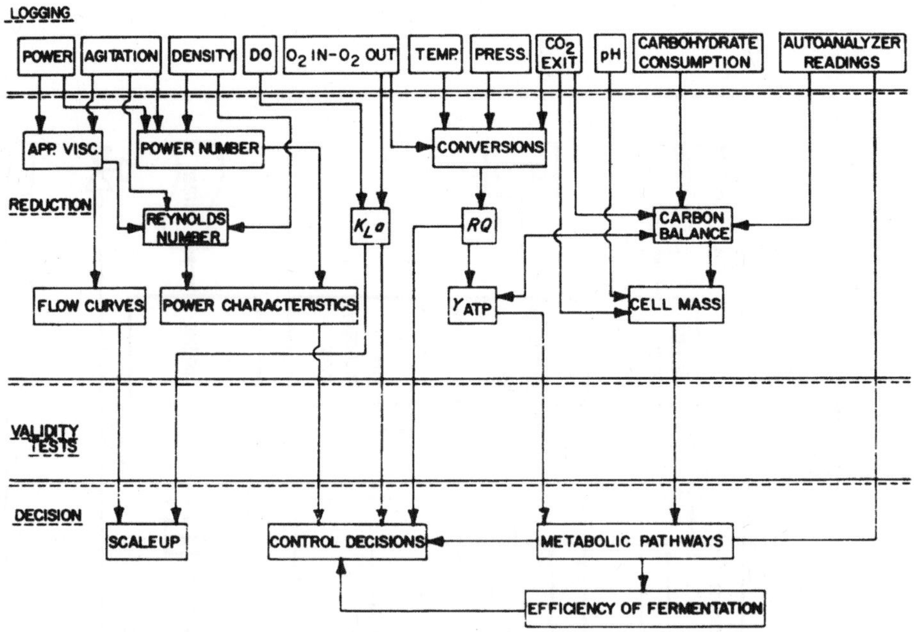

Figure 10.12. Primary measurements, shown on top, may be used to calculate many related process properties and parameters. (With permission, from L. P. Tannen and L. K. Nyiri, "Instrumentation of Fermentation Systems," p. 331, in *Microbial Technology*, 2d ed., Vol. II, H. J. Peppler and D. Perlman, eds., Academic Press, New York, 1979.)

을 보였다.

그러므로 당장 몇 가지 가능한 제어방식들이 분명해진다. 아마도 온라인으로 아세테이트 농도를 측정하고 아세테이트 축적에 따라 영양소 공급속도를 감소시키는 것이 가장 간단할 것이다. 아세테이트의 온라인 측정은 현재 상용적이지 않지만 감지기의 개선으로 인하여 확실히 타당한 방법이 되고 있다. 현재의 감지기 기술수준에서 더 쉬운 방안은 이산화탄소의 방출속도 측정에 근거한 것이다. 공급액의 기질농도와 영양소의 유속에 대한 자료와 함께 방출기체에서 이산화탄소를 측정하면, 최적수준에서 포도당농도를 유지하기 위한 포도당 공급속도의 조절이 가능하다. 이 간접적인 방식은 물질수지식과 통로감지기 개념을 이용한 것이다. 또 다른 방식은 포도당 감지시스템이 사용 가능할 때 되먹임 제어시스템(feedback control system)에 의하여 포도당농도를 조절하는 것이다. 최적의 포도당농도 이하나 이상의 농도가 되는 기간이 길어진다고 할지라도, 미리 정해진 방법대로 포도당을 공급하는 것이 가장 쉬운 방법이다. 이러한 방식은 성공적으로 사용되고 있다. 고밀도의 대장균 배양(약 100 g 건조중량/l)은 재조합 DNA로부터 단백질을 만들기 위한 대장균에 기초한 발효에서 생성물 농도와 생산성을 많이 증가시켰다. 이러한 고밀도에서 산소공급을 위한 특별방안(예, O_2 농축 기체)이 자주 요구된다. 이 예는 공정제어 방식과 세포대사 사이의 중요한 상호작용을 설명하고 있다.

더 좋은 감지기를 개발하고 대사 경로를 더 잘 이해함에 따라, 더 좋은 제어방식 개발을 위하여 기본적인 감지기로부터 얻은 정보를 대사모델과 조합하는 것이 더욱 가능하게 되었다. 생성물의 직접적인 측정이 없는, 공정 자체에 대한 단순한 순먹임 제어(feedforward control)는 불가능하다. 동역학적 반응을 위한 아주 좋은 모델이 없는 한, 되먹임 제어방식은 비효율적이다. 대부분의 배양시스템이 고도의 비선형적 특성을 갖기 때문에, 동역학적인 모델을 개발하기 위한 블랙박스 기술은 보통 비효율적이다. 발효를 위한 우수한 공정제어를 위해서는 개선된 배양모델, 더욱 정교한 감지기, 그리고 비선형 제어이론의 진보가 필요하다. 제어가 서로 연결된 매개변수에 기초하는 계층적 생물공정 자동화가 현재 실현가능하다. 그런 접근법은 전형적 공정매개변수(예, pH, DO, 영양소농도, 세포농도)들을 품질특성(예, 단백질 접힘, 단백질의 글리코실화 유형, 불순물)과 연관시키는 것을 필요로 한다. 현재 공정매개변수를 품질특성과 연관시키는 반경험적 모델이 가능하나 일상적이지 않고, 또 쉽게 사용할 수도 없다.

반응기 제어에 더해, 컴퓨터에 의해 모니터되고 제어되는 공정에는 배지준비, 멸균, 그리고 후공정의 회수공정이 포함된다. 생물공정에서 하나의 중요한 사실은 회분식 공정이 지배적이라는 것이다. 장치의 사용일정을 정하는 것이 아주 중요하며, 이러한 임무는 점차로 자체(in-house) 컴퓨터를 이용하여 수행되고 있다.

10.3 공정유체의 멸균

현대식 발효기는 많은 양의 배지와 기체를 소모한다. 전형적인 항생제 발효에서 사용되는 수만 리터의 배지와 수백만 리터의 공기에서는 어떤 오염생물도 완전히 제거되어야 한다. 오염에 의한 경제적 손실은 크다. 재조합 DNA로부터 단백질을 만드는 생물공정에 있어서는 유출되는 흐름에 있어서도 살아 있는 세포는 방출되지 않도록 처리되어야 한다. 살아 있는 세포의 파괴가 확실히 이루어져야 한다.

10.3.1 사멸속도론

멸균성은 절대적인 개념이다. 어느 한 시스템이 부분적이라거나 또는 거의 멸균이라는 것은 결코 있을 수 없다. 그러나 100,000 l 발효기의 경우에 외부 생물체를 찾기 위해 유체의 모든 부분을 채취할 수는 없다. 실제적인 근거에서 멸균성은 어떤 살아 있는 생물체도 발견되지 않음을 의미하고, **순수배양**(pure culture)은 오직 원하는 생물체만이 존재하는 것을 의미한다.

살균(disinfection)은 멸균(sterilization)과 다르다. 살균제는 살아 있는 생물체, 흔히 생물체의 어떤 특별한 형태의 수를 영(zero)이 아닌 낮은 값으로 크게 감소시킨다.

유체흐름은 세포와 바이러스의 물리적인 제거 또는 열, 방사선, 또는 화학물질에 의한 살아 있는 입자의 불활성화를 통해 멸균될 수 있다. 멸균이 살아 있는 세포, 포자, 또는 바이러스를 불활성화함으로써 이루어진다면, 사멸속도론에 대한 이해가 필요하다. 이 경우에 **사멸**(death)이란 세포, 포자, 또는 바이러스가 좋은 환경에 놓였을 때 생식이나 발생이 되지 않음을 의미한다. 멸균을 다룰 때는 세포사멸의 확률적 특성을 무시할 수 없다.

가장 간단한 경우는 모든 살아 있는 세포나 포자가 똑같다고 가정하는 것이다. 전체 집단의 **사멸확률**(probability of extinction) $P_0(t)$는 다음과 같다.

$$P_0(t) = [1 - p(t)]^{N_0} \tag{10.12}$$

여기서 $p(t)$는 각 세포가 시간 t에서 여전히 살아 있을 확률이고 N_0는 초기에 존재하는 각 세포의 수이다. 시간 t에 존재하는 각 세포의 기대되는 수 $E[N(t)]$는 다음과 같다.

$$E[N(t)] = N_0 p(t) \tag{10.13}$$

이 수에 대한 분산은 다음과 같다.

$$V[N(t)] = N_0 p(t)[1 - p(t)] \tag{10.14}$$

비사멸속도(specific death rate) k_d는 다음과 같다.

$$k_d = \frac{1}{-E[N(t)]} \cdot \frac{d}{dt} E[N(t)] \tag{10.15a}$$

그리고 만약 $p(t)$가 $N(t)$의 함수가 아니라면

$$k_d = -\frac{d}{dt} \ln p(t) \tag{10.15b}$$

$p(t)$의 함수형태는 생물체와 환경에 따른다. 가장 간단한 형태는 k_d가 시간의 역수단위를 갖는 상수인 1차 사멸모델로 가정하는 것이다.

$$p(t) = e^{-k_d t} \tag{10.16}$$

미생물학 문헌에서 **십진감소시간**(decimal reduction time (D))이라는 용어가 자주 사용된다. 이것은 살아 있는 세포수가 10배 감소하는 데 걸리는 시간이다. 예를 들면, k_d가 상수일 때

D의 값은

$$E[N(t)] = N_0 e^{-k_d t} \tag{10.17a}$$

$$0.1 = e^{-k_d D} \tag{10.17b}$$

$$D = \frac{2.303}{k_d} \tag{10.17c}$$

시간에 대한 ln $N(t)/N_0$의 도시를 **생존곡선**(survival curve)이라고 부른다(그림 10.13 참조). 그런 곡선은 실제로는 결정론적이며, 결정론적인 접근과 확률적 접근은 $N(t) \gg 1$(약 10에

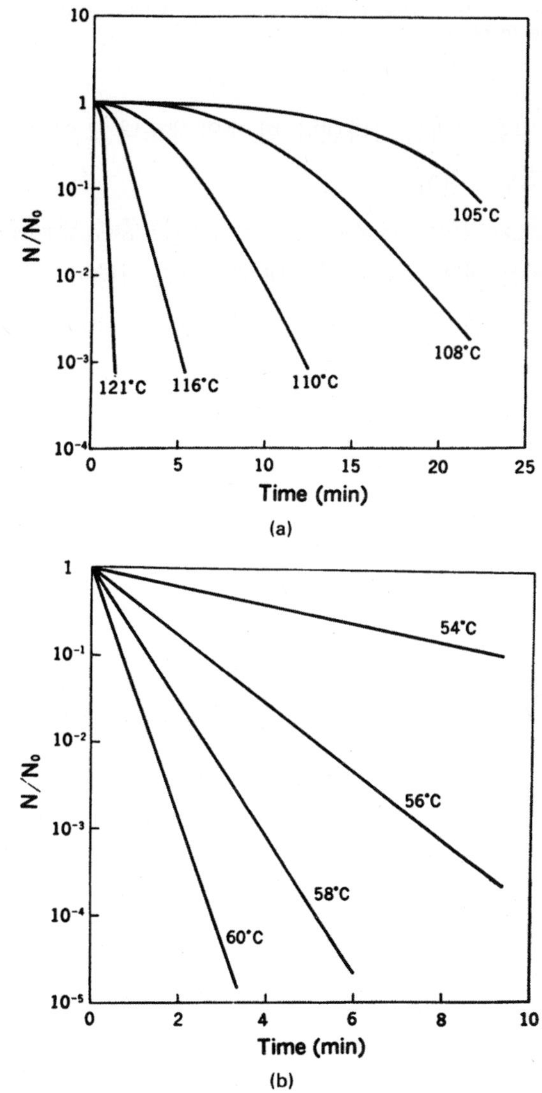

Figure 10.13. (a) Typical death-rate data for spores of *Bacillus stearothermophilus* Fs 7954 in distilled water, where N = number of viable spores at any time, N_0 = original number of viable spores. (b) Typical death rate for *E. coli* in buffer, where N = number of viable cells at any time and N_0 = original number of viable cells. (With permission, from S. Aiba, A. E. Humphrey, and N. F. Millis, *Biochemical Engineering*, 2d ed., University of Tokyo Press, Tokyo, 1973, p. 241.)

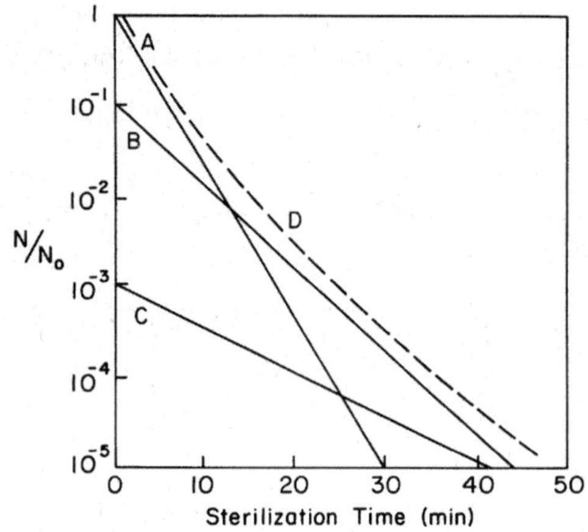

Figure 10.14. Overall survival curve (D) for a system with three distinct subpopulations (A, B, and C). Population A is normally dominant, but it is the one most sensitive to the sterilizing agent, while subpopulation C is far more resistant.

서 100)의 범위에서 근본적으로 같은 결과를 나타낸다. 한 개의 세포나 그 이하에 대한 생존곡선의 외삽법(extrapolation)은 적당하지 않다.

대부분의 실제 생물체 집단은 균일하지 않으며, 어떤 소집단은 종종 멸균제에 더 내성이 강하다. 또한 덩어리로 생장하는 세포는 사멸에 더 내성이 강한 경향이 있다. 이러한 인자들은 공정에 있어 중요하다(생존곡선에 대한 영향을 보여 주는 그림 10.14 참조). 예를 들면, 초기의 소아마비 예방 백신 개발에서의 비극적인 오류를 살펴보자. 바이러스는 비활성화('죽게')된다. 필요한 공정시간은 생존곡선의 선형외삽(반로그 도시에서)으로부터 계산되었다. 도시에 나타난 원래의 자료는 내성이 있는 부분집단을 발견할 만큼 충분히 낮은 수까지 연장되지 못했다. 결과적으로 몇몇 환자들에게는 사멸되지 않은 살아 있는 바이러스가 접종되었다.

10.3.2 액체의 멸균

사멸속도론은 액체의 멸균에 응용된다. 화학적, 열적, 또는 방사성 물질로 인한 불활성화에 대하여 k_d 값을 결정할 수 있다. 열에 의한 불활성화는 장치와 액체의 경제적인 대규모 멸균에 있어 더욱 선호된다. 그러나 열에 민감한 장치는 화학물질 또는 방사선으로 멸균해야만 한다.

자외선(UV)의 사용은 표면을 멸균하는 데 효과적이지만, UV는 유체를 쉽게 침투할 수 없으며, 특히 현탁되어 있는 많은 양의 물질에 대한 경우 더욱 그러하다. x-선은 더 깊이 침투할 수 있지만, 비용과 안전성의 문제로 대규모 시스템에서는 그 사용이 배제되고 있다.

멸균을 위한 화학물질은 원하는 배양에 유독한 잔류물을 남겨서는 안 된다. 기체인 에틸렌 옥사이드는 장치의 멸균에 사용될 수 있다. HCl을 사용하여 pH 2로 산성화시킨 70% 에탄올과 물의 혼합물은 모든 생장세포(vegetative)와 많은 포자를 실제적으로 사멸시키고 장치멸균에도 사용될 수 있다. 포름알데하이드 용액은 자주 효과적으로 사용된다. 나트륨 하이포클로라이트 용액(3%)은 소규모의 열에 민감한 장치를 멸균(또는 살균)하는 데 사용해 왔다. 몇 가지 화학물질(예, 오존)로 유체를 멸균하면 배지의 품질에 불리한 영향을 주는 부반응들을 일으킨다.

대부분의 대규모 장치와 액체는 열에 의해 멸균된다(액체에 있어서는 여과멸균만이 실제적으로 유일한 대안이다). 보통, 비사멸속도의 온도에 대한 의존성은 Arrhenius 방정식으로 주어진다.

$$k_d = \alpha e^{-E_{0d}/RT} \tag{10.18}$$

여기서 R은 기체상수, T는 절대온도, 그리고 E_{0d}는 세포사멸에 대한 활성화에너지이다. E_{0d} 값은 약 50 ~ 150 kcal/g-mol의 범위에 있다. *Bacillus stearothermophilus*의 포자에 대한 E_{0d}는 약 70 kcal/g-mol이고, 대장균에 대해서는 127 kcal/g-mol로 정해져 있다. 대부분의 열적 멸균은 121°C에서 행해진다. 그런 조건에서 k_d 값은 생장세포에 대해 매우 높다(보통 10^{10} min^{-1} 이상). 포자에 대한 k_d 값은 보통 0.5 ~ 5.0 min^{-1}의 범위에 있다. 대부분의 경우, 장치와 배지의 증기멸균에서 k_d 값이 생장세포보다 포자에 있어 더 낮기 때문에 포자에 대해서만 관심을 갖는다.

많은 배지 내의 비타민과 생장인자에 대한 E_{0d}는 약 2 ~ 20 kcal/g-mol이다. 생존도의 불활성화는 배지 내의 중요한 생장인자들의 변성보다 온도변화에 더욱 민감하다. 이러한 요인은 배지 내의 필요한 생장인자를 파괴하지 않고 외부 생물체를 완전히 사멸시키기 위한 멸균장치와 운전방침(protocol)의 설계에 중요하다.

어느 멸균의 운전방침에서도 주요 인자는 온도, 노출시간, 그리고 사멸시켜야 되는 세포의 초기수이다. 멸균에 있어서의 문제점은 대규모화에 따라 증가된다. 반응기 내에서 성공적이지 못한 발효의 확률 [1 − $P_0(t)$]을 고찰해 보자.

$$1 - P_0(t) = 1 - \left[1 - p(t)\right]^{N_0} \tag{10.19a}$$

또는 균일한 집단에서의 간단한 사멸모델을 적용하면,

$$1 - P_0(t) = 1 - \left[1 - e^{-k_d t}\right]^{N_0} \tag{10.19b}$$

식 10.19에서 N_0는 생물체의 농도가 아니라 반응기 내의 개체수에 해당한다. n_0를 입자농도로 하자. 이제 1 l와 10,000 l 반응기에서 멸균의 실패확률을 알아보자. 각 반응기는 동일한 용액을 포함하며(n_0는 두 탱크에서 같다), 멸균온도(k_d)와 시간도 같다. 그러므로 1 l 탱크의 경우에

$$1 - P_0(t) = 1 - \left[1 - e^{-k_d t}\right]^{1 \cdot n_0} \tag{10.20a}$$

그리고 10,000 l 탱크의 경우에

$$1 - P_0(t) = 1 - \left[1 - e^{-k_d t}\right]^{10,000 \cdot n_0} \tag{10.20b}$$

두 경우에서 $k_d t$가 15이고 $n_0 = 10^4$ 포자/l일 때, 성공적이지 못한 발효의 확률은 1 l 용기에 있어서 0.003이고, 10,000 l 탱크(포자의 사멸확률 $5 \cdot 10^{-14}$)에 있어서는 약 1이다. 그러므로 실험실 규모의 장치에 적당한 멸균운전방침은 더 큰 규모의 시스템에 전적으로 부적당하다. 더 큰 탱크는 같은 멸균도를 얻기 위하여 같은 온도에서 더 오랫동안 노출시켜야 하고, 더 높은 온도에서 더 긴 시간의 노출은 배지의 화학적 조성을 더 많이 변하게 할 수 있다.

멸균도표(sterilization chart)는 식 10.19b로부터 만들 수 있다. 그림 10.15에 예가 나와 있다. 이런 도표를 사용하기 위해서는, 허용 가능한 실패확률(예, 10^{-3})과 초기의 유체에 존재하는 입자수(n_0 · 전체부피)를 알아야 한다. 10^{-3}과 $N_0 = 10^8$인 경우, 해당되는 $k_d t$ 값은 약 26이다. 121°C에서 $k_d = 1\ \text{min}^{-1}$일 때, 그 온도에서 1000 중 999의 멸균을 보장하는 데 필요

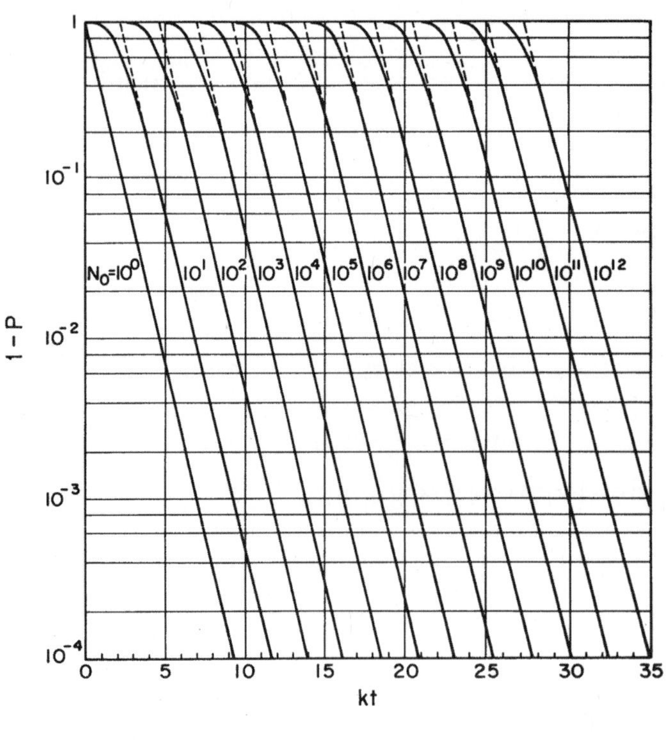

Figure 10.15. Sterilization chart. (With permission, from M. L. Shuler, *Encyclopedia of Physical Science and Technology*, Vol. 2, p. 427, Academic Press, New York, 1987.)

한 노출시간은 t = 26분이다.

증기멸균은 회분식이나, 가끔 발효기에서 그대로 또는 연속장치(그림 10.16)에서 이루어질 수 있다. 회분식 멸균에서 가장 큰 어려움은 열적 지연(thermal lags)과 불완전한 혼합이다. 전형적으로 회분식 멸균은 121°C에서 진행된다. 121°C로 유체를 가열하는 데 필요한 시간과 그것을 냉각시켜 생장온도(예, 37°C)로 되돌리는 데 필요한 시간은 흔히 원하는 온도에서의 노출시간보다 훨씬 더 길다. 대부분 포자의 경우, k_d는 온도변화에 따라 매우 빠르게 떨어진다(예, 121°C보다 110°C에서 10배 감소). 그래서 가열과 냉각기간은 포자사멸에 기여하지 못한다. 그러나 가열과 냉각기간 동안의 고온이 비타민과 단백질을 많이 손상시킬 수 있고, 당을 캐러멜화시킬 수 있고, 배지의 질을 상당히 변화시킬 수 있다.

연속식 멸균(continuous sterilization), 특히 고온에서의 짧은 노출시간은 배지를 덜 손상시키며 완전한 멸균을 할 수 있다. 가열과 냉각기간은 매우 짧다. 연속식 멸균은 제어가 더 용이하고 발효기에서의 작업 중단시간이 감소된다. 연속공정의 두 가지 가능한 단점은 증기 주입에 의한 배지의 희석과 거품형성이다. 관 안의 흐름방식은 벽 근처의 유체 체류시간이

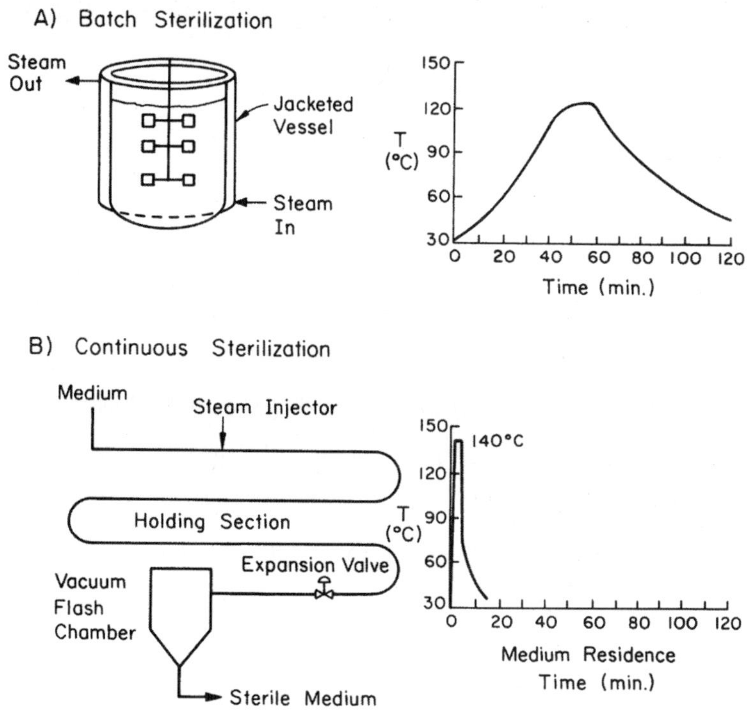

Figure 10.16. Comparison of a batch (a) with a continuous sterilization strategy (b) for the temperature profile of the medium sterilized. The continuous unit allows short-time, high-temperature sterilization.

중앙에서와 다를 수 있기 때문에 중요하다. 평균 유속과 멸균되는 구역의 길이는 높은 Peclet 수(500 이상)를 가져, 속도 분포도가 피스톤 같은 흐름에 접근하도록 설계되어야 한다.

공정 유체는 증기멸균뿐 아니라 여과멸균할 수 있다. **여과멸균**(filter sterilization)은 배지가 열에 민감한 물질을 포함하고 있을 때 필요하다. 생물공정에서 여과멸균의 중요한 예로는 동물세포의 성장을 위한 배지의 멸균이 있다. 보통 미세다공여과기(구멍크기 $< 0.2\ \mu m$)가 사용된다. 여과기는 절대적인 여과기여야 한다. 다시 말하면 명목상의 구멍크기보다 더 큰 구멍이 있어서는 안 된다. 매우 좁은 구멍크기 분포가 유리하다. 배지는 미세다공여과기를 막는 큰 입자를 제거하기 위하여 먼저 예비여과(prefilter)된다. 미세다공여과기 자체도 멸균되어야 한다. 여과되어 멸균된 유체를 받는 장치도 역시 멸균되어야 한다.

여과멸균은 증기멸균만큼의 신뢰성은 없다. 막의 어떤 결함에 의해 실패할 수도 있다. 바이러스와 마이코플라스마(mycoplasma, 세포벽이 없는 작은 박테리아)는 여과기를 통과할 수 있다. 그러므로 여과멸균된 배지는 어떤 오염세포가 감지될 수 있는 수까지 증식되도록 일정기간 격리된다. 명백히 격리기간에서는 숙주에 의존적인 오염물(예, 바이러스)이 아닌 생장세포만 발견될 것이다.

여과멸균은 배지를 여과하는 데 사용될 뿐만 아니라, 공정용 공기를 멸균하는 데도 사용된다.

10.3.3 기체의 멸균

호기성 발효는 방대한 양의 공기를 필요로 한다. 분당 액체부피당 기체부피가 0.1에서 1까지의 경우에, 50,000 l 발효기는 공기를 하루에 7×10^6 l에서 7×10^7 l까지 필요로 한다. 많은 경우 발효는 수일 동안 진행된다. 5일 동안 발효할 경우, 2×10^8 l 정도의 공기가 필요하게 된다. 이 부피의 공기는 완전히 멸균되어야 한다. 전형적으로, 공기 내의 미생물농도는 $10^3 \sim 10^4/m^3$ 또는 $1 \sim 10$ 미생물/l이다. 유가식 또는 연속식 배양시스템에서는 공기여과기를 운전기간 동안 교체할 수 없기 때문에 더욱 엄격한 공기멸균이 요구된다.

이러한 양의 공기공급을 위해서는 상당히 큰 공기압축기가 필요하다. 공기의 단열 압축은 공기의 온도를 증가시킬 수 있다(보통 150 ~ 220°C). 건열은 습열보다 세포사멸에 덜 효과적이다. 포자를 죽이기 위하여 보통 220°C에서 30초 간 멸균한다. 결과적으로 공정용 공기의 단열압축은 공기멸균에 확실히 도움을 준다. 방출되는 공기가 빠르게 냉각되고, 압축기에서 발효기까지 연결된 관을 완전멸균상태로 유지하는 것이 어렵기 때문에, 공기여과 과정이 거의 항상 사용된다(UV 조사, 오존 주입, 그리고 세척 같은 방법은 실용적이지 않다).

기체의 여과는 **심층여과기**(depth filter) 또는 **표면여과기**(surface filter)를 사용하여 이루어질 수 있다. 이전에는 유리솜을 이용한 심층여과기가 사용되었으나, 이제는 거의 전적으로 표면여과기인 막 카트리지 여과기로 교체되었다.

유리솜(glass wool) 여과기는 입자포획에 대한 여러 기작의 조합에 의하여 작동한다. 지름이 약 1 μm인 입자를 제거하는 데 가능한 기작으로는 직접적인 차단(interception), 정전기적인 효과, 확산(또는 브라운운동), 그리고 관성효과가 있다. 흐르는 기체가 유리섬유에 접근함에 따라, 흐름선(flow streamline)은 섬유둘레로 구부러져야 한다. 입자가 밀도를 가지지 않는다면 섬유둘레의 흐름선을 따르게 된다. 섬유로부터 입자 반지름보다 짧은 거리에 있는 흐름선에 입자 중앙이 있는 입자만이 차단될 수 있다. 그러나 실제 입자에 있어서는 질량이 있는 입자가 섬유에 접근함에 따라 관성효과에 의하여 직선궤적을 유지하려는 성향이 있다. 그러므로 그런 입자는 흐름선으로부터 벗어나 섬유에 충돌한다. 차단과 관성효과는 박테리아를 제거하는 데 중요하다.

확산효과는 바이러스 제거에 중요하지만, 박테리아는 충분히 크기 때문에 확산이 상대적으로 덜 중요하다. 이러한 기작에 의한 입자제거는 확률적이다. 여과기가 깊어질수록 입자가 심층부를 통과할 가능성은 더 낮아진다.

유리솜을 이용하는 심층여과기는 증기멸균에 의해 수축되고 딱딱해질 수 있다. 그런 경우에 편류(channeling)가 발생할 수 있고, 여과기는 예상보다 훨씬 덜 효과적이다. 최근 섬유유리 여과기 카트리지 설계가 진보하여 단점의 많은 부분을 극복하였다. 그런 섬유여과기의 또 다른 심각한 문제는 젖음이다. 여과기가 젖으면 오염세포가 여과기를 통과하기 쉬운 경로가 생긴다. 젖은 여과기는 압력강하 또한 크게 증가된다. 그러므로 그런 여과기 내에서의 응축은 피해야 한다.

표면여과기(막 카트리지)는 입자제거의 다른 기작인 체질(sieving) 효과를 이용한다. 그림 10.17은 막 카트리지 장치와 그것의 몸체(housing)를 보여 주고 있다. 균일하고 작은 구멍을 갖는 막은 구멍보다 큰 반지름의 입자를 통과시키지 않는다. 이런 여과기는 여러 번 증기멸균할 수 있다. 또한 멸균되지 않은 쪽에 형성된 응축물은 멸균된 쪽으로 지나갈 수 없다.

심층여과기와 막 카트리지에서는 압력강하가 중요하다. 상업적인 규모의 공정에 있어 압축공기에 사용되는 에너지소모는 막대하다. 공기처리는 전체 생산비용의 25%에 달할 수 있다. 그러므로 설계공학자는 압력강하와 멸균성과의 균형을 맞춰야 한다.

일반적으로 생물공정공학자는 막 카트리지 장치 설계에 관여하지 않지만(여러 가지 적절한 상업용 제품이 나와 있다), 그런 장치의 유효성에 대한 시험은 중요하다. 미국에서 수행한 그런 시험의 한 예로, 공기 1 l당 1.0~1.5 mg의 옥수수기름이 분무되는 에어로졸 시험이 있다. 이 시험은 FDA에 의해 승인되었다. 그런 에어로졸은 주로 0.2~1.0 μm 범위의 지름을 갖는 입자를 포함한다. 여과기 카트리지로부터 방출되는 기체 내의 에어로졸은 광도계에 의해 모니터할 수 있다. 카트리지의 사용 가능한 멸균주기의 수는 막 카트리지 장치의 선택에 중요한 기준이 된다.

장치의 완전성에 대한 다른 시험으로는 압력강하 대 유속과 기포점(bubble point) 시험이 있으며, 이것은 막의 결함과 최대 구멍크기를 검사한다. **생장통과**(grow-through)시험은 막의 한 면 위에 멸균된 영양액을 사용하고, 멸균되지 않은 다른 면 위에 시험용 균주(예,

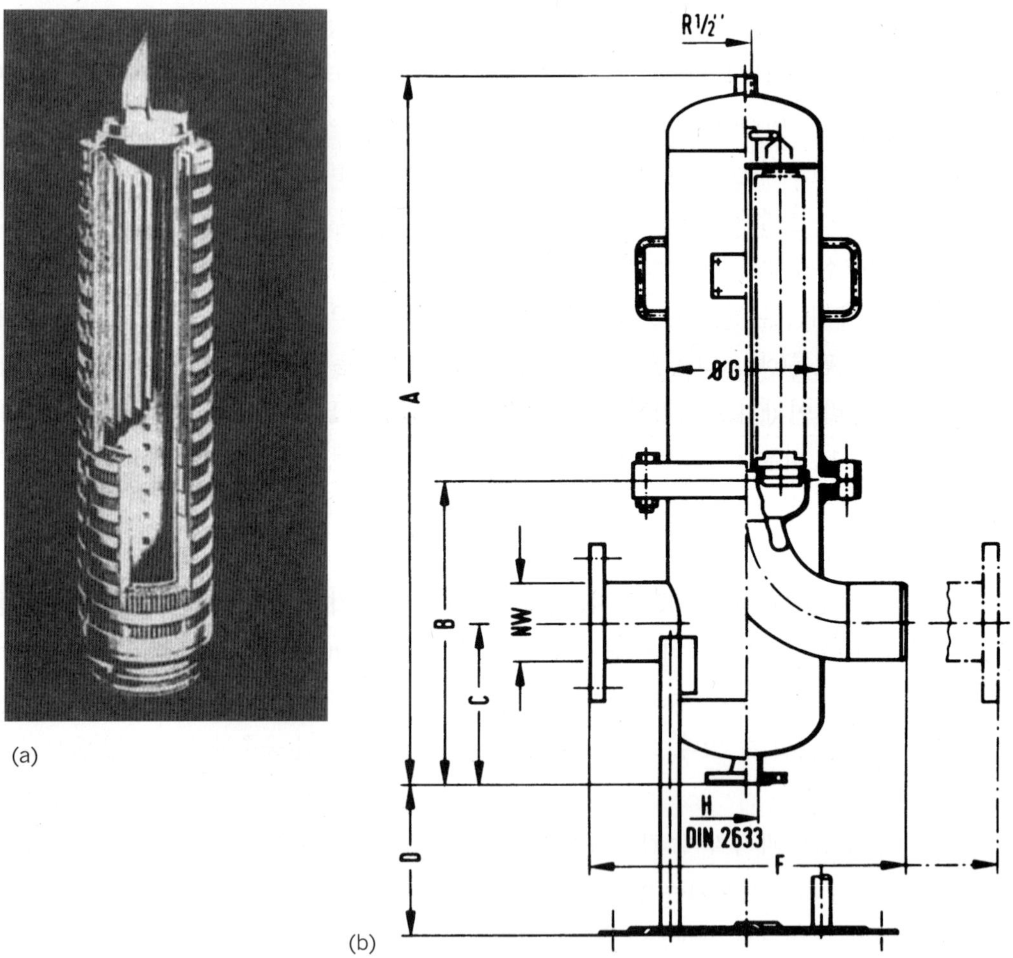

(a) (b)

Figure 10.17. (a) A Pull-Emflon membrane cartridge for filter sterilization of air. (b) Housing for air sterilization filter. (With permission, from W. Crueger, "Sterile Techniques in Biotechnology," in R. K. Finn and P. Prave, eds., *Biotechnology Focus 2*, Hanser Publishers, New York, 1990, p. 413.)

Pseudomonas diminuta)를 접종한 유사한 영양액을 사용한다. 여과기가 완전할수록 멸균된 것으로 되어 있는 면 위에 생장이 일어날 때까지 걸리는 시간이 길어진다. 여과기는 여러 다른 형태의 시험에 의해 평가되어야 한다.

오염에 의해 한 회분이 손실되어 발생하는 높은 비용으로 인해, 압력강하를 최소로 하면서 발효의 오염을 방지할 수 있는 공기여과기의 선택이 중요하다.

지금까지는 유입하는 기체에 대해서만 검토하였다. 병을 유발하는 세포인 병원체 또는 재조합 DNA가 관여하는 발효에 있어서는 유출기체로부터 **모든 생물체**(all organisms)가 제거되어야 한다. 유출기체의 미생물농도는 유입기체에서보다 훨씬 높다. 방출기체의 촉매에 의한 연소(소각)는 효과적이지만, 비용이 많이 드는 방법이다. 결론적으로, 유출공기의 여과는 그 중요성이 증가되고 있다.

10.4 요약

반응기의 대규모화는 생물화학공학자의 우선적인 임무이다. 현탁세포의 호기성 배양을 위한 세 가지 기본적인 반응기 형태로는 **내부에서 기계적인 교반을 하는 시스템**(system with internal mechanical agitation), **기포칼럼**(bubble column), **루프형 반응기**(loop reactor)가 있다. 기포칼럼과 루프형 반응기가 에너지효율과 세포의 전단응력에 의한 손상 감소의 측면에서 유리하나, 전통적인 교반탱크시스템은 융통성과 높은 점도의 발효액을 더 잘 다룰 수 있다는 장점이 있다.

교반탱크 생물반응기의 크기에 대한 기본적인 제약은 기체공급(예, O_2)과 열제거이다. **부피전달계수**(volumetric transfer coefficient)인 k_La 값은 최고 관심사이다. 이 값은 사용하는 장치, 기체유량, 그리고 교반기 속도뿐만 아니라, 유체특성(염분 함량, 표면활성제의 존재, 그리고 점도)에도 의존한다. 유체특성은 발효기간 동안 변할 수 있다. 기체상의 산소농도와 용존산소농도를 직접 모니터하여 k_La를 온라인으로 추정할 수 있다. 산소섭취속도를 알면 호기성 발효에서 열발생속도를 쉽게 추정할 수 있다.

대규모화는 큰 용기의 조건이 작은 용기에서보다 더 불균일하기 때문에 어렵다. 기하학적으로 유사한 탱크가 사용된다면, 전단응력, 혼합시간, 그리고 k_La를 크고 작은 두 탱크에서 동시에 똑같은 값을 유지하는 것은 불가능하다. 대규모화는 좋은 반응모델을 좋은 이동현상모델과 조합할 수 있으면 간단해진다. 그러나 이것은 아직 가능하지 않기 때문에 **소규모화**(scale-down) 기술이 좋은 대안이다.

생물반응기의 계장과 제어는 석유화학산업보다 덜 진보되어 있다. 감지기술과 생물반응기에 대한 동역학적인 모델에서의 진보가 제어기술의 진보에 중요하다.

대규모 생물반응기에는 생물반응기에 들어가는 유체를 **멸균**(모든 세포를 제거 또는 사멸)하는 공정이 더욱 필요하다. 액체흐름은 열에 의하여 또는 여과에 의하여 멸균된다. 증기멸균이 선호되지만 멸균공정은 생장을 위한 배지의 능력에 손상을 주어서는 안 된다. 부피가 큰 액체를 멸균하기 위해서는 높은 온도에서 더 긴 노출시간이 필요하기 때문에, 멸균공정은 소규모보다 대규모 시스템에서 배지조성을 더 많이 변화시킬 수 있다. 이것은 대규모화에 따른 생산성 차이의 또 다른 요소가 된다. **연속식 멸균**(continuous sterilization)에서는 가열과 냉각기간이 많이 줄어들기 때문에 회분식 멸균보다 배지성분의 변성을 잘 막을 수 있다. 액체의 **여과멸균**(filter sterlization)은 배지가 특히 열에 민감한 성분을 포함할 때 사용된다. 공기흐름은 전형적으로 여과멸균한다. 표면여과기(막 카트리지)는 보통 기체멸균에 사용된다.

참고문헌

일반 문헌

Bailey, J. E., and D. F. Ollis, *Biochemical Engineering Fundamentals*, 2d ed., McGraw-Hill, New York, 1986.

Blanch, H. W., and D. S. Clark, *Biochemical Engineering*, Marcel Dekker, New York, 1996.

Doran, P. M., *Bioprocess Engineering Principles*, 2d ed., Academic Press, San Diego, 2013.

특정 논문과 책

Alford, J. S., "Bioprocess Control: Advances and Challenges," *Comput. Chem. Eng.* 30: 1464–1475, 2006.

Amanullah, A., J. M. Oterro, M. Mikola, A. Hsu, J. Zhang, J. Aunins, H. B. Schreyer, J. A. Hope, and A. P. Russo, "Novel Micro-Bioreactor High Throughput Technology for Cell Culture Process Development: Reproducibility and Scalability Assessment of Fed-Batch CHO Cultures," *Biotechnol. Bioeng.* 106: 57–67, 2010.

Bull, D. N., R. W. Thoma, and T. E. Stinnett, "Bioreactors for Submerged Culture," *Adv. Biotechnol. Processes* 1: 1–30, 1983.

Bylund, F., F. Guillard, S.-O. Enfors, C. Trägardh, and G. Larsson, "Scale Down of Recombinant Protein Production: A Comparative Study of Scaling Performance," *Bioprocess Eng.* 20: 327–389, 1999.

Garcia-Ochea, F., and E. Gomez, "Bioreactor Scale Up and Oxygen Transfer Rate in Microbial Processes: An Overview," *Biotechnology Advances* 27: 153–176, 2009.

Jost, J., "Selected Bioengineering Problems in Stirred-Tank Fermenters," in S. L. Sandler and B. A. Finlayson, eds., *Chemical Engineering Education in a Changing Environment*, Engineering Foundation, New York, 1988.

Junker, B. H., M. Stanik, C. Barna, P. Salmon, E. Paul, and B. C. Buckland, "Influence of Impeller

Type on Power Input in Fermentation Vessels," *Bioprocess Eng*. 18: 401–412, 1998.

Kargi, F., and M. Moo-Young, "Transport Phenomena in Bioprocesses," in *Comprehensive Biotechnology*, Vol. 2, M. Moo-Young, ed., Pergamon Press, Oxford, UK, 1985, pp. 5–55.

Kim, B. J., J. Diao, and M. L. Shuler, "Mini-scale Bioprocessing Systems for Highly Parallel Animal Cell Cultures," *Biotechnol. Progr*. 28: 595–607, 2012.

Klutz, S., J. Magnus, M. Lobedann, P. Schawn, B. Maiser, J. Niklas, M. Temming, and G. Schembecker, "Developing the Biofacility of the Future Based on Continuous Processing and Single-Use Technology," *J. Biotechnol*. 213: 120–130, 2015.

Komives, C., and R. S. Parker, "Bioreactor State Estimation and Control," *Curr. Opin. Biotechnol*. 14: 468–474, 2003.

Loffelholz, C., S. C. Kaiser, M. Kraume, R. Eibl, and D. Eibl, "Dynamic Single-use Bioreactors Used in Modern Liter and m3-scale Biotechnological Processes: Engineering Characteristics and Scaling Up," *Adv. Biochem. Eng./Biotechnol*. 138: 1–44, 2014.

Pohlscheidt, M., S. Charaniya, C. Bork, M. Jenzsch, T. Noetzel, and A. Luebbert, "Bioprocess and Fermentation Monitoring," Chapter 69, pp. 1471–1491, in *Upstream Industrial Biotechnology: Equipment, Process Design, Sensing, Control, and cGMP Operations*, Vol. 2, M. C. Flickenger, ed., 2013.

Rameez, S., S. S. Mostafa, C. Miller, and A. Shukla, "High-Throughput Miniaturized Bioreactors for Cell Culture Process Development; Reproducibility, Scalability and Control," *Biotechnol. Progr*. 30: 718–727, 2014.

연습문제

10.1 발효기에의 공기주입을 짧은 시간 동안 중단한 후 다시 재개했다. 운전조건으로 7.3 mg/l의 C^* 값이 정해졌다. 이 시스템의 산소섭취도와 k_La를 계산하기 위하여 다음 표에 있는 용존 산소(DO) 측정값을 사용하라.

	Time (min)	DO (mg/l)
	–1	3.3
Air off	0	3.3
	1	2.4
	2	1.3
	3	0.3
	4	0.1
	5	0.0
Air on	6	0.0
	7	0.3
	8	1.0
	9	1.6
	10	2.0
	11	2.4
	12	2.7
	13	2.9
	14	3.0
	15	3.1
	16	3.2
	17	3.2

10.2 교반기의 실제 최대 회전속도에서 0.5 l 기체/l 반응기 부피 · 분으로 공기가 분사되고 있는 발효기에서 $k_La = 30\ h^{-1}$ 값이 정해졌다. 10 mmol O_2/g · 건조중량 · h의 q_{O_2}를 갖는 대장균을 배양하려고 한다. 임계용존산소농도는 0.2 mg/l이다. 발효액 내 공기의 산소용해도는 30°C에서 7.3 mg/l이다.

a. 호기성 조건하의 이 발효기에서 자랄 수 있는 대장균의 최대농도를 구하라.

b. 순수한 산소가 반응기에 분사되었을 때 유지될 수 있는 농도를 구하라.

10.3 대형 발효기의 온도제어시스템을 설계하고자 한다.

a. 산소소모속도가 100 mmol O_2/l · h일 때 80,000 l의 작동부피를 갖는 100,000 l 발효기를 위해 필요한 냉각수의 유량을 계산하라. 원하는 운전온도는 35°C이다. 냉각코일이 사용된다. 냉각수와 발효액 사이의 최소 허용 온도차이는 5°C이다. 15°C의 냉각수를 사용한다. 발효액과 냉각수의 열용량은 거의 같다.

b. 코일의 지름이 2.5 cm이고 총괄 열전달계수가 1420 J/s · m^2 · °C일 때 냉각코일의 필요한 길이를 계산하라.

10.4 어떤 치사제(KCN)를 통기상태에서 확산기를 사용해 배양액에 첨가한다. 용존산소농도가 N = 100 rev/min일 때 다음과 같이 시간에 따라 증가한다.

t (min)	0	1	2	3	5	7	8	10
DO (mg/L)	1	1.93	2.7	3.36	4.4	5.1	5.4	5.9

발효액의 포화 DO 농도는 7.0 mg/l이다.

a. 산소전달계수 k_La를 구하라.

b. N_i가 200 rev/min으로 증가했을 때, k_La를 구하라.

10.5 부피가 5 l(Do/H = 1/2)인 실험실 규모 교반탱크발효기를 다음 기준에 따라 500 l로 대규모화하려고 한다. Di/Do = 1/3, N = 100 rev/min. 발효기의 크기, 임펠러 지름 그리고 각 경우에 있어 속도를 구하라.

a. 일정한 산소전달속도

b. 일정한 전력/부피

c. 일정한 임펠러 끝속도

d. 일정한 혼합시간

10.6 예제 10.4에서, 탐침이 하단구획에 있을 때 10 l와 10,000 l 탱크에서 각 구획에서의 농도를 구하라.

10.7 예제 10.4에 설명되어 있는 10 l와 10,000 l 탱크가 충분히 연속적으로 운전되며, F는 두 탱크에 대하여 5 mg/l · s로 고정되고, 상부로부터 유체가 제거되는 각 탱크에 있어서 $D = 0.2\ h^{-1}$이라고 가정하자. 각 탱크에서 소모되는 유입기질의 분율을 구하라. 생물체 수율계수가 0.5 g 세포/g 기질이고 $Y_{P/X} = 0.1$ g 생성물/g 세포일 때, 대규모화가 부피생산성에 미치는 영향은 무엇인가?

10.8 연속배양시스템을 건설하고 있다. 발효탱크의 크기는 50,000 l이고 체류시간은 2 h이다. 연속식 멸균기가 사용된다. 멸균되지 않은 배지는 10^4 포자/l를 포함한다. k_d 값은 121°C에서 1 min^{-1}, 140°C에서 61 min^{-1}으로 정해졌다. 각 온도(121°C와 140°C)에 있어서, 4주의 연속 운전 중 99%의 시간 동안 오염 방지(액체배지 내의 오염물질에 기인한)를 보장하기 위한 대기구간에서 필요한 체류시간을 결정하라.

10.9 회분식 발효기에서 혼합이 멸균에 미치는 영향을 논하라.

10.10 비타민을 포함하는 배지가 멸균된다. 초기의 포자수가 10^5/l라고 가정하자. 포자에 대한 pre-Arrhenius상수와 E_{0d}는

$$E_{0d} = 65 \text{ kcal/g-mol}$$

$$\alpha = 1 \cdot 10^{36} \text{ min}^{-1}$$

비타민이 불활성화된 경우, E_{0d}와 α는

$$E_{0d} = 10 \text{ kcal/g-mol}$$

$$\alpha = 1 \cdot 10^{4} \text{ min}^{-1}$$

비타민의 초기농도는 30 mg/l이다. 10 l와 10,000 l 발효기가 121°C에서 멸균되고, 두 경우에서 발효의 실패가능성을 0.001이라 했을 때, 두 경우에서 멸균된 배지 내의 활성비타민의 양을 비교하라. 가열과 냉각기간의 영향은 무시한다.

10.11 가열과 냉각기간을 포함하는 10,000 l 발효기의 온도변화에 대하여 다음 표에 주어진 자료를 사용하라. 연습문제 10.8에 주어진 Arrhenius 매개변수를 사용하고, 초기포자농도가 10^5/l이고 비타민농도가 30 mg/l라고 가정하자.

Time (min)	Temperature (°C)
0	30
10	40
20	54
30	70
40	95
50	121
55	121
60	121
65	106
70	98
90	75
100	64
120	46
140	32

a. 성공적인 멸균의 확률을 구하라.

b. 변성되지 않고 남아 있는 비타민의 분율을 구하라.

c. 멸균기간 동안 변성되는 비타민의 분율을 구하라.

d. 가열과 냉각기간 동안 변성되는 비타민의 분율을 구하라.

e. 가열과 냉각주기에서 불활성화되는 포자의 분율을 구하라.

10.12 대장균은 약 240 mg O_2/g 건조중량 · h의 최대호흡속도 $q_{O_2\,max}$를 갖는다. 이제 20 g 건조중량/l의 세포체를 얻고자 한다. 1000 l 반응기(800 l 작업부피)에서 k_La는 120 h^{-1}이다. $C^* =$ 28 mg/l의 값을 주는 산소농축기체흐름이 이용된다(즉, 80% 산소). 만약 산소가 부족하면 생장과 호흡이 느려진다. 다음은 한 예이다.

$$q_{O_2} = \frac{q_{O_2\,max} C_L}{0.2\ \text{mg/l} + C_L}\ \text{max}$$

여기서 C_L은 발효기에서의 용존산소농도이다. 세포체가 20 g/l일 때 C_L은 얼마인가?

10.13 배지를 멸균하는 동안 40,000 l 탱크의 가열과 냉각의 온도변화는 다음과 같다. 0에서 15분, $T = 85°C$; 15에서 40분, $T = 121°C$; 40에서 50분, $T = 85°C$; 50에서 60분, $T = 55°C$, 60분 이상, $T = 30°C$. 배지는 비타민을 포함하며, 비타민 중에서 가장 깨지기 쉬운 것의 파괴 활성에너지는 10 kcal/g-mol이며, α의 값(식 10.18 참조)은 $1 \cdot 10^4$ min^{-1}이다. 비타민의 파괴반응은 1차라 가정하고, 초기농도는 50 mg/l이다. R은 1.99 cal/g-mol · K이다. 배지는 $2.5 \cdot 10^3$ 포자/l를 포함한다. 포자들은 $E_{0d} = 65$ kcal/g-mol, k_d는 121°C에서 1.02 min^{-1}의 값을 갖는다. 성공적인 멸균의 확률을 구하라. 활성이 남아 있는 비타민의 분율을 구하라.

10.14 만약 공기 대신 거의 순수한 산소의 사용으로 인해 C^*가 35 mg/l라면, 그림 10.5로부터 k_La를 계산하라.

10.15 교반 및 통기 탱크를 이용한 빵효모 배양에 있어서 생물체를 즉시 죽이기 위해 치사제가 발효배지에 첨가된다. 치사제의 첨가에 따른 용존산소농도의 증가는 DO 분석기와 기록계로 추적된다. 다음 데이터를 이용하여 반응기의 산소전달계수(k_La)를 결정하라. 포화 DO 농도는 $C^* = 9$ mg/l이다.

Time (min)	DO (mg/l)
1	1
2	3
2.5	4
3	5
4	6.5
5	7.2

10.16 어떤 교반탱크 반응기를 10 m^3로부터 0.1 m^3로 소규모화한다. 큰 탱크의 크기는 $D_t = 2$ m, $D_i = 0.5$ m, $N = 100$ rpm이다.

a. 기하학적 유사성을 이용하여 작은 탱크의 크기(D_t, D_i, H)를 결정하라.

b. 만약 다음의 기준이 적용된다면 작은 탱크에서 필요한 임펠러의 회전속도는 얼마이겠는가?

b1. 일정한 끝속도

b2. 일정한 임펠러의 Reynolds수

10.17 멸균기가 고장으로 119.5°C까지만 도달한다. 최고온도에서의 멸균시간은 20분이었다. 용기에는 10^5 포자/l를 갖는 복합배지 10 l가 있다. 온도 121°C에서 $k_d = 1.0\ \text{min}^{-1}$, $E_{0d} = 90$ kcal/g-mol이다. 배지가 멸균될 확률은 얼마인가?

10.18 멸균배지를 330,000 l/d로 생산하기 위한 연속멸균기를 설계하고자 한다. 이 장치는 30일 동안 0.001의 실패확률로 운전되어야 한다. 배지의 초기 포자농도는 10^4/l이다. k_d 값은 121°C에서 1 min^{-1} 그리고 140°C에서 60 min^{-1}이다.

a. 원하는 성공확률을 얻기 위해, 121°C의 멸균기에서 필요한 체류시간을 계산하라.

b. 140°C에서 필요한 체류시간을 계산하라.

c. 121°C에서의 운전에 대한 고온, 단기 멸균에서의 체류시간의 비는 얼마인가?

10.19 100개의 관을 멸균하고자 한다. 각 관은 10 ml의 액체를 담고 있다. k_d 값은 0.6 min^{-1}이다. 관들은 20분간 멸균된다. 10개의 관에서 오염물의 생장을 보인다. 관 속의 포자농도는 얼마인가?

11

생성물의 회수와 정제

발효 생성물의 회수와 정제는 어떤 상업적인 공정에서도 필수적이다. 회수와 정제 공정의 난점은 생성물의 성질에 크게 좌우된다. 생성물은 세포 자체, 세포 외 성분, 또는 세포 내 성분이다. 발효액의 화학적 성질이 아주 복잡하고 어떤 생성물들(예, 여러 가지 제약품)은 아주 높은 순도를 요구하기 때문에, 회수와 정제는 흔히 많은 공정단계를 필요로 하고, 많은 경우에 제조 시 생성물 생산보다 더 많은 비용이 든다. 관련되는 화합물들이 흔히 열과 산소에 민감하고, 묽은 수용액으로 존재하기 때문에, 화학공학자의 전통적인 분리기술은 좀 더 전문적인 기술을 포함시켜 향상되어야 한다.

11.1 생성물의 회수와 정제 방안

회수와 정제는 대부분의 발효산물 생산에서 주요 비용을 차지하며, 특히 세포 내 산물에 있어서는 흔히 전체 생산비용의 50% 이상을 차지한다. 생성물의 가격(kg당)과 발효가 끝난 상태에서 생성물의 희석도 사이에는 직접적인 연관이 있다. 예를 들면, 구연산(citric acid)은 100 g/l 정도의 농도로 회수과정에 들어가, kg당 3달러로 판매되는 반면, 치료용 단백질은 0.00001 g/l의 농도로 시작하여 kg당 100,000,000달러에 팔리게 된다(현대식 생산기술로 인해 대부분의 단백질은 현재 아주 더 높은 농도로 생산될 수 있다). 생산과정의 효율성과 회수의 난이도 및 비용, 그리고 정제과정이 밀접하게 연관되어 있다.

그림 11.1은 생성물의 회수와 정제에 사용되는 주된 단위조작과 분리의 주요 원리를 요약한 것이다. 분리방법은 생성물의 크기와 성질에 따라 달라지며, 분자크기가 다른 용해성

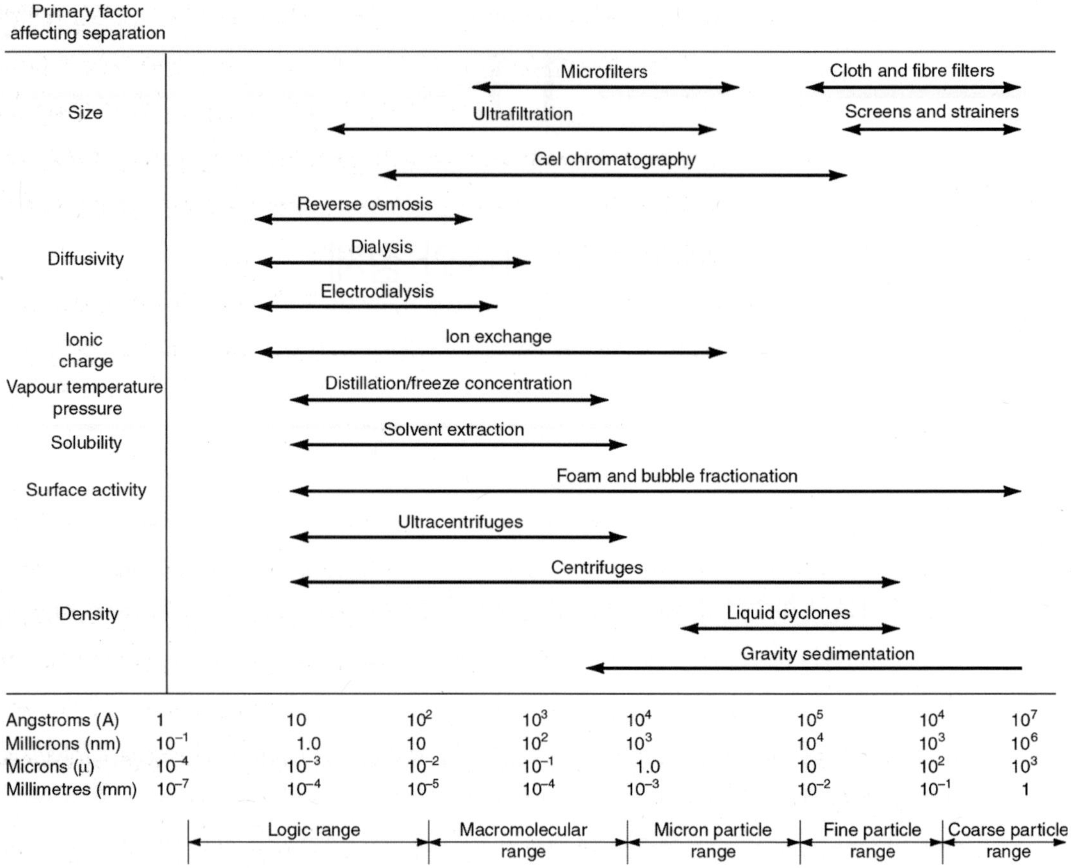

Figure 11.1. Ranges of applications of some standard unit operations. (B. Atkinson and F. Mavituna, *Biochemical Engineering and Biotechnology Handbook*, Macmillan, Inc., New York, 1983. Reproduced with permission of Palgrave Macmillan.)

생성물을 포함하는 발효액 또는 세포배양액에 대하여 여러 가지 다른 방법을 사용할 필요가 있다. 생성물의 크기범위는 크고(예, 작은 분자, 효소, 치료제, 그리고 깨끗한 물), 분리공정은 생성물을 효과적으로 생성할 수 있도록 구성되어야 한다. 그림 11.2는 여러 가지 작은 분자와 단백질 생성물들을 분리하고 정제하는 데 포함되는 주요 단계들을 요약한 것이다.

그림 11.2의 방법은 네 가지 기본적인 기능으로 일반화될 수 있다—불용성 생성물과 다른 고체의 분리, 생성물의 1차 분리 또는 농축과 대부분의 수분 제거, 오염 화학물질의 정제 또는 제거, 건조와 같은 생성물의 제조. 공정상의 수분을 공정과정 중 초기에 제거하여 후속과정에서의 시설 규모를 최소화하는 것이 경제적이다. 기본적으로 생성물을 농축하기 위해 설계된 단계와 오염 화학물질을 제거하기 위한 단계는 흔히 용매를 제거하기 때문에 단계 2와 3사이에는 뚜렷한 경계가 없다. 용해성 생성물을 회수하기 위한 같은 운전들이 단

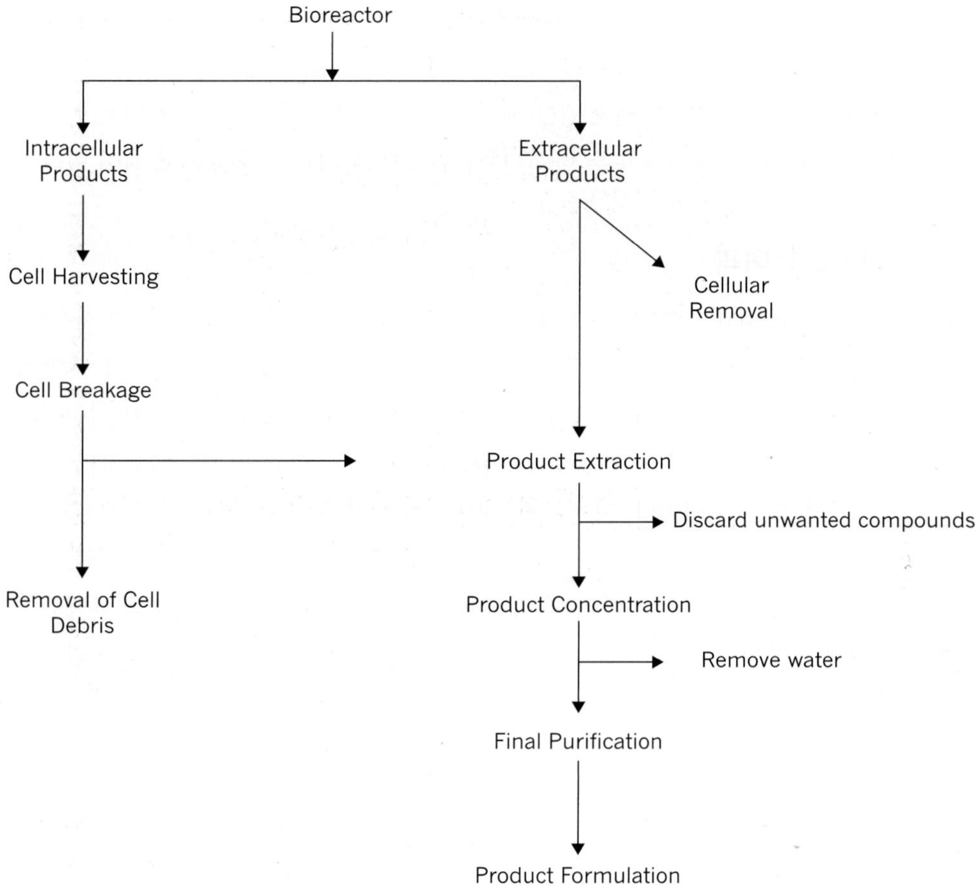

Figure 11.2. Major steps involved in the separation and purification of bioproducts.

계 2와 3 모두에 응용될 수 있다. 그러나 세포 또는 불용성 물질과 같은 고체를 제거하는 단계들을 먼저 살펴보자.

11.2 불용성 생성물의 분리

발효액으로부터 세포, 불용성 입자, 그리고 거대분자와 같은 고체의 분리는 보통 생성물 회수의 첫 번째 단계이다. 몇몇 경우에 있어서, 고체 분리를 촉진하기 위해 발효액을 전처리할 필요가 있다. 전처리의 예로는 열처리, pH와 이온세기 조절, 그리고 응고제와 응집제의 첨가가 있다. 만약 생성물이 생물체라면, 고체의 분리는 생물물 회수의 주요 단계이고 상당한 부피 감소가 따른다. 만약 생성물이 가용성 화합물이라면, 가용성 생성물을 회수하고 정제하기 위해 액체를 더 처리하기 전에 액체로부터 고체를 분리하는 것이 필요하다. 세포 내 생성물의 회수에서는 세포를 파괴할 필요가 있고 다른 세포생성물을 원하는 생성물로부터 제거할 필요가 있다. 세포물질(생물체)의 분리에 사용되는 주요 방법으로는 여과(회전식 진공여과와 미세여과 또는 한외여과), 원심분리, 그리고 응고와 응집이 있다.

11.2.1 여과

여과(filtration)는 배양액으로부터 큰 고체입자와 세포를 분리하는 데 사용되는 방법 중 비용 면에서 아마도 가장 효과적인 방법일 것이다. 발효액을 여과매체를 통해 흘려보내면, 여과체 표면에서 고체의 침적 결과로 여과 케이크가 형성된다. 연속식 회전여과기 또는 **회전식 진공피복여과기**(rotary vacuum precoat filter)는 발효산업과 폐수처리에 있어서 가장 널리 사용되는 형태이다. 여과하기 전에 통을 보통 규조토층인 피복층으로 덮는다. 발효액을 여과기에 공급하기 전에 발효액에 적은 양의 응고제 또는 여과보조제를 첨가한다. 진공상태에서 통이 회전함에 따라 얇은 세포층이 통에 부착된다. 세포층의 두께는 케이크 형성을 위해 설계된 이 부분에서 증가한다. 칼날이 케이크를 잘라내는 배출지점까지 도달하는 동안 고체층은 세척되고 탈수된다. 통 안의 진공에 의하여 액체와 공기가 흐르게 된다. 그림 11.3은 연속 회전식 진공 여과기의 모식도이다.

여과는 항생제 발효에서 발효액으로부터 균사를 분리하는 데 흔히 사용된다. 이는 폐수처리 설비에도 자주 사용된다. 치료제 생산에 있어서 회전진공여과 대신 일회용 매체를 사용하는 심층여과가 보통 사용된다.

정압(진공)여과 운전에서 여과(여액의 흐름)속도는 케이크와 여과매체의 저항값에 의해 우선적으로 결정된다.

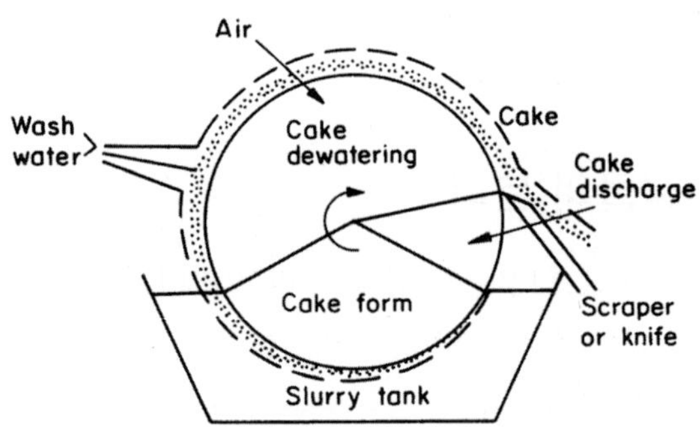

Figure 11.3. Schematic of a continuous rotary vacuum filter. A vacuum (subatmospheric pressure) is maintained within the drum, causing the pressure-driven flow of liquid (during cake formation) and air (during dewatering).

$$\frac{dV}{dt} = \frac{g_c \Delta p A}{(r_m + r_c)\mu} \tag{11.1}$$

여기서 V는 여액의 부피, A는 여과기의 표면적, Δp는 케이크와 여과매체를 통한 압력강하, μ는 여액의 점도, r_m은 여과매체의 저항값, 그리고 r_c는 케이크의 저항값이다. r_m 값은 여과매체의 특성이다. 그러나 케이크 저항값인 r_c는 여과가 진행되는 동안에 증가되고, 운전개시 기간(start-up period)이 지난 후 r_c는 r_m보다 커진다. r_c 값은 다음과 같이 주어진다.

$$r_c = \alpha \frac{W}{A} = \alpha \frac{CV}{A} \tag{11.2}$$

여기서 W는 여과막 위의 케이크의 전체 무게, C는 여액의 단위부피당 침전된 케이크의 무게, 그리고 α는 케이크의 평균 비저항이다.

케이크의 전체 무게는 여액의 전체 부피와 연관된다.

$$W = CV \tag{11.3}$$

일정한 A에 있어서 식 11.2와 11.3을 식 11.1에 대입하면 아래와 같다.

$$\frac{d(V/A)}{dt} = \frac{g_c \Delta p}{\left(r_m + \alpha \frac{CV}{A}\right)\mu} \tag{11.4}$$

식 11.4를 $V = 0$에서 $V = V$까지, 그리고 $t = 0$에서 $t = t$까지 적분하면 다음과 같다.

$$V^2 + 2VV_0 = Kt \tag{11.5}$$

여기서 V_0와 K는 다음과 같이 정의된다.

$$V_0 = \frac{r_m}{\alpha C} A \quad \text{and} \quad K = \left(\frac{2A^2}{\alpha C \mu}\right) \Delta p \cdot g_c$$

식 11.5는 정압여과에 대한 Ruth 식으로 알려져 있고, 다음과 같이 바꾸어 쓸 수 있다.

$$\frac{t}{V} = \frac{1}{K}(V + 2V_0) \tag{11.6}$$

그림 11.4에 나타난 것처럼, t/V 대 V에 대한 도시는 기울기가 $1/K$이고 절편은 $2V_0/K$인 직선이 된다. r_m과 α의 값은 실험적으로 결정된 K와 V_0 값으로부터 계산된다.

그림 11.3에 있는 것과 같은 회전통 여과기(rotating drum filter)에서, 통은 일정한 속도(n rps)로 회전하고, 통의 표면적 중 일부분(φ)만이 현탁액 저장용기에 잠긴다. 여과에 걸리는 시간은 통의 회전당 φ/n이다. 이 경우에 식 11.5는 다음과 같이 다시 쓸 수 있다.

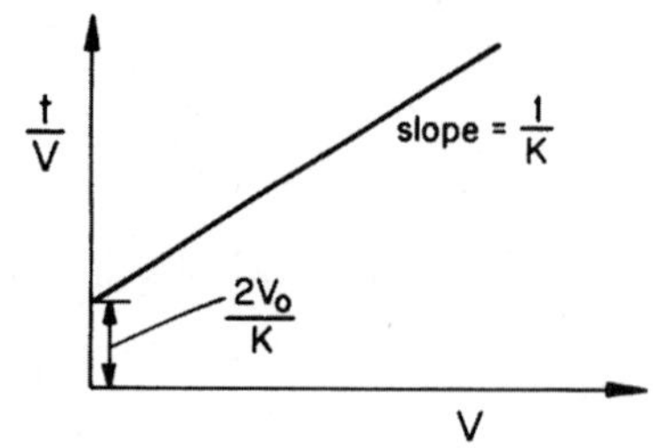

Figure 11.4. A plot of t/V versus V is used in filtration to calculate α and r_m.

$$\left(\frac{V'}{n}\right)^2 + 2\frac{V'}{n}V_0 = K\frac{\varphi}{n} \tag{11.7}$$

여기서 V'는 단위시간당 여액의 부피(부피/시간)이고 V'/n은 통이 한 번 회전하는 동안 여과된 여액의 부피를 나타낸다.

이러한 여과의 해석은 몇 가지 가정에 기초를 두고 있다. 첫 번째 가정은 **비압축성 케이크**(incompressible cake)인데, 이에 의하여 케이크 비저항은 일정한 값을 갖는다. 보통, 발효 케이크는 압축성이므로 α가 Δp에 따라 달라진다. 또한 여과보조제의 농도(1~5%)는 케이크 비저항값에 상당한 영향을 미친다. 그림 11.5에 보이는 것처럼, 케이크 비저항값은 여과보조제의 농도가 증가함에 따라 감소한다. 발효액의 발효조건에도 여과성은 영향을 받는다. pH, 점도, 그리고 배지조성은 케이크 저항에 영향을 준다. 케이크 비저항값은 pH가 감소함에 따라 감소한다. 열처리로 균사단백질을 응고시킴으로써 페니실린과 같은 균사발효

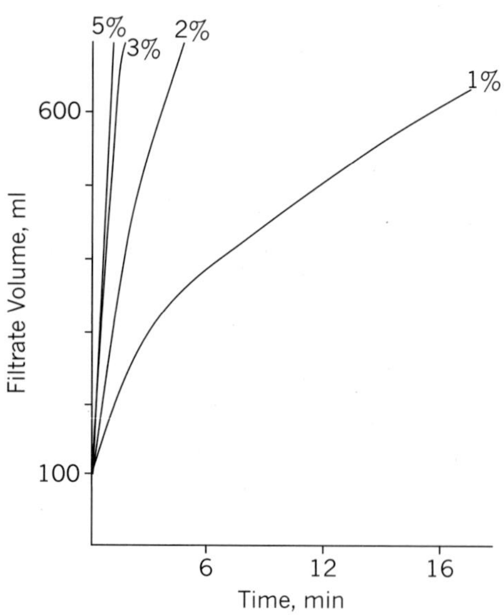

Figure 11.5. Effect of filter aid on filtration performance. Filtration rate increases by increasing the filter aid concentration from 1% to 3%.

에서 발효액의 여과성이 개선된다. 페니실린 발효에서 발효기간 역시 여과성과 항생제 활성에 영향을 주며, 이것은 후공정(downstream)에 대한 선공정(upstream)(예, 발효)의 영향을 보여 주는 예가 된다. 페니실린 발효에서 케이크 저항을 최소화하고 항생제 활성을 최대화하는 데 걸리는 발효기간은 180 ~ 200시간이다. 스트렙토마이신 발효에 대한 전형적인 여과조건은, $T = 80 \sim 90°C$ 사이의 온도에서 30 ~ 60분 동안 열처리한 후 pH 3.6에서 2 ~ 3%까지의 여과보조제를 첨가하는 것이다.

세포분리는 또한 한외여과(ultrafiltration) 또는 미세다공여과(microporous filtration)를 사용하는 교차흐름여과(cross-flow filtration)에 의해 이루어질 수 있다. 이 시스템에 대해서는 11.4.7절에서 더 자세히 설명한다. 이 기술은 빠르게 보급되어 많은 응용에서 원심분리와 진공여과를 대체하고 있다. 교차흐름 여과는 포유동물 유래의 더 크고, 전단민감성 세포와 더불어 대장균과 효모처럼 분산된 세포의 제거에 매우 적합하다. 0.02 μm와 0.2 μm의 구멍을 가지고 있는 미세다공여과기는 박테리아 분리에 유용한 반면, 0.2 ~ 2 μm까지의 보다 큰 것은 효모에 사용될 수 있다.

예제 11.1

다음은 정압여과기를 사용한 효모 현탁액의 여과자료들이다.

t (분)	4	20	48	76	120
V (1 여액)	115	365	680	850	1130

여과기의 특성은 다음과 같다.

$$A = 0.28\ \text{m}^2,\quad C = 1920\ \text{kg/m}^3,\quad \mu = 2.9 \times 10^{-3}\ \text{kg/m-s},\quad \alpha = 4\ \text{m/kg}$$

a. 여과막을 통한 압력강하를 구하라.

b. 여과매체 저항(r_m)을 구하라.

c. 일정한 압력강하에 있어서 20분 동안 세포 현탁액 4000 l를 처리하기 위한 여과막의 크기를 구하라.

풀이

a. 그림 11.4에 예시한 것과 같이, 식 11.6을 적용한다.

V (1)	115	365	680	850	1130
t/V (min /1)	0.035	0.055	0.07	0.089	0.106

t/V 대 V의 도시는 0.67×10^{-4}(min/l²)의 기울기와 0.028(min/l)의 절편을 갖는 직선이 된다.

$$기울기 = \frac{1}{K} = 0.67 \times 10^{-4}, \quad K = 1.5 \times 10^4 \text{ l}^2/\text{min}$$

$$\Delta P = \frac{K\alpha C\mu}{2A^2 g_c}, \quad g_c = 9.8 \frac{kg_m}{kg_f \cdot s^2}$$

$$\Delta p = 2.3 \times 10^{-4} \text{ N/m}^2$$

b. 그림 11.4의 y 절편으로부터 r_m 값을 계산한다.

$$y \text{ 절편} = \frac{2V_0}{K} = 0.028$$

$$V_0 = 210\text{l}$$

$$r_m = \frac{\alpha V_0 C}{A} = 5760 \text{ m}^{-1}$$

c. Ruth식(식 11.5)으로부터 필요한 면적을 계산한다.

$$V^2 + 2VV_0 = Kt$$

여기서 $K = (2A^2/\alpha C\mu)\Delta p g_c$이고 $V_0 = (r_m A/\alpha C)$이다. $V, \Delta p, t$에 수치를 대입하여 다음을 얻는다.

$$A^2 - 25A - 66.67 = 0$$

2차 방정식의 해로부터

$$A = 27.43 \text{ m}^2$$

11.2.2 원심분리

원심분리(centrifugation)는 원심력에 의해 액체로부터 100 μm에서 0.1 μm 사이의 크기를 갖는 입자를 분리하는 데 사용된다. 침강(sedimentation)과 같은 원심력과 중력에 의한 분리가 다루어지기 전에 중력장에서의 고-액 분리이론을 확실히 이해하여야 한다. 고밀도의 입자 현탁액에서의 입자 침강은, 입자들이 서로 작용하기 때문에, **간섭침강**(hindered settling)으로 알려져 있다.

중력에 의해 액체에서 고체입자를 침강시키는 데 작용하는 주요 힘은 중력(gravitational force, F_G), 항력(drag force, F_D), 그리고 부력(buoyant force, F_B)이다. 입자가 종단침강속도

(terminal settling velocity)에 도달하면, 입자에 작용하는 힘은 서로 평형을 이루어 전체 힘은 0이 된다.

$$F_G = F_D + F_B \tag{11.8}$$

여기서

$$F_G = \frac{\pi}{6} D_p^3 \rho_p \frac{g}{g_c} \tag{11.9}$$

$$F_B = \frac{\pi}{6} D_p^3 \rho_f \frac{g}{g_c} \tag{11.10}$$

그리고

$$F_D = \frac{C_D}{2g_c} \rho_f U_0^2 A \tag{11.11}$$

F_D는 유체에 의해 고체입자에 작용하는 항력, C_D는 항력계수, ρ_f는 유체의 밀도, U_0는 유체와 입자 사이의 상대속도 또는 입자의 종단속도, 그리고 A는 유체흐름 방향과 수직인 입자의 단면적이며, 구에서 $A = (\pi/4)D_p^2$이다. 구형입자에 대하여 $\mathrm{Re}_p < 0.3$일 때 항력 F_D는 Stokes 식에 의해 주어진다.

$$F_D = 3\pi\mu D_p U_0 \frac{1}{g_c} \tag{11.12}$$

식 11.11에 11.12를 대입하면 다음과 같은 C_D와 Re_p 사이의 관계식이 된다.

$$C_D = \frac{24}{\mathrm{Re}_p} \tag{11.13a}$$

Re_p가 1~10,000 사이일 때, 구에 대한 C_D의 유사식은 다음과 같다.

$$C_D = \frac{24}{\mathrm{Re}_p} + \frac{3}{\sqrt{\mathrm{Re}_p}} + 0.34 \tag{11.13b}$$

여기서 $\mathrm{Re}_p = D_p U_0 \rho_f / \mu$이다.

식 11.8에 11.9, 11.10, 그리고 11.12를 대입하면

$$3\pi\mu D_p U_0 = \frac{\pi}{6} D_p^3 (\rho_p - \rho_f) g \tag{11.14}$$

또는

$$U_0 = \frac{g D_p^2 (\rho_p - \rho_f)}{18\mu} \tag{11.15}$$

여기서 D_p와 ρ_p는 각각 입자의 지름과 밀도이다

원심력장에서 입자의 종단분리속도, 즉 U_{0c}는 다음 식으로 주어지고, 원심가속은 중력가속으로 치환된다.

$$U_{0c} = \frac{r\omega^2 \cdot D_p^2(\rho_p - \rho_f)}{18\mu} \tag{11.16}$$

또는

$$U_{0c} = \frac{gZD_p^2(\rho_p - \rho_f)}{18\mu} = ZU_0 \tag{11.17}$$

여기서 $Z = r\omega^2/g$는 원심분리인자, r은 중앙회전축으로부터 반지름 방향으로의 거리, 그리고 ω는 회전 각속도($\omega = 2\pi Nr$)이다.

지금까지의 해석은 입자와 입자 간의 상호작용을 무시할 수 있는 묽은 세포 현탁액에서만 타당하다. 입자농도가 높을 때, 입자는 상호작용에 의해 입자군을 형성하고, 입자의 종단속도는 U_0에서 U로 감소한다. 이것을 **간섭침강**(hindered settling)이라 한다. 원심분리 조건하에서 입자농도가 높기 때문에 원심력장에서 세포 또는 입자의 분리는 중력하에서의 간섭침강과 유사하다.

간섭침강에서 입자에 대한 항력은

$$F_D' = \frac{1}{g_c} 3\pi\mu D_p U \left(1 + \beta_0 \frac{D_p}{L}\right) \tag{11.18}$$

여기서 U는 중력장에서 간섭침강 조건하에서의 입자종단속도, L은 인접한 입자 사이의 평균거리, 그리고 β_0는 간섭침강계수이다. β_0는 입자의 직각배열에 대해 1.6이다. 묽은 용액에서 $D_p/L \ll 1$이므로 F_D'는 F_D에 가까워진다. 간섭침강은 D_p와 L이 비슷할 때 중요하게 된다.

매개변수 β_0는 α, 입자의 부피 분율과 입자 모양의 함수이다. 다음과 같이 나타낼 수 있다.

$$\frac{U_c}{U_{0c}} = \frac{1}{1 + \alpha'\alpha^{1/3}} \tag{11.19}$$

여기서 α'는 α와 경험적으로 연관되며 입자의 모양에도 의존한다. U_c는 간섭침강 조건하의 원심력장에서 주어진 크기와 모양을 갖는 입자의 종단속도이다.

원심분리기를 설계하거나 크기를 결정할 때, 먼저 주어진 발효액의 유량을 처리할 수 있는 원심분리기의 용량을 고려한다. 원심력장에서 입자속도를 알고 입자가 침강되기 위해 이동해야 되는 거리를 안다면 설계를 시작할 수 있다.

흔히 사용되는 두 가지 원심분리기의 예가 그림 11.6에 있다. 분명히 원심분리기의 기하

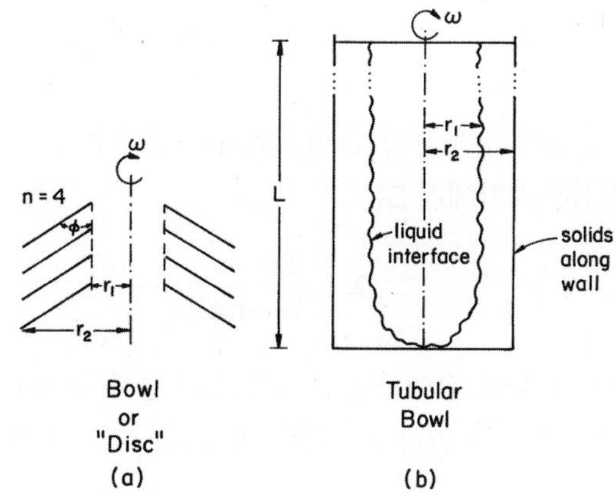

Figure 11.6. Two types of common centrifuges. (a) A disk or bowl centrifuge with multiple separator disks or bowls. The scale-up factor depends on the two radial distances, r_1 and r_2, the angle ϕ, the rotational speed, ω, and n, the number of disks or effective separator bowls. (b) A tubular bowl centrifuge can operate with continuous liquid feed with the span of continuous operation determined by the capacity of the bowl to collect solids. Key scale-up parameters are the distances r_1 and r_2, the height of the unit, L, and the rotational speed, ω.

학적 모양은 이동거리에 영향을 미친다.

입자의 이동거리가 다음과 같은 간단한 1차원인 경우를 생각해 보자.

$$y = U_{0c} t \tag{11.20}$$

식 11.17을 U_{0c}에 대입하고 $t = V_c/F_c$라는 것에 주목하여 다음과 같이 쓴다.

$$y = \frac{r\omega^2 D_p^2(\rho_p - \rho_f)}{18\mu} \cdot \frac{V_c}{F_c} \tag{11.21}$$

여기서 V_c는 원심분리기 안의 액체부피이고 F_c는 원심분리기에서의 액체유량이다.

식 11.21에 $y = L_e/2$와 $r = r_e$를 대입하여 다음을 얻는다.

$$F_c = 2\left[\frac{gD_p^2(\rho_p - \rho_f)}{18\mu}\right]\frac{r_e\omega^2 V_c}{gL_e} \tag{11.22}$$

또는

$$F_c = 2U_0\Sigma \tag{11.23}$$

여기서 $\Sigma = r_e\omega^2 V_c/gL_e$는 **원심분리계수**(centrifugation coefficient)라 부르며, U_0는 중력하에서 입자의 자유침강속도, L_e는 침강의 유효거리($= 2\,y$), 그리고 r_e는 회전의 유효반지름이다. Σ는 어떤 특정한 원심분리기와 분리능이 같은 중력침강조의 표면적과 같다.

관형 원심분리기에서 Σ는

$$\Sigma = \frac{2\pi L\omega^2}{g}\left(\frac{3}{4}r_2^2 + \frac{1}{4}r_1^2\right) \tag{11.24}$$

여기서 L은 원통형 분리기의 길이, 그리고 r_1과 r_2는 원심분리 거리의 내경과 외경이다.

보울(bowl) 원심분리기에서 Σ는

$$\Sigma = \frac{2\pi n'\omega^2}{3g\tan\phi'}(r_2^3 - r_1^3) \tag{11.25}$$

여기서 n'는 분리기 보울의 수이고 ϕ'는 측면벽의 경사각이다.

입자의 자유침강속도가 같다고 가정하면, 다음 식은 원심분리기의 대규모화에 사용될 수 있다.

$$\frac{F_{c_2}}{F_{c_1}} = \frac{\Sigma_2}{\Sigma_1} \tag{11.26}$$

여기서 F_{c_1}과 F_{c_2}는 각각 작은 원심분리기와 큰 원심분리기에서의 유량이다.

교차흐름 미세여과 공정(11.4.7절)은, 특히 세포가 대기로 탈출하는 것을 방지해야 할 때 많은 생물공정에서 원심분리를 대체하였다. 이러한 주의는 생물체가 유전적으로 변형되었을 때 특히 중요하다. 그러나 근래의 개선에 의해, 원심분리와 심층여과의 조합으로 돌아가는 추세이다.

11.2.3 응고와 응집

응고(coagulation)와 **응집**(flocculation)은 보통 원심분리, 중력침강, 또는 여과 이전에 이들 분리공정의 성능을 개선하기 위해 세포덩어리를 형성하는 데 이용된다. 응고는 보통 간단한 전해질인 응고제를 사용하여 분산된 콜로이드로부터 작은 군체를 형성하는 것이다. 응집은 보통 다전해질 또는 $CaCl_2$ 같은 염을 응집제로 사용하여 이러한 작은 군체를 침강될 수 있는 보다 큰 입자로 집적(agglomeration)하는 것이다.

응고에 사용되는 간단한 전해질에는 산-염기, 염, 그리고 다가이온이 있으며 이것들은 다전해질보다는 덜 효과적이지만 비교적 저렴하다. 점토, 활성탄, 또는 실리카 같은 미세고체입자는 응고를 위해 핵생성 자리를 공급한다. 응집에 사용되는 다전해질은 고분자량의 수용성 유기화합물로 음이온, 양이온, 또는 비이온일 수 있다.

중력침강의 해석은 Stokes 법칙과 Newton 법칙에 기초하며 원심분리의 절에서 언급된 해석과 유사하다. 침강은 활성화 폐기물 처리 공정에서 중요하고 유전자 조작된 세포집단을 안정화시키기 위한 방법에 응용된다. 표 11.1은 널리 사용되는 응집제와 그 용량의 범위

TABLE 11.1. Flocculant Dosages

Agent	Flocculant Dose [g/(100 g dry cell wt)-1]				
	Glucose Broth	Hydrocarbon Broth	Resuspended Cells in Buffer	Penicillin Broth	Dilute Slurries
Polyelectrolytes					0.045–4.5
Anionic polyelectrolytes					
Polystyrene sulphate	0.2	0.1	0.06		
Polyacrylamide	Ineffective	Ineffective	Ineffective		
Cationic polyelectrolytes					
Polyethylene imine	10		7.0		
Calcium chloride				200	
Colloidal clay, bentonite	2.0	20.0	0.6		
Inorganic coagulants					0.045–4.5

B. Atkinson and F. Mavituna, *Biochemical Engineering and Biotechnology Handbook*, Macmillan, Inc., New York, 1983. Reproduced with permission of Palgrave Macmillan.

를 보여 주고 있다. 응집에서 고려해야 할 중요한 매개변수는 응집제-응고제의 농도, 콜로이드 세포농도, 결합에 대한 속도론, 그리고 침강현상이다. 선택기준은 보통 응집-침강속도, 덩어리의 크기, 그리고 상등액의 투명도이다.

이 공정들은 폐수처리 공정 또는 비치료제 생산에 특히 중요한데, 이는 특히 단백질 같은 치료제 생산에 있어 화학품을 첨가하는 것은 문제가 될 수 있기 때문이다. 그러나 더 효율적이고, 낮은 비용의 생산을 추구하는 것은 비용을 절감할 수 있기 때문에 치료용 단백질에 대해서도 이 기술들을 재평가하도록 산업체들을 몰아가고 있다.

11.3 세포파쇄

세포를 액상의 발효액으로부터 분리한 후, 원하는 생성물이 세포 내에 있다면, 세포 내 생성물을 방출시키기 위해 세포를 분쇄할 필요가 있다. 분쇄방법은 세포 형태와 세포 내 생성물의 성질에 따라 달라진다. 세포파쇄의 주요 방법은 기계적인 방법과 비기계적인 방법으로 나누어진다. 작은 박테리아에 대하여 효율적이고 용량이 큰 세포파쇄 공정을 설계하는 것은 어려울 수도 있다. 동물세포는 쉽게 파쇄되기 때문에, 여기서는 박테리아, 효모 그리고 사상곰팡이에 대해 집중해서 다룬다.

11.3.1 기계적 방법

기계적인 방법은 액체 또는 고체배지에 응용될 수 있다. 먼저, 액체배지에 응용되는 몇 가지 방법을 검토하자.

초음파진동기(ultrasonic vibrator)(초음파분쇄기(sonicator))는 박테리아 세포의 세포벽과 세포막을 파쇄하는 데 사용된다. 파밀도(wave density)는 보통 20 kc/s 정도이다. 막대형은 구형보다 쉽게 깨지고, 그람음성균은 그람양성균보다 쉽게 깨진다. 이 방법은 사상곰팡이에서는 덜 효율적이다. 전자발생기는 초음파를 발생시키는 데 사용하고, 변환기는 세포 현탁액에 잠겨 있는 티타늄 전극에 의해 이 파동을 기계적인 진동으로 바꿔 준다. 세포 내 성분(효소, 대사물질)은 세포파쇄에 의해 발효액으로 방출된다. 초음파 분쇄는 민감한 효소를 변성시키거나 세포조각을 파편화시키는 경우가 있다. 열발생은 특히 분쇄할 부피가 크면 세포파쇄에 있어 중요한 문제가 된다. 따라서 이 방법은 실험실 규모에서 주로 이용된다.

Gaulin-Manton과 French 압착기는 실험실 규모에서 잘 작동한다. French 압착기는 스테인리스스틸로 된 속이 빈 실린더이고, 여기에 세포죽(cell paste)을 채운 후 고압을 가하는 장치이다. 세포죽을 실린더 바닥에 있는 니들 밸브를 통해 대기압 상태로 압출시키면 세포가 파쇄된다. Ribi 분류기는 French 압착기와 유사하지만 연속운전을 할 수 있다는 것이 다르다. 이것은 이미 농축된 세포죽이나 슬러리에 사용된다. Rannie 고압균질화기(homogenizer)는 1000 bar까지 운전될 수 있고 40,000 l/h까지 처리할 수 있는 것으로 알려져 있다. 열발생은 이 기술의 주요 단점이므로, 이 장치들의 냉각을 위한 효과적인 방법이 필요하다.

다른 기계적인 균질화기로는 작은 비드(20 ~ 50 mesh)를 이용하는 방법이 있다. 때로는 이 방법이 대규모 파쇄공정에 효과적이다. Dyno-Mill은 275 l까지 사용 가능하며 2000 kg/h의 세포 현탁액 또는 약 340 kg 건조중량/h의 효모를 처리할 수 있다. 이 방법은 조류, 박테리아, 그리고 곰팡이에 사용할 수 있다. 운전원리는 80% 정도의 비드가 채워져 수평으로 놓여 있는 분쇄실(grinding chamber)로 세포 현탁액을 통과시키는 것이다. 분쇄실 안에는 특별하게 설계된 디스크가 달려 있는 축이 있다. 이 축이 고속으로 회전하면 수백만 개의 비드로부터 높은 전단응력과 충격력이 발생하여 세포벽이 깨지게 되고, 깨진 세포는 배출된다. 압력을 이용한 장치에 비해 이 방법의 기본적인 이점은 온도조절이 더 용이하다는 것이다. 또한 이 장치는 완전하게 밀폐되어, 에어로졸 속의 생물체의 방출을 차단하는데, 이것은 병원성 또는 유전적으로 변형된 생물체의 경우에 있어 결정적으로 중요한 사항이다.

얼어 있는 세포죽 또는 고체담체 안에 있거나 부착되어 있는 세포 같은 고체배지의 경우에는 다른 공정을 선택할 수 있다. 볼밀(ball mill)은 대규모 공정에 사용할 수 있다. 더욱 특수한 장치로는 Hughes와 X-압착기를 들 수 있다. Hughes 압착기는 속이 빈 반실린더로 이루어진 갈라진 블록으로 구성되어 있다. 얼어 있는 세포죽을 빈 공간에 넣고 압력을 가하여 실린더로부터 블록 사이의 갈라진 통로로 통과시킨다. X-압착기에서는 얼어 있는 세포가 낮은 온도와 압력에서 두 실린더 사이의 디스크 안에 있는 작은 구멍을 통과하도록 연속적으로 힘을 받는다. 세포파쇄는 얼음에 박힌 미생물의 변형 때문에 일어난다. X-압착기는 수백 bar의 압력을 낼 수 있다.

어떤 방법을 사용하더라도 생성물의 손상이 있을 수 있다. 분명히 열변성은 주요한 문제가 될 수 있다. 세포 내로부터 방출된 단백질분해효소는 생성물의 효소적 분해를 일으킬 수 있다. 따라서 단백질분해효소 저해혼합물을 흔히 추가한다. 비드 분쇄기(bead mill)와 같은 기술들은 상대적으로 긴 체류시간을 갖기 때문에 100% 세포파쇄가 필요할 경우, 일찍 방출된 취약한 물질들은 손상될 수 있다. 일단 세포파쇄가 일어나면, 생성물이 방출되어 단백질 생성물에 대해 빠른 변성과 응집을 일으킬 수 있는 산화적인 환경(공기 때문에)과 만나게 된다. 전형적으로, 이 문제는 환원제(예, β-머캅토에탄올)와, 금속이온과 결합하여 산화과정을 가속화하는 킬레이팅제(chelating agent)(예, EDTA)의 첨가에 의해 완화될 수 있다. 세포파쇄 방법을 선정하는 데 있어서 제품 품질에 대한 고려는 필수적이다.

11.3.2 비기계적 방법

삼투충격(osmotic shock)과 얼음결정을 이용한 파쇄가 흔히 사용되는 방법이다. 세포죽을 천천히 얼린 다음 다시 녹이면 세포벽과 세포막이 깨져서 효소가 배지로 방출될 수 있다. 배지의 삼투압을 변화시키면 어떤 효소들, 특히 그람음성균의 주변 세포질(periplasmic) 단백질이 방출된다.[1] 어떤 미생물의 세포벽은 열충격에 의해 파쇄되기도 한다. 아세톤, 부탄올, 그리고 완충용액으로 처리한 후 동결건조하면 세포벽이 파쇄된다.

라이소자임(탄화수소분해효소) 같은 효소는 박테리아의 세포벽을 용해(lysis)하는 데 사용할 수 있다. 그람양성균은 그람음성균보다 훨씬 쉽게 효소에 의해 용해된다. 세포는 라이소자임으로 처리하기 전에 ethylenediaminetetraacetic acid(EDTA)로 처리하거나 동결 융해시킨다. EDTA는 킬레이팅제이다. 고농도의 EDTA는 세포 외피의 구성물질인 2가 이온을 추출한다. 효소에 의한 가수분해법은 고가이며, 산업용으로 널리 사용되지는 않는다.

활발하게 성장하는 세포를 페니실린 또는 사이클로세린같이 세포벽 합성을 방해하는 항생제로 처리하고 적당한 삼투조건을 만들어 주면 세포는 용해될 수 있다.

세포가 용해되고 생성물이 배지로 방출된 후에 세포잔해는 초원심분리(ultracentrifugation) 또는 한외여과를 이용하여 분리할 수 있고, 가용성 생성물은 다음 절에서 검토할 방법

1) 그람음성균의 주변세포질 공간은 내부와 외부막 사이의 공간이다.

을 사용하여 회수한다. 기계적인 방법에서와 같이, 세포가 없는 발효액 속의 생성물들은 변성과 응집이 발생할 수 있으며, 이러한 문제들은 기계적 파쇄를 거친 발효액에 대해 사용한 것과 같은 기술들을 사용하여 줄일 수 있다.

11.4 가용성 생성물의 분리

항생제, 유기산, 용매, 아미노산, 치료제, 단백질 그리고 세포외 효소와 같은 대부분의 발효 또는 생물공학 생성물들은 가용성이고 세포 외에 존재한다. 이러한 가용성 생성물을 회수하기 위하여 추출, 흡착, 한외여과, 그리고 크로마토그래피를 포함하는 여러 방법들이 개발되었다.

11.4.1 액체-액체 추출

액체-액체 추출(liquid-liquid extraction)은 발효액으로부터 에탄올과 아세톤-부탄올과 같은 저해 발효 생성물을 분리하는 데 흔히 사용한다. 항생제 역시 액체추출(아밀아세테이트 또는 이소아밀아세테이트와 같은 유기용매)로 회수한다. 이상적인 액체-액체 추출제는 독성이 없고, 선택성이 있고, 비싸지 않고, 발효액과 섞이지 않아야 하며, 생성물에 대한 높은 분배계수를 가져야 한다. 액체-액체 추출은 단백질의 용매변성의 위험성 때문에 단백질에 대해서는 보통 사용하지 않는다.

어느 성분의 한 상에서 다른 상으로의 추출은 두 상에서의 용해도 차이에 근거한다. 한 성분이 서로 섞이지 않는 두 액체 사이에 분배될 때, 두 상에서의 농도비를 분배계수라고 한다.

$$K_D = \frac{Y_L}{X_H} \tag{11.27}$$

여기서 Y_L과 X_H는 각각 가벼운 상과 무거운 상에서의 용질의 농도이다. 대부분의 경우, 가벼운 상은 유기용매가 되고 무거운 상은 수용성 발효액이 된다.

K_D가 일정하고 용매들이 절대 섞이지 않는다고 가정하면(즉, 가벼운 상과 무거운 상의 물질흐름이 $L_0 = L_1 = L$과 $H_0 = H_1 = H$로 보존된다면), 추출되는 용질에 대한 물질수지식은 아래와 같다(그림 11.7a).

$$H(X_0 - X_1) = LY_1 \tag{11.28}$$

또는

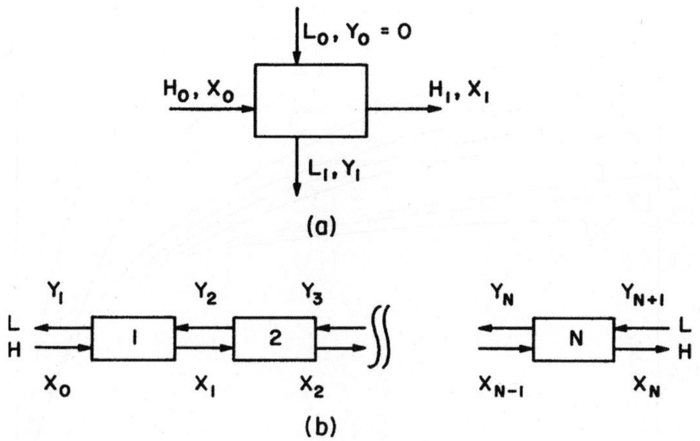

Figure 11.7. (a) Single-stage and (b) multistage countercurrent liquid extraction systems.

$$X_1 = X_0 - \frac{L}{H}Y_1 \tag{11.29}$$

$K_D = Y_1/X_1$이므로, 식 11.29는 아래와 같이 쓸 수 있다.

$$X_1 = X_0 - \frac{LK_D}{H}X_1 \tag{11.30}$$

$$\frac{X_1}{X_0} = \frac{1}{1+(LK_D/H)} = \frac{1}{1+E} \tag{11.31}$$

여기서 $E = LK_D/H$는 추출인자이다.

그림 11.7b와 같은 다단 향류(countercurrent) 운전의 경우, 추출되는 용질에 대한 물질수지식은 다음과 같다.

$$R = \frac{E(E^n - 1)}{E - 1} \tag{11.32}$$

여기서 R은 배제비(rejection ratio)인데, 이것은 무거운 상을 떠나는 용질에 대한 가벼운 상을 떠나는 용질의 무게비가 되고, n은 평형단수이다.

그러면 추출되는 용질의 분율은 다음과 같다.

$$\%\ \text{extraction} = 1 - \frac{1}{R+1} \tag{11.33}$$

용질이 가벼운 상으로 계에 들어갈 때, 배제비는 다음과 같다.

$$R = \frac{E^n(E-1)}{E^n - 1} \tag{11.34}$$

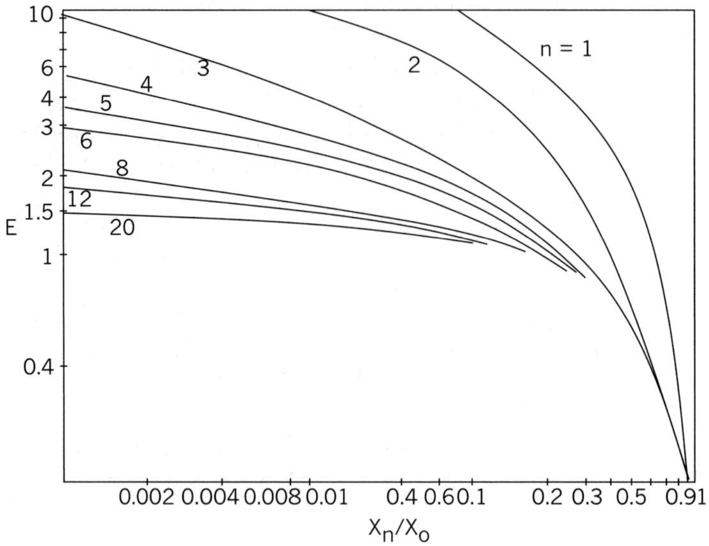

Figure 11.8. Variation of the extraction factor (E) with the degree of extraction (X_n/X_o) for different number of stages (n) in multistage continuous countercurrent extraction.

여기서 n은 단수이다. 그림 11.8은 E, X_n/X_0, 그리고 n 사이의 관계를 보여 주고 있는데, 이것은 주어진 계(E)에서 정해진 추출 정도(X_n/X_0)에 요구되는 단수(n)를 결정하는 데 사용한다.

대부분의 항생제는 아밀아세테이트 또는 이소아밀아세테이트와 같은 용매를 사용하여 발효액으로부터 추출한다. 항생제 추출에는 보통 연속식 **Podbielniak 원심추출기**(centrifugal Podbielniak extractor)를 사용한다. 페니실린은 낮은 pH(pH = 2~3)에서 유기상에 더 잘 녹고, 높은 pH(pH = 8~9)에서는 수상에 더 잘 녹는다. 그러므로 페니실린은 생성물의 순도를 높이기 위하여 pH를 바꿔 가면서 유기상과 수상 사이에서 여러 번 추출과정을 거친다(보통 **pH-왕복추출**(pH-swing extraction)로 알려짐).

발효액으로부터 회수되는 생성물 중에는 약산 또는 약염기가 있다. 이온화되지 않은 화합물은 유기상에 녹으므로, 추출되는 화합물이 중성이고 유기용매에 잘 녹는 pH를 선택한다. 그러므로 약염기는 높은 pH에서, 약산은 낮은 pH에서 중성 형태로 추출된다.

만약 발효액이 두 개 이상의 성분을 포함하면, 용매의 선택도(selectivity (β))는 중요한 매개변수가 된다. 선택계수(β_{ij})는 아래와 같이 정의된다.

$$\beta_{ij} = \frac{K_i}{K_j} \tag{11.35}$$

분리의 용이도는 β_{ij} 값에 따른다. β_{ij} 값이 높아질수록 j로부터 i의 분리가 더 쉬워진다. 어떤 경우에, β_{ij} 값은 pH에 따라 많이 변하고 분리는 더 쉬워진다. 예를 들면, 낮은 pH에서 페니실린은 유기용매로 선택적으로 추출되어 다른 불순물로부터 분리될 수 있다. 그러나 유사한 화합물은 추출에 의해 분리하기 어렵다. 만약 이온화되지 않은 성분만이 극단의 pH에서 두 상에 녹을 수 있고 용매들이 섞이지 않으면, 앞에서 말한 설계방정식을 사용할 수 있다. 그러나 중간 pH에서 화합물이 부분적으로 이온화될 때, 계의 분석은 더 복잡해진다. 이온화된 성분(약산 또는 약염기)의 추출을 **해리추출**(dissociation extraction)이라 한다.

약산과 약염기에 대한 겉보기 분배계수는 다음과 같다.

$$\text{약산:} \quad K_D^{AP} = \frac{K_D^0[H^+]}{[H^+]+K_1} \text{ or } \mathrm{pH} - \mathrm{p}K_1 = \log\left(\frac{K_D^0}{K_D^{AP}} - 1\right) \tag{11.36}$$

$$\text{약염기:} \quad K_D^{AP} = \frac{K_D^0 K_1}{K_1 + [\mathrm{H}^+]} \text{ or } \mathrm{p}K_1 - \mathrm{pH} = \log\left(\frac{K_D^0}{K_D^{AP}} - 1\right) \tag{11.37}$$

여기서 K_D^{AP}는 겉보기 분배계수, K_D^0는 중성성분에 대한 분배계수, 그리고 K_1은 약산 또는 약염기에 대한 해리평형상수이다.

발효생성물에 대한 액체-액체 추출에 특히 중요한 장치는 Podbielniak 원심추출기(그림 11.9 참조)이다. 많은 발효생성물은 불안정하다(예, 페니실린). 혼합-침강기(mixer-settler)를 사용할 경우 pH가 조정된 배양액에서의 생성물의 체류시간이 너무 길기 때문에 문제가 될 수 있다. 그림 11.9에 보이는 것처럼 Podbielniak 추출기의 빠른 회전은 두 유체가 서로 빠르

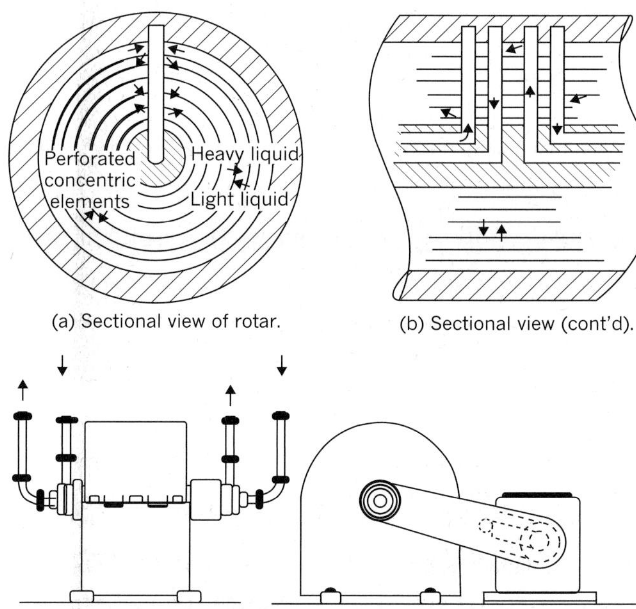

Figure 11.9. Liquid–liquid extraction equipment (Podbielniak). Bold arrow indicates heavy liquid flow; open arrow represents the flow of a mixture or light liquid. (With permission, from S. Aiba, A. E. Humphrey, and N. F. Millis, *Biochemical Engineering*, 2d ed., University of Tokyo Press, Tokyo, 1973.)

게 향류할 수 있는 원심력장을 만든다. 생성물은 추출되어 수분 내에 다른 수상(예, 인산염 완충용액)으로 되돌아갈 수 있다.

예제 11.2

페니실린은 연속식 향류다단추출장치에서 유기용매로 이소아밀아세테이트를 사용하여 발효액으로부터 추출한다. 유기상의 유량(L)과 수상의 유량(H)은 각각 L = 10 l/min와 H = 100 l/min이다. pH = 3에서 유기상과 수상 사이의 페니실린 분배계수는 $K_D = Y_L/X_H = 50$이다. 공급액 내의 페니실린 농도가 20 g/l일 때, 추출장치의 유출액에서 페니실린 농도가 0.1 g/l로 감소되는 데 필요한 단수를 구하라.

풀이

$$E = \frac{LK_D}{H} = \frac{(10)(50)}{(100)} = 5$$

$$\frac{X_n}{X_0} = \frac{0.1}{20} = 5 \times 10^{-3}$$

그림 11.8을 사용하면 n = 4를 얻을 수 있다. 만약 Podbielniak 원심추출기를 사용하면, 네 개의 이상적인 단에 해당한다.

11.4.2 수성 이성분계 추출

수성 이성분계 추출(aqueous two-phase extraction)은 폴리에틸렌글라이콜(PEG)과 덱스트란같이 서로 섞이지 않는 고분자를 포함하는 두 상 사이에 효소와 같은 가용성 단백질의 추출을 위하여 적극적으로 개발되고 있는 방법이다. PEG와 덱스트란을 포함하는 상은 75% 이상이 물이고 서로 섞이지 않는다. 이러한 목적으로 사용되는 전형적인 수상으로는 PEG-물/덱스트란-물과 PEG-물/K 인산염-물이 있다. PEG/덱스트란과 PEG/K 인산염은 잘 섞이지 않는다. 분배계수 K_p는 지수함수 형태로 가용성 단백질의 분자량(MW)에 따라 다르다.

$$K_p = e^{AM/T} \tag{11.38}$$

여기서 M은 단백질의 분자량, T는 절대온도, 그리고 A는 상수이다.

많은 효소에 있어서 두 상($C_{PEG} - C_{DEX}$) 사이의 분배계수(K_p)는 1과 3.7 사이로서 단단으로는 분리가 잘 되지 않는다. 분배계수는 두 상 중 하나에 이온교환수지 또는 $(NH_4)_2SO_4$

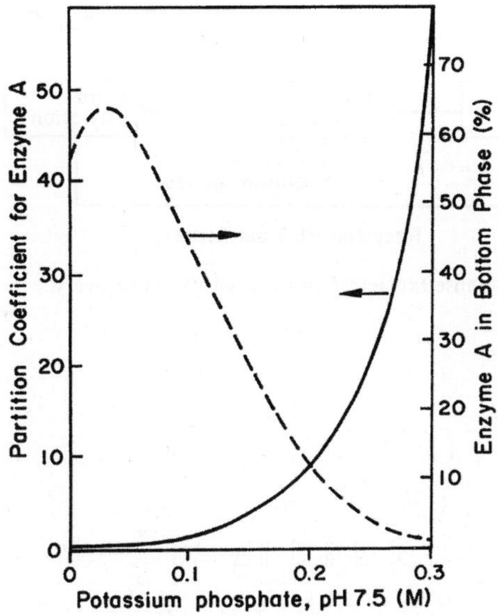

Figure 11.10. The expected behavior of an enzyme in a two-phase solution. Note the dependence of the partition coefficient of a hypothetical protein on the concentration of potassium phosphate in a polyethylene glycol 4000 ammonium sulphate system. A typical condition would be 14% PEG 4000 and 9.5% $(NH_4)_2SO_4$.

와 KH_2PO_4 같은 염을 첨가하여 개선할 수 있다. 그림 11.10은 PEG/$(NH_4)_2SO_4$계에서 KH_2PO_4의 농도에 대한 효소의 K_p 변화를 보여 주고 있다. KH_2PO_4 농도가 0.1 *M*에서 0.3 *M*로 증가함에 따라 K_p 값은 10배 이상의 증가를 보인다. PEG-염계에서는 염석(salting-out)으로 인하여 경계면에서 단백질이 침전될 수도 있다.

이온교환수지는 분배계수의 증가를 위해 사용한다. PEG는 양이온 또는 음이온 교환특성을 갖도록 유도체화되어 이성분계에 사용된다. 친화성 리간드 역시 K_p 값의 증가를 위해 사용된다. 예로는 PEG-NADH계와 PEG-시바크론 블루(cibacron blue)계가 있다. 이 방법을 **수성이성분계 친화성 분배**(two-aqueous-phase affinity partition extraction)라고 한다. 또한 저분자량의 고분자가 단백질과 더 효과적으로 결합하므로, 덱스트란과 PEG의 부분적인 가수분해도 K_p 값을 증가시킨다. 두 종류의 PEG(PEG_{400}과 PEG_{4000})를 혼합함으로써 퓨마레이스(fumarase)의 분배에 있어 K_p 값은 6배 증가할 수 있다. 수성이성분계 추출은 세포잔해, 다당류, 바이러스나 바이러스 같은 입자(virus-like particle (VLP)), 그리고 핵산을 회수하는 데도 사용한다. 분배계수는 세포와 DNA에 대해서는 100과 0.01 사이에, 단백질에 대해서는 10과 0.1 사이에, 그리고 작은 이온에 대해서는 1 정도이다.

추출공정 후 두 상은 원심분리 또는 경사분리(decantation)를 사용하여 분리하고 PEG는 한외여과로 회수한다. 그림 11.11은 PEG 회수를 포함하는 이성분계 분배방법을 사용한 효소분리장치의 블럭 선도(block diagram)이다. 이 분리방법은 빠르고, 적절한 온도, 압력, pH 조건에서 운전할 수 있다. 고분자의 가격이 경제성의 측면에서 중요하므로 덱스트란과

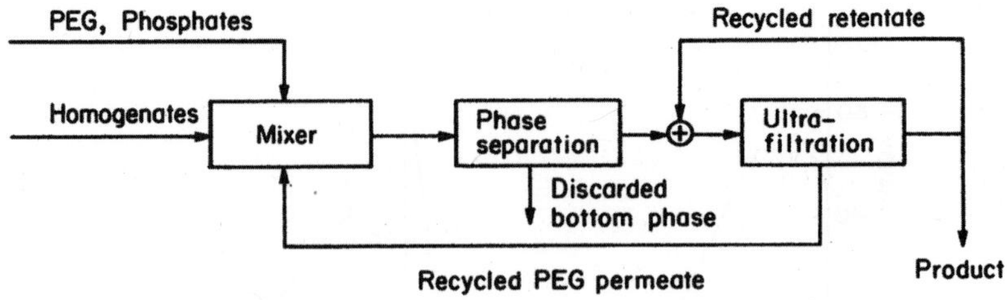

Figure 11.11. Two-phase extraction process with PEG recovery.

PEG는 회수하여 재사용한다.

11.4.3 침전

세포파괴 후 세포 내 생산물을 정제하는 첫 번째 단계는 보통 단백질의 **침전**(precipitation)이다. 세포용해 전후의 발효액에 들어 있는 단백질은 염을 사용하는 침전에 의해 다른 성분으로부터 분리한다. 염의 예로는 스트렙토마이신 황산염과 황산암모늄이 있다.

단백질 침전에 사용되는 두 가지 주요 방법은 다음과 같다.

- 높은 이온세기에서 $(NH_4)_2SO_4$ 같은 무기염의 첨가에 의한 염석
- 낮은 온도($T < -5°C$)에서 유기용매 첨가에 의한 용해도 감소

단백질의 **염석**(salting-out)은 $(NH_4)_2SO_4$ 또는 Na_2SO_4 같은 염을 첨가하여 단백질을 포함하는 용액의 이온세기를 증가시킴으로써 이루어진다. 첨가된 이온은 물과 더 강하게 상호작용하여 단백질분자를 침전시킨다. 용액의 이온세기의 함수로서 용액 내 단백질의 용해도는 다음과 같이 주어진다.

$$\log\frac{S}{S_0} = -K_S'I \tag{11.39}$$

여기서 S는 용액 내 단백질의 용해도(g/l), S_0는 $I = 0$일 때 단백질의 용해도, I는 용액의 이온세기, 그리고 K_s'는 염석상수인데, 이것은 온도와 pH의 함수이다.

용액의 이온세기는 다음과 같이 정의한다.

$$I = \frac{1}{2}\Sigma C_i Z_i^2 \tag{11.40}$$

여기서 C_i는 이온성 물질의 몰농도(mol/l)이고 Z_i는 이온의 전하이다.

그림 11.12는 무기염농도에 대한 헤모글로빈의 용해도 변화를 보여 준다. 높은 이온세기에서, 단백질의 용해도는 이온세기에 대해 대수적으로 감소한다.

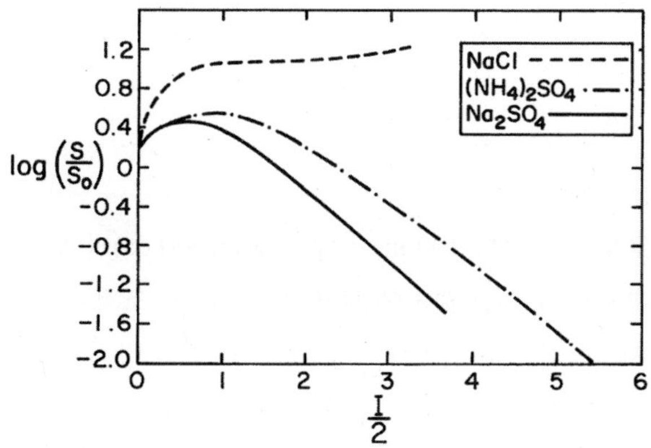

Figure 11.12. Effect of inorganic salts on solubility of a typical protein.

낮은 온도($T < -5$℃)에서 유기용매의 첨가는 용액의 유전상수(dielectric constant)를 감소시킴으로써 단백질 침전을 일으킨다. 용액의 유전상수의 함수로서 단백질의 용해도는 다음과 같이 주어진다.

$$\log \frac{S}{S_0} = -K'/D_s^2 \tag{11.41}$$

여기서 D_s는 물-용매 용액의 유전상수이다.

용액의 유전상수의 감소는 단백질분자 간의 정전기적인 힘을 더 강하게 하여 단백질 침전을 촉진한다. 용매첨가도 단백질과 물분자의 상호작용을 감소시켜 단백질의 용해도는 감소된다. 용매는 단백질을 변성시킬 수 있다. 그러나 염석법에서는 단백질의 변성이 덜 일어난다. **용매침전**(solvent precipitation)은 침전을 촉진시키기 위하여 염을 첨가하고 pH를 조절하며 낮은 온도에서 사용한다. 다른 단백질 침전방법 중에서 다음 방법이 가장 널리 사용된다.

등전침전(isoelectric precipitation)은 단백질이 아무 전하도 띠지 않는 pH인 등전점에서의 단백질 침전이다. 단백질의 등전점은 $pI = \frac{1}{2}(pK_1 + pK_2)$로 정의한다. $pH = pI$일 때 단백질은 전하를 띠지 않게 되어 침전된다. 이 방법은 높은 표면소수성(즉, 비극성표면)을 나타내는 단백질에 효과적이다. 이 방법은 가격이 저렴하지만 낮은 pH에서는 단백질이 변성될 수 있다.

이온성 다당류, 다인산염, 그리고 폴리아크릴산과 같은 이온성 다전해질의 사용으로 배지의 이온세기를 변화시켜 단백질이 침전된다. 그러나 다전해질은 단백질을 변성시키고 구조를 손상시킬 수 있다.

덱스트란과 폴리에틸렌글라이콜과 같은 비이온성 고분자의 사용으로 단백질분자 간에 상호작용할 수 있는 물의 양이 감소되어 단백질이 침전된다. 고농도의 고분자는 저분자량의 단백질에 가장 효과적이고 비이온성 고분자는 간섭하지 않아 단백질의 회수를 증가시킨다.

11.4.4 투석

투석(dialysis)은 용액으로부터 유기산(100 da < 분자량 < 500 da)과 무기이온(10 da < 분자량 < 100 da) 같은 저분자량의 용질 제거에 사용되는 막분리 조작이다. 이는 일반적으로 소규모에서 중규모 운전이다. 잘 알려진 예로는 인공신장(투석)장치에서 소변으로부터 요소(분자량 = 60 da)를 제거하는 데 투석막을 사용하는 것이다. 생물공학에서 투석은 단백질용액으로부터 염을 제거하기 위해 사용할 수 있으며, 초기에 내포체에 있던 단백질을 재용해하는 과정이 흔히 이에 해당한다. 투석막의 모식도를 그림 11.13에 나타내었다.

막은 선택성이 있음을 주목하라. 투석막은 저분자량 물질, 그리고 다른 고분자량 용액을 포함하는 두 상으로 나눈다. 투석막의 분자량분획(MW cutoff)이 매우 작기 때문에 저분자량의 용질이 막을 통해 고농도에서 저농도 영역으로 이동할 수 있고, 높은 분자량의 물질은 한쪽 방에 남게 된다. 평형에서, 막 양면의 확산성분의 화학포텐셜(chemical potential)은 같다.

$$\mu_1^{\alpha} = \mu_1^{\beta} \tag{11.42}$$

여기서 μ는 확산성분의 화학포텐셜이다. 농도의 관점에서, 식 11.42는 다음과 같이 쓸 수 있다.

$$RT \ln C_1^{\alpha}\, \gamma_1^{\alpha} = RT \ln C_1^{\beta}\, \gamma_1^{\beta} \tag{11.43}$$

또는

$$C_1^{\alpha}\, \gamma_1^{\alpha} = C_1^{\beta}\, \gamma_1^{\beta} \tag{11.44}$$

여기서 C_1은 농도이고 γ_1은 확산성분 1의 활동도계수(activity coefficient)이다. 이상적인(매우 묽은) 용액의 경우에 $\gamma_1 = 1$이고

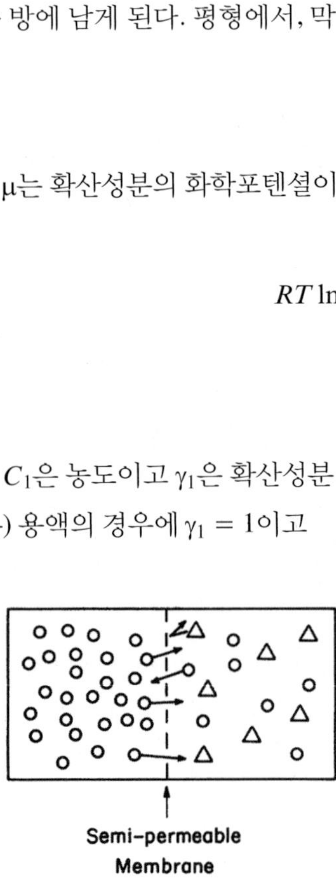

Figure 11.13. A typical dialysis membrane separation. Low-MW component 1 (○) diffuses through membrane from high- to low-concentration region. High-MW component (Δ) cannot pass.

$$C_1^{\alpha} = C_1^{\beta} \tag{11.45}$$

식 11.42부터 11.45까지 나타난 농도는 용해되어 있는(결합되지 않은) 성분 1의 농도이다. 만약 물질이 표면에 붙게 되면, 붙은 물질과 붙지 않은 물질 사이의 평형관계가 고려되어야 한다.

이 투석평형은 비전하 용질분자의 가정에 기초한다. 만약 거대분자가 단백질과 핵산 같은 다전해질이라면 거대분자의 전하평형이 고려되어야 한다. 이 평형은 **Donnan 평형**(Donnan equilibrium)으로 알려져 있고 더 완전한 분석을 필요로 한다.

11.4.5 역삼투

삼투(osmosis)는 두 상이 선택성 막으로 나누어져 있을 때 물분자의 고농도 영역으로부터 저농도 영역으로의(즉, 순수한 물로부터 염을 포함하는 수용액으로) 이동을 의미한다. 물은 쉽게 막을 통과하는 반면에, 염은 통과하지 못한다. 평형에서, 물의 화학포텐셜은 막의 양면에서 같아야 한다. 물이 염용액으로 이동됨에 따라 압력이 증가한다. 이 **삼투압**(osmotic pressure)은 다음과 같이 표현된다.

$$\pi = CRT(1 + B_2C + B_3C^2 + \ldots) \tag{11.46}$$

여기서 C는 몰 용질농도, T는 온도, R은 기체상수, 그리고 B_2, B_3는 용질에 대한 virial계수이다. 매우 묽은, 이상적인 용액의 경우에 $B_2 = B_3 = 0$이고

$$\pi = CRT \tag{11.47}$$

역삼투(reverse osmosis (RO))에서는 염을 포함하는 상에 압력이 가해진다. 이 압력은 저농도 영역으로부터 고농도 영역으로 물(용매)분자를 이동시켜 막의 한 면에 용질(염)분자를 농축시킨다. 저농도 상에서 고농도 상으로 용매를 이동시키는 데 필요한 압력은 삼투압과 같거나 약간 크다. $\Delta p > \pi$일 때, 용매플럭스(flux)는 농도 기울기와 반대방향으로 일어난다(그림 11.14 참조).

몇 가지 RO 응용에서, 막은 용매와 함께 용질분자를 통과시킬 수도 있다. 용질은 확산 또는 대류에 의해 이동된다. 각 용매에 대한 **반사계수**(reflection coefficient (σ))는 용매플럭스가 존재할 때 막의 한 면에 잔존하는 용질분자의 분율로서 정의할 수 있다. 그러므로 $\sigma = 0$인 경우에 용질은 완전히 통과되고, $\sigma = 1$인 경우에는 어떤 용질도 통과하지 않는다(즉, 완전한 반사). RO에서 용매와 용질의 플럭스는 다음과 같이 표현된다.

$$\text{용매:}\quad N_1 = K_p(\Delta P - \pi) \tag{11.48}$$

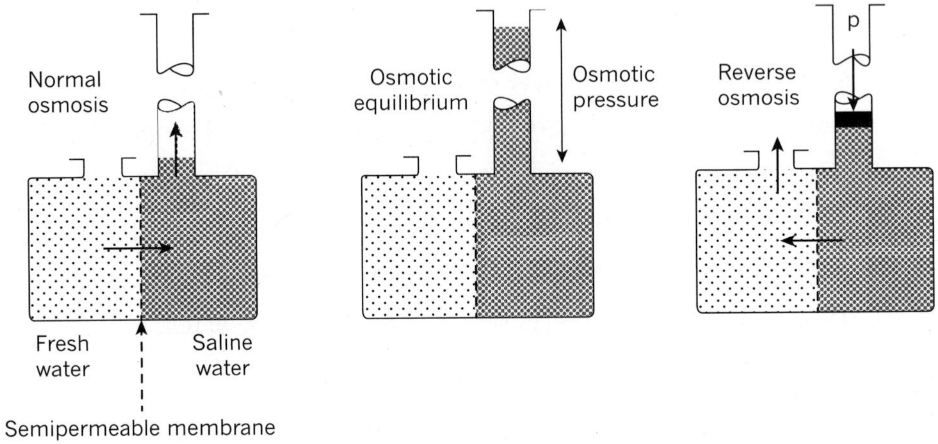

Figure 11.14. Osmotic flows across a membrane separating fresh water and saline water. (D. W. Sundstrom, H. E. Klei, *Wastewater Treatment* © 1979.)

$$\text{용질:}\quad N_2 = C(1-\sigma)N_1 + K_{p'}\ \Delta C \tag{11.49}$$

여기서 K_p와 $K_{p'}$는 각각 용매와 용질에 대한 투과계수(permeability coefficient), C는 용액의 평균용질농도, 그리고 ΔC는 막 양쪽의 용질농도 차이이다.

필요한 압력세기는 용액농도에 따라 다르다. 0.6 M의 염용액은 30~40기압 정도의 압력을 필요로 한다. 발효유체 내의 염함량은 0.6 M보다 더 클 수 있으므로 RO 분리를 위해 고압을 요구한다. RO는 고압이 필요하고 용매제거에 기초를 두고 있기 때문에 생물분리에서는 그 응용이 제한되어 있다. RO막은 보통 수분제거와 농축의 목적으로 사용하지만 단백질 분리에는 보통 사용하지 않는다.

RO막(그리고 막 전반)의 또 다른 문제는 막 표면 위에 용질분자가 침적(deposition)되어 용매흐름에 큰 저항을 주는 것이다. 이 현상은 농도분극(concentration polarization)으로 알려져 있고 막표면 위의 난류도를 증가시킴으로써 극복될 수 있다.

다성분계에서 삼투압은 개별 삼투압의 합과 같다.

$$\pi = \sum_i \pi_i = \sum_i C_i RT(1 + B_{2i}C_i + B_{3i}C_i^2 + \ldots) \tag{11.50}$$

이 경우에 용매와 용질의 플럭스는

$$N_1 = K_{pl}(\Delta P - \pi) \tag{11.51}$$

$$N_i = C_i(1-\sigma_i)N_1 + K'_{pi}\Delta C_i;\quad i \geq 2 \tag{11.52}$$

예제 11.3

염(NaCl) 함량이 50 g/l인 해수를 탈염하는 데 RO막 카트리지를 사용하고자 한다. 염수의 유속은 10 m^3/h, 그리고 가해진 압력은 25 atm이다. 여액은 대기 중으로 나온다. RO막의 투과율(K_p)은 0.5 m^3/m^2 atm · h이다. NaCl의 분자량은 58.5 g/mol이다.

a. 25°C에서 염수의 삼투압을 구하라.

b. 필요한 RO막의 표면적을 구하라.

c. $D_o = 0.5$ cm 그리고 $L = 50$ cm일 때, 다관 RO막 장치의 관의 수를 구하라.

d. 희망 여액 유속은 공급액 유속의 90%라고 가정한다.

풀이

a. 희석액을 가정하면,

$$\pi = C\,RT = (50\text{ g/l}/58.5\text{ g/mol})\,(0.082\frac{L\cdot atm}{^{o}K-mol})\,(298\ K) = 20.9\text{ atm}$$

b. $F = K_pA\,(\Delta P - \pi)$

$\Delta P = 25 - 1 = 24$ atm and $F = 0.9(10) = 9\ m^3/h$를 주목하라.

$9\ m^3/h = 0.5\ m^3/m^2/\text{atm-h}\ A(24 - 20.9)$ atm, $A = 5.80\ m^2$

c. N에 대해 풀면, $A = N\pi D_oL$, $5.80\ m^2 = N(3.14)\,(5.10^{-3}m)\,(0.5m)$

$N = 739$ 관

11.4.6 한외여과와 미세여과

막은 그 크기에 따라 단백질 같은 용질분자를 농축시키거나 분리하기 위해 널리 사용된다. 막 분리는 보통 침전 후 낮은 분자량의 단백질을 분리하기 위해 사용된다. 막은 분자크기가 다른 용질분자를 분리하기 위한 분자체(molecular sieve)로 사용된다. 분자크기 분획(molecular-size cutoff)에 따라, 여러 가지 막들이 여러 가지 분자량의 단백질 분리에 사용된다. **미세여과**(microfiltration) 또는 **미세다공여과**(microporous filtration (MF))는 크기가 0.1 ~ 10 μm 되는 박테리아나 효모 같은 세포의 분리에 사용된다. 한외여과기는 2,000 ~ 500,000 달톤 분자량 범위의 거대분자에 사용된다. 이와 같이 막을 이용한 모든 방법(미세여과, 한외여과, 역삼투)은 약간의 차이가 있지만 같은 구동력 즉 압력에 기초하고 있다. 몇몇 **한외여과**(ultrafiltration (UF)) 막은 **비등방성구조**(anisotropic structure)를 가지고 있다. 비등방성 막에서는 작은 구멍이 있는 얇은 표피가 두껍고 다공성이 높은 구조의 상부에 형성된다. 얇은 층은 선택성을 제공하는 반면에 두꺼운 층은 기계적인 지지를 제공한다. 새로운 막 소재가 개발되기 때문에, 비등방성 막이 자주 사용되지는 않을 것이다. **미세다공여과기**(microporous filter)는 보통 등방성이며, 열려 있는 굽은 경로의 구조로 인해 여과기 내에 입자의 포획을 일으키거나, 균일한 크기의 일정한 구조의 구멍을 가질 수 있다.

사용되고 있는 대부분의 막이 고분자로 만들어지지만, 세라믹 막도 이용할 수 있다. 막 재질의 선택에 영향을 주는 인자로는 단백질과의 상호작용, 기계적인 안정성, 화학적인 안정성(특히, 세척제에 대해), 생물 적합성, 유량 속도, 멸균의 용이성(예, 열적 안정성), 비용을 들 수 있다. 전형적인 고분자 물질에는 셀룰로오스 아세테이트, 나일론, 폴리테트라플루오로에틸렌(PTFE), 폴리비닐리덴디플루오라이드(PVDF), 폴리술폰이 있다. 세라믹 막은 화학적 저항성이 높고, 증기멸균이 가능하며, 많은 고분자 막에 비해 수명(약 10년)이 훨씬 길다. 그러한 막은 초기비용이 높고, 기계적으로 강한 반면, 때때로 깨지기 쉽다. 실제 막의 선택은 적용성과 모액의 조성 및 요구되는 제품의 특성에 의존한다.

UF와 MF 막은 백신, 발효생성물, 효소, 그리고 다른 단백질을 분리하기 위해 제약, 화학, 그리고 식품산업에 널리 사용된다. UF는 화학물질과 생물물질을 고순도로 농축하는 데 사용되는 에너지 효율적이고 경제적인 분리방법이다.

전형적인 UF와 MF 운전은 압력에 의해 진행되는 공정으로, 고분자량의 용질은 막 표면 가까이에 잔존하고, 물과 저분자량의 용질은 여과기를 통과한다. 그러므로 농도 기울기가 막 표면과 유체본체(bulk fluid) 사이에 생긴다. 이 기울기는 농도분극을 형성하게 된다. 농도분극의 결과로 용질은 막 표면으로부터 용액으로 역확산된다(그림 11.15). 정상상태에서 막을 향한 용질의 대류전달속도는 농도분극에 의한 반대방향으로의 용질확산속도와 같다.

$$D_e \frac{dC}{dX} = JC \tag{11.53}$$

여기서 D_e는 액막(liquid film)에서 용질의 유효확산계수(cm^2/s), J는 액체의 부피여과플럭스(cm^3/cm$^2 \cdot$ s), 그리고 C는 용질의 농도(mol/cm^3 액체)이다.

$X = 0$에서 $C = C_B$이고 $X = \delta$에서 $C = C_w$인 경계조건을 사용하여 식 11.53을 적분하면 다음을 얻는다.

$$J = \frac{D_e}{\delta} \ln \frac{C_w}{C_B} \tag{11.54}$$

또는

$$J = k \ln \frac{C_w}{C_B} \tag{11.55}$$

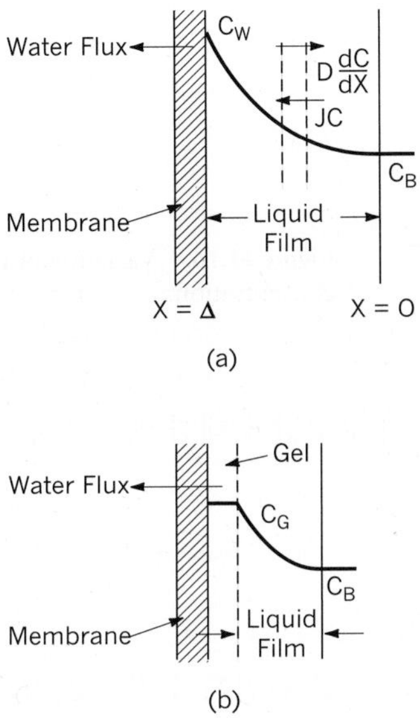

Figure 11.15. Solute transfer in a UF membrane: (a) without gel formation; (b) with gel formation.

여기서 $k = D_e/\delta$는 물질전달계수이고, δ는 막의 두께이다.

물질전달계수는 유체와 용질의 특성과 흐름조건의 함수이다. 이 계수는 Sherwood수(Sh)에 포함되어 있고, Re(Reynolds수), Sc(Schmidt수)와 상관관계에 있다.

$$\mathrm{Sh} = \frac{dk}{D_e} = a\,\mathrm{Re}^b\,\mathrm{Sc}^b \tag{11.56}$$

여기서 $\mathrm{Re} = dv\rho/\mu$, $\mathrm{Sc} = \mu/\rho D_e$, 그리고 Sherwood수 $\mathrm{Sh} = kd/D_e$이다. v는 유체속도이다. a 값은 경계층 이론(boundary-layer theory)에 의하여 1/3이고, b는 층류(laminar flow)에 대하여 대략 0.5이고 난류(turbulent flow)에 대하여 대략 1.0이다. 즉, 층류에서 $k \propto v^{0.5}$이고 난류에서 $k \propto v$이다.

천천히 확산되는 거대분자가 표면에 축적될 때 UF막의 표면 위에 젤층이 형성된다. 용액 내의 단백질농도가 0.1%를 초과하면 젤층이 형성된다. 생물학적 유체에 있어서는 그림 11.15에서 보듯이 보통 단백질의 축적이 두드러진다. 젤 내의 단백질농도 C_G는 C_W의 최댓값이다. 이 경우에 여과기를 통한 액체의 플럭스는 다음과 같다.

$$J = k \ln \frac{C_G}{C_B} \tag{11.57}$$

젤 형성은 용질의 특성과 농도, pH, 그리고 압력에 의존한다. 일단 젤이 형성되면 C_G는 일정하게 되고, 액체의 플럭스는 액체본체에서 용질농도가 증가됨에 따라 대수적으로 감소한다. 젤층은 흐름에 대해 수력학적 저항을 일으키고 추가의 막처럼 작용한다. 그림

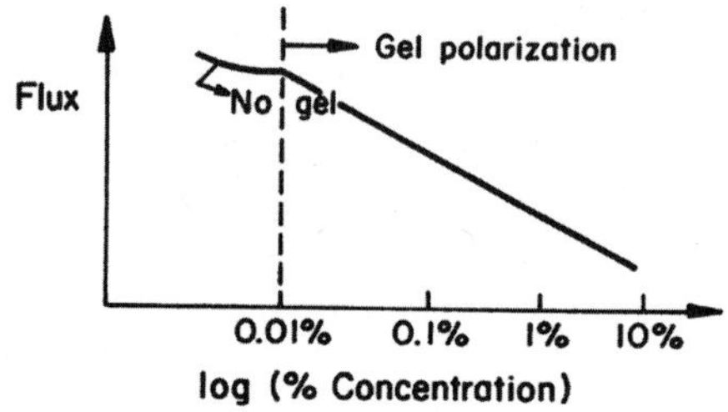

Figure 11.16. Variation of flux with solute concentration.

11.16은 젤 형성이 있을 때와 없을 때 용질농도의 로그값에 대한 액체플럭스의 변화를 보여주고 있다.

11.4.7 교차흐름 한외여과와 미세여과

젤 형성은 압력이 막에 직접 수직으로 걸리지 않고 막 표면에 수평으로 걸리는 **교차흐름여과**(cross-flow filtration)에 의해 부분적으로 제거된다. 이 공정은 **접촉류여과**(tangential flow filtration)라고도 불린다. 즉, 유체는 막 표면에 수평으로 흐르면서 막을 통과하여, 유체의 일부가 막 위의 액상에 용질을 남긴다. 기계적인 교반 또는 막 표면의 진동 또한 젤 형성을 줄이는 데 사용된다. 그림 11.17은 실관형을 사용한 교차흐름여과의 모식도이다.

상류 유로에서의 유체흐름을 유발하는 압력강하는

$$\Delta P = P_i - P_0 \tag{11.58}$$

층류의 경우, Hagen-Poiseuille 식을 이용하여 다음 식을 유도할 수 있다.

$$P_i - P_0 = \Delta P = \frac{C_1 \mu L V}{d^2} = \frac{C_2 \mu L Q}{d^4} \tag{11.59}$$

여기서 L은 관길이, μ는 유체점도, Q는 액체의 부피유속, C_1과 C_2는 상수, 그리고 d는 관의 지름이다.

난류의 경우, ΔP에 대하여 다음 식을 사용한다.

$$P_i - P_0 = \Delta P = \frac{C_3 \mu L V^2}{d} = \frac{C_4 f L Q^2}{d^5} \tag{11.60}$$

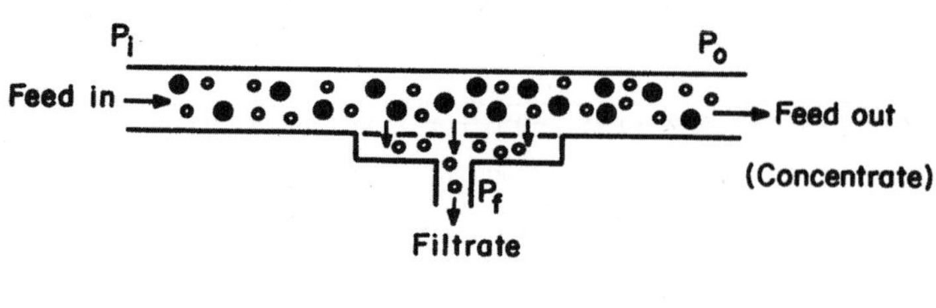

Figure 11.17. Schematic of cross-flow filtration.

여기서 f는 Fanning 마찰인자로서, Re(C_3와 C_4는 경험상수)의 함수이다. 교차흐름여과에서는 난류가 바람직하다.

평균 막횡단(transmembrane) 압력강하는

$$\Delta P_M = \frac{P_i + P_0}{2} - P_f \tag{11.61}$$

여기서 P_f는 여액압력이며 적어도 실험실 시스템에서는 보통 대기압에 가깝다.

$P_f = P_{\text{atm}}$ 또는 P_f를 계기압력 0으로 가정하면, ΔP_M과 ΔP를 연관시킬 수 있다.

$$\Delta P_M = P_i - \tfrac{1}{2}\Delta P \tag{11.62}$$

높은 입구압력과 때로는 낮은 유체속도가 높은 ΔP_M을 얻기 위해 필요하다.

막횡단 압력강하의 함수로서 여과플럭스(J)는 다음과 같이 주어진다.

$$J = \frac{\Delta P_M}{R_G + R_M} \tag{11.63}$$

여기서 R_G와 R_M은 각각 젤과 막의 저항이다. R_M은 일정하고, R_G는 용질농도와 막을 통과하는 접선속도에 따라 변하는데 이것은 젤 형성을 늦추거나 없앨 수 있다. 보통, 여과속도를 최대로 하는 최적의 유체속도 범위가 있다. 낮은 속도에서 물질전달계수(k)는 낮아져서 높은 젤저항(R_G)과 낮은 여액플럭스를 준다. 높은 유체속도에서 ΔP는 높아져서 낮은 ΔP_M을 유도하고 결국 J 값이 낮아진다. 또한 최대 플럭스를 유도하는 ΔP_M의 최적값이 있다. 이것은 P_i에 대한 최대압력 제한 때문이다. 즉 ΔP_M의 최댓값은 P_i이고 P_i는 막의 물리적인 특성에 의해 제한된다. 현대식 막, 특히 새로운 세라믹 막에서는 P_i를 아주 높은 값까지 올려줄 수 있다. 그러므로 낮은 ΔP_M 값에서 플럭스는 ΔP_M에 따라 증가된다. 그러나 높은 ΔP_M 값에서 여과플럭스는 속도의 감소로 인해 떨어진다. 그림 11.18은 여러 용질농도에 대해 최대 UF 또는 MF 속도를 주는 ΔP_M의 최적값을 나타내고 있다.

젤 형성이 없을 때 여과플럭스는 ΔP_M에 따라 선형적으로 증가한다. 그림 11.19는 ΔP_M에 대한 여과플럭스(J)의 변화를 보여 주고 있다. 낮은 ΔP_M 값에서 J는 젤 분극이 없기 때문에 ΔP_M에 따라 선형적으로 증가한다. 그러나 높은 ΔP_M에서 젤 형성이 일어나고 젤 저항(R_G)은 ΔP_M이 증가함에 따라 증가되어 넓은 범위의 높은 ΔP_M 값에 걸쳐 여과플럭스가 일정하게 된다. 더 높은 용질농도에서 플럭스는 더 낮은 ΔP_M 값에서 일정하게 된다.

한외여과기의 **배제계수**(rejection coefficient)는 다음과 같이 정의된다.

$$R = \frac{C_B - C_F}{C_B} = 1 - \frac{C_F}{C_B} \tag{11.64}$$

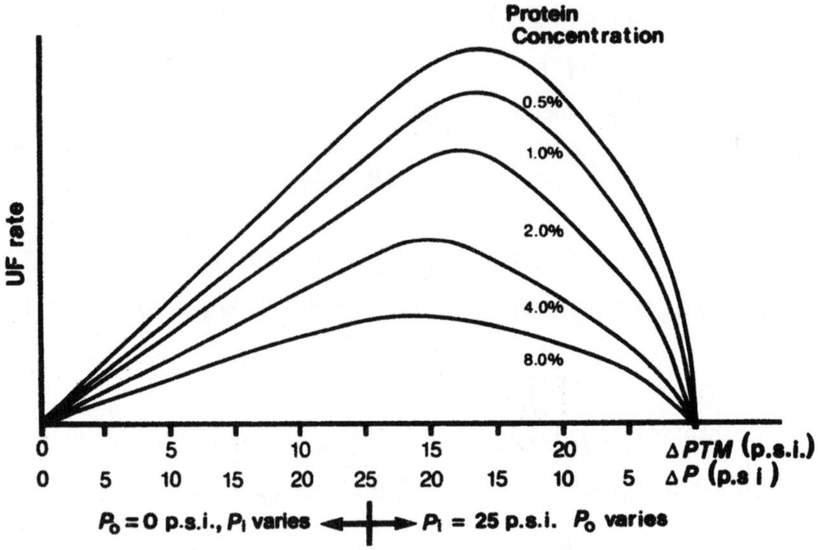

Figure 11.18. Filtration flux optimized as a function of transmembrane pressure at varying solute concentrations and fixed maximum inlet pressure. (With permission, from R. S. Tutunjian, in M. Moo-Young, ed., *Comprehensive Biotechnology*, Vol. 2, Elsevier Science, London, 1985.)

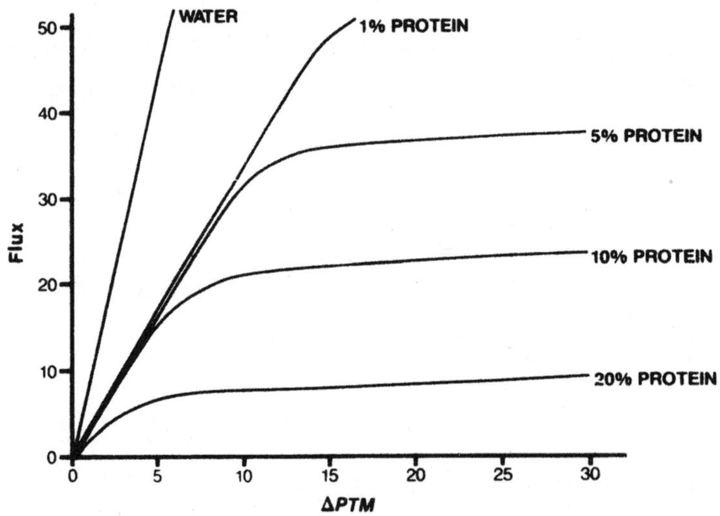

Figure11.19. Filtration flux as a function of transmembrane pressure at varying solute concentrations. (With permission, from R. S. Tutunjian, in M. Moo-Young, ed., *Comprehensive Biotechnology*, Vol. 2, Elsevier Science, London, 1985.)

여기서 C_F는 여액의 용질농도이다. $C_F = 0$일 때 물만 여과기를 통과하고 $R = 1$이 되는데, 이것은 용질에 대한 완전배제를 의미한다. $C_F = C_B$이면 용질은 여액으로 완전히 이동하고 $R = 0$(비배제)이다. 용질의 크기가 흔히 막의 세공크기에 접근하기 때문에 보통 $0 < R < 1$이고 R은 1에 가깝다(즉, $R \approx 0.95$ 또는 0.98). R 값은 주어진 용질에 대한 막의 선택성의 척

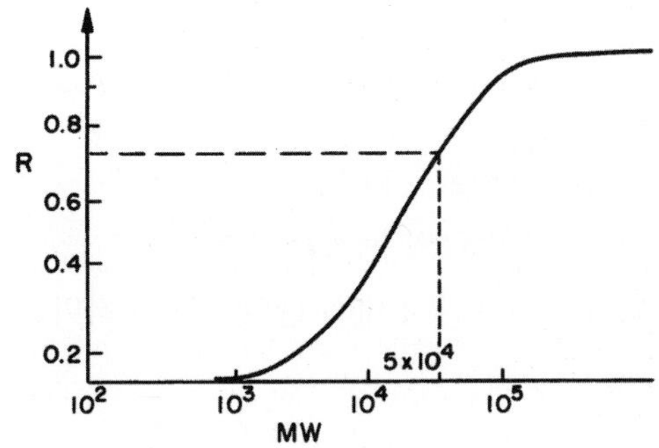

Figure 11.20. Rejection coefficient as a function of the molecular weight of the solute.

도이다. 여러 화합물의 선택적인 분리는 적당한 분자량분획의 막을 사용하여 이루어진다. 그림 11.20은 특정 막에 있어 용질의 분자량에 대한 배제계수(R)의 변화의 예를 보여 주고 있다. 분자량 > 10^5 da인 경우에 $R = 1$이고 분자량 < 10^3 da인 경우에 $R = 0$이다. 즉, 막은 분자량 < 10^3 da인 화합물은 완전히 통과시키고, 분자량 > 10^5 da인 화합물은 잔존시키며, 10^3 da < 분자량 < 10^5 da인 화합물은 부분적으로 잔존시킨다.

세 개의 주요 막 형태인 실관형(hollow fiber), 평판형(flat sheet), 그리고 나선감김형(spiral-wound) 카트리지의 구조가 그림 11.21에 나타나 있다. 실관형 카트리지는 부피에 대해 큰 표면적을 갖는다(관의 지름이 보통 작기 때문에). 그러나 이것은 다른 두 개의 형태보다 더 쉽게 막힌다. 평판 형태는 제조하기 쉽고 막을 교체하기 쉽다. 원래 이런 형태의 종류에서는 틀 안에 '느슨한' 막판들을 사용하는데, 요새는 대부분 설계된 카트리지를 사용한다. 유로(channel) 너비는 막힘을 감소시키기 위해 변화시킬 수 있다. 더 높은 압력에서 운전하기 위하여 막 지지체를 첨가해야 한다. 평판형 시스템은 부피에 대해 낮은 막표면적을 가지고 있다. 나선모양의 카트리지는 감긴 막으로 이루어져 있고, 이것은 부피 대 표면적을 증가시키기 위해 구성된 것으로 실제로는 평판시스템이다. 이들은 아마도 가장 경제적인 형태이나 세척이 어려워 생물공학에서는 잘 사용하지 않는다. 대부분의 UF 막은 $\Delta P < 5$~7 atm에서, MF 막은 약간 낮은 ΔP에서 운전된다.

예제 11.4

치즈유장에서 단백질을 제거하기 위해 다관 교차류 한외여과 막 장치를 사용하여 단백질의 농도를 6 g/l에서 0.5 g/l로 줄이려고 한다. 치즈유장의 유속은 5 m^3/h, 그리고 여액은 공급액의 90%이다. 원하는 여액플럭스는 0.5 $m^3/m^2 \cdot h$이다. 다음의 자료가 주어졌다.

$R_M = 5$ atm/(m^3/m^2-h), $R_G = ½ R_M$, $D_e = 0.36\ 10^{-5}$ m^2/h, $P_i = 8$ atm, $P_f = 1$ atm

a. 막을 통과하는 압력강하와 유출액의 압력(P_0)을 구하라.

b. 젤 박막 속의 단백질 농도가 10 g/l일 때, 젤 박막의 두께를 구하라.

c. $D_0 = 1$ cm, $L = 1$ m일 때, 다관 한외여과 카트리지 내의 관의 수를 구하라.

풀이

a. 식 11.61과 11.63을 사용하여,

$$J = \frac{\Delta P_M}{R_M + R_G}$$
$$\Delta P_M = 0.5(5 + 2.5) = 3.75 \text{ atm}$$
$$\Delta P_M = \frac{P_i + P_0}{2} - \mathrm{P}_f,$$
$$3.75 = (8 + P_0)/2 - 1$$

$P_0 = 1$ atm을 얻는다.

b. 젤 박막의 두께는 식 11.54로부터 구한다.

$$J = \frac{D_e}{\delta} \text{Ln} \frac{C_w}{C_B}$$
$$0.5 \text{ m}^3/\text{m}^2\text{-h} = \frac{0.36 \times 10^{-5} \text{ m}^2/\text{h}}{\delta} \text{Ln}\, {}^{10}\!/_{6}$$

또는

$$\delta = 3.6\ \mu\text{m}$$

c. 필요한 관의 수는

$$A = {}^{F}\!/_{J} = \left[5 \text{ m}^3/\text{h}\ (0.9)\right] / 0.5\text{m}^3/\text{m}^2\text{-h}$$
$$= 9 \text{ m}^2$$
$$N = \frac{A}{\pi D_0 L} = \frac{9 \text{ m}^2}{(3.14)(0.01 \text{ m})(1 \text{ m})}$$
$$N = 287 \text{ tubes}$$

한외여과의 세 가지 주된 응용은 농축, 정제, 그리고 투석여과이다. 농축(concentration)에서는 UF막을 사용하여 수용액으로부터 물을 제거하고 용질을 농축시킨다. 정제(purification)에서는 UF막을 사용하여 용매와 저분자량의 생성물을 고분자량의 화합물로부터 분리한다. 그 생성물은 저분자량의 화합물과 용매를 포함한다. 투석여과(diafiltration)

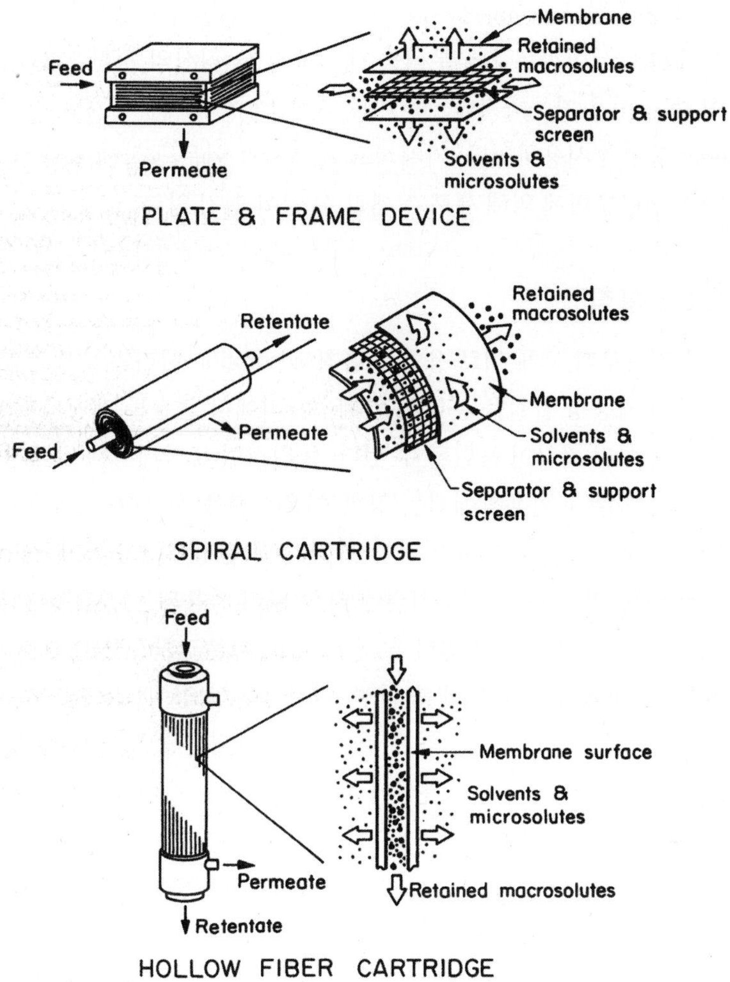

Figure 11.21. Examples of different membrane configurations. (Adapted with permission, from R. S. Tutunjian, Ultrafiltration Processes in Biotechnology, *Annals of the New York Academy of Sciences*, Vol. 413, Issue 1, December 1983, pages 238–253.)

에서는 염, 당, 그리고 알코올과 같은 저분자량의 용질은 여과기를 통과하고, 생성물은 잔류액에 남는다. 계를 떠나는 투과액은 탈이온수 또는 다른 완충액으로 대체된다.

한외여과막은 단백질, 효소, 발열원(pyrogens, 박테리아 세포벽 유래 지질다당류), 세포 잔해, 그리고 발효배지로부터의 바이러스를 분리하는 데 사용된다. UF분리는 온건한 조건($T = 20 \sim 30°C$, $P = 5$에서 50 psi)에서 운전하며, 에너지 효율적이고, 저렴하고, 비파괴적이며, 운전이 용이하다.

미세여과는 주로 박테리아와 효모의 현탁액을 농축하고 세포를 제거한 상등액을 마련하는 데 이용된다. 교차흐름여과와 개선된 막들은 이 과정을 가능하게 하는 요소이다. 많은 적용에서 미세여과는 원심분리를 대체하였다. 최신의 평판 카트리지와 함께 실관형 시스템이 현재 이용 가능하지만, 초기에는 막힘의 우려 때문에 주로 열린 판틀형(open plate and frame) 장치를 사용하였다. 기계적으로 깨지기 쉬운 동물세포에 적용할 수 있으나, 높은 수력학적 전단응력에 의해 세포가 깨질 수 있어 쉽지 않다.

11.4.8 흡착

액체배지로부터 고체 위로 용질을 **흡착**(adsorption)시키는 방법은 발효액 또는 세포배양액으로부터 가용성 물질을 분리하고 폐수처리에서 불순물 제거를 위해 흔히 사용된다. 흡착 현상에는 여러 기작이 포함될 수 있다. 물리적인 흡착에서는 반데르발스 힘 같은 약한 힘이 우세하나, 이온교환흡착에서는 강한 이온결합을 사용한다. 용질은 액상에서 고체상으로 전달되어 회분식 운전에서 일정한 시간 후에 평형에 도달한다. 사용하는 흡착제의 유형은 각 응용에 따라 다르다. 폐수처리에 가장 널리 사용되는 흡착제는 활성탄으로서, 단위무게당 큰 내부표면적을 갖고 있다. 마찬가지로, 이온교환수지와 고분자흡착제는 생물공학 생성물의 흡착에 사용된다. 예를 들면, 카르복실산 양이온교환수지는 스트렙토마이신을 회수하는 데 사용된다. 흡착용량은 흡착제, 흡착되는 물질, 물리화학적인 조건, 그리고 흡착제와 흡착되는 물질의 표면특성에 따라 달라진다. 보통, 흡착에 대한 정확한 기작은 잘 밝혀져 있지 않고 평형값도 실험적으로 정해져야 한다.

액상과 고체상에서의 용질농도 간의 전형적인 평형관계식의 하나는 다음과 같다.

$$C_S^* = K_F\, C_L^{*(1/n)} \tag{11.65}$$

여기서 C_L^*과 C_S^*는 액상과 고체상의 용질평형농도이다. C_S의 단위는 수지(resin)의 단위부피당 흡착된 용질의 질량이다. 이 관계식은 K_F와 n이 경험적인 매개변수이고 n이 1보다 큰, Freundlich 흡착등온곡선의 예이다. 다른 형태로는 농도가 증가하면 포화상태를 보이는 Langmuir 등온식이 있다. Freundlich 등온식은 실제현상의 응용에 보통 더 잘 맞는다.

여러 형태의 고체와 액체의 접촉장치(contactor)가 용질의 흡착을 위해 개발되어 왔다. 이 중에는 충전층, 이동층, 유동층, 그리고 교반용기 접촉장치가 있다. 충전층과 이동층 접촉장치는 반응기의 단위부피당 흡착면적이 다른 것에 비해 가장 크기 때문에 가장 널리 사용된다. **충전층**(packed-bed) 칼럼에서 흡착현상에 대한 해석은 칼럼 내의 용액에 대한 미분 물질수지식에 기초한다.

$$U\frac{\partial C_L}{\partial Z} + \varepsilon\frac{\partial C_L}{\partial t} = -(1-\varepsilon)\frac{\partial C_S}{\partial t} \tag{11.66}$$

여기서 U는 액체의 공탑속도(superficial velocity), ε은 충전층의 다공성, 그리 고 C_L은 액상에서의 용질농도이다.

식 11.66에서 첫째 항은 충전층에서 용질의 대류전달, 둘째 항은 액체에서 용질농도의 시간에 따른(비정상상태) 변화, 그리고 마지막 항은 액체로부터 고체상으로 용질이 전달되는 속도를 나타낸다.

액체로부터 고체상으로의 용질전달속도는

$$\frac{dC_s}{dt} = K_a(C_L - C_L^*) \tag{11.67}$$

여기서 K_a는 내부와 외부의 물질전달저항을 설명하는 총괄 물질전달계수이고, C_L^*은 C_S와 평형을 이루는 액상에서의 용질농도이다.

식 11.67을 11.68에 대입하면 다음을 얻는다.

$$U\frac{\partial C_L}{\partial Z} + \varepsilon\frac{\partial C_L}{\partial t} = -(1-\varepsilon)K_a(C_L - C_L^*) \tag{11.68}$$

평형관계식인 식 11.65와 함께 식 11.68을 수치적으로 풀어서 칼럼에서의 용질농도곡선 $C_L = C_L(Z, t)$을 정한다.

앞에서의 해석은 충전층에서 플러그(plug) 흐름조건에 기초한다. 그러나 실제로는 역혼합과 분산 때문에 불규칙적인 흐름속도곡선과 편류(channeling)가 발생한다. 분산효과를 설명하기 위하여 분산항인 $[-D_E(\partial^2 C_L/\partial Z^2)]$이 식 11.68의 우변에 추가된다. 고정층 흡착장치는 잘 교반된 많은 탱크가 직렬로 배치된 것으로 근사화시킬 수 있다.

흡착제를 연속적으로 첨가해 주는 매우 긴 **이동층 칼럼**(moving-bed column)은 정상상태에서 운전된다고 생각할 수 있다(그림 11.22 참조). 해석에 있어서는 칼럼의 상단부가 평형에 있다고 가정한다. 분산효과를 무시할 수 있다면, 정상상태에서 식 11.68은 다음과 같이 쓸 수 있다.

$$U\frac{dC_L}{dZ} = -K_a(1-\varepsilon)(C_L - C_L^*) \tag{11.69}$$

칼럼의 상단부로 주입되는 액체 공급액에 대하여 $Z = H$에서 $C_L = C_{L0}$라는 경계조건을 갖는다.

식 11.69를 적분하여 분리정도에 따른 칼럼의 높이를 정할 수 있다.

$$-\frac{U}{K_a(1-\varepsilon)}\int_{C_L}^{C_{L0}} \frac{dC_L}{C_L - C_L^*} = \int_0^H dZ = H \tag{11.70}$$

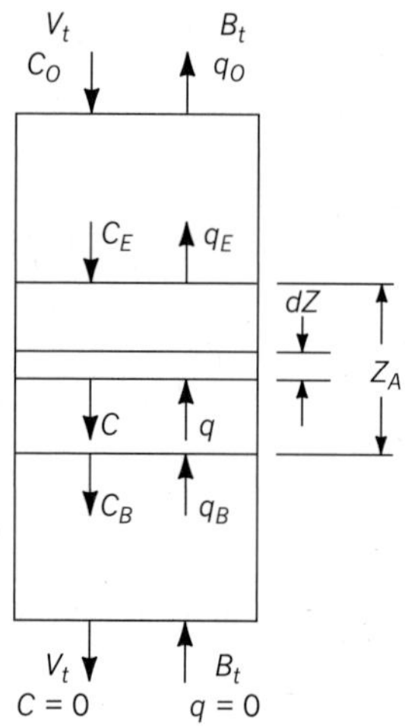

Figure 11.22. Schematic diagram of steady-state moving-bed adsorption column. (D. W. Sundstrom, H. E. Klei, *Wastewater Treatment* © 1979.)

평형관계식으로부터 칼럼의 높이를 정하기 위해 식 11.70을 적분한다. 완전한 해석을 위해, 불포화된 수지와 액체농도 사이의 관계식이 필요하다. 이 관계식은 **운전곡선**(operating line)(그림 11.23)이라 불리며 물질수지식을 나타낸다. 수지의 부피흐름을 B라 하고 부피액체유속을 F라 한다. 또한 다음을 주목하라.

$$F = UA \tag{11.71}$$

여기서 A는 칼럼의 단면적이다.

용질에 대한 물질수지 고찰로부터,

$$F(C_{L0} - 0) = B(C_{S0}^{*} - 0) \tag{11.72}$$

또는

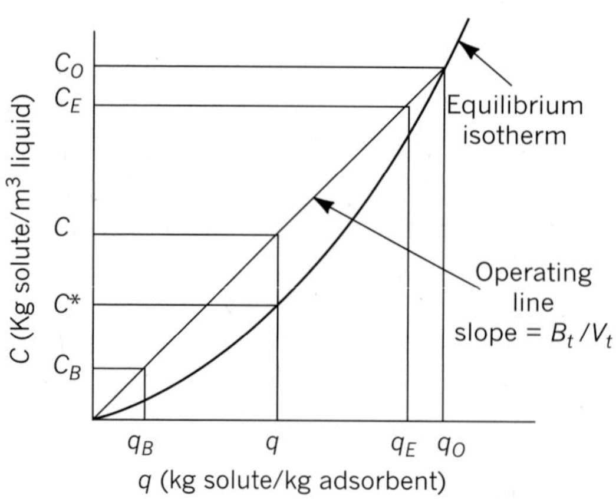

Figure 11.23. Operating line for steady-state adsorption column. (D. W. Sundstrom, H. E. Klei, *Wastewater Treatment* © 1979.)

$$\frac{B}{F}=\frac{C_L}{C_S}=\frac{C_{L0}}{C^*_{so}} \tag{11.73}$$

여기서 C^*_{S0}는 C_{L0}와 평형인 수지의 용질농도이다. 그림 11.23에서 알 수 있듯이 운전곡선은 직선이다.

고정층 칼럼의 경우, 흡착용량은 최대수준으로 제한된다. 이러한 관점에서, 칼럼은 **포화구역**(saturated zone), **흡착구역**(adsorption zone), 그리고 **미흡착구역**(virgin zone)의 세 구역으로 구성된다. 흡착구역은 용질의 공급속도와 충전층의 물질전달 특성에 의해 결정되는 속도로 칼럼의 아래 방향으로 움직인다. 흡착구역의 선도부분(leading edge)이 칼럼의 하단부에 도달하면 용질의 배출농도가 빠르게 증가된다('파과곡선'으로 알려짐). 정상적으로는, 이 시점에서 운전을 중단하고 수지를 교체하거나 재생시킨다. 그러나 흡착구역이 자체의 길이를 이동하는 데 걸리는 시간 동안 칼럼을 운전하면 흡착구역의 **파과곡선**(breakthrough curve)이 관찰된다. 이 과정이 그림 11.24에 나타나 있다.

이런 상황에서, 식 11.70은 높이 H에서 흡착구역의 농도곡선을 설명한다. 관의 전체높이가 H_t라면, 칼럼의 소진(exhaustion)에 걸리는 시간은 흡착구역의 속도에 H_t에 대한 H의 비를 곱하고, 여기에 흡착구역을 형성하는 데 필요한 시간을(보통은 무시할 수 있음) 더한 것과 같다.

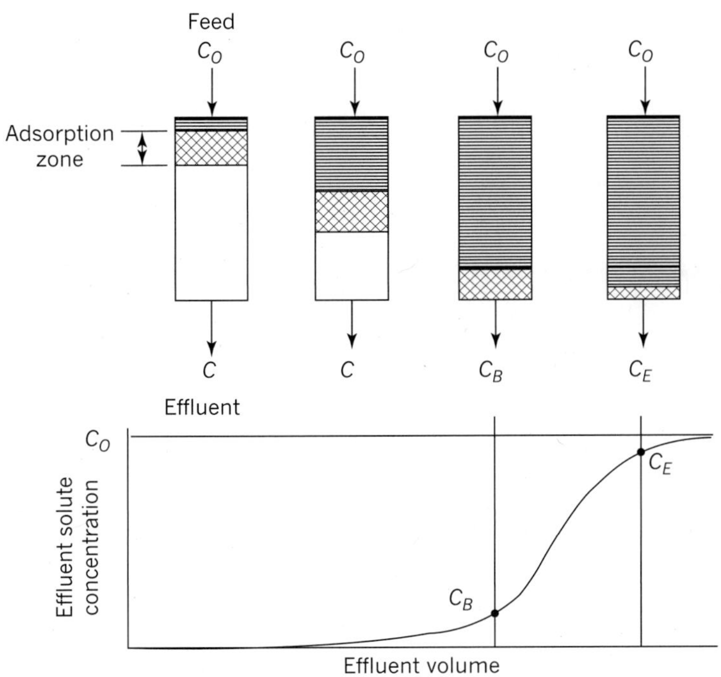

Figure 11.24. Movement of adsorption zone through a fixed-bed downflow adsorber and the corresponding breakthrough curve. (D. W. Sundstrom, H. E. Klei, *Wastewater Treatment* © 1979.)

예제 11.5

세파로스포린은 발효액으로부터 이동층 칼럼의 이온교환수지에 흡착시켜 분리한다. 층의 지름은 4 cm이고 0.8 cm^3 수지/cm^3 층을 포함한다. 수지의 밀도는 1.3 g/cm^3이고 공급액은 5 g/l의 항생제를 함유한다. 액체의 공탑속도가 1.5 m/h이고 총괄 물질전달계수가 15 h^{-1}일 때 유출액의 항생제 농도가 $C_L = 0.2$ g/l가 되기 위해 필요한 칼럼의 높이를 구하라. 다음 관계식의 평형을 가정한다.

$$C_S = 25(C_L^*)^{1/2}$$

여기서 C_S는 g 용질/l 수지, C_L은 g 용질/l 용액이다. 수지에 대한 발효액의 부피유량비는 10이다.

풀이

식 11.70은 다음과 같이 쓸 수 있다.

$$-\frac{U}{K_a(1-\varepsilon)}\int_{C_L}^{C_{L0}}\frac{dC_L}{C_L - C_L^*} = H$$

평형관계식을 사용하여 다음을 얻는다.

$$C_L^* = \frac{1}{625}C_s^2$$

$F/B = 10$의 운전곡선 관계식을 사용하여 $C_S = 10\,C_L$을 얻는다.

$$C_L^* = \frac{1}{625}100\,C_L^2 = \frac{1}{6.25}C_L^2 = 0.16C_L^2$$

식 11.70에 위 식을 대입하여 다음을 얻는다.

$$-\frac{U}{K_a(1-\varepsilon)}\int_{C_L}^{C_{L0}}\frac{dC_L}{C_L - 0.16C_L^2} = H$$

수치를 대입하여 적분하면 다음을 얻는다.

$$-\frac{1.5\ \text{m/h}}{(15\ \text{h}^{-1})(0.8)}\int_{0.2}^{5}\frac{dC_L}{C_L - 0.16C_L^2} = H$$

$H = 0.6$ m이다.

11.4.8.1 흡착칼럼 설계에 있어 층깊이-가동시간의 식

충전층 활성탄소 흡착칼럼의 설계를 위한 좀 더 실용적인 접근법은 원래 폐수처리 응용을 위해 Thomas가 처음 개발하고, 후에 Bohart와 Adams[2]에 의해 수정되었다. 이 식은 수상과 고체상 사이의 준평형형상태에 기초하고, 주어진 유출액 흡착질 농도에 대해 필요한 층길이를 운전 지속시간과(층깊이-가동시간의 식) 연결시킨다.

$$Ln(C_o/C_e - 1) = Ln(e^{KN_0H/v_0} - 1) - KC_ot \tag{11.74}$$

여기서 C_o와 C_e는 공급액과 원하는 유출액 농도(kg/m^3), K는 흡착속도상수(m^3 층/kg 흡착제 · h), N_0는 흡착제의 용량(kg 흡착질/m^3 층), H는 칼럼 높이(m), v_0는 수상의 선형 겉보기 속도이다(m/h, F/A_o, 여기서 F와 A_o는 각각 부피유속과 칼럼의 단면적이다), 그리고 t는 가동시간이다. H/v_0는 충전층의 평균 수력학적 체류시간(hydraulic residence time (HRT))이다 (HRT $= V_b/F = HA_o/v_0A_o = H/v_0$).

$e^{KN_0H/v_0} \gg 1$이므로, 식 11.74는 다음의 형태를 갖는다.

$$t = N_0H/(C_ov_0) - (1/KC_o)Ln(C_o/C_e - 1) \tag{11.75}$$

또는

$$t = N_oV_b/(C_oF) - (1/KC_o)Ln(C_o/C_e - 1) = N_oV_b/L_o - (1/KC_o)Ln(C_o/C_e - 1) \tag{11.76}$$

여기서 V_b는 층부피(A_oH, m^3)이고 L_o는 흡착질의 장전속도이다($L_o = C_oF$, kg 흡착질 · h). 첫째 항은 이동제약이 없을 때의 최대 가동시간이고, 둘째 항은 흡착질의 이동속도에 의한 지연이다. 식 11.76에 보이는 것처럼, 운전시간은 흡착질의 장전속도에 역비례한다.

식 11.75는 보통 다음과 같이 쓸 수 있고

$$t = aH + b \tag{11.77}$$

여기서 $a = N_0/(C_ov_0)$ 그리고 $b = -(1/KC_o)Ln(C_o/C_e - 1)$.

주어진 C_o와 C_e에 대해, 가동시간(t) 대 층깊이(H)의 그림은 경사가 a, 절편이 b인 선을 이루며, 여기서 실험자료로부터 N_0와 K를 구할 수 있다.

한계 또는 최소 층깊이는 $t = 0$에서의 층깊이로 정의된다. 그러면 다음을 구할 수 있다.

$$H_m = (v_0/KN_0)Ln(C_o/C_e - 1) = -b/a \tag{11.78}$$

실제 층깊이는 H_m보다 보통 다섯 배 또는 여섯 배가 크다.

---

2) G. S. Bohart and E. Q. Adams, *Journal Chemical Society* 42: 523–529, 1920.

예제 11.6

한 화학공장에서 유속이 200 m³/일이고 유기물의 농도가 $C_o = 60$ mg/l인 유출액을 입상 활성탄 흡착칼럼에 공급하여 유출액의 농도를 $C_e = 1$ mg/l로 하고자 한다. 다음 자료가 주어졌다.

$$D_o = 0.8\ \text{m}, N_o = 70\ \text{kg 흡착질/ m}^3\ \text{층}, K = 0.9\ \text{m}^3\ \text{층/kg 흡착제} \cdot \text{h}$$

a. 6일 동안 가동하기 위해 필요한 칼럼의 높이를 구하라.

b. 칼럼의 공극률이 $e = 0.3$이라면, 필요한 활성탄의 부피를 구하라.

c. $H = 5$ m일 때, 유출액 흡착질 C를 얻기 위해 얼마나 오래 칼럼을 가동해야 하나?

풀이

a. 먼저 선형 겉보기속도 v_0를 계산한다.

$$v_0 = F/A_o = (200\ M^3/\text{d} \div 24\ \text{h/d})/(\pi/4 \cdot 0.8\ \text{m}^2) = 16.6\ \text{m/h}$$

그리고 매개변수 a와 b를 계산한다.

$$a = N_O/C_O v_0 = 70\ \text{kg/m}^3/(0.06\ \text{kg/m}^3 - 16.6\ \text{m/h})$$
$$= 70.3\ \text{h/m}$$
$$b = -(1/KC_O)\text{Ln}(C_O.C_e - 1)\ \text{or}$$
$$= (1/(0.9\ \text{m}^3/\text{kg} \cdot 0.06\ \text{kg/m}^3)\text{Ln}(60/1-1)$$
$$= -75.5\ \text{h}$$
$$H = (t-b)/a = (6\ \text{d} \cdot 24\ \text{h/d} - (-75.5\ \text{h})/70.3\ \text{h/m}$$
$$= 3.1\ \text{m}$$

b. 충전층의 부피는

$$V_b = (\pi/4)\ D_o^2 H = (\pi/4)(0.8)^2(3.1) = 1.56\ \text{m}^3$$
$$V_{AC} = V_b(1-e) = 1.56\ (0.70) = 1.1\ \text{m}^3$$

c. 식 11.77을 사용하여 운전시간을 계산한다.

$$t = aH + b = 70.3\ (5) - 75.3 = 276\ \text{h} = 11.5\ \text{일}$$

11.4.9 크로마토그래피

크로마토그래피(chromatography)는 유체 혼합물을 흡착물질 층에 통과시킴으로써 각각의 성분들로 분리한다. **용리 크로마토그래피**(elution chromatography)가 주로 사용되고 있다. 전형적으로 칼럼은 고체, 다공성 고체, 젤, 고체 안 또는 위에 고정화된 액상인 흡착제로 충전된다. 용질의 혼합물을 포함하는 **이동상**(mobile phase) 또는 유체상이 주입된다. 이 펄스(pulse)에 이어 용매 또는 용리액을 주입한다. 펄스는 좁은 농축된 피크로서 들어가지만, 분산되고 용매의 첨가에 의해 희석되어 나온다. 혼합물에서 여러 가지 용질들은 흡착물질(**정지상**(stationary phase))과 서로 다르게 작용한다. 어떤 것은 약하게 또 다른 것은 강하게 작용한다. 담체와 약하게 작용하는 용질은 빠르게 칼럼을 이동하며(그림 11.25), 담체와 강하게 작용하는 것들은 느리게 이동한다. 이러한 이동속도 차이는 용질들을 특성 체류시간(운전 조건이 변할 경우 달라진다)에 유출하는 여러 개의 피크들로 분리한다.

용리 크로마토그래피는 고정층 흡착(fixed-bed adsorption)과 유사하다(11.4.4절). 그러나 고정층 흡착(때로는 **전단 크로마토그래피**(frontal chromatography)라 불림)에서 용질은 흡착제에 포획된 후 농축되어 용리된다. 정제는 생성물과 불순물들의 결합특성의 뚜렷한 차이에 의해 결정된다. 용리 크로마토그래피에서 생성물은 비록 희석되지만 정제된다.

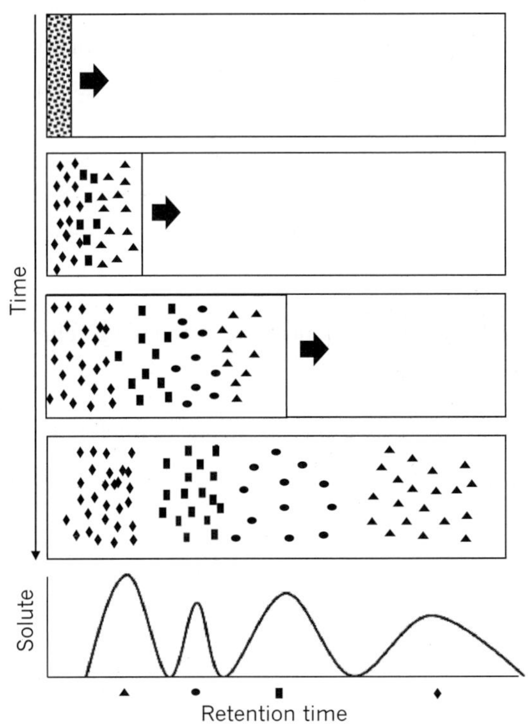

Figure 11.25. Separation by elution chromatography. The solvent with four different solutes flows through the bed and solutes are separated because of different adsorption affinities and are eluted at different times.

다량의 물질을 처리할 때는 **치환 크로마토그래피**(displacement chromatography)가 유리하다. 이 방법에서 칼럼은 입구조건(예, 용매의 특성)에서 순차적인 단계 변화를 겪는다. 혼합공급액이 들어온 후, 치환용액(displacer solution)이 일정하게 주입된다. 이 치환액은 공급액의 어떤 성분보다도 정지상에 대해 높은 친화력을 갖고 있어야 한다. 이 치환액은 정지상에서 용질을 '밀어내어' 이동상으로 내보낸다. 만약 조건들을 정확하게 선택하면, 공급액의 성분들은 농축된 순수한 용질들의 인접하는 직사각형파 같은(square-wave-like) 영역들을 형성하게 된다. 이들 영역은 칼럼의 출구를 통과하는데, 정지상에 대해 가장 낮은 친화력을 갖는 용질을 포함하는 영역이 먼저 나오게 된다. 용리 크로마토그래피에 대해 치환 크로마토그래피의 주된 장점은 처리량이 많다는 가능성이지만, 운전이 더 어렵고, 어떤 상황에서는 높은 **분리능**(resolution(용질의 분리))을 얻기 어렵다.

이들 크로마토그래피 공정은 비록 연속적 또는 반연속적 운전방법을 제시하고 있지만, 거의 대부분 회분식 운전이다. 나머지 부분에서는 회분식 공정으로서의 용리 크로마토그래피에 초점을 맞춘다. 다음은 크로마토그래피의 몇 가지 중요한 유형이다.

- **흡착 크로마토그래피**(adsorption chromatography (ADC)) 또는 **정규상 크로마토그래피**(normal phase chromatography)는 약한 반데르발스 힘과 입체적인 상호작용에 의해 알루미나와 실리카겔 같은 고체입자 위에 용질분자가 흡착되는 것에 기초한다.
- **액체-액체 분배 크로마토그래피**(liquid-liquid partition chromatography (LLC))는 흡착된 액상과 통과하는 용액 사이에서 용질입자의 분배계수(용해도) 차이에 기초한다. 흡착되는 액체는 보통 비극성이다.
- **이온교환 크로마토그래피**(ion-exchange chromatography (IEC))는 정전기적인 힘에 의해 이온교환수지 입자에 이온(또는 전기적으로 전하를 띠는 화합물)이 흡착되는 것에 기초한다.
- **젤여과(분자체) 크로마토그래피**(gel-filtration(molecular sieving) chromatography)는 용질분자의 크기와 모양에 따라서 충전입자의 작은 구멍으로 용질분자가 침투하는 것에 기초한다. **크기배제 크로마토그래피**(size exclusion chromatography)라고도 한다.
- **친화성 크로마토그래피**(affinity chromatography (AFC))는 용질분자와 지지입자 위에 결합되어 있는 리간드(지지입자에 공유적으로 연결되어 있는 기능성 분자) 사이의 특이한 화학적 상호작용에 기초한다. 공유결합, 이온력 또는 수소결합 형성에 의할 수 있는 리간드와 용질 사이의 상호작용은 효소-기질의 상호작용처럼 아주 특이하다. 친화성 결합은 분자의 크기와 모양의 특이성일 수 있다.

- **소수성 크로마토그래피**(hydrophobic chromatography (HC)) 또는 **소수성 작용 크로마토그래피**(hydrophobic interaction chromatography (HIC))는 용질분자(예, 단백질들)와 지지입자 위의 작용기(예, 알킬 잔기) 사이의 소수성 상호작용에 기초한다. 이 방법은 정지상이 이동상에 비해 덜 극성인 **역상 크로마토그래피**(reverse phase chromatography)의 한 종류이다.
- **고압액체 크로마토그래피**(high-pressure liquid chromatography (HPLC))는 크로마토그래피의 일반적인 원리에 기초하는데, 충전칼럼에 가해지는 높은 액체압력만 다르다. 고압의 액체(높은 액체유속)와 조밀한 칼럼 충전으로 인하여 HPLC는 용질분자에 대한 빠르고 높은 분리능을 준다.

정지상의 선택과 그에 따른 크로마토그래피의 종류는 용질의 특성과 공정의 목표에 의해 결정된다. 이온교환 크로마토그래피는 특히 단백질의 회수 등에 널리 이용된다. 이 방법은 높은 피크 분리능, 큰 용량 및 빠른 속도로 수행된다. 소수성 크로마토그래피와 액체-액체 분배 크로마토그래피는 이러한 특성을 많이 공유하지만, 액상의 이온세기가 높을 때 가장 잘 적용된다. 또한 단백질을 변성시키고, 환경문제를 일으킬 수도 있는 유기용매가 필요할 수도 있다. 흡착 크로마토그래피는 비교적 저가이지만, 분리능은 보통 그렇게 높지 않다. 젤여과 크로마토그래피는 완충액 교환과 탈염(desalting)에 적합하며, 분리능이 상당히 높다. 젤은 압축성이라 용량과 처리량이 대체로 낮고, 이 때문에 이 기술의 사용은 소규모로 제한된다. 크기배제 크로마토그래피에 있어서 딱딱한 충전물들이 새로이 개발되어 빠른 흐름속도가 가능하고, 처리량과 규모가 증가할 수 있다. 친화성 방법은 매우 높은 선택성과 큰 용량 및 속도가 가능하다. 그러나 특히 항체에 기초할 경우 이 방법은 매우 고가일 수 있다. 실제 생물공정(예, 단백질의 회수)에서는 한 가지 이상의 분리방법으로 높은 순도를 얻을 수 있기 때문에 여러 종류의 크로마토그래피가 이용된다. 이온교환과 친화성 크로마토그래피는 생물공정에서 단백질 회수를 위해 가장 널리 이용되는 방법들이다.

단일 크로마토그래피 분리공정은 이러한 기작들의 둘 이상을 포함할 수 있다. 예를 들면, 실리카젤을 사용하는 흡착 크로마토그래피는 실리카젤의 수분함량이 15% 미만일 때 적절히 작동한다. 이 시스템은 수분함량이 30%를 초과하면 액체-액체 분배 크로마토그래피처럼 작용한다. 어떤 경우에는, 정전기적인 힘과 약한 힘은 동시에 작용할 수 있다.

전형적인 크로마토그래피 칼럼이 그림 11.26에 나타나 있는데, 용액은 칼럼의 아래 방향으로 흐르고 용질은 흡착제인 고체에 흡착되어 띠를 형성한다. 처음 접근법으로, 용매는 칼럼의 축을 따라 움직이면서 용질을 아래 방향으로 이동시킨다. 빠른 평형이 용질과 흡착제 사이에 이루어지고 방사향 기울기는 무시할 수 있다고 가정한다.

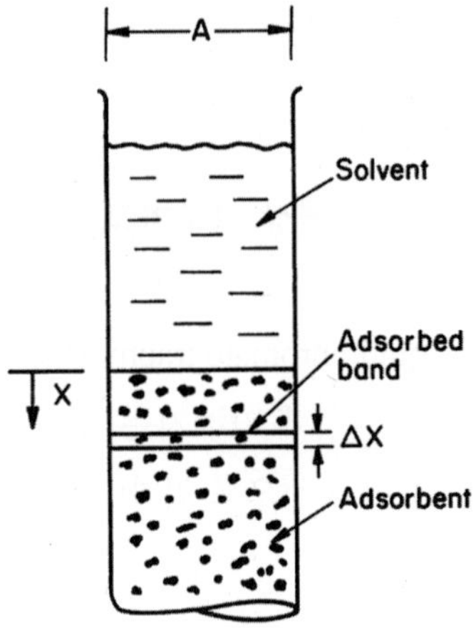

Figure 11.26. Schematic of a chromatography column.

용매의 작은 부피(ΔV)가 띠에 가해져서, 칼럼의 아래 방향으로 흡착된 용질을 이동시킨다고 가정하자. 미분 칼럼높이 ΔX에서 용질에 대한 물질수지식은 다음과 같다.

$$\begin{pmatrix} \text{용매로부터의} \\ \text{용질제거} \\ \text{전체속도} \end{pmatrix} = \begin{pmatrix} \text{빈 공간에서의} \\ \text{용질제거속도} \end{pmatrix} + \begin{pmatrix} \text{고체상에서의} \\ \text{용질제거속도} \end{pmatrix}$$

$$-\left[\left(\frac{\partial C_L}{\partial X}\Delta X\right)\right]\Delta V = \varepsilon A\,\Delta X\left(\frac{\partial C_L}{\partial V}\right)\Delta V + A\,\Delta X\left(\frac{\partial C_S'}{\partial V}\right)\Delta V \tag{11.79}$$

여기서 C_S'는 관의 단위부피당 흡착된 용질의 양이다. 식 11.79를 더 단순화하면 다음과 같다.

$$\frac{\partial C_L}{\partial X} + A\left(\varepsilon\frac{\partial C_L}{\partial V} + \frac{\partial C_S'}{\partial V}\right) = 0 \tag{11.80}$$

가장 간단한 경우에, 칼럼의 단위부피당 흡착된 용질의 양은 용질의 흡착등온곡선과 밀접한 관계가 있다.

$$C_S' = Mf(C_L) \tag{11.81}$$

여기서 M은 칼럼의 단위부피당 흡착제의 양(mg/ml)이고, $f(C_L)$은 흡착등온곡선 또는 흡착제의 단위 양당 흡착된 용질의 양으로서 C_L의 함수이다. 식 11.80에 11.81의 도함수를 대입하여 다음을 얻는다.

$$-\frac{\partial C_L}{\partial X} = A[\varepsilon + Mf'(C_L)]\frac{\partial C_L}{\partial V} \tag{11.82}$$

식 11.82에 $\partial C_L/\partial X = (\partial C_L/\partial V)(\partial V/\partial X)_c$를 대입하여 다음을 얻는다.

$$\left(\frac{\partial V}{\partial X}\right)_c = A[\varepsilon + Mf'(C_L)] \tag{11.83}$$

식 11.83을 $X = X_0$에서 $X = X$ 그리고 $V = V_0$에서 $V = V$까지 적분하여 다음을 얻는다.

$$\Delta X = \frac{\Delta V}{A[\varepsilon + Mf'(C_L)]} \tag{11.84}$$

$\Delta V, A, \varepsilon$ 그리고 M은 상수이기 때문에, ΔX는 $f(C_L)$의 도함수인 $f'(C_L)$ 또는 흡착등온곡선에 의해 정해진다. 즉, 형성된 용질띠의 위치는 주로 흡착제에 대한 각 용질의 흡착특성에 의해 정해진다. 용매가 두 성분 I와 J를 포함할 때, 용질은 그들의 흡착특성에 따라 다른 축방향 거리에 두 개의 다른 띠를 형성한다(그림 11.27 참조).

L_I를 용질 I가 이동한 거리, L_S를 흡착칼럼 내에서 용매가 이동한 거리($\Delta V/A$), 그리고 L_C를 칼럼 내에서 용매가 침투한 거리($\Delta V/A\varepsilon$)로 정의하면, 분리능(R) 또는 칼럼 내의 공간에서 용매가 이동한 거리에 대한 용질 I의 이동거리는 다음으로 주어진다.

$$\frac{L_I}{L_S} = R = \frac{1}{\varepsilon + MK} \tag{11.85}$$

여기서 $K = f'(C_L) = df(C_L)dC_L =$ 분배계수이다. 유사하게 R_f를 다음과 같이 정의할 수 있다.

$$R_f = \frac{L_I}{L_c} = \frac{\varepsilon}{\varepsilon + MK} \tag{11.86}$$

여기서 R_f는 칼럼에서 용매의 이동거리에 대한 I의 이동거리 비이다.

성분 I가 칼럼 밖으로 유출되면 $L_I = L_0$이고 $L_S = V_0/A$이며, 여기서 V_0는 용매의 첫 방

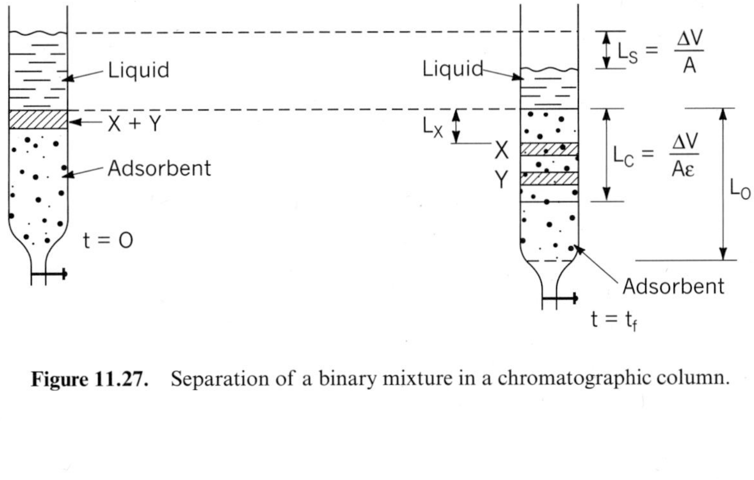

Figure 11.27. Separation of a binary mixture in a chromatographic column.

울을 충전칼럼 밖으로 배출하는 데 필요한 용매의 부피이다. 그러면 L_S/L_I는 다음과 같이 된다.

$$V_r = \frac{L_S}{L_I} = \frac{V_0}{L_0 A} = \varepsilon + MK \tag{11.87}$$

여기서 V_r은 칼럼 부피에 대한 용매의 부피 비이다.

$$\left(\frac{V'}{n}\right)^2 + 2\frac{V'}{n}V_0 = K\frac{\varphi}{n}$$

예제 11.7

용질 A가 흡착제인 고체 B 위에 흡착되는 데 사용되는 크로마토그래피 분리칼럼에서의 흡착등온곡선은 다음으로 주어진다.

$$C_S = k_1 C_L^3 = f(C_L)$$

여기서 C_S는 mg 흡착된 용질/mg 흡착제, C_L은 액체배지 내의 용질농도(mg 용질/ml 액체), 그리고 k_1은 상수이다. k_1 = 0.2(mg 흡착된 용질/mg 흡착제)/(mg 용질/ml 액체)^{3}이다. 충전칼럼의 다공성(공극분율)은 ε = 0.35이다. 칼럼의 단면적은 10 cm^{2}이고, M은 100 ml의 칼럼 부피당 5g의 흡착제이다. 주입된 액체 부피는 ΔV = 250 ml이다.

a. 평형에서 액상의 용질농도가 $C_L = 5 \times 10^{-2}$ mg/ml일 때, 칼럼에서 용질띠의 위치(ΔX)를 구하라.

b. $C_L = 5 \times 10^{-2}$ mg/ml일 때, 칼럼에서 용매 B의 이동거리에 대한 용질 A의 이동거리(L_A)의 비를 구하라(즉, R_f).

풀이

a. $C_L = 5\times10^{-2}$ mg/ml

$f(C_L) = k_1 C^3, \quad f'(C_L) = 3k_1 C_L^2$

$f'(C_L) = 3(0.2)(5\times10^{-2})^2 = 0.0015$

$M = 5g/100 = 50$ mg/ml

$$\Delta X = \frac{\Delta V}{A(\varepsilon + Mf'(c))} = \frac{250\ \text{cm}^3}{10\ \text{cm}^2[0.35 + 50(0.0015)]}$$

$\Delta X = 58.5$ cm

b. $R_f = \dfrac{\varepsilon}{\varepsilon + MK} = \dfrac{0.35}{0.35 + 50(0.0015)}$

$R_f = 0.824$

이러한 크로마토그래피 이론은 고정칼럼 흡착, 분배, 이온교환, 그리고 친화성 크로마토그래피에 응용할 수 있다. **젤여과 크로마토그래피**(gel-filtration chromatography)에 대한 이론은 다소 다르다. 젤여과(분자체) 크로마토그래피에서 용질분자는 분자의 크기와 모양에 따라 지지입자의 다공성 구조에 확산된다. 작은 용질분자는 지지입자의 미세한 구멍구조로 침투하여 '긴' 기간 동안 고체와 접촉하고 있는 반면에, 큰 분자는 바깥표면과 작용하여 '짧은' 기간 동안 고체와 접촉하고 있게 된다. 칼럼을 통해 용리시키면 가장 큰 분자가 용리액에 먼저 나타나고, 가장 작은 분자는 마지막에 나타난다. 각 용질분자의 띠는 분자의 크기와 모양에 따라 얻어진다.

관심 있는 용질을 포함하는 완충액을 칼럼에 주입한 후, 원래의 완충용액을 용리시키기 위해 충분히 세척하는 경우를 생각해 보자.

어느 시간 동안에 칼럼으로부터 용리된 완충용액의 전체부피는

$$V_e = V_0 + K_D V_i \tag{11.88}$$

여기서 V_e = 전체 용리 완충액의 부피, V_0는 젤입자 밖의 빈 공간을 채우는 유체부피인 칼럼의 공극부피(= $V\varepsilon$), V_i는 젤입자 내부의 전체 공극 또는 세공 부피, 그리고 K_D는 분배계수이다.

젤구조 안으로 침투하지 못하는 큰 분자의 경우에 $K_D = 0$이고 젤 내에 완전히 침투하는 작은 분자의 경우에 $K_D = 1$이다. 식 11.88은 다음과 같이 다시 쓸 수 있다.

$$\frac{V_e}{V_0} = 1 + K_D \frac{V_i}{V_0} \tag{11.89}$$

주어진 용질혼합물과 젤비드의 경우에 K_D와 V_i/V_0비는 고정되고, V_e/V_0비는 칼럼의 기하학적 구조와 V_e에 관계없이 거의 일정하다.

젤여과 크로마토그래피는 거대분자의 MW를 결정하는 데 사용할 수 있다. V_e/V_0 대 log(MW)의 도식으로부터 K_D와 비례하는 음수의 기울기를 갖는 직선을 얻는다.

친화성 크로마토그래피는 충전칼럼에서 용질분자와 고분자비드 표면에 붙어 있는 리간드 사이의 아주 특이한 상호작용에 기초한다. 그림 11.28은 친화성 크로마토그래피의 개

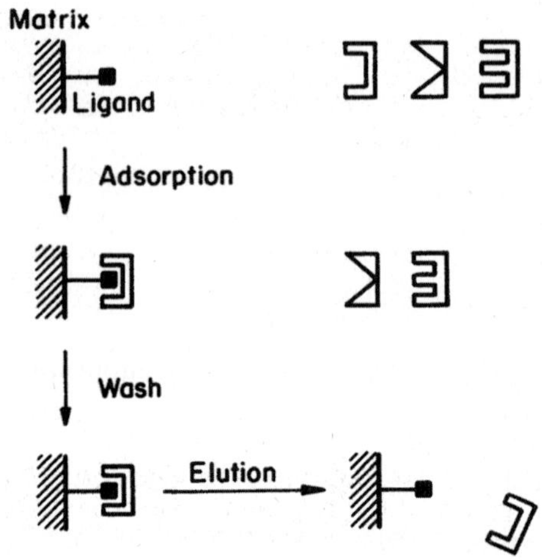

Figure 11.28. Basic principles of affinity chromatographic separations. A suitable ligand is covalently attached to an insoluble matrix. In the adsorption step, only those molecules with a specific binding site for the ligand bind to the adsorbent; molecules without the proper geometric fit pass through unaffected. In the elution step, the bound molecules are disengaged from the column and collected. (With permission, from M. L. Yarmush and C. K. Colton, in M. Moo-Young, ed., *Comprehensive Biotechnology*, Vol. 2, Elsevier Science, London, 1985.)

념을 설명하고 있다. 담체는 보통 아가로오스이다. 그러나 폴리아크릴아마이드, 하이드록시메틸 메타크릴레이트, 셀룰로오스, 그리고 다공성 유리 또한 담체비드로 사용할 수 있다. 담체와 리간드 사이의 간격 팔(spacer arms)은 보통 선형의 지방족 탄화수소이다. 간격 팔의 사용은 담체에 의해 생기는 입체장애(steric hindrance)를 감소시킬 수 있다. 담체와 리간드 간의 결합은 담체와 리간드 위에 존재하는 작용기에 의존한다. 지지담체 위의 화학적인 반응기는 보통 —OH, —NH_2, 또는 —COOH기이다. 담체 위의 반응기가 —OH기(다당류, 유리, 하이드록시알킬 메타크릴레이트)라면, 시안화브롬(CNBr)이 결합제로 사용된다. 시안화브롬에 의해 활성화된 아가로오스는 리간드로 작용하는 단백질에 있는 일차 아민기와 반응한다. 원하는 용질이 리간드와 결합한 후, 용리는 보통, 칼럼의 pH 또는 이온세기를 변화시킴으로써 이루어진다. 친화성 크로마토그래피에서 리간드와 용질분자의 상호작용은 효소와 기질 또는 항원과 항체의 상호작용처럼 매우 특이적이다. 즉, 효소 저해제 또는 기질은 혼합물로부터 특별한 효소를 분리하기 위한 리간드로 사용될 수 있다. 단일군 항체(monoclonal antibody (MAb))는 친화성 크로마토그래피에 의해 특별한 항원분자를 분리하는 데 리간드로서 사용될 수 있다. 생물공학 산업에 있어 특히 관심을 끄는 것은 여러 가지 포유동물 면역글로빈의 긴사슬에 결합하는 *Staphylococcus aureus*의 세포표면 단백질인 단백질 A의 사용이다.

친화성 크로마토그래피의 또 다른 형태로는 지지체 표면에 착화(chelate)되어 있는 금속이온에 대해 용질(특히 단백질들)의 서로 다른 친화력을 이용한 **고정화 금속친화 크로마토그래피**(immobilized-metal-affinity chromatography (IMAC))가 있다. 매우 매력적인 특징은, 특히 항체를 이용하는 친화성 크로마토그래피와는 대조적으로, 금속의 낮은 비용과 정지상의 재생(regeneration) 용이성을 들 수 있다. 전형적으로, 아가로오스 또는 실리카젤 지지체와 연결된 이미노디아세트산(iminodiacetic acid (IDA)) 또는 니트릴로트리아세트산(nitrilotriacetic acid (NTA))은 금속이온에 대해 부착부위를 제공한다. 다양한 목적단백질이 아연, 구리, 그리고 니켈 킬레이트를 이용하여 정제되었다. 물분자는 보통 금속이온을 용매화하지만, 강한 루이스 염기(예, 단백질에서 히스티딘 잔기)의 존재하에서 물분자는 치환될 수 있다. 고정화된 금속과 염기(단백질) 사이에 형성되는 결합은 단백질을 흡착시킨다. 접근성, 결합 잔기(즉, 히스티딘, 시스테인, 트립토판)의 미세환경, 인접한 아미노산 곁그룹 간의 관계, 그리고 국지적 형태와 같은 인자들은 결합세기 및 그에 따른 단백질 체류에 중요한 역할을 한다. pH를 낮추거나 경쟁적인 리간드를 이동상에 첨가하면 결합이 파괴되어 금속결합 단백질이 용리된다.

모든 단백질이 자연적으로 금속에 결합하는 것은 아니다. 그렇지만 높은 금속결합 친화성을 갖는 **꼬리**(tail)를 포함하도록 목적단백질의 유전정보를 변화시킨다면, IMAC를 이용할 수 있다. 전형적으로 목적단백질을 암호화하는 구조유전자는 목적단백질과 꼬리의 융합단백질을 만들기 위해 금속결합 펩타이드를 위한 암호로 확장된다. 꼬리의 아미노산 서열은 금속과 결합하는 것으로 알려진 아미노산 서열에 기초한다. 흔히 여섯 개의 인접한 히스티딘을 이용한다. 펩타이드 라이브러리도 효과적인 친화성 꼬리를 만들기 위해 이용되었다. 이 방법의 가장 큰 결점은 많은 경우에 있어서 꼬리가 제거되어야만 한다는 것이다. 이 시스템은 꼬리와 목적단백질 사이에 화학적으로 잘릴 수 있는 연결부를 이용하여 설계할 수 있다. 그러나 이러한 설계는 공정에 추가단계를 더하게 된다.

크로마토그래피 이론에 대한 논의는 많은 단순화 가정에 기초한다. 보통, 실제 칼럼에 대한 해석은 분산, 벽면 효과, 그리고 국지평형(local equilibrium)의 부적절성 때문에 더 복잡해진다. 벽면 효과는 비드 지름에 대한 칼럼의 지름 비를 10보다 크게 유지하면 줄일 수 있다($D_c/D_b > 10$). 어떤 운전조건에서는 층의 압축이 일어나고 이것이 점도 핑거링(fingering)과 같은 흐름의 불규칙성을 일으킴으로써 계의 해석을 더 복잡하게 할 수 있다

이들 수력학적, 속도론적 효과를 이해하는 것은 크로마토그래피 과정의 대규모화에 또한 중요하다. 이들 효과는 칼럼을 나가는 피크의 모양을 변화시킨다. 이들 흐름효과에 더하여, 흡착속도를 조절하는 단계는 피크의 모양을 변화시킨다. 다공성 지지체에 있어서 내부확산, 외부 필름을 통한 확산, 또는 층류흐름에서 외부 분산(Taylor 분산)은 물질전달속도를 조절할 수 있다. 이러한 개념의 더 정량적인 묘사를 고찰해 보자.

그림 11.29는 크로마토그래피 칼럼으로부터의 결과물을 보여 준다. 이 그림으로 이 결과물의 중요한 특성을 정의할 수 있다. 두 개의 인접한 피크의 분리능(resolution) R_S는 다음

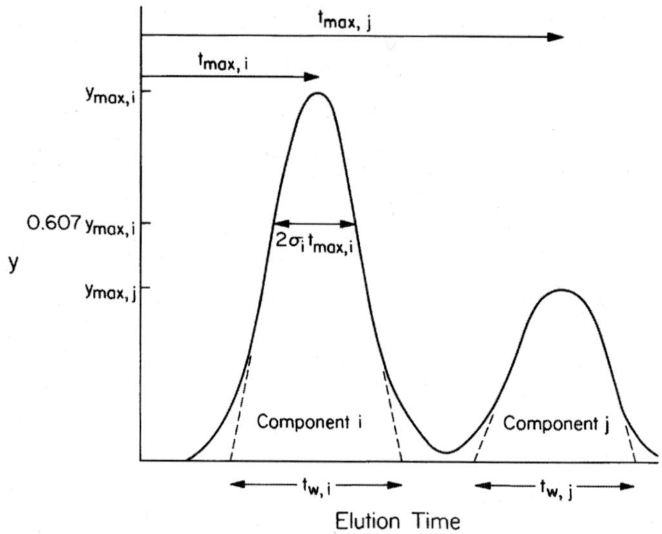

Figure 11.29. Schematic of output from a chromatography column. The relative t_{max} values are used to calculate resolution, while the standard deviation of a peak ($\sigma t_{max,i}$) is used to estimate yields, purity, and capacity and is used in scale-up.

과 같다.

$$R_s = \frac{t_{max,j} - t_{max,i}}{\frac{1}{2}(t_{w,i} + t_{w,j})} \tag{11.90}$$

수율은 시간 t_1과 t_2 사이에 모아진, i와 같은 용질의 양을, 칼럼에 주입된 i의 전체 양으로 나눈 것으로 정의된다.

$$Y_{\Delta t,i} = \frac{\int_{t_1}^{t_2} y_i F\, dt}{\int_0^{\infty} y_i F\, dt} \tag{11.91}$$

여기서 y_i는 용질 i의 농도이고, F는 용매의 흐름속도이다.

y_i의 값은 피크를 Gaussian으로 가정한다면, 피크의 높이와 모양으로부터 측정될 수 있다. 이 가정은 다음과 같게 된다.

$$y_i = y_{max,i} \exp\left[-\frac{(t - t_{max,i})^2}{2(\sigma t_{max,i})^2}\right] \tag{11.92}$$

여기서 $t_{max,i}$는 i의 최대량이 용리되는 시간이고, t는 용리시간, 그리고 $\sigma t_{max,i}$는 피크 i의 표준편차이다. 그러면 수율은 다음과 같이 계산된다.

$$Y_{\Delta t,i} = \frac{1}{2}\left\{\text{erf}\left[\frac{(t_2 - t_{max,i})}{\sqrt{2}\sigma t_{max,i}}\right] - \text{erf}\left[\frac{(t_1 - t_{max,i})}{\sqrt{2}\,\sigma t_{max,i}}\right]\right\} \tag{11.93}$$

여기서 erf는 다음과 같이 정의되는 오차함수이다.

$$\mathrm{erf}(x) = \frac{2}{\sqrt{\pi}} \int_0^x e^{-u^2} du \tag{11.94}$$

순도는 Δt에서 용리된 용질 i의 양을 Δt에서 용리된 전체 용질의 합으로 나눈 값으로 정의된다.

$$P_{\Delta t,i} = \frac{\int_{t_1}^{t_2} y_i F\, dt}{\sum_k \int_{t_1}^{t_2} y_k\, F\, dt} \tag{11.95}$$

이 해석에서의 요점은 σ이다. σ 값은 분산과 흡착 속도론에 의해 결정된다. 더 자세히 해석하면 다음과 같다.

$$\sigma^2 = \frac{v}{kal} \tag{11.96}$$

여기서 v는 겉보기 유체속도(superficial fluid velocity)(즉, 칼럼 넓이 A에 의해 나눠진 부피 흐름속도)이고, ka는 반응속도(k)와 이용 가능한 표면적(a)으로 이루어지는 표면'반응'속도, 그리고 l은 칼럼의 길이이다. 식 11.96에서 σ^2은 흐름속도를 반응속도로 나눈 것과 같으며, 실제로는 페클리수(Peclet number)임을 주목하라. σ^2의 값은 속도조절 단계에 따라 달라진다. 예를 들면,[3)]

$$\text{내부 확산 조절: } \sigma^2 \propto \frac{vd^2}{l} \tag{11.97}$$

$$\text{외부 박막 조절: } \sigma^2 \propto \frac{v^{1/2}/d^{3/2}}{l} \tag{11.98}$$

$$\text{Taylor 분산: } \sigma^2 \propto \frac{vd^2}{Dl} \tag{11.99}$$

위의 식에서 d는 칼럼을 충전하는 데 이용되는 입자의 지름이고, D는 용질의 유효확산계수이다.

대량의 생성물을 다루기 위한 크로마토그래피 공정의 대규모화 문제를 생각해 보자. 한 가지 접근방법은 같은 칼럼을 이용하면서 용질농도를 증가시키는 것이다. 이 방법은 충전물이 포화되어 순도와 수율이 감소되는 위험이 있다. 다른 접근방법은 층의 지름에 대한 입자크기의 비율을 일정하게 유지하기 위해서 d와 A를 증가시키는 것이다. 그러한 접근은 흐름형태를 유지하지만, 식 11.97, 11.98, 그리고 11.99에서 d가 증가했을 때, σ가 증가하리라

---

3) P. A. Belter, E. L. Cussler, and W. S. Hu, *Bioseparations*, Wiley, New York, 1988.

는 것을 알 수 있다. 높은 σ 값은 피크의 퍼짐, 감소된 분리능, 수율 및 순도를 나타낸다. 다른 접근법은 d를 고정하고, v와 l을 증가시키는 것이나, l에 대한 v의 비율을 일정하게 유지한다. 이 접근법은 수학적으로 σ를 일정하게 유지하는 반면, 실제적인 제약이 따른다. 칼럼 길이의 증가는 압력강하를 증가시킨다. 많은 충전제가 무르기 때문에, 이들은 더욱 압착되어 압력강하를 증가시키고, 흐름을 감소시키고, 흐름형태를 바꾸게 된다. 어떤 크로마토그래피 칼럼들은 30 cm 이하의 높이를 갖는 구획(segment)으로 만들어졌다. 이러한 구획은 층(bed) 압착문제를 감소시킨다. 다른 접근법은 상수 v와 이에 따른 상수 σ를 유지하기 위해 A와 부피흐름을 증가시키는 것이다. 이 접근법은 '팬케이크'형 반응기를 형성한다. 만약 액체를 칼럼의 단면에 균일하게 흘릴 수 있다면 이 방법은 매우 유용할 수 있다.

최근 크로마토그래피 칼럼의 충전물 입자 설계에서의 발전은 대규모화에도 도움을 주었다. 딱딱하고 큰 세공(macropore)을 갖는 기계적으로 강한 입자에서는 입자 주위 및 내부를 통한 대류흐름이 가능하다. 큰 세공은 작은 세공과 밀접하게 연결되어 있어서 물질전달이 잘 유지된다. 이 입자들은 용매와 용질의 빠른 흐름을 수반하며, 층 압착문제를 감소시켜 칼럼의 길이를 증가시킬 수 있다.

예제 11.8

특정 단백질 20 g을 정제하기 위해 사용하는 이온교환 크로마토그래피를 생각해 보자. 20 cm/h의 겉보기 속도에서 피크는 80 min에 y_{max}가 칼럼에서 나간다. 피크의 표준편차는 10 min이다.

a. 95% 수율을 얻기 위해서 칼럼을 얼마 동안 가동해야 하는지 계산하라.

b. 만약 흐름이 40 cm/h로 증가되고 Taylor분산이 일어나면 칼럼을 얼마 동안 가동해야 하는지 계산하라.

풀이

a. 다음을 주목하라.

$$\sigma = \frac{\sigma t_{max}}{t_{max}} = \frac{10\ \text{min}}{80\ \text{min}} = 0.125$$

식 11.88로부터 $t_1 = 0$[4)]에서 수율은 다음과 같다.

4) erf $(-x) = -\text{erf}\, x$ 그리고 erf $(-5.9) = -1$이다.

$$Y_{\Delta t} = 0.95 = ½\left[1+\text{erf}\left(\frac{t-t_{\max}}{\sqrt{2}\sigma t_{\max}}\right)\right]$$
$$= 0.95 = ½\left[1+\text{erf}\left(\frac{t-80}{\sqrt{2}\,10\text{ min}}\right)\right]$$

또는 t = 96.4 min이다.

b. 흐름이 두 배가 되면 $t_{\max}$는 40 min이 된다. Taylor분산으로 $\sigma \propto v^{1/2}$이므로

$$\sigma_2 = \sigma_1\left(\frac{v_2}{v_1}\right)^{½} = 0.125\left(\frac{40}{20}\right)^{½} = 0.177$$

수율 0.95에 대해 요구되는 시간은 다음과 같이 계산된다.

$$0.95 = ½ + \text{erf}\left[\frac{t-40}{\sqrt{2}\cdot 0.177\cdot 40}\right]$$

또는 t = 51.6 min이다.

두 번째 경우(v = 40 cm/h)에 피크는 더 분산되어 v = 20 cm/h에 대해서 $t_{95\%}/t_{\max}$ = 96.4/80 = 1.205이고, v = 40 cm/h에 대해서 $t_{95\%}/t_{\max}$ = 51.6/40 = 1.29이다.

11.4.10 전기영동

전기영동(electrophoresis)은 전기장에서 전하를 띠는 생물분자의 크기와 전하에 의해 분자를 분리하는 데 사용된다. 전기장에서 전하를 띠는 입자에 대한 항력(drag force)은 입자가 일정한 종단속도로 이동하고 있을 때 정전기적인 힘과 균형을 이룬다. 전기장에서 종단속도로 이동하는 전하를 띤 입자에 대한 힘의 수지로부터 다음 식이 얻어진다.

$$qE = 3\pi\mu D_P V_t \tag{11.100}$$

또는

$$V_t = \frac{qE}{3\pi\mu D_P} \tag{11.101}$$

여기서 q는 입자의 전하, E는 전기장 세기, D_P는 입자의 지름, μ는 유체의 점도, 그리고 V_t는 입자의 종단속도이다.

매체의 pH에 따라 단백질 분자의 정전기적인 전하가 달라진다. pH > pI일 때 단백질

은 음전하를 띠게 되고, pH < pI일 때 단백질은 양전하를 띠게 된다. 단백질의 순전하(net charge)는 단백질의 속도를 결정한다. 단백질 분자가 pH 기울기하에 존재할 때, 단백질의 순전하가 pH = pI에서 0이기 때문에 pH = pI에서 전기영동속도는 0이 된다. pH 기울기 내 등전점에서의 단백질의 침전은 **등전집속**(isoelectric focusing)으로 알려져 있다. 단백질 분자의 크기와 전하가 주어진 pH에서 다르기 때문에, 단백질의 종단속도는 식 11.101에 의해 달라지고 단백질은 전기장에서 다른 단백질로부터 분리된다. 한천(agar) 또는 폴리아크릴아마이드 같은 젤은 젤 전기영동에 의해 단백질을 분리하는 데 사용된다. 젤 전기영동은 중요한 분석용 분리기술이다. 전기적 가열에 의한 열 대류 때문에 대규모화에는 문제가 있다.

분석 및 소규모생산 용도의 높은 분리능을 갖는 전기영동의 한 가지가 이차원 단백질 전기영동이다(2DE). 이 2DE 과정은 실제 두 개의 독립적인 특성인 전하와 크기에 기초하여 단백질 혼합물을 분석하는 두 가지 전기영동 분리의 순차적 결합이다. 단백질은 우선, 각각의 등전점에 기초한 단백질을 분석하는 평형 분리기술인 등전집속을 이용하여 폴리아크릴아마이드 젤 담체에서 분리된다. 단백질들은 이어서 음이온성 계면활성제로 코팅되고, 또 다른 폴리아크릴아마이드 젤에서 크기에 의해 분리된다. 마지막으로 단백질들은 자기방사법(autoradiography) 또는 다른 방법에 의한 화학적 염색방법을 이용하여 검출된다. 이 2차원 분리의 결과는 특정한 생물학적 시스템의 특성인 단백질 발현의 높은 분리능을 갖는 지문으로 나타난다. 이 기술은 단백질 분석에 있어서 어떤 다른 분석 도구보다 최소 100배 이상 좋은 분리능을 갖는다. 분리된 단백질 점들은 폴리아크릴아마이드 젤에서 잘라내어 이후 미세화학적 분석을 통해 아미노산 서열을 결정하는 데 이용한다.

11.4.11 전기투석

전기투석(electrodialysis (ED))은 직접적으로 전류를 가하여 용액으로부터 전하를 띠는 분자를 분리하는 데 사용되는 막 분리방법이다. 막은 이온교환기를 가져 고정된 전기적 전하를 띤다. 양전하로 하전된 막(음이온막)은 음이온을 통과시키고 양이온을 물리치는 반면에, 음전하로 하전된 막(양이온막)은 양이온을 통과시키고 음이온을 물리친다. 이 방법은 전해질과 단백질의 농축에 매우 효과적이다.

ED공정은 정전기적인 힘에 의해 작동되고 저농도에서 고농도로 염을 전달하는 데 사용될 수 있다. 염용액은 이 방법에 의해 농축되거나 희석될 수 있다. ED방법은 투석보다 훨씬 빠르고 더 효과적인 탈염방법이다.

ED장치에 사용되는 **이온교환막**(ion-exchange membrane (IEM))은 본질적으로는 얇은 판 형태의 이온교환수지이다. IEM은 전류를 운반하는 이동 상대이온(mobile counter ion)을 포함한다. 양이온 교환막은 폴리스티렌의 페닐기와 결합되어 있는 음전하의 설폰기를 갖는 폴리스티렌으로 구성된다. 음이온막은 폴리스티렌의 페닐기와 화학적으로 결합되어 있는 양전하의 4차 암모늄기(—N_3R^+)를 포함한다. 이동 상대이온에 의하여 막은 낮은 전기적 저항을 유지한다. 설폰화 폴리스티렌의 팽창을 조절하기 위하여, 다이비닐 벤젠 같은 교차결합제(cross-linking agent)가 고분자에 포함된다. 전형적인 ED막은 2~3 mEq/g 건조중량 수지의 용량과 10~20 Å의 구멍크기를 갖는다. 막 두께는 0.1~0.6 mm 정도이고 전기적 저항은 대략 3~30 ohm/cm^{2}이다.

ED장치는 염의 농축과 희석, 이온치환, 그리고 전기분해에 사용할 수 있다. 그림 11.30은 염의 농축과 희석을 위해 사용되는 ED장치의 모식도이다. 이 장치는 음극과 양극의 두 전극과 음이온-양이온막을 교대로 배열시켜 생기는 많은 희석격실(D^*)과 농축격실(C^*)로 이루어져 있다. 또한 ED장치는 공정흐름의 이온조성을 변화시키기 위한 이온치환 목적으로 사용될 수 있다. 이온의 액체흐름이 같은 전하를 띠는 두 막(두 양이온 또는 두 음이온 교

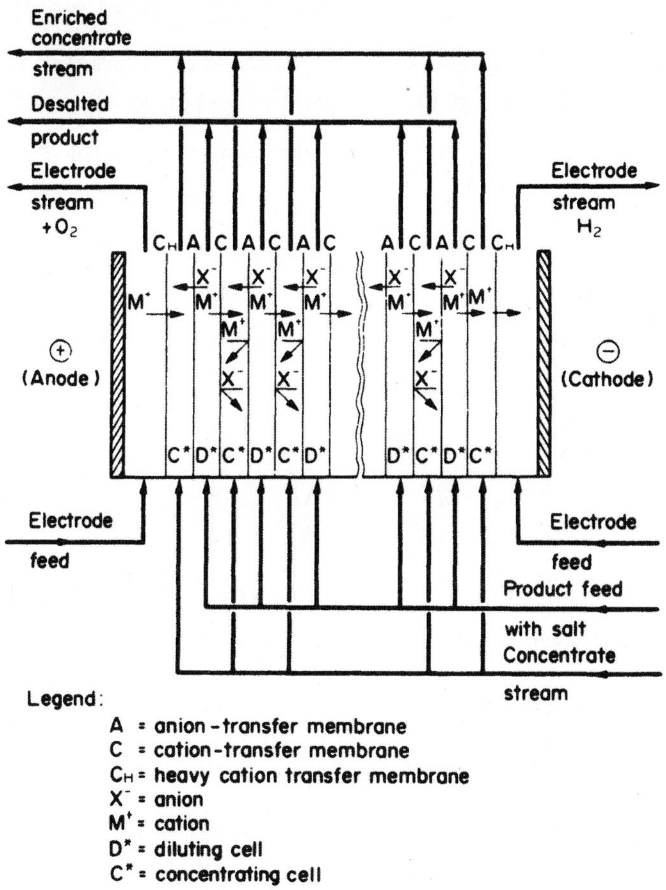

Figure 11.30. Schematic of concentrating-diluting multicell pair electrodialysis process. (With permission, from S. M. Jain and P. B. Reed, in M. Moo-Young, ed., *Comprehensive Biotechnology*, Vol. 2, Elsevier Science, London, 1985.)

환막) 사이를 지나면, 이온은 용액으로부터 하나의 막을 통해 한 방향으로 이동하고, 같은 전하를 띠는 등가의 이온이 마주보는 막의 다른 쪽에 있는 보충용액으로부터 막을 통해 용액으로 이동된다. 전기분해 ED장치에서 전극은 공정에서 중요한 기본적인 역할을 한다. 두 전극격실은 전기분해장치에서 막으로 분리된다. 전기분해 ED장치의 예로는 NaCl용액이 전기분해되어 NaOH와 Cl로 전환되는 chlor-alkali cell이 있다.

11.5 정제의 마무리 단계

발효생성물 정제의 주요 마무리 단계로, 특히 저분자량의 생성물을 위해, 결정화와 건조가 있다.

11.5.1 결정화

결정화(crystallization)는 항생제같이 고도로 정제된 생성물의 생산에 있어서 보통 마지막 단계이다. 결정화는 열에 민감한 물질의 열변성을 최소로 하는 저온에서 운전된다. 운전은 고농도에서 이루어지므로 단위비용은 낮고 분리인자는 높다. 보통 어느 특정한 계에 대한 상선도(phase diagram)와 적절한 반응속도론이 없기 때문에 최적 결정화 조건의 결정은 실험에 의해 경험적으로 이루어진다. 결정화의 결과물은 생성물 결정을 포함하는 용매액과 결정화되지 않은 불순물의 현탁액이다. 이후 현탁액으로부터 고체결정을 회수하는 것이 필요하다.

고순도의 결정은 현탁액으로부터 회분식 Nutsche형태의 여과기 또는 원심여과기를 사용하여 회수한다. 결정이 비압축성이고 여과매체의 저항을 무시할 수 있다고 가정하면, 결정 슬러리의 여과에 다음 식을 사용할 수 있다.

$$\frac{dV}{dt} = K_T \frac{A\,\Delta P}{\Delta X} \tag{11.102}$$

여기서 ΔX는 결정층의 두께, t는 시간, V는 액체부피, ΔP는 압력강하, A는 표면적, 그리고 K_T는 전달계수이다. W가 케이크에서의 고체농도일 때, $W \propto V$를 대입하고 식 11.102를 적분하면 다음을 얻는다.

$$t = K_T \frac{W^2}{\Delta P \cdot A^2} \tag{11.103}$$

전형적인 원심여과기는 보울 원심분리기에 여과기를 조합한 것이고, 다음 식은 원심여과기에서 여과-결정화 속도를 결정하는 데 사용된다.

$$\frac{dV}{dt} = \frac{(2\pi N)^2 \rho L(r_0^2 - r_L^2)}{2\mu(\alpha W / A_m^2 + R_M / A_0)} \tag{11.104}$$

여기서 N은 회전속도, α는 케이크의 비저항, W는 케이크의 고체농도, A_m은 대수평균면적 (log mean area), 그리고 R_M은 매체저항이다.

결정의 특성과 크기는 원심분리와 세척속도에 영향을 미친다. 그러므로 결정화와 회수 단계는 서로 연관되어 있고 결정화 운전의 최적화에 있어 함께 고려되어야 한다. 세척 후, 결정은 건조를 위해 배출된다.

11.5.2 건조

정제된 젖은 생성물(결정 또는 용해된 용질)로부터 용매를 제거하는 것은 보통 **건조** (drying)에 의해 이루어진다. 건조조건을 선택할 때에는 생성물의 물리적 특성, 열 민감성, 원하는 최종 수분함량 또는 용매를 고려하여야 한다. 건조에 영향을 주는 매개변수는 고체-액체계의 물리적 특성, 용질의 고유특성, 건조환경 조건, 그리고 열전달 매개변수의 네 부분으로 분류할 수 있다.

다음은 발효생성물의 건조에 사용되는 건조기의 주요 유형이다.

- **진공판 건조기**(vacuum-tray dryer)는 한 용기 내의 가열된 선반들로 구성되며 보통 항생제와 같은 제약 생성물에 사용된다. 이것은 작은 회분식으로 고가물질을 얻는 데 있어서 생성물 손실과 열 손실을 최소화하는 좋은 방법이다.
- **동결 건조**(freeze drying (lyophilization))는 얼어 있는 용액으로부터 승화(고체 얼음에서 증기로)에 의해 수분을 제거하는 방법이다. 건조시키기 전에 진공용기의 안이나 밖에서 냉동시킬 수 있다. 이 방법은 항생제, 효소액과 박테리아 현탁액과 같은 바이알 속의 약품에 사용된다.
- **회전통 건조기**(rotary-drum dryer)는 결정용액에 좋지 않다. 증기가열된 회전통의 표면 위에 있는 얇은 용액 막으로의 열전도에 의해 수분이 제거된다. 건조된 생성물은 배출지점에서 통으로부터 칼로 긁어모아진다.
- **분무 건조기**(spray dryer)는 생성물 용액이 분사구를 통해 가열된 용기로 분무된다. 용기 내의 뜨거운 기체는 액체의 증발에 필요한 열을 제공한다. 건조된 입자는 사이클론을 사용하여 뜨거운 기체로부터 분리된다. 분무 건조기는 가격이 비싸지만 열에 민감한 물질에 선호되는 방법이다.

- **기류수송식 건조기**(pneumatic conveyor dryer)는 입자를 부유시키고 이동시키는 데 뜨거운 공기흐름을 사용한다. 기체흐름에서 입자의 체류시간은 보통 수초 정도로 짧다. 이 시스템은 표면건조가 중요할 경우에는 잘 적용되지만, 수분제거가 확산에 의해 조절되는 큰 다공성입자의 건조에 걸리는 충분한 노출시간을 주지 못한다. 기류수송시스템은 열에 민감하고 쉽게 산화되는 물질에 적합하다.

11.6 반응과 분리의 결합

발효와 회수를 분리하여 최적화할 경우 반드시 최적공정을 얻지는 못한다. 이제 변하기 시작했지만, 전통적으로 균주개발, 발효, 그리고 회수기술 전문가들은 실제에 있어 독립적으로 연구를 수행하였다. 따라서 공학자의 기본적인 생물학적 개념에 대한, 그리고 생물학자의 공학과 공정 개념에 대한 정규교육의 부족으로 인하여 생물공정에 대한 통합적인 관점을 얻기가 어려웠다. 후공정(downstream)에서 선공정(upstream)으로의 충분한 되먹임이 없이 공정은 순차적으로 최적화되어 왔다. 그러나 이제는 공학자와 생물학자의 개선된 교차훈련을 통해 더 나은 공정을 구성할 수 있게 되었다.

생물반응기에 회수와 정제의 관점을 결합하려는 시도는 이러한 통합의 한 형태이다. 이러한 접근은 생성물 저해를 감소시켜 반응속도를 증가시키고, 더 농축된 공급액의 사용을 가능하게 하려는 의도에서 비롯되었지만, 결과적으로 원하는 생성물에 대한 향상된 선택성, 원래 세포내 생성물의 세포외 생성물로의 전환, 그리고 생성물의 변성방지와 같은 장점도 얻을 수 있게 되었다.

생물공정결합을 시도한 예는 현대 생물화학공학의 시초까지 거슬러 올라간다. 1970년대에 에너지파동과 에탄올생산에 대한 관심은 생물공정결합에 대한 많은 제안을 낳았다. 그러한 공정결합에 대한 초기의 몇 가지 접근에 진공발효, 막 공정, 고체흡착제의 첨가, 그리고 액체추출제가 포함된다.

하나의 예로 발효액의 에탄올 추출제로서 트리부틸인산염(TBP)을 사용하는 반응기시스템이 있다. 비록 TBP가 이러한 목적에 적합한 용매로 인식되어 왔지만, 반응기에서 추출을 위해 직접 사용하는 것은 독성 때문에 불가능하다고 생각되었다. 계속된 연구의 결과로 용매는 두 가지 특성 때문에 독성이 있다고 인식되었다. 수용액에 녹아 있는 용매로 인해 발생되는 화학적 또는 분자적 수준의 독성과, 유화된 용매방울과 효모의 직접적인 작용에 의한 물리적 또는 상독성(phase toxicity). TBP의 독성은 이들 중 오직 상독성에 의한다고 판명되었다. 이러한 상독성을 피할 수 있는 한 가지 방법은 용매방울을 배제하면서 영양소를

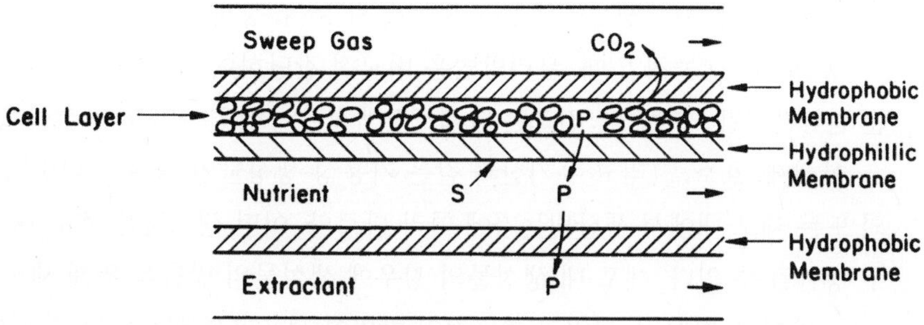

Figure 11.31. Example of a multimember reactor. The extractant fills the pores of the hydrophobic membrane but cannot pass into the nutrient solution if the pressure on the nutrient side is higher than on the extractant side. S is the substrate and P is the product. (From T. Cho and M. L. Shuler, *Biotechnology Progress* 2:1, pp. 53–60, 1986. With permission from John Wiley & Sons.)

유입시키고 생성물을 유출시키는 방식으로 세포를 고정화하는 것이다. 이런 방식에 적합한 장치의 하나가 **다중막 생물반응기**(multimembrane bioreactor)이다(그림 11.31).

소수성막을 사용하면 용매는 막의 구멍을 쉽게 채울 것이다. 수용액이 용매보다 높은 압력에 있으나 그 압력이 막구멍으로 수용액이 주입되는 임계압력보다 낮다면, 용매는 막에 효과적으로 고정화된다. 이런 시스템은 용매의 유화와 상독성을 막는 반면, 생성물을 반응기로부터 용매추출할 수 있다. 이런 형태의 생물반응기가 갖는 중요한 장점으로는 더 농축된 공급액의 사용, 되먹임 저해의 경감, 그리고 감소된 증류 또는 분리비용(예, 에탄올 회수의 경우)이 있다.

이런 통합적 관점은 추출제의 첨가를 통해서뿐만 아니라 분자적인 수준에서도 나타낼 수 있다. 적절히 구성된 플라스미드를 사용하여 대장균으로부터 세포외 구역으로의 단백질 분비에 대하여 여러 그룹에서 연구하여 왔다. 이러한 접근은 반응기 생산성의 증가를 이루기보다는 오히려 회수와 정제를 매우 단순화시키기 위한 것이다.

전체 시스템을 고려하는 것은 생물공정공학자에게 중요하다. 배양의 설계 또는 선택, 반응기 형태, 그리고 분리와 정제 순서 결정은 주의하여 실시해야 한다. 선공정의 작은 변화가 후공정 설계를 매우 단순하게 또는 복잡하게 만들 수 있다.

11.7 요약

발효공정이 끝나면 생성물의 회수와 정제는 필수적인 단계이다. 생성물 분리는 발효단계와 통합되거나 후속으로 이루어질 수 있다. 발효생성물 분리의 주요 과정은 생물체나 다른 불용성 생성물의 분리, 생성물의 농축 또는 일차 분리, 정제, 그리고 마무리(건조와 포장)이다.

생성물이 생물체일 때, 분리방법은 비교적 간단하여 세포의 응고-응집 다음에 여과 또는 원심분리가 포함된다. 건조는 단세포단백질같이 상업성이 있는 생물체에 사용된다.

항생제, 효소, 그리고 유기산과 같은 가용성 생성물인 경우 분리방법은 생성물이 세포외 또는 세포 내에서 생산되는가에 따라 다르다. 어떤 생성물은 세포 내와 세포 외에서 모두 생산될 수 있다. 세포 내 생성물의 경우에 생성물의 방출을 위해 세포를 파쇄할 필요가 있다. 기계적, 화학적, 그리고 효소적인 방법이 세포파쇄에 사용될 수 있다. 생성물들은 세포파쇄 후 다른 세포나 배양액 조성물로부터 분리되어야 한다. 세포파쇄 후 생성물은 다른 세포와 배지성분으로부터 분리되어야 한다. 생성물의 유형과 MW에 따라 분리방법은 세포잔해를 원심분리 또는 여과에 의해 제거한 후 생성물의 추출 또는 침전(단백질 생성물의 경우)으로 이루어진다. 세포 외 생성물에 대한 분리방법은 세포를 파쇄할 필요가 없기 때문에 세포 내 생성물에 비해 더 간단하다. 발효배지로부터 생물체를 분리한 후, 생성물은 액체-액체 추출(항생제), 수성이성분계 추출(효소), 흡착(항생제), 또는 침전(단백질) 중 하나 또는 여러 방법의 조합에 의해 발효액으로부터 분리된다. 흔히, 생성물을 결정화, 건조한 후 포장한다.

단백질(효소, 호르몬, 치료제) 분리에는 보통 특별한 방법이 필요하다. 단백질은 보통 염석 또는 유기용매의 첨가에 의하여 배지로부터 침전된다. 원하는 단백질은 보통 MW에 근거한 한외여과에 의해 다른 단백질 성분으로부터 대략 분리된다. 그 이상의 정제를 위하여 이온교환 또는 친화성 크로마토그래피 같은 크로마토그래피 방법을 사용할 필요가 있다. 원하는 단백질의 화학적 성질과 단백질 혼합물의 조성에 따라, 비록 연구와 분석용으로 더 많이 쓰이지만, 때로는 등전집속 또는 전기영동(전하를 띠는 단백질의 경우) 같은 특별한 단백질 분리방법을 사용할 필요가 있다.

발효와 분리의 동시 적용 방식은 생성물 저해를 극복하고 더 간결하고 경제적인 대안을 주기 때문에 순차적인 방식에 비해 특별한 장점을 가지고 있다. 막, 흡착, 또는 추출 분리 방식은 발효되는 동안 생성물의 동시 분리에 사용할 수 있다.

참고문헌

Bailey, J. E., and D. F. Ollis, *Biochemical Engineering Fundamentals*, 2d ed., McGraw-Hill, New York, 1986.

Belter, P. A., E. L. Cussler, and W. S. Hu, *Bioseparations*, Wiley, New York, 1988.

Blanch, H. W., and D. S. Clark, *Biochemical Engineering*, Marcel Dekker, New York, 1996.

Eckenfelder, W. W., *Industrial Water Pollution Control*, 2d ed. McGraw-Hill, New York, 1989.

Flickenger, M. C., *Downstream Industrial Biotechnology: Recovery and Purification*, Wiley, New York, 2013.

Ghosh, R., *Principles of Bioseparations Engineering*, World Scientific Publishing Company, Hackensack, NJ, 2006.

Harrison, R. G., P. W. Todd, S. R. Rudge, and D. P. Petrides, *Bioseparations Science and Engineering*, 2d ed., Oxford University Press, New York, 2015.

Jungbauer, A., "Continuous Downstream Processing of Biopharmaceuticals," *Trends Biotechnol*. 8: 479–492, 2013.

Marichal-Gallardo, P. A, and M. M. Alvarez, "State-of-the-Art in Downstream Processing of Monoclonal Antibodies: Process Trends in Design and Validation," *Biotechnol. Progr.* 28: 899–916, 2012.

연습문제

11.1 관형 원심분리기를 사용하여 발효액으로부터 효모세포를 회수하고 있다. 4000 rpm의 회전 속도와 12 l/min의 유량에서 세포의 60%가 회수되었다. 회수는 유량과 반비례한다.

a. 같은 유량에서 세포의 회수를 95%까지 증가시키기 위한 원심분리기의 회전속도(rpm)를 구하라.

b. 4000 rpm의 일정한 회전속도에서, 95%의 세포회수를 위한 유량을 구하라.

11.2 저항을 무시할 수 있는 작은 시험용 여과매체를 통해 gentamycin 결정을 여과한다. 다음의 자료를 얻었다.

t (sec)	10	20	30	40
V (l)	0.6	0.78	0.95	1.1

이 시험운전에서 압력강하는 100 cm^2의 여과면적을 통한 물의 경우에 비해 1.8배에 달하였다. 용액의 gentamycin 농도는 5 g/l이다. 압력강하가 일정하고 μ = 1.2 centipoise일 때, 1.5 m^2의 여과기를 통해 5000 l의 gentamycin 용액을 여과하는 데 걸리는 시간을 구하라.

11.3 streptomycin을 향류단계추출장치에서 유기용매를 사용하여 발효액으로부터 추출한다. pH = 4에서 streptomycin의 분배계수는 $K_D = Y_i/X_i = 40$이고 수상(H)의 유량은 H = 150 l/min이다. 수상의 streptomycin 농도를 10 g/l에서 0.2 g/l까지 감소시키는 데 다섯 개의 추출장치만을 이용할 수 있을 때, 추출장치의 유기상(L)의 필요한 유량을 구하라.

11.4 새로운 항생제를 고정층의 수지 비드에 흡착시켜 발효액으로부터 분리한다. 층의 지름은 5 cm이고 0.75 cm^3 수지/cm 층을 포함한다. 총괄 물질전달계수는 12 h^{-1}이다. 공급액의 항생제 농도가 4 g/l이고, 50 cm 칼럼의 유출액에서 0.1 g/l가 되게 하려면 칼럼을 통과하는 액체의 유속을 구하라. 평형 관계식은 $C_S^* = 20(C_L^*)^{1/2}$이고 운전곡선 관계식은 $C_S = 5\,C_L$이다. 여기서 C_S는 g 용질/l 수지이고 C_L은 g 용질/l 용액이다.

11.5 폐수로부터 페놀성분을 제거하기 위해 활성탄 흡착칼럼을 사용한다. 공급액과 유출액에서 흡착질의 농도가 C_o = 100 mg/l와 C_e = 1 mg/l, 그리고 유속은 F = 10 m^3/h이다. 흡착칼럼

은 공극률이 30%인 활성탄 3 m^3을 포함하며 칼럼의 지름은 $D_o = 0.5$ m이다. 활성탄의 흡착용량과 속도는 $N_o = 60$ kg 흡착질/m^3 층 그리고 $K = 0.8$ m^3/kg · h이다.

a. 흡착칼럼의 높이와 운전시간을 구하라.

b. 같은 특성의 칼럼에 대해, 10일간 운전하기 위한 칼럼의 높이를 구하라.

11.6 활성탄 흡착칼럼을 사용하여 잘 녹지 않는 유기물 성분을 수용액 상으로부터 제거한다. 공급액의 유속이 5 m^3/h이고, 공급액과 유출액에서 유기물질의 농도가 40과 0.5 mg/l일 때, 3 m 높이의 칼럼을 3일 동안 운전할 수 있다. 같은 칼럼을 $H = 5$ m일 때 6일간 운전한다. $D_o = 0.6$ m.

a. 활성탄 흡착칼럼의 흡착용량(N_o)과 속도상수(K)를 구하라.

b. 같은 특성의 칼럼에 대해, 유속이 배가 되었을 때 6일간 운전하기 위한 관의 높이를 구하라.

c. b의 칼럼에 대해 공극률이 35%, 그리고 AC의 밀도가 2 g/cm^3라면 필요한 AC의 부피와 무게를 구하라.

11.7 교차흐름 한외여과장치에서, 분자량이 3×10^5 da인 단백질을 UF막을 사용하여 발효액으로부터 분리한다. 지름 $d = 2$ cm이고 길이 $L = 50$ cm인 관을 통과하는 액체의 유량은 $Q = 2$ l/min이다. 흐름형태는 난류, $f = 0.0005$, 그리고 $C_4 = 2$[atm (s/cm)^2]이다. 입구압력은 $P_i = 2$ atm이다. 용액과 젤 막에서의 단백질농도는 각각 $C_B = 30$ mg/l과 $C_G = 100$ g/l이다.

a. 출구압력(P_0)을 구하라.

b. 막을 통한 압력강하(ΔP_M)를 구하라.

c. 단백질 플럭스에 대한 물질전달계수가 $k = 5$ cm/s일 때, UF막을 통한 액체의 플럭스(J)를 구하라.

d. 여과기의 저항이 $R_M = 0.002$ atm/cm^2 · s/cm^3일 때, 케이크 저항(R_G)을 구하라.

11.8 이성분계 혼합물의 성분 A와 B를 크로마토그래피 칼럼으로 분리하려고 한다. 이 화합물들의 흡착등온곡선은 다음과 같이 주어진다.

$$m_A = f_A(c) = \frac{k_1 C_A}{k_2 + C_A}$$

$$m_B = f_B(c) = \frac{k_1' C_B}{k_2' + C_B}$$

여기서 $k_1 = 0.2$ mg 흡착된 용질 A/mg 흡착제

$k_2 = 0.1$ mg 용질/ml 액체

$k_1' = 0.05$ mg 흡착된 용질 B/mg 흡착제

$k_2' = 0.02$ mg 용질/ml 액체

충전층은 3 g의 아주 미세한 지지입자를 담고 있다. 층의 부피는 150 ml, 다공성은 $\varepsilon = 0.35$, 그리고 단면적은 $A = 6$ cm^2이다. 첨가된 혼합물의 부피가 $\Delta V = 50$ ml일 때, 다음을 구하라.

a. 칼럼에서 각 띠 A와 B의 위치인 L_A와 L_B(또는 ΔX_A와 ΔX_B)를 결정하라.

b. 평형의 액상에서 $C_A = 10^{-1}$ mg/ml이고 $C_B = 0.05$ mg/ml일 때 L_A/L_B, $R_{fA} = L_A/L_C$, $R_{fB} = L_B/L_C$를 결정하라.

11.9 두 단백질 A와 B를 분리하기 위해 젤 크로마토그래피의 사용을 고려하고 있다. A에 대한 분배계수(K_D)가 0.5이고 B에 대해서는 0.15이다. 칼럼에서 공극(void) 부피 V_o는 20 cm^{3}이다. 젤 입자 내의 공극부피 V_i는 30 cm^{3}이다. 칼럼의 전체부피는 60 cm^{3}이다. 용리액의 흐름속도는 100 cm^3/h이다. 분산과 다른 효과들을 무시하면, A가 칼럼을 빠져나가는 데 걸리는 시간은 얼마인가? B의 경우는 얼마인가?

11.10 발효액에 존재하는 생물체를 진공여과에 의해 분리하려고 한다. 다음은 여과기와 발효액의 특성이다.

$$A = 50\ \text{m}^2, \qquad \Delta P = 0.01\ \text{N/m}^2, \qquad C = 15\ \text{kg/m}^3$$

$$\mu = 0.003\ \text{kg/m-s}, \qquad \alpha = 2\ \text{m/kg}$$

a. 만약 여과속도가 $dV/dt = 50$ l/min의 일정한 값을 갖는다면 $t = 30$ min에서 케이크와 여과저항은 얼마인가?

b. 같은 압력강하에 대해, 60 mim 안에 5000 l의 발효액을 여과하는 데 필요한 여과기 표면적(A)을 결정하라.

11.11 $C_0 = 100$ mg/l의 단백질농도를 갖는 발효액을 연속으로 연결된 두 개의 하강형 흡착칼럼을 통해 $Q = 4$ m^3/h의 흐름속도로 통과시킨다. 흡착등온식은 $q = 4C^{1/4}$이다. 이 시스템이 평형상태에 있다고 가정하고, 다음을 계산하라.

a. 관의 제거효율이 $E = 50\%$라면, 2일간의 운전에 필요한 활성탄의 최소량을 계산하라.

b. 두 번째 관의 유출액에서 단백질농도를 $C = 0.5$ mg/l로 하려고 한다. 2일간의 운전에 필요한 활성탄의 최소량을 결정하라.

11.12 발효액으로부터 단백질 여과를 위해 사용하는 교차흐름 한외여과에서, 젤 저항은 다음 식에 따라 단백질농도와 함께 증가한다.

$$R_G = 0.5 + 0.01(C), \text{ 여기서 } C\text{는 mg/l이다.}$$

이 시스템 입구에서의 압력은 $P_i = 6$ atm이고, 출구에서는 $P_0 = 2$ atm이다. 여과막의 바깥쪽(shell side)은 대기와 통해 있어 $P_f = 1$ atm이다. 막 저항은 $R_M = 0.5$ atm/(mg/m$^2 \cdot$ h)이고, 발효액의 단백질농도는 $C = 100$ mg/l이다.

a. 막을 통한 압력강하를 결정하라.

b. 여과플럭스를 결정하라.

c. 유출액의 단백질농도가 $C_f = 5$ mg/l가 되기 위한 배제계수를 계산하라.

11.13 용질 단백질을 크로마토그래피 칼럼의 액상으로부터 분리하려고 한다. 흡착등온식은 다음과 같이 주어진다.

$$C_S = kC_L^2$$

여기서 C_S는 고체상에서 용질의 농도(mg 용질/mg 흡착제)이고, C_L은 액체상에서 용질의 농도(mg 용질/ml 액체)이다. 다음의 자료를 이용하라.

$$k = 0.4, \quad \varepsilon = 0.3, \quad A = 25\ \text{cm}^2,$$

$$M = 10\ \text{g ads/100 ml column} = 100\ \text{mg/ml}$$

a. V = 400 ml, X = 25 cm에 대해 액체상과 고체상에서의 평형 기질농도를 결정하라.

b. 용매에 대한 용질의 이동거리 비, R_f를 결정하라.

11.14 단백질 A와 B를 이온교환 크로마토그래피를 이용하여 분리하고자 한다. 겉보기 유체속도가 30 cm/h일 때, 피크 A는 y_{max}로 50분에 유출되고, 피크 B는 y_{max}로 100분에 유출된다. 피크 A는 표준편차가 12분이고, 피크 B는 18분이다.

a. Taylor분산이 유지되고 v가 60 cm/h로 증가될 경우, A와 B의 피크 용리시간과 표준편차를 구하라.

b. v = 60 cm/h일 때, 두개의 피크를 그리고, 이 피크들의 분리해상도(R_s)를 구하라.(식 11.29 이용)

c. 처리량을 증가시키기 위해 v를 60 cm/h로 증가시키는 것이 바람직한지 아닌지 설명하라.

11.15 단백질 정제를 위해 크로마토그래피 칼럼을 대규모화하려고 한다. 40 cm 길이의 칼럼을 40 cm/h의 겉보기 속도로 운전한다. 목적단백질의 피크 농도는 100 min에서 유출된다. 피크의 표준편차는 14 min이다.

a. 단백질의 90%를 회수하기 위해 얼마나 기다려야 하는가?

b. 같은 칼럼을 사용하여, 속도가 60 cm/h로 증가되고 외부 또는 Taylor분산이 지배적이라면, σ의 값은 얼마인가?

c. 속도가 60 cm/h이고 칼럼이 60 cm로 늘어나면, σ는 어떻게 변할 것인가? 40 cm/h에서 40 cm인 칼럼과 비교하여 피크는 좁아질 것인가 넓어질 것인가?

12

동물세포 배양 시의 생물공정에 대한 고찰

동물세포는 많은 생물공정에서 중요한 촉매로 사용되어 왔으며 이로써 광범위한 종류의 중요한 치료 단백질을 생산할 수 있다. 재조합 DNA 기술을 이용함으로써 자연세포에서는 소량만이 생산되던 물질의 과량 생산이 가능하게 되었다. 동물세포는 단백질의 복잡한 번역 후 수정(posttranslational modification)을 수행할 수 있는 기구(machinery)를 갖고 있다. 몇몇 경우에서는, 이런 기능이 임상적으로 유용한 산물의 생성을 위해서 필수적이며, 특히 치료용 단백질이 이에 해당된다. 현재 50% 이상의 치료용 신규 단백질들은 포유동물세포 조직배양을 통해 생산되고 있다. 또한, 줄기세포 기술의 개발은 세포 그 자체가 최종 산물이 될 가능성을 열어 주고 있다. 이번 장에서는 이와 같은 세포를 사용함에 있어서 중요한 제약조건들에 대하여 살펴보기로 한다.

12.1 동물세포의 구조와 생화학

동물세포는 크기(10 ~ 30 μm)와 모양(구형, 타원형)이 다양하다. 세포 내 구조의 관점에서 동물세포는 전형적인 진핵세포이고, 그 구조에 대해서는 2장 '생물학 기초원리의 개관'에서 논의하였다. 그림 12.1은 전형적인 동물세포 구조를 요약하여 보여 준다.

동물세포는 세포벽(cell wall)을 갖고 있지 않지만, 단백질, 지방, 그리고 탄수화물로 구성된 얇고 부서지기 쉬운 원형질막(plasma membrane)으로 둘러싸여 있다. 이런 구조로 인해 전단응력에 매우 민감하다. 어떤 세포는 원형질막의 일부가 변형되어 **미세융모**

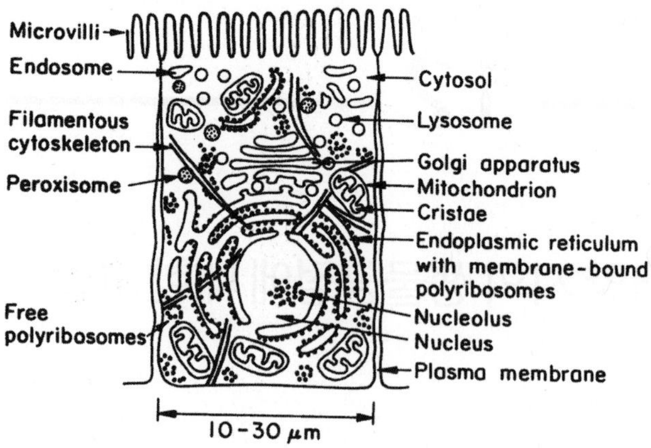

Figure 12.1. Generalized animal cell. The cytosol, endoplasmic reticulum, Golgi apparatus, endosome, nucleus, lysosome, mitochondrion, and peroxisome are distinct compartments isolated from the rest of the cell by selectively permeable membranes.

(microvilli)라고 불리는 많은 수의 돌기를 형성하고 있다. 미세융모는 세포의 표면적을 증가시켜 원형질막을 통과하는 물질의 수송을 보다 효과적으로 만든다. 원형질막의 성분은 균일하지 않고 구역에 따라 변화한다. 동물세포의 표면은 음전기를 띠고 있으며, 세파텍스(Sephadex)나 콜라젠(collagen)같이 양전기를 띤 표면에서 자라려는 성향이 있다(부착 의존성 세포(anchorage-dependent cell)). 많은 세포들은 표면의 리간드(ligand)에 부착하는 특이한 세포 표면 수용체(cell surface receptor)를 갖고 있다. 예를 들면, 콜라젠과의 결합이 비특이적(nonspecific)일 수도 있고, 또는 특이한 세포 표면 수용체에 의해 이루어질 수도 있다. 세포의 부착 정도는 수용체에 의해 이루어질 경우에 보통 더 강력하다. 하이브리도마(hybridoma) 같은 몇몇 동물세포는 부착 의존성이지 않으며 현탁 배양(suspension culture)에서 생장한다.

대부분 동물세포의 세포질(cytoplasm) 내에는 **소포체**(endoplasmic reticulum (ER))라 불리는, 막에 연결된 채널의 광범위한 망상조직(network)이 존재한다. ER의 막은 세포질을 두 가지 상(phase), 즉 **루멘** 상(lumenal phase, 소포체 내부)과 **사이토졸**(cytosol, 조면 소포체 외부)로 나눈다. 리보솜(ribosome)은 보통 소포체의 외벽에 위치한다. 어떤 리보솜은 세포질에 존재하고 미세한 필라멘트와 연결되어 있기도 하다. ER은 단백질 합성과 번역 후 과정의 초기 단계에 결정적으로 중요하다(4장 '세포의 작용' 참조).

미토콘드리아(mitochondria)는 호흡이 일어나는 곳이며 adenosine triphosphate (ATP)를 대량으로 생산하는 세포의 발전소이다. 미토콘드리아는 DNA를 포함하고 있는 세포질 내의 독립된 세포소기관(organelle)이며 독립적인 재생산 능력을 갖고 있다. 각 미토콘드리아는 이중막(매끄러운 바깥쪽 막과 **크리스테**(cristae)라고 불리는 주름이 많은 안쪽 막)에 둘러싸여 있다. 미토콘드리아 매트릭스는 종종 결정체 같은 함유물을 포함한다.

리소솜(lysosome)은 단일막으로 싸인 꽤 작은 세포질 내 세포소기관이고, 단백질 분해효소(protease), 핵산분해효소(nuclease), 그리고 에스터레이스(esterase) 같은 다양한 가수분해 효소를 포함하고 있다. 리소솜은 세포에 의해 섭취된 음식물 입자들을 소화시키는 역할을 한다.

골지체(Golgi body)는 시스터니(cisternae)라고 불리는 꽤 불규칙한 모양의 막으로 싸여진 세포질 내 세포소기관이다. 골지체의 시스터니는 종종 평행하게 차곡차곡 쌓여 있고, 이것을 **딕티오솜**(dictyosome)이라 부른다. 골지체는 복잡한 당첨가반응을 완성시키고, 세포 외 단백질을 모아서 분비시키고, 세포 내 단백질을 다른 세포소기관으로 보내는 역할을 한다.

어떤 세포는 **퍼옥시솜**(peroxisome)과 **글리옥시솜**(glyoxysome)이라 불리는 작은 세포질 내 세포소기관을 포함한다. 이 세포소기관들은 단일막에 싸여 있고 퍼옥시데이스(peroxidase, H_2O_2의 가수분해)와 글라이옥살레이스(glyoxalase, 글라이옥실산의 물질대사)를 포함한 수많은 효소들을 갖고 있다.

핵(nucleus)은 핵 외피(nuclear envelope)를 형성하고 있는 두 개의 핵막(nuclear membrane)에 의해 싸여 있다. 어떤 지점들에서는 핵의 안쪽 막과 바깥쪽 막이 융합되어 **소공**(pore)을 형성한다. 핵막 소공(nuclear pore)은 세포질과 핵의 내부를 연결시켜 준다. **핵막강**(perinuclear space, 핵의 두 막 사이의 공간)은 외부 세포로의 출구가 되기도 한다. 핵은 염색체 DNA와 **핵인**(nucleolus)이라고 불리는 몇몇 어두운 색의 알갱이 구조들을 갖고 있고, 핵인은 전자현미경으로 관찰할 수 있다. 핵인들은 막에 붙어 있지 않고 리보솜 물질에 의해서 생성되는 것으로 나타났다.

동물세포는 세포에 기계적 힘을 제공하며, 세포 모양을 조정하고, 세포의 움직임을 인도하는 **세포골격**(cytoskeleton) 또는 단백질 필라멘트(filament)의 시스템을 갖고 있다 이 요소들은 유체흐름이나 표면부착 등으로부터 생기는 기계적 힘에 대한 세포의 반응을 조절하는 데 매우 중요한 성분이다. 세 종류의 필라멘트로 **액틴 필라멘트**(actin filament), **중간체 필라멘트**(intermediate filament), **미세관**(microtubule)이 있다. 미세관의 지름이 가장 큰 반면, 액틴 필라멘트는 상대적으로 가늘다. 미세관은 세포분열과 세포의 이동에서 중요하다. 세포분열과 이동에는 미세관의 중합반응과 중합해체반응이 요구된다. 항암물질인 패클리택셀(paclitaxel, 택솔)은 미세관의 분해를 막는 데 작용함으로써 비분열 단계 상태로 세포를 '동결'시킨다. **중심체**(centrosome)는 세포 내에서 미세관을 조직하는 주 중심부이고, 유사분열(mitosis) 시 방추체 극의 형성에 관여하는 작은 세포소기관이다 어떤 동물세포들은 **섬모**(cilia)를 갖고 있으며, 이것은 기질을 세포 표면을 통과시키는 데 사용되나 자신이 움직이는 데는 사용되지 않는다. 각 섬모는 원형질막에 덮여 있고, 특이한 일련의 미세관들을 포함하고 있다.

배양되고 있는 동물세포에 의한 영양소의 물질대사는 다른 형태의 세포에서 일어나는 것과 매우 다르다. 동물세포 배양의 전형적인 실험실 배지는 포도당, 글루타민, 비필수 및 필수 아미노산, 혈청(말이나 송아지), 그리고 무기염류 등을 포함한다(예, Dulbecco's modified Eagle's media (DMEM)). 배양 중인 동물세포가 기질을 섭취하고 사용하는 주요 대사 경로들이 그림 12.2에 나타나 있다. 포도당은 해당과정(glycolysis)에 의해서 피루베이트(pyruvate)로 되며, 또한 인산 오탄당 경로(pentose phosphate pathway)를 통해 생체합성에 사용되기도 한다. 피루베이트는 tricarboxylic acid (TCA) 회로에 의해 부분적으로 CO_2와 H_2O로 되고, 일부는 젖산(lactic acid)이나 지방산으로 되기도 한다. 포도당은 글루타민처럼 탄소원과 에너지원으로 쓰인다. 글루타민의 일부는 암모늄과 글루타메이트로 되고 다시 다른 아미노산들로 변형되어 생합성(biosynthesis)에 쓰인다. 글루타민은 또한 TCA 회로로 들어가 다른 아미노산을 위한 탄소골격(carbon skeleton)을 만들고 ATP와 CO_2 및 H_2O도

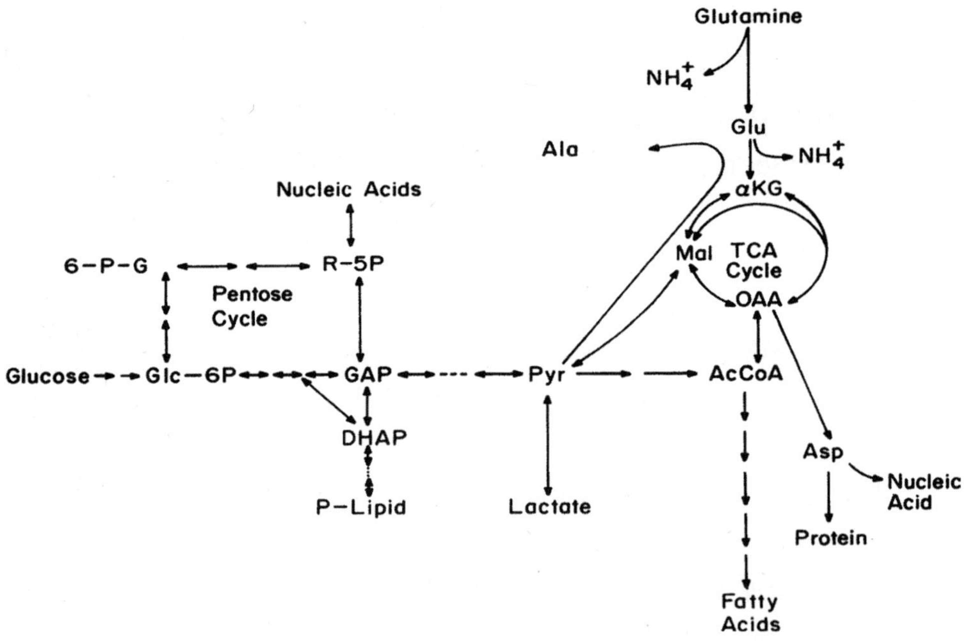

Figure 12.2. Major metabolic pathways in an animal cell. For cultured cells, glucose and glutamine are the major sources of carbon and energy. Lactate and ammonia are the primary waste products, although the release of alanine can be important. Symbols: 6-P-G is 6-P-gluconate; Glc-6P is glucose-6-phosphate; R-5P is ribose-5-phosphate; GAP is glyceraldehyde 3-phosphate; DHAP is dihydroxyacetone phosphate; PYR is pyruvate; AcCoA is acetyl-CoA; OAA is oxaloacetate; Mal is malate; αKG is α-ketoglutarate.

만든다. 동물세포는 또한 포도당신생합성(gluconeogenesis) 경로에 의해 피루베이트로부터 포도당을 합성할 수 있다. 대사의 폐기 산물로서 젖산염과 암모니아의 유출이 고농도 배양 시스템에서의 중요한 문제이다. 높은 농도의 젖산염과 암모니아는 1차적으로 세포 내 pH와 리소솜의 pH를 변화시킴으로써 세포에 유독하다.

12.2 동물세포 배양에 사용되는 방법들

동물세포의 배양에 사용되는 기술은 박테리아, 효모, 곰팡이에 사용되는 것과 많이 다르다. 이 절에서는 이 기술들의 응용적 측면의 사안들과 간단한 배양 시스템에서 동물세포 생장의 기본 동역학에 대하여 논의한다.

12.2.1 동물세포 배양의 기본 테크닉

생물공정의 맥락에서 동물세포를 배양하기 위하여 몇 가지 방법이 사용될 수 있다. 폐나 신장 같은 동물의 특정 기관(organ)으로부터 무균상태에서 떼어 낸 조직들은 작은 T-플라스크 내의, 혈청과 소량의 항생물질을 포함하고 있는 생장 배지로 옮겨진다. 이 세포들이 **1차** 배양세포(primary culture)를 형성한다. 식물세포와는 달리 1차 포유동물 세포(primary mammalian cell)들은 보통 덩어리(aggregate)를 형성하지 않고, 유리 표면이나 플라스크 같은 지지 표면에 단일층(monolayer)을 형성하며 생장한다. 단백질 분해효소인 트립신(trypsin)을 사용하여 조직 내 개개의 세포가 단일세포로 분리될 수 있다.

동물세포 배양을 시작하기 위해서, 떼어 낸 조직을 작은 조각들(~2 mm^3)로 자르고, 완충 식염수(buffered saline)로 희석된 트립신 용액(~0.25% w/v)이 들어 있는 교반되는 플라스크에 37°C에서 120분간 놓아둔다. 용액을 깨끗이 하기 위해서, 세포 현탁액을 미리 멸균된 필터에 통과시키고, 원심분리기를 사용하여 세포를 씻어 준다. 그런 후 생장배지에 세포를 다시 현탁시키고 T-플라스크나 롤러병(roller bottle)에 넣는다. 세포는 보통 병의 유리 표면에 부착하여 단일층을 형성하며 성장한다. 지지 표면에서 자라는 세포는 **부착 의존성 세포**(anchorage-dependent cell)로 알려져 있다. 표면 부착은 성장에 필요한 내부 구조의 배열을 갖기 위한 3차원적 형태를 세포가 갖추기 위해 필요하다. 그러나 어떤 세포들은 현탁 배양에서 성장하며 **비부착 의존성 세포**(nonanchorage-dependent cell)로 알려져 있다. 부착 의존성 세포도 종종 현탁 배양이 가능하도록 적응될 수 있으며, 이는 산업적 공정을 위하여 바람직하다.

떼어 낸 조직으로 직접 얻은 세포를 1차 배양세포(primary culture)라 한다. 1차 배양세포로부터 얻은 세포계통(cell line)을 2차 배양세포(secondary culture)라 부른다. 세포는 ethylenediaminetetraacetic acid (EDTA), 트립신, 콜라지네이스(collagenase), 또는 프로네이스(pronase) 등의 용액을 사용하여 플라스크 표면으로부터 제거될 수 있다. 세포 제거를 위해 위의 용액을 처리하는 시간은 37°C에서 5~30분이다. 세포를 표면으로부터 떨어뜨린 후 혈청을 배양병에 첨가한다. 혈청을 포함한 현탁액을 원심분리하고, 완충 등장(isotonic) 식염 용액을 사용하여 씻은 후 2차 배양세포 접종을 하기 위해 사용한다. 많은 2차 계통들이 현탁액 상에서 자라도록 적응될 수 있으며, 비부착 의존성 세포가 된다.

대부분의 분화되는 포유동물 세포계통들(예, 인간 백신 생산용으로 허가된 WI-38과 MRC-5 같은 인간 섬유아세포(human fibroblast)들)은 **사멸성**(mortal)이다. 이런 세포계통들은 **노화**(senescence)라는 공정을 거친다. 기본적으로 이런 세포들은 완전히 이해되지 않은 이유로 인해 한정된 수의 세대 동안만 분열한다(예, MRC-5 세포는 약 30세대). 무한정 분열될 수 있는 세포는 **연속적인**(continuous), **불멸성의**(immortal), 또는 **형질변환된**(transformed) 세포계통이라 불린다. 암세포는 자연적인 불멸성이다. 모든 형질변환된 세포계통이 암을 유발하는지는 불분명하지만, 암을 유발하는 모든 세포계통은 형질변환된 것이다.

세포의 형질변환과 암과의 연관성 때문에, FDA는 형질변환 세포로부터 만들어진 생산물을 승인하는 데 주저하여 왔다. 그러나 형질변환 세포는 보통 부착 비의존성(attachment independent)으로 되며 현탁 배양에서 무한증식을 하여, 생물반응기에서의 대규모 생산에 매우 바람직하다. 치료 단백질인 티슈 플라스미노젠 활성제 같은 생산물을 생산하기 위하여, 불멸성 세포를 사용하는 공정에 대하여 FDA가 1986년에 처음 승인하였다. 이런 공정들에 대한 승인은 동물세포의 현탁 배양에 기초를 둔 생물공정의 개발에 주요한 기폭제가 되었다.

표 12.1은 비형질변환 세포와 형질변환된 세포 간의 차이를 요약하여 보여 준다. 한 가지 특이한 점은 **접촉 저해**(contact inhibition)이다. 표면 위의 2차원 배양에서 비형질변환 세포는 세포 표면이 다른 세포와 접촉을 하면 세포분열이 저해를 받기 때문에 오직 단일층만을 형성한다. 형질변환된 세포들은 다른 세포들의 존재를 '감지'하지 못하고 계속 분열하여 여러 층 구조를 형성한다.

동물세포 배양에서 포유동물 세포계통에 1차적 초점이 맞춰져 왔지만, 양자가 동의어는 아니다. 곤충, 물고기, 그리고 갑각류의 세포배양 기술이 발전하고 있다. 특히 곤충세포 배양은 생물공학 목적을 위하여 대단히 유망하다. 곤충세포를 감염시키는 배큘로바이러스

TABLE 12.1. Comparison of Normal and Transformed Cells

Normal	Transformed
Anchorage dependent (except blood cells)	Nonanchorage dependent (i.e., suspension culture possible)
Mortal; finite number of divisions	Immortal or continuous cell lines
Contact inhibition; monolayer culture	No contact inhibition; multilayer cultures
Dependent on external growth factor signals for proliferation	May not need an external source of growth factors
Greater retention of differentiated cellular function	Typically, loss of differentiated cellular function
Display typical cell surface receptors	Cell surface receptor display may be altered

(baculovirus)는 사람에게 무해하며, 세포배양 시 바이러스 생산을 위해서는 없어도 되는 단백질을 만드는 매우 강력한 프로모터를 갖고 있기 때문에 유전공학을 위해서 이상적인 운반체이다. 이 프로모터 뒤에 유전자를 삽입함으로써 높은 발현율을 얻을 수 있다(목적단백질이 전체 단백질의 40%). 적어도 한 종류의 분화된 세포계통(BTI-EAA 혈액세포 계통)은 25년 이상 동안 무한정 분열되고 배양되어 왔으나, 대부분의 세포계통들은 난소(ovary)나 배아조직(embryonic tissue)에서 유래되었다. 곤충세포 계통들은 형질변환되지 않더라도 본래 연속적 배양이 가능한 특성을 가지고 있다.

곤충세포 배양에서는 상당한 수준의 번역 후 공정이 가능하지만 당쇄 형태가 인간의 것과 동일하지는 않다. 그러나 그 차이가 유용하기도 하며, 어떤 경우에는 더 강한 면역반응을 유발하기도 하고, 인간의 특정 세포나 조직을 목표로 하기도 한다. 이런 경우에는 곤충세포를 이용한 생산이 장점을 갖는다. 변형된 곤충 바이러스는 살충제로 사용되어 왔다. 곤충세포와 함께 사용되는 배큘로바이러스 발현 시스템은 인간 및 동물 백신과 가족 유전성 지방단백질 결핍증에 대한 유전자 치료제를 산업적 수준으로 생산하는 데 사용되어 왔다.

또 하나의 중요한 범주는 하이브리도마의 배양이다. 하이브리도마 세포는 림프구(lymphocyte, 항체를 만드는 정상적인 혈액세포)와 골수종(myeloma, 암)세포를 융합시킴으로써 얻어진다. 항체를 생산하는 림프구는 느리게 자라며 사멸성이다. 골수종세포와 융합된 뒤의 하이브리도마는 불멸성이고 무한정 재생산될 수 있으며 항체를 생산한다. 하이브리도마 세포를 사용하여 매우 특이성 있는 단일군(monoclonal, 한 세포에서 유래한) 항체(Mab)를 특이한 항원에 대해 생산할 수 있다.

하이브리도마 세포를 생산하기 위해서 동물(쥐)에 어떤 항원을 주사한다(면역화시킨다)(그림 12.3 참조). 항원에 대한 반응으로서 동물은 항체를 생산한다. 항체 생산세포(예, 지라 B 림프구)가 혈청으로부터 분리되어 종양세포(예, 무한정 분열할 수 있는 능력을 지닌

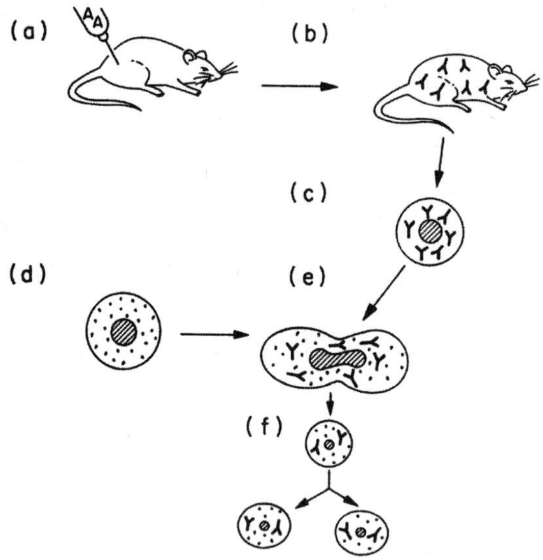

Figure 12.3. Formation of a hybridoma for making a monoclonal antibody. (a) Antigen is injected into a mouse; (b) lymphocytes in the mouse are activated to produce specific antibodies to the antigen; (c) lymphocytes are collected from the mouse; these lymphocytes grow poorly in tissue culture; (d) myeloma (cancer) cells growing in tissue culture are produced; (e) myeloma cells are fused with lymphocytes; (f) the hybrid cell grows well in tissue culture and make a single monoclonal antibody. Progeny are called *hybridomas* and can be propagated indefinitely.

골수종세포)와 융합된다. 결과적으로 생긴 세포는 잡종세포(하이브리도마)이며, 면역화시키는 항원에 대항하는 매우 특이성이 높은 항체(단일군 항체)를 분비한다.

포유동물세포 배양은 유전자 조작된 세포를 사용하여 수백 종류의 치료용 단백질을 생산하는 데 사용된다. 여러 종류의 숙주세포가 있지만 CHO(Chinese hamster ovary) 세포가 특히 많이 사용된다. 원래 CHO 세포계통은 부착 의존성이었지만, 현재 산업적 생산에 사용되는 대부분의 CHO 세포계통들은 현탁 배양용으로 선별된 것들이 사용되고 있다. 포유동물세포 배양을 통하여 산업적으로 생산되는 단백질의 약 75%는 CHO 세포를 사용한다. CHO 세포의 경우, 높은 농도의 생산물(10 g/l 단백질 생산물)을 제공할 뿐 아니라, 세포 밖으로 분비를 시킴으로써 정제가 단순하다. 많이 사용되는 다른 숙주 세포계통으로는 쥐 골수종(NSO와 SP2/0), 어린 햄스터 신장(BHK-21), 인간 배아 신장(HEK-293), 인간 망막 유래 세포(PerC6) 등이 있다. 인간 기반의 세포계통은 N-결합 당쇄반응(4장 참조)과 같은 인간과 유사한 번역 후 공정을 가진다는 측면에서 장점을 가질 수 있지만, 인간 바이러스에 한번 오염되면 여러 단계의 퇴치작업이 필요하기 때문에 인간세포 사용에 대한 문제의식도 증가하고 있다. 또한, 인간 세포계통의 전체적 생산성이 CHO에 비하여 일반적으로 낮기는 하지만, 그러나 경험이 증가할수록 혹은 단백질의 종류에 따라서 달라질 수 있는 요인도 있다.

12.2.2 생장배지

포유동물 세포용의 전형적인 생장배지는 혈청(5 ~ 20%), 무기염류, 질소원, 탄소원과 에너지원, 비타민, 미량원소, 생장인자, 완충제 등이 물에 녹아 있는 것이다. 혈청은 혈액으로부터 추출하고 세포가 들어 있지 않은 액체이다. FBS(fetal bovine serum, 소 태아 혈청), CS(calf serum, 송아지 혈청), HS(horse serum, 말 혈청) 등이 그 예이다. 혈청의 완전한 성분은 알려져 있지 않다. 그러나 혈청은 아미노산, 생장인자, 비타민, 특정 단백질, 호르몬, 지방, 미네랄 등을 함유하는 것으로 알려져 있다. 혈청의 주요 성분과 그것들의 기능에 대해 표 12.2에 나열하였다. 혈청의 주요 기능은 다음과 같다.

- 호르몬과 생장인자에 의해서 세포생장과 다른 세포활성을 촉진시킨다.
- 콜라젠과 파이브로넥틴(fibronectin) 같은 특정 단백질에 의해서 세포부착을 증진시킨다.

TABLE 12.2. Important Components of Serum and Their Probable Role in Cell Culture

Component	Probable Function
Proteins	
Albumin	Osmoticum and buffer Lipid, hormone, mineral carrier
Fetuin	Cell attachment
Fibronectin	Cell attachment
α_2-Macroglobulin	Trypsin inhibitor
Transferrin	Binds iron
Polypeptides	
Endothelial cell growth factor (ECGF)	Mitogen[a]
Epidermal growth factor (EGF)	Mitogen
Fibroblast growth factor (FGF)	Mitogen
Insulin-like growth factors (IGFI and IGFII)	Mitogen
Platelet-derived growth factor (PDGF)	Mitogen and major growth factor
Hormones	
Hydrocortisone	Promotes attachment and proliferation
Insulin	Promotes uptake of glucose and amino acids
Growth hormones	Mitogen—present in fetal sera
Metabolites and Nutrients	
Amino acids	Cell proliferation
Glucose	Cell proliferation
Keto-acids (e.g., pyruvate)	Cell proliferation
Lipids (e.g., cholesterol)	Membrane synthesis
Minerals	
Iron, copper, zinc, and selenium	Enzymes and other constituents
Inhibitors	
γ-globulin	
Bacterial toxins from prior contaminants	
Chalones (tissue-specific inhibitors)	

[a]A mitogen is a substance that signals mitosis to begin.

- 호르몬, 미네랄, 지방 등을 운반하는 수송 단백질을 제공해 준다.

혈청은 값비싼 배지 성분이며(100 ~ 500달러/l), 배양과 분리 공정을 더욱 복잡하게 만든다. 혈청의 수요는 빠르게 증가하고 있으며, 주기적으로 공급을 능가한다. 혈청 단백질과 펩타이드의 존재는 하류공정(downstream processing)을 매우 복잡하게 만든다. 혈청은 여과되고 멸균되어야 하고, 바이러스와 마이코플라스마(mycoplasma, 세포벽이 없는 박테리아)에 의한 오염은 가능성 있는 문제점이다. 프라이온('광우병' 같은 병을 일으키는 물질)에 의한 오염은 중요한 관심사가 되어 왔으며, 오염된 동물이 있었던 지역의 동물은 원료로 사용될 수 없다. 혈청을 함유한 배지는 쉽게 거품이 생긴다. 생산의 관점에서 아마도 제일 혼란스러운 것은 혈청에 본질적인 변화가 있다는 것이다. 어떤 한 배치(batch)의 혈청도 다른 배치와 결코 동일하지 않다는 것이다. 한 배치의 혈청은 변질되지 않고 1년 정도만 유지된다. 혈청 배치들에서의 변화는 광범위한 테스트를 요구한다.

혈청을 포함한 배지의 이러한 단점들 때문에 저혈청 또는 무혈청 배지가 개발되어 왔다. 두 개의 정의된 배지(defined medium)의 전형적인 조성을 표 12.3에서 보여 주고 있다. 무혈청 배지는 기본 염(무기염류, 탄소, 질소 화합물), 비타민, 생장인자, 호르몬(예, 인슐린(insulin), 트랜스페린(transferrin), 히드로코르티손(hydrocortisone), 프로제스테론(progesterone), 파이브로넥틴(fibronectine)) 등을 포함한다. 무혈청 배지를 사용함으로써 배지 가격이 줄어들 수 있고, 생산물 정제 시에 나타날 수 있는 문제들을 제거해 주며, 오염 기회를 줄여 주고, 가장 중요한 것은 결과의 재현성을 향상시키는 것이다. 세포계통의 종류에 따라 다른 무혈청 배지 조성이 필요하다. 그러나 모든 세포계통이 무혈청 배지에 적응되지는 않는다. 어떤 경우에 있어서는 무혈청이면서도 동물단백질이 없는 배지가 장점을 갖기도 하지만, 이런 배지를 조제하는 데는 어려운 점이 있다.

많은 종류의 정의된 배지들이 개발되었다. Eagle 최소 필수 배지(Eagle's minimal essential medium (MEM)), DMEM, 그리고 Ham F12, CMRL 1066, RPMI 1640 같은 꽤 복잡한 배지들이 보편적으로 사용된다. Eagle MEM 같은 배지는 사용 시 종종 5 ~ 10%(부피비)의 혈청이 보강된다. 무혈청 배지의 조제를 위해서는, 종종 DMEM(영양소가 풍부)과 F12(미량원소와 비타민이 풍부)의 1:1(부피/부피) 혼합물이 사용된다. 특정 세포계통을 무혈청으로 생장시키기 위해서는 보다 특수화된 배지(예, MCDB 170MDS)가 사용될 수 있다. 보다 간단한 무혈청 배지들은 포도당, 글루타민, 다른 아미노산, 염들 이외에도, 혈청 대체물질로서 인슐린, 트랜스페린, 셀레늄을 포함하기도 한다. 소에서 여과된 전체 림프(lymph)가 몇몇 포유동물 세포용 생장배지로서 사용되어 왔다.

TABLE 12.3. Compositions of Serum-Containing and Serum-Free Defined Media

Component	Eagle's Minimum Essential Medium (mg/l)	MCDS 170 (mg/l)
Amino Acids (L-enantiomers)		
Alanine	—	8.9
Arginine-HCl	126	63.3
Asparagine	—	132.0
Aspartic acid	—	13.3
Cysteine-HCl	—	35.2
Cysteine	—	8.5
Cystine	24	—
Glutamic acid	—	14.7
Glutamine	292	292
Glycine	—	7.5
Histidine-HCl-H_2O	42	21.0
Isoleucine	52	13.1
Leucine	52	39.3
Lysine-HCl	73	36.6
Methionine	15	4.5
Phenylalanine	33	5.0
Proline	—	5.8
Serine	—	31.5
Threonine	48	35.7
Tryptophan	10	6.1
Tyrosine	36	9.1
Valine	47	35.1
Vitamins		
Biotin	—	0.0073
D-Ca pantothenate	1.0	0.48
Choline chloride	1.0	14.0
Folic acid	1.0	—
Folinic acid	—	0.0051
i-inositol	2.0	18.0
DL-α-lipoic acid	—	0.0026
Niacinamide	—	6.1
Nicotinamide	1.0	—
Pyridoxal HCl	1.0	0.06
Riboflavin	0.1	0.11
Thiamin HCl	1.0	0.34
Vitamin B12	—	0.14
Other Organics		
Adenine	—	0.135
D-glucose	1000	1440
Linoleic acid	—	0.028
Putrescine 2HCl	—	1.6×10^{-4}
Na pyruvate	—	110
Thymidine	—	0.073

(*Continued*)

TABLE 12.3. Compositions of Serum-Containing and Serum-Free Defined Media (*Continued*)

Component	Eagle's Minimum Essential Medium (mg/l)	MCDS 170 (mg/l)
Major Inorganic Salts		
$CaCl_2$	200	222
KCl	400	225
$HgSO_4$	—	180
$MgSO_4 \cdot 7H_2O$	200	—
NaCl	6800	6960
$NaH_2PO_4 \cdot H_2O$	140	—
NaH_2PO_4	—	71
Trace Elements		
$CuSO_4$	—	1.6×10^{-4}
$FeSO_4$	—	0.75
$Fe(NO_3)_3 \cdot 9H_2O$	0.10	—
H_2SeO_3	—	0.0387
$MnSO_4$	—	7.6×10^{-5}
NaS_iO_3	—	0.050
$(NH_4)_6Mo_7O_{24}$	—	0.00116
NH_4VO_3	—	5.9×10^{-4}
$NiCl_2$	—	6.5×10^{-7}
$SnCl_2$	—	9.5×10^{-7}
$ZnSO_4$	—	0.080
Buffers and Indicators		7140
HEPES ($C_8H_{18}N_2O_4S$)	—	—
$NaHCO_3$	2200	—
Phenol red	10	1.31
CO_2 (Gas Phase)	5%	2%
Serum/Serum Replacements		
Serum (e.g., fetal bovine serum, FBS)	5 to 10%	—
Phosphoethanolamine	—	15.9
Ethanolamine	—	6.1
Prostaglandin E1	—	0.01
Hydrocortisone	—	0.05
EGF	—	0.01
Insulin	—	0.5
Transferrin	—	0.5
Prolactin	—	0.5
Ovine prolactin	—	0.1

12.2.3 동물세포의 생장 동역학

포유동물 세포는 37°C, pH ≈ 7.3에서 자란다. 전형적인 복제시간은 12 ~ 20시간이다. 보통 5% CO_2가 보강된 공기가 배지의 pH를 유지하기 위한 완충제 역할을 위해 사용된다. 탄산염 완충액(carbonate buffer, HCO_3^{2-}/ $H_2CO_3^-$)이 pH를 7.3 근처로 제어하는 데 사용된다. 중

탄산염(bicarbonate)이 세포에 의해 사용되므로, CO_2가 보강된 공기는 pH ≈ 7.3으로 유지하기 위해 탄산염 평형의 균형을 이루게 해 준다. 배양배지는 너무 세지 않은 공기공급과 교반이 필요하다. HEPES(*N*-[2-hydroxyethyl] piperazine-*N*′-[2-ethanesulfonic acid]) 같은 다른 완충액들도 원하는 값으로 유지하는 데 이용된다. 곤충세포는 약 28°C, pH ≈ 6.2에서 가장 잘 생장한다. 물고기 세포계통은 37°C 이하의 온도(25 ~ 35°C)를 보통 선호하지만 넓은 범위의 온도에서 견디어 낸다. 포유동물세포 배양의 전형적인 pH값들은 보통 물고기 세포에도 적당하다. 7.0과 7.5 사이의 pH값에서 보통 양호한 성장을 보인다.

포유동물 세포의 생장속도식의 패턴은 미생물의 경우와 유사하다. 보통 정지기(stationary phase)가 비교적 짧고, 젖산염과 암모늄 같은 유독성 대사산물의 축적으로 인해서 살아 있는 세포의 농도가 그 후에 급격히 떨어진다. 높은 농도의 암모늄은 보통 글루타민 대사의 결과이고, 젖산염은 보통 포도당 대사의 산물이다. 유가식 방법과 같이 이런 영양소들을 일정한 낮은 수준으로 유지하는 영양소 공급 제어방법을 사용함으로써 이런 문제를 경감시킬 수 있다. 세포농도는 3 ~ 5일 이내에 최고치에 도달한다. 그러나 하이브리도마 세포에 의한 단일군 항체 같은 산물의 생성은 비생장 조건에서도 계속될 수 있다. 포유동물세포 배양에 의한 대부분의 산물은 혼합된 생장 관련성(mixed-growth associated)이고, 산물 생성은 생장과정에서나 생장이 멈춘 후에도 일어난다. 그림 12.4는 전형적인 생장의 변화와 산물(MAb) 생성, 그리고 하이브리도마 세포에 의한 포도당의 소모를 보여 준다.

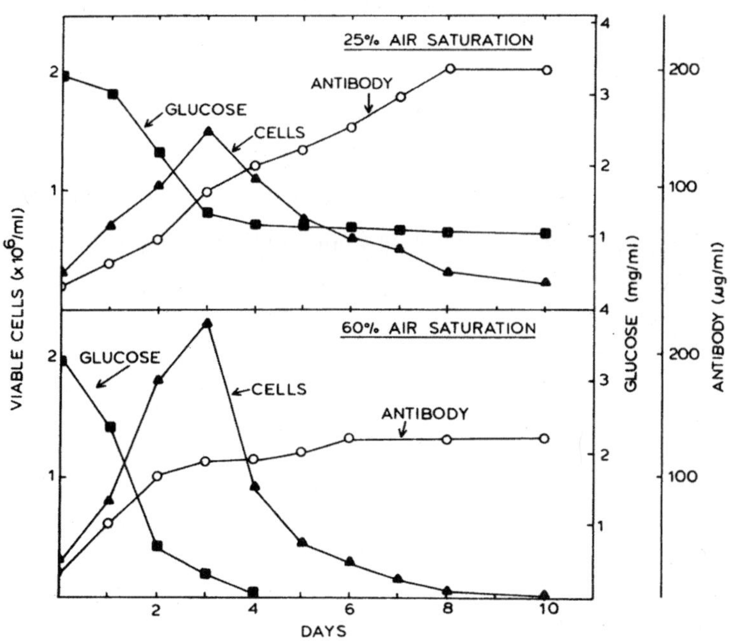

Figure 12.4. Time trajectories of hybridoma growth and monoclonal antibody production at different dissolved-oxygen concentrations in a 3-1 fermenter. (From S. Reuveay, D. Velez, J. D. Macmillian, and L. Miller, J. Factors Affecting Cell Growth and Monoclonal Antibody Production in Stirred Reactors. *Journal of Immunological Methods*, Volume 86, Issue 1, January 22, 1986, pp. 53–59. With permission from Elsevier.)

산물 생성(예, 하이브리도마 세포에 의한 MAb 생성) 속도식은 Luedeking-Piret 식에 의해 기술될 수 있다.

$$\frac{1}{X}\frac{dp}{dt} = q_p = \alpha\mu + \beta \tag{6.18}$$

여기서 μ는 비성장속도이다. 식 6.18의 첫째 항은 생장과 관련된(growth-associated) 생산 항이고, 둘째 항은 생장과 관련되지 않은(nongrowth-associated) 항이다. 포유동물 세포의 복제시간(doubling time)은 10~50시간 사이에서 변화하고, 전형적인 값은 20시간이다. 예상되듯이 생장속도는 세포의 형태, 배지 조성(생장인자 포함), 다른 환경조건(용존산소, 이산화탄소 농도, pH, 이온세기(ionic strength)) 등에 따라 변한다.

동물세포는 $0.06 \times 10^{-12} \sim 0.2 \times 10^{-12}$ mol O_2/h · 세포를 필요로 하며, 이것은 많은 식물세포의 산소요구량보다 약 5배 적은 것이고, 미생물에 대해서보다도 훨씬 적은 양이다. 현탁 배양 배지에서의 전형적인 동물세포 농도는 단순 회분식 현탁 배양 시 0.1~1 g/l($5 \times 10^5 \sim 5 \times 10^6$ 세포/ml)이고, 고정화/표면 배양 시스템에서는 이보다 10~50배 더 높다. 10^6 세포/ml의 세포농도에 대해 산소요구도는 0.1~0.6 mmol O_2/l · h 정도이다. 2~5 cm의 얕은 배양 두께에서, 용기 위 공간의 공기에 의해 공급되는 산소가 세포의 산소요구량을 충족시켜야 한다. 농도가 더 높은 액침 배양(submerged culture)에 대해서는 강제적 공기공급이 요구된다. 그러나 동물세포는 전단응력에 매우 민감하여 떠오르는 공기방울이 세포에 전단응력으로 인한 손상을 입힐 수 있고, 특히 방울이 터지는 지점에서는 더욱 그렇다. 매우 작은 방울들은 손상을 덜 입힌다. 이와 같은 이유로 인해서 특별한 공기공급과 교반 시스템이 동물세포 배양을 위해 설계되어야 한다. 교반(그리고 전단응력)을 산소공급과 분리할 수 있는 기술들은 특히 매력적이다. 화학물질(예, Pluronic F-68)이 전단응력으로부터 보호하기 위해 첨가될 수 있다. 동물세포의 산소요구량이 비교적 낮기 때문에, 산소전달계수가 박테리아 발효에서만큼 높을 필요는 없다. 현탁 배양(10^6 세포/ml)에 필요한 전형적인 k_La 값은 5~25 h^{-1}이다. 소형 스케일의 경우 실험실에서는 동물세포가 보통 5~1000 ml의 스피너 플라스크(spinner flask)에서 배양된다. 스피너 플라스크는 자석에 의해 돌아가는 임펠러나 10~60 rpm으로 돌아가는 숟가락 모양의 교반기를 갖고 있다. 보통 5% CO_2가 보강된 여과 공기를 사용하여 표면 통기(surface aeration)에 의해 포유동물 세포계통에 공기가 공급된다. 스피너 플라스크는 CO_2 항온기 내의 자석 교반기 위에 장치된다. 그러나 배지 교환이 가능한 산업적 규모의 현대식 연장 회분식(extended batch) 시스템에서는 10^7 세포/l 이상의 세포농도가 가능하다. 이런 경우에는 산소공급이 증대되어야 한다—이를 위한 전형적인 방법으로서 공기 대신에 순수 산소가 사용된다.

세포 용해(cell lysis)가 과다한 전단응력의 가장 명백한 결과이긴 하지만, 용해가 일어나지 않을 정도의 전단응력이 중요할 수도 있다. 부착된 세포는 전단응력에 대응하여 길어지거나 전단응력을 최소로 받기 위해서 자신을 재위치(reorienting)시킨다는 것이 광범위한 세포계통에 대해 나타났다. 또한 세포 표면 수용체(cell surface receptor)의 분포와 개수가 바뀔 수도 있다. 이와 같은 수용체는 생장인자 같은 세포대사를 조절하는 배지 내의 성분과 직접적으로 작용한다. 특별한 단백질의 생산과 DNA 합성속도에 있어서의 전단응력에 대응한 변화가 관찰되었다. 같은 배지 내에 같은 종류의 세포가 들어 있을지라도 다른 정도의 전단응력은 관심 산물의 생산속도를 다르게 하기 때문에, 세포 용해가 일어나지 않을 정도의 전단응력에 대한 이와 같은 반응들은 대규모화를 복잡하게 만든다. 또한 N-결합 당첨가 반응 같은 과정들은 전단응력에 의해 변경될 수 있어서 치료 가치에 차이가 나는 단백질 생산물을 초래할 수 있다.

12.3 동물세포 배양을 위한 생물반응기의 고찰

포유동물 세포는 크기가 크고(10 ~ 20 μm의 지름), 생장속도가 느리며, 전단응력에 민감하기 때문에, '부드럽게' 교반되고 공기공급이 이루어지는 생물반응기를 구축해야 한다. 미세담체(microcarrier) 배양에서와 같이 부착 의존성 세포가 사용되는 경우에는, 액체 전단응력과 입자 충돌 때문에, 교반에 대한 추가적인 제약이 고려되어야 한다. 또 다른 반응기 전략으로서, 배지가 세포를 거쳐서 흘러가게 하는 방법으로 세포를 가두거나 부착시키는 시스템들이 있다. 이와 같은 세포의 특성들은 동물세포 생물반응기의 설계에 확실한 제약조건들을 갖게 한다. 이런 반응기에 대한 제약들은 다음과 같다.

- 반응기는 부드럽게 공기가 공급되고 교반되어야 한다. 높은 교반 속도를 갖고 기계적으로 교반되는 반응기와, 높은 공기공급 속도(그리고 커다란 기포)를 갖는 기포탑(bubble column)이나 공기부양 반응기 등은 세포에 전단응력에 의한 손상을 입힐 수 있다. 전단응력 민감도는 세포 종류에 따라 다르며, 어떤 세포계통들은 전단응력에 상당한 내성을 가지고 있다.
- 잘 제어되는 균일한 외부환경 조건들(온도, pH, DO, 산화환원 전위) 및 CO_2가 보강된 산소나 공기의 공급이 필요하다.
- 부착 의존성 세포를 위해서는 지지물질 표면 대 부피의 비가 클 필요가 있다.
- 젖산이나 암모늄 같은 유독한 물질 대사 생산물의 제거와 MAb, 백신, 림포카인

(lympho-kine) 같은 고부가가치 생산물의 농축 등이 세포 배양과정에서 이루어질 필요가 있다.

동물세포의 실험실 규모 배양은, 부착 의존성 세포계통과 얕은 현탁 배양을 위해서는 T-플라스크(25 ~ 100 ml), 패들 형태의 자석 교반기가 있는 스피너 플라스크(100 ml ~ 1 l), 약 1 ~ 5 rpm으로 회전하는 롤러병(50ml ~ 5 l), 그리고 얕은 액체 현탁 배양을 위한 트레이(tray) 등에서 수행된다. 이와 같은 실험실 규모의 반응기들은 포유동물 세포의 배양을 위해서 37°C(5% CO_2가 보강된 공기)의 이산화탄소 배양기 속에 장치된다. 동물세포 배양을 대규모화할 때는 부착 의존성 세포와 현탁 세포 간에 다른 과정이 필요하다. 높은 표면-부피 비를 가진 반응기들이(미세담체(microcarrier) 시스템, 실관(hollow-fiber) 반응기, 세라믹 매트릭스(ceramic matrix) 시스템, 무게가 부과되고 세공이 있는 비드(weighted porous beads)) 부착 의존성 세포를 위해 사용된다. 그러나 몇몇 변형된 교반 반응기(modified stirred reactor)와 공기부양기 또는 기포탑 반응기들은 현탁 배양을 위해서 사용될 수 있다. 막 생물반응기(membrane bioreactor)들과 미세캡슐화(microencapsulation) 방법들은 세포배양, 생산물 농축, 독성 생산물 제거 등을 동시에 할 수 있게 개발되었다. 이들 시스템 중 많은 것이 관류 반응기(perfusion reactor)로서 조업될 수 있다(9장 '현탁배양과 고정화배양을 위한 생물반응기 운전에 대한 고찰' 참조). 기본적으로, 세포가 반응기 내에 억류되어 있고, 배지가 연속적으로 또는 반연속적으로 첨가되며, 사용된 배지가 제거되는 방식이 관류 시스템이다. 사용된 배지의 제거는 유독한 대사물질을 제거하는 역할을 해 준다. 이런 반응기들은 크게 교반과 비교반 시스템 두 타입으로 분류될 수 있다.

12.4 동물세포 배양을 위한 생물반응기 시스템

이제 세포 고정화와 교반 타입을 중심으로, 동물세포 배양용 반응기 시스템의 종류에 대하여 알아보기로 하자. 우선 고정화 세포 반응기의 이용을 살펴보기로 한다(9장에 기술된 바와 같이). 이런 반응기들에 있어서 배지 흐름은 연속적이고 세포는 반응기 내에 머무르는 형태로 조업이 될 때, 이는 관류 시스템의 형태이고 장기간(수개월)의 조업이 가능하다. 동물세포 배양은 이런 시스템에 잘 적응이 되기 때문에, 이런 기술에 기반한 상업적으로 성공한 몇몇 공정들이 있다. 대규모의 표준 교반탱크 시스템은 현탁 배양에 적응된 동물세포에서의 단백질 생산에 광범위하게 사용되고 있다. 이런 반응기 선택의 종류에 대하여 간략히 알아보기로 한다.

12.4.1 비교반 반응기 시스템

동물세포 배양의 고전적 방법으로 롤러병이 사용되어 왔고, 이들은 부착 의존성 세포를 사용한 공정의 대규모화에서 중요한 구성요소였다. 롤러병에서 액체는 표면적의 25%를 덮는다. 병들은 긴 축을 중심으로 회전한다(1 ~ 5 rpm). 세포는 병의 벽에 붙으며 25%에 해당하는 시간 동안 액체에 노출되고 75% 동안 기체(예, 5% CO_2와 95% 공기)에 노출된다. 액체에 노출될 때, 영양분들은 세포로 운반되고 기체상에서는 공기공급이 일어난다. 롤러병 시스템은 T-플라스크에 비해 증가된 표면적, 액체의 교반, 더 좋은 공기공급 등의 장점을 갖는다. 롤러병은 많은 노동력을 필요로 하며 병과 병 사이의 차이로 인해 보통 대규모 생산에는 사용되지 않는다. 그러나 광범위한 로봇이 사용되는 매우 자동화된 설비에서는 롤러병이 상업적인 EPO(erythropoietin, 치료 단백질) 생산에 사용된다. 롤러병은 또한 몇몇 백신의 생산에도 사용된다.

미세담체 비드 시스템에 대한 대용품으로서, 실관 반응기 역시 높은 생장 표면-부피비, 즉 높은 세포농도를 얻기 위해서 사용된다. 이것은 일회용 기술의 예이며, 1000 l 교반탱크 시스템의 크기에 상응하는 규모도 가능하다. 세포가 실관의 외부표면 위에 고정화되고 영양소는 관내로 통과한다. 조직 내의 세포농도와 유사한 정도의 세포농도를 실관 반응기 내에서 얻을 수 있다. 그러나 관 표면 위에 세포가 고정화되어 있어서 반응기 내부를 거의 혼합할 수 없으므로, 미세환경 조건의 제어가 매우 어렵다(즉, 불균일한 환경(heterogeneous environment)). 또한 이런 시스템에서는 생장과 산물 생성의 정량화가 어렵다. 그러나 분자량 컷오프(MW cutoff)를 아는 실관을 사용하여 반응기를 제조하면, 배출용액 내에 특정 분자량을 가진 생산물의 유출속도를 제어하는 것이 가능하다. 실관 반응기 내에 젖산염과 암모늄 같은 유독성 산물이 축적되면 높은 저해효과를 유발할 것이다. 실관 물질의 선별(MW 컷오프)과 흐름의 조절이 유독한 대사산물의 빠른 제거를 위해서 매우 중요한 인자이다. 실관 반응기는 하이브리도마 세포로부터 MAb같이 세포 외로 분비되는 단백질의 생산을 위해 사용되어 왔다. 배지는 막을 통과하여 세포 쪽으로 흘러 들어가고, 저분자량의 노폐물은 세포가 있는 부분에서 흘러나오지만 생산된 항체는 막에 의해 억류되므로, 이런 반응기에 의한 항체생산 농도는 50 mg/ml에 이른다. 축방향 흐름(axial-flow)을 가진 실관 반응기에서의 어려운 점들을 극복하기 위해서, 반경 방향의 흐름(radial-flow) 이나 교차흐름(cross-flow)의 실관 반응기들이 개발되었다. 실관 반응기는 연속적으로 공급을 하는 관류 조업에 적합하다(9.2.5절 참조). 하이브리도마로부터의 MAb 생산은 긴 시간(예, 100일) 동안 유지될 수 있는데, 이는 정지기의 세포도 여전히 생산물을 합성하기 때문이다.

부착성 세포의 배양을 위하여 다단 평판을 사용하는 일회 폐기용 시스템은 조업 측면에서 개념적으로 롤러병 시스템과 매우 유사하지만, 세포 부착을 위한 높은 표면적을 제공해 준다. 이 시스템은 스케일업 되면 불균일한 환경을 초래함으로써 환경제어가 어려운 이유로 인하여 단백질보다는 세포(예, 중간엽 줄기세포)를 생산하는 데 일반적으로 더 많이 사용되고 있다. 그러나 적어도 세포배양용 상업적 시스템의 한 예에 있어서는, 보다 개선된 환경제어를 위하여 제어장치가 결합되기도 하였다. 표면적이 10 m^2 이상인 것들도 있다.

관형 세라믹 매트릭스(tubular ceramic matrix)가 포유동물 세포의 고정화와 배양을 위해서 사용되었다. 이와 같은 시스템을 사용하여 높은 세포농도와 그로 인한 높은 세포 외 단백질 농도를 얻을 수 있다. 이런 매트릭스가 잘 정의된 흐름의 채널을 형성하지만, 세라믹 매트릭스 내의 불균질한 세포 생장으로 인해 세포농도의 정량화 및 미세환경 조건의 제어 등은 주요 어려움 중의 일부가 된다. 평행 대형으로 여러 개의 짧은 관을 동시에 사용하는 것이 가능하기는 하지만, 긴 관이 사용될 경우에는 이 시스템의 불균질한 성질 때문에 세라믹 매트릭스 반응기의 대규모화는 어려워질 가능성이 있다. 이런 시스템은 종종 관류 형태로 조업되기도 한다.

12.4.2 교반 반응기 내에 가두어진 세포를 위한 시스템

젤 비드(한천, 알지네이트, 콜라젠, 폴리아크릴아마이드) 내에서 포유동물 세포를 고정화하거나, 그런 시스템을 충전층 형태나 유동층 형태로 사용하는 것이 가능하다. 이와 같은 고정화 방법과 반응기 형태는 세포에 대한 전단응력의 영향을 줄여 주거나 없애 줄 수 있다. 높은 세포농도는 높은 부피 생산성을 가능하게 한다. 그러나 비드 입자 내부의 미세환경 조건의 제어와 비드 내의 유독성 대사산물의 축적 등이 잠재적인 문제점들이다.

부착 의존성 포유동물 세포의 배양을 위한 미세담체의 사용은 매력적인 접근방법이다. 예를 들어, DEAE-세파덱스 비드 같은 미세담체는 반응기의 단위 부피당 큰 표면적($\sim$ 70,000 cm^2/l)을 제공해 주고, 배지 내의 높은 세포농도($>$ 10^7 세포/ml)를 가능하게 한다. 세포가 붙은 미세담체는 교반 생물반응기 내에서 현탁된다. 폴리아크릴아마이드, 폴리스티렌, 셀룰로오스 섬유, 실유리관, 젤라틴이 입혀진 덱스트란 비드 등의 다른 미세담체 비드들도 개발되었다. 현재 가장 널리 사용되는 미세담체는 덱스트란을 기본으로 한 것과 DEAE를 기본으로 한(DEAE-세파덱스, DEAE-폴리아크릴아마이드) 미세담체들이다. 세포 부착을 증진시키고 세포 기능을 강화하기 위하여 미세담체 비드의 표면은 콜라젠 같은 화합물을 첨가함으로써 변형될 수 있다. 세포는 미세담체 표면에서 보통 단일층(monolayer)의 형태로, 때로는 여러 층(multilayer)으로 생장한다. 미세담체 배양방법은 생장을 위해 넓은 표면적을 제공해 주고, 꽤 균일한 생장환경을 제공해 준다. 미세담체 비드는 약하게 교반되는 반응기의 용기, 유동층(fluidized bed), 또는 공기부양(기포탑) 발효조 내에 넣어져 사용될 수 있다. 비드와 비드 간의, 접촉과 표면의 연마 등이 문제가 될 수 있고, 이들 담체의 구멍이 없는(nonporous) 특성은 유용한 표면적을 제한하여, 결과적으로 많은 수의 세포를 획득하는 것도 제한한다. 미세담체 표면에 부착된 세포의 전단응력 민감도와 공기 주입 및 혼합의 필요성 간의 균형을 유지하여야 하므로, 미세담체 배양의 대규모 용기의 교반은 어렵다. 부착된 세포는 '뒹굴어 다닐' 수 없고 전단응력은 이들을 담체 표면으로부터 '뜯어내려' 하기 때문에, 전단응력은 현탁된 세포보다 미세담체에 부착된 세포에게 더 해롭다. 거대기공 미세담체가 사용될 수 있고, 기공 안에 들어간 세포는 전단응력 효과로부터 보호될 수 있다. 하지만 확산 제한과 불균일 생장 조건은 바람직하지 못한 결과를 야기할 수 있다. 세포를 생물반응기 내에 머무르게 하는 것이 쉽기 때문에, 미세담체 배양은 관류 조업에 매우 적합하다. 세포가 붙은 입자의 손실 없이 유속을 높이기 위하여, 때로는 무게가 있는 입자들이 사용되는데 특히 유동층 반응기에서 그러하다.

미세담체 비드를 사용하는 대신에, 세포를 미세캡슐 속에 가두는 방법이 있다. 동물세포를 다공성 막으로 가둔다. 전형적인 캡슐 크기는 300 ~ 500 μm이고 이런 캡슐 막의 분자량 컷오프(MW cutoff)는 60 ~ 70 kDa이다. 미세캡슐은 작은 막 생물반응기처럼 조업되어 매우 높은 세포농도에 도달될 수 있다(~10^8 세포/ml). 원하는 MW 컷오프를 가진 올바른 캡슐 막을 사용함으로써, 젖산염과 암모늄 같은 독성 산물은 캡슐 내부의 배지에서 제거되고, MAb와 림포카인 같은 높은 MW 생산물은 캡슐 내부에 농축될 수 있다. 더욱이 캡슐화함으로써 세포는 유체역학적 전단응력으로부터 보호될 수 있고, 직접 공기공급을 할 수 있는 적당한 환경을 제공해 주며, O_2공급과 CO_2제거를 원활하게 한다. 그러나 캡슐 내부의 생장과 산물 생성속도는 용존산소나 포도당 같은 영양분의 확산에 의해 제한을 받으며, 캡슐 크기가 클 때는 특히 그렇다. 물질전달 제한을 없애기 위해 캡슐 크기를 줄이는 것과(200 μm까지), 원하는 생산물을 캡슐 내부에 농축시키기 위해 세공의 크기를 조절하는 것은, 캡슐화된 세포와 연관된 문제점의 일부를 해결하기 위한 두 가지 유망한 방법이다. PLL(poly-L-lysine)의 농도와 평균 MW를 변화시킴으로써, 캡슐 막의 세공의 크기가 어떤 한계 이내에서(30 ~ 80 kDa) 조절될 수 있다. 캡슐 내부의 미세환경 조건들(pH, DO 농도, 영양분-생산물 변화도)을 측정하고 제어하는 것이, 캡슐 내부에서의 생장과 산물 생성을 제한하는 주요 문제점들이다. 미세캡슐의 깨지기 쉬운 특성 또한 이 시스템의 대규모화 가능성을 제한하는 요인이다. 그러나 작은 시스템의 경우에는 재조합 DNA를 가진 CHO 세포의 경우에 미세캡슐이 현탁 배양보다 목표단백질 생산이 약 5배 높다는 증거가 제시되었다.

12.4.3 현탁 배양

포유동물세포 배양을 위한 특유의 생물반응기가 사용되기는 하지만, 10장 '생물반응기의 선택, 대규모화, 운전 그리고 제어'에서 기술된 전통적인 교반탱크 반응기가 포유동물세포와 곤충세포의 대규모 배양에 있어서는 보편적으로 사용된다. 많은 전단응력 방어 물질(혈청이나 플루로닉 F-68)은 세포가 기체-액체 경계면에 축적되는 것을 막는 것을 통해 작용한다. 기체의 교환은 막이나 실리콘 고무관을 통해서도 이루어질 수 있지만, 기체의 분사(sparging) 방법이 가장 단순한 방법이고 전단응력 보호제와 함께 사용하면 많은 세포계통에 이용될 수 있다. 세포계통에 따라 전단응력 민감도에 차이가 난다—단백질 생산에 널리 사용되는 CHO 세포는 전단응력 손상에 비교적 강하다. 커다란 전단응력은 세포를 **용혈**(괴사(necrosis))시킴으로써 확실한 손상을 입히지만, 낮은 전단응력일지라도 세포의 생리적 변화를 유발시킬 수 있다. 전단응력의 보다 미묘한 효과는 생리적 변화와 **에이파토시스**(apoptosis) 또는 세포예정사(programmed cell death)를 일으킨다. 보다 미묘한 이들 변화는 외관상의 생장속도, 생산성, 생산품질 등을 변경시킬 수 있다(예, 분해효소가 배지로 유출됨으로써).

기존의 교반탱크 생물반응기들이 현탁액상의 세포에 대한 전단응력 비율을 줄일 수 있게 변형되었다. 돛 형태(sail-type)와 축방향흐름 하이드로포일(axial-flow hydrofoil) 교반기가 개발되었고, 현탁 배양과 미세담체 배양을 위해서 사용된다. 이런 반응기들의 교반속도는 10~40 rpm 정도여서 전단응력률이 낮다. 몇몇 동물세포들은 20,000 l 크기까지의 생물반응기에서 현탁 배양될 수 있다. 세포는 이들 생물반응기에서 난류 소용돌이에 비해 상당히 작기 때문에 세포 용혈은 최소화된다. 소용돌이가 또 다른 소용돌이나 또 다른 표면(예, 반응기 벽)과 이루는 경계에 있는 세포만이 손상을 입기가 쉽다. 기체-액체 경계에 있는 세포는 특히 손상을 입기 쉽다. 기체방울과 배지의 경계에 있는 세포에게는 공기방울이 배지 표면을 나오면서 파괴될 때 특히 손상을 입힌다.

전통적인 스테인리스스틸 재질의 반응기 이외에도, 다양한 일회용 생물반응기들이 동물세포용으로 개발되었다. 이들에 대해서는 10장(10.1.4절)에서 논의하였고, 반응기 형태를 외부 교반형과 내부 교반형으로 나누어서 기술하였다. 두 형태 모두가 동물세포 배양에 광범위하게 사용되고 있으며, 중간규모(100~2000 l)의 배양에서 세포손상을 최소화하면서도 효과적인 혼합을 할 수 있는 방법이다. 대체로 유가식 방법으로 조업되지만, 세포 분리기법을 사용함으로써 관류 방법의 배양도 가능하다.

종합적으로 말하자면, 세포를 사용하여 생산하는 시스템이 가지고 있는 여러 제약조건을 반영하여 많은 종류의 다양한 동물세포 배양용 반응기가 개발되어 있다.

12.5 동물세포 배양의 생산물

동물세포 배양으로 생산되는 상업적 생산물은 주로 포유동물세포로부터 생산되며, 그 숫자는 200가지가 넘는다. 표 12.4에 이런 생산물의 주요 범주를 수록하였다. 이 생산물들의 대부분은 생물의약품이고, 일반적으로 세포 외로 분비되는 단백질이다. 원래는 매우 낮은 농도로 생산되었지만, 그 동안의 발전을 통해 5 g/l 이상을 얻게 되었다. 이들 중의 40% 정도가 단일클론 치료제이다. 기술 발전으로 인하여 이들 의약품의 체내에서의 활성 유지시간이 길어짐으로써, 이들 중 일부는 과거에 조제되었던 것보다 가성비가 높아졌다. 이들 중 많은 것들이 자가면역질환 치료용이고 화학요법에 사용된다.

다른 것들로는 응혈인자(혈우병 치료용), 호르몬, 효소(예, 타입 1 고셰병, 낭포성섬유증 등의 치료를 위한 대치요법), 사이토카인(예, 항암 화학요법용, 다발성 경화증 치료용) 등이 있다. 이들 대부분의 경우에, 치료 효과가 있기 위해서는 인간과 유사한 번역 후 공정을 거친 단백질로 생산되어야 한다.

백신은 포유동물세포 및 그 외의 다른 세포들로부터 생산되는 또 하나의 주요 품목이다. 살충제는 주로 곤충세포 배양에서 얻어지는 바이러스로서, 또 다른 품목 중의 하나이다. 진단용 MAb는 잘 개발된 품목으로서, 치료용보다는 번역 후 공정이 덜 중요한 특성을 가진다.

줄기세포 기술은 커다란 가능성을 지니고 있다. 여기서 이야기될 기술들은 신약 시험과 개발을 위한 대용방법으로 또한 대치요법으로 사용될 수 있는 줄기세포의 효과적 대규모 생산에 대한 커다란 가능성을 보여 주고 있다. 매 생산 시마다 세포의 생리가 근본적으로 동해야 하므로, 줄기세포의 생산은, 특히 인체 내의 대치물로서 이용될 경우에는, 어려움이 따른다. 세포는 복잡하므로, 동일하다는 확신을 얻기 위한 적절한 분석 기술들은 매우 다양하고, 일반적으로 사용 가격은 고가이다.

지난 30년간, 동물세포 배양은 소규모 신규 생물공정 산업에서 주요한 생산기술로 성장해 왔고, 그리고 그 발전은 계속될 것이다.

TABLE 12.4. Major Categories of Products of Animal Cell Cultures

Therapeutic Proteins	Hormones
Immunobiologicals	
Monoclonal antibodies	Enzymes
Lymphokines and interleukins	Insecticides
Virus vaccines	Growth factors
Cell surface antigens	Whole cells
	Stem cells
	Tissues
	Organs/mimics

12.6 요약

동물세포는, 광범위하면서도 정확한 번역 후의 과정을 요구하는 단백질의 생산, 기관화된 조직(인공피부), 몇몇 백신과 살충제로 사용될 수 있는 바이러스 등의 생산에 매우 적합하다. 동물세포는 박테리아, 곰팡이, 또는 효모 등의 생산에 비해서 더 복잡하고 깨지기 쉽다. 이런 특성들은 배양을 위한 특수 방법의 개발을 요구하게 된다.

중요한 차이점은 **1차** 세포계통(primary cell line, 조직으로부터 직접 얻어짐)과 1차 세포계통으로부터 얻어지는 **2차** 세포계통(secondary cell line)이다. 정상적인 세포계통은 **사멸성**(mortal)이어서 단지 한정된 횟수만큼만 세포분열을 할 수 있다. 다른 세포계통들은 **형질변환되었거나**(transformed) **불멸성**(immortal)이어서 무한정 분열할 수 있다. 많은 세포계통들은 표면에 부착되었을 때만 성장할 수 있는 부착 의존성(anchorage dependent)이다. 몇몇 세포들, 특히 형질변환된 세포계통들은 현탁액상에서 성장할 수 있다. 현탁 배양되는 세포 중 특히 중요한 형태는 **하이브리도마**(hybridoma)이다. 이 세포는 사멸성의 항체 생산 세포와 형질변환된 세포가 융합된 잡종 세포이고, 결과적으로 한 종류의 항체 또는 **단일군 항체**(monoclonal antibody)를 생산하는 불멸성의, 쉽게 배양되는 세포계통이다.

동물세포를 배양하는 데 사용되는 배지에는 다양한 생장인자, 포도당, 글루타민, 아미노산, 염, 비타민 등을 제공해 주어야 한다. 몇몇 경우에는 동물(특히 포유동물)의 혈청이 사용된다. 그러나 혈청은 값이 비싸고 오염의 확률을 증대시키며, 성분이 명백히 밝혀지지 않았고, 로트(lot)별로 차이가 나며, 단백질 생산물의 하류 회수 공정(downstream recovery)을 복잡하게 한다. 많은 경우에 세포 영양분에 대한 지식을 이용하면 무혈청(어떤 경우에는, 무동물단백질) 배지의 개발이 가능하고, 이와 같은 배지의 이용은 그 중요도가 점점 커지고 있다.

많은 수의 가능성 있는 생물반응기 형태가 동물세포용으로 사용할 수 있도록 상업적으로 제품화되어 있다. 반응기 설계에서의 문제는, 액체 전단응력에 대한 노출을 최소화하면서 높은 세포농도를 얻을 수 있도록 충분한 산소와 영양소 및 (부착 의존성 세포를 위한) 표면적을 제공해 주는 데 집중되어 있다. 또한 배지의 완전한 사용과 높은 생산물 농도도 추구되고 있다. 유독한 부산물(예, 젖산염과 암모늄)의 생성을 최소화하고, 세포의 미세환경으로부터 그와 같은 대사물질을 효과적으로 제거할 수 있도록 설계되어야 한다.

참고문헌

Al-Rubeai, M., *Animal Cell Culture*, Springer International, Switzerland, 2015.

Bandaranayake, A. D., and S. C. Almo, "Recent Advances in Mammalian Protein Production," *FEBS Letters* 588: 253–260, 2014.

Chalmers, J. J., "Animal Cell Culture: Effects of Agitation and Aeration on Cell Adaption," in *Encyclopedia of Cell Technology*, R. Spier, J. B. Griffiths, and A. H. Seragg, eds., Wiley, New York, 2000. (See also other related articles in this book.)

Dumont, J., D. Euwart, B. Mei, S. Estes, and R. Kshirsagar, "Human Cell Lines for Biopharmaceutical Manufacturing: History, Status, and Future Perspectives," *Crit. Rev. Biotechnol.* 36(6): 1110–1122, 2015.

Kim, J. Y., Y. G. Kim, and M. Lee, "Cho Cells in Biotechnology for Production of Recombinant Proteins: Current State and Further Potential," *Appl. Microbiol. Biotechnol.* 93(3): 917–930, 2012.

Nienow, A. W., "Reactor Engineering in Large Scale Animal Cell Culture," *Cytotechnol*. 50: 9–31, 2006.

Van Oers, M. M., G. P. Pijlman, and J. M. Vlak, "Thirty Years of Baculovirus-Insect Cell Protein Expression: From Dark Horse to Mainstream Technology," *J. Gen. Virol.* 96: 6–23, 2015.

Wurm, F. M., "Production of Recombinant Protein Therapeutics in Cultivated Mammalian Cells," *Nat. Biotechnol.* 11: 1393–1398, 2004.

Zhu, J., "Mammalian Cell Protein Expression for Biopharmaceutical Production," *Biotechnol. Adv.* 30: 1158–1170, 2012.

연습문제

12.1 동물, 식물(13장 참조), 박테리아 세포 간의 주요 차이점들을 세포 구조와 생리학적 관점에서 논의하라.

12.2 동물세포의 물질대사에서 글루타민의 역할을 기술하라.

12.3 혈청을 포함한 배지와 무혈청 배지의 장단점을 비교하라.

12.4 동물세포 배양에서 공기 속에 CO_2가 함께 공급되는데, 이때 CO_2의 역할은 무엇인가?

12.5 동물세포 생물반응기의 공통적인 특징은 무엇인가?

12.6 동물세포에 사용되는 다음 고정화 방법들의 장단점을 비교하라—미세담체(표면) 배양, 세공 있는 비드(porous bead), 캡슐화(encapsulation), 젤에 의해 가둬 두는 방법(gel entrapment).

12.7 일반적인 동물세포 배양을 위해 무엇이 가장 적당한 방법이라고 생각하는가? 반응기 형태, 조업 방법(회분식과 연속 관류(continuous perfusion)), 배양방법(현탁 배양, 고정화 배양) 등에 대해 논의하라. 선택한 방법을 나머지와 자세히 비교 설명하라.

12.8 동물세포 배양에서의 여러 가지 공기공급 방법을 비교하라. 각 방법의 장단점에 대해 설명하라.

12.9 하이브리도마의 제조에 대한 공정을 설명하라.

12.10 산소 소모가 0.1×10^{-12} mol O_2/h · 세포일 때, 1×10^{-7} 세포/ml의 세포농도를 유지하기 위해서는 어떤 k_La 값을 필요로 하는가?

12.11 세파덱스 비드의 표면에 고정화된 하이브리도마 세포는 단일군 항체(MAb)의 생산을 위하여 충전 칼럼에 사용된다. 하이브리도마 농도는 칼럼 내에서 약 $X = 5$ g/l이다. 합성 배지의 유속과 포도당농도는 각각 $Q = 2$ l/h, $S_0 = 40$ g/l이다. MAb 생산속도 상수는 $k = 1$ g X/l · d이다. 확산제한은 없고 포도당이 율속 영양분이라고 가정한다.

a. 95% 포도당 전환을 위한 충전층의 높이와 부피를 구하라. 층의 지름은 $D_0 = 0.2$ m이다. 하이브리도마의 생장은 무시하고 1차 속도식이라 가정한다.

b. $Y_{p/s}$가 4 mg MAb/g 포도당일 때, MAb 유출농도와 시스템의 생산성을 구하라.

13

식물세포 배양 시의 생물공정에 대한 고찰

유용한 물질의 생산을 위한 식물세포 배양의 활용은 매우 흥미로운 가능성을 제시해 주며, 지난 15년 동안 식물세포를 이용한 산업적 공정의 예들이 속속 나타나고 있다. 선별된 식물을 위한 효과적인 생물반응기를 준비하는 것은 식물을 활용한 생물공정 기술의 또 다른 응용이다. 식물세포와 기관화된 조직들이 생물공정의 선택에 따라 달리 반응하는 것에 대한 이해는 식물세포 조직의 배양을 산업적으로 이용하는 데 있어서 대단히 중요하다.

13.1 식물세포를 왜 배양하는가?

식물의 세계는 매우 다양하다. 식물에서만 수많은 종류(>200,000)의 화학물질이 생산되며, 어떤 화학물질은 오직 유일한 식물종에서만 생산되는 것도 있다. 식물세포들의 생합성 능력에 대한 연구는 거의 이루어지지 않았다. 지구상에 존재하는 식물의 단지 적은 퍼센티지만이 과학적으로 명명되었거나 기술되었으며, 이 중에서도 작은 부분만이 새롭고 유용한 물질의 생산을 위해서 선별되었다. 인류를 위해 사용되는 물질의 생산을 위한 식물의 커다란 유전학적 가능성이 거의 개발되어 있지 않은 상태이다. 사실상 전 세계적으로 빠른 속도로 숲을 파괴시킴으로써, 많은 식물들은 그들의 유전체(genome)를 보존하지 못한 상태로 멸종되고 있다.

특성이 밝혀진 일부 식물에서 많은 중요한 물질(예, 120가지 이상의 처방약)을 생산해 왔다. 서양에서 25%가 넘는 의약품이 식물 추출물로부터 만들어지고, 아시아나 다른 지역에서는 훨씬 더 많은 비율의 의약품이 식물에서 유래한다. 의약품으로서의 사용뿐만 아니라, 식물 생산품은 염료, 식용 염료, 식용 향료, 향수, 살충제, 제초제 등으로 이용된다. 미라쿨린, 타우마틴, 모넬린 같은 펩타이드와 단백질도 식물세포 배양기술의 중요한 대상이다. 가능성 있는 산업적 생산물들이 표 13.1에 열거되어 있으며, 그림 13.1에 나타내었다.

이런 물질들은 화학적으로 복잡하고, 일반적으로 비단백질이다. 이 물질들은 자연산물, 2차 대사산물(생장에 필요하지 않은), 특수 대사산물 등으로서, 그 기능은 식물이 적응하고,

TABLE 13.1. Valuable Commercial and Clinical Products Produced via Plant Cell Culture

Product	Species	Manufacturer	Use/Application
• **Secondary metabolites**			
Alpine rose–derived compounds[a]	*Rhododendron ferrugineum*	PhytoCellTec, Buchs, Switzerland[b]	Cosmetic ingredient
Anthocyanins	*Euphorbia milli* *Aralia cordata*	Nippon Paint Co., Ltd., Osaka, Japan[c]	Textile dye Coloring agents for fruit juices, wine, and other beverages
Apple-derived compounds[a]	*Malus domestica*	PhytoCellTec, Buchs, Switzerland[b]	Cosmetic ingredients
Arbutin	*Catharanthus roseus*	Mitsui Chemicals, Inc., Tokyo, Japan[c]	Whitening agent for cosmetics Pigment Antiseptic
Arctic cloudberries–derived bioactive compounds	*Rubus chamaemorus*	Lumene Cosmetics, Espoo, Finland[c]	Cosmetic ingredient
Argan-derived compounds[a]	*Argania spinosa*	PhytoCellTec, Buchs, Switzerland[b]	Cosmetic ingredient
Berberines	*Coptis japonica* *Thalictrum minus*	Mitsui Chemicals, Inc.[c]	Pharmaceutical ingredient Anticancer Antibiotic Anti-inflammatory Most commonly used for bacterial diarrhea, intestinal parasite, and eye infections
Betacyanins	*Beta vulgaris*	Nippon Shinyaku Co., Ltd., Kyoto, Japan[c]	Food dye Red to red-violet pigment
Carthamin	*Carthamus tinctorius*	Kibun Foods, Inc., Tokyo, Japan[c]	Cosmetic pigment Food colorant and dye
Cocoa polyphenols (Cocovanol)[a]	*Theobroma cacao*	Diana Plant Sciences, Portland, Oregon	Nutraceutical
Date palm–derived compounds	*Phoenix dactylifera L.*	XTEM cell, St. Malo, France[c]	Cosmetic ingredients
Docetaxel[a]	*Taxus* spp.	Phyton Biotech GmbH, Ahrensburg, Germany[d] Samyang Biopharmaceuticals Corporation, Seoul, South Korea[e]	Anticancer FDA approved for the treatment of head and neck, gastric, breast, prostate, and non-small-cell lung cancers

(*Continued*)

TABLE 13.1. *(Continued)*

Product	Species	Manufacturer	Use/Application
Echinaceae polysaccharides[a]	*Echinacea purpurea* *Echinacea angustifolia*	Diversa, Ahrensburg, Germany[c]	Pharmaceutical ingredient Immunostimulant Anti-inflammatory
Geraniol	*Gramineae* spp.	Mitsui Chemicals, Inc.	Essential oil Primary component of rose, palmarosa, and citronella oils
Ginseng saponins	*Panax ginseng* CA Meyer	CBN Biotech, Korea[c]	Dietary supplement Cosmetic ingredient Food additive
	Panax ginseng	Nitto Denko Corporation, Osaka, Japan[c]	
	Wild ginseng stem cells	Unhwa Biotech Corp., Jeonbuk, Korea[c]	
Grape-derived compounds[a]	*Vitis vinifera*	PhytoCellTec, Buchs, Switzerland[b]	UV protection for skin
Leontopodic acids A and B	*Leontopodium alpinum*	Instituto di Ricerche Biotechnologiche (IRB), Italy	Cosmetic ingredient
Paclitaxel[a]	*Taxus* spp.	Phyton Biotech GmbH[d] Samyang Biopharmaceuticals Corporation[d]	Anticancer FDA approved for the treatment of ovarian, breast, and lung cancers Largest application of commercial plant cell culture
Podophyllotoxin	*Podophyllum*-spp.	Nippon Oil, Tokyo, Japan[f]	Anticancer Starting compound for the anticancer agents etoposide and teniposide
Resistem	*Albizia julibrissin*	Sederma, Le Perray En Yvelines, FR[g]	Antiaging cosmetic ingredient
Rosmarinic acid	*Coleus blumei*	A. Nattermann & Cie. GmbH, Cologne, Germany[f]	Anti-inflammatory
Scopolamine	*Duboisia* spp.	Sumitomo Chemical Co., Ltd., Tokyo, Japan[f]	Anticholinergic Antimuscarinic Used in the treatment of motion sickness, nausea, and intestinal cramping
Shikonin	*Lithospermum erythrorhizon*	Mitsui Chemicals, Inc.[c]	Red pigment/dye Antibiotic
Symphytum[a]	*Symphytum officinale*	PhytoCellTec, Buchs, Switzerland[b]	Cosmetic ingredient
• **Heterologous Proteins**			
• **Vaccines**			
HN protein of Newcastle disease virus	*Nicotiana* spp.	Dow AgroSciences LLC, Indianapolis, IN[c]	Vaccine for Newcastle disease in poultry First FDA-approved plant-derived vaccine Currently not on market

(Continued)

TABLE 13.1. (*Continued*) Valuable Commercial and Clinical Products Produced via Plant Cell Culture

Product	Species	Manufacturer	Use/Application
• **Proteins**			
α-Galactosidase-A (PRX-102)[a]	*Daucus carota*	Protalix Biotherapeutics, Carmiel, Israel[h]	Potential Fabry disease treatment In phase I/II clinical trials
AIR DNase (deoxyribonuclease I) (PRX-110)[a]	*Daucus carota*	Protalix Biotherapeutics[h]	Potential inhalable treatment for cystic fibrosis In preclinical development
Albumin[a]	*Oryza sativa*	InVitria, Junction City, KS[i]	Cell culture additive
Antitumor necrosis factor (PRX-106)[a]	*Daucus carota*	Protalix Biotherapeutics[h]	Potential therapeutic for autoimmune diseases, such as rheumatoid arthritis In preclinical development
Human glucocerebrosidase (Elelyso/Uplyso)[a]	*Daucus carota*	Protalix Biotherapeutics[h]	Enzyme replacement therapy for Gaucher disease Licensed by Pfizer, Inc. Completed phase III trial in September 2009 Received FDA approval in May 2012
Human lysozyme[a]	*Oryza sativa*	InVitria[i]	Bacterial cell lysis agent Food and beverage preservative
Lactoferrin[a]	*Oryza sativa*	InVitria[i]	Animal-free mammalian cell culture additive
Moss-aGal (agalsidase)	*Physcomitrella patens*	Greenovation Biopharmaceuticals, Heilbronn, Germany[j]	Potential therapeutic for the treatment of Fabry disease In preclinical development
Moss-GBA (glucerase)	*Physcomitrella patens*	Greenovation Biopharmaceuticals[j]	Potential therapeutic for Gaucher disease In preclinical development
Oral human glucocerebrosidase (PRX-112)[a]	*Daucus carota*	Protalix Biotherapeutics[h]	Oral delivery of enzyme replacement therapy for Gaucher disease Carrot plant cells utilized as delivery vehicle for the therapeutic protein In phase II clinical trails
Transferrin[a]	*Oryza sativa*	InVitria[i]	Cell culture additive

[a]Verified to be commercially produced via plant cell culture as of 2015.
[b]http://www.phytocelltec.ch
[c]Meyer, H-P., and D. Schmidhalter, *Industrial Scale Suspension Culture of Living Cells*, Wiley, 2014.
[d]https://www.phytonbiotech.com
[e]https://www.samyangbiopharm.com
[f]Lehmann, N., et al. "Disposable Bioreactors for Cultivation of Plant Cell Cultures," in K.-Y. Paek, H. N. Murthy, and J.-J. Zhong, eds., *Production of Biomass and Bioactive Compounds Using Bioreactor Technology*, Springer Netherlands, 2014, pp. 17–46.
[g]http://www.sederma.com
[h]http://www.protalix.com
[i]https://www.invitria.com
[j]http://www.greenovation.com
Adapted from table presented in: Wilson, S. A., Roberts, S. C., 2012. Recent advances towards development and commercialization of plant cell culture processes for the synthesis of biomolecules. *Plant Biotechnology Journal* 10(3):249–268.

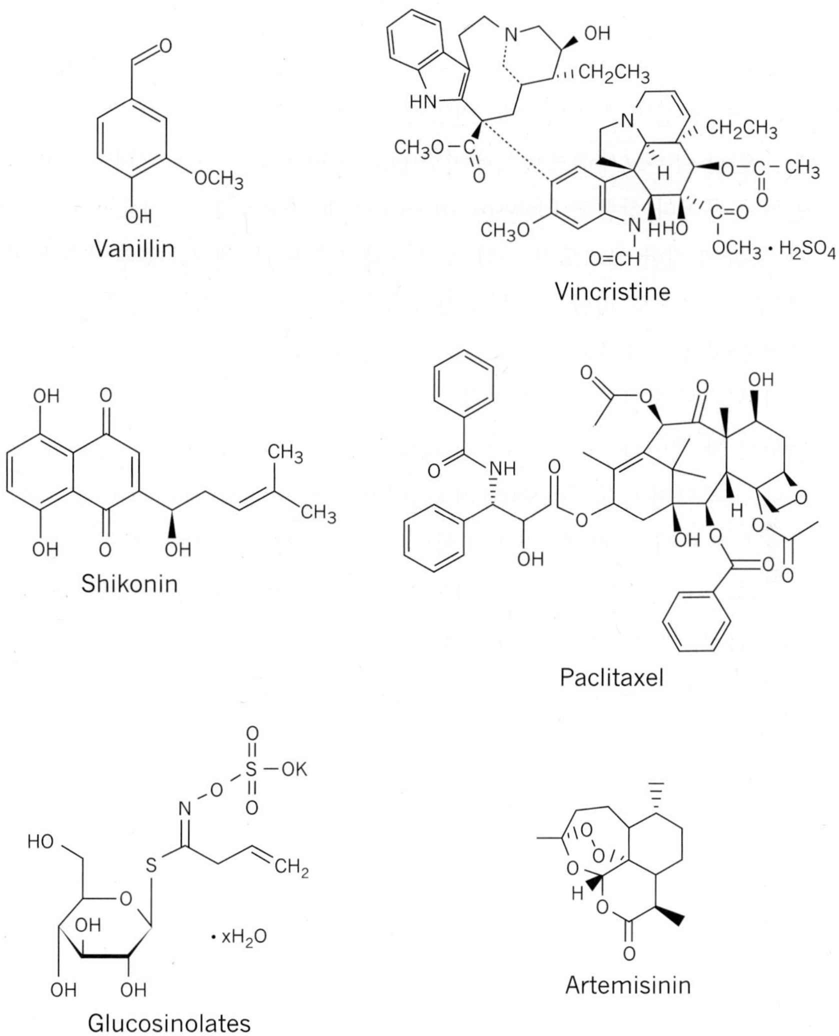

Figure 13.1. Examples of secondary metabolites from plants. (Compiled by Carolyn Lee-Parsons.)

방어하고, 환경변화를 이기고 생존하는 데 있어서 매우 중요하다. 상업적으로 가장 관심을 끄는 물질들은, 미생물에 의해 생산되지 않으며 화학합성으로도 대체할 수 없을 정도의 복잡성을 갖고 있는 것들이다. 또한 이와 같은 비단백질 생산물들은 1차 대사산물(5장 '주요 대사 경로')로부터 유래한 중간물질들을 축합함으로써 보통 만들어지고, 특정 식물종 특유의 경로에 의하여 변형된다. 동물이나 박테리아 시스템에 비해, 식물 유전학과 생리학에 대해서는 많은 것을 알고 있지 못하다. 관련성이 알려지지 않은 경로들로부터 관련 유전자들을 찾아내고 분리해 내기는 어렵기 때문에, 이와 같은 물질의 생산에 있어서 효모나 세균같이 쉽게 자라는 생체들을 이용하는 유전공학 방법이 현재로서는 식물세포 배양을 대신해 줄 수 있는 대안이 되지 못한다. 그러나 유전자 조작된 식물들이 유용하게 사용되는 예들도 최근에는 등장하고 있다. 생물반응기를 사용하여 유전자 조작된 당근세포에서 생산된 효소인 인간 글루코세레브로시데이스(glucocerebrosidase)는 고셰병 치료용으로 FDA 승인을 받은 품목이다(상품명 Elelyso). 이 식물유래 산물은 표준 치료제보다 저렴한 가격에 팔리며, 생산에 대한 신뢰도가 높다고 평가되고 있으며, 세균으로부터 잘못된 구조의 단백질이 생산되는 문제도 피할 수 있다. 전사체 플랫폼 가격이 감소함에 따라, 특수 대사산물의 전체 생합성 경로를 밝히는 것도 가능해질 것이다. 이런 유전적 이해가 식물세포 배양 자체를 개선하는 데 직접적으로 적용될 수도 있지만, 이런 지식들은 효모와 세균에서의 생산도 가능하게 할 것이다. 식물세포조직 배양은 낮은 부피 생산성(volumetric productivity)을 가지므로, 고부가가치 물질(≥500달러/kg)이 바람직한 대상이다. 따라서 고부가가치를 가지면서도 식물에서만 유래하는 것들이 상업적으로 가장 큰 관심의 대상이다.

식물세포 배양을 이용한 생물공정 개발의 좋은 예로, 중요한 항암물질인 패클리택셀(paclitaxel)(택솔(Taxol))의 생산을 들 수 있다. 공급 문제가 이 약품의 임상적 개발을 크게 방해하였다. 처음에는 패클리택셀을 태평양 주목(Pacific yew tree)(*Taxus brevifolia*)의 껍질에서 추출하여 생산하였다. 한 환자를 치료하기에 충분한 패클리택셀을 공급하려면 100살짜리 나무 세 그루가 필요하였다. 이 나무는 비교적 흔치 않으며, 이 나무의 수확은 환경적 문제를 야기하였다. 나무 전체를 수확하는 것은 부분합성의 방법과 식물세포 배양에 의하여 대체되었다. 보다 흔한 주목의 침상엽과 가지를 모아서 전구체 화합물을 추출하였고, 그 전구체는 화학적으로 패클리택셀로 전환되었다. 침상엽과 가지의 채집은 식물이 죽는 것을 막는 방법일 수 있다. 그러나 침상엽의 채집과 화학공정으로부터 나온 용매의 폐기는 환경적 문제가 있다. 대규모 생물반응기에서의 패클리택셀의 생산은 보다 적은 오염물을 갖는 생산물을 제공해 주고, 보다 정밀한 제어가 가능하며, 재현성이 높고 환경 친화적이다. 대규모 생물반응기를 이용한 패클리택셀의 산업적 생산은 이제 현실로 나타나고 있다. 75,000 l에 달하는 교반탱크용기가 현탁 배양에 이용된다.

식물세포조직 배양을 통한 화학물질의 공장생산은 많은 중요한 장점들이 있다.

- 생산물의 공급 조절을 식물 자체의 가용성에 의존하지 않는다.
- 제어되고 최적화된 조건 아래서 배양된다.
- 미생물 시스템에서 사용된 것과 유사한 방법으로 세포주가 개량된다.
- 천연 기질과 유사한 물질을 배지에 공급함으로써 자연에는 현존하지 않는 새로운 물질이 합성될 수 있다.

염료인 시코닌(shikonin)의 생산이 이와 같은 장점들을 더 잘 설명해 준다. 일본은 필요량을 공급할 만큼 충분한 Lithospermum을 재배할 수 없었고 안정된 수입원도 확실하지 않았다. 이 식물은 적어도 2~3년 정도 자라야 사용할 수 있는 크기가 된다. 사용 시에는 건조중량의 약 1~2%가 시코닌이었다. 세포주 선별과 반응기 조건의 최적화를 통해, 3주간의 회분식 배양으로 무게 비율 14%의 시코닌을 생산할 수 있는 상업화된 공정이 확립되었다.

그러나 식물세포조직 배양을 위한 생물반응기의 역할은 화학물질 생산에만 한정된 것이 아니다. 형질전환 식물세포 배양도 백신 같은 단백질을 생산하는 데 사용될 수 있다. 당근세포에서 생산되는 글루코세레브로시데이스의 생산이 한 예이다. 번식체(propagule)의 생산이나 인공 종자(artificial seed)의 생산이 경제적으로 중요할 수 있다. 좋은 품종의 식물을 생산하기 위한 효과적인 액침 배양(submerged cultivation)의 사용은 식물의 미세번식(micropropagation)을 위한 현재의 노동집약적 공정을 대체하게 될 것이다.

생산물이 화학물질이든 새로운 식물이든 생물공정공학자는 식물의 몇몇 기본 특성들과 반응기 설계를 위한 그것의 의미에 친숙해져야 한다.

13.2 배양 시 미생물과 비교한 식물세포

배양 시의 식물세포는 변장한 미생물이 아니다. 2장 '생물학 기초원리의 개관'에서 식물세포의 구조와 생리학의 관점에 대해 논의하였다. 그림 13.2에 식물세포의 구조를 요약하여 나타냈다. 식물세포가 미생물과 기본적으로 다른 점은 미분화 상태라도 계속 배양하면 분화(differentiation)되고 기관화(organization)될 수 있는 능력이 있다는 것이다. 적당한 환경 조건하에서 미분화된 세포(undifferentiated cell)로부터 식물 전체를 재생시킬 수 있는 능력을 **전체형성능**(totipotency)이라고 부른다. 이 능력은 2차 대사물(secondary metabolite) 생성과도 종종 관련이 있다. 만일 우리가 식물에서 할 수 있는 것과 동일하게 동물에서도 할 수 있다면, 사람의 혀에서 세포 하나를 채취하여 거의 동일한 수백만 명의 분신들을 만들 수 있을 것이다. 사람 몸 전체를 말이다!

특정한 화학물질의 생산을 위한 세포배양의 확립에 대해 먼저 알아보기로 하자(그림 13.3 참조), **캘러스**(callus)와 **현탁**(suspension) 배양은 수백 종의 식물에 대해 확립되어 있다. 캘러스는 분열하고 있는 세포를 가진 식물의 모든 부분으로부터 생성될 수 있다(그림 13.4 참조). 잘라 낸 식물 절편을 빠른 세포분열을 촉진시키는 영양소와 호르몬들을 포함하는 고체 배지 위에 놓는다. 형성된 캘러스는 상당히 클 수 있고(>1 cm 너비와 높이), 조직화된 구조를 갖지 않는다. 캘러스를 **탈분화된 조직**(dedifferentiated tissue)이라고 부르지만, 여

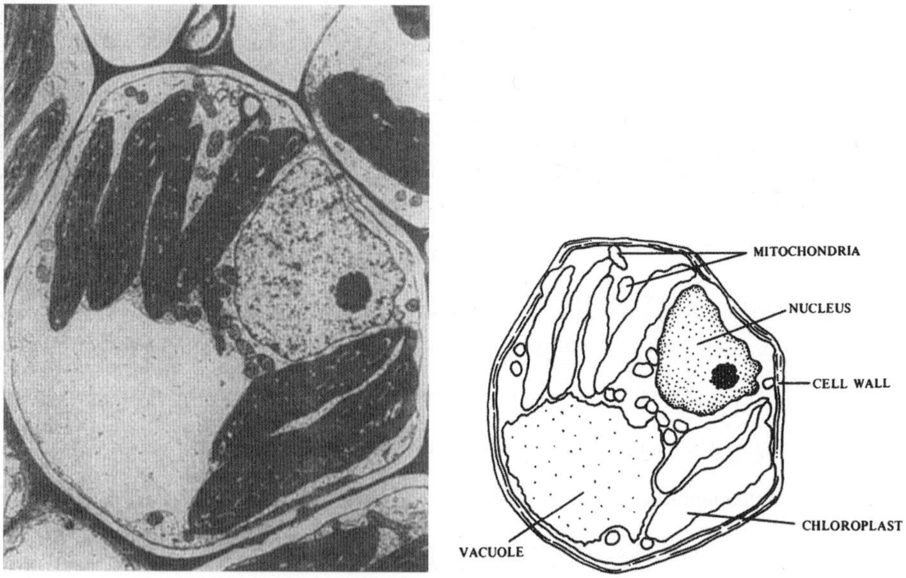

Figure 13.2. (Left) Cross section of a plant cell enlarged about 9000 times its actual size by an electron microscope. (Right) The labeled drawing identifies some of the cell's structures and organelles, those specialized cell parts that resemble and function as organs. This particular cell is a bundle sheath cell from the leaf of a *Zea mays* plant. Cells like this one are part of the veins of the leaf and completely surround the water- and food-conducting tissues (xylem and phloem) of the veins. (With permission, from Michael A. Walsh, Utah State University.)

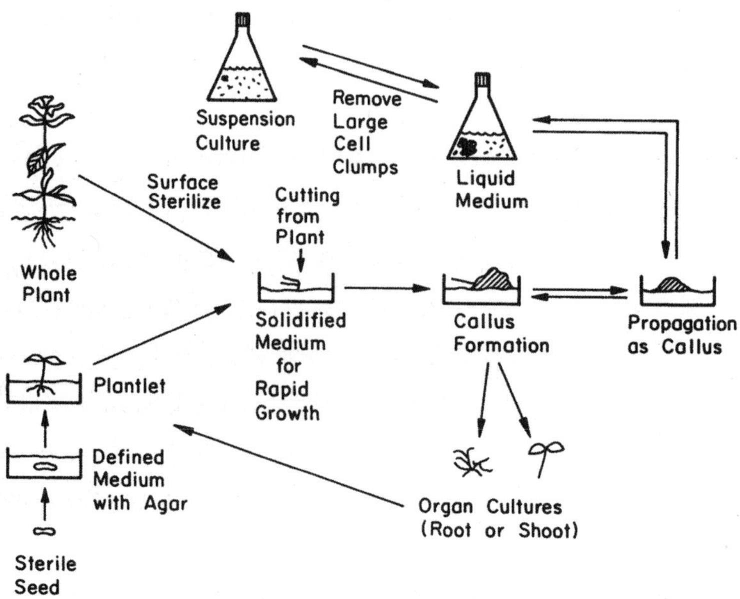

Figure 13.3. Suspension cultures can be established from many plants by establishing first callus culture and then suspension cultures; alternatively, organ cultures can be produced from callus culture. For some plants, the process can be reversed to generate whole plants from suspensions on organ cultures.

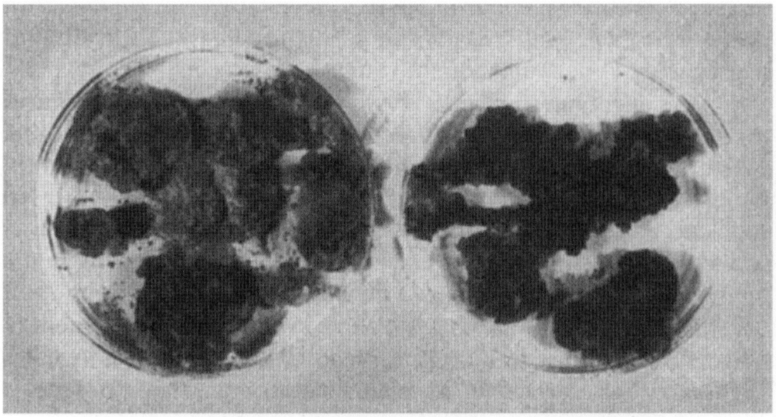

Figure 13.4. Calli of grape cultures. The plate on the left contains an unselected culture in which a few cells make high levels of reddish-purple pigments (anthocyanins). The plate on the right contains highly selected cultures in which most cells make pigment.

러 형태 세포들의 혼합체이다. 환경 조건들(예, 식물 호르몬) 외에도, 초기 조직(뿌리, 새싹 등)의 출처와 연령도 차이를 야기할 수 있고, 탈분화로 인한 유전적 변화를 초래할 수도 있다. 만일 우리가 특정 물질 생성을 최대화하는 데 관심이 있다면, 높은 생산성을 지닌 식물로부터 캘러스를 유도하는 것이 바람직하다. 같은 배치(batch)의 종자일지라도 식물 간 생합성 능력에 상당한 차이가 있을 수 있다.

캘러스와 현탁 배양 둘 다에 대해 화학적으로 정의된 배지가 사용된다. 일반적으로 배양, 특히 현탁 배양은 어둠 상태로 유지된다. 빛에 노출시키면 특정 경로의 발현이 조절될 수는 있지만, 대부분의 세포가 지속적인 광영양성 생장을 할 수 없기 때문에, 빛은 생장 유지만을 위해 사용되지는 않는다. 일반적인 배지는 탄소-에너지원으로 수크로오스를 사용한다. 무기 영양분, 비타민, 호르몬(또는 성장 조절물)들이 배지 안에 포함된다. 성장촉진제인 식물 호르몬의 종류에는 옥신(auxin), 사이토키닌(cytokinin), 지베렐린(gibberellin) 등이 있다. 대부분의 배지는 나프탈렌 아세트산(naphthalene acetic acid (NAA)), 2,4-다이클로로페녹시아세트산(2,4-dichlorophenoxyacetic acid (2,4-D)) 같은 옥신이나, 키네틴(kinetin) 또는 벤질아데닌(benzyladenine (BA)) 같은 사이토키닌을 포함하고 있다. 에틸렌은 식물 호르몬인데 일반적으로 배양 시 그 자체적으로 생산된다.

캘러스로부터 **현탁 배양**(suspension culture)(그림 13.5 참조)의 확립은, 그 캘러스가 작은 조각들로 쉽게 **부서진다면**(friable) 일반적으로 간단한 일이다. 캘러스 단편을 진탕 배양기(shake flask)의 액체 배지에 넣는다. 천천히 또는 너무 세지 않게 교반함으로써 세포들과 세포 덩어리들이 떨어진다. 보통 사용되는 조건은 27°C와 pH 5.5이다. 이와 같은 현탁된 세포들은 복제를 하기 시작한다. 2~3주 후에 현탁된 세포를 새 배지로 옮기고 큰 덩어리와 나머지 캘러스는 제거한다. 현탁액은 높은 세포농도(사과소스 정도)로 자란다. 모든 현탁 배

Figure 13.5. Suspension cultures of grape cells. The flask on the left is a culture with modest selection, while the culture on the right is highly selected for anthocyanin production.

양은 **덩어리**(aggregate)들을 포함하지만, 매번 옮길 때마다 큰 덩어리들을 제거해 줌으로써 미세한 현탁액을 선별하는 것이 가능하다. 그러나 세포 간의 소통으로 인하여, 세포 덩어리 형태가 분산된 상태의 세포 배양보다 보통 더 높은 생산성을 갖는다.

덩어리들은 엉겨 붙어서 생성되기보다는, 분열된 세포가 분리되지 않은 데 기인한 다. 식물에서는 세포와 세포 간의 전달이 매우 중요하다. 정상적으로 식물 내의 모든 세포들은 **원형질 연락사**(plasmodesmata)라고 불리는 작은 구멍들에 의해 하나하나 연결되어 있다. 원형질 연락사는 한 세포의 세포질(cytoplasm)에서 다른 세포질로 분자량이 작은 물질(<800 da)의 교환을 가능하게 한다. 원형질 연락사는 주로 세포분열 중에 형성된다. 뭉친 세포들은 원형질 연락사와 확산되는 물질을 통해 서로 전달을 한다. 예를 들어, 식물은 에틸렌을 생산하여 호르몬으로 사용한다. 커다란 덩어리에는 영양소뿐만 아니라 이런 대사산물들(예, 산소와 호르몬)의 농도 기울기도 존재한다. 이와 같은 기울기는 많은 다양한 미세환경(microenvironment)들을 야기하고, 결과적으로 덩어리 내의 다른 위치에 있는 세포들은 매우 다른 생화학적 · 형태학적(morphological) 구조를 갖게 될 것이다. 식물세포 배양은, 단지 한 종만이(이상적으로는 한 유전형(genotype)) 존재하는 의미에서 순수배양(pure culture)이지만, 혼합배양(mixed culture)과 매우 유사한 양상을 보인다. 세포 형태의 혼합은 몇 가지 산물들의 생성을 위해서 필요할 것이다.

식물세포는 지름이 전형적으로 10 ~ 100 μm 정도에 이르기까지 매우 클 수 있다. 복제시간은 전형적으로 20 ~ 100 h 정도로 늦게 생장한다. 생장은 광합성에 의존하지 않고, 탄소원과 에너지원으로서 외부에서 공급되는 설탕이나 포도당에 의존한다. 전형적인 호흡률은 대개 0.5 mmol O_2/h · g 건조중량 또는 대장균의 약 5 ~ 15%이다. 식물세포는 종종 전체 부피의 70%에 이를 정도의 매우 높은 농도로 배양하는 것이 가능하다. 호흡률이 낮을지라도, 높은 세포농도는 반응기 내에서 매우 좋은 산소 전달 능력을 요구한다.

식물세포는 박테리아 세포보다 더 높은 수분 함유율을 갖는다(90 ~ 95% 대 80%). 이런 높은 수분 함유율은 부분적으로는 액포(vacuole)의 존재에 기인한다. 극단적인 경우에는 액포가 세포 내 부피의 95%를 차지할 수도 있다. 식물세포는 비교적 생산물을 분비하지 않고 액포 내부에 모아 두는 경향이 있다. 이런 물질들 중 많은 것이 상업적으로 관심이 있는 2차 대사물질이다. 많은 물질이 또한 세포질에서 제거되지 않으면 세포독성(cytotoxic)을 띠게 된다. 이러한 세포 내 저장성은 나중에 다룰 생물반응기 설계에 대해 중요한 의미를 갖고 있다.

매우 중요한 또 하나의 생물학적 관점은 **유인제**(elicitor)의 역할이다. 식물에는 병원성 곰팡이, 박테리아, 그리고 바이러스들의 공격에 대한 많은 방어 메커니즘이 있다. 곰팡이나 식물의 세포벽이 부서져 생긴 물질(올리고당)이 존재하면 방어 메커니즘이 활성화될 수 있다. 다른 물질들, 때로는 무기물질까지도 반응을 유도할 수 있다. 많은 2차 대사물질들은 식물의 방어 메커니즘에 사용된다. 현탁 배양이 유인제를 접하게 되면 많은 경우 2차 산물의 축적이 급속히 증가한다. 유인제의 이용은 생물반응기에서 부피 생산성을 증가시키는 중요한 돌파구가 되어 왔다. 가장 유용한 유인제는 메틸 자스모네이트(methyl jasmonate)이다. 이 화합물은 비교적 저렴하고 손쉽게 대형 생물반응기에 첨가될 수 있다. 이것은 매우 다양한 식물 유전자의 발현을 조절한다.

현탁액 내의 세포는 적당한 환경조건이 형성되면 분화되고 기관화될 수 있다. 그러기 위해서는 영양소와 호르몬 농도가 조절되어야 한다. 씨눈(embryo), 새싹(shoot), 뿌리(root)들이 캘러스나 현탁액 내의 덩어리들로부터 만들어질 수 있다. 뿌리는 식물 병원성 세균인 *Agrobacterium rhizogenes*에 의한 식물 호르몬 유전자의 도입을 통해서도 생성이 가능하다(그림 13.6 참조). 모상근(hairy root)은 호르몬 추가 없이도 성장이 가능하며 유전적으로도 안정하다. 이것은 현탁 배양 시스템에 비하여 장점이 된다. 그러나 특별한 대사산물 생산 시, 세포나 조직의 배양 형태(즉, 현탁 세포, 뿌리, 새싹)는 그 목적 산물에 따라 달라진다. 특정 2차 대사산물을 위해서는, 현탁 배양이 생물공정 전략(세포 계통 선택, 유인, 13.3절에서 다룰 제자리 산물 제거 같은)을 사용한 전통적 생물반응기에서의 생산 플랫폼으로 사용될

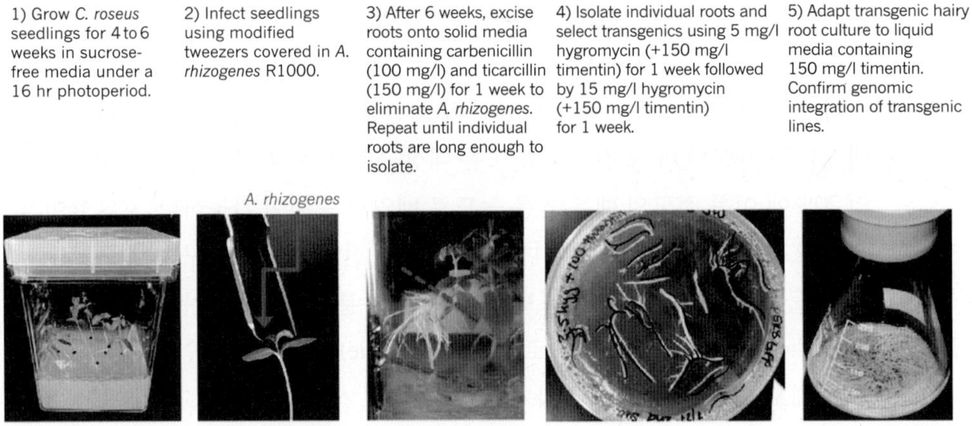

Figure 13.6. *Agrobacterium*-mediated transformation method for the generation of *Catharanthus roseus* hairy roots. (From Noreen F. Rizvi, Miglia Carnejo, Kassi Stein, Jessica Weaver, Erin J. Cram, & Carolyn W. T. Lee-Parsons [2015], *Plant Cell Tiss. Organ Cult.* 120:475–487. With permission of Springer.)

수 있다. 반면에 다른 대사산물 생산을 위해서는, 뿌리나 새싹 배양 같은 보다 분화된 배양이 요구된다.

최근 유전체학의 발전과 식물 분자 생물학의 이해는 식물세포의 생합성 경로를 유전공학적으로 조절할 수 있는 가능성을 보여 준다. 멀지 않은 장래에 원하는 물질을 생산하기 위한 방향으로 조절하는 것이 가능해질 것이다.

13.3 생물반응기의 고찰

제10장 '생물반응기의 선택, 대규모화, 운전 그리고 제어'에서 생물반응기 설계에 대한 논의는 생물반응기 설계 원칙에 기반하였으나, 식물세포 배양에 있어서는 몇몇 특이한 문제들이 있다. 식물세포는 그 크기가 크고, 덩어리를 형성하는 경향이 있으며, 단단한 세포벽을 가지고 있으면서도 액체 전단응력에 약한 특성을 가지고 있다. 성장속도 또한 느리다. 어떤 경우에는, 전단응력에 약하고 물질전달 제약이 문제가 되는, 특히 산소와 이산화탄소에 대한 물질전달 제약이 심각한, 꽤나 복잡한 3차원 구조체(예, 뿌리 배양)를 배양해야 할 때도 있다. 식물세포를 복잡한 구조체로 분화시키는 것을 제어하는 것은 어려운 문제로 남아 있다. 생물반응기의 적절한 선택과 설계는 이런 요소들 중에 많은 것들을 목표로 하고 있다.

13.3.1 현탁 배양을 위한 생물반응기

식물세포 배양과 미생물 간의 차이점 중 많은 것들이 현탁 배양 시스템의 설계 및 대규모화와 직접적인 연관을 갖고 있다(표 13.2 참조). 특히 바람직한 물리적 혼합도(degree of physical mixing)가 중요하다. 그러나 10장에서 논의했던 기본 반응기 형태들이 식물세포에도 보통 적용될 수 있다.

식물세포들은 크기가 크며, 소용돌이(eddy)의 크기가 세포크기만한 난류층(turbulent shear field)에 노출되면 세포들은 비틀림운동(twisting motion)으로 인해 손상을 받게 된다. 낮은 전단응력(shear)은 세포 표면 수용체(surface receptor)와 영양소 공급에 영향을 미치는 것으로 나타났다. 높은 전단응력이 있는 반응기는 피해야 한다. 그러나 식물세포는 동물세포보다는 훨씬 큰 전단응력에 견딜 수 있고, 전단응력에 저항성을 갖는 세포주가 때로는 개발될 수도 있다. 박테리아 배양용 교반조(stirred tank)는 적합하지 않으나, 변형된 교반조는 적당할 수 있다. 75,000 l까지의 반응기가 성공적으로 사용되어 왔다.

식물세포 배양은 높은 세포농도와 점도에 도달할 수 있다. 그렇지만 낮은 호흡률이 격렬한 교반의 필요성을 부분적으로 메워 준다. 낮거나 중간 정도의 세포농도(<20 g 건조중량/l)용 공기부양 반응기 또는 고농도용 패들형(paddle-type)이나 나선리본(helical-ribbon) 임펠러(impeller) 등이 양호한 혼합의 필요성과 식물세포의 전단응력 민감성을 동시에 만족시킬 수 있는 반응기들로 호평되어 왔다.

실제로 전단응력에 의한 손상보다 더 중요한 것은, 혼합이 대규모화되었을 때의 생물학적 반응에 미치는 역할이다. 적어도 어떤 경우에 있어서는, 양호한 2차 산물의 생성에 필요한 세포 형태들의 혼합을 달성하기 위해서 덩어리의 형성이 필요한 것으로 나타났다. 덩어리의 생성 정도는 혼합 정도에 영향을 받는다. 대규모화되었을 때에는 동일한 산소 전달과 전단응력을 갖기 위해 필요한 혼합 정도가 변화하므로, 뭉침의 정도(degree of aggregation)

TABLE 13.2. Differences between Plant Cells and Microbes and the Implications for Bioreactor Design

Differences	Implications for Reactor Design
• Lower respiration rate	Lower O_2 transfer rates required
• More shear sensitive	May require operation under low-shear conditions
• Cells often grow as aggregates or clumps	May have mass-transfer limitations that limit the availability of nutrients to cells within the aggregate
• Degree of aggregation may be important regard to secondary metabolism	May be an optimal aggregate size for product synthesis
• Volatile compounds may be important for cell metabolism (e.g., CO_2 or ethylene)	May need to sparge gas mixtures

With permission, from G. F. Payne and others, in B. K. Lydersen, ed., *Large Scale Cell Culture Technology*, John Wiley & Sons, Inc., New York, 1987.

와 생산성도 변할 수 있다.

혼합은 분사(sparging)와 기계적 교반(mechanical agitation)의 조합에 의존한다. 과도한 분사(oversparging)는 식물세포 배양에 문제를 야기할 수 있다. 대부분의 배양에 있어서 광독립영양성 생장(photoautotrophic growth)이 중요하지는 않지만, 높은 CO_2 농도가 생산성을 증대시킬 수 있다. 식물은 적어도 한 종류의 휘발성 호르몬(에틸렌)을 만들고, 그것이 급속히 제거되면 생산성에 영향을 미칠 수 있다. 식물세포 배양에서 기체의 조성, 분사 속도, 그리고 기계적 교반 정도를 최적화하는 것은 어려운 문제이다.

식물세포의 낮은 생장속도는 대형 시스템에서 또 다른 문제점들을 야기한다. 보통 1회분 사이클을 완료하기에 필요한 2~4주 동안 무균상태를 유지해야 하는 것이 첫 번째 문제점이다. 게다가 낮은 생장속도는 식물세포 배양의 경제적 장점을 줄이는 정도까지 부피 생산성을 감소시킨다.

또 다른 문제는 많은 세포계통들이 갖고 있는 유전자 불안정성이다. 종종 현탁과 캘러스 배양은 초기에는 원하는 물질을 생산하지만, 3~6개월 후에는 생산물을 만드는 능력이 종종 현저하게 줄어든다. 이런 생산성 감소는 불충분한 영양소에 기인할 수도 있고 유전적 또는 후천적 요인에 근거할 수도 있다. 인공 세포 배양(artificial cell culture)은 높은 배체수(ploidy level)를 갖고 있는(2배체 대신 4배체[1]) 세포계통을 선호하는 경향이 있다. 가장 빈번히 나타나는 유전자 변화로 염색체 파괴와 비정배수(aneuploidy)가 있다. 염색체 개수가 비정상적이면 분화와 재생이 지극히 어렵다. 세포계통의 냉동보관(cryopreservation)은 모든 경우에 가능하지는 않고, 많은 세포계통들의 경우에 일상적인 계대 배양을 통해 유지된다. 이 과정에서 더 잘 자라는 변형체들이 선택적으로 배양되기도 하는데, 이들의 경우에 생산성은 더 낮다.

이런 활성의 손실은 생산적인 서브클론(subclone)을 선별함으로써 많은 경우에 만회할 수 있다. 관심 생산물이 쉽게 눈으로 분별되는 경우에는 선별이 용이하다. 많은 선별과정을 거쳐서 안정된 고생산성의 클론(clone)을 얻은 예들이 보고되었다. 산업적 공정을 위해서는 안정된 고생산성의 세포주가 필수적이다. 눈으로 볼 수 있는 선별방법이 항상 가능하지는 않기 때문에, 요즈음은 많은 경우에 대사산물의 고속 대량 분석을 통하여 선별이 이루어진다.

생산성을 높이는 데 유용하다고 입증된 한 가지 방법은 2단계 배양(two-phase culture)의 이용이다 첫째 단계에서는 생장을 위해 최적화된 배지를 사용하고, 둘째 단계에서는 산물

1) 2배체 세포는 각 염색체를 두 개씩 갖고 있고, 4배체는 네 개씩 갖고 있다.

생성을 위해 최적화된 다른 배지를 사용한다. 식물세포 배양에서 처음 상업화된 공정은 시코닌 생산이고, 두 개의 회분식 반응기를 직렬로 사용하였다.

13.3.2 세포 고정화를 사용한 반응기

생산성에서의 보다 높은 향상은 세포 고정화로 가능하게 될 것이다. 고정화된 세포 반응기는 근본적으로 2단계 방법을 따른다. 세포는 증식 후에 고정화되고, 일단 고정화되면 산물 생성을 위한 조건으로 최적화된다. 고정화된 세포 시스템은, 연속 조업이 가능하고 생산물이 세포 외 산물이거나 세포 외로 방출될 수 있을 때 유리하다. 고정화의 몇몇 장단점들은 다음과 같다.[2] 아마도 가장 중요한 장점은 세포와 세포 간의 상호작용의 정도를 조절할 수 있는 점이 될 것이다.

- 연속 운전이 용이하다.
- 세포 고농도가 가능하다.
- 세포 재사용이 효율성 증가를 가져올 수 있다.
- 세포가 외부 마찰로부터 보호될 수 있다.
- 일단 고정화되면, 식물세포의 느린 성장과 균주 불안정성이 더 이상 문제가 되지 않는다.
- 배지 교환이 용이하고, 이것은 최적 생산을 위하여 일련의 배지 변화를 요구하는 공정에 있어서 중요한 점이다.
- 저해 대사산물의 연속적 제거는 전체 세포 대사를 증진시키고 생화학 대사 경로를 원활히 한다.
- 뭉침, 형태학적 분화, 2차 대사산물의 생산에 있어서의 생물학적 관계에 긍정적으로 활용될 수 있다.

고정화의 잠재적 문제점들은 아래와 같다.

- 대규모 무균 고정화 과정이 개발되어야 한다.
- 물질전달 제약은 세포 대사에 심각한 영향을 미친다(긍정적으로 혹은 부정적으로).
- 성장하지 않는 상태의 세포에서 생산물이 생산되어야 한다.
- 생산물은 세포에서 배지로 분비되어야 한다.

---

2) G. F. Payne and others, in B. K. Lydersen, ed., *Large Scale Cell Culture Technology*, Wiley, New York, 1987.

- 세포 고정화 시스템의 대규모화에 대한 경험이 미약하다.

식물세포는 다공성 기질(porous matrix)의 외부나 내부에 선호적으로 붙기 때문에 종종 자체 고정화된다(self-immobilize). 결과적으로 생긴 생체필름(표면에 붙을 경우)은 많은 경우에 있어서 매우 효과적인 것으로 나타났다. 식물세포는 또한 젤 내부나 막 사이에 갇혀서 고정화될 수 있다. 고정화는 생합성 능력을 변화시키는(때로는 바람직하게 때로는 바람직하지 않게) 농도 기울기를 유발한다. 고정화로 인한 세포와 세포의 접촉 또는 세포 표면과 감싸고 있는 젤의 접촉은 세포의 생리를 변화시킬 수도 있다. 몇몇 경우에 있어서는 고정화가 생산속도를 10배 이상 향상시키기도 한다.

식물세포는 배양에 따라 세 가지 수준의 세포 간 전달을 가질 수 있다. 미세한 현탁액 상태로 배양되면 덩어리의 크기가 작아 물질 전달 기울기가 중요하지 않다. 화학적 전달자로서 작용하는 확산 가능한 모든 물질은 낮은 농도로 희석되며, 원형질 연락사는 단지 세포들 중 작은 비율만을 상호 연결한다. 그러나 세포가 농축되어 갇혀 있으면 그것들은 유사조직(pseudotissue)을 형성한다. 세포를 가두는 기질이 보통 1 ~ 10 mm 정도이므로, 여기서는 물질 전달 기울기가 중요하게 된다. 확산 가능한 화학물질이 물질 전달 저항으로 인해 한 곳에 집중되어 높은 농도를 나타낼 수가 있다. 그러나 원형질 연락사는 비교적 중요하지 않은 유사조직이다. 만약 약간의 세포만이 고정화되어 있고(두 개의 막 사이나 거품 기질(foam matrix)의 포켓에 있다고 하자) 거기서 자란다면, 이들은 조직 같은 구조(tissuelike structure)를 형성할 것이다. 확산 가능한 물질들이 축적될 수 있을 뿐 아니라 세포들은 원형질 연락사를 통해 상호 연결될 것이다. 여기서 고정화(그리고 고정화에 사용된 방법)는 세포 간 전달의 정도와 형태를 변화시킬 수 있는 공학적 설계 변수로 사용될 수 있다. 고정화는 산물의 생성을 증대시키기 위해 다른 방법들과 함께 사용될 수도 있다.

periwinkle(*Catharanthus roseus*)로부터 ajmalicine을 생산하는 경우를 살펴보자. ajmalicine은 적은 양(10%)이 배출되기는 하지만, 현탁 배양 시 세포 내의 액포에 일차적으로 저장된다. ajmalicine은 pKa가 6.3이므로, 생장 pH(5.6)에서는 많은 알칼로이드가 중화된 형태(neutral form)로 존재한다. 중성수지(neutral resin)는 ajmalicine을 제자리에서(in situ) 제거하는 데 사용된다. 생산물의 제자리 제거는 되먹임 저해(feedback inhibition)의 경감, 분해 및 다른 것으로의 전환 등을 방지함으로써 산물의 생성을 증대시킬 수 있다.

그림 13.7은 제자리 흡착(in situ adsorption), 곰팡이 유인제의 사용, 칼슘 알지네이트 젤에서의 고정화, 그리고 생산용 배지의 사용을 조합적으로 이용한 실험결과를 보여 준다. 네 방법 모두를 이용하면 생산물의 세포 외 농도를 거의 100배 정도 높일 수 있다. 순도 또한 높다. ajmalicine과 밀접하게 연관된 알칼로이드인 serpentine은 훨씬 높은 pKa(10.8)를

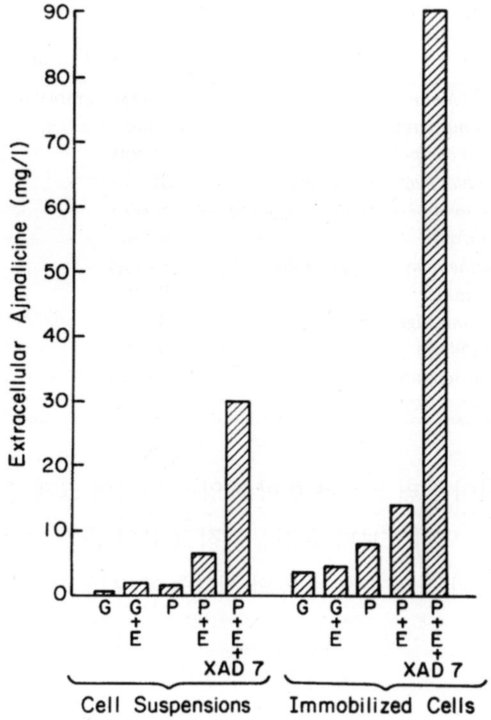

Figure 13.7. Summary of the effects of various treatments on the formation and release of ajmalicine from *Catharanthus roseus.* G stands for growth medium and P for production medium. E indicates elicitor addition (2%) of an autoclaved culture of the fungus, *Phytophthora cactorum*, for a 2-day exposure time; the neutral resin, Amberlite XAD-7, indicates the addition of resin. Samples were analyzed 23 days after inoculation. (With permission from M. Asada and M. L. Shuler, Stimulation of ajmalicine production and excretion from Catharanthus roseus: Effects of adsorption in situ, elicitors and alginate immobilization *Appl. Microbiol. Biotechnol.* 30(5):475–481, 1989. With permission of Springer.)

갖고 있어서 수지에 흡착되지 않는다. ajmalicine의 흡착은 그것의 합성을 선택적으로 증가시킨다. 어떤 환경 조건하에서는 ajmalicine과 serpentine의 세포 내 농도가 거의 같다. 이런 시스템에서 serpentine은 매우 적은 양만 흡착되는 알칼로이드이므로 세포 외 ajmalicine과 serpentine의 비는 60배였다. 아마도 이 실험에서 가장 중요한 결과는 환경 조건이 적당히 조절되면 적어도 몇 종류의 물질에서는 정상적인 세포 내 생산물이 세포 밖으로 배출될 수 있다는 것이다.

13.3.3 기관화된 조직을 위한 생물반응기

많은 경우에 있어서 현탁 배양이나 고정화 세포 배양으로는 원하는 대사물질을 만족할 양만큼 생산하지 못한다. 그러나 같은 식물에서의 기관 배양(organ culture)이 좋은 수율을 나타낼 수 있다(표 13.3). 높은 수율뿐만 아니라 기관 배양은 많은 독특한 장점들을 갖고 있다.

- 기관발생 시에 생합성 능력이 종종 다시 생긴다.
- 풍미와 향취 생산물 스펙트럼이 유래했던 부모식물의 스펙트럼으로 회복된다.
- 많은 경우에 세포 밖으로의 생산물 분비가 증진된다(특히 뿌리 배양).

TABLE 13.3. Compounds Made in Higher Yields in Organ Cultures than Suspension Cultures

Compound	Plant	Form of Culture
• Cardenolides	*Digitalis lanata*	Somatic embryos
• Digitoxin	*Digitalis purpurea*	Shoots
• Diosgenin	*Dioscorea composita*	Shoots
• Monoterpenes	*Pelargonium fragrans* (geranium)	Shoots
• Morphinan alkaloids	*Papaver somniferum* (opium poppy)	Shoots
• β-Peltatin	*Linum flavum*	Roots
• Pyrethrins	*Chrysanthemum cinerariaefolium*	Shoots
• Scopolamine	*Datura inoxia*	Roots
• Tropane alkaloids	*Hyoscyamus niger*	Roots
• Valepotriates	*Centranthus* sp.	Roots
• Withanolides	*Withania somnifera*	Shoots

- 생장조건 하의 유전적 안정성이 캘러스 혹은 현탁 배양에 비하여 크게 증가한다.
- 기관 배양은 식물 개체 혹은 세포 배양보다 유전공학적 조작이 종종 더 용이하다.
- 자체적인 세포 고정화로 인하여 서로 다른 종류의 세포들이 보다 최적화된 형태로 혼합구조를 형성한다.

단점은 다음과 같다.

- 모든 경우는 아니지만 몇몇 경우에 있어서는 생장속도가 현탁 배양보다 느리기도 하다.
- 기관화된 조직을 위한 효율적이고 대규모화가 가능한 반응기 설계가 필요하다.
- 미세환경 조건의 제어가 상대적으로 어렵다.

기관 배양의 단점은 생장속도가 느리고, 기관화된 조직을 다룰 수 있는 효과적인 생물반응기의 설계가 어렵다는 것이다. 최근의 개발로 인해 이 두 가지 제한을 극복하게 되었고, 몇몇 경우에 있어서는 현탁 배양보다 빨리 생장하는 기관 배양이 발견되고 있다.

몇몇 식물들(대부분은 쌍자엽식물(dicots). 단자엽식물(monocots)도 감염이 가능하지만 어려움)은 *Agrobacterium rhizogenes*에 의한 감염으로 인해 뿌리의 빠른 증식을 나타낸다. 이 감염으로 인해 **모상근**(hairy root)이 된다(그림 13.6 참조). 모상근 배양에서 최상의 복제시간은 많은 현탁 배양의 전형적인 값들과 유사하거나 더 짧다. *A. rhizogenes*에 감염되지 않은 종에 있어서도 최근 결과들에 의하면, 호르몬 농도를 적당히 조절함으로써 생장속도를 수용될 만한 수준(3 ~ 5일의 복제시간)으로 올릴 수 있다. 모상근 배양체는 세포 배양체나 개체 식물보다 보통 유전자 조작이 용이하다. 뿌리의 대형 배양에서 가장 어려운 것은 뿌리 **뭉치**(mats)의 형성이다. 이런 뭉치는 내부 전달을 제한하고, 기체와 부유물들을 잡아 두며, 확장할 수 있는 균일한 환경을 유지하는 데 심각한 문제점들을 야기한다. 그러나 뿌리 배양의 대단위 설비가 지어진 바 있다(일본에서 인삼뿌리용의 20,000 l). 액체 영양소의 분무(mist)나 강제 대류를 이용한 실험실 규모의 반응기들이 유망하며, 이것들은 뿌리 뭉치의 중심부에서 물질 전달을 원활하게 한다. 모상근 기술의 상업적 개발 예로는, 주요 대사산물을 목적으로 하는 Rootec(스위스)과 복잡한 재조합 효소의 생산과 분비를 위한 Root Lines Technology(프랑스)가 있다.

기관 배양이 식물 전체에 비해 나은 또 다른 장점은 전구체(precursor) 공급과 유인제를 사용할 수 있는 가능성이다. 예를 들면, 양파와 마늘에서 전구체의 사용은 향료 물질의 생성을 매우 증대시킬 수 있다. 다른 종류의 전구체 사용은 향료 스펙트럼 중 특정 물질들을 각기 다른 정도로 증가시켜 준다. 화학 전구체들을 조합하여 사용하면, 특별한 사용을 위한 주문 생산도 가능할 것이다.

새싹 배양(shoot culture)은 또 다른 문제를 야기한다. 몇몇 새싹 배양은 빛을 필요로 하지만 뿌리는 어둠속에서도 잘 자랄 수 있다. 새싹 배양은 광합성뿐만 아니라 외부로부터의 당의 공급도 필요로 하는 **혼합영양성**(mixotrophic)일 수도 있다. 어떤 경우에는 **광주기**(photoperiod, 하루 동안의 일조시간)의 조절이 중요하다. 그러나 가장 결정적인 빛의 필요성은 빛이 세포 내 조절작용의 역할을 하는 데 있다. 특정 파장의 빛에 노출시키는 것은 몇몇 효소의 합성을 위해서 필수적이다. 적어도 어떤 경우에는 이런 효소들이 2차 물질대사에 있어서 중대한 역할을 한다. 대형 반응기에서 균일한 세기의 빛을 유지하는 것은 도전해 볼 만하며 아직 부분적으로 해결되지 않은 문제이다.

새싹 배양에서의 또 하나의 제한점은 그것들이 액체에 완전히 잠긴 상태에서는 자랄 수 없다고 여겨져 온 것이다. 최근 실험은 액상이 잘 혼합된다면 담배 새싹이 표준 진탕 배양에서뿐만 아니라 액침 배양에서도 잘 자란다는 것(두 가지 경우 모두 3일의 복제시간)을 보여 주었다. 이스라엘에서는 액체에 완전히 잠긴 토양을 사용한 소식물체(plantlet)의 상업적 생산이 보고된 바 있다.

기관 배양이 아직 광범위하게 개발되지는 않았지만, 몇몇 중요한 2차 대사물질들의 생산을 위해 유망한 수단이다.

13.4 식물세포조직 배양의 경제성

박테리아, 곰팡이, 동물세포 배양에 비해 상업적 식물세포 배양 공정은 소수만이 확립되어 있다. 현재 최대 규모는 75,000 l이고, 전 세계를 통해 몇몇 개의 대규모 시스템(>1,000 l)

TABLE 13.4. Volumetric Productivities for Products Made in Plant Cell Culture

Product	Cell Line	Productivity (g/l-day)	Bulk Price to Give 20¢/l-d Revenue (¢/g)
• Anthocyanin	Grape (Bailey alicant A, *Vitis* hybrid)	0.15	133
• Berberine	*Thalictrum minus*[a] and	0.05	400
	Coptis japonica[b]	0.60	33
• Diosgenin	*Dioscorea* spp.	0.0098	2040
• Paclitaxel (Taxol)	*Taxus canadensis*	0.75	27
• Podoverine	*Podophyllum versipelle*	0.15	133
• Rosmarinic acid	*Coleus blumei*	0.91	22
• Sanguinarine	*Papaver somniferum*	0.034	588
• Shikonin	Lithospermum erythrorhizon	0.15	133

[a]Excreted into the medium, where it crystallizes.
[b]Continuous-flow system with cell retention; intracellular product.

이 설립되어 있다. 북미에서는 여러 생산물에 대한 가능성 있는 상업화가 진행 중이다(표 13.1).

경험적으로 대부분의 상업화된 발효에서 20 센트/l · day 이상의 수익을 얻는다. 어떤 공정의 부피 생산성을 알면, 이 수준의 수익을 얻는 데 필요한 소매가격을 결정할 수 있다. 많이 연구되어 온 세포계통들에 대해 보고된 부피 생산성을 표 13.4에 열거하였다. 이와 같은 생산물에 대해 20 센트/l · day의 수익을 얻기 위해서는 220 달러/kg 이상의 가격이어야 한다.

13.5 요약

식물들은 광범위한 영역에 걸쳐 상업적으로 중요한 물질들을 생산한다. 이런 화학물질 중 몇몇에 대해서는, 식물세포조직 배양이 이들의 생산을 위해 가능성 있는 기술이다. 더욱이 식물세포 배양에 적용되는 생물반응기 기술도 식물의 미세증식에 있어서 유용하게 사용될 것이다.

대부분의 2차 산물들은 빠르게 생장하는 배양에서는 생산되지 않으므로 2단계 배양이 이용된다. 첫째 단계는 생장을 촉진시키는 데 이용되고, 둘째 단계는 산물 생성을 위해서 최적화된다. 식물세포의 고유한 특성들을 고려하면, 미생물용 발효조와 유사하게 액체 현탁 배양이 가능하다. 다른 방법으로는 고정화시키거나 세포를 가둬 두는 시스템들이 이용될 수 있다. 어떤 경우든 **유인제**(elicitor)가 산물 생성을 증진시키기 위해 종종 사용될 수 있다. 고정화와 제자리 분리 기술(in situ separation technique)들을 조합함으로써 종종 생산을 눈부시게 향상시킬 수 있다.

기관화된 조직들(새싹, 뿌리, 씨눈 등)이 수율을 높일 수 있는 기술로 유망하다. 그러나 기관 배양을 위해 균일한 환경조건을 제공해 주는 생물반응기의 설계가 이제 겨우 개발 중에 있다.

참고문헌

Doran, P. M., Design of Mixing Systems for Plant Cell Suspensions in Stirred Reactors, *Biotechnol. Progr*.15: 319–355, 1999.

Eibl, R., and D. eibl, Design of Bioreactors Suitable for Plant Cell and Tissue Cell Cultures, *Phytochem. Rev*. 7: 593–598, 2008.

Georgiev, M. I., R. eibl, and J. J. zhong, Hosting the Plant Cells in Vitro: Recent Trends in Bioreactors, *Appl. Microbiol. Biotechnol*. 97: 3787–3800, 2013.

Georgiev, M. I., J. Weber, and A. maciuk, Bioprocessing of Plant Cell Cultures for Mass Production of Targeted Compounds, *Appl. Microbiol. Biotechnol*. 83: 809–823, 2009.

Huang, T. K., M. A. Plesha, and K. A. McDonald, Semicontinuous Bioreactor Production of a Recombinant Human Therapeutic Protein Using a Chemically Inducible Viral Amplicon Expression System in Transgenic Plant Cell Suspension Culture, *Biotechnol. Bioeng*. 106: 408–421, 2010.

Ketchum, R. E. B., D. M. Gibson, R. B. Croteau, and M. L. Shuler, The Kinetics of Taxoid Accumulation in Cell Suspension Cultures of *Taxus* Following Elicitation with Methyl Jasmonate, *Biotechnol. Bioeng*. 62(1): 97–105, 1999.

Mustafa, N. R., W. de Winter, F. van Iren, and R. Verpoorte, Initiation, Growth and Cryopreservation of Plant Cell Suspension Cultures, *Nat. Protoc*. 6: 715–742, 2011.

Payne, G. F., V. Bringi, C. L. Prince, and M. L. Shuler, *Plant Cell and Tissue Culture in Liquid Systems*, Hanser Publ., New York (available through Wiley), 1992.

Rizvi, N., M. Cornejo, K. Stein, J. Weaver, E. J. Cram, and C. W. T. Lee-Parsons, An Efficient Transformation Method for Estrogen-Inducible Transgene Expression in *Catharanthus roseus* Hairy Roots, PCTOC 120(2): 475–487, 2015.

Srivastava, S., and A. K. Srivastava, Hairy Root Cultures for Mass-Production of High-Value Secondary Metabolites, *Crit. Rev. Biotechnol*. 27: 29–43, 2007.

Weathers, P. J., M. J. Towler, and J. Xu, Bench to Batch: Advances in Plant Cell Culture for Producing Useful Products, *Appl. Microbiol. Biotechnol*. 85: 1339–1351, 2010.

Wilson, S. A., and S. C. Roberts, Recent Advances Towards Development and Commercialization of Plant Cell Culture Processes for Synthesis of Biomolecules, *Plant Biotechnol. J*.10: 249–268, 2012.

Zhong, J. J., Plant Cell Culture for Production of Paclitaxel and Other Taxanes, *J. Biosci. Bioeng*. 94: 591–599, 2002.

연습문제

13.1 *Parthenocissus* 종의 현탁 배양에 의한 옥신(auxin)의 일종인 인돌초산(indole acetic acid (IAA))의 섭취는 1 nmol/mg 건조세포 min으로서 거의 0차이다. 물에서 IAA의 확산계수(diffusivity)는 5×10^{-6} cm^2/s이다. 칼슘 알지네이트 비드는 지름이 4 mm인 구형으로 쉽게 만들 수 있다. 이 비드 중 25% 부피를 식물세포가 차지한다고 가정한다. 식물세포의 90%가 물이고, 젤에서 IAA의 확산계수는 물에서와 같다고 가정한다. 외부의 농도가 2 μmol로 유지된다면, IAA가 비드 중심까지 도달할 수 있는가?

13.2 젤에 고정화된 상태의 *Papaver somniferum*(양귀비)은 codeinone으로부터 codeine을 만들 수 있다. codeinone의 섭취속도는 1차이고, 속도상수는 3.3×10^{-8} l/g 건조세포 · s이다. 젤 내에서 codeinone의 확산계수는 0.2×10^{-9} m^2/s이다. 세포(95% 물)가 전체 부피의 25%를 차지하는 지름 4 mm의 젤 입자에서 유효계수는 얼마인가?

13.3 공기가 4 l/min으로 흐르고 있는 작은 기포탑(2 l)의 k_La는 20 h^{-1}이다. *Catharanthus roseus*의 배양에서 산소 섭취속도가 0.2 mmol O_2/g 건조세포 · h이고, 산소농도는 포화값의 10%(약 8 mg/l) 이상이어야만 세포가 생존할 수 있다면, 반응기 내에서 유지될 수 있는 세포의 최대 농도는 얼마인가?

13.4 지름 0.5 mm의 칼슘 알지네이트 비드에 고정화된 *C. roseus* 세포는 유동층 생물반응기에서 인돌 알칼로이드(indole alkaloid (IA)) 생산에 사용된다. 속도제한 영양분은 포도당이고, 입자 내 확산제한은 존재하지 않는다. 생장은 무시할 수 있고 Monod 속도식이 유효하다. 다음 데이터를 이용하라.

Flow rate of the feed:	$Q = 1$ l/h
Glucose in the feed:	$S_0 = 30$ g/l
Plant cell concentration:	$X = 6$ g/l reac.
Rate constants for IA formation:	$k = 5\ d^{-1}(g/l)^{-1}$; $K_s = 0.4$ g/l
Column diameter:	$D_o = 0.15$ m

a. 95%의 포도당 전환에 필요한 수리학적 체류시간, 부피, 칼럼의 높이를 구하라.

b. $Y_{p/s}$가 0.02 g IA/g 포도당일 때, 출구에서의 IA 농도와 생산성을 구하라.

14

유전자 조작된 생체의 이용

8장 '세포 정보의 변경'에서 우리는 세포가 어떻게 유전자 조작될 수 있는가에 대해 논의하였다. 유전공학 기술들은 상당히 명확하지만, 최선의 생산체계를 디자인하는 일은 그렇지가 않다. 숙주세포의 선택, 즉 운반체(vector)의 제작에 관한 세부사항, 그리고 프로모터(promoter)의 선정 등이 모두 공정 전략에 적절하게 이루어져야 한다. 그 공정 전략은 효과적인 생산계획뿐만 아니라, 생산물이 분리되고 정제되는 방법도 포함한다. 유전자 조작된 생체로부터 생산물을 만드는 공정을 개발하는 데는 평가해야 할 많은 선택과정이 요구된다. 분자 수준에서의 선택은 공정상의 제한을 가져오게 된다. 그림 14.1에 표시되었듯이, 다른 분야 간의 상호협력을 통한 공정개발은 잘 설계된 공정을 만들기 위해서 필수적이다.

이 장에서는 유전자 조작된 세포를 사용하는 공정을 제작하기 위해 고려해야 할 몇 가지 점에 대해 논의한다.

14.1 생산물은 공정 결정에 어떤 영향을 미치는가

유전자 조작된 세포들은 두 종류의 주요 생산물을 만드는 데 사용될 수 있다—단백질과 비단백질. 새로운 경로 또는 원하는 대사물질 생산이 촉진되는 경로를 만들기 위해 DNA를 암호화하는 효소를 삽입함으로써 대사적으로 조작된 세포에 의해 비단백질 생산물이 만들어질 수 있다. 비단백질 생산물로서 재조합 DNA 기술을 사용하여 만들어지는 핵산 기반과 다당류 기반의 생산물들도 가능하다. 그러나 현재 대부분의 산업적 초점은 단백질에 집

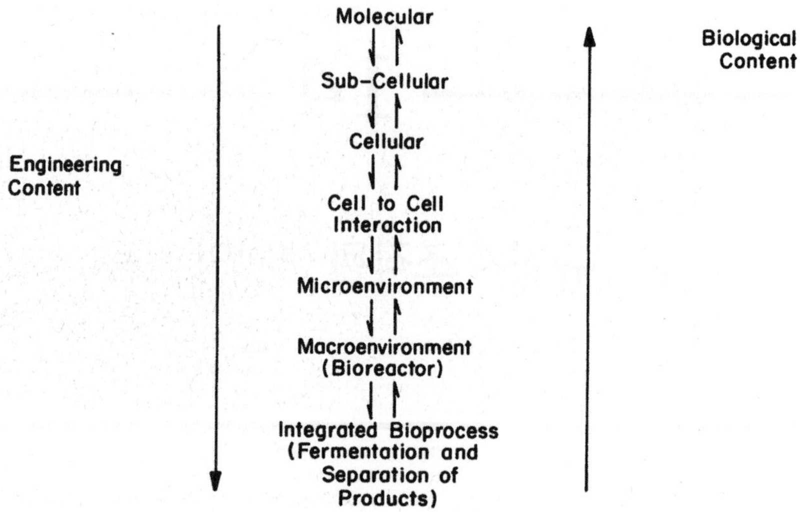

Figure 14.1. Biocatalyst and bioreactor design are strongly interconnected. Choices made at the molecular level can have profound effects on bioreactor design. A multidisciplinary approach is necessary to ensure that a well-designed process is developed.

중되어 있다. 그 예들을 표 14.1에 열거하였다. 이들 단백질의 대부분은 인체 치료용이지만, 축산업, 식품가공, 산업촉매 등에 이용될 수 있는 단백질들도 관심의 대상이다. 현재 허가 품목이 약 250개에 이르는 바이오의약품이나 재조합 단백질 치료제의 세계 시장은 2020년까지 2천억 달러를 넘을 것으로 예측된다.

주사용 치료 단백질에 대한 주 관심사는 그 물질의 임상적 효과에 있다. 환자에 의한 강한 면역반응이나 다른 부작용은 유해할 수 있으므로 이런 물질들은 고순도로 정제되어야 한다. 그 물질의 진품성도 또한 중요하다. 단백질의 번역 후 과정(posttranslational processing)(예, 당첨가반응(glycosylation) 또는 인산화(phosphorylation))의 정확성도 때때로 그 단백질의 치료 기능을 제공하는 데 중요시된다. 단백질이 변형된 상태(즉, 아미노산 가지 부위의 변형)는 매우 바람직하지 못하고 정제 시 많은 문제를 야기한다.

치료용 단백질 생산 공정에서는 생산물의 품질과 안전성이 중요시되어야 한다. 생산물의 양이 비교적 적으므로, 제조가격을 낮추기 위한 공정은 중요하기는 하나 크게 고려할 바는 못 된다. 왜냐하면 이런 제품들은 높은 가격에 팔릴 수 있고, 판매가격은 주로 공정개발, 허가획득, 특히 임상실험 등에 소요된 비용에 의해 결정되기 때문이다. 그러므로 이와 같은 제품의 생산을 위해서는, 완전하게 재현할 수 있고 고순도의 제품을 얻을 수 있도록 생물 시스템과 공정 설비가 선택되어야 한다.

다른 단백질 제품들의 생산에 있어서는 경제성이 중시되고, 제조비용이 그 공정의 성패

TABLE 14.1. Key Biopharmaceutical Products

Product	End Use
Hormones and Peptide Factors	
Human insulin, exenatide, liraglutide	Diabetes (hyperglycemia)
Glucagon	Diabetes (hypoglycemia)
Factor VIII-C	Hemophilia
Human growth hormone	Growth deficiency
Erythropoietin	Anemia, chronic renal failure
Interferon-alpha 2a	Hairy cell leukemia, AIDS-related cancer
Interferon-alpha 2b	Hairy cell leukemia, herpes
Interferon-beta	Cancer
Interferon-gamma	Cancer, venereal warts, infectious disease
Interleukin-2	Cancer immunotherapy, AIDS
Leuprorelin	Prostate cancer, breast cancer
Muromonab-CD3	Acute kidney transplant rejection
Granulocyte colony stimulating factor (G-CSF)	Chemotherapy effects, AIDS
Granulocyte macrophage-colony stimulating factor (GM-CSF)	Autologous bone marrow transplant
Enzymes	
Tissue plasminogen activator	Acute myocardial infarction, stroke
Prourokinase/urokinase	Heart attack
DNase	Pulmonary treatment
Glucocerebrosidase	Gaucher disease
Vaccines	
Hepatitis B	Hepatitis B vaccine
Herpes	Herpes
Monoclonal Antibodies	
Bevacizumab	Antibodies for diagnostic and therapeutic use metastatic cancer, retinopathy of prematurity
Adalimumab, infliximab	Rheumatoid arthritis, ankylosing spondylitis, psoriatic arthritis, psoriasis, Crohn disease, ulcerative colitis
Lucentis	Macular degeneration (wet form)
Rituximab, obinutuzumab	Lymphomas, leukemias, some autoimmune disorders
Trastuzumab	Breast cancer

를 좌우하는 데 크게 작용한다. 이 경우 규제사항에 대한 것은 치료용 단백질보다 덜 중요시된다. 동물 백신(vaccine)이나 동물 호르몬 등은 순도가 매우 높아야 하고 가격도 저렴해야 한다. 예를 들어, 우유 생산량 증가를 위해 사용되는 소 성장호르몬(bovine somatotropin)의 경우는, 증산된 우유가 그 호르몬의 가격과 우유 증산을 위해 소가 더 소모하는 사료값을 제하고도 이익이 남을 정도가 되어야 한다.

식품용으로 사용될 경우 안전성은 중요하지만, 순도는 주사용보다 덜 중요하다. 생산부피는 크고(연간 수 톤), 가격은 천연제품과 경쟁해야 하므로 중요하다. 정밀화학제품용 단백질들(예, 접착제와 산업용 효소)은 불순물이 존재해도 크게 문제시되지 않는다. 이런 단백질은 제조가격이 시장 확보에 큰 영향을 미친다.

대사적으로 조작된 세포에 의한 비단백질 제품의 경우는, 다른 방법(보통 비생물학적 방법)에 의한 제조비용과의 가격 경쟁이 공정의 성패를 결정한다.

생산에 대한 제약은 생산물의 종류에 따라 크게 다를 수 있다는 것에 주목해야 한다. 이 제약들에 의해 어떤 숙주세포, 운반체, 유전자 구축방법, 공정 장비, 공정 전략 등을 선택할 것인가가 결정된다.

14.2 숙주-운반체 시스템의 선정 지침

공정의 성패는 종종 숙주세포와 발현(expression) 시스템의 초기 선택에 달려 있다. 이런 선택은 공정 전략과 관계하여 이루어져야 한다.

표 14.2에 가장 대표적인 숙주들의 특징을 요약하였다. 제일 우선 고려되어야 할 사항은 생산물의 번역 후 수정(posttranslational modification)이 필요한가의 여부이다. 광범위한 번역 후 수정을 필요로 한다면, 인간과 유사한 당쇄반응이 가능한 유전자조작 효모나 세균의 출현이 또 다른 선택 대상이기는 하지만, 보통은 동물세포가 숙주세포로 사용된다. 약간의

TABLE 14.2. Characteristics of Some Host Systems for Heterologous Protein Production

	Organism				
Characteristic	*Escherichia Coli*	*Saccharomyces Cerevisiae*	*Pichia Pastoris*	*Insect*	*Mammalian*
High growth rate	E	VG	VG	P–F	P–F
Availability of genetic systems	E	G	F	F–G	F–G
Expression levels	E	VG	E	G–E	P–G
Low-cost media available	E	E	E	P	P
Protein folding	F	F–G	F–G	VG–E	E
Simple glycosylation	No	Yes	Yes	Yes	Yes
Complex glycosylation	No[a]	No	No[a]	Yes[b]	Yes
Low levels of proteolytic degradation	F–G	G	G	VG	VG
Excretion or secretion	P (normally in special cases)	VG	VG	VG	E
Safety	VG	E	VG	E	G

Note: E, excellent; VG, very good; G, good; F, fair; P, poor.
[a] Strains of *E. coli* and *P. pastoris* have been engineered to perform humanlike glycosylation.
[b] Glycosylation patterns differ from mammalian cells.

간단한 번역 후 수정이 요구되면(예, 몇 개의 마노스 첨가반응) 효모, 곰팡이, 곤충세포 등이 가능하다. 치료용 단백질에 있어서의 번역 후 수정의 필요성은 확실히 예측하기가 힘들고 임상실험이 요구되기도 한다.

중요하게 고려해야 할 또 한 가지는 생산물이 식품에 사용될 것인지의 여부이다. 예를 들어, 몇몇 효모(예, *Saccharomyces cerevisiae*)는 FDA의 안전하다고 여겨지는(generally regarded as safe (GRAS)) 목록에 올라 있어서 허가를 획득하기가 매우 간편하다. 어떤 경우에는 형질전환 식물의 식용 가능 부분이 백신이나 치료단백질을 위한 약물 전달에 사용될 수 있다.

14.2.1 대장균

번역 후 수정이 필요 없다면, 대장균(*Escherichia coli*)을 초기 숙주로 선택하는 것이 가장 보편적이다. 대장균이 널리 사용되는 주 원인은 이것에 대해 많은 연구가 이루어져서 넓은 지식기반을 확보하고 있기 때문이다. 대장균은 생리학적, 유전학적으로 어떤 다른 생명체보다도 훨씬 많은 것이 알려져 있다. 또한 운반체나 프로모터뿐만 아니라 여러 종류의 다양한 변이종들도 이용될 수 있다. 이런 광범위한 지식은 복잡한 유전자 조작을 매우 용이하게 해준다. 잘 알려진 운반체와 프로모터들은 적당한 생물촉매 개발을 대단히 촉진시켜 준다.

대장균은 생장속도가 빠르고, 고농도 배양(>50 g 건조중량/l)이 가능하며, 적절한 운반체-프로모터를 이용한 높은 발현율(총 단백질의 약 25~50% 또는 그 이상)을 나타내므로, 매우 높은 생산성을 보인다. 또한 간단하고 값싼 배지가 사용된다. 이런 요인들로 인해 대장균은 많은 경제적 장점을 지니고 있다.

공학적 연구를 통한 가장 큰 기여는 대장균 고농도 배양방법의 개발이다. 아세트산을 비롯한 다른 대사산물들의 축적은 세포 생장을 상당히 방해한다. 배지 내 포도당의 많은 축적을 방지하기 위해 포도당용액의 공급속도를 조절함으로써 과도한 대사반응과 아세트산 생성을 막을 수 있다. 포도당 소모속도를 온라인으로 측정하거나 예측할 수 있다면, 소모속도와 관련지어 포도당 공급속도가 결정될 수 있다.

그렇지만 대장균이 완전무결한 숙주인 것은 아니다. 제일 문제시되는 점은 단백질을 세포 밖으로 배출하지 않는 것이다. 생산된 단백질이 세포 내부에 존재하고 높은 농도로 축적이 되면, 단백질 분해효소의 공격을 받거나 불용성인 **내포체**(inclusion body)로 엉김이 생겨, 녹아 있는 상태의 활성 있는 단백질 양은 제한을 받게 된다.

많은 양의 외부 단백질의 생산은 **열충격**(heat-shock) 반응을 유발할 수 있다. 이런 반응은 단백질 분해 활성을 증가시키는 결과를 가져온다. 몇몇 경우에 있어서는, 세포 내의 단백질 분해효소에 의해 생산물이 분해되는 속도가 생산속도와 거의 같은 수준까지 되기도 한다.

목적단백질이 내포체 형태를 이루는 경우가 빈번히 발생한다. 내포체는 대부분이 재조합 단백질로 이루어져 있지만, 다른 세포 내 물질을 포함하는 경우도 종종 있다. 내포체 상태의 단백질은 구조적으로 정상적인 상태가 아니다. 비정상적 구조를 갖는(misfolded) 단백질은 생물학적 활성이 없으므로 가치가 없다. 내포체는 세포로부터 회수되면, 용액상에 재용해(resolubilization)될 수 있고 활성도 되찾을 수 있다. 단백질에 따라서 재용해시키는 난이도는 천차만별이다. 재용해가 용이하고 회수율이 높으면, 내포체의 형성은 분리 및 정제의 초기 과정을 간단하게 해 주므로 장점으로 작용할 수 있다. 재용해 과정에서 단백질의 화학적 변형이 일어났는지를 확인하기 위해 여러 가지 분석방법으로 검토하는 것이 중요하다. 단백질의 곁가지에서 일어난 조그만 변형도 생산물의 효율성을 변화시킬 수 있다.

세포질의 단백질 생산 시 다른 요소들도 중요하게 작용할 수 있다. 대장균의 세포 내 환경이 이황화물 다리(disulfide bridge)의 형성에 적합하지 않을 수도 있다. 자연적 숙주세포에서는 번역 후 과정에 의해 메티오닌(methionine)이 제거되는 반면, 대장균 내에서는 메티오닌으로 시작되는 단백질이 만들어진다. 생산된 단백질이 세포 내에 존재할 경우 회수를 위해서는 세포를 파괴하여야 한다. 세포 파괴 결과 대장균으로부터 내독소(endotoxin)(또는 발열성 물질(pyrogen))가 유출된다. 내독소들은 지방다당류(lipopolysaccharide)들(세포벽에서 발견되는)이고 바람직하지 못한 부작용(예, 고열병)과 죽음을 유발할 수 있다. 따라서 정제과정에 특별한 주의가 필요하다.

대장균에 있어서의 많은 제약들은 단백질의 분비와 배출을 통해 해결될 수 있다. 여기서 **분비**(secretion)는 단백질이 대장균의 내세포막(inner membrane)을 통과하는 것으로 정의되고, **배출**(excretion)은 단백질을 세포 외부로 내보내는 것으로 정의된다.

대장균의 모든 단백질 중 약 20%는 내세포막을 통과하여 주변세포질 공간(periplasmic space)에 위치하거나 외세포막(outer membrane)에 끼어들어 간다. 4장 '세포의 작용'에서 언급했듯이, 분비된 단백질 생산을 위해 신호 펩타이드 또는 유도 펩타이드(leader peptide)가 작용한다. **신호 펩타이드**(signal peptide)의 존재는 분비를 위한 필요조건이다(그러나 충분조건은 아님). 신호 펩타이드는 완성된 단백질에 부착되는 일련의 아미노산들이고, 이 신호서열은 분비 도중에 잘려 나간다.

단백질이 분비된다면 많은 이점이 있다. 분비과정은 단백질의 처음에 위치한 불필요한 메티오닌을 제거한다. 분비는 또한 단백질분해효소에 의한 분해를 방지해 준다. 주변세포질 단백질분해효소(periplasmic protease)는 대장균에 존재하지만, 보통 적은 양이다. 이것들은 알칼리 pH값에서 가장 활성이 강하므로 pH 조절을 통해 목적단백질의 분해를 줄일 수 있다. 주변세포질 공간의 환경은 몇몇 경우에 있어서(이황화물 다리의 형성도 포함됨) 올바른 단백질 접힘(protein folding)을 촉진시킨다. 주변세포질 공간의 단백질은 가벼운 삼투충격(osmotic shock)으로 유출될 수 있으므로 전체 세포를 파괴시키는 경우보다 목적단백질 이외의 기타 단백질이 적게 존재한다.

목적단백질의 세포 외 유출이 보다 더 매력적이다. 정상적으로 대장균은 아주 일부 단백질만을 배출하지만(콜리신(colicin)과 헤몰리신(hemolysin)은 두 가지 예외이다), 대장균에서 배출할 수 있는 여러 가지 방법들이 개발되고 있다. 그 방법들은 세포벽을 파괴시키려는 시도이거나, 콜리신, 헤몰리신, OsmY, YebF의 배출 시스템의 성분과 목적단백질을 결합하여 배출을 유도하려는 시도이다. 보다 정교한 방법으로서, 배출 능력이 있는 세균에서 유래한 다성분 배출 기구(예, type II, type III 시스템)를 사용하여 대장균을 유전적으로 변형시키는 방법이 있다. 세포 파괴 없는 배출은 분비 시 갖는 장점들과 더불어, 분비보다 분리 및 정제과정을 훨씬 간단하게 해 준다. 배출은 또한 고정화 세포를 이용한 연속 공정의 사용 가능성을 제시해 준다. 대장균에서 확립된 배출 시스템의 결여는 다른 발현 시스템에 대한 흥미를 유발한다. 또한 몇몇 경우에는 특허 문제로 인해 다른 숙주세포를 사용해야만 할 때도 있다.

앞에서 언급한 한계들 중 많은 부분들도 유전자 조작된 숙주 균주를 사용함으로써 해결될 수 있다. 예를 들어, 한 개 혹은 그 이상의 세포 내 단백질분해효소(예, Lon 단백질분해효소)가 유전체에서 제거된 대장균 숙주를 사용함으로써 세포 내 단백질의 분해를 경감 혹은 제거할 수 있다. 세포질 단백질의 이황화결합의 필요로 인하여, 시스테인을 환원형태로 유지하는 세포질 효소(예, 티오레독신 환원효소 TrxB, 글루타치온 환원효소 Gor)가 유전체에서 제거된 산화환원이 조절된 숙주 균주의 개발이 촉진되었다. 적절한 접힘에 필요한 여러 개의 이황화결합이 요구되는 티슈 플라스미노젠 활성제, 단일군 항체를 포함한 가치가 높은 넓은 범위의 인간 단백질 생산물들을 생산하는 데 이런 균주들이 사용된다. 마찬가지로, 단백질 당쇄화의 필요로 인하여, 진핵세포 *N*-글리칸을 생성하고 이를 목표단백질로 전달하는 합성 경로가 도입된 당-조작된 대장균의 개발이 촉진되었다. 균체 내 독소의 오염과 관련된 문제를 피하기 위하여, 유전자 도입과 단백질 발현능력은 여전히 유지하면서도 지질다당류의 일부인 균체 내 독소 신호를 생산하는 데 관여하는 유전자를 제거함으로써 균체 내 독소가 결여된 대장균 균주가 개발되었다.

14.2.2 그람양성 박테리아

그람양성 박테리아인 *Bacillus subtilis*는 대장균을 대신할 수 있는 가장 잘 알려진 세균이다. 그람양성이므로 외세포막이 없어서 단백질을 매우 효과적으로 배출할 수 있다. 많은 이런 단백질들, 아밀레이스(amylase), 단백질분해효소 등은 상업적으로 *B. subtilis*를 이용하여 생산된다. 유전자 재조합 단백질도 아밀레이스나 단백질분해효소와 같이 *B. subtilis*로부터 효과적으로 배출될 수 있다면 *B. subtilis*는 매우 관심을 끄는 생산 시스템이 될 것이다.

그러나 *B. subtilis*는 상업적으로 채택되기에 많은 문제점들을 갖고 있다. 첫째로 *B. subtilis*는 많은 양의 다양한 종류의 단백질분해효소들을 생산한다. 이런 단백질분해효소들은 매우 빠른 속도로 생산물을 분해시킬 수 있다. 단백질분해효소 활성이 대단히 많이 감소된 돌연변이가 개발되었으나, 이 돌연변이의 경우도 몇몇 단백질분해효소들의 활성이 문제를 일으킬 수 있을 정도로 존재한다. *B. subtilis*는 또한 제한된 운반체와 프로모터로 인해 대장균보다 유전자 조작 작업이 훨씬 더 어렵다. 더욱이 *B. subtilis*에서는 플라스미드 불안정성(plasmid instability)이 대장균보다 많은 문제점을 안고 있다. 또한 *B. subtilis* 고유의 단백질에서 관찰된 높은 배출현상이 아직 유전자 재조합 단백질에서는 실현되지 않고 있다.

고려할 수 있는 다른 그람양성 박테리아에는 *Lactococcus lactis* subsp. *cremoris*와 *Streptomyces* 종이 있다. 이런 시스템들은 *B. subtilis*에 비해 덜 밝혀져 있지만, 가능성을 보여 주고 있다. 예를 들어, *L. lactis*의 경우에는 염증성 장질환의 치료를 위하여, 인간 장내에 직접 투여하는 방식의 항염증 단백질 구강 투여 벡터가 임상 2상까지 진출하였다.

그람음성 및 그람양성 박테리아 모두 진핵세포(eucaryotic cell) 사용 시에는 문제가 되지 않는 단백질 가공(protein processing)에 대한 제약을 갖고 있다.

14.2.3 하등 진핵세포

효모인 *Saccharomyces cerevisiae*는 식품과 산업적 발효에서 광범위하게 사용되어 왔고, 인간에 의해 가장 먼저 이용된 생체 중의 하나이다. 고농도 세포배양이 가능하며 생장속도가 빠른 편이다(비슷한 배지에서 대장균 최대 생장속도의 약 25%). 효모는 대부분의 박테리아보다 커서 발효 배지로부터 쉽게 회수될 수 있다.

또 다른 장점은 간단한 당첨가반응이 일어나고 단백질을 분비할 수 있다는 것이다. 그러나 *S. cerevisiae*는 많은 수의 마노스를 첨가함으로써 단백질에 과다하게 당을 첨가하는 경향이 있다. 어떤 경우에는 과다하게 당이 첨가된 단백질에 활성이 없을 수도 있다. 그 밖에 안전하다고 여겨지는(GRAS) 목록에 올라 있어서 허가를 획득하기가 용이하며, 식품관계 단백질을 생산하기에 특히 적당하다.

일반적으로 *S. cerevisiae*에 있어서의 제약은 과다 당첨가반응 이외에 단백질의 높은 발현과 높은 배출효과를 얻기가 어렵다는 것이다. *S. cerevisiae*에 대한 유전학적 지식은 어떤 다른 진핵세포보다 잘 알려져 있지만, 이용할 수 있는 유전적 시스템(genetic system)의 범위가 제한되어 있고 안정되고 높은 단백질 발현이 대장균의 경우보다 어렵다. 또한 *S. cerevisiae*의 정상적인 분비 경로의 용량이 제한되어 있어, 높은 발현율을 얻었다 하더라도 배출된 생산물을 얻는 데 걸림돌이 되고 있다.

*Pichia pastoris*와 *Hansenula polymorpha* 같은 메틸영양성(methylotrophic) 효모들은 어떤 단백질에 대해서는 아주 뛰어난 숙주이다. 이 효모들은 메탄올을 탄소-에너지원으로 하여 생장한다. 메탄올은 또한 AOX 1 프로모터의 유도체이고, 이는 목적단백질의 발현 조절에 전형적으로 사용된다. 매우 고밀도(예, 100 g/l까지)인 세포가 얻어질 수 있다. 어떤 단백질들에 대해서는 고밀도와 높은 발현수준으로 인해 이들 배양의 부피 생산성은 대장균보다 더 높을 수 있다. 단백질 접힘과 분비 또한 대장균보다 종종 우수하다. 이 효모들은 단순 당첨가반응을 하며 *S. cerevisiae*보다 과다 당첨가가 적게 일어나는 경향이 있다. 많은 숙주 시스템처럼 이들의 효용성은 종종 목적단백질의 기능에 있다. 메틸영양성 효모의 단점은 높은 세포밀도와 신진대사의 속도에 기인하며, 이는 제거되어야 할 높은 수준의 대사 열과 높은 산소 요구를 야기한다. 세포의 활성을 유지하면서 효율적인 발현을 유도하기 위해서는, 성장 기질과 유도체로서 사용되는 메탄올의 이중 속도 때문에 매우 정밀한 공정제어가 요구된다. 더욱이 높은 수준의 메탄올은 저해를 하므로(예, 기질 저해) 이 역시 정밀한 공정제어를 요구한다. 큰 반응기로의 대규모화는 대개 어려운 문제인데, 이는 긴 혼합시간을 갖는 대규모 반응기에서 열 제거, 산소 공급, 공정제어가 더 힘들기 때문이다(10장 '생물반응기의 선택, 대규모화, 운전 그리고 제어' 참조). 또한 메탄올은 인화성이어서 큰 부피의 메탄올을 다루는 것은 안전문제와 직결된다. 그럼에도 불구하고 이 메틸영양성 효모들의 중요성은 증가하고 있다.

*Aspergillus nidulans*나 *Trichoderma reesei* 같은 곰팡이들도 가능성 있는 중요한 숙주세포이다. 이들은 일반적으로 *S. cerevisiae*보다 더 큰 단백질 분비에 대한 고유능력을 갖고 있다. 팡이실을 형성하여 자라기 때문에 배양하기에 어려운 점이 다소 있으나, 곰팡이로부터의 산업 효소 생산공정이 확립되어 있어서 대규모화 문제는 이미 착수되었다. 가장 큰 제약은 고유 단백질 생산량만큼 많은 양의 재조합 단백질을 생산할 수 있는 발현 시스템과 분비 시스템의 제조에 있다. 분비 경로와 그것의 단백질 구조와의 상호관계에 대한 보다 나은 이해는 이 시스템의 가능성을 현실화시키는 데 매우 중요하게 작용할 것이다.

복잡한 당첨가반응이나 번역 후 수정이 필요한 경우에는 이런 모든 하등 진핵세포가 부적합하다. 역사적으로, 이런 경우에는 동물세포조직 배양이 이용된다. 그러나 연구자들은 효모 *P. pastoris*를 조작하여, 말단이 시알릴화된 *N*-결합 글리칸이 붙은 완전한 당 구조를 가진 인간 당단백질을 분비하도록 함으로써 그 균주의 유용성을 확대시켜 왔다. 이것은 4개의 유전자를 소실시켜서 효모 특유의 당쇄화반응을 제거하고, 14개의 외부 유전자를 도입하여 인간 당쇄반응을 위한 일련의 단계들을 구현함으로써 실현되었다. 활성을 가진 재조합 에리트로포이에틴을 생산하는 세포계통이 보고되기도 하였다. 이미 조작된 *N*-결합 경로와 더불어, 최근에는 인간에서와 같은 *O*-결합 당쇄반응 경로의 조작에 초점이 맞춰지고 있다.

14.2.4 포유동물 세포

생산 단백질의 실제적 진품성(authenticity)이 완전해야 하는 경우에는 포유동물세포 배양이 요구된다. 진품성은 아미노산들의 정확한 배열뿐만 아니라 번역 후 과정도 전체 동물의 체내에서와 동일하게 이루어지는 것을 의미한다. 어떤 경우에는 배양된 세포가, 체내에 존재하고 있는 같은 세포에 의해 행해진 것과 동일한 번역 후 수정을 하지 못할 때도 있다. 그러나 생물반응기 공정에 있어서는 포유동물세포 조직배양에 의한 생산물이 자연적으로 생산된 것에 가장 근접한다. 또 하나의 장점은 상업적으로 유용한 대부분의 단백질들이 쉽게 세포 밖으로 배출되는 것이다.

낮은 세포생장, 값비싼 배지, 낮은 단백질 발현율 등이 포유동물세포 배양을 고가로 만든다. 12장 '동물세포 배양 시의 생물공정에 대한 고찰'에서 논의한 바와 같이, 많은 종류의 다양한 반응기 형태가 동물세포 배양을 위해 사용되고 있다. 이것들 중 많은 것이 효율성을 상당히 향상시킬 수 있지만 포유동물세포 배양공정은 여전히 고가이다.

몇몇 세포계통(cell line)들은 유전자 재조합 단백질 생산을 위한 숙주로 사용되어 왔다. 가장 널리 사용된 숙주세포는 아마도 CHO(Chinese hamster ovary) 세포들일 것이다.

생산단가 이외에도 포유동물 세포는 다른 몇몇 제약조건에 직면하고 있다. 동물에서 유래한 정상세포들은 단지 몇 번만 분열할 수 있다. 이런 세포계통은 **사멸성**(mortal)이다. 어떤 세포들은 **불멸성**(immortal) 또는 **연속성**(continuous) 이어서 박테리아와 같이 연속적으로 분열할 수 있다. 연속성 세포계통들은 **형질변환된**(transformed) 세포들이다. 암세포들 역시 형질변환되었다(즉, 세포복제를 억제하는 능력을 잃어버렸다). 암을 촉진하는 물질이 생산된 제품과 함께 주사될 수 있다는 이론적 가능성은 정제과정의 각별한 주의를 요구한다. 생산물로부터 핵산을 제거해야 하는 것이 특히 중요하다. 형질변환된 세포를 사용하는 경우에는 세포를 다루는 사람의 확실한 안전을 위한 주의가 또한 필요하다.

더구나 포유동물세포 배양에 일반적으로 사용되는 운반체들은 영장류 바이러스(primate virus)들에서 유래되었다. 이런 운반체들은 인체에 병을 일으킬 수 있는 형태로 되돌아오는 변이에 대한 주의가 또한 필요하다.

이 운반체들의 대부분은 보통의 숙주세포에서 목적단백질의 높은 발현율을 나타내지 못한다(보통 총 단백질의 5% 미만). 그러나 유전자 복제수의 증폭을 통해 더 높은 수준의 발현이 얻어질 수 있다(예, 1 g/l 이상의 분비된 활성 단백질). 안정된 CHO 세포계통과 높은 수준의 발현을 얻기 위해 6개월이 소요되기도 한다. 하이브리도마 배양으로부터 단일군 항체를 생산하는 경우에 높은 역가(또는 생산농도)를 얻는 것은 보통 이보다 더 용이하다. 그러나 단백질을 생산하는 기술은, 일반적으로 빠른 속도로 발전하고 있고, 많은 단백질의 경우에 고농도 생산은 동물세포에서 가능하다.

단백질 생산물의 품질은 대규모화됨에 따라 변할 수 있고, 특히 단백질 생산물의 품질은 얼마나 일관되고 정확한 번역 후 수정이 일어나느냐에 따라 결정되는 경우가 많은데 이것도 대규모화됨에 따라 변할 수 있다. 인간과 유사한 당쇄화 단백질을 생산하는 최고의 숙주세포로서 동물세포가 일차적으로 선택되기 때문에, 공정 조건들이 단백질 품질에 어떤 영향을 미치는가를 이해하는 것은 대단히 중요하다. 배양 조건들(전단응력, 포도당, 아미노당, 용존산소(DO) 등)은 대규모화에 따라 변할 수 있으므로, 세포 단백질 공정의 효율도 변할 수 있고 번역 후 과정의 수준도 달라질 수 있다. 더욱이 단백질의 품질은 회분식 배양에서의 수확 시간에 따라 변화한다고 알려져 있다. 이 변화는 세포 내 기작에서의 변화에 기인할 수 있으나 주로 죽은 세포로부터 유출되는 단백질분해효소와 시알리데이스(sialidase, 당 첨가된 단백질들로부터 시알산 캡을 제거하는 효소)에 기인한다. 또한 과다한 수준의 단백질 생산은 세포 내 단백질 가공 소기관(예, 소포체와 골지체)을 포화상태로 만들어서 불완전하게 가공된 단백질을 야기한다. 이런 문제들은 공정 전략에 상당한 영향을 줄 수 있다. 잘 알려진 한 회사는 지정된 생산물에 대한 시알산/단백질 비를 유지하기 위해 24시간 일찍 수확하도록 하고 있다. 이른 수확은 단백질 농도에서 30%의 손실을 초래한다(지연된 수확에 비해).

이런 문제들을 줄이기 위한 전략들에는 시알리데이스 생산이 저하되었거나 단백질 가공 능력이 강화된 세포계통의 선발이나 이를 위한 유전자 조작 등이 포함된다. 역사적으로, 이런 일들은 어려운 작업이었으나, 이제는 목표 지놈 편집을 통하여 세포계통의 조작이 매우 간단해졌다. 세균 유래의 CRISPR(clustered regularly interspaced short palindromic repeat)/Cas9(CRISPR-associated protein 9) 시스템을 사용하여 포유동물 지놈을 빠르고 효율적으로 조작할 수 있게 되었다. 이 시스템은 개별 유전자의 수정에서부터 지놈 전체에 걸친 유전자 선별이나 조절에 이르기까지 그 응용범위가 광범위하다. 최근 CHO 지놈 서열의 공개와 더불어 CRISPR/Cas9에 의해 더욱 손쉬워진 지놈 편집은 산업적으로 중요한 세포계통인 CHO 세포에서의 높은 농도의 단백질 생산과 생산물의 원하는 품질 특성을 얻을 수 있는 새로운 장을 열 것이다. 배지의 재설계도 바람직하다. 바람직하지 못한 세포 외 효소 활성을 저해하는 화학물질 또는 전구체(예, 아미노당)가 첨가되어 가공을 향상시킬 수 있다. 에이파토시스(apoptosis)를 줄여 주는 유전자들(예, *bcl*-2)을 숙주세포에 삽입함으로써 세포용혈을 줄일 수 있다. 공학적인 해결책은 생산물이 배지로부터 형성되면 제거해 주는 것이다. 예를 들어, 생산물 수거 단계가 통합된 관류 시스템(perfusion system)이 사용될 수 있다.

14.2.5 곤충세포-배큘로바이러스 시스템

소규모(<100 l) 또는 실험실 규모에서의 단백질 생산을 위해 많이 사용되는 또 다른 방법은 곤충세포-배큘로바이러스 시스템이다. 이 시스템은 특히 특성화 연구를 위해 생물학적 활성이 있는 단백질을 신속하게 얻는 데 적합하다. 대표적인 세포계통들은 거염벌레(fall armyworm (*Spodoptera frugiperda*))와 양배추 자벌레(cabbage looper (*Trichoplusia ni*))로부터 유래된 것들이다. AcNPV(*Autographa californica* nuclear polyhedrosis virus)라는 배큘로바이러스가 숙주세포로의 재조합 DNA 삽입을 위한 운반체로 사용된다.

이 바이러스는 자연 상태에서 색다른 두 단계 복제 사이클을 갖는다. 곤충은 많은 바이러스 알갱이(particle)들이 단백질 기질(matrix) 내에 끼워져 있는 폐색 형태(occluded form)를 섭취한다. 단백질 기질은 바이러스가 잎사귀 위에 있을 때 외부 환경적 스트레스(예, UV 방사)로부터 바이러스를 보호한다. 이 단백질 기질은 다각체 단백질(polyhedrin protein)로부터 만들어진다. 곤충의 중장(mid-gut)에서 이 기질이 녹음으로써 바이러스들은 곤충의 장에 있는 세포를 공격하게 된다. 이것이 1차 감염(primary infection)이다. 이렇게 감염된 세포들은 2차 형태의 바이러스를 유출시킨다. 이것은 폐색되지 않은 상태(다각체 단백질 기질이 없음)이고 세포 밖으로 유출된다. 폐색되지 않은 바이러스(nonoccluded virus (NOV))는 이 곤충에 의해 다른 세포를 감염시킨다(2차 감염(secondary infection)).

곤충세포 배양에 있어서는 오직 NOV들만 감염성이 있고 다각체 단백질 유전자는 불필요하다. 다각체 단백질 프로모터는 알려진 가장 강력한 동물 프로모터이고, 감염 사이클의 후반부에 발현된다. 다각체 단백질 구조 유전자(polyhedrin structural gene)를 목적단백질을 만드는 유전자로 대체하면 많은 양의 목적단백질을 생산할 수 있다(세포질 단백질의 50%까지). 분비되고 당첨가반응된 단백질들은 분비되지 않는 단백질보다 종종 생산량이 훨씬 떨어진다.

높은 발현율뿐만 아니라, 곤충세포-배큘로바이러스 시스템은 포유동물-레트로바이러스(mammal-retrovirus) 시스템보다 안전하다는 장점이 있다. 난소(ovary)나 배(embryo)에서 유래한 곤충세포 계통들은 연속성이지만 형질변환되지 않는다. 배큘로바이러스는 식물이나 포유동물에 대해 병원성(pathogenic)이 아니다. 따라서 곤충세포-배큘로바이러스 시스템은 안전할 가능성이 높다는 장점을 가지고 있다. 또 다른 중요한 장점은 정확한 접힘이 일어난 단백질들의 분자생물학적 정보와 높은 수준의 발현이 한 달 이내에 얻어진다는 것이다.

이 시스템은 또한 포유동물 세포에서 일어나는 복잡한 번역 후 수정을 거의 모두 할 수 있는 세포 기작(cellular machinery)을 갖고 있다. 그러나 세포 기작을 갖고 있는 경우에도, 곤충세포-배큘로바이러스 시스템에 의해 생산되는 단백질 중 적어도 몇 가지는 고유 단백질(native protein)과 동일하게 만들어지지 않는다. 어떤 경우에는 이런 약간의 변형이 이점이 될 수 있으나(예, AIDS 백신 개발에서 증가된 항원 반응), 다른 경우들에는 바람직하지 못하다. 복합 당첨가 형태들(시알산을 포함하는)도 만들어지지만 단순한 형태의 당 첨가물들이 대체적으로 관찰된다. 복합 형태의 생산은 특별한 숙주세포 계통을 필요로 하며 배양 조건에도 민감하다.

곤충세포-배큘로바이러스 시스템은 외래 단백질 생산에 대한 전체적인 관점을 설명하는 데 좋은 시스템이다. 단백질 생산을 위한 어떤 생물공정이라도 많은 부성분들이 비선형적 상호작용을 이루고 있으므로 복잡하다. 따라서 최적 공정이란 단순히 개개 최적 단계들의 합이 아니다. 그림 14.2는 곤충세포-배큘로바이러스 시스템에 대한 전체적인 관점을 보여 준다. 바이러스 성분 때문에 이 시스템은 감염 공정과 결과 단백질 발현속도 등이 고려되어야 하기 때문에 대부분의 다른 생물공정들보다 훨씬 더 복잡하다. 감염 가능한 바이러스 입자 대 세포들의 비(예, 감염의 중복성(multiplicity of infection (MOI))가 하나의 요소이며, 이것은 감염의 동조(synchrony)와 결과 단백질의 발현속도에 영향을 미친다. 또 다른 요소로는 바이러스의 유전적 디자인을 들 수 있다(이는 운반체 디자인의 일반적인 특징들과 많은 부분에서 일치함). 또한 바이러스의 저장 품질 역시 중요하다. 만약 바이러스가 올바르지 않게 보관되었다면, 돌연변이 바이러스가 형성될 수 있다. 예를 들어, 높은 MOI가 사용될 경우에 배양에서 90%의 단백질 생산을 감소시키는 **간섭성 결손 입자**(defective interfering particle (DIP))가 형성될 수 있다.

그림 14.2의 하단으로부터 상단 방향으로 살펴보면, 바람직한 생산 품질과 생산물의 가치를 보여 준다. 이와 같은 인자들에 대한 이해는 원하는 가격과 품질을 얻기 위한 생물공정 전략의 선택에 대한 가이드를 준다. 그 전략을 개발하기 위해서는 생물학적 시스템의 기

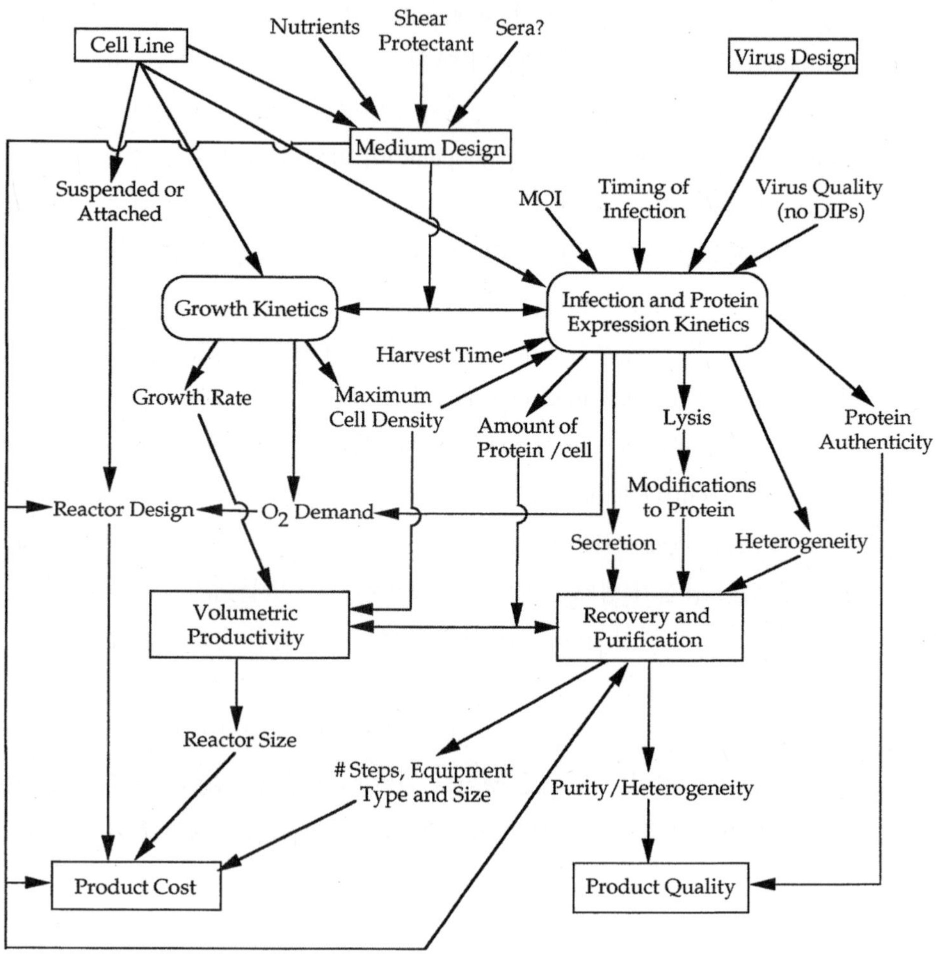

Figure 14.2. Holistic perspective on heterologous protein production with the baculovirus expression system.

본적인 속도론과 능력에 대한 이해가 필요하다. 이들에 대한 이해는 특정한 숙주세포 계통, 배지, 바이러스의 분자적 디자인 등의 선택을 도와준다. 예를 들면, 어떤 *Ti ni* 세포계통들은 배지에 혈청을 첨가함으로써 시알산이 붙은 복합 *N*-결합 당쇄를 갖는 단백질을 생산한다. 이는 생산 품질을 위한 필요사항이 될 수 있다. 그러나 혈청의 사용은 생장속도, 발현 수준(대개는 저하), 정제의 난이도 등을 변하게 하며, 이는 곧 생산비용에 영향을 미칠 것이다. 이러한 상반되는 효과로 인해 또 다른 방법(예, 혈청이 없는 배지에서도 같은 반응을 수행할 수 있는 유전공학적인 숙주의 개발)의 관점에서 고려되어야 할 필요가 있다.

14.2.6 형질전환 동물

어떤 경우에는 생물학적 활성을 갖는 단백질이 동물세포 배양을 통해서 만들어지지 않는다. *N*-결합 당첨가반응과 같은 번역 후 단백질 과정들은 세포배양에서 이루어질 수 있으나, 다른 더욱 섬세한 형태의 번역 후 과정은 만족스럽게 일어나지 않을 수 있다. 세포배양의 대체로서 형질전환 동물들의 이용이 있다. 동물들은 단백질이 발현되어 우유나 소변 같은 특정 유체로 유출되도록 조작되었다. 예를 들면, 형질전환 염소는 거미줄 성분이 젖에서 생산되도록 조작되었다. 고농도의 복합 단백질들이 얻어질 수 있으며, 이러한 접근은 복합 단백질들에 대해 비용 면에서 효과적인 방법이 될 수 있다. 이런 경우들에 있어서, 단백질을 함유하고 있는 유체를 얻기 위한 적당한 시스템(예, 돼지 착유(milking) 시설) 고안에 대한 주요 논제들이 농공학자와 동물학자들의 몫이기는 하지만, 단백질 회수 및 정제는 생물공정공학자의 역할이다. 많은 포유동물들로부터 형질전환 동물들이 개발될 수 있지만, 양, 염소, 돼지 등이 산업적으로 사용되는 주종이다.

이 기술에는 상당한 제약들이 있다. 어떤 경우에는 관심 단백질이 이를 생산하고 있는 동물의 건강을 악화시키는 문제를 일으킨다. 동물 사용은 바이러스 또는 프라이온(prion) 전염의 관점에서 안전에 대한 관심을 불러일으킨다. 생산성이 높은 동물을 제조하고 가려내는 공정은 비효율적이며 많은 비용이 든다(예, 염소는 100,000달러, 소는 500,000달러). 의외로 생각되겠지만, 단백질이 우유, 소변, 또는 혈액에서 발현될 때, 원하는 생산물을 얻는 데 필요한 복잡한 번역 후 단계들이 모두 일어나지는 않는다는 것이다. 그럼에도 불구하고 형질전환 동물들은 몇몇 단백질 생산에 있어서 중요하다.

14.2.7 형질전환 식물과 식물세포 배양

항체나 바이러스 유사 입자(백신으로서) 같은 많은 복잡한 단백질 복합체들을 포함하여 단백질은 식물에서 저가로 만들어질 수 있다. 형질전환 식물들은 비용 외에도 많은 잠재적인 장점들을 제공한다. 식물 바이러스들은 인간에게 감염성이 없기 때문에 내재성 바이러스나 프라이온에 대한 안전을 걱정할 필요가 없다. 대규모화는 더 넓은 면적에서 재배함으로써 쉽게 이루어질 수 있다. 이들 단백질은 무균의 식용 가능한 구획에 도달될 수 있으므로, 정제를 엄격하게 해야 할 필요를 줄여 주거나, 치료용 단백질을 입으로 복용할 수 있는 이상적 운반체가 된다. 사실상 개발도상국에서의 사용을 위한 식용 백신의 개발이 활발히 추진되고 있다.

형질전환 식물의 단점은 종종 발현 수준이 낮으며(총 수용성 단백질의 1%이면 양호), *N*-결합 당첨가반응이 불완전하며, 다른 몇몇 포유동물의 번역 후 과정들이 일어나지 않는다는 것이다. 대규모화가 용이하고 비용이 저렴한 반면, 산업적으로 사용하기에 충분한 양의 종자를 테스트하고 생산하는 데 30개월이 걸린다. 이러한 긴 시간은 바람직하지 않다. 더욱이 대지에서 자라는 작물에 대한 환경적 관리가 어렵기 때문에 생산물의 양(아마도 품질도)이 시간과 장소에 따라 변할 수 있다.

많은 작물들이 사용될 수 있지만, 산업적 관심은 주로 형질전환 옥수수에 맞춰져 있다. 어떤 옥수수 생산물들은 의약품으로 사용되며, 따라서 FDA의 지침이 존재하고(예, 제초제나 진균독소들에 의한 오염), 상당한 생산 경험도 있는 상태이다. 생산비용은 요구되는 순도의 정도에 따라 다르다. 고순도 물질(95% 순도)은 g당 4~8달러 정도의 가격으로 추정된다. 보다 고순도(99% 순도)의 완전한 품질보장과 규제를 갖는 물질에 대해서는 g당 20~30달러 정도이다. 적어도 두 가지의 효소가 형질전환 식물에서 산업적으로 생산되고 있다. 국소적인 사용을 위한 단일군 항체의 대규모 생산(500 kg/yr)이 검토 중이다.

식물세포 배양 역시 개발 중이다. 형질전환 식물에 비해 이런 배양이 갖는 주요 장점은 공정 전반에 대해서 적용될 수 있는 훨씬 정밀한 제어가 가능하다는 것이다. 식물세포 배양은 동물세포 배양에 비해 매우 높은 농도의 세포배양이 가능하고, 정의된 배지(defined media)를 사용하며, 본질적으로 더 안전하다. 보다 자세한 논의에 대해서는 13장 '식물세포 배양 시의 생물공정에 대한 고찰'을 참고하기 바란다.

14.2.8 무세포 단백질 생산

무세포 단백질 생산(cell-free protein synthesis (CFPS))은 살아 있는 온전한 세포 없이 세포 외에서 단백질을 생산하는 것이다. 무세포 반응에 필요한 전형적인 성분으로서 세포 추출물, 에너지원과 함께 마그네슘 같은 보조인자들, 아미노산, 원하는 유전자 DNA(선형 원판 혹은 원형 플라스미드) 등의 공급이 필요하다. 세포 추출물은 대상 세포를 파쇄한 후 세포벽, DNA 지놈, 다른 잔해들을 원심분리로 제거하여 얻어진다. 잔여물은 리보솜, 아미노아실-tRNA 합성효소, 번역 개시와 신장 인자, 핵산분해효소 등을 포함하는 필수 세포 기구이다. 오늘날 일반적으로 사용되는 세포 추출물들은 대장균, 토끼 그물적혈구, 밀 배아, 곤충세포 등으로부터 만들어진다.

CFPS 시스템은 유전자 코드를 찾아내는 데 중요한 역할을 해 왔고, 최근 들어서는 간단하고 효율적인 단백질 합성에 대한 증가하는 수요를 충족시키기 위하여 사용된다. 반응부피당 단백질 수율은 이제 g 단백질/l에 이르렀고, 회분 반응은 수 시간 정도 소요되며, 반응 규모는 100 l 단계에 돌입하였다. 주목할 만한 한 예로서, 100 l 생산규모에서 CFPS를 이용한 700 mg/l의 인간 과립대식세포 콜로니 촉진 인자(granulocyte-macrophage colony-stimulating factor (GM-CSF)) 생산이 이루어졌다.

무세포 시스템을 사용할 경우에 많은 장점들이 있다. 첫째, 반응의 개방적 특성으로 인하여 대상 생화학 시스템(예, 단백질 합성, 대사)에 직접적인 영향을 도입할 수 있다. 결과적으로 새로운 성분들(천연 혹은 비천연)을 첨가하거나 합성할 수 있고, 이것들을 정확한 농도로 유지시킬 수도 있다. 둘째로, 화학적 환경을 제어하고, 용이하게 측정할 수 있으며, 빠른 샘플링도 가능하다. 셋째로, 무세포 시스템은 촉매합성(세포 생장)을 촉매사용(단백질 생산)과 분리시켜 주고, 세포 기반의 조작 노력들을 힘들게 하는 주요 사항들을 피할 수 있게 해 준다. 마지막으로, 세포 생존성에 대한 제약이 없다. 결과적으로, CFPS는 의약 단백질 생산에서 단백질 진화에 이르는 광범위한 범위에 응용할 수 있게 되었다. 추가적으로, CFPS 시스템은 생물학적 시스템에 대하여 우리가 이해하는 것들에 대하여 테스트하고 모델화하는 데도 사용될 수 있다.

14.2.9 전략의 비교

숙주-운반체 시스템의 선택은 복잡하다. 단백질 생산과 비용 면에서 바람직한 특성들은 이 선택에서 중요한 요소이다. 산업적 생산에서 널리 사용되는 시스템은 대장균과 CHO 세포의 배양이다. 티슈 플라스미노젠 활성제(tPA)의 생산을 위한 이 두 시스템의 흥미로운 공정 경제학 연구가 Datar, Cartwright, Rosen에 의해 수행되었다.[1] 이 연구 결과는 좀 오래되어서, 현재의 CHO 시스템은 훨씬 높은 생산성을 보여 주고 있으며, 대장균에서의 용해성 단백질 생산에 대한 진보가 있었다. 그러나 이 연구의 분석 결과는 생산 전략을 비교하는 데 있어서 고려해야 할 인자들에 대한 통찰력을 제공해 주고 있다. 이들의 분석은 연간 11 kg의 생산물을 만들 수 있는 공정에 대한 것이었다. 대장균은 460 mg/l를 만드는 데 비해 CHO 세포 공정은 33.5 mg/l를 생산하는 것으로 가정하였다. CHO 세포 생산물은 정확한 접힘이 일어났으며, 생물학적 활성이 있으며, 배지로 유출되었다. 대장균의 생산물은 주로 내포체 형태이므로 생물학적 활성이 없으며, 접힘이 잘못되어 있고, 불용성이다. 대장균 생산물을 재용해시키고 재접힘 작업을 하여 활성을 갖는 물질로 만드는 공정에는 추가 단계들이 필요하다. CHO 세포 물질의 회수 공정은 5단계인 데 비해 대장균의 공정은 16단계가 필요하다. 단계가 많을수록 수율이 떨어질 가능성이 커진다. 대장균 생산물의 총 회수 수율이 겨우 2.8%인 것에 비해 CHO 생산물의 경우는 47%이다.

---

1) R. V. Darter, T. Cartwright, and C. G. Rosen, "Process Economics of Animal Cell and Bacterial Fermentations," *Bio/Technology* 11: 349, 1993.

대장균 공정에 있어서 추가 단계들은 세포 회수, 세포 분쇄, 내포체 회수, 내포체 용해, 농축, 황화, 재접힘, 재생된 단백질의 농축 등이다. 이 공정들의 난이도는 단백질의 본성에 달려 있다. tPA는 특히 어렵다. tPA의 경우, tPA의 농도는 2.5 mg/l 또는 그 이하로 유지되어야 하며, 재접힘이 느려서 48시간이 소요된다. 단백질의 재생에 있어서는 20%의 효율이 얻어졌다. 많은 단백질들은 더 높은 농도(1 g/l까지)에서 훨씬 더 빠르게 재접힘될 수 있다. tPA의 경우에는 현실적으로 불가능할 정도의 큰 탱크들과 많은 양의 화학물질의 사용이 요구된다. 이 경우 겨우 11 kg의 활성 있는 tPA를 생산하기 위해 5톤의 요소와 26톤의 구아니딘이 필요하다.

tPA를 위해서 필요한 생물반응기 부피는 CHO 공정의 경우 14,000 l이고 대장균 공정에서는 17,300 l이다. CHO 공정에 대한 자본금은 11,100,000달러이고 대장균 공정에 대한 자본금은 70,900,000달러이며, 이 금액의 75%가 재접힘 탱크에 소요된다. 이런 조건하에서 단위 생산 비용은 CHO 공정에서는 g당 10,660달러이며, 대장균 공정에서는 g당 22,000달러이다. 투자에 대한 회수 비율(rate of return on investment (ROI))은 CHO 공정의 경우 130%이며 대장균 공정은 겨우 8%이다. 그러나 만약 재접힘 단계의 수율이 20%가 아니라 90%라면 총 수율은 15.4%로 높아질 것이며, 연간 11 kg을 생산하는 경우 개선된 대장균 공정에서는 ROI가 85%이고 단위 생산 비용은 7,530달러로 떨어질 것이다. 만약 대장균 공정 설비가 연간 61.3 kg을 생산하도록 원래 크기(17,300 l 발효기)로 남아 있으면, 단위 생산 비용은 g당 4,400달러로 떨어질 것이다. CHO 공정에서 tPA 생산비용은 배지 내 혈청의 비용에 매우 민감하다. 만약 배지의 가격이 l당 10.5달러에서 2달러로 떨어지면(예, 배지 내 혈청이 10%에서 2%로), CHO 세포 생산물의 가격은 g당 6,500달러로 떨어질 것이다(현대의 CHO 공정은 무혈청 배지를 사용하므로, 배지 가격을 낮춰 주지는 않지만 생산물 분리 공정을 간단하게 해 준다).

위의 예로부터 얻을 수 있는 주요 교훈은 어느 정도 완전한 분석이 없이는 숙주 운반체 시스템을 선택하는 것이 어렵다는 것이다. 가격은 단백질과 이것의 특성, 그리고 용도에 달려 있다. 공정 기술(예, CHO 세포에서의 낮은 혈청 배지나 대장균에서의 단백질 분비 시스템)에서의 변화는 제조비용과 숙주 운반체 시스템의 선택에 커다란 영향을 미칠 수 있다.

14.3 공정상의 제약: 유전자 불안정성

목적단백질을 최대로 생산하려는 목표와 세포의 고도성장을 유지하는 것 사이에는 서로 상충하는 면이 있다. 외부 단백질(foreign protein)을 많이 생성하게 되면 숙주세포에게는 항

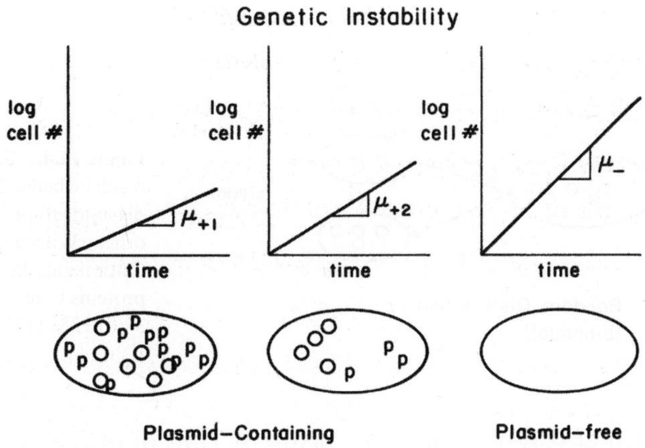

Figure 14.3. Cells that contain plasmids (O) actively making protein (p) must direct many of their cellular resources away from growth and hence grow more slowly than plasmid-free cells (that is, $\mu_{+1} < \mu_{+2} < \mu_-$).

상 유해하고 종종 치명적이기도 하다. 목적단백질을 만드는 능력을 잃어버린 세포들은 종종 훨씬 더 빨리 성장하여, 원래의 생산성이 높은 세포들을 대체해 버린다. 이것이 **유전자 불안정성**(genetic instability)의 원인이 된다(그림 14.3 참조).

유전자 불안정성은 **분리에 의한 유실**(segregational loss), **구조적 불안정성**(structural instability), **숙주세포 조절기능의 돌연변이**(host cell regulatory mutation), 그리고 플라스미드 불포함 세포(plasmid-free cell)와 플라스미드 포함 세포(plasmid-containing cell) 간의 **생장속도비**(growth-rate ratio) 등에 기인하여 일어날 수 있다. 유전자 불안정성은 어떠한 발현 시스템에서도 발생할 수 있다. 박테리아 내의 플라스미드로부터의 유전자 발현을 대상으로 하여 이 문제를 알아보기로 하자.

14.3.1 분리에 의한 유실

분리에 의한 유실은 세포분열 시 플라스미드를 전혀 갖지 못하는 딸세포(daughter cell)가 생성될 때 발생한다(그림 14.4 참조). 플라스미드는 **고복제수 플라스미드**(high-copy-number plasmid, 세포당 복제수 20 이상)와 **저복제수 플라스미드**(low-copy-number plasmid, 때로는 세포당 한 개 내지 두 개의 복제수를 가짐)로 나눌 수 있다. 저복제수 플라스미드는 보통 딸세포 간에 동등하게 분배되는 특이한 메커니즘을 갖고 있다. 고복제수 플라스미드는 보통 무작위로 딸세포들에 분배되며 이항분포(binomial distribution)에 따른다. 고복제수의 경우에는 거의 모든 딸세포가 플라스미드를 갖게 되지만, 플라스미드 불포함 세포의 발

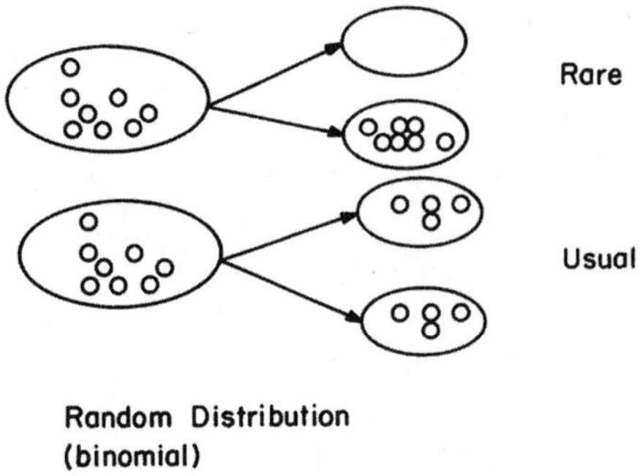

Figure 14.4. Segregational instability results when a dividing cell donates all its plasmids to one progeny and none to the other. (With permission, from G. Georgiou, Optimizing the production of recombinant proteins in microorganisms, *AIChE J.* 34(8):1233 [1988].)

생 가능성이 낮을지라도(백만 번의 세포분열 시 한 번 발생하더라도) 대형 반응기의 경우에는 매우 많은 세포들이 존재하므로 몇몇 플라스미드 불포함 세포들이 발생한다(예, 10^9 세포/ml 농도의 1000 l 용액에는 10^{15} 세포가 존재하고, 그 중 10^9 플라스미드 불포함 세포들이 세포분열 시마다 발생하게 된다).

플라스미드의 분리에 의한 유실은, 용존산소(dissolved oxygen), 온도, 배지 조성, 그리고 키모스탯에서의 희석률(dilution rate) 같은 많은 환경 인자(environmental factor)들에 의해 영향을 받는다. 많은 플라스미드들은 또한 여러 개의 같은 플라스미드들이 서로 붙어서 이루어진 **다량체**(multimer)를 생성하기도 한다. 이와 같은 다량체 생산과정에는 숙주세포의 재조합 시스템(recombination system)이 이용되기도 한다. **이량체**(dimer)는 두 개의 분리된 플라스미드들이 결합하여 만들어지고, **사량체**(tetramer)는 네 개의 분리된 단량체(monomer)가 서로 합쳐져서 만들어진다.

예제 14.1

아래와 같은 각 경우의 조건에서 분열 중인 세포의 몇 분의 몇이 플라스미드 불포함 세포로 변하겠는가?

a. 분열 시 모든 세포가 40개의 플라스미드를 갖고 있는 경우
b. 모든 세포가 40개의 복제를 만들 만큼 충분한 DNA를 갖고 있으나, 플라스미드 DNA의 절반이 이량체 형태로 존재하고 1/5이 사량체 형태로 존재하는 경우
c. 세포의 절반은 플라스미드 복제수가 10이고, 나머지 절반은 70인 경우(평균 복제수는 a번의 경우와 같은 40)

풀이

a. 세포분열 시 플라스미드가 무작위로 분배(random distribution)된다고 가정하면, 플라스미드 불포함 세포가 발생할 확률은

$$P = 2^{(1-Z)} \tag{14.1}$$

이고, 여기서 Z는 복제될 수 있는 플라스미드의 개수이다. $Z = 40$의 경우에 $P = 1.8 \times 10^{-12}$(플라스미드 불포함 세포/세포분열)이다.

b. 총 플라스미드 DNA 양이 40개의 단량체에 해당하는 양이라면, 플라스미드 분포는 아래와 같이 나타낼 수 있다.

$$M + D + T = 40 \text{ 단량체 플라스미드 해당량} \tag{14.2a}$$

$$D = \tfrac{1}{2}(40) = 20 \text{ 단량체 플라스미드 해당량} \tag{14.2b}$$

$$T = \tfrac{1}{5}(40) = 8 \text{ 단량체 플라스미드 해당량} \tag{14.2c}$$

따라서

$$M = 40 - 20 - 8 = 12 \text{ 단량체 플라스미드 해당량} \tag{14.3}$$

이량체는 두 개의 단량체에 해당하는 양으로 이루어져 있고, 사량체는 네 개의 단량체 해당량으로 구성되어 있으므로, 복제될 수 있는 개수는 아래 식에 의해 표시된다.

$$M + D/2 + T/4 = \text{ 총 복제수} \tag{14.4a}$$

$$12 + 10 + 2 = 24 \text{ 총 복제수} \tag{14.4b}$$

식 14.1을 적용하여 계산하면 다음과 같다.

$$P = 2^{(1-24)} = 1.2 \times 10^{-7} \tag{14.5}$$

c. 플라스미드들이 균등하게 분배되어 있지 않은 경우에는 플라스미드 불포함 세포가 발생할 확률이 달라진다.

$$\begin{aligned} \tfrac{1}{2}P_{10} + \tfrac{1}{2}P_{70} &= \tfrac{1}{2}[2^{(1-10)}] + \tfrac{1}{2}[2^{(1-70)}] \\ &= 9.8 \times 10^{-4} + 8.5 \times 10^{-22} = 9.8 \times 10^{-4} \end{aligned} \tag{14.6}$$

평균 복제수가 a번과 같을지라도, 이 경우에 플라스미드 불포함 세포가 발생할 확률은 5.4×10^{8}배 더 크다.

14.3.2 플라스미드의 구조적 불안정성

분리에 의한 불안정성의 문제점뿐만 아니라, 어떤 세포들은 플라스미드를 갖고 있으나, 세포에 대한 해로운 영향을 줄이기 위해서 플라스미드를 변형시킨다(구조적 불안정성). 예를 들어, 항생제에 대한 저항성(antibiotic resistance)과 외부 단백질 생산을 위한 유전정보를 모두 갖고 있는 플라스미드를 생각할 수 있다. 세포에게는 전혀 유용하지 않은 생산물인 외부 단백질은 세포 성장을 위해 쓰여야 할 세포 내 자원을 소모시킨다. 그러나 배지에 항생제가 첨가된다면, 항생제에 대한 저항성의 유전정보는 세포에게 유익하게 작용한다. 이 경우 세포에 유익한 기능(예, 항생제에 대한 저항성)에 대한 유전정보는 그대로 유지하고 외부 단백질을 만드는 기능만을 잃어버리도록 플라스미드가 변형되는 돌연변이가 발생한다. 다른 경우에서는 세포 내 재조합 시스템에 의해서 항생제에 대한 저항성을 위한 유전자가 염색체(chromosome)상에 끼어들어 가기도 한다. 구조적으로 변형된 플라스미드들을 포함하는 세포는 본래의 플라스미드들을 갖고 있는 세포보다 훨씬 더 빠르게 성장한다. 변형된 플라스미드를 갖는 세포가 지배적으로 많이 번식하는 변화가 세포 집단에 일어나는 것은 구조적 불안정성이 발생했다는 것을 의미한다.

14.3.3 숙주세포 돌연변이

숙주세포 내에서도 돌연변이가 발생할 수 있는데 이는 주어진 생산물을 위한 생산 시스템을 훨씬 바람직하지 못한 방향으로 이끈다. 이와 같은 돌연변이는 종종 세포 내 조절작용을 변형시켜 결과적으로 목적단백질의 생산을 감소시킨다. 예를 들어, 외부 단백질의 발현을 제어하는 프로모터가 숙주세포 인자(예, 억제인자(repressor))를 사용한다면, 숙주세포 인자의 변형은 플라스미드로부터 만들어지는 원하는 단백질의 생산량에 커다란 영향을 미친다. lac 프로모터(4장의 lac 오페론 참조)는 화학물질을 첨가함으로써 유도될 수 있다. lac 프로모터에는 젖당(lactose) 또는 젖당의 화학적 유사물질(예, isopropyl-β-d-thiogalactoside (IPTG))이 사용될 수 있다. 이와 같은 프로모터들은 플라스미드 유래 단백질(plasmid-encoded protein) 생산을 제어하기 위해, 플라스미드 제조 시 종종 사용된다. 이 프로모터에 의한 플라스미드 유래 단백질 생산의 유도가 세포 생장속도를 감소시킨다면(그림 14.3에서와 같이), lac 퍼미에이스(permease)를 비활성화시키는 돌연변이가 일어나 세포 내의 단백질 유도를 방해하려 할 것이다. lac 퍼미에이스 단백질은 유도물질(inducer)의 신속한 섭취를 위해 필요하다. 그러므로 돌연변이 세포는 우리가 원하는 정상적인 세포보다 빠르게 성장한다. 다른 경우, 유도물질을 인지할 수 없도록 억제인자에 숙주세포 돌연변이가 일어나면 유도가 전혀 일어나지 않을 수도 있다.

이런 범주의 유전자 불안정성의 주요 특징은 숙주세포 돌연변이로 인해 돌연변이 세포의 성장이 우세해지고, 따라서 궁극적으로 그런 세포들이 지배적으로 된다는 것이다. 이런 경우 돌연변이 세포는 변형되지 않은 플라스미드를 포함하고 있으나 플라스미드 유래 단백질은 거의 생산하지 못하게 된다.

14.3.4 생장속도에 지배되는 불안정성

앞서 말한 세 가지 인자(플라스미드의 분리에 의한 유실, 플라스미드의 구조적 변형, 숙주세포의 돌연변이) 모두에서 중요한 점은 변형된 세포-플라스미드 시스템과 본래의 숙주-운반체 시스템 간의 생장속도가 다르다는 것이다. 변형된 숙주-운반체 시스템이 본래의 숙주-운반체 시스템에 비해 생장이 우세하다면, 변형된 시스템이 궁극적으로 지배적으로 자라게 된다(즉, 유전자 불안정성이 발생한다).

유전자 불안정성의 원인을 기술하는 데 사용되는 용어들은 상당히 미묘한 차이점을 지니고 있다. 예를 들면, 유전자 불안정성이 분리에 의한 불안정성에 기인한다면 플라스미드 불포함 세포가 발생하는 속도가 높다는 것을 내포하고 있다. 이 경우 플라스미드 불포함 세포의 생장속도가 우세한지의 여부에 상관없이 플라스미드 불포함 세포 수는 많을 것이다. 반면에 유전자 불안정성이 생장속도에 관계된다고 말하면, 이것은 플라스미드 불포함 세포가 발생하는 속도는 낮으나 플라스미드 불포함 세포는 매우 우세한 생장속도를 갖고 있어서 원래의 숙주-운반체 시스템보다 잘 자란다는 것을 내포하고 있다. 대부분의 경우 생장속도 의존적 불안정성이 중요하고 동시에 다른 인자들(분리에 의한 유실, 플라스미드의 구조적 변화, 또는 숙주세포의 돌연변이) 중 하나가 중요한 요인으로 함께 작용한다.

생장속도의 비는 배지의 선택(예, 플라스미드 불포함 세포를 죽이기 위해 항생제 첨가 같은 **선택압력**(selective pressure)의 사용)과 배양기간 대부분 동안 목적단백질이 많이 생산되지 않도록 하는 생산 시스템을 사용하면 어느 정도 조절될 수 있다. 예를 들어, 회분식 배양에서 1회 내지 2회 정도만 더 세포분열이 일어날 수 있을 정도의 시점인 배양 말기에 유도 프로모터(inducible promoter)를 열어 줄 수 있다. 유도되기 전에는 목적단백질의 생성으로 인한 **대사적 부담**(metabolic burden)이 없고, 변형된 것과 본래의 숙주-운반체 시스템 간의 생장속도비는 거의 1에 가깝다. 또는 선택압력이 있는 경우에는 더 작다. 이와 같이, 변형된 회분식 배양 형태의 **2단계 발효**(two-phase fermentation)가 수행될 수 있고, 다단계 키모스탯(multistage chemostat)이 사용될 수 있다 2단계 시스템(two-stage system)에서 첫 단계는 플라스미드 포함 세포가 잘 자랄 수 있도록 최적화되고, 둘째 단계에서는 산물 생성이 유도된다. 둘째 단계로 건강한 세포들이 계속 공급됨으로써 변형되지 않은 많은 세포들이 존재하게 된다.

유전자 불안정성은 실험실 규모의 실험에서보다 산업적 공정에서 더욱 심각한 문제를 야기한다. 10^{10} 세포/ml의 농도에 도달하려면 25 ml 진탕 배양기(shake flask)에서보다 10,000 l 탱크에서 훨씬 많은 세포분열과정을 거쳐야 하기 때문이다. 또한 대규모 조업에서 선별물질(selective agent)로서 항생제의 작용은 원가 면에서나 생산물의 품질규제 면에서 바람직하지 못하다.

다음 절에서는 운반체 디자인에 대한 공정상의 제한점에 대해 논의할 것이다. 그 다음 절에서는 유전자 불안정성에 대한 간단한 수학적 모델을 세우는 방법에 대해 살펴볼 것이다.

14.4 플라스미드 디자인에서 공정상의 문제 방지

유전공학을 위한 운반체를 디자인할 때 고려해야 할 점들로는, 플라스미드 복제수를 제어하는 요소들, 목적단백질의 발현율, 재조합 단백질의 특성 등이 있고, 또한 선택압력(예, 항생제에 대한 저항성)의 적용을 생각해야 한다. 운반체 또한 숙주세포와 잘 조화될 수 있게 디자인되어야 한다.

플라스미드에 따라 다양한 **복제 기점**(origin of replication)이 있다. 그 기점은 종종 복제수를 조절하는 전사체들을 포함하고 있다. 이와 같은 조절작용을 하는 전사체에 각종 돌연변이가 일어나면 각각이 크게 다른 복제수를 갖게 된다. 어떤 경우에는 이런 전사체들에 온도에 민감한 돌연변이(temperature-sensitive mutation)가 일어나고, 온도변화는 **런어웨이 복제**(runaway replication)를 유발하게 되어 세포가 죽을 때까지 계속해서 플라스미드 복제수가 증가하게 된다.

총 단백질 생산은 유전자 복제수(예, 플라스미드 수)와 전사를 조절하는 데 사용되는 프로모터의 세기에 의존한다. 프로모터의 세기가 일정하게 유지될 때 복제수의 증가는 단백질의 생산을 점점 증가시키며 포화값에 이른다. 일반적으로 복제수가 25에서 50으로 두 배가 되면 단백질 생산도 두 배가 되지만, 복제수가 50에서 100으로 증가할 경우에는 단백질의 생산이 두 배가 되지 못한다. 복제 가능한 플라스미드의 수가 50 이상이면, 분리에 의한 플라스미드 유실은 매우 작은 값을 가진다. 대장균에서 유용하게 사용되는 대부분의 클로닝 운반체(cloning vector)들은 25~250개의 안정된 복제수를 갖는다.

프로모터에는 여러 종류가 있다. 대장균에서 사용되는 중요한 프로모터 중 몇 가지를 표 14.3에 열거하였다. 이상적인 프로모터는 매우 강력하면서도 엄격하게 제어가 되는 것

TABLE 14.3. Strong *E. coli* Promoters

Promoter	Induction Method	Characteristics[a]
lacUV5	Addition of IPTG	(about 5%)
tac	As above	Induction results in cell death (>30%)
Ipp-OmpA	As above	Suitable for secreted proteins (20%)
Ipp^{p}-5	As above	Strongest *E. coli* promoter (47%)
trp	Tryptophan starvation	Relatively weak (around 10%)
λp_L	Growth at 42°C	See text (>30%)
$\lambda p_L/cl_{trp}$	Addition of tryptophan	Easily inducible in large-scale production (24%)
att-nutL-p-att-N	10-min incubation at 42°C	No product is synthesized before induction (on/off promoter)
T7 promoter	Addition of IPTG or viral infection	As above (>35%), low basal levels
T4 promoter	Viral infection	Method of induction inhibits product degradation
phoA	Phosphate starvation	Induction in large-scale production is complicated

[a] Typical values of accumulated product as a percentage of the total protein of induced cells are given in parentheses.

With permission, from G. Georgiou, Optimizing the production of recombinant proteins in micro organisms, *AIChE J.* 34(8):1233 (1988).

이다. 특히 목적단백질이 숙주세포에 해롭게 작용할 경우에는 최소의 단백질 생산 상태가 0으로 되는 것이 바람직하다. 유도에 대한 신속한 반응(response)이 바람직하고, 유도물질은 값싸고 안전해야 한다. 온도에 의한 유도는 작은 규모에서는 종종 사용되지만, 대규모의 발효에서는 열적 지체(thermal lag)가 문제시될 수 있다. 온도 증가는 또한 열충격 반응을 유발시켜서 단백질 분해효소(proteolytic enzyme)의 생산을 증가시킬 수 있다. 많은 화학적 유도물질들은 값이 비싸거나, 생산물에서 제거되지 않을 경우 건강을 해치는 문제점을 야기할 수 있다. 몇몇 프로모터들은 영양분(예, 인산, 산소, 에너지)의 고갈로 인해 유도되기도 한다. 그러나 그와 같은 프로모터들을 사용하여 유도를 정밀하게 조절하기는 어렵다. 발효 시 산소농도의 조절은 비교적 용이하므로 산소결핍에 의해 유도되는 최근에 분리된 프로모터는 유용하게 사용될 수 있는 가능성을 지니고 있다.

강력한 프로모터가 사용되면, 강력한 전사 터미네이터(transcriptional terminator)가 운반체 제조 시 사용되어야 한다. 유전자나 오페론(operon)을 판독한 후 RNA 중합효소(RNA polymerase)가 터미네이터에 의해 DNA로부터 떨어져 나온다는 것은 이미 4장에서 살펴보았다. 강력한 터미네이터 없이는 RNA 중합효소가 떨어져 나오지 않을 수 있다. 만약 RNA 중합효소가 계속해서 읽어 나간다면 원하지 않는 유전자를 전사하거나 플라스미드 복제수를 조절하는 인자를 교란시킬 수 있다. 극단적인 경우에는 이와 같은 현상이 런어웨이 복제를 유발하여 세포를 죽일 수 있다.

단백질의 특성과 세포 내의 위치는 좋은 공정을 달성하기 위해 중요하게 고려되어야 할 점들이다. 목적단백질의 분해를 방지하기 위해서, 융합 단백질(fusion protein)의 생산을 위한 혼합 유전자(hybrid gene)를 만들어 사용할 수 있다. 일반적으로 숙주세포 고유 단백질의 작은 일부가 목적단백질에 융합되는데, 둘 간의 연결부위는 하류공정(downstream processing)을 거치면서 쉽게 끊어질 수 있다. 또한 융합 단백질은 특정한 크로마토그래피 물질에 쉽게 부착될 수 있는 '핸들' 또는 '꼬리'를 제공해 줌으로써 하류 회수공정(downstream recovery)을 용이하게 하기 위해서 만들어지기도 한다.

세포 내의 단백질 분해를 방지하기 위한 또 하나의 시도는 신호서열이 목적단백질과 연결되게 만들어진 분비 운반체를 개발하는 것이다. 단백질이 어떤 숙주세포에서 분비된다면, 그것은 보통 또 다른 세포에서도 배출된다. 적어도 올바른 신호서열이 사용된 경우에는 그렇다. 단백질의 고유한 신호서열(예, 진핵세포의 단백질에서 유래한)이 숙주세포에 특이하게 작용하는(host-specific) 신호서열로 교체된다면 분비가 종종 더 향상된다.

분비 공정은 복잡하다. 세포질 내에 존재하는 것이 정상인 단백질(cytoplasmic protein)이 분비된 몇 가지의 보고가 있기는 하지만, 분비되지 않는 것이 정상인 단백질(예, 세포질 내 단백질)을 신호서열과 연결했다고 해서 분비가 보장되는 것은 아니다. 외관상으로 보기에는, 완성된 단백질이 분비 공정에 필요한 '정보'는 갖고 있으나, 세포질 내에 존재하는 것이 정상인 단백질에 신호서열이 연결되었다고 해서 분비된다는 일반 법칙은 없다.

제조된 운반체가 유전자 안정성을 유지하기 위해서, 또한 원하는 숙주세포-운반체의 조합을 선별해 내기 용이하게 하기 위해서, 운반체는 선별적인 생장조건(selective growth condition)하에서 생존할 수 있도록 개발되어야 한다. 가장 일반적으로 사용하는 방법은 항생제에 대한 저항성을 갖게 하는 유전자를 삽입하는 것이다. 많이 사용되는 클로닝 플라스미드인 pBR322는 앰피실린(ampicillin)과 테트라사이클린(tetracycline)에 대한 저항성 모두를 포함하고 있다. 복합적 저항성 유전자는 플라스미드를 다시 변형시켜 사용할 때 선별을 용이하게 하는 역할을 한다.

선별을 위한 또 다른 방법은 운반체 내에 필수 대사물질(예, 아미노산)을 만드는 데 필요한 유전자를 삽입하는 것이다. 만일 이런 운반체가 그 아미노산에 대한 영양요구성(auxotrophic)인 숙주세포에 들어가면, 그 운반체는 숙주세포를 보완해 준다.[2] 그 아미노산이 없는 배지 내에서는 플라스미드를 갖고 있는 세포만이 생장할 수 있다. 영양요구성 인자

2) 영양요구성 돌연변이주는 자신에게 필요한 필수물질을 합성하지 못한다.

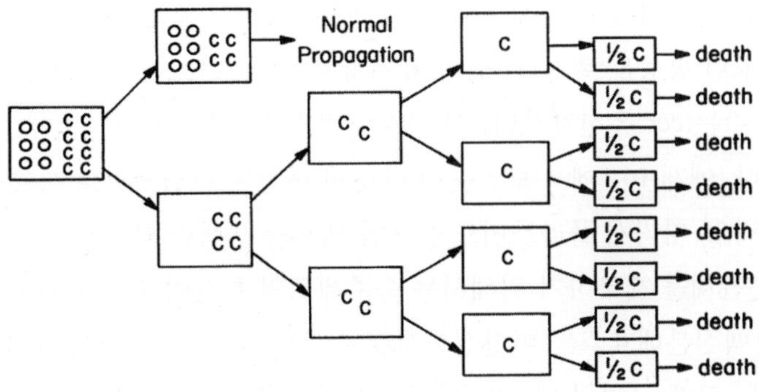

Figure 14.5. Newly born plasmid-free cells usually contain sufficient complementing factor (C) to withstand killing by a selective agent or starvation from the lack of a growth factor. In this case, the plasmid-free cell undergoes three divisions before the complementing factor is reduced to an ineffective level.

를 생성하는 유전자가 염색체에 끼어들어 갈 수 있고, 염색체상에 귀선유전(reversion)이 발생할 수도 있기 때문에, 플라스미드 불포함 세포가 원하는 세포를 능가하여 자라는 확률을 줄이기 위해서 이중 영양 요구주가 종종 사용된다.

위의 두 가지 방법들이 갖는 한 가지 약점은, 세포가 플라스미드를 잃어버렸을지라도, 플라스미드 불포함 세포가 몇몇 세포분열 동안 여전히 항생제 저항성이나 영양요구성 인자의 생산을 제공해 주는 단백질을 충분히 보유하고 있다는 것이다(그림 14.5 참조). 따라서 그와 같은 세포가 선택 플레이트(selective plate)상에서 콜로니를 형성하지는 않지만(콜로니를 형성하기 위해서는 약 25번의 세포분열이 요구된다), 대규모 시스템 내에서는 여전히 존재하며 분열을 하고 있다. 이와 같은 플라스미드 불포함 세포들은 생산은 하지 못하면서 자원을 계속 소모한다.

특히 대규모 시스템의 경우에 또 하나의 관계된 문제점은, 플라스미드를 가진 세포들이 플라스미드 불포함 세포들을 선택물질로부터 보호한다는 것이다. 예를 들어, 플라스미드를 갖고 있는 영양요구성 인자를 유출시킴으로써 플라스미드 불포함 세포들이 생장할 수 있다. 항생제 저항성의 경우에도 항생제를 분해시키는 효소가 배지 내로 유출될 수 있다. 또한 효소가 매우 효율적이면 세포 내에 존재할 경우에도, 고농도 세포배양에서 모든 항생물질이 급속도로 파괴되어 세포 외의 농도를 0으로 만든다. 운반체 개발에 있어서 선택압력을 제공해 주는 유전자가 필수적이지만, 공학자는 산업적 규모의 시스템에서 선택압력의 한계점을 깨닫고 있어야 한다.

플라스미드 제조 시 유용하게 삽입되는 또 다른 하나는 플라스미드 분리(segregation)를 개선해 주는 요소이다. 그 예는 소위 *par*와 *cer* 유전자자리(loci)들이다. 이런 요소들은 플라스미드를 보다 균등하게 배분하는 역할을 한다. 플라스미드-막 복합체(plasmid-membrane complex) 형성을 촉진하고(*par* 유전자자리), 플라스미드의 다량체 형성(multimerization)을 줄여 주는(*cer* 유전자자리) 기능은 알려져 있지만, 메커니즘에 대해서는 완전히 이해되지 않았다. 예제 14.1에서 보았듯이 다량체 형성은 독립적으로 복제될 수 있는 총 복제수를 감소시키고, 따라서 플라스미드 불포함 세포를 생성할 확률을 증가시킨다.

운반체를 제조하기 위해서는 숙주세포의 특성이 고려되어야 한다. 만일 숙주세포에 모든 단백질분해효소를 비활성화시킬 수 있게 변이가 일어났다면, 단백질 가수분해에 의한 분해는 크게 고려의 대상이 되지 않는다. 재조합 시스템이 결여된 숙주세포를 선택함으로써 플라스미드의 다량체 형성을 줄일 수 있다. 그렇지만 재조합 시스템이 결여된 숙주세포는 생장속도가 느린 경향이 있다. 산업적인 조업을 위한 최상의 운반체를 제조하기 위해서 다른 다양한 경우의 가능한 숙주세포 변형들이 고려된다.

이와 같은 정성적인 고려들로 인해 유전적 안정성과 단백질 발현을 유지하기 위해 발생하는 문제점들에 대해 어느 정도 예상할 수 있지만, 유전적 불안정성을 예측하기 위한 상당한 양의 정량적인 연구들도 수행되고 있다.

14.5 숙주-운반체 상호작용 및 유전자 불안정성의 예측

앞에서 논의했던 많은 수학적 구조 모델들이 플라스미드 복제를 위한 성분 모델들에도 적용될 수 있다. 이와 같은 모델들은 플라스미드에서 유래한 기능들이 숙주세포와 어떻게 상호작용하는가를 예견해 줄 수 있다. 생장속도비와, 분리에 의한 유실에 기인한 플라스미드 불포함 세포의 생성에 대한 정량적 예측은 쉽게 이루어질 수 있다. 가장 복잡한 모델들은 집단 내의 플라스미드 분포뿐만 아니라 다량체 형성이 유전자 안정성에 미치는 영향까지도 예측할 수 있다. 이런 모델들은 매우 복잡하기 때문에 입문과정에서 논의되기는 적당하지 않다.

혼합 배양의 모델에서 다루었던 많은 특성들을 모방한 간단한 모델에 관해 기술하기로 한다. 플라스미드를 갖고 있는 세포들에 대한 여러 간단한 모델들이 제시되어 왔다. 이런 모델에서 중요한 파라미터는 플라스미드 불포함 세포의 생성속도(즉, 분리에 의한 유실)이다. 이와 같은 파라미터들은 실험적으로 결정될 수 있고, 숙주-운반체 상호관계에 대한 보다 복잡한 모델을 위해 예측될 수도 있다.

간단한 모델을 어떻게 세우고 관심 있는 파라미터값들을 실험적으로 어떻게 결정할 수 있는지에 대해 살펴보기로 한다.[3)]

가장 간단한 모델에서는 단지 두 종류의 세포 형태가 고려된다—플라스미드 불포함 (n_-)과 플라스미드 포함(n_+). 여기서 n_-와 n_+는 각각 플라스미드 불포함 세포수 농도와 플라스미드 포함 세포수 농도이다. 이 모델에서 모든 플라스미드 포함 세포는 생장속도가 동일하고 플라스미드를 유실할 확률이 같다고 가정되었다. 이 가정은 모든 세포들이 똑같은 플라스미드 복제수를 가졌다는 가정과 동일한 것이다. 예제 14.1에서 보았듯이, 복제수의 실제 분포는 플라스미드 유실에 심각한 영향을 미칠 수 있다. 또한 플라스미드 유래 단백질 생산은 복제수에 선형적으로 비례하지 않으므로 모든 세포가 동일한 복제수를 갖는다는 가정은 플라스미드 포함 세포의 생장속도를 잘못 예측할 수 있게 한다. 플라스미드 포함 세포가 동일하다는 가정은 약한 가정으로 생각되지만, 또 다른 가정들을 하게 될 경우 이 책의 목적과는 부합하지 않을 정도로 복잡한 결과를 초래한다. 그러나 플라스미드 집단의 각각 분리된 개별 특성을 고려한 모델들을 문헌들을 통해 접할 수 있다.

단단계 키모스탯(single-stage chemostat)에 대해 논의하기로 한다.

$$dn_+/dt = \mu_+ n_+ - Dn_+ - Rn_+ \tag{14.7}$$

$$dn_-/dt = \mu_- n_- - Dn_- + Rn_+ \tag{14.8}$$

$$dS/dt = [S_0 - S]\,D - \frac{\mu_+ n_+}{Ys_+} - \frac{\mu_- n_-}{Ys_-} \tag{14.9}$$

여기서 R은 플라스미드 포함 세포로부터 플라스미드 불포함 세포로 변형되는 속도이고, Ys_+와 Ys_-는 세포수 수율계수(cell number yield coefficient)(즉, 소모되는 제한 영양소(limiting nutrient)의 단위질량당 생성되는 세포수)를 나타낸다. R은 다음과 같이 나타낼 수 있다.

$$R = P\mu_+ \tag{14.10}$$

여기서 P는 플라스미드 불포함 세포가 생성될 확률이다. 플라스미드 복제수를 알고 있거나 보다 복잡한 구조-분리 모델(structured-segregated model)에 의해 예측할 수 있다면, P는 식 14.1에 의해 계산될 수 있다. 예제 14.1(c)에서 보인 바와 같이 실험적으로 구해진 복제수 분포에 의해 P값이 얻어질 수 있는데, 이 경우 동일한 수의 복제수를 가정하는 것보다 더 실제에 가깝다. 곧 언급되겠지만 R은 복제수를 알 필요 없이 실험적으로 결정될 수 있다.

식 14.7 ~ 14.9에서는 플라스미드 포함 세포와 플라스미드 불포함 세포들 간의 단순

3) 이 분석은 다음 논문에서 인용되었음: N. S. Cooper, M. E. Brown, and C. A. Cauleott, *Journal of General Microbiology* 133: 1871, 1987.

한 경쟁만이 가정되었다. 선택물질은 존재하지 않고, 플라스미드로부터의 보완인자(complementing factor) 생산도 무시되었다. 세포 속도식을 위한 가장 간단한 형태는 다음과 같다.

$$\mu_+ = \mu_{+\max} \frac{S}{K_{S_+} + S} \tag{14.11a}$$

$$\mu_- = \mu_{-\max} \frac{S}{K_{S_-} + S} \tag{14.11b}$$

일정한 조건에서 조업되는 키모스탯에서 몇 번의 세포분열이 일어난 후 세포의 총 숫자(N^t)가 일정하다고 가정하면, 상황은 더욱 간단해진다. 플라스미드에서 유래한 기능에 의해 대사적 부담이 너무 크지 않고 D가 $\mu_{+\max}$나 $\mu_{-\max}$의 80% 이하라면 이 가정은 많은 경우에 있어서 별 무리 없이 받아들여진다. 적당한 희석률에 있어서, 이 가정은 기질에 대한 수지식(식 14.9)을 독립적으로 떼어 낼 수 있게 해 준다. 식 14.7과 14.8을 더하면

$$dn_+ /dt + dn_- /dt = \mu_+ n_+ + \mu_- n_- - D(n_+ + n_-) \tag{14.12}$$

N^t가 상수이므로

$$N^t = n_+ + n_- \tag{14.13}$$

준정상상태(quasi-steady state)에서 식 14.12는 다음과 같이 된다.

$$0 = \mu_+ n_+ + \mu_- n_- - D(N^t) \tag{14.14a}$$

또는

$$0 = \mu_+ f_+ + \mu_- f_- - D \tag{14.14b}$$

여기서 f_+는 총 세포집단에 대한 플라스미드 포함 세포의 비율이고, f_-는 플라스미드 불포함 세포의 비율이다. $f_+ + f_- = 1$이므로

$$D = \mu_+ f_+ + \mu_-(1 - f_+) \tag{14.15}$$

식 14.7을 N^t로 나눈 후, 식 14.15를 대입하면 다음과 같다.

$$df_+ /dt = \mu_+ f_+ - f_+[(\mu_+ f_+) + \mu_-(1 - f_+)] - Rf_+ \tag{14.16}$$

다시 정리하면

$$df_+ /dt = f_+^2 \Delta\mu - f_+(\Delta\mu + R) \tag{14.17}$$

$$\Delta\mu = \mu_- - \mu_+ \tag{14.18}$$

식 14.17은 Bernoulli의 식이다. $\Delta\mu$와 R을 상수로 가정하면 임시변수(dummy variable) $v =$

$1/f_+$을 사용하여 이 식을 풀 수 있다. 플라스미드 포함 세포 내의 플라스미드 복제수 분포가 실험하는 동안 일정하다면 $\Delta\mu$와 R은 상수값을 갖는다. 엄밀하게 말하자면, $\Delta\mu$가 일정하다는 가정은 N^t가 일정하다는 것에 부합되지 않는다. 이와 같은 분석은 $\Delta\mu$가 매우 크지 않은 경우에는 잘 적용된다. 풀이 결과는 다음과 같다.

$$\frac{1}{f_+} = \frac{1}{1-f_-} = \frac{\Delta\mu}{\Delta\mu + R} = ce^{(\Delta\mu + R)t} \tag{14.19}$$

여기서 c는 적분상수이다. 초기조건은 $t = 0$일 때 $f_- = f_{-0}$이다. 따라서 c는 다음과 같다.

$$c = \left(\left[\frac{1}{1-f_{-0}}\right] - \frac{\Delta\mu}{\Delta\mu + R}\right) \tag{14.20}$$

c가 구해지면 식 14.19는 다음과 같이 정리될 수 있다.

$$f_- = \frac{(f_{-0}\Delta\mu + R)e^{(\Delta\mu+R)t} - R(1-f_{-0})}{(f_{-0}\Delta\mu + R)e^{(\Delta\mu+R)t} + \Delta\mu(1-f_{-0})} \tag{14.21}$$

보통 $f_{-0} \ll 1$이므로, 식 14.21은 다음과 같이 된다.

$$f_- = \frac{(f_{-0}\Delta\mu + R)e^{(\Delta\mu+R)t} - R}{(f_{-0}\Delta\mu + R)e^{(\Delta\mu+R)t} + \Delta\mu} \tag{14.22}$$

다음 세 가지의 극한경우를 고려하면 더 간단히 될 수 있다.

경우 1: $\Delta\mu \gg R$(생장속도 의존적인 불안정성이 지배적일 때)

경우 2: $\Delta\mu \leq R$(분리에 의한 불안정성이 지배적일 때)

경우 3: $\Delta\mu < 0$이고 $|\Delta\mu| \gg R$(선택압력이 효율적일 때)

이와 같은 극한경우에는 다음과 같이 된다.

경우 1: t가 충분히 작아서 $\Delta\mu \gg f_{-0}\,\Delta\mu + R)e^{(\Delta\mu t)}$이면

$$f_- \approx (f_{-0} + R/\Delta\mu)e^{\Delta\mu t} \tag{14.23}$$

경우 2: $f_{-0}\,\Delta\mu \ll R$이고 이항전개(binomial expansion)를 사용하면

$$f_- \approx 1 - (1 + \Delta\mu/R)e^{-(\Delta\mu+R)t} + \Delta\mu/R(1 + \Delta\mu/R)e^{-2(\Delta\mu+R)t} \tag{14.24}$$

경우 3: $|\Delta\mu| \gg R$이고 $f_{-0} \ll 1$이므로 분모가 $\approx \Delta\mu$인 경우, 여기서 $\Delta\mu = -|\Delta\mu|$로 표시한다.

$$f_- \approx \frac{R}{|\Delta\mu|} + \left(f_{-0} - \frac{R}{|\Delta\mu|}\right)e^{(R-|\Delta\mu|)t} \tag{14.25}$$

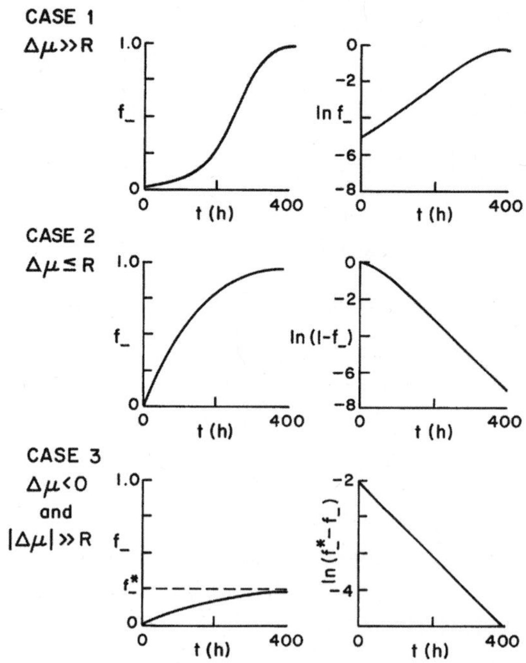

Figure 14.6. The shape of a plot of f_- versus t is diagnostic for limiting cases of equation 14.21. For each case, a plot with a substantial linear region can be constructed and used to evaluate Δμ and R.

위의 각각의 경우에 기본 가정들이 맞으면, 데이터가 직선으로 나타나는 부분으로부터 Δμ와 R을 구할 수 있다.

그림 14.6은 키모스탯에서의 각 경우에 대한 결과를 보여 준다. 파라미터 Δμ와 R을 구하기에 적당한 그래프들도 주어졌다.

경우 1에서 $\Delta\mu t > 1$일 때, 다음과 같이 된다.

$$\ln f_- = \ln(f_{-0} + R/\Delta\mu) + \Delta\mu t \tag{14.26}$$

따라서 기울기 m으로부터 Δμ를 구하고 절편으로부터 R을 구한다.

$$R = m(f_{-i} - f_{-0}) = \Delta\mu(f_{-i} - f_{-0}) \tag{14.27}$$

여기서 f_{-i}는 f_- 절편이다.

식 14.27은 14.26이 유효할 수 있는 조건을 정량화하는 데 도움을 준다. 즉, $\Delta\mu \gg R$일 때, t는 충분히 작다.

$$\Delta\mu >> (f_{-0}\Delta\mu + R)e^{\Delta\mu t}$$

따라서

$$\Delta\mu >> (f_{-0}\Delta\mu + \Delta\mu f_{-i} - \Delta\mu f_{-0})e^{\Delta\mu t} \tag{14.28}$$

또는

$$1 >> f_{-i}\, e^{\Delta\mu\, t} \tag{14.29}$$

또는

$$0 >> \ln f_{-i} + \Delta\mu t \tag{14.30}$$

또는

$$t << \frac{-\ln f_{-i}}{\Delta\mu} \tag{14.31}$$

위의 해석들은 $\Delta\mu t > 1$이라는 가정하에 전개되었다. 따라서 경우 1을 위해 사용될 수 있는 선형구간은 다음과 같다.

$$\frac{1}{m} < t < \frac{-\ln f_{-i}}{m} \tag{14.32}$$

경우 2에서 $t > 1/(\Delta\mu + R)$일 때

$$f_{-} \approx 1 - (1 + \Delta\mu / R)e^{-(\Delta\mu + R)t} \tag{14.33a}$$

$$\ln f_{+} = \ln(1 - f_{-}) = \ln(1 + \Delta\mu / R) - (\Delta\mu + R)t \tag{14.33b}$$

여기서 절편은 f_{+i}를 구하는 데 사용되고, 기울기는 $m = -(\Delta\mu + R)$이다.

$$\Delta\mu = m(f_{+i} - 1) = mf_{-i} \tag{14.34}$$

$$R = -mf_{+i} = -m(1 - f_{-i}) \tag{14.35}$$

경우 3에서 f_{-}는 0과 1 사이의 상수이고, f_{-}^{*}로 표시하기로 한다. 식 14.25에서 $t \to \infty$로 보냄으로써 f_{-}^{*}를 구할 수 있다.

$$f_{-}^{*} \approx R / \Delta\mu \tag{14.36}$$

$\ln(f_{-}^{*} - f_{-})$를 시간에 대해 도시함으로써 기울기 m이 얻어진다.

$$m = R - |\Delta\mu| \tag{14.37}$$

식 14.36과 14.37을 결합하면 다음이 얻어진다.

$$\Delta\mu = \frac{m}{f_{-}^{*} - 1} \tag{14.38}$$

$$R = \frac{-mf_{-}^{*}}{1 - f^{*}} \tag{14.39}$$

이와 같은 해석은 유전자 불안정성을 예측하는 데 중요한 파라미터들을 실험적으로 구할 수 있는 방법을 제공해 준다. 이와 같은 파라미터들이 구해지면, 식 14.21은 키모스탯의 수행능력(performance)을 예측하는 데 사용될 수 있다. 그렇지만 이렇게 표현된 식들을 얻기까지에는 많은 가정들이 있었다는 것을 잊어서는 안 된다. 경우 1은 높은 발현율과 높은 플라스미드 복제수가 연계되어 있는 가장 산업적인 시스템에 관련된 경우이다. 경우 2는 *par* 유전자자리나 다른 안정화시키는 특성을 갖지 않은 낮은 복제수의 플라스미드에서만 일어나는 경우이다. 경우 3의 결과는 가장 조심스럽게 적용되어야 한다. μ_-가 μ_+보다 작기 위해서는 보통 선택압력이 사용되어야 한다(예, 항생제 저항성이나 영양요구성 숙주들). 식 14.7과 14.8에서는 항생제를 분해시키는 효소나 영양소의 누출에 대한 가능성은 고려하지 않았다. 이와 같은 누출이 없고, 세포에 대한 항생제의 비가 충분히 높아서 항생제가 효과적으로 작용할 수 있는 농도라면, μ_-값을 정확히 얻었을 때 경우 3의 해석이 적용될 수 있다. 새로 생겨난 플라스미드 불포함 세포에 보완인자가 전해질 수 있고, 그것은 세포성장 및 분열에 의해 희석되어 농도가 점점 줄어든다(그림 14.5 참조). 따라서 플라스미드 유실 후 첫 세대(generation)에서는 μ_-가 μ_+보다 심지어 클 수도 있으나, 세대를 더해감에 따라 μ_-는 점점 감소하여 0으로 된다. 경우 3의 해석은 μ_-의 실제적 평균값을 말해 준다.

더욱 실제에 가까운 해석을 내리기 위해서 이런 가정들 중 많은 것을 제거하면 복잡해지고 간단한 해석적 결과를 얻기가 어려워진다. 그러면 이런 간단한 해석이 어떻게 사용될 수 있고 또한 어떻게 확장 적용될 수 있는지 살펴보기로 하자.

예제 14.2

포도당에 의해 제한되는 키모스탯에서 두 개의 다른 희석률로 실험하였을 때, 대장균 B/r-pDW17에서 얻은 데이터는 표 14.4에 나타낸 바와 같다. pDW17의 평균 플라스미드 복제수는 약 40~50 복제수/세포이다. 총 단백질의 약 12%가 플라스미드에 의해 생산된다. 생산 단백질은 용해된 상태로 세포 내에 존재한다. 이 실험 데이터를 사용하여 $\Delta\mu$, R, P를 구하라.

풀이

플라스미드 안정성에 관한 데이터는 보통 세대수로 주어지고 1세대의 길이는 (ln 2)/D에 의해 계산된다. 표 14.4의 데이터에서는 시간에 대한 f_-값이 명백히 S자 형태를 나타낸다. 이것은 생장속도 의존적인 불안정성의 경우, 즉 경우 1에 해당한다(그림 14.6 참조). 따라서

TABLE 14.4. Experimental Values for Plasmid Stability in a Glucose-Limited Chemostat

$D = 0.30\ h^{-1}$			$D = 0.67\ h^{-1}$		
Time, h	No. of Generations	f_-	Time, h	No. of Generations	f_-
0	0	≤0.002	0	0	≤0.002
11.6	5	0.010	10.3	10	0.010
23.1	10	0.030	20.7	20	0.035
46.2	20	0.13	31.0	30	0.15
57.8	25	0.22	41.4	40	0.34
69.3	30	0.39	51.7	50	0.65
80.9	35	0.76	62.1	60	0.81
92.4	40	0.88	72.4	70	0.93
104.0	45	0.97	82.8	80	0.98
115.5	50	1.00	93.1	90	1.0
138.6	60	1.00	103.5	100	1.0

시간에 대한 $\ln f_-$를 도시하는 것이 바람직하고, 그 결과는 그림 14.7과 같다. t의 구간을 정해 주는 식 14.32에 따르면 중간시간대의 데이터만이 $\Delta\mu$와 R을 구하는 데 사용될 수 있다. 이 경우에는 $0.01 < f_- < 0.40$ 구간의 데이터가 $\Delta\mu$와 R 값을 구하는 데 우선 이용되었다. 식 14.32는 적당한 구간을 결정하기 위해 뒤에 다시 사용된다.

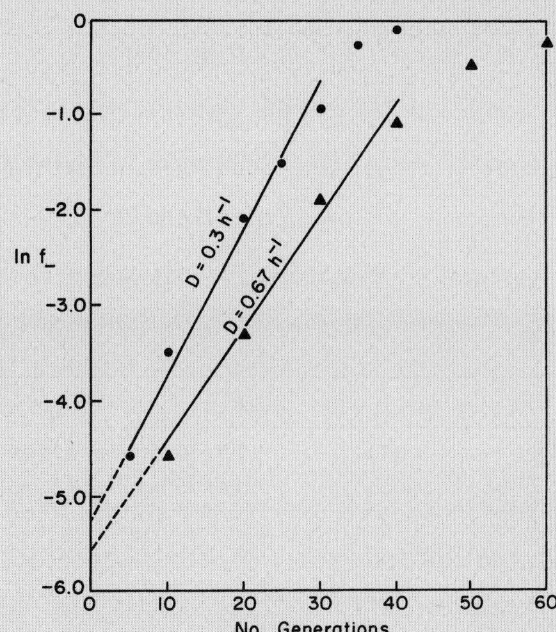

Figure 14.7. Determination of $\Delta\mu$ and R using data from Example 14.2.

$D = 0.3\ h^{-1}$의 경우에, 기울기 m은 0.15 gen^{-1} 또는 0.066 h^{-1}이고 절편은 −5.3, 즉 $f_{-1} = 0.005$이다. $D = 0.67\ h^{-1}$일 경우, $m = 0.12\ gen^{-1}$ 또는 0.11 h^{-1}이고 절편은 −5.6이 되어 $f_{-1} = 0.0037$이다. 경우 1에 있어서는 $m = \Delta\mu$이고 $R = m(f_{-1} - f_{-0})$이다. f_{-0}값은 그 값이 작을 경우에는 실험적으로 구하기가 어렵다는 문제점이 있다(통계적 정확성을 나타내기 위해서는 많은 수의 콜로니를 필요로 한다). f_{-0}가 0으로 가정되면 R은 최대가 된다. 실험 시작 전의 배양상태가 강한 선택압력하에 있고 플라스미드 유래 단백질 생산이 유도되지 않은 상태라면, f_{-0}는 0에 근접한다.

따라서 아래 데이터를 얻게 된다.

$m = \Delta\mu$	$D = 0.3\ h^{-1}$ 0.15 gen^{-1}	$D = 0.67\ h^{-1}$ 0.12 gen^{-1}
R max ($f_{-0} = 0$)	$7.5\times10^{-4}\ gen^{-1}$	$4.4\times10^{-4}\ gen^{-1}$
R *if* $f_{-0} = 0.002$	$4.5\times10^{-4}\ gen^{-1}$	$2.0\times10^{-4}\ gen^{-1}$
R *if* $f_{-0} = 0.003$	$3.0\times10^{-4}\ gen^{-1}$	$8.4\times10^{-5}\ gen^{-1}$
R *if* $f_{-0} = 0.0037$	$2.0\times10^{-4}\ gen^{-1}$	$0\ gen^{-1}$

P를 구하기 위해 $R = P\mu_+$(식 14.10)를 이용한다. μ_+값을 구하기 위해 식 14.14b를 이용하여 정리하면 다음과 같다.

$$D = \mu_+ + \Delta\mu f_- \tag{14.40}$$

μ_+와 μ_- 값은 $dN^t/dt = 0$이라는 가정에 의해서 배양 중에 약간 변화한다.[4] μ_+의 평균값은 다음과 같다.

$$\mu_+ = D - \Delta\mu / 2 \tag{14.41}$$

R의 단위를 gen^{-1}에서 h^{-1}로 바꾸려면 $D/\ln 2$를 곱하면 된다. 따라서 아래 데이터를 얻게 된다.

D	μ_+	R_{max}	P_{max}
$0.3\ h^{-1}$	$0.267\ h^{-1}$	$7.5\times10^{-4}\ gen^{-1}$ *or* $3.2\times10^{-4}\ h^{-1}$	1.2×10^{-3}
$0.67\ h^{-1}$	$0.615\ h^{-1}$	$4.4\times10^{-4}\ gen^{-1}$ *or* $4.2\times10^{-4}\ h^{-1}$	0.7×10^{-3}

4) 물리적으로 μ_+와 μ_-의 변화는 잔류기질농도(residual substrate concentration)의 작은 변화로 인하여 발생할 수 있다. 이런 현상은 $\Delta\mu$가 매우 크다면 식 14.17을 적분하는 데 사용된 $\Delta\mu$와 R이 상수라는 가정이 맞지 않음을 의미한다.

희석률에 대한 함수로서의 분리에 의해 유실될 확률의 변화는 복제수에 대응하고, 복제수 역시 희석률에 따라 변화한다. pDW17 플라스미드는 최소 배지(minimal midium)에서 지수성장(exponential growth) 시 약 40~50개의 **평균** 복제수를 갖는다.

무작위적 분리(random segregation)에 의해 플라스미드가 유실될 확률은 앞에서 나왔던 식 14.1에 의해 예측된다.

$$P = 2^{(1-z)} \tag{14.1}$$

여기서 $Z = 40$이면 $P = 1.8 \times 10^{-12}$이고, 이 값은 앞의 실험에서 계산된 최댓값보다 확실히 작은 값이다. 그러나 예제 14.1에서 보았듯이 세포의 절반이 플라스미드를 10개씩 갖고 있고, 나머지 절반은 70개씩을 갖고 있다면 플라스미드를 유실할 확률은 9.8×10^{-4}으로, 앞의 실험에서 얻어진 최대 확률과 매우 근접한다.

예제 14.3

플라스미드를 포함하지 않는 숙주세포가 대사물질 M에 대한 영양요구성일 때, 플라스미드를 포함하고 있는 세포의 동역학적 현상을 나타내는 식들을 유도하라. 그 대사물질은 생산된 뒤 플라스미드 포함 세포로부터 키모스탯의 배양액으로 유출된다.

풀이

M의 생산과 유출이란 점만 제외하면 식 14.7, 14.8, 14.9(앞에서 나왔던 식들)의 상황과 유사하다.

$$dn_+ / dt = \mu_+ n_+ - Dn_+ - Rn_+ \tag{14.7}$$

$$dn_- / dt = Rn_+ + \mu_- n_- - Dn_- \tag{14.8}$$

$$dS / dt = D(S_0 - S) - \frac{\mu_+ n_+}{Ys_+} - \frac{\mu_- n_-}{Ys_-} \tag{14.9}$$

M에 대한 물질 수지식의 첨가와 μ_-에 대한 식만 변형하면 된다. M의 농도를 M이라고 하면

$$\frac{dM}{dt} = \delta\mu_+ n_+ - \frac{\mu_- n_-}{Y_{M_-}} - DM \tag{14.42}$$

여기서

$$\mu_+ = \mu_{+\max} \frac{S}{K_{s_+} + S} \tag{14.11a}$$

그리고

$$\mu_- = \mu_{-\max} \frac{S}{K_{S_-} + S} \frac{M}{K_{M_-} + M} \tag{14.43}$$

여기서 δ는 M의 생산과 n_+의 생장을 연관시키는 화학량론 계수(stoichiometric coefficient)이다.

위의 식들은 수치적(numerically)으로 해가 구해져야 한다. 그러나 배지 내의 M의 잔존 농도가 $M \gg K_M$를 만족시킨다면, 예제 14.2에서 사용된 해석방법이 적용될 수 있다.

지금까지 우리의 논의와 예제들은 연속 반응기에 대한 것이었다. 대부분의 산업적 응용에서는 회분식 또는 유가식 공정이 사용될 것이다. 연속 반응기는 유전자 불안정성에 특히 민감한 반면, 유전자 불안정성은 회분 시스템에서 상당히 제한될 수 있다.

회분식 반응기에서 세포수 수지식은 다음과 같다.

$$dn_+ / dt = \mu_+ n_+ - P\mu_+ n_+ \tag{14.44}$$

$$dn_- / dt = P\mu_+ n_+ + \mu_- n_- \tag{14.45}$$

여기서

$$@t = 0, \quad n_{+0} = N_{+0}, \quad n_{-0} = 0$$

이들 초기 조건으로 식 14.44를 풀면, 식 14.46을 얻게 된다.

$$n_+ = N_{+0} e^{(1-P)\mu_+ t} \tag{14.46}$$

식 14.46을 이용하면 식 14.45는 다음과 같이 된다.

$$n_- = \frac{P\mu_+ N_{+0}}{(1-P)\mu_+ - \mu_-} [e^{(1-P)\mu_+ t} - e^{\mu_- t}] \tag{14.47}$$

$1 - f_- = f_+ = \dfrac{n_+}{n_+ + n_-}$ 이므로

$$f_+ = \frac{e^{(1-P)\mu_+ t}}{e^{(1-P)\mu_+ t} + \dfrac{P\mu_+}{(1-P)\mu_+ - \mu_-} [e^{(1-P)\mu_+ t} - e^{\mu_- t}]} \tag{14.48}$$

식 14.48은 보통 플라스미드 포함 세포의 세대수(n_g), 무차원 생장속도비(α), 플라스미드 포

함 세포의 분열에 따른 플라스미드 불포함 세포의 발생 확률(P) 등으로 표현될 수 있다. n_g와 α의 수학적 정의는 다음과 같다.

$$n_g = \frac{\mu_+ t}{\ln 2} \tag{14.49}$$

$$\alpha = \frac{\mu_-}{\mu_+} \tag{14.50}$$

이들 정의에 의해 식 14.48은 다음과 같이 된다.

$$f_+ = \frac{1-\alpha-P}{1-\alpha-P\cdot 2^{n_g(\alpha+P-1)}} \tag{14.51}$$

이와 같은 접근법의 사용은 다음 예제에 설명되어 있다.

예제 14.4

다음 조건의 회분식 배양에서 플라스미드 포함 세포의 분율을 구하라. 세포는 진탕 배양기에서 종균 발효기를 거쳐 생산 발효기로 대규모화하는 동안 0.693 h^{-1}의 일정한 최대 생장속도로 유지된다. 이 공정의 전체 소요시간은 25시간이다. 진탕 배양기에 대한 접종 미생물은 100% 플라스미드 포함 세포라고 가정한다. 플라스미드 불포함 세포의 생장속도는 0.97 h^{-1}이다. P 값은 0.001이다.

풀이

먼저 α와 n_g를 계산한다.

$$\alpha = 0.97/0.693 = 1.4 \tag{14.50}$$

$$n_g = \frac{0.693\ \mathrm{h}^{-1}\cdot 25\ \mathrm{h}}{\ln 2} = 25\ \text{세대} \tag{14.49}$$

식 14.51로 바꾸면, 다음을 얻는다.

$$f_+ = \frac{1-1.4-0.001}{1-1.4-0.0012^{25(1.4+.001-1)}} \tag{14.51}$$

$$f_+ = 0.27$$

결과적으로 세포의 73%가 플라스미드를 포함하고 있지 않으며, 이는 생산성의 상당한 손실을 초래한다.

14.6 유전공정상의 제한규정

유전공학이 처음 도입되었을 때, 유전자 조작된 세포의 유출로 인해 바람직하지 못한 생태학적 결과를 초래하지 않을까 하는 많은 우려가 있었다. 인기 출간물의 보고 내용들은, 우리의 하수구나 농장 또는 그 밖의 장소에서 자라고 있는 '유전적 괴물(genetic monster)'에 대한 공포를 야기하였다. 결과적으로 유전공학 기술의 사용이 엄격히 제한되었다.

제한규정의 정도는 숙주, 운반체, 목적단백질의 성질에 따라 다르다. 심각한 재해가 야기되는 경우의 예를 들어 보자. 독성이 강한 단백질의 유전자가, 그 단백질의 생화학적 연구를 위해 충분한 양을 얻으려고 대장균 속에 클로닝된다. 서로 다른 종의 세포에 오고 갈 수 있는 플라스미드가 사용되었다고 가정하자. 실험실의 위생상태가 불량하여 날아다니는 작은 곤충이 실험실에 들어와서 폐기되기 전의 플레이트상의 콜로니와 접촉한다고 하자. 만일 그 곤충이 실험실 밖으로 나와서 원래 살던 곳으로 되돌아간다면 그 목적 유전자는 뜻밖의 외부 환경으로 유출된다. 실험실에서 사용되는 대장균은 파괴되기 쉽고, 자연환경에서 오래 견뎌 내기가 어렵다. 그러나 플라스미드가 다른 종으로 유입되어 훨씬 강인한 흙 박테리아(예, *Pseudomonas* 종) 내로 들어갈 수 있는 매우 작은 가능성이 존재한다. 그 플라스미드는 대부분의 경우 항생제 저항인자도 가지고 있다. 새로 형질전환된 흙 박테리아는 복제를 계속하게 되고 많은 흙 박테리아는 발병 가능성을 지니게 될 것이다. 만일 그것들이 상처를 통해 체내에 들어가게 되면 많은 수로 증식되어 감염시키게 된다. 더욱이 그 박테리아가 유독성 단백질을 만들면, 감염된 사람이나 동물은 몸이 감염에 대응하기도 전에 유독성 단백질로 인해 죽게 될 것이다. 그 플라스미드로 인해 항생제 저항성을 갖게 되어 항생제로 인한 감염치료는 불가능해지고, 그 유독성 물질의 유전자 확산을 방지하기는 점점 어려워진다.

이런 시나리오는 발생하기 매우 힘든 몇몇 상황이 일어나는 경우에 한한다. 유전자 조작된 세포의 유출로 인해 인간이나 환경에 심각한 악영향을 미치는 경우는 아직 보고된 바가 없다. 그러나 가능성은 여전히 존재한다.

유전공학을 제한하는 규정들은 유전자 조작된 생체의 우연한 유출을 방지하는 데 집중되어 있다. 유전자 조작된 세포의 계획적인 유출도 가능하지만, 실험 수행 허가를 얻는 데 거쳐야 할 철저한 절차가 뒤따라야 한다.

요구되는 봉쇄 정도는 유출 시 숙주의 생존능력, 다른 종으로 옮겨질 수 있는 운반체의 이동능력 또는 DNA 조각(a piece of naked DNA)이 세포 내로 들어가 재조합에 의해 염색체에 삽입될 수 있는 가능성, 조작되는 유전자와 유전자 생산물 등의 특성에 의존한다. 미국 국립보건원(National Institutes of Health (NIH))은 재조합 DNA 기술의 사용을 제한하는 지표를 마련하였다. 대규모 시스템(10 l 이상으로 정의함)에는 특별한 규정이 적용된다. BL1-LS, BL2-LS, BL3-LS의 3단계 수준의 봉쇄가 있다. BL1-LS(biosafety level 1, large scale)가 가장 약한 규정이다. 야생균(wild population)으로부터 유래된 플라스미드를 사용하여 대장균 내에서 대장균 단백질을 과량 생산하는 실험들은 쉽게 허가를 얻을 수 있고 철저한 봉쇄 절차를 요구하지 않는다(표 14.5 참조). 고등세포에서 유래된 독성물질을 박테리아나 효모에서 생산하는 실험은 훨씬 더 완벽한 평가가 수반되고, 더 철저한 제한설비가 요구된다.

표 14.6에서 이 3단계 봉쇄규정에 나타난 요구사항을 비교하였다.

모든 경우에 있어서, 살아 있는 생체를 고의로 유출할 수 없게 되어 있다. 발효기에서 유출되는 기체는 여과되어 멸균되어야 한다. 액체 유출물 내의 모든 세포는 사멸되어야 한다. 후자의 경우에는 숙주세포를 비활성화시킬 때 파괴되기 쉬운 생산물이 손상되지 않도록 하여야 하므로 조업상의 문제를 야기할 수 있다. 발효구역 내에서의 용액의 우발적인 쏟음이나 유실에 대비한 비상대책과 설비가 구비되어야 한다. 이와 같은 가외의 주의사항들로

TABLE 14.5. Minimum Laboratory Containment Standards for Cells with Recombinant DNA

Biosafety Level 1 (BL1)

Standard Microbiological Practices
- Access to the laboratory is limited or restricted at the discretion of the laboratory director when experiments are in progress.
- Work surfaces are decontaminated once a day and after any spill of viable material.
- All contaminated liquid or solid wastes are decontaminated before disposal.
- Mechanical pipetting devices are used; mouth pipetting is prohibited.
- Eating, drinking, smoking, and applying cosmetics are not permitted in the work area. Food may be stored in cabinets or refrigerators designated and used for this purpose only.
- Persons wash their hands after they handle materials involving organisms containing recombinant DNA molecules, and animals, and before leaving the laboratory.
- All procedures are performed carefully to minimize the creation of aerosols.
- It is recommended that laboratory coats, gowns, or uniforms be worn to prevent contamination or soiling of street clothes.

Special Practices
- Contaminated materials that are to be decontaminated at a site away from the laboratory are placed in a durable, leakproof container that is closed before being removed from the laboratory.
- An insect and rodent control program is in effect.

Containment Equipment
- Special containment equipment is generally not required for manipulations of agents assigned to Biosafety Level 1.

Laboratory Facilities
- The laboratory is designed so that it can be easily cleaned.
- Bench tops are impervious to water and resistant to acids, alkalis, organic solvents, and moderate heat.
- Laboratory furniture is sturdy. Spaces between benches, cabinets, and equipment are accessible for cleaning.
- Each laboratory contains a sink for hand-washing.
- If the laboratory has windows that open, they are fitted with fly screens.

TABLE 14.6. Physical Containment Requirements for Large-Scale Fermentations Using Organisms Containing Recombinant DNA Molecules

Description	BL1-LS	BL2-LS	BL3-LS
Closed vessel	×	×	×
Inactivation of cultures by validated procedure before removing from the closed system	×	×	×
Sample collection and addition of material in a closed system	×	×	×
Exhaust gases sterilized by filters before leaving the closed system	×	×	×
Sterilization by validated procedures before opening for maintenance or other purposes	×	×	×
Emergency plans and procedures for handling large losses	×	×	×
No leakage of viable organisms from rotating seals and other mechanical devices		×	×
Integrity evaluation procedure: monitors and sensors		×	×
Containment evaluation with the host organism before introduction of viable organisms		×	×
Permanent identification of closed system (fermenter) and identification to be used in all records		×	×
Posting of universal biohazard sign on each closed system and containment equipment when working with a viable organism		×	×
Posting of universal biohazard sign on entry doors when work is in progress			×
Operations to be in a controlled area:			×
Separate specified entry			×
Double doors, air locks			×
Walls, ceiling, and floors to permit ready cleaning and decontamination			×
Utilities and services (process piping and wiring) to be protected against contamination			×
Handwashing facilities and shower facilities in close proximity			×
Area designed to preclude release of culture fluids outside the controlled area in the event of an accident			×
Ventilation: movement of air, filtration of air			×

R. J. Giorgio and James J. Wu, Batch, fed-batch, and microcarrier cultures with CHO cell lines in a pressure-cycle driven miniaturized bioreactor. *Trends in Biotechnology* 4(8):198 (1986). With permission from John Wiley & Sons, Inc.

인해 제조단가가 증가한다.

세포와 재조합 DNA의 규제조항들은 말할 것도 없이 앞으로 더욱 정비될 것이다. 실험실과 산업체의 요원 모두는 이와 같은 변화에 보조를 맞추어야 한다.

14.7 대사공학

대사공학(metabolic engineering)은 숙주 생물체를 대사적, 효소적, 유전공학적 방법 등으로 조작함으로써, 생산물의 생성속도와 수율을 증대(원하지 않는 산물은 생성 억제)시키기 위

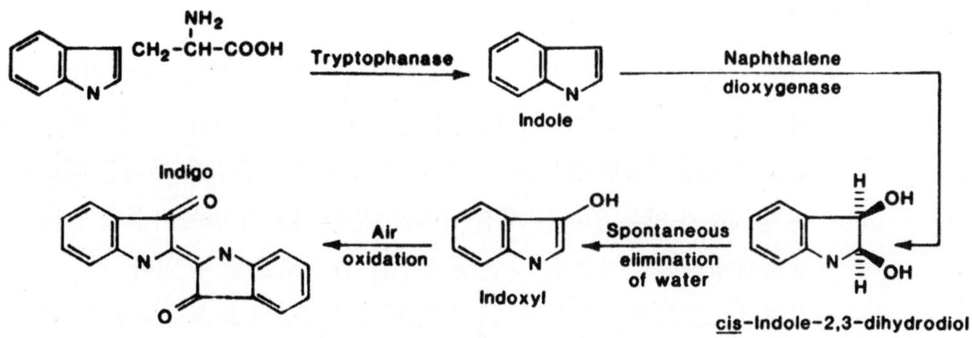

Figure 14.8. Proposed pathway for indigo biosynthesis in a recombinant strain of *E. coli.* Indole is formed from tryptophan by tryptophanase, a natural enzyme in *E. coli.* Naphthalene dioxygenase formed by the expression of the cloned *Pseudomonas* DNA oxidizes indole to indigo; *cis*-2,3-dihydroxy-2,3-dihydroindole and indoxyl have not been isolated. Their inclusion is based on the known activities of aromatic hydrocarbon dioxygenases and established mechanisms for the chemical synthesis of indigo. (With permission, from B. D. Ensley et al., Expression of naphthalene oxidation genes in Escherichia coli results in the biosynthesis of indigo, *Science* 222:167, 1983, and American Association for the Advancement of Science.)

하여 대사 경로를 제어하거나 변경하는 것들을 포함한다. 보통, 완전히 새로운 대사 경로(일련의 효소들)를 만들거나, 존재하고 있는 경로를 강화시키거나, 바람직하지 못한 경로를 차단하거나, 경로의 조절을 변경하기 위하여 유전공학적 도구들이 사용된다. 대사공학의 주목적들은 정밀화학 물질들(예, 2차 대사산물, 아미노산, 바이오연료, 향미료, 향, 고분자 전구물질)의 생산, 대체기질(예, 헤미셀룰로오스에서 나온 오탄당)의 사용, 또는 유독 폐기물(예, benzoate나 trichloroethylene)의 생물학적 복원(bioremediation) 등이다(일례로, 그림 14.8 참조). 생물학적 촉매(주로 효소)는, 화학합성 경로가 아직 밝혀지지 않았거나 여러 단계를 거쳐야 하는 반응을 촉진시키는 능력을 가질 뿐만 아니라 원하는 거울상 이성질체를 생산하는 데 있어서 높은 특이성을 가지므로, 화학물들의 대사적 생산은 화학적 합성 방법보다 선호된다. 추가적으로, 다른 화학적 경로에 비하여 대사 합성은 불안정한 반응 조건에서도 가능하며, 화학물질을 생산하기 위한 지속 가능한 방법이다. 대사적 생산을 위하여 최적화해야 할 세 가지 수치는 보통 최종농도(g/l), 수율(g/g), 비생산성속도(g/l hr)이다.

대사공학자가 우선적으로 선택해야 할 것 중의 하나는, 대사 경로를 원래부터 가지고 있는 숙주에서 생산할 것인지, 이종 기원의 발현을 위하여 섀시 생물체(chassis organism)에 경로를 복사하여 도입할 것인지이다. **합성 생물학**(synthetic biology)과 **시스템 생물학**(systems biology)의 최근 발전으로 인하여, 사용된 바 없었던 생물체를 조작하는 것이 보다 용이해지고 보편화되었다. 그러나 이종 숙주의 이용에 대한 장점이 여전히 많다. 각 경우의 사용을 위한 몇몇 지침은 다음과 같다.

이종 숙주

- 원하는 대사 경로를 조절 가능한 프로모터의 제어하에 넣을 수 있다. 경로가 보통 때에는 닫혀 있는 상태지만 연구자가 원할 때 열 수 있다(예, 자연의 세포에서 경로가 유도되기 위해 필요한 농도보다도 낮은 농도로 유해물질을 분해할 때). 또한 세포 생장을 방해하지 않는 원하는 시점에(예, 충분한 세포가 만들어졌고 도입된 경로가 세포 생장에 방해를 주지 않는 지수 생장기 말기) 경로를 열 수 있다.
- 강력한 프로모터를 사용함으로써 원하는 경로상의 효소들을 높은 농도로 올릴 수 있다. 자연에서 얻어진 세포에서는 효소활성이 낮은 상태로만 존재한다.
- 잘 알려진 이종 숙주에서는 유전자 조작이 더 용이하다(예, 경쟁 경로의 제거, 염색체에 유전자 도입, 플라스미드로 효소 생산). 추가적으로, 대부분의 섀시 생물체는 대사 모델을 생성할 수 있고 녹아웃을 예측할 수 있을 정도로 염기서열이 완전히 밝혀져 있다.
- 많은 변이된 경로를 생물체에 도입함으로써 최적의 경우를 선별할 수 있는 형질변환 방법들이 잘 정립되어 있다. '체학(omics)'(전사체학, 단백질체학, 대사체학) 기법과 데이터가 확립되어 있다.
- 한 종류 이상의 세포로부터 나온 효소들을 이용하여, 여러 경로를 한 개의 세포에 도입할 수 있다.
- 본래의 숙주의 경우에는 많은 양의 생산물이 생산되면 독성을 나타낸다. 또한, 본래의 숙주에서는 피드백 경로 조절이 잘 알려져 있지 않은 경우가 있다.
- 하등 진핵세포(lower eucaryote)로부터 박테리아로 옮겨진 경로들을 단일 프로모터에 의해 조절할 수 있다. 하등 진핵세포에서는 각 단백질당 각각의 프로모터가 사용된다.
- 모델 생물체는 보통 저렴한 배지에서 빨리 생장한다. 생물반응기의 대규모화가 가능하다.
- 본래의 생물체가 병원성인 경우에 대량 배양 시, 안전에 대한 우려가 있다.
- 유전자 조작된 세포는 독점자산이 될 수 있다.

본래 숙주

- 생물학적 전환에 필요한 어떤 효소도 알려진 바 없고, 특정 유전자를 이종 숙주에 이전할 수 없다.
- 원하는 생산물이 이종 숙주에 독성이 있다.
- 본래 숙주가 특이한 생장 특성을 가지고 있다(예, 특이한 탄소원의 사용, 원하는 생산

물을 생성하기 위하여 특별한 기질의 섭취가 필요, 고온 환경에서의 생장). 추가적으로, 많은 생물체는, 특정한 성분을 생산하는 데 장점을 가지는 신규 환원 경로 같은 특이한 경로를 가지고 있다.

- 숙주가 원하는 물질을 생산하기 위하여 미생물 컨소시엄에서 생장하는 능력을 지녔다.

숙주의 선택과 똑같이 중요한 것이 경로 효소의 규명이다. 지놈 서열분석과 주석(annotation)에 있어서의 발전은 과거에는 자연에서 발견되지 못했던 경로의 구축을 빠른 속도로 가능케 했다. DNA 합성 능력이 증대됨으로써, 배양이 용이하지 않거나 병원성을 가진 생물체의 유전자를 사용하는 것이 가능해졌다. 유전자 합성이 저렴해짐으로써, 경로의 특정 단계에서 최적의 전환성, 특이성, 용해성을 갖는 효소를 찾기 위하여 많은 상동 효소들을 테스트하는 것이 가능해졌다. 자세한 대사 지도(metabolic map)는 유전자와 유전체의 교토백과사전(Kyoto Encyclopedia of Genes and Genomes (KEGG))을 통해서 가능하고, 이는 전구물질을 만들 수 있는 경로가 있는지, 경쟁 경로들이 있는지에 대한 판단을 쉽게 해 준다. 오믹스 데이터와 결합된 DNA 서열분석과 합성은, 아직 밝혀지지 않은 효소의 신규 효소기능을 밝히는 데 사용되어 왔으며, 이는 이종 숙주에서의 사용을 가능케 한다. 새로운 반응들의 추가는 해당 효소의 암호를 가지고 있는 플라스미드를 첨가함으로써 이루어지는 반면에, 세포 내의 경로를 수정하거나 제거하기 위해서는 지놈 DNA의 편집이 필요하다. 현재는, 파지(phage)에 의해 유도되는 상동 재조합을 사용하여 많은 세균에서 지놈 편집이 가능하다. 진핵세포에서 자연적인 상동 재조합은 염색체 DNA의 목표지점의 이중가닥을 파괴함으로써 유도될 수 있다. 이런 목표 공격은 아연 손가락(zinc fingers)이나 전사 활성제 유사 이펙터(transcription activator-like effector (TALE)) 같은 DNA 결합 단백질과 핵산분해효소를 융합함으로써 가능하다. 보다 최근에는, RNA가 가이드하는 핵산분해효소로 구성된 CRISPR-Cas 시스템은 세균, 효모, 식물, 곤충, 제브라피시, 심지어는 인간 세포계통에 이르기까지의 지놈을 표적 겨냥하는 데 있어서 괄목할 만한 다재다능함을 보여준다.

경로를 조작하기 위해서는 세포 내에서의 대사물질의 흐름에 대한 좋은 정량적 정보가 요구된다. 새로운 경로의 설계를 최적화하기 위하여, 세포의 구조 모델은 실험과 함께 연계하여 사용될 수 있다. 대사공학은 공학적 기여를 하기에 매우 적당한 분야이다.

1990년대 초에 대사공학이 처음 거론된 이래, 이 분야는 지놈 염기서열 분석, 효소 특성화, 경로 실행 등의 진보로 인하여 커다란 발전이 있었다. 대사공학자들은 2세대 바이오연료로 사용될 수 있는 것들에서, 터페노이드, 폴리케티드, 비리보솜 펩타이드 같은 2차 대사산물에 이르기까지, 다양한 화학물질을 만들어 낼 수 있었다. 대사 생산물의 가장 큰 성공스토리 중 하나는, 그 생산 규모로 인하여, 1,3-프로판디올이다. 이소부탄올과 *n*-부탄올 같은 바이오연료는 이제 대규모, 고농도(>50 g/l 이소부탄올)의 생산이 가능하다. 조작된 미생물도 매년 110킬로톤이 넘는 산업적 비타민C 생산의 주요 단계에 기여하였다. 추가적으로, 말라리아약으로 전환이 가능한 아르테미신산이나 하이드로코돈 같은 오피오이드 등의 고가의 치료용 전구물질들이 생산되고 있다. 글루카르산과 아디프산 같은 고분자 전구물질을 위한 생합성 경로가 개발되었다. 아세토인, 바닐린, 메틸 케톤 같은 고가의 향과 향미료는 중심 탄소 대사, 아미노산 합성, 지방산 대사 등의 변형을 통하여 얻을 수 있다.

14.8 합성 생물학과 시스템 생물학

유전공학적으로 조작된 세포를 산업적 공정에 성공적으로 적용하기 위해서는 복잡한 세포 환경의 정교한 제어가 요구된다. **합성 생물학**(synthetic biology)이라는 학문 분야는 전기공학의 제어 법칙을 생물 시스템에 응용하는 데서 시작되었다. 합성 생물학의 기본 원칙은 생물 시스템이 특정 목표를 달성하기 위하여 교체되거나 변경될 수 있는 '부품들'의 복합체라는 것이다. 이 부품들의 예로서 프로모터, 리보솜 결합 부위(ribosome binding site (RBS)), 터미네이터, 플라스미드 복제 원점, 목적 유전자 등이 있다. 예를 들어, 목적 유전자의 발현은 약한 프로모터를 강한 혹은 중간 세기의 프로모터로 대체함으로써 증가될 수 있다.

합성 생물학의 또 하나의 요점은 세포 회로의 형성이다. 조작된 세포는 이 세포 회로를 통하여 환경(입력) 변화를 감지하고, 불 논리(Boolean logic)(출력)를 사용하여 응답(예, 수용체 단백질의 생산에 의해)할 수 있다. 세포 회로 형성에 깊이 관여하는 유도 가능한 프로모터 및 억제인자-프로모터 쌍은 NOT, AND, XOR 및 다른 논리 게이트 등의 복수 입력을 구성한다. 추가적으로, 억제인자들은 층을 이룰 수 있고, 이는 피드백 고리를 만들어서 진동형 혹은 토글스위치 같은 양상을 나타낸다. 마지막으로, 지정된 환경 이외에서는 조작된 미생물이 생장하지 못하도록 복수 층의 킬 스위치 회로가 개발되었다.

합성 생물학 연구에서의 많은 노력들이 표준화에 초점이 맞춰져 있다. 즉, 부품들이 결합되었을 때의 결과를 신빙성 있게 예측하기 위해서 여러 조건들에서 개개 부품들의 성능을 특성화하는 작업이다. 이런 노력들은 연구자들이 이를 만들고 실행하는 데 있어서, 부품들을 사용하여 크고 복잡한 조립체를 쉽게 구축하려 함이다.

생물학적/대사적/합성 네트워크의 복잡성을 이해하기 위한 전산 모델링 관련 일들은 **시스템 생물학**(systems biology)의 영역에 속한다. 특정 화합물의 생산을 증진시키기 위해 행해지는 정보가 결여된 시도들은 세포와 세포 내 대사의 매우 비선형적이고 동적인 특성으로 인하여 종종 원하는 결과를 얻는 데 실패하게 된다. 대사공학과 합성 생물학의 어려운 점은 적절한 유전자를 적절한 양으로 발현시키는 것이다. 속도에 영향을 미치는 단계가 아닌 경우에는, 반응 생산물로의 기질흐름(또는 **플럭스**(flux))을 증가시키기에는 반응물이 불충분하기 때문에 주 효소의 양이 과다하게 되더라도 큰 변화를 초래하지는 않을 것이다. 추가적으로, 속도제한 효소가 아닌 효소의 과발현은, 목적물 생산이 아닌 불필요한 단백질 발현에 세포 자원을 사용함으로써, 대사 부하의 증가를 가져온다. 속도에 영향을 미치는 경우라면, 기질의 증가된 반응은 다른 경로에서의 전구체의 흐름을 변화시킬 것이다. 때때로 이런 변화는 성장할 것인지 또는 필요한 반응물을 공급할 것인지에 관한 세포의 능력을 적절히 조절한다. 대사공학과 합성 생물학은 활성의 정교한 균형을 필요로 하며 유전자 발현의 단순한 최대화라기보다는 정량적 최적화의 문제이다. 다양한 컴퓨팅 테크닉을 사용하여, 합성 생물학자들은 세포-신호발신 혹은 혈액응고 같은 특정 반응 네트워크들에 기여하는 반응들을 모델화한다. 그와 같은 네트워크들은 수백 내지 수천 개, 미생물의 경우 심지어는 지놈 규모의 반응들로 구성되기도 한다.

대사 제어론(metabolic control theory) 및 이와 밀접한 연관이 있는 **대사흐름 분석**(metabolic flux analysis)은 이런 문제들에 적용될 수 있는 수학적 도구이다. 이런 도구들은 대사 네트워크를 통하여 흐르는 흐름을 예측하는 데 사용되어, 효소 발현의 적절한 양은 얼마인지, 경쟁 경로를 제거할 필요가 있는지에 대한 판단을 가능하게 해 준다. 흐름 수지식은 전체적인 속도 벡터를 구하기 위해 화학량론적 행렬과 세포 내 흐름 벡터의 곱으로 구성된다. 전체 지놈 서열분석 결과와 경로 구성에 대한 지식을 사용하여, 대사 모델과 화학양론적 행렬 구축이 가능하다. 일반적으로, 이런 모델의 식들의 경우는 플럭스 값을 알 수 없어서 완전한 형태로 결정되지는 못하며, 공학적으로 조작된 세포에 대해서는 정당화되지 못할지도 모르는 가정(예, 에너지 화학량론)을 필요로 한다. 그러나 세포 내 흐름 벡터를 측정하는 발전된 실험 기술들(예, 고급 질량 분광 측정법과 결합된 기체/액체 크로마토그래피, 핵자기공명(nuclear magnetic resonance (NMR)), 탄소동위원소 표시 및 추적, RNA 서열분석을 통한 대용량 처리 전사체학)은 유전체/단백질체 정보와 결합되어 흐름 수지식의 완전한 해답을 주는 데이터를 제공할 수 있다.

정상상태 가정에 의해, 화학량론적 행렬과 세포 내 흐름 벡터의 내적(dot product)은 0이 되어, 풀어야 할 선형 방정식 세트가 생성된다. 최대화되어야 할 함수(보통 세포 생장)가 주어지면, 정확히 정해지지 않은 플럭스들에 대한 수치해가 가능하다. 이종 경로의 효소와 반응의 추가가 플럭스들을 어떻게 변화시키는가를 보기 위하여 이것들을 모델에 추가할 수 있다. 이런 모델들은 이종 효소의 최적 발현량을 결정하는 데 있어서뿐만 아니라, 원하는 생산물로 가는 플럭스의 방향을 다른 쪽으로 바꾸는 효소를 제거하기 위하여 경로를 없애는 데도 유용하다. 추가적으로 이 모델들은 이종 경로의 처음 도입 시에 간과되기 쉬운, 생산물 생성과 산화환원 인자 재생에 필요한 내생 전구물질의 생성과 관련된 자세한 정보를 제공해 주기도 한다. 한 가지 주의할 점은 그것들만 따로 떨어진 상태로 경로를 분석할 경우에는 잘못될 수 있다는 것이다. 이와 같은 분석에서의 가정은 그 경로의 생산물들이 동일한 경로의 입력들에게는 영향을 주지 않는다는 것이다. 세포의 복합성으로 인하여, 이러한 가정이 만족스러운지를 확신하기는 어렵다. 발전된 실험 테크닉으로 인하여, 이종 경로를 발현하는 숙주의 플럭스를 측정하는 것이 이제 가능하게 되어서, 그것이 내인성 대사에 미치는 영향에 대한 과거의 염려를 없애 준다. 증가한 전산 속도, 전사체학, 단백질체학, 대사체학 등은 속도론 기반의 새로운 모델 세트를 가능케 하여, 정상상태의 가정 없이도 비선형 대사를 보다 정량적으로 예측할 수 있게 해 준다.

대사 제어론은 어떤 경로의 각 단계별 변화에 대한 경로의 응답을 계산하기 위한 민감도 분석에 기초를 두고 있다. 이 접근법은 흐름제어 계수들의 계산을 가능하게 하며, 이 계수는 각 효소량의 변화분율에 대해 기대되는 흐름의 변화분율로 정의된다. 이 과정은 선형화를 포함하며, 그렇기 때문에 흐름계수들은 생장조건과 세포의 생리적 단계가 변화하면 상당히 달라질 수 있다. 많은 경우에 대해 이 이론을 적용하여 얻은 중요한 결과는, 한 단계의 효소 반응이 속도를 지배하는 일은 드물다는 것이다. 일반적으로 몇 개의 효소반응 단계가 속도에 영향을 미친다. 특정 경로의 흐름을 최대화하기 위해서는 몇몇 효소의 활성이 동시에 변경되는 것이 요구될 것이다. 미생물을 논리적으로 설계하는 데 기여하는 이런 분석의 잠재성은 명백하지만 아직 일상적인 적용이 가능하지는 않다.

이종 경로가 도입된 대사에 대한 정량적 모델링이 이들 대사 경로의 설계와 구현을 가능하게 하였다. 보통 효소의 발현 수준을 플럭스와 대사적 부담과 균형을 맞추는 것이 우선적인 관심이다. 균형을 맞추기 위하여, 효소 생산은 전사 프로모터, 플라스미드 복제수, 리보솜 결합 부위, 전사체 안정성, 지놈에 삽입된 복제수, 구획화, 번역 후 안정성 등을 달리 사용하여 변화시킬 수 있다. 그러나 이런 전략들은 효소 생산의 정적인 제어를 제공해 주는 반면에, 동적인 생산 전략으로서 경로 발현의 피드백 제어를 제공하는 바이오센서를 사용하여 훨씬 더 균형 잡힌 발현 프로파일을 얻을 수 있다. 많은 경로들의 경우에, 고속 대용량으로 농도 측정이 가능하지 않기 때문에 광대한 영역의 탐색이 불가능하다—발현의 빠른 최적화를 용이하게 하기 위하여 모듈 형태의 대사공학을 통하여 효소들을 그룹화한다. 마지막으로, 그러나 중요한 것은, 특히 산화환원 균형을 맞추기 위하여 전체적 경로 반응이 고려되어야 한다는 것이다. 대사와 발현에 균형을 맞추는 것은 높은 농도의 생산물을 얻기 위할 뿐 아니라 경로의 안정성을 위해서도 중요하다.

14.9 단백질 공학

자연적으로 존재하는 단백질의 농도를 높이거나 새로운 경로를 만들기 위해 세포가 유전자 조작될 뿐 아니라, 새로운 단백질을 만들 수도 있다. 합성 유전자(synthetic gene)를 만드는 것이 가능해졌고, 자연적으로는 불가능했던 분량과 화학적 특성을 갖는, 완전히 새로운 단백질을 전산적으로(in silico) 설계하는 것이 가능해졌다. 단백질의 기능적 특성, 안정성, 촉매활성 등과 단백질의 구조 간의 관계를 밝히기 위하여, 단백질 결정학, NMR, 전산 모델링을 통하여 단백질의 1차 구조가 3차원 구조로 어떻게 변환되는지에 대한 법칙을 이해하기 시작하고 있다.

단백질 공학의 목적은, 생물공학적으로 사용하기에 용이하도록 하기 위하여 단백질에 자연적 특성 이상의 우위적 특성을 부여하는 데 있다. 일반적으로 도입되는 특성으로는 촉매 반응속도의 증가, 안정성 개선(열안정성, 단백질 분해효소에 대한 저항성, 세포 내 용해성), 결합 특이성 변경, 보조인자 선호도 변경, 원하는 숙주와의 호환성을 위한 단백질의 비독성화(detoxification), 단백질-단백질 상호작용 변경, 번역 후 수정/조절 변경, 단백질 위치 차별화 등이 있다. 단백질 공학은 일반적으로 두 가지 체계, 즉 **합리적인 설계**(rational design)와 **지향 진화**(directed evolution)를 따른다. 합리적인 설계는 단백질 기능을 원하는 방향으로 변화시키는 방식으로서 단백질의 1차 서열에 특정 변화를 주기 위하여, 단백질 구조가 기능적 특성에 어떻게 영향을 미치는지에 대한 지식(즉, **구조-기능**(structure–function) 관계)을 사용한다. 지향 진화는 단백질 서열에 무작위적 돌연변이를 일으키고, 유용한 돌연변이를 확보하기 위하여 스크리닝이나 선별을 해야 할 단백질 변형체의 라이브러리를 만든다.

일반적으로, 합리적 설계를 위해서는 엑스레이 결정학 및/또는 NMR로부터 단백질 구조가 확보되어야 한다. 전산 모델링과 이전에 개발된 구조-기능 관계에 기반하여 변경해야 할, 구조적으로 주요한 아미노산들을 선별한다. 촉매 반응속도를 높이고 특이성을 변경시키기 위하여 단백질과 기질의 상호작용을 변화시켜야 하는데, 이를 위하여 보통 활성 부위 내와 주위의 것들에 돌연변이를 일으킨다. 안정성 개선은 표면 부위에 돌연변이를 일으키거나, 추가 결합 쌍(예, 비공유 수소결합, 공유 이황화결합)을 도입함으로써 가능하다. 단백질 구조에 원하는 변화를 일으킬 유전자를 조작하는 기술을 **특정부위 돌연변이화**(site-directed mutagenesis)라 부른다. 이 방법에 의하여 원하는 어떤 아미노산도 원하는 위치에 정확하게 삽입될 수 있다. 만약 단백질 구조가 알려지지 않았다면, 합리적 설계를 위하여 연관된 단백질들을 결정화하여 상동 모델을 만들 수도 있다.

특정부위 돌연변이화가 단순한 무작위 돌연변이-선별 과정에 비하여 선호되는 이유가 명백하지 않을 수도 있다. 첫 번째 이유는, 단백질 특성의 변경을 감지하기 힘들거나 돌연변이 세포에 장점이나 단점을 주지 못할 경우에는, 특정한 특성을 위해 돌연변이를 일으키고 선별하는 작업이 어려울 수 있다는 것이다. 또한, 지향 진화 라이브러리(보통 10^6 혹은 그 이상의 특이적 변형체)에 속한 것의 모두를 혹은 대부분을 검색해 내는 것은 어려울 수 있고, 특히 단백질 변형체의 특성 분석의 고속 대량 작업이 가능하지 않을 때는 더욱 그렇다.

둘째 이유는 특정부위 돌연변이화는 특정한 위치에 아미노산을 삽입할 수 있는 반면, 무작위 돌연변이(random mutation)는 같은 결과를 얻을 확률이 매우 낮아 원하는 바를 달성하기 힘들다는 것이다.

이 점을 보다 분명히 하기 위해서, 유전암호(genetic code)의 특성에 대해 생각해 보자. 각 코돈(codon)은 세 문자로 이루어져 있다. 이 세 문자 중 한 개에 변이가 일어날 확률은 단위세대당 약 10^{-8}이다. 두 문자가 동시에 바뀔 확률은 훨씬 낮다(10^{-16} 정도). UAC 코돈(타이로신)의 한 문자에 변화가 일어나면, AAC(아스파라진), GAC(아스파테이트), CAC(히스티딘), UCC(세린), UUC(페닐알라닌), UGC(시스테인), UAA(정지신호), UAG(정지신호), UAU(타이로신) 등으로 바뀔 수 있다. 따라서 이 경우에 무작위 돌연변이세포(random mutant)는 20가지 아미노산 중 위의 것 이외의 13가지 아미노산으로 변형되기는 매우 어렵다. 그러므로 대부분의 삽입들이 특정부위 돌연변이화에 의해서만 믿을 만하게 얻어질 수 있다.

단백질 공학을 위하여 합리적 설계를 어렵게 하거나 심지어는 불가능하게 하는 경우는 보통 구조-기능 간의 정보가 확보되지 못한 경우이다. 이런 경우 대체방법이 **지향 진화**(directed evolution) 방법이다. 이 공정은 유전자의 **무작위 돌연변이화**(random mutagenesis)와 원하는 성질을 갖는 단백질의 후속 선별에 기초를 두고 있다. 유용한 변형체가 매우 드물게 나타나기 때문에 돌연변이 유전자에 대한 커다란 라이브러리가 만들어져야 한다. 돌연변이를 일으키는 한 가지 기술로 **오류 유발 PCR**(error-prone PCR)이 있는데, 이는 돌연변이 유발 속도를 조절하여 유전적 다양성을 생성하는 방법으로 DNA 합성효소의 정확도를 낮추는 방법이다. 유전자 라이브러리를 생성하는 또 다른 방법으로 **DNA 뒤섞기**(DNA shuffling)가 있는데, 상동 혹은 비상동 유전자를 무작위로 잘라 단편을 만들고 이를 세포 외에서 재조합하여 키메라 라이브러리를 생성시킨다. 돌연변이 라이브러리가 만들어지면, 그 중에서 원하는 특성을 지닌 것들을 찾아내기 위하여 스크리닝이나 선별 형태의 고속 대량 분리단계가 진행되어야 한다. 유세포분석(flow-assisted cell sorting (FACS), 세포표면디스플레이/파지디스플레이, 혹은 비색 판독(colorimetric readout)과 같은 고속 대량 분석을 통하여, 원하는 단백질 특성을 갖게 하는 돌연변이를 찾기 위하여 전체 단백질 라이브러리를 분석한다. 플라스미드 함유 세포를 위한 항생제 선별과 유사하게, 원하는 특성이 숙주세포의 생사와 직접 연관되게 함으로써, 라이브러리로부터 엄격한 컷오프를 통하여 선별작업이 이루어진다. 지향 진화 전략의 성공을 위하여 매우 중요한 것은, 원하는 특성 변화가 발생한 돌연변이를 확인하기 위하여, 또한 개선된 변형체가 다음 지향 진화 사이클의 템플릿으로 사용되는 반복작업이 이루어지기 위하여, 유전형(특정 변형체의 DNA 서열)과 표현형(스크린/선별의 출력)을 연결시키는 것이다

지향 진화와 합리적 설계는 보통 서로 별개로 행해지는 것이 아니라, **준합리적 설계**(semirational design)로 불리는 것을 통하여 서로 결합될 때 가장 효과적이다. 단백질 기능-구조에 대한 불완전한 지식으로 인하여, 원하는 특성을 갖는 단백질 변형체를 찾기 위해서는 보통 몇몇 부위에 변형을 일으켜야 한다. 단지 특정 부위들만 돌연변이를 일으켜서 라이브러리 중에서 원하는 기능 변화를 나타낼 가능성이 높은 변형체에 대해서만 초점을 맞춤으로써, 준합리적 설계는 고속 대량 스크린/선별의 필요를 없애 준다. 유용한 돌연변이들을 찾기 위하여, 포화 돌연변이화(모든 가능한 아미노산 코돈이 교체된 특정부위 돌연변이화)와 돌연변이/특성화의 반복 사이클이 사용된다. 추가적으로, 이런 테크닉들은 보다 발전된 생화학적 방법들과 결합되어, 아미노산의 변경과 단백질 특성 변화를 연결해 줌으로써, 단백질 구조와 기능 간의 복잡한 관계를 좀 더 잘 이해할 수 있게 해준다.

14.10 요약

산업화 단계에서 재조합 DNA 기술의 응용은 적당한 숙주-운반체 시스템의 현명한 선택을 요구한다. 대장균은 복잡한 유전자 조작을 훨씬 용이하게 해 주지만, 공정과 생산물을 고려할 때 다른 숙주가 사용될 수도 있다. *S. cerevisiae*는 어떤 단백질의 경우에는 생산성이 낮고 과잉 당첨가반응이 문제이지만, 배양이 간편하고, 이미 안전하다고 여겨지는(GRAS) 목록에 올라 있어, 규제에 대한 허가를 획득하기가 편리하다. *P. pastoris*는 매우 높은 농도의 단백질을 생산할 수 있지만, 메탄올을 사용하기 때문에 반응기 제어와 안전에 어려움이 있다. *Bacillus*와 하등 곰팡이(lower fungi)는 잘 발달된 분비 시스템을 갖고 있으므로, 이를 이용할 수 있으면 장점이 될 수 있을 것이다. 번역 후 수정(posttranslational modification)이 요구될 경우에는 동물세포 배양이 필요하다. 포유동물 세포는 천연 생산물에 가장 가까운 품질을 제공해 준다. 곤충세포 시스템은 포유동물 세포에 비해 번역 후 과정의 충실도에서 다소

떨어지는 대신에 높은 발현율과 보다 높은 안정성을 제공해 준다. 형질전환 동물은 광범위한 번역 후 과정을 필요로 하는 복합 단백질을 위한 좋은 대안이다. 형질전환 식물과 식물세포 배양은 큰 부피의 단백질 생산물을 위한 생산 시스템으로 부상하고 있다. 식물은 입을 통하거나 국소적인 약물 전달을 위한 단백질 생산에 적합하다. 가용한 지놈 서열의 수가 증가하고 새로운 지놈 편집 도구(예, 유전자 삭제, 유전자 추가)와 결합되어, 이들 숙주들(혹은 많은 다른 것들) 중에 사실상 어떤 것이라도 주어진 응용 목적을 위하여 유용성을 증대시키는 것이 이론적으로 가능해졌다.

숙주운반체 시스템은 산업적으로 중요한 양의 생산물을 만들 수 있을 정도로 충분히 오래 유지될 수 있어야만 유용하다. **유전자 불안정성**(genetic instability)은 목적단백질을 만드는 유전정보의 유실을 의미한다. **분리에 의한 불안정성**(segregational instability)은 세포분열 시 플라스미드 불포함 세포가 생길 때 발생한다. **구조적 불안정성**(structured instability)은 플라스미드 구조의 변화로 인해 세포가 목적단백질을 만들 수 있는 능력을 크게 상실하였을 때 일어난다. **숙주세포에 기인한 불안정성**(host-cell derived instability)은 세포가 플라스미드는 갖고 있으나, 염색체의 변이로 인해 플라스미드 유래 단백질(plasmid-encoded protein)의 효과적인 생성이 저해될 때 발생한다. **생장속도에 지배되는 불안정성**(growth-rate-dependent instability)은 플라스미드 불포함 세포와 포함 세포 간의 생장속도 차에 대한 함수이다. 이것이 보통 발효를 얼마나 오래 지속시킬 수 있는가를 결정하는 인자이다. 유전자 불안정성의 판단을 위해 간단한 모델이 사용될 수 있다.

운반체는 원하는 공정을 최적화하도록 설계되어야 한다. 고려되어야 할 인자들은 운반체의 복제수, 프로모터 세기와 조절능력, 융합 단백질의 사용, 신호서열(signal sequence)과 분비(secretion), 선택압력(selective pressure)을 제공하는 유전자, 그리고 운반체 배분(vector partitioning)의 정확도를 높여 주는 요소 등이다.

공학자는 재조합 DNA를 포함한 세포의 유출에 대한 제한규정을 잘 인식해야 한다. 이 사항들은 물리적 봉쇄를 위한 지표(guidelines for physical containment)에 부합하는 공정의 설계와 특별한 관계가 있다. 유전적으로 변형된 세포의 신중한 유출은 가능하지만 많은 양의 서류작업을 필요로 한다.

그 중요성이 증가하고 있는 두 가지 유전공학 응용분야는 비단백질 물질을 생산하거나 파괴하기 위한 대사공학 또는 경로공학(합성 생물학과 시스템 생물학의 관련 분야와 함께), 그리고 새롭거나 특별히 변형된 단백질 생산을 위한 단백질 공학이다.

참고문헌

단백질 생산을 위한 유전공학

Baneyx, F., and M. Mujacic, Recombinant Protein Folding and Misfolding in *Escherichia coli, Nat. Biotechnol.* 22: 1399–1408, 2004.

Datar, R. V., T. Cartwright, and C-G. Rosen, Process Economics of Animal Cell and Bacterial Fermentations: A Case Study Analysis of Tissue Plasminogen Activator, *Nat. Biotechnol.* 11: 349, 1993.

Fernandez, J. M., and J. P. Hoeffler, *Gene Expression Systems*, Academic Press, New York, 1999.

Georgiou, G., Optimizing the Production of Recombinant Proteins in Microorganisms, *AIChE J.* 34: 1233, 1988.

Glick, B. R., J. J. Pasternak, and C. L. Patten, *Molecular Biotechnology: Principles and Applications of Recombinant DNA*, ASM Press, Washington, DC, 2010.

Goochee, C. F., and T. Monica, Environmental Effects on Protein Glycosylation, *Nat. Biotechnol.* 8: 421, 1990.

Huang, C. J., H. Lin, and X. Yang, Industrial Production of Recombinant Therapeutics in Escherichia coli and Its Recent Advancements, *J. Ind. Microbiol. Biotechnol.* 39: 383–99, 2012.

Kunkel, J. P., D. C. Jan, M. Butler, and J. C. Jamieson, Comparisons of the Glycosylation of a Monoclonal Antibody Produced under Nominally Identical Cell Culture Conditions in Two Different Bioreactors, *Biotechnol. Progr.* 16: 462–470, 2000.

Ma, J. K., P. Drake, and P. M. Christou, Genetic Modification: The Production of Recombinant Pharmaceutical Proteins in Plants, *Nat. Rev.* 4: 794–805, 2003.

Shuler, M. L., H. A. Wood, R. R. Granados, and D. A. Hammer, *Baculovirus Expression Systems and Biopesticides*, Wiley, New York, 1995.

Velander, W. H., H. Lubon, and W. N. Drohan, Transgenic Livestock as Drug Factories, *Sci. Am.* 276: 70–74, 1997.

대사공학적 관점

Bailey, J. E., Towards a Science of Metabolic Engineering, Science 252: 1668–1675, 1991.

Keasling, J. D. Manufacturing Molecules through Metabolic Engineering, *Science* 330: 1355–1358, 2010.

Lee, S. Y., and E. T. Papoutsakis, *Metabolic Engineering*, Marcel Dekker, New York, 1999.

Moreno-Sanchez, R., E. Saavedra, S. Rodriguez-Enriquez, and V. Olin-Sandoval, Metabolic Control Analysis: A Tool for Designing Strategies to Manipulate Metabolic Pathways, J. *Biomed. Biotechnol.* 2008: 597913, 2008.

Nielsen, J., and J. D. Keasling, Engineering Cellular Metabolism, Cell, 164: 1185–1197, 2016.

Stephanopoulos, G., J. Nielsen, and A. Aristidou, *Metabolic Engineering: Principles and Methodologies*, Academic Press, San Diego, CA, 1998.

Sun, J., and H. S. Alper, Metabolic Engineering of Strains: From Industrial-Scale to Lab-Scale Chemical Production, *J. Ind. Microbiol. Biotechnol.* 42: 423–436, 2015.

합성 및 시스템 생물학

Barrett, C. L., T. Y. Kim, H .U. Kim, B. Ø. Palsson, and S. Y. Lee, Systems Biology as a Foundation for Genome-Scale Synthetic Biology, *Curr. Opin. Biotechnol.* 17: 488–492, 2006.

Cheng, A. A., and T. K. Lu, Synthetic Biology: An Emerging Engineering Discipline, *Annu. Rev. Biomed. Eng.* 14: 155–178, 2012.

Ideker, T., T. Galitski, and L. Hood, A New Approach to Decoding Life: Systems Biology, *Annu. Rev. Genomics Hum. Genet.* 2: 343–372, 2001.

Smanski, M. J., H. Zhou, J. Claesen, B. Shen, M. A. Fischbach, and C. A. Voigt, Synthetic Biology to Access and Expand Nature's Chemical Diversity, *Nat. Rev. Microbiol.* 14: 135–149, 2016.

Stephanopoulos, G., Synthetic Biology and Metabolic Engineering, *ACS Synthet. Biol.* 1: 514–525, 2012.

단백질 공학

Biocatalysis: Synthesis Methods that Exploit Enzymatic Activities, *Nature Insight* 409, No. 6817, 2001. (This issue contains excellent review articles on protein engineering and the industrial use of such enzymes.)

Bloom, J. D., and F. H. Arnold, In the Light of Directed Evolution: Pathways of Adaptive Protein Evolution, PNAS 106: 9995–10000, 2009.

Blundell, T. L., Problems and Solutions in Protein Engineering—Towards Rational Design, *Trends Biotechnol.* 12: 145–148, 1994.

Lutz, S., Beyond Directed Evolution: Semi-Rational Protein Engineering and Design, Curr. *Opin. Biotechnol.* 21: 734–743, 2010.

Kuchner, O., and F. H. Arnold, Directed Evolution of Enzyme Catalysts, *Trends Biotechnol.* 15: 523–530, 1997.

Watters, A. L., and D. Baker, Searching for Folded Proteins In Vitro and In Silico, *Eur. J. Biochem.* 271: 1615–1622, 2004.

제한규정 이슈

Giorgiou, R. J., and J. J. Wu, Design of Large Scale Containment Facilities for Recombinant DNA Fermentation, *Trends Biotechnol.* 4: 60, 1986.

National Academy of Sciences, *Introduction of Recombinant DNA-Engineered Organisms into the Environment: Key Issue*, National Academies Press, Washington, DC, 1987.

National Institutes of Health, Guidelines for Research Involving Recombinant DNA Molecules, *Federal Register* 51 (May 7) 16958, 1987.

유전자 불안정성 모델

Aiba, S., and T. Imanaka, A Perspective on the Application of Genetic Engineering: Stability of Recombinant Plasmid, *Ann. N.Y. Acad. Sci.* 369: 1, 1981.

Cooper, N. S., M. E. Brown, and C. A. Caulcott, A Mathematical Method for Analyzing Plasmid Stability in Microorganisms, *J. Gen. Microbiol.* 133: 1871, 1987.

연습문제

14.1 50개의 단량체에 해당하는 양의 플라스미드를 갖고 있는 세포가 무작위 분리로 인해 플라스미드 불포함 세포를 생성할 확률을 계산하라. 총 플라스미드 DNA의 40%는 이량체이고 16%는 사량체이다. 단량체만 있다고 가정할 때, 세포당 복제수의 분포가 다음과 같은 경우

에 대하여 동일한 계산을 하라.

≤3 플라스미드(개수)	~ 0%
4 ~ 8	4%
9 ~ 13	10%
14 ~ 18	25%
19 ~ 23	25%
24 ~ 28	20%
29 ~ 33	12%
34 ~ 38	4%
≥ 39	~ 0%

14.2 플라스미드 포함 세포 모두가 8개의 플라스미드를 갖고 있다고 하자. 배지 내에는 항생제가 들어 있고, 플라스미드 포함 세포는 이에 대한 완전한 저항성이 있다고 가정한다. 새로 생겨난 플라스미드 불포함 세포가 가지고 있는 효소의 양은 자기 자손을 3세대 간 보호할 수 있을 정도라고 가정한다. 처음에는 플라스미드 포함 세포로만 배양을 시작하여 회분식 배양을 할 때, 5세대가 지난 후의 플라스미드 포함 세포 비율을 계산하라.

14.3 산업적 규모의 회분식 발효에 대해, 5×10^{10} 세포/ml의 농도를 갖는 10,000 l 발효조를 위한 설계를 가정한다. 대형 탱크로의 접종(inoculum)은 한천 사면 배양기에서 자라는 단일 콜로니로부터 시작하여, 플라스크와 접종 탱크(seed tank) 등의 일련의 과정을 통해 이루어진다. 한 개의 콜로니(플라스미드를 포함한 10^6개의 세포)를 취하여 1 ml의 배지가 들어 있는 시험관에 접종하였다고 가정하자. 10,000 l 발효조 내에서 요구되는 세포농도에 도달하기 위해서는 몇 세대가 요구되는지를 계산하라. $\mu_+ = 1.0\ h^{-1}$, $\mu_- = 1.2\ h^{-1}$, $P = 0.0005$라면 총 세포 중 플라스미드 불포함 세포가 차지하는 비율은 얼마인가?

14.4 당신이 인간 표피 형성 인자(human epidermal growth factor (hEGF)) 생산팀에 배정되었다고 가정하자. 작은 펩타이드인 hEGF는 상처 치료속도를 높이고 궤양치료에 이용된다. 시장규모는 50 ~ 500 kg/yr로 추정된다. hEGF는 번역 후 과정이 불필요하고, 자연 숙주세포에서 분비되는 생산물이다. 숙주세포의 선택과 반응기 설계를 위해 분자생물학팀 책임자에게 당신이 제시할 수 있는 의견에 대해서 논의하라. 효율적인 공정을 위해 바람직한 관점에서 의견을 제시하라. 당신의 의견이 지닌 장점뿐만 아니라 제안된 방법이 갖고 있는 가능한 문제점에 대해서도 지적하라.

14.5 플라스미드 포함 세포에 대한 키모스탯 배양의 안정성을 기술해 주는 모델을 설정하라. 몇몇 경우에는, 플라스미드 포함 세포에는 작용하지 않고 불포함 세포만을 죽이는 단백질을 만드는 플라스미드가 있다(예, 대장균 내의 콜리신). 콜리신이 죽이는 속도는 $k_T C n_-$로 표시된다고 가정하자. 여기서 k_T는 속도상수이고 C는 콜리신의 농도이다. 콜리신 생산은 n_+에 대해 1차라고 가정한다.

14.6 아미노산이 보강된 최소배지에서 자라고 있는 대장균 B/r-pDW17에 대한 데이터가 아래와

같을 때 $\Delta\mu$와 R을 계산하라. 이 시스템의 안정성을 포도당-최소배지에서 자라는 것(예제 14.2)과 비교하라.

$D = 0.3\ h^{-1}$			$D = 0.67\ h^{-1}$		
시간, h	세대	f_-	시간, h	세대	f_-
0	0	0.003	0	0	0.003
4.6	2	0.010	5.2	5	0.010
11.5	5	0.04	10.3	10	0.015
16.0	7	0.08	15.5	15	0.05
23.1	10	0.30	20.6	20	0.13
27.7	12	0.43	31.0	30	0.34
34.7	15	0.55	41.4	40	0.68
46.2	20	0.96	51.7	50	0.95

14.7 젤에 의한 고정화는 플라스미드 포함 세포를 안정화시킨다고 보고되어 왔다. 이 안정화의 한 요인은 세포를 매우 작은 포켓(pocket)들 속에 분배한 것에 기인한다고 제안되었다. 예를 들어, 포켓 내에 한 세포가 자라기 시작하여 세포수가 200개로 증가되었다고 하자. 젤 내의 플라스미드 불포함 세포수를 대형 교반조에서와 비교할 수 있는 수학적 공식을 유도하라.

14.8 유가식 시스템에서 높은 세포농도(> 50 g/l)를 얻기 위한 대장균 발효방법을 설계하려고 한다. 배기가스 분석장치에 의해 배기가스 중의 $p\mathrm{CO_2}$를 측정할 수 있다. 아세테이트와 다른 저해물질의 생성을 방지하기 위해서는 포도당농도가 100 mg/l 미만이어야 한다. 포도당농도를 100 ± 20 mg/l로 유지하기 위한 포도당용액 공급속도 제어방법에 대해 기술하라. 어떤 식들과 어떤 가정들을 도입해야 하는가?

14.9 분열 시 복제수가 2, 4, 6, 8, 10인 플라스미드를 갖는 세포집단에 대한 간단한 모델을 세우라. 식 14.7 ~ 14.9와 유사하게 세우라. 세포분열 시 플라스미드가 완벽하게 분리된다고 가정하거나, 플라스미드 불포함 세포를 발생시킨다고 가정할 수 있다.

14.10 총 2×10^{10} 세포/ml의 세포수를 갖는 2 l 반응기 내의 접종 미생물은 95% 플라스미드 포함 세포와 5% 플라스미드 불포함 세포로 구성되어 있다고 가정하자. 이 접종 미생물을 사용하여 1,000 l 반응기에서 최종농도 4×10^{10} 세포/ml를 얻으려고 한다. $\mu_+ = 0.69\ \mathrm{h^{-1}}$, $\mu_- = 1.0\ \mathrm{h^{-1}}$, $P = 0.0002$라 가정할 때, 플라스미드 포함 세포의 비율을 구하라.

14.11 100% 플라스미드 포함 세포인 1×10^{10} 세포/ml 용액 1 l를 사용하여 20,000 l로 대규모화한다. 세포농도가 5×10^9 세포/ml일 때 목적단백질의 과잉생산이 유도된다. 유도 후 6시간 뒤에 수확을 한다. P 값은 0.0005이다. 유도 전 $\mu_+ = 0.95\ \mathrm{h^{-1}}$이고, $\mu_- = 1.0\ \mathrm{h^{-1}}$이다. 유도 후 μ_+는 $0.15\ \mathrm{h^{-1}}$이다. 유도 시 플라스미드 포함 세포의 비율은 얼마인가? 수확 시 플라스미드 포함 세포의 비율은 얼마인가?

14.12 어떤 대사 경로는 효소 A, B, C를 포함하고 있다. 효소 B가 속도제한 효소라면, 이 경로에서 이 효소가 단단하게 조절되어야 한다고 생각하는가? 왜 그런가? 혹은 왜 그렇지 않은가? 이

경로를 통하여 플럭스를 증가시키기 위하여 취해야 할 두세 가지 전략을 말하라.

14.13 준합리적 설계를 사용하여 항체 단편의 특이성을 변화시키려 한다. 상보결정부위 3(complementary determining region 3 (CDR3))의 3개 아미노산이 항체 특이성을 결정할 것으로 여겨진다. 포화 돌연변이화(각 위치에 가능한 모든 아미노산으로 대체함)를 통하여 이 부위를 연구하려 한다.

a. 3배 라이브러리 범위(모든 가능한 변형체를 포함하는 이론적 라이브러리 크기보다 3배 더 많은 수를 스크리닝)를 원한다면, 얼마나 큰 단백질 라이브러리의 스크리닝이 필요한가?

b. 1차 시도 후에, CDR1과 CDR2의 경우에도 유사한 3개 아미노산 부위를 스크리닝하기로 하였다. 이 모든 3개의 CDR들을 동시에 3배 라이브러리 범위로 진행한다면, 얼마나 큰 단백질 라이브러리가 필요한가?

c. 왜 3배 라이브러리 범위가 필요한가?

d. CDR3 라이브러리 내의 멤버 중에 얼마나 많은 것들이 정지 코돈의 삽입으로 인하여 잘려질 것으로 기대되는가? 이들 위치에 정지 코돈이 포함되지 않도록 편향된 라이브러리를 만들 수 있는 방법을 생각할 수 있을까?

14.14 당신은 초보 단백질 공학자로서, 모든 가능한 40개 아미노산 펩타이드의 다양성 연구를 하고자 한다. 첫 번째 테스트로, 모든 20종류의 아미노산을 사용하여 모든 가능한 조합의 펩타이드를 합성하려고 한다. 각 펩타이드를 만드는 데 필요한 DNA는 무시하고, 각 펩타이드 변형체를 단지 한 개의 분자만을 합성했다면, 펩타이드 라이브러리의 질량은 얼마인가? 이 질량에 놀랐는가?

15

생물공정공학의 의학적 응용

세포생물학과 분자생물학에 관한 지식의 증대와 더불어, 전통적인 생물공정공학과 의용생체공학(biomedical engineering) 간의 경계가 더욱 불분명하게 되었다. 이 장에서는 의학적 문제를 해결하는 데 있어서 생물공정 법칙이 중요하게 작용하는 예들을 다루려고 한다. 두 가지 중요한 분야는 조직공학(tissue engineering)과 바이러스 운반체를 이용한 유전자 치료(gene therapy)이다. 이것들은 단지 두 가지 예에 불과하고 다른 의학적 응용들도 있으며, 그 수가 증가할 것은 의심의 여지가 없다. 사실 우리는 식용 백신으로 사용될 수 있는 형질전환 식물(transgenic plant)과 유전체(genome) 분석을 위해 의사의 사무실에서 사용될 수 있는 고속 DNA 분석용 소형 공정 설비 제작에 응용되는 미세가공(microfabrication) 기법에 대해 이미 언급하였다.

15.1 조직공학

생물공정공학이 의학에 중요한 기여를 한 분야는 **재생의학**(regenerative medicine)이다. 앞의 14개의 장에서 논의했던 테크닉들은 인체에 사용될 대체조직들을 생성하는 데 사용될 수 있다. 이런 대체조직들을 만드는 것에는 어려운 점이 있으나, 몇몇 단순한 조직의 경우에는 상업적으로 임상적으로 성공을 거두었다.

15.1.1 조직공학이란?

조직공학(tissue engineering)은 일반적으로 제공자 조직으로부터 유래한 세포에 기초한 생체 외 인공 조직을 개발하는 데 그 일차적 초점을 맞추고 있다. 이 조직들은 수용자에게 이식되어 생물학적 기능을 향상시키는 데 사용될 수 있다. 산업화된 예로는, 살아 있는 표피 조직과, 유리질 연골(hyaline-like cartilage)의 생산을 위해 손상된 무릎에 이식된 연골세포(chondrocyte) 등을 들 수 있다 돼지의 간세포를 사용한 체외 인공간(extracorporeal artificial liver)은 임상시험을 마쳤다.

이식을 위해 활발하게 개발 중인 인공 조직/장기는 간, 췌장, 신장, 지방(재생 수술을 위한), 혈관, 골수, 뼈, 신경전달물질 분비 세포 등이다. 조직공학의 다른 형태는 세포 성장과 기능의 생체 내 변경이다. 그 예로서, 손상된 신경의 재연결을 안내하고 촉진하기 위해 표면이 화학적 처리된 고분자 관을 이식하여 사용한다. 인공 조직의 또 다른 이용은 후보 신약의 독성학적 · 약리학적 시험을 위한 것이다. 이 경우에 인공 조직이나 조직 혼합체는 시험에 사용되는 동물 사용을 줄이기 위한 대용물로서의 역할을 한다.

조직공학과 포유동물 세포에서의 단백질 생산 간의 근본적인 차이는 세포 선별의 제한에 있다. 단백질 생산을 위해서는 연속적으로 자라는 형질변환된 세포주가 선호되며, 단세포 형태가 바람직하다. 조직공학을 위해서 그 목표는 살아 있는 조직의 반응을 재현하는 데 있다. 조직으로부터 떼어져 2차원 상태(예, 고체 표면 위)에서 균질한 세포 형태로 배양된 세포들은 생체 내에서 가졌던 그들의 고유한 반응을 종종 잃게 된다. 세포의 형질변환과 암은 긴밀한 연관이 있으므로 형질변환된 세포들은 이식용으로 사용될 수 없다. 인공 조직의 재구축을 위해서는 세포 간의 상호작용에 대한 깊은 이해, 세포 분화과정의 제어, 세포가 부착한 표면과의 상호작용에 대한 지식 등이 요구된다. 조직 성장을 안내하고 체계화하기 위하여 고분자 골격체(scaffold)가 가장 많이 사용된다. 섬유아세포(fibroblast) 같은 세포들은 다른 종에 비해 '과다 성장'을 하므로, 세포 유형 간의 올바른 비율을 유지하는 것이 어려울 수 있다. 적절한 세포 유형들이 적절한 3차원 구조로 위치되어야 한다. 이런 조직들에 있어서 제 기능이 발휘되기 위해서는 적절한 구조를 갖추는 것이 요구된다. 이상적으로는 세포가 제공자 조직으로부터 적어도 10회 분열될 수 있고, 올바른 자극이 가해졌을 때 완전히 분화된 표현형을 가지게 되는 것이다. 주요 과제는 이와 같은 세포를 재현성 있게 일상적으로 배양할 수 있도록 하는 것이고, 생물공정공학자는 이 기술에 기여할 수 있는 매우 유리한 위치에 있다.

많은 조직공학 구조체에 있어서 중요한 것은 세포 외 기질(extracellular matrix)의 형성, 세포 간의 상호작용, 인공 표면과의 상호작용 등이다. 부착 의존성 세포들은 분열하고 제 기능을 하기 위해서 기질(substrate) 표면에 부착하고 퍼져야 한다. 세포 부착은 파이브로넥틴(fibronectin)과 콜라겐(collagen) 같은 세포 외 기질 단백질(extracellular matrix protein)에 의해 중재된다. 합성 부착 표면은 합성 고분자 표면에 합성 펩타이드 서열(3 ~ 6개 아미노산)을 붙여서 수정될 수 있다. 세포-표면 간의 부착력과 세포-세포 간의 부착력의 차이는 세포의 3차원적 배치를 크게 변화시킬 수 있다.

고분자 골격체와 결합된 모사 미세중력 반응기는 특정 조직 구조체를 개발하는 데 유용하게 사용되어 왔다. 세포 하나하나를 원하는 대로 위치시킬 수 있는 미세가공기법(microfabrication technique)은 보다 생체에 가까운 조직 구조체를 위한 흥미로운 기술이다. 보다 개선된 성능의 조직 구조체의 형성을 제어하기 위하여 수많은 종류의 도구들이 점점 더 많이 개발되고 있다.

제9장 '현탁배양과 고정화배양을 위한 생물반응기 운전에 대한 고찰'에서 보았듯이, 조직들의, 특히 포유동물세포에 대한, 3-D 프린팅은 중요성이 점점 커지고 있는 떠오르는 기술이다. 인체에서 기능을 하는 단순한 조직들(보통 높은 수준의 혈관형성을 요하지 않는 조직들)을 프린트하는 것이 가능하다. 세포와 생체 적합성을 가지면서도 프린팅이 가능한 물질의 범위는 제한적이지만, 더 넓은 범위의 물질들의 사용을 용이하게 하는 기술들이 빠른 속도로 개발되고 있다. 조직 구조체를 어떤 형태로도 프린트할 수 있게 됨으로써, 개인 수준에서, 실종되었거나 손상된 조직을 맞춤형으로 대체할 수 있게 한다. 예를 들어, 사고로 손실된 귀를 꽤나 정확하게 대체하는 귀를 프린트할 수 있다. 피부는 고전적 조직공학 방법을 대규모화함으로써 상업적으로 제조가 가능한 또 하나의 기관이다. 조직공학적 구조체의 생산을 위한 기술들은 재생의학의 주요 요소가 될 것으로 기대된다. 그러나 간과 같이 생물학적으로 복잡한 경우에 대해 효과적인 조직 구조체를 개발한다는 것은 매우 어려운 문제이고, 이식 가능한 장기를 산업적으로 생산하는 것은 여전히 미래의 일이다. 그러나 간단한 조직, 특히 낮은 혈관생성을 필요로 하는 조직의 경우에는 산업적 생산이 이루어지고 있다.

이 장에서 논의되는 조직공학적 생산품의 두 가지 산업화 예는 피부와 연골이다.

15.1.2 조직공학에 의한 피부 대체

피부 대체는 화상, 압박성 궤양(보통 당뇨에 기인), 재건 수술 등의 환자를 위해 필요하다. 시체에서 얻는 피부는 질병 감염 가능성, 면역거부 가능성, 상처부위의 염증, 한정된 공급, 노동집약적 처리로 인한 고비용 등으로 인하여 바람직하지 못하다. 동물에서 얻는 것은 면역반응 때문에 문제가 있다. 냉동고에서 꺼내 의사가 사용할 수 있는 '인공' 인간 피부 대체물이 가장 바람직하다. 인간 섬유아세포에서 유래한 일시적 피부 대체물인 TransCyte가 그와 같은 제품이다.

인공 인간 피부는 일상적 포경수술에서 버려지는 것으로부터 얻은 인간 신생아 포피 섬유아세포로부터 만들어진다. 이 섬유아세포는 구하기가 쉽고, 인체로부터 거부반응이 없으며, 복제가 가능하여 간단한 방법으로 세포수를 증가시킬 수 있다. 제공자 조직을 효소로 처리함으로써 와해시킨 후, 3차원 구조의 생체 재흡수성 고분자 골격체에 접종한다. 세포가 접종된 골격체는 세포성장과 단백질 및 세포의 기질 물질의 분비를 촉진하기 위하여 생리학적 조건이 유사한 생물반응기 안에 넣는다. 세포와 세포 외 기질물질은, 천연 피부와 기능이 유사하고 상처 치료를 촉진하는 3차원 조직 구조를 이루게 된다.

제조 공정은 온도, pH, 산소농도, 영양공급, 폐산물 제거, 유체 거동 등의 제어를 통해 생체 내 조건을 흉내 내는 생물반응기 시스템에 초점이 맞춰져 있다. 수천 가지의 개별 생산물들이 균질적으로 재현성 있게 생산되어야 한다. 제조 시스템은 제품의 배양을 위한 생물반응기를 필요로 하며, 이것은 최종 패키징 역할도 한다. 이 시스템은 조립된 후 밀봉되고 무균성을 유지하기 위하여 밀봉된 상태로 보관된다. 그림 15.1은 이 공정의 모식도이다. 생물반응기는 입구와 출구가 있는 플라스틱으로 제조된다. 평평한 형태로 13 × 19 cm의 고분자 메쉬를 포함할 수 있을 정도의 크기이다. 12개의 개별 생물반응기가 서로 복합된다. 원하는 크기의 물량을 제공하기 위하여 12개씩으로 이루어진 그룹들이 평행식으로 조업된다. 시스템은 일단 멸균이 되면, 세포 접종과 영양분 보충을 위해서만 개봉된다. 배양을 위해서 약 3주가 소요된다. 배양이 끝나면 냉동보관제가 생물반응기 모듈로 공급된다. 입구와 출구 관을 밀봉한 후, 생물반응기는 포장되고 냉동된 후 보관 및 운송된다. 이 제품은 의

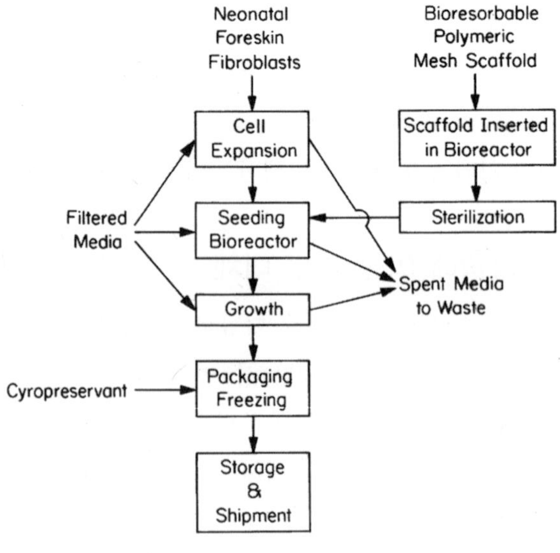

Figure 15.1. Conceptual process diagram for production of a human skin substitute.

사가 해동하여 사용하게 된다.

이 제조 공정은 이 책에서 논의되었던 많은 것들과 유사하나, 제품이 용액상태로 있지 않고 개별적으로 분리되어 있다는 점에서 차이가 난다. 이 공정은 앞서 논의된 FDA와 GMP(good manufacturing practice) 요구사항을 만족시켜야 한다.

15.1.3 연골 대체를 위한 연골세포 배양

관절 또는 유리질 연골은 뼈 말단에서 발견되는 얇은 층의 조직이다. 무릎관절 연골의 손상은 흔히 일어나는 일이다. 연골은 세 가지 주요 성분으로 구성되어 있다—콜라겐 원섬유(collagen fibril), 프로테오글라이칸(proteoglycan), **연골세포**(chondrocyte). 이 중 연골세포는 상대적으로 적게(부피로 1%) 존재하지만, 연골을 구성하는 다른 것들을 생산하고 분비하는 역할을 한다. 연골세포는 2차원적(단일층)으로 배양되면 더 이상 분화하지 않고 정상적인 유리질 기질 단백질을 생산하지 않는다. 그러나 한천 내의 현탁액이나 생체 내같이 3차원적으로 배양되면, 세포는 재분화하고 유리질 기질을 생산하기 시작한다.

면역반응 때문에 환자는 자기 자신의 세포를 증식시켜 무릎에 재주사하는 것이 바람직하다. 따라서 각 개인 세포의 증식을 위한 제조 공정을 필요로 한다. 개인 각자로부터 얻은 세포를 공급하고 재사용하는 것을 **자가 이식**(autologous implantation)이라고 부른다.

기본 과정은 소량의 연골세포를 얻기 위해 환자로부터 조직 채취, 일차 연골세포의 단일층 배양과 세포수 증대, 단일층으로부터 현탁액으로 세포 탈착, 3차원 구조에 세포 주입, 환자 자신의 무릎에 주입 등으로 진행된다. 이 제품은 Carticel이라는 상품명을 가지고 있다. 이식된 세포는 유리질 연골을 생산하여 환자 무릎 내의 손상부위를 채우게 된다. 환자는 보통 6개월 후에는 수영이나 자전거타기 같은 인체에 충격이 적은 활동이 가능하고, 12개월 후면 격렬한 운동도 가능하게 된다.

제조 시 일차적으로 해결해야 할 것은 각 개인마다 개별 배양이 필요하다는 것이다. 대량생산을 해야 한다는 것은 어느 제조과정에서나 발생하는 과제이다. 개인으로부터 채취한 세포를 효율적으로 배양하여 자신에게 도로 주입하는 것은 다른 질병 치료(예, 암 치료)에도 사용될 것으로 예상된다.

15.2 바이러스 운반체를 이용한 유전자 치료

유전자 치료는 하나 또는 그 이상의 유전자를 치료 목적으로 세포에 주입하는 것이다. 이는 환자의 도로 이식될 조직에 행하여지는 탈생체(ex vivo) 방법이나, 바이러스 같은 전달체에 유전자를 실어 환자에게 직접 주입하는 생체 내(in vivo) 방법으로 행하여진다.

유전자 치료는 지식적으로는 대사공학과 연계되어 있다. 그러나 인체의 복잡성으로 인하여 단세포에서의 대사공학보다는 훨씬 더 해결해야 할 것들이 많다. 유전자 치료는 공학자의 정량적 능숙함을 이용하기에 적합한 정량적 과제이다. 기본적으로 올바른 양의 올바른 유전자가 올바른 목표조직에만 투여되어야 하며, 그 유전자가 생산한 산물도 올바른 시각에 올바른 시간 동안 올바른 양만큼 발현되어야 한다. 유전자 치료가 효과를 거두기 위해서는 올바로 행해져야 할 일들이 많다. 유전자 치료는 그 동안 그 접근방식이 정성적이고 시행착오적이었기 때문에 임상 성공률이 매우 낮았다. 합리적인 분석방법이 유용하게 도입되어야 할 것이다.

유전자 전달을 위하여 많은 방법들이 사용될 수 있다. 바이러스 운반체, 맨 DNA 사용, 리포솜이나 입자에 의해 매개되는 유전자 전달 등이 그것이다. 이 장에서는 바이러스 시스템에만 그 초점을 맞추려고 한다. 바이러스 운반체의 생산을 위하여 생물공정 기술이 필요하고, 생물공정 연구로부터 얻어지는 분석들이 유전자 치료에 응용될 수 있을 것이다.

유전자 치료를 위한 네 가지 주요 바이러스 전달체는 레트로바이러스, 렌티바이러스, 아데노바이러스, 아데노관련 바이러스(adeno-associated viruses (AAV))이다. 레트로바이러스와 렌티바이러스는 지질 이중막으로 둘러싸여 있는 피막 바이러스이다. 아데노바이러스와 아데노관련 바이러스는 피막이 없는 바이러스이다.

바이러스 전달체의 사용에 대한 일반적인 관심사는 안전성, 낮은 독성, 지놈의 안정성, 세포 특이성 등이다. 환자와 생산 종사자 양자에 대한 안전성이 필수적이다. 바이러스에 대한 면역반응은 중대한 사안이며, 환자 간에 차이가 있다. 예를 들어, 아데노바이러스 운반체를 사용한 초기 시행 중 한번은 환자의 사망을 초래했다. 몇몇 바이러스 임상 운반체(예, 렌티바이러스)는 지놈 내에 무작위적으로 삽입되고, 숙주세포의 필수 유전자를 비활성화시킬 수 있다. AAV-기반 운반체는 특정 위치에 삽입되기 때문에 더 안전하다. AAV는 질병을 유발한다고 알려지지는 않았고, 약한 면역반응을 유발한다. 이들 모든 바이러스 운반체의 경우에 특이성이 넓을 수 있지만, 주요 수용체 유전자를 표적함으로써 유전자의 특이적 전달을 증가시킬 수 있다. 바이러스 운반체의 몇몇 특징들을 표 15.1에 요약하였다.

15.2.1 바이러스 감염의 모델

Dee, Hammer, Shuler[1]는 외래 단백질의 대량 생산용 운반체로서 주목을 받아오고 있는 피

1) K. U. Dee, D. A. Hammer, and M. L. Shuler, *Biotechnology and Bioengineering* 46: 485–496, 1995.

TABLE 15.1. Comparison of Major Viral Gene Delivery Systems

Characteristics	Retrovirus	Lentivirus	Adenovirus	Adeno-Associated Virus
Host cells:				
Cell line (dividing)	Yes	Yes	Yes	Yes
Primary cells (dividing)	Yes	Yes	Yes	Yes
Primary cells (nondiving)	No	Yes	Yes	Yes
Stem cells	Yes	Yes	Yes	Yes
Neuronal cells	No	Yes	Yes	Yes
Hematopoietic cells	Yes	Yes	No	No
Size of genomic insert	Moderate	Moderate	High	Low
High-level protein expression	No	No	Yes	No
Biosafety	Good (BSL-2)	Good (BSL-2)	Good (BSL-2)	Excellent (BSL-1)

막 RNA 바이러스인 Semliki Forest virus (SFV)의 운송 모델을 제시하였다. 그러나 생물공정에의 응용을 위하여 제시되었던 이 분석방법은 유전자 치료를 위한 레트로바이러스 운반체에도 적용될 수 있다(비록 SFV는 유전자 치료에 적절하지는 않지만).

그림 15.2에 표시된 바와 같이 피막 RNA 바이러스는 수용체에 의해 매개되는 세포내이입(endocytosis)을 통해 세포 내로 들어갈 수 있다. 바이러스는 세포 표면의 특이적 수용체 분자에 결합한다. 세포에의 부착은 비가역적이고 수용체 분자 수는 주위의 바이러스 수보

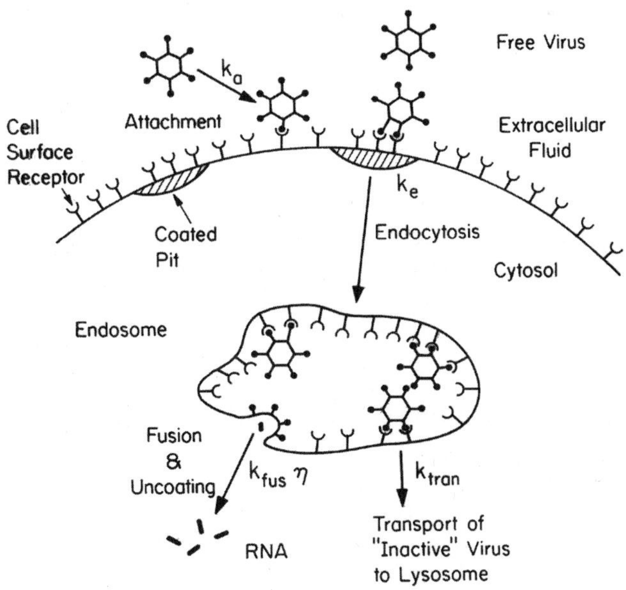

Figure 15.2. The trafficking of an enveloped RNA virus is depicted. A mathematical model of these processes is given in the text.

다 훨씬 더 많다고(이 분석을 위해) 가정한다. 아래의 조건을 생각하자.

$$dV_{ex}/dt = -k_a C V_{ex} \tag{15.1}$$

여기서 V_{ex}는 세포 한 마리당 세포 외 바이러스의 수이고, C는 세포농도, k_a는 부착 속도 상수이다. k_a 값은 다음과 같이 추산할 수 있다.

$$k_a = k_f(\alpha R) \tag{15.2}$$

여기서 k_f는 수용체와 바이러스 부착 단백질 간의 결합에 대한 정방향 고유 속도 상수이고, α는 바이러스당 부착 단백질의 개수, R은 세포당 이용 가능한 수용체 수를 나타낸다. 만일 R 대 V_{ex}의 비가 크다면 R은 수용체 전체의 개수에 근접하게 된다.

바이러스가 세포에 부착되면, **세포내이입**(endocytosis) 과정을 통하여 바이러스를 세포 내로 옮겨 줄 '피복된 움(coated pit)'과 무작위로 결합한다. 세포내이입은 수용체 및 수용체와 결합한 물질의 소포(vesicle) 속으로 잡아넣을 수 있도록 원형질막이 함입되어 소포를 형성하는 과정이다. 이와 같은 소포를 **엔도솜**(endosome)이라 부른다. 세포내이입 속도를 다음과 같이 가정한다.

$$dV_i/dt = k_e V_s \tag{15.3}$$

여기서 V_i는 포획된 바이러스의 세포당 개수, V_s는 바이러스(세포당)의 표면농도, k_e는 세포내이입 속도 상수이다.

표면 바이러스의 양은 식 15.1과 15.3을 결합하여 다음과 같이 된다.

$$dV_s/dt = k_a C V_{ex} - k_e V_s \tag{15.4}$$

엔도솜은 원형질막 성분을 재순환시키고, 세포 내로 유입된 물질의 분해를 위하여 리소솜(lysosome)으로 수송하기 위한 중간물질이다. 엔도솜은 2단계의 pH 변화를 거친다. 초기의 엔도솜에서는 5~10분 내에 pH가 7.5에서 6.0으로 감소한다. 다음 단계에서는 다음 30~60분 사이에 pH가 서서히 감소하여 약 5.2로 된다. pH 감소는 엔도솜 내부로 수소 이온을 수송하는 막 단백질로 인해 일어난다.

바이러스는 자신의 피막과 엔도솜 막과의 융합과정을 통하여 엔도솜으로부터 빠져나온다. 융합과정은 pH 의존적이다. SFV의 경우 융합을 위한 문턱 pH는 6.2이다. 이 문턱값은 초기 엔도솜에서 도달된다. 융합과정은 매우 빠르게 일어난다. 그러나 모든 바이러스가 융합과정을 거치지는 않는다. 엔도솜 내의 바이러스에 대한 수지식은 다음과 같다.

$$dV_{ene}/dt = k_e V_s - k_{fus}\eta V_{ene} - k_{tran} V_{ene} \tag{15.5}$$

여기서 V_{ene}는 초기 엔도솜 내의 바이러스 개수, k_{fus}는 관찰되는 융합 속도 상수, η는 엔도솜 막과 성공적으로 융합하는 바이러스의 비율, k_{tran}은 불활성 바이러스가 리소솜으로 수송되어 분해되는 속도 상수이다. 바이러스의 주된 불활성화는 엔도솜 막 대신에 엔도솜 내의 막 절편들과 융합하는 데 기인한다.

엔도솜 막과 성공적으로 융합한 바이러스는 세포질로 방출된다. 단백질 껍질은 빠르게 제거된다. 여기서 우리는 세포질로 나온 모든 바이러스는 효과적으로 껍질이 벗겨져서 RNA 상태로 방출되어 복제된다고 가정한다.

껍질을 벗는 과정에 대한 속도식은 다음과 같다.

$$dV_{cyt}/dt = k_{fus}\eta V_{ene} \tag{15.6}$$

여기서 V_{cyt}는 세포질 내의 바이러스이다.

단위 세포당 생성되는 RNA의 양은 포화 형태의 반응으로 다음과 같이 표시된다.

$$[RNA]_{cell} = \frac{k_m V_{cyt}}{K_{sv} + V_{cyt}} \tag{15.7}$$

여기서 k_m과 K_{sv}는 숙주세포와 연관된 파라미터이다. 식 15.7은 감염 사이클의 초기 부분에만 적용된다. 초기에 들어온 바이러스로부터 방출된 RNA의 복제가 완료된 후에 들어온 바이러스는, 숙주세포가 이미 기능을 잃기 시작하므로 RNA 생성에는 더 이상 기여하지 못하리라고 여겨진다.

식 15.1에서 15.6까지의 식들로부터 해석적 해를 구할 수 있다. 만일 초기($t = 0$)에 자유로운 바이러스만이 존재한다고 가정하면, 초기 조건은 $V_{ex} = V_{exo}$, $V_s = 0$, $V_i = 0$, $V_{ene} = 0$, $V_{cyt} = 0$이다. 이 경우의 해는 다음과 같다.

$$V_{ex} = V_{exo} e^{-k_a C t} \tag{15.8}$$

$$V_s = \frac{k_a C V_{exo}}{k_e - k_a C}(e^{-k_a C t} - e^{-k_e t}) \tag{15.9}$$

$$V_t = \frac{V_{exo}}{k_e - k_a C}\left[k_a C(e^{-k_e t} - 1) - k_e(e^{-k_a C t}) - 1\right] \tag{15.10}$$

$$V_{ene} = \frac{k_e k_a C V_{exo}}{k_e - k_a C}\left[\frac{1}{k_{fus}\eta + k_{tran} - k_a C}(e^{-k_a C t} - e^{-(k_{fus}\eta + k_{tran})t}) - \frac{1}{k_{fus}\eta + k_{tran} - k_e}(e^{-k_e t} - e^{-(k_{fus}\eta + k_{tran})t})\right] \tag{15.11}$$

$$V_{cyt} = \frac{k_{fus}\,\eta k_e k_a\,CV_{exo}}{k_e - k_a C}\left\{\frac{1}{k_{fus}\,\eta + k_{tran} - k_a C}\left[\frac{1}{k_a C}(1-e^{-k_a Ct}) + \frac{1}{k_{fus}\,\eta + k_{tran}}(e^{-(k_{fus}\,\eta + k_{tran})t} - 1)\right]\right.$$
$$\left. - \frac{1}{k_{fus}\,\eta + k_{tran} - k_e}\left[\frac{1}{k_e}(1-e^{-k_e t}) + \frac{1}{k_{fus}\,\eta + k_{tran}}(e^{-(k_{fus}\eta + k_{tran})t} - 1)\right]\right\} \tag{15.12}$$

baby hamster kidney (BHK) 세포에 감염한 야생형 SFV의 경우에 속도 파라미터들은 $k_a = 5.2 \times 10^{-9}$ ml/세포 · min, $k_e = 0.039\ \text{min}^{-1}$, $k_{fus}\alpha = k_{tran} = 0.14\ \text{min}^{-1}$(세포 내로 이입된 바이러스의 50%가 껍질이 벗겨진 데 근거하여) 등이다. 이 파라미터 값을 사용한 경우, 위의 모델은 실제 실험에서 시간에 따라 측정한 결과들을 잘 만족시킨다. 돌연변이 바이러스의 경우에도 또한 그 결과를 예측하는 데 이용될 수 있다.

이 식들은 동일한 형태로 유전자 치료를 위한 탈생체 시스템에도 쉽게 적용될 수 있다. 이 식들은 원칙적으로 생체 내 용도로도 적용될 수 있으나, 혈액 내의 다양한 천연 성분들로 인하여 k_a가 변할 수 있고(다른 파라미터들도 변할 가능성 있음), 바이러스와 부착하지만 세포 내로 이입시키지는 않는 세포도 여러 종류가 존재한다. 약동학 모델(생체 내 각 위치에서의 시간에 따른 바이러스 분포를 예측하기 위한)이, 각 주요 세포 유형에 대한 바이러스/세포 상호관계 모델(여기서 개발된 형태의)과 연관될 필요가 있을 것이다. 왜 탈생체 치료가 생체 내 방법보다 설계하기가 훨씬 용이한지를 쉽게 알 수 있다. 탈생체 치료든 생체 내 치료든 그것이 성공하기 위해서는, 바이러스를 효율적으로 생산하는 방법이 있어야 한다.

15.2.2 레트로바이러스의 대량생산

유전자를 전달할 수 있도록 유전적으로 변형된 레트로바이러스(혹은 가까이 연관된 렌티바이러스)를 높은 농도로 효율적으로 생산하는 것은 어려운 일이다. 모든 재조합 바이러스들의 경우와 같이, 유전자 변형된 레트로바이러스는 조립 세포계통(packaging cell line)과 재조합 운반체로 구성된 2요소 시스템에 의해서 생산된다. 재조합 바이러스가 그 자체만으로는 복제가 불가능하기 때문에 이와 같은 2요소 시스템이 필요하다. 재조합 바이러스는 야생형 바이러스의 필수 유전자들이 제거되고 대상 치료 유전자로 대체된 바이러스로부터 유래된다. 역전사 효소는 RNA로 암호화된 유전자를 DNA로 전환시키고, 전환된 DNA는 핵 속으로 수송되어 세포의 염색체 DNA에 삽입된다.

조립 세포계통은, 바이러스 유전체로부터 제거된 필수, 구조 유전자를 생산할 수 있도록 유전자가 변형된다. 이와 같은 바이러스 유전자들에 대한 정보가 조립세포의 염색체에 들어 있으므로, 이렇게 생산된 바이러스 입자들은 질병을 일으킬 능력은 없으나 우리가 원하는 치료 유전자를 전달하는 역할을 하게 된다. 이 레트로바이러스 운반체는 분열하고 있는 세포들에게만 사용될 수 있다. 왜냐하면 유전자가 염색체에 삽입되기 위해서는 유사분열(mitosis)이 먼저 일어나야 하기 때문이다. 따라서 암 억제 같은 경우에 대한 생체 내 방법에는 이용하기 곤란하다. 그러나 탈생체 시스템에 대해서는 무방하다.

레트로바이러스 시스템에 대한 또 하나의 제약은 생물공정의 제약이다. 즉, 높은 역가의 바이러스 생산과 감염성이 손실되지 않게 정제 및 농축하는 것 등이 어려운 문제이다. 레트로바이러스의 경우를 포함한 많은 유전자 치료 방법의 효율성에 대한 주요 제약은 목표 세포에 전달되는 유전자의 평균 개수가 치료 효과를 나타내기에는 너무 적다는 것에 있다. 이 낮은 효율은 감염성이 높은 고농도의 레트로바이러스를 생산하는 데 대한 생물공정의 제약에 기인한다.

감염성이 높은 바이러스 제제를 생산하는 데 있어서의 문제점은 두 가지 요소에 기인한다.[2)] 바이러스의 빠른 쇠퇴와 조립 세포계통에서 방출되는 프로테오글리칸(proteoglycan)이 감염성을 저해하는 것이다. 프로테오글리칸은 매우 큰 분자량을 갖고 있다. 만일 바이러스가 한외여과법(ultrafiltration)으로 농축되면, 프로테오글리칸도 거의 같은 비율로 농축된다. 바이러스 농도가 높을수록 많은 세포를 감염시킬 것으로 기대되지만, 함께 농축된 프로테오글리칸이 감염을 저해함으로써 감염되는 세포의 수는 그리 크게 증가하지 않으며, 어떤 경우에는 농축된 바이러스 제제가 오히려 역기능을 나타내기도 한다.

바이러스 역가를 높이기 위한 또 다른 시도는 바이러스를 낮은 온도(예, 37°C 대신 28°C)에서 생산하는 것이다. 바이러스 생산속도와 역가의 쇠퇴속도 모두 온도에 따라 감소하지만 쇠퇴속도가 온도에 더 민감하다. 따라서 28°C에서 생산된 경우, 활성이 있는 바이러스의 양이 몇 배 더 높게 나타난다(예, 6×10^4 cfu/ml에 비해 2×10^5 cfu/ml. cfu는 콜로니 생성 단위로, 희석용액상의 활성 있는 바이러스 개수를 나타낸다). 그러나 형질도입(transduction) 효율은 증가하지 않았는데, 아마도 프로테오글리칸 농도의 변화에 기인한 것으로 여겨진다.

이와 같은 결과들은 우리에게 단순히 회분식 배양 후에 한외여과를 하는 것을 넘어서는 생물반응기의 이용 가능성을 생각하게 할 것이다. 우리는 분명히 바이러스가 생산되는 대로 제거되어 정제되고, 쇠퇴를 막기 위해 낮은 온도에 보관되는 형태의 생물반응기를 원하

---

2) J. M. LeDoux, H. E. Davis, J. R. Morgan, and M. L. Yarmush, *Biotechnology and Bioengineering* 63: 654, 1999.

게 될 것이다. 더욱이 프로테오글리칸이 함께 농축되지 않는 바이러스 농축 방법의 개발을 필요로 할 것이다. 효소를 이용한 프로테오글리칸의 분해가 제안되었으나, 프로테오글리칸 구조의 다양성으로 인해 그 방법은 용이하지가 않다. 바이러스의 선별적 흡착과 탈착이 매력적이나 이 공정에 대한 바이러스의 민감도가 문제이다. 프로테오글리칸 생산능력이 변형된 조립세포를 사용하는 것이 또 하나의 가능한 전략이다.

요점은 생물공정 기술이 유전자 치료에 효과적으로 작용할 수 있는 물질의 생산과 긴밀한 관계가 있다는 것이다. 생의학 문제에 대한 해결은 생물공정 문제의 해결을 요구한다.

15.3 생물반응기

이식을 위한 세포의 대량생산과 인공 하이브리드 장기로서의 생물반응기의 사용은 의학 분야에서 심도 있게 개발되어야 할 주제들이다. 이것은 생물공정공학자들이 크게 기여할 수 있는 문제들이다.

15.3.1 줄기세포와 혈액생성

어떤 동물세포들은 많은 수로 복제될 수 있고 자기재생이 가능하다. 다른 것들은 고도로 분화하여 특이적 기능을 수행한다. 일반적으로, 분화된 세포는 복제할 수 없다(적어도 복제가 매우 제한적이다). **줄기세포**(stem cell)는 세포 밖의 인자들에 따라 많은 수의 분화된 자손을 생산할 수도 있고 계속적인 자기재생이 가능한 미분화된 세포이다.

줄기세포의 궁극적인 형태는, **만능성**(pluripotent)이어서 체내의 어떤 형태의 세포로도 분화가 가능한 것이다. 원래는, 만능성 줄기세포는 오직 배아에서만 유래할 수 있었다. 인간 유래의 세포의 경우에는, 이것은 기술적 문제뿐 아니라 윤리적 문제를 안고 있었다. 2006년에 Shinaya Yamanaka(2012년 노벨상 수상자)는 단지 4개의 유전자를 도입함으로써, 특정화된 성체세포를 **유도만능 줄기세포**(induced pluripotent stem cell (iPS cell))로 변환시키는 것이 가능하다는 것을 보였다. 원칙적으로, 이렇게 만들어진 세포들은 세포 외부의 올바른 신호에 의하여 어떤 특정화된 세포로도 변환이 가능하다. 이 기술은 재생의학에서의 용도로뿐만 아니라 신약 시험과 개발 같은 용도로도 대단한 가능성을 보여 준다. 이런 줄기세포의 후대세포는 부모세포와 유전적으로 동일하다. 그러나 미세한 (후성적) 차이가 있고, 성체 표현형으로 성숙시키는 것은 만만하지 않을 수 있다.

많은 양의 세포를 생산하기 위한 줄기세포 기술의 대규모화는 생물공정에 있어서의 도전해 볼 만한 일이다. 대규모 공정에서는 모든 GMP 표준과 규제 요구사항을 만족시켜야 한다. 세포배양을 위한 일회용 기술(10장 '생물반응기의 선택, 대규모화, 운전 그리고 제어' 참조)이 좋은 옵션이기는 하지만, 손상되기 쉬운 부착 세포(줄기세포 같은)는 미세환경조건에 매우 민감하고, 세포 수거가 어려운 점이 있다. 폴리스티렌 평판 위에서의 2차원 생장에 기반한 다층 어레이가 제안되었고, 이는 실용적일 수 있지만 아직은 상대적으로 비효율적이다. 이런 기술들이 진전되기 위해서는, 세포의 대량생산을 위한 더 효과적인 방법들이 개발되어야 한다.

모든 줄기세포들이 만능성을 가지지는 못하지만, 혈액세포들 같은 어떤 세포 타입들의 전구물질이 될 수는 있다. 비록 아직 완전히 상업화된 것은 없지만, 이런 세포 타입들의 생산을 위한 시스템 개발이 여러 해 동안 시도되어 왔다. 초기 연구의 많은 부분은 조혈 줄기세포로부터 적혈구를 생산하는 데 초점이 맞춰졌었다. 이 예의 경우에 공정이 실용적이 되려면 튼실한 대규모 생산 시스템의 개발이 요구된다.

인간 순환계에는 8개 주요 유형의 완전히 성숙된 혈액세포가 있다. 줄기세포는 두 종류의 **선조세포**(progenitor cell)를 발생시킨다. 혈액생성 시스템에서 한 종류의 선조세포는 골수세포(myeloid cell)(예, 적혈구, 혈소판, 대식세포)를 발생시킬 수 있고, 다른 종류는 림프계 세포(예, T-세포와 B-세포)를 발생시킬 수 있다. 분화의 진행은 많은 수의 혈액생성 성장인자들에 의존한다. 이런 혈액세포를 발생시키는 과정인 혈액생성은 골수에서 일어난다. 탈생체 혈액생성은 골수이식을 대체 또는 보조할 수 있는 방법이다. 혈액생성 줄기세포와 선조세포는 인간의 혈액, 특히 탯줄 혈액으로부터 얻어질 수 있다.

대규모 시스템을 위한 전략들이 20년 동안 구상되어 왔다. 필요한 성장인자들을 얻기 위해서는 골수에서 유래한 기질세포(stroma cell)와 함께 배양하는 것이 필요하다. 따라서 생물반응기는 부착세포 성장을 가능하게 하여야 한다. 세 종류의 기본 반응기 형태가 개발중이다. 굵은 기공의 지지물을 포함하는 **유동층 반응기**(fluidized bed reactor)는 뼈 속의 구조를 많이 흉내 내고 있다. 그러나 표면 화학을 제어하는 것과 세포 형태 간의 적절한 혼합을 유지하는 것이 해결되어야 할 과제이다. 세포의 샘플링과 반응기 조건의 제어 또한 문제점이 될 수 있다.

평판층 반응기(flatbed reactor)(예, 연속적 흐름이 가능한 변형된 T-플라스크)는 기하학적 형태가 잘 정의되어 있기 때문에, 기질(stroma)을 운반할 수 있고 분석과 설계가 용이하다. 현미경을 통한 세포의 직접적 관찰이 가능하다. 자동화된 평판층 반응기는 인체 임상시험을 위한 세포를 생산하는 데 이용되기도 하였다.

실관 반응기 같은 **막-기반 장치**(membrane-based unit)도 가능성 있는 해결책이다. 이것은 특성화하기가 꽤 용이하도록 효율적으로 설계되어 있다. 그러나 세포의 관찰과 수거가 예상되는 어려움이다. 또 다른 가능성은 구형 배양(spheroid culture)(혼합된 세포의 자연적 엉김)이다. 이것은 현탁 형식의 생물반응기에서 행해질 수 있다.

다른 줄기세포로부터의 다른 조직 형태를 생산하기 위한 생물반응기는 정말로 가능성 있는 분야이다. 다른 줄기세포/조직에 대한 상업적 규모의 생물반응기 경험은 훨씬 미미한 상황이나, 이 책에서 공부한 원리는 이러한 가능성들에도 적용될 수 있을 것으로 기대된다.

15.3.2 체외 인공간

간의 손상은 주요 의학적 문제이다. 간은 많은 대사 기능(탄수화물, 지방 및 비타민 대사, 혈장 단백질의 생산, 담즙산의 생합성, 해독)을 수행한다. 그 중에서도 해독 기능이 가장 중요하다. 어떤 경우에 간에 의한 대사 및 해독 요구가 줄어들면 손상되어 가고 있는 간이 회복되기도 한다. 따라서 인공간은 간의 자체 회복에 필요한 휴식을 제공하여 줄 수 있다. 다른 경우에 있어서는 인공간이 이식을 위한 가교 역할을 할 수 있다.

간은 구조적 · 대사적으로 복잡하기 때문에, 인공간의 체내 이식은 아직 요원한 일이다. 그러나 일시적인 보조 장치로서의 체외 장치는 현실적이다(이런 시스템이 임상시험 중이다). 유망한 디자인은 돼지 간세포를 사용한 실관 시스템이다. 이런 세포들은 다량을 얻기가 비교적 쉽고, 해독을 위한 분화세포의 활성이 만족할 만한 수준을 유지한다. 단점은 수명(및 증식능력)이 제한된다는 것이다. 이 세포들을 혈액으로부터 분리하고 있는 막은 면역거부반응에 대한 방지 기능을 한다. 이와 같은 실관 반응기의 설계에 대한 연구 주제들은 그 반응기가 생물공정 조업에 사용되든지 생의학적 응용에 사용되든지 상관없이 유사한 내용들이다.

15.3.3 바디온어칩(body-on-a-chip) 시스템

신약 개발을 위한 전임상은 어려운 공정이다(허가 의약품당 수십억 달러 이상, 보통 12 ~ 15년). 인간을 대상으로 하는 임상시험 시작 전에 잠재적 안전성과 의약 후보물질의 효능 테스트를 위하여, 일반적으로 동물의 사용이 요구된다. 그러나 인간과 동물의 생리학 및 대사작용의 차이로 인하여, 동물을 사용한 테스트가 인체 반응을 예측하는 좋은 방법이 되지는 않는다. 결과적으로, 전임상 동물 테스트를 통과한 의약품 후보자의 약 10%만이 허가 의약품이 되는 데 성공한다. 인간 대상의 임상시험은 매우 비싸므로, 이런 비효율성은 의약품 비용의 심각한 증가를 가져온다.

현재, 신약의 전임상 평가에 사용하기 위한 인체 대용물을 구축할 기술이 개발되고 있다. 이 대체물은 **미세생리적**(microphysiological), **바디온어칩**(body-on-a-chip), 혹은 **멀티오**

간온어칩(multiorgan-on-a-chip) 시스템들로 불린다. 이런 시스템들은 생물반응기 시스템과 조직공학 혹은 고정화 세포 기술로부터 많은 아이디어를 얻고 있다. 신약 개발은 거의 동일한 시스템들에서 반복적으로 행해지는 많은 테스트가 요구되기 때문에, 이런 인체 대용물들은, 원래는 전자장치를 위해 개발되었던 기술들을 사용하여 미세규모로 만들어진다.

이런 미세규모 시스템의 개발을 위하여, 인체에 대한 **생리학적 기반 약물 동력학**(physiologically based pharmacokinetics (PBPK)) 모델이 활용된다. PBPK는 섭취, 분포, 대사 및 부모약물과 그것의 대사산물에 대한 다양한 기관과 조직의 생리적 반응을 수학적으로 모델화한다. 그러나 이런 모델들은 약물의 결과와 대사에 대하여 우리가 완전히 이해하지 못함으로 인해서 그 한계가 있다. PBPK 모델의 미분방정식들을 살아 있는 조직/기관의 모방물로 대체함으로써, 그렇지 않으면 기대할 수 없었던 다양한 '기관'으로부터의 반응들을 관찰할 수 있고, 그럼으로 인하여 반응에 대한 보다 정확한 예측이 가능하다. 또한, 수학적 모델과 이 장치는 연결이 용이하고, 이 장치를 사용하여 파라미터들을 비교적 정확하게 결정할 수 있기 때문에, 이 장치로부터 얻은 데이터를 외삽적으로 추정함으로써 인체 반응을 예측하는 것이 가능하다.

어떤 체외적 방법도 인체의 복잡성을 완전히 알아내지 못하지만, 전임상 시험에 있어서 10%에서 30%로의 성공률 개선은, 비용을 절감하고 질병 치료가 가능한 약의 숫자를 늘리는 데 대단한 영향을 줄 것이다.

이 기술에 대한 자세한 설명은 이 책의 범위를 넘어서기 때문에, 더 많은 정보에 대한 참고문헌들을 이 장의 끝부분에 실었다. 위의 예는 신약 후보물질(또한 화학물질과 화장품에 대한 노출)의 잠재적 안전성과 유효성에 대한 유용한 예측을 위하여, 생물반응기와 물질전달에 대한 생물공정 지식이 인간 생리학의 이해와 어떻게 결합될 수 있는지를 보여 준다.

15.4 요약

생물공정공학의 원리들은 화학물질, 의약품 및 다른 생물학적 성분들의 제조를 위해서만 한정되는 것이 아니다. 동일한 원리들이 많은 의학적 응용에 역시 적용된다. 사실 의용생체공학은 분자 및 세포 시스템에 점점 더 많은 관심을 가지게 되고, 생물공정공학은 동물세포에 관심을 가지게 됨으로써 두 분야의 경계가 점차 없어지게 되었다.

이 장에서의 중요한 개념은 조직 구조체를 산업적 규모로 어떻게 생산할 수 있는가에 대한 것이다. 유전자 치료에의 사용을 위한 바이러스의 효율적인 생산 또한 해결되지 않은 생물공정 문제이다. 세포에 대한 바이러스 감염의 동역학에 대한 기본 이해는 생물제조 공정의 디자인에 있어서나 유전자 치료에 있어서 모두 중요하다. 이와 같은 공정을 기술하기 위한 정량적 접근방법은 생물제조 공정과 치료 전략을 위한 합리적인 디자인을 가능하게 한다. 생물반응기 디자인은 또한 줄기세포로부터의 기능성 조직을 생성하고, 또한 신약 개발용의 인체 대체물 개발을 위한 인공장기와 반응기 디자인의 주요 부분이다.

생물공정과 의학 간의 만남의 예들은 계속 증가하고 있으며, 이것들은 매우 흥미로운 전문분야에 대한 가능성들을 제시하여 줄 것이다.

참고문헌

Dee, K. U., D. A. Hammer, and M. L. Shuler, A Model of the Binding, Entry, Uncoating, and RNA Synthesis of Semliki Forest Virus in Baby Hamster Kidney (BHK-21) cells, *Biotechnol. Bioeng.* 46: 485–496, 1995.

Ding, Y-T., and X.-L. Shi, Bioartificial Liver Devices: Perspectives on the State of the Art, *Front. Med.* 5: 15–19, 2011.

Esch, M. B., T. L. King, and M. L. Shuler, The Role of Body-on-a-Chip Devices in Drug and Toxicity Studies, *Annu. Rev. Biomed. Eng.* 13: 55–72, 2011.

Esch, M. B., A. Smith, J. M. Prot, C. Oleaga, J. Hickman, and M. L. Shuler, How Multiorgan Microdevices Can Help Foster Drug Development, *Adv. Drug Deliv. Rev.* 69–70: 158–169, 2014.

Le Doux, J. M., H. E. Davis, J. R. Morgan, and M. L. Yarmush, Kinetics of Retrovirus Production and Decay, *Biotechnology and Bioengineering* 63: 654–662, 1999.

Lu, L., H. M. Arbit, J. L. Herrick, S. G. Segovis, A. Maran, and M. J. Yaszemski, Tissue Engineered Constructs: Perspective on Clinical Translation, *Ann. Biomed. Eng.* 43: 796–804, 2015.

Ren, S., J. I. Irudayam, D. Contreras, D. Sareen, D. Talavera-Adams, C. N. Svendsen, and V. Arumugaswami, Bioartificial Liver Device Based on Induced Pluripotent Stem Cell-Derived Hepatocytes, *J. Stem Cell Res. Ther.* 5(2): 1000263, 2015.

Singh, V. K., M. Kalsan, N. Kumar, A. Saini, and R. Chandra, Induced Pluripotent Stem Cells: Application in Regenerative Medicine, Disease Modeling, and Drug Discovery, *Front. Cell Dev. Biol.* 3: Article 1–17, 2015.

van Veen, T., and J. A. Hunt, Tissue Engineering Red Blood Cells: A Therapeutic, *J. Tissue Eng. Regen. Med.* 9: 760–770, 2015.

연습문제

15.1 바이러스 운송에 대한 많은 실험들은 기 부착된 바이러스를 가지고 행해진다. 세포내이입을 억제하기 위하여 낮은 온도에서 바이러스를 부착시키고, 부착되지 않은 바이러스는 씻어 낸다. 다음으로 세포내이입을 개시하기 위해 세포를 37°C가 되게 가온한다. 이 경우에 세포 내로 들어온 바이러스와, 세포질로 들어와서 껍질을 벗은 바이러스의 시간에 따른 농도에 대한 식들을 유도하라.

15.2 돌연변이 Semliki Forest virus (SFV)는 $k_{fus}\eta = 8.3 \times 10^{-3}\ \text{min}^{-1}$과 $k_{tran} = 1.8 \times 10^{-2}\ \text{min}^{-1}$의 값을 갖는다. 야생형 바이러스는 $k_{fus}\eta = 6.4 \times 10^{-2}$ min과 $k_{tran} = 1.1 \times 10^{-1}\ \text{min}^{-1}$의 값을 갖는다. 야생형과 돌연변이 SFV에 대해 $k_e = 0.074\ \text{min}^{-1}$이다. 기 부착된 바이러스(연습문제 15.1 참조)가 사용되었고, V_{s0}는 두 경우에 동일하였다. 20분 경과 시 껍질이 벗겨진 바이러스의 돌연변이에 대한 야생형의 비율은 얼마인가?

15.3 k_aC의 값은 $0.021\ \text{min}^{-1}$로 측정되었다. $k_{fus}\eta = k_{tran} = 0.14\ \text{min}^{-1}$, $k^e = 0.04\ \text{min}^{-1}$이라고 가정하자. 초기 접종은 500 바이러스/세포였다. 접종한 지 2시간 후에 미부착된 바이러스가 제거되었다. V_s, V_{cyt}, V_{ene}를 계산하라.

15.4 활성이 있는 레트로바이러스를 생산하기 위하여, 공정에 대한 온도의 영향을 조사하고 있다. 활성 있는 바이러스는 37°C에서 $k_d = 2.2\ \text{day}^{-1}$, 31°C에서 $0.76\ \text{day}^{-1}$의 속도 상수를 가지고 쇠퇴하고 있다. 조립 세포계통으로부터의 바이러스 생산속도는 37°C에서 $k_p = 3.3$ 바이러스/세포 · day, 31°C에서 $k_p = 2.9$ 바이러스/세포 · day이다. 1×10^6 세포가 액체 배지 2 ml 내에 있다고 가정하자. 용액 내의 초기 바이러스 개수는 0이다. 바이러스 생산이 시작된 지 12시간 후에 ml당 얼마나 많은 바이러스가 존재하는가?

15.5 체외 보조 장치로 사용되는 실관 생물 인공간 같은 장치의 디자인에 있어서 물질전달 제한이 종종 중요한 인자로 작용한다. 환자 혈액 내의 약한 소수성 성분의 제거(해독작용)에 대해 검토해 보라. 도표를 그리고 세포 내 효소에 의한 해독 속도에 대하여 가능한 물질전달 제한에 관해 기술하라.

16

혼합배양을 이용한 생물공정

혼합배양(복수의 종 배양)의 동역학은 몇몇 산업적 발효에서 중요한 가치가 있다. 이것은 스트레스에 대한 많은 생태계의 반응을 이해하는 데 결정적인 역할을 한다. 재조합 유전자를 갖고 있는 생체를 사용함으로써, 집단 내의 세포들이 서로 어떻게 작용하는가에 대한 또 다른 차원의 사고를 제공해 주기도 한다.

치즈 제조와 같은 많은 식품 발효에는 상호작용하는 여러 종의 세포가 사용된다. 폐수의 생물학적 처리는 종을 알 수 없는 많은 종류의 미생물 혼합체에 의해 이루어진다. 그 처리 공정에서 다양한 종의 비율이 중요한 역할을 한다. 세포 집단의 성분에 있어서 급작스러운 변화는 목적한 바를 달성하지 못하는 결과를 초래한다.

모든 자연환경에 있어서 세포들은 잠재적으로 혼합된 집단 속에 존재한다. 이런 세포들이 상호 어떻게 작용하는가를 이해하는 것은, 원소들(예, C, N, S)의 자연적 순환계, 환경적 도전에 대한 생태계의 응답(예, 산성비), 그런 생태계로 유입되는 화학물질의 분해 속도와 정도 등을 이해하는 데 결정적인 역할을 한다.

14장 '유전자 조작된 생체의 이용'에서 논의했듯이, 재조합 유전자를 갖는 많은 집단들은 혼합 배양계와 유사하게 행동한다. 그 집단의 일부 개체들은 삽입 유전자(보통 플라스미드에 삽입된)를 잃어버리거나 변형시킨다. 단일 종이 존재한다 하더라도, 돌연변이 또는 플라스미드 없는 세포의 생성은 분명히 다른 부집단을 유발시킨다. 부집단의 원래 집단과의 상호작용은, 이 장에서 다루어지는 혼합 집단에 대한 법칙을 따른다.

16.1 혼합배양에서 상호작용의 주요 종류

혼합배양에서 두 생체 간의 주요 상호작용은 경쟁(competition), 중립작용(neutralism), 상리작용(mutualism), 편리공생(commensalism), 편해작용(amensalism), 그리고 피식자-포식자 작용(prey-predator interaction) 등이다. 이런 상호작용들을 표 16.1에 요약하였다.

경쟁(competition)은 상호간에 부정적 영향을 미치는 두 집단(population) 간의 간접적인 상호작용이다. 경쟁에 있어서 각 집단은 같은 기질(substrate)을 놓고 서로 경쟁한다. 유사한 영양분을 필요로 하는 두 집단 또는 두 미생물은 같이 자랄 때 공통으로 필요로 하는 수많

TABLE 16.1. Scheme of Classification of Binary Population Interactions (Roles of *A* and *B* May Be Reversed)*

Effect of Presence of *B* on Growth Rate of *A*	Effect of Presence of *A* on Growth Rate of *B*	Qualifying Remarks	Interaction
Indirect interactions			
–	–	Negative effects caused by removal of resources	Competition
–	–	Negative effects caused by production of toxins or inhibitors	Antagonism
–	O		Amensalism
–	+	Negative effects caused by production of lytic agents; positive effects caused by solubilization of biomass	Eccrinolysis
+	O	Positive effects caused by production by *B* (host) of a stimulus for growth of *A* (commensal) or by removal by *B* of an inhibitor for growth of *A*	Commensalism
+	+	See remarks for commensalism; also, presence of both populations is not necessary for growth of both	Protocooperation
+	+	See remarks for commensalism; also, presence of both populations is necessary for growth of either	Mutualism
–	+	*B* feeds on *A*	Feeding (includes predation and suspension feeding)
Direct interactions			
–	+	The parasite (*B*) penetrates the body of its host (*A*) and converts the host's biomaterial or activities into its own	Parasitism
+	+ (or perhaps O)	*A* and *B* are in physical contact; interaction highly specific	Symbiosis
–	–	Competition for space	Crowding

*Negative growth response denoted by "–"; positive growth response by "+"; neutral response by "O."

With permission, from A. G. Fredrickson, in *Foundations of Biochemical Engineering*, American Chemical Society Symposium Series, Vol. 207, pp. 201–228, 1983.

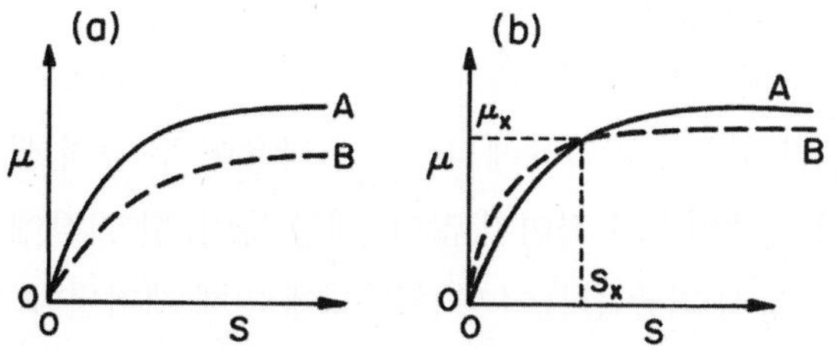

Figure 16.1. μ–S relationship for two competing species (A and B) in a mixed culture. Case (a) corresponds to $\mu_{mA} > \mu_{mB}$ and $K_{SA} \le K_{SB}$, while case (b) corresponds to a case where $\mu_{mA} > \mu_{mB}$, but $K_{SA} < K_{SB}$. In case (b), the growth curves cross and A and B could potentially coexist at $D = \mu_x$ and $S = S_x$ in a chemostat.

은 영양분들을 놓고 보통 경쟁한다.

개방계(open system)(예, 키모스탯(chemostat))에서 같은 **생장 제한 기질**(growthlimiting substrate)을 위한 두 종(species) 간의 경쟁의 결과는 비성장속도 제한 기질(specific growth-rate-limiting substrate)의 농도 관계에 의해서 결정된다. 경쟁하고 있는 두 종의 혼합배양은 두 가지 경우로 나누어질 수 있다(그림 16.1 참조).

- μ_a는 항상 μ_b보다 크다. 가장 빠른 생장속도를 갖는 생체가 배양에서 다른 생체를 제거한다. 이것을 **제거법칙**(exclusion principle)이라 한다.
- 생장속도와 기질농도의 관계($\mu - S$ relationship)는 교차한다. 이 경우에는 희석률(dilution rate)에 의해서 더 빨리 자라는 생체가 결정된다. 희석률에 따라 세 가지 경우로 나누어진다.
  - $D = \mu_x$, $S = S_x$인 교차점에서는 $D = \mu_x$로 조업되는 키모스탯에서 두 종 모두가 유지될 수 있다. 그러나 이것은 불안정한 조업점(operating point)이다.
  - 만일 $D > \mu_x$이면, $\mu_a > \mu_b$이고 B는 희석되어 없어지고 A가 지배적이 된다.
  - 만일 $D < \mu_x$이면, $\mu_a > \mu_b$이고 A는 희석되어 없어지고 B가 지배적이 된다.

회분 시스템(batch system)에서는 두 종 모두 배지 내에 존재하게 된다. 주어진 시간에 두 종의 개수 밀도 비율은 비성장속도의 상대적인 크기와 초기의 세포농도들에 의해 결정된다.

중립작용(neutralism)은 어떤 집단도 다른 것의 존재에 의해 영향을 받지 않는 상호작용이다. 즉, 다른 것의 존재로 인한 각 생체의 생장속도에 변화가 없다. 중립작용은 비교적 드물게 발생한다. 중립작용의 한 예는 요구르트의 시작 균주(starter strain)인 *Streptococcus*와 *Lactobacillus*의 연속 배양 시의 생장이다. 희석률이 0.4 h^{-1}일 때 이 두 종의 세포 개수는, 두 집단이 각각 분리되어 배양될 때와 매우 유사하다. 중립작용은, 각 종이 다른 제한 기질을 사용하고, 어떤 종도 다른 것의 최종 산물에 의해 영향 받지 않는 특수한 환경에서 일어날 수 있다.

상리작용(mutualism)과 **원시협동작용**(protocooperation)은 중립작용보다 자주 일어나며, 서로 다른 기작들(mechanism)에 의해 발생한다. 두 경우 모두에 있어서, 각 집단의 존재는 다른 것에 긍정적인 영향을 미친다. 상리작용에서는 상호작용이 두 종의 생존에 필수적이다. 원시협동작용에서는 상호작용이 필수적이지 않다. 예를 들어, 한 기작에서는 요구하는 물질들을 서로 교환하거나 유독성 최종 산물이 다른 생체에 의해 제거된다. 파트너 집단의 물질대사는 상리적 상호작용(mutualistic interaction)을 위해 보완적이어야 한다. 상리적 상호작용의 예는, 페닐알라닌을 필요로 하는 균주인 *Lactobacillus*와 폴산(folic acid)을 필요로 하는 균주인 *Streptococcus*가 혼합배양 형태로 생장하는 것이다. 파트너 균주에 의해 생산되는 생장인자인 페닐알라닌과 폴산의 상호 교환은, 각 균주가 혼합배양 형태에서 생장하는 것을 도와주는 반면, 각 균주가 따로따로 순수배양되면 생장하지 못한다. 상리적 상호작용의 또 한 가지 예는 호기성 박테리아(aerobic bacteria)와 광합성 조류(photosynthetic algae) 간에 존재한다. 박테리아는 생장을 위해서 산소와 탄수화물을 소모하고 CO_2와 H_2O를 생산한다. 조류는 CO_2를 탄수화물로 전환하고 햇빛이 있을 때 산소를 배출한다.

공생(symbiosis)과 상리작용은 같지 않다는 것을 주목할 필요가 있다. 공생은 두 가지 생체가 같이 살 때의 관계를 내포한다. 공생관계는 상리적(mutualistic)일 수 있으나, 또한 중립적(neutralistic), 기생적(parasitic), 편리공생적(commensalistic) 등일 수도 있다.

편리공생(commensalism)은 한 집단이 다른 것의 존재로 인해 긍정적인 영향을 받는 상호작용이다. 그러나 둘째 집단은 첫째 집단의 존재로 인해 영향을 받지 않는다. 다양한 기작에 의해서 편리공생적 상호작용이 발생할 수 있다. 일상적인 두 가지 기작은 다음과 같다.

- **타입 1**: 둘째 집단이 첫째 집단을 위한 필요 영양분이나 생장인자를 생산한다.
- **타입 2**: 둘째 집단이 첫째 집단에 유독한 물질을 배지로부터 제거한다.

편리공생적 상호작용의 첫 번째 타입의 한 예는 *Desulfovibrio*에 의한 H_2S의 생산이고 (SO_4^{2-}의 환원을 통한), 그것은 황 박테리아(sulfur bacteria)에 의해 에너지원으로 사용된다 (그림 16.2).

편리공생적 상호작용의 두 번째 타입의 한 예는 곰팡이인 *Geotrichum candidum*에 의

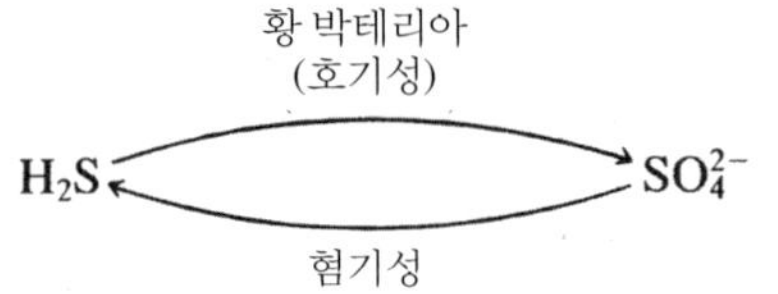

Figure 16.2. Example of a type 1 commercial interaction.

한 젖산의 제거이며, 이것은 *Streptococcus lactis*의 생장을 가능하게 한다. 이 상호작용은 *S. lactis*를 이용한 치즈 제조에 사용된다. *S. lactis*에 의해 생산된 젖산은 박테리아의 생장을 저해한다. 위의 곰팡이는 젖산을 물질대사하여 *S. lactis*를 위한 생장조건을 좋게 만들어 준다.

편해작용(amensalism)은 편리작용의 반대이다. 편해작용에서 *A*는 다른 집단(*B*)의 존재로 인해 부정적인 영향을 받는다. 그러나 *B*는 집단 *A*의 존재에 의해 영향을 받지 않는다. 여러 가지의 편해적 상호작용 기작이 가능하다. 일상적인 두 가지 기작은 다음과 같다.

- **타입 1**: 집단 *B*가 집단 *A*의 생장을 저해하는 유독성 물질을 생산한다.
- **타입 2**: 집단 *B*가 배지로부터 필수 영양분을제거하여, 집단 *A*의 생장에 부정적인 영향을 미친다.

첫 번째 형태의 편해적 상호작용의 한 예는 다른 것의 생장을 저해하는, 사상곰팡이(mold)에 의한 항생물질의 생산이다. 몇몇 미생물은 세포벽의 고분자 물질을 분해하는 효소를 배출한다. 이와 같은 미생물은 경쟁자를 파괴하고, 분해된 세포로부터 유출되는 영양분들을 이용한다. 미생물에 의한 유기산의 생성은 pH를 낮추고, 다른 생체의 생장을 저해한다.

포식(predation)과 **기생**(parasitism)은 한 집단이 다른 집단의 희생으로 인한 이득을 취하는 상호작용이다. 이 두 상호작용은 생체들의 상대적인 크기와 관여 기작에 의해 구별된다. 포식은 포식자 생체(predator organism)에 의해 피식자(prey)가 섭취되는 것을 포함한다. 피식자-포식자 상호작용의 좋은 예는 원생동물에 의한 박테리아의 섭취이다. 이 상호작용은 활성 슬러지 장치(activated sludge unit) 같은 호기성 폐수처리 반응기에서 일상적으로 발생하는 것이다. 기생에 있어서는, 보통 더 큰 생체인 숙주(host)가 기생체(parasite)에 의해 손상을 입는다. 기생체는 숙주로부터 영양분을 이용함으로써 이득을 얻는다. 기생의 일상적인 예는 소식세포(microphage)에 의한 미생물의 파괴이다. 포식과 기생의 물리적 기작은 다를지라도, 이 두 현상은 개념적 · 수학적 기술에 있어서 많은 공통적 특징을 갖고 있다.

포식자-피식자 상호작용이 일어나는 키모스탯 같은 개방계에서 포식자와 피식자 집단은 필연적으로 정상상태에 도달하지는 않지만, 어떤 희석률에서 진동할(oscillate) 수 있다. 조업 초기에는 피식자의 농도가 높고 포식자의 농도가 낮다. 포식자가 피식자를 소모함에 따라 포식자의 수는 증가하고 피식자의 농도는 감소한다. 잠시 후에는 작은 피식자 집단이 커다란 포식자 집단을 먹여 살릴 수 없으므로 포식자 집단은 감소하고 피식자 집단은 증가한다. 희석률과 먹이 기질 농도에 따라, 이와 같은 진동은 계속 유지되거나 진폭이 감쇠하거나 존재하지 않게 된다.

마지막으로 이와 같은 상호작용들은 조합적으로 존재할 수 있고 종종 그렇게 존재하고 있다는 사실을 주목해야 한다. 예를 들어, A와 B가 포도당을 영양분으로 섭취하기 위해 경쟁할 수도 있으나 A는 B로부터 나오는 생장인자를 자라는 데 필요로 할 수도 있다. 이와 같은 경우에 경쟁과 편리공생이 동시에 존재하는 것이다.

16.2 혼합배양의 상호작용을 기술하는 간단한 모델

복합적으로 상호작용하는 종들은 매우 복잡한 양상을 띨 수 있다. 몇몇 경우에 있어서는 종들의 공존현상이 나타나지 않으나, 다른 경우들에서는 복잡하게 유지되는 진동의 양상이 관찰될 수 있다. 여러 가지 정상상태(steady state)도 가능하다.

혼합 집단들을 기술하기 위한 적당한 식들을 세우기 위해서는 6장 '세포의 생장'에서 논의되었던 원칙들을 따른다. 각 경우에 있어서 수지식이 각 종에 관해(생체, 속도 제한 기질, 또는 생산물) 세워져야 하며, 이 수지식들은 앞에서 사용되었던 것과 동일할 것이다. 각 생체에 관해서 화학적 구조 모델(structured model)이 사용되기도 하였지만, 여기서는 각 종에 관한 비구조 모델(unstructured model)의 사용에 국한하여 논의하기로 한다. 각 종에 대한 비구조 모델이 사용되기는 하지만, 집단 모델은 전체 생체(biomass)가 구별되는 부집단들(subpopulations)로 나누어진다는 관점에서는 여전히 구조적이다.

이런 식들은 여러 생태계들(ecosystems)을 모방한 키모스탯들에 종종 적용된다. 이 식들을 풀면 종종 여러 가지 정상상태들을 구할 수 있다. 각각의 정상상태에 대해서 그것의 안정성(stability)을 분석할 필요가 있다. 불안정한 정상상태는 실질적으로 현실화될 수 없다. 상평면 유형(phase-plane portrait)을 이용하여 정상상태로 접근하는 양상을 관찰할 수 있고 제한 원(limit cycle)의 존재 유무를 결정할 수 있다. 국부적 안정성에 대한 정상상태를 테스트하는 것(선형화된 안정성 분석)이 전체적 안정성에 대한 것보다 보통 더 쉽다.

이와 같은 기초를 바탕으로 하여 몇 가지 대표적인 예에 대해 살펴보기로 한다.

예제 16.1

동일한 생장속도 제한기질을 놓고 두 종이 경쟁하는 것은 일상적으로 발생한다. 만일 A와 B가 모두 Monod 속도식을 따를 때, 두 생체가 안정되게 공존할 수 있는 경우를 결정하라.

풀이

이런 상황에 대해서 다음 식들은 동적인 상황을 기술한다.

$$\frac{dX_A}{dt} = -DX_A + \frac{\mu_{mA}S}{K_{SA}+S}X_A \tag{16.1}$$

$$\frac{dX_B}{dt} = -DX_B + \frac{\mu_{mB}S}{K_{SB}+S}X_B \tag{16.2}$$

$$\frac{dS}{dt} = D(S_0 - S) - \frac{1}{Y_{X_{A/S}}}\frac{\mu_{mA}SX_A}{K_{SA}+S} - \frac{1}{Y_{X_{B/S}}}\frac{\mu_{mB}S}{K_{SB}+S}X_B \tag{16.3}$$

A와 B가 모두 공존한다면, 식 16.1과 16.2로부터 아래 식을 얻을 수 있다.

$$D = \frac{\mu_{mA}S}{K_{SA}+S} = \frac{\mu_{mB}S}{K_{SB}+S} \tag{16.4}$$

식 16.4는 아래와 같이 된다.

$$S = \frac{\mu_{mB}K_{SA} - \mu_{mA}K_{SB}}{\mu_{mA} - \mu_{mB}} \tag{16.5}$$

식 16.5는 $S \geq 0$일 때만 의미가 있다. 그림 16.1의 두 경우에 관해 살펴보면, 경우 (a)에서는 $\mu_{mA}K_{SB} > \mu_{mB}K_{SA}$이고 $\mu_{mA} > \mu_{mB}$이다. 결과적으로 S는 항상 0보다 작아지므로 공존한다는 것은 불가능하다. 그러나 경우 (b)에서는 두 집단이 공존할 수 있는 S 값을 식 16.5로부터 구할 수 있다. 교차하는 점에 해당하는 D는 D_c이다.

이와 같은 공존이 수학적으로는 얻어질 수 있으나, 실제 시스템에서 물리적으로 얻어질 수는 없다. 실제 시스템에서는, 희석률이 시간에 따라 약간 변할 수 있고 그 변화는 한쪽 집단에 유리하게 작용하게 된다. 이 책에서 다루기에는 적당하지 않은 보다 복잡한 분석기법을 사용하면 D의 '잡음(noise)'의 세기(무작위 변동)와 D_c로부터 벗어난 D의 편견(bias)이 둘 다 0이 아니면 한 경쟁자가 키모스탯에서 제거된다는 것을 보일 수 있다. 또한 D가 어떻게 변하느냐에 따라서 두 경쟁자 중 어떤 것도 제거될 수 있다.[1)]

실험 조건들을 변형시키면 두 경쟁자가 공존할 수 있다. 이와 같은 변형의 예는 공간적 불균질성(spatial heterogeneity)을 제공해 주는 것(시스템이 잘 혼합된 상태가 아니거나 벽성장(wall growth)이 있는 경우) 또는 또 다른 상호작용을 첨가해 주는 것(예, 포식자를 첨가하거나 대사산물을 상호 교환하는 것) 등이다. 또한 동적인 형태로 키모스탯 조업을 함으로써(D가 시간에 대한 함수) 때때로 공존을 달성할 수 있다. 또한 다른 속도 표현(예, 기질 저

---

1) G. N. Stephanopoulos, R. Aris, and A. G. Fredrickson, *Mathematical Biosciences* 45: 99, 1979.

해 작용)들을 사용함으로써 여러 개의 교차점을 얻을 수 있고, 따라서 여러 개의 정상상태가 가능하다는 것은 주목할 만한 흥미로운 것이다.

예제 16.2

키모스탯에서 상리적 생장의 경우, 이 시스템에 대한 적당한 식들을 세우고, 상리작용에 경쟁이 첨가될 경우 그 영향에 대해 논의하라.

풀이

물리적 모델이 두 개의 서로 다른 종 A와 B에 대해 세워진다. A는 생장의 부산물로서 P_A를 생산하고 B는 P_B를 생산한다. 생체 B는 생장하기 위해서 P_A를 필요로 하고, A는 P_B를 요구한다. P_A와 P_B를 제외한 모든 필수 영양분이 키모스탯으로 공급되고, A와 B는 공급 배지 내의 기질 S를 놓고 경쟁할 수 있다.

이 경우에 대한 가장 일반적인 기술은 아래와 같다.

$$\frac{dX_A}{dt} = -DX_A + \mu_A X_A \tag{16.6}$$

$$\frac{dX_B}{dt} = -DX_B + \mu_B X_B \tag{16.7}$$

$$\frac{dP_A}{dt} = -DP_A + Y_{P_A}\mu_A X_A - \frac{1}{Y_{X_B/P_A}}\mu_B X_B \tag{16.8}$$

$$\frac{dP_B}{dt} = -DP_B + Y_{P_B}\mu_B X_B - \frac{1}{Y_{X_A/P_B}}\mu_A X_A \tag{16.9}$$

그리고 A나 B 둘 중 하나의 생장이 S에 의해 제한된다면 다음 식을 고려할 필요가 있다.

$$\frac{dS}{dt} = D(S_0 - S) - \frac{1}{Y_{X_{A/S}}}\mu_A X_A - \frac{1}{Y_{X_{B/S}}}\mu_B X_B \tag{16.10}$$

Y_{X_B/P_A}는 P_A를 기질로 사용하는 B의 생체 수율(biomass yield)이고, Y_{P_A}는 A의 단위질량당 만들어지는 P_A의 양이다. 유사한 정의들이 Y_{X_A/P_B}와 Y_{P_B}에도 적용된다. 순수한 상리적 상태를 생각하면 식 16.10은 무시될 수 있다. 공존상태가 존재하기 위해서는 $D = \mu_A = \mu_B$가 성립한다. P_A와 P_B의 생산속도는 소비되는 속도보다 커야 한다는 것 역시 명백하다. 따라서

$$Y_{P_A} X_A > \frac{X_B}{Y_{X_B/P_A}} \tag{16.11}$$

그리고

$$Y_{P_B} X_B > \frac{X_A}{Y_{X_A/P_B}} \tag{16.12}$$

이다. 위의 두 식으로부터 아래 식들을 얻는다.

$$Y_{P_A} Y_{P_B} X_A X_B > \frac{1}{Y_{X_B/P_A}} \cdot \frac{1}{Y_{X_A/P_B}} X_A X_B \tag{16.13a}$$

또는

$$Y_{P_A} Y_{P_B} > \frac{1}{Y_{X_B/P_A}} \cdot \frac{1}{Y_{x_A/P_B}} \tag{16.13b}$$

또한 다음 식도 명백히 성립한다.

$$D < \min(\mu_{mA}, \mu_{mB}) \tag{16.14}$$

식 16.13b와 16.14는 식 16.6에서 16.9까지의 식들이 순수한 상리적 정상상태의 존재를 가능하게 하는지 아닌지를 결정한다.

이와 같은 공존상태의 안정성이, μ_A와 μ_B가 여러 가지의 생장 함수에 의해 표시된 경우에 검토되었다. 선형 안정성 분석을 사용하여, 이 순수 상리적 상태에서 안장점(saddle point)이 얻어지고, 이 시스템은 모든 물리적으로 가능한 D 값에 대해서 불안정하다는 것이 증명될 수 있다. 그러나 A나 B 중 하나에 대한 생장 제한 기질이 S라면 안정한 공존상태가 발견될 수 있다.

또 다른 잘 알려진 경우는 피식자-포식자 관계의 경우이다. 고전적인 Lotka-Volterra 모델과 기질 소모의 영향을 명시적으로 포함하고 있는 모델을 비교해 보자. 먼저 키모스탯 배양에서 피식자-포식자-기질 간의 관계에 대한 식들을 유도해 보기로 한다. 포도당 같은 제한 기질에서 자라고 있는 박테리아의 생장과 포식자인 원생동물의 생장에 대한 식들을 생각해 보자. 키모스탯에서 기질, 피식자, 포식자에 대한 물질 수지식은 각각 식 16.15, 16.16, 16.17로 나타내진다.

기질:
$$\frac{dS}{dt} = D(S_0 - S) - \frac{1}{Y_{X_b/s}} \frac{\mu_{mb} S}{K_b + S} X_b \tag{16.15}$$

피식자:
$$\frac{dX_b}{dt} = -DX_b + \frac{\mu_{mb} S}{K_b + S} X_b - \frac{1}{Y_{X_p/b}} \frac{\mu_{mp} X_b X_p}{K_p + X_b} \tag{16.16}$$

포식자:
$$\frac{dX_p}{dt} = -DX_p + \frac{\mu_{mp} X_b X_p}{K_p + X_b} \tag{16.17}$$

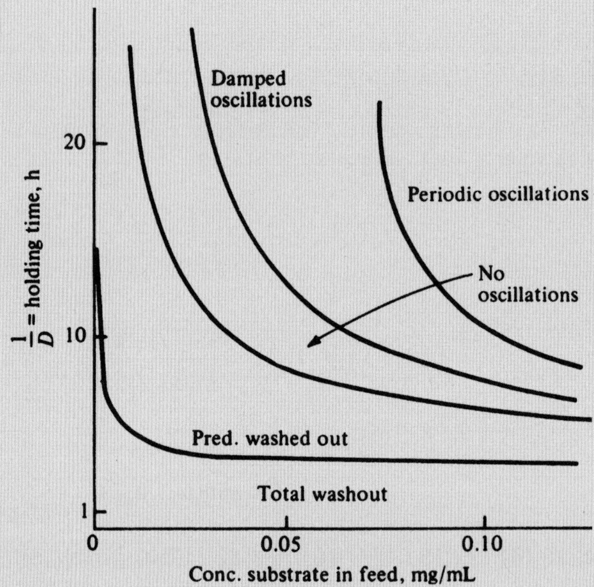

Figure 16.3. Dynamic behavior that can result from the model developed in Example 16.2. (With permission, from H. M. Tsuchiya and others, Predator-Prey Interactions of Dictyostelium discoideum and Escherichia coli in Continuous Culture, *J. Bacteriol.*, vol. 110, p. 1147, 1972. Reprinted with permission from American Society for Microbiology.)

여기서 $Y_{X_b/S}$와 $Y_{X_p/b}$는 각각 기질에 대한 피식자의 생장과 피식자에 대한 포식자의 생장에 관한 수율 계수이다.

이 모델은 연속 배양되는 *Dictyostelium discoideum*과 대장균의 거동을 기술하는 데 사용되어 실험결과를 매우 잘 예측할 수 있었다. 여러 가지 형태의 공존 양상이 안정성 분석에 의해 나타났다. 이런 양상들은 진동이 없는 경우, 감쇠 진동의 경우, 진동이 유지되는 경우 등을 포함한다(그림 16.3 참조).

포화 가능한 기질 섭취에 기반한 이 모델은 거의 1세기 이전에 Lotka와 Volterra에 의해 개발된 고전적 모델과 비교될 수 있다. Lotka-Volterra 모델은 기질이 피식자의 생장 역할에 미치는 영향은 고려하지 않았고, 키모스탯 같은 열린 시스템을 가정하지는 않았다. 이 모델 식들은 다음과 같다.

피식자:
$$\frac{dX_b}{dt} = \mu'_b X_b - \frac{\mu'_p X_b X_p}{Y_{p/b}} \tag{16.18}$$

포식자: $$\frac{dX_p}{dt} = -k'_d X_p + \mu'_p X_b X_p \tag{16.19}$$

식 16.18의 첫째 항은 기질에 대한 피식자의 생장을 나타내고, 둘째 항은 포식자에 의한 피식자의 소모를 나타낸다. 식 16.19의 첫째 항과 둘째 항은 피식자가 없어서 포식자가 죽는 것과 피식자를 먹고 포식자가 생장하는 것을 각각 나타낸다. $Y_{p/b}$는 피식자를 먹고 생장하는 포식자의 수율(g/g)이고, μ'_b은 가용성 기질을 먹고 자라는 피식자의 비성장속도(h^{-1}), μ'_p은 피식자를 먹고 자라는 포식자의 생장속도(l/g · h), 그리고 k'_d은 포식자의 비사망속도(specific death rate)(h^{-1})를 각각 표시한다.

식 16.18과 16.19에서 dX_b/dt와 dX_p/dt가 0이면 회분식 생장에서의 정상상태 해를 구할 수 있다. 이런 조건하에서 $X_{bF} = k'_p/\mu'_p$이고, $X_{pF} = \mu'_b Y_{p/b}/\mu'_p$이다.

다음과 같은 무차원 변수를 정의하면

$$\bar{X}_b = \frac{X_b}{X_{bF}}, \bar{X}_p = \frac{X_p}{X_{pF}} \tag{16.20}$$

식 16.18과 16.19는 $\bar{X}_b$와 $\bar{X}_p$로 표시될 수 있다.

$$\frac{d\bar{X}_b}{dt} = \mu'_b(1-\bar{X}_p)\bar{X}_b \tag{16.21}$$

$$\frac{d\bar{X}_p}{dt} = -k'_d(1-\bar{X}_b)\bar{X}_p \tag{16.22}$$

식 16.21과 16.22는 초기 조건 $\bar{X}_b(0) = \bar{X}_{b_0}$와 $\bar{X}_p(0) = \bar{X}_{p_0}$를 사용하여 풀 수 있다.

$\bar{X}_b$와 $\bar{X}_p$의 관계는 식 16.21을 16.22로 나눔으로써 구할 수 있다.

$$\frac{d\bar{X}_b}{d\bar{X}_p} = \frac{\mu'_b\bar{X}_b(1-\bar{X}_p)}{-k'_d\bar{X}_p(1-X_b)} \tag{16.23}$$

식 16.23을 적분하면

$$\mu'_b \ln\bar{X}_p - \mu'_b\bar{X}_p + k'_d \ln\bar{X}_b - k'_d\bar{X}_b = K \tag{16.24a}$$

또는

$$\left(\frac{\bar{X}_p}{e^{\bar{X}_p}}\right)^{\mu'_b}\left(\frac{\bar{X}_b}{e^{\bar{X}_p}}\right)^{k'_d} = e^K \tag{16.24b}$$

여기서 K는 초기 집단의 크기의 함수인 적분상수(integration constant)이다.

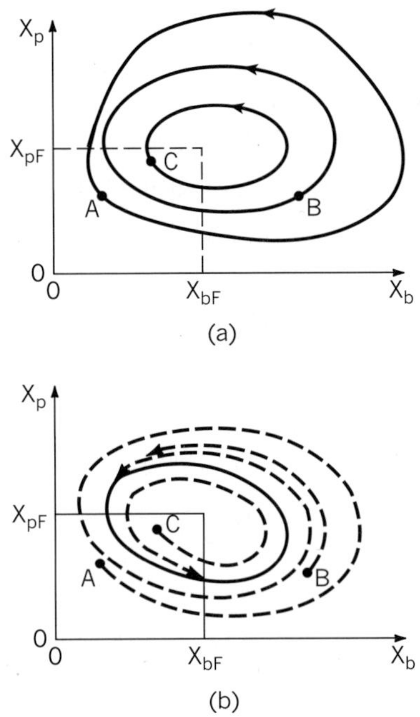

Figure 16.4. Schematics of phase-plane portraits for prey–predator interactions. (a) Limit cycles predicted by Lotka–Volterra (soft oscillations where initial conditions determine the dynamic behavior). (b) Limit-cycle prediction using the model developed in Example 16.2 (hard oscillations where the limit cycle is independent of initial conditions). The predicted steady-state point is defined by X_{pF} and X_{bF}. *A, B,* and *C* represent different initial conditions.

식 16.24를 사용하여 이 시스템의 상평면 분석(phase-plane analysis)을 할 수 있다. 그림 16.4는 서로 다른 초기 집단 크기(level)에 대한 피식자-포식자 집단의 제한 원(진동하는 궤도)을 표시한다.

Lotka-Volterra 모델은 포식자가 없을 때 피식자 종이 지수적 생장을 한다고 생각하였고, Monod 형태를 따르는 피식자 종에 의한 기질의 사용을 무시하였다. Lotka-Volterra 진동은 초기 조건에 의존하며, 외란(external disturbance)의 존재하에서는 진폭과 진동수가 변화한다. 이런 형태의 진동을 soft oscillation이라 부른다. Monod 속도식에 근거한 다른 모델(식 16.15 ~ 16.17)은 자연계에서 존재하는 보다 안정하며 지속되는 진동들을 설명해 주고, 이런 진동은 초기 조건에 의존하지 않는다(즉, hard oscillation).

16.3 자연상의 혼합배양

생체의 혼합배양은 자연 생태계에서 일상적인 것이다. 대부분의 원소들(예, 탄소, 질소, 산소, 황)의 자연적 순환에는 미생물이 관여한다. 탄소와 질소 순환의 단순화된 도표가 각각 그림 16.5와 16.6에 나타나 있다. 토양과 수중 환경에서 자라는 생체들은 탄소와 질소 순환에 적극적으로 참여한다. 예를 들면, 어떤 생체는 대기 중의 CO_2를 고정하여 탄수화물을 만

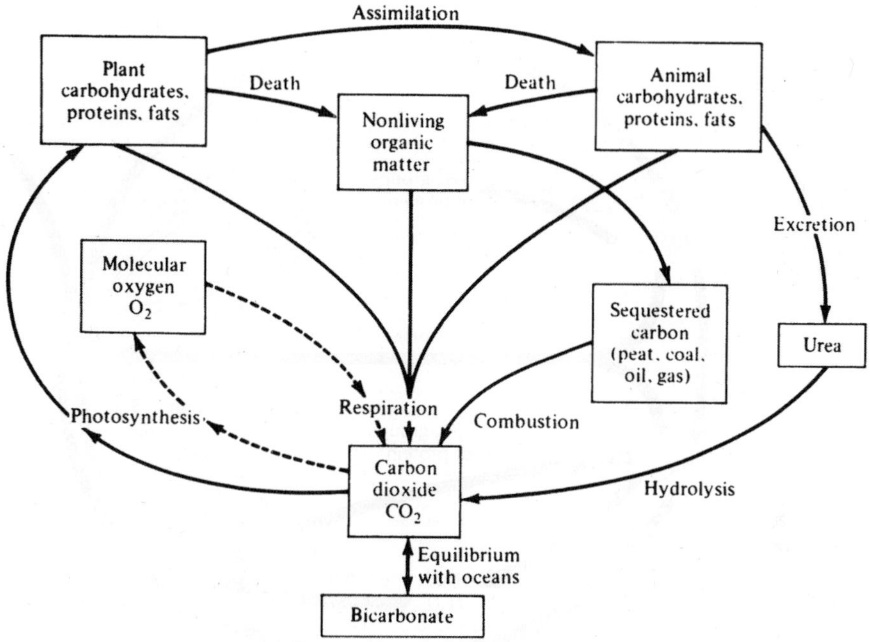

Figure 16.5. Simplified diagram of the carbon cycle. Dashed lines show the major component of the oxygen cycle, which is closely linked to the cycle of carbon. (With permission, from J. E. Bailey and D. F. Ollis, *Biochemical Engineering Fundamentals*, 2d ed., McGraw-Hill Book Co., New York, 1986, p. 914.)

들고, 다른 것은 탄수화물을 분해하여 CO_2를 대기 중으로 방출한다. 마찬가지로 어떤 생체는 대기 중의 질소(N_2)를 고정하여 암모늄과 단백질을 생산하는 반면, 다른 것은 암모늄을 아질산염(nitrite)과 질산염(nitrate)으로 전환하고(질소화 작용(nitrification)), 다른 것은 질산염을 대기 중의 질소로 환원한다(탈질소 반응(denitrification)). 황-산화 생체(sulfur-oxidizing organism)는 환원된 황 물질(황(sulfur)과 황화물(sulfide))을 황산염(sulfate)으로 전환하고, 황산염-환원 생체(sulfate-reducing organism)는 황산염을 수소 황화물(hydrogen sulfide)로 환원한다.

앞서 기술한 다른 종 간의 상호작용은 자연계에서 보다 복잡한 형태로 발생한다. 혐기성 환경(anaerobic environment)하에서의 그와 같은 시스템의 복잡성을 그림 16.7에 나타내었다. 이와 같은 복잡한 환경을 이해하는 것은, 유기 오염 물질을 분해하는 자연 생태계의 용량을 이해하는 데 중요하다.

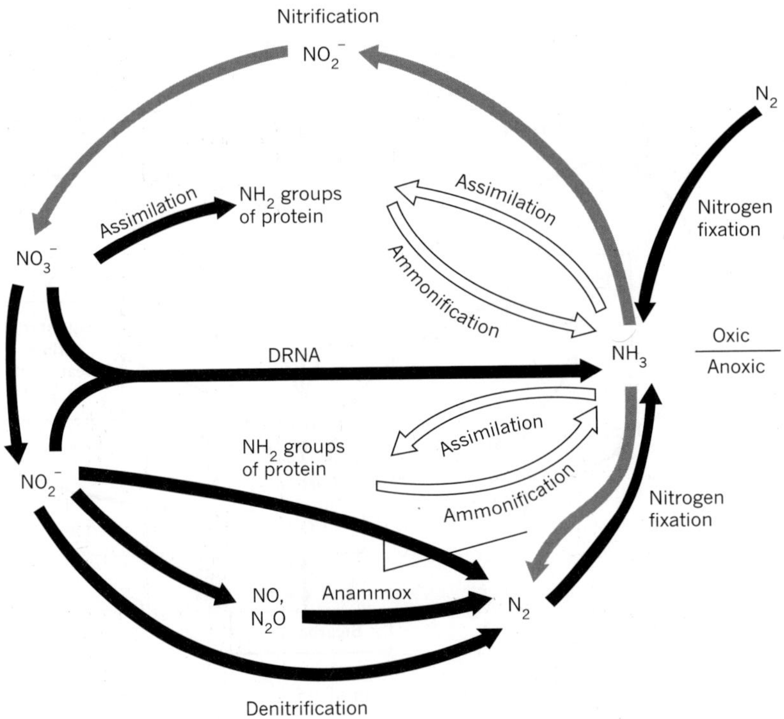

Figure 16.6. Redox cycle for nitrogen. (Brock, Thomas D.; Brock, Katherine M.; Ward, David M., *Basic Microbiology with Applications*, 14th ed., © 2015. Reprinted and electronically reproduced by permission of Pearson Education, Inc., New York, NY.)

16.4 혼합배양의 산업적 이용

식품 생산에 혼합배양이 사용되는 좋은 예인 치즈 제조에서는 정의된 혼합 미생물 집단들이 일상적으로 사용된다. 저온살균된(pasteurized) 신선한 우유에 적당한 젖산 생체들을 접종함으로써 다양한 형태의 치즈가 생산된다. 젖산 생산에 사용되는 박테리아는 혼합배양되는 *Streptococcus*와 *Lactobacillus*의 여러 가지 종들이다. 맛과 향을 내기 위해서 다른 생체들이 이용되기도 한다. 이 중에는 *Brevibacterium linens*, *Propionibacterium shermanii*, *Leuconostoc* 종, *Streptococcus diacetilactis* 등이 있다. 저온살균된 우유에 접종한 후, 배지의 산성에 의해서 단백질이 풍부한 커드(protein-rich curd)가 생성되면 액체를 배수시켜 빼낸다. 침전이 생성된 커드는 박테리아나 사상곰팡이의 작용에 의해 숙성된다. 치즈 제조에 사용되는 곰팡이들은 *Penicillium camemberti*와 *Penicillium roqueforti* 등이다.

젖산 박테리아는 위스키 제조에도 사용된다. 효모에 *Lactobacillus*를 첨가함으로써 pH

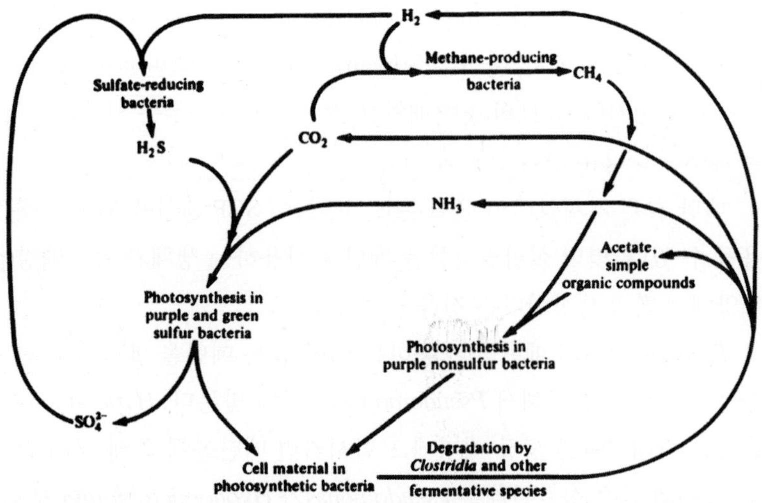

Figure 16.7. Simplified schematic of the cycles of matter in an anaerobic environment. (With permission, from J. E. Bailey and D. F. Ollis, *Biochemical Engineering Fundamentals,* 2d ed., McGraw-Hill Book Company, New York, 1986, p. 918.)

를 낮추고 따라서 오염의 기회를 적게 한다. *Lactobacillus*는 또한 위스키의 맛과 향을 돋워 준다. 효모와 젖산 박테리아 간의 알맞은 상호작용은 진저비어(ginger-beer) 발효에서도 존재한다.

폐기물 처리공정에서 정의되지 않은 혼합 미생물 배양의 이용은 전형적이며 필수적이다. 폐수처리는 생물공정에서 가장 큰 규모로 사용되는 것 중의 하나이다. 폐기물의 혐기성 분해에도 혼합배양이 이용된다. 셀룰레이스 생산, 산 생성, 메탄 생산 등을 수행하는 것들이 셀룰로오스성 폐기물의 혐기성 분해에 사용되는 전형적인 생체들이다. 그러나 폐기물 상에서 자라는 한 특정 종의 생장을 촉진시키려는 시도들도 행해져 왔다.

Symba 공정이 녹말성 폐기물(starchy waste) 특히 감자 가공으로부터 발생하는 폐기물 처리를 위해 스웨덴에서 개발되었다. 이 공정에서는 아밀레이스 생산을 위해서 *Endomycopsis fibuligera*가 사용되고, 녹말의 가수분해로부터 생성된 당 분자의 사용을 위해 효모인 *Candida utilis*가 사용된다. 단세포 단백질(single-cell protein (SCP))이 감자 폐기물 처리와 동시에 생산된다.

옥수수와 완두콩 폐기물 또한 *Trichoderma viride*와 *Geotrichum* 종의 혼합배양에 의해 처리된다. *T. viride*는 셀룰로오스를 환원 당 분자들로 쪼개기 위한 아밀레이스를 생산하고, *Geotrichum*은 녹말을 환원 당 분자들로 쪼개기 위한 아밀레이스를 생산한다. 이 두 생체는 모두 환원 당 분자들을 생장에 사용한다.

*Candida lipolytica*와 *Candida tropicalis*의 혼합배양은 SCP를 생산하기 위해 실험실과 파일럿 규모의 조업에서, 탄화수소(hydrocarbon), *n*-파라핀(*n*-paraffin), 또는 가스유(gas oil)상에서 이루어진다. 효모의 혼합배양은 순수한 효모균주를 사용하는 것에 비해 더 좋은 품질을 제공해 준다는 것이 입증되었다.

메탄 같은 기체상태의 탄화수소 기질들이 SCP 생산을 위해서 특정 박테리아에 의해 사용될 수 있다. 몇몇 실험결과들은 메탄을 사용하는 생체가 순수배양(pure culture)보다 혼합배양에서 빨리 생장한다는 것을 보여 주었다.

*Pseudomonas*의 메탄을 사용하는 어떤 종은 메탄을 메탄올로 산화시킨다. 그러나 최종 산물인 메탄올에 의해서 *Pseudomonas*는 저해 받는다. *Hyphomicrobium* 같은 메탄올을 사용하는 박테리아를 생장 배지에 포함시키면 메탄올에 의해 저해 받는 문제점을 제거할 수 있다. 이와 같은 상호관계는 *Pseudomonas*가 *Hyphomicrobium*에게 탄소원(CH_3OH)을 제공하고 *Hyphomicrobium*은 *Pseudomonas*의 생장 저해 물질(메탄올)을 제거해 준다는 의미에서 상리적이다.

$$CH_4 \xrightarrow{Pseudomonas} CH_3OH \xrightarrow{Hyphomicrobium} CO_2 + H_2O \tag{16.25}$$

되먹임 저해

16.5 생물학적 폐기물 처리

생물학적 폐기물 처리는 혼합배양을 산업적으로 이용한 한 예이다. 사회에서 생성되는 폐기물은 세 가지 주요 부류로 나눌 수 있다.

- 산업 폐기물은 여러 종류의 산업체로부터 생산되고, 폐기물의 특성은 산업체에 따라 매우 다르다. 산업 폐기물은 보통 탄화수소, 탄수화물, 알코올, 지방, 방향족 유기물질 등을 포함한다. 산업 폐기물에는 탄소 물질(carbon compound)이 풍부하고, 보통 질소가 별로 없으므로(높은 C/N 비), 산업 폐기물의 생물학적 처리를 위해서는 보통 질소 물질(nitrogen compound)과 다른 영양분이 첨가되어야 한다. 처리방법을 설계할 때 가능성 있는 유독성 물질의 존재가 주의 깊게 고려되어야 한다.
- 가정 폐기물은 시 당국에 의해 처리되며, 인간과 그들의 일상생활로부터 유래된다. 이것들에는 지상 쓰레기, 세탁 폐수, 배설물 등과 종종 시의 시스템으로 하수 처리되는 약간의 산업 폐기물 등이 포함된다. 가정 폐기물은 인간 생활의 주기적인 특성으

로 인해서 유량과 조성의 시간에 따른 변화가 매우 심하다(예, 대부분의 사람이 잠을 자는 밤 시간에는 유량이 감소한다).

- 농업 폐기물은 농장의 가축에 의해서도 생성되고(예, 가축 배설물), 짚 같은 식물 폐기물도 있다. 가금의 배설물(poultry manure) 같은 몇몇 폐기물은 질소를 많이 함유하고 있지만, 농업 폐기물은 셀룰로오스성 물질을 많이 함유하고 있으므로 보통 탄소가 풍부하게 존재한다.

이와 같은 각각의 폐기 물질들은 그들 고유의 특성을 갖고 있으며, 처리방법도 그 특성에 따라 다르다.

세 가지 주요 폐기물 처리방법은 다음과 같다.

- **물리적**(physical) 처리방법에는 체질(screening), 응집(flocculation), 침강(sedimentation), 여과(filtration), 부유(flotation) 등이 있고, 불용성 물질의 제거에 보통 사용된다.
- **화학적**(chemical) 처리방법에는 화학적 산화(염소화(chlorination), 오존화(ozonation))와 $CaCl_2$, $FeCl_2$, $Ca(OH)_2$, 또는 $AL_2(SO_4)_3$를 사용한 화학적 침전(precipitation)이 있다.
- **생물학적**(biological) 처리방법에는 미생물의 혼합배양에 의한 폐수의 호기적, 혐기적 처리가 있다.

처리하기 전에 폐수의 몇몇 특성을 알아야 할 필요가 있다. 이런 특성들 중에는 색깔, 냄새, pH, 온도, 고형성분 포함률(현탁된(suspended) 고체와 용해된(dissolved) 고체) 같은 물리적 특성과 유기물과 무기물 같은 화학적 특성이 있다. 전형적인 산업 폐수 내의 주요 탄소 물질은 탄수화물, 지방-기름, 탄화수소, 단백질 등이다. 페놀, 계면활성제(surfactant), 제초제(herbicide), 살충제(pesticide), 방향성 물질(aromatic compound) 같은 다른 물질들은 보통 비교적 낮은 농도(<1 g/l)로 존재하나, 생물학적 방법으로 분해하기가 어렵다. 폐수 중에 존재하는 무기물질 중에는 질소 화합물(NH_4^+, NO_3^-), 황 화합물(SO_4^{2-}, S^{2-}, S^0, S_3^{2-}), 인 화합물(PO_4^{3-}, HPO_4^{2-}, $H_2PO_4^{1-}$), 중금속(Ni^{2+}, Pb^{2+}, Cd^{2+}, Fe^{2+}, Cu^{2+}, Zn^{2+}, Hg^{2+}), 그리고 H_2S, NH_3, CH_4 같은 용해된 기체 등이 있다.

폐수 시료의 탄소 함유도(세기(strength))는 몇 가지 다른 방법으로 표시될 수 있다—**생물학적 산소 요구량**(biological oxygen demand (BOD)), **화학적 산소 요구량**(chemical oxygen demand (COD)), 그리고 **총 유기 탄소**(total organic carbon (TOC)). 보통 5일 BOD값을 사용하고 있다. BOD_5는, 폐수 시료에 활성이 강한 박테리아를 접종한 후 20℃에서 5일간 배양하였을 때 용존산소(dissolved oxygen (DO))의 소모량을 나타낸다. 소모된 산소의 양은 일차적으로 폐수의 유기물 함유량과 화학량론적으로 관계되기 때문에 BOD는 폐수의 세기

지표이다. 보통 유기물의 조성을 알 수 없으므로, 이 화학량론 계수를 항상 알 수는 없다. 또한 몇몇 질소 함유물이나 무기물들도 산소를 사용하는 경우가 있다. 만약 유기물질이 포도당뿐이라면, 호기성 조건하에서 산소의 소모는 폐수의 탄소 함유율과 쉽게 연관될 수 있다.

$$C_6H_{12}O_6 + 6O_2 \rightarrow 6CO_2 + 6H_2O \tag{16.26}$$

이 반응의 화학량론에 따르면, 1 g의 포도당을 산화시키기 위해서 1.07 g의 산소가 요구된다.

폐수 시료는 정확한 BOD_5를 측정하기 위해서 적당히 희석되고, 활성이 강한 박테리아가 접종되고, 박테리아 접종이 안 된 공시료(blank)와 함께 20°C에서 5일간 배양된다. BOD_5는 다음 식으로부터 계산된다.

$$BOD_5 = [(DO)_{t=0} - (DO)_{t=5}]_{\text{sample}} - [(DO)_{t=0} - (DO)_{t=5}]_{\text{blank}} \tag{16.27}$$

BOD 측정에는 몇 가지 결점이 있다. 이 방법은 단지 생분해성, 가용성 유기물질에만 적용될 수 있으며, 이런 형태의 폐기물에 이미 적응된 활성이 강한 높은 농도의 박테리아가 요구된다. 더욱이 유기물질이 처리되기 힘든 물질이면, 5일의 배양시간은 충분하지 않으며 20일간의 배양(BOD_{20})이 요구되기도 한다.

COD는 폐수 내에 존재하는 화학적으로 산화될 수 있는 유기물질의 농도를 측정하는 것이다. 유기물질은 강한 화학적 산화제(chemical oxidant)에 의해 산화되고, 반응 화학량론(reaction stoichiometry)을 이용하여 유기물 함유율이 계산된다. 폐수 내에 존재하는 거의 모든 유기물질들은 특정한 강력 화학적 산화제에 의해서 산화된다. 그러므로 폐수 시료의 COD 비율은 보통 측정된 BOD보다 크다(COD > BOD_5).

전형적인 화학적 산화반응(물질 수지가 맞춰지지 않은)은 다음과 같다.

$$C_aH_bO_c + Cr_2O_7^{2-} + H^+ \xrightarrow{\text{heat}} Cr^{3+} + CO_2 + H_2O \tag{16.28}$$

중크롬산염(dichromate)이 산화제로서 사용될 수 있고, 산화환원 수지식(redox balance)에 의해서 유기물질을 산화시키는 데 필요한 산소량을 계산할 수 있다. 이 방법은 BOD 측정보다 더 빠르고(3시간정도), 더 쉬우며, 가격이 더 저렴하다.

폐수 시료의 TOC 비율은 TOC 분석기를 사용하여 결정할 수 있다. 시료를 적당히 희석시킨 뒤 고온(900~950°F)의 도가니에서 가열하면 모든 유기 탄소 물질이 CO_2로 산화되고, 그 CO_2는 적외선 분석기에 의해서 측정된다. TOC 비율을 결정하기 위해서는, 폐수 시료 내의 무기 탄소 물질(주로 탄산염)을 제거하기 위해서 산성화시켜야 한다.

폐수 시료 내의 질소 함유율은 총 켈달 질소(total Kjeldahl nitrogen (TKN)) 측정법에 의해 보통 측정된다. 인산염, 황 같은 다른 주요 영양분 농도와 유독성 물질은 폐수가 처리되기 전에 측정되어야 한다.

현탁 세포를 사용하는 폐수 처리 시스템에서 생체의 농도는, 혼합액 휘발성 현탁 고형물(mixed-liquor volatile suspended solid (MLVSS))로서 측정된다. 기본적으로, 부피를 아는 폐수를 여과하여 걸러진 고체는, 건조 후 무게를 재면 혼합액 현탁 고형물(mixed-liquor suspended solid (MLSS))이 된다. 이 물질은 이어서 600°C의 공기 중에서 연소되어 **휘발**된다(volatilized). 나머지 비연소성 무기물질의 무게는 **고정성**(fixed) 고형물 부분이다. 연소 전의 원래 질량과 고정성 고형물 간의 무게 차이가 **휘발성**(volatile) 부분이다. 이와 같은 측정 시 탄소질 입자도 포함되지만, 휘발성 부분 또는 MLVSS는 주로 미생물인 것으로 가정된다.

생물학적 처리방법에 의한 전형적인 폐기물 처리조업은 다음의 단계들을 거치게 된다.

1. 1차 처리방법은 굵은 고형물질들과 현탁물질들을 제거하고(체질, 침강, 여과), 폐수의 pH를 조절하며 영양분(예, PO_4^{3-}, $NH4^+$)을 첨가하여 폐수의 조건을 맞추는 것이다.
2. 2차 처리가 생물학적 처리방법에서의 가장 주된 단계이다. 여기서는 가용성과 난용성 유기물질의 생물학적 산화 또는 혐기적 처리가 수행된다. 유기물질들은 호기적 조건하에서 생체에 의해 CO_2와 H_2O로 산화된다. 호기적 처리에서 산화되지 않은 유기물질과 고체들(예, 세포벽 물질, 지방)은 혐기적 조건하에서 CH_4, CO_2, H_2S의 혼합물로 분해된다. 분해되지 않은 물질들의 **슬러지**(sludge)는 이들 시스템으로부터 분리 · 제거되어야 한다.
3. 3차 처리방법은 탄소 흡착(carbon adsorption), 심층 여과(deep-bed filtration) 같은 한 가지 또는 둘 이상의 물리적 분리방법에 의해서, 어떤 경우에 있어서는 역삼투(reverse osmosis)나 전기 투석(electrodialysis) 같은 막 이용기술에 의해서, 남아 있는 무기물질(인산염, 황산염, 암모늄)과 다른 처리하기 힘든 유기물질을 제거하는 것이다.

16.5.1 생물학적 폐기물 처리 공정

생물학적 폐수 처리는 폐수의 특성에 따라 구성 생체들이 다른 혼합배양을 보통 이용한다. 생물학적 처리는 호기적 또는 혐기적으로 수행된다. 폐수 처리에 사용되는 주요 호기적 공정(또는 반응의 형태)은 활성 슬러지(activated sludge), 세류 필터(trickling filter), 회전 생물학적 장치(rotating biological contactor), 산화촉진 연못(oxidation pond) 등이다.

활성슬러지(activated-sludge) 공정은 잘 교반되며 공기가 공급되는 연속 반응기와 침전조(settling tank)로 구성된다. 탱크의 물리적 설계에 따라서, 그리고 탱크 내로 폐수가 어떻게 공급되느냐에 따라서 PFR(plug flow reactor) 또는 CFSTR(continuous-flow stirred-tank reactor)과 유사하다. 한 곳으로부터 공급되는 길고 좁은 탱크는 PFR의 거동에 근접하고, 원형 탱크는 CFSTR에 근접한다. 침전조로부터 농축된 세포들은 교반탱크 반응기(stirred-tank reactor)로 재순환되어 돌아간다. 그림 16.8은 전형적인 활성슬러지 공정의 모식도이다. 보통 생체의 혼합배양은 생물반응기 내에서 이루어진다. 이들 생체 중 몇몇은 고분자 물질(다당류)을 생산하기도 하며, 이것은 생체들이 서로 엉겨 붙는 데 도움을 준다. 플록(floc)이 생성되는 것은 활성슬러지 공정에서 발생하는 일상적인 현상이며, 이것은 가용성 유기물질의 생물학적 산화에 물질 전달 제한(mass transfer limitation)을 유발하기도 한다. 그러나 침강 단계에서는 크고 밀도 있는 플록이 요구되기 때문에, 플록이 잘 형성되는 것이 이 시스템의 성능을 좋게 하는 근본이 된다. 침강 장치로부터의 세포 재순환은 생물학적 산화 속도를 증가시키고(즉, 고농도 세포배양), 따라서 주어진 공급속도에 대한 체류시간(residence time) 또는 슬러지 반응기의 부피를 감소시킨다. 재순환 비(recycle ratio)는 BOD 제거 속도를 최대화하기 위해서 제어될 필요가 있다.

공기공급기(aerator)와 교반기(agitator)의 선택이 활성슬러지 공정의 설계에서 결정적인 요소이다. 공기공급의 요구 정도는 폐수의 세기와 세포농도에 따라 변화한다. 전형적인 활성슬러지 공정에서의 산소 요구도는 약 30 ~ 60 m^3 O_2/제거되는 BOD kg이다. 기계적 교반 장치를 갖추었거나 갖추지 않은 다양한 공기공급 장치가 활성슬러지 장치에서 사용될 수 있다. 얕은 활성슬러지 장치에는 기계적 표면 공기공급기(mechanical surface aerator)가 널리 사용된다. 표면 공기공급기는 고정된 구조물에 장착된 모터에 부분적으로 잠겨 있는 임펠러들이 부착되어 있다. 표면 공기공급기는 액체를 분산시켜서 공기-물 간의 경계면에 빠른 변화를 유발함으로써 산소 전달을 증대시킨다. 높은 세기의 폐수처리를 위해서는 순수 산소가 이용되기도 한다. 또한 순수 산소를 사용한 단계적 조업(stagewise operation)이 매우

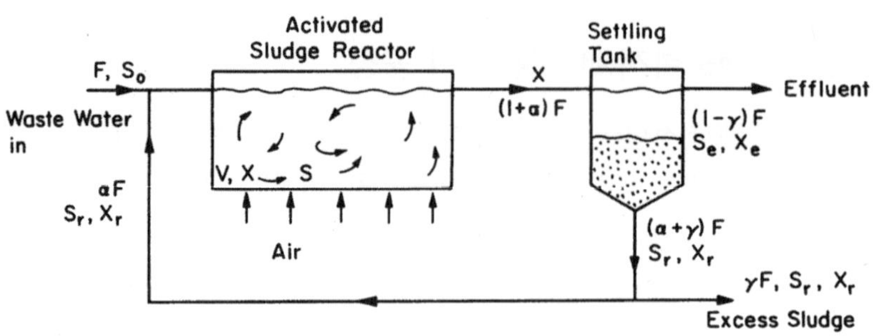

Figure 16.8. Schematic diagram of an activated-sludge unit.

효과적인 폐수처리 방법인 것으로 밝혀졌다. Union Carbide에 의해 최초로 개발된 UNOX 공정은 이 개념을 근본으로 하는 것이다. 다른 형태의 공기공급 방법으로는 기포 공기공급기(bubble aerator)와 10장 '생물반응기의 선택, 대규모화, 운전 그리고 제어'에서 논의되었던 것과 유사한 고정 터빈(fixed turbine) 등을 이용하는 방법이 있다.

활성슬러지 시스템은 입력 파라미터들 중 폐수의 유량과 조성 같은 제어될 수 없는 많은 외란들에 직면하게 된다. 이와 같은 외란들은 시스템의 실패를 유발할 수 있다(폐수의 충분하지 못한 처리). 외란의 한 형태에 **충격 부하**(shock loading)가 있다. 이것은 높은 농도의 유독성 물질이 갑자기 유입(펄스(pulse))되는 것을 의미한다. CFSTR로 설계되는 것이 물론 PFR로 설계되는 것보다 그와 같은 유입에 의해 영향을 덜 받는다.

외란에 대한 결과로 나타나는 한 가지 반응은 슬러지 **팽창**(bulking)이다. **팽창된 슬러지**(bulking sludge)는 침전이 잘 일어나지 않고 결과적으로 세포들이 재순환되지 않는다. 팽창된 슬러지는 처리장치 내의 미생물 집단의 조성에 변화가 일어남으로써 종종 발생한다. 예를 들면, 필라멘트형 박테리아가 정상적인 플록을 형성하는 세포에 비해 지배적으로 자라면 작고 가벼운 플록을 형성하게 된다.

미생물 생장과 기질 소비에 대한 속도식과 생체와 기질에 관한 물질 수지식을 사용하여, 특정한 정도의 BOD 제거를 위해 필요한 활성슬러지 탱크의 부피를 결정할 수 있다. 활성슬러지 탱크에서는 생체의 혼합배양이 수행되므로 BOD 제거의 실제적인 속도식은 복잡하다. 다양한 종 간의 상호작용들은 보통 알려져 있지 않다. 아래의 해석은 순수배양의 속도식에 근거를 두고 있으며, 이것은 단지 근사적인 결과일 뿐이다. 여기서 비성장속도는 사망속도(또는 내호흡률(endogenous respiration rate)) 항을 포함하고 있는 Monod식에 의해 주어진다고 가정하였다.

$$\mu_{\text{net}} = \frac{\mu_m S}{K_s + S} - k_d \tag{16.29}$$

활성슬러지 탱크 내의 생체와 속도 제한 기질에 대한 정상상태 물질 수지식은 다음과 같다(그림 16.7 참조).

생체: $$\left(\frac{\mu_m S}{K_s + S} - k_d\right) XV + \alpha F X_r = (1+\alpha) F X \tag{16.30}$$

기질: $$F S_0 + \alpha F S_r = \frac{1}{Y_{X/s}^M}\left(\frac{\mu_m S}{K_s + S}\right) XV + (1+\alpha) F S \tag{16.31}$$

이 식들은 9장 '현탁배양과 고정화배양을 위한 생물반응기 운전에 대한 고찰'에서 논의되었던 재순환이 있는 연속 배양의 경우와 매우 유사하다. 여기서는 내호흡 항이 포함되어 있다는 것이 다르다.

침전조 내에서는 기질의 소모와 세포 성장이 없다고 가정하면(짧은 체류시간), 침전조 주위의 물질 수지식은 다음과 같다.

생체: $$(1+\alpha)FX = (1-\gamma)FX_e + (\alpha+\gamma)FX_r \tag{16.32}$$

기질: $$(1+\alpha)FS = (1-\gamma)FS_e + (\alpha+\gamma)FS_r \tag{16.33}$$

여기서 α는 유입되는 유속에 대한 재순환 유속의 비이고, γ는 유입 유속에 대한 슬러지 방출 유속의 비이다.

침전조에서 기질은 분리되지 않는다고 가정하면(즉, $S = S_e = S_r$이라면), 식 16.33은 생략될 수 있다. 식 16.32를 정리하면 다음 식을 얻을 수 있다.

$$(1+\alpha)FX - \alpha FX_r = (1-\gamma)FX_e + \gamma FX_r \tag{16.34}$$

식 16.34와 16.29를 식 16.30에 대입하면 다음과 같다.

$$\mu_{\text{net}}VX = (1-\gamma)FX_e + \gamma FX_r \tag{16.35}$$

θ_c가 세포(고체)의 체류시간일 때, $\mu_{\text{net}} = 1/\theta_c$로 정의하면 다음 식을 얻는다.

$$\theta_c = \frac{1}{\mu_{\text{net}}} = \frac{VX}{F(1-\gamma)X_e + \gamma FX_r} \tag{16.36}$$

식 16.36은 슬러지 탱크 내의 세포(고체)의 체류시간을 계산하는 데 이용된다. θ_c 값은 운전자가 선택하는 재순환 유속에 의해 제어된다. 수리학적 (액체) 체류시간(hydraulic residence time)은

$$\theta_H = \frac{V}{F} = \frac{\theta_c[(1-\gamma)X_e + \gamma X_r]}{X} = \frac{(1-\gamma)X_e + \gamma X_r}{\mu_{\text{net}}X} \tag{16.37}$$

식 16.31에 $S_r = S$를 대입하면

$$F(S_0 - S) = \frac{1}{Y_{X/s}^M}\mu_g XV \tag{16.38}$$

또는

$$V = \frac{Y_{X/s}^M F(S_0 - S)}{\mu_g X} = \frac{Y_{X/s}^M \theta_c F(S_0 - S)}{X(1+k_d\theta_c)} \tag{16.39}$$

TABLE 16.2. Model Parameters for the Activated-Sludge Process

Wastewater Composition	Kinetic Coefficients				
	$\mu_m(h^{-1})$	$K_s\,(mg/1)$	$Y^M_{X/S}\left(\frac{mg\ M}{mg\ waste}\right)$	$k_d(h^{-1})$	Basis
Domestic	0.4–0.55	50–120	0.5–0.67	$2.0-3.0\times10^{-3}$	BOD_5
Shellfish processing	0.43	96	0.58	5.8×10^{-2}	BOD_5
Yeast processing	0.038	680	0.88	3.3×10^{-3}	BOD_5
Plastic processing	0.83	167	0.30	3.3×10^{-3}	COD

D. W. Sundstrom, H. E. Klei, *Wastewater Treatment* © 1979.

식 16.39는 특정한 정도의 BOD 제거($S_0 - S$)를 위해 요구되는 슬러지 탱크의 부피를 계산하는 데 이용된다.

식 16.34를 16.37에 대입함으로써, 슬러지 부피의 계산 결과를 재순환 비로써 표시할 수 있다.

$$V = F\theta_c\left(1+\alpha-\alpha\frac{X_r}{X}\right) \tag{16.40}$$

슬러지 탱크 내의 활성이 있는 생체의 속도 파라미터들을 알아야 하고(즉, μ_m, K_s, $Y^M_{X/S}$, k_d), 활성슬러지 장치의 설계(크기, 공기공급 요구량)를 위해서 다른 물리적 파라미터들(V, F, α, X_r, X, S_0)도 결정되어야 한다. 활성슬러지 장치의 전형적인 수리학적 체류시간은 4~12시간이며 일반적인 슬러지 나이는 3~10일이다.

생물학적 폐수 처리에서의 속도 파라미터들의 전형적인 값들이 표 16.2에 요약되었다. 모든 단순화된 가정에도 불구하고, 순수배양 모델은 동역학적 거동을 매우 잘 예측하지는 못하지만, 정상상태의 실험 데이터를 상당히 잘 일치시키는 것으로 보인다.

예제 16.3

입구 BOD_5가 800 mg/l인 산업 폐기물은 출구 BOD_5 수준이 20 mg/l 이하로 감소되도록 처리되어야 한다. 입구 유속은 400 m^3/h이다. 폐수에 대한 속도 변수들은 $\mu_m = 0.20\ h^{-1}$, $K_s = 50$ mg/l BOD_5이고, $Y^M_{X/S} = 0.5$ mg MLVSS/mg BOD_5, $k_d = 0.005\ h^{-1}$이다. 3200 m^3 단위의 폐기물 처리가 가능하다. 재순환 비는 0.40, $X_e = 0$으로 가정한다. $\theta_c = 120$ h의 값으로

운전하는 경우에 S 값을 구하고, 잘 혼합되는 활성슬러지 공정에서 상세내역을 만족시키기 위해 BOD_5 제거가 충분하게 이루어지는지의 여부를 판단하라. 이 공정으로부터 슬러지 생산 속도 및 X는 얼마인가?

풀이

식 16.29는 S를 구하는 데 사용될 수 있다.

$$\mu_{net} = \frac{1}{\theta_c} = \frac{\mu_m S}{K_s + S} - k_d \tag{16.29}$$

$$S = \frac{K_S(1 + k_d\theta_c)}{\theta_c(\mu_m - k_d) - 1}$$

$$S = \frac{(50\ \text{mg}/1)(1 + 0.005\text{h}^{-1} \cdot 120\text{h})}{120\text{h}(0.20\text{h}^{-1} - 0.005\text{h}^{-1}) - 1} = 3.57\text{mg}/1$$

따라서 3.57 mg/l는 20 mg/l보다 훨씬 작기 때문에 이 운전 파라미터들은 BOD_5를 필요한 양보다 더 많이 제거한다.

식 16.39로부터 X 값을 구할 수 있다.

$$V = \frac{Y_{X/S}^M \theta_c F(S_0 - S)}{X(1 + k_d\theta_c)}$$

$$X = \frac{Y_{X/S}^M \theta_c F(S_0 - S)}{V(1 + k_d\theta_c)} \tag{16.39}$$

$$X = \frac{(0.5)(120\text{h})(400\text{m}^3/\text{h})(800 - 3.57)\text{mg}/1}{3200\text{m}^3(1 + 0.005\text{h}^{-1}120\text{h})}$$

$$X = 3733\ \text{mg}/1$$

생산된 슬러지의 양은 식 16.36이나 16.37로부터

$$\theta_H = V/F = \frac{(1-\gamma)X_e + \gamma X_r}{\mu_{net} X} \tag{16.37}$$

$1/\mu_{net} = \theta_c$이고 $X_e = 0$이므로

$$F\gamma X_r = \frac{VX}{\theta_c} = \text{슬러지 생산 속도}$$

$$F\gamma X_r = \frac{(3200\ \text{m}^3)(3733\text{mg/l})(10001/1\text{m}^3)}{120\text{h}}$$

또는

$$F\gamma X_r = 9.95\times10^7\ \text{mg/h}$$
$$= 99.5\ \text{kg/h}$$

비록 문제에서 요구하지는 않았지만, $\alpha = 0.40$이므로 X_r의 값을 구하는 데 식 16.40을 이용할 수 있다. X_r을 알면 필요시 γ를 구할 수 있다.

폐수의 특성에 따라, 고전적 활성슬러지 공정의 성능을 개선하기 위하여, **변형된 활성슬러지 공정**(modified activated-sludge processes)들이 사용된다.

- **단계적 공급/단계적 공기공급**(step feeding/step aeration)은 높은 공급 유속과 높은 공급 COD 농도(즉, 높은 COD 부하 속도)를 위하여 사용된다. 긴 공기공급 탱크(높은 L/W 비율)가 사용되고, 공기공급 탱크의 축방향을 따라 여러 다른 지점에서 폐수가 반응기로 유입된다. 유사하게, 공기공급도 미세한 구멍이 뚫려진 디스크를 사용하여 여러 지점에서 탱크 바닥으로부터 이루어진다. 그림 16.9는 단계적 공급 방식의 활성슬러지 시스템의 모식도이다. 충격 부하를 피하기 위하여 공기공급 탱크의 길이를 따라 유기물 부하가 고르게 분배된다. 이런 공기공급 탱크는, 작은 탱크가 시리즈로 연결되어 각 섹션으로 동시에 공급되는 것과 유사한 양상을 보인다.
- **슬러지 재공기공급**(sludge re-aeration)은 유기성분이 미생물 플록에 흡착되어 공기공급 탱크로 다시 재순환될 때 사용된다. 흡착된 유기물을 산화하고, 두꺼운 슬러지의 활성을 유지하기 위하여, 1시간 미만의 수리학적 체류시간(hydraulic residence time (HRT))을 가진 작은 재공기공급 탱크를 사용함으로써, 슬러지는 재순환 흐름상에서 공기공급이 이루어진다. 그림 16.10은 슬러지 재공기공급이 있는 활성슬러지의 모식도이다. 이 공정 전략은 불용성 유기물을 포함하는 폐수에도 사용된다.

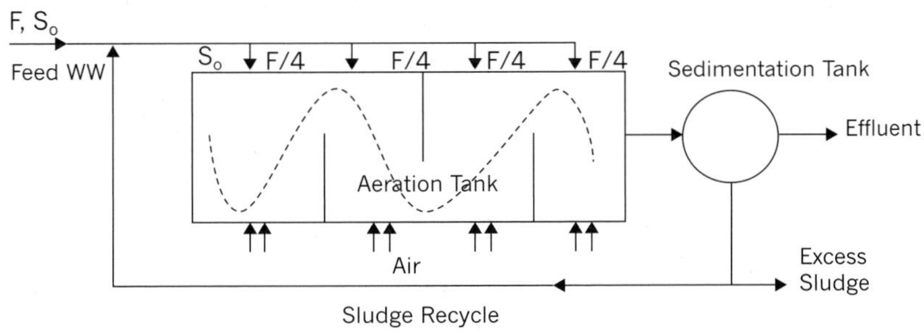

Figure 16.9. A schematic diagram of step feeding process.

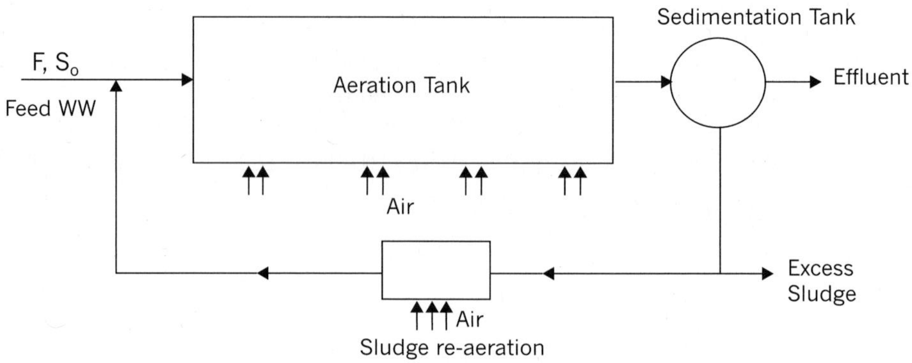

Figure 16.10. A schematic diagram of sludge re-aeration process.

- **접촉 안정화**(contact stabilization) 공정은 불용성 유기물을 포함하는 폐수에 일반적으로 사용된다. 1차 침전 탱크를 사용하여 불용성 유기물을 제거하는 대신에, 접촉 탱크를 사용함으로써 재순환되는 슬러지는 공급 폐수와 혼합되고 불용성 유기물은 미생물 플록에 포획된다. 불용성 유기물은 침전 탱크에서 미생물 플록과 함께 침전되고, 슬러지 재순환상에서는 공기공급 탱크에서 산화된다. 공기공급 탱크의 HRT는 유출 COD에 따라서 6~10시간인 반면에, 접촉 탱크의 HRT는 1시간 미만이다. 그림 16.11은 접촉 안정화 공정의 모식도이다. 이 공정의 주요 장점은 1차 침전 탱크가 필요 없고, 전체 HRT나 반응기 부피(공간)를 줄여 주는 것이다.
- **흡착제 첨가 활성슬러지 공정**(adsorbent-added activated-sludge process)은 처리 곤란한(비생분해성) 유기 화합물을 포함하는 폐수에 사용된다. 보통, 분말화된 활성탄(powdered activated carbon (PAC))은 높은 흡착 용량을 가지고 있으므로, 공기공급 탱크에 첨가되든지 유입 폐수에 주입된다. 처리 곤란한 유기물들은 PAC 표면에 흡착되

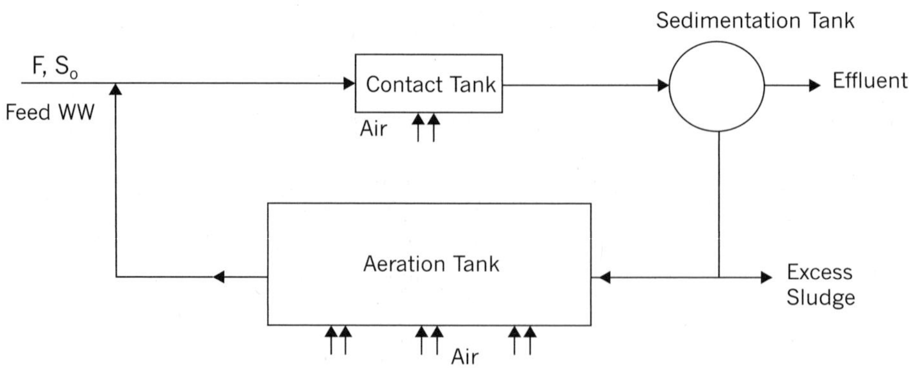

Figure 16.11. A schematic diagram of the contact stabilization process.

어 잉여 슬러지(excess sludge)로 폐수에서 제거된다. PAC는 또한 플록 형성을 촉진하여 슬러지의 침전을 좋게 함으로써, 재순환 흐름과 공기공급 탱크 내의 생체 농도를 높여 준다. 그러므로 이 공정에서는, 고전적 활성슬러지 시스템에 비하여, 낮은 공기공급이 요구되는 작은 공기공급 탱크(낮은 HRT)가 사용될 수 있다.

- **산소-부화 공기**(oxygen-enriched air) 혹은 **순수 산소**(pure oxygen)가 처리 곤란한 물질들을 포함하는 높은 세기의 폐수 처리에 사용될 수 있다. 산소-부화 공기 혹은 순수 산소의 사용은 공기공급 탱크 내의 산소 용해도와 확산도를 증가시킴으로써, 높은 COD 제거 속도를 가능하게 한다. 독창적 UNOX 공정은 순수 산소가 확산기를 통해 공급되어 반응기 내에서 고루 분포되는, 시리즈로 연결된 밀폐된 폐수처리 탱크들로 이루어진 다단계 형태를 도입하였다. 공기 대신에 순수 산소를 사용함으로써 높은 COD 제거 속도와 함께 높은 생체 농도를 얻을 수 있다. 그림 16.12는 UNOX 공정의 모식도이다.

세류 생물 필터(trickling biological filter (TBF))는 필름이나 점액층(slime layer) 형태의 혼합배양되는 미생물로 싸인 불활성 지지 알갱이(inert support particle, 모래나 플라스틱류)와 세포 응집 알갱이의 충전층(packed bed)으로 구성된다. 칼럼은 공극률(void fraction)이 0.4 ~ 0.5 정도 되도록 충전 물질이 느슨하게 채워진다. 발생할 수 있는 막힘 문제(clogging problem)와 축방향의 변화를 피하기 위해서, 필터층(filter bed)은 보통 지름과 높이의 비가 크고($D/H \approx 3$) 매우 얕은 형태로 만들어진다. 폐 액체는 회전 액체 배분기(rotary liquid distributor)를 사용하여 층의 상부로 공급된다. 폐 액체의 유속은, 생체필름을 지지 알갱이의 표면으로부터 떼어 내는 전단응력이 발생하지 않을 정도로 충분히 낮게 유지되어야 한다. 공기는 층의 하부로부터 공급되어 자연 대류에 의해 위쪽으로 이동한다. 공기 순환의 추진력은 생물학적 산화에 의해서 방출되는 열에 의해 발생되는 온도차이다. 반응 용액은

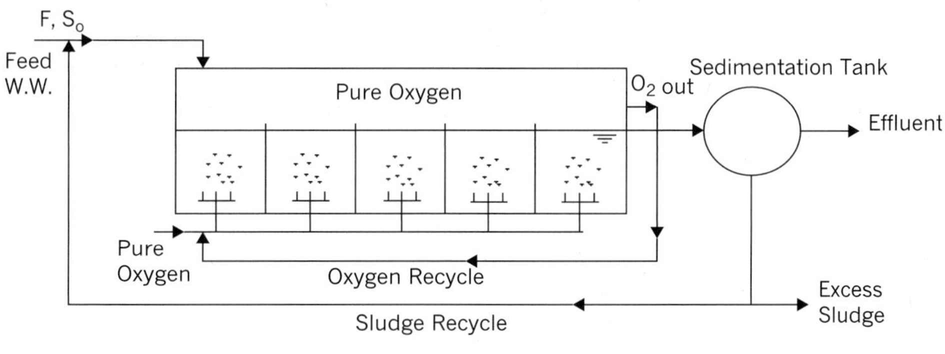

Figure 16.12. Pure oxygen multistage activated sludge process (UNOX).

칼럼 내에서 온도, pH, DO, 영양분 분포 곡선을 가짐으로써 매우 불균일하다. 생체필름의 두께와 생체필름 내의 생체의 조성은 칼럼의 길이에 따라 변화할 수 있다. 높은 농도의 세포, 바람직하지 못한 유체동역학적(hydrodynamic) 조건, 필름 내의 확산 장애 등으로 인해서 DO의 제한(limitation)이 발생하기 쉽다. 공급될 폐수 흐름에 미리 공기를 공급하는 것(산소로 포화시킴)과 액체 순환 속도를 높게 하는 것 등은 산소 전달 문제를 부분적으로 경감시킬 수 있다.

칼럼 내에서 액체가 미생물 필름 위를 흘러 내려감에 따라, 유기물질(기질)들이 미생물 필름을 통과하여 확산해 들어가면서 동시에 생체에 의해서 소모된다. 생체필름 위의 액체 필름은 충분한 공기공급이 가능하도록 충분히 얇아야 한다. 전형적인 액체 필름의 두께는 0.01 mm 정도이고, 생체필름의 두께는 0.25 mm이다. 세류 생물 필터의 전형적인 수리학적 체류시간은, 유출물(effluent)의 재순환을 이용한 고속 필터의 경우 0.5~4시간이다. 세류 필터는 활성슬러지 장치보다 충격 부하(shock load)에 대해 더 안정하다. 세류 필터는 또한 조업 가격이 더 저렴하며 활성슬러지 장치에 비해 종종 유출물의 청정도가 더 좋다. 그러나 세류 필터의 경우가 활성슬러지 장치보다 설치비용이 비싸고 더 넓은 면적을 필요로 하며, 가용성 유기물의 제거 성능이 떨어진다. 또한 유입물(influent) 내의 최대 BOD 농도도 활성슬러지 시스템보다 세류 필터에서 제한을 많이 받는다. 세류 필터 장치로 조업하는 데 있어서의 주요 문제점은 시스템의 불균질한 특성으로 인해서 조건(T, pH, DO)의 제어가 어렵다는 것이다. 표 16.3에서 TBF와 활성슬러지 장치를 비교하고 있다.

폐수 흐름으로부터의 BOD 제거를 보다 완벽하게 하기 위해서, TBF의 액체 유출물은

TABLE 16.3. Comparison of Trickling Filter and Activated-Sludge Process

Item	Filter	Sludge Tank
Capital costs	High	Low
Operating costs	Low	High
Space requirements	High	Low
Aeration control	Partial except in enclosed forced-draft types	Good
Temperature control	Difficult	Possible; heat losses small
Sensitivity to variations in applied feed concentrations	Fairly insensitive but slow to recover if upset	More sensitive, but recovery is rapid
Clarity of final effluent	Good	Not as good
Fraction of soluble organics removed	70%–90%	85%–95%
Typical θ_H		
Low rate	6 to 48 h	4 to 6 h
High rate	0.75 to 4 h	
Fly and odor nuisance	High	Low

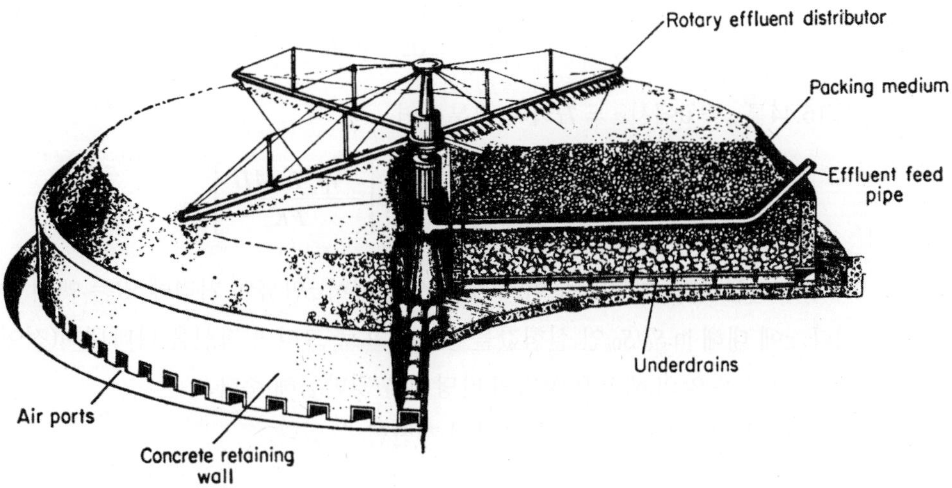

Figure 16.13. Typical trickling biological filter. (With permission, from J. W. Abson and K. H. Todhunter, in N. Blakebrough, ed., *Biochemical and Biological Engineering Science*, Vol. 1, Academic Press, New York, 1967, p. 326.)

보통 재순환된다. 그림 16.13은 세류 생물 필터의 모식도이다.

세류 생물 필터의 미분 높이에 대한 기질 수지식은 다음과 같다.

$$-FdS_0 = N_s aAdz \tag{16.41}$$

여기서 F는 액체 유속(l/h)이고, N_s는 기질 플럭스(flux) 또는 생체필름 단위 표면적당 기질 소모 속도(mg S/cm^2 필름 · h)이며, a는 층(bed)의 단위 부피당 생체필름 표면적(cm^2 필름/cm^3)을 나타내고, A(cm^2)와 z(cm)는 층의 단면적과 높이를 각각 표시한다.

기질 플럭스 또는 기질 소모 속도는

$$N_s = -D_e \left.\frac{dS}{dy}\right|_{Y=L} = \eta \frac{r_m S_0}{K_s + S_0} L \tag{16.42}$$

여기서 η는 유효인자(effectiveness factor)이고, L은 생체필름의 두께(cm)이며, r_m은 최대 기질 제거속도(mg S/l · s), S_0는 벌크(bulk) 액체에서의 기질농도(mg/cm^3)를 나타낸다. r_m의 전형적인 값은 0.2 ~ 0.5 mg S/l · s이다. 식 16.42를 16.41에 대입하면

$$-F\frac{dS_0}{dz} = \eta \frac{r_m S_0}{K_s + S_0} LaA \tag{16.43}$$

식 16.43을 적분하면 칼럼 내의 기질농도 분포를 구할 수 있다. 보통 벌크 액체에서의 기질농도는 매우 낮고, 생물학적 속도식은 일차식에 의해 근사적으로 표시될 수 있다.

$$-F\frac{dS_0}{dz} \cong \eta \frac{r_m}{K_s} LaAS_0 \tag{16.44}$$

식 16.44를 $z = 0$에서 $z = H$까지 적분하면

$$\frac{S_0}{S_{0i}} = \exp\left[-\frac{\eta r_m LaAH}{FK_s}\right] \tag{16.45}$$

여기서 S_{0i}는 입력 기질 농도이고, S_0는 입구에서 z만큼의 거리에 있는 액체 중의 기질 농도이다. z에 대해 $\ln S_0/S_{0i}$인 실험값들을 그래프로 그리면 직선을 나타내며(적어도 몇몇 경우에는), 이것은 앞의 해석적 방법의 타당성을 뒷받침해 준다.

유효인자는 다음 식들을 사용하여 계산할 수 있다.

$$\eta = 1 - \frac{\tanh\phi}{\phi}\left(\frac{\omega}{\tanh\omega} - 1\right) \quad \text{for} \ \ \omega \le 1 \tag{16.46}$$

$$\eta = \frac{1}{\omega} - \frac{\tanh\phi}{\phi}\left(\frac{\omega}{\tanh\omega} - 1\right), \quad \text{for} \ \ \omega \ge 1 \tag{16.47}$$

여기서

$$\omega = \frac{\phi(S_0/K_s)}{\sqrt{2}(1+S_0/K_s)}\left[\frac{S_0}{K_s} - \ln\left(\frac{S_0}{K_s}\right)\right]^{-1/2} \tag{16.48}$$

여기서, $\phi = L\sqrt{r_m / D_e K_s}$, $r_m = \mu_r X/Y_{X/S}$이다. D_e는 생체필름 내에서 기질의 유효 확산도(effective diffusivity)(cm^2/s)이고, $Y_{X/S}$는 수율 계수(g 세포/g 기질)이다.

생물 필터에 대한 폐수처리 파라미터를 구하는 데 사용되는, 유사하지만 보다 실험적인 설계식은 다음과 같다.

$$\frac{S_0}{S_{0i}} = \exp\left[-Ka^{1+m}\left(\frac{A}{F}\right)^n\right] \tag{16.49}$$

여기서 a는 불활성 지지물질의 비표면적(cm^2/cm^3)을 나타내고, A는 층의 단면적을 나타내며, F는 액체의 유속, K는 겉보기 속도 계수(apparent rate coefficient)를 표시한다. 실제로 K는 곡선맞춤(curve-fitting)을 할 때 조정할 수 있는 파라미터로 사용된다. 지수 m과 n은 기하학적 구조, 수리 동역학, 생물학적 시스템, 폐수의 특성 같은 시스템 특성에 따라 변한다.

회전 생물학적 장치(rotating biological contactor (RBC))의 모식도는 그림 16.14와 같고, 원반은 그림 16.15와 같이 생겼다. 이 원반들은 지름이 2~4 m의 폴리스티렌(polystyrene)이

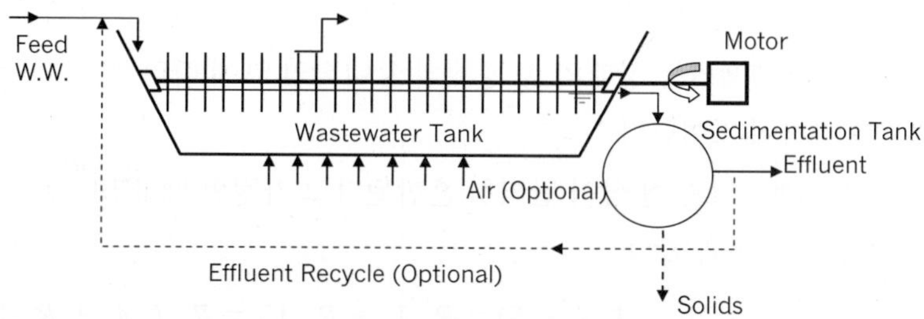

Figure 16.14. A schematic diagram of a rotating biological contactor system.

Figure 16.15. Styrofoam disks used in rotating biological contactor units (Biosystems Division, Autotrol Corporation). (With permission, from E. D. Schroeder, *Water and Wastewater Treatment*, McGraw-Hill Book Co., New York, 1977, p. 306.)

나 폴리우레탄(polyurethane) 혹은 PVC로 만들어져, 폐수 탱크 내의 중심축에 장착된다. 축은 모터로 회전된다(10~20 rpm). 미생물은 회전 원반의 표면에 생체필름을 형성하며 생장한다. 공기공급은 회전하는 동안에 생체필름과 직접 접촉함으로써 일어난다. 회전하는 동안에 생체필름 표면의 일부는 유기물의 산화가 일어나고 있는 폐수에 항시 잠겨 있다. 너무 두꺼운 생체필름이 형성되어 생체필름 내부에서 혐기생활이 발생하는 것을 막기 위하여 생체필름의 두께가 제어되어야 한다. 생체필름이 얇으면, RBC 내에 불충분한 양의 생체로 인하여 COD 제거에 한계가 있고, 생체필름이 두꺼우면, 생체필름 내의 확산제한으로 인하여 COD 제거속도의 저하를 초래한다. 따라서 COD 제거속도를 최대화하기 위하여, 생체필름의 최적 두께 부근에서 시스템이 조업되어야 한다. 모든 다른 생체필름 시스템에서와 마찬가지로 이 시스템에서도 생체필름 두께의 제어가 중요한 문제이다. RBC 시스템에서, COD 제거는 생체필름 세균에 의하여 주로 이루어진다. 그러나 몇몇 경우에 있어서, 현탁 상태와 생체필름 상태의 총 생체의 상대적인 양에 따라서는, 현탁 배양 상태의 세균 또한 COD 제거에 기여한다.

폐수 탱크의 수질 상이 완벽히 혼합된다고 가정할 때, RBC 탱크 주위에 대한 COD 물질 수지식은 다음과 같다.

$$F(S_0 - S) = R_{sf}\,V_f + R_{ss}\,V_L = R_{sf}\,L\,A_w + R_{ss}\,V_L \tag{16.50}$$

여기서 F는 유입되는 폐수의 유속($m^3\,h^{-1}$), S_0와 S는 각각 유입, 유출되는 COD(kgm^{-3}), R_{sf}와 R_{ss}는 각각 생체필름과 현탁 세균에 의한 COD 제거속도, V_f와 V_L은 탱크 내의 생체필름과 폐수의 부피(m^3), L은 생체필름의 두께(일정하다고 가정)이고, A_w(m^2)는 원반들 위에 젖어 있는 생체필름 표면적이다.

R_{sf}와 R_{ss}는 다음과 같이 표시될 수 있다.

$$R_{sf} = \frac{k_f X_f S_f}{k_{sf} + S_f} = \eta \frac{k_f X_f S}{K_{sf} + S} \text{ and } R_{ss} = \frac{k_s X_s S}{K_{ss} + S} \tag{16.51}$$

여기서 k_f와 k_s는 각각 생체필름과 현탁 세균(kg COD kg^{-1} 생체 h^{-1})에 의한 COD 최대 제거속도 상수(μ_m/Y_G), X_f와 X_s는 각각 생체필름과 폐수 내의 생체농도(kg X m^{-3}), S_f와 S는 각각 생체필름과 폐수 내의 COD 농도(kg COD m^{-3}), k_{sf}와 k_{ss}는 각각 생체필름과 현탁 세균의 포화상수(kg S m^{-3}), η는 생체필름 내의 확산제한을 나타내는 유효인자이다. $S_f = S$인 얇은 생체필름의 경우에는 $\eta = 1$이고, $S_f \ll S$인 두꺼운 생체필름의 경우에는 $\eta < 1$이다.

보통 $V_L X_s \ll V_f X_f$이므로, $R_{ss} \ll R_{sf}$이다. 즉, 낮은 세기의 폐수에 대해서는 생체필름에 비하여 현탁 세포에 의한 COD 제거는 보통 무시할 만하다. 그러나 액상에 공기공급이 요구되는 높은 세기의 폐수에 대해서는 이 가정이 맞지 않을 수도 있다.

따라서 R_{ss}가 무시할 만하면, 식 16.50은 아래와 같은 형태가 된다.

$$F(S_0 - S) = R_{sf} V_f = R_{sf} L\, A_w = \eta \frac{k_r X_r S}{K_{sf} + S} L\, A_w = \eta \frac{R_m S}{K_{sf} + S}\; L\, A_w \tag{16.52}$$

여기서 $R_m (= k_f X_f)$은 최대 COD 제거속도(kg COD $m^{-3}\,h^{-1}$), A_w는 원반의 젖은 부분 표면적이다.

$A_w = \alpha\, A_T$ 여기서 α는 잠김비이고, A_T는 원반들의 총 표면적이다.

$$a = \frac{Aw}{A_T} = \frac{2\pi N\left(R_o^2 - R_u^2\right)}{2\pi N\; R_o^2} = 1 - \frac{R_u^2}{R_o^2} \tag{16.53}$$

여기서 R_o와 R_u는 각각 원반의 전체 반경과 젖지 않은 부분의 반경(m)이고, N은 원반의 개수이다. 잠김비는 보통 40 ~ 45%이고, 따라서 $A_w = 0.40\ A_T$이다.

식 6.52는 COD 제거 목표치(즉, S_0와 S가 정해진 경우)에 필요한 원반의 표면적을 결정하는 데 사용된다. 보통 X_f는 결정이 어려우므로, $X = X_f L$는 생체필름의 두께가 일정하다는 가정하에 생체의 표면농도(kg X m^{-2} 원반 표면)로 정의된다. 그러면 식 6.52는 아래와 같이 된다.

$$R_S = \frac{F(S_0 - S)}{A_w} = \eta \frac{R_{ms} S}{K_S + S} \tag{16.54}$$

여기서 $R_{ms} = R_m L$이다. 식 16.54는 여러 유속이나 여러 HRT에서 실험적으로 얻어지는 데이터를 사용하여 속도상수들을 결정하는 데 이용될 수 있다.

액상 공기공급이 있는 소규모 RBC 탱크의 경우에는, 완전 혼합되는 반응기라는 가정이 유효하다. 그러나 정체된 액상의 길이가 긴 RBC 탱크의 경우에는, 조건들이 플러그 흐름 체제에 접근한다. 이 경우에는 RBC 탱크의 미세 물질 수지식은 다음과 같다.

$$FdS = -R_{sf} dV_f - R_{sf} dA_f = R_{Sf} L dA_f \frac{kX_f S}{K_S + S} L\ dA_f \tag{16.55}$$

식 16.55를 적분하면 식 16.56을 얻게 된다.

$$K_S Ln \frac{S_0}{S} + (S_0 - S) = \eta \frac{kX_f A_f}{F} = \eta \frac{kX_S}{F} A_f \tag{16.56}$$

여기서 A_f는 생체필름 표면적($= A_w$, m^2)이고, X_s는 생체 표면 농도($= X_f L$, kg 생체 m^{-2} 표면적)이다. 식 16.56은 원하는 목표치의 COD 제거를 위해 필요한 생체필름과 원반의 표면적을 결정하는 데 사용될 수 있다. 유효인자(η)는 그림 9.15나 식 9.62 ~ 9.64를 사용하여 결정된다.

산화촉진 연못(oxidation pond)은 활성슬러지와 세류 생물 필터 조업을 대체할 수 있는 값이 비싸지 않은 또 다른 방법이다. 산화촉진 연못은 자연 수중 생태계와 매우 유사한 얕은(2 ~ 4 ft 깊이) 폐수처리 반응기이다. 박테리아와 조류(algae)가 공생관계(symbiotic relationship)를 갖고 같은 연못에서 자란다. 박테리아는 조류에 의해 생산된 산소를 사용하여 유기물질을 산화시켜서 CO_2를 생산한다. 조류는 박테리아에 의해 생산된 CO_2를 가지고 광합성을 하여 산소를 생산하는데, 이 산소를 박테리아가 소비하게 된다. 이와 같은 연못은 커다란 대지 면적을 요구하고, 많은 다른 기술들보다 효율성이 떨어지며, 환경적 부작용을 초래할 수도 있다. 독성이 있거나 해로운 물질들이 분해되지 않고 침전물 내에 쌓여서 장기적인 문제점을 유발할 수도 있다.

혐기적 분해(anaerobic digestion)(또는 생물학적 처리)는 보통 고체 폐기물과 호기적 폐수처리 공정에서 생산된 과잉의 슬러지를 처리하는 데 사용된다. 체질이나 침강에 의해 1차 처리에서 제거된 알갱이화된 폐기물과 활성슬러지 장치에서 생산된 생체(농축된 슬러지)는 혐기적 조건에서 분해되어 메탄을 생성한다. 혐기적 분해는 호기적 공정에 비해 느린 공정이다. 전형적인 체류시간은 30 ~ 60일이다. 혐기적 분해에 관한 미생물학과 생화학은 매우 복잡하다. 그러나 이 공정을 구성하는 주요 단계들은 다음과 같다.

1. **불용성 유기물의 용해**(solubilization of insoluble organics): 폐기 물질은 불용성인 셀룰로오스성 물질(종이, 농업 폐기물), 녹말(감자 폐기물), 그리고 그 밖의 다른 복잡한 불용성 유기화학물질로 만들어진 대량의 고체를 함유하고 있을 수 있다. 산이나 효소의 가수분해(셀룰레이스, 아밀레이스, 글루코아밀레이스, 라이페이스(lipase), 단백질분해효소(protease))에 의해 이런 물질들을 용해시키는 것이 혐기적 분해에서의 첫 번째 단계이다. 이런 물질들은 미생물에 의해 쉽게 소모되지 않으며, 미생물을 사용한 효과적인 분해를 위해서는 이것들의 가수분해가 필수적이다.
2. **휘발성 산의 생성**(formation of volatile acid): 용해된 유기물질들은 혐기성 박테리아에 의해 대사되어, 아세트산(acetic acid), 부틸산(butyric acid), 포름산(formic acid), 프로피온산(propionic acid)과 짧은사슬 지방산 같은 휘발성 유기산들을 생산한다. 산을 생산하는 생체는 장내 세균(enteric bacteria)과 클로스트리디아 종(clostridial species) 같은 **산 생산자**(acid former)로 불리는 조건 혐기성 생물(facultative anaerobe)들의 혼합체이다. 알코올(부탄올, 프로판올, 에탄올)도 약간 생성된다. 이 단계의 최적 온도는 35°C이고, 최적 pH는 4 ~ 6이다. 반응기 내의 H_2의 분압은 물질대사에 커다란 영향을 미칠 수 있다.
3. **메탄의 생성**(formation of methane): 두 번째 단계에서 생성된 휘발성 산과 알코올은 절대 혐기성(strictly anaerobic)인 메탄 발생 박테리아(methanogenic bacteria)에 의해 메탄과 CO_2로 전환된다. 이런 목적으로 사용되는 메탄 발생 박테리아 중에는 *Methanobacterium*(포자를 생성하지 않는 막대형(nonspore-forming rod)), *Methanobacillus*(포자를 생성하는 막대형(spore-forming rod)), 그리고 *Methanococcus*와 *Methanosarcina*(여덟 개의 세포로 이루어진 육면체 내에서 자라는 구균(cocci) 그룹) 등이 있다. 메탄 발생 박테리아의 최적 온도는 35 ~ 40°C이고, 최적 pH는 7 ~ 7.8이다.

전형적인 혐기적 분해 공정에 속하는 주요 생물학적 반응 단계들은 다음과 같이 나타낼 수 있다.

$$\text{불용성 유기물} \xrightarrow[\text{효소 또는 산}]{\text{가수분해}} \text{용해성 유기물} \xrightarrow[\text{박테리아}]{\text{산 생성}}$$

$$\text{휘발성 산} + \text{알코올} + H_2 + CO_2 \xrightarrow{\text{메탄 발생}}$$

$$CH_4 + CO_2 + H_2S$$

유기 폐기물의 조성에 따라, 일련의 처리반응들에 있어서 불용성 물질(예, 셀룰로오스성 물질)의 효소에 의한 가수분해가 율속 단계(rate-limiting step)일 수도 있고, 또는 휘발성 산으로부터 메탄의 생성이 율속 단계일 수도 있다. 이 공정들의 속도를 결정하는 데 있어서 수소 농도가 종종 결정적인 역할을 한다. 가수분해 반응들은 보통 별도의 단계로 수행된다. 그러나 산 생성과 메탄 생성 단계는 통일한 반응기 내에서 수행될 수 있다. 혐기적 분해를 위해서 단일반응기(single-reactor)와 이단반응기(two-reactor) 시스템이 개발되었다. 이단반응기 형태가 더 높은 반응 속도와 메탄 수율을 나타내는 것으로 보고되었다. 단일반응기 시스템에서의 조업 조건은 pH 6 ~ 7, 35 ~ 40°C이고, 이들 조건에서 산 생성과 메탄 발생 속도가 적당한 것으로 나타났다. 혐기적 분해장치 내의 전형적인 고체 체류시간은 10 ~ 30일이다.

혐기적 분해장치의 세포 수율은 낮으며 전형적인 값은 0.05 g 세포/g COD이다. 세포 수율은 기질에 따라서도 또한 변화한다. 탄수화물에 대한 수율은 다른 탄소 함유물에 대한 수율보다 크다.

온도 변화는 산 생성 속도보다는 메탄 생성 속도에 더 많은 영향을 미친다. 최적 온도는 35 ~ 40°C로 보고되어 있으나, 생체의 조성에 따라서 몇몇 경우에서는 더 높은 온도(T = 55°C)에서 더 높은 제거속도를 나타낸다. 이 시스템은 35°C 이하의 온도에서는 만족할 만한 기능을 보이지 못하며, 반응기의 온도는 안정된 메탄 발생이 되도록 제어되어야 한다.

메탄의 생성 속도는 산의 생성 속도보다 매우 느리며, 율속 단계이다. 유기물질 유입 농도가 갑자기 증가하면, 반응 용액 내 휘발성 산(volatile acid (VA))의 축적을 유발하여 pH를 떨어뜨리고 H_2 농도를 변화시킴으로써 결과적으로 메탄 생성을 더 저하시킨다. 전형적인 가용성 유기물 제거속도는 0.2 g COD/g 세포 · day이다. 특정 금속 이온들(Na^+, K^+, Ca^{2+}, Mg^{2+})은 낮은 농도(< 100 mg/l)에서는 혐기적 분해를 일으키는 생체의 성장을 촉진시키나, 높은 농도(> 1,000 mg/l)에서는 그 생체에 유해하게 작용한다고 알려져 있다.

생산되는 기체 혼합물의 조성은 폐기물의 조성과 다른 환경적 요인에 의존하여 변화한다. 전형적인 기체 조성은 70 ~ 75% CH_4, 20 ~ 25% CO_2, 5% H_2S와 그 밖의 기체들(NO_2, H_2, CO)이다. 혐기성 분해장치 내에서 생성되는 메탄의 일부는 분해장치를 발효에 적당한 온도로 가열하는 데 사용된다. 분해장치의 기체는 24,000,000 ~ 28,000,000 J/m^{3}의 열적 가치를 갖고 있고, 수율은 0.75 ~ 1.2 m^3 (std)/(분해되는 유기물질 kg)이므로, 결과적으로 18,000,000 ~ 33,000,000 J/(유기물질 kg)의 에너지 발생을 가져온다. 분해장치의 기체를 사용하는 데 있어서의 한 가지 문제점은 H_2S 함유율이며, 이것은 불쾌한 악취와 부식을 유발할 수 있으므로 사용 전에 제거해야 한다.

처음에 혐기적 분해장치는 밀폐된 고정 탱크로 설계되었다. 새로운 설계에서는 반응기 내용물이 혼합되며 반응기가 가열되도록 만들어졌다. 혼합은 기체의 일부를 재순환시키거나 기계적 교반에 의해 이루어진다. 반응 혼합물은 매우 불균질하고 점도가 높으므로 혼합하기가 어렵다. 그림 16.16은 혐기적 분해장치의 모식도이다. 혐기적 분해는 다공성 고체 지지 알갱이들을 포함하는 충전층 내에서 수행된다. 박테리아는 지지물질 표면과 기공(pore)의 내부에서 자라며, 액체 폐기물은 층을 통해 흘려진다. 활성슬러지 장치를 모방한 전통적인 분해장치와 함께 사용되도록 고체 재순환 방법이 개발되었다. 이 시스템에서는 고체 체류시간이 수리학적 체류시간보다 매우 길기 때문에, 결과적으로 생체가 축적되고 반응속도가 빨라진다. 위쪽을 향해 흐르는 형태로 조업되는 연속 플러그 흐름 반응기(continuous plug flow reactor)가 혐기적 분해장치로서 일상적으로 사용된다.

혐기적 분해과정 후에는 슬러지(폐기물)의 고체 함유물이 약 50 ~ 60% 가량 감소한다. 분해된 슬러지는 처리 전의 슬러지보다 생분해도가 훨씬 낮고, 탈수가 더 쉽다. 분해장치로

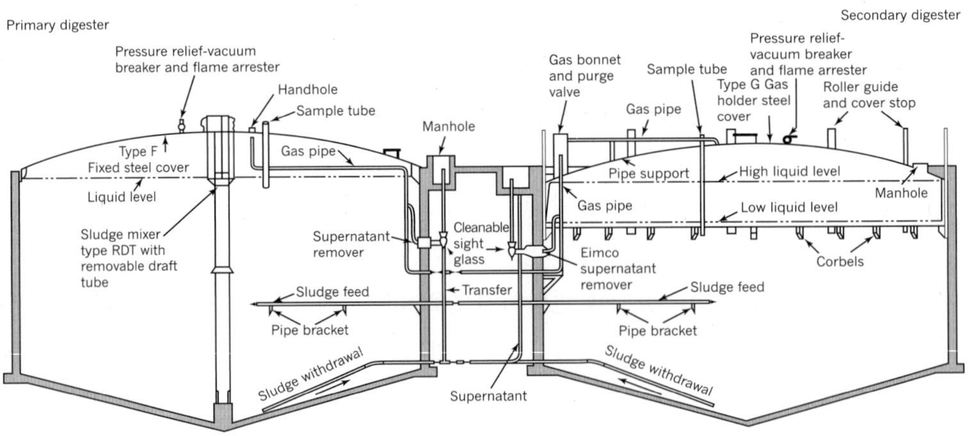

Figure 16.16. A schematic of an anaerobic digestion unit (Eimco Processing Machinery Division, Envirotech Corporation). (With permission, from E. D. Schroeder, *Water and Wastewater Treatment*, McGraw-Hill Book Co., New York, 1979, p. 327.)

부터의 유출물은 진공 여과에 의해 탈수되고 건조된다. 건조된 고체는 소각되거나 비료로서 땅에 뿌려진다.

16.5.2 진보된 폐수처리 공정

진보된 폐수처리 시스템은 처리가 어려운 탄소질 화합물을 비롯한 잔여 질소 및 인의 제거를 위해 사용된다. 질소화 및 탈질소화, 인산염 제거 공정들(예, PhoStrip과 A/O 공정), 질소와 인산염을 동시에 제거하는 공정들(예, A^2O와 Bardenpho 공정) 등이 그 예이다.

질소를 포함한 유기물질(예, 아미노산과 단백질)들은 생물학적으로 산화되어 암모니아가 되고, 암모니아는 *Nitrosomonas*와 *Nitrobacter*에 의해 각각 아질산염(nitrite)과 질산염(nitrate)으로 더 산화된다. 미생물 촉매에 의해 암모니아로부터 질산염으로 전환되는 것을 **질소화 작용**(nitrification)이라 부른다.

$$NH_4^+ + \frac{3}{2}O_2 \xrightarrow{Nitrosomonas} NO_2^- + H_2O + 2H^+ \tag{16.57a}$$

$$NO_2 + \frac{1}{2}O_2 \xrightarrow{Nitro} NO_3^- \tag{16.57b}$$

전체적으로, 식 16.57a와 식 16.57b를 결합하면 식 16.58을 얻게 된다.

$$NH_4^+ + 2O_2 \rightarrow NO_3^- + 2H^+ + H_2O \tag{16.58}$$

앞에서 언급한 두 가지 생체는 이산화탄소를 고정하여 생합성에 이용한다. 호기적 질소화 작용은 이들 생체의 존재하에서 BOD가 제거되는 동안 일어나며, 호기적 처리 과정에서 산소 요구도를 증가시킨다.

이들 반응은 에너지를 생산하며, 첫 단계(식 16.57a)가 율속 단계이다. 질소화 공정들은 BOD 제거가 동시에 일어나는 단단계로 수행되거나, 또는 BOD 제거 장치와 질소화 장치가 분리된 2단계 공정으로 수행될 수 있다. 단단계와 2단계 공정 간의 선택은 일반적으로 공급 유체 내의 탄소 대 질소의 비에 의해 결정된다. 일반적으로 이 비율은 BOD_5/TKN으로 표현된다. 질소화 박테리아의 생장 수율은 낮으며(질소 g당 0.2 g 건조중량), 따라서 질소화 박테리아 개체의 비율이 상대적으로 낮을 수 있다. 예를 들어, BOD_5/TKN = 10일 때 질소화 박테리아의 비율은 0.02이며, BOD_5/TKN = 0.5일 때는 0.35로 올라간다. BOD 제거와 질소화가 결합된 단단계 장치에서 BOD_5/TKN 비율은 5보다 커야 한다. 이것이 3보다 작을 경우에는 2단계 공정이 좋다.

질소화는 현탁 세포로 수행하는 것이 가장 좋으며, 일반적으로 활성슬러지 공정을 변형하여 사용한다. 그러나 공기공급이 원활한 고정 필름 공정도 90% 이상의 질소화 효율을 얻을 수 있다. 어떤 시스템이든 DO 수준은 높아야 하며(>2 mg/l), 20~30°C의 약염기성 용액(pH 7.5~8.5)이 가장 좋다.

혐기적 조건하에서 몇몇 박테리아는 산소 대신 질산염을 최종 전자 억셉터(final electron acceptor)로 사용한다. 이 공정을 **탈질소화**(denitrification) 공정이라 한다. 두 가지 형태의 질산염 환원이 가능한데, 그것은 동화 환원(assimilatory reduction)과 이화 환원(dissimilatory reduction)이다. 동화 환원에서는 질산염이 암모니아로 환원되어 생체 안으로 흡수된다. 그러나 이화 환원에서는 질산염이 아질산염으로 환원되고 더 나아가 질소 분자로 된다. 외부로부터 공급되는 탄소원이 필요하며, 가격이 싼 탄소원이 사용되어야 한다(예, 폐녹말, 메탄올, 당밀).

동화 환원의 예는 다음과 같다.

$$NO_3^- + H_2O \longrightarrow NH_3 \tag{16.59}$$

다음은 이화 환원의 예이다.

$$NO_3^- + C\ \text{화합물} \longrightarrow NO^- + CO_2 + \text{세포} \tag{16.60}$$

$$NO_2^- + C\ \text{화합물} \longrightarrow N_2 + CO_2 + \text{세포} \tag{16.61}$$

생체의 평균 조성이 $C_5H_7NO_2$이고, 메탄올이 탄소원으로 사용되었다고 가정하면, 탈질소화에 대한 전체 수지식은 다음과 같이 나타낼 수 있다.

$$NO_3^- + 1.08\,CH_3OH + H^+ \rightarrow 0.065\,C_5H_7NO_2 + 0.47\,N_2 + 0.76\,CO_2 + 2.44\,H_2O \tag{16.62}$$

확실히, 식 16.62는 특정 양의 NO_3^-를 제거하기 위해 필요한 탄소원(예, 메탄올)의 양을 예측하는 데 사용될 수 있다. 다수의 미생물들이 탈질소 역할을 할 수 있으며, 이들 중에는 *Pseudomonas*, *Alcaligenes*, *Arthrobacter*, *Corynebacter* 등의 속에 속하는 종들이 있다. 이러한 박테리아는 $\mu_g = 0.5\ d^{-1}$로 느리게 생장하며, 제거된 질소 g당 0.8 g 생체의 수율 계수를 갖는다. 질소화와 탈질소화 모두에 대해 포화상수는 낮으며(예, 0.1 mg/l < K_S < 1 mg/l), 따라서 이 반응들은 2 mg/l 정도 이상의 질소농도에 대해서는 0차 반응으로 간주될 수 있다.

활성슬러지나 충전층 생체필름 형태의 반응기들은 혐기적 탈질소화 반응에 사용될 수 있다. 다공성 지지물질 위의 생체필름을 사용한 위쪽으로 흐르는 충전층 반응기는 높은 질산염 제거 속도를 나타내는 것으로 보고되었다.

그림 16.17은 전형적인 2단계 질소화/탈질소화 공정을 보여 준다. 탈질소화 반응에서 최적 pH는 6.5 ~ 7이고, 최적 온도 $T = 20 \sim 30°C$이다.

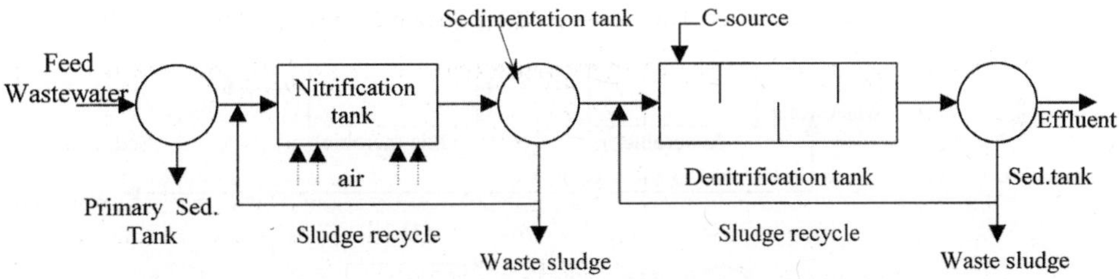

Figure 16.17. A schematic of the two-stage nitrification–denitrification process.

생물학적 방법에 의한 폐수로부터의 인산염 제거는 동화작용 또는 인산염 '과잉' 섭취에 의해 이루어질 수 있다. 세포 질량의 거의 3%가 인으로 이루어졌기 때문에 인산염의 동화는 모든 호기적/혐기적 공정에서 일어난다. 인산염 과잉 섭취는 *Acinetobacter* 속에 속하는 미생물에 의해 수행되며, 이 중 *Acinetobacter calcoaceticus*가 가장 널리 알려져 있다. *Acinetobacter* 종은 Entner-Doudoroff 경로를 통해 탄수화물을 탄소원과 에너지원으로 이용한다. 이 미생물들은 혐기적 조건하에서 아세트산과 지방산을 사용하여 폴리수산화부틸산염(PHB)을 합성한다. PHB 합성에 필요한 에너지는 폴리인산염의 분해에 의해 발생하는 ATP 분자로부터 얻어진다. 탄소원이 없는 호기적 조건하에서 이들 미생물은 PHB를 탄소원과 에너지원으로 사용하여 폴리인산염을 합성하고 이들을 세포 내에 작은 입자의 폴리인산염 형태로 저장한다.

호기적 폴리인산염 합성의 예는 다음과 같다.

$$(PO_4)_n + ATP \longrightarrow (PO_4)_{n+1} + ADP \tag{16.63}$$

다음은 혐기적 폴리인산염 중합해체반응의 예이다.

$$(PO_4)_n + H_2O \longrightarrow (PO_4)_{n-1} + H_2PO_4^{-1} \tag{16.64}$$

결과적으로 이들 미생물은 호기적 조건에서는 폴리인산염을 합성하고 저장하기 위해 액체 배지로부터 인산염을 제거하고, 혐기적/무산소 조건하에서는 인산염을 배지로 유출시킨다. *Acinetobacter* 종들은 자신들의 건조중량의 30%까지 폴리인산염을 저장할 수 있다.

인산염 제거 생물공정에서, 미생물들은 혐기적, 호기적 조건에 교대로 노출된다. 인산염 과잉 섭취를 증진시키기 위해 고안된 두 개의 주 공정은 A/O(anaerobic/oxic(혐기적/산소))와 PhoStrip 공정이다.

A/O 공정은 BOD 제거와 인산염 제거를 결합하기 위해 사용된다. 이것은 혐기적 단계와 산소(호기적) 단계를 순차적으로 결합시킨 2단계 공정이다. 혐기적 단계에서는 재순환된 슬러지 내의 인산염이 액체 배지로 유출된다. 유출된 인산염은 공급되는 폐수에 있는 인

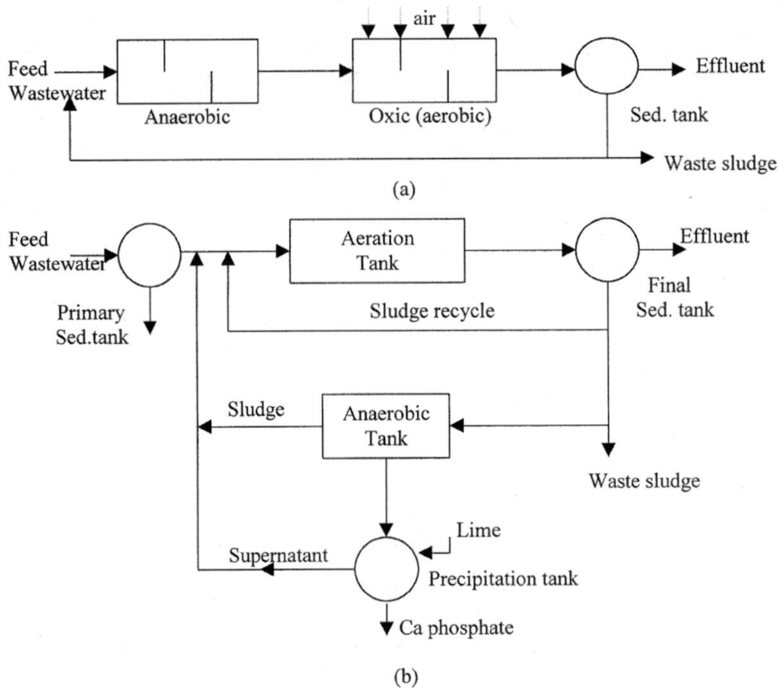

Figure 16.18. Phosphate removal processes: (a) A/O Process, (b) PhoStrip Process.

산염과 함께 호기적 조건하에서 세포에 의해 섭취되어 폴리인산염 입자로 저장된다. 폴리인산염은 폐슬러지에 의해 시스템으로부터 제거되며, 이는 비료로서 높은 가치를 갖는다. 공급 폐수의 BOD/P 비가 10보다 크면 유출구의 인산염 수준은 1 mg/l보다 낮아질 수 있다(그림 16.17에 보인 바와 같이).

PhoStrip 공정은 그림 16.18에서 보듯이 호기적 단계와 슬러지 재순환 흐름에 대한 혐기적 단계로 구성되어 있다. 폐수 흐름은 폴리인산염 합성을 위한 호기적 단계로 공급되고, 이로부터 나온 것은 침전조로 공급된다. 침전조의 아래 흐름은 인산염 유출을 위한 혐기적 단계로 공급된다. 유출된 인산염은 석회를 첨가함으로써 침전조에서 인산칼슘 형태로 침전된다. 침전된 슬러지의 일부와 혐기적 반응기의 슬러지는 호기적 단계로 재순환된다. 인산염은 인산칼슘의 형태로 공정으로부터 제거된다. 제대로 작동되는 PhoStrip 공정에서의 유출수의 흐름은 1.5 mg/l 미만의 인산염을 함유하게 된다.

질소와 인산염을 함께 제거하는 공정은 동시에 BOD도 제거할 수 있도록 혐기적 구역, 무산소 구역, 호기적 구역들을 다른 순서들로 조합하여 사용한다. 이 목적을 위해 가장 흔히 사용되는 공정들은 A^2/O와 5단계 Bardenpho 공정들이다(그림 16.19 참조). 다른 공정들 중에는 UCT(University of Capetown)와 VIP(Virginia Initiative Plant) 공정이 있다.

A^2/O 공정은 A/O 공정에 탈질소를 위한 무산소 구역이 추가로 포함된다(그림 16.19a에 보인 바와 같이). 혐기적 구역과 무산소 구역에서의 수리학적 체류시간은 1.5시간보다 작으며, 호기적 구역에서는 4~6시간이다. 호기적 단계로부터의 유출물은 탈질소화를 위해 다

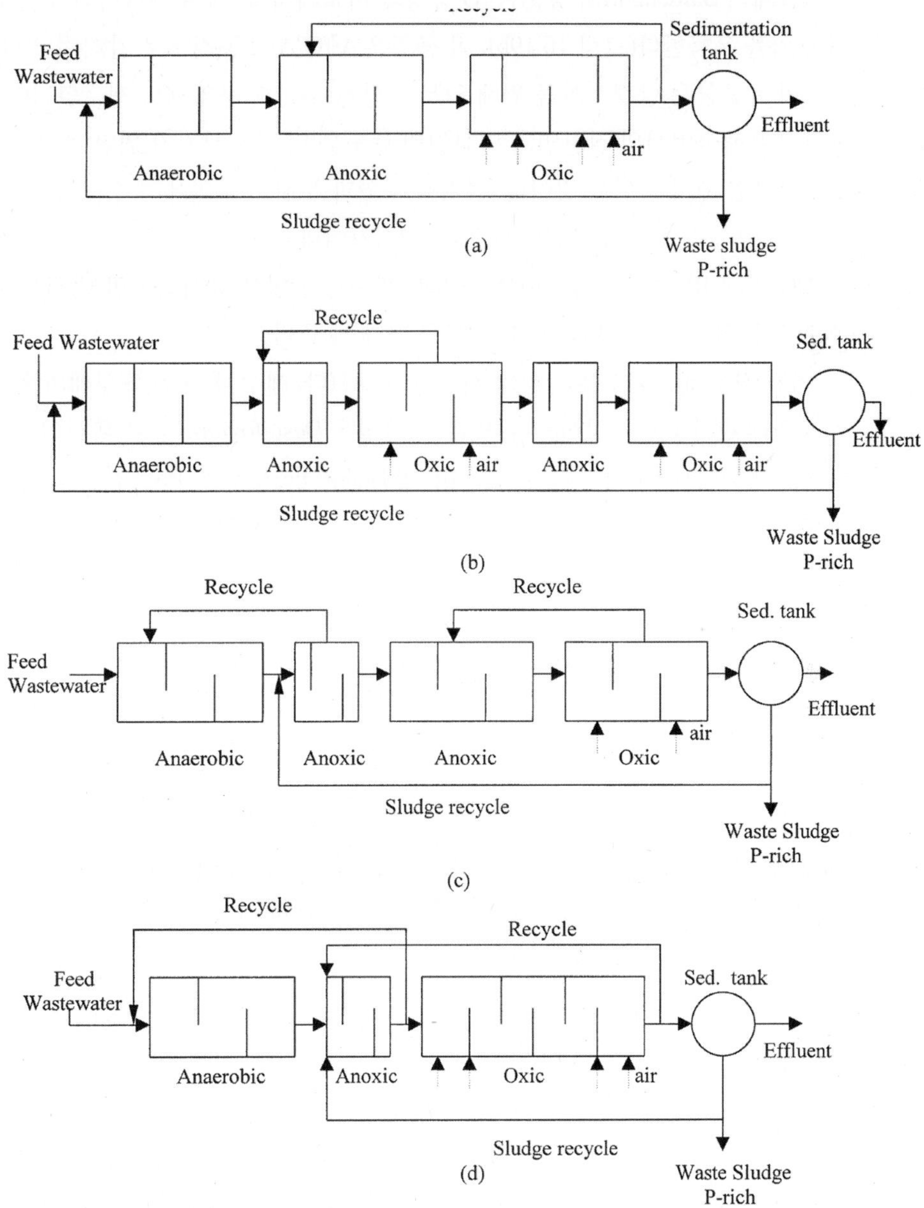

Figure 16.19. Combined biological nitrogen and phosphate removal processes: (a) A^2/O process, (b) five-stage Bardenpho process, (c) University of Capetown process, (d) Virginia Initiative Plant process.

시 무산소 구역으로 재순환된다. 질산염의 유출은 혐기적 구역에서 일어난다. 탈질소화와 BOD 제거는 무산소 구역의 주요 기능이다. 폴리인산염 형태로의 인산염 제거, 질소화 및 BOD 제거는 호기적 구역에서 일어난다. 인산염은 폐슬러지 형태로 시스템으로부터 제거되며, 질소는 N_2(기체) 형태로 유출되고, BOD는 CO_2와 H_2O로 전환된다.

5단계의 Bardenpho 공정은 A^2/O 공정과 비교해서 두 개의 추가적인 무산소 구역과 호기적 구역을 포함한다(그림 16.19b). 이 공정은 A^2/O/A/O 공정으로 알려져 있다. 호기적 구역에서의 유출물은 탈질소화를 위해 일부가 다시 무산소 구역으로 재순환된다. 마지막 두 개 구역은 유출물에서의 질산염과 인산염의 농도를 더 감소시키기 위한 추가적인 탈질소화와 폴리인산염 제거를 위한 것이다. 혐기적 구역과 무산소 구역에서 수리학적 체류시간은 4시간 미만이며, 첫 호기적 구역에서는 4~12시간이다.

UCT와 VIP 공정은 사용되는 구역과 재순환 방법은 유사하지만 순서를 다르게 배치하여, 유출물의 질소, 인산염, BOD 농도를 낮게 해 준다.

어떤 경우에는 폐수에서 황의 제거가 요구된다. 폐수 내의 원소 상태의 황은 *Thiobacillus* 종에 의해 황산염으로 산화될 수 있다. 황산염은 *Desulfovibrio* 같은 황산염 환원 박테리아에 의해서 황화물로 더 환원될 수 있으며, 황화물은 Fe^{2+}, Zn^{2+}, Pb^{2+} 같은 특정 금속 이온들의 존재하에서 폐수로부터 침전시켜 제거할 수 있다. 황산염도 또한 석회석(limestone)($CaCO_3$)과 $Ca(OH)_2$의 첨가에 의해 침전될 수 있으며, 폐수로부터 여과될 수 있다.

16.5.3 폐수의 유용 생산물로의 전환

녹말과 셀룰로오스 또는 쉽게 이용 가능한 다른 탄소질 성분을 포함하는 폐기물질들은 고단백의 사료나 단세포 단백질(single-cell protein (SCP)), 에탄올, 유기산(아세트산, 부틸산, 프로피온산), 메탄, 메탄올 등과 같은 유용한 물질로 쉽게 전환될 수 있다. 농업 폐기물, 폐지, 폐목 등이 셀룰로오스 폐기물의 주를 이룬다. 주요 녹말 함유 폐기물은 몇몇 농업 폐기물(밀, 옥수수, 쌀, 감자)과 가정으로부터의 일부 고체 폐기물(야채, 과일), 몇몇 산업 폐기물(식품 산업) 등이다.

셀룰로오스와 녹말 함유 폐기물은 처음에는 당 분자로 가수분해되며, 추가적으로 호기적 조건하에서는 SCP로 전환되고 혐기적 조건하에서는 에탄올/유기산으로 전환된다. 많은 생물체들이 이용될 수 있지만, 효모 특히 *Saccharomyces*는 음식물에 이용할 수 있는 FDA 승인을 이미 갖고 있기 때문에 단백질 생산에 적합하다. 폐기물은 독성 오염물질이 없어야 한다. 탄소의 완전한 사용을 위하여, C/N/P의 비를 100/15/3으로 만들기 위해 미네랄 영양소가 첨가되어야 한다.

폐기물을 SCP로 전환하기 위하여 널리 알려진 두 개의 공정은 SYMBA와 PEKILO이다. SYMBA 공정은 감자 폐기물을 SCP로 전환하며 2단계로 구성되어 있다. 첫 단계는 *Endomycopsis* 종에 의한 녹말의 효소적 가수분해를 위한 것이며, 두 번째는 포도당을 영양분으로 하는 *Saccharomyces* 종에 의한 SCP 생산이다. PEKILO 공정은 폐아황산염 용액을 영양분으로 하는 *Paecilomyces* 종의 생장에 기초한다.

이런 폐기물질들은 연료로 사용될 수 있는 에탄올이나 아세톤/부탄올 같은 용매, 또는 고분자(젖산) 합성을 위한 단량체 같은 화학물질로도 전환될 수 있다. 녹말로부터 포도당이나 발효 가능한 당으로의 전환은 α-아밀레이스, β-아밀레이스, 글루코아밀레이스 같은 효소를 대량으로 사용하는 잘 정립된 산업이다. 셀룰로오스 폐기물로부터 발효 가능한 당으로의 경제성 있는 전환은 생물공정에서 해결해야 할 과제로 남아 있다. 미생물에 의해 만들어진 많은 종류의 셀룰레이스가 이용될 수 있으며, 유전자 변형된 미생물(예, *Trichoderma* 종, *Thermomonospora* 종, *Clostrida* 종)을 이용한 새로운 공정들은 저렴한 셀룰레이스를 가능하게 할 것이다. 효소 공정 대신에 산 가수분해가 사용될 수 있으나, 환경 친화 정도가 낮다. 셀룰로오스 폐기물로부터 에탄올 같은 생산물로의 경제적인 전환은 인간 복지에 커다란 기여를 할 것이다.

16.6 요약

여러 가지 종을 포함하고 있는 집단(population)은 자연 생태계(natural ecosystem), 잘 정의된 공정, 폐수처리, 유전적으로 조작된 세포를 사용하는 시스템 등에서 중요한 역할을 한다. 종(species)들 간의 이러한 상호작용의 예는 경쟁(competition), 중립작용(neutralism), 상리작용(mutualism), 원시협동작용(protocooperation), 편리공생(commensalism), 편해작용(amensalism), 포식(predation), 기생(parasitism) 등이다. 실제 시스템에서 몇 가지 형태의 상호작용이 존재할 수 있다. 수학적인 분석을 통해 순수한 경쟁이나 순수한 상리작용은 키모스탯에서 안정된 정상상태를 제공해 주지 못한다는 것을 알 수 있다. 그러나 공간적 불균질성(spatial heterogeneity), 동역학적 변동(dynamic fluctuation), 다른 상호작용의 첨가 등은 경쟁적 상호작용이나 상리적 상호작용 하에서 종들의 공존(coexistence)을 가능하게 한다.

혼합배양을 사용하는 주요 공정 중의 하나는 폐수처리이다. 활성슬러지 시스템이 폐수처리에 일상적으로 이용된다. 이와 같은 시스템은 호기성 조건하의 세포 재순환 키모스탯으로 간주될 수 있다. 호기성 처리법을 대신할 수 있는 방법으로는 세류층 필터(trickling-bed filter), 회전 생물학적 원반(rotating biological disk), 산화촉진 연못(oxidation pond) 등이 있다. 혐기적 분해(anaerobic digestion)는 폐수를 처리하는 데 직접 이용될 수도 있고, 더 일상적으로는 폐수처리 공정의 1차 처리와 2차 처리로부터 나오는 슬러지를 더 분해하는 데 이용된다.

참고문헌

Fredrickson, A. G., Behavior of Mixed Cultures of Microorganisms, *Ann. Rev.* Microbiol. 31: 63–87, 1977.

Hammer, M. J., and M. J. Hammer, Jr., *Water and Wastewater Technology*, 7th ed., Prentice Hall, Upper Saddle River, NJ, 2011.

Schroeder, E. D., *Water and Wastewater Treatment*, McGraw-Hill, New York, 1977.

Sundstrom, D. W., and H. E. Klei, *Wastewater Treatment*, Prentice Hall, Englewood Cliffs, NJ, 1979.

Tchobanoglous, G., F. Burton, H. D. Stensel, and R. Tsuchihashi, *Wastewater Engineering: Treatment and Resource Recovery* (Metcalf & Eddy, Inc.), 5th ed., McGraw-Hill, New York, 2013.

Viessman, W., and M. J. Hammer, *Water Supply and Pollution Control*, 6th ed., Prentice Hall, Upper Saddle River, NJ, 1998.

연습문제

16.1 두 종의 박테리아(*E. coli*와 *Azotobacter vinelandii*)의 혼합에서 생장속도 제한 영양분인 5 g/l의 포도당을 포함하는 배지 1 l가 회분식 발효조(batch fermenter) 내에 들어 있다. *A. vinelandii*는 *E. coli*보다 5배가 더 크다. 두 생체의 복제 속도는 다음과 같다.

$$\mu_{EC} = \frac{1.0\ \text{h}^{-1}\text{s}}{0.01\ g/1+\text{s}} - 0.05\ \text{h}^{-1}$$

그리고

$$\mu_{AV} = \frac{1.5\ \text{h}^{-1}\text{s}}{0.02\ g/1+\text{s}} - 0.10\ \text{h}^{-1}$$

수율 계수는

$$Y_{EC} = 0.5\ \text{g 건조중량/g 포도당}$$

$$Y_{AV} = 0.35\ \text{g 건조중량/g 포도당}$$

발효기에 0.03 g 건조중량/l의 *E. coli*(1 × 10^8 세포/ml)와 0.15 g 건조중량/l의 *A. vinelandii*(1 × 10^8 세포/ml)가 초기에 접종되었다.

포도당이 모두 고갈되었을 때 *A. vinelandii*와 *E. coli*의 비율은 얼마인가?

16.2 키모스탯(잘 혼합된)에서 한 가지 영양분을 놓고 경쟁하는 두 박테리아는 공존할 수 없다는 것을 보였던 예제 16.1에 대해 생각해 보자. *B*는 표면에 부착할 수 있으나 *A*는 부착할 수

없는 경우를 살펴보자. a는 단위 반응기 부피당 유용한 표면적이고, 부착속도는 X_B에 대한 일차식이며 속도상수가 k_{aB}일 때 수지식을 다시 세우라. 부착에 유용한 부분은 $(X^{At}{}_{BM} - X^{At}{}_B)aV$이다. 부착된 세포는 부착된 세포농도($X^{At}{}_B$)에 대한 일차식에 의거하여 떨어지며 이때 속도상수는 k_{aB}이다. 부착된 세포는 용액 내에 현탁된 세포와 같은 속도식을 갖고 생장한다.

a. 수학적으로 증명하지 않은 상태에서, 공존이 가능하다고 생각하는가? 왜 가능한가? 불가능하다면 그 이유는?

b. 아래의 특정 경우에 대해서, $D = 0.4\ \text{h}^{-1}$일 때 적당한 물질 수지식을 풀라.

$$\mu_{mA} = 1.0\ \text{h}^{-1};\ \mu_{mB} = 0.5\ \text{h}^{-1}$$
$$K_{SA} = K_{SB} = 0.01\ \text{g}/1$$
$$Y_{A/S} = Y_{B/S} = 0.01\ \text{g}/1$$
$$S_0 = 5\text{g}/1,\ a = 10\ \text{cm}^2/\text{cm}^3$$
$$X_{BM}^{At} = 1\times10^{-4}\ \text{g}/\text{cm}^2$$
$$k_{dB} = 0.5\ \text{h}^{-1},\ k_{dB} = 1000\ \text{cm}^3/\text{g}-\text{h}$$

16.3 생체 A는 기질 S에 의존하여 생산물 P를 생산한다. P는 또한 생체 B가 사용할 수 있는 유일한 기질이다. 회분 속도식은 다음과 같다.

$$\frac{dX_A}{dt} = \frac{\mu_A S X_A}{K_s + S}$$
$$\frac{dX_B}{dt} = \frac{\mu_B P X_B}{K_p + P}$$
$$\frac{dP}{dt} = Y_{P/A}\frac{\mu_A S X_A}{K_s + S} - \frac{\mu_B P X_B}{Y_{X_B/P}(K_p + P)}$$
$$\frac{dS}{dt} = \frac{\mu_A S X_A}{Y_{X_A/S}(K_s + S)} - \frac{Y_{P/A}}{Y_{P/S}}\frac{\mu_A S X_A}{(K_S + S)}$$

아래의 파라미터를 이용하라.

$$\mu_A = 0.18\ \text{hr}^{-1},\quad K_s = 0.42\ \text{g/l},\quad \mu_B = 0.29\ \text{hr}^{-1}$$
$$K_P = 0.30\ \text{g/l},\quad Y_{XA/S} = 0.3\ \text{g/g},\quad Y_{XB/P} = 0.5\ \text{g/g}$$
$$Y_{P/S} = 1.0\ \text{g/g},\quad Y_{P/A} = 4.0\ \text{g/g},\quad S_0 = 10\ \text{g}/1$$

키모스탯에서 이 두 생체의 거동을 결정하라. 희석률에 대한 S, P, X_A, X_B를 도시하라. 희석률이 생체 A의 세척 희석률(washout dilution rate)에 근접할 때 생체 B에는 어떤 현상이 일어나는가에 대해 논의하라.

(Courtesy of L. Erickson, from "Collected Coursework Problems in Biochemical Engineering," compiled by H. W. Blanch for 1977 American Society for Engineering Education Summer School.)

16.4 활성슬러지 장치로 유입되는 폐수의 BOD_5값은 $S_0 = 300$ mg/l이고, 유출물의 농도는 $S=$ 30 mg/l가 요구된다. 유입 유속은 $F = 2 \times 10^7$ l/day이다. 재순환 비는 $\alpha = 0.5$이고, 정상상태의 생체농도가 $X = 5$ g/l일 때 다음을 계산하라.

a. 요구되는 반응기 부피(V)

b. 재순환되는 용액 내의 생체농도(X_r)

c. 고체(세포) 체류시간(θ_c)

d. 수리학적 체류시간(θ_H)

e. 1일 산소 요구량

아래의 속도 파라미터들을 사용하라.

$$\mu_m = 1.5\ \text{day}^{-1}, \qquad K_s = 400\ \text{mg/l}$$
$$Y^M_{X/S} = 0.5\ \text{gDW/g BOD}, \qquad k_d = 0.07\ \text{day}^{-1}$$

16.5 그림 16.8에 나타낸 활성슬러지 장치에 대해서 세포의 비성장속도는 아래 식으로 주어진다.

$$\mu_{net} = \frac{\mu_m S}{K_s + S} - k_d$$

파라미터는 다음의 값을 갖는다.

$F = 500$ l/h, $\alpha = 0.4$, $\gamma = 0.1$, $X_e = 0$, $V = 1{,}500$ l, $K_s = 10$ mg/l, $\mu_m = 1\ \text{h}^{-1}$, $k_d = 0.05\ \text{h}^{-1}$, $S_0 = 1{,}000$ mg/l, $Y^M_{X/S} = 0.5$ g 건조중량/g 기질

a. 정상상태에서 반응기 내의 기질농도(S)를 계산하라.

b. 반응기 내의 세포농도를 계산하라.

c. 재순환되는 용액 중의 X_r과 S_r을 계산하라.

16.6 50 m^3의 공기공급 탱크가 달린 활성슬러지 장치를 사용하여, 유속이 6 m^3/h이고 COD_0 (S_0) = 1,000 mg/l인 폐수를 처리하여 $COD_e = 30$ mg/l로 방출하려고 한다. 아래와 같은 정보가 확보되어 있다.

$$k = 5\ \text{d}^{-1} = \mu_m/Y, K_s = 125\ \text{mg/l}, Y = 0.35\ \text{g}\ X/\text{g}\ S, b = k_d = 0.03\ \text{d}^{-1}, X_r = 10\ \text{g/l}$$

a. θ_c(SRT), θ_H(HRT), X, 슬러지 재순환 비(r)를 구하라.

b. 슬러지 재순환 비가 $r = 0.3$일 때, $COD_e = 30$ mg/l를 얻으려면 폐수의 유속은 얼마가 되어야 하는가? 이 경우에, X와 θ_H를 구하라.

16.7 유속이 10 m^3/h이고 $COD_0 = 2{,}000$ mg/l인 폐수가 활성슬러지 장치에서 처리되고 있다. 또한 아래와 같은 정보가 확보되어 있다.

$$k = 6\ \text{d}^{-1}, K_s = 150\ \text{mg/l}, Y = 0.4\ \text{g}\ X/\text{g}\ S, b = k_d = 0.02\ \text{d}^{-1}, X_r = 10\ \text{g/l}, r = 0.4$$

공기공급 탱크는 완전히 혼합되고 있으며 $\theta_c = 4\theta_{cm}$일 때, θ_{cm}, θ_c, $COD_e(S)$, θ_H, V, X 및 슬러지 생산속도를 구하라.

16.8 공기가 공급되는 라군(lagoon)은, 슬러지 재순환은 없고 단지 완전 혼합되고 연속적으로 조업되는 공기공급 탱크가 있는 활성슬러지 시스템이다. 폐수 유속이 5 m^3/h이고, COD_0 = 500 mg/l일 때, 공기가 공급되는 라군에서 방류 COD를 30 mg/l로 맞추고자 한다.

a. 1차 반응속도식을 사용하여, θ_H(HRT), θ_c(SRT), 생체농도(X), 공기공급 탱크 부피(V)를 구하라.

b. Monod 반응속도식을 사용하여, θ_H, θ_c, 생체농도(X), 공기공급 탱크 부피(V)를 구하라.

c. 결과를 비교하고, 이에 대하여 논평하라.

속도상수는 $k = 4\ d^{-1}$, $K_s = 100$ mg/l, $Y = 0.35$ g X/g S, $b = k_d = 0$이다.

16.9 활성슬러지 폐기물 처리 시스템에서, 출구 BOD_5의 양을 1,000 mg/l에서 20 mg/l로 줄이려고 한다. 침전 장치는 생체를 3배 농축시킨다. 속도 파라미터는 $\mu_m = 0.2\ h^{-1}$, $K_s = 80$ mg/l, $k_d = 0.01\ h^{-1}$, $Y^M_{X/S} = 0.5$ g MLVSS/g BOD_5이다. 폐수의 흐름은 10,000 l/h이고 처리 장치의 크기는 50,000 l이다.

a. 고형물의 체류시간(즉, θ_c)은 얼마인가?

b. 재순환 비는 얼마가 사용되어야 하는가?

16.10 소규모 시스템에 대한 잘 혼합되는 폐기물 처리 시스템을 생각해 보자. 이 시스템은 1,000 l의 반응기에서 100 l/h의 유속으로 운전된다. 분리장치는 생체를 2배 농축시킨다. 재순환 비는 0.7이다. 속도 파라미터들은 $\mu_m = 0.5\ h^{-1}$, $K_s = 0.2$ g/l, $Y^M_{X/S} = 0.5$ g/g, $k_d = 0.05\ h^{-1}$이다. 출구 기질의 농도는 얼마인가?

16.11 생장에 Contois식이 적용될 경우 예제 16.4를 다시 풀라. 이 경우, 아래 식을 사용하라.

$$\mu_{net} = \frac{\mu_m S}{K_{sx} X + S} - k_d$$

μ_m과 k_d 값은 예제 16.4와 같으나, K_s는 더 이상 적용하지 않는다. $K_{sx} = 0.02$ g BOD_5/g MLVSS라 가정한다.

16.12 세류 생물 필터에서, 공급 유속은 $F = 10^3$ l/h이고, 공급 용액의 BOD값은 $S_{0i} = 500$ mg/l이다. 유출물의 BOD는 $S_0 = 10$ mg/l가 요구된다. 생물촉매(biocatalyst)에 관한 다음의 속도 파라미터들이 알려져 있다—$r_m = 20$ mg S/l · h, $K_s = 200$ mg S/l. 생체필름 두께는 $L = 0.1$ mm이다. 필터의 단면적은 $A = 2\ m^2$이고, 층의 단위 부피당 생체필름 표면적은 $a = 500\ cm^2/cm^3$이다. 용존산소가 율속 기질이고 확산계수는 $D_{O2} = 2 \times 10^{-5}\ cm^2/s$라고 가정한다. 요구되는 층의 높이를 결정하라. 생물 반응 속도식을 1차로 가정할 수 있다.

16.13 유속이 $Q = 15\ m^3/h$이고 $COD_0 = 1{,}500$ mg/l인 폐수를 재순환이 있는 세류 생물 필터로 처리하여 $COD_e = 50$ mg/l로 방류하려 한다. 아래와 같은 데이터를 사용할 수 있다.

$$Y = 0.35\ g\ X/g\ S,\ \mu_m = 0.1\ h^{-1},\ X = 15\ g/l,\ K_s = 150\ mg/l,\ L = 1.5\ mm,$$
$$D_O/H = 4,\ H = 2.5\ m$$

a. 공급 폐수 농도가 $S_i = 500$ mg/l이면, 유출물 재순환 비(R)를 구하라.

b. 입자 표면의 65%가 생체필름으로 덮여 있다고 가정할 때, 생체필름 표면적(a_f와 A_f), 입자 표면적(a_p와 A_p)을 구하라.

c. $a_f = 100\ \mathrm{m^2/m^3}$일 때, $D_O/H = 4$이고 TBF와 동일한 성능을 가지려면 D_O와 H는 얼마인가?

TBF에 대한 일반화된 디자인 식을 사용하라.

$$K_s\ L_n\ S_i / S + (S_i - S) = \frac{kXLa_f}{F(1+R)}\ Ao\ H \text{ where } k = \mu_m / Y$$

16.14 $COD_0 = 800$ mg/l인 폐수를 단단계 RBC로 처리하여, 처리효율 $E = 1 - S/S_0 = 0.95$를 얻고자 한다. 아래와 같은 데이터를 사용할 수 있다.

$$k = 4\ \mathrm{d^{-1}}, X = 100\ \mathrm{g/m^2}, K_s = 120\ \mathrm{mg/l}, D_O = 3\ \mathrm{m}, N = 300, \text{잠김 비는 } 0.40$$

a. RBC 탱크가 완전히 혼합되고 있는 경우에, 95% COD를 얻기 위하여 폐수의 유속을 얼마로 하여야 하는가? 이 경우에 디스크의 젖은 면적과 총 표면적을 구하라(A_w, A_T).

b. RBC 탱크가 플러그 흐름 반응기(PFR)의 거동을 가지고 있는 경우에, 폐수의 유속(F), A_w, A_T를 구하라.

c. 위 두 경우에 대하여 A_T/F 값을 비교하고, 그 결과에 대하여 논평하라. 어떤 반응기가 더 좋고, 그 이유는 무엇인가?

16.15 유속이 $Q = 15\ \mathrm{m^3/h}$이고 $COD_0 = 1{,}500$ mg/l인 폐수가 시리즈로 연결된 2단계 RBC 장치를 사용하여 처리되고 있다. 두 번째 단계에서의 유출물 농도를 $S_2 = 50$ mg/l가 되게 하고 싶다. 각 단계에서의 COD 제거 효율은 동일하다($E_1 = E_2$). 아래와 같은 데이터를 사용할 수 있다.

$$k = 3\ \mathrm{d^{-1}}, X_1 = 90\ \mathrm{g/m^2}, X_2 = 75\ \mathrm{g/m^2}, K_s = 100\ \mathrm{mg/l}, D_O = 4\ \mathrm{m}, \text{잠김은 } 40\%$$

a. $S_1, A_{w1}, A_{w2}, A_{WT}, A_{T1}, A_{T2}, A_T$를 구하라.

b. 각 단계의 디스크 개수, N_1, N_2, N_T를 구하라.

부록

전통적 산업 생물공정

효소와 미생물들은 화학제품, 의약품, 향미료, 향료 및 비타민들의 생산과, 산업폐기물의 처리를 위하여 사용된다. 이러한 생물공정들은 관련된 분리기술과 공정에 따라 각기 독특한 특성을 갖는다. 이 부록은 생물공학의 기본적인 것들을 포함하여, 다양한 화학제품과 의약품들의 생산에 사용된 기술들과 산업 생물공정들의 몇 가지 예를 보여 준다. 폐기물 처리에 관한 생물공정공학은 16장 '혼합배양을 이용한 생물공정'에서 다루었다.

A.1 혐기적 생물공정

2차 세계대전 말에 항생제가 출현하기 전까지는 많은 범용화학제품들이 수백 년간 혐기성 공정에 의해 만들어져 왔으며 대량생산 공정을 대표해 왔다. 비록 화학공정이 여러 혐기성 제품 공정을 대체했지만 몇몇 제품의 경우 아직도 혐기성 발효공정이 중요하다. 이러한 공정들 중 가장 중요한 몇 가지에 대하여 검토하고자 한다.

A.1.1 에탄올 생산

에탄올은 원료물질, 용매와 연료로서 많이 사용되며, 화학, 제약 및 식품산업에서 대량으로 이용된다. 세계적으로 연간 400만 톤의 산업용 에탄올이 생산되고, 이 중 80%는 발효에 의해 생산된다. 연료로서의 에탄올에 대한 수요는 증가할 것으로 기대된다. 미국 에너지 정보 관리국(Energy Information Administration)은 미국에서 에탄올의 소비가 향후 20년간 연

3.2%씩 증가할 것으로 예측해 왔다.

효모는 산업적 규모의 에탄올 생산을 위해 선호되는 생물이다. 이용되는 원료물질의 성분에 따라 각기 다른 종들이 이용될 수 있다. 특히 육탄당의 발효에 적합한 *Saccharomyces cerevisiae*가 지금까지 이용되어 온 주요 미생물이다. 젖당이나 오탄당들이 기질로 이용될 때에는 *Kluyveromyces fragilis*나 *Candida* 종이 각각 이용될 수 있다 . *Zymomonas mobilis*나 Pachysolen 종과 같이 에탄올 생산능력이 있는 다른 대안적 미생물들은 산업적 생산에서는 이용되지 않는다. 그러나 *Zymomonas* 종들은 효모에 비해 중요한 장점들을 가지고 있어, 미래에는 산업적 규모에도 이용될 수 있을 것이다 . *Clostridium hermosaccharolyticum*과 *Thermoanaerobacter ethanolicus*와 같은 오탄당과 육탄당 발효미생물들은 호열성이고, 에탄올 발효와 분리에 상당히 유리한 점들을 제공한다. 그러나 이들은 바람직하지 못한 최종 산물들을 생산하고, 희석된 에탄올 용액들을 생산한다. *E. coli*는 유전공학적 기술에 의해 에탄올 농도가 43%(vol/vol)에까지 이르게 하는 매우 효과적인 에탄올 생산 미생물로 형질이 전환되어 왔다.

원료물질들이 에탄올 생산비용의 70%까지 차지할 수 있다 따라서 값싼 원료의 선택은 공정 경제학상 중요한 요인이 된다. 선정된 원료는 발효 공장에서 경제적이고 쉽게 이용될 수 있어야 한다. 브라질에서는 사탕수수당을 널리 이용하는 데 반해, 미국에서는 가격 때문에 당을 원료물질로 사용하지 못한다. 대신에, 미국에서는 옥수수가 산업적 에탄올 생산에 가장 많이 이용되는 원료물질이다. 대다수의 미생물들은 발효를 위하여 쉽게 이용할 수 있는 당화합물들을 요구한다. 이러한 당화합물들은 사탕수수당, 사탕수수, 사탕무즙, 당밀과 같은 값싼 원료물질들에 존재한다. 유청 역시 산업발효에 이용된다. 녹말과 셀룰로오스를 함유하고 있는 곡물, 과일, 야채, 나무, 생체물질, 폐지, 폐기농산물과 같은 것들도 역시 사용될 수 있지만, 이들은 발효 전에 가수분해가 필요하다. 녹말은 발효를 하기 전에 효소로 당화한다. 산을 이용한 녹말의 당화는 발효되지 못하는 산물이나 발효를 억제하는 부산물을 생산할 수 있기 때문에, 권장할 만한 것이 못 된다. 셀룰로오스를 포함한 물질들의 가수분해는 어렵고 비싸서 효율적이지 못할 수도 있다. 그러나 폐기물의 재활용에 대한 노력으로, 이들의 사용에 대한 관심이 증가되고 있다.

효모는 아래 반응에서 보이는 바와 같이 육탄당들을 에탄올과 이산화탄소로 전환한다.

$$C_6H_{12}O \longrightarrow 2C_2H_5OH + 2CO_2 \quad \text{(A.1)}$$

포도당에 대한 이론적 에탄올 생산 수율은 0.51 g/g이고, 성장 수율은 0.12 g/g이다. 일반적으로 글리세롤, 숙신산, 초산과 같은 부산물이 생산되고, 실제 생산 수율은 이론값의 약 90

~95% 정도가 된다. 효모 발효의 최적 온도와 pH는 각각 30~35°C와 4~6이다. 호열성 미생물 발효의 최적 온도는 50~60°C 정도이다. 에탄올 생산은 혐기성 조건에 의해 유발된다. 효모는 지방의 생합성과 세포활성을 유지하기 위하여 미량의 산소(0.05~0.1 mm Hg)를 필요로 한다.

배양액은 질소, 인, 광물과 미량원소에 있어서 균형을 이루어야 한다. 포도당 배지에는 일반적으로 NH_4Cl, KH_2PO_4, $MgSO_4$, $CaCl_2$와 효모 추출물이 첨가된다. 산업 현장에서 쓰이는 희석된 당밀에는 얼마간의 암모니아와 인산염을 넣을 필요가 있다. 배지 내의 포도당 농도는 에탄올 생산속도와 생산량에 중요한 영향을 미친다. 100 g/l 이상의 포도당 농도는 효모에 저해영향을 나타낸다.

에탄올과 몇몇 부산물들은 5%(vol/vol) 이상의 농도에서 효모에 저해영향을 미친다. 그러므로 연속발효에서 배지의 포도당 농도는 100 g/l보다 낮아야 하는데, 이 때문에 배출수의 에탄올 농도는 50 g/l 이하가 된다. 에탄올에 의한 저해현상을 피하기 위하여, 에탄올 내성 효모들을 개발하고 있다. 발효액에서 에탄올을 동시에 제거하는 것은 에탄올의 저해영향을 줄이기 위한 하나의 대안적 방법이다.

전통적인 에탄올 발효는 무균 조건에서 회분식으로 운전된다. 기계적 교반 스테인리스스틸 반응기들이 이 목적으로 이용된다. 반응기에 영양배지를 전체 반응기 용량의 70%까지 채운다. pH와 온도를 맞춘 후, 반응기 내용물을 멸균하고 발효온도로 식힌다. 운전기간 중에는 pH와 온도를 조절하고, 산화 환원 전위는 Na_2S와 같은 환원제를 이용하여 −100 mV 이하로 유지한다. 효모 배양액을 준비하여 반응기에 접종원으로 이용한다. 한 회분의 반응 주기는 30~40시간 정도이다. 효모와 배양액 일부는 재사용할 수 있다. 세포 재순환 회분식 운전(Melle-Boinot 공정)은 발효시간을 10시간으로 감소시키고, 생산성을 6 g/l · h로 향상시키는 결과를 가져온다. 회분식 운전이 끝나면, 배양기의 내용물을 비우고 효모는 여과나 원심분리를 이용하여 분리한다. 배양액은 증류하여 에탄올을 분리하는 공정을 거친다.

에탄올 발효에서 연속운전은 회분식 운전에 비하여 중요한 장점들을 갖는다. 연속적인 배지멸균과 무균적 운전기술로 연속운전에 따른 오염문제를 없앨 수가 있다. 연속운전에서는 21시간의 체류시간 조건에서 약 95%의 당을 에탄올로 전환할 수가 있다. 이것은 40시간의 회분식 운전시간과 비교가 된다. 최적 조건에서는 95% 전환을 위한 체류시간을 10시간까지 감소시킬 수 있다. 세포 재순환식 연속배양은 반응기 내의 세포농도를 5배 정도로 증가시킬 수 있고 이것은 보다 빠른 전환을 가져온다. 침전조, 원심분리, 또는 여과들이 발효유출수로부터 세포를 분리하는 데 이용될 수 있다. 세포 재순환을 이용하면, 반응기에 포

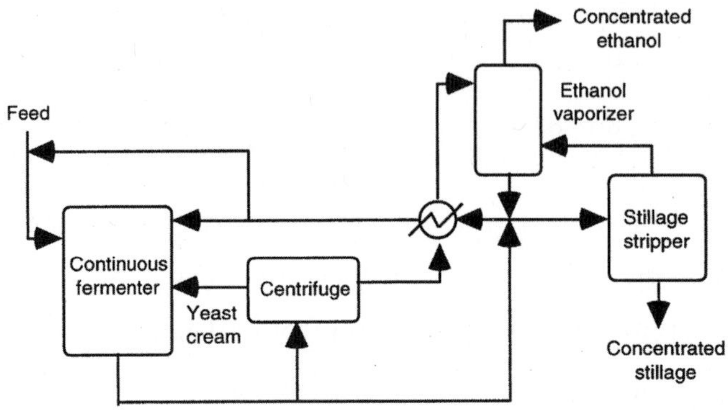

Figure A.1. Schematic for the biostill process for ethanol production.

도당이 100 g/l로 공급될 때 95% 전환을 위한 체류시간을 1.6시간까지로 줄일 수 있는데 이는 30 g/l · h의 생산성에 해당된다. 세포 재순환 장치를 갖는 다단계 연속배양을 이용하여 그 공정의 생산성을 더 향상시킬 수 있다. 세포 재순환 장치를 사용하지 않고 배양기 여섯 개를 일련으로 이용할 때, 총 체류시간 9시간에서 95 g/l를 달성함으로써 11 g/l · h의 생산성을 얻는 것이 가능하다.

그림 A.1은 에탄올 발효에 사용되는 생물 증류 공정을 보여 준다. 이 공정에서는 에탄올 분리를 위한 증류탑과 세포 재순환 장치를 가진 연속발효를 사용한다. 기계적인 교반 장치가 있는 스테인리스스틸 반응기가 연속배양에 사용되며, 배출액은 효모 분리를 위하여 원심분리된다. 분리된 효모의 일부가 배양기로 재순환되고, 액체 배지는 에탄올 분리를 위하여 증류탑으로 주입된다. 에탄올이 없는 배지는 다시 반응기로 들어간다. 효모세포의 재순환은 전환속도를 높이고, 배지의 재순환은 폐수생산량을 감소시켜 주며 주입된 당의 농도를 억제가 일어나지 않는 정도까지 감소시킨다.
다공성 또는 고분자 물질 내에 효모를 고정화하는 것은 반응기의 세포 농도를 증가시켜 에탄올 생산성을 증가시킨다. 고정화 세포반응기로는 충전탑 반응기나 유동층 반응기가 있다. 높은 세포 농도를 얻기 위하여 쉽게 침전되는 응집성 효모를 탑형 반응기에서 배양할 수도 있다.

에탄올 생산에 사용되는 산업 공정들의 비교가 표 A.1에 나와 있다.

에탄올은 저온 진공증류, 흡착, 또는 여과분리를 이용하여 발효 도중 배양기로부터 분리될 수 있다. 이것은 에탄올 저해를 감소시키지만, 운전의 어려움 때문에 산업적으로는 잘 사용하지 않는다. 발효액에서 에탄올을 분리하는 것은 일반적으로 증류에 의해서 이루어지는데, 이것은 에너지 집약적이어서 공장의 총 에너지소비의 50% 이상을 차지한다. 화학

TABLE A.1. Comparison of Industrial Ethanol Fermentation Processes

	Total Cycle Time (h)	Ethanol Concentration (g/l)	Productivity (g/l-h)
Simple batch	36	80	2.2
Melle–Boinot	12	80	6.6
Continuous in series	8	86	11

제품이나 약품용으로 사용되는 산업용 에탄올의 수준은 일반적으로 95%인데, 증류를 통하여 얻을 수 있다. 그러나 95% 에탄올은 공비 혼합물을 이루기 때문에, 100%의 순수 에탄올을 얻는 것은 어렵다. 공비 현상을 깨기 위해 에탄올-물 혼합액에 제3의 성분을 가하지만, 이 공정은 비용이 많이 들 뿐만 아니라 첨가된 물질에 독성이 있을 수 있다.

에탄올의 생산비는 원료물질과 운전비용(주로 전력 및 물을 사용한 냉각)에 의해 결정된다. 연간 1억 9천만 리터를 생산하는 에탄올 공정의 운전비용이 42 센트/l로 추정된다. 원료비는 26 센트/l, 유틸리티 비용은 3.4 센트/l, 인건비는 6 센트/l, 고정비(탄원, 세금, 보험, 유지)는 6.6 센트/l이다. 같은 크기의 공장에 대한 공장설비 투자는 7천 1백만 달러로 추정된다. 생산된 에탄올은 용매, 화학중간체(아세트알데하이드, 초산, 에틸렌 생산을 위한)와 연료로 이용될 수 있다. 최근 가스올(10% 알코올)이나 순수 알코올 형태의 연료로서 에탄올 사용에 대한 수요가 증가해 왔다. 그러나 에탄올을 연료로 사용하는 것은 이의 가격이 석유 유래 연료와 견줄 만할 경우에나 가능한 일이다.

A.I.2 젖산 생산

젖산은 신 우유로부터 처음으로 분리되었고(1780) L- 및 D-젖산으로 불리는 두 활성형이 있다. L-젖산은 산성화제와 보관제로 식품(50% 이상)에 주로 사용한다. 젖산은 다른 화학물질을 생산하기 위한 중간물질과 제약산업에서도 역시 사용된다. 대부분의 젖산은 발효에 의해서 생산된다.

산업적으로는, 복합 탄수화물을 발효시키기 위하여 젖산균 혼합배양이 통상적으로 이용된다. 혼합균주의 사용은 순수 미생물을 사용하는 것에 비해 발효 속도를 향상시킨다. 선별된 균주는 빨리 자라고, 높은 젖산 수율과 생산성을 가지며, 낮은 영양 요구성을 가진 것이어야 한다. 젖산 생산은 높은 성장속도와 세포농도를 요구하는 혼합 생장 관련(mixed growth-associated) 공정이다. 젖산 생산 박테리아는 두 개의 주요 그룹인 호모락틱(*Lactobacillus* 종, *Streptococcus* 종, *Pediococcus* 종)과 헤테로락틱(몇몇 *Streptococcus* 종, *Leuconostoc* 종) 박테리아로 분류된다.

호모락틱 종인 *Lactobacillus*와 *Streptococcus* 종들이 일반적으로 이용된다. 호모락틱 박테리아는 1몰의 포도당으로부터 2몰의 피루베이트를 생산하기 위하여 아래와 같이 EMP 대사 경로를 이용한다.

$$C_6H_{12}O_6 \longrightarrow 2C_3H_6O_3 \tag{A.2}$$

포도당에 대한 생산 수율은 일반적으로 0.9 g/g 이상이다. 이 미생물들은 통기성 미생물이지만, 혐기적 발효에 의해서만 ATP를 생산한다. 산업적으로 중요한 호모락틱 박테리아들은 40°C 이상, pH 5~7에서 자란다. 높은 온도와 낮은 pH(6 이하)에서는 오염의 위험을 줄일 수 있다. 호모락틱 박테리아는 포도당 외의 육탄당뿐만 아니라 오탄당들로부터 젖산을 생산할 수 있다. 일반적으로 오탄당의 발효로부터 젖산과 초산이 생성된다. 대부분의 젖산균들은 비타민 B, 아미노산, 인산을 필요로 한다. 펩타이드들이 성장속도를 증가시킬 수도 있다. 발효 수율은 기질과 미생물에 따라 다양하다.

헤테로락틱 발효는 부산물의 생성 때문에 바람직하지 못하다. 하지만 미생물 군락, 에너지 이용성과 발효조건에 따라 헤테로락틱 발효가 일어나기도 한다. 헤테로락틱 박테리아는 아래와 같이 1몰의 포도당으로부터 1몰의 젖산, 1몰의 에탄올, 1몰의 CO_2를 생산한다.

$$C_6H_{12}O_6 \longrightarrow C_3H_6O_3 + C_2H_5OH + CO_2 \tag{A.3}$$

이론적 젖산 생산 수율은 포도당 그램당 0.5그램이다.

몇몇 *Rhizopus*(예, *R. oryzae*)는 낮은 영양 요구성을 가지고 있어, 탄수화물로부터 젖산을 생산하기 위하여 이용될 수도 있다. 이들은 입체적으로 순수한 L-(+)-젖산을 생산한다는 장점이 있다. *Rhizopus* 종들은 젖산 생산을 위하여 녹말을 이용할 수 있다.

이상적인 원료물질은 저가여야 하고, 높은 수율과 생산속도를 가져야 하고, 부산물의 생성이 없어야 하며, 대단한 전처리를 필요로 하지 않고, 연중 내내 이용할 수 있어야 한다. 사탕수수나 사탕무즙에서 얻은 설탕, 치즈 유청에서 얻은 젖당, 녹말의 가수분해로부터 얻은 맥아당이나 포도당이 원료로 사용된다. 당밀도 사용할 수 있지만, 이것의 복잡한 본질 때문에 젖산의 분리에 있어 문제가 된다. 옥수수 녹말로부터 얻은 포도당은 1950년대 말에 가장 보편적으로 이용되었다. 멸균한 우유(*L. bulgaricus*), 옥수수에서 얻은 포도당(*Rhizopus*), 사탕수수추출물, 감자의 가수분해물을 이용한 다른 공정들도 역시 개발되었다. 특정 *Lactobacillus* 종에 의한 옥수수녹말의 직접 가수분해와 발효는 경제적인 관점에서 매우 유망할 것으로 보인다. 맥아추출물, 옥수수즙, 보리, 효모추출물과 같은 질소원이 생장과 젖산생성의 향상을 위하여 발효배지에 첨가되어야 한다.

산업공정들은 회분식으로 운전된다(그림 A.2). 발효조는 열전달 코일을 장착한 스테인리스스틸로 제작된다. 반응기는 멸균된 배지로 채우기 전에 증기멸균한다. 상부에 장착된 기계적 교반기로 느리게 교반하여 칼슘카보네이트의 침전을 막는다. 발효조건은 사용되는 미생물에 따라 다르지만, 일반적으로 *L. delbruckii*는 40~60°C, pH 5~6.5에서, *L. bulgaricus*는 43°C, pH 6~7에서, *Rhizopus*는 30~50°C, 6 이하의 pH에서 배양한다. 발효시간은 유청과 같은 당 농도 5%에서 1~2일, 15%의 포도당이나 설탕 농도에서는 2~6일이 된다. 최적조건에서는 공정시간이 1~2일로 짧아질 수 있다. 젖산 생성속도는 온도, pH, 당, 질소와 젖산의 농도에 의해 결정된다. 최적 수준의 온도와 pH의 유지는 젖산의 생성속도를 향상시킨다. 생산된 젖산은 일반적으로 칼슘카보네이트나 칼슘하이드로옥사이드를 첨가하여 중화시켜야 한다. CO_2는 발효기간 중에 연속적으로 나오는데 이것이 혐기적 조건을 만든다. 젖산 생산성은 1~3 kg/m^3 · h 범위이다. 발효 종료 시 젖산의 생산 수율은 초기 당 농도의 90~95%이다. 세포수율은 일반적으로 초기 당 농도의 15% 이하이지만, 미생물과 배양조건에 따라 30%까지 될 수가 있다.

실험실 규모의 젖산발효를 위하여 연속 반응기, 고농도 세포 반응기와 고정화 세포 반응기가 이용되어 왔다. 이러한 반응기들에서의 젖산 생산성과 수율(100 kg/m^3)은 회분식 반응기에서의 것보다 높다. 투석막을 이용한 배양액으로부터의 연속적인 젖산의 제거는 생산속도를 증가시킨다.

발효액으로부터 젖산의 회수는 생산가의 중요한 부분을 차지한다. 미량의 질소를 포함한 순수한 당용액의 사용은 회수를 단순화시킨다. 공정도가 그림 A.2에 있다. 첫 번째 단계는 발효조의 온도를 80~100°C까지, pH를 10~11까지 올리는 것이다. 이 절차를 통해 미생물을 죽이고, 단백질을 응고시키고, 칼슘락테이트를 용해시키고, 남아 있는 당의 일부를 분해한다. 다음으로 균체는 여과하여 제거하고, 황산을 첨가하여 젖산을 얻는다. 여과로 황산칼슘을 제거하고 젖산을 농축한다. 대안적으로, 칼슘락테이트의 침전을 통해 정제할 수도 있다. 발효액을 여과하고 증발시켜 젖산 기준으로 25%까지 농축한다. 그 다음으로 칼슘락테이트를 결정화하여 모액에서 분리한다. 다른 등급의 젖산을 얻기 위하여 여러 종류의 분리 공정이 이루어진다. 활성탄을 이용한 표백, 이온교환, 전기투석, 용매추출, 에스터화 등이 여기에 포함된다. 식용 젖산은 무색이고 50~65% 젖산을 함유한다. 의약용은 90% 이상의 순도를 요구한다. 전통적으로 고분자 등급의 젖산은 가능한 한 순수해야 한다. 그러나 최근 젖산고분자가 산업 등급의 젖산으로부터 얻어진 바 있다.

2014년 세계 젖산 수요는 약 13억 달러(800톤)이었다. 이는 발효와 화학합성으로 나누어지는데, 발효에 의해 가장 높은 순도의 젖산이 생산된다. 시장의 약 30%는 식음료용이고 10%는 의약용이다. 젖산고분자를 만들기 위한 젖산의 사용이 빠르게 증가하고 있는데, 이

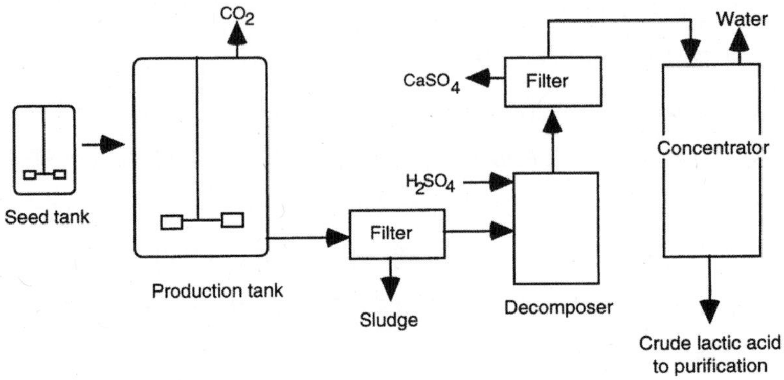

Figure A.2. Process diagram for lactic acid production.

는 젖산고분자가 포장재로 자주 쓰이는 생분해성, 환경친화성 물질이기 때문이다. 2022년까지의 젖산 시장의 연간 성장률은 15% 이상일 것으로 예상된다.

주요 젖산 생산국은 미국, 일본, 벨기에, 네덜란드, 스페인, 브라질이고, 중국과 인도도 역시 주요 젖산 생산 국가이다. 순수 젖산의 가격은 kg당 1.3달러이고(2016), 칼슘락테이트와 같은 유도체는 보다 고가에(약 50% 비싸게) 팔리고 있다. 20% 순이익을 가정하면, 공장가는 kg당 약 1.8달러로 산출된다.

A.I.3 아세톤-부탄올 생산

아세톤은 주로 지방, 오일, 왁스, 수지, 락카, 고무 플라스틱의 용매로 사용된다. 부탄올은 락카, 레이온, 세제, 브레이크액의 생산에 사용되고, 지방, 왁스, 수지의 용매로 사용된다. 낮은 증기압, 물에 대한 낮은 용해도, 디젤에 대한 완전 용해도 때문에, 부탄올은 에탄올보다 좋은 연료 첨가제이다. 아세톤과 부탄올(A/B)은 석유화학산업 중간물질로부터 생산된다. 그러나 청정공정에 대한 수요와 오일유래산물의 고갈은 발효에 의한 생산을 요구할 것이다.

Clostridium 종들이 아세톤-부탄올을 생산하기 위하여 사용된다. *C. acetobutylicum*은 다양한 대사능을 가진 절대혐기성 균이다. 이 균은 젤라틴녹말을 포도당과 맥아당으로 가수분해할 수 있는 아밀레이스와 당화효소를 가지고 있다. *C. acetobutylicum*은 포도당, 젖당, 과당, 갈락토오스, 자일로오스, 설탕, 맥아당, 녹말과 같은 다양한 탄수화물을 발효시킬 수 있다. 발효산물은 아세톤, 부탄올과 에탄올이다. 소량의 초산, CO_2, 부틸산, 수소가 역시 생성된다.

녹말, 당밀, 치즈 유청, 예루살렘 아티초크, 리그노셀룰로오스 가수분해산물들이 아세톤과 부탄올 발효를 위한 원료물질로 사용될 수 있다. 하나 이상의 이들 탄소원이 동시에 사용될 수도 있다. 배지성분은 생산되는 부탄올-아세톤 비율을 결정하는데, 원하는 비율을 얻기 위하여 그 조성을 조정하는 것이 가능하다. 질소와 인산을 첨가한 당밀을 탄소원(6% 포도당)으로 사용할 수도 있다. 당밀 중의, 보다 높은 설탕 농도는 아세톤과 에탄올에 대한 부탄올의 비를 증가시킨다. 당밀을 사용할 때, 평균 30%의 용매의 수율이 보고되었다. 옥수수유래의 5~6% 녹말액을 사용하여 약 38%의 용매 생산 수율을 얻을 수 있다. 이눌린이 풍부한 예루살렘 아티초크를 사용하여 2.75의 부탄올-아세톤 비를 얻었다.

6%의 젖당과 1% 단백질을 함유한 치즈 유청을 아세톤-부탄올 생산 발효를 위한 탄소원-질소원으로 이용할 수 있다. 탄소원으로 유청을 이용할 때에는, 어느 정도 다른 생산분포가 얻어진다. 옥수수 간 것을 넣었을 때, 부탄올-아세톤 비는 2였다. 순수 포도당과 젖당을 사용하면 이 비는 각각 2.7과 2.9가 된다. 여과된 치즈 유청을 사용하였을 때, 초산이나 부틸산의 생산 없이 10의 부탄올-아세톤 비가 얻어졌다.

리그노셀룰로오스 가수분해물(나무, 종이, 곡물찌꺼기)은 포도당, 젖당, 만노오스, 오탄당을 함유하고, 이들 대부분은 *C. acetobutylicum*에 의하여 발효될 수 있다. 그러나 리그노셀룰로오스의 가수분해가 어려워 이 원료물질은 A/B 발효에 흔히 사용되지 않는다. 대안적으로 셀룰로오스 분해 clostridia와 혼합 배양이 이루어진다.

공정의 모식도가 그림 A.3에 있다. Weizmann 공정은 A/B 발효를 위하여 녹말을 원료물질로 사용한다. *C. acetobutylicum*은 젤라틴 옥수수 녹말을 아밀레이스로 포도당과 맥아당으로 가수분해한다. 곡물 간 것을 먼저 65°C에서 20분 간 젤라틴화한 후 105°C에서 60분 간

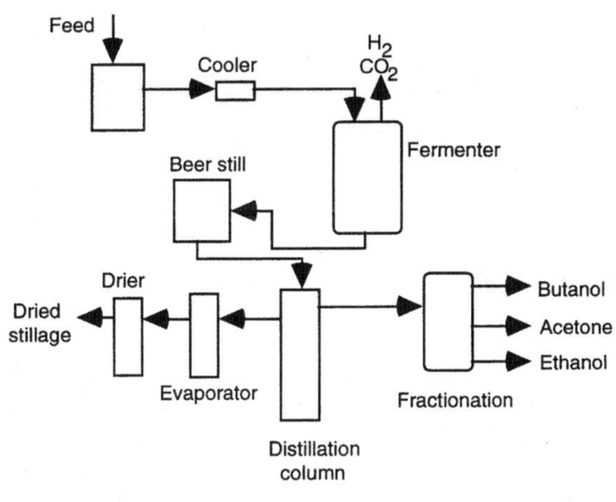

Figure A.3. Flowsheet for acetone–butanol production.

멸균한다. 이것을 열교환기를 이용하여 35°C까지 식힌 후, 멸균한 발효조(250~2000 m^3)에 펌프로 주입한다. 24시간 배양한 배양액을 발효조에 5% 되게 접종한다. 종균 배양시간이 길수록 최종 부탄올-아세톤 비가 증가한다. 몇몇 경우에는, 이전 배양에서 생성된 용매를 제거한, 증류잔사물이 매쉬(mash) 총량의 30~40%를 차지한다. 회분식 발효시간은 일반적으로 2~2.5일이다. 먼저 신속한 성장과 초산/부틸산, 이산화탄소와 수소가 발생한다. 이 기간 동안에 초기 배지의 pH는 6.5에서 거의 4.5로 감소한다. 제2단계에서는 미생물들이 생장을 멈추고 초산과 부틸산을 중성의 아세톤과 부탄올로 전환한다. 배지의 산성화가 감소하고 가스 생산이 증가한다. 발효가 종료될 때의 pH는 약 5이다.

남아프리카 공정은 원료물질로 사탕수수 당밀과 *C. acetobutylicum*을 이용한다. 스테인리스스틸 발효조(90 m^3)들을 회분식 조업에 사용한다. 유출액은 2% A/B를 함유하는데, 용매는 증류로 회수된다. 아세톤/부탄올과 에탄올/이소프로필로 알코올들이 분리된다. 리보플라빈과 비타민 B가 풍부한 균체는 농축, 건조하여 동물사료 첨가제로 사용한다. 당밀의 높은 가격 때문에 이 공정은 간헐적으로 운전된다. A/B 생산을 위하여 치즈 유청을 이용한 공정이 개발되었다. 만일 치즈공장이 가까이에 있다면, 이 공정은 당밀을 이용한 공정보다 매력적일 수 있다.

A/B 발효에서 용매의 생산 수율을 증가시키기 위한 다른 접근방법들이 개발되어 왔다. 인산의 제한과 초산과 부틸산의 첨가는 부탄올 생산성을 증가시킨다. 치즈 유청에 칼슘이 존재하면 인산과 복합체를 이루고, 역시 부탄올의 생산 수율을 높인다. 산 생산단계 중에는 교반속도를 300 rpm까지 높이고, 이어 용매 생산단계 중에는 25 rpm까지 낮춤으로써 전체적인 부탄올 생산성을 향상시킬 수 있다. 저해성 산물(아세톤과 부탄올)을 활성탄을 이용하여 흡착하거나 옥수수기름이나 파라핀기름으로 추출함으로써 동시에 제거하는 것은 발효 생산성을 향상시킨다. 미생물들은 1.2%(vol/vol)까지의 부탄올 농도에 내성을 갖는다.

연속배양이나 유가식 배양은 용매 생산성을 향상시킨다. 성장속도, 환경조건과 영양조건을 조절할 수 있어 생산속도를 2.5 g/l · h까지 향상시킬 수 있다. 이것은 회분식 배양의 경우(0.8 g/l · h)와 비교된다. *C. acetobutylicum*의 고정화 배양이 고생산성(1.2 g/l · h) A/B 생산에 역시 이용된다. 세포의 생화학적 · 유전적 조작은 용매 생산 수율을 더욱 증가시킬 수 있을 것이다.

A/B를 회수하기 위하여, 용매 생산단계의 종료시점에서 배양액을 용매를 농축하는 증류기로 옮긴다(그림 A.3). 용매는 분별증류법으로 분리하고, 증류 잔사물은 건조시킨다. 아세톤과 부탄올의 가격은 수요 감소와 대량생산 가능성 때문에 낮아져 왔다. 치즈 유청을 사용하는 A/B 발효에 대한 경제성 평가가 1982년 발표되었다. 연간 45,000톤을 생산하는 공

장에서, 폐수처리를 포함한 총 투자비용은 2천 8백만 달러이고 총 생산비용은 거의 3천 7백만 달러로 평가되었다. 연간 수입은 5천 3백만 달러, 연간 수익은 1천 6백만 달러였다. 오늘날, 발효에 의한 생산은 낮은 수준의 산물 농도(0.7~1.5%)와 높은 가격의 산물 회수 비용으로 인해 경제적 매력이 없다. 그러나 발효는 오일유래 산물이 부족해지거나 환경 친화적인 공정에 대한 요구가 증가한다면 A/B 생산에 있어서 선호되는 방법이 될 것이다.

A.2 호기적 공정

호기적 공정은 유기산(구연산, 초산, 글루코닉산), 비타민, 항생제, 효소, 향기성분과 아미노산 생산에 널리 이용된다. 지면이 한정되어 이 절에서는 몇 가지 호기적 공정의 예만 제시하겠다.

A.2.1 구연산 생산

구연산(citric acid)은 감귤류의 과일에 존재하며 최초로 레몬주스에서 구연산 칼슘염 형태로 결정화되었다. 이후에 글리세롤에서 구연산을 합성하였다. 호기적 공정에 의한 당용액으로부터 구연산의 생산은 *Penicillium* 속 미생물의 이용으로 최초로 가능해졌다. 하지만 *Penicillium* 속 미생물에 의한 생산수율이 낮아 *Aspergillus niger* 미생물을 이용한 공정 개발이 새로이 이루어졌다.

구연산 생산량의 75%는 식품, 제과, 음료산업에서 신맛을 내는 원료로 사용되고 10%는 제약원료로, 15%는 산업 응용물질로 중요하게 이용된다. 구연산은 철분(iron)과 구리(copper) 같은 금속과 결합하여 기름과 지방의 안정제로 사용될 수 있다. 제약산업에서 구연산은 제산제와 수용성 아스피린 조제품으로 이용되고 비타민 C의 안정제로 사용될 수 있다. 삼나트륨 구연산(trisodium citrate)과 같은 구연산염은 칼슘과 결합하여 혈액응고를 방지하고, 인산염 대신 세제나 세척제로 이용될 수 있다.

*A. niger*는 당밀 또는 당용액에서 구연산을 생산하기 위한 미생물로 가장 널리 사용된다. 또한 *Candida* 속 효모는 탄수화물 또는 알칸류(*n*-alkane)에서 225 g/l의 효율로 구연산을 생산하였다. 사탕수수 또는 사탕무의 당밀은 구연산 생산에 필요한 탄수화물 원료로 이용될 수 있는데, 철분과 망간(manganese) 같은 중금속의 함량이 낮아야 하며 전형적인 미량원소의 농도는 아연(zinc) 0.3 ppm, 철분(iron) 1.3 ppm, 망간(Mn) 0.1 ppm 이하이어야 한다. 금속의 농도가 높으면 나트륨 또는 칼륨 페로시아나이드(ferrocyanide)를 첨가하여 감소시킬

수 있다. 질소, 인산염과 다른 무기염을 첨가할 필요는 없다. 순수한 포도당 또는 설탕용액은 가격이 비싸고 질소(NH_4^+), 인산염과 무기염류를 첨가해야 하므로 당밀과 같이 값싸고 영양소를 다량 함유한 원료가 일반적으로 사용된다.

구연산은 혼합생장관련(mixed-growth associated) 산물생성 형태로 세포성장이 멈춘 후 질소와 인산염이 제한된 조건에서 생산이 이루어진다. 구연산은 1차 대사산물이기 때문에 매우 특수한 조건에서 높은 농도로 생산된다. 이러한 조건으로는 제한된 성장, 하나 또는 그 이상의 필수 배지요소의 결핍, 높은 당농도, 높은 산소농도, 2 이하의 낮은 pH와 미량원소의 부족 등을 들 수 있다. 이러한 조건에서는 대사과정의 변화를 일으켜 구연산이 대량생산되도록 한다. 만약 pH가 2 이상이면 옥살릭산(oxalic acid)과 글루코닉산(gluconic acid)이 생산된다. 칼륨 페로시아나이드(potassium ferrocyanide)는 금속이온 농도를 감소시키기 위해 첨가되는데, 이것은 세포성장 억제 효과를 가지고 있어 구연산 생산을 증대시킨다. 또한 대사 불균형에 의한 구연산 생산은 곰팡이의 형태를 변형시키는데, 균사(hyphae)는 짧고 굵어지며 작은 크기 (지름 0.2 ~ 0.5 mm)로 잘라진다. 질소와 인산염의 부족은 구연산 생산을 증진시킨다. 발효과정 중에 용존산소 농도를 반드시 높게 유지해 주어야 한다. 만약 산소공급이 잠시 중단된다면 구연산 생산성은 비가역적으로 급격히 감소될 수 있다.

초창기에 구연산은 사탕무 당밀을 이용한 표면발효에 의해 생산되었고 아직까지 몇몇 제조회사가 이러한 공법을 적용하고 있다. 이 공정은 노동력을 많이 필요로 하지만 침지발효법보다 동력 소모가 적다. 표면발효에서는 5 ~ 20 cm 용액 깊이의 표면폭기 장치(surface-aerated tray)상에서 이루어진다. 온도 30°C와 호기적 공간에서 이 장치 표면에 150 g/l의 농도로 pH 6의 멸균 사탕무 당밀용액을 처리하고, 살균된 추가 영양소와 염기성 페로시아나이드(alkali ferrocyanide)를 배양액에 첨가한 후, 선별된 균주인 *A. niger*의 포자(spore)를 장치 표면의 용액에 살포한다. 청정실 내에서 필터로 제균한 공기를 공급하여 미생물에게 산소를 공급하고 발효열을 제거한다. 균사체는 배양액 표면에 막을 형성한다. 배양 7 ~ 10일 후 이 장치에서 배양액 중 균사체를 제거하고 용액을 회수공정으로 보낸다. 글루코닉산과 옥살릭산과 같은 부산물의 생산은 균주 선별과정을 통해 피할 수 있다.

제2차 세계대전 후에 당밀 또는 정제당 용액을 이용한 침지발효공법이 개발되었다. 침지공법은 100톤 또는 그 이상의 용량을 가진 스테인리스강(stainless-steel) 용기를 이용하여 회분식 또는 유가식 배양으로 이루어졌다. 발효기는 내부에 재순환 통기관을 부착한 교반 또는 폭기 타워로 되어 있고, 폭기는 0.1 ~ 0.4 vvm의 공기주입속도로 이루어지며 온도는 냉각관을 이용하여 조절된다. 교반은 일반적으로 전단력(shear force)에 의한 곰팡이의 피해를 줄이기 위해 50 ~ 100 rpm의 속도로 천천히 이루어진다. 다른 영양소가 첨가된 희석 당밀은 현장에서 살균되어 발효기 내로 주입되며 또한 발효기 내 자동살균도 가능하다. 초기 pH는 2.5~3으로 조절된다. *A. niger*균의 포자를 주발효기로 이송하기 이전에 접종배지에서 발아시켜야 한다. 몇몇 경우 발효배지에 포자를 직접 접종하는 경우도 있다(5~25 × 10^6 spores/l). 구연산 생산에서 용존산소농도가 중요인자이기 때문에 몇 가지 경우에 산소를 보강한 공기를 사용하기도 한다. 전형적인 발효에서 주입당의 약 80%가 구연산으로 전환된다. 회분식 공정에서 일반적으로 0.5~1 kg/m^3 · h의 생산성을 보인다. 유가식 공정은 기질저해현상을 줄이고 생장이 멈춘 후 하루 또는 이틀 동안 생산단계를 연장하기 위해 수행될 수 있다. 유가식 공정의 전형적인 부피 수율(volumetric yield)은 대략 130 kg/m^3이다. 일반적으로 4~5일 후 구연산 생산이 종료된 후 발효액 중 균체를 여과공법으로 제거하고 용액을 회수공정으로 이동시킨다.

일반적으로 칼슘 구연산 사수화물(calcium citrate tetrahydrate)을 얻기 위해 가열한 발효액에 칼슘하이드록사이드(석회, calcium hydroxide)를 첨가하여 구연산을 침전시킨다. 이후 침전물은 세척과 희석황산 처리공정을 거쳐 수용액 형태의 구연산과 석고($CaSO_4$) 침전물로 분리된다. 가열과 결정화 이후 무수(anhydrous) 또는 일수(monohydrate) 구연산을 얻는다. 상용화되지는 않았지만 구연산 회수과정에서 용매추출법을 이용할 수 있다. 추출공정은 석회와 황산의 사용과 석고형성 등을 피할 수 있지만 당밀에 존재하는 불순물이 함께 추출되기도 한다. 케톤(ketone), 탄화수소(hydrocarbon), 에테르(ether) 및 에스테르(ester)를 추출용매로 이용할 수 있다. 구연산의 추출은 저온에서 실행되므로 용매를 고온의 물로 회수한다.

생산 체계에 대한 지적재산권 문제 때문에 구연산 생산공정의 경제적 측면에 대한 정보는 거의 없다. 2014년 구연산의 세계시장 규모는 26억 달러 정도이며 2020년까지는 36억 달러로 늘어날 것으로 기대된다.

A.2.2 제빵효모의 생산

제빵효모는 우리와 친숙한 현대의 제빵상품에 필수적이다 제빵효모는 네덜란드 공법(1781)에 의해 최초로 생산되었는데, 원료로 분쇄 곡류를 이용하였다. 이후에 독일에서 당용액과 호기공정이 이용되었다. 이러한 공정은 에탄올 생산을 줄이고 균체생산수율을 증가시키는 방향으로 더욱 개선되었다. 오늘날 제빵효모는 세계적으로 연간 백만 톤 수준으로 생산된다. 생산공정은 탄수화물을 이용한 *S. cerevisiae*의 호기적 공정에 근간을 두고 있다.

오늘날 제빵에서 가장 폭넓게 이용되는 미생물은 바로 *S. cerevisiae*이다. 과거(19세기 이전)에는 *S. uvarum* 또는 *S. carlsbergensis*(맥주효모)와 같은 *Saccharomyces* 속의 다른 미생물을 사용하였다. 그러나 *S. cerevisiae*는 반죽에서 가스(예, 이산화탄소)를 발생하는 능력이 다른 속의 효모보다 뛰어나다. 실험실에서 가장 적합한 효모를 선별하고 동결건조로 보관한다.

당밀은 제빵효모 생산에서 가장 널리 이용되는 탄소원이고 에너지원이다. 또한 값이 저렴하고 영양소(질소, 인산염, 미네랄)가 풍부하며 일년 내내 조달이 가능하다. 포도당, 설탕, 과당, 호화전분과 같은 다른 탄수화물을 이용할 수 있다. 암모니아수(NH_4OH), 암모늄염 또는 요소를 질소원으로 사용하기도 한다. 인산을 인산염원으로 첨가할 수 있다. 마그네슘과 철분 이온 첨가가 요구되기도 한다. 몇몇 효모균주는 효과적 생장을 위해 나트륨, 칼륨, 마그네슘, 칼슘, 황산염 이온뿐만 아니라 비타민 B를 요구한다.

제빵효모 생산에 대한 물질수지는 다음과 같다.

$$\begin{aligned}&\text{Sucrose (200 g)} + \text{NH (10.3 g)} + O_2\ \text{(100.5 g)} + \text{Minerals (7.5 g)}\\&\longrightarrow \text{Biomass (100 g)} + CO_2\text{(140.g)} + H_2O\text{(78 g)}\end{aligned} \tag{A.4}$$

전형적인 수율은 1 g의 기질당 약 0.5 g의 균체이고 1 g의 산소당 1 g의 균체이다. 효모의 최대 비성장속도는 0.6 h^{-1} [1.2시간의 배가시간(doubling time)]이다. 발효배지의 온도는 30°C이고 pH는 6~7이다. 균체 생산을 증가시키기 위해 높은 용존산소량(2 mg/l 이상)이 필요하다. 높은 농도의 탄수화물은 호기적인 조건에서도 에탄올 생산을 증대시킨다(Crabtree 효과). 에탄올은 세포성장에 저해효과를 나타내며 균체 생산수율을 감소시킨다.

효모가 생장하면서 배양액의 점도가 크게 증가한다. 결과적으로 기계적인 교반을 하는 방식이 공기순환(airlift) 방식 또는 폭기 칼럼(aerated column) 방식보다 좋다. 전형적인 발효기는 높이 대 반지름 비율이 3:1로 50~350톤의 배양용량을 가진다. 균체생산을 위한 원활한 산소공급을 위해 강력한 폭기와 교반을 해 주어야 한다. 발효조 안의 바닥부분에 수평으로 놓인 구멍 뚫린 주입관을 통해 공기를 공급한다. 효모생산에 이용되는 교반발효조의 일반적인 산소전달 속도는 1 mol O_2/l · h이고 산소전달상수(K_{La})는 600 h^{-1}이다. 온도는 냉각코일을 이용하며, pH는 산과 염기를 첨가하여 조절한다. 용존산소농도와 거품도 또한 조절한다. 몇몇 공장에서는 컴퓨터화되어 자동적으로 조절되기도 한다.

Crabtree 효과를 피하기 위해 제빵효모는 유가식 배양으로 생산한다. 작은 규모의 발효조에서 준비된 접종원(inoculum)을 주 생산발효기에 첨가한다. 다단계의 발효기도 효모생산에 이용될 수 있다. 희석 당밀, 암모늄 또는 요소, 인산과 미량원소는 다른 탱크에 저장한다. 발효배지의 충전과 살균 후 발효공정은 회분식으로 시작한다. 초기에 주입한 영양소가 고갈된 후 연속식으로 살균한 영양소를 간헐적으로 발효조에 주입하여 유가식 배양을 시작한다. 균체 성장속도를 최대화할 수 있도록 영양소 주입속도를 조절한다. 용존산소의 모니터링은 효모의 대사능력을 평가하는 데 유용하며 영양소 주입에 있어서 되먹임 제어시스템(feedback control system)의 기본이 된다.

20 ~ 30시간의 배양 후, 효모의 분리를 위해 발효액을 원심분리기로 이송한다. 비활성 고형분을 제거하기 위해 회수한 세포를 수차례 세척한다. 원심분리에 의해 효모와 분리된 밝은 색의 크림층은 22%의 효모 고형분을 함유하고 있어 2 ~ 4°C로 교반조에 저장을 한 후 추가 발효의 접종에 이용한다. 제빵효모는 크림형태 또는 압축형태(30% 효모 고형분), 건조형태(95% 효모 고형분)로 판매된다. 압력여과기(filter press) 또는 회전진공여과기(rotary vacuum filter)를 크림의 농축을 위해 사용한다. 여과된 효모는 효모케이크 형태로 압출되거나 또는 큰 종이용기에 포장되기 이전에 유화제와 혼합된다. 신선한 제빵효모는 가루형태로 판매되기도 하는데 이는 변형전분 또는 미세 셀룰로오스와 같은 첨가제와 혼합된 형태이다.

활성건조효모를 생산하기 위해 여과된 효모케이크는 입자형태로 압출되어 고온 공기조에서 건조된다. 건조온도, 건조속도와 최종 건조효모의 수분함량은 건조과정에서 조절된다. 건조온도는 일반적으로 45°C인데 대부분의 효모세포는 50°C 이상에서 사멸한다. 건조시간은 20분에서 수 시간으로 다양하며 사용된 건조기 형태에 따라 다르다. 건조 후 건조효모의 최종 수분함량은 약 5 ~ 10%이다. 다양한 형태의 건조기를 사용할 수 있다. Roto-Louvre 건조기는 1 ~ 4 rpm으로 회전하는 빈 실린더로, 효모입자를 담은 실린더 안으로 50 ~ 60°C의 고온 공기를 불어넣는다. 건조온도는 45°C이고 체류시간은 10 ~ 15시간이다. 유동층(fluidized bed) 건조기에서 효모세포를 공기 중에 부양하기 위해 칼럼의 아래쪽에서 고온의 공기(50 ~ 60°C)를 불어넣는다. 건조온도와 시간은 각각 45°C와 1 ~ 2시간이다. 분사(spray) 건조기가 가장 널리 사용된다. 10 ~ 20% 농도로 효모를 함유하는 용액을 건조기 내부로 주입하여 세분화하고 고온 공기로 건조시킨다. 건조온도와 시간은 각각 50°C와 10 ~ 20분이다. 제품 품질은 주로 효모의 가스 생성능력에 의해 결정된다. 트레할로스(trehalose) 또는 글라이코제닌(glycogenin)과 같은 탄수화물은 효모의 가스 생성능을 증가시킨다. 높은 안정성의 활동력이 강한 건조효모는 단백질 함량이 높은 배양에서 얻어질 수 있다. 유동층 또는 분사 건조기에서 높은 단백질 함량과 높은 가스 생산능을 가진 미세 효모분체(0.2 ~ 2 mm)를 얻을 수 있다.

A.2.3 페니실린 생산

페니실린은 Alexander Fleming에 의해 발견되었다(1장 참조). 여러 가지 *Penicillium* 균에 의해 다양한 페니실린이 생산된다. 페니실린 G와 V의 화학구조는 그림 A.4와 같다.

페니실린 G 나트륨염(sodium penicillin G, 분자량 = 356.4 KDa, 역가: 1,670 U/mg)은 산성조건에서 분해되기 때문에 주사투여된다. 페니실린 V(분자량 = 372.4 KDa, 역가: 1,595 U/mg)는 산성조건에서 안정적이므로 경구투여된다. 두 형태는 그람양성균에 효과적인데 세포벽의 생성을 억제시킨다. *Penicillium* 속의 다른 미생물 종은 다른 형태의 페니실린을 생산한다. Fleming은 *P. notatum*을 사용하였다. 이후에 *P. chrysogenum*과 같은 균주가 사용되었는데, 이것이 산업적으로 가장 널리 이용되는 균주이다. 산업적 규모에서 사용되기 전에 페니실린 생산의 효율과 역가를 증대시키기 위해 균주를 선별하고 개발하는 데 상당한 노력이 필요하다. 선별된 균주는 동결건조된 포자 형태로 보관된다. 영양세포는 현탁액 상태로 글리세롤과 혼합하여 −70°C에 동결보관된다.

*P. chrysogenum*은 탄소원과 에너지원으로 다양한 종류의 탄수화물과 오일을 사용할 수 있다. 이 중에는 포도당, 설탕, 액화전분, 젖당, 당밀 등이 있다. 젖당이 첨가된 옥수수기름은 고농도의 페니실린을 빠르게 생산하도록 한다. 배지조성은 새로운 것의 개발과 함께 상당히 많이 바뀌었다. 최초의 배지는(1945) 다음과 같은 성분을 함유한다—젖당 3~4%, 옥수수침지액(corn steep liquor) 4%, $CaCO_3$ 1%, KH_2PO_4 0.4%, 소포제 0.25%. 높은 페니실린 생산효율을 얻기 위해 배지조성을 개발해 왔다. 전형적인 배지조성은 다음과 같다—포도당 또는 당밀(molasses) 10%, 옥수수침지액 4~5%, phenylacetic acid(연속주입) 0.5~0.8%, 식물성오일 소포제 0.5%.

옥수수침지액(corn steep liquor (CSL))은 질소원으로 이용되는데, 다른 질소원과 비교하여 높은 페니실린 생산효율을 얻을 수 있다. CSL의 몇몇 성분은 페닐아세테이트(phenylacetic acid) 또는 다른 측쇄 전구물질로 전환되기도 한다. 목화씨 분말(cottonseed flour) 또는 대두분(soybean meal)도 질소원으로 사용되지만 CSL보다는 가격이 비싸다. 페니실린 생산을 연속적으로 수행하고 균사체의 분해를 억제하기 위해 암모늄의 농도가 250~300 mg/l로 유지되도록 황화암모늄염을 연속적으로 주입한다.

페니실린의 측쇄(side chain)의 전구체를 발효배지에 첨가할 필요가 있다. 이것이 생산비용의 주 부분이다. 생산되는 페니실린 1 g당 페니실린 G는 0.47 g의 나트륨페닐아세

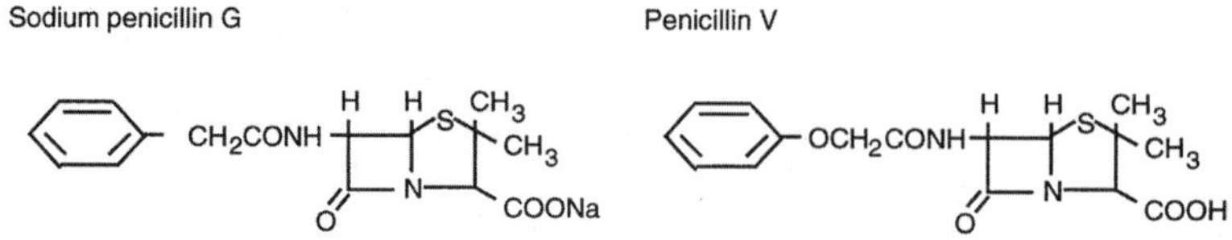

Figure A.4. Chemical structure of penicillins G and V.

테이트(sodium phenylacetate)를, 페니실린 V는 0.5 g의 나트륨페녹시아세테이트(sodium phenoxyacetate)를 첨가해야 한다. 이러한 전구체는 가능한 유해효과를 피하기 위해 연속적으로 주입된다. 전구체의 90% 이상은 페니실린으로 삽입된다. 인산 농도는 페니실린 생산 배지에서 제한적이어야 하므로(200~300 mg/l) CSL에 들어 있는 인산기는 일반적으로 충분하다.

페니실린은 비성장 관련(nongrowth-associated) 생산성의 특성을 가진 2차 대사산물이다. 페니실린을 생산하는 공정으로 세포성장이 일어나는 처음의 회분식 배양에서 초기 발효 40시간 동안 거의 6시간의 배가시간(doubling time)으로 빠른 세포성장을 얻는다. 고농도의 균체 농도를 얻은 후, 세포성장을 0.02 h^{-1}로 낮추고 페니실린 생산을 극대화하기 위해 천천히 또는 간헐적으로 영양소(포도당과 CSL)와 전구체를 첨가한다. 산소, 탄소, 질소 및 인산 농도는 낮게 유지한다. 생산 공정계를 단순화한 도식을 1장의 그림 1.3에서 볼 수 있다. 배양 준비는 동결건조된 포자와 한천배지배양에서 시작한다. 영양세포는 진탕플라스크에 배양된 후 전 발효조(10~100 l)에 이송된다. 생산발효조는 교반탱크로 200~500 m^3의 부피를 가지며 스테인리스강으로 제조된다. 기계적인 교반은 100~300 rpm의 속도로 시행되며, 온도는 냉각코일을 사용하여 25~28°C(최적 26°C)로 조절된다. 소포제는 거품생성을 억제하기 위해 첨가되고 용존산소농도는 2 mg/l 이상으로, pH는 6.5로 조절한다. 발효기 아랫부분에 링 또는 튜브 형태의 분사기를 통하여 발효기 내로 강하게 공기를 주입한다. 배양액의 높은 점도 때문에 페니실린 발효공정에서 산소전달이 가장 주된 문제점이다. 몇몇의 경우 펠릿(pellet)에서 얻은 균주가 더 좋은데 배지는 점성이 낮고 산소전달이 용이하기 때문이다. 배양의 산소흡수속도가 발효조의 산소전달속도를 초과할 때 또는 발효조의 80%가 찼을 때 발효를 종료시킨다.

발효액에서 페니실린을 회수하는 기존 공정은 활성탄 흡착을 기본으로 하였다. 페니실린을 흡착한 활성탄을 물로 세척한 후 80% 아세톤으로 페니실린을 용출시킨다. 페니실린을 20~30°C에서 진공으로 감압농축한다. 남아 있는 수용액을 2°C로 냉각하고 pH 2~3으로 산성화시키고 아밀아세테이트(amyl acetate)로 페니실린을 추출한다. pH 7의 진공상태에서 과량의 무기염류를 첨가하여 아밀아세테이트에서 페니실린을 결정화시킨다. 이 공정은 활성탄 가격이 높기 때문에 비경제적이다.

현재 회수공정은 여과, 추출, 흡착, 결정화 및 건조공정을 포함한다. 일반적으로 균사체를 분리하기 위해 여과는 고용량, 회전진공드럼여과기(rotary vacuum drum filter)를 이용한다. 여과기에 부착된 균사체는 세척 후 처리된다. 페니실린이 풍부한 여과액은 페니실린의 화학적 또는 효소적 분해를 막기 위해 2~4°C로 냉각한다. 몇몇 초기 공정에서 황산알루미

늪을 첨가한 2차 여과로 여과액을 분리하기도 한다. 최근에는 균사체의 분리를 위해 몇몇 공장에서는 거대공극(macroporous) 여과기를 사용하기도 한다.

유기용매추출법은 아밀아세테이트(amyl acetate) 또는 부틸아세테이트(butyl acetate)를 이용하여 2.5 ~ 3의 낮은 pH에서 이루어진다. 연속 · 향류 · 다단계 원심추출기(Podbielniak D-36 또는 Alfa-Laval ABE 216)가 이러한 목적으로 사용된다. 유기용매와 수용액상 사이에서 페니실린 G 또는 V의 분배계수(distribution coefficient)는 용액의 pH에 의해 좌우된다. pH 3에서 분배계수는 거의 20이다. 산성조건에서 페니실린 G와 V는 일차함수식으로 분해된다. 낮은 pH에서 유기용매 추출과정 중 페니실린의 분해를 막기 위해 온도를 2~4°C로 유지하고 여과시간을 매우 짧게 한다(1 ~ 2분). 직렬로 된 두 개의 추출기를 이용한 경우 거의 99%의 페니실린 회수율을 보였다. 전체 배양액 추출(여과과정 없이)은 직렬형태의 Podbielniak 추출기를 이용하여 가능하게 된다. 그러나 운전상 어려움 때문에 이러한 접근은 실제로 적용되지 않는다. 추출 후 페니실린이 풍부한 유기용매로부터 불순물과 색소를 제거하기 위해 탄소흡착이 이용된다. 직렬형태의 여러 개의 활성탄 칼럼이 이러한 목적으로 사용될 수 있다.

페니실린은 알칼리(KOH 또는 NaOH) 또는 완충용액을 첨가하여 pH 5 ~ 7.5에서 수용액상으로 역추출된다. 이 추출공정에서 물 대 유기용매의 비율은 보통 0.1에서 0.2 사이이다. 연속 · 향류 · 다단계 추출기가 이러한 목적으로 사용되기도 한다. 이 단계는 일반적으로 새로운 분리공정에서는 제외된다.

결정화는 유기용매 또는 수용액상으로부터 이루어진다. 결정화를 위해 나트륨, 칼륨과 페니실린의 농도, pH와 온도 등을 조절할 필요가 있다. 결정화 이전에 교반기 내 페니실린을 함유한 용매에 과량의 나트륨과 칼륨을 첨가한다. 결정체는 회전진공여과기를 이용하여 분리된다. 결정체는 세척 후 불순물을 제거하기 위해 무수부탄올을 이용하여 건조시킨다. 결정체의 회수와 건조를 위해 거대한 수평벨트여과기를 사용한다. 일반적으로 건조를 위해 고온공기 또는 복사열을 이용한다.

결정 페니실린 G 또는 V는 중간물질로 판매되거나 또는 6-APA(6-aminopenicillanic acid)로 전환되는데 이것은 반합성의 페니실린 제조에 이용된다. 페니실린 아실레이스(acylase)는 6-APA를 생산하기 위한 페니실린 G 또는 V의 분해에 이용된다. 곰팡이뿐만 아니라 *E. coli*, *B. megaterum*, *P. melanogenum*과 같은 박테리아도 이 효소를 생산한다.

기질로 포도당을 이용한 페니실린의 생산단가는 1982년에 kg당 19달러였다. 2015년에는 페니실린의 가격이 중국과 인도의 새로운 생산자들과 기술의 발전으로 인해 kg당 10달러로 감소하였다. 이는 페니실린 생산자로 하여금 페니실린 가격을 낮추도록 압력을 가하였다. 페니실린 생산에 있어서 가장 중요한 비용은 원료물질(35%)과 설비(14%)에 있다. 당밀 또는 전분과 같은 가격이 싼 원료물질과 페니실린을 높은 효율로 생산하는 유전공학기법으로 개선된 균주를 사용함으로써 생산단가를 크게 감소시킬 수 있다. 2015년에는 의약용과 동물사료 첨가물 용도의 페니실린과 관련 베타-락탐계 항생제들에 대한 전 세계 수요는 연간 15억 달러가 넘었다.

A.2.4 고과당 옥수수시럽의 생산

고과당 옥수수시럽(high-fructose corn syrup (HFCS))은 저칼로리 감미료로 주로 음료, 디저트와 단맛을 내는 식품에 사용된다. 1935년부터 사용해 온 유일한 시럽은 DE(dextrose equivalent)가 42인 산전환 옥수수시럽뿐이었다. 1940년 효소가 상업적으로 생산되면서 옥수수전분을 효소로 가수분해하여 옥수수시럽을 만들게 되었다. 1960년대 초에 최초로 옥수수에서 결정화된 포도당이 판매되었다. 포도당 이성화효소(glucose isomerase)—포도당을 당도가 1.7배 높은 과당으로 이성화시키는 효소—의 상업적 생산은 중대한 이정표였다. 1967년 처음으로 HFCS가 생산되었고 15%의 과당을 함유하였다. 더 나은 공정개발로 42%와 55%의 과당을 함유하는 HFCS가 생산되었다. 초기의 전환공정은 회분식이었지만 이후에 연속적인 공정에 의한 HFCS의 생산을 위해 효소 고정화 기술이 이용되었다. HFCS의 미국내 생산은 2015년에 약 850만 톤이었으며 2000년에는 950만 톤으로 정점을 찍었다.

과당의 함량에 따라 42%, 55% 및 90%의 HFCS 3종이 생산된다. 42%의 과당을 함유하는 HFCS는 대부분 액상 감미료로 식품에 주로 사용된다. 55% 과당의 HFCS는 설탕을 대체하여 음료에, 90%는 저칼로리 감미료로 잼과 젤리에 이용된다.

옥수수전분으로부터의 HFCS 생산은 효소 공정이다. 공정계는 18개의 단계와 5개의 주공정으로 분리된다(그림 A.5). 이러한 공정은 효소 가수분해를 통한 옥수수전분에서 포도당 생산, 일차 포도당 시럽의 물리적 · 화학적 처리, 42% 과당으로 포도당 이성화, 이차 과당 옥수수 시럽의 정제와 42% 과당을 55% 과당함유 HFCS로 전환하는 공정 등으로 이루어져 있다.

첫 번째로 옥수수전분을 65°C의 고온에서 가열하여 젤라틴화한 후 이단계 연속식 반응기에서 열안정 아밀레이스(thermostable-amylase)를 이용하여 포도당(액화)으로 전환시킨다. 이 산물은 10~15 DE의 포도당 고시럽(rich-syrup)이다. 용액화 반응기에서 처리조건은 105°C로 1차 반응기에서 5~10분 체류시간을 가지며 2차 반응기에서 95°C로 90~120분 간 체류시간을 갖는다. 주입되는 전분액은 30~35%의 고형분과 pH 6.5의 0.1~10% 효소를 포함한다. 전분액 중 총 단백질과 수용성 단백질의 함량은 각각 0.3%와 0.03%보다 낮아야 하

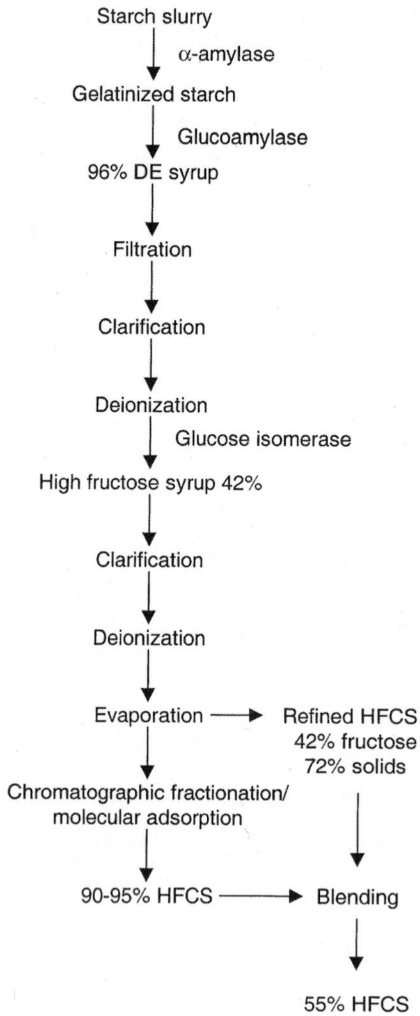

Figure A.5. Process schematic for HFCS production.

는데, 이는 높은 온도에서 아미노산과 탄수화물이 결합하는 Maillard 반응이 일어나 갈변을 일으키는 현상을 피하기 위해서이다. 액화된 전분의 당화(saccharification) 공정에서 전분의 분지사슬(branched chain)로부터 더 많은 포도당을 생산하기 위해 글루코아밀레이스(glucoamylase)를 이용한다. 연속 당화 반응기에서 온도와 pH를 조절한 후 10~15 DE의 액화전분에 글루코아밀레이스를 처리하고 직렬형태의 여러 반응기로 주입한다. 이 단계의 조건은 60°C, pH 4.3이고 체류시간을 65~75시간으로 한다. 주입용액은 30~35%의 건조기질과 건조전분의 1톤당 1리터의 글루코아밀레이스 용액으로 구성된다. 이 단계에서의 생성물 조성은 94~96% 포도당, 2~3% 맥아당, 1~2% 고분자 탄수화물, 30~35% 건조기질이다. 액화와 당화공정에서 환경조건은 정교하게 조절되어야 하는데, 42% 과당 HFCS의 원료인 94~96% 포도당 용액을 얻기 위해서이다.

액화와 당화 단계에 의해 생산된 포도당 시럽은 이성화를 방해하는 회분, 금속이온과 단백질 등을 제거하기 위해 정제된다. 고형분과 단백질, 기름 등을 제거하기 위해 회전 전코팅(rotary-precoat) 진공여과기로 포도당 시럽을 여과한다. 이후 여과액을 미량의 고체입자를 제거하기 위해 여러 개의 공극(check)과 광택여과기(polish filter)에 통과시킨다. 여과물의 색소는 칼럼형태의 과립형 활성탄소로 제거한다. 활성탄소로 처리한 액체를 다시 여과하고 이온교환칼럼에 통과시켜 금속이온과 회분을 제거한다. 이러한 칼럼은 이중투과양 · 음이온교환 시스템으로 색소도 제거한다. 탈이온 · 탈색소 포도당 시럽은 증류하여 포도당을 농축시키고 이성화 효소를 활성화시키기 위해 마그네슘 이온을 첨가한다.

포도당 이성화 효소를 이용한 포도당의 과당 전환공정은 칼럼에 충전된 고정화 효소를 이용한다. 반응기의 조건은 55~65°C, pH 7.5~8이고, 체류시간은 0.5~4시간이다. 최적의 온도는 60°C이다. 60°C보다 높은 온도에서 높은 전환속도를 얻을 수 있지만 효소의 불활성화가 빨라진다. 주입온도가 55°C와 같이 낮을 경우 전환속도가 느려지고 효소의 불활성화 속도도 느려진다. 미생물에 의한 오염이 55°C 이하의 온도에서 문제가 될 수 있다. 최대 효소활성을 보이는 최적 pH는 8이고 최적 안정성은 pH 7~7.5이다. 그러므로 운전 pH는 효소의 최대 안정성과 역가에 맞도록 조절되어야 한다. 주입 시럽은 40~45% 건조기질, 94~96% 포도당, 4~6% 고분자 탄수화물과 활성요소로서 4 mM의 마그네슘 이온으로 구성되어 있다. 효소를 이용한 포도당에서 과당으로의 이성화는 가역반응이다. 주입용액에서 96%의 포도당을 이용하면 유출용액의 평형 과당농도는 48%로 예상된다. 그러나 4시간의 체류시간 동안 정확한 평형에 도달하지 않으므로, 반응 후 용액은 42%의 과당을 함유하게 된다.

칼럼 고정화 효소의 역가는 시간의 함수로 기하급수적으로 감소한다. 효소의 반감기는 70~120일이다. 그러므로 전환을 최대로 하기 위해 사용하지 않은 효소로 충전한 새 칼럼에 대해서는 체류시간을 짧게 하고, 다음 단계에서 42%의 과당농도를 얻기 위해 주입속도를 낮추어야 한다. 일반적으로 효소의 불활성화를 보완하기 위해 직렬 또는 병렬형태로 연결된 고정화 효소 칼럼을 이용한다. 6개 칼럼을 병렬로 운전하게 되면 운전의 유연성이 향상되어 좋은 품질의 제품을 얻을 수 있다. 온도, 주입 pH와 주입속도와 같은 여러 개의 운전변수는 동일한 제품의 품질을 얻기 위해 달라질 것이다. 일반적으로 편광계(polarimeter)에 의해 제어되는 자동 혼합공정으로 과당농도를 일정하게 유지할 수 있다. 칼럼은 1년에 2~3회 정도 교체해 주어야 한다. 효소의 비용은 운전비용의 중요한 부분이다. 효소의 안정성과 활성을 개선함으로써 이성화의 비용을 획기적으로 줄일 수 있을 것이다.

포도당 시럽의 이성화로 생산한 HFCS는 각각 탄소처리와 이온교환공정으로 색소와 이온을 제거하여 정제될 수 있다. 정제된 42%의 HFCS를 농축하여 71%의 고형분 함량을 가진 제품을 만들 수 있다.

이성화 단계를 거친 HFCS는 42%의 과당, 52%의 포도당과 약 6%의 올리고당을 함유한다. 55%와 90%의 과당 시럽을 얻기 위해, 42% 시럽에서 과당을 농축할 필요가 있다. 과당은 칼슘과 같은 양이온과 복합체를 잘 형성한다. 이러한 현상을 HFCS에서 과당을 농축하는 단계에 이용하였다. 42% 시럽에서 과당을 농축하기 위해 두 가지의 다른 공정이 상업화되었다. 한 공정은 과당의 선택적 분자 흡착을 위해 무기 수지를 이용한다. 다른 공정은 유기 수지를 이용한 크로마토그래픽 분획을 적용하였다. 과당은 선택적으로 분획 칼럼에 포집되지만 포도당은 그렇지 않다. 칼럼에서 과당을 용출하기 위해 탈이온 · 탈산소 물을 이용한다. 일반적으로 적은 가교결합의 미세 폴리스티렌 설포네이트(low cross-linked fine-mesh polystyrene sulfonate)-칼슘 양이온 교환 수지로 충전된 칼럼이 이용된다. 강화된(enriched) 시럽은 거의 90%의 과당을 함유하고 있어 **고강화 과당 옥수수 시럽**(very enriched fructose corn syrup (VEFCS))으로 불린다. VEFCS는 55%와 같은 원하는 과당함량을 얻기 위해 42%의 과당 시럽과 혼합된다. 이성화 칼럼에서 나온 유출용액의 과당함량이 42%가 되도록 이성화 단계에서 나온 유출용액을 주입용액으로 재순환시키기도 한다. 이성화 후 남은 찌꺼기는 올리고당이 풍부하여 당화 단계로 전환된다. 시럽의 고형분 함량을 최대로 하기 위해 강화칼럼에서 용매로 사용되는 물의 사용을 최소화한다.

1972년 이래로 HFCS는 저칼로리 감미료로서 상당한 수준으로 설탕을 대체해 왔다. 이러한 차이는 HFCS 생산기술의 발전으로 더욱 증가했다. 결과적으로 HFCS는 최근 20년 넘게 음료, 과일통조림, 아이스크림과 빵류 등에 사용된 저칼로리 감미료로서 설탕과 포도당을 대체하고 있다. 저칼로리 감미료의 연간 소모량은 한 사람당 130파운드를 유지할 것으로 예상된다.

A.3 생물공정 기술: 바이오매스로부터의 바이오연료 및 바이오에너지 생산

섬유소와 전분을 함유하는 재생자원은 생물공정 기술을 사용하여 연료, 화합물, 에너지를 생산하기 위한 원료를 풍부히 제공한다. 폐 바이오매스(식품산업에서의 곡물류, 고액 혼합 폐기물)는 생물공정 기술을 사용하여 연료, 에너지를 생산함에 있어 저렴한 원료를 제공한다. 탄수화물이 풍부한 폐기물은 액체 및 기체 연료 생산에 사용될 수 있다.

그림 A.6에 바이오매스로부터 바이오연료를 생산하는 일반적인 공정 체계가 있다.

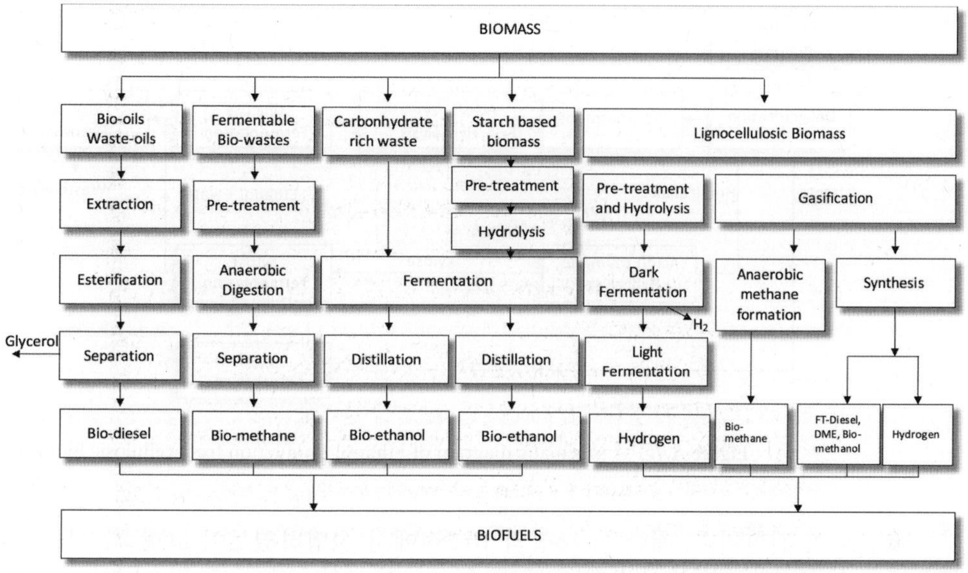

Figure A.6. Generalized process scheme for biofuels production from biomass.

A.3.1 액체 연료의 생산

에탄올과 메탄올은 폐기 바이오매스로부터 생산할 수 있는 주요 연료 물질들이다. 에탄올 생산에 있어서 첫 번째 단계는 바이오매스 중의 섬유소나 전분을 산이나 효소에 의해 가수분해하는 것이다. 산 가수분해는 상대적으로 빠르지만 고온과 높은 산 농도를 필요로 할 뿐만 아니라 뒤이은 중화과정을 필요로 한다. 경제성을 위해서는 산의 회수가 필요하다. 효소 가수분해는 미생물이 생산한 섬유소분해효소, 아밀레이스 등의 효소를 사용하여 온화한 조건(온도 30°C, pH 7)하에서 이루어지는데 상대적으로 속도가 느리고 비용이 많이 든다. 바이오매스 가수분해로부터 얻어진 당용액이 효모(*S. cerevisiae*) 또는 박테리아(*Zymomonas mobilis*)에 의해 발효되어 에탄올이 만들어진다.

포도당 용액의 혐기성 발효에 의한 에탄올 생산은 30°C, pH 5에서 48시간 이내에 이루어진다. 발효액은 5 ~ 10%의 에탄올을 함유한다. 물로부터의 에탄올 분리는 증류, 막분리 또는 선택적 흡착에 의해 이루어진다.

진공증류와 투과증발을 이용한 동시 발효 및 분리는, 공정을 경제성면에서 보다 바람직하게 만들어 준다. 그림 A.7은 폐 바이오매스로부터 에탄올을 생산하는 전형적인 생물공정 체계를 보여준다.

메탄올은 어떤 대사 경로의 최종 산물도 아니다. 그러므로 발효만을 통해 메탄올을 생산하는 것은 불가능하다. 가장 적합한 메탄올 생산방법은 효소공정에 의한 메탄의 메탄

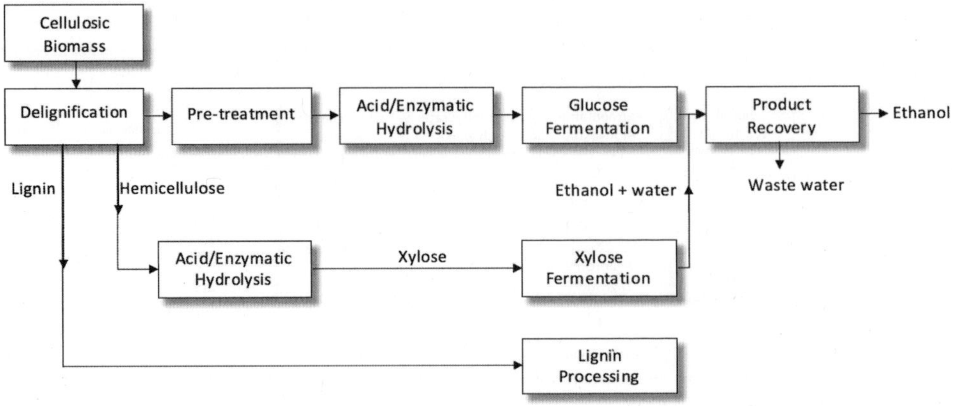

Figure A.7. A schematic diagram of ethanol production from cellulosic biomass.

올로의 전환이다. 메탄은, 16장의 16.5절에서 설명하였듯이 고형 폐기물이나 오니의 혐기성 소화에 의해 생산될 수 있다. 박테리아가 생산한 일산소첨가효소에 의해 메탄이 메탄올로 산화될 수 있다. 활성화된 일산소첨가효소를 가진 열처리된 메탄친화성 박테리아(Methlococcus 종, Methylomonas 종) 역시 이 목적에 사용될 수 있다. 이러한 전환 반응을 위해서는 고정화 효소 또는 고정화 세포 시스템이 보다 더 적합하다.

A.3.2 기체 연료의 생산

메탄(mathane)은 혐기성 소화에 의해 폐기물로부터 만들어지는 널리 알려진 기체 연료이다. 혐기성 소화에 의해 폐기물로부터 메탄이 만들어지는 과정들에 대한 설명은 16장 16.5절에 있다. 그림 A.8은 폐 바이오매스로부터 메탄을 생산하는 공정 체계를 보여 준다. 이 공정으로부터 생산된 바이오가스는 약 70%의 메탄, 25%의 이산화탄소, 5%의 여타 기체성분을 포함한다.

수소(hydrogen)는 122 kJ/g^{-1}의 높은 에너지 함량을 가진 청정 에너지원이다. 수소는 연료전지에 의한 전기 생성에도 사용될 수 있다. 수소 활용에 있어서의 주 걸림돌은 이것을 자연에서는 얻을 수가 없다는 점이다. 수소는 천연가스 또는 다른 탄화수소의 수증기 개질에 의해 만들어지는데 이는 많은 에너지를 필요로 한다. 탄수화물이 풍부한 원료의 발효에 의한 수소 생산은 온화한 조건(30 ~ 35°C, 1 atm)하에서 이루어지기 때문에 비용이 많이 드는 화학공정에 비해 상당히 유리하다. 농업 또는 생활 쓰레기와 같은 폐 바이오매스는 대규모 수소 생산을 위한 저렴한 원료가 될 수 있다. 탄수화물이 풍부한 원료로부터의 수소 생산은 암발효와 광발효를 필요로 한다. 바이오매스로부터의 바이오수소 생산에 있어서

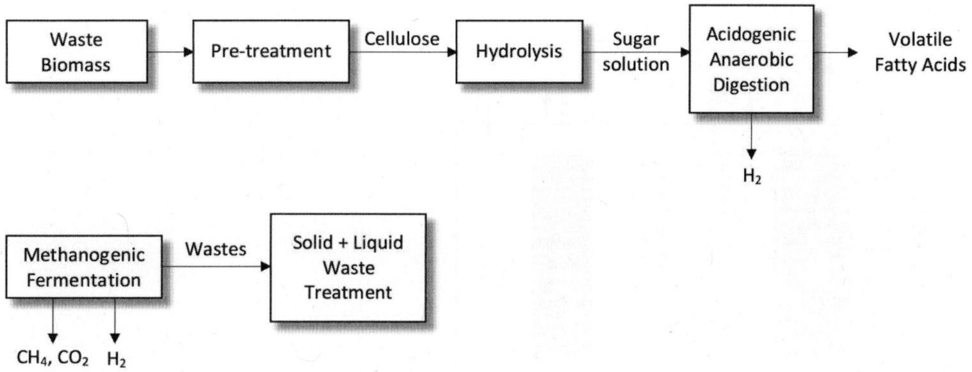

Figure A.8. A process scheme for methane production from waste biomass.

의 첫 단계는 바이오매스를 산이나 효소에 의해 가수분해하여 농축된 당용액을 만드는 것이다. 이어서 초산생성 혐기성 박테리아에 의한 암발효로부터 휘발성 지방산(volatile fatty acid, VFA), 수소와 이산화탄소가 생성된다. 암발효에 의해 생성된 휘발성 유기산은 한 번 더 *Rhodobacter* 종과 같은 광종속영양(photo-heterotrophic) 박테리아에 의한 발효(광발효)를 거쳐 이산화탄소와 수소로 전환된다.

그림 A.9는 폐 바이오매스 또는 탄수화물이 풍부한 폐수로부터 바이오수소를 생산하는 공정 체계를 보여 준다. 전분이나 섬유소를 포함하는 폐기물은 분쇄과정을 거친 후 가수분해된다. 가수분해와 중화 과정으로부터 얻어진 포도당 시럽은 수소와 VFA 생산을 위한 암발효에 투입된다. 암발효 유출물이 광발효를 거치면 VFA, 수소 그리고 이산화탄소가 만들

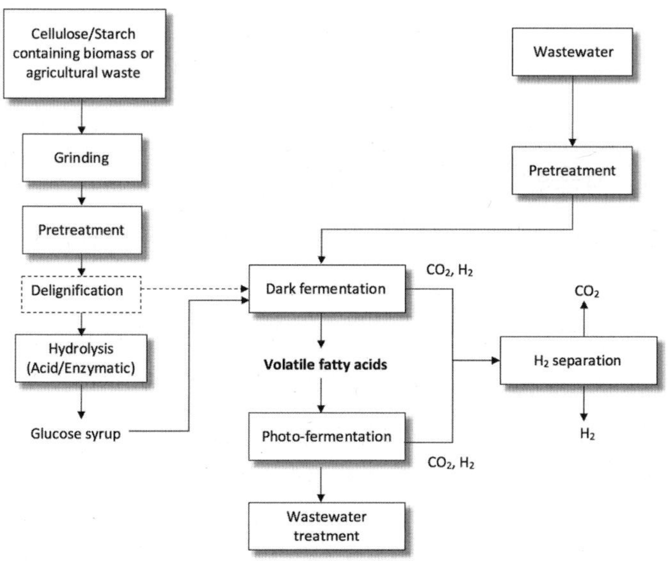

Figure A.9. A schematic diagram of bio gen production from waste biomass.

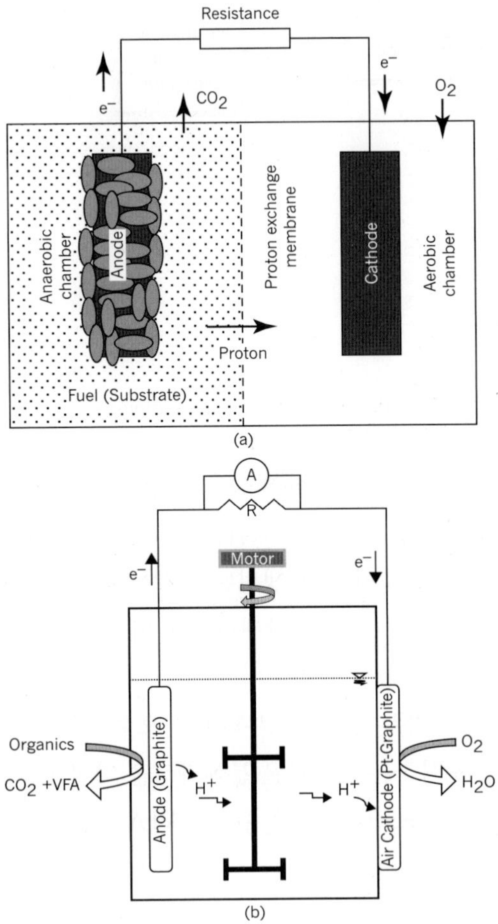

Figure A.10. (a) Two-compartment and (b) single-compartment MFC configurations.

어진다.

A.3.3 미생물 연료전지를 사용한 바이오전기 발전

미생물 연료전지(microbial fuel cell (MFC))를 사용하면 폐수처리와 동시에 발전을 할 수 있다. 전형적인 MFC는 양성자교환 막(proton exchange membrane (PEM))으로 분리된 양극실과 음극실로 이루어져 있다. 양극실에서는 혐기성 미생물이 폐수 또는 슬러지에 들어 있는 유기 화합물을 분해하며 전자와 양성자를 발생시킨다. 발생된 전자는 외부 회로를 통해 음극실로 이동하고, 양성자는 막을 통해 음극실로 확산 이동한다. 음극실로 간 전자와 양성자는 용존산소가 있는 가운데 물을 생성한다. 외부 회로를 통한 전자의 이동이 바로 MFC에 의한 전류의 발생이다. 양극으로는 흑연, 탄소천 또는 구리판을, 음극으로는 백금을 덧댄

흑연, 탄소천 또는 금을 씌운 구리판이 쓰일 수 있다. 원래는 두 개의 방을 가진 구조로 개발되었던 MFC가 지금은 공기 음극이 들어 있는 한 개의 방으로 이루어진 구조를 가지게 되었다. 일실 공기 음극MFC를 사용할 때, 두 전극 사이에서 발생하는 전압은 1 V 정도로 높으며 40 W/m^2-음극 전력 밀도가 얻어지는데, 이때 상당한 양의 화학적 산소요구량(chemical oxygen demand (COD))이 폐수로부터 제거된다.

미생물 전기분해 전지(microbial electrolysis cell (MEC))는 전기 대신 수소를 만들기 위해 사용된다. MEC는 MFC와 다소 차이가 있으나 대체로 MFC와 비슷하다. 음극은 공기와 접촉하는 대신 폐수에 완전히 잠겨 있다. 음극에 낮은 전압(0.2 ~ 0.5 V)이 가해지면 음극에서의 수소 생성에 필요한 전압(0.7 ~ 1 V)이 발생한다. 양극 표면에서 혐기성 유기물 대사를 통해 자라는 미생물에 의해 생성된 양성자와 전자는 외부 전원으로부터 공급되는 추가 전자와 결합하여 음극 표면에 수소를 발생시킨다. MFC는 전기를 발생시키고, MEC는 에너지를 사용하여 수소를 만든다.

참고문헌

Atkinson, B., and Mavituna, F., *Biochemical Engineering and Biotechnology Handbook*, 2d ed., Stockton Press, New York, 1992.

Bailey, J. E., and Ollis, D. F., *Biochemical Engineering Fundamentals*, 2d ed., McGraw-Hill, New York, 1986.

Demain, A. L., "Small Bugs, Big Business: The Economical Power of the Microbe," *Biotechnol. Adv.* 18: 499–514, 2000.

Flickinger, M. C., and Drew, S. W., Eds., *Encyclopedia of Bioprocess Technology: Fermentation, Biocatalysis and Bioseparation*, Wiley, New York, 1999.

Logan, B. E., *Microbial Fuel Cells*, Wiley, New York, 2008.

Yang, S. T., El-Ensashy, H., and Thongchul, N., Eds., *Bioprocessing Technologies in Biorefinery for Sustainable Production of Fuels, Chemicals and Polymers*, Wiley, New York, 2013.

Moo-Young, M., Ed., *Comprehensive Biotechnology*, Vol. 3, Pergamon Press, Oxford, UK, 1985

찾아보기

A

B

C

D

E

F

G

X

ㄱ

ㄴ

ㄷ

ㄹ

ㅅ

ㅊ

ㅋ

ㅌ

ㅍ

ㅎ

기타